Lineare Algebra: Eine anwendungsorientierte Einführung

Andreas Müller

Lineare Algebra: Eine anwendungsorientierte Einführung

Mathematische Grundlagen, praxisrelevante
Methoden und technische Anwendungen

 Springer Vieweg

Andreas Müller
OST Ostschweizer Fachhochschule
Rapperswil, Schweiz

ISBN 978-3-662-67865-7   ISBN 978-3-662-67866-4   (eBook)
https://doi.org/10.1007/978-3-662-67866-4

Die Deutsche Nationalbibliothek verzeichnet diese Publikation in der Deutschen Nationalbibliografie;
detaillierte bibliografische Daten sind im Internet über http://dnb.d-nb.de abrufbar.

© Der/die Herausgeber bzw. der/die Autor(en), exklusiv lizenziert an Springer-Verlag GmbH, DE, ein Teil von
Springer Nature 2023

Planung/Lektorat: Iris Ruhmann
Springer Vieweg ist ein Imprint der eingetragenen Gesellschaft Springer-Verlag GmbH, DE und ist ein Teil von
Springer Nature.
Die Anschrift der Gesellschaft ist: Heidelberger Platz 3, 14197 Berlin, Germany

Das Papier dieses Produkts ist recyclebar.

Vorwort

Aus der Lehre von den linearen Gleichungen entstanden, hat sich die lineare Algebra über die Jahre zu einem sehr abstrakten gemeinsamen Unterbau vieler mathematischer Disziplinen entwickelt. Dies stellt den Hochschullehrer vor eine besondere Herausforderung. Wegen der Bedeutung als mathematisches Grundlagenfach sollen die Studierenden möglichst früh mit der linearen Algebra in Kontakt kommen. Auf dieser Stufe fehlen aber die unmittelbaren Anwendungsmöglichkeiten. Elektrizitätslehre, Analysis oder Regelungstechnik, die von der linearen Algebra Gebrauch machen könnten und ganz offensichtlich für einen Ingenieurstudenten von Nutzen sein dürften, sind noch nicht so weit entwickelt, dass der Nutzen eines allgemeineren Grundgerüstes erkennbar wird. Im Gegenteil wird die höhere Abstraktheit zu einem eigentlichen Stolperstein für den Studienanfänger.

Dieses Buch ist aus den Bemühungen des Autors entstanden, Studienanfängern im Fach Elektrotechnik an einer Fachhochschule die lineare Algebra zugänglich zu machen. Den Studierenden fehlen zwar oft mathematische Hilfsmittel wie zum Beispiel die komplexen Zahlen, aber sie verfügen bereits über Berufserfahrung und können daher technische Anwendungen würdigen. So lag es nahe, die abstrakten Konstruktionen der linearen Algebra mit konkreten technischen Anwendungen aus dem Erfahrungsbereich der Studierenden oder innermathematischen Anwendungen auf ihrer Stufe zu illustrieren. Zum Beispiel gehört virtuelle Realität bald zum Alltag, doch wie funktioniert die Bestimmung einer Position im Raum mit Hilfe von Kamerabildern? Das Kapitel 10 betreibt projektive Geometrie und beschreibt die Abbildung durch ein Kameraobjektiv auf einen Sensorchip in der Matrizensprache.

Karrikatur des Autors
gezeichnet von Ai Shimizu

Weitere Ideen zur Ausgestaltung dieses Buches kamen von den Studierenden selbst. Im mathematischen Seminar der OST Ostschweizer Fachhochschule erarbeiten Studenten selbständig ein mathematisches Thema und schreiben darüber eine Seminararbeit. Ihre anwendungsbezogene Herangehensweise zeigt eine zugänglichere Darstellungsweise als die puritanische Strenge der strukturierten mathematischen Tradition nach dem Muster Definition — Satz — Beweis.

Vorausgesetzt werden in diesem Kurs Kenntnisse der Zahlenmengen, der grundlegenden Algebra und Geometrie und der Begriff der Funktion. Die wichtigsten Begriffe und

Notationen werden im Kapitel 1 zusammengetragen. Nicht verlangt werden aber zum Beispiel Kenntnisse der komplexen Zahlen, sie ergeben sich als spezielle Matrizen ganz nebenbei.

Verdankungen

Folgende Personen haben viel Ihrer Zeit zu diesem Projekt beigetragen, indem Sie den Text sorgfältig durchgelesen, viele Fehler gefunden und gute Verbesserungen vorgeschlagen haben. Unter den Studierenden des Moduls *Lineare Algebra, Einführung* an der OST Ostschweizer Fachhochschule im Herbstsemester 2022 haben Laurin Heitzer, Lucas Groß und Jonas Rast besonders viele Fehler gefunden. Ebenso haben Tabea Gassmann-Méndez, Roman Gassmann, Michael Hubatka, Markus Kottmann, Hans-Dieter Lang, Selina Malacarne, Michel Nyffenegger, Carmen Saito, Hansruedi Schneebeli und Roy Seitz mit vielen Hinweisen geholfen. Alle verbleibenden Fehler sind natürlich in der Verantwortung des Autors.

Für einige der Bilder im Abschnitt 9.A gebührt der Dank für ihre tatkräftige Unterstützung Prof. Dr. Hans-Dieter Lang und Michel Nyffenegger vom Institut ICOM der OST.

Der Abschnitt 12.A beschreibt Projekte des Multi-Scale Robotics Lab der ETH Zürich. Dr. Quentin Boehler vom MSRL hat geholfen, mit interessanten Bildern zu magnetischen Navigationssystemen die lineare Algebra dieser Technologie anschaulich und verständlich zu machen, herzlichen Dank dafür.

Ein großer Dank gilt auch Ai Shimizu, die die oben abgebildete, wunderbare Karrikatur des Autors gezeichnet hat.

Bosco Gurin, im Juli 2023   Andreas Müller

Inhaltsverzeichnis

1	**Einführung**	**1**
1.1	Warum lineare Algebra?	1
	1.1.1 Die Welt ist linear	1
	1.1.2 Große Probleme — große lineare Gleichungssysteme	1
	1.1.3 Alles ist Matrix	2
1.2	Inhaltsübersicht	3
1.3	Anwendungen	6
1.4	Notation	11
1.5	Grundlagen und Voraussetzungen	13
	1.5.1 Mathematische Grundlagen, Bezeichnungen	14
	1.5.2 Zahlkörper	17
1.6	Wie lineare Algebra studieren?	19
	1.6.1 Den Stoff erarbeiten	19
	1.6.2 Begriffe pauken	21
	1.6.3 Anwendungen verstehen	21
	1.6.4 Übungsaufgaben lösen	22
	1.6.5 Lineare Algebra ist überall	22
2	**Lineare Gleichungssysteme**	**23**
2.1	Anforderungen	23
2.2	Gleichungen	24
	2.2.1 Variablen, Koeffizienten und rechte Seiten	24
	2.2.2 Linearformen	27
	2.2.3 Rechnen mit Linearformen	28
	2.2.4 Was ist eine Lösung?	28
	2.2.5 Was kann passieren?	29
	2.2.6 Tableau-Schreibweise	31
2.3	Der gaußsche Eliminationsalgorithmus	33
	2.3.1 Einführungsbeispiel: zwei Variable und zwei Unbekannte	34
	2.3.2 Der grundlegende Algorithmus	37
	2.3.3 Durchführung des Algorithmus mit dem Computer	41
2.4	Lösungen	43
	2.4.1 Problemfälle für den Gauß-Algorithmus	43
	2.4.2 Schlusstableau	48

      2.4.3   Reduzierte Zeilenstufenform 51

      2.4.4   Die Lösungsmenge 54

  2.5   Lineare Abhängigkeit 56

      2.5.1   Lineare Abhängigkeit von Zeilen 56

      2.5.2   Lineare Abhängigkeit von Spalten 60

  2.A   Elektrische Netzwerke 62

      2.A.1   Netzwerke und kirchhoffsche Gesetze 63

      2.A.2   Gleichungen für Zyklen 67

      2.A.3   Beispiel: Zyklen auf einem Oktaeder 69

  Übungsaufgaben 70

3   Matrizen und Vektoren   73

  3.1   Vektoren 73

      3.1.1   Zeilen und Spaltenvektoren 73

      3.1.2   Rechnen mit Vektoren 74

      3.1.3   Gleichungssysteme in Vektorschreibweise 75

      3.1.4   Linear abhängige Vektoren 76

  3.2   Vektorraum 77

      3.2.1   Axiomatische Definition 78

      3.2.2   Basis 80

      3.2.3   Basiswechsel 85

  3.3   Matrizen 87

      3.3.1   Matrizen und Gleichungssysteme 87

      3.3.2   Das Produkt Matrix × Vektor 90

      3.3.3   Transponierte Matrix 94

      3.3.4   Matrizenprodukt 95

      3.3.5   Rechenregeln für das Matrizenprodukt 100

      3.3.6   Inverse Matrix 103

  3.4   Spur 106

  3.5   Hadamard-Algebra 109

  3.A   Elektrische Netzwerke in Matrixschreibeweise 111

      3.A.1   Matrixbeschreibung eines Netzwerks 111

      3.A.2   Die kirchhoffschen Gesetze 116

      3.A.3   Potential 117

  3.B   Matrixoptik 118

      3.B.1   Das Brechungsgesetz 119

      3.B.2   Strahlen und Transfermatrizen 119

      3.B.3   Dünne Linse 123

      3.B.4   Achromat 126

  3.C   Rechnen mit Resten: Modulare Arithmetik 129

      3.C.1   Grundoperationen 130

      3.C.2   Division 132

      3.C.3   Anwendung: Das Diffie-Hellman-Schlüsselprotokol 139

      3.C.4   Endliche Körper und lineare Algebra 140

  3.D   Kettenbrüche 141

3.D.1   Definitionen 142
3.D.2   Beispiele 143
3.D.3   Näherungsbrüche 147
3.D.4   Anwendung: Übertragungsleitungen 153
Übungsaufgaben 155

4 Determinante   161
4.1 Eine Kennzahl für lineare Abhängigkeit 161
    4.1.1   Definition 162
    4.1.2   Rechenregeln für Determinanten 165
    4.1.3   Determinante als lineare Funktion der Zeilen 166
    4.1.4   Spalten statt Zeilen 167
4.2 Berechnung der Determinanten 168
    4.2.1   Berechnung mit dem Gauß-Algorithmus 168
    4.2.2   Berechnung mit Zeilenoperationen 169
    4.2.3   Blockdiagonalmatrizen 170
4.3 Permutationen 171
    4.3.1   Permutationen einer endlichen Menge 171
    4.3.2   Zyklenzerlegung 172
    4.3.3   Permutationen und Transpositionen 174
    4.3.4   Signum einer Permutation 175
    4.3.5   Permutationsmatrizen 176
    4.3.6   Permutationsmatrix einer Transposition 177
    4.3.7   Determinante und Vorzeichen 178
4.4 Entwicklungssatz 179
    4.4.1   Entwicklungssatz aus der Pivotproduktformel 179
    4.4.2   Entwicklungssatz direkt aus der Linearität 183
    4.4.3   Spezialfall: Dimension 3, die Sarrus-Formel 185
    4.4.4   Determinante einer Bandmatrix 186
    4.4.5   Determinante von $I + tA$ 187
    4.4.6   Entwicklungssatz und Permutationen 188
4.5 Produktformel 190
4.6 Lösen von Gleichungssystemen 193
    4.6.1   Die cramersche Regel 194
    4.6.2   Inverse Matrix 196
Übungsaufgaben 198

5 Polynome   201
5.1 Notation und allgemeine Eigenschaften 201
    5.1.1   Rechnen mit Polynomen 201
    5.1.2   Der Grad eines Polynoms 202
    5.1.3   Der Polynomring 202
    5.1.4   Rechnen mit dem Grad 203
5.2 Polynome als Vektoren 204
5.3 Teilbarkeit 206
    5.3.1   Division von Polynomen 206

      5.3.2   Größter gemeinsamer Teiler und Sylvester-Matrix 211

      5.3.3   Der euklidische Algorithmus für Polynome 215

  5.4 Nullstellen 220

      5.4.1   Faktorisierung und Nullstellen 220

      5.4.2   Nullstellen in Körpererweiterungen 221

      5.4.3   Komplexe Zahlen 222

      5.4.4   Fundamentalsatz der Algebra 223

      5.4.5   Erweiterung von $\mathbb{Q}$ um eine Nullstelle 223

  5.5 Polynome und Matrizen 226

      5.5.1   Die Matrix der Variablen X 227

      5.5.2   Die Matrix eines Polynoms 227

      5.5.3   Matrizenprodukt und Faltung 228

      5.5.4   Matrix in ein Polynom einsetzen 229

      5.5.5   Minimalpolynom einer Matrix 233

  5.A Interpolation 236

      5.A.1   Stützstellen 236

      5.A.2   Die Polynome $l(x)$ und $l_i(x)$ 237

      5.A.3   Vandermonde-Determinante 240

      5.A.4   Vandermonde-Determinante als Polynom in $x_0, \dots, x_n$ 241

      5.A.5   Die Vandermonde-Determinante und Zeilen- und Spaltenoperatio-

              nen 243

  5.B Die endlichen Körper $\mathbb{F}_{p^n}$ und AES 245

      5.B.1   Erweiterung von $\mathbb{F}_p$ um eine Nullstelle 245

      5.B.2   Der Körper $\mathbb{F}_{2^8}$ 248

      5.B.3   Blockbildung in AES 252

  Übungsaufgaben 253

6 Affine Vektorgeometrie   **255**

  6.1 Affine Geometrie 255

      6.1.1   Axiome 255

      6.1.2   Grundkonstruktionen 256

      6.1.3   Affine Geometrie und Vektoroperationen über $\mathbb{Q}$ 257

      6.1.4   Vektorraumoperationen über $\mathbb{R}$ 259

  6.2 Koordinatensysteme 259

      6.2.1   Punkte und Vektoren 259

      6.2.2   Basis und Koordinatensystem 262

      6.2.3   Koordinatenvektoren 263

      6.2.4   Unterräume 264

      6.2.5   Basiswechsel 267

  6.3 Lineare Abbildungen 267

      6.3.1   Affine und lineare Abbildungen 267

      6.3.2   Beschreibung linearer Abbildungen durch Matrizen 268

      6.3.3   Zusammensetzung linearer Abbildungen 271

      6.3.4   Basiswechsel 272

  6.4 Geraden 274

6.4.1   Geraden in der Ebene und im Raum 274
6.4.2   Schnittpunkte 278
6.4.3   Gerade als Bild einer linearen Abbildung 281
6.4.4   Gerade in der Ebene als Lösungsmenge 282
6.4.5   Parallele Geraden 283
6.5   Ebenen 284
6.5.1   Parameterdarstellung 284
6.5.2   Schnittmengen 288
6.5.3   Ebenen und lineare Abbildungen 292
6.6   Affine Unterräume beliebiger Dimension 294
6.6.1 k-dimensionale affine Unterräume 295
6.6.2   Schnittmengen affiner Unterräume 295
6.6.3   Vergleich affiner Unterräume 297
6.6.4   Gleichungssystem für einen affinen Unterraum 298
6.A   Aufrechtbildkamera 301
6.A.1   Lösungskonzept 302
6.A.2   Bilddrehung 302
6.A.3   Farbraumumrechnung 307
Übungsaufgaben 311

7   Skalarprodukt und Orthogonalität   315
7.1   Orthogonale Projektion und Skalarprodukt 315
7.1.1   Orthogonale Projektion 315
7.1.2   Skalarprodukt 316
7.1.3   Kosinussatz 318
7.1.4   Skalarprodukt und Standardbasis 319
7.1.5   Skalarprodukt in $\mathbb{R}^n$ 320
7.2   Erste Anwendungen des Skalarproduktes 321
7.2.1   Normalenform von Ebene und Gerade 321
7.2.2   Parallel- und Orthogonalkomponente 324
7.2.3   Spiegelung an einer Geraden oder Ebene 324
7.3   Orthogonale und orthonormierte Basen 325
7.3.1   Orthogonale Basis und Orthonormalbasis 326
7.3.2   Darstellung von Vektoren und Matrizen 326
7.3.3   Orthonormalisierung nach Gram-Schmidt 329
7.3.4   Orthonormalisierung in $\mathbb{R}^n$ 331
7.4   Orthogonale Matrizen 332
7.4.1   Längentreue lineare Abbildungen 333
7.4.2   Eigenschaften orthogonaler Matrizen 333
7.4.3   Vertauschung der Koordinatenachsen 334
7.4.4   Spiegelungen 334
7.5   Drehungen 336
7.5.1   Drehungen im zweidimensionalen Raum 336
7.5.2   Drehungen des dreidimensionalen Raumes 337
7.6   Verallgemeinerte Skalarprodukte 342

7.6.1   Gram-Matrix   342
7.6.2   Axiomatische Definition eines Skalarproduktes   344
7.6.3   Allgemeine Gesetze für Skalarprodukte   346
7.7   Kreis und Kugel   349
7.7.1   Gleichungen von Kreis und Kugel   350
7.7.2   Durchstoßpunkt einer Geraden mit einer Kugel   350
7.7.3   Thales-Kreis   351
7.7.4   Tangente und Tangentialebene   352
7.8   Überbestimmte Gleichungssysteme – "Least Squares"   354
7.8.1   Lösung im Sinne der kleinsten Quadrate   356
7.8.2   Anwendungen der Methode der kleinsten Quadrate   359
7.A   Raytracing   362
7.A.1   Reflexion eines Lichtstrahls   362
7.A.2   Diffuse Reflexion und Umgebungslicht   366
7.A.3   Phong-Beleuchtungsmodell   366
7.B   Ein Parametrisierungsproblem   367
7.B.1   Die Problemstellung   369
7.B.2   Lösung   372
7.C   Bildregistrierung   376
7.D   Anwendung: Diskrete Fourier-Transformation   382
7.D.1   Signale   383
7.D.2   Eine orthogonale Basis   385
7.D.3   Frequenzanalyse und -synthese   390
7.E   Das Haar-Wavelet   394
7.E.1   Motivation   394
7.E.2   Die Haar-Basis   395
7.E.3   Analyse   397
7.E.4   Synthese   400
7.E.5   Erweiterungen   403
Übungsaufgaben   405

8   Flächeninhalt, Volumen und Orientierung   **411**
8.1   Orientierung   411
8.1.1   Festlegung einer Orientierung mit Hilfe einer Basis   411
8.1.2   Orientierung und Determinante   413
8.1.3   Orientierung einer Ebene oder des dreidimensionalen Raumes . .   415
8.2   Flächeninhalt und Volumen   415
8.2.1   Flächeninhalt eines Parallelogramms   415
8.2.2   Volumen eines Parallelepipeds   417
8.2.3   Die Schuhbändel-Formel für den Flächeninhalt eines Polygons .   421
8.2.4   Orientiertes Volumen in n Dimensionen   423
8.3   Vektorprodukt   423
8.3.1   Definition des Vektorproduktes   424
8.3.2   Normale   426
8.3.3   Dreierprodukte   427

8.3.4 Viererprodukte 433
8.3.5 Drehungen und die Rodrigues-Formel 435
8.3.6 Weitere Anwendungen 439
8.4 Gram-Matrix und Gram-Determinante 441
8.4.1 Ein neuer Blick auf die Gram-Matrix 442
8.4.2 Gram-Determinante 443
8.4.3 Die allgemeine Abstandsformel 445
8.A Welche Leistung kann man von einer PV-Anlage erwarten? 445
8.A.1 Koordinatensystem für Punkte auf der Erdkugel 446
8.A.2 Die Normale auf die Solarpanels 447
8.A.3 Die Bewegung der Sonne 449
8.A.4 Die Leistung der PV-Anlage 453
8.B MEMS-Kreiselsensoren und Quaternionen 455
8.B.1 MEMS-Kreiselsensoren 456
8.B.2 Quaternionen 456
8.B.3 Drehungen 459
8.B.4 Geometrische Algebra 460
Übungsaufgaben 461

9 Transformationen 463
9.1 Eigenschaften linearer Abbildungen 463
9.1.1 Kern: Eindeutige Lösbarkeit 463
9.1.2 Bild: Lösbarkeit von Gleichungen 465
9.1.3 Kern, Bild und Gauß-Tableau 465
9.1.4 Orthogonalkomplement 466
9.2 Invarianten 468
9.2.1 Volumen 468
9.2.2 Längen und Winkel 468
9.3 Gruppen 470
9.3.1 Die Definition einer Gruppe 470
9.3.2 Die orthogonale Gruppe 471
9.3.3 Homomorphismen 472
9.3.4 Die spezielle lineare Gruppe 474
9.3.5 Die spezielle orthogonale Gruppe 474
9.3.6 Die Spur definiert keine Gruppe 474
9.4 Lie-Algebren 475
9.4.1 Eine Algebra für Matrizen mit Spur 0 475
9.4.2 Lie-Algebra 477
9.4.3 Lie-Algebren zu den Matrizengruppen 477
9.4.4 Exponentialfunktion 480
9.A Quadratur-Amplituden-Modulation 484
9.A.1 Amplitudenmodulation 484
9.A.2 Zweidimensionale Signale 486
9.A.3 Modulation zweidimensionaler Signale 486
9.A.4 Demodulation 490

      9.A.5   Beispiele   495
  9.B   Fehlerkorrigierende Codes   502
      9.B.1   Rechnen mit Bits: der Körper $\mathbb{F}_2$ 504
      9.B.2   Digitale Codes   504
      9.B.3   Parität: einen Einzelbitfehler erkennen   505
      9.B.4   Maskierung: einen Einzelbitfehler lokalisieren   506
      9.B.5   Codierung und Fehlerkorrektur als lineare Operationen   509
  9.C   Satellitennavigation   511
      9.C.1   Positionsbestimmung   512
      9.C.2   Satellitenkonstellationen   513
  9.D   Trägheitsplattform   516
      9.D.1   Koordinatensystem und orthogonale Matrizen   517
      9.D.2   Drehungen   517
      9.D.3   Geschwindigkeit   518
      9.D.4   Flugzeug in einer Standardkurve   520
  Übungsaufgaben   522

10 Projektive Geometrie   **525**
  10.1 Perspektive   525
      10.1.1 Lochkamera   526
      10.1.2 Geraden   529
  10.2 Strahlen   531
      10.2.1 Strahlensatz   531
      10.2.2 Der projektive Raum   532
      10.2.3 Homogene Koordinaten   533
  10.3 Projektion   535
      10.3.1 Koordinatensysteme für Bilder   535
      10.3.2 Spezielle Projektionen   536
      10.3.3 Beliebige Kameraposition und -orientierung   539
      10.3.4 Bestimmung der Drehmatrix D   540
  10.A Triangulation mit Kameras   541
      10.A.1 Triangulation mit zwei Kameras   542
      10.A.2 Beliebig viele Kameras   543
      10.A.3 Ein vollständiges Triangulationsbeispiel   544
  Übungsaufgaben   545

11 Eigenwerte und Eigenvektoren   **549**
  11.1 Motivation   549
      11.1.1 Fibonacci-Zahlen   549
      11.1.2 Matrixexponentialfunktion   551
      11.1.3 Komplexität der Berechnung von Matrixpotenzen   551
  11.2 Eigenwerte und Eigenvektoren   552
      11.2.1 Problemstellung   553
      11.2.2 Die charakteristische Gleichung   553
      11.2.3 Berechnung der Eigenvektoren   556
      11.2.4 Algorithmus für Eigenwerte und Eigenvektoren   557

11.3 Diagonalisierung 558
    11.3.1 Diagonalbasis 558
    11.3.2 Diagonalisierbarkeit 561
    11.3.3 Beispiele nicht diagonalisierbarer Matrizen 562
11.4 Symmetrische Matrizen 563
    11.4.1 Eigenvektoren symmetrischer Matrizen 564
    11.4.2 Geometrische Eigenschaften der Eigenvektoren 565
    11.4.3 Konstruktion einer Eigenbasis 567
    11.4.4 Gleichzeitige Diagonalisierbarkeit 569
    11.4.5 Übersicht Diagonalisierbarkeit 569
11.5 Numerische Eigenvektorbestimmung 570
    11.5.1 Die Potenzmethode 571
    11.5.2 Der Jacobi-Transformationsalgorithmus 574
11.A Lineare Differenzengleichungen 581
    11.A.1 Lineare Differenzengleichungen und Matrizen 582
    11.A.2 Allgemeine Lösung einer linearen Differenzengleichung 583
    11.A.3 Eine Formel für die Fibonacci-Zahlen 584
    11.A.4 Die Determinante det B_n aus Abschnitt 4.4.4 585
11.B Differentialgleichungen 586
    11.B.1 Die Matrixexponentialfunktion und Eigenvektoren 586
    11.B.2 Differentialgleichung einer gedämpften Schwingung 587
    11.B.3 Differentialgleichung einer Federkette 590
Übungsaufgaben 594

12 Matrixzerlegungen   **597**
12.1 Zerlegung in Produkte einfacherer Matrizen 597
12.2 LU-, LDU- und LR-Zerlegung 599
    12.2.1 Gauß-Matrizen 599
    12.2.2 Die LU-Zerlegung 601
    12.2.3 Die LDU-Zerlegung 602
    12.2.4 Die LR-Zerlegung 603
    12.2.5 Übersicht 604
    12.2.6 Spezialfälle 604
12.3 Cholesky-Zerlegung 607
12.4 QR-Zerlegung 610
    12.4.1 Gram-Schmidt-Orthonormalisierung und QR-Zerlegung 611
    12.4.2 QR-Zerlegung mit Reflektoren 612
    12.4.3 Kleinste Quadrate und die QR-Zerlegung 615
    12.4.4 Anwendung: geometrische Zerlegung einer Abbildung 617
12.5 Singulärwertzerlegung 619
    12.5.1 Singulärwerte 619
    12.5.2 Eindeutigkeit der Singulärwertzerlegung 621
    12.5.3 Singulärwerte und Eigenwerte 622
    12.5.4 Pseudoinverse 624
    12.5.5 Geometrische Interpretation 625

12.6 RREF und die CR-Zerlegung 627
    12.6.1 Faktorisierung mit der reduzierten Zeilenstufenform 628
    12.6.2 Bild und Kern 629
12.A Magnetische Navigationssysteme 630
    12.A.1 Kräfte im Magnetfeld 632
    12.A.2 Magnetfelder erzeugen 637
    12.A.3 Magnetische Navigation 640
12.B Regelungstechnik und SVD 642
    12.B.1 Lineare, diskrete Systemmodellierung 642
    12.B.2 Steuerbarkeit 644
    12.B.3 Beobachtbarkeit 646
    12.B.4 Approximation 648
Übungsaufgaben 648

13 Normalformen   **651**
13.1 Invariante Unterräume 651
    13.1.1 Kern und Bild von Matrixpotenzen 651
    13.1.2 Invariante Unterräume 655
    13.1.3 Nilpotente Matrizen 656
    13.1.4 Basis für die Normalform einer nilpotenten Matrix bestimmen . . 659
13.2 Eigenräume 661
    13.2.1 Verallgemeinerte Eigenräume 661
    13.2.2 Zerlegung in invariante Unterräume 663
    13.2.3 Nullstellen des charakteristischen Polynoms 663
13.3 Normalformen 665
    13.3.1 Diagonalform 665
    13.3.2 Jordan-Normalform 666
    13.3.3 Reelle Normalform 670
13.A Die Federwaage 672
    13.A.1 Jordan-Normalform und Exponentialreihe 673
    13.A.2 Lineare Differentialgleichungen zweiter Ordnung 674
    13.A.3 Reibung und kritische Dämpfung 678
Übungsaufgaben 681

14 Positive Matrizen   **683**
14.1 Wahrscheinlichkeitsmatrizen und Markov-Ketten 683
    14.1.1 Graphen 683
    14.1.2 Wahrscheinlichkeitsmatrizen 691
    14.1.3 Markov-Ketten 694
14.2 Perron-Frobenius-Theorie 698
    14.2.1 Nichtnegative und positive Matrizen und Vektoren 698
    14.2.2 Spektralradius 701
    14.2.3 Invariante Unterräume und Eigenräume positiver Matrizen . . . 705
    14.2.4 Satz von Perron-Frobenius 708
14.A Google-Matrix 712
    14.A.1 Ein Wahrscheinlichkeitsmodell für Internetbesucher 713

14.A.2 Die Google-Matrix 716
14.B Das Parrondo-Paradoxon 719
14.B.1 Die beiden Teilspiele 720
14.B.2 Kombination der Spiele 726
Übungsaufgaben 727

15 Tensoren **729**
15.1 Vektoren und Linearformen 729
15.1.1 Basen für Vektoren und Linearformen 729
15.1.2 Koordinatentransformation 732
15.2 Kovariante und kontravariante Tensoren 733
15.2.1 Lineare Abbildungen 733
15.2.2 Verallgemeinertes Skalarprodukt 733
15.2.3 Tensoren beliebiger Stufe 734
15.3 Tensorprodukt und Kroneckerprodukt 736
15.3.1 Indexfreie Notation 736
15.3.2 Tensorprodukt 736
15.3.3 Kroneckerprodukt von Matrizen 737

Literatur **741**

Index **743**

Kapitel 1

Einführung

1.1 Warum lineare Algebra?

Die lineare Algebra ist aus der Aufgabenstellung entstanden, Systeme von linearen Gleichungen zu lösen. Doch die Lösung allein dieser Aufgabe könnte den Stellenwert, den die lineare Algebra heute hat, nicht rechtfertigen. Was also macht die Bedeutung der linearen Algebra aus?

1.1.1 Die Welt ist linear

Die Entdeckung der Differential- und Integralrechnug durch Newton und Leibniz hat gezeigt, dass sich Funktionen, die zur Beschreibung mechanischer Vorgänge verwendet werden, über kurze Zeitintervalle wie lineare Funktionen verhalten. Das hooksche Federgesetz sagt, dass die rücktreibende Kraft einer gespannten Feder proportional zur Auslenkung ist. Die potentielle Energie einer Masse im homogenen Schwerefeld ist proportional zur Höhe. Das Schwerefeld der Erde kann in der Nähe der Erdoberfläche als homogen angesehen werden. Die Grundgesetze der Elastizitätstheorie sind linear, die Gesetze der Elektrodynamik sind linear. Nichtlineare Effekte tauchen erst als emergente Eigenschaften in komplexeren Systemen auf.

1.1.2 Große Probleme — große lineare Gleichungssysteme

Die Tatsache, dass ein komplexes Verhalten sehr oft eine emergente Eigenschaft linearer Grundgesetze ist, bedeutet, dass die Beherrschung der Grundaufgaben der linearen Algebra mit Computern eine solide Basis für die numerische Simulation natürlicher Vorgängen darstellt. Verbreitet eingesetzte numerische Bibliotheken für schnelle Vektor- und Matrixoperationen wie BLAS und LAPACK, die heute sogar zum Standardumfang der Betriebssysteme von Smartphones gehören, unterstreichen diese Bedeutung der linearen Algebra als numerischer Grundbaustein. Die Leistung von Supercomputern in der Liste der 500 schnellsten Computer [25] wird mit Hilfe der Laufzeit der LINPACK-Implementation der LU-Zerlegung einer Matrix bewertet, die im Abschnit 12.2 dargestellt wird. Die Autoren der Liste schreiben auf ihrer Website als Begründung für diese Wahl:

> As a yardstick of performance we are using the 'best' performance as measured by the LINPACK Benchmark. LINPACK was chosen because it is widely used and performance numbers are available for almost all relevant systems.

Solche Supercomputer verwenden manchmal 3D-Graphikkarten, die die linearen Rechenoperationen für viele Vektoren des Raumes parallel berechnen können. Diese Prozessoren können keine komplexen Programme ausführen, aber sie können zum Beispiel Skalarprodukte von Vektoren in sehr viel kürzerer Zeit berechnen, da genau diese Fähigkeit auch für die Darstellung dreidimensionaler Szenen auf einem Computerbildschirm benötigt wird, wie in Abschnitt 7.A gezeigt wird. Neuerdings werden solche Karten auch in Anwendungen des Machine Learning eingesetzt, wo zum Beispiel beim Einsatz sogenannter "convolutional neural networks" ebenfalls vor allem lineare Operationen parallel berechnet werden müssen.

1.1.3 Alles ist Matrix

Die Erfahrung vieler Ingenieure ist, dass Matrizen hervorragend an die Aufgabe angepasst sind, rechnerische Modelle für ihre Projekte zu liefern. Doch der Nutzen der Matrizenalgebra geht viel weiter. Die Lösung der Gleichung $x^2 - 2 = 0$ ist innerhalb der rationalen Zahlen nicht möglich, eine komplizierte Erweiterung, die reellen Zahlen, muss mit großem Aufwand konstruiert werden, um eine Zahl angeben zu können, die die Gleichung löst. Es lässt sich aber für jede algebraische Gleichung mit rationalen Koeffizienten immer eine Matrix finden, die die Gleichung löst. Zum Beispiel haben die Matrizen

$$Q = \begin{pmatrix} 0 & 1 \\ 2 & 0 \end{pmatrix} \quad \text{und} \quad J = \begin{pmatrix} 0 & -1 \\ 1 & 0 \end{pmatrix}$$

die Eigenschaften

$$Q^2 - 2I = 0 \quad \text{und} \quad J^2 = -I.$$

Q ist also so etwas wie eine Quadratwurzel von 2 und J ist ein Objekt, dessen Quadrat -1 ist, wie die imaginäre Einheit i.

Matrizen können daher als universelle Datenstruktur zur Modellierung mathematischer Zusammenhänge gesehen werden. Graphen können mit Matrizen beschrieben werden und wesentliche Eigenschaften eines Graphen können zum Beispiel aus den Eigenwerten (siehe Kapitel 11) dieser Matrix abgeleitet werden, sagt die spektrale Graphentheorie [18]. Die Matrizenmechanik ist eine Variante der Quantenmechanik, die ein Quantensystem mit Matrizen modelliert. Die Darstellungstheorie von Gruppen befasst sich mit der Frage, wie abstrakt definierte Gruppen als Matrizengruppen dargestellt werden können. Viele weitere Beispiele bestätigen diese praktische Universalität der Matrizenalgebra.

1.2 Inhaltsübersicht

Die Kapitel dieses Buches sind wie im Abhängigkeitsgraphen in Abbildung 1.1 gezeigt voneinander abhängig. Die Kapitel in der linken Spalte umfassen die rein algebraische Theorie. Die Kapitel der Spalte ganz rechts dagegen entwickeln die Vektorgeometrie unter Verwendung der algebraischen Grundlagen. Diese Aufteilung ist nur eine Orientierungshilfe, wie das folgende Beispiel zeigt. Das Konzept der Basis wird in Kapitel 3 zusammen mit der linearen Abhängigkeit eingeführt. Basistransformationen könnten auch in diesem abstrakten Rahmen behandelt werden, es ist aber anschaulicher und leichter nachvollziehbar, sie im Zusammenhang mit Koordinatensystemen in der affinen Vektorgeometrie in Kapitel 6 darzustellen.

Ab Kapitel 11 lässt es sich nicht vermeiden, dass geometrische Begriffe in einzelnen Abschnitten der Matrixalgebra vorausgesetzt werden müssen und auch zu einem intuitiveren Verständnis der Theorie beitragen. Für detaillierte Inhaltsangaben möge der Leser die Einleitungen der einzelnen Kapitel konsultieren, hier eine grobe Übersicht:

2. **Lineare Gleichungssysteme:** Lineare Gleichungssysteme sind die ursprüngliche Motivation der linearen Algebra. In diesem Kapitel wird der gaußsche Eliminationsalgorithmus als grundlegendes Lösungsverfahren für große lineare Gleichungssysteme vorgestellt. Lineare Gleichungssysteme haben immer genau eine, unendlich viele oder gar keine Lösungen. Der Begriff der linearen Abhängigkeit, der ebenfalls hier eingeführt wird, erklärt dieses Phänomen.

3. **Matrizen und Vektoren:** Die Ideen des Kapitels 2 können in der etwas geometrischeren Sprache der Vektoren und Matrizen formuliert werden. Letztere stellen mit der Matrizenmultiplikation ein zusätzliches, mächtiges rechnerisches Werkzeug bereit, mit dem sich eine große Zahl von Anwendungsfragestellungen modellieren lässt.

4. **Determinante:** Die eindeutige Lösbarkeit eines linearen Gleichungssystems mit gleich vielen Gleichungen wie Unbekannten lässt sich mit einer einzigen numerischen Kennzahl, der Determinanten entscheiden. Es stellt sich heraus, dass die Determinante durch wenige einfache Eigenschaften charakterisiert wird. Diese Eigenschaften führen direkt zu weiteren interessanten Anwendungen. In Kapitel 8 wird neben Flächen- und Volumenformeln auch das Vektorprodukt daraus abgeleitet.

5. **Polynome:** Polynome können als Vektoren codiert werden. Die algebraischen Eigenschaften von Polynomen können aber auch durch geeignete Matrizen wiedergegeben werden. Besonders großer Nutzen wird später in Kapitel 13 aus der Möglichkeit gezogen werden, Matrizen in Polynome einzusetzen.

6. **Affine Vektorgeometrie:** Die affine Geometrie handelt von Eigenschaften von Punkten, Geraden und Ebenen und ihren Schnittmengen. In der affinen Geometrie haben Längen und Winkel keine Bedeutung. Die bisher entwickelte lineare Algebra ist ideal dazu geeignet, solche Situationen zu beschreiben.

7. **Skalarprodukt:** Um den Begriff des Abstandes von Punkten oder daraus abgeleitet von Winkeln mit den Mitteln der linearen Algebra zu behandeln, wird das Skalar-

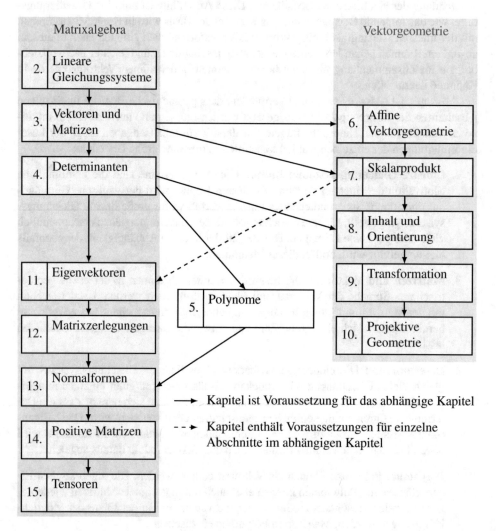

Abbildung 1.1: Abhängigkeiten der einzelnen Kapitel voneinander.

produkt benötigt. In diesem Kapitel wird gezeigt, wie es sich direkt aus den bisher entwickelten Begriffen ableiten lässt.

8. **Flächeninhalt, Volumen und Orientierung:** Die Determinante kann der Vorstellung der Orientierung einer Ebene oder eines Raumes eine exakte Bedeutung geben. Orientierter Flächeninhalt und orientiertes Volumen können mit der Determinante berechnet werden. Das Vektorprodukt oder Kreuzprodukt fasst diese Fähigkeiten in einem besonders leicht handzuhabenden Werkzeug zusammen.

9. **Transformationen:** Matrizen beschreiben Abbildungen des Raumes. Für die Anwendungen sind oft nur Abbildungen interessant, die wichtige Invarianten erhalten, die zum Beispiel längen- oder flächentreu sind. So entstehen Gruppen von Matrizen, die nützliche Eigenschaften miteinander kombinieren.

10. **Projektive Geometrie:** Verzerrungsarme photographische Objektive bilden Geraden auf Geraden ab, aber die Abbildung ist trotzdem nicht affin, parallele Geraden können auf sich im Fluchtpunkt schneidende Geraden abgebildet werden. Die projektive Geometrie ermöglicht, die räumliche Situation aus Kamerabildern zu rekonstruieren.

11. **Eigenwerte und Eigenvektoren:** In den Anwendungen treten oft Potenzen oder Reihenentwicklungen von Matrizen auf. Deren effiziente Berechnung wie auch die Lösung von Matrixdifferentialgleichungen wird mit Hilfe von Eigenvektoren und den zugehörigen Eigenwerten möglich. Insbesondere eine Basis aus Eigenvektoren ermöglicht, ein System von Gleichungen auf einfache eindimensionale Probleme zu reduzieren.

12. **Matrixzerlegungen:** Die Faktorisierung einer Zahlen in ihre Primfaktoren hilft, ihre Teilbarkeitseigenschaften zu verstehen. Ähnlich erlaubt die Faktorisierung einer Matrix in leichter zu verstehende Matrizen, die Eigenschaften der Matrix besser zu verstehen. Es wird sich herausstellen, dass sich die in früheren Kapiteln dargestellten Algorithmen als Zerlegungen in Dreiecksmatrizen verstehen lassen. Ebenfalls vorgestellt wird die Singulärwertzerlegung, mit der sich die in Anwendungen wichtige Pseudoinverse konstruieren lässt.

13. **Normalformen:** Die Jordan-Normalform erweitert die Idee der Diagonalisierung mit Eigenvektoren, statt Diagonalform strebt sie eine immer mögliche Zerlegung in Blockdiagonalmatrizen mit Dreiecksblöcken an. Damit entsteht eine universelle Normalform, die zur Vereinfachung vieler Problemlösungen geeignet ist.

14. **Positive Matrizen:** Die Beschreibung eines Graphen oder die Modellierung eines Wahrscheinlichkeitsprozesses mit endlich vielen möglichen Zuständen, einer sogenannten Markov-Kette, führt auf Matrizen, deren Einträge nicht negativ sind. Die Perron-Frobenius-Theorie beweist die besonderen Eigenschaften, die zum Beispiel für die Berechnung des PageRank der Suchmaschine Google ausgenützt werden.

15. **Tensoren:** Matrizen funktionieren sehr erfolgreich als universelle Datenstruktur zur Behandlung von Problemen mit linearen Abhängigkeiten. Sie kommen an ihre Gren-

zen, wenn man damit kompliziertere Konstruktionen beschreiben will, wie eine bilineare Abbildung mit zwei Argumenten, die als Wert eine Matrix haben soll. Das einfache Muster "Zeile × Spalte" funktioniert nicht mehr, wenn es mehrere Spaltenvektoren gibt, mit denen man multiplizieren möchte. Tensoren bieten die Möglichkeit, solche Abhängigkeiten wiederzugeben.

1.3   Anwendungen

Die lineare Algebra ist ein fundamentales Werkzeug für viele verschiedene mathematische Disziplinen. Dieser Rolle kann sie nur gerecht werden, wenn man sie so abstrakt wie möglich entwickelt. Tatsächlich kann es passieren, dass man das Potential der Theorie nicht voll erfassen kann, wenn man sie nur durch die Brille einer speziellen Anwendung kennenlernt. Andererseits macht es die Abstraktheit dem Anfänger schwer, den Einstieg zu finden. Es gibt aber einen anderen Weg. Statt mit größtmöglicher Abstraktheit die Anwendungsmöglichkeiten offen zu lassen, kann man auch versuchen, die Vielfalt der Anwendungen selbst die zugrundeliegenden Gemeinsamkeiten illustrieren zu lassen. In diesem Buch wird daher eine große Zahl von anspruchsvollen Anwendungen der linearen Algebra präsentiert. Sie ziehen Nutzen aus den unterschiedlichsten Aspekten der Theorie und machen damit die Bandbreite der Einsatzmöglichkeiten viel eher abschätzbar als Axiome, Definitionen und Sätze dies je könnten. Außerdem bereiten Sie den Leser mindestens genauso gut auf seine eigenen Anwendungen vor.

Jedes Kapitel dieses Buches versucht, mit einigen relevanten technischen Anwendungen den Nutzen der Theorie vorzuführen. In allen spielt die lineare Algebra eine zentrale Rolle, die besonders hervorgehoben werden soll. Manchmal sind für das vollständige Verständnis weitere mathematische oder physikalische Kentnisse hilfreich, die einem Anfängerstudenten im ersten Semester möglicherweise noch nicht zur Verfügung stehen. Die Rolle der linearen Algebra in der Problemlösung sollte jedoch auch ohne dieses Wissen nachvollziehbar sein.

Die Anwendungsabschnitte sind erkennbar an der Nummerierung durch Großbuchstaben, sie folgen den Theorieabschnitten am Ende jedes Kapitels. In diesem Abschnitt soll ein kurzer Überblick über die Anwendungen gegeben werden.

2.A   Elektrische Netzwerke

Gustav Robert Kirchhoff hat in einem Artikel im Jahr 1845 [12] die Gesetze formuliert, die den Zusammenhang zwischen Spannungen und Strömen in einem Widerstandsnetzwerk regeln. In einem zweiten Artikel im Jahr 1847 [13] hat er die Gleichungssysteme vertieft untersucht und dabei verschiedene mathematische Lösungsmethoden für lineare Gleichungssysteme mit seiner physikalischen Intuition gerechtfertigt. In diesem Abschnitt wird gezeigt, wie die Regeln ermöglichen, ein Netzwerk in ein Gleichungssystem abzubilden und geometrische wie auch elektrische Eigenschaften des Netzwerkes aus den Eigenschaften der Gleichungen abzuleiten.

3.A   Elektrische Netzwerke in Matrixschreibweise

Die Anwendung 2.A hat bereits gezeigt, wie lineare Gleichungssysteme in natürlicher Weise beim Studium elektrischer Netzwerke auftreten. Die Matrixnotation ermöglicht, noch weit mehr Information aus den Gleichungen abzuleiten. Dies wird in Kapitel 14 noch weiter getrieben werden.

3.B   Matrixoptik

Optische Systeme aus einfachen sphärischen Linsen können in erster Näherung, der sogenannten paraxialen Näherung, durch 2×2-Matrizen beschrieben werden. Diese Vorgehensweise ist unter Optikern auch als *ray tracing* bekannt. Sie ermöglicht zum Beispiel, die Linsengleichung abzuleiten oder zu verstehen, wie ein Teleskop oder ein Achromat funktionieren.

3.C   Rechnen mit Resten: Modulare Arithmetik

Das Rechnen mit Resten ist in der modernen Kryptographie von fundamentaler praktischer Bedeutung und begleitet den Internetbenutzer ständig. Mit einer Matrixschreibweise wird die Arithmetik, der euklidische Algorithmus und das Bestimmen eines inversen Elementes besonders übersichtlich.

3.D   Kettenbrüche

Kettenbrüche liefern besonders schnell konvergierende Approximationen irrationaler Zahlen. Sie können aber auch verwendet werden, um die Funktion einer Übertragungsleitung besser zu verstehen. Auch hier ist eine Matrixdarstellung hilfreich, die Bestimmung der Näherungsbrüche effizienter zu gestalten.

5.A   Interpolation

In der Numerik werden Polynome verwendet, um Funktionen zu approximieren. Dabei tritt die Vandermonde-Determinante auf, die unter anderem in diesem Abschnitt besprochen wird. Sie kann zum Beispiel auch dazu verwendet werden, die schnelle Fourier-Transformation zu verstehen.

5.B   Die endlichen Körper $\mathbb{F}_{p^n}$ und AES

Die modulare Arithmetik ist die Basis für die moderne Kryptographie, aber die Algorithmen verwenden nicht nur den Körper $\mathbb{F}_p$, sondern einen Erweiterungskörper $\mathbb{F}_{p^l}$. Dazu muss man den euklidischen Algorithmus auf Polynome anwenden können, wie dies in Abschnitt 5.3 gemacht wird. In dieser Anwendung wird gezeigt, wie die Theorie im AES-Verschlüsselungsstandard umgesetzt wird.

6.A   Aufrechtbildkamera

Im Kapitel 6 werden Abbildungen mit Matrizen beschrieben. Eine Videokamera, die immer aufrechte Bilder zeigt, muss nicht nur die geometrische Bilddrehung durchführen, sie muss auch die Umrechnung des YUV-Farbraumes der Videokamera in den RGB-Farbraum des Bildschirms durchführen. Wie ein Studentenprojekt diese Herausforderung gemeistert hat, wird in dieser Anwendung gezeigt.

7.A   Raytracing

Raytracing ist eine Technik, photorealistische 3D-Darstellungen zu erstellen. Die Implementation in der Software Povray wird zum Beispiel in diesem Buch für die meisten 3D-Bilder verwendet. Beim Raytracing wird ein Lichtstrahl verfolgt, wie er von den Oberflächen der Objekte der Szene reflektiert wird, bis er in das Auge des Betrachters oder das Objektiv der Kamera fällt. Dazu müssen verschiedene geometrische Aufgaben bewältigt werden, die sich alle mit dem Skalarprodukt lösen lassen.

7.B   Ein Parametrisierungsproblem

Viele Steuerungsaufgaben verlangen nach einer geeigneten Kalibrierung und Parametrisierung. Die Methode der kleinsten Quadrate (Least Squares) ist oft die beste Methode, diese Parameter zu bestimmen. In diesem Abschnitt wird die Steuerung eines Teleskops mit Hilfe einer Nachführkamera untersucht.

7.C   Bildregistrierung

In der Astrophotographie und in anderen bildgebenden Verfahren ist es nötig, unabhängig voneinander gewonnene Einzelbilder zur Deckung zu bringen. Zum Beispiel werden in wissenschaftlichen Kameras die Farben oft durch Filter getrennt. Um ein Farbbild zu bekommen, müssen die Farbauszüge später wieder zur Deckung gebracht werden. Auch kann durch Überlagerung einer großen Zahl von schwachen Bildern ein Bild mit besserem Signal-Rausch-Abstand erzeugt werden. Es muss also eine Translation und eine Drehung gefunden werden, die die Bilder zur Deckung bringt.

7.D   Anwendung: Diskrete Fourier-Transformation

Die Fourier-Transformation ist das Werkzeug der Wahl des Ingenieurs, um ein Signal in seine Frequenzkomponenten zu zerlegen. Die allgemeine Theorie von Fourier wird mit Hilfe eines Integrals und der komplexen Exponentialfunktion definiert, deren Kenntnis in diesem Buch nicht vorausgesetzt werden soll. Die diskrete Fourier-Transformation kann aber vollständig mit Matrizen beschrieben und verstanden werden.

7.E   Das Haar-Wavelet

Die Fourier-Transformation kann zwar die in einem Signal vorhandenen Frequenzen ermitteln, die Information über die Zeitpunkte interessanter Ereignisse im Signal geht dabei aber verloren. Eine Analyse nach Wavelets versucht, auf Kosten der genauen Frequenzbestimmung die zeitliche Lokalisierung zu verbessern. Als Beispiel wird in dieser Anwendung das Haar-Wavelet untersucht. Die Wavelet-Transformation kann ganz ähnlich wie die Fourier-Transformation sehr übersichtlich als Matrizen-Operation verstanden werden.

8.A Welche Leistung kann man von einer PV-Anlage erwarten?

Die Energiewende kann nur erfolgreich sein, wenn alle möglichen erneuerbaren Energiequellen wirkungsvoll genutzt werden können. Datenblätter von Solarpanels geben die maximal mögliche Leistung eines Panels an. Diverse Online-Rechner zur Dimensionierung von Photovoltaikanlagen erlauben meist nicht, Parameter wie Dachneigung oder Ausrichtung genau zu erfassen. Wer eine PV-Anlage einrichten will, tut dies also oft ohne eine klare Vorstellung davon, welche Leistung er überhaupt theoretisch erwarten kann. Die Berechnung ist aber nicht wirklich schwierig, wenn man in der Lage ist, die Drehungen von Haus, Dach und Erde durchzuführen. Dies ist mit der auf dem Vektorprodukt basierenden Rodrigues-Formel möglich, die in Abschnitt 8.3 eingeführt wird.

8.B MEMS-Kreiselsensoren und Quaternionen

Beschleunigungs- und Kreiselsensoren gehören inzwischen zu den selbstverständlichen Komponenten in jedem Mobiltelefon oder Tabletcomputer. Der Programmierer trifft bei der Verwendung dieser Schnittstellen oft auf Quaternionen, mit denen sich Drehungen des Raumes besonders kompakt beschreiben lassen. Es stellt sich heraus, dass diese Formeln mit der Rodrigues-Formel gleichbedeutend sind.

9.A Quadratur-Amplituden-Modulation

Der Hochfrequenzingenieur lernt eine große Zahl verschiedener Modulationstechniken, mit denen analoge oder digitale Signale für Mobiltelefonie oder WLAN drahtlos übertragen werden können. Es stellt sich aber heraus, dass alle diese Verfahren eine gemeinsame mathematische Basis haben. Die Quadratur-Amplituden-Modulation (QAM) ist die Basis für *Software Defined Radio*. In diesem Abschnitt wird gezeigt, wie man QAM mit Drehmatrizen verstehen kann.

9.B Fehlerkorrigierende Codes

Moderne digitale Kommunikation transportiert derart große oder wertvolle Datenmengen, dass man sich Übertragungsfehler nicht leisten kann. Die Codierung der Daten muss daher ermöglichen, Fehler nicht nur zu erkennen, sondern auch wieder zu korrigieren. Verfahren, die nur lineare Operationen verwenden, sind dafür besonders gut geeignet, da sie sich sehr performant implementieren lassen. In dieser Anwendung wird der Hamming-Code vorgestellt.

9.C Satellitennavigation

Mit GPS kann jedes Smartphone die eigene Position auf wenige Meter genau bestimmen. Dies ist dank einer Konstellation von Satelliten möglich, deren Signale genügend

Information zur Positionsbestimmung enthalten. Wie das geht und wie solche Satelliten-konstellationen aufgebaut sind, wird in dieser Anwendung gezeigt.

9.D Trägheitsplattform

Aus den Signalen, die die in Anwendung 8.B studierten Beschleunigungs- und Kreiselsen-soren liefern, muss eine Koordinatenumrechnung zwischen dem erdfesten Koordinaten-system und dem Koordinatensystem eines Flugzeugs oder Raumschiffes abgeleitet wer-den. Am Beispiel einer einfachen Kreiselplattform wird hier gezeigt, wie dies möglich ist. Die Theorie wird auch am Beispiel eines Flugzeugs simuliert, das eine Standardkurve fliegt.

10.A Triangulation mit Kameras

Motion Tracking verwendet mehrere Kameras, um die Position eines Objektes im Raum zu bestimmen. Aus den aufgezeichneten Bewegungen eines Schauspielers kann dann zum Beispiel eine computeranimierte Figur für einen Film erzeugt werden.

11.A Lineare Differenzengleichungen

Die Fibonacci-Zahlen werden durch die Differenzengleichung $F_{n+1} = F_n + F_{n-1}$ bestimmt. Die Theorie der Eigenwerte und Eigenvektoren kann dazu verwendet werden, solche Glei-chungen zu lösen und zum Beispiel für die F_n eine Formel abzuleiten, die Binet-Formel. Daraus kann man dann auch leicht den Grenzwert des Quotienten F_{n+1}/F_n für $n \to \infty$ be-rechnen. Die Vorgehensweise ist analog zur Lösung linearer Differentialgleichungen und kann dem Studierenden später beim Studium der Theorie der gewöhnlichen Differential-gleichungen helfen.

11.B Differentialgleichungen

Die Schwingung einer Saite wird durch eine partielle Differentialgleichung beschrieben. Eine diskrete Approximation ist eine Federkette, die mit Hilfe von Matrizen modelliert werden kann und deren Bewegung mit Hilfe der Theorie der Eigenwerte und Eigenvekto-ren berechnet werden kann.

12.A Magnetische Navigationssysteme

Mikroroboter in der Ophthalmologie können Operationen an der Netzhaut vornehmen, ohne dass dazu der Glaskörper des Auges entfernt werden muss. Ein solcher Mikroroboter ist aber nur ein kleiner Magnet mit angefügtem Werkzeug. Mit Hilfe einer Anzahl von Spulen wird eine Magnetfeld erzeugt, mit dem der Mikroroboter durch das Auge navigiert werden kann. Die Ströme, die durch die Spulen fließen müssen, können mit Hilfe der Pseudoinversen bestimmt werden.

12.B Regelungstechnik und SVD

Die Regelungstechnik studiert technische Regelungsvorgänge. Im allgemeinen Fall lassen sich verschiedene Zustandsvariablen eines System durch geeignete Steuerinputs so steuern, dass ein bestimmter Ablauf eingehalten wird. Die Singulärwertzerlegung ermöglicht verschiedene Einsichten in die Beobachtbarkeit und Steuerbarkeit eines solchen Systems.

13.A Federwaage

Hängt man eine Masse an eine Federwaage, um ihr Gewicht zu bestimmen, wird die Waage eine Zeit lang schwingen. Durch geeignete Dämpfung kann die Schwingung unterbunden werden, zu viel Dämpfung führt aber dazu, dass die Waage länger braucht, bis sie zur Ruhe kommt. In dieser Anwendung wird gezeigt, wie die optimale Lösung, nämlich die kritische Dämpfung, bestimmt werden kann.

14.A Google-Matrix

Die Suchmaschine Google muss aus Millionen von passenden Suchresultaten diejenigen auswählen, die dem Benutzer mit größter Wahrscheinlichkeit nützlich sein könnten. Der kommerzielle Erfolg der Suchmaschine hängt davon ab. Die Google-Matrix ist ein wahrscheinlichkeitstheoretisches Modell, das genau dies erreichen soll. Der daraus abgeleitete PageRank rangiert Suchresultate nach Relevanz.

14.B Das Parrondo-Paradoxon

Die Intuition sagt, dass zwei Spiele, die man im Mittel nur verlieren kann, auch in Kombination nicht zu einem Gewinn führen sollten. Doch genau das Gegenteil kann passieren, wie das Parrondo-Paradoxon zeigt. Die Theorie der positiven Matrizen und der Formalismus des Hadamard-Produktes erlaubt, dies besonders übersichtlich zu formulieren und nachzurechnen.

1.4 Notation

Die verbreitete Nützlichkeit der linearen Algebra hat zu einer Vielfalt von divergierenden Notationen geführt. Zum Beispiel werden Vektoren manchmal durch Pfeile gekennzeichnet, manchmal aber auch durch Fettdruck oder Unterstreichung. Jedes Lehrbuch der linearen Algebra ist daher mit dem Dilemma konfrontiert, dass nicht jede Notation in allen Anwendungen gleichermaßen nützlich sein wird. In diesem Abschnitt sollen die Konventionen erklärt werden, die für dieses Buch gewählt wurden.

Andere Alphabete

Das lateinische Alphabet ist oft zu wenig vielseitig, um mathematische Sachverhalte auszudrücken. Griechische Buchstaben werden in geometrischen Anwendungen für Winkel, als skalare Faktoren oder als Koordinaten in verschiedenen Koordinatensystemen verwendet. Eine Zusammenstellung des griechischen Alphabets findet sich in Tabelle 1.1.

Alpha	A	α	Iota	I	ι	Rho	P	ρ, ϱ
Beta	B	β	Kappa	K	$\kappa, \varkappa$	Sigma	Σ	σ, ς
Gamma	Γ	γ	Lambda	Λ	λ	Tau	T	τ
Delta	Δ	δ	My	M	μ	Ypsilon	Υ	υ
Epsilon	E	ϵ	Ny	N	ν	Phi	Φ	ϕ, φ
Zeta	Z	ζ	Xi	Ξ	ξ	Chi	X	χ
Eta	H	η	Omikron	O	o	Psi	Ψ	ψ
Theta	Θ	θ, ϑ	Pi	Π	π, ϖ	Omega	Ω	ω

Tabelle 1.1: Das griechische Alphabet, alle Buchstaben und ihre Namen. Einige Buchstaben eignen sich nicht als Formelzeichen, weil sie sich nicht oder zu wenig von lateinischen Buchstaben unterscheiden.

$\mathbb{N}$	natürliche Zahlen $0, 1, 2, \ldots$
$\mathbb{Z}$	ganze Zahlen, $\ldots, -2, -1, 0, 1, 2, \ldots$
$\mathbb{Q}$	rationale Zahlen, Brüche
$\mathbb{Q}^*$	von 0 verschiedene rationale Zahlen
$\mathbb{R}$	reelle Zahlen
$\mathbb{R}^*$	von 0 verschiedene reelle Zahlen
$\mathbb{R}^+, \mathbb{R}_{>0}$	positive reelle Zahlen
$\mathbb{C}$	komplexe Zahlen, $\mathbb{R} + i\mathbb{R}$
$\mathbb{C}^*$	von 0 verschiedne komplexe Zahlen
$\Bbbk$	ein beliebiger Zahlenkörper

Abbildung 1.2: Zahlenmengen werden durch Buchstaben mit Doppelbalken bezeichnet.

Zahlenmengen

Für die Zahlenmengen werden Symbole mit Doppelbalken verwendet, einige Beispiele sind in Tabelle 1.2 zusammengestellt. Andere Mengen werden nicht mit Doppelbalken dargestellt, mit einer einzigen Ausnahme. Die Lösungsmenge einer Gleichung oder eines Gleichungssystems wird mit dem Zeichen $\mathbb{L}$ bezeichnet.

Vektoren

In der Algebra werden viele verschiedenartige Objekte definiert, mit denen man auf die eine oder andere Art rechnen kann. Für jedes dieser Objekte eine eigene Notation zu finden ist nicht praktikabel, so viele verschiedene Notationen gibt es gar nicht. In diesem Buch wird daher im algebraischen Zusammenhang nicht durch typographische Kennzeichnungen zwischen verschiedenen Arten von Objekten unterschieden. Für Zahlen, Vektoren und Matrizen werden immer lateinische und manchmal griechische Buchstaben ohne besondere Kennzeichnung verwendet. Dies ist die Notation, die in den Kapiteln der linken Spalte von Abbildung 1.1 verwendet wird.

Im geometrischen Zusammenhang ist die Vielfalt der auftretenden Objekte deutlich geringer, man hat nur mit Zahlen, Vektoren und Matrizen zu tun. In der Geometrie möchte man aber oft sowohl von der Länge $|\vec{a}|$ eines Vektors $\vec{a}$ wie auch vom Vektor selbst sprechen. Die Schreibweise mit den Betragszeichen ist etwas schwerfällig. Daher wird in diesem geometrischen Zusammenhang manchmal die Konvention verwendet, dass Vektoren mit einem Pfeil gekennzeichnet werden. Der Betrag eines Vektors $\vec{a}$ kann dann als $a = |\vec{a}|$ abgekürzt werden. Dies ist die Notation, die in den Kapiteln 6 bis 10 verwendet wird.

In der Komponentendarstellung werden Vektoren mit runden Klammern

$$\vec{a} = \begin{pmatrix} a_1 \\ a_2 \\ \vdots \\ a_n \end{pmatrix} \qquad \text{oder} \qquad b = \begin{pmatrix} b_1 & b_2 & \dots & b_n \end{pmatrix}$$

geschrieben.

Einige Lehrbücher verwenden für Spaltenvektoren eckige Klammern, obwohl sie für Zeilenvektoren und Tupel, die sich algebraisch nicht anders verhalten, runde Klammern verwenden. Es gibt keinen guten Grund, eckige Klammern zu verwenden. Eckige Klammern werden in diesem Buch nur für homogene Koordinaten in Kapitel 10 verwendet. Homogene Koordinaten sind Mengen von Vektoren und verhalten sich algebraisch anders, daher ist eine neue Notation dafür gerechtfertigt.

Matrizen

Matrizen werden normalerweise mit großen lateinischen Buchstaben bezeichnet, in einzelnen Fällen auch mit griechischen Buchstaben. Sie werden aber typographisch nicht weiter ausgezeichnet. Für die Komponentendarstellung werden immer runde Klammern

$$A = \begin{pmatrix} a_{11} & a_{12} & \dots & a_{1n} \\ a_{21} & a_{22} & \dots & a_{2n} \\ \vdots & \vdots & \ddots & \vdots \\ a_{m1} & a_{m2} & \dots & a_{mn} \end{pmatrix}$$

verwendet. Eckige Klammern werden nicht verwendet.

Transposition

Die transponierte Matrix wird in Kapitel 3 eingeführt. Wohl für keine andere Matrixoperation gibt es mehr verschiedene Schreibweisen. Dieses Buch verwendet ein hochgestelltes kleines t dafür. Die transponierte Matrix von A ist A^t.

1.5 Grundlagen und Voraussetzungen

Dieses Buch geht davon aus, dass der Leser bereits eine gewisse Vertrautheit mit der Mathematik hat und insbesondere mit der Mengenlehre, der mathematischen Logik und mit den wichtigsten Zahlenmengen in Kontakt gekommen ist. In diesem Abschnitt werden einige dieser Begriffe zusammengestellt, insbesondere um die Notation und Nomenklatur festzulegen.

1.5.1 Mathematische Grundlagen, Bezeichnungen

Zu den Grundlagen zählen vor allem Logik und Mengenlehre sowie allgemeine Fakten über Abbildungen. Wir gehen in diesem Buch von einem eher intuitiven Verständnis der Mengenlehre aus, wie man es heutzutage in der voruniversitären Ausbildung kennenlernt.

Logik

Prädikate sind mathematische Aussagen, die nur wahr oder falsch sein können. Zwei Aussagen P und Q lassen sich mit den Operationen UND und ODER verknüpfen, für die wir die folgenden Symbole verwenden:

$$P \wedge Q \quad \Leftrightarrow \quad P \text{ und } Q \text{ sind wahr,}$$
$$P \vee Q \quad \Leftrightarrow \quad P \text{ oder } Q \text{ ist wahr.}$$

Der Doppelpfeil $\Leftrightarrow$ bedeutet, dass zwei Aussagen logisch äquivalent sind: jede Seite folgt aus der anderen.

Außerdem lässt sich eine Aussage negieren:

$$\neg P \quad \Leftrightarrow \quad P \text{ ist nicht wahr.}$$

Wenn Aussage Q aus Aussage P folgt, wird dies $P \Rightarrow Q$ notiert. Dies ist gleichbedeutend mit $\neg P \vee Q$.

Mengen

Mengen werden meistens mit großen Buchstaben A, B bezeichnet. Die Zahlenmengen der *natürlichen Zahlen* $\mathbb{N} = \{0, 1, 2, 3, \dots\}$ und der *ganzen Zahlen* $\mathbb{Z} = \{\dots, -3, -2, -1, 0, 1, 2, 3, \dots\}$ werden wie später zu definierende Zahlenmengen als Großbuchstaben mit Doppelbalken geschrieben.

Das *kartesische Produkt* zweier Mengen A und B ist die Menge

$$A \times B = \{(a, b) \mid a \in A \wedge b \in B\}$$

der Paare aus Elemente von A und B. Die Punkte mit ganzzahligen Koordinaten in der Ebene haben die Koordinaten $\mathbb{Z} \times \mathbb{Z}$. Für gleiche Faktoren ist auch die Abkürzung $A^2 = A \times A$ oder allgemein

$$A^n = \underbrace{A \times A \times \cdots \times A}_{n \text{ Faktoren}}$$

üblich.

Das Zeichen $\forall$, der Allquantor, bedeutet "für alle", also heißt zum Beispiel

$$\forall n \in \mathbb{N}((-1)^{2n} = 1) \quad \Leftrightarrow \quad \text{"für alle natürlichen Zahlen } n \text{ ist } (-1)^{2n} = 1\text{".}$$

Gerade Potenzen von (-1) sind immer 1. Manchmal wird dies auch einfach $(-1)^{2n} = 1 \forall n \in \mathbb{N}$ geschrieben.

Das Zeichen $\exists$, der Existenzquantor, steht dagegen für "es gibt" wie in

$$\exists x \in \mathbb{Z}(17x = 2023) \quad \Leftrightarrow \quad \text{"es gibt ein } x \in \mathbb{N} \text{ mit der Eigenschaft } 17x = 2023\text{".}$$

Die Bedingung, die von dem Element erfüllt werden muss, dessen Existenz behauptet wird, steht in Klammern. Die Aussage ist natürlich wahr, denn $x = 119$ hat die verlangte Eigenschaft.

Oft wird eine Menge als Teilmenge einer bereits bekannten Menge konstruiert, indem den Elementen eine zusätzliche Bedingung auferlegt wird. Die Menge

$$G = \{(x, y) \in \mathbb{R}^2 \mid y = x^2\} \tag{1.1}$$

besteht zum Beispiel aus den Koordinatenpaaren der Punkte einer Parabel in der Ebene. Allgemein ist das Format dieser Schreibweise

$$T = \left\{ x \in G \;\middle|\; \begin{array}{l} \text{zusätzliche Bedingungen} \\ \text{an die Objekte } x \end{array} \right\},$$

was die Menge T, bestehend aus jenen Elementen der Grundmenge G, bezeichnet, die die zusätzlichen Bedingungen rechts des Vertikalstrichs erfüllen.

Vollständige Induktion

Im Analysis-Unterricht lernt man normalerweise die folgende, vollständige Induktion genannte Technik, eine Aussage $P(n)$ für alle natürlichen Zahlen $n \in \mathbb{N}$ zu beweisen.
1. Verankerung: Beweise $P(0)$, z. B. durch Nachrechnen.
2. Induktionsanahme: Nimm an, $P(k)$ sei für $k \leq n$ bereits beweisen.
3. Induktionsschritt: Beweise, dass unter den Annahmen von 2. folgt, dass $P(n + 1)$ wahr ist.

Abbildungen

Eine *Abbildung* $f : X \to Y$ ist eine Zuordnung von Elementen des *Definitionsbereichs* X zu Elementen des *Bildbereichs* oder *Wertebereichs* Y. Dem Element $x \in X$ wird das Element $f(x) \in Y$ zugeordnet, dies wird auch als $x \mapsto f(x)$ geschrieben. Wir reservieren die Schreibweise $f(x)$ für den Wert, der $x \in X$ unter der Abbildung zugeordnet ist. Das Element $f(x)$ heißt auch das *Bild* von x unter f, x heißt *Urbild*.

Vor allem bei linearen Abbildungen, wie sie in Kapitel 3 eingeführt werden, wird auch die folgende Operatorschreibweise verwendet. Der Operator $A : X \to Y$ bildet den Vektor $x \in X$ auf $Ax \in Y$ ab.

Eine Abbildung heißt *injektiv*, wenn verschiedene Elemente in X auch verschiedene Bilder haben. Sie heißt *surjektiv*, wenn jedes Element von Y als Bild vorkommt, wenn also die Gleichung $f(x) = y$ für jedes $y \in Y$ eine Lösung $x \in X$ hat. Eine Abbildung heißt *bijektiv*, wenn sie sowohl surjektiv als auch injektiv ist. Zu jedem Element $y \in Y$ gibt es dann genau ein $x \in X$ mit der Eigenschaft $y = f(x)$. Bijektive Abbildungen sind also umkehrbar. Die *Umkehrabbildung* wird mit f^{-1} bezeichnet, es gilt also $f^{-1}(f(x)) = x$ und $f(f^{-1}(y)) = y$.

Die *Zusammensetzung* zweier Funktion

$$f : X \to Y \qquad \text{und} \qquad g : Y \to Z$$

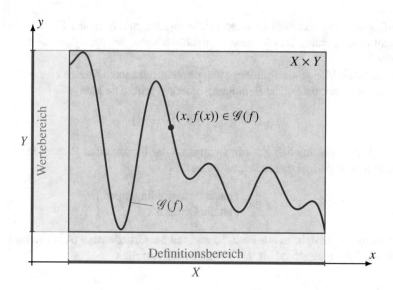

Abbildung 1.3: Der Graph einer Funktion $f\colon X \to Y\colon x \mapsto f(x)$ besteht aus den Punkten $(x, f(x))$ des kartesischen Produktes $X \times Y$.

wird $g \circ f$ geschrieben, dies ist die Abbildung

$$g \circ f\colon X \to Z\colon x \mapsto g(f(x)).$$

In der Operatorschreibweise werden die beiden Operatoren einfach nebeneinander geschrieben. Die Zusammensetzung des Operators B mit dem Operator A ist also $AB = A \circ B$.

Der Graph einer Funktion $f\colon X \to Y$ ist die Menge der Paare $(x, f(x)) \in X \times Y$ aus Urbild x und Bild $f(x)$ unter der Abbildung, also

$$\mathscr{G}(f) = \{(x, y) \in X \times Y \mid y = f(x)\} = \{(x, f(x)) \in X \times Y \mid x \in X\}$$

(siehe auch Abbildung 1.3). Die Menge in (1.1) ist der Graph der Funktion $f\colon \mathbb{R} \to \mathbb{R}\colon x \mapsto f(x) = x^2$.

Summen und Produkte

Die Summe einer großen Zahl von Summanden $a_1, a_2, \ldots, a_n$ kann kompakter mit dem Summenzeichen

$$a_1 + a_2 + \cdots + a_n = \sum_{k=1}^{n} a_k$$

geschrieben werden. Für Produkte vieler Faktoren steht das Produktzeichen

$$a_1 a_2 \cdots a_n = \prod_{k=1}^{n} a_k$$

zur Verfügung.

1.5.2 Zahlkörper

Die Lösung linearer Gleichungssysteme benötigt nur die arithmetischen Grundoperationen. Aus diesem Grund ist jede Menge, in der die arithmetischen Grundoperationen definiert sind, als Menge, aus der die Koeffizienten einer linearen Gleichung wie auch die Werte der Unbekannten stammen, geeignet, solange die folgenden Rechenregeln gelten.

Definition 1.1. *Eine Menge K mit zwei Verknüpfungen*

$$+ : K \times K \to K : (a,b) \mapsto a + b \qquad und \qquad \cdot : K \times K \to K : (a,b) \mapsto a \cdot b = ab$$

heißt ein Körper, *wenn folgende Bedingungen erfüllt sind:*

1. *Die Addition + wie auch die Multiplikation · sind assoziativ:*

    $$(a + b) + c = a + (b + c) \qquad und \qquad (ab)c = a(bc) \qquad \forall a, b, c \in K.$$

2. *Neutrales Element bezüglich der Addition: Es gibt ein Element $0 \in K$ mit $a + 0 = a$ für alle $a \in K$.*

3. *Inverses Element bezüglich der Addition: Zu jedem Element $a \in K$ gibt es ein Element $-a \in K$ mit der Eigenschaft $a + (-a) = 0$.*

4. *Neutrales Element bezüglich der Multiplikation: Es gibt ein Element $1 \in K$, $1 \neq 0$, mit der Eigenschaft $1a = a$ für alle $a \in K$.*

5. *Inverses Element bezüglich der Multiplikation: Für jedes Element $a \in K \setminus \{0\}$ gibt es ein Element a^{-1} mit $a \cdot a^{-1} = 1$.*

6. *Sowohl die Addition wie auch die Multiplikation sind kommutativ:*

    $$a + b = b + a \qquad und \qquad ab = ba \qquad \forall a, b \in K.$$

7. *Distributivgesetz:*

    $$a(b + c) = ab + ac$$

    für alle $a, b, c \in K$.

Beispiel 1.2. Die Menge der *rationalen Zahlen*

$$\mathbb{Q} = \left\{ \frac{p}{q} \;\middle|\; p \in \mathbb{Z} \wedge q \in \mathbb{N} \setminus \{0\} \right\}$$

ist ein Körper.   ○

In $\mathbb{Q}$ sind die arithmetischen Operation definiert, aber bereits die Quadratwurzeloperation ist nicht immer definiert. Die Zahl $\sqrt{2}$ ist nicht rational, $\sqrt{2} \notin \mathbb{Q}$. Es ist denkbar, den Körper $\mathbb{Q}$ um die Wurzel $\sqrt{2}$ zu erweitern, so dass wieder ein Körper entsteht, in dem wenigstens diese eine Quadratwurzel gezogen werden kann. Das ändert allerdings nichts daran, dass die Quadratwurzel $\sqrt{5}$ immer noch nicht gezogen werden kann.

Die rationalen Zahlen bilden außerdem einen geordneten Körper. Brüche können miteinander verglichen werden, und die Ordnungsrelation ist verträglich mit den arthmetischen Operationen. So lässt sich immer entscheiden, ob ein Bruch $\frac{p}{q}$ größer oder kleiner als $\sqrt{2}$ ist. Dazu verwendet man

$$\frac{p}{q} > \sqrt{2} \qquad \Leftrightarrow \qquad \frac{p^2}{q^2} > 2.$$

Damit lassen sich Folgen von Approximationsbrüchen konstruieren, die $\sqrt{2}$ beliebig genau approximieren, ohne dass der Grenzwert in $\mathbb{Q}$ wäre. In der Analysis lernt man, wie sich aus einem Begriff des Abstandes und Cauchy-Folgen ein Körper konstruieren lässt, in dem Cauchy-Folgen auch konvergieren.

Beispiel 1.3. Die Menge der reellen Zahlen $\mathbb{R}$ ist ein Körper, der die rationalen Zahlen enthält.   ○

Beispiel 1.4. Die Menge der komplexen Zahlen $\mathbb{C}$ entsteht aus den reellen Zahlen durch Hinzufügen eines Elementes i mit der Eigenschaft $i^2 = -1$. Es kann gezeigt werden, dass $\mathbb{C}$ ein Körper ist.   ○

Für die Grundlagen der linearen Algebra ist die Wahl des Körpers nicht von Bedeutung. Zum Beispiel sind die Entwicklungen der Kapitel 2–4 für jeden beliebigen Körper gleichermaßen gültig. Wir verwenden das Zeichen $\Bbbk$ für den Zahlkörper, wenn die Wahl des Zahlkörpers keine Rolle spielt. In den Kapiteln 11–13 ist die Existenz der Nullstellen wichtig, dort steht $\Bbbk$ für einen Körper, in dem man auch die nötigen Nullstellen finden kann, meistens $\mathbb{R}$, manchmal auch $\mathbb{C}$.

Lösungen von Polynomgleichungen

In Kapitel 6 wird die Verbindung zwischen der anschaulichen Geometrie und der linearen Algebra geschaffen. Diese Anschauung ist nur im Körper $\mathbb{Q}$ sinnvoll. In Kapitel 7 wird das Skalarprodukt konstruiert und gezeigt, wie sich damit ein Längenbegriff für Vektoren ergibt, der allerdings nur sinnvoll ist, wenn beliebige Quadratwurzeln gezogen werden können. Der Körper $\mathbb{Q}$ reicht dann nicht mehr, da in ihm nicht jede positive Zahl eine Quadratwurzel hat. Der Körper $\mathbb{R}$ löst dieses Problem.

Quadratwurzeln positiver Zahlen sind Lösungen einer Polynomgleichung der Form

$$X^2 - p = 0,$$

wobei $p \geq 0$ ist. Es reicht aber nicht, dem Körper nur Quadratwurzeln hinzuzufügen. In Kapitel 11 wird sich zeigen, dass als Eigenwerte von Matrizen die Nullstellen beliebiger algebraischer Gleichungen auftreten können. Einige Fragestellungen werden sich daher in den reellen Zahlen nicht beantworten lassen, es wird nötig sein, den Körper der komplexen Zahlen zu verwenden.

Nicht nur ist $\mathbb{C}$ ein Körper, der Fundamentalsatz der Algebra besagt sogar, dass jede algebraische Gleichung mit Koeffizienten in $\mathbb{C}$ auch alle Lösungen in $\mathbb{C}$ hat. Da vielen Studierenden zu Beginn des Studiums die komplexen Zahlen noch nicht zur Verfügung stehen, versucht dieses Buch alle Entwicklungen so zu gestalten, dass keine besonderen Eigenschaften der komplexen Zahlen verwendet werden. Die Verwendung von $\mathbb{C}$ ist daher meist nur eine Kurzform für die Aussage, dass die Argumentation voraussetzen muss, dass die Nullstellen einer Gleichung im aktuellen Zahlenkörper gefunden werden können.

Gruppen, Ringe, Algebren

Ein Körper ist eine ziemlich komplizierte Struktur, da sie viele Operationen und Eigenschaften miteinander vereinigt, wie man auch der Darstellung 1.4 entnehmen kann, in der die Körper im innersten grünen Bereich zu finden sind. Wir werden viele Situationen kennenlernen, in denen die eine oder andere Eigenschaft fehlt.

- Ein *Vektorraum* (blaue Menge in Abbildung 1.4) besteht aus Vektoren mit einer assoziativen und kommutativen Addition. Die Multiplikation ist aber nur für Vektoren und Zahlen aus einem Körper definiert, nicht für Paare von beliebigen Vektoren. Der Begriff des Vektorraums wird in Abschnitt 3.2 eingeführt.

- In einer *Gruppe* (graue Menge in Abbildung 1.4) ist nur eine Verknüpfung definiert, die kommutativ sein kann oder nicht. Die Permutationsgruppe wird in Abschnitt 4.3 eingeführt, verschiedene Matrizengruppen werden uns in Abschnitt 9.3 begegnen.

- In einem *Ring* (rote Menge in Abbildung 1.4) gibt es zwei Verknüpfungen wie in einem Körper, aber die Multiplikation lässt sich nicht immer invertieren. Die ganzen Zahlen, die Polynome und die Menge der Matrizen sind Ringe.

- Eine Algebra vereinigt die Eigenschaften eines Vektorraumes mit denen eines Ringes. Das wichtigste Beispiel für dieses Buch ist die Matrizenalgebra, die in Abschnitt 3.3.2 definiert wird.

1.6 Wie lineare Algebra studieren?

Zu diesem Buch gehören eine Reihe von Hilfsmitteln, die das Lernen des Stoffs unterstützen sollen. Die Website `https://linalg.ch` ist die Anlaufstelle für alle elektronischen Hilfsmittel.

1.6.1 Den Stoff erarbeiten

Der Stoff wird etwa so entwickelt, wie man ihn auch in einer Vorlesung präsentiert erhält. Neue Begriffe werden durch *Schrägschrift* hervorgehoben, ihr Verständnis ist wesentlich für die weitere Entwicklung. Besonders wichtige oder umfangreiche Begriffe werden in Definitionen zusammengefasst, diese sollte man sich sorgfältig einprägen, da alle folgenden Entwicklungen darauf aufbauen. Hat man die genaue Definition eines Begriffs vergessen, hilft der Index, sie wiederzufinden.

Die Darstellung enthält immer wieder Beispiele, die zeigen, wie man mit den Begriffen arbeitet. Das Ende eines Beispiels ist jeweils durch einen Kreis ○ angezeichnet. Rechenbeispiele, die mit Hilfe des Gauß-Algorithmus gerechnet werden können, sind mit

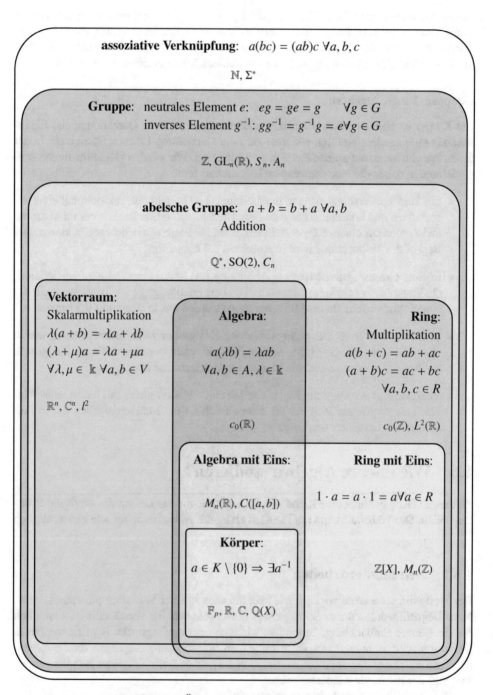

assoziative Verknüpfung: $a(bc) = (ab)c \ \forall a, b, c$

$\mathbb{N}, \Sigma^*$

Gruppe: neutrales Element e: $eg = ge = g$ $\forall g \in G$
inverses Element g^{-1}: $gg^{-1} = g^{-1}g = e \forall g \in G$

$\mathbb{Z}, \mathrm{GL}_n(\mathbb{R}), S_n, A_n$

abelsche Gruppe: $a + b = b + a \ \forall a, b$
Addition

$\mathbb{Q}^*, \mathrm{SO}(2), C_n$

Vektorraum:
Skalarmultiplikation
$\lambda(a + b) = \lambda a + \lambda b$
$(\lambda + \mu)a = \lambda a + \mu a$
$\forall \lambda, \mu \in \Bbbk \ \forall a, b \in V$

$\mathbb{R}^n, \mathbb{C}^n, l^2$

Algebra:

$a(\lambda b) = \lambda ab$
$\forall a, b \in A, \lambda \in \Bbbk$

$c_0(\mathbb{R})$

Ring:
Multiplikation
$a(b + c) = ab + ac$
$(a + b)c = ac + bc$
$\forall a, b, c \in R$

$c_0(\mathbb{Z}), L^2(\mathbb{R})$

Algebra mit Eins:

$M_n(\mathbb{R}), C([a, b])$

Ring mit Eins:

$1 \cdot a = a \cdot 1 = a \forall a \in R$

Körper:

$a \in K \setminus \{0\} \Rightarrow \exists a^{-1}$

$\mathbb{F}_p, \mathbb{R}, \mathbb{C}, \mathbb{Q}(X)$

$\mathbb{Z}[X], M_n(\mathbb{Z})$

Abbildung 1.4: Übersicht über algebraische Strukturen.

einem QR-Code versehen, der den Leser sofort zum Internet-Gauß-Calculator führt, wo er die Steuerung des Algorithmus selbst übernehmen muss. Der Calculator kann auch für eigene Gleichungssystem oder Übungsaufgaben verwendet werden. Es ist möglich, Gleichungssystem für spätere Wiederverwendung zu speichern. Die Website zeigt sogar einen QR-Code an, der einem Benutzer erlaubt, das Beispiel sofort zu finden.

Besonders wichtige Resultate der Entwicklung werden oft in Form von Sätzen zusammengefasst. Deren Herleitung ist manchmal dem Text zu entnehmen, in einigen Fällen wird auch ein formeller Beweis gegeben. Beweise erklären, warum die Aussagen der Sätze wahr sind. Es ist nicht nötig, Beweise auswendig zu lernen. Man soll sie aber sorgfältig lesen und versuchen zu verstehen, wie die behaupteten Resultate aus den Voraussetzungen folgen. Man kann sich zum Beispiel fragen, wozu jede der Voraussetzungen gut ist.

Ein formeller Beweis ist zwar auch nur eine Abfolge von logischen Schlüssen unter Verwendung früher gefundener Aussagen. Aber meistens werden weiter zurückliegende Resultate verwendet oder die Argumentation ist komplexer. Das macht formelle Beweise meist etwas anstrengender zu lesen. Manchmal ist es bei einer ersten Lektüre auch gar nicht nötig, da die intuitive Begründung für ein Resultat ausreicht. Damit der Leser leichter erkennen kann, wo ein Beweis zu Ende ist, ist das Beweisende mit einem kleinen Quadrat □ markiert.

Beweise verwenden manchmal frühere Sätze, um ihre Folgerungen zu rechtfertigen. Wenn das passiert, sollte man sich jeweils fragen, ob im vorliegenden Fall die Voraussetzungen dieser früheren Sätze vollständig erfüllt sind.

1.6.2 Begriffe pauken

Es genügt nicht, die Begriffe einmal sorgfältig gelesen zu haben. Grundlegende Begriffe muss man ebenso auswendig können wie die wichtigen Eigenschaften der eingeführten Konstrukte. Der Begriff der linearen Abhängigkeit aus Kapitel 2 ist zum Beispiel so zentral, dass man nicht jedesmal nachschauen kann, was er bedeutet. Ähnlich muss man im Kapitel 4 auswendig wissen, wie die verschiedenen möglichen Operationen auf Zeilen oder Spalten einer Determinante den Wert der Determinante beeinflussen.

Ein Stapel elektronischer Lernkarten für das Anki-Lernkarten-System [2] steht unter `https://linalg.ch/anki/` zur Verfügung, um Definitionen und grundlegende Eigenschaften zu lernen und immer wieder zu repetieren. In wichtigen Fällen enthalten die Antworten auf den Karten auch Verweise auf Abschnitte in diesem Buch, wo man die Definitionen oder die Begründung für die abgefragten Resultate nachlesen kann.

1.6.3 Anwendungen verstehen

Im Unterschied zu vielen anderen Lehrbüchern über lineare Algebra werden in Ergänzungsabschnitten in jedem Kapitel umfangreiche praktische Anwendungen aus den Ingenieurwissenschaften präsentiert. Eine Übersicht wurde in Abschnitt 1.3 gegeben. Diese praxisorientierten Erklärungen sollen dem Leser oder der Leserin frühzeitig helfen zu verstehen, wie die theoretischen Entwicklungen angewendet werden. Dies hilft hoffentlich auch, die Begriffe selbst besser zu verstehen.

Die Anwendungen verlangen zum Teil Vorkenntnisse, die möglicherweise nicht allgemein bekannt sind. Zum Beispiel verlangt der Abschnitt 3.B Kenntnisse des Brechungsgesetzes, das man auf Hochschulstufe sicher als bekannt voraussetzen kann, etwas später aber auch die Linsengleichung, die vielleicht weniger selbstverständlich ist. Die Leser sind angehalten, diese Voraussetzungen einfach zu akzeptieren, denn es geht ja nicht darum, diese Grundlagen zu erklären, sondern zu zeigen, wie die Begriffe und Methoden der linearen Algebra damit zu arbeiten erlauben.

Natürlich gibt es viele weitere Anwendungen, die in diesem Buch nicht mehr Platz gefunden haben. Ergänzungsartikel mit weiteren Beispielen oder anderen Vertiefungsthemen sind auf der Website zum Buch abrufbar.

1.6.4 Übungsaufgaben lösen

Mathematik kann man nicht lernen, ohne selbst mathematisch aktiv zu werden. Das beginnt beim Studieren des Textes, wo man sich immer wieder fragen soll, was das bedeutet, was man da liest. Eine gute Strategie ist sich vorzustellen, wie man den Stoff mit eigenen Worten erklären würde. Studieren im Team ist dazu durchaus hilfreich.

Die wichtigste eigene Aktivität ist jedoch, Übungsaufgaben zu lösen. Damit soll man aber nicht beginnen, bevor man die Theorie studiert und die Begriffe gelernt hat. Es besteht sonst die Gefahr, dass man nur die mechanische Anwendung von Rechenrezepten lernt, statt zu verstehen, warum diese funktionieren. Die Rechenbeispiele im Text dienen durchaus auch als Vorbereitung auf die Übungsaufgaben.

Übungsaufgaben findet man am Ende jedes Kapitels, weiteres ergänzendes Übungsmaterial findet man thematisch geordnet auf der Website `https://linalg.ch` zum Buch.

1.6.5 Lineare Algebra ist überall

Mit dem Durcharbeiten dieses Buches hat man die lineare Algebra nicht gelernt. Das Buch ist eine zwar umfangreiche, aber doch unvollständige Einführung. Weitere Themen warten darauf, vom Leser erkundet zu werden. Daher werden auf der Website zum Buch unter `https://linalg.ch/artikel` Ergänzungsartikel zum Buch angeboten. Sie bauen auf dem Buch auf, verweisen direkt auf die Formeln und Sätze im Buch, bringen aber neuen Stoff und zusätzliche Erkenntnisse. Bei Drucklegung des Buches standen Artikel über die Modellierung eines telezentrischen Objektives und über das Rechnen mit Blockmatrizen zur Verfügung. Es ist geplant, diesen Bereich in Zukunft weiter auszubauen.

Lineare Algebra findet man überall in der Mathematik, zum Beispiel auch in der Analysis. Mit jedem mathematischen Kapitel, das man studiert, lohnt es sich jeweils, die algebraischen Aspekte herauszuschälen und zu verstehen, wie Ideen aus der grundlegenden Theorie neu angewendet werden können. So kann Denken in den Begriff der linearen Algebra mit der Zeit zur zweiten Natur werden. Wir wünschen dem Leser und der Leserin viel Erfolg bei diesem langfristigen Unterfangen.

Kapitel 2

Lineare Gleichungssysteme

Die Grundaufgabe der linearen Algebra ist, lineare Gleichungssysteme zu lösen. In diesem Kapitel wird die Terminologie und Notation für lineare Gleichungssysteme als Grundlage für alle folgenden Kapitel festgelegt. Ebenso wird der in Abschnitt 2.3 erklärte gaußsche Eliminationsalgorithmus die Standardmethode sein, mit der Gleichungssysteme gelöst werden.

2.1 Anforderungen

Lineare Gleichungssysteme sind in den Anwendungen oft linearisierte Versionen von Differentialgleichungen. Als solche stehen die Unbekannten dieser Gleichungen für die Werte irgendwelcher Felder, zum Beispiel Temperatur, elektrisches Potential oder Verschiebung, in jedem Punkt des Raumes. Daraus ergibt sich, dass die Anzahl der Unbekannten sehr groß sein wird. Wir brauchen also eine Notation, die in der Lage ist, mit einer großen Anzahl von Gleichungen mit sehr vielen Unbekannten umzugehen. Außerdem muss sie sich gut in Programmiersprachen übersetzen lassen.

Zur Lösung solcher Gleichungssysteme brauchen wir alsdann einen geeigneten Algorithmus. Da angesichts der großen Zahl von Unbekannten und Gleichungen eine Lösung von Hand nicht im Vordergrund steht, müssen alle Schritte des Algorithmus so formuliert sein, dass sie leicht mit einem Computer implementiert werden können. Anweisungen wie "Gleichung Nummer 1291 muss nach der Variablen x_{4711} aufgelöst werden" sind unbrauchbar, da übliche Programmiersprachen die Operation des "Auflösens" nicht kennen. Außerdem darf die Laufzeit mit der Anzahl der Unbekannten und Gleichungen nicht zu schnell anwachsen. Dies schließt zum Beispiel eine Methode wie die cramersche Regel aus, die man vielleicht in der Schule gelernt hat und die im Abschnitt 4.6 besprochen werden wird. Die für diese Methode nötige Berechnung einer großen Anzahl von Determinanten lässt die Laufzeit mit der Anzahl der Unbekannten exponentiell schnell anwachsen.

Die numerische Rechnung muss immer auch die Auswirkungen von Rundungsfeh-

© Der/die Autor(en), exklusiv lizenziert an
Springer-Verlag GmbH, DE, ein Teil von Springer Nature 2023
A. Müller, *Lineare Algebra: Eine anwendungsorientierte Einführung*,
https://doi.org/10.1007/978-3-662-67866-4_2

lern berücksichtigen. Im Laufe der ausgedehnten Rechnung können sich anfangs kleine Fehler derart aufschaukeln, dass die Resultate unbrauchbar werden. Da der Fokus dieses Buches weniger auf den rein numerischen Aspekten des Problems der Lösung linearer Gleichungssysteme liegt, werden wir auf die möglichen Schwierigkeiten zwar hinweisen, sie aber nicht vollständig adressieren. Der interessierte Leser findet vertiefte Informationen zur Numerik linearer Gleichungssysteme in Standardwerken wie dem Buch [27] von David S. Watkins.

Trotz des Fokus auf eine computerimplementierbare Lösung erhoffen wir uns einen Algorithmus, mit dem sich auch algebraische Aufgaben wie lineare Gleichunssysteme mit Parametern in den Koeffizienten behandeln lassen.

2.2   Gleichungen

In diesem Abschnitt entwickeln wir eine effiziente und auch computertaugliche Notation für lineare Gleichungen und untersuchen ihre grundlegenden Eigenschaften. Alle in diesem Kapitel behandelten Methoden funktionieren für Werte von Koeffizienten und Unbekannten aus einem beliebigen Körper $\Bbbk$.

2.2.1   Variablen, Koeffizienten und rechte Seiten

Lineare Gleichungen haben die Form

$$ax + by + cz = d. \tag{2.1}$$

Normalerweise interpretiert man diese Schreibweise so, dass x, y und z *Unbekannte* oder *Variablen* sind und a, b und c *Koeffizienten*. Für große Gleichungssysteme mit Tausenden von Gleichungen und Unbekannten ist diese Notation nicht genügend flexibel.

Viele Unbekannte

Wenn wir mit vielen Unbekannten arbeiten oder bei der Entwicklung der allgemeinen Theorie, wo wir die Anzahl der Unbekannten nicht festlegen wollen, werden wir die folgende Index-Notation verwenden. Variablen oder Unbekannte sind

$$x_1, x_2, \ldots, x_n$$
$$y_1, y_2, \ldots, y_n.$$

Meistens deuten wir die Tatsache, dass die Werte der x_i oder y_j unbekannt und gesucht sind dadurch an, dass wir Buchstaben vom Ende des Alphabets verwenden.

Für eine Gleichung wie (2.1) brauchen wir außerdem eine entsprechend große Anzahl von Koeffizienten, mit denen die Variablen $x_1, \ldots, x_n$ multipliziert werden. Hierfür verwenden wir ebenfalls indizierte Größen $a_1, a_2, \ldots, a_n$, mit denen die Gleichung

$$a_1 x_1 + a_2 x_2 + a_3 x_3 + \cdots + a_n x_n = b \tag{2.2}$$

aufgebaut werden kann. Wir nennen die $a_k, k = 1, \ldots, n$, die *Koeffizienten* der Gleichung und b die *rechte Seite*.

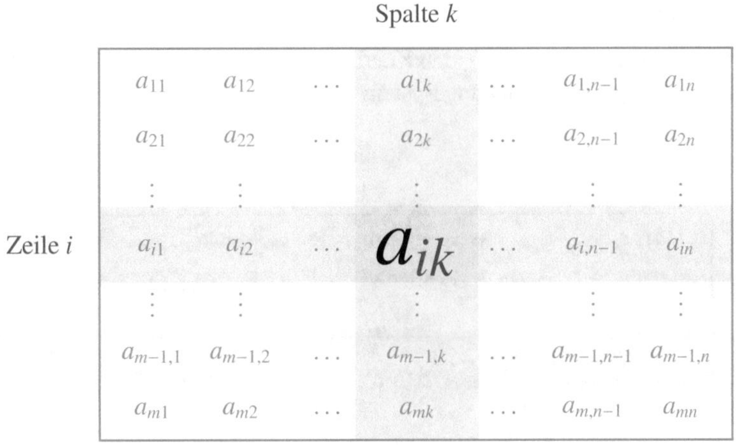

Spalte k

$$
\begin{array}{ccccccc}
a_{11} & a_{12} & \cdots & a_{1k} & \cdots & a_{1,n-1} & a_{1n} \\
a_{21} & a_{22} & \cdots & a_{2k} & \cdots & a_{2,n-1} & a_{2n} \\
\vdots & \vdots & & \vdots & & \vdots & \vdots \\
a_{i1} & a_{i2} & \cdots & a_{ik} & \cdots & a_{i,n-1} & a_{in} \\
\vdots & \vdots & & \vdots & & \vdots & \vdots \\
a_{m-1,1} & a_{m-1,2} & \cdots & a_{m-1,k} & \cdots & a_{m-1,n-1} & a_{m-1,n} \\
a_{m1} & a_{m2} & \cdots & a_{mk} & \cdots & a_{m,n-1} & a_{mn}
\end{array}
$$

Zeile i

Abbildung 2.1: Zeilen- und Spaltenindex der Koeffizienten a_{ik} eines Gleichungssystems mit m Gleichungen und n Unbekannten.

Viele Gleichungen

Normalerweise werden wir nicht nur mit einer einzigen Gleichung wie (2.2) zu tun haben, sondern mit einer großen Zahl solcher Gleichungen. Die Unbekannten sind in allen Gleichungen die selben, aber die Koeffizienten und die rechten Seiten sind verschieden.

Für m Gleichungen brauchen wir daher die indizierten *rechten Seiten*

$$b_1, b_2, \ldots, b_m. \tag{2.3}$$

Für jede Gleichung brauchen wir außerdem einen Satz von n Koeffizienten. Wir brauchen daher einen zweiten Index, mit dem die Gleichungen nummeriert werden können. Wir verwenden die doppelt indizierte Größen

$$
\begin{array}{ccccc}
a_{11} & a_{12} & a_{13} & \cdots & a_{1n} \\
a_{21} & a_{22} & a_{23} & \cdots & a_{2n} \\
a_{31} & a_{32} & a_{33} & \cdots & a_{3n} \\
\vdots & \vdots & \vdots & \ddots & \vdots \\
a_{m1} & a_{m2} & a_{m3} & \cdots & a_{mn}.
\end{array}
\tag{2.4}
$$

Der erste Index nummeriert die Gleichung, der zweite gibt an, mit welcher Variablen der Koeffizient multipliziert werden muss (siehe auch Abbildung 2.1).

Gleichungssysteme

Aus den Unbekannten x_k von (2.2), den Koeffizienten a_{ik} von (2.4) und den rechten Seiten b_i von (2.3) kann jetzt das Gleichungssystem

$$
\begin{array}{c}
\text{Spalte } k \\
\downarrow
\end{array}
$$

$$
\begin{array}{llllll}
a_{11}x_1 + & a_{12}x_2 + \ldots + & a_{1k}x_k + \ldots + & a_{1,n-1}x_{n-1} + & a_{1n}x_n = b_1 \\
a_{21}x_1 + & a_{22}x_2 + \ldots + & a_{2k}x_k + \ldots + & a_{2,n-1}x_{n-1} + & a_{2n}x_n = b_2 \\
\vdots & \vdots & \vdots & \vdots & \vdots \ \vdots \\
a_{i1}x_1 + & a_{i2}x_2 + \ldots + & a_{ik}x_k + \ldots + & a_{i,n-1}x_{n-1} + & a_{in}x_n = b_i \\
\vdots & \vdots & \vdots & \vdots & \vdots \ \vdots \\
a_{m-1,1}x_1 + a_{m-1,2}x_2 + \ldots + & a_{m-1,k}x_k + \ldots + a_{m-1,n-1}x_{n-1} + & a_{m-1,n}x_n = b_{m-1} \\
a_{m1}x_1 + & a_{m2}x_2 + \ldots + & a_{mk}x_k + \ldots + a_{m-1,n-1}x_{n-1} + & a_{m-1,n}x_n = b_m
\end{array}
$$

Zeile $i \rightarrow$ (für die Zeile $a_{i1}x_1 + a_{i2}x_2 + \ldots + a_{ik}x_k + \ldots + a_{i,n-1}x_{n-1} + a_{in}x_n = b_i$)

zusammengebaut werden.

Die langen Summen auf der linken Seite der Gleichungen können mit Hilfe des Summenzeichens kompakter geschrieben werden, sie werden dann zu

$$
a_{i1}x_1 + a_{i2}x_2 + \cdots + a_{in}x_n = \sum_{l=1}^{n} a_{il}x_l.
$$

Das Gleichungssystem ist dann

$$
\sum_{l=1}^{n} a_{il}x_l = b_i \qquad \text{mit } i = 1, \ldots, m.
$$

Es kommt zwar an dieser Stelle noch nicht darauf an, in welcher Reihenfolge wir die Faktoren in jedem Term schreiben, wir gewöhnen uns aber für später an, dass der Summationsindex k in den beiden Faktoren möglichst nahe beieinander stehen, wir bevorzugen also $a_{ik}x_k$ gegenüber $x_k a_{ik}$.

Spezialfälle der Notation

Die Notation a_{ik} kann zweideutig werden, wenn man konkrete Werte für i und k einsetzt. Es ist zwar klar, dass a_{23} das Element in Zeile 2 und Spalte 3 sein muss, aber a_{123} kann man sowohl als das Element in Zeile 12 und Spalte 3 als auch als das Elemente in Zeile 1 und Spalte 23 interpretieren. In solchen Fällen wird ein Komma verwendet, um die beiden Indizes zu trennen. Die Beispiele

$$
a_{12,3} \qquad a_{1,23} \qquad a_{i,n-1} \qquad a_{m-1,n-1} \qquad a_{m-1,n},
$$

die zum Teil schon in Abbildung 2.1 vorgekommen sind, zeigen weitere Fälle, wo dieses zusätzliche Komma benötigt wird.

2.2.2 Linearformen

Die linken Seiten der linearen Gleichungen kann man auch als Funktionen betrachten, die von den n Variablen $x_1, \ldots, x_n$ abhängen. Wir könnten die linke Seite von Zeile i also als

$$f_i(x_1, x_2, \ldots, x_n) = a_{i1}x_1 + a_{i2}x_2 + \cdots + a_{in}x_n \tag{2.5}$$

schreiben. Die Koeffizienten $a_1, \ldots, a_n$ legen offenbar die Funktion f_i vollständig fest.

Mit solchen Funktionen lässt sich besonders leicht rechnen. Zum Beispiel kann man Summen in Argumenten der Funktion f zerlegen:

$$\begin{aligned} f(x_1 + y_1, \ldots, x_n + y_n) &= a_1(x_1 + y_1) + \cdots + a_n(x_n + y_n) \\ &= a_1x_1 + \cdots + a_nx_n + a_1y_1 + \cdots + a_ny_n \\ &= f(x_1, \ldots, x_n) + f(y_1, \ldots, y_n), \end{aligned}$$

oder gemeinsame Faktoren ausklammern:

$$\begin{aligned} f(\lambda x_1, \ldots, \lambda x_n) &= a_1 \lambda x_1 + \ldots a_n \lambda x_n \\ &= \lambda(a_1x_1 + \cdots + a_nx_n) = \lambda f(x_1, \ldots, x_n). \end{aligned}$$

Diese Gleichungen gelten für beliebige x_i, y_i und λ in $\Bbbk$.

Lineare Funktionen

Die einfachen Rechenregeln, die für die Funktionen (2.5) gelten, sind wesentlich dafür mitverantwortlich, dass sich für lineare Gleichungssysteme eine vollständige Theorie aufbauen lässt. Sie verdienen daher einen Namen.

Definition 2.1 (lineare Funktion). *Eine Funktion $f(x_1, \ldots, x_n)$ der Variablen $x_1, \ldots, x_n$ heißt* linear, *wenn*

$$f(x_1 + y_1, \ldots, x_n + y_n) = f(x_1, \ldots, x_n) + f(y_1, \ldots, y_n)$$
$$f(\lambda x_1, \ldots, \lambda x_n) = \lambda f(x_1, \ldots, x_n)$$

gilt für alle möglichen $x_k, y_k, \lambda \in \Bbbk$.

Lineare Gleichungen sind also solche, deren linke Seite eine lineare Funktion der Unbekannten ist. Lineare Funktionen werden oft auch *Linearformen* genannt.

Zusammengefasste Definition der Linearität

Im Fall einer einzigen Variablen bedeutet Linearität der Funktion $f(x)$, dass

$$\begin{aligned} f(x + y) &= f(x) + f(y) && \text{für alle} \quad x, y \in \Bbbk \\ \text{und} \quad f(\lambda x) &= \lambda f(x) && \text{für alle} \quad \lambda, x \in \Bbbk \end{aligned} \tag{2.6}$$

sein muss. Die zwei Bedingungen von (2.6) können auch in eine einzige Bedingung

$$f(\lambda x + \mu y) = \lambda f(x) + \mu f(y) \qquad \text{für alle } \lambda, \mu, x, y \in \Bbbk \tag{2.7}$$

zusammengefasst werden. Für $\lambda = \mu = 1$ ergibt sich die erste der beiden Bedingungen von (2.6), $\mu = 0$ ergibt die zweite.

2.2.3 Rechnen mit Linearformen

In der Definition (2.7) einer linearen Funktion kommt die Addition zweier solcher linearer Funktionen vor sowie die Multiplikation mit einer Zahl λ. Beide Operationen lassen sich statt für Funktionen auch auf den Koeffizienten definieren.

Multiplikation mit einem Skalar

Ein Skalar ist eine Zahl $\lambda \in \mathbb{k}$. Sei also $f(x_1, \ldots, x_n)$ eine lineare Funktion mit den Koeffizienten $a_1, \ldots, a_n$. Dann ist

$$g(x_1, \ldots, x_n) = \lambda f(x_1, \ldots, x_n)$$

ebenfalls eine lineare Funktion. Wegen

$$g(x) = \lambda f(x_1, \ldots, x_n) = \lambda a_1 x_1 + \cdots + \lambda a_n x_n = (\lambda a_1) x_1 + \cdots + (\lambda a_n) x_n$$

hat $g(x)$ die Koeffizienten $\lambda a_1, \ldots, \lambda a_n$, die Multiplikation einer Linearform mit λ läuft also auf die Multiplikation der Koeffizienten mit λ hinaus.

Addition von Linearformen

Für eine zweite Linearform $h(x_1, \ldots, x_n)$ mit Koeffizienten $c_1, \ldots, c_n$ ist die Summe

$$f(x_1, \ldots, x_n) + h(x_1, \ldots, x_n) = a_1 x_1 + \cdots + a_n x_n + c_1 x_1 + \cdots + c_n x_n$$
$$= (a_1 + c_1) x_1 + \cdots + (a_n + c_n) x_n.$$

Die Koeffizienten der Summe $f + h$ ergeben sich also einfach durch Addition der individuellen Koeffizienten der beiden Linearformen f und h.

2.2.4 Was ist eine Lösung?

Was heißt es, eine Lösung eines Gleichungssystems mit m Gleichungen und n Unbekannten mit Koeffizienten a_{ik} und rechten Seiten b_i gefunden zu haben? Eine Lösung sind Werte $x_1, \ldots, x_n \in \mathbb{k}$ für die Unbekannten derart, dass alle Gleichungen

$$a_{i1} x_1 + \cdots + a_{in} x_n = b_i \qquad \text{für } i = 1, \ldots, n$$

erfüllt sind.

Beispiel 2.2. Das Gleichungssystem

$$\begin{aligned} 4x_1 &+ 7x_2 &= 9 \\ 3x_1 &+ 5x_2 &= 4 \end{aligned}$$

hat die Lösung $x_1 = -17$ und $x_2 = 11$, denn

$$\begin{aligned} 4 \cdot (-17) &+ 7 \cdot 11 &= 9 \\ 3 \cdot (-17) &+ 5 \cdot 11 &= 4. \end{aligned}$$

Besonders einfach ist die Situation, wenn die rechte Seite $b = 0$ ist. Dann kann man immer sofort eine Lösung angeben, nämlich

$$x_1 = \cdots = x_n = 0 \qquad \Rightarrow \qquad a_1 x_1 + \cdots + a_n x_n = 0.$$

Oft kann man ein Gleichungsproblem auf diesen Fall zurückführen. Wir betrachten zur Illustration die Gleichung

$$3x_1 + 2x_1 + x_3 = 2.$$

Indem man $x_3 = 2$ wählt und einsetzt, erhält man

$$3x_1 + 2x_1 + 2 = 2 \qquad \Rightarrow \qquad 3x_1 + 2x_1 = 0.$$

Wenn diese einfachere Gleichung eine Lösung hat, dann haben wir ein Lösung für die ursprüngliche Gleichung gefunden. Diese spezielle Situation verdient daher einen Namen.

Definition 2.3 (homogene Gleichung)**.** *Ein Gleichung heißt* homogen*, wenn die rechte Seite = 0 ist. Wenn die rechte Seite ≠ 0 ist, heißt die Gleichung* inhomogen*.*

Zu jedem Gleichungssystem kann ein homogenes Gleichungssystem konstruiert werden, indem die rechten Seiten auf 0 gesetzt werden. Wir nennen dies das zu diesem Gleichungssystem gehörige homogene Gleichungssystem.

Beispiel 2.4. Um das zugehörige homogene Gleichungssystem zu finden, werden die rechten Seiten auf 0 gesetzt:

$$\underbrace{\begin{array}{rcrcr} 4x_1 & + & 7x_2 & = & 9 \\ 3x_1 & + & 5x_2 & = & 4 \end{array}}_{\text{inhomogen}} \quad \rightarrow \quad \underbrace{\begin{array}{rcrcr} 4x_1 & + & 7x_2 & = & 0 \\ 3x_1 & + & 5x_2 & = & 0 \end{array}}_{\text{homogen}} \qquad \bigcirc$$

2.2.5 Was kann passieren?

Im einfachsten Fall erwartet man eine einzige Lösung, wenn die Anzahl m der Gleichungen und die Anzahl n der Unbekannten gleich ist. Das Beispiel 2.2 zeigt diesen Fall. Es sind aber auch noch ganz andere Fälle möglich, wie die folgenden Beispiele zeigen.

Keine Lösung

Schon die einfachste Gleichung

$$ax = b \tag{2.8}$$

mit $a = 0$ und $b = 1$ führt auf $0 \cdot x = 1$. Da die linke Seite immer 0 ist, kann diese Gleichung keine Lösung haben. Trotz der einfachen Struktur ist es also durchaus möglich, dass ein lineares Gleichungssystem keine Lösung hat.

Unendlich viele Lösungen

Ist es möglich, dass ein lineares Gleichungssystem genau zwei verschiedene Lösungen hat? Seien also $x_1', \ldots, x_n'$ und $x_1'', \ldots, x_n''$ zwei Lösungen des Gleichungssystems mit Koeffizienten a_{ik} und rechten Seiten b_i. In der Linearformen-Schreibweise gilt

$$f_i(x_1', \ldots, x_n') = b_i$$
$$f_i(x_1'', \ldots, x_n'') = b_i.$$

Wir wollen zeigen, dass es unendlich viele weitere Lösungen gibt.

Wir bilden die sogenannten konvexen Kombinationen

$$x_i(t) = tx_i' + (1 - t)x_i''$$

für beliebige Werte $t \in \Bbbk$, und setzen dies in die Linearformen f_i ein. Wir wissen bereits, dass die Funktionen f_i lineare Funktionen sind, d. h.

$$f_i(x_1(t), \ldots, x_n(t)) = f_i(tx_1' + (1 - t)x_1'', \ldots, tx_n' + (1 - t)x_n'')$$
$$= tf_i(x_1', \ldots, x_n') + (1 - t)f_i(x_1'', \ldots, x_n'')$$
$$= tb_i + (1 - t)b_i = b_i.$$

Daraus schließen wir, dass $x_1(t), \ldots, x_n(t)$ für jedes t eine Lösung des Gleichungssystems ist. Wenn also ein lineares Gleichungssystems mehr als eine Lösung hat, dann hat es automatisch unendlich viele Lösungen.

Satz 2.5 (Lösungstrichotomie). *Ein lineares Gleichungssystem hat entweder keine, genau eine, oder unendlich viele Lösungen*[1].

Lösungen eines homogenen Gleichungssytems

Wie kann man herausfinden, ob ein Gleichungssystem mehr als eine Lösung hat? Das Beispiel 2.8 der Gleichung $0 \cdot x = b$, die für $b \neq 0$ gar keine Lösung hat, scheint zu suggerieren, dass es dabei auch auf die rechte Seite ankommt. Dem ist aber nicht so. Wir betrachten dazu zwei Lösungen $x_1', \ldots, x_n'$ und $x_1'', \ldots, x_n''$ des Gleichungssystems. Setzen wir die Differenz $x_k = x_k' - x_k''$ in die Gleichungen ein, erhalten wir wegen der Linearität (Definition 2.1)

$$f_i(x_1, \ldots, x_n) = f_i(x_1' - x_1'', \ldots, x_n' - x_n'')$$
$$= f_i(x_1', \ldots, x_n') - f_i(x_1'', \ldots, x_n'')$$
$$= b_i - b_i = 0.$$

Die Differenz ist Lösung des homogenen Gleichungssystems.

Wenn es also zwei verschiedene Lösungen des inhomogenen Gleichungssystems gibt, dann gibt es eine Lösung des zugehörigen homogenen Gleichungssystems, in der nicht alle

---

[1]Genauer ist die Zahl der Lösung eine Potenz der Anzahl Elemente des Körpers $\Bbbk$. Für die in Abschnitt 5.B eingeführten endlichen Körper sind es nur endlich viele Lösungen. Da wir fast immer in einem unendlichen Körper wie $\mathbb{Q}$ oder $\mathbb{R}$ arbeiten, bleiben wir bei dieser simplifizierten Aussage der unendlich vielen Lösungen.

Variablen = 0 sind. Außerdem ist $x_1 = 0, \ldots, x_n = 0$ eine weitere Lösung. Nach Satz 2.5 gibt es also unendlich viele Lösungen.

Um die eben untersuchte Situation prägnanter beschreiben zu können, führen wir den folgenden Begriff ein.

Definition 2.6 (nichttriviale Lösung). *Eine Lösung $x_1, \ldots, x_n$ eines linearen Gleichungssystems heißt* nichttrivial, *wenn mindestens eine der Variablen ≠ 0 ist.*

Mit diesem Begriff kann man diesen Abschnitt im folgenden Satz zusammenfassen, der im Wesentlichen sagt, dass es für die Frage, ob es mehr als eine Lösung gibt, auf die rechte Seite nicht ankommt.

Satz 2.7 (Lösbarkeitsbedingungen). *Ein lineares Gleichungssystem mit einer Lösung hat genau dann unendlich viele Lösungen, wenn das zugehörige homogene Gleichungssystem unendlich viele Lösungen hat. Es hat höchstens eine Lösung, wenn das zugehörige homogene Gleichungssystem nur die triviale Lösung hat.*

2.2.6 Tableau-Schreibweise

Die algebraische Schreibweise der Gleichungen trägt nicht wirklich etwas dazu bei, die Gleichungen zu lösen. Programmiersprachen ermöglichen zwar, lineare Funktionen mit einer der algebraischen Notation nahestehenden Syntax auszuwerten, zum Lösen einer Gleichung braucht es jedoch Operationen wie das Auflösen nach einer Variablen.

Fast jede Programmiersprache ermöglicht, Zahlen in Arrays zu speichern. Dies scheint die ideale Datenstruktur für die Eingabedaten eines linearen Gleichungssystems zu sein. Gesucht ist also eine Darstellung der linearen Gleichungssysteme in Form eines oder mehrerer Arrays.

Linearformen

Eine Linearform $f(x_1, \ldots, x_n)$ mit Koeffizienten $a_1, \ldots, a_n$ multipliziert die Variable x_i mit dem Koeffizienten a_i und summiert alle diese Produkte. In einen Spreadsheet-Programm könnte man die Zahlen x_i und a_i in eine Tabelle der Form

$$a_1 x_1 + a_2 x_2 + \cdots + a_n x_n \qquad \leftrightarrow \qquad \begin{array}{|cccc|} \hline x_1 & x_2 & \ldots & x_n \\ \hline a_1 & a_2 & \ldots & a_n \\ \hline \end{array} \qquad (2.9)$$

eintragen. Dieses Tableau ist so zu lesen: das Element a_i in Spalte i der zweiten Zeile muss mit dem darüberliegenden Element der Kopfzeile multipliziert und aufsummiert werden.

Gleichungen

Eine lineare Gleichung besteht aus einer Linearform auf der linken Seite und einer Konstanten auf der rechten Seite. Für die Linearform haben wir in (2.9) bereits eine Tableau-Schreibweise gefunden. Die Konstante kann interpretiert werde als das Produkt $1 \cdot b$, was man als das Tableau

$$\begin{array}{|c|} \hline 1 \\ \hline b \\ \hline \end{array}$$

schreiben könnte. Setzt man beide zusammen, erhält man

$$a_1x_1 + a_2x_2 + \cdots + a_nx_n = b \quad \leftrightarrow \quad \begin{array}{cccc} x_1 & x_2 & \ldots & x_n \\ \hline a_1 & a_2 & \ldots & a_n \end{array} = \begin{array}{c} 1 \\ \hline b \end{array}$$

$$\leftrightarrow \quad \begin{array}{cccc|c} x_1 & x_2 & \ldots & x_n & 1 \\ \hline a_1 & a_2 & \ldots & a_n & b \end{array} \tag{2.10}$$

als Tableau-Schreibweise für eine Gleichung. Ein vertikaler Strich in einem Tableau ist also als Gleichheitszeichen zu lesen.

Nach einer Variablen auflösen

Ist der Koeffizient a_k in der linearen Gleichung (2.10) von 0 verschieden, dann kann man nach der Variablen x_k auflösen, indem man durch a_k dividiert und alle Terme außer dem x_k-Term auf die rechte Seite bringt:

$$\begin{aligned} a_1x_1 \;+\; \ldots \;+\; a_kx_k \;+\; \ldots \;+\; a_nx_n \;&=\; b \\ \Leftrightarrow \quad \frac{a_1}{a_k}x_1 \;+\; \ldots \;+\; x_k \;+\; \ldots \;+\; \frac{a_n}{a_k}x_n \;&=\; \frac{b}{a_k} \\ \Leftrightarrow \qquad\qquad\qquad x_k \;\;\;\;\;\;\;\;\;\;\;\;&=\; \frac{b}{a_k} - \frac{a_1}{a_k}x_1 + \cdots + \frac{a_n}{a_k}x_n. \end{aligned}$$

In Tableau-Schreibweise ist dies gleichbedeutend mit

$$\begin{array}{ccccc|c} x_1 & \ldots & x_k & \ldots & x_n & 1 \\ \hline a_1 & \ldots & \boxed{a_k} & \ldots & a_n & b \end{array} \rightarrow$$

Division durch a_k
$$\rightarrow \quad \begin{array}{ccccc|c} x_1 & \ldots & x_k & \ldots & x_n & 1 \\ \hline \dfrac{a_1}{a_k} & \ldots & 1 & \ldots & \dfrac{a_n}{a_k} & \dfrac{b}{a_k} \end{array} \tag{2.11}$$

Variablen $x_1,\ldots,x_n$ außer x_k
auf die rechte Seite schaffen
$$\rightarrow \quad \begin{array}{ccccc} x_k & 1 & x_1 & \ldots & x_n \\ \hline 1 & \dfrac{b}{a_k} & -\dfrac{a_1}{a_k} & \ldots & -\dfrac{a_n}{a_k} \end{array}.$$

Die Tableau-Schreibweise unterstützt also das Ziel, die Lösungen eines Gleichungssystems zu finden. Insbesondere bedeutet eine Eins unterhalb einer Variablen, dass durch Verschieben der anderen Variablen auf die rechte Seite nach dieser Variablen aufgelöst worden ist.

Gleichungssyteme

In einem linearen Gleichungssytem mit m Gleichungen und den Koeffizienten a_{ik} werden die Koeffizienten der m Linearformen mit den immer gleichen Variablen x_k multipliziert. Es ist daher nicht nötig, in einer Tableauschreibweise die Variablen der Kopfzeile zu wiederholen. Wir erhalten damit die folgende Tableau-Schreibweise für ein lineares Gleichungssystem mit m Gleichungen und n Unbekannten:

$$
\begin{aligned}
a_{11}x_1 + a_{12}x_2 + \ldots + a_{1n}x_n &= b_1 \\
a_{21}x_1 + a_{22}x_2 + \ldots + a_{2n}x_n &= b_2 \\
\vdots \qquad \vdots \qquad\quad \vdots \qquad\ \vdots & \\
a_{m1}x_1 + a_{m2}x_2 + \ldots + a_{mn}x_n &= b_m
\end{aligned}
\qquad \leftrightarrow \qquad
$$

x_1	x_2	$\ldots$	x_n	1
a_{11}	a_{12}	$\ldots$	a_{1n}	b_1
a_{21}	a_{22}	$\ldots$	a_{2n}	b_2
$\vdots$	$\vdots$		$\vdots$	$\vdots$
a_{m1}	a_{m2}	$\ldots$	a_{mn}	b_m

Rechenoperationen

In Abschnitt 2.2.3 wurde gezeigt, wie die Addition von Linearformen und die Multiplikation derselben mit einem Skalar sich auf Operationen mit den Koeffizienten reduzieren lassen. In Tableau-Schreibweise kann man die Multiplikation mit λ als

x_1	$\ldots$	x_n	1
a_1	$\ldots$	a_n	b

$\xrightarrow{\text{Multiplikation mit } \lambda}$

x_1	$\ldots$	x_n	1
λa_1	$\ldots$	λa_n	λb

schreiben. Entsprechend wird die Addition von zwei Gleichungen durch

x_1	$\ldots$	x_n	1
a_{11}	$\ldots$	a_{1n}	b_1
a_{21}	$\ldots$	a_{2n}	b_2

$\xrightarrow{\text{Addition}}$

x_1	$\ldots$	x_n	1
$a_{11} + a_{21}$	$\ldots$	$a_{1n} + a_{2n}$	$b_1 + b_2$

dargestellt. Alle Rechnungen, die wir mit Linearformen anstellen können, lassen sich also in der Tableau-Schreibweise durchführen.

2.3 Der gaußsche Eliminationsalgorithmus

Im vorangegangenen Abschnitt haben wir gesehen, dass sich eine lineare Gleichung immer dann nach einer Variablen auflösen lässt, wenn der Koeffizient dieser Variablen $\neq 0$ ist. In der Tableau-Schreibweise äußert sich dies darin, dass der Koeffizient unter der Variablen zu 1 wird. Basierend auf diesem Prinzip soll in diesem Abschnitt der gaußsche Eliminationsalgorithmus entwickelt werden. Dieser Algorithmus muss folgende Anforderungen erfüllen

1. Der Algorithmus kann die drei Fälle keine Lösung, genau eine Lösung und unendlich viele Lösungen von Satz 2.5 unterscheiden.

2. Der Algorithmus kann alle Lösungen erzeugen, die das Gleichungssystem hat.

3. Der Algorithmus kann entscheiden, ob einzelne Gleichungen möglicherweise redundant sind.

4. Der Algorithmus kann ausschließlich mit den Rechenoperationen für Tableaux aus Abschnitt 2.2 durchgeführt werden.

Die letzte Forderung ist für die Implementation mit Computern besonders interessant. Eine Bibliothek, die die grundlegenden Operationen auf optimierte Art durchführen kann, vereinfacht die Realisierung eines besonders effizienten Computerverfahrens.

Carl Friedrich Gauß

Carl Friedrich Gauß kam am 30. April 1777 in Braunschweig zur Welt. Schon in der Schule wurde seine außerordentliche mathematische Begabung sichtbar. Ab seinem vierzehnten Lebensjahr konnte er dank der finanziellen Förderung durch Herzog Karl Wilhelm Ferdinand von Braunschweig am Collegium Carolinum in Braunschweig studieren. 1795 wechselte er an die Georg-August-Universität Göttingen. Mit 18 Jahren gelang es ihm zu beweisen, dass man ein regelmäßiges Siebzehneck mit Zirkel und Lineal konstruieren kann. Dies war jedoch nur ein Korollar seiner zahlentheoretischen Untersuchungen, die er unter dem Titel *Disquisitiones Arithmeticae* veröffentlichte.

Gauß leistete grundlegende Beiträge zu vielen weiteren Gebieten der Mathematik und Physik. Er gab zum Beispiel den ersten vollständigen Beweis des Fundamentalsatzes der Algebra (Abschnitt 5.4.4). Es gelang ihm, mit der Methode der kleinsten Quadrate (siehe Abschnitt 7.8) aus wenigen Beobachtungen die Bahnelemente des Kleinplaneten Ceres zu bestimmen.

In den Jahren 1820 bis 1826 leitete Gauß die Landesvermessung des Königreichs Hannover. Die Methode der kleinsten Quadrate und sein Eliminationsalgorithmus zur Lösung großer linearer Gleichungssysteme ermöglichten ihm, die Genauigkeit der Resultate erheblich zu steigern.

In dieser Zeit befasste sich Gauß auch mit der Differentialgeometrie der Flächen und fand die gaußsche Krümmung als Eigenschaft der inneren Geometrie einer Fläche. Er konnte damit zeigen, dass sich keine maßstabsgetreue Weltkarte erstellen lässt. In den Händen Riemanns wird daraus später die riemannsche Geometrie und die Grundlage von Einsteins allgemeiner Relativitätstheorie.

Gauß starb am 23. Februar 1855 in Göttingen.

2.3.1   Einführungsbeispiel: zwei Variable und zwei Unbekannte

Als Einführung in das Verfahren lösen wir das Gleichungssystem

$$4x_1 + 7x_2 = 9$$
$$3x_1 + 5x_2 = 4,$$

das schon früher einmal als Beispiel 2.2 gedient hat. Eine aus der Schule wohlbekannte Vorgehensweise zur Lösung des Gleichungssystems besteht darin, die erste Gleichung nach x_1 aufzulösen und dann den gefunden Ausdruck für x_1 in der zweiten einzusetzen.

linalg.ch/gauss/5

$$x_1 = \frac{9}{4} - \frac{7}{4}x_2 \qquad \Rightarrow \qquad 3\left(\frac{9}{4} - \frac{7}{4}x_2\right) + 5x_2 = 4$$

$$\frac{27}{4} - \frac{1}{4}x_2 = 4 \qquad \Rightarrow \qquad x_2 = 11.$$

Durch Rückwärtseinsetzen von x_2 in den ursprünglichen Ausdruck für x_1 bekommt man jetzt auch

$$x_1 = \frac{9}{4} - \frac{7}{4} \cdot 11 = \frac{9 - 77}{4} = -17.$$

Damit ist das Gleichungssystem gelöst.

Durchführung in Tableau-Schreibweise

Die gleiche Vorgehensweise übersetzen wir jetzt in Tableau-Schreibweise. Das ursprüngliche Gleichungssystem ist

x_1	x_2	1
4	7	9
3	5	4

1. Schritt: Auflösen nach x_1. Um die erste Zeile nach x_1 aufzulösen, müssen wir sie durch 4 teilen und alle anderen Komponenten auf die rechte Seite schaffen:

x_1	x_2	1
④	7	9
3	5	4

$\rightarrow$

x_1	x_2	1
1	$-\frac{7}{4}$	$\frac{9}{4}$
3	-5	4

Die 1 in der linken oberen Ecke bedeutet, dass die rechte Seite der ersten Zeile x_1 ergibt.

2. Schritt: Einsetzen von x_1 in die zweite Gleichung. Dies muss jetzt anstelle der 3 in der linken unteren Ecke eingesetzt werden. Dabei entsteht auf der linken Seite weitere Terme mit x_2, die dann aber allesamt durch Subtrahieren auf die rechte Seite geschaffen werden. Wir können das in einem Zug erledigen, indem wir das Dreifache der ersten Zeile von der zweiten Subtrahieren:

x_1	x_2	1
1	$-\frac{7}{4}$	$\frac{9}{4}$
③	-5	4

$\rightarrow$

x_1	x_2	1
1	$-\frac{7}{4}$	$\frac{9}{4}$
0	$-5 + \frac{3 \cdot 7}{4}$	$4 - 3 \cdot \frac{9}{4}$

$=$

x_1	x_2	1
1	$-\frac{7}{4}$	$\frac{9}{4}$
0	$\frac{1}{4}$	$-\frac{11}{4}$

3. Schritt: Zweite Gleichung nach x_2 auflösen. Dazu muss x_2 natürlich wieder auf die andere Seite geschafft werden und es muss erneut durch den Koeffizienten von x_2 in der zweiten Gleichung geteilt werden:

x_1	x_2	1
1	$-\frac{7}{4}$	$\frac{9}{4}$
0	$\frac{1}{4}$	$-\frac{11}{4}$

$\rightarrow$

x_1	x_2	1
1	$\frac{7}{4}$	$\frac{9}{4}$
0	$-\frac{1}{4}$	$-\frac{11}{4}$

$\rightarrow$

x_1	x_2	1
1	$\frac{7}{4}$	$\frac{9}{4}$
0	1	11

Die zweite Zeile ist die Gleichung $x_2 = 11$, die Unbekannte x_2 ist damit bestimmt.

4. Schritt: Einsetzen von x_2 in der ersten Gleichung. Die Unbekannte x_2 kommt aber auch noch in der ersten Zeile vor. Indem wir das $\frac{7}{4}$-fache der zweiten Zeile subtrahieren, entsteht eine 0 als Koeffizient von x_2 in der ersten Zeile:

x_1	x_2	1
1	$\frac{7}{4}$	$\frac{9}{4}$
0	1	11

$\rightarrow$

x_1	x_2	1
1	0	$\frac{9}{4} - 11 \cdot \frac{7}{4}$
0	1	11

$=$

x_1	x_2	1
1	0	-17
0	1	11

.

In die algebraische Schreibweise zurückübersetzt bedeuten die beiden Zeilen

$$x_1 = -17 \qquad \text{und} \qquad x_2 = 11.$$

Durchführung ohne Seitenwechsel

In der Durchführung des Lösungsalgorithmus in Tableaudarstellung musste die Spalte x_2 zwischenzeitlich auf die rechte Seite gebracht werden. Dabei hat sich das Vorzeichen aller Einträge in dieser Spalte geändert. Etwa später wurde die Spalte dann wieder auf die linke Seite geschoben, erneut mit einem Vorzeichenwechsel. Für die Rechnungen, die zwischenzeitlich erfolgt sind, wäre diese Verschieberei gar nicht nötig gewesen, die Spalte hätte einfach on Ort und Stelle belassen werden können.

Zwei Arten von Operationen

Das Einführungsbeispiel hat gezeigt, dass die Lösung durch Anwendung von zwei Arten von Operationen durchgeführt werden kann.

Pivotdivision: Die ganze Zeile wird durch den Wert eines ihrer Elemente geteilt. An der Stelle des Elements entsteht eine Eins. Das Element, durch das geteilt wird, heißt *Pivotelement*. Es muss offenbar $\neq 0$ sein, damit die Operation durchgeführt werden kann.

Die Pivotdivision haben wir im Tableau graphisch dadurch angedeutet, dass wird das Pivotelement rot eingekreist haben.

Zeilenreduktion: Nach einer Pivotdivision wurde jeweils die übrigen Elemente in der gleichen Spalte zu Null gemacht, indem ein Vielfaches der Pivotzeile subtrahiert wird. Diese Operation nennen wir *Zeilenreduktion*. Die Einträge, die auf diese Weise zu Null gemacht werden sollen, haben wir graphisch jeweils durch blaue Farbe hervorgehoben.

In graphischer Form kann der Prozess also wie folgt schematisch dargestellt werden:

x_1	x_2	1
⊛	*	*
*	*	*

$\rightarrow$

x_1	x_2	1
1	*	*
⊛	*	*

$\rightarrow$

x_1	x_2	1
1	*	*
0	⊛	*

$\rightarrow$

x_1	x_2	1
1	⊛	*
0	1	*

$\rightarrow$

x_1	x_2	1
1	0	*
0	1	*

.

Die beiden Einsen im linken Teil des Tableaus erlauben, die Werte der Variablen abzulesen.

2.3.2 Der grundlegende Algorithmus

In diesem Abschnitt soll der in Abschnitt 2.3.1 angedeutete Algorithmus für beliebig große Gleichungssysteme verallgemeinert werden. Wir gehen von einem Gleichungssystem in Tableauform aus, das wir als

x_1	x_2	$\dots$	x_n	1
a_{11}	a_{12}	$\dots$	a_{1n}	b_1
a_{21}	a_{22}	$\dots$	a_{2n}	b_2
$\vdots$	$\vdots$	$\ddots$	$\vdots$	$\vdots$
a_{m1}	a_{m2}	$\dots$	a_{mn}	b_m

schreiben. Im Folgenden nehmen wir jeweils an, dass alle Operationen durchgeführt werden können, um Ausnahmefälle kümmern wir uns später in Abschnitt 2.4.

Vorwärtsreduktion

Wie im Einführungsbeispiel führen wir zunächst eine Pivotdivision für das Pivotelement a_{11} durch. Anschließend werden die Elemente unter dem Pivotelement mit Hilfe von Zeilenreduktionen zu 0 gemacht:

$$
\begin{array}{|cccc|c|}
\hline
x_1 & x_2 & \dots & x_n & 1 \\
\hline
\boxed{a_{11}} & a_{12} & \dots & a_{1n} & b_1 \\
a_{21} & a_{22} & \dots & a_{2n} & b_2 \\
\vdots & \vdots & \ddots & \vdots & \vdots \\
a_{m1} & a_{m2} & \dots & a_{mn} & b_m \\
\hline
\end{array}
\rightarrow
\begin{array}{|cccc|c|}
\hline
x_1 & x_2 & \dots & x_n & 1 \\
\hline
1 & a'_{12} & \dots & a'_{1n} & b'_1 \\
a_{21} & a_{22} & \dots & a_{2n} & b_2 \\
\vdots & \vdots & \ddots & \vdots & \vdots \\
a_{m1} & a_{m2} & \dots & a_{mn} & b_m \\
\hline
\end{array}
\rightarrow
\begin{array}{|cccc|c|}
\hline
x_1 & x_2 & \dots & x_n & 1 \\
\hline
1 & a'_{12} & \dots & a'_{1n} & b'_1 \\
0 & a'_{22} & \dots & a'_{2n} & b'_2 \\
\vdots & \vdots & & \vdots & \vdots \\
0 & a'_{m2} & \dots & a'_{mn} & b'_m \\
\hline
\end{array}
\quad (2.12)
$$

Die Nullen in der ersten Spalte bedeuten, dass die Variable x_1 aus allen Gleichungen außer der ersten eliminiert worden ist. Die erste Zeile bedeutet, dass x_1 durch die anderen Unbekannten ausgedrückt werden kann. Der grün hinterlegte Teil des Gleichungssystems hängt nicht mehr von x_1 ab, mit diesem kleineren Gleichungssystem kann also auf die gleiche Art verfahren werden.

Die Pivotdivision im ersten Schritt von (2.12) verändert die anderen Zeilen nicht, insbesondere können wir die Pivotdivision und die nachfolgenden Zeilenreduktionen in einem Schritt durchführen. Dies werden wir im folgenden jeweils tun.

In m Schritten, dargestellt in Abbildung 2.2, erhalten wir ein Tableau, das auf jeder Zeile genau eine rote 1 enhält. Dieser Prozess wird *Vorwärtsreduktion* genannt.

Beispiel 2.8. Wir führen die Vorwärtsreduktion für das folgende Tableau durch:

$$
\begin{array}{|cccc|}
\hline
x_1 & x_2 & x_3 & x_4 \\
\hline
\boxed{7} & 21 & 21 & -14 \\
\boxed{5} & 19 & 43 & -10 \\
5 & 20 & 54 & -22 \\
\boxed{10} & 37 & 80 & -20 \\
\hline
\end{array}
\rightarrow
\begin{array}{|cccc|}
\hline
x_1 & x_2 & x_3 & x_4 \\
\hline
1 & 3 & 3 & -2 \\
0 & \boxed{4} & 28 & 0 \\
0 & \boxed{5} & 39 & -12 \\
0 & \boxed{7} & 50 & 0 \\
\hline
\end{array}
$$

linalg.ch/gauss/6

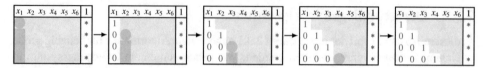

Abbildung 2.2: Schematische Darstellung der Vorwärtsreduktion für ein Gleichungssystem mit vier Gleichungen und sechs Unbekannten.

x_1	x_2	x_3	x_4
1	3	3	−2
0	1	7	0
0	0	④	−12
0	0	①	0

$\rightarrow$

x_1	x_2	x_3	x_4
1	3	3	−2
0	1	7	0
0	0	1	−3
0	0	0	③

$\rightarrow$

x_1	x_2	x_3	x_4
1	3	3	−2
0	1	7	0
0	0	1	−3
0	0	0	1

$\rightarrow$.

Formelzusammenstellung für die Vorwärtsreduktion

Um die Vorwärtsreduktion in einem Tableau mit Einträgen a_{ik} mit dem Pivotelement in Zeile j und Spalte l durchzuführen sind folgende Operationen anzuwenden:

$$\text{Pivoteivison:} \qquad a'_{jk} := \frac{a_{jk}}{a_{jl}} \qquad\qquad k = 1, \ldots, n$$

$$\text{Zeilenreduktion:} \qquad a'_{ik} := a_{ik} - a_{il} \cdot a'_{jk} \qquad i = j+1, \ldots, m \qquad k = 1, \ldots, n$$

Im zweiten Schritt, der Zeilenreduktion, wird bereits die neue Pivotzeile verwendet.

Rückwärtseinsetzen

Die Vorwärtsreduktion hat ein Gleichungssystem produziert, in dem jede rote 1 anzeigt, dass die zugehörige Unbekannte durch die späteren Variablen ausgedrückt werden kann. Wenn die Anzahl der Gleichungen kleiner ist als die Anzahl Variablen, bleiben offenbar Variablen stehen, die nicht bestimmt werden können. Wir nehmen daher nun zunächst an, dass $n = m$ ist, dass also das Tableau die Form wie links in (2.13) hat. Der Wert der Variablen x_n kann daraus unmittelbar abgelesen werden. Die zweitletzte Zeile ermöglicht aber nur, die Variable x_{n-1} durch x_n auszudrücken. Durch eine Zeilenreduktionsoperation

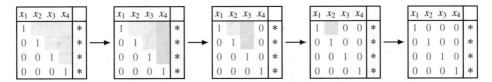

Abbildung 2.3: Prozess des Rückwärtseinsetzens für ein Gleichungssystem mit $n = m = 4$ Gleichungen und Unbekannten.

können aber die blau hinterlegten Elemente zu 0 gemacht werden:

$$
\begin{array}{ccccc|c}
x_1 & x_2 & \cdots & x_{n-1} & x_n & 1 \\
\hline
1 & * & \cdots & * & * & * \\
0 & 1 & \cdots & * & * & * \\
\vdots & \vdots & \ddots & \vdots & \vdots & \vdots \\
0 & 0 & \cdots & 1 & * & * \\
0 & 0 & \cdots & 0 & 1 & * \\
\end{array}
\quad \rightarrow \quad
\begin{array}{ccccc|c}
x_1 & x_2 & \cdots & x_{n-1} & x_n & 1 \\
\hline
1 & * & \cdots & * & 0 & * \\
0 & 1 & \cdots & * & 0 & * \\
\vdots & \vdots & \ddots & \vdots & \vdots & \vdots \\
0 & 0 & \cdots & 1 & 0 & * \\
0 & 0 & \cdots & 0 & 1 & * \\
\end{array}
\quad . \tag{2.13}
$$

Der grün hinterlegte Teil des Tableaus ist ein Gleichungssystem, in dem die Unbekannten x_n gar nicht mehr vorkommen. Die Reduktion kann also auf das kleinere System angewendet werden. Zum Beispiel kann der Wert der Unbekannten x_{n-1} sofort ablesen werden.

Durch Wiederholung, schematisch dargestellt in Abbildung 2.3, entsteht das Gleichungssystem

$$
\begin{array}{cccc|c}
x_1 & x_2 & \cdots & x_n & 1 \\
\hline
1 & 0 & \cdots & 0 & c_1 \\
0 & 1 & \cdots & 0 & c_2 \\
\vdots & \vdots & \ddots & \vdots & \vdots \\
0 & 0 & \cdots & 1 & c_n \\
\end{array}
\quad , \tag{2.14}
$$

das auf der linken Seite nur Nullen und Einsen enthält. Daraus lässt sich die Lösung sofort ablesen, sie ist $x_1 = c_1$, $x_2 = c_2$, ..., $x_n = c_n$.

Beispiel 2.9. Wir führen das Rückwärtseinsetzen für das am Ende von Beispiel 2.8 gefundene Tableau

$$
\begin{array}{cccc|c}
x_1 & x_2 & x_3 & x_4 & 1 \\
\hline
1 & -7 & 7 & -6 & 44 \\
0 & 1 & -8 & 6 & -64 \\
0 & 0 & 1 & -5 & 4 \\
0 & 0 & 0 & 1 & 1 \\
\end{array}
$$

linalg.ch/gauss/7

durch. Es ergeben sich nacheinander die Tableaux

x_1	x_2	x_3	x_4	1
1	−7	7	0	50
0	1	−8	0	−70
0	0	1	0	9
0	0	0	1	1

$\rightarrow$

x_1	x_2	x_3	x_4	1
1	−7	0	0	−13
0	1	0	0	2
0	0	1	0	9
0	0	0	1	1

$\rightarrow$

x_1	x_2	x_3	x_4	1
1	0	0	0	1
0	1	0	0	2
0	0	1	0	9
0	0	0	1	1

Daraus kann man die Lösung $x_1 = 1, x_2 = 2, x_3 = 9, x_4 = 1$ ablesen. ○

Formelzusammenstellung für das Rückwärtseinsetzen

Um in den Zeilen $1, \ldots, j-1$ das Rückwärtseinsetzen mit dem Pivotelement in Zeile j und Spalte l durchzuführen sind die Operationen

$$\text{Zeilenreduktion:} \quad a'_{ik} := a_{ik} - a_{il} \cdot a_{jk} \quad \text{für} \quad i = 1, \ldots, j-1 \quad k = 1, \ldots, n$$

nötig.

Schlusstableau

Das Schlusstableau (2.14) des Gauß-Algorithmus kann erreicht werden, wenn im Laufe des Algorithmus jedes Pivotelement von 0 verschieden ist und wenn $m = n$ ist. Leider ist diese Voraussetzung bereits in einfachen Fällen wie

x_1	x_2	1
0	1	2
1	0	3

linalg.ch/gauss/8

x_1	x_2	1
1	2	4
2	4	7

linalg.ch/gauss/9

nicht mehr erfüllt. Wir werden diese Fälle im Abschnitt 2.4 genauer untersuchen.

Mehrere rechte Seiten

Der Ablauf des Gauß-Algorithmus wird allein von den Einträgen im linken Teil des Tableaus gesteuert. Die Einträge im rechten Teil haben keinen Einfluss darauf, durch welche Zahlen geteilt wird oder welche Vielfache welcher anderen Zeilen subtrahiert werden. Es ist daher möglich, ein Gleichungssystem gleichzeitig für mehrere rechte Seiten zu lösen, indem man sie im Tableau mitführt.

Beispiel 2.10. Die beiden Gleichungssysteme

$$\begin{aligned} x_1 + 2x_2 + 1x_3 &= -6 \\ 3x_1 + 7x_2 + 6x_3 &= -15 \\ 5x_1 + 17x_2 + 27x_3 &= -7 \end{aligned} \quad \text{und} \quad \begin{aligned} x_1 + 2x_2 + x_3 &= -3 \\ 3x_1 + 7x_2 + 6x_3 &= -13 \\ 5x_1 + 17x_2 + 27x_3 &= -44 \end{aligned} \quad (2.15)$$

verwenden die gleiche Koeffizientenmatrix, sie können also in einem Gauß-Tableau mit zwei rechten Seiten gelöst werden. Übertragen wir die Daten ins Tableau und führen den Gauß-Algorithmus aus, erhalten wir

linalg.ch/gauss/10

x_1	x_2	x_3		
1	2	1	-6	-3
3	7	6	-15	-13
5	17	27	-7	-44

$\rightarrow$

x_1	x_2	x_3		
1	0	0	-2	0
0	1	0	-3	-1
0	0	1	2	-1

Daraus lässt sich ablesen, dass die beiden Gleichungssysteme in (2.15) die Lösungen

$$\text{links:}\quad x = \begin{pmatrix} -2 \\ -3 \\ 2 \end{pmatrix} \qquad \text{rechts:}\quad x = \begin{pmatrix} 0 \\ -1 \\ -1 \end{pmatrix}$$

haben.   ○

2.3.3 Durchführung des Algorithmus mit dem Computer

Der Gauß-Algorithmus eignet sich hervorragend für die Lösung linearer Gleichungssysteme mit einem Computer. Im besten Fall ermöglicht eine Implementation, ein Array von Koeffizienten a_{ik} und eine Anzahl rechte Seiten b_{ij} zu übergeben. Als Resultat wird eine gleiche Anzahl von Lösungen erwartet.

BLAS und LAPACK

BLAS und LAPACK sind ursprünglich in der Programmiersprache Fortran geschriebene Bibliotheken, mit denen Probleme der linearen Algebra numerisch speziell effizient gelöst werden können. BLAS (Basic Linear Algebra Subprograms) implementiert grundlegende Operationen der linearen Algebra wie Multiplikation von Zeilen mit Skalaren und Addition von Zeilen. Der Vorteil einer solchen Bibliothek ist, dass damit spezielle Fähigkeiten der Hardware wie eine Vektoreinheit abstrahiert werden können. Darauf aufsetzende Programm profitieren von dieser Fähigkeit, ohne selbst davon Kenntnis haben zu müssen. Die Bibliotheken sind in vielen Betriebssystemen enthalten, zum Beispiel auch im iPhone-Betriebssystem iOS. Prozessorhersteller bieten speziell auf ihre Prozessoren optimierte Versionen dieser Bibliotheken an, zum Beispiel gibt es eine solche Version von Intel, die die Vektoreinheit der Intel-CPUs ausnützt.

LAPACK [14] enthält die höheren Funktionen, unter anderem auch eine Implementation des Gauß-Algorithmus unter dem Funktionsnamen `dgesv`. Moderne Programme verwenden eher die Programmiersprache C als die ursprüngliche Implementationssprache Fortran. In C werden alle Parameter als Pointer an die Fortran-Routine übergeben, daher hat die Funktion `dgesv()` die Signatur

```
dgesv(int *N, int *NRHS, double *A, int *LDA, int *IPIV, double *B,
      int *INFO)
```

Die Variablen haben die folgende Bedeutung:

N Anzahl Gleichungen

NRHS Anzahl der rechten Seiten

A Ein Array, der die Koeffizienten a_{ik} des Gleichungssystems enthält. Dieses Array wird während der Rechnung verändert. Nach der Rückkehr der Funktion dgesv() kann man dort die in Abschnitt 12.2 vorgestellte LU-Zerlegung finden.

LDA Führende Dimension von A, d. h. die Anzahl der Element zwischen zwei Elementen, die auf der gleichen Zeile stehen. LDA kann größer sein als n, was bedeutet, dass das Gleichungssystem nur für ein Teiltableau gelöst wird.

IPIV Die Implementation führt falls nötig Zeilenvertauschungen durch, wie sie später in Abschnitt 2.4.1 gerechtfertigt werden. Das Array IPIV enhält die Zeilennummern der Pivotzeilen. Wenn im k-ten Schritt das Pivotelement in Spalte k und in Zeile i verwendet wurde, dann ist IPIV[k] = i.

B Ein Array, der die rechten Seiten enthält.

LDB Führende Dimension von B, analog zu LDA.

INFO Eine Ganzzahl, die Auskunft darüber gibt, ob der Algorithmus erfolgreich war. Falls INFO = 0 ist, war der Algorithmus erfolgreich und das Array B enthält die Lösungen.

Das Beispiel zeigt, dass die Schnittstelle alle Möglichkeiten bietet, die wir als Anforderungen an eine Gauß-Algorithmus-Implementation am Anfang von Abschnitt 2.3 formuliert haben.

Matlab und Octave

Matlab war ursprünglich nur ein Kommandozeileninterface, um die Benutzung der LIN-PACK-Bibliothek, einem Vorläufer von LAPACK, auch Anwendern ohne Programmierkenntnisse zu ermöglichen. Octave ist für die Zwecke dieses Buches mit Matlab kompatibel, es verwendet LAPACK für lineare Gleichungssysteme.

Die Flexibilität des API von LAPACK steht in Octave natürlich nicht mehr zur Verfügung, dafür kann man ohne Umschweife damit beginnen, Gleichungssysteme einzutippen und zu lösen. Zum Beispiel kann man das Gleichungssystem des letzten Beispiels als

```
octave:1> A = [ 1, 2, 1, -6, -3; 3, 7, 6, -15, -13; 5, 17, 27, -7, -44 ]
A =

    1    2    1    -6    -3
    3    7    6   -15   -13
    5   17   27    -7   -44
```

eingeben und dann mit der Funktion rref lösen, die im Abschnitt 2.4.3 erklärt wird. Aus dem Schlusstableau

```
octave:2> rref(A)
ans =

   1   0   0  -2   0
   0   1   0  -3  -1
   0   0   1   2  -1
```

kann man wie gewohnt die Lösungen ablesen, allerdings muss man sich den Vertikalstrich nach der dritten Spalte denken, diesen kennt Octave nicht.

Viele graphische Taschenrechner implementieren eine zu Octave/Matlab ähnliche Benutzerschnittstelle.

Der Internet-Gauß-Calculator

Für das Lernen ist eine Implementation, die alles macht, nicht wirklich nützlich. Daher gibt es zu den Beispielen in diesem Buch eine Web-Implementation des Gauß-Algorithmus, in der der Leser die Kontrolle darüber behält, welche Operationen ausgeführt werden. Er bestimmt sowohl, welches Element als Pivotelement verwendet wird, wie auch, welche Elemente durch Zeilenreduktion zu 0 gemacht werden. Die Tableaux können jeweils über den QR-Code neben dem Beispiel erreicht werden.

Man kann in den Gauß-Calculator auch eigene Gleichungssysteme eingeben und via QR-Code verlinken. Eigene Beispiele können auch jederzeit verändert werden, was bei den Beispielen des Buches nicht möglich ist, sie sind vor Überschreiben geschützt.

2.4 Lösungen

Bis jetzt haben wir uns auf den Standpunkt gestellt, dass die Operationen des Gauß-Algorithmus sich ohne Schwierigkeiten durchführen lassen. Wir haben zum Beispiel nicht geprüft, ob das Pivotelement, durch das geteilt werden soll, von 0 verschieden ist. Dieser Abschnitt beschreibt, wie man mit dieser Art von Schwierigkeit umgehen kann.

2.4.1 Problemfälle für den Gauß-Algorithmus

In der einfachsten Durchführung des Gauß-Algorithmus werden als Pivotelemente der Reihe nach die Elemente auf der Diagonale des Tableaus gewählt. Dies kann aus mehreren Gründen zu Problemen führen. Wenn ein solches Element 0 ist, darf man nicht dividieren. Die nächsten zwei Abschnitte zeigen Möglichkeiten, wie man mit dieser Schwierigkeit umgehen kann. Doch auch wenn ein Pivotelement nicht 0, aber sehr klein ist, kann es aus numerischen Gründen ratsam sein, eine andere Abfolge von Pivotwahlen zu verwenden.

Wir nehmen an, dass die Vorwärtsreduktion des Gauß-Algorithmus bis zum Pivotelement in der Position $(k-1, k-1)$ im Gauß-Tableau durchgeführt wurde. Im nächsten Schritt ist das Element a_{kk} der Kandidat für das Pivotelement. Allerdings stellt sich heraus, dass dieses Element zu 0 geworden ist.

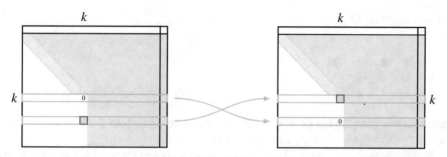

Abbildung 2.4: Zeilenvertauschung ermöglicht, ein von 0 verschiedenes Pivotelement an der Stelle (k, k) im Tableau zu haben.

Zeilen-Vertauschungen

Die einzelnen Zeilen des Tableaus stehen für Gleichungen, die alle gleichermaßen erfüllt sein müssen. Ihre Reihenfolge ist willkürlich, die Position in der Liste hat a priori keine Bedeutung. Daher ist es zulässig, Zeilen zu vertauschen. Dabei wird man natürlich diejenigen Zeilen, in denen bereits ein Pivotelement verwendet wurde, nicht mehr in Betracht ziehen. Vielmehr suchen wir nach einem Element a_{ik} in der Spalte k mit Zeilenindex $i > k$ derart, dass $a_{ik} \neq 0$ ist. Indem wir die Zeilen i und k vertauschen, erreichen wir, dass der Gauß-Algorithmus weiterfunktionieren kann (Abbildung 2.4).

Beispiel 2.11. Im Gleichungssystem

x_1	x_2	x_3	1
①	2	1	2
②	4	5	10
⓪	1	1	7

linalg.ch/gauss/11

steht nach dem ersten Vorwärtsreduktionsschritt an der Stelle $(2, 2)$ eine Null:

x_1	x_2	x_3	1
1	2	1	2
0	⓪	3	6
0	1	1	7

$\rightarrow$

x_1	x_2	x_3	1
1	2	1	2
0	①	1	7
0	0	3	6

$\rightarrow \cdots \rightarrow$

x_1	x_2	x_3	1
1	0	0	-10
0	1	0	5
0	0	1	2

also ist die Lösung $x_1 = -10$, $x_2 = 5$ und $x_3 = 2$.   ◯

Es kann vorkommen, dass die Gleichungen in einer Anwendung eine konkrete Bedeutung haben, zum Beispiel eine physikalische Bedingung ausdrücken. In so einem Fall möchte man wissen, welche Gleichungen nichts zur Lösung beitragen und daher weggelassen werden können. Eine technische Lösung dieses Problems ist, die Zeilen des Tableaus zu nummerieren und so die Vertauschungsoperationen zu verfolgen.

In LAPACK implementiert die Routine dgesv() den Gauß-Algorithmus mit Zeilenvertauschungen. Damit der Benutzer die vorgenommenen Vertauschungen nachvollziehen kann, gibt die Funktion auch einen Integer-Array `IPIV` zurück, der in Zelle k die Nummer der im k-ten Vorwärtsreduktionsschritt verwendeten Pivotzeile enthält.

Beispiel 2.12. Mit Octave bekommen wir im Wesentlichen Zugang zur LAPACK-Biblio-thek. Für die Koeffizientenmatrix des Gleichungssystems des Beispiels 2.11 liefert die `lu(A)`-Funktion die sogenannte LU-Zerlegung, die in Abschnitt 12.2 eingeführt werden wird. Sie findet zwei Matrizen (eingeführt in Definition 3.19), aus denen sich die Koeffizi-enten rekonstruieren lassen. Außerdem wird eine Permutationsmatrix P gefunden, die die Zeilenvertauschungen beinhaltet. Für die Koeffizienten von Beispiel 2.11 findet man:

```
octave:1> [L, U, P] = lu(A)
L =

   1.0000        0        0
        0   1.0000        0
   0.5000        0   1.0000

U =

   2.0000   4.0000   5.0000
        0   1.0000   1.0000
        0        0  -1.5000

P =

Permutation Matrix

   0   1   0
   0   0   1
   1   0   0
```

Der LU-Algorithmus entscheidet sich also dafür, die Vertauschungen gemäß der Matrix P vorzunehmen. Diese ist so zu lesen: die Eins in der Mitte der ersten Zeile bedeutet, dass das erste Pivotelement von der zweiten Zeile zu nehmen ist. Die Eins am Ende der zweiten Zeile bedeutet, dass das zweite Pivotelement von der dritten Zeile zu wählen ist. Das dritte Pivotelement schließlich kommt aus der dritten Zeile.

Mit dem Matrizenprodukt (Definition 3.26) kann man das Gleichungssystem mit den geeignet vertauschten Zeilen finden, es ist:

$$PA = \begin{pmatrix} 2 & 4 & 5 \\ 0 & 1 & 1 \\ 1 & 2 & 1 \end{pmatrix}, \quad Pb = \begin{pmatrix} 10 \\ 7 \\ 2 \end{pmatrix} \quad \Rightarrow$$

x_1	x_2	x_3	1
②	4	5	10
⓪	1	1	7
①	2	1	2

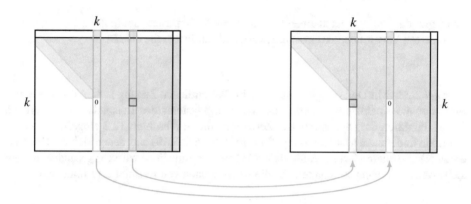

Abbildung 2.5: Mit einer Spaltenvertauschung kann erreicht werden, dass im (k, k)-Feld des Tableaus ein nichtverschwindendes Pivotelement steht. Die Beschriftung der Spalten in der Kopfzeile muss ebenfalls kopiert werden.

Der Gauß-Algorithmus ergibt

x_1	x_2	x_3	1
1	2	$\frac{5}{2}$	5
0	1	1	7
0	0	$\left(-\frac{3}{2}\right)$	-3

$\rightarrow$

x_1	x_2	x_3	1
1	2	$\frac{5}{2}$	5
0	1	1	7
0	0	1	2

$\rightarrow$

x_1	x_2	x_3	1
1	2	0	0
0	1	0	5
0	0	1	2

$\rightarrow$

x_1	x_2	x_3	1
1	0	0	-10
0	1	0	5
0	0	1	2

,

also die bereits gefundene Lösung, aber ohne dass im Laufe des Prozesses ein potentielles Pivotelement angetroffen wurde, das = 0 war. ⃝

Spalten-Vertauschungen

Den Spalten des Tableaus sind Variablen zugeordnet. Sie können also nicht einfach vertauscht werden, wenn nicht auch die Variablen mit vertauscht werden. Aus diesem Grund haben wir in der Kopfzeile immer die Namen der Variablen mitgenommen. Wenn also alle Elemente $a_{ik} = 0$ sind mit $i > k$, dann können wir nach irgendeinem nicht verschwindenden Element a_{kj} in der gleichen Zeile mit $j \geq k$ suchen. Falls es ein solches gibt, können wir die Spalten k und j vertauschen (siehe Abbildung 2.5) und der Algorithmus kann einen Schritt weiter gehen.

Wenn es weder auf der Zeile k noch in der Spalte k als Pivotelemente geeignete Einträge gibt, können wir nach $a_{ij} \neq 0$ für $i > k$ und $j > k$ suchen, also im Bereich rechts unterhalb des Pivotplatzes. Falls sich ein solches Element finden lässt, können wir durch eine Vertauschung der Zeilen i und k und eine Vertauschung der Spalten k und j erreichen, dass an der Stelle (k, k) ein geeignetes Pivotelement steht.

Beispiel 2.13. Das Gleichungssystem

x_1	x_2	x_3	1
②	1	3	5
4	2	7	12
6	3	7	11

linalg.ch/gauss/13

wird nach der dem ersten Vorwärtsreduktionsschritt

x_1	x_2	x_3	1
1	$\frac{1}{2}$	$\frac{3}{2}$	$\frac{5}{2}$
0	⓪	1	2
0	0	-2	-4

.

In der Spalte gibt es nur noch Nullen. Aus der Vertauschung der zweiten und dritten Spalten entsteht ein Tableau, in dem der Algorithmus zu Ende geführt werden kann:

x_1	x_3	x_2	1
1	$\frac{1}{2}$	$\frac{3}{2}$	$\frac{5}{2}$
0	①	0	2
0	-2	0	-4

$\rightarrow$

x_1	x_3	x_2	1
1	$\frac{1}{2}$	$\frac{3}{2}$	$\frac{5}{2}$
0	1	0	2
0	0	0	0

$\rightarrow$

x_1	x_3	x_2	1
1	0	$\frac{3}{2}$	$\frac{3}{2}$
0	1	0	2
0	0	0	0

.

Man liest daraus ab, dass $x_3 = 2$ sein muss und dass sich x_2 nicht bestimmen lässt.   ○

Numerische Gründe für veränderte Pivotreihenfolge

Die Operationen der Vorwärtsreduktion versuchen, viele Einträge im Tableau zu 0 zu machen. Dabei werden oft Zahlen ähnlicher Größe voneinander subtrahiert, was dazu führt, dass die Genauigkeit abnimmt, dieses Phänomen wird *Auslöschung* genannt. Zum Beispiel ist $\sqrt{10} = 3.1623$ und $\pi = 3.1416$ auf fünf signifikante Stellen gerundet. Die Differenz ist $\sqrt{10} - \pi = 0.0207$ und hat nur noch eine Genauigkeit von drei signifkanten Stellen.

Daher muss die Verwendung solcher Differenzen im Gauß-Algorithmus vermieden werden. Besonders schädlich ist die Verwendung eines solchen Elements als Pivotelement, da durch die Pivotdivision die Ungenauigkeit über die ganze Zeile verteilt wird. Das nachstehende Beispiel illustriert dies. Die Möglichkeiten der Zeilen- und Spaltenvertauschung können daher auch dazu genutzt werden, kleinen Pivotelementen aus dem Weg zu gehen.

Beispiel 2.14. Im Gleichungssystem

x_1	x_2	x_3	1
1.001	0.999	2.002	4.000
1.000	1.000	1.000	7.000
2.000	3.000	2.000	3.000

linalg.ch/gauss/14

Genauigkeit	x_1	x_2	x_3
4 signifikante Stellen	20.02	-10.00	-3.024
Maschinengenauigkeit	21.025974	-11.000000	-3.025974

Tabelle 2.1: Resultate für das Beispielgleichungssystem mit Auslöschung. Die korrekten Stellen sind unterstrichen. Auslöschung hat die Genauigkeit auf nur eine signifikante Stelle reduziert.

ergibt der erste Vorwärtsreduktionsschritt das Pivotelement 0.002, das aber nur noch eine Genauigkeit von einer signifikanten Stelle hat:

x_1	x_2	x_3	1
1.000	0.998	2.000	3.996
0.000	(0.002)	-1.000	3.004
0.000	(1.004)	-2.000	-3.992

$\rightarrow$

x_1	x_2	x_3	1
1.000	0.998	2.000	3.996
0.000	1.000	-500.0	1502
0.000	0.000	(500.0)	-1512

Die Resultate des zweiten Vorwärtsreduktionsschrittes in den Zeilen 2 und 3 sind jetzt ebenfalls ungenau geworden, die korrekten Stellen sind jeweils unterstrichen. In den folgenden Schritten des Rückwärtseinsetzens wird sich diese Ungenauigkeit auch noch auf die erste Zeile ausdehnen:

$\rightarrow$

x_1	x_2	x_3	1
1.000	0.998	2.000	3.996
0.000	1.000	-500.0	1502
0.000	0.000	1.000	-3.024

$\rightarrow$

x_1	x_2	x_3	1
1.000	0.998	0.000	10.04
0.000	1.000	0.000	-10.00
0.000	0.000	1.000	-3.024

$\rightarrow$

x_1	x_2	x_3	1
1.000	0.000	0.000	20.02
0.000	1.000	0.000	-10.00
0.000	0.000	1.000	-3.024

Diese Lösung ist völlig unbrauchbar. Die Rechnung mit Maschinengenauigkeit[2] ergibt eine viel genauere Lösung, wie der Vergleich in Tabelle 2.1 zeigt. Sie erleidet zwar auch Auslöschung, aber da nur 4 von 16 Stellen ausgelöscht werden, bleibt eine Genauigkeit von über 10 Stellen erhalten. ○

2.4.2 Schlusstableau

Verwendet man die Möglichkeiten der Zeilen- und Spaltenvertauschung, kann man ein Tableau immer in die Standardform wie in Abbildung 2.6 bringen. Im linken oberen Teil des Tableaus stehen die Einsen und Nullen, die der Gauß-Algorithmus erfolgreich erzeugt

---

[2]Der double Datentyp moderner Prozessoren bietet etwa 15 Stellen Genauigkeit. Mit long double kann die Genauigkeit auf etwa 19 Stellen gesteigert werden, der Typ float bietet dagegen nur etwa 6 Stellen.

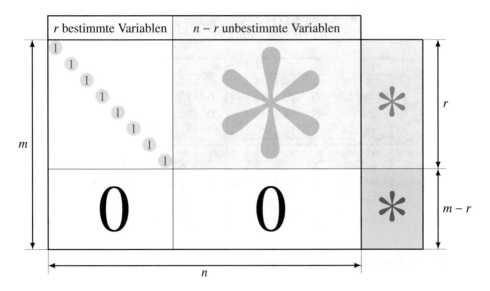

Abbildung 2.6: Schlusstableau des Gauß-Algorithmus.

hat. In den beiden Blöcken im unteren Teil stehen die Nullen, die verhindern, dass ein weiterer Gauß-Schritt durchgeführt werden kann. Im rechten oberen Teil des Tableaus stehen Einträge, über die wir nichts wissen, ebenso in der Spalte ganz rechts.

Die Einsen

Die Einsen im linken oberen Teil des Tableaus bedeuten, dass die entsprechende Gleichung nach der Variable zu dieser Spalte aufgelöst werden kann. Die Variablen mit einer roten Eins sind also jene, die durch den Rest des Gleichungssystems bestimmt sind.

Definition 2.15 (Rang). *Der* Rang *eines Gleichungssystems ist die Anzahl der Einsen im Schlusstableau oder die Anzahl der bestimmten Variablen.*

Hat ein $m \times n$-Gleichungssystem den Rang r, dann entstehen bei der Durchführung des Gauß-Algorithmus $m - r$ Nullzeilen. Man beachte auch, dass der Rang nur von den Koeffizienten a_{ik} abhängt, nicht von den rechten Seiten.

Beispiel 2.16. Welchen Rang hat das Gleichungssystem

$$
\begin{array}{rcrcrcrcr}
x_1 & + & 4x_2 & - & x_3 & + & 4x_4 & = & 4 \\
4x_1 & + & 18x_2 & & & + & 20x_4 & = & 12 \\
-x_1 & - & 6x_2 & - & 3x_3 & - & 8x_4 & = & 0 \\
3x_1 & + & 14x_2 & + & 1x_3 & + & 16x_4 & = & 8?
\end{array}
$$

Die Durchführung der Rechnung des Gauß-Algorithmus liefert das Schlusstableau

x_1	x_2	x_3	x_4	1
①	4	−1	4	4
4	18	0	20	12
−1	−6	−3	−8	0
3	14	1	16	8

$\rightarrow$

x_1	x_2	x_3	x_4	1
1	4	−1	4	4
0	②	4	4	−4
0	−2	−4	−4	4
0	2	4	4	−4

$\rightarrow$

x_1	x_2	x_3	x_4	1
1	④	−1	4	4
0	1	2	2	−2
0	0	0	0	0
0	0	0	0	0

$\rightarrow$

x_1	x_2	x_3	x_4	1
1	0	−9	−4	12
0	1	2	2	−2
0	0	0	0	0
0	0	0	0	0

,

aus dem man den Rang $r = 2$ ablesen kann. $\bigcirc$

Die roten Sterne

Im unteren Teil des Tableaus stehen auf der linken Seite lauter Nullen. Auf der rechten Seite stehen Zahlen, die im Bild durch einen roten Stern symbolisiert sind. Wenn eine dieser Zahlen $\neq 0$ ist, dann entsteht in dieser Zeile eine Gleichung $0 = * \neq 0$, die niemals erfüllt sein kann. Nicht-Null-Elemente im roten Teil des Tableaus haben also zur Folge, dass das Gleichungssystem keine Lösung hat.

Die frei wählbaren Variablen

Die Variablen im rechten Teil des Tableaus können nicht durch spätere Variablen ausgedrückt werden. Wenn das möglich wäre, dann gäbe es eine Gleichung, die man nach dieser Variablen auflösen kann. Durch Zeilen- und Spaltenvertauschung hätte man diese Variable so platzieren können, dass man einen weiteren Gauß-Schritt hätte durchführen und damit den Teil mit den Einsen hätte vergrößern können.

Da die Variablen nicht bestimmt sind, kann man dafür beliebige Werte wählen und dann die restlichen Variablen daraus ableiten. Die Anwesenheit solcher Variablen führt also automatisch dazu, dass das Gleichungssystem unendlich viele Lösungen hat[3].

---

[3] Beachte Fußnote auf Seite 30.

Wieviele Lösungen?

Das Schlusstableau 2.6 ermöglicht jetzt, die Frage nach der Anzahl der Lösungen abschließend zu beantworten. Dazu geht man nach dem nebenstehenden Flussdiagramm wie folgt vor:

1. Gibt es von 0 verschiedene Elemente im rechten unteren Teil, der mit einem roten Stern markiert ist? Wenn ja gibt es keine Lösung des Gleichungssystems.

2. Gibt es unbestimmte Variablen? Wenn ja gibt es unendlich viele Lösungen, da die unbestimmten Variablen frei wählbar sind und damit zu jedem Wert eine Lösung existiert.

3. Falls es keine frei wählbaren Variablen gibt, dann ist die Lösung eindeutig bestimmt und kann in der Spalte auf der rechten Seite des Schlusstableaus abgelesen werden. Dieser Fall heißt auch der *reguläre* Fall.

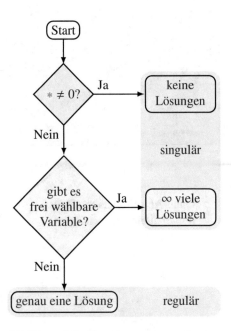

Abbildung 2.7: Flussdiagramm zur Bestimmung der Anzahl der Lösungen aus dem Schlusstableau von Abbildung 2.6.

Die beiden Fälle nicht eindeutig bestimmter Lösungen heißen auch *singuläre* Fälle.

Definition 2.17 (regulär)**.** *Ein lineares Gleichungssystem heißt* regulär*, wenn es genau eine Lösung besitzt. Es heißt* singulär*, wenn es keine oder unendlich viele Lösungen besitzt.*

2.4.3   Reduzierte Zeilenstufenform

Das in Abschnitt 2.3.3 vorgestellte API zur LAPACK-Bibliothek bietet keine Möglichkeit, über eventuelle Spaltenvertauschungen Buch zu führen. Wie kann man trotzdem mit Fällen umgehen, in denen eine Spaltenvertauschung unausweichlich ist?

Spalten überspringen

Wenn im Laufe des Gauß-Algorithmus in der nächsten Pivotspalte keine nicht verschwindenden Elemente vorhanden sind, wäre eine Spaltenvertauschung nötig. Stattdessen kann man alle Spalten überspringen, die nur noch Nullen enthalten. Dies wird die neue Pivotspalte. Dann werden die Zeilen so vertauscht, dass in der Pivotzeile und -spalte ein nichtverschwindendes Element steht, dieses ist das neue Pivotelement. Das Resultat ist in Abbildung 2.8 rechts oben dargestellt.

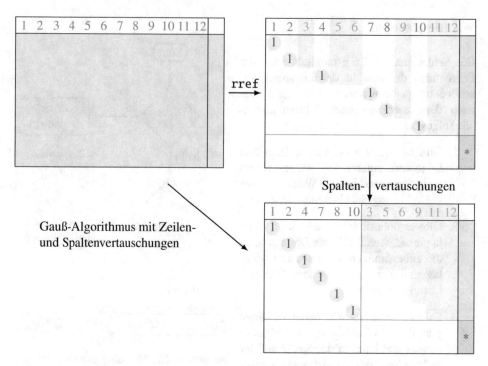

Abbildung 2.8: Reduzierte Zeilenstufenform des Schlusstableaus des Gauß-Algorithmus. Die grünen Spalten gehören zu den frei wählbaren Variablen. Der Rang ist $r = 6$, aus ursprünglich $m = 8$ Gleichungen sind auch $2 = m - r$ Nullzeilen enstanden.

Bei diesem Vorgehen bleiben die grünen Spalten mit den frei wählbaren Variablen an ihrem ursprünglichen Platz stehen. Die Form des Tableaus, das auf diese Weise entsteht, heißt die *reduzierte Zeilenstufenform* oder *reduced row echelon form*. Sowohl Matlab/Octave wie auch viele Taschenrechner implementieren eine Funktion `rref()`, die ein Tableau in diese Form bringt.

Beispiel 2.18. Man bestimme die reduzierte Zeilenstufenform des Tableaus

x_1	x_2	x_3	x_4	x_5	x_6	x_7	1
⑤	−5	−10	−10	15	15	10	10
−2	22	19	14	4	4	−14	−19
1	3	1	0	8	6	3	−4
−2	−10	−5	−2	0	−8	16	−11

Nach den ersten zwei Vorwärtsreduktionsschritten erhalten wir

x_1	x_2	x_3	x_4	x_5	x_6	x_7	1
1	-1	-2	-2	3	3	2	2
0	1	$\frac{3}{4}$	$\frac{1}{2}$	$\frac{1}{2}$	$\frac{1}{2}$	$-\frac{1}{2}$	$-\frac{3}{4}$
0	0	0	0	③	1	3	-3
0	0	0	0	⟦12⟧	4	14	-16

Das nächste brauchbare Pivotelement ist in Spalte 5, der Vorwärtsreduktionsschritt unter Verwendung dieses Pivotelements ergibt

x_1	x_2	x_3	x_4	x_5	x_6	x_7	1
1	-1	-2	-2	3	3	2	2
0	1	$\frac{3}{4}$	$\frac{1}{2}$	$\frac{1}{2}$	$\frac{1}{2}$	$-\frac{1}{2}$	$-\frac{3}{4}$
0	0	0	0	1	$\frac{1}{3}$	1	-1
0	0	0	0	0	0	②	-4

Wieder muss eine Spalte übersprungen werden. Danach kann das Rückwärtseinsetzen in den Pivotspalten erfolgen:

x_1	x_2	x_3	x_4	x_5	x_6	x_7	1
1	-1	-2	-2	3	3	2	2
0	1	$\frac{3}{4}$	$\frac{1}{2}$	$\frac{1}{2}$	$\frac{1}{2}$	$-\frac{1}{2}$	$-\frac{3}{4}$
0	0	0	0	1	$\frac{1}{3}$	1	-1
0	0	0	0	0	0	1	-2

$\rightarrow$

x_1	x_2	x_3	x_4	x_5	x_6	x_7	1
1	0	$-\frac{5}{4}$	$-\frac{3}{2}$	0	$\frac{7}{3}$	0	$\frac{3}{4}$
0	1	$\frac{3}{4}$	$\frac{1}{2}$	0	$\frac{1}{3}$	0	$-\frac{9}{4}$
0	0	0	0	1	$\frac{1}{3}$	0	1
0	0	0	0	0	0	1	-2

Damit ist die reduzierte Zeilenstufenform gefunden. ○

Schlusstableau interpretieren

Die reduzierte Zeilenstufenform kann jederzeit in die früher diskutierte Form des Schlusstableaus gebracht werden, indem die Spalten mit Pivotelementen vor die Spalten mit frei wählbaren Variablen geschoben werden (Abbildung 2.8 unten). Die Interpretation der reduzierten Zeilenstufenform lässt sich damit ebenfalls übertragen.

Die Spalten, die nur eine einzige 1 enthalten, ohne das Spalten weiter links in dieser Zeile ein Element $\neq 0$ enthalten, sind Pivotspalten. Der Rang r eines Gleichungssystems lässt sich damit ebenfalls aus der reduzierten Zeilenstufenform ablesen, er ist die Anzahl solcher Spalten. Im vorangegangenen Beispiel ist der Rang 4.

2.4.4 Die Lösungsmenge

Aus dem Schlusstableau lässt sich jetzt auch die Menge aller Lösungen ableiten. Dazu gehen wir vom Schlusstableau in der Form

x_1	x_2	$\dots$	x_m	x_{m+1}	$\dots$	x_n	1
1	0	$\dots$	0	$a_{1,m+1}$	$\dots$	a_{1n}	b_1
0	1	$\dots$	0	$a_{2,m+1}$	$\dots$	a_{2n}	b_2
$\vdots$	$\vdots$	$\ddots$	$\vdots$	$\vdots$	$\ddots$	$\vdots$	$\vdots$
0	0	$\dots$	1	$a_{m,m+1}$	$\dots$	a_{mn}	b_m

(2.16)

aus, in der alle Nullzeilen weggelassen worden sind, die ja ohnehin keine Information über die Unbekannten hergeben. Der Rang des Gleichungssystems ist jetzt also m.

Tableau-Umformungen

Die frei wählbaren Variablen sind durch die Gleichungen nicht festgelegt, sie werden daher als Parameter in der Lösung stehen bleiben. Um die anderen Variablen auszudrücken, schieben wir die frei wählbaren Variablen auf die rechte Seite und erhalten das Tableau

x_1	x_2	$\dots$	x_m	1	x_{m+1}	$\dots$	x_n
1	0	$\dots$	0	b_1	$-a_{1,m+1}$	$\dots$	$-a_{1n}$
0	1	$\dots$	0	b_2	$-a_{2,m+1}$	$\dots$	$-a_{2n}$
$\vdots$	$\vdots$	$\ddots$	$\vdots$	$\vdots$	$\vdots$	$\ddots$	$\vdots$
0	0	$\dots$	1	b_m	$-a_{m,m+1}$	$\dots$	$-a_{mn}$

.

Da wir nur noch je eine Gleichung für die Variablen x_1 bis x_m brauchen, können wir das auch als

	1	x_{m+1}	$\dots$	x_n
x_1	b_1	$-a_{1,m+1}$	$\dots$	$-a_{1n}$
x_2	b_2	$-a_{2,m+1}$	$\dots$	$-a_{2n}$
$\vdots$	$\vdots$	$\vdots$	$\ddots$	$\vdots$
x_m	b_m	$-a_{m,m+1}$	$\dots$	$-a_{mn}$

oder

x_1	$b_1 - a_{1,m+1}x_{m+1} - \cdots - a_{1n}x_n$
x_2	$b_2 - a_{2,m+1}x_{m+1} - \cdots - a_{2n}x_n$
$\vdots$	$\vdots$
x_m	$b_m - a_{m,m+1}x_{m+1} - \cdots - a_{mn}x_n$

schreiben.

Menge aller Lösungen

Eine Lösung des ursprünglichen Gleichungssystems (2.16) ist ein Tupel

$$(x_1, \dots, x_n) \in \Bbbk$$

mit der Eigenschaft, dass alle Gleichungen erfüllt sind, wenn man die Variablen in die Gleichungen einsetzt. Aus dem Schlusstableau haben wir gelernt, dass die Variablen x_{m+1}

bis x_n nicht bestimmt sind und daher frei gewählt werden können. Die Lösungsmenge ist daher

$$\mathbb{L} = \left\{ (x_1, \ldots, x_m, x_{m+1}, \ldots, x_n) \;\middle|\; \begin{array}{l} x_1 = b_1 - a_{1,m+1}x_{m+1} - \ldots - a_{1n}x_n \\ x_2 = b_2 - a_{2,m+1}x_{m+1} - \ldots - a_{2n}x_n \\ \vdots \\ x_m = b_2 - a_{2,m+1}x_{m+1} - \ldots - a_{2n}x_n \\ x_{m+1} \in \Bbbk \\ \vdots \\ x_n \in \Bbbk \end{array} \right\}.$$

Wir werden im nächsten Kapitel eine kompaktere und übersichtlichere Möglichkeit kennenlernen, die Lösungsmenge zu schreiben. Auf ähnliche Weise kann auch die Lösungsmenge aus der reduzierten Zeilenstufenform abgelesen werden.

Beispiel 2.19. Man bestimme zunächst die reduzierte Zeilenstufenform des im früheren Beispiel 2.13 bereits verwendeten Tableaus

x_1	x_2	x_3	1
②	1	3	5
④	2	7	12
6	3	7	11

linalg.ch/gauss/13

und schreibe anschließend die Lösungsmenge auf.

Die reduzierte Zeilenstufenform ist

x_1	x_2	x_3	1
1	$\frac{1}{2}$	$\frac{3}{2}$	$\frac{5}{2}$
0	0	①	2
0	0	-2	-4

$\rightarrow$

x_1	x_2	x_3	1
1	$\frac{1}{2}$	$\frac{3}{2}$	$\frac{5}{2}$
0	0	1	2
0	0	0	0

$\rightarrow$

x_1	x_2	x_3	1
1	$\frac{1}{2}$	0	$-\frac{1}{2}$
0	0	1	2
0	0	0	0

Frei wählbar ist die Variable x_2. Die Variable $x_3 = 2$ ist bestimmt, aber die Variable x_1 hängt von x_2 ab, sie ist

$$x_1 = -\frac{1}{2} - \frac{1}{2}x_2.$$

Damit kann man jetzt die Lösungsmenge aufschreiben:

$$\mathbb{L} = \left\{ (x_1, x_2, x_3) \;\middle|\; \begin{array}{l} x_1 = -\frac{1}{2} - \frac{1}{2}x_2 \\ x_2 \in \Bbbk \\ x_3 = 2 \end{array} \right\}. \qquad \bigcirc$$

2.5 Lineare Abhängigkeit

Nullzeilen spielen im Laufe des Gauß-Algorithmus eine besondere Rolle. Sie reduzieren die Anzahl der Gleichungen, was die Wahrscheinlichkeit erhöht, dass es mehr Lösungen gibt als die Zahl der Gleichungen erwarten ließ. Bleibt auf der rechten Seite einer Nullzeile ein Zahl $\neq 0$, dann kann es gar keine Lösung geben.

2.5.1 Lineare Abhängigkeit von Zeilen

In diesem Abschnitt schlüsseln wir zunächst den Prozess der Entstehung von Nullzeilen etwas genauer auf, um daraus den Begriff der linearen Abhängigkeit zu gewinnen.

Entstehung von Nullzeilen

In jedem Schritt der Vorwärtsreduktion subtrahiert der Gauß-Algorithmus Vielfache der Pivotzeile von den nachfolgenden Zeilen. Nach Gauß-Operationen stehen im Tableau also immer Linearkombinationen anderer Zeilen. Eine Nullzeile entsteht dadurch, dass von einer Zeile Vielfache der bisher verwendeten Pivotzeilen subtrahiert worden sind. Diese Pivotzeilen können ihrerseits Linearkombinationen früherer Zeilen sein. Wenn in Zeile i im r-ten Vorwärtreduktionsschritt eine Nullzeile entsteht, dann gilt

$$\text{Zeile } i - \sum_{k=1}^{r} s_k \cdot (k\text{-te Pivotzeile}) = \text{Nullzeile.} \tag{2.17}$$

Wir geben dieser Beobachtung noch eine etwas algebraischere Form. Wie früher bezeichnen wir die i-te Zeile des Ausgangstableaus mit a_{ik}. Die Einträge nach dem r-ten Vorwärtsreduktionsschritt werden mit $a_{ik}^{(r)}$ bezeichnet, die ganzen Zeilen mit $a_i^{(r)}$. Eine Nullzeile entsteht in Zeile i im r-ten Schritt durch Subtraktion eines Vielfachen der Pivotzeile, also

$$0 = a_i^{(r-1)} - \mu_i^{(r)} a_r^{(r-1)}.$$

Beide Zeilen $a_i^{(r-1)}$ und $a_r^{(r-1)}$ sind durch dieselbe Art von Operation aus früheren Pivotzeilen entstanden:

$$a_i^{(r-1)} = a_i^{(r-2)} - \mu_i^{(r-1)} a_{r-1}^{(r-2)} \qquad\qquad a_r^{(r-1)} = a_r^{(r-2)} - \mu_{r-1}^{(r-1)} a_{r-1}^{(r-2)}$$

Die Zeile $a_r^{(r-1)}$ ihrerseits ist entstanden aus der Zeile r des Vorgängertableaus und der Pivotzeile $r-2$. So kann man die Entstehung der Zeile bis zum Anfang des Gauß-Algorithmus zurückverfolgen:

$$a_i^{(r-2)} = a_i^{(r-3)} - \mu_i^{(r-2)} a_{r-2}^{(r-3)} \qquad\qquad a_{r-1}^{(r-2)} = a_{r-1}^{(r-3)} - \mu_{r-2}^{(r-2)} a_{r-2}^{(r-3)}$$
$$a_i^{(r-3)} = a_i^{(r-4)} - \mu_i^{(r-3)} a_{r-3}^{(r-4)} \qquad\qquad a_{r-2}^{(r-3)} = a_{r-2}^{(r-4)} - \mu_{r-3} a_{r-3}^{(r-4)}$$

$$\vdots$$

$$a_i^{(1)} = a_i - \mu_i^{(1)} a_1 \qquad\qquad\qquad a_2^{(1)} = a_2 - \mu_1^{(1)} a_1$$

Auf der rechten Seite werden immer Vielfache früherer Pivotzeilen subtrahiert.

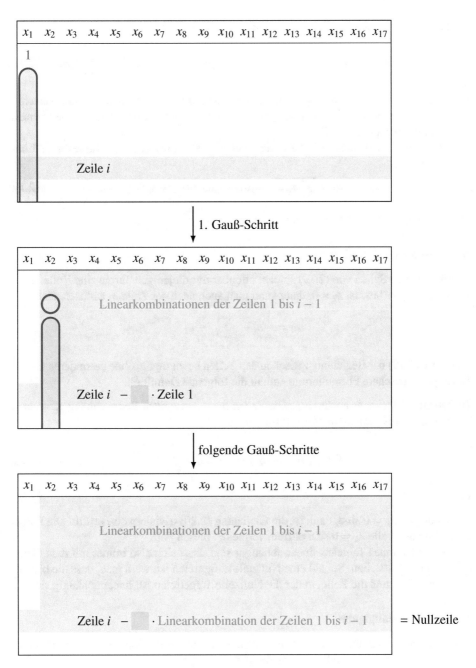

Abbildung 2.9: Entstehung von Nullzeilen im Gauß-Algorithmus. Jede Gauß-Operation ersetzt Zeilen durch eine Linearkombination von Zeilen, die nicht weiter unten liegen. In Zeile i wird im ersten Schritt ein Vielfaches von Zeile 1 subtrahiert. Auch in allen weiteren Schritten werden jeweils Linearkombinationen der Zeilen 1 bis $i - 1$ subtrahiert. Wenn eine Nullzeile entsteht, dann muss Zeile i eine Linearkombination der Zeilen 1 bis $i - 1$ sein.

Setzt man alle diese Gleichungen ineinander ein, entsteht

$$0 = a_i^{(r-1)} - \mu_r a_r^{(r-1)} = a_i^{(r-1)} - \mu_r a_r^{(r-2)} - \mu_r \mu_{r-1} a_{r-1}^{(r-2)} = \cdots = a_i^{(r-1)} - \sum_{k=1}^{r} s_k a_k. \quad (2.18)$$

Dabei sind die Koeffizienten s_k in der letzten Gleichung Faktoren, die aus den verschiedenen μ-Werten in früheren Gleichungen zusammengesetzt werden. Dies ist die formelle Version der Gleichung (2.17).

Man kann (2.18) auch nach der Zeile i auflösen, also die Zeile i des Tableaus als Linearkombination

$$a_i = \sum_{k=1}^{r} s_k a_k = s_1 a_1 + s_2 a_2 + \cdots + s_r a_r \quad (2.19)$$

der Zeilen $1, \ldots, r$ des Ausgangstableaus schreiben.

Symmetrische Formulierung

Auf der rechten Seiten von (2.19) spielen offenbar nur diejenigen Terme eine Rolle, deren Koeffizient $s_l \neq 0$ ist. Ist $s_l \neq 0$, dann kann man auch nach der Zeile a_l auflösen, also

$$a_l = \frac{1}{s_l} a_i - \sum_{k=1, k \neq l} \frac{s_k}{s_l} a_k.$$

Die Form (2.19) der Beziehung zwischen den Zeilen bevorzugt a_i ohne besonderen Grund. Eine symmetrischere Formulierung enthält die folgende Definition.

Definition 2.20 (linear abhängig). *Die Zeilen $a_1, \ldots, a_i$ heißen* linear abhängig, *wenn es Zahlen $\lambda_i \in \Bbbk$ gibt, die nicht alle $= 0$ sind, für die*

$$0 = \lambda_1 a_1 + \lambda_2 a_2 + \cdots + \lambda_i a_i = \sum_{k=1}^{i} \lambda_k a_k \quad (2.20)$$

gilt.

Wenn alle $\lambda_k = 0$ sind, dann ist die Gleichung (2.20) trivialerweise erfüllt. Die Forderung, dass nicht alle $\lambda_k = 0$ sein dürfen, vermeidet diesen Fall.

Ob Zeilen eines Tableaus linear abhängig sind, lässt sich also immer mit dem Gauß-Algorithmus feststellen. Sobald eine Nullzeile aufgetreten ist, weiß man, dass die bisherigen Pivotzeilen und die Zeile, in der die Nullzeile aufgetreten ist, linear abhängig sind.

Lineare Unabhängigkeit

Unter welchen Bedingungen wird die Entstehung von Nullzeilen vermieden? Offenbar genau dann, wenn es keine Beziehung der Art (2.20) gibt.

Definition 2.21 (linear unabhängig). *Die Zeilen $a_1, \ldots, a_j$ heißen* linear unabhängig, *wenn die Gleichung*

$$\lambda_1 a_1 + \lambda_2 a_2 + \cdots + \lambda_j a_j = 0$$

nur die Lösung $\lambda_1 = \lambda_2 = \cdots = \lambda_j = 0$ hat.

Sind Zeilen linear unabhäging, können keine Nullzeilen auftreten. Lineare Unabhängigkeit der Zeilen ist also Voraussetzung dafür, dass in einem Gleichungsystem mit gleich vielen Gleichungen wie Unbekannten genau eine Lösung auftritt. Umgekehrt ist lineare Abhängigkeit der Zeilen unausweichlich in einem Tableau mit mehr Zeilen als Spalten.

Gleichungssystem für die λ_i

Wenn die Zeilen $a_1, \ldots, a_j$ linear abhängig sind, dann gibt es Zahlen $\lambda_j \in \Bbbk$, die nicht alle verschwinden, derart, dass

$$\lambda_1 a_1 + \cdots + \lambda_j a_j = 0. \tag{2.21}$$

Ausgeschrieben für jede einzelne Spalte bedeutet dies

$$\begin{aligned}
\text{Spalte 1:} \quad & \lambda_1 a_{11} + \lambda_2 a_{21} + \ldots + \lambda_j a_{j1} = 0 \\
\text{Spalte 2:} \quad & \lambda_1 a_{12} + \lambda_2 a_{22} + \ldots + \lambda_j a_{j2} = 0 \\
& \qquad\qquad \vdots \\
\text{Spalte } n: \quad & \lambda_1 a_{1n} + \lambda_2 a_{2n} + \ldots + \lambda_j a_{jn} = 0
\end{aligned}$$

oder als Tableau geschrieben

λ_1	λ_2	$\ldots$	λ_j	1
a_{11}	a_{21}	$\ldots$	a_{j1}	0
a_{12}	a_{22}	$\ldots$	a_{j2}	0
$\vdots$	$\vdots$	$\ddots$	$\vdots$	$\vdots$
a_{1n}	a_{2n}	$\ldots$	a_{jn}	0

Man beachte, dass die Zeilen- und Spaltenindizes gegenüber dem ursprünglichen Tableau vertauscht sind. Die λ_i kann man finden, indem man das Gleichungssystem mit dem Gauß-Algorithmus löst. Die Zeilen eines Tableaus sind also genau dann linear abhängig, wenn das homogene Gleichungssystem mit vertauschten Zeilen und Spalten eine nichttriviale Lösung hat. Natürlich wird es automatisch unendlich viele Lösungen geben, denn durch Multiplikation mit einer beliebigen Zahl t erhält man aus einer Lösung $(\lambda_1, \ldots, \lambda_j)$ des Gleichungssystems (2.21) beliebig viele weitere Lösungen, da

$$\lambda_1 a_1 + \cdots + \lambda_j a_j = 0 \quad \Rightarrow \quad t\lambda_1 a_1 + \cdots + t\lambda_j a_j = 0.$$

Beispiel 2.22. Das Gleichungssystem

x_1	x_2	x_3	1
①	2	3	2
⑥	5	4	5
⑦	8	9	8

linalg.ch/gauss/17

zeigt nach dem zweiten Vorwärtsreduktionsschritt eine Nullzeile:

x_1	x_2	x_3	1
1	2	3	2
0	(−7)	−14	−7
0	(−6)	−12	−6

$\rightarrow$

x_1	x_2	x_3	1
1	2	3	2
0	1	2	1
0	0	0	0

Die Zeilen sind also linear abhängig. Es gibt also Zahlen λ_1, λ_2 und λ_3 derart, dass

$$\lambda_1 \cdot (1.\ \text{Zeile}) + \lambda_2 \cdot (2.\ \text{Zeile}) + \lambda_3 \cdot (3.\ \text{Zeile}) = 0$$

ist. Um diese zu finden, schreiben wir die Zeilen als Spalten in ein neues Tableau mit rechter Seite = 0:

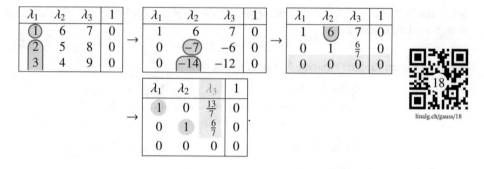

Das Schlusstableau ist damit erreicht und man kann ablesen, dass die Variable λ_3 frei wählbar ist. Die anderen Variable lassen sich durch λ_3 ausdrücken:

$$\lambda_1 = -\frac{13}{7}\lambda_3$$

$$\lambda_2 = -\frac{6}{7}\lambda_3.$$

Eine besonders hübsche Lösung ergibt sich, wenn man $\lambda_3 = 7$ wählt, dann bekommt man

$$\lambda_1 = -13, \qquad \lambda_2 = -6, \qquad \lambda_3 = 7.$$

Tatsächlich kann man die Linearkombination der Zeilen nachrechnen:

$$
\begin{array}{rcrclrrr}
(\lambda_1 &=& -13) &\cdot& (\ 1\ 2\ 3\ ) = (& -13 & -26 & -39\ ) \\
(\lambda_2 &=& -6) &\cdot& (\ 6\ 5\ 4\ ) = (& -36 & -30 & -24\ ) \\
(\lambda_3 &=& 7) &\cdot& (\ 7\ 8\ 9\ ) = (& 49 & 56 & 63\ ) \\
\hline
& & & & \text{Summe:} & 0 & 0 & 0
\end{array}
$$

Damit sind die gefundenen Zahlen λ_1, λ_2 und λ_3 die Koeffizienten einer nichttrivialen Linearkombination der Zeilen. Wir haben erneut bestätigt, dass die Zeilen linear abhängig sind. ○

2.5.2 Lineare Abhängigkeit von Spalten

Für die Lösung von Gleichungssystemen haben wir bisher nur Zeilenoperationen benötigt. Die Operationen der Multiplikation einer Spalte mit einer Zahl oder der Addition einer Spalte zu einer anderen Spalte lässt sich ganz analog definieren. Spalten heißen linear abhängig wenn es Zahlen gibt, die nicht alle = 0 sind, und derart, dass die Linearkombination der Zahlen in jeder Zeile 0 ergibt:

$$\begin{aligned}
\lambda_1 a_{11} + \lambda_2 a_{12} + \ldots + \lambda_n a_{1n} &= 0 \\
\lambda_1 a_{21} + \lambda_2 a_{22} + \ldots + \lambda_n a_{2n} &= 0 \\
\vdots \qquad \vdots \qquad \ddots \qquad \vdots \quad &\vdots \\
\lambda_1 a_{m1} + \lambda_2 a_{m2} + \ldots + \lambda_n a_{mn} &= 0.
\end{aligned}$$

Dies ist das Gleichungssystem mit dem Tableau

λ_1	λ_2	$\ldots$	λ_n	1
a_{11}	a_{12}	$\ldots$	a_{1n}	0
a_{21}	a_{22}	$\ldots$	a_{2n}	0
$\vdots$	$\vdots$	$\ddots$	$\vdots$	$\vdots$
a_{m1}	a_{m2}	$\ldots$	a_{mn}	0

(2.22)

Die Spalten eines Tableau sind also genau dann linear abhängig, wenn das zugehörige homogene Gleichungssystem eine nichttriviale Lösung hat. Dies ist gleichbedeutend damit, dass im Schlusstableau mindestens eine frei wählbare Variable auftritt.

Reduzierte Zeilenstufenform und lineare Abhängigkeit

Mit der reduzierten Zeilenstufenform ist es besonders einfach, lineare Abhängigkeitsbeziehungen zwischen den Spalten eines Tableaus zu finden.

Eine nichttriviale Lösung des Gleichungssystems mit dem Tableau (2.22) ist eine lineare Abhängigkeitsbeziehung zwischen Spalten des Tableaus mit den Koeffizienten λ_i. Der Gauß-Algorithmus ändert nichts daran, ob eine Gleichung erfüllt ist. Die Spalten des Schlusstableau erfüllen also die gleichen linearen Abhängigkeitsbeziehungen. Anders ausgedrückt: die linearen Abhängigkeitsbeziehungen der Spalten des Tableau (2.22) können aus dem Schlusstableau abgelesen werden.

Die reduzierte Zeilenstufenform enthält zwei Arten von Spalten. Die Pivotspalten enthalten genau eine Eins und sonst lauter Nullen. Jede andere Spalte enthält lauter Nullen in den Zeilen unter dem untersten Pivotelement in den Pivotspalten links von der Spalte. Die Zahlen darüber können von 0 verschieden sein, wir stellen sie wieder grün dar:

1	2	3	4	5	6	7	8	9	10	11	12	1
1		b_{13}		b_{15}	b_{16}			b_{19}		$b_{1,11}$	$b_{1,12}$	0
	1	b_{23}		b_{25}	b_{26}			b_{29}		$b_{2,11}$	$b_{2,12}$	0
			1	b_{35}	b_{36}			b_{39}		$b_{3,11}$	$b_{3,12}$	0
						1		b_{49}		$b_{4,11}$	$b_{4,12}$	0
							1	b_{59}		$b_{5,11}$	$b_{5,12}$	0
									1	$b_{6,11}$	$b_{6,12}$	0
												0
												0

(2.23)

Für jede grüne Spalte von (2.23) lässt sich jetzt sofort eine lineare Abhängigkeitsrelation finden. Die Spalte 6 in (2.23) kann zum Beispiel geschrieben werden als

$$\text{Spalte } 6 = b_{16} \cdot \text{Spalte } 1 + b_{26} \cdot \text{Spalte } 2 + b_{36} \cdot \text{Spalte } 4.$$

Jede grüne Spalte ist eine Linearkombination der Pivotspalten weiter links mit den grünen Koeffizienten in der grünen Spalte.

Beispiel 2.23. Man finde ein Teilmenge von Spalten des Tableaus

$$\begin{array}{cccc} 1 & 3 & 5 & 15 \\ 2 & 6 & 4 & 24 \\ 4 & 12 & 1 & 41 \end{array},$$

linalg.ch/gauss/22

die linear unabhängig sind.

Zu diesem Zweck bestimmen wir die reduzierte Zeilenstufenform

$$\begin{array}{cccc} ① & 3 & 5 & 15 \\ ② & 6 & 4 & 24 \\ ④ & 12 & 1 & 41 \end{array} \rightarrow \begin{array}{cccc} 1 & 3 & 5 & 15 \\ 0 & 0 & -6 & -6 \\ 0 & 0 & -19 & -19 \end{array} \rightarrow \begin{array}{cccc} 1 & 3 & 5 & 15 \\ 0 & 0 & 1 & 1 \\ 0 & 0 & 0 & 0 \end{array} \rightarrow \begin{array}{cccc} 1 & 3 & 0 & 10 \\ 0 & 0 & 1 & 1 \\ 0 & 0 & 0 & 0 \end{array}.$$

Die Pivotspalten sind die Spalten 1 und 3, diese sind auch im ursprünglichen Tableau linear unabhängig. Die Spalten 2 und 4 dagegen sind Linearkombinationen der weiter links liegenden Pivotspalten, die Koeffizienten der Linearkombination sind die grünen Einträge, also

$$\text{2. Spalte} = 3 \cdot \text{1. Spalte} \quad \text{und} \quad \text{4. Spalte} = 10 \cdot \text{1. Spalte} + 1 \cdot \text{3. Spalte}.$$

$$\begin{bmatrix} 3 \\ 6 \\ 12 \end{bmatrix} = 3 \cdot \begin{bmatrix} 1 \\ 2 \\ 4 \end{bmatrix} \quad \text{und} \quad \begin{bmatrix} 15 \\ 24 \\ 41 \end{bmatrix} = 10 \cdot \begin{bmatrix} 1 \\ 2 \\ 4 \end{bmatrix} + 1 \cdot \begin{bmatrix} 5 \\ 4 \\ 1 \end{bmatrix}.$$

2.A Elektrische Netzwerke

Die kirchhoffschen Gesetze erklären, wie Spannungen und Ströme in einem elektrischen Netzwerk berechnet werden können. Die Maschenregel zum Beispiel schreibt vor, dass man zu jedem geschlossenen Zyklus in einem Netzwerk eine Gleichung aufstellen kann. Viele dieser Gleichungen werden aber linear abhängig sein und können eliminiert werden. Gesucht ist daher ein Verfahren, mit dem man eine minimale Menge von linear unabhängigen Zyklen finden kann.

Diese Anwendung wird später in Abschnitt 3.A erweitert, indem eine Matrixnotation entwickelt wird, die erlaubt, die kirchhoffschen Gleichungen sofort hinzuschreiben. Die Ideen führen aber noch weiter: Graphen lassen sich mit Matrizen beschreiben, deren Eigenschaften Rückschlüsse auf das Netzwerk erlauben. Dies führt zum Beispiel in Kapitel 14 auf ein Modell des Internets als Graph und auf die Google-Matrix, die zur Berechnung des PageRank zur Sortierung der Suchresultate einer Suchmaschine verwendet wird.

Gustav Robert Kirchhoff

Gustav Robert Kirchhoff kam am 12. März 1824 in Königsbert (Preußen) zu Welt.

Von 1842 bis 1847 studierte er Mathematik und Physik an der Universität Königsberg. Schon während seines Studiums veröffentlichte er die beiden Arbeiten [12] und [13], in denen er die Zusammenhänge zwischen Spannungen, Strömen und Widerständen in beliebigen Netzwerken als lineare Gleichungssysteme formulierte.

Zusammen mit Robert Bunsen gilt er als der Begründer der Spektralanalyse. 1861 entdeckte er bei der Analyse des Mineralwassers der neu erschlossenen Maxquelle in Dürkheim die Elemente Cäsium und Rubidium.

Kirchhoff starb am 17. Oktober 1887 in Berlin.

2.A.1 Netzwerke und kirchhoffsche Gesetze

In diesem Abschnitt konstruieren wir eine mathematische Sprache zur Beschreibung von Netzwerken und formulieren das Problem, eine Menge von unabhängigen Zyklen zu finden.

Netzwerke

Ein Netzwerk besteht aus Knoten, die untereinander durch Kanten verbunden sind. Computernetzwerke bestehen aus Computern, Routern und anderen Netzwerkgeräten, die untereinander mit Netzwerkkabeln oder mit drahtlosen Übertragungsstrecken verbunden sind. In einem Computernetzwerk hat jedes Gerät eine eigene IP-Adresse, wir brauchen daher eine Möglichkeit, die Knoten zu identifizieren.

In einem elektrischen Netzwerk sind die Knoten die Stellen, wo die verschiedenen Bauteile miteinander verbunden sind. Die elektrischen Eigenschaften, zum Beispiel der Widerstand, die Kapazität oder Induktivität oder allgemein die Impedanz, der verbindenden Bauteile machen das Verhalten des Gesamtnetzwerks aus. Verbindet man die beiden Anschlüsse eines Bauteils untereinander, ist es kurzgeschlossen und entfaltet keine Wirkung in der Schaltung und kann daher ignoriert werden. Wir können daher Verbindungen ausschließen, die einen Knoten mit sich selbst verbinden.

Schließlich kommt es in beiden Beispielen von Netzwerken auf die Richtung einer Verbindung an. Verbindungen in einem Computernetzwerk sind oft technologiebedingt asymmetrisch. ADSL-Verbindungen verwenden in Richtung zum Endgerät eine größere Datenrate als in der umgekehrten Richtung. In einem elektrischen Netzwerk ist entscheidend, in welche Richtung der Strom durch eine Verbindung fließt.

Diese Elemente bilden einen sogenannten *gerichteten, beschrifteten Graphen* nennt[4]. Für die Zwecke dieses Abschnitts nennen wir dies einfach ein Netzwerk.

---

[4]Mehr Information zur Beschreibung von Graphen mit Methoden der linearen Algebra in Kapitel 14.

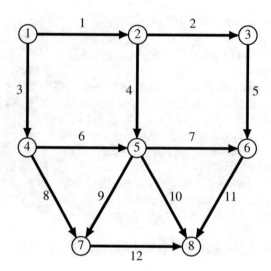

Abbildung 2.10: Beispielnetzwerk für die Konstruktion einer Menge von linear unabhängigen Zyklen.

Definition 2.24 (Netzwerk). *Ein* Netzwerk *ist eine endliche Menge V von n* Knoten *(vertices), die wir mit den natürlichen Zahlen $V = \{1, \ldots, n\}$ identifizieren und einer Menge E von m* Kanten *(edges), die wir mit den natürlichen Zahlen $E = \{1, \ldots, m\}$ identifizieren. Außerdem gibt es zwei Abbildungen $a\colon E \to V$ und $e\colon E \to V$. Zu jeder Kante mit der Nummer i ist der $a(i)$ Anfangspunkt und $e(i)$ der Endpunkt der Kante. Eine Kante kann auch durch das Tripel $(i, a(i), e(i))$ für $i \in E$ charakterisiert werden.*

Beispiel 2.25. Die nachfolgenden Entwicklungen werden wir mit dem Netzwerk von Abbildung 2.10 illustrieren. Die Abbildungen a und e haben die Werte

i	1	2	3	4	5	6	7	8	9	10	11	12
$a(i)$	1	2	1	2	3	4	5	4	5	5	6	7
$e(i)$	2	3	4	5	6	5	6	7	7	8	8	8

Diese Tabelle ist genau die Art von Datenstruktur, die in einem EDA[5]-System anfällt. Das Programm KiCAD zum Beispiel produziert für die passive Bandpassfilter-Schaltung in Abbildung 2.11 die danebenstehende Netzliste. Die Bezeichnung net und node ist etwas verwirrend, denn die nets in der Netzliste sind die Knoten, die von den Bauteilen, genannt nodes, verbunden werden. Der Graph hat vier Knoten, die zu den nets mit den Bezeichnungen /Input, /Output, GND und einem unbenannten net, das die Verbindung zwischen dem Kondensator C und der Spule L sicherstellt. Die Netzliste spezifiziert, welche Pins jedes Bauteils mit welchem net verbunden sind.   ◯

---
[5]Electronic Design Automation

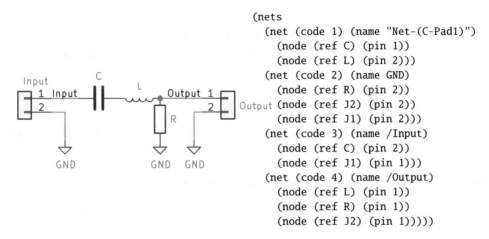

```
(nets
  (net (code 1) (name "Net-(C-Pad1)")
    (node (ref C) (pin 1))
    (node (ref L) (pin 2)))
  (net (code 2) (name GND)
    (node (ref R) (pin 2))
    (node (ref J2) (pin 2))
    (node (ref J1) (pin 2)))
  (net (code 3) (name /Input)
    (node (ref C) (pin 2))
    (node (ref J1) (pin 1)))
  (net (code 4) (name /Output)
    (node (ref L) (pin 1))
    (node (ref R) (pin 1))
    (node (ref J2) (pin 1)))))
```

Abbildung 2.11: Ausschnitt aus einer Netlist, wie sie vom EDA-Programm KiCAD für eine passive Bandpassfilterschaltung erzeugt wird.

Die Knotenregel

Das erste kirchhoffsche Gesetz spricht von den Strömen, die durch die Kanten eines Netzwerkes fließen. Es verlangt also zusätzlich nach einer Zuordnung $k \mapsto I_k \in \mathbb{R}$ mit $k \in E$. Das Vorzeichen von I_k ist negativ, wenn der Strom entgegen der Orientierung der Kante k fließt. Mit diesen Bezeichnungen erhält das erste kirchhoffsche Gesetz die folgende Form.

Satz 2.26 (Knotenregel). *Die Ströme, die in einen Knoten fließen, summieren sich zu 0. Für jedes $v \in V$ gilt*

$$\sum_{e(k)=v} I_k - \sum_{a(k)=v} I_k = 0. \tag{2.24}$$

Das Gleichungssystem (2.24), gegeben durch die Knotenregel, lässt sich natürlich auch in Tableau-Form schreiben. Die Unbekannten sind die Ströme I_k in jeder der m Kanten, sie werden in die Kopfzeile eingetragen. Die rechte Seite ist jeweils 0. In der Spalte i muss eine 1 in der Zeile mit der Nummer des Knotens eingetragen werden, wo die Kante i endet und eine -1 in der Zeile mit der Nummer des Knotens, wo die Kante beginnt.

Beispiel 2.27. Für das Beispielnetzwerk liefert die Knotenregel das Tableau

	I_1	I_2	I_3	I_4	I_5	I_6	I_7	I_8	I_9	I_{10}	I_{11}	I_{12}	1
1	-1	0	-1	0	0	0	0	0	0	0	0	0	0
2	1	-1	0	-1	0	0	0	0	0	0	0	0	0
3	0	1	0	0	-1	0	0	0	0	0	0	0	0
4	0	0	1	0	0	-1	0	-1	0	0	0	0	0
5	0	0	0	1	0	1	-1	0	-1	-1	0	0	0
6	0	0	0	0	1	0	1	0	0	0	-1	0	0
7	0	0	0	0	0	0	0	1	1	0	0	-1	0
8	0	0	0	0	0	0	0	0	0	1	1	1	0

Es ist ziemlich offensichtlich, dass die Gleichungen linear abhängig sind. Jede Spalte enthält nämlich genau eine 1 und ein -1, herrührend von den Anfangs- und Endpunkten der Kante, die zur Spalte gehört. Die Summe aller Zeilen ist daher 0. Die Summe aller Zeilen ist eine nichttriviale Linearkombination, die verschwindet. ○

Spannungen und Potential

Über jeder Kante fällt eine Spannung U_k ab. Die Knoten des Netzwerkes sind also auf verschiedenem elektrischem Potential Φ_v, $v \in V$. Die Spannung über die Kante k ist daher

$$U_k = \Phi_{e(k)} - \Phi_{a(k)} \qquad \text{für alle } k \in E. \tag{2.25}$$

Auch dieses Gleichungssystem, bestehend aus n Gleichungen für jeden Knoten mit m Unbekannten, lässt sich in Tableau-Form bringen.

Beispiel 2.28. Für das Beispielnetzwerk sind die Gleichungen für die Spannungen und das Potential

		Φ_1	Φ_2	Φ_3	Φ_4	Φ_5	Φ_6	Φ_7	Φ_8
1	U_1	-1	1	0	0	0	0	0	0
2	U_2	0	-1	1	0	0	0	0	0
3	U_3	-1	0	0	1	0	0	0	0
4	U_4	0	-1	0	0	1	0	0	0
5	U_5	0	0	-1	0	0	1	0	0
6	U_6	0	0	0	-1	1	0	0	0
7	U_7	0	0	0	0	-1	1	0	0
8	U_8	0	0	0	-1	0	0	1	0
9	U_9	0	0	0	0	-1	0	1	0
10	U_{10}	0	0	0	0	-1	0	0	1
11	U_{11}	0	0	0	0	0	-1	0	1
12	U_{12}	0	0	0	0	0	0	-1	1

linalg.ch/gauss/20

Die Koeffizienten in diesem Tableau sind genau die gleichen wie in Beispiel 2.27, allerdings mit vertauschten Zeilen und Spalten. ○

Die Maschenregel

Die Existenz eines Potentials ist zunächst nicht selbstverständlich. Die Existenz einer solchen Lösung der Gleichungen (2.25) besagt nämlich, dass die Summe der Spannungen über verschiedene Pfade zwischen zwei Knoten des Netzwerks gleich sind. Und genau dies wird vom zweiten kirchhoffsche Gesetz garantiert.

Definition 2.29 (Zyklus, Masche)**.** *Ein* Zyklus *oder eine* Masche *in einem Netzwerk ist ein geschlossener Pfad.*

Satz 2.30. *Die Summe der Spannungen über die Kanten eines Zyklus im Netzwerk ist 0.*

Der Nutzen der Maschenregel in der Technik ist natürlich, dass es meistens einfach ist, einen Zusammenhang zwischen U_k und I_k herzustellen. Für einen ohmschen Widerstand zum Beispiel gilt das Ohmsche Gesetz $U_k = R_k I_k$, wobei R_k der Widerstand der Kante k ist. Außerdem schließt man die Schaltung irgendwann an eine Spannungsquelle an, wodurch in zwei Punkten ein Potential vorgegeben wird. Die Gleichungen können dann dazu verwendet werden, den Stromfluss durch die Schaltung zu berechnen.

2.A.2 Gleichungen für Zyklen

Die Maschenregel spricht davon, dass eine Gleichung für jeden geschlossenen Pfad im Netzwerk gilt. Wir brauchen also zunächst eine Beschreibung von Zyklen, also geschlossenen Pfaden in einem Netzwerk.

Zyklen als n-Tupel

Ein Zyklus besteht aus Kanten und der Information, in welcher Richtung eine Kante durchlaufen wird. Ein Zyklus kann also beschrieben werden durch Zahlen z_k mit der Bedeutung

$$z_k = \begin{cases} b & b > 0, \text{ Kante } k \text{ wird } b \text{ mal in Pfeilrichtung durchlaufen} \\ -b & b > 0, \text{ Kante } k \text{ wird } b \text{ mal entgegen der Pfeilrichtung durchlaufen} \\ 0 & \text{Kante } k \text{ kommt im Zyklus nicht vor} \end{cases}$$

Mit diesen Zahlen kann man jetzt die Gleichungen der Maschenregel schreiben, sie lautet

$$U_1 z_1 + U_2 z_2 + \cdots + U_n z_n = 0 \qquad \Leftrightarrow \qquad \sum_{k \in E} U_k z_k = 0. \tag{2.26}$$

Dies sind Gleichungen für U_k, aber die Koeffizienten z_k sind erst noch zu bestimmen. Wir brauchen also Gleichungssysteme, um mögliche Lösungen für die z_k zu bestimmen.

Linear abhängige Zyklen

Gehen zwei Zyklen durch den Knoten i, dann kann man einen neuen Zyklus konstruieren, indem man zuerst von i ausgehend den ersten Zyklus durchläuft und anschließend den zweiten. Die zugehörigen Tupel $z^{(1)}$ und $z^{(2)}$ werden bei dieser Operation addiert. Die resultierende Maschengleichung (2.26) werden dabei ebenfalls nur addiert und führen somit auf linear abhängige Gleichungen. Die Aufgabe ist also, linear unabhängige Zyklen zu finden. Damit wird das Gleichungssystem der Maschengleichungen minimal.

Zyklenbedingung

Was ist ein Zyklus? Zu jeder Kante eines Zyklus muss es eine Folgekante im Zyklus geben, so dass der Endknoten mit dem Anfangsknoten der Folgekante übereinstimmt. Eine Kante k, die mit Vielfachheit z_k im Zyklus vorkommt, verlässt z_k mal den Knoten $a(i)$ und kommt z_k mal im Knoten $e(i)$ an. Die Anzahl Ankünfte und in einem Knoten muss gleich groß sein wie die Anzahl Abgänge aus dem Knoten. Als Gleichung ausgedrückt bedeutet das

$$\sum_{e(k)=1} z_k - \sum_{a(k)=i} z_k = 0$$

für alle Knoten i. Dies ist genau die Bedingung der Knotenregel von Satz 2.26. Zyklen sind also Lösungen des Gleichungssystems (2.24).

Zyklen und frei wählbare Variablen

In einer ganzzahligen Lösung z_k der Gleichung (2.24) bedeutet z_k, wie oft eine Kante durchlaufen wird. Wir wissen bereits, dass die Zeilen des Gleichungssystems linear abhängig sind und dass wir damit rechnen müssen, dass es unendlich viele Lösungen gibt. Diese sind parametrisiert durch die frei wählbaren Variablen. Es gibt als eine Menge von Kanten, für die man frei wählen kann, wie oft und in welcher Richtung sie durchlaufen werden, und das Schlusstableau des Gauß-Algorithmus für das Gleichungssystem (2.24) liefert die Information, wie oft und in welcher Richtung alle anderen Kanten durchlaufen werden müssen, damit sich ein Zyklus ergibt. Zu jeder frei wählbaren Variablen gibt es also genau einen Zyklus, der die entsprechende Kante genau einmal durchläuft, und alle Zyklen lassen sich durch Linearkombination dieser Zyklen bilden. Die Maschengleichungen müssen also nur für diese Basiszyklen erfüllt sein, dann sind sie automatisch auch für alle anderen Zyklen erfüllt.

Beispiel 2.31. Das Schlusstableau für das Beispielnetzwerk ist

z_1	z_2	z_3	z_4	z_5	z_6	z_7	z_8	z_9	z_{10}	z_{11}	z_{12}	
1	0	0	0	0	1	0	0	-1	0	0	1	0
0	1	0	0	0	0	1	0	0	0	-1	0	0
0	0	1	0	0	-1	0	0	1	0	0	-1	0
0	0	0	1	0	1	-1	0	-1	0	1	1	0
0	0	0	0	1	0	1	0	0	0	-1	0	0
0	0	0	0	0	0	0	1	1	0	0	-1	0
0	0	0	0	0	0	0	0	0	1	1	1	0
0	0	0	0	0	0	0	0	0	0	0	0	0

Es gibt 5 frei wählbare Variablen und damit 5 linear unabhängige Zyklen. Der Zyklus Z_k entsteht durch die Wahl $z_k = 1$ und $z_l = 0$ für frei wählbare Variablen mit Index $l \neq k$. Die Zyklen haben die folgenden Kanten:

	z_1	z_2	z_3	z_4	z_5	z_6	z_7	z_8	z_9	z_{10}	z_{11}	z_{12}	
Z_6	-1	0	1	-1	0	1	0	0	0	0	0	0	
Z_7	0	-1	0	1	-1	0	1	0	0	0	0	0	
Z_9	1	0	-1	1	0	0	0	-1	1	0	0	0	(2.27)
Z_{11}	0	1	0	-1	1	0	0	0	0	-1	1	0	
Z_{12}	-1	0	1	-1	0	0	0	1	0	-1	0	1	

Abbildung 2.12 zeigt die Zyklen innerhalb des Beispielnetzwerkes. In einem Zyklus positiv durchlaufene Kanten sind in der Tabelle (2.27) durch eine blaue 1 dargestellt, negativ durchlaufene durch eine violette -1. In Abbildung 2.12 werden die gleichen Farben verwendet.   ○

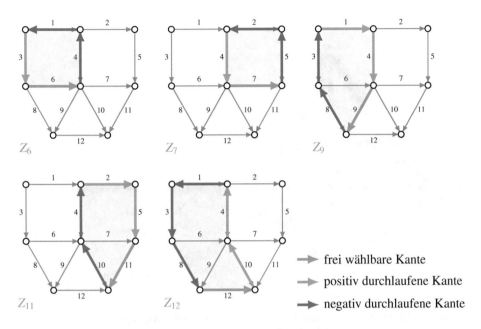

Abbildung 2.12: Zyklen im Beispielnetzwerk.

2.A.3 Beispiel: Zyklen auf einem Oktaeder

Als etwas größeres Beispiel testen wir das Verfahren an dem ungewöhnlichen Kantennetzwerk eines Oktaeders. In Abbildung 2.13 ist das Netzwerk dargestellt, es besteht aus sechs Knoten und zwölf Kanten. Das Gleichungssystem für die Zyklen hat die Tableau-Form

z_1	z_2	z_3	z_4	z_5	z_6	z_7	z_8	z_9	z_{10}	z_{11}	z_{12}	0
-1	-1	-1	-1	0	0	0	0	0	0	0	0	0
1	0	0	0	-1	-1	-1	0	0	0	0	0	0
0	1	0	0	1	0	0	-1	-1	0	0	0	0
0	0	1	0	0	0	0	1	0	-1	-1	0	0
0	0	0	1	0	1	0	0	0	1	0	-1	0
0	0	0	0	0	0	1	0	1	0	1	1	0

linalg.ch/gauss/21

Die Lösung des Gleichungssystems liefert das Schlusstableau

z_1	z_2	z_3	z_4	z_5	z_6	z_7	z_8	z_9	z_{10}	z_{11}	z_{12}	0
1	0	0	0	-1	-1	0	0	1	0	1	1	0
0	1	0	0	1	0	0	-1	-1	0	0	0	0
0	0	1	0	0	0	0	1	0	-1	-1	0	0
0	0	0	1	0	1	0	0	0	1	0	-1	0
0	0	0	0	0	0	1	0	1	0	1	1	0
0	0	0	0	0	0	0	0	0	0	0	0	0

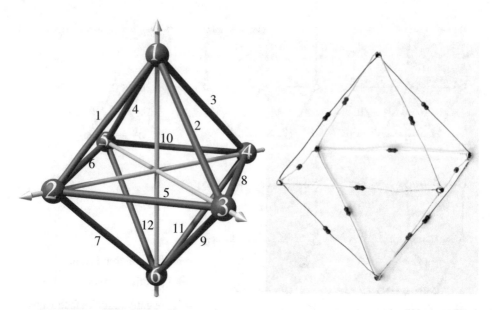

Abbildung 2.13: Oktaedrisches Netzwerk mit sechs Knoten und zwölf Kanten mit physischer Realisierung als Netzwerk von $1\,\mathrm{k}\Omega$-Widerständen.

aus dem man die Zyklen ablesen kann. Da es sieben frei wählbare Variablen gibt, finden wir sieben Zyklen:

	z_1	z_2	z_3	z_4	z_5	z_6	z_7	z_8	z_9	z_{10}	z_{11}	z_{12}
Z_5	1	−1	0	0	1	0	0	0	0	0	0	0
Z_6	1	0	0	−1	0	1	0	0	0	0	0	0
Z_8	0	1	−1	0	0	0	0	1	0	0	0	0
Z_9	−1	1	0	0	0	0	−1	0	1	0	0	0
Z_{10}	0	0	1	−1	0	0	0	0	0	1	0	0
Z_{11}	−1	0	1	0	0	0	−1	0	0	0	1	0
Z_{12}	−1	0	0	1	0	0	−1	0	0	0	0	1

In Abbildung 2.14 sind die frei wählbaren Kanten grün hervorgehoben, die übrigen Kanten eines Zyklus sind blau.

Übungsaufgaben

2.1. Hat das folgende Gleichungssystem eine Lösung?

$$\begin{aligned}
3x + 2y &= 5 \\
x + 3y &= 4 \\
7x + 11y &= 19
\end{aligned}$$

linalg.ch/gauss/23

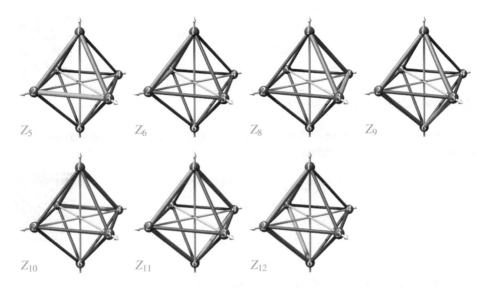

Abbildung 2.14: Zyklen in einem Oktaeder, die frei wählbaren Kanten sind grün hervorgehoben, der Rest eines Zyklus ist blau.

2.2. Der Youtuber MindYourDecisions stellt in seinem Video `https://www.youtube.com/watch?v=xVL9qbnHYrc` die Aufgabe, im folgenden Diagramm die Fragezeichen durch Zahlen so zu ersetzen, dass alle Gleichungen stimmen:

$$
\begin{array}{ccccc}
\boxed{?} & - & \boxed{?} & = & \boxed{9} \\
+ & & + & & \\
\boxed{?} & - & \boxed{?} & = & \boxed{14} \\
\| & & \| & & \\
\boxed{12} & & \boxed{2} & &
\end{array}
$$

linalg.ch/gauss/24

a) Ist dies möglich?

b) Kann man eine Bedingung angeben, die die angegebenen Zahlen erfüllen müssen, damit das Rätsel lösbar wird?

linalg.ch/gauss/25

c) Finden Sie die allgemeine Lösung des Problems für alle Quadrupel $b_1, \ldots, b_4$ von Zahlen, die die in b) gefundene Bedingung erfüllen.

2.3. Finden Sie die reduzierte Zeilenstufenform des Tableaus

x_1	x_2	x_3	x_4	x_5	x_6	1
3	−3	−3	−12	−9	0	−42
−5	7	3	20	17	4	68
−5	3	7	25	13	−9	92
−5	3	7	20	13	−7	75

linalg.ch/gauss/26

Welche Variablen sind frei wählbar?

2.4. Verwenden sie den `rref`-Befehl eines Taschenrechners oder einer Software wie Matlab oder Octave, um das Gleichungssystem

$$
\begin{aligned}
7x + 3y + 2z &= 2 \\
x + y + z &= 7 \\
13x + 5y + 3z &= -3
\end{aligned}
$$

linalg.ch/gauss/27

zu lösen.

a) Wie viele Lösungen hat dieses Gleichungssystem?

b) Geben Sie die Lösungsmenge an.

2.5. Es gibt zwei Werte des Parameters $k \in \mathbb{Q}$, für die das Gleichungssystem

$$
\begin{aligned}
kx_1 + 5kx_2 + \quad\quad kx_3 &= k(l+1) \\
3x_1 + 17x_2 - \quad\quad 7x_3 &= 0 \\
1x_1 + 7x_2 + 2k - 12x_3 &= l
\end{aligned}
$$

singulär ist.

a) Finden Sie die beiden Werte von k.

b) Für beide Werte von k bestimmen Sie jeweils die Werte von l, für die das Gleichungssystem unendlich viele Lösungen hat.

2.6. Finden Sie für das Netzwerk

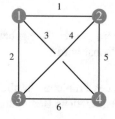

linalg.ch/gauss/28

eine maximale Menge linear unabhängiger Zyklen.

Lösungen: `https://linalg.ch/uebungen/LinAlg-102.pdf`

Kapitel 3

Matrizen und Vektoren

Im Kapitel 2 ist es gelungen, einen allgemeinen Algorithmus zur Lösung linearer Gleichungssysteme aufzustellen, der auch für große Gleichungssysteme mit einem Computer gut durchführbar ist. Zu diesem Zweck mussten nur ganz wenige neue Begriffe eingeführt werden. Es wurden nur "Haufen" von Zahlen, die in rechteckigen Schemata angeordnet waren, nach vorgegebenen Regeln manipuliert. Diese Regeln bilden aber den Grundstock einer Algebra der Vektoren und Matrizen, die in diesem Kapitel vorgestellt werden soll.

3.1   Vektoren

Die Koeffizienten einer einzelnen Gleichung wurden in Kapitel 2 als Zeilen eines Tableaus geschrieben. Die Addition von Linearformen und die Multiplikation mit Skalaren haben sich als die Grundoperationen zur Formulierung des Gauß-Algorithmus herausgestellt. Doch diese Operationen haben auch unabhängig vom Gauß-Algorithmus ihre Bedeutung.

3.1.1   Zeilen und Spaltenvektoren

Die Koeffizienten einer Gleichung waren im Tableau als Zeilen angeordnet, die addiert und mit Skalaren multipliziert werden konnten. Daher liegt die folgende Definition eines *Zeilenvektors* nahe.

Definition 3.1 (Zeilenvektor). *Ein n-dimensionaler Zeilenvektor mit Einträgen in einem Körper $\Bbbk$ von Skalaren ist*

$$a = \begin{pmatrix} a_1 & a_2 & \ldots & a_n \end{pmatrix} \in \Bbbk^n.$$

Die rechte Seite eines Gleichungssystems trat als Spalte auf, was die folgende Definition eines *Spaltenvektors* rechtfertigt.

© Der/die Autor(en), exklusiv lizenziert an
Springer-Verlag GmbH, DE, ein Teil von Springer Nature 2023
A. Müller, *Lineare Algebra: Eine anwendungsorientierte Einführung*,
https://doi.org/10.1007/978-3-662-67866-4_3

Definition 3.2 (Spaltenvektor). *Ein m-dimensionaler Spaltenvektor mit Einträgen in einem Körper $\Bbbk$ von Skalaren ist*

$$b = \begin{pmatrix} b_1 \\ b_2 \\ \vdots \\ b_m \end{pmatrix} \in \Bbbk^m.$$

In beiden Fällen besteht ein Vektor also aus Einträgen, die einem geeigneten Körper $\Bbbk$ entstammen. Sie unterscheiden sich nur in der Darstellung als Zeile oder Spalte. Die *Menge* aller derartigen Vektoren ist immer $\Bbbk^n$. Der Nutzen zweier unterschiedlicher Darstellungsformen ergibt sich erst später aus der Kombination mit geeigneten Rechenoperationen.

Konventionen und Notation

Wir werden oft die Konvention verwenden, dass die Zahlen $v_i \in \Bbbk$ Komponenten eines Vektors $v \in \Bbbk^n$ sind. Möchten wir auf die i-te Komponente eines Vektors u zugreifen, dann können wir das auch als $(u)_i$ schreiben.

3.1.2 Rechnen mit Vektoren

Beim Gauß-Algorithmus werden Zeilen mit Skalaren multipliziert und zueinander addiert. Dies rechtfertigt die folgende Definition der Rechenoperationen mit Vektoren.

Definition 3.3 (Vektoroperationen). *Die Addition von Vektoren der gleichen Dimension und die Multiplikation mit Skalaren erfolgt komponentenweise. Für Zeilenvektoren:*

$$\begin{pmatrix} x_1 & x_2 & \dots & x_n \end{pmatrix} + \begin{pmatrix} y_1 & y_2 & \dots & y_n \end{pmatrix} = \begin{pmatrix} x_1 + y_1 & x_2 + y_2 & \dots & x_n + y_n \end{pmatrix}$$

$$\lambda \begin{pmatrix} x_1 & x_2 & \dots & x_n \end{pmatrix} = \begin{pmatrix} \lambda x_1 & \lambda x_2 & \dots & \lambda x_n \end{pmatrix}$$

und für Spaltenvektoren

$$\begin{pmatrix} u_1 \\ u_2 \\ \vdots \\ u_m \end{pmatrix} + \begin{pmatrix} v_1 \\ v_2 \\ \vdots \\ v_m \end{pmatrix} = \begin{pmatrix} u_1 + v_1 \\ u_2 + v_2 \\ \vdots \\ u_m + v_m \end{pmatrix} \qquad \lambda \begin{pmatrix} u_1 \\ u_2 \\ \vdots \\ u_m \end{pmatrix} = \begin{pmatrix} \lambda u_1 \\ \lambda u_2 \\ \vdots \\ \lambda u_m \end{pmatrix}.$$

Unter den Vektoren zeichnet sich der *Nullvektor* aus.

Definition 3.4 (Nullvektor). *Der* Nullvektor *in $\Bbbk^n$ hat lauter 0 als Einträge.*

Addition des Nullvektors ändert einen Vektor nicht. Er ist, wie man sagt, das neutrale Element bezüglich der Addition.

Beispiel 3.5. Der dreidimensionale Null-Spaltenvektor und der fünfdimensionale Null-Zeilenvektor sind

$$\begin{pmatrix} 0 \\ 0 \\ 0 \end{pmatrix} \quad \text{und} \quad \begin{pmatrix} 0 & 0 & 0 & 0 & 0 \end{pmatrix}. \qquad\qquad \bigcirc$$

3.1.3 Gleichungssysteme in Vektorschreibweise

Im Gleichungssystem

$$
\begin{aligned}
a_{11}x_1 + a_{12}x_2 + \ldots + a_{1n}x_n &= b_1 \\
a_{21}x_1 + a_{22}x_2 + \ldots + a_{2n}x_n &= b_2 \\
\vdots \qquad \vdots \qquad \ddots \qquad \vdots \quad &\ \ \vdots \\
a_{m1}x_1 + a_{m2}x_2 + \ldots + a_{mn}x_n &= b_m
\end{aligned}
$$

mit m Gleichungen und n Unbekannten werden die Koeffizienten a_{ik} in der Spalte k alle mit der gleichen Unbekannten x_k multipliziert. Dies kann man als die Multiplikation des m-dimensionalen Spaltenvektors mit Einträgen a_{ik}, $i = 1, \ldots, m$, mit dem Skalar x_k schreiben:

$$
x_k \begin{pmatrix} a_{1k} \\ a_{2k} \\ \vdots \\ a_{mk} \end{pmatrix} = \begin{pmatrix} a_{1k}x_k \\ a_{2k}x_k \\ \vdots \\ a_{mk}x_k \end{pmatrix}.
$$

Auf der linken Seite des Gleichungssystems steht die Summe aller dieser Spalten. Auf der rechten Seite steht ein Spalte mit Einträgen b_i. Das Gleichungssytem kann daher in einer mit der Tableauschreibweise gleichwertigen Vektorform

$$
x_1 \begin{pmatrix} a_{11} \\ a_{21} \\ \vdots \\ a_{m1} \end{pmatrix} + x_2 \begin{pmatrix} a_{12} \\ a_{22} \\ \vdots \\ a_{m2} \end{pmatrix} + \cdots + x_n \begin{pmatrix} a_{1n} \\ a_{2n} \\ \vdots \\ a_{mn} \end{pmatrix} = \begin{pmatrix} b_1 \\ b_2 \\ \vdots \\ b_m \end{pmatrix} \quad \Leftrightarrow
$$

x_1	x_2	$\ldots$	x_n	1
a_{11}	a_{12}	$\ldots$	a_{1n}	b_1
a_{21}	a_{22}	$\ldots$	a_{2n}	b_2
$\vdots$	$\vdots$		$\vdots$	$\vdots$
a_{m1}	a_{m2}	$\ldots$	a_{mn}	b_m

$$(3.1)$$

geschrieben werden. Ein homogenes Gleichungssystem hat in der Vektorschreibweise den Nullvektor 0 als rechte Seite.

Lösungsmenge

Auch die Lösungsmenge $\mathbb{L}$ eines Gleichungssystems lässt sich in Vektorform schreiben. Dazu gehen wir aus vom Schlusstableau, wir stellen die Vorgehensweise am folgenden Beispiel dar.

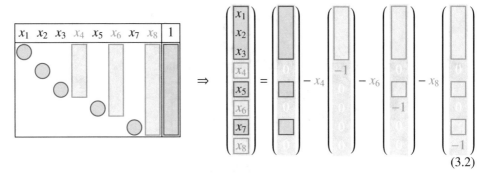

$$(3.2)$$

Das Tableau berechnet die rot markierten Variablen aus den frei wählbaren Variablen. Die grünen Spalten, die zu frei wählbaren Variablen gehören, müssen auf die rechte Seite des Gleichungssystems gebracht werden, was die negativen Vorzeichen auf der rechten Seite erklärt. Die Koeffizienten in diesen Spalten müssen auf diejenigen Zeilen verteilt werden, die durch die Gleichungen bestimmt sind. Die Zeilen, die zu frei wählbaren Variablen gehören, werden mit -1 gefüllt. Dasselbe wird mit der (blauen) rechten Seite gemacht. Alle anderen Einträge in den Vektoren auf der rechten Seite sind $= 0$.

Beispiel 3.6. In Beispiel 2.19 wurde die Lösungsmenge eines linearen Gleichungssystems mit dem Schlusstableau

x_1	x_2	x_3	1
1	$\frac{1}{2}$	0	$-\frac{1}{2}$
0	0	1	2
0	0	0	0

mit der frei wählbaren Variable x_2 gefunden. Mit der Vektorschreibweise kann sie jetzt auch als

$$\mathbb{L} = \left\{ \left. \begin{pmatrix} -\frac{1}{2} \\ 2 \\ 0 \end{pmatrix} - x_2 \begin{pmatrix} \frac{1}{2} \\ -1 \\ 0 \end{pmatrix} \right| x_2 \in \mathbb{Q} \right\}$$

geschrieben werden.   ○

3.1.4 Linear abhängige Vektoren

In Abschnitt 2.5 wurden linear abhängige Zeilen in einem Gleichungssystem bereits definiert. Mit dem Vektorbegriff lässt sich dies jetzt etwas allgemeiner fassen.

Definition 3.7 (linear abhängig). *Die m-dimensionalen Vektoren $v_1, \ldots, v_n$ heißen* linear abhängig, *wenn es eine nichttriviale Linearkombination gibt, die verschwindet, wenn es also Skalare $\lambda_1, \ldots, \lambda_n$ gibt, die nicht alle $= 0$ sind, und für die gilt*

$$\lambda_1 v_1 + \lambda_2 v_2 + \cdots + \lambda_n v_n = 0. \tag{3.3}$$

Die Gleichung (3.3) ist natürlich die Vektorform eines homogenen Gleichungssystems. Falls der Vektor v_i ein m-dimensionaler Spaltenvektor ist mit den Komponenten v_{ki}, $k = 1, \ldots, m$, also

$$v_i = \begin{pmatrix} v_{1i} \\ v_{2i} \\ \vdots \\ v_{mi} \end{pmatrix},$$

dann hat das Gleichungssystem (3.3) die Tableau-Darstellung

λ_1	λ_2	$\ldots$	λ_n	1
v_{11}	v_{12}	$\ldots$	v_{1n}	0
v_{21}	v_{22}	$\ldots$	v_{2n}	0
$\vdots$	$\vdots$	$\ddots$	$\vdots$	$\vdots$
v_{m1}	v_{m2}	$\ldots$	v_{mn}	0

$$\tag{3.4}$$

Die Vektoren v_i, $i = 1, \ldots, n$, sind also genau dann linear unabhängig, wenn das Gleichungssystem (3.4) eine nichttriviale Lösung hat. Für Zeilenvektoren kann man die Bedingung (3.3) in die gewohnte Form bringen, indem man die Zeilenvektoren erst in Spaltenvektoren verwandelt, wie im folgenden Beispiel illustriert wird.

Beispiel 3.8. Sind die Vektoren

$$v_1 = \begin{pmatrix} -3 & 8 & 2 \end{pmatrix}, v_2 = \begin{pmatrix} 5 & -8 & 2 \end{pmatrix} \quad \text{und} \quad v_3 = \begin{pmatrix} -1 & 1 & -1 \end{pmatrix}$$

linear abhängig, und wenn ja, welche nichttriviale Linearkombination ergibt 0?

Das Gleichungssystem zur Bestimmung der Zahlen $\lambda_1, \ldots, \lambda_3$ ist

λ_1	λ_2	λ_3	1
(-3)	5	-1	0
8	-8	1	0
2	2	-1	0

$\rightarrow$

λ_1	λ_2	λ_3	1
1	$-\frac{5}{3}$	$\frac{1}{3}$	0
0	$\frac{16}{3}$	$-\frac{5}{3}$	0
0	$\frac{16}{3}$	$-\frac{5}{3}$	0

$\rightarrow$

λ_1	λ_2	λ_3	1
1	$-\frac{5}{3}$	$\frac{1}{3}$	0
0	1	$-\frac{5}{16}$	0
0	0	0	0

linalg.ch/gauss/31

$\rightarrow$

λ_1	λ_2	λ_3	1
1	0	$-\frac{3}{16}$	0
0	1	$-\frac{5}{16}$	0
0	0	0	0

λ_3 ist frei wählbar, wir wählen $\lambda_3 = 16$, dann müssen $\lambda_1 = 3$ und $\lambda_2 = 5$ sein. Tatsächlich ist

$$3 \cdot \begin{pmatrix} -3 & 8 & 2 \end{pmatrix} + 5 \cdot \begin{pmatrix} 5 & -8 & 2 \end{pmatrix} + 16 \cdot \begin{pmatrix} -1 & 1 & -1 \end{pmatrix}$$

$$= \begin{pmatrix} 3 \cdot (-3) + 5 \cdot 5 + 16 \cdot (-1) & 3 \cdot 8 + 5 \cdot (-8) + 16 \cdot 1 & 3 \cdot 1 + 5 \cdot 2 + 16 \cdot (-1) \end{pmatrix}$$

$$= \begin{pmatrix} -9 + 25 - 16 & 24 - 40 + 16 & 3 + 10 - 16 \end{pmatrix} = \begin{pmatrix} 0 & 0 & 0 \end{pmatrix}.$$

Die drei Zeilenvektoren sind also linear abhängig und die Faktoren $\lambda_1 = 3$, $\lambda_2 = 5$ und $\lambda_3 = 16$ formen eine verschwindende Linearkombination. ◯

3.2 Vektorraum

Vektoren wie in Abschnitt 3.1 folgen Rechenregeln, die auch in vielen anderen Bereichen der Mathematik auftauchen. In der Analysis lernt man, dass sich konvergente Folgen linear kombinieren lassen und dass die Grenzwerte sich linear verhalten:

$$\lim_{n \to \infty} (\lambda a_n + \mu b_n) = \lambda \lim_{n \to \infty} a_n + \mu \lim_{n \to \infty} b_n.$$

Oder dass die Ableitung oder das Integral einer Linearkombination von Funktionen $f(x)$ und $g(x)$ sich linear verhalten:

$$\frac{d}{dx}(\lambda f(x) + \mu g(x)) = \lambda \frac{d}{dx} f(x) + \mu \frac{d}{dx} g(x)$$

und $\qquad \int \lambda f(x) + \mu g(x)\, dx = \lambda \int f(x)\, dx + \mu \int g(x)\, dx.$

Es lohnt sich daher, diese rechnerische Struktur abstrakt zu definieren. Alle Schlussfolgerungen, die nur von dieser Struktur abhängen, sind in jeder der genannten Anwendungen richtig.

3.2.1 Axiomatische Definition

Wir brauchen eine Struktur, die alles umfasst, was wir für die Definition von linearen Gleichungssystemen und den Lösungsprozess brauchen. Dies ist der Begriff des Vektorraumes.

Definition 3.9 (Vektorraum). *Eine Menge V mit zwei Verknüpfungen*

$$\text{Addition:} \qquad + \ : \ V \times V \ \to \ V \ : \ (u, v) \ \mapsto \ u + v$$

$$\text{Skalarmultiplikation:} \quad \cdot \ : \ \Bbbk \times V \ \to \ V \ : \ (\lambda, v) \ \mapsto \ \lambda v$$

heißt ein Vektorraum *über dem Körper* $\Bbbk$*, wenn die folgenden Axiome erfüllt sind.*

1. *Assoziativ:*

$$(u + v) + w = u + (v + w)$$
$$(\lambda\mu)u = \lambda(\mu u)$$

   für alle $u, v, w \in V$ *und* $\lambda, \mu \in \Bbbk$.

2. *Kommutativ:* $u + v = v + u$ *für alle* $u, v \in V$.

3. *Neutrales Element der Addition: Es gibt ein Element* $0 \in V$ *mit der Eigenschaft* $v + 0 = v$ *für alle* $v \in V$.

4. *Inverses Element der Addition: Zu jedem* $v \in V$ *gibt es ein* $-v \in V$ *derart, dass* $v + (-v) = 0$.

5. *Distributivgesetze:*

$$\lambda(u + v) = \lambda u + \lambda v$$
$$(\lambda + \mu)v = \lambda v + \mu v$$

Die Elemente von V heißen Vektoren.

    Die Assoziativgesetze und Distributivgesetze bilden die Basis der Algebra. Das Assoziativgesetz besagt, dass es keine Rolle spielt, in welcher Reihenfolge eine Summe aus mehr als zwei Summanden oder ein Produkt aus mehr als zwei Faktoren ausgewertet wird. Das Distributivgesetz regelt, wie sich Produkte und Summen miteinander vertragen, es beschreibt die elementaren Prozesse des "Ausmultiplizierens" und "Ausklammerns".

    Ohne das Kommutativgesetz wird die Frage nach der Lösung einer linearen Gleichung abhängig von der Reihenfolge der Terme auf der linken Seite. Ohne das Kommutativgesetz kann man also keine sinnvolle Theorie erwarten.

Beispiel: der Vektorraum der n-dimensionalen Spaltenvektoren

Die Menge der n-dimensionalen Spaltenvektoren

$$V = \left\{ \begin{pmatrix} v_1 \\ v_2 \\ \vdots \\ v_n \end{pmatrix} \middle| v_1, \ldots, v_n \in \Bbbk \right\} \ni 0 = \begin{pmatrix} 0 \\ 0 \\ \vdots \\ 0 \end{pmatrix}$$

mit den früher definierten Operationen ist ein Vektorraum. Er wird oft als der Vektorraum $\Bbbk^n$ bezeichnet.

Beispiel: der Vektorraum der n-dimensionalen Zeilenvektoren

Die Menge der n-dimensionalen Zeilenvektoren

$$V = \left\{ \begin{pmatrix} v_1 & v_2 & \ldots & v_n \end{pmatrix} \middle| v_1, \ldots, v_n \in \Bbbk \right\} \ni 0 = \begin{pmatrix} 0 & 0 & \ldots & 0 \end{pmatrix}$$

mit den früher definierten Operationen ist ein Vektorraum. Auch dieser Vektorraum wird manchmal mit $\Bbbk^n$ bezeichnet.

Beispiel: Polynome

Die Menge aller Polynome in der Variablen X mit Koeffizienten in $\Bbbk$ wird mit

$$\Bbbk[X] = \{p(X) \mid p(X) = p_n X^n + p_{n-1} X^{n-1} + \cdots + p_2 X^2 + p_1 X + p_0, p_0, p_1, \ldots, p_n \in \Bbbk\}$$

bezeichnet. In der Schule lernt man, dass man Polynome addieren und mit Zahlen multiplizieren kann. Diese Operationen sind assoziativ, kommutativ und distributiv. Das Nullpolynom 0 erfüllt $p(X) + 0 = p(X)$ und $\lambda \cdot 0 = 0$. Außerdem gilt $p(X) + (-p(X)) = 0$. Somit sind alle Axiome eines Vektorraumes erfüllt, $\Bbbk[X]$ ist ein Vektorraum. Er wird in Kapitel 5 ausführlich untersucht.

Lineare Abhängigkeit

Die lineare Abhängigkeit ist ein Beispiel für einen Begriff, der nur auf den Eigenschaften basiert, die in der Vektorraumdefinition vorkommen.

Definition 3.10 (linear abhängig)**.** *Die Vektoren $v_1, \ldots, v_l \in V$ im $\Bbbk$-Vektorraum V heißen* linear unabhängig, *wenn für eine verschwindende Linearkombination mit Koeffizienten $\lambda_1, \ldots, \lambda_l \in \Bbbk$ folgt*

$$\lambda_1 v_1 + \cdots + \lambda_l v_l = 0 \in V \quad \Rightarrow \quad \lambda_1 = \cdots = \lambda_l = 0.$$

Sie heißen linear abhängig, *wenn es $\lambda_1, \ldots, \lambda_l$ gibt, die nicht alle $= 0$ sind und für die $\lambda_1 v_1 + \cdots + \lambda_l v_l = 0$ ist.*

An diesem Beispiel zeigt sich auch die Limitierung der abstrakten Definition. Um die λ_i tatsächlich auszurechnen, muss man aus der Bedingung $\lambda_1 v_1 + \cdots + \lambda_l v_l = 0$ auf irgendeine Weise ein Gleichungssystem erzeugen. Wie man ein solches gewinnen kann, hängt von der konkreten Realisierung des Vektorraumes ab.

Unterräume

Nicht immer braucht man alle Vektoren, die in einem Vektorraum vorkommen.

Definition 3.11 (Unterraum). *Ein Unterraum U eines Vektorraumes V ist eine Teilmenge $U \subset V$, die auch ein Vektorraum ist.*

Beispiel 3.12. Die Menge

$$U = \left\{ \begin{pmatrix} x_1 \\ x_2 \\ x_3 \end{pmatrix} \middle| \ x_1 + x_2 = 0 \right\} \subset \Bbbk^3$$

ist eine echte Teilmenge von V, aber immer noch ein Vektorraum. Die Komponenten x_i eines Vektors $x \in U$ erfüllen die Gleichung $x_1 + x_2 = 0$, die als Tableau

x_1	x_2	x_3	1
1	1	0	0

geschrieben werden kann. Da gibt es mit dem Gauß-Algorithmus nichts mehr umzuformen, die beiden Parameter x_2 und x_3 sind frei wählbar und $x_1 = -x_2$. Der Unterraum U besteht also aus den Vektoren

$$U = \left\{ x_2 \begin{pmatrix} -1 \\ 1 \\ 0 \end{pmatrix} + x_3 \begin{pmatrix} 0 \\ 0 \\ 1 \end{pmatrix} \middle| \ x_2, x_3 \in \Bbbk \right\} \subset \Bbbk^3. \qquad \bigcirc$$

Lösungsmenge als Unterraum

Das Beispiel 3.12 suggeriert, dass die Lösungsmenge $\mathbb{L}_h$ eines homogenen linearen Gleichungssystems mit n Unbekannten immer ein Unterraum von $\Bbbk^n$ ist. Aus dem Schlusstableau können nach der Methode von (3.2) die grünen Vektoren ermittelt werden. Der blaue Vektor ist für ein homogenes Gleichungssystem $= 0$. Die Lösungsmenge $\mathbb{L}_h$ ist besteht aus Linearkombinationen der grünen Vektoren. Summen und Vielfache von Linearkombinationen sind wieder Linearkombinationen der gleichen Vektoren, also ist $\mathbb{L}_h$ tatsächlich ein Unterraum.

3.2.2 Basis

Wir betrachten den Vektorraum der Funktionen

$$V = \{ c_0 + c_1 \cos t + d_1 \sin t + c_2 \cos^2 t + d_2 \sin^2 t \mid c_i, d_i \in \Bbbk \}.$$

Alle Funktionen in V können durch Linearkombination der fünf Funktionen

$$1, \cos t, \sin t, \cos^2 t, \ \text{und} \ , \sin^2 t$$

dargestellt werden. Dies ist jedoch nicht die einzige Möglichkeit. Wegen

$$\sin^2 t = \frac{1}{2} - \frac{1}{2} \cos 2t \qquad\qquad \cos^2 t = \frac{1}{2} + \frac{1}{2} \cos 2t$$

ist

$$c_0+c_1\cos t+d_1\sin t+c_2\cos^2 t+d_2\sin^2 t = \left(c_0+\frac{c_2+d_2}{2}\right)\cdot 1+c_1\cos t+d_1\sin t+\frac{d_2-c_2}{2}\cos 2t.$$

Die Funktionen in V lassen sich also auch als

$$V = \{a_0 + a_1\cos t + b_1\sin t + a_2\cos 2t \mid a_i, b_1 \in \Bbbk\}$$

darstellen. Es reichen also vier Parameter a_0, a_1, a_2, b_1, um alle Funktionen in V zu be-schrieben. Damit stellen sich sofort drei Fragen:

1. Welche weiteren Darstellungsmöglichkeiten der Vektoren eines Vektorraumes gibt es?

2. Ist die Darstellung eines Vektors eindeutig?

3. Gibt es eine kleinstmögliche Menge von Vektoren, aus denen alle Vektoren von V linear kombiniert werden können?

Der aufgespannte Raum

Die erste Frage wird beantwortet vom Begriff des aufgespannten Raumes. Zu einer Menge von Vektoren kann man immer einen Vektorraum konstruieren, der alle diese Vektoren enthält.

Definition 3.13 (aufgespannter Raum). *Sei $\mathcal{B} = \{b_1, \dots, b_h\} \subset V$ eine Menge von Vektoren in V. Dann heißt die Menge*

$$\langle \mathcal{B} \rangle = \langle b_1, \dots, b_n \rangle = \{x_1 b_1 + \cdots + x_n b_n \mid x_1, \dots, x_n \in \Bbbk\}$$

der von $\mathcal{B}$ aufgespannte Raum.

Der aufgespannte Raum ist eine Teilmenge von V: $\langle \mathcal{B} \rangle \subset V$. Er enthält 0 (indem man alle $x_i = 0$ setzt) und mit jedem Vektor v auch den Vektor $-v$ (indem man x_i durch $-x_i$ ersetzt). Ebenso ist die Summe zweier Vektoren in $\langle \mathcal{B} \rangle$ wieder in V:

$$\left.\begin{aligned} x = x_1 b_1 + \cdots + x_n b_n \\ y = y_1 b_1 + \cdots + y_n b_n \end{aligned}\right\} \quad \Rightarrow \quad x + y = (x_1 + y_1)b_1 + \cdots + (x_n + y_n)b_n \in \langle \mathcal{B} \rangle.$$

Eine alternative Darstellung aller Vektoren von V hat man also gefunden, wenn $\langle \mathcal{B} \rangle = V$ ist.

Beispiel 3.14. Der Vektorraum V des einführenden Beispiels kann also auf zwei Arten aufgespannt werden:

$$V = \langle 1, \cos t, \sin t, \cos^2 t, \sin^2 t \rangle$$

oder nach den trigonometrischen Substitutionen

$$V = \langle 1, \cos t, \sin t, \cos 2t \rangle \qquad \qquad \bigcirc$$

Eindeutigkeit der Darstellung

Ist die Darstellung eines Vektors $v \in V$ durch die Vektoren einer Menge $\mathcal{B} = \{b_1, \ldots, b_n\}$ eindeutig bestimmt? Nehmen wir an, dass es zwei Darstellungen des Vektors v gibt, als

$$v = x_1 b_1 + x_2 b_2 + \ldots + x_n b_n$$
$$\text{und als} \quad v = y_1 b_1 + y_2 b_2 + \ldots + y_n b_n,$$

Die Differenz der beiden Darstellungen ist

$$0 = (x_1 - y_1)b_1 + (x_2 - y_2)b_2 + \cdots + (x_n - y_n)b_n$$

Wenn die beiden Darstellungen also tatsächlich verschieden sind, dann ist mindestens eine der Differenzen $x_i - y_i \neq 0$, d. h. die Vektoren b_i sind linear abhängig.

Sind umgekehrt die Vektoren b_i linear abhängig, dann gibt es Zahlen $\lambda_1, \ldots, \lambda_n$ mit

$$\lambda_1 b_1 + \cdots + \lambda_n b_n = 0,$$

wobei zum Beispiel $\lambda_i \neq 0$ ist. Zu einer Darstellung

$$v = x_1 b_1 + \cdots + x_n b_n$$

gibt es dann immer die verschiedene Darstellung

$$v = v + 0 = (x_1 + \lambda_1)b_i + \cdots + (x_n + \lambda_n)b_n,$$

da $x_i \neq x_i + \lambda_i$ ist.

Eindeutigkeit der Darstellung eines Vektors aus den Vektoren von $\mathcal{B}$ ist also gleichbedeutend mit linearer Unabhängigkeit der Vektoren von $\mathcal{B}$. Man beachte, dass wir hier wieder eine Aussage nur mit Hilfe der Axiome eines Vektorraumes gewonnen haben, sie ist also für alle Vektorräume wahr.

Definition einer Basis

Am nützlichsten zur Darstellung der Vektoren eines Vektorraumes als Linearkombinationen sind offenbar Mengen von linear unabhängigen Vektoren, die den ganzen Raum aufspannen.

Definition 3.15 (Basis). *Eine Menge $\mathcal{B} \subset V$ heißt eine* Basis *von V, wenn*

  1. $V = \langle \mathcal{B} \rangle$

  2. $\mathcal{B}$ *ist linear unabhängig*

Beispiel 3.16. Der Vektorraum der Funktionen aufgespannt von $1, \cos t, \sin t, \cos^2 t$ und $\sin^2 t$ hat als Basis

$$\mathcal{B} = \{1, \cos t, \sin t, \cos 2t\}.$$

Wir haben schon nachgerechnet, dass sich damit alle Funktionen darstellen lassen, aber es ist noch nicht klar, dass die vier Funktionen linear unabhängig sind. Im Moment sind wir nur für Zeilen- oder Spaltenvektoren in der Lage, lineare Unabhängigkeit rechnerisch zu prüfen. Wir behelfen uns daher mit dem Trick, die Funktionen an wenigen geeigneten Stellen auszuwerten und die Vektoren

$$v(t) = \begin{pmatrix} 1 \\ \cos t \\ \sin t \\ \cos 2t \end{pmatrix}$$

zu bilden. Wenn schon die Vektoren aus diesen wenigen Funktionswerten linear unabhängig sind, dann sind die Funktion selbst erst recht linear unabhängig. Wir verwenden die Funktionswerte an den Stellen $t = 0, \frac{\pi}{2}, \pi, \frac{3\pi}{2}$ und erhalten die Vektoren

$$0 \mapsto v(0) = \begin{pmatrix} 1 \\ 1 \\ 0 \\ 1 \end{pmatrix}, \quad \frac{\pi}{2} \mapsto v\left(\frac{\pi}{2}\right) = \begin{pmatrix} 1 \\ 0 \\ 1 \\ -1 \end{pmatrix}, \quad \pi \mapsto v(\pi) = \begin{pmatrix} 1 \\ -1 \\ 0 \\ 1 \end{pmatrix}, \quad \frac{3\pi}{2} \mapsto v\left(\frac{3\pi}{2}\right) = \begin{pmatrix} 1 \\ 0 \\ -1 \\ -1 \end{pmatrix}.$$

Um deren lineare Unabhängigkeit zu prüfen, führen wir den Gauß-Algorithmus im folgenden Tableau durch:

$$\left[\begin{array}{cccc|cccc} 1 & 1 & 1 & 1 & 1 & 0 & 0 & 0 \\ 1 & 0 & -1 & 0 & 0 & 1 & 0 & 0 \\ 0 & 1 & 0 & -1 & 0 & 0 & 1 & 0 \\ 1 & -1 & 1 & -1 & 0 & 0 & 0 & 1 \end{array}\right].$$

linalg.ch/gauss/29

Dies zeigt, dass die Vektoren von $\mathcal{B}$ linear unabhängig sind. ○

Koordinaten

Der Begriff einer Basis ermöglicht jetzt, von einem abstrakten Vektorraum wieder in einen Vektorraum von Spaltenvektoren zu kommen. Sei also V ein Vektorraum mit einer Basis $\mathcal{B} = \{b_1, \ldots, b_n\}$. Jeder Vektor $x \in V$ kann auf eindeutige Art als Linearkombination

$$x = x_1 b_1 + x_2 b_2 + \cdots + x_n b_n$$

geschrieben werden. Die Zuordnung

$$x \mapsto \begin{pmatrix} x_1 \\ x_2 \\ \vdots \\ x_n \end{pmatrix} \in \Bbbk^n$$

macht aus jedem Vektor von V genau einen n-dimensionalen Spaltenvektor. Die Zahlen x_i heißen auch die *Koordinaten* von x in der Basis $\mathcal{B}$.

Standardbasis von $\mathbb{k}^n$

Für den Vektorraum der Spaltenvektoren kann man immer sofort eine Basis angeben. Jeder Vektor v lässt sich schreiben als

$$v = \begin{pmatrix} v_1 \\ v_2 \\ \vdots \\ v_n \end{pmatrix} = v_1 \begin{pmatrix} 1 \\ 0 \\ \vdots \\ 0 \end{pmatrix} + v_2 \begin{pmatrix} 0 \\ 1 \\ \vdots \\ 0 \end{pmatrix} + \cdots + v_n \begin{pmatrix} 0 \\ 0 \\ \vdots \\ 1 \end{pmatrix}$$

Die Vektoren

$$e_1 = \begin{pmatrix} 1 \\ 0 \\ \vdots \\ 0 \end{pmatrix}, \; e_2 = \begin{pmatrix} 0 \\ 1 \\ \vdots \\ 0 \end{pmatrix}, \; \ldots, \; e_n = \begin{pmatrix} 0 \\ 0 \\ \vdots \\ 1 \end{pmatrix}$$

heißen *Standardbasisvektoren*, sie bilden die *Standardbasis*. Es ist auch klar, dass diese Vektoren linear unabhängig sind. Da eine Linearkombination mit Koeffizienten $\lambda_1, \ldots, \lambda_n$ genau die Komponenten λ_i hat, kann die Linearkombination nur $= 0$ sein, wenn alle $\lambda_i = 0$ sind.

Die Koordinaten eines Vektors in der Standardbasis sind natürlich einfach nur die Komponenten des Vektors.

Dimension

In unserer Entwicklung des Begriffs der Basis haben wir immer so getan, als ob endlich viele Vektoren reichen, um alle Vektoren darzustellen. Dies braucht aber nicht so zu sein. zum Beispiel können die stetigen Funktionen auf einem Intervall nicht als Linearkombination endlich vieler Funktionen dargestellt werden. Man kann das schon an der Teilmenge der Funktionen sehen, die als Potenzreihe

$$f(t) = \sum_{k=0}^{\infty} a_k t^k \tag{3.5}$$

darstellbar sind. Die unendlich vielen einzelnen Potenzen t^k sind linear unabhängige Funktionen (dies wird in Kapitel 5 gezeigt). Der Vektorraum der stetigen Funktionen ist also unendlichdimensional.

Mit der großen Zahl von Basisvektoren entsteht jedoch ein weiteres Problem. In der Algebra sind nur endliche Summen definiert. Um unendliche Summen wie in der Potenzreihe (3.5) berechnen zu können, ist der Grenzwertbegriff der Analysis nötig. Daher werden wir uns in diesem Buch auf Vektorräume beschränken, die von einer endlichen Basis aufgespannt werden können.

Definition 3.17 (endlichdimensional, Dimension). *Ein Vektorraum V heißt* endlichdimensional, *wenn er eine Basis* $\mathcal{B} = \{b_1, \ldots, b_n\}$ *aus endlich vielen Vektoren hat. Die Zahl n der nötigen Basisvektoren heißt die* Dimension *von* $V = \langle \mathcal{B} \rangle$. *Die Dimension von V wird* dim $V = n$ *geschrieben.*

Da die Vektorräume der n-dimensionalen Spalten- oder Zeilenvektoren mit der Standardbasis eine Basis mit genau n Vektoren haben, sind sie n-dimensional. Dies rechtfertigt nachträglich die Bezeichnung "n-dimensionale Vektoren".

3.2.3 Basiswechsel

Zwei verschiedene Basen eines Vektorraumes führen auf verschiedene Koordinaten. Wie kann man zwischen den beiden Basen umrechnen? Seien also $\mathcal{B} = \{b_1, \ldots, b_n\}$ und $\mathcal{B}' = \{b'_1, \ldots, b'_n\}$ die zwei Basen für den Vektorraum V. Jeder Vektor $v \in V$ kann sowohl in der Basis $\mathcal{B}$ als auch in $\mathcal{B}'$ ausgedrückt werden. Die Koordinaten von v in der Basis $\mathcal{B}$ werden mit x_i bezeichnet, jene für $\mathcal{B}'$ mit x'_i. Es gilt also

$$v = x'_1 b'_1 + \cdots + x'_n b'_n. = x_1 b_1 + \cdots + x_n b_n. \tag{3.6}$$

Gesucht ist jetzt eine Methode, mit der die Koordinaten x'_i aus den Koordinaten x_i berechnet werden können.

In dieser Allgemeinheit lässt sich die Aufgabe natürlich nicht lösen, dazu braucht es eine konkrete Darstellung der Vektoren der beiden Basen. Sei also V ein Unterraum eines Vektorraums $\mathbb{k}^m$ von m-dimensionalen Spaltenvektoren. Dann ist jeder Basisvektor b_i oder b'_i ein Spaltenvektor, wir schreiben die Komponenten des Vektors b_i als b_{ki}, $k = 1, \ldots, m$, und jene von b'_i als b'_{ki}, $k = 1, \ldots, m$.

Die Vektorgleichung (3.6) kann jetzt als Gleichungssystem in Tableau-Form geschrieben werden:

$$\begin{array}{l}
b'_{11}x'_1 + \ldots + b'_{1n}x'_n = b_{11}x_1 + \ldots + b_{1n}x_n \\
\quad\vdots \qquad\ddots\qquad \vdots \qquad\quad \vdots \qquad\ddots\qquad \vdots \\
b'_{n1}x'_1 + \ldots + b'_{nn}x'_n = b_{n1}x_1 + \ldots + b_{nn}x_n \\
b'_{n+1,1}x'_1 + \ldots + b'_{n+1,n}x'_n = b_{n+1,1}x_1 + \ldots + b_{n+1,n}x_n \\
\quad\vdots \qquad\ddots\qquad \vdots \qquad\quad \vdots \qquad\ddots\qquad \vdots \\
b'_{m1}x'_1 + \ldots + b'_{mn}x'_n = b_{m1}x_1 + \ldots + b_{mn}x_n
\end{array}
\rightarrow$$

x'_1	$\cdots$	x'_n	x_1	$\cdots$	x_n
b'_{11}	$\cdots$	b'_{1n}	b_{11}	$\cdots$	b_{1n}
$\vdots$	$\ddots$	$\vdots$	$\vdots$	$\ddots$	$\vdots$
b'_{n1}	$\cdots$	b'_{nn}	b_{n1}	$\cdots$	b_{nn}
$b'_{n+1,1}$	$\cdots$	$b'_{n+1,n}$	$b_{n+1,1}$	$\cdots$	$b_{n+1,n}$
$\vdots$	$\ddots$	$\vdots$	$\vdots$	$\ddots$	$\vdots$
b'_{m1}	$\cdots$	b'_{mn}	b_{m1}	$\cdots$	b_{mn}

$$\tag{3.7}$$

Zu vorgegebenen Koordinaten x_i kann man das Gleichungssystem mit dem Gauß-Algorithmus nach x'_i auflösen. Da es wegen $m \geq n$ mindestens so viele Gleichungen wie Unbekannte hat, ist es sehr wohl möglich, dass das Gleichungssystem keine Lösung hat. Im Idealfall wird das Schlusstableau die Form

x'_1	$\cdots$	x'_n	x_1	$\cdots$	x_n
1	$\cdots$	0	t_{11}	$\cdots$	t_{1n}
$\vdots$	$\ddots$	$\vdots$	$\vdots$	$\ddots$	$\vdots$
0	$\cdots$	1	t_{n1}	$\cdots$	t_{nn}
0	$\cdots$	0	$*$	$\cdots$	$*$
$\vdots$	$\ddots$	$\vdots$	$\vdots$	$\ddots$	$\vdots$
0	$\cdots$	0	$*$	$\cdots$	$*$

$$\tag{3.8}$$

haben.

Im linken unteren Teil des Tableaus stehen ausschließlich Nullen, diese Zeilen sind also Gleichungen, die Nullen auf der linken Seite haben. Sie können nur erfüllt werden, wenn auch die rechten Seiten aus lauter Nullen bestehen. Die Basisumrechnung ist also nur dann für die gegebenen x_i möglich, wenn die im roten Teil entstehenden rechten Seiten verschwinden. Die Sterne im rechten unteren Teil geben also Bedingungen für die Koordinaten $x_1, \dots, x_n$ an, unter denen die Umrechnung der Koordinaten möglich ist. Damit die Umrechnung für beliebige Koordinaten $x_1, \dots, x_n$ möglich wird, müssen die Einträge im roten Teil des Tableaus alle $= 0$ sein.

Die Koeffizienten t_{ik}, $i, k = 1, \dots, n$, sind die Umrechnungskoeffizienten, mit denen die Koordinaten der Basis $\mathcal{B}$ in die Koordinaten in der Basis $\mathcal{B}'$ umgerechnet werden können.

Beispiel 3.18. Man finde die Umrechnungskoeffizienten t_{ik} für die Basen

$$\mathcal{B}' = \left\{ \begin{pmatrix} -1 \\ 1 \\ 2 \\ 2 \end{pmatrix}, \begin{pmatrix} 2 \\ 1 \\ -3 \\ -4 \end{pmatrix}, \begin{pmatrix} 0 \\ 5 \\ 0 \\ -1 \end{pmatrix} \right\} \quad \text{und} \quad \mathcal{B} = \left\{ \begin{pmatrix} -3 \\ -13 \\ 4 \\ 8 \end{pmatrix}, \begin{pmatrix} 1 \\ 22 \\ -1 \\ -6 \end{pmatrix}, \begin{pmatrix} 5 \\ 9 \\ -7 \\ -11 \end{pmatrix} \right\}$$

und berechne damit die Koordinaten des Vektors

$$v = \begin{pmatrix} 14 \\ 58 \\ -19 \\ -37 \end{pmatrix} = 1 \begin{pmatrix} -3 \\ -13 \\ 4 \\ 8 \end{pmatrix} + 2 \begin{pmatrix} 1 \\ 22 \\ -1 \\ -6 \end{pmatrix} + 3 \begin{pmatrix} 5 \\ 9 \\ -7 \\ -11 \end{pmatrix}$$

in der Basis $\mathcal{B}'$.

Das Tableau für die Umrechnungskoeffizienten ist

x_1'	x_2'	x_3'	x_1	x_2	x_3
(−1)	2	0	−3	1	5
1	1	5	−13	22	9
2	−3	0	4	−1	−7
2	−4	−1	8	−6	−11

$\rightarrow$

x_1'	x_2'	x_3'	x_1	x_2	x_3
1	−2	0	3	−1	−5
0	(3)	5	−16	23	14
0	1	0	−2	1	3
0	0	−1	2	−4	−1

linalg.ch/gauss/30

$\rightarrow$

x_1'	x_2'	x_3'	x_1	x_2	x_3
1	−2	0	3	−1	−5
0	1	$\frac{5}{3}$	$-\frac{16}{3}$	$\frac{23}{3}$	$\frac{14}{3}$
0	0	$\left(-\frac{5}{3}\right)$	$\frac{10}{3}$	$-\frac{20}{3}$	$-\frac{5}{3}$
0	0	−1	2	−4	−1

$\rightarrow$

x_1'	x_2'	x_3'	x_1	x_2	x_3
1	−2	0	3	−1	−5
0	1	$\frac{5}{3}$	$-\frac{16}{3}$	$\frac{23}{3}$	$\frac{14}{3}$
0	0	1	−2	4	1
0	0	0	0	0	0

x_1'	x_2'	x_3'	x_1	x_2	x_3
1	-2	0	3	-1	-5
0	1	0	-2	1	3
0	0	1	-2	4	1
0	0	0	0	0	0

$\rightarrow$

x_1'	x_2'	x_3'	x_1	x_2	x_3
1	0	0	-1	1	1
0	1	0	-2	1	3
0	0	1	-2	4	1
0	0	0	0	0	0

Die Umrechung der Koordinaten $x_1 = 1$, $x_2 = 2$ und $x_3 = 3$ ergibt

$$\left.\begin{array}{l} x_1' = -1 \cdot 1 + 1 \cdot 2 + 1 \cdot 3 = 4 \\ x_2' = -2 \cdot 1 + 1 \cdot 2 + 3 \cdot 3 = 9 \\ x_3' = -2 \cdot 1 + 4 \cdot 2 + 1 \cdot 3 = 9 \end{array}\right\} \quad \Rightarrow \quad v = 4\begin{pmatrix} -1 \\ 1 \\ 2 \\ 2 \end{pmatrix} + 9\begin{pmatrix} 2 \\ 1 \\ -3 \\ -4 \end{pmatrix} + 9\begin{pmatrix} 0 \\ 5 \\ 0 \\ -1 \end{pmatrix} = \begin{pmatrix} 14 \\ 58 \\ -19 \\ -37 \end{pmatrix}.$$

Es ergibt sich also tatsächlich der gleiche Vektor aus den neuen Koordinaten $x_1' = 4$, $x_2' = 9$ und $x_3' = 9$. $\bigcirc$

3.3   Matrizen

Neben Zeilen und Spalten sind uns in der bisherigen Entwicklung auch rechteckige Zahlenschemata wie die Koeffizienten a_{ik} eines Gleichungssystems begegnet. Ein weiteres Beispiel war die Umrechnung der Koordinaten zwischen zwei verschiedenen Basen in Abschnitt 3.2.3. In diesem Abschnitt soll für solche rechteckigen Zahlenschemata der Begriff einer Matrix als eine Erweiterung des Vektorbegriffs entwickelt werden. Besondere Beachtung verdient aber die Tatsache, dass eine Matrix nicht nur ein "Zahlenhaufen" ist, sondern eher eine "Maschine", die aus Vektoren andere Vektoren macht. Die Frage "Was ist eine Matrix?" ist also eigentlich die falsche Frage. Die richtige Frage wäre "Was tut eine Matrix?".

3.3.1   Matrizen und Gleichungssysteme

Die Koeffizienten a_{ik} eines linearen Gleichungssystems bilden ein rechteckiges Zahlenschema. Gesucht sind Zahlen x_k derart, dass die Koeffizienten daraus gemäß den Gleichungen

$$\sum_{k=1}^{n} a_{ik} x_k = b_i \tag{3.9}$$

die Werte b_i der rechten Seite machen. Wir möchten dies weniger schwerfällig ausdrücken und verwenden dazu die folgende Definition.

Definition 3.19 (Matrix). *Eine $m \times n$-Matrix A ist ein rechteckiges Zahlenschema*

$$A = \begin{pmatrix} a_{11} & a_{12} & \ldots & a_{1n} \\ a_{21} & a_{22} & \ldots & a_{2n} \\ \vdots & \vdots & \ddots & \vdots \\ a_{m1} & a_{m2} & \ldots & a_{mn} \end{pmatrix}$$

mit m Zeilen und n Spalten. Die Menge der m × n-Matrizen mit Matrixelementen in $\Bbbk$ *wird mit*

$$M_{m \times n}(\Bbbk) = \left\{ \begin{pmatrix} a_{11} & \cdots & a_{1n} \\ \vdots & \ddots & \vdots \\ a_{m1} & \cdots & a_{mn} \end{pmatrix} \middle| \ a_{ik} \in \Bbbk \ \text{für alle } 1 \le i \le m \ \text{und } 1 \le k \le n \right\}$$

bezeichnet. Für quadratische Matrizen kann $M_{n \times n}(\Bbbk) = M_n(\Bbbk)$ *abgekürzt werden.*

Konventionen und Notation

Meist werden wir Matrizen mit großen Buchstaben bezeichnen und ihre Matrixelemente mit dem zugehörigen kleinen Buchstaben. Wir bezeichnen das Element in Zeile i und Spalte k einer Matrix A aber auch wie bei der entsprechenden Konvention für Vektoren mit $(A)_{ik}$.

Um ganze Zeilen oder Spalten zu adressieren, verwenden wir die an Matlab und Octave angelehnte Notation

$$(A)_{i,:} = a_{i,:} = \text{Zeile } i \text{ von } A$$
$$(A)_{:,k} = a_{:,k} = \text{Spalte } k \text{ von } A.$$

Der Vektorraum der Matrizen

Wie die Vektoren können auch die Matrizen elementweise addiert und mit Skalaren multipliziert werden.

Definition 3.20 (Matrixoperationen). *Die Vektorraum-Operationen für die Matrizen in* $M_{m \times n}(\Bbbk)$ *sind durch*

$$\lambda \begin{pmatrix} a_{11} & a_{12} & \cdots & a_{1n} \\ a_{21} & a_{22} & \cdots & a_{2n} \\ \vdots & \vdots & \ddots & \vdots \\ a_{m1} & a_{m2} & \cdots & a_{mn} \end{pmatrix} + \mu \begin{pmatrix} a_{11} & a_{12} & \cdots & a_{1n} \\ a_{21} & a_{22} & \cdots & a_{2n} \\ \vdots & \vdots & \ddots & \vdots \\ a_{m1} & a_{m2} & \cdots & a_{mn} \end{pmatrix} = \begin{pmatrix} \lambda a_{11} + \mu b_{11} & \lambda a_{12} + \mu b_{12} & \cdots & \lambda a_{1n} + \mu b_{1n} \\ \lambda a_{21} + \mu b_{21} & \lambda a_{22} + \mu b_{22} & \cdots & \lambda a_{2n} + \mu b_{2n} \\ \vdots & \vdots & \ddots & \vdots \\ \lambda a_{m1} + \mu b_{m1} & \lambda a_{m2} + \mu b_{m2} & \cdots & \lambda a_{mn} + \mu b_{mn} \end{pmatrix}$$

definiert.

Gauß-Algorithmus in Matrixnotation

Die Matrixschreibweise erlaubt jetzt auch die Zeilen-Operationen des Gauß-Algorithmus so zu beschreiben. Die Pivotdivision durch das Pivotelement a_{ik} ersetzt Zeile i durch

$$(A)_{i,:} \mapsto (A)_{i,:} / (A)_{ik}.$$

Die Zeilenreduktion in der Zeile j ist dann

$$(A)_{j,:} \mapsto (A)_{j,:} - (A)_{jk} \cdot A_{i,:}.$$

```
1   % l ist die letzte Spalte, in der Vorwaertsreduktion durchgefuehrt
2   %    werden soll
3
4   % Vorwaertsreduktion
5   for i = (1:l)
6         pivot = A(i, i);
7         A(i,:) = A(i,:) / pivot;
8         for k = (i+1:m)
9               A(k,:) = A(k,:) - A(k,i) * A(i,:);
10        end
11  end
12  % Rueckwaertseinsetzen
13  for i=(l:-1:2)
14        for k = (1:i-1)
15              A(k,:) = A(k,:) - A(k,i) * A(i,:);
16        end
17  end
```

Listing 3.1: Implementation des grundlegenden Gauß-Algorithmus in Octave. Sie führt Vorwärtsreduktion mit Pivot a_{ii} für $i = 1, \ldots, l$ durch, ohne verschwindende Pivotelemente zu vermeiden. Anschließend wird Rückwärtseinsetzen in den gleichen Spalten gemacht.

Matrizen in Matlab und Octave

In Matlab und Octave lassen sich Matrizen direkt mit eckigen Klammern eingeben. Elemente einer Zeile werden durch Komma, Zeilen durch Semikolon getrennt:

```
octave:1> A = [ 1, 2, 3; 4, 5, 6 ]
A =

   1   2   3
   4   5   6
```

Daneben gibt es eine Reihe von Funktionen wie `zeros(m,n)` bzw. `ones(m,n)`, mit der eine $m \times n$-Matrix aus lauter Nullen bzw. Einsen erzeugt werden kann. Der Zugriff auf das Matrixelement a_{ik} erfolgt mit `A(i,k)`. Eine ganze Zeile kann man mit `A(i,:)` erhalten werden, der Doppelpunkt `:` ist ein Wildcard für den Spaltenindex. Entsprechend ist `A(:,k)` die k-te Spalte von A.

Auch der grundlegende Gauß-Algorithmus ist jetzt ziemlich leicht zu formulieren. Listing 3.1 zeigt eine minimale Implementation.

Matrizen in Maxima

In Maxima ist eine Matrix eine spezielle Liste von Zeilenvektoren, die man wie im folgenden Beispiel eingibt:

```
(%i1) A: matrix( [ 1, 2, 3 ], [ 4, 5, 6 ]);
                        [ 1   2   3 ]
(%o1)                   [           ]
                        [ 4   5   6 ]
```

```
1   /* l ist die letzte Spalte, in der Vorwaertsreduktion
2      gemacht werden darf */
3   for i:1 thru l step 1 do
4           if A[i,i] # 0
5           then
6                    block(
7                            A[i]: A[i] / A[i,i],
8                            for k:i+1 thru m step 1 do
9                                    A[k]: A[k] - A[k,i] * A[i]
10                   );
11  for i:1 thru l step -1 do
12          if A[i,i] = 1
13          then
14                   for k:1 thru i-1 step 1 do
15                           A[k]: A[k] - A[k,i] * A[i];
```

Listing 3.2: Implementation des grundlegenden Gauß-Algorithmus in Maxima. Sie führt Vorwärtsreduktion mit Pivot a_{ii} für $i = 1, \ldots, l$ durch, verschwindende Pivotelemente werden übersprungen. Anschließend wird Rückwärtseinsetzen in den gleichen Spalten gemacht. Mit dieser Implementation können Gleichungssysteme nicht nur numerisch, sondern auch symbolisch gelöst werden.

Der Zugriff auf das Matrixelement a_{ik} erfolgt mit `A[i,k]` oder `A[i][k]`. Die Zeile i kann mit `A[i]` oder `row(A,i)` adressiert werden, die Spalte k mit `col(A,k)`.

Auch in Maxima ist eine einfache Implementation des Gauß-Algorithmus jetzt nicht mehr schwierig, Listing 3.2 ist eine Möglichkeit. Man beachte, dass für das Vorwärtseinsetzen in Maxima die Funktion `echelon(A)` bereits existiert.

3.3.2 Das Produkt Matrix × Vektor

Um ein Gleichungssystem mit m Gleichungen und n Unbekannten mit der Matrixnotation abgekürzt schreiben zu können, packen wird die Unbekannten und rechten Seiten in Spaltenvektoren

$$x = \begin{pmatrix} x_1 \\ x_2 \\ \vdots \\ x_n \end{pmatrix} \quad \text{und} \quad b = \begin{pmatrix} b_1 \\ b_2 \\ \vdots \\ b_m \end{pmatrix}.$$

Wir definieren jetzt das Produkt Ax mit der linken Seite von (3.9).

Definition 3.21 (Produkt Matrix × Vektor). *Ist A eine $m \times n$-Matrix und x ein n-dimensionaler Spaltenvektor, dann ist Ax ein m-dimensionaler Spaltenvektor mit den Elementen*

$$\sum_{k=1}^{n} a_{ik} x_k$$

in Zeile i. Dieses Produkt ist eine Verknüpfung von $m \times n$-Matrizen in $M_{m \times n}(\Bbbk)$ und n-dimensionalen Spaltenvektoren, die m-dimensionale Spaltenvektoren produziert.

Mit dieser Notation kann das Gleichungssystem jetzt sehr kompakt als $Ax = b$ geschrieben werden. Abbildung 3.1 zeigt, wie die Komponenten von x mit den Matrixelementen multipliziert werden, wobei der Vektor b entsteht. Man kann eine Matrix als Blackbox betrachten, die die Inputs $x_1, \ldots, x_n$ in einen Ausgabevektor $b = Ax$ verwandelt.

Produkt = Linearkombination der Spalten von A

Bisher betrachteten wir das Produkt Ax als die Wirkung der Matrix A auf dem Vektor x. Die Vektorschreibweise eines Gleichungssystems suggeriert aber auch eine Sicht, in der der Vektor x etwas mit der Matrix macht. Wegen

$$Ax = \begin{pmatrix} a_{11} \\ a_{21} \\ \vdots \\ a_{m1} \end{pmatrix} x_1 + \begin{pmatrix} a_{12} \\ a_{22} \\ \vdots \\ a_{m2} \end{pmatrix} x_2 + \cdots + \begin{pmatrix} a_{mn} \\ a_{2n} \\ \vdots \\ a_{mn} \end{pmatrix} x_n$$

kann man das Produkt Ax auch interpretieren als die Funktion, die Spalten von A nimmt und mit den entsprechenden Einträgen von x als Koeffizienten linear kombiniert.

Linearität des Produktes Matrix × Vektor

Die Multiplikation Matrix × Vektor verhält sich linear in beiden Faktoren, wie wir gleich nachrechnen werden. Dies bedeutet, dass

$$\begin{aligned} A(x + y) &= Ax + Ay \\ A(\lambda x) &= \lambda Ax \end{aligned} \quad \text{und} \quad \begin{aligned} (A + B)x &= Ax + By \\ (\lambda A)x &= \lambda(Ax). \end{aligned} \tag{3.10}$$

Produkte von Matrizen mit Vektoren können wie jedes andere Produkt behandelt werden, das man in der Algebra kennengelernt hat.

Linearkombinationen von Vektoren

Sei also A eine $m \times n$-Matrix und x und y n-dimensionale Spaltenvektoren. Die Produkte $b = Ax$ und $c = Ay$ sind m-dimensionale Spaltenvektoren. Die Komponenten von $b + c$ sind

$$(Ax)_i + (Ay)_i = b_i + c_i = \sum_{k=1}^{n} a_{ik}x_k + \sum_{k=1}^{n} a_{ik}y_k = \sum_{k=1}^{n} a_{ik}(x_k + y_k) = (A(x + y))_i.$$

Dies sind die Komponenten des Produktes $A(x + y)$. In Vektorschreibweise bedeutet das

$$b + c = A(x + y) \quad \Rightarrow \quad Ax + Ay = A(x + y).$$

Für die Multiplikation mit einem Skalar sind die Komponenten von $A(\lambda x)$

$$(A(\lambda x))_i = \sum_{k=1}^{n} a_{ik}\lambda x_k = \lambda \sum_{k=1}^{n} a_{ik}x_k = \lambda(Ax)_i = \lambda b_i,$$

oder in Vektorschreibweise: $\lambda b = A(\lambda x)$.

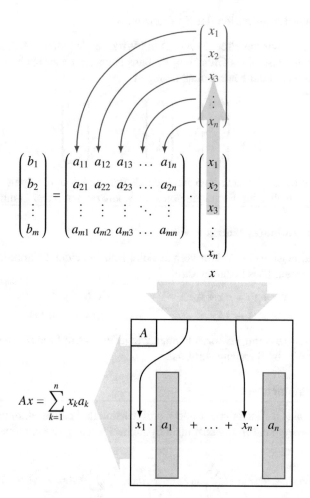

Abbildung 3.1: Produkt Matrix × Vektor: Die Matrix A wirkt auf den Komponenten des Vektors x, indem jedes Element einer Zeile multipliziert und die Produkte addiert werden.

Lineare Gleichungen und Lösungsmenge

Mit dem Produkt Matrix × Vektor lassen sich lineare Gleichungssystem in besonders kompakter Form schreiben. Ist $A \in M_{m \times n}(\Bbbk)$ eine $m \times n$-Matrix, $b \in \Bbbk^m$ ein m-dimensionaler Spaltenvektor und x ein n-dimensionaler Spaltenvektor von Variablen $x_1, \ldots, x_n$. Das Gleichungssystem mit Koeffizienten A und rechter Seite b kann dann als $Ax = b$ abgekürzt werden.

Der Rang eines Gleichungssystems war die Anzahl der linear unabhängigen Zeilen (Definition 2.15). Dieser Begriff lässt sich jetzt unmittelbar auf die Koeffizientenmatrix übertragen.

Definition 3.22. *Der* Rang *einer Matrix A ist die maximale Zahl linear unabhängiger Zeilen oder Spalten von A , sie wird* rank *A abgekürzt (von engl.* rank*).*

Das zu A gehörige homogene Gleichungssystem ist $Ax = 0$. Früher wurde darauf hingewiesen, dass die Lösungsmenge ein Unterraum von $\Bbbk^n$ ist, was mit der neuen Notation sehr viel eleganter bewiesen werden kann.

Satz 3.23 (Lösungsmenge als Unterraum)**.** *Die Lösungsmenge* $\mathbb{L}_h$ *des homogenen linearen Gleichungssystems* $Ax = 0$ *ist ein* $(n - r)$*-dimensionaler Unterraum von* $\Bbbk^n$*, wobei* $r =$ rank *A ist.*

Beweis. Es muss gezeigt werden, dass die Summe zweier Lösungen sowie ein skalares Vielfaches einer Lösung wieder eine Lösung ist. Seien also x und y Lösungen, d. h. $Ax = 0$ und $Ay = 0$. Dann ist

$$A(x + y) = Ax + Ay = 0 + 0 = 0 \qquad \text{und} \qquad A(\lambda x) = \lambda Ax = \lambda 0 = 0,$$

d. h. $x + y$ und λx sind Lösungen, wie behauptet. Die Aussage über die Dimension folgt aus der Tatsache, dass das Schlusstableau $n - r$ frei wählbare Variablen aufweist. □

Partikuläre Lösungen

Sei wieder $Ax = b$ ein lineares Gleichungssystem. In diesem Abschnitt soll die Lösungsmenge bestimmt werden. Sind x und y Lösungen, also $Ax = b$ und $Ay = b$, dann folgt aus der Linearität

$$A(x - y) = b - b = 0,$$

Lösungen des Gleichungssystems unterschieden sich daher immer um eine Lösung des homogenen Systems. Anders ausgedrückt: jede Lösung x des Gleichungssystems $Ax = b$ kann geschrieben werden als $x = p + z$, wobei p eine Lösung ist, also $Ap = b$, und z eine Lösung des homogenen Systems $Az = 0$. Tatsächlich zeigt die Linearität wieder

$$Ax = A(p + z) = Ap + Az = b + 0 = b,$$

x ist also tatsächlich eine Lösung. Die Wahl von p ist willkürlich, jede Lösung von $Ax = b$ kommt dafür in Frage. Die Lösung p heißt eine *partikuläre Lösung*.

Satz 3.24 (Lösungsmenge eines inhomogenen Gleichungssystems). *Die Lösungsmenge* $\mathbb{L}$ *eines linearen Gleichungssystems* $Ax = b$ *ist*

$$\mathbb{L} = \{x \in \mathbb{k}^n \mid Ax = b\} = p + \mathbb{L}_h = \{p + z \mid Az = 0\},$$

wobei p *eine partikuläre Lösung ist und* $\mathbb{L}_h$ *die Lösungsmenge des zugehörigen homogenen Gleichungssystems* $Az = 0$.

Linearkombinationen von Matrizen

Seien A und B $m \times n$-Matrizen und x ein n-dimensionale Spaltenvektor. Wir setzen $Ax = b$ und $Bx = c$. Dann hat $(A + B)x$ die Komponenten

$$((A + B)x)_i = \sum_{k=1}^{n} (a_{ik} + b_{ik})x_k = \sum_{k=1}^{n} a_{ik}x_k + \sum_{k=1}^{n} b_{ik}x_k = (Ax)_i + (Bx)_i = b_i + c_i.$$

In Vektorschreibweise ist also

$$(A + B)x = b + c = Ax + Bx.$$

Ebenso sind die Komponenten des Vektors $(\lambda A)x$

$$((\lambda A)x)_i = \sum_{k=1}^{n} (\lambda a_{ik})x_k = \lambda \sum_{k=1}^{n} a_{ik}x_k = \lambda(Ax)_i = \lambda b_i$$

oder in Vektorform $(\lambda A)x = \lambda(Ax)$. Damit sind die Formeln (3.10) vollständig verifiziert.

3.3.3 Transponierte Matrix

Eine Nullzeile im Gauß-Algorithmus zeigt an, dass die Zeilen linear abhängig sind. Es gibt also eine nichttriviale Linearkombination der Zeilen, die 0 ergibt. In Abschnitt 2.5 wurde gezeigt, wie sich für die Koeffizienten der Linearkombination ein Gleichungssystem finden lässt. Dazu müssen Zeilen und Spalten der Koeffizientenmatrix vertauscht werden. Dies ist für sich allein auch eine interessante Operation.

Definition 3.25 (transponierte Matrix). *Die transponierte Matrix* A^t *einer* $m \times n$-*Matrix* A *ist die* $n \times m$-*Matrix mit den Einträgen*

$$(A^t)_{ik} = (A)_{ki}.$$

Eine Matrix A *heißt symmetrisch, wenn* $A^t = A$.

Das Gleichungssystem zur Bestimmung der Koeffizienten $\lambda_1, \ldots, \lambda_m$ einer nichttrivialen Linearkombination der Zeilen von A ist dann

$$A^t \begin{pmatrix} \lambda_1 \\ \vdots \\ \lambda_m \end{pmatrix} = A^t \lambda = 0 \qquad \text{mit dem Spaltenvektor } \lambda = \begin{pmatrix} \lambda_1 \\ \vdots \\ \lambda_m \end{pmatrix}.$$

Hermitesche Matrizen

Matrizen, die sich bei Transposition nicht ändern, wurden symmetrisch genannt. Solche Matrizen sind zum Beispiel für reelle Skalarprodukte in Kapitel 7 wichtig.

Lässt man zu, dass die Matrizen komplexe Elemente enhalten, dann tritt an die Stelle der Symmetrie eine erweiterte Bedingung. Komplexe Skalarprodukte sind nämlich nicht linear in beiden Faktoren, sondern sesquilinear, wie im Kasten *Komplexes Skalarprodukt* auf Seite 343 erklärt wird. Statt der Transposition ist die *hermitesche Konjugation* zu verwenden: Die *hermitesch konjugiert* Matrix einer Matrix A ist die Matrix $A^* = \bar{A}^t$. Es müssen also nicht nur Zeilen und Spalten vertauscht werden, es müssen auch alle Einträge komplex konjugiert werden. Eine Matrix heißt dann *hermitsch*, wenn sie mit ihrer hermitesch Konjugierten übereinstimmt, wenn also $A^* = A$ gilt.

Bemerkungen zur Notation

Die Transposition ist wahrscheinlich diejenige Operation auf Matrizen, für die es die meisten Notationsvarianten gibt, die alle ihre Vor- und Nachteile haben. Matlab und Octave definieren den Apostroph als Operator, der die transponierte Matrix zurückgibt:

```
octave:1> A = [ 1, 2 ; 3, 4 ]
A =

   1   2
   3   4

octave:2> A'
ans =

   1   3
   2   4
```

Alternativ kann auch die Funktion `transpose(A)` verwendet werden. Der Nachteil dieser Notation ist, dass ein Konflikt mit der Ableitung entsteht. Bei einer matrixwertigen Funktion $A(x)$, kann $A'(x)$ auch die Ableitung nach x bedeuten. Dieses Buch verwendet die Notation A^t für die Transponierte.

3.3.4 Matrizenprodukt

Eine $r \times n$-Matrix B macht aus dem n-dimensionalen Spaltenvektor x den r-dimensionalen Spaltenvektor $y = Bx$. Eine zweite $m \times r$-Matrix A macht aus dem r-dimensionalen Spaltenvektor y den m-dimensionalen Spaltenvektor $z = Ay$. Welche $m \times n$-Matrix C macht aus dem n-dimensionalen Spaltenvektor x in einem Schritt den Vektor z? Abbildung 3.2 zeigt die zusammengesetzte Blackbox AB. Der Eingabevektor fließt erst durch die blaue Matrix B, dann durch die rote Matrix A um schließlich den Output zu ergeben. Die Berechnung der Matrixelemente und die Definition des Matrizenproduktes sind die primären Ziele dieses Abschnitts.

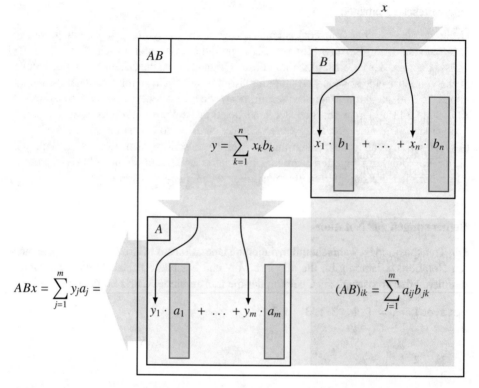

Abbildung 3.2: Datenfluss im Matrizenprodukt: Der Vektor x fließt erst in die Blackbox der Matrix B, wo eine Linearkombination der Spalten von B mit den Koeffizienten des Vektors x gebildet wird. Diese Linearkombination fließt anschließend in die Blackbox der Matrix A, wo eine Linearkombination der Spalten von a mit den neu berechneten Koeffizienten gebildet wird. Die resultierende Matrix AB hat die Koeffizienten gemäß (3.12).

Definition des Matrizenproduktes

Wir berechnen die i-Komponente von z mit der Formel für das Produkt Matrix $\times$ Vektor:

$$z_i = \sum_{j=1}^{r} a_{ij} y_j.$$

Jetzt setzen wir für y_j die Formel für das Produkt Bx ein:

$$= \sum_{j=1}^{r} a_{ij} \sum_{k=1}^{n} b_{jk} x_k.$$

Wir stellen die Reihenfolge der Summationen um und erhalten

$$= \sum_{k=1}^{n} \underbrace{\left(\sum_{j=1}^{r} a_{ij}b_{jk} \right)}_{= \ c_{ik}} x_k.$$

Die Zahlen c_{ik} sind die Matrixelemente der Matrix, die aus x direkt z berechnet.

Definition 3.26 (Matrizenprodukt). *Das* Matrizenprodukt *der $m \times r$-Matrix A und der $r \times n$-Matrix B ist die $m \times n$-Matrix AB mit Matrixelementen*

$$(AB)_{ik} = \sum_{j=1}^{r} (A)_{ij}(B)_{jk} \tag{3.11}$$

oder ausgeschrieben

$$\begin{pmatrix} a_{11} & a_{12} & a_{13} & \dots & a_{1r} \\ a_{21} & a_{22} & a_{23} & \dots & a_{2r} \\ a_{31} & a_{32} & a_{33} & \dots & a_{3r} \\ \vdots & \vdots & \vdots & \ddots & \vdots \\ a_{m1} & a_{m2} & a_{m3} & \dots & a_{mr} \end{pmatrix} \begin{pmatrix} b_{11} & b_{12} & \dots & b_{1n} \\ b_{21} & b_{22} & \dots & b_{2n} \\ b_{31} & b_{32} & \dots & b_{3n} \\ \vdots & \vdots & \ddots & \vdots \\ b_{r1} & b_{r2} & \dots & b_{rn} \end{pmatrix} = \begin{pmatrix} \sum_{j=1}^{r} a_{1r}b_{r1} & \sum_{j=1}^{r} a_{1r}b_{r2} & \dots & \sum_{j=1}^{r} a_{1r}b_{rn} \\ \sum_{j=1}^{r} a_{2r}b_{r1} & \sum_{j=1}^{r} a_{2r}b_{r2} & \dots & \sum_{j=1}^{r} a_{2r}b_{rn} \\ \sum_{j=1}^{r} a_{3r}b_{r1} & \sum_{j=1}^{r} a_{3r}b_{r2} & \dots & \sum_{j=1}^{r} a_{3r}b_{rn} \\ \vdots & \vdots & \ddots & \vdots \\ \sum_{j=1}^{r} a_{mr}b_{r1} & \sum_{j=1}^{r} a_{mr}b_{r2} & \dots & \sum_{j=1}^{r} a_{mr}b_{rn} \end{pmatrix}.$$

$$\tag{3.12}$$

Beispiel 3.27. Wir berechnen das Produkt der Matrizen

$$\begin{pmatrix} 8 & 6 & 7 \\ 2 & 4 & 3 \\ 9 & 5 & 1 \end{pmatrix} \quad \text{und} \quad B = \begin{pmatrix} 2 & 9 & 6 \\ 8 & 4 & 3 \\ 5 & 1 & 7 \end{pmatrix}.$$

Das Produkt Zeilen $\times$ Spalten ist

$$AB = \begin{pmatrix} 8 & 6 & 7 \\ 2 & 4 & 3 \\ 9 & 5 & 1 \end{pmatrix} \begin{pmatrix} 2 & 9 & 6 \\ 8 & 4 & 3 \\ 5 & 1 & 7 \end{pmatrix} = \begin{pmatrix} 8 \cdot 2 + 6 \cdot 8 + 7 \cdot 5 & 8 \cdot 9 + 6 \cdot 4 + 7 \cdot 1 & 8 \cdot 7 + 6 \cdot 3 + 7 \cdot 1 \\ 2 \cdot 2 + 4 \cdot 8 + 3 \cdot 5 & 2 \cdot 9 + 4 \cdot 4 + 3 \cdot 1 & 2 \cdot 6 + 4 \cdot 3 + 3 \cdot 7 \\ 9 \cdot 2 + 5 \cdot 8 + 1 \cdot 5 & 9 \cdot 9 + 5 \cdot 4 + 1 \cdot 1 & 9 \cdot 6 + 5 \cdot 3 + 1 \cdot 7 \end{pmatrix}$$

$$= \begin{pmatrix} 99 & 103 & 115 \\ 51 & 37 & 45 \\ 63 & 102 & 76 \end{pmatrix}.$$

Die Einheitsmatrix

Die $m \times m$-Matrix

$$I = \begin{pmatrix} 1 & 0 & \ldots & 0 \\ 0 & 1 & \ldots & 0 \\ \vdots & \vdots & \ddots & \vdots \\ 0 & 0 & \ldots & 1 \end{pmatrix} \qquad \text{mit Matrixelementen} \quad (I)_{ik} = \delta_{ik} = \begin{cases} 1 & i = k \\ 0 & \text{sonst} \end{cases} \qquad (3.13)$$

ist bezüglich der Matrizenmultiplikation neutral. Die Matrixelemente δ_{ik} heißen auch das *Kronecker-Symbol*. Um die Dimension deutlich zu machen, wird die $m \times m$-Einheitsmatrix manchmal auch I_m geschrieben.

Beispiel 3.28. Sei A die Matrix

$$A = \begin{pmatrix} 5 & 8 & 4 \\ 3 & 6 & 1 \\ 2 & 7 & 9 \end{pmatrix}.$$

Wir berechnen die Produkte

$$IA = \begin{pmatrix} 1 & 0 & 0 \\ 0 & 1 & 0 \\ 0 & 0 & 1 \end{pmatrix}\begin{pmatrix} 5 & 8 & 4 \\ 3 & 6 & 1 \\ 2 & 7 & 9 \end{pmatrix} = \begin{pmatrix} 1\cdot5+0\cdot3+0\cdot2 & 1\cdot8+0\cdot6+0\cdot7 & 1\cdot4+0\cdot1+0\cdot9 \\ 0\cdot5+1\cdot3+0\cdot2 & 0\cdot8+1\cdot6+0\cdot7 & 0\cdot4+1\cdot1+0\cdot9 \\ 0\cdot5+0\cdot3+1\cdot2 & 0\cdot8+0\cdot6+1\cdot7 & 0\cdot4+0\cdot1+1\cdot9 \end{pmatrix}$$

$$= \begin{pmatrix} 5 & 8 & 4 \\ 3 & 6 & 1 \\ 2 & 7 & 9 \end{pmatrix} = A,$$

$$AI = \begin{pmatrix} 5 & 8 & 4 \\ 3 & 6 & 1 \\ 2 & 7 & 9 \end{pmatrix}\begin{pmatrix} 1 & 0 & 0 \\ 0 & 1 & 0 \\ 0 & 0 & 1 \end{pmatrix} = \begin{pmatrix} 5\cdot1+8\cdot0+4\cdot0 & 5\cdot0+8\cdot1+4\cdot0 & 5\cdot0+8\cdot0+4\cdot1 \\ 3\cdot1+6\cdot0+1\cdot0 & 3\cdot0+6\cdot1+1\cdot0 & 3\cdot0+6\cdot0+1\cdot1 \\ 2\cdot1+7\cdot0+9\cdot0 & 2\cdot0+7\cdot1+9\cdot0 & 2\cdot0+7\cdot0+9\cdot1 \end{pmatrix}$$

$$= \begin{pmatrix} 5 & 8 & 4 \\ 3 & 6 & 1 \\ 2 & 7 & 9 \end{pmatrix} = A.$$

In beiden Fällen ergibt sich die Ausgangsmatrix A.   ○

Definition 3.29 (Einheitsmatrix). *Die quadratische Matrix* (3.13) *heißt die* Einheitsmatrix.

Die Eigenschaft, bezüglich der Multiplikation neutral zu sein, können wir mit der Definition der Matrixelemente (3.11) in Definition 3.26 direkt nachrechnen. Sei A eine $m \times n$-Matrix mit Einträgen a_{ik}. Die Matrixelemente der Produkte sind

$$(AI)_{ik} = \sum_{j=1}^{n} a_{ij}\delta_{jk} = a_{ik}$$

$$(AI)_{ik} = \sum_{j=1}^{n} \delta_{ij}a_{jk} = a_{ik}.$$

In den Summen fallen immer alle Terme außer jenem mit $j = k$ bzw. $i = j$ weg.

Das Produkt Matrix $\times$ Vektor als Spezialfall

Das Matrizenprodukt einer $m \times n$-Matrix mit einer $n \times 1$-Matrix ist nichts anderes als das Produkt Matrix $\times$ Vektor. Mit den gleichen Bezeichnungen wie in (3.12) können wir es als

$$
\begin{pmatrix}
a_{11} & a_{12} & a_{13} & \cdots & a_{1n} \\
a_{21} & a_{22} & a_{23} & \cdots & a_{2n} \\
\vdots & \vdots & \vdots & \ddots & \vdots \\
a_{m1} & a_{m2} & a_{m3} & \cdots & a_{mn}
\end{pmatrix}
\begin{pmatrix}
x_1 \\ x_2 \\ x_3 \\ \vdots \\ x_n
\end{pmatrix}
=
\begin{pmatrix}
\sum_{k=1}^{n} a_{1k} x_k \\
\sum_{k=1}^{n} a_{2k} x_k \\
\vdots \\
\sum_{k=1}^{n} a_{mk} x_k
\end{pmatrix}
$$

schreiben.

Daraus ergibt sich aber auch ein Produkt eines m-dimensionalen Zeilenvektors mit einer $m \times n$-Matrix, das als Resultat einen n-dimensionalen Zeilenvektor liefert:

$$
\begin{pmatrix} x_1 & x_2 & \cdots & x_m \end{pmatrix}
\begin{pmatrix}
a_{11} & a_{12} & \cdots & a_{1n} \\
a_{21} & a_{22} & \cdots & a_{2n} \\
\vdots & \vdots & \ddots & \vdots \\
a_{m1} & a_{m2} & \cdots & a_{mn}
\end{pmatrix}
=
\begin{pmatrix}
\sum_{k=1}^{m} x_k a_{k1} & \sum_{k=1}^{m} x_k a_{k2} & \cdots & \sum_{k=1}^{m} x_k a_{kn}
\end{pmatrix}.
$$

Dreiecksmatrizen

Auch Dreiecksmatrizen verhalten sich bezüglich des Matrizenproduktes etwas speziell.

Definition 3.30 (Dreiecksmatrix, Diagonalmatrix). *Eine* untere Dreiecksmatrix *ist eine Matrix A mit Matrixelementen derart, dass* $a_{ik} = 0$ *für* $i < k$. *Eine* obere Dreiecksmatrix *ist eine Matrix B mit Matrixelementen derart, dass* $b_{ik} = 0$ *für* $i > k$. *Eine Matrix, die sowohl obere wie auch untere Dreiecksmatrix ist, heißt* Diagonalmatrix.

Eine Diagonalmatrix hat nur auf der Diagonalen Elemente, die von 0 verschieden sind. Man kürzt sie daher oft ab als

$$
\begin{pmatrix}
a_{11} & 0 & \cdots & 0 \\
0 & a_{22} & \cdots & 0 \\
\vdots & \vdots & \ddots & \vdots \\
a_{nn} & a_{n2} & \cdots & a_{nn}
\end{pmatrix}
= \operatorname{diag}(a_{11}, a_{22}, \ldots, a_{nn}).
$$

Die Multiplikation von Diagonalmatrizen erfolgt komponentenweise, als

$$
\operatorname{diag}(a_1, \ldots, a_n) \operatorname{diag}(b_1, \ldots, b_n) = \operatorname{diag}(a_1 b_1, \ldots, a_n b_n).
$$

Wir rechnen nach, dass das Produkt zweier unterer Dreiecksmatrizen U und V wieder eine untere Dreiecksmatrix ist. Für $i < k$ ist im Produkt

$$(UV)_{ik} = \sum_{j=1}^{r} u_{ij} v_{jk} = 0$$

entweder $u_{ij} = 0$, wenn $j < i$ ist oder $v_{jk} = 0$, wenn $j > k$ ist. Wegen $i < k$ gibt es keinen von 0 verschiedenen Summanden.

Für obere Dreiecksmatrizen folgt entsprechend

$$(UV)_{ik} = \sum_{j=1}^{r} u_{ij} v_{jk} = 0$$

Die Mengen der oberen bzw. unteren Dreiecksmatrizen sind daher unter der Matrizenmultiplikation abgeschlossene Untermengen der Matrizenmenge $M_n(\Bbbk)$.

3.3.5 Rechenregeln für das Matrizenprodukt

Bis jetzt haben wir einige interessante Beispiele für das Matrizenprodukt gesehen, aber wir haben die Rechenregeln noch nicht im Detail studiert. Dies soll in diesem Abschnitt nachgeholt werden. Es wird sich zeigen, dass die Menge $M_n(\Bbbk)$ eine Algebra ist, d. h. ein Vektorraum mit einer zusätzlichen Operation, der Matrizenmultiplikation.

Linearität

Ein gutes Produkt lässt zu, dass man ausmultiplizieren und faktorisieren kann. Dies bedeutet, dass

$$A(B + C) = AB + AC \qquad\qquad (A + B)C = AC + BC$$
$$A(\lambda B) = \lambda AB \qquad\qquad (\lambda\mu)A = \lambda(\mu A).$$

Dies sind die Regeln der Linearität oder die Distributivgesetze.

Assoziativität

Das Matrizenprodukt ist assoziativ, es gilt also

$$A(BC) = (AB)C. \tag{3.14}$$

Die Reihenfolge, in der man die Produkte ausführt, spielt also keine Rolle. Ein Produkt von mehr als drei Matrizen kann in beliebiger Reihenfolge ausgewertet werden, insbesondere auch von rechts oder von links:

$$(((AB)C)D)E = A(B(C(DE))) = ((AB)(CD))E = A((BC)(DE)).$$

Komplexe Zahlen

In den reellen Zahlen ist es nicht möglich, der Quadratwurzeln einer negativen Zahl einen Sinn zu geben. In $M_{2\times2}(\mathbb{R})$ ist es aber möglich, für jede Zahl $r \in \mathbb{R}$ eine Matrix W zu finden derart, dass $W^2 = rI$. Für $r \geq 0$ ist dies nicht schwierig, man kann $W = \sqrt{r}I$ wählen.

Für $r < 0$ ist es etwas komplizierterter. Die Matrix

$$J = \begin{pmatrix} 0 & -1 \\ 1 & 0 \end{pmatrix} \qquad \text{hat Quadrat} \qquad J^2 = \begin{pmatrix} -1 & 0 \\ 0 & -1 \end{pmatrix} = -I.$$

Daraus kann man jetzt eine Wurzel konstruieren:

$$W_\pm = \pm\sqrt{-r}J \qquad \Rightarrow \qquad W_\pm^2 = -rJ^2 = -r(-I) = rI.$$

Die Matrix J verhält sich also wie eine "Zahl", deren Quadrat $-I$ ist.

In der Menge

$$\{aI + bJ \mid a, b \in \mathbb{R}\}$$

kann man dank der Rechenregeln für Matrizen genau so rechnen, wie man es sich von reellen Zahlen her gewohnt ist, man muss nur immer daran denken, dass $J^2 = -1$ ist. Dies sind genau die Regeln, die man von den komplexen Zahlen kennt. Es ist also zulässig zu sagen, dass $\mathbb{C} = \{aI + bJ \mid a, b \in \mathbb{R}\}$.

Da alle Auswertungsreihenfolgen auf den gleichen Wert des Produktes führen, ist es gerechtfertigt, ein Produkt von mehr als zwei Faktoren ganz ohne Klammern zu schreiben.

Die Regel (3.14) kann man direkt nachrechnen:

$$(A(BC))_{ik} = \sum_j a_{ij}\left(\sum_l b_{jl}c_{lk}\right) = \sum_j \sum_l a_{ij}b_{jl}c_{lk}$$

$$= \sum_l \sum_j a_{ij}b_{jl}c_{lk} = \sum_l \left(\sum_j a_{ij}b_{jl}\right)c_{lk} = ((AB)C)_{ik}.$$

Damit ist die Assoziativität bewiesen.

Die Abschnitte 3.C und 3.D präsentieren Anwendungen, in denen die Assoziativität des Matrizenproduktes eine entscheidende Rolle spielt.

Das Matrixprodukt ist nicht kommutativ

Schon für die einfachen Matrizen

$$A = \begin{pmatrix} 1 & 2 \\ 0 & 1 \end{pmatrix} \quad \text{und} \quad J = \begin{pmatrix} 0 & -1 \\ 1 & 0 \end{pmatrix} \quad \text{folgt} \quad \left\{ \begin{array}{l} AJ = \begin{pmatrix} 2 & -1 \\ 1 & 0 \end{pmatrix} \\[2mm] JA = \begin{pmatrix} 0 & -1 \\ 1 & 2 \end{pmatrix} \end{array} \right\} \quad \Rightarrow \quad AJ \neq JA.$$

Das Matrizenprodukt ist somit im Allgemeinen nicht kommutativ.

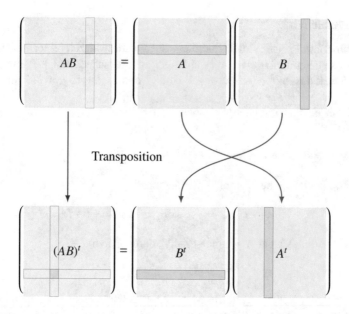

Abbildung 3.3: Transposition eines Matrizenproduktes. Durch die Transposition werden die Zeilen zu Spalten. Damit im Produkt $(AB)^t$ die Spalte von A^t mit der Zeile von B^t multipliziert werden kann, müssen die beiden Faktoren vertauscht werden.

In Kapitel 9 werden wir im Details studieren, wie Matrizen dazu verwendet werden können, geometrische Transformationen des Raumes zu beschreiben. Dort werden wir auch zeigen, dass es im Allgemeinen auf die Reihenfolge ankommt, in der zwei Drehungen des dreidimensionalen Raumes ausgeführt werden.

Transposition

Was ist $(AB)^t$? Kann man $(AB)^t$ durch A^t und B^t ausdrücken?

Das Produkt AB hat in Zeile i und in Spalte k als Matrixelemente das Produkt von Zeile i von A und Spalte k von B. Die Transposition verlangt, Zeilen und Spalten zu vertauschen. In Zeile k und Spalte i von $(AB)^t$ steht also das Produkt von Zeile i von A und Spalte k von B. Dies soll man jetzt durch A^t und B^t ausdrücken. Tatsächlich ist Zeile i von A die Spalte i von A^t und Spalte k von B ist Zeile k von B^t. Das Element in Zeile k und Spalte i von $(AB)^t$ ist also das Produkte von Spalte i von A^t und Zeile k von B^t. Um dieses Produkt zu erhalten, muss aber der Faktor A^t rechts stehen, es folgt

$$(AB)^t = B^t A^t,$$

siehe auch Abbildung 3.3.

3.3.6 Inverse Matrix

In diesem Abschnitt ist A eine $n \times n$-Matrix und x und b sind n-dimensionale Spaltenvektoren. Damit das Gleichungssystem $Ax = b$ ein eindeutige Lösung hat, muss es regulär sein. Dieser Begriff lässt sich auf die Matrix übertragen.

Definition 3.31. *Eine Matrix $A \in M_n(\Bbbk)$ heißt* regulär, *wenn das Gleichungssystem $Ax = b$ für jeden Vektor $b \in \Bbbk^n$ eine eindeutige Lösung hat. Andernfalls heißt A* singulär.

Die Umkehrabbildung

Die Matrix A vermittelt eine Abbildung

$$A : \Bbbk^n \to \Bbbk^n : x \mapsto Ax.$$

Da für jedes $b \in \Bbbk^n$ ein Urbild $x \in \Bbbk^n$ mit $Ax = b$ existiert, ist die Abbildung surjektiv. Sie ist aber auch injektiv, denn wenn zwei verschiedene Vektoren $x, x' \in \Bbbk^n$ auf das gleiche Bild $b = Ax = Ax'$ abgebildet würden, dann wäre die Lösung von $Ax = b$ nicht eindeutig. Die durch A beschriebene Abbildung ist daher bijektiv und des gibt eine Umkehrabbildung, die wir mit A^{-1} bezeichnen: $x = A^{-1}b$.

Linearität der Umkehrabbildung

Gegeben zwei rechte Seiten b und b' mit zugehörigen Lösungen x und x', d. h. $Ax = b$ und $Ax' = b'$, welche Lösung gehört dann zur rechten Seiten $b + b'$? Ein naheliegender Kandidat ist $x + x'$, und tatsächlich ist

$$A(x + x') = Ax + Ax' = b + b',$$

$x + x'$ ist eine Lösung. Nach Voraussetzung ist die Lösung auch eindeutig, es gilt also

$$A^{-1}(b + b') = A^{-1}b + A^{-1}b'.$$

Ebenso ist λx ein Kandidat für eine Lösung der Gleichung mit rechter Seite λb. Tatsächlich ist $A(\lambda x) = \lambda Ax = \lambda b$ und damit folgt auch

$$A^{-1}(\lambda b) = \lambda A^{-1}b.$$

Die Umkehrabbildung A^{-1} ist somit linear.

Die Matrix A^{-1}

Als lineare Abbildung gehört zu A^{-1} wieder eine $n \times n$-Matrix, sie heißt die *inverse Matrix* oder einfach *Inverse*. Sie kann am einfachsten mit einem Tableau gefunden werden. Zunächst ist x der Lösungsvektor des Tableau

$$
\begin{array}{cccc|c}
x_1 & x_2 & \dots & x_n & 1 \\
\hline
a_{11} & a_{12} & \dots & a_{1n} & b_1 \\
a_{21} & a_{22} & \dots & a_{2n} & b_2 \\
\vdots & \vdots & \ddots & \vdots & \vdots \\
a_{n1} & a_{n2} & \dots & a_{nn} & b_n
\end{array}
. \tag{3.15}
$$

In der Form (3.15) ist nachteilig, dass wir aus der Lösung die Abhängigkeit von den Werten $b_1, \ldots, b_n$ nicht ablesen können. Daher nehmen wir die b_i wie Variablen in die Kopfzeile, brauchen dann aber eine Spalte für jede Variable. Das Gleichungssystem (3.15) wird dann zu

$$
\begin{array}{cccc|cccc}
x_1 & x_2 & \ldots & x_n & b_1 & b_2 & \ldots & b_n \\
\hline
a_{11} & a_{12} & \ldots & a_{1n} & 1 & 0 & \ldots & 0 \\
a_{21} & a_{22} & \ldots & a_{2n} & 0 & 1 & \ldots & 0 \\
\vdots & \vdots & \ddots & \vdots & \vdots & \vdots & \ddots & \vdots \\
a_{n1} & a_{n2} & \ldots & a_{nn} & 0 & 0 & \ldots & 1
\end{array}
\tag{3.16}
$$

Der Gauß-Algorithmus macht daraus das Tableau

$$
\begin{array}{cccc|cccc}
x_1 & x_2 & \ldots & x_n & b_1 & b_2 & \ldots & b_n \\
\hline
1 & 0 & \ldots & 0 & c_{11} & c_{12} & \ldots & c_{1n} \\
0 & 1 & \ldots & 0 & c_{21} & c_{22} & \ldots & c_{2n} \\
\vdots & \vdots & \ddots & \vdots & \vdots & \vdots & \ddots & \vdots \\
0 & 0 & \ldots & 1 & c_{n1} & c_{n2} & \ldots & c_{nn}
\end{array}
$$

Wieder in algebraischer Schreibweise ausgedrückt bedeutet das

$$
\begin{aligned}
x_1 &= c_{11}b_1 + c_{12}b_2 + \ldots + c_{1n}b_n \\
x_2 &= c_{21}b_1 + c_{22}b_2 + \ldots + c_{2n}b_n \\
&\ \ \vdots \qquad \vdots \qquad \vdots \qquad \ddots \qquad \vdots \\
x_n &= c_{n1}b_1 + c_{n2}b_2 + \ldots + c_{nn}b_n
\end{aligned}
\qquad \Rightarrow \qquad x = Cb.
$$

Die auf diesem Weg gefundene Matrix C ist also genau die gesuchte inverse Matrix von A.

Satz 3.32 (Inverse Matrix). *Die Inverse einer regulären Matrix $A \in M_n(\Bbbk)$ kann mit Hilfe des Gauß-Algorithmus aus dem Tableau*

$$
\begin{array}{|c|c|} \hline A & I \\ \hline \end{array} \qquad \rightarrow \qquad \begin{array}{|c|c|} \hline I & A^{-1} \\ \hline \end{array}
$$

gefunden werden. Es gilt $AA^{-1} = I$ und $A^{-1}A = I$.

Beweis. Die Gleichung $AA^{-1} = I$ folgt aus der Definition von A^{-1}: A^{-1} findet das x, aus dem A dann wieder b macht.

Nehmen wir an, dass D eine Matrix mit der Eigenschaft $DA = I$ ist. Wir wollen nachrechnen, dass $D = A^{-1}$ ist. Dazu rechnen wir

$$
D = DI = DAA^{-1} = IA^{-1} = A^{-1}.
$$
□

Beispiel 3.33. Man finde die Inverse der Matrix

$$
A = \begin{pmatrix} -4 & -4 & -1 \\ 5 & 3 & 1 \\ 4 & -5 & 0 \end{pmatrix}.
$$

Dazu dient das Tableau

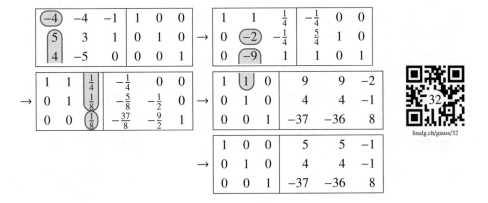

linalg.ch/gauss/32

Die inverse Matrix ist also

$$A^{-1} = \begin{pmatrix} 5 & 5 & -1 \\ 4 & 4 & -1 \\ -37 & -36 & 8 \end{pmatrix}.$$

Dieses Resultat kann durch Ausmultiplizieren von $A^{-1}A$ verifiziert werden:

$$A^{-1}A = \begin{pmatrix} 5 & 5 & -1 \\ 4 & 4 & -1 \\ -37 & -36 & 8 \end{pmatrix}\begin{pmatrix} -4 & -1 & -1 \\ 5 & 3 & 1 \\ 4 & -5 & 0 \end{pmatrix} = \begin{pmatrix} 1 & 0 & 0 \\ 0 & 1 & 0 \\ 0 & 0 & 1 \end{pmatrix} = I. \qquad \bigcirc$$

Satz 3.34 (Inverse eines Produktes). *Sind A und B reguläre n × n-Matrizen, dann gilt*

$$(AB)^{-1} = B^{-1}A^{-1}.$$

Beweis. Davon kann man sich durch Nachrechnen überzeugen. Multipliziert man AB von links mit $C = B^{-1}A^{-1}$, erhält man

$$C(AB) = B^{-1}\underbrace{A^{-1}A}_{= I}B = B^{-1}IB = \underbrace{B^{-1}B}_{= I} = I \qquad \Rightarrow \qquad C = (AB)^{-1}. \qquad \square$$

Definition 3.35 (GL$_n$(𝕜)). *Die Menge der invertierbaren Matrizen in $M_n(𝕜)$ wird mit*

$$\mathrm{GL}_n(𝕜) = \{A \in M_n(𝕜) \,|\, A \text{ ist invertierbar}\}$$

bezeichnet.

Die Produkteigenschaft der Inversen von Satz 3.34 zeigt, dass die Menge GL$_n$(𝕜) bezüglich der Matrizenmultiplikation abgeschlossen ist.

Kehrwert einer komplexen Zahl

Im Kasten auf Seite 101 wurde gezeigt, dass man sich die komplexen Zahlen als die Menge $\mathbb{C} = \{aI + bJ \,|\, a, b \in \mathbb{R}\}$ vorstellen kann. Die inverse Matrix von $aI + bJ$ kann man jetzt mit dem Tableau

$$
\left[\begin{array}{cc|cc}
\boxed{a} & -b & 1 & 0 \\
\boxed{b} & a & 0 & 1
\end{array}\right]
\rightarrow
\left[\begin{array}{cc|cc}
1 & \boxed{-\frac{b}{a}} & \frac{1}{a} & 0 \\
0 & \boxed{a + \frac{b^2}{a}} & -\frac{b}{a} & 1
\end{array}\right]
\rightarrow
\left[\begin{array}{cc|cc}
1 & 0 & \frac{1}{a} - \frac{b^2}{a(a^2+b^2)} & \frac{b}{a^2+b^2} \\
0 & 1 & -\frac{b}{a^2+b^2} & \frac{a}{a^2+b^2}
\end{array}\right]
$$

$$
=
\left[\begin{array}{cc|cc}
1 & 0 & \frac{a}{a^2+b^2} & \frac{b}{a^2+b^2} \\
0 & 1 & -\frac{b}{a^2+b^2} & \frac{a}{a^2+b^2}
\end{array}\right]
$$

berechnen. Die Inverse ist daher

$$
(aI + bJ)^{-1} = \frac{1}{a^2 + b^2}(aI - bJ).
$$

Die komplexe Zahl $\bar{z} = aI - bJ$ heißt auch die zu $z = aI + bJ$ *komplex konjugierte* Zahl und $|z|^2 = a^2 + b^2$ heißt der *Betrag* von z. Aus den Rechenregeln für J folgt sofort

$$
z\bar{z} = (aI + bJ)(aI - bJ) = a^2 I - abJ + abJ - b^2 J^2 = a^2 + b^2 = |z|^2.
$$

Die gleiche Formel für z^{-1} hätte man auch allein aus den Rechenregeln für die Matrix J bekommen können. Dazu multipliziert man die Gleichung $z^{-1} z = I$ mit $\bar{z}$:

$$
z^{-1} z\bar{z} = \bar{z} \quad \Rightarrow \quad z^{-1} |z|^2 = \bar{z} \quad \Rightarrow \quad z^{-1} = \frac{\bar{z}}{|z|^2}.
$$

3.4   Spur

Die Datenmenge in einer Matrix ist beträchtlich und es ist schwierig, sich einen Überblick zu verschaffen, was eine gegebene Matrix bewirkt. Eine Drehung des dreidimensionalen Raumes zum Beispiel kann mit einer 3×3-Matrix beschrieben werden. Die 9 Einträge codieren auf komplizierte Weise sowohl die Drehachse wie auch den Drehwinkel. Einfach zu berechnende Kennzahlen könnten helfen, in die Datenmenge Übersicht zu bringen. Solche Kennzahlen sollten einfach zu berechnen sein und sich durchschaubar verhalten, wenn man sie auf Linearkombinationen von Matrizen anwendet. Eine solche Kennzahl, die Spur, soll in diesem Abschnitt vorgestellt werden.

Definition 3.36 (Spur). *Die Spur einer $n \times n$-Matrix A mit Einträgen a_{ik} ist die Summe ihrer Diagonalelemente:*

$$
\operatorname{tr}(A) = \sum_{i=1}^{n} a_{ii}.
$$

(von engl. trace*).*

Beispiel 3.37. Wir werden in Kapitel 7 sehen, dass die Matrix

$$D_\alpha = \begin{pmatrix} \cos\alpha & -\sin\alpha \\ \sin\alpha & \cos\alpha \end{pmatrix}$$

eine Drehung der Ebene um den Winkel α beschreibt. Die Spur liefert dann

$$\operatorname{tr} D_\alpha = 2\cos\alpha,$$

der Drehwinkel kann also direkt aus der Spur berechnet werden. Wir werden in Kapitel 9 sehen, dass sich auf diese Weise auch eine einfache Formel finden lässt, mit der man den Drehwinkel einer beliebigen Drehmatrix des dreidimensionalen Raumes ganz unabhängig von der Richtung der Drehachse berechnen kann. ○

Die Spur ist eine lineare Operation, wie man direkt aus der Definition nachrechnen kann. Für zwei $n \times n$-Matrizen A und B gilt

$$\operatorname{tr}(A + B) = \sum_{i=1}^{n}(a_{ii} + b_{ii}) = \sum_{i=1}^{n} a_{ii} + \sum_{i=1}^{n} b_{ii} = \operatorname{tr}(A) + \operatorname{tr}(B),$$

$$\operatorname{tr}(\lambda A) = \sum_{i=1}^{n}(\lambda a_{ii}) = \lambda \sum_{i=1}^{n} a_{ii} = \lambda \operatorname{tr}(A).$$

Die Transposition einer Matrix ändert die Diagonalelemente nicht, daher ist auch die Spur dieselbe:

$$\operatorname{tr}(A^t) = \operatorname{tr}(A).$$

Besonders interessant ist aber das Verhalten der Spur eines Matrizenproduktes. Die Spur von AB ist

$$\operatorname{tr}(AB) = \sum_{i=1}^{n}(AB)_{ii} = \sum_{i=1}^{n}\left(\sum_{k=1}^{n} a_{ik}b_{kj}\right)\Big|_{i=j} = \sum_{i=1}^{n}\sum_{k=1}^{n} a_{ik}b_{ki}$$

$$= \sum_{k=1}^{n}\sum_{i=1}^{n} b_{ki}a_{ik} = \sum_{k=1}^{n}\left(\sum_{i=1}^{n} b_{ki}a_{ik}\right) = \sum_{k=1}^{n}(BA)_{kk} = \operatorname{tr}(BA). \tag{3.17}$$

Obwohl das Matrizenprodukt im Allgemeinen nicht kommutativ ist, scheint dies der Spur egal zu sein. Die Vertauschungsformel (3.17) kann auf ein Produkt von mehreren Matrizen erweitert werden. Dazu wendet man das Assoziativgesetz an und bekommt

$$\operatorname{tr}(ABC) = \operatorname{tr}(A(BC)) = \operatorname{tr}((BC)A) = \operatorname{tr}(BCA)$$

$$\operatorname{tr}(BCA) = \operatorname{tr}(B(CA)) = \operatorname{tr}((CA)B) = \operatorname{tr}(CAB).$$

Man kann also die Faktoren im Dreierprodukt zyklisch vertauschen. Andere Vertauschungen von Faktoren in der Spur ändern den Wert der Spur im Allgemeinen, wie das folgende Beispiel zeigt.

Beispiel 3.38. Wir berechnen die Produkte ABC und BAC für die Matrizen

$$A = \begin{pmatrix} 0 & 1 \\ 1 & 1 \end{pmatrix} \qquad B = \begin{pmatrix} 1 & 1 \\ 0 & 1 \end{pmatrix} \qquad C = \begin{pmatrix} 0 & 1 \\ 1 & 0 \end{pmatrix}$$

und erhalten

$$AB = \begin{pmatrix} 0 & 1 \\ 1 & 2 \end{pmatrix} \qquad ABC = \begin{pmatrix} 1 & 0 \\ 2 & 1 \end{pmatrix} \qquad \operatorname{tr}(ABC) = 2$$

$$CAB = \begin{pmatrix} 1 & 1 \\ 0 & 1 \end{pmatrix} \qquad \operatorname{tr}(CAB) = 2$$

$$BA = \begin{pmatrix} 1 & 2 \\ 1 & 1 \end{pmatrix} \qquad BAC = \begin{pmatrix} 2 & 1 \\ 1 & 1 \end{pmatrix} \qquad \operatorname{tr}(BAC) = 3.$$

Die ersten beiden Spuren sind Spuren eines Produktes mit zyklisch vertauschten Faktoren und daher gleich. In der dritte Spur sind die Faktoren nicht zyklisch vertauscht, die Spur ist verschieden. $\bigcirc$

Satz 3.39 (Rechenregeln für die Spur). *Für die Spur gelten die folgenden Rechenregeln*

$$
\begin{aligned}
\text{\textit{Linearität:}} \qquad & \operatorname{tr}(A + B) = \operatorname{tr}(A) + \operatorname{tr}(B) \\
& \operatorname{tr}(\lambda A) = \lambda \operatorname{tr}(A) \\
\text{\textit{Transposition:}} \qquad & \operatorname{tr}(A^t) = \operatorname{tr}(A) \\
\text{\textit{Vertauschung:}} \qquad & \operatorname{tr}(AB) = \operatorname{tr}(BA) \\
\text{\textit{zyklische Vertauschung:}} \qquad & \operatorname{tr}(A_1 A_2 \ldots A_m) = \operatorname{tr}(A_m A_1 A_2 \ldots A_{m-1}) \\
& = \operatorname{tr}(A_2 A_3 \ldots A_m A_1).
\end{aligned}
$$

Eine wichtige Anwendung der Spur ist die Möglichkeit, damit eine Art Skalarprodukt von Matrizen zu definieren[1]. Der Begriff des Skalarproduktes wird erst in Kapitel 7 eingeführt, daher betrachten wir hier nur den Spezialfall der Frobenius-Norm einer Matrix A.

Definition 3.40 (Frobenius-Norm). *Sei $A \in M_{m \times n}(\mathbb{R})$ eine $m \times n$-Matrix. Dann heißt*

$$\|A\|_F = \sqrt{\operatorname{tr}(A^t A)} = \sqrt{\operatorname{tr}(AA^t)}$$

die Frobenius-Norm *von A.*

Die Frobenius-Norm hängt nicht von der Reihenfolge der Faktoren in der Definition ab, denn wegen $(A^t)_{ik} = (A)_{ki}$ ist

$$\operatorname{tr}(A^t A) = \sum_{i=1}^{n} (A^t A)_{ii} = \sum_{i=1}^{n} \sum_{k=1}^{n} (A)_{ki}(A)_{ki} = \sum_{i=1}^{n} \sum_{k=1}^{n} (A)_{ki}^2.$$

Die gleiche Summe ergibt sich für $\operatorname{tr}(AA^t)$. Die Frobeniusnorm ist also die Quadratwurzel der Summe der Quadrate der Einträge, ganz ähnlich wie man in der Vektorgeometrie gelernt hat, die Länge eines Vektors zu berechnen. Insbesondere ist die Frobenius-Norm genau dann 0, wenn die Matrix die Null-Matrix ist.

---

[1] In der Technik wird diese Norm bei der Konstruktion des Kalman-Filters verwendet. Der Kalman-Filter minimiert die Frobenius-Norm einer Matrix, die die Schätzfehler des Steuerungssystems enthält.

3.5 Hadamard-Algebra

Das Matrizenprodukt ist nicht kommutativ, was seine Anwendung manchmal etwas schwierig macht. Auch gibt es Fälle, wo die implizite Summierung, die bei der Multiplikation von Zeilen mit Spalten unerwünscht ist. Das Hadamard-Produkt, das in diesem Abschnitt vorgestellt werden soll, ist ein alternatives Produkt von Matrizen, das kommutativ ist und zum Beispiel in der Wahrscheinlichkeitsrechnung interessante Anwendungen hat.

Definition des Produktes

Definition 3.41 (Hadamard-Produkt). *Seien $A, B \in M_{m \times n}(\Bbbk)$ $m \times n$-Matrizen mit Einträgen a_{ik} bzw. b_{ik}. Dann ist das Hadamard-Produkt von A und B die Matrix*

$$A \odot B = \begin{pmatrix} a_{11}b_{11} & \dots & a_{1n}b_{1n} \\ \vdots & \ddots & \vdots \\ a_{m1}b_{m1} & \dots & a_{mn}b_{mn} \end{pmatrix}$$

mit Einträgen $(A \odot B)_{ik} = a_{ik}b_{ik}$.

Linearität

Das Hadamard-Produkt ist wie das gewöhnliche Matrizenprodukt linear:

$$
\begin{aligned}
(A \odot (\lambda B + \mu \tilde{B}))_{ik} &= (A)_{ik}(\lambda B + \mu \tilde{B})_{ik} \\
&= (A)_{ik}(\lambda(B)_{ik} + \mu(\tilde{B})_{ik}) \\
&= \lambda(A)_{ik}(B)_{ik} + \mu(A)_{ik}\tilde{B}_{ik} \\
&= (\lambda A \odot B + \mu A \odot \tilde{B})_{ik} \\
\Rightarrow \quad A \odot (\lambda B + \mu \tilde{B}) &= \lambda A \odot B + \mu A \odot \tilde{B}.
\end{aligned}
$$

Eine gleichartige Rechnung zeigt auch, dass

$$(\lambda A + \mu \tilde{A}) \odot B = \lambda A \odot B + \mu \tilde{A} \odot B.$$

Außerdem ist das Hadamard-Produkt kommutativ:

$$(A \odot B)_{ik} = (A)_{ik}(B)_{ik} = (B)_{ik}(A)_{ik} = (B \odot A)_{ik} \quad \Rightarrow \quad A \odot B = B \odot A.$$

Die üblichen Rechenregeln der Algebra, wie man sie in der Schule lernt, gelten also auch für das Hadamard-Produkt. Zum Beispiel ist es sinnvoll, von Hadamard-Potenzen zu sprechen, für die die binomischen Formeln

$$(A + B)^{n\odot} = A^{2\odot} + 2A \odot B + B^{2\odot}$$

$$(A + B)^{n\odot} = \sum_{k=0}^{n} \binom{n}{k} A^{k\odot} \odot B^{(n-k)\odot}$$

gelten.

Neutrales Element der Hadamard-Multiplikation

Gibt es ein neutrales Element für die Multiplikation? Eine Matrix U erfüllt $A \odot U = A$ genau dann, wenn durch das Produkt kein Matrixelement verändert wird, U muss daher ausschließlich aus Einsen bestehen:

$$U = \begin{pmatrix} 1 & 1 & 1 & \ldots & 1 \\ 1 & 1 & 1 & \ldots & 1 \\ \vdots & \vdots & \vdots & \ddots & \vdots \\ 1 & 1 & 1 & \ldots & 1 \end{pmatrix}.$$

Wir nennen die Matrix U, die neutrales Element bezüglich des Hadamard-Produktes ist, eine *Einermatrix*.

Inverse bezüglich des Hadamard-Produktes

Sei A eine $m \times n$-Matrix, gesucht ist eine $m \times n$-Matrix B derart, dass $A \odot B = U$ ist, wobei U die $m \times n$-Einermatrix. Für jedes Matrixelement muss gelten

$$(A \odot B)_{ik} = (A)_{ik} \cdot (B)_{ik} = 1 \quad \Rightarrow \quad (B)_{ik} = \frac{1}{(A)_{ik}}.$$

Die Inverse von A bezüglich des Hadamard-Produktes, die wir als $A^{-1\odot}$ schreiben werden, enthält also die Reziproken der Matrixelemente von A als Matrixelemente:

$$A = \begin{pmatrix} a_{11} & a_{12} & \ldots & a_{1n} \\ a_{21} & a_{22} & \ldots & a_{2n} \\ \vdots & \vdots & \ddots & \vdots \\ a_{m1} & a_{m2} & \ldots & a_{mn} \end{pmatrix} \quad \Rightarrow \quad A^{-1\odot} = \begin{pmatrix} \frac{1}{a_{11}} & \frac{1}{a_{12}} & \ldots & \frac{1}{a_{1n}} \\ \frac{1}{a_{21}} & \frac{1}{a_{22}} & \ldots & \frac{1}{a_{2n}} \\ \vdots & \vdots & \ddots & \vdots \\ \frac{1}{a_{m1}} & \frac{1}{a_{m2}} & \ldots & \frac{1}{a_{mn}} \end{pmatrix}.$$

Hadamard-Produkt in Octave und Matlab

Octave und Matlab unterstützen auch die Rechnung mit dem Hadamard-Produkt. Um eine $m \times n$-Einermatrix zu erzeugen, kann man die Funktion

```
octave:1> U = ones(2, 3)
U =

   1   1   1
   1   1   1
```

verwenden. Das Hadamard-Produkt ist die elementweise Multiplikation, sie wird durch den Operator .* realisiert. Da es auch den Operator ./ gibt, der elementweise dividiert, kann man ihn verwenden, um die Inverse bezüglich des Hadamard-Produktes zu berechnen:

```
octave:2> A = [ 1, 2, 3; 4, 5, 6 ]
A =

   1   2   3
   4   5   6

octave:3> HinverseA = U ./ A
HinverseA =

   1.0000   0.5000   0.3333
   0.2500   0.2000   0.1667
```

Mit dem Operator .* für das Hadamard-Produkt kann man dann nachrechnen, dass dies tatsächlich die Inverse ist:

```
octave:4> A .* HinverseA
ans =

   1   1   1
   1   1   1
```

Anwendung

Als Anwendungsbeispiel für das Hadamard-Produkt wird in Abschnitt 14.B das Parrondo-Paradoxon dargestellt.

3.A Elektrische Netzwerke in Matrixschreibeweise

In Abschnitt 2.A wurde gezeigt, wie mit einem linearen Gleichungssystem eine minimale linear unabhängige Menge von Zyklen gefunden werden kann. Die Matrixschreibweise erlaubt, diese Resultate noch kompakter auszudrücken und mit Hilfe der kirchhoffschen Gesetze Spannungen und Ströme zu berechnen. In diesem Abschnitt wird wieder ein Netzwerk mit Knotenmenge V und Kantenmenge E betrachtet. Die Anzahl der Knoten sei $m = |V|$ und $n = |E|$ die Anzahl der Kanten.

3.A.1 Matrixbeschreibung eines Netzwerks

Zur Berechnung der Ströme mit der Knotenregel in Satz 2.26 dienen die Gleichungen (2.24). Die Koeffizientenmatrix beschreibt das Netzwerk, wir definieren sie wie folgt.

Definition 3.42 (Randoperator). *Für ein Netzwerk mit Knotenmenge V und Kantenmenge E (siehe Definition 2.24) hat die Matrix ∂, auch genannt der* Randoperator*, die Einträge*

$$\partial_{ij} = \begin{cases} -1 & a(j) = i, \text{ Kante } j \text{ beginnt im Knoten } i \\ 1 & e(j) = i, \text{ Kante } j \text{ endet im Knoten } i \\ 0 & \text{sonst.} \end{cases}$$

Warum Randoperator?

Die Beschreibung eines Netzwerkes mit Hilfe von Knoten und Kanten kann erweitert werden auf einen Körper mit beliebigen Knoten, Kanten, Dreiecken und Tetraedern. Die Matrix ∂ ist auch auf Dreiecken und Tetraedern definiert. Ist d ein Dreieck, dann ist der Rand des Dreiecks ein Weg im Kantennetzwerk. Man schreibt ∂d für diesen Weg. Dreiecke können durch die Wahl einer Reihenfolge der Ecken orientiert werden (Abschnitt 8.1). Der Rand des Dreieckes ist dann der Weg, der die Ecken in der gleichen Reihenfolge verbindet. Eine ähnliche Konstruktion ist für Tetraeder oder höherdimensionale Simplizes möglich. Der Randoperator ∂ beschreibt dann vollständig, wie die Teile des Körpers zusammengefügt werden müssen.

Mit dem Randoperator und den Vektorräumen, deren Basen die Ecken, Kanten, Dreiecke, Tetraeder etc. sind, lassen sich die sogenannten Homologie-Vektorräume konstruieren, die die Topologie des Körpers beschreiben. Homologie ist ein wichtiges Werkzeug der algebraischen Topologie, sie ordnet jedem Körper eine Menge von Vektorräumen zu, mit deren Hilfe sich Körper unterscheiden lassen.

∂ *ist eine* $m \times n = |V| \times |E|$*-Matrix.*

Die Matrix ∂ beschreibt ein Netzwerk vollständig. Sie heißt auch die *Inzidenzmatrix* des Netzwerks oder gerichteten Graphen[2].

Beispiel 3.43. Die ∂-Matrix des Netzwerkes von Abschnitt 2.A ist die 8×12-Matrix

$$
\partial = \begin{pmatrix}
-1 & 0 & -1 & 0 & 0 & 0 & 0 & 0 & 0 & 0 & 0 & 0 \\
1 & -1 & 0 & -1 & 0 & 0 & 0 & 0 & 0 & 0 & 0 & 0 \\
0 & 1 & 0 & 0 & -1 & 0 & 0 & 0 & 0 & 0 & 0 & 0 \\
0 & 0 & 1 & 0 & 0 & -1 & 0 & -1 & 0 & 0 & 0 & 0 \\
0 & 0 & 0 & 1 & 0 & 1 & -1 & 0 & -1 & -1 & 0 & 0 \\
0 & 0 & 0 & 0 & 1 & 0 & 1 & 0 & 0 & 0 & -1 & 0 \\
0 & 0 & 0 & 0 & 0 & 0 & 0 & 1 & 1 & 0 & 0 & -1 \\
0 & 0 & 0 & 0 & 0 & 0 & 0 & 0 & 0 & 1 & 1 & 1
\end{pmatrix}.
$$

Der Rang der Matrix ist 7.   ○

Die Untersuchungen von Abschnitt 2.A haben zu einem Kriterium für Zyklen geführt. Ein $n = |E|$-dimensionaler Spaltenvektor z mit ganzzahligen Einträgen kann als eine Beschreibung eines "Weges" im Netzwerk interpretiert werden. Der Eintrag z_i in Zeile i gibt an, wie oft die Kante i durchlaufen wird. Ist $z_i > 0$, wird die Kante in der Richtung von $a(i)$ nach $e(i)$ durchlaufen. Ist $z_i < 0$, wird sie in Richtung von $e(i)$ nach $a(i)$ durchlaufen.

Definition 3.44 (Zyklus). *Ein Zyklus ist ein Vektor* $z \in \mathbb{Z}^{|E|} = \mathbb{Z}^n$ *mit der Eigenschaft* $\partial z = 0$.

---

[2]Eine noch allgemeinere Betrachtungsweise wird in Kapitel 14 eingeführt, wo gerichteten und ungerichteten Graphen verschiedene Matrizen zugeordnet werden, aus denen mit Werkzeugen der linearen Algebra Eigenschaften des Graphen abgeleitet werden können.

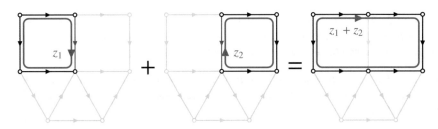

Abbildung 3.4: Addition von Zyklen: In der Summe der beiden Zyklen z_1 und z_2 wird die blaue Kante zweimal in entgegengesetzter Richtung durchlaufen und hebt sich damit weg.

Zyklen im Netzwerk können, wie in Abschnitt 2.A beschrieben, durch Lösung von homogenen linearen Gleichungssystemen mit Koeffizientenmatrix ∂ gefunden werden. Die Zyklen können als n-dimensionale Spaltenvektoren geschrieben werden. Wie in jedem linearen Gleichungssystem gibt es $n - \text{rank}\,\partial$ frei wählbare Variablen, also $n - \text{rank}\,\partial$ linear unabhängige Zyklen. Wir fassen die Spaltenvektoren, die zu einer Basis von Zyklen gehören, in einer $n \times (n - \text{rank}\,\partial)$-Matrix Z zusammen. Da jede Spalte von Z ein Zyklus ist, erfüllt Z die Gleichung $\partial Z = 0$. Abbildung 3.4 zeigt die Addition zweier Zyklen. Kanten, die in entgegengesetzter Richtung durchlaufen werden, heben sich weg.

Beispiel 3.45. In Beispiel 2.31 wurden bereits die Zyklen für das Beispielnetzwerk gefunden, die zugehörige Zyklenmatrix ist

$$
Z = \begin{pmatrix}
-1 & 0 & 1 & 0 & -1 \\
0 & -1 & 0 & 1 & 0 \\
1 & 0 & -1 & 0 & 1 \\
-1 & 1 & 1 & -1 & -1 \\
0 & -1 & 0 & 1 & 0 \\
1 & 0 & 0 & 0 & 0 \\
0 & 1 & 0 & 0 & 0 \\
0 & 0 & -1 & 0 & 1 \\
0 & 0 & 1 & 0 & 0 \\
0 & 0 & 0 & -1 & -1 \\
0 & 0 & 0 & 1 & 0 \\
0 & 0 & 0 & 0 & 1
\end{pmatrix}.
$$

Die frei wählbaren Kanten entsprechen den grünen Zeilen. ○

Zusammenhang

Es braucht mindestens $m-1$ Kanten, um m Knoten zu einem Netzwerk zu verbinden. Wenn also ein Netzwerk weniger als $m-1$ Kanten hat, dann können nicht alle Knoten verbunden sein, das Netzwerk zerfällt in mindestens zwei kleinere Netzwerke, die untereinander nicht verbunden sind. Nicht verbundene Netzwerke können unabhängig voneinander behandelt werden.

Definition 3.46 (verbunden). *Zwei Teilmengen* $V_1, V_2 \subset V$ *der Knotenmenge eines Netzwerks heißen* verbunden, *wenn es eine Kante* $k \in E$ *gibt, deren Endpunkte in verschiedenen Mengen liegen, also* $a(k) \in V_1$ *und* $e(k) \in V_2$ *oder* $a(k) \in V_2$ *und* $e(k) \in V_1$.

Definition 3.47 (zusammenängend). *Ein Netzwerk heißt* zusammenhängend, *wenn jede Zerlegung der Menge V der Knoten in zwei disjunkte Mengen V_1 und V_2 mit $V = V_1 \cup V_2$ verbunden ist.*

Ist ein Netzwerk nicht zusammenhängend, dann lässt es sich in zuzsammenhängende Komponenten zerlegen. Sowohl die Menge der Knoten wie auch die Menge der Kanten sind disjunkte Vereinigungen

$$V = V_1 \cup V_2 \cup \cdots \cup V_c, \quad \text{mit} \quad V_i \cap V_j = \emptyset \quad \forall i \neq j$$
$$E = E_1 \cup E_2 \cup \cdots \cup E_c, \quad \text{mit} \quad E_i \cap E_j = \emptyset \quad \forall i \neq j$$

und die Endpunkte jeder Kante von E_i gehören zu V_i:

$$a(k) \in V_i \quad \text{und} \quad e(k) \in V_i$$

für alle Kanten $k \in E_i$. Die Teilnetzwerke sind alle zusammenhängend, sie heißen die Zusammenhangskomponenten des Netzwerkes (E, V). Jedes Netzwerk (E_i, V_i) hat seine eigene Inzidenzmatrix ∂_i.

Zusammenhang eines Netzwerkes lässt sich auch aus der Inzidenzmatrix ∂ ablesen. Dazu nummeriert man die Knoten aufsteigend beginnend mit den Knoten von V_1, gefolgt von den Knoten von V_2 usw. bis zu den Knoten von V_c. Dasselbe macht man mit den Knoten. Dann zerfällt die Inzidenzmatrix in eine Blockmatrix

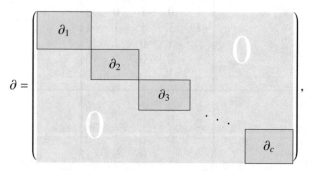

deren diagonale Blöcke die Inzidenzmatrizen ∂_i der Komponenten V_i sind. In einem zusammenhängenden Netzwerk gibt es keine Nummerierung der Knoten und Kanten, für die die Inzidenzmatrix in Blöcke zerfällt. In der Untersuchung eines Netzwerkes mit Hilfe der Inzidenzmatrix kann man sich daher immer auf die Untersuchung einzelner Zusammenhangskomponenten beschränken.

Der Rang von ∂

Im Beispiel 3.43 wurde derauf hingewiesen, dass die Matrix ∂ der Rang $m - 1$ hat. Im Folgenden soll untersucht werden, ob eine solch einfache Regel immer gilt.

Die Inzidenzmatrix ∂ eines Netzwerks zerfällt in eine Blockmatrix mit einer Matrix ∂_i für jede Zusammenhangskomponente. Der Rang von ∂ ist daher

$$\operatorname{rank} \partial = \operatorname{rank} \partial_1 + \operatorname{rank} \partial_2 + \cdots + \operatorname{rank} \partial_c.$$

Sollte sich die Vermutung als korrekt erweisen, dann wäre $\operatorname{rank} \partial_i = m_i - 1$, wobei m_i die Zahl der Knoten der Komponente i ist. Der Rang von ∂ ist dann

$$\operatorname{rank} \partial = m - c = \text{Anzahl Knoten} - \text{Anzahl Komponenten}.$$

Es genügt also, zusammenhängende Netzwerke zu untersuchen.

Zunächst kann der Rang nicht größer sein als die Anzahl n der Kanten. Da es aber mindestens $m - 1$ Kanten braucht, um m Knoten zu einem zusammenhängenden Netzwerk zu verbinden, ist die Anzahl der Kanten nicht der limitierende Faktor für den Rang der Inzidenzmatrix.

Jede Spalte der Inzidenzmatrix enthält genau eine 1 und eine -1, so dass die Summe aller Zeilen $= 0$ ist. Die Zeilen von ∂ sind also linear abhängig und der Rang kann nicht größer als $m - 1$ sein.

Satz 3.48 (Rang der Inzidenzmatrix). *Die Inzidenzmatrix ∂ eines zusammenhängenden Netzwerkes mit m Knoten hat* $\operatorname{rank} \partial = m - 1$.

Beweis. Ein zusammenhängendes Netzwerk kann aus einem einzigen Knoten durch hinzufügen neuer Knoten und Kanten aufgebaut werden, wobei das Netzwerk immer zusammenhängend bleibt. Indem wir zeigen, dass bei jedem solchen Schritt der Rang um 1 kleiner als die Anzahl der Knoten ist.

Die Anzahl der Knoten ändert nicht, wenn man zwei bereits vorhandene Knoten miteinander verbindet. Die Inzidenzmatrix bekommt dabei eine neue Spalte, die Anzahl der Zeilen ändert nicht. Durch die zusätzliche Spalte wird der Rang nicht kleiner und bleibt damit beim maximal möglichen Rang $m - 1$.

Verbindet man einen neuen Knoten mit dem Netzwerk, dann bekommt die neue Inzidenzmatrix ∂' eine neue Zeile und eine neue Spalte, sie hat jetzt $m' = m + 1$ Zeilen und $n' = n + 1$ Spalten. Wir geben der neuen Kante die Nummer 1, dem neuen Knoten die Nummer 1 und dem Knoten, mit dem der neue Knoten verbunden wird, die Nummer 2. Die neue Inzidenzmatrix ist

$$\partial' = \begin{pmatrix} \begin{array}{c|c} -1 & 0 \\ \hline 1 & \\ 0 & \\ \vdots & \partial \\ 0 & \end{array} \end{pmatrix}.$$

Der erste Gauß-Schritt zur Bestimmung des Ranges liefert

$$\begin{array}{|c|c|} \hline \boxed{-1} & 0 \\ \hline 1 & \\ 0 & \partial \\ \vdots & \\ 0 & \\ \hline \end{array} \rightarrow \begin{array}{|c|c|} \hline 1 & 0 \\ \hline 0 & \\ 0 & \partial \\ \vdots & \\ 0 & \\ \hline \end{array}.$$

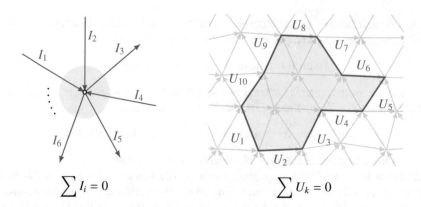

$$\sum I_i = 0 \qquad\qquad \sum U_k = 0$$

Abbildung 3.5: Die Knotenregel (links) besagt, dass sich die Ströme (mit Vorzeichen), die in einem Knoten zusammentreffen, zu 0 summieren. Die Spannungen (mit Vorzeichen) entlang der Kanten einer Masche summieren sich gemäß der Maschenregel (rechts) zu 0.

Im rechten unteren Teil steht die unveränderte Matrix ∂, die den Rang $m - 1$ hat. Die neue Matrix ∂' hat daher genau den Rang $m = m' - 1$.

Damit ist Satz 3.48 bewiesen.   □

3.A.2   Die kirchhoffschen Gesetze

Auch die kirchhoffschen Gesetze lassen sich jetzt elegant mit Hilfe der Matrix ∂ formulieren.

Die Knotenregel: Ströme

Die Knotenregel (Satz 2.26) besagt, dass die Ströme, die in einen Knoten fließen, sich zu 0 summieren. Sei I der $n = |E|$-dimensionale Spaltenvektor, der zu jeder Kante i den darin fließenden Strom I_i enthält. Die Knotenregel (2.24) bekommt dann die Matrixform

$$\partial I = 0.$$

Dies ist natürlich die Gleichung, mit der in Definition 3.44 Zyklen definiert worden sind.

Die Maschenregel: Spannungen

Die Maschenregel (Satz 2.30) besagt, dass sich die Spannungen entlang einer Masche zu 0 summieren. Eine Masche ist ein ganzzahliger, n-dimensionaler Spaltenvektor z, der auch eine Lösung von $\partial z = 0$ ist. Maschen sind Linearkombinationen von Spalten der Matrix Z.

Die Spannungen U über die Kanten bilden einen n-dimensionalen Spaltenvektor. In Matrixschreibweise besagt die Maschenregel, dass

$$0 = \sum_{k \in E} U_k z_k = U^t z$$

ist. Da 0 nur ein Skalar ist, ist die Transponierte davon dasselbe:

$$0 = U^t z^t = z^t U.$$

Da die Spalten von Z eine Basis der Lösungsmenge von $\partial z = 0$ bilden, ist die Maschenregel gleichbedeutend damit, dass der Vektor der Spannungen eine Lösung des kleineren Gleichungssystems

$$Z^t U = 0$$

ist.

Das ohmsche Gesetz

Nach dem ohmschen Gesetz ist die Spannung über eine Kante durch den Widerstand der Kante gegeben. Mit der Diagonalmatrix

$$R = \begin{pmatrix} R_1 & 0 & \dots & 0 \\ 0 & R_2 & \dots & 0 \\ \vdots & \vdots & \ddots & \vdots \\ 0 & 0 & \dots & R_n \end{pmatrix}$$

der Widerstände können wir die Spannungen über jede Kante mit dem Produkt $U = RI$ berechnen.

Die Zyklen sind die Spaltenvektoren der Matrix Z. Die Maschenregel verlangt also, dass $Z^t RI = 0$ ist.

3.A.3 Potential

In (2.25) wurde gezeigt, dass die Spannung U_k über die Kante $k \in E$ aus dem Potentialvektor Φ berechnet werden können, der die Komponenten Φ_v, $v \in V$ hat. Es wurde dort auch darauf hingewiesen, dass der Potentialvektor Φ eine Lösung des Gleichungssystems

$$\partial^t \Phi = U \tag{3.18}$$

ist.

Satz 3.48 hat gezeigt, dass rank $\partial = m - 1$ ist. Nach Konstruktion der Matrix ∂ summieren sich die Einträge jeder Spalte zu 0. Da die Zeilen von ∂^t die Spalten von ∂ sind, summieren sich die Elemente jeder Zeile von ∂^t zu 0. In Vektorschreibweise ist dies gleichbedeutend damit, dass konstante Vektoren Lösungen des Gleichungssytems

$$\partial^t \begin{pmatrix} c \\ \vdots \\ c \end{pmatrix} = 0$$

sind. Die Lösungsmenge des Gleichungssystems (3.18) hat somit die Form

$$\left\{ U + c \begin{pmatrix} 1 \\ \vdots \\ 1 \end{pmatrix} \,\middle|\, c \in \mathbb{R} \right\},$$

das Potential Φ ist nur bis auf einen konstanten Vektor bestimmt. Dies bedeutet, dass nur die Potentialdifferenzen U eine physikalische Bedeutung haben.

Die Maschenregel besagt, dass $Z^t U = 0$ gilt. Mit dem Potential geschrieben bedeutet dies

$$Z^t U = Z^t (\partial^t \Phi) = (Z^t \partial^t) \Phi = (\partial Z)^t \Phi = 0$$

weil $\partial Z = 0$ ist. Man kann die Existenz des Potenzials also auch als eine Folge der Maschenregel ansehen.

Laplace-Operator und Laplace-Gleichung

Aus dem Potential lassen sich nicht nur die Spannungen U bestimmen, nach dem ohmschen Gesetz sind die Ströme $I = R^{-1} U$. Daraus und aus der Knotenregel folgt

$$0 = \partial I = \partial R^{-1} U = \partial R^{-1} \partial^t \Phi.$$

Alle Größen lassen sich also aus dem Potential Φ bestimmen.

Definition 3.49 (Laplace-Operator). *Der Laplace-Operator eines elektrischen Netzwerks mit Randoperator ∂ ist die Matrix $\Delta = \partial R^{-1} \partial^t$.*

Die Gleichung

$$\Delta \Phi = 0 \tag{3.19}$$

für das Potential Φ in einem elektrischen Netzwerk heißt auch die *Laplace-Gleichung*.

3.B   Matrixoptik

Moderne Kameras verwenden komplexe Linsensysteme mit vielen Linsen um derart scharfe Bilder zu erzeugen, dass die Pixelgröße eines Bildsensors die Auflösung limitiert. Zum Beispiel ist das Zeiss Otus T* 55 mm Objektiv eines der schärfsten Objektive auf dem Markt und entsprechend teuer. Es verwendet 12 Linsen in 10 Gruppen und bildet Punktquellen auf Flecke ab, die kleiner als $5\,\mu m$ sind, also kleiner als die Pixel eines modernen Sensors.

Die Berechnung solcher optischer Systeme ist eine sehr anspruchsvolle Aufgabe [24], die heutzutage mit Computerhilfe erfolgreich gelöst wird. Für das bereits erwähnte Zeiss Objekt müssen die Krümmungsradien von 20 sphärischen Linsenflächen gewählt werden, die 12 Stärken der Linsen, sowie die 11 Abstände zwischen den Linsen. Schließlich enthält das Design auch eine Linse mit nichtsphärischer Oberfläche, deren Form ebenfalls gewählt werden muss. Dem Designer stehen also über 50 Parameter zur Verfügung, die er variieren kann, um die genannte erstaunliche Leistung des Objektivs zu erreichen.

In diesem Abschnitt soll gezeigt werden, wie man mit Hilfe einfacher Matrizenoperationen ein solches Linsensystem in linearer Näherung, der sogenannten *paraxialen Näherung*, modellieren und Größen wie Brennweite, Vergrößerung oder Farbfehler berechnen kann.

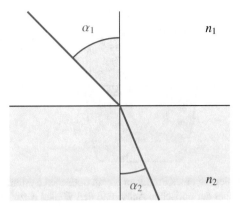

Abbildung 3.6: Brechungsgesetz von Snellius.

3.B.1 Das Brechungsgesetz

Das Brechungsgesetz von Snellius beschreibt, wie ein Lichtstrahl beim Eintritt in ein Medium mit einer höheren optischen Dichte gebrochen wird. Die *optische Dichte* oder *Brechungsindex* eines Mediums gibt an, wie viel langsamer sich Licht darin im Vergleich zur Lichtgeschwindigkeit im Vakuum bewegt. Die *optische Dichte* oder *Bre-chungsindex* eines Mediums gibt an, wie viel langsamer sich Licht darin im Vergleich zur Lichtgeschwindigkeit im Vakuum bewegt. Typische optische Glassorten haben einen Brechungsindex zwischen 1.45 und 1.9.

Misst man den Winkel zwischen einem Lichtstrahl und der Normalen auf die Grenzfläche der Medien wie in Abbildung 3.6 dargestellt, dann verhalten sich die Sinus-Werte dieser Winkel umgekehrt zu den Brechungsindizes:

$$\frac{\sin \alpha_1}{\sin \alpha_2} = \frac{n_2}{n_1}. \tag{3.20}$$

Der Brechungsindex in Luft ist mit 1.000292 sehr nahe bei 1, so dass für alle praktischen Zwecke für Luft der Brechungsindex als 1 angenommen werden kann.

3.B.2 Strahlen und Transfermatrizen

Wir möchten den Verlauf eines Lichtstrahls durch ein optisches System berechnen können. Im Allgemeinen müssen wir dazu dem Strahl durch das optische System folgen und an jeder Grenzfläche das Brechungsgesetz anwenden um die Richtung des Strahls nach dem Durchgang durch die Grenzfläche zu bestimmen. Natürlich kann man dazu die Methoden der Vektorgeometrie verwenden, die in Kapitel 7 entwickelt werden. Da das Brechungsgesetz nicht linear ist, werden die Gleichungen, die wir zu lösen haben, sehr kompliziert werden und es ist unwahrscheinlich, dass wir eine Lösung in geschlossener Form werden finden können.

Um zum Beispiel die Brennweite einer Linse zu berechnen, genügt es jedoch, Strahlen zu verfolgen, die sehr nahe am Zentrum durch die Linse gehen. Die auftretenden Brechungswinkel sind dann sehr klein und wir können im Brechungsgesetz statt des Sinus den Winkel (in Bogenmaß) verwenden. Der Zusammenhang zwischen den Winkeln wird

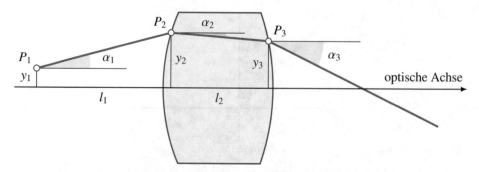

Abbildung 3.7: Parametrisierung eines Strahls in einem optischen System. In jedem Punkt wird der Strahl durch den Höhe y über der optischen Achse und den Winkel α zur optischen Achse beschrieben.

damit linear und es ist denkbar, dass sich in dieser Näherung das optische System mit Matrizen beschreiben lässt.

In der Praxis werden optische Systeme vorwiegend aus Linsen gebaut, die sphärische Oberflächen haben. Solche Linsen sind besonders einfach herzustellen, da die Kugelfläche die einzige Fläche ist, die unter Drehungen und beliebigen Verschiebungen entlang der Fläche in sich übergeht. Bringt man ein Schleifmittel zwischen zwei Glasplatten und verschiebt und dreht sie zufällig gegeneinander, entsteht mit hoher Genauigkeit eine Kugelfläche.

Für unsere Anwendungen können wir uns daher auf rotationssymmetrische optische Systeme beschränken, wo sphärische Linsen auf einer gemeinsamen optischen Achse montiert sind. Wir können uns für die beabsichtigte Näherung weiter auf Strahlen beschränken, die in einer Ebene verlaufen, die die optische Achse enthält.

Parametrisierung von Strahlen

Als erstes müssen wir einen Lichtstrahl im optischen System beschreiben. In Abbildung 3.7 sind die Punkte hervorgeheben, in denen die Richtung des Strahls ändert. Wir können den Strahl rekonstruieren, wenn wir von jedem Punkt den Abstand y von der optischen Achse kennen sowie den Winkel zur optischen Achse, unter dem der Strahl den Punkt verlässt. In der Fachliteratur wird y auch die *Höhe* des Strahls über der optischen Achse genannt. Den Strahl im Punkt P_i können wir mit dem Vektor

$$\begin{pmatrix} y_i \\ \alpha_i \end{pmatrix}$$

beschreiben.

Entwicklung entlang der optischen Achse

Wie hängen die verschiedenen Punkte miteinander zusammen? Wenn wir dem Strahl, der beim Punkt P_1 beginnt, über die Distanz l_1 entlang der optischen Achse folgen, dann ändert sich seine Höhe über der optischen Achse um $l \sin \alpha_1$. In der Näherung für kleine Winkel können wir $\sin \alpha_1 = \alpha_1$ ersetzen. Der Winkel des Strahls ändert sich nicht. Der im Punkt P_2 eintreffende Strahl wird also durch den Vektor

$$\begin{pmatrix} y_1 + l\alpha_1 \\ \alpha_1 \end{pmatrix}$$

beschrieben. Den Zusammenhang zwischen den Vektoren in den Punkten P_1 und P_2 kann durch eine Matrix beschrieben werden. Es ist nämlich

$$\begin{pmatrix} y_1 + l\alpha_1 \\ \alpha_1 \end{pmatrix} = \begin{pmatrix} 1 & l \\ 0 & 1 \end{pmatrix} \begin{pmatrix} y_1 \\ \alpha_1 \end{pmatrix} = T_l \begin{pmatrix} y_1 \\ \alpha_1 \end{pmatrix} \qquad \text{mit} \qquad T_l = \begin{pmatrix} 1 & l \\ 0 & 1 \end{pmatrix}.$$

Definition 3.50. *Die Transfermatrix*

$$T_l = \begin{pmatrix} 1 & l \\ 0 & 1 \end{pmatrix} \tag{3.21}$$

beschreibt also, wie sich ein Strahl über die Distanz l entwickelt.

Brechung

Im Punkt P_2 in Abbildung 3.7 ändert der Strahl seine Richtung. Das Brechungsgesetz beschreibt, wie sich der Winkel ändert. So wie die Matrix T_l den Zusammenhang der den Strahl beschreibenden Vektoren über die Distanz l wiedergibt, sollte sich auch eine Matrix finden lassen, die den Zusammenhang zwischen dem ankommenden und dem abgehenden Strahl wiedergeben kann. Diese Matrix wird von den Brechungsindizes n_1 und n_2 und vom Krümmungsradius R der brechenden Fläche abhängen,

$$\begin{pmatrix} y_2 \\ \alpha_2 \end{pmatrix} = B(n_1, n_2, R) T_l \begin{pmatrix} y_1 \\ \alpha_1 \end{pmatrix},$$

$B(n_1, n_2, R)$ ist die gesuchte Matrix. Da im Brechungsgesetz nur der Quotient n_2/n_1 eingeht, sollte das auch für $B(n_1, n_2, R)$ der Fall sein.

Um eine Formel für $B(n_1, n_2, R)$ herzuleiten, untersuchen wir die in Abbildung 3.8 dargestellte Situation. Ein Lichtstrahl trifft im Punkt P mit einem Winkel α_1 auf die brechende Fläche auf und verlässt ihn mit dem Winkel α_2. Die Höhe ist natürlich für den ankommenden und den abgehenden Strahl gleich: $y = y_1 = y_2$.

Für das Brechungsgesetz sind die Winkel zur Normalen im Punkt P maßgebend. Der Strahl kommt unter dem Winkel $\beta + \alpha_1$ an, er verlässt den Punkt unter dem Winkel $\beta + \alpha_2$ zur Normalen. Den Winkel β können wir im rechtwinkligen Dreieck $\triangle PFK$ ablesen. Es gilt

$$\sin \beta = \frac{y}{R} \approx \beta.$$

Das Brechungsgesetz besagt dann

$$\frac{n_1}{n_2} = \frac{\beta + \alpha_2}{\beta + \alpha_1} \quad \Rightarrow \quad \alpha_2 = \frac{n_1}{n_2}(\beta + \alpha_1) - \beta = \left(\frac{n_1}{n_2} - 1\right)\frac{y}{R} + \frac{n_1}{n_2}\alpha_1 = \frac{1}{R}\left(\frac{n_1}{n_2} - 1\right)y + \frac{n_1}{n_2}\alpha_1.$$

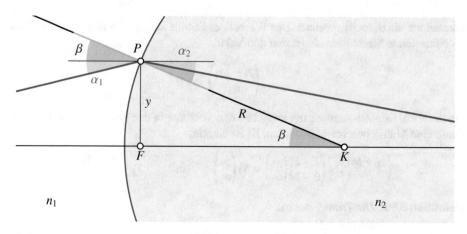

Abbildung 3.8: Anwendung des Brechungsgesetzes auf die Brechung an einer sphärischen Fläche. Maßgebend sind die Winkel zwischen dem roten Strahl und der grünen Normalen.

Den Zusammenhang zwischen y_1, α_1, y_2 und α_2 lässt sich auch als Matrix schreiben:

$$
\begin{pmatrix} y_2 \\ \alpha_2 \end{pmatrix} = \begin{pmatrix} y_1 \\ \dfrac{1}{R}\left(\dfrac{n_1}{n_2}-1\right)y_1 + \dfrac{n_1}{n_2}\alpha_1 \end{pmatrix} = \underbrace{\begin{pmatrix} 1 & 0 \\ \dfrac{1}{R}\left(\dfrac{n_1}{n_2}-1\right) & \dfrac{n_1}{n_2} \end{pmatrix}}_{=\,B(n_1,n_2,R)} \begin{pmatrix} y_1 \\ \alpha_1 \end{pmatrix}.
$$

Definition 3.51. *Die Brechung an einer sphärischen Fläche zwischen Medien mit Brechungsindex n_1 und n_2 mit Krümmungsradius R wird beschrieben durch die Brechungsmatrix*

$$
B(n_1,n_2,R) = B(\nu,R) = \begin{pmatrix} 1 & 0 \\ \dfrac{1}{R}\left(\dfrac{n_1}{n_2}-1\right) & \dfrac{n_1}{n_2} \end{pmatrix} = \begin{pmatrix} 1 & 0 \\ \frac{1}{R}(\nu-1) & \nu \end{pmatrix}, \tag{3.22}
$$

wobei $\nu = n_1/n_2$ das Verhältnis der Brechungsindizes ist.

Wie angedeutet hängt $B(n_1,n_2,R)$ nur vom Verhältnis der Brechungsindizes ab.

Spezialfälle

Die Matrix $B(\nu,R)$ muss die Brechung an einer Fläche auch in Extremfällen beschreiben, die wir in diesem Abschnitt untersuchen wollen.

Eine ebene Fläche müsste das Brechungsgesetz reproduzieren. Eine solche entspricht einem unendlich großen Krümmungsradius, also den Grenzwert $R \to \infty$

$$
B(\nu,\infty) = \begin{pmatrix} 1 & 0 \\ 0 & \nu \end{pmatrix}.
$$

Diese Matrix besagt, dass

$$
\alpha_2 = \nu\alpha_1 = \frac{n_1}{n_2}\alpha_1 \quad \Rightarrow \quad \frac{\alpha_2}{\alpha_1} = \frac{n_1}{n_2},
$$

dies ist das Brechungsgesetz.

Wenn die Medien auf beiden Seiten der Fläche die gleiche optische Dichte haben, dann sollte gar keine Brechung stattfinden. Dies ist der Fall $v = 1$, in dem die Matrix

$$B(v, R) = \begin{pmatrix} 1 & 0 \\ 0 & 1 \end{pmatrix}$$

die Einheitsmatrix ist, die den Vektor nicht ändert.

Optische Systeme

Ein optisches System ist eine Folge von n sphärischen Flächen mit Krümmungsradius R_i, die Medien mit dem Verhältnis v_i der optischen Dichten trennt und an der Position x_i auf der optischen Achse montiert sind (siehe auch Abbildung 3.7). Wir verfolgen einen Strahl, der im Punkt (x_0, y_0) mit einem Winkel α_0 abgeht. Dazu muss jeweils eine Matrix der Form T_l mit $l = x_{i+1} - x_i$ angewendet werden um zu bestimmen, wie sich der Strahl zwischen den Flächen i und $i + 1$ entwickelt. An der Fläche i muss die Matrix $B(v_i, R_i)$ angewendet werden, um die Brechung des Strahls zu bestimmen. Die Wirkung des optischen Systems ist daher gegeben durch die Matrix

$$T = T_{x-x_n} B(v_n, R_n) T_{x_n - x_{n-1}} \dots B(v_2, R_2) T_{x_2 - x_1} B(v_1, R_1) T_{x_1 - x_0}.$$

Sie berechnet, wie ein an der Koordinaten x_0 auf der optischen Achse abgehender Strahl an der Koordinate x auf der optischen Achse ankommt.

In den folgenden Abschnitten soll dieses Prinzip für die Berechnung einfacher optischer Systeme angewendet werden.

3.B.3 Dünne Linse

Eine Linse besteht aus zwei sphärischen Flächen mit Krümmungsradien R_1 und R_2 (Abbildung 3.9). Die Brechungsindexverhältnisse an den beiden Flächen sind reziprok, also $v_2 = v_1^{-1}$. Da die Linse als dünn angenommen wird, kann der Abstand der beiden Flächen vernachlässigt werden, wir nehmen daher $x_1 = x_2$ an.

Transfermatrix

Die Transfermatrix des Systems wird daher durch die Matrix

$$\begin{aligned}
T &= T_x B(v_2, R_2) B(v_1, R_1) T_{-x_0} \\
&= \begin{pmatrix} 1 & x \\ 0 & 1 \end{pmatrix} \begin{pmatrix} 1 & 0 \\ \frac{1}{R_2}(v^{-1} - 1) & v^{-1} \end{pmatrix} \begin{pmatrix} 1 & 0 \\ \frac{1}{R_1}(v - 1) & v \end{pmatrix} \begin{pmatrix} 1 & -x_0 \\ 0 & 1 \end{pmatrix} \\
&= \begin{pmatrix} 1 & x \\ 0 & 1 \end{pmatrix} \begin{pmatrix} 1 & 0 \\ \frac{1}{R_2}(v^{-1} - 1) + v^{-1}\frac{1}{R_1}(v - 1) & 1 \end{pmatrix} \begin{pmatrix} 1 & -x_0 \\ 0 & 1 \end{pmatrix} \\
&= \begin{pmatrix} 1 & x \\ 0 & 1 \end{pmatrix} \begin{pmatrix} 1 & 0 \\ \left(\frac{1}{R_2} - \frac{1}{R_1}\right)(v^{-1} - 1) & 1 \end{pmatrix} \begin{pmatrix} 1 & -x_0 \\ 0 & 1 \end{pmatrix}
\end{aligned}$$

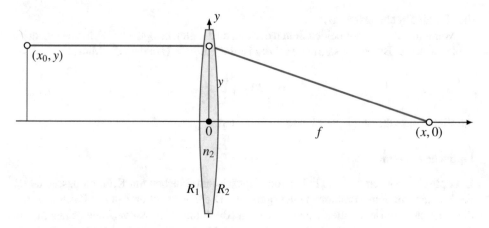

Abbildung 3.9: Brennweite f einer dünnen Linse.

beschrieben. Für eine Linse in Luft kann man $n_1 = 1$ setzen, dann ist $v = n_1/n_2$ und damit $v^{-1} = n_2$. Damit ist die Transfermatrix

$$T = \begin{pmatrix} 1 & x \\ 0 & 1 \end{pmatrix} \begin{pmatrix} 1 & 0 \\ \left(\dfrac{1}{R_2} - \dfrac{1}{R_1}\right)(n_2 - 1) & 1 \end{pmatrix} \begin{pmatrix} 1 & -x_0 \\ 0 & 1 \end{pmatrix}.$$

Brennweite

Die Brennweite einer Linse ist der Werte x, bei dem parallel zur optischen Achse auf die Linse fallende Strahlen in einem Punkt zusammenkommen (Abbildung 3.9). Ein Strahl parallel zur optischen Achse hat $\alpha_0 = 0$. Gesucht wird also dasjenige x, für das der y-Wert unter der Wirkung von T zu 0 wird:

$$\begin{pmatrix} 0 \\ ? \end{pmatrix} = T \begin{pmatrix} y_0 \\ 0 \end{pmatrix} = \begin{pmatrix} 1 & x \\ 0 & 1 \end{pmatrix} \begin{pmatrix} 1 & 0 \\ \left(\dfrac{1}{R_2} - \dfrac{1}{R_1}\right)(n_2 - 1) & 1 \end{pmatrix} \begin{pmatrix} 1 & -x_0 \\ 0 & 1 \end{pmatrix} \begin{pmatrix} y_0 \\ 0 \end{pmatrix}$$

$$= \begin{pmatrix} 1 & x \\ 0 & 1 \end{pmatrix} \begin{pmatrix} 1 & 0 \\ \left(\dfrac{1}{R_2} - \dfrac{1}{R_1}\right)(n_2 - 1) & 1 \end{pmatrix} \begin{pmatrix} y_0 \\ 0 \end{pmatrix}$$

$$= \begin{pmatrix} 1 & x \\ 0 & 1 \end{pmatrix} \begin{pmatrix} y_0 \\ \left(\dfrac{1}{R_2} - \dfrac{1}{R_1}\right)(n_2 - 1)y_0 \end{pmatrix}$$

$$= \begin{pmatrix} y_0 + x\left(\dfrac{1}{R_2} - \dfrac{1}{R_1}\right)(n_2 - 1)y_0 \\ \left(\dfrac{1}{R_2} - \dfrac{1}{R_1}\right)(n_2 - 1)y_0 \end{pmatrix}.$$

Da uns die zweite Komponenten des Vektors nicht interessiert, bezeichnen wir sie in den Formeln mit ?. Die Brennweite kann gefunden werden, indem man die Gleichung der

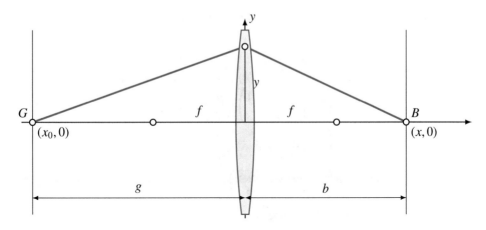

Abbildung 3.10: Abbildung eines Punktes durch eine dünne Linse.

ersten Zeile

$$0 = y_0 + x\left(\frac{1}{R_2} - \frac{1}{R_1}\right)(n_2 - 1)y_0$$

nach x auflöst. Man erhält

$$x = \left(\frac{1}{R_1} - \frac{1}{R_2}\right)^{-1}(n_2 - 1)^{-1}.$$

Satz 3.52 (Dünne Linse). *Die Brennweite einer dünnen Linse aus einem Medium mit Brechungsindex n mit Krümmungsradien R_1 und R_2 der Flächen ist*

$$f = \left(\frac{1}{R_1} - \frac{1}{R_2}\right)^{-1}\frac{1}{n-1}.$$

Mit diesem Ausdruck für f kann die Transfermatrix etwas vereinfacht werden. Sie lautet

$$T = \begin{pmatrix} 1 & x \\ 0 & 1 \end{pmatrix}\begin{pmatrix} 1 & 0 \\ -f^{-1} & 1 \end{pmatrix}\begin{pmatrix} 1 & x_0 \\ 0 & 1 \end{pmatrix}. \tag{3.23}$$

Abbildungsgleichung

Wo wird das Licht, das vom Punkt x_0 auf der optischen Achse ausgeht, von einer dünnen Linse fokussiert?

Diese Situation ist in Abbildung 3.10 dargestellt. Wir betrachten einen Strahl, der vom Punkt x_0 auf der optischen Achse ausgeht und die Linse auf der Höhe y trifft. Der Winkel zur optischen Achse dieses Strahls ist $\alpha_0 = y/x_0$. Wir suchen also wieder den Punkt x derart, dass der Strahl wieder durch die optische Achse geht. Dies bedeutet, dass

$$\begin{pmatrix} 0 \\ y/x \end{pmatrix} = T\begin{pmatrix} 0 \\ y/x_0 \end{pmatrix}$$

sein muss. Verwenden wir die Form (3.23) für die Transfermatrix, erhalten wir die Bedingung

$$\begin{pmatrix} 0 \\ -y/x \end{pmatrix} = T \begin{pmatrix} 0 \\ y/x_0 \end{pmatrix} = \begin{pmatrix} 1 & x \\ 0 & 1 \end{pmatrix} \begin{pmatrix} 1 & 0 \\ -f^{-1} & 1 \end{pmatrix} \begin{pmatrix} 1 & x_0 \\ 0 & 1 \end{pmatrix} \begin{pmatrix} 0 \\ y/x_0 \end{pmatrix}$$

$$= \begin{pmatrix} 1 & x \\ 0 & 1 \end{pmatrix} \begin{pmatrix} 1 & 0 \\ -f^{-1} & 1 \end{pmatrix} \begin{pmatrix} y \\ y/x_0 \end{pmatrix}$$

$$= \begin{pmatrix} 1 & x \\ 0 & 1 \end{pmatrix} \begin{pmatrix} y \\ -yf^{-1} + y/x_0 \end{pmatrix}$$

$$= \begin{pmatrix} y - xyf^{-1} + xy/x_0 \\ -yf^{-1} + y/x_0 \end{pmatrix}.$$

Die erste Komponente dieser Gleichung ist

$$0 = y - xyf^{-1} + xy/x_0.$$

Dividiert man dies durch xy und bringt f^{-1} auf die linke Seite findet man

$$\frac{1}{f} = \frac{1}{x} + \frac{1}{x_0}. \tag{3.24}$$

Die zweite Komponente stimmt automatisch überein, wenn (3.24) erfüllt ist. Die Gleichung (3.24) heißt die *Abbildungsgleichung* einer Linse mit der Brennweite f. Sie besagt, dass ein Objekt im Abstand $-x_0$ von einer Linse mit Brennweite f im Abstand x von der Linse fokussiert wird.

Satz 3.53 (Linsengleichung). *Eine dünne Linse mit Brennweite f bildet einen Gegenstand in der Entfernung g, der* Gegenstandsweite, *vor der Linse in einem Punkt im Abstand b, der* Bildweite, *hinter der Linse scharf ab, wenn die Abbildungsgleichung*

$$\frac{1}{f} = \frac{1}{g} + \frac{1}{b}$$

gilt.

3.B.4 Achromat

Die meisten Medien brechen Licht unterschiedlicher Wellenlängen verschieden stark. Bei einer einzelnen Linse führt dies dazu, dass die Farben verschieden große Brennweite haben. Dies führt zu unschönen Farbsäumen und unscharfer Abbildung.

Die Abhängigkeit der Brechkraft von der Wellenlänge heißt *Dispersion*. Es gibt zwar auch Gläser mit sehr geringer Dispersion, doch sind diese leider sehr teuer in der Herstellung und zum Teil auch empfindlich auf Umwelteinflüsse. Calzium-Fluorit zum Beispiel hat fast verschwindende Dispersion, darf aber keinen großen Temperaturveränderungen ausgesetzt werden. Es wird daher nur in Spezialanwendungen eingesetzt, zum Beispiel bei der Masken-Belichtung in der Chip-Herstellung oder für hochwertige Astrographen.

Da es Gläser ganz unterschiedlicher Dispersion gibt, besteht die Hoffnung, durch Kombination geeigneter Gläser in einem mehrlinsigen System zu erreichen, dass die Farben rot

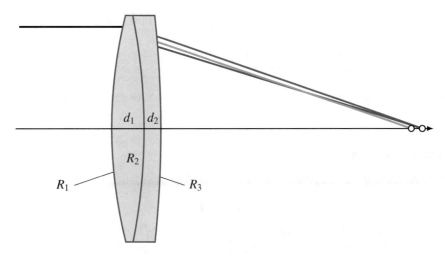

Abbildung 3.11: Ein Achromat besteht aus einer Sammellinse aus Kronglas und einer Zerstreuungslinse aus Flintglas. Dank der verschiedenen Brechungsindizes dieser beiden Gläser für rotes und
grünes Licht fokussiert das System rotes und blaues Licht in den gleichen Brennpunkt, vermeidet
damit Farbränder und verbessert die Abbildungschärfe.

und blau die gleiche Brennweite haben. Die Farbe grün dazwischen kann dann auch nicht
allzu weit weg sein. Auf diese Art erhält man ein System mit deutlich schwächeren Far-
brändern und größerer Bildschärfe.

Das einfachste System dieser Art ist der Achromat, erfunden vom englischen Ama-
teuroptiker Chester Moor Hall im Jahre 1733 (Abbildung 3.11). Eine Sammellinse aus
Kronglas wird mit einer Zerstreuungslinse aus Flintglas zusammengefügt. Es entsteht ein
System mit drei gekrümmten Flächen, deren Abstand in begrenztem Rahmen gewählt werden kann. Es stehen also insgesamt fünf Parameter zur Verfügung, die so gewählt werden
müssen, dass rotes und blaues Licht die gleiche Brennweite erhalten.

Konstruktion

In diesem Abschnitt soll ein Achromat aus Kron- und Flintglas mit einer vorgegebenen
Brennweite von $f = 200\,\text{mm}$ entwickelt werden. In Abbildung 3.11 ist die Anordnung
der Linsen des Achromaten dargestellt. Im Laufe der Entwicklung sind die Unbekannten
R_1, R_2, R_3, d_1 und d_2 so zu bestimmen, dass der Achromat für rotes und blaues Licht die
gleiche Brennweite hat.

Die Website [23] bietet detaillierte Informationen über den Brechungsindex sehr vieler
kommerziell erhältlicher optischer Gläser an. Wir entnehmen ihr die Daten in Tabelle 3.1
für Kron- und Flintglas, genauer für die Gläser SCHOTT-K und SCHOTT-F des Herstel-
lers SCHOTT AG in Mainz.

Farbe	Wellenlänge	Kronglas n_1	Flintglas n_2
rot	700nm	1.507	1.612
grün	550nm	1.513	1.623
blau	450nm	1.519	1.638

Tabelle 3.1: Brechungsindizes von Kron- und Flintglas (Schott K und Schott F) für verschiedene Farben.

Die Transfergleichungen

Das in Abbildung 3.11 dargestellte System hat die Transfer-Matrix

$$T = T_f B(n_2, 1, R_3) T_{d_2} B(n_1, n_2, R_2) T_{d_1} B(1, n_1, R_1).$$

$$= \begin{pmatrix} 1 & f \\ 0 & 1 \end{pmatrix} \begin{pmatrix} 1 & 0 \\ \frac{1}{R_3}(n_2 - 1) & n_2 \end{pmatrix} \begin{pmatrix} 1 & d_2 \\ 0 & 1 \end{pmatrix} \begin{pmatrix} 1 & 0 \\ \frac{1}{R_2}\left(\frac{n_1}{n_2} - 1\right) & \frac{n_1}{n_2} \end{pmatrix} \begin{pmatrix} 1 & d_1 \\ 0 & 1 \end{pmatrix} \begin{pmatrix} 1 & 0 \\ \frac{1}{R_1}\left(\frac{1}{n_1} - 1\right) & \frac{1}{n_1} \end{pmatrix}.$$

Aus der Transfermatrix erhalten wir eine Gleichung dadurch, dass der achsenparallele Strahl in der Höhe y im Brennpunkt die Höhe 0 hat. Dies bedeutet, dass

$$T \begin{pmatrix} y \\ 0 \end{pmatrix} = y T e_1 = \begin{pmatrix} 0 \\ ? \end{pmatrix} \qquad \text{mit} \qquad e_1 = \begin{pmatrix} 1 \\ 0 \end{pmatrix}$$

sein muss.

Beim Ausmultiplizieren der Matrix T entstehen sehr komplizierte Ausdrücke, deren Lösung nicht besonders instruktiv ist. Wir vereinfachen daher das Problem durch zwei Maßnahmen:

1. Wir gehen davon aus, dass die zweite Linse keine Krümmung in Richtung zum Brennpunkt hat (sogenannte Plano-Linse). Diese bedeutet das $R_3 = \infty$ und damit

$$B(n_2, 1, \infty) = \begin{pmatrix} 1 & 0 \\ 0 & n_2 \end{pmatrix}.$$

2. Wir geben die Abstände $d_1 = 5$ mm und $d_2 = 1$ mm vor.

Mit diesen Vereinfachungen müssen nur noch die beiden Krümmungen R_1 und R_2 bestimmt werden.

Mit einem Computer-Algebra-Programm kann man die erste Komponente von $T e_1$ berechnen. In die entstehenden Ausdrücke kann man die bekannten Werte von d_1 und d_2 einsetzen. Indem man die Werte für n_1 und n_2 für rot und blau einsetzt, erhält man zwei quadratische Gleichungen für R_1 und R_2. Die Gleichungen haben zwei Lösungen, aber nur die Kombination

$$\begin{aligned} R_1 &= 85.41331670548975, \\ R_2 &= -95.89206695802633 \end{aligned} \tag{3.25}$$

lassen sich als Linsensystem realisieren. Diese Lösung ist maßstabsgetreu in Abbildung 3.12 dargestellt. Dieser Achromat mit einem Linsendurchmesser von 4 cm ist realistisch herstellbar.

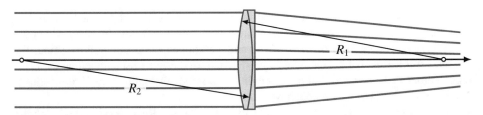

Abbildung 3.12: Maßstabsgetreue Darstellung der Lösung des Achromatproblems mit den Krümmungsradien von (3.25).

Brennweite für grünes Licht

Die oben in (3.25) gefundene Lösung kann man jetzt zusammen mit den Werten von n_1 und n_2 für grün und d_1 und d_2 in den Ausdruck für T einsetzen und wie im Abschnitt 3.B.3 die Brennweite des Systems für die Farbe grün berechnen. Wie erwartet ist die Brennweite für grün kürzer, nämlich

$$f_{\text{grün}} = 199.163\,\text{mm}.$$

Gehen wir von einem Linsendurchmesser von 4 cm aus, dann ist der Durchmesser d des roten bzw. blauen Strahlenkegels bei der Brennweite $f_{\text{grün}}$ durch den Strahlensatz geben:

$$4\,\text{cm} : f = d : (f - f_{\text{grün}}) \quad \Rightarrow \quad d = \frac{40}{200} \cdot (200 - 199.163) = \frac{1}{5} \cdot 0.837 = 0.1674\,\text{mm}.$$

Genau in der Mitte zwischen den beiden Brennpunkten f und $f_{\text{grün}}$ kann man also mit dem kleinstmöglichen "Brennfleck" mit einem Durchmesser von 0.084 mm rechnen. Ein typischer CMOS-Sensor hat einen Pixeldurchmesser von etwa 5 μm, der Brennfleck ist also 17mal größer als ein Pixel. Dieser Achromat ist also viel zu wenig präzise für einen modernen CMOS-Sensor. Einfache Achromaten reichen aber aus für schwach vergrößernde visuelle Instrumente wie zum Beispiel Ferngläser.

3.C Rechnen mit Resten: Modulare Arithmetik

Die grundlegenden Zahlenmengen der natürlich Zahlen $\mathbb{N}$ oder der ganzen Zahlen $\mathbb{Z}$ sowie die in der linearen Algebra ständig gebrauchten Skalarkörper $\mathbb{Q}$ und $\mathbb{R}$ haben unendlich viele Elemente. Jede Implementation in einem Computer ist daher gezwungen, den Umfang der darstellbaren Zahlen zu limitieren und Rechenresultate zu runden, damit sie überhaupt darstellbar sind. Dies ist für numerische Berechnungen zum Beispiel im Rahmen eines Wettermodells durchaus adäquat. Da spielt es keine Rolle, dass beim Rechnen mit nur 4 Stellen, das Quadrat einer Quadratwurzel nicht exakt dasselbe gibt. Zum Beispiel ergibt sich für die Zahl 3

$$\sqrt{3} = 1.7321 \quad \Rightarrow \quad \sqrt{3}^2 = 3.00017041 \approx 3.0002,$$

ein relativer Fehler von 0.0067%.

Bei kryptographischen Anwendungen kommt es auf die Korrektheit jedes einzelnen Bits an. Es braucht also ein endliches System von Zahlen, die alle in einem Computer so dargestellt werden können, dass alle Grundoperationen exakt durchführbar sind. Das Rechnen mit Resten hat genau diese Eigenschaften. In diesem Abschnitt sollen die endlichen Körper $\mathbb{F}_p$ konstruiert und in Abschnitt 3.C.3 seine Anwendung im Diffie-Hellman-Schlüsseltauschverfahren vorstellen werden.

Mit Resten kann man aber weit mehr machen. Da alle Rechenoperationen definiert sind, kann man auch beliebige Gleichungssysteme mit Koeffizienten in $\mathbb{F}_p$ aufstellen und mit dem Gauß-Algorithmus lösen. Die am schwierigsten zu verstehende Operation ist die Division.

3.C.1 Grundoperationen

In diesem Abschnitt sei n eine beliebige natürliche Zahl. Wir bezeichnen mit

$$\mathbb{Z}/n\mathbb{Z} = \{0, 1, 2, \ldots, n-2, n-1\}$$

die Menge der Reste bei Teilung durch n, sie heißen auch Reste *modulo n*. Jedem Rest $k \in \mathbb{Z}/n\mathbb{Z}$ entspricht die Menge

$$[\![k]\!] = k + n\mathbb{Z}$$

von ganzen Zahlen, die alle den gleichen Rest haben. Sie werden auch *Restklassen* genannt. Für die Reste $\mathbb{Z}/n\mathbb{Z}$ sollen jetzt arithmetische Operationen definiert werden. Dabei kann man jeweils auf eine der ganzen Zahlen mit dem gleichen Rest zurückgreifen. Es darf aber keine Rolle spielen, welche Zahl man verwendet.

Addition und Subtraktion

Seien $a, b \in \mathbb{Z}/n\mathbb{Z}$ zwei Reste modulo n. Die Zahlen $a + nz_1$ und $b + nz_2$ mit $z_i \in \mathbb{Z}$ haben den gleichen Rest wie a bzw. b. Summe und Differenz sind

$$a \pm b + n(z_1 \pm z_2) \in [\![a + b]\!].$$

Offenbar spielt es keine Rolle, welche Werte man für z_i wählt. Insbesondere gibt es auch eine Wahl von $z = z_1 \pm z_2$, für die $a \pm b + nz$ in $\mathbb{Z}/n\mathbb{Z}$ liegt. Diese Zahl ist die Summe bzw. Differenz von a und b in $\mathbb{Z}/n\mathbb{Z}$.

Multiplikation

Für die Elemente zweier Restklassen $[\![a]\!]$ und $[\![b]\!]$ gilt

$$(a + nz_1) \cdot (b + nz_2) = ab + n(az_1 + bz_2 + nz_1z_2) \in [\![ab]\!].$$

Wieder zeigt die Rechnung, dass es keine Rolle spielt, welches Element der Restklasse man wählt, das Produkt ist immer in der Restklasse $[\![ab]\!]$. Für das Produkt zweier Reste a und b kann man also einfach den Rest des Produktes ab modulo n nehmen.

$$\mathbb{Z}/11\mathbb{Z} = F_{11}$$

·	0	1	2	3	4	5	6	7	8	9	10
0	0	0	0	0	0	0	0	0	0	0	0
1	0	1	2	3	4	5	6	7	8	9	10
2	0	2	4	6	8	10	1	3	5	7	9
3	0	3	6	9	1	4	7	10	2	5	8
4	0	4	8	1	5	9	2	6	10	3	7
5	0	5	10	4	9	3	8	2	7	1	6
6	0	6	1	7	2	8	3	9	4	10	5
7	0	7	3	10	6	2	9	5	1	8	4
8	0	8	5	2	10	7	4	1	9	6	3
9	0	9	7	5	3	1	10	8	6	4	2
10	0	10	9	8	7	6	5	4	3	2	1

$$\mathbb{Z}/12\mathbb{Z}$$

·	0	1	2	3	4	5	6	7	8	9	10	11
0	0	0	0	0	0	0	0	0	0	0	0	0
1	0	1	2	3	4	5	6	7	8	9	10	11
2	0	2	4	6	8	10	0	2	4	6	8	10
3	0	3	6	9	0	3	6	9	0	3	6	9
4	0	4	8	0	4	8	0	4	8	0	4	8
5	0	5	10	3	8	1	6	11	4	9	2	7
6	0	6	0	6	0	6	0	6	0	6	0	6
7	0	7	2	9	4	11	6	1	8	3	10	5
8	0	8	4	0	8	4	0	8	4	0	8	4
9	0	9	6	3	0	9	6	3	0	9	6	3
10	0	10	8	6	4	2	0	10	8	6	4	2
11	0	11	10	9	8	7	6	5	4	3	2	1

Abbildung 3.13: Multiplikationstabelle für $\mathbb{Z}/11\mathbb{Z}$ und $\mathbb{Z}/12\mathbb{Z}$. Die rot hinterlegten Felder in der Multiplikationstabelle von $\mathbb{Z}/12\mathbb{Z}$ markieren Nullteiler, also Produkte, die 0 sind, obwohl die Faktoren beide von 0 verschieden sind. Die blau hinterlegten Felder zeigen Paare von reziproken Elementen von $\mathbb{Z}/11\mathbb{Z}$.

Nullteiler

Für das Produkt der ganzen Zahlen gilt, dass das Produkt nur dann 0 ist, wenn einer der Faktoren 0 ist. Dies trifft nicht mehr zu für das Produkt von Resten, wie die Multiplikationstabellen für $\mathbb{Z}/11\mathbb{Z}$ und $\mathbb{Z}/12\mathbb{Z}$ in Abbildung 3.13 zeigen. Die rot hinterlegten Nullen zeigen Produkte, die 0 sind, obwohl beide Faktoren $\neq 0$ sind. Solche Faktoren heißen *Nullteiler*. In $\mathbb{Z}/12\mathbb{Z}$ hat die Gleichung $6x = 0$ offenbar sogar 6 verschiedene Lösungen, 5 davon sind Nullteiler. Daher ist die Multiplikation mit 6 keine umkehrbare Abbildung $\mathbb{Z}/12\mathbb{Z} \to \mathbb{Z}/12\mathbb{Z}$.

Primzahlen

Wie lassen sich Nullteiler vermeiden? Nullteiler sind Zahlen a und b, deren Reste modulo n nicht 0 sind, aber das Produkt ab ist durch n teilbar. Wenn n ein Produkt $n = ab$ von zwei Zahlen $a, b < n$ ist, dann sind a und b Nullteiler. Dies ist, was die vielen Nullteiler im Fall von $\mathbb{Z}/12\mathbb{Z}$ hervorgebracht hat. 12 lässt sich zum Beispiel als Produkt

$$12 = 2 \cdot 6 = 3 \cdot 4 = 4 \cdot 3 = 6 \cdot 2$$

schreiben. Außerdem kann $24 = 2 \cdot n$ als Produkt $3 \cdot 8 = 8 \cdot 3$, $36 = 3 \cdot n$ als Produkt $6 \cdot 9 = 9 \cdot 6$, $48 = 4 \cdot n$ als $6 \cdot 8 = 8 \cdot 6$ und $60 = 5 \cdot n$ als $6 \cdot 10 = 10 \cdot 6$ geschrieben werden.

Die einzige Möglichkeit, Nullteiler zu vermeiden ist daher, für n eine Zahl zu wählen, die sich nicht in zwei Faktoren zerlegen lässt.

Satz 3.54 (Körper $\mathbb{F}_p$). $\mathbb{Z}/n\mathbb{Z}$ *ist genau dann nullteilerfrei, wenn n eine Primzahl p ist.*
In diesem Fall schreiben wir $\mathbb{Z}/p\mathbb{Z} = \mathbb{F}_p$ *und nennen* $\mathbb{F}_p$ *den* endlichen Körper *mit p*
Elementen.

3.C.2 Division

Nach Satz 3.54 ist $\mathbb{F}_p$ nullteilerfrei, die homogene lineare Gleichung $ax = 0$ mit $a \neq 0$
hat also nur eine einzige Lösung. Dies ist die minimale Voraussetzung dafür, dass sich die
Gleichung $ax = b$ mit $a \neq 0$ eindeutig nach x auflösen lässt, oder dass die Division durch
a wohldefiniert ist.

Ein Blick in die Multiplikationstabelle in Abbildung 3.13 zeigt, dass es in $\mathbb{F}_{11}$ pro-
blemlos möglich ist, zu jedem von 0 verschiedenen $a \in \mathbb{F}_p$ ein x mit $ax = 1$ zu finden.
Zum Beispiel ist

$$1 = 1 \cdot 1 = 2 \cdot 6 = 3 \cdot 4 = 4 \cdot 3 = 5 \cdot 9 = 6 \cdot 2 = 7 \cdot 8 = 8 \cdot 7 = 9 \cdot 4 = 10 \cdot 10,$$

wie man in den blau hinterlegen Feldern der Multiplikationstabelle von $\mathbb{F}_{11}$ ablesen kann.
Der Quotient soll in diesem Abschnitt in beliebigen $\mathbb{F}_p$ berechnet werden.

Division in $\mathbb{F}_p$

Seien $a, b \in \mathbb{F}_p$ und $a \neq 0$. Gesucht wird ein Algorithmus, mit dem eine Zahl $x \in \mathbb{F}_p$
gefunden werden kann derart, dass $ax = b$ ist. Die gesuchte Zahl x muss so gewählt
werden, dass ax bis auf ein Vielfaches von p mit b übereinstimmt:

$$ax = b + mp.$$

Es muss also die folgende Aufgabe gelöst werden.

Aufgabe 3.55. *Gegeben $a, b \in \mathbb{F}_p$, finde zwei Zahlen x und m derart, dass $ax + mp = b$.*

Die Lösung von Aufgabe 3.55 ist im erweiterten euklidischen Algorithmus zu finden,
der in den folgenden Abschnitten schrittweise mit Hilfe einer Matrixschreibweise konstruiert werden soll.

Der euklidische Algorithmus

Der euklidische Algorithmus findet den größten gemeinsamen Teiler zweier ganzer Zahlen.

Definition 3.56 (größter gemeinsamer Teiler). *Der* größte gemeinsame Teiler ggT(a, b)
zweier ganzer Zahlen ist die größte ganze Zahl g, die Teiler von a und b ist.

Satz 3.57 (euklidischer Algorithmus). *Gegeben sind $a, b \in \mathbb{N}$. Setze $a_0 = a$ und $b_0 = b$*
und verwende den ganzzahligen Quotienten q_k mit Rest r_k der Division von a_k durch b_k,
um die Folgen a_k, b_k, q_k und r_k von natürlichen Zahlen zu konstruieren, die

$$a_k = b_k q_k + r_k \tag{3.26}$$

$$a_{k+1} = b_k$$
$$b_{k+1} = r_k$$

erfüllen. Sei n der größte Index, für den $r_n \neq 0$ ist. Dann ist der darauffolgende Rest $r_{n+1} = 0$ und $r_n = \text{ggT}(a, b)$ ist der größte gemeinsame Teiler von a und b.

Beweis. 1. Ist t ein Teiler von a und b, dann ist t auch ein Teiler von $r = a - bq$. Durch wiederholte Anwendung dieser Beziehung folgt, dass t ein Teiler von r_k ist für alle k. Insbesondere ist der größte gemeinsame Teiler von a und b ein Teiler von $r_n = \text{ggT}(a, b)$.

2. Sei t ein Teiler von r_n. Da b_n ein Vielfaches von r_n ist, muss t auch ein Teiler von b_n sein. Dann ist t aber auch ein Teiler von $a_n = q_n b_n + r_n$. Dies gilt auch allgemeiner: wenn t ein Teiler von b_k und r_k ist, dann ist t auch ein Teiler von $a_k = b_k q_k + r_k$ und damit auch von $b_{k-1} = a_k$ und $r_{k-1} = b_k$. Wiederholte Anwendung dieser Schlussweise führt darauf, dass t ein Teiler von a und b ist, also ein gemeinsamer Teiler. Insbesondere ist r_n ein Teiler des größten gemeinsamen Teilers.

Aus 1. und 2. zusammen folgt, dass r_n der größte gemeinsame Teiler von a und b ist.   □

Für die interaktive Durchführung des Algorithmus stehen unter `https://linalg.ch/files/ggt/` Spreadsheets für verschiedene Tabellenkalkulationsprogramme bereit, die den erweiterten euklidischen Algorithmus implementieren, der noch etwas mehr Information liefern kann (Siehe Satz 3.61).

Beispiel 3.58. Wir bestimmen den größten gemeinsamen Teiler mit Hilfe einer Tabelle, in der wir die alle Zwischenresultate zusammentragen:

k	a_k	b_k	q_k	r_k
0	1947	946	2	55
$n = 1$	946	55	17	11
2	55	11	5	0

Aus der letzten Zeile kann man ablesen, dass der größte gemeinsame Teiler 11 ist.   ○

Division mit Rest in $\mathbb{Z}$ in Matrixschreibweise

Die Division (3.26) kann in Matrixform geschrieben werden. Schreibt man die Division als

$$a - bq = r,$$

dann kann aus dem Spaltenvektor $\begin{pmatrix} a \\ b \end{pmatrix}$ der Spaltenvektor $\begin{pmatrix} b \\ r \end{pmatrix}$ mit Hilfe der Matrix

$$Q(q) = \begin{pmatrix} 0 & 1 \\ 1 & -q \end{pmatrix} \qquad \text{berechnet werden:} \qquad \begin{pmatrix} b \\ r \end{pmatrix} = \begin{pmatrix} b \\ a - qb \end{pmatrix} = \begin{pmatrix} 0 & 1 \\ 1 & -q \end{pmatrix} \begin{pmatrix} a \\ b \end{pmatrix}.$$

Beispiel 3.59. Die Division mit Rest aus der Zeile $n = 1$ des vorangegangenen Beispiels ist $946 - 17 \cdot 55 = 946 - 935 = 11$. In Matrixform kann sie als

$$\underbrace{\binom{55}{11} = \begin{pmatrix} 0 & 1 \\ 1 & -17 \end{pmatrix} \binom{946}{55}}_{= Q(17)}$$

geschrieben werden. ○

Der euklidische Algorithmus in Matrixschreibweise

Der euklidische Algorithmus im Beispiel auf Seite 133 kann mit Hilfe der Matrix $Q(q)$ als

$$\binom{11}{0} = Q(5)Q(17)Q(2)\binom{1947}{946} \tag{3.27}$$

geschrieben werden. Allgemein gilt für beliebige natürliche Zahlen a und b mit größtem gemeinsamem Teiler $g = \mathrm{ggT}(a, b)$, dass

$$\binom{g}{0} = Q(q_{n+1}) \ldots Q(q_1)Q(q_0)\binom{a}{b}, \tag{3.28}$$

wobei die Zahlen q_k die Quotienten sind, die im Laufe des euklidischen Algorithms aufgetreten sind.

Der erweiterte euklidische Algorithmus

Das Produkt der Matrizen in (3.27) ist

$$Q = Q(5)Q(17)Q(2) = \begin{pmatrix} 0 & 1 \\ 1 & -5 \end{pmatrix}\begin{pmatrix} 0 & 1 \\ 1 & -17 \end{pmatrix}\begin{pmatrix} 0 & 1 \\ 1 & -2 \end{pmatrix} = \begin{pmatrix} -17 & 35 \\ 86 & -177 \end{pmatrix}.$$

Die Matrix Q produziert aus dem Spaltenvektor $\binom{1947}{946}$ den Spaltenvektor $\binom{11}{0}$, also

$$\binom{11}{0} = \begin{pmatrix} -17 & 35 \\ 86 & -177 \end{pmatrix}\binom{1947}{946} \quad \Rightarrow \quad \begin{cases} 11 = -17 \cdot 1947 + 35 \cdot 946 \\ 0 = 86 \cdot 1947 - 177 \cdot 946. \end{cases}$$

Schreibt man allgemein

$$Q = Q(q_{n+1}) \ldots Q(q_1)Q(q_0) \tag{3.29}$$

mit den Quotienten q_k, die im euklidischen Algorithmus auftreten, dann kann man aus (3.28) ablesen, dass

$$\binom{g}{0} = Q\binom{a}{b} \quad \Rightarrow \quad \begin{cases} g = q_{11} \cdot a + q_{12} \cdot b \\ 0 = q_{21} \cdot a + q_{22} \cdot b. \end{cases} \tag{3.30}$$

Die Koeffizienten q_{ik} sind die Matrixelemente der Matrix Q. Es folgt also mehr über den gemeinsamen Teiler:

$\textcircled{0}$ $a_0 = a$, $b_0 = b$

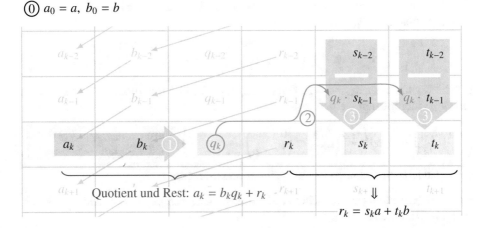

Abbildung 3.14: Schematische Durchführung des erweiterten euklidischen Algorithmus mit den Schritten gemäß Satz 3.61. Im ersten Schritt (rot) wird der Quotient q_k und Rest r_k von a_k bei Division durch b_k bestimmt. Im zweiten Schritt (grün) werden s_{k-1} und t_{k-1} mit q_k multipliziert und im dritten Schritt (blau) von s_{k-2} bzw. t_{k-2} subtrahiert, was die neuen Werte s_k und t_k ergibt.

Satz 3.60 (Darstellung des größten gemeinsamen Teilers). *Sind $a, b \in \mathbb{N}$ natürliche Zahlen und g der größte gemeinsame Teiler von a und b, dann gibt es ganze Zahlen s und t derart, dass*

$$sa + tb = g.$$

In der Formulierung des Satzes ist nicht klar, wie die Zahlen s und t gefunden werden können. Sie können aber aus der Matrix Q von (3.30) abgelesen werden. Es muss $s = q_{11}$ und $t = q_{12}$ gewählt werden, die Zahlen können durch Ausmultiplizieren des Matrizenproduktes (3.29) ermittelt werden. Die Berechnung des Produktes kann jedoch auch rekursiv während der Durchführung des euklidischen Algorithmus erledigt werden.

Rekursionsformeln für die Koeffizienten s und t

Satz 3.60 ist nur von beschränktem praktischem Nutzen, weil keine Aussage darüber gemacht wird, wie s und t berechnet werden können. Ein Algorithmus zu deren Berechnung kann aber aus dem Matrizenprodukt für Q abgelesen werden. Dabei genügt es, die erste Zeile der Matrix zu berechnen. Zu Beginn, ganz ohne einen Quotienten, ist $Q = I$ die Einheitsmatrix.

Die Multiplikation einer Matrix A mit der Matrix $Q(-q)$ von links ergibt

$$Q(q)A = \begin{pmatrix} 0 & 1 \\ 1 & -q \end{pmatrix} \begin{pmatrix} a_{11} & a_{12} \\ a_{21} & a_{22} \end{pmatrix} = \begin{pmatrix} a_{21} & a_{22} \\ a_{11} - qa_{21} & a_{12} - qa_{22} \end{pmatrix}.$$

Die Multiplikation schiebt also die zweite Zeile nach oben an die Stelle der ersten Zeile und berechnet die zweite Zeile neu. Mit jedem neuen Faktor $Q(q_k)$ entstehen also immer nur zwei neue Matrixeinträge, die wir s_k und t_k nennen.

Die Iteration beginnt beim leeren Produkt, also mit der Einheitsmatrix. Nach der ersten Multiplikation mit $Q(q_0)$ hat man die Matrix

$$\begin{pmatrix} s_0 & t_0 \\ s_{-1} & t_{-1} \end{pmatrix} = Q(q_0)I = \begin{pmatrix} 0 & 1 \\ 1 & -q_0 \end{pmatrix} \begin{pmatrix} 1 & 0 \\ 0 & 1 \end{pmatrix} \quad \text{mit} \quad \begin{pmatrix} s_{-2} & t_{-2} \\ s_{-1} & t_{-1} \end{pmatrix} = \begin{pmatrix} 1 & 0 \\ 0 & 1 \end{pmatrix}.$$

Um die Koeffizienten s_k und t_k zu berechnen, muss die bisher gefundene Matrix von links mit $Q(q_k)$ multipliziert werden. Aus

$$\begin{pmatrix} s_{k-1} & t_{k-1} \\ s_k & t_k \end{pmatrix} = Q(q_k) \begin{pmatrix} s_{k-2} & t_{k-2} \\ s_{k-1} & t_{k-1} \end{pmatrix} = \begin{pmatrix} 0 & 1 \\ 1 & -q_k \end{pmatrix} \begin{pmatrix} s_{k-2} & t_{k-2} \\ s_{k-1} & t_{k-1} \end{pmatrix} = \begin{pmatrix} s_{k-1} & t_{k-1} \\ s_{k-2} - q_k s_{k-1} & t_{k-2} - q_k t_{k-1} \end{pmatrix}$$

kann man jetzt die Rekursionsformeln für s_k und t_k ablesen.

Satz 3.61 (erweiterter euklidischer Algorithmus). *Gegeben zwei natürliche Zahlen $a, b \in \mathbb{N}$, initialisiere die Folgen s_k und t_k mit*

$$s_{-1} = 0 \qquad s_{-2} = 1$$
$$t_{-1} = 1 \qquad t_{-2} = 0.$$

Die Folgen a_k, b_k, q_k, r_k, s_k und t_k werden dann wie folgt konstruiert:

0. *Für $k > 0$ setze $a_k = b_{k-1}$ und $b_k = r_{k-1}$, für $k = 0$ setze $a_0 = a$ und $b_0 = b$..*

1. *Berechne den Quotienten q_k und den Rest r_k der Division von a_k durch b_k mit Rest.*

2. *Multipliziere s_{k-1} und t_{k-1} mit q_k.*

3. *Berechne $s_k = s_{k-2} - q_k s_{k-1}$ und $t_k = t_{k-2} - q_k t_{k-1}$.*

Dann gilt für alle k

$$r_k = s_k a + t_k b.$$

Für den größten Index n, für den $r_n \neq 0$ ist, folgt

$$\text{ggT}(a, b) = s_n a + t_n b \quad \text{und} \quad 0 = s_{n+1} a + t_{n+1} b.$$

Abbildung 3.14 zeigt die Berechnungsschritte von Satz 3.61 in schematischer Weise auf. Sie lassen sich auch leicht mit einem Spreadsheet Program wie Excel, Libreoffice oder ähnlichen Programmen durchführen. Die Abbildung 3.15 zeigt die Berechnung mit LibreOffice, Abbildung 3.16 die mit dem Numbers-Spreadsheet auf einem Mobiltelefon.

Beispiel 3.62. In einem früheren Beispiel hatten wir den größten gemeinsamen Teiler von $a = 1947$ und $b = 946$ berechnet und 11 erhalten. Der erweiterte Algorithmus bringt die zwei zusätzlichen Spalten für s_k und t_k in die Tabelle:

k	a_k	b_k	q_k	r_k	s_k	t_k	
-2					1	0	
-1					0	1	$= I$
0	1947	946	2	55	1	-2	
$n = 1$	946	55	17	11	-17	35	
2	55	11	5	0	86	-177	$= Q$

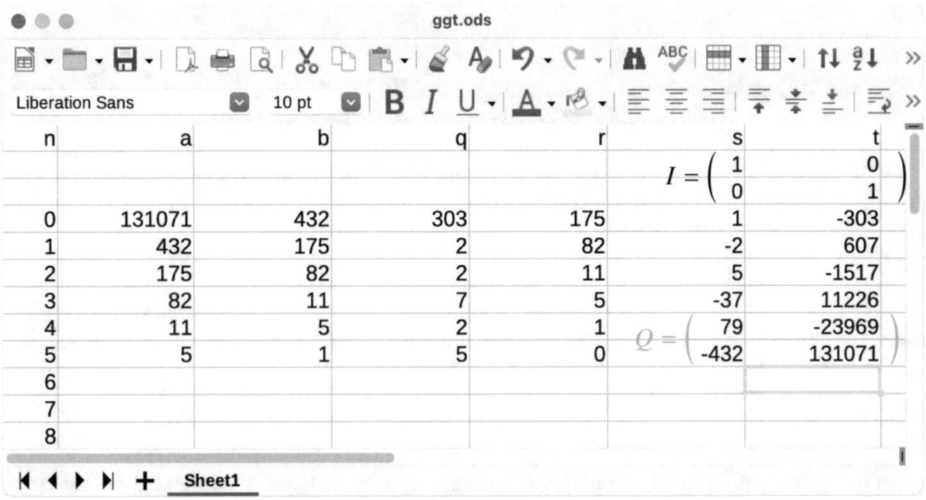

n	a	b	q	r	s	t
					$I = \begin{pmatrix} 1 & 0 \\ 0 & 1 \end{pmatrix}$	
0	131071	432	303	175	1	-303
1	432	175	2	82	-2	607
2	175	82	2	11	5	-1517
3	82	11	7	5	-37	11226
4	11	5	2	1	79	-23969
5	5	1	5	0	-432	131071
6						
7						
8						

Abbildung 3.15: Berechnung des größten gemeinsamen Teilers ggT(131071, 432) = 1 mit einem LibreOffice-Spreadsheet. Da 131071 eine Primzahl ist, ist −23969 ≡ 107102   mod 131071 die multiplikative Inverse von 432 in $\mathbb{F}_{131071}$.

Tatsächlich gilt

$$-17 \cdot a + \ \ 35 \cdot b = -17 \cdot 1947 + 35 \cdot 946 = 11$$

und
$$86 \cdot a - 177 \cdot b = \ \ 86 \cdot 1947 - 17 \cdot 946 = 0.$$

$\bigcirc$

Lösung von Aufgabe 3.55

In Aufgabe 3.55 müssen zu a und p Zahlen gefunden werden derart, dass $sa + tp = b$ gilt. Da p eine Primzahl ist, ist der größte gemeinsame Teiler von a und p wegen $a < p$ gleich 1. Mit dem erweiterten euklidischen Algorithmus können Zahlen s und t gefunden werden derart, dass $sa + tp = 1$. Durch Multiplikation mit b findet man

$$(bs)a + (bt)p = b(sa + tp) = b,$$

womit Aufgabe 3.55 gelöst ist. Insbesondere ist s die zu a reziproke Zahl und bs ist der Quotient b/a in $\mathbb{F}_p$.

Beispiel 3.63. Man finde den Quotienten von $a = 1848$ und $b = 1291$ in $\mathbb{F}_{2027}$. Dazu muss

grösster gemeinsamer Teiler zweier natürlicher Zahlen

	a	b	q	r	s	t
					$I = \begin{pmatrix} 1 & 0 \\ 0 & 1 \end{pmatrix}$	
0	131071	432	303	175	1	-303
1	432	175	2	82	-2	607
2	175	82	2	11	5	-1517
3	82	11	7	5	-37	11226
4	11	5	2	1	79	-23969
5	5	1	5	0	-432	131071
6						

$Q = \begin{pmatrix} 79 & -23969 \\ -432 & 131071 \end{pmatrix}$

Abbildung 3.16: Berechnung des größten gemeinsamen Teilers wie in Abbildung 3.15 mit einem Spreadsheet auf einem Mobiltelefon.

der erweiterte euklidische Algrithmus für 1848 und 2027 durchgeführt werden:

k	a_k	b_k	q_k	r_k	s_k	t_k	
-2					1	0	$= I$
-1					0	1	
0	1848	2027	0	1848	1	0	
1	2027	1848	1	179	-1	1	
2	1848	179	10	58	11	-10	
3	179	58	3	5	-34	31	
4	58	5	11	3	385	-351	
5	5	3	1	2	-419	382	
$n = 6$	3	2	1	1	804	-733	$= Q$
7	2	1	2	0	-2027	1848	

Daraus liest man ab, dass

$$804 \cdot 1848 - 733 \cdot 2027 = 1 \quad \Rightarrow \quad 804 \cdot 1848 \equiv 1 \mod 2027.$$

Also ist 804 die zu 1848 reziproke Zahl in $\mathbb{F}_{2027}$. Für den gesuchten Quotienten rechnet man jetzt

$$\frac{b}{a} = \frac{1291}{1848} = 1291 \cdot 804 = 1037964 \equiv 140 \mod 2027.$$

Tatsächlich ist $a \cdot 140 = 1848 \cdot 140 = 258720 \equiv 1291 \mod 2027$.

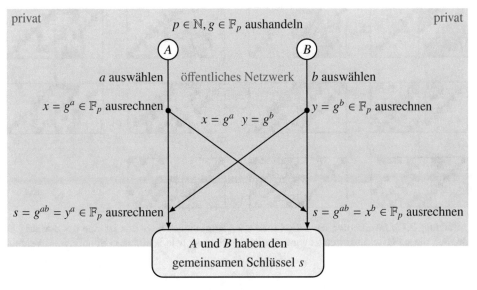

Abbildung 3.17: Schematische Darstellung des Diffie-Hellman-Schlüsselprotokolls zur Aushandlung eines geheimen Schlüssels über ein öffentliches Netzwerk.

3.C.3 Anwendung: Das Diffie-Hellman-Schlüsselprotokol

Wie können zwei Kommunikationspartner über ein öffentliches Netzwerk einen gemeinsamen Schlüssel aushandeln? Das Diffie-Hellman-Schlüsselprotokoll war eine der ersten Lösungen des Problems. Es basiert auf der modularen Arithmetik im Körper $\mathbb{F}_p$ für eine ausreichend große Primzahl p. In diesem Körper ist die Potenzfunktion $g \mapsto g^n$ für genügend große n eine schwierig umzukehrende Funktion.

Das Vorgehen ist in Abbildung 3.17 zusammengefasst und läuft wie folgt ab:

1. Die Partner A und B einigen sich zunächst auf die Primzahl p und auf ein Element $g \in \mathbb{F}_p$. Diese Information ist öffentlich bekannt, sie ist zum Beispiel bei Protokollen wie TLS zum Schutze von HTTP-Verbindungen Teil der Spezifikation.

2. Dann wählen A und B je eine zufällige Zahl $a \in \mathbb{F}_p$ bzw. $b \in \mathbb{F}_p$ und berechnen $x = g^a$ und $y = g^b$.

3. x und y werden jetzt über das Netzwerk ausgetauscht. Damit werden diese Zahlen zwar potentiell offengelegt, aber daraus lässt sich nicht bestimmen, was a und b ist.

4. A berechnet $s = y^a = (g^b)^a = g^{ab}$ und B berechnet $s = x^b = (g^a)^b = g^{ab}$. Diese Berechnungen sind nur möglich, weil A den geheimen Wert a kennt und B den geheimen Wert b.

Der Wert s ist jetzt beiden Teilnehmern bekannt, aber niemandem sonst, und kann als geheimer Schlüssel für die Verschlüsselung der übertragenen Daten verwendet werden.

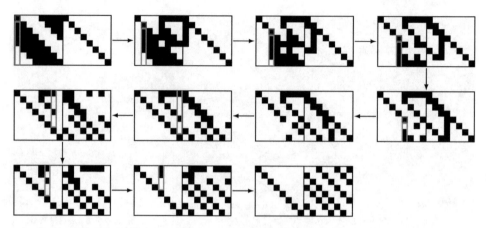

Abbildung 3.18: Invertierung der S-Box im AES-Algorithmus. Die S-Box ist eine 8×8-Matrix in $M_8(\mathbb{F}_2)$, die auf Bytes angewendet wird, die als achtdimensionale Vektoren in $\mathbb{F}_2^8$ aufgefasst werden.

3.C.4 Endliche Körper und lineare Algebra

In den endlichen Körpern $\mathbb{F}_p$ werden nicht nur die kryptographischen Operationen möglich, auch der Gauß-Algorithmus und die Matrizenoperationen können darin ausgeführt werden. Auch diese stehen für kryptographische Operationen zur Verfügung und werden zum Beispiel im AES Verschlüsselungsstandard verwendet.

Besonders interessant ist der Körper $\mathbb{F}_2$, der nur die Zahlen 0 und 1 enthält, die naheliegende Darstellungen für die zwei in der Digitaltechnik möglichen Werte eines Bits sind. Ein Byte ist dann nichts anderes als ein achtdimensionaler Vektor in $\mathbb{F}_2^8$.

Die S-Box im AES-Algorithmus ist die Multiplikation eines Bytes mit der binären 8×8-Matrix

$$S = \begin{pmatrix} 1 & 0 & 0 & 0 & 1 & 1 & 1 & 1 \\ 1 & 1 & 0 & 0 & 0 & 1 & 1 & 1 \\ 1 & 1 & 1 & 0 & 0 & 0 & 1 & 1 \\ 1 & 1 & 1 & 1 & 0 & 0 & 0 & 1 \\ 1 & 1 & 1 & 1 & 1 & 0 & 0 & 0 \\ 0 & 1 & 1 & 1 & 1 & 1 & 0 & 0 \\ 0 & 0 & 1 & 1 & 1 & 1 & 1 & 0 \\ 0 & 0 & 0 & 1 & 1 & 1 & 1 & 1 \end{pmatrix}. \tag{3.31}$$

Bei der Entschlüsselung muss diese Operation umgekehrt werden, man muss also die inverse Matrix S^{-1} bestimmen. Abbildung 3.18 zeigt die Bestimmung der inversen Matrix mit Hilfe des Gauß-Algorithmus, wobei die Einsen und Nullen durch schwarze und weiße Quadrate dargestellt werden.

Beispiel 3.64. Als Beispiel für den Gauß-Algorithmus über einem endlichen Körper lösen wir damit ein Gleichungssystem über dem Körper $\mathbb{F}_7$. Um die Rechnung etwas zu vereinfachen stellen wir zunächst die Reziproken aller Körperelemente zusammen:

a	1	2	3	4	5	6
a^{-1}	1	4	5	2	3	6

Damit lösen wir jetzt das Gleichungssystem

$$
\left[\begin{array}{ccc|c} ④ & 3 & 1 & 3 \\ ④ & 1 & 5 & 5 \\ ⑥ & 1 & 4 & 3 \end{array}\right] \rightarrow
\left[\begin{array}{ccc|c} 1 & 6 & 2 & 6 \\ 0 & ⑤ & 4 & 2 \\ 0 & ⓪ & 6 & 2 \end{array}\right] \rightarrow
\left[\begin{array}{ccc|c} 1 & 6 & 2 & 6 \\ 0 & 1 & 5 & 6 \\ 0 & 0 & ⑥ & 2 \end{array}\right]
$$

$$
\rightarrow
\left[\begin{array}{ccc|c} 1 & 6 & 2 & 6 \\ 0 & 1 & 5 & 6 \\ 0 & 0 & 1 & 5 \end{array}\right] \rightarrow
\left[\begin{array}{ccc|c} 1 & 6 & 0 & 3 \\ 0 & 1 & 0 & 2 \\ 0 & 0 & 1 & 5 \end{array}\right] \rightarrow
\left[\begin{array}{ccc|c} 1 & 0 & 0 & 5 \\ 0 & 1 & 0 & 2 \\ 0 & 0 & 1 & 5 \end{array}\right]
$$

Kontrolle:

$$
\begin{pmatrix} 4 & 3 & 1 \\ 4 & 1 & 5 \\ 6 & 1 & 4 \end{pmatrix}
\begin{pmatrix} 5 \\ 2 \\ 5 \end{pmatrix} =
\begin{pmatrix} 31 & \mod 7 \\ 47 & \mod 7 \\ 52 & \mod 7 \end{pmatrix} =
\begin{pmatrix} 3 \\ 5 \\ 3 \end{pmatrix}. \qquad \bigcirc
$$

3.D Kettenbrüche

Ein Kettenbruch ist ein Bruch der Form

$$
q = a_0 + \cfrac{b_1}{a_1 + \cfrac{b_2}{a_2 + \cfrac{b_3}{a_3 + \cfrac{b_4}{\cdots}}}}. \tag{3.32}
$$

Solche Brüche liefern sehr genaue Näherungsbrüche für irrationale Zahlen mit kleinen Nennern, zum Beispiel ist die jedem Kind bekannte Approximation $\pi \approx \frac{22}{7} = 3 + \frac{1}{7}$ der erste Näherungsbruch der Kettenbruchdarstellung

$$
\pi = 3 + \cfrac{1}{7 + \cfrac{1}{15 + \cfrac{1}{1 + \cfrac{1}{292 + \cfrac{1}{\cdots}}}}}
$$

von π.

Matrizen sind gut dafür geeignet, Prozesse zu beschreiben. Der Prozess, der hier zur Diskussion steht, ist die Umwandlung eines Kettenbruchs in einen gewöhnlichen Bruch. In diesem Abschnitt soll daher gezeigt werden, wie der Matrizenkalkül dafür verwendet werden kann, auf einfache Art zu einem Kettenbruch der Form (3.32) Näherungsbrüche zu finden.

3.D.1 Definitionen

Ein *regulärer* Kettenbruch ist ein Kettenbruch der Form (3.32), in dem alle Teilzähler $b_k = 1$ sind. Ein solcher Kettenbruch kann etwas kompakter als

$$[a_0; a_1, a_2, a_3] = a_0 + \cfrac{1}{a_1 + \cfrac{1}{a_2 + \cfrac{1}{a_3}}}$$

geschrieben werden.

Ein unendlicher Kettenbruch ist ein Kettenbruch, der nicht aufhört. Ein unendlicher regulärer Kettenbruch kann als

$$[a_0; a_1, a_2, a_3, \dots] = a_0 + \cfrac{1}{a_1 + \cfrac{1}{a_2 + \cfrac{1}{a_3 + \cfrac{1}{\dots}}}}$$

geschrieben werden. Eine rationale Zahl hat immer eine endliche Kettenbruchentwicklung, irrationale Zahlen dagegen haben eine unendliche Kettenbruchentwicklung. Kettenbruchentwicklungen können daher verwendet werden, um zu untersuchen, ob eine Zahl rational oder irrational ist.

Bricht man einen endlichen oder unendlichen Kettenbruch früher ab, erhält man einen Näherungsbruch. Wenn nur die ersten n Teilzähler und -nenner verwendet werden sprechen wir vom n-ten Näherungsbruch

$$\frac{p_n}{q_n} = a_0 + \cfrac{b_1}{a_1 + \cfrac{b_2}{a_2 + \cfrac{b_3}{a_3 + \cfrac{b_4}{\dots + \cfrac{b_{n-1}}{a_{n-1} + \cfrac{b_n}{a_n}}}}}}. \tag{3.33}$$

Die Näherungsbrüche eines regulären Kettenbruchs kann man auch

$$\frac{p_n}{q_n} = [a_0; a_1, a_2, \dots, a_{n-1}, a_n]$$

schreiben. Der Wert eines unendlichen Kettenbruchs ist der Grenzwert

$$[a_0; a_1, a_2, a_3, \dots] = \lim_{n \to \infty} \frac{p_n}{q_n}. \tag{3.34}$$

Ein regulärer Kettenbruch heißt periodisch mit Periode k, wenn es eine Zahl k gibt derart, dass $a_i = a_{i+k}$ für $i > N$. Man kann zeigen, dass der Wert eines periodischen Kettenbruchs immer Nullstelle eines quadratischen Polynoms mit rationalen Koeffizienten ist, eine sogenannte quadratische Irrationalität.

3.D.2   Beispiele

Um zu Beispielen von Kettenbrüchen zu kommen, müssen wir untersuchen, wie wir die einzelnen Zahlen a_k in einem regulären Kettenbruch für die Zahl x bekommen können. Wir schreiben

$$x = x_0 = a_0 + \cfrac{1}{a_1 + \cfrac{1}{a_2 + \cfrac{1}{a_3 + \cfrac{1}{a_4 + \cfrac{1}{\cdots}}}}} = a_0 + \cfrac{1}{x_1}$$

$$x_1 = a_1 + \cfrac{1}{a_2 + \cfrac{1}{a_3 + \cfrac{1}{a_4 + \cfrac{1}{a_5 + \cfrac{1}{\cdots}}}}} = a_0 + \cfrac{1}{x_2}$$

$$\vdots$$

$$x_k = a_k + \cfrac{1}{a_{k+1} + \cfrac{1}{a_{k+2} + \cfrac{1}{a_{k+3} + \cfrac{1}{a_{k+4} + \cfrac{1}{\cdots}}}}} = a_k + \cfrac{1}{x_{k+1}}.$$

Dabei ist a_k der ganzzahlige Anteil von x_k, $x_k - a_k$ ist eine Zahl zwischen 0 und 1. Wir lesen daraus die Rekursionsformel

$$x_{k+1} = \frac{1}{x_k - a_k}, \qquad a_k = \lfloor x_k \rfloor$$

ab. Die Kettenbruchentwicklung bricht ab in dem Moment, wo x_k eine ganze Zahl ist, dann ist auch $a_k = x_k$. Die Teilnenner a_k können also ermittelt werden, indem wir das

Rechenschema

$$x = x_0 \qquad\qquad \Rightarrow \quad a_0 = \lfloor x_0 \rfloor$$

$$x_1 = \frac{1}{x_0 - a_0} \qquad \Rightarrow \quad a_1 = \lfloor x_1 \rfloor$$

$$x_2 = \frac{1}{x_1 - a_1} \qquad \Rightarrow \quad a_2 = \lfloor x_2 \rfloor$$

$$x_3 = \frac{1}{x_2 - a_2} \qquad \Rightarrow \quad a_3 = \lfloor x_3 \rfloor$$

$$\vdots \qquad\qquad\qquad \vdots$$

ausfüllen.

Beispiel 3.65. Der Bruch $x = \frac{314}{100}$ hat die Kettenbruchentwicklung

$$x = x_0 = 3.14 \qquad\qquad\qquad \Rightarrow \quad a_0 = 3$$

$$x_1 = \frac{1}{x_0 - a_0} = \frac{100}{14} = 7 + \frac{2}{14} \quad \Rightarrow \quad a_1 = 7$$

$$x_2 = 7 \qquad\qquad\qquad\qquad \Rightarrow \quad a_2 = 7.$$

An dieser Stelle bricht die Kettenbruchentwicklung ab weil $x_2 = a_2$. Wir schließen, dass

$$3.14 = 3 + \cfrac{1}{7 + \cfrac{1}{7}}$$

ist. $\qquad\qquad\qquad\qquad\qquad\qquad\qquad\qquad\qquad\qquad\qquad\qquad\qquad\qquad$ ○

Beispiel 3.66. In diesem Beispiel soll ein regulärer Kettenbruch für die Zahl $x = 1.\overline{234}$ gefunden werden. Wir füllen das Rechenschema aus:

$$x_0 = 1.\overline{234} \qquad\qquad\qquad \Rightarrow \quad a_0 = 1$$

$$x_1 = \frac{1}{x_0 - a_0} = 4.2\overline{692307} \quad \Rightarrow \quad a_1 = 4$$

$$x_2 = \frac{1}{x_1 - a_1} = 3.\overline{714285} \quad \Rightarrow \quad a_2 = 3$$

$$x_3 = \frac{1}{x_2 - a_2} = 1.4 \qquad \Rightarrow \quad a_3 = 1$$

$$x_4 = \frac{1}{x_3 - a_3} = 2.5 \qquad \Rightarrow \quad a_4 = 2$$

$$x_5 = \frac{1}{x_4 - a_4} = 2 \qquad \Rightarrow \quad a_5 = 2.$$

Damit haben wir die Kettenbruchdarstellung

$$x = 1 + \cfrac{1}{4 + \cfrac{1}{3 + \cfrac{1}{1 + \cfrac{1}{2 + \cfrac{1}{2}}}}}$$

gefunden.   ○

Beispiel 3.67. In diesem Beispiel soll die Kettenbruchentwicklung der Zahl $x = \sqrt{2}$ gefunden werden. Da $\sqrt{2}$ nicht rational ist, kann der zugehörige Kettenbruch nicht nach endlich vielen Schritten abbrechen. Wir verwenden den gleichen Prozess wie in der vorangegangenen Aufgabe:

$$x_0 = \sqrt{2} \qquad\qquad\qquad \Rightarrow \quad a_0 = 1$$

$$x_1 = \frac{1}{x_0 - a_0} = \frac{1}{\sqrt{2} - 1} = \sqrt{2} + 1 \quad \Rightarrow \quad a_1 = 2$$

$$x_2 = \frac{1}{x_1 - a_1} = \frac{1}{\sqrt{2} - 1} = \sqrt{2} + 1 \quad \Rightarrow \quad a_2 = 2$$

$$\vdots \qquad\qquad\qquad\qquad\qquad \vdots$$

Daraus kann man bereits ablesen, dass sich die Kettenbruchentwicklung wiederholen wird und dass $a_k = 2$ für alle $k > 0$ sein wird. Der gesuchte Kettenbruch für $\sqrt{2}$ ist also

$$\sqrt{2} = 1 + \cfrac{1}{2 + \cfrac{1}{2 + \cfrac{1}{2 + \cfrac{1}{2 + \cfrac{1}{\cdots}}}}} = [1; \overline{2}].$$

                                                                                                            ○

Beispiel 3.68. Gegeben ist der Kettenbruch

$$x = 1 + \cfrac{1}{1 + \cfrac{1}{1 + \cfrac{1}{1 + \cfrac{1}{\cdots}}}} = [1; \overline{1}],$$

wie groß ist x? Der Nenner des ersten Bruches ist wieder der ganze Kettenbruch, es gilt also die Gleichung

$$x = 1 + \frac{1}{x} \quad \Rightarrow \quad x^2 - x - 1 = 0.$$

Diese quadratische Gleichung hat die Nullstellen

$$x = \frac{1 \pm \sqrt{1+4}}{2} = \frac{1 \pm \sqrt{5}}{2}.$$

Das negative Zeichen führt auf einen negativen Wert für x, der Wert des Kettenbruches muss aber ganz offensichtlich positiv sein. Damit bleibt

$$x = \frac{1 + \sqrt{5}}{2} \approx 1.61803398874989\ldots = \varphi,$$

das Verhältniss des goldenen Schnittes.   ◯

Beispiel 3.69. Wir verifizieren die frühere Behauptung, dass eine quadratische Irrationalität eine periodische Kettenbruchentwicklung hat, für die Quadratwurzel $x = \sqrt{47}$. Das Berechnungsschema liefert

$$x_0 = \sqrt{47} \qquad\qquad\qquad \Rightarrow \quad a_0 = 6$$

$$x_1 = \frac{1}{x_0 - a_0} = \frac{\sqrt{47} + 6}{11} \quad \Rightarrow \quad a_1 = 1$$

$$x_2 = \frac{1}{x_1 - a_1} = \frac{\sqrt{47} + 5}{2} \quad \Rightarrow \quad a_2 = 5$$

$$x_3 = \frac{1}{x_2 - a_2} = \frac{\sqrt{47} + 5}{11} \quad \Rightarrow \quad a_3 = 1$$

$$x_4 = \frac{1}{x_3 - a_3} = \sqrt{47} + 6 \quad \Rightarrow \quad a_4 = 12.$$

An dieser Stelle beginnt sich das Schema zu wiederholen. Es ist nämlich $x_0 - a_0 = \sqrt{47} - 6 = (\sqrt{47} + 6) - 12 = x_4 - a_4$. Also ist

$$\sqrt{47} = 6 + \cfrac{1}{1 + \cfrac{1}{5 + \cfrac{1}{1 + \cfrac{1}{12 + \cfrac{1}{1 + \cfrac{1}{5 + \cfrac{1}{1 + \cfrac{1}{12 + \cfrac{1}{\cdots}}}}}}}}} = [6; \overline{1, 5, 1, 12}].$$

◯

3.D.3 Näherungsbrüche

Ein endlicher Kettenbruch lässt sich nach den elementaren Regeln des Bruchrechnens in einen gewöhnlichen Bruch umwandeln. In den Beispielen in Abschnitt 3.D.2 haben wir aber kein solches Beispiel durchgearbeitet. Der Grund dafür ist, dass wir dafür eine etwas flexiblere, auf Matrizen basierende Technik erarbeiten wollen.

Einen Kettenbruch in einen gewöhnlichen Bruch umwandeln

Selbstverständlich kann man einen Kettenbruch in einen gewöhnlichen Bruch umwandeln:

$$2 + \cfrac{1}{3 + \cfrac{1}{1 + \cfrac{1}{5}}} = 2 + \cfrac{1}{3 + \cfrac{5}{11}} = 1 + \frac{11}{38} = \frac{49}{38}.$$

Man beginnt also beim "untersten" Bruch, macht die Summanden gleichnamig, bildet den Kehrwert und so weiter, bis man "ganz oben" angekommen ist. Wenn man mit diesem Vorgehen immer länger werdende Kettenbrüche wie $[1; 2], [1; 2, 3], [1; 2, 3, 4], \ldots$ in gewöhnliche Brüche umwandeln soll, dann muss man immer wieder von vorne beginnen, weil der "unterste Bruch" jedesmal anders ist. Das Ziel muss daher sein, ein Verfahren zu entwickeln, das die Berechnung der Brüche "von oben nach unten" ermöglicht.

Einen Bruch "nach oben" ausbauen

Ein Kettenbruch mit dem Wert p/q kann "nach oben" ausgebaut werden, indem man a addiert und das Resultat als Nenner unter dem Zähler b nimmt:

$$\frac{p}{q} \mapsto \cfrac{b}{a + \cfrac{p}{q}}.$$

Durch Gleichnamigmachen unter dem Bruchstrich erhält man für den "ausgebauten" Bruch den Wert

$$\cfrac{b}{a + \cfrac{p}{q}} = \frac{bq}{aq + p}.$$

Da wir uns nicht nur für den Wert des Bruches, sondern insbesondere auch für Zähler und Nenner separat interessieren, suchen wir eine Notation, die diese wiedergeben kann. Dazu schreiben wir den Bruch p/q als Vektor

$$v = \begin{pmatrix} p \\ q \end{pmatrix}.$$

Die Ausbauoperation muss dann den Vektor v auf den Vektor

$$v' = \begin{pmatrix} bq \\ aq + p \end{pmatrix}$$

abbilden. Zähler und Nenner hängen linear von p und q ab, es muss also auch eine Matrix $N(a,b)$ geben, die den Vektor v auf den Vektor v' abbildet. Sie ist

$$v' = \begin{pmatrix} bq \\ aq + p \end{pmatrix} = \underbrace{\begin{pmatrix} 0 & b \\ 1 & a \end{pmatrix}}_{N(a,b)} \begin{pmatrix} p \\ q \end{pmatrix} = N(a,b)v.$$

Zerlegung in elementare Operationen

Wir können die Wirkung der Matrix $N(a,b)$ auch noch weiter zerlegen. Um den Bruch p/q nach oben auszubauen, sind ja eigentlich zwei Schritte nötig. Im ersten Schritt wird die Zahl a addiert:

$$\frac{p}{q} \mapsto a + \frac{p}{q} = \frac{aq + p}{q} \quad \text{als Matrizen:} \quad \begin{pmatrix} p \\ q \end{pmatrix} \mapsto \begin{pmatrix} p' \\ q' \end{pmatrix} = \begin{pmatrix} aq + p \\ q \end{pmatrix} = \underbrace{\begin{pmatrix} 1 & a \\ 0 & 1 \end{pmatrix}}_{= A(a)} \begin{pmatrix} p \\ q \end{pmatrix} = \begin{pmatrix} p' \\ q' \end{pmatrix}.$$

Im zweiten Schritt wird das Resultat in den Nenner unter dem Zähler b genommen. Dazu muss man Zähler und Nenner vertauschen

$$\frac{p'}{q'} \mapsto \frac{b}{\frac{p'}{q'}} = \frac{bq'}{p'} \quad \text{als Matrizen:} \quad \begin{pmatrix} p' \\ q' \end{pmatrix} \mapsto \begin{pmatrix} bq' \\ p' \end{pmatrix} = \underbrace{\begin{pmatrix} 0 & b \\ 1 & 0 \end{pmatrix}}_{= B(b)} \begin{pmatrix} p' \\ q' \end{pmatrix}.$$

Die zusammengesetzte Operation entsteht durch Hintereinanderausführen:

$$B(b)A(a) = \begin{pmatrix} 0 & b \\ 1 & 0 \end{pmatrix} \begin{pmatrix} 1 & a \\ 0 & 1 \end{pmatrix} = \begin{pmatrix} 0 & b \\ 1 & a \end{pmatrix} = N(a,b),$$

wie erwartet.

Endliche Kettenbrüche in Matrixschreibweise

Der endliche Kettenbruch

$$\frac{p}{q} = \cfrac{b_1}{a_1 + \cfrac{b_2}{a_2 + \cfrac{b_3}{\cdots + \cfrac{b_{n-1}}{a_{n-1} + \cfrac{b_n}{a_n}}}}}$$

kann jetzt mit den Matrizen $N(a,b)$ zusammengebaut werden. Dazu beginnen wir beim untersten Bruch b_n/a_n und bauen ihn durch Matrizenmultiplikation von links mit $N(a,b)$ nach oben aus. So entsteht der Vektor

$$v = N(a_1, b_1)N(a_2, b_2) \ldots N(a_{n-1}, b_{n-1}) \begin{pmatrix} b_n \\ a_n \end{pmatrix}. \tag{3.35}$$

Geht dem Kettenbruch noch ein Summand a_0 voraus wie in

$$a_0 + \frac{p}{q} = a_0 + \cfrac{b_1}{a_1 + \cfrac{b_2}{a_2 + \cfrac{b_3}{\cdots + \cfrac{b_{n-1}}{a_{n-1} + \cfrac{b_n}{a_n}}}}},$$

dann kann dies in der Matrixschreibweise durch zusätzliche Anwendung der Operation $A(a_0)$ wie in

$$A(a_0)v = A(a_0)N(a_1, b_1)N(a_2, b_2) \ldots N(a_{n-1}, b_{n-1})\begin{pmatrix} b_n \\ a_n \end{pmatrix}$$

berücksichtigt werden. Mit der Faktorisierung $N(a, b) = B(b)A(a)$ kann das Matrizenprodukt weiter zerlegt werden in die einfacheren Faktoren

$$A(a_0)v = A(a_0)B(b_1)A(a_1)B(b_2)A(a_2) \ldots B(b_{n-1})A(a_{n-1})v. \tag{3.36}$$

Da die Matrizenmultiplikation assoziativ ist, kann man die Matrizen im Produkt beliebig gruppieren, solange man ihre Reihenfolge nicht ändert. Man kann also beim Auswerten auch von links beginnen und die Zweierprodukte der Form

$$M(a, b) = A(a)B(b) = \begin{pmatrix} 1 & a \\ 0 & 1 \end{pmatrix}\begin{pmatrix} 0 & b \\ 1 & 0 \end{pmatrix} = \begin{pmatrix} a & b \\ 1 & 0 \end{pmatrix}$$

zuerst auswerten. Das Produkt (3.36) bekommt so die Form

$$A(a_0)v = M(a_0, b_1)M(a_1, b_2)M(a_2, b_3) \ldots M(a_{n-2}, b_{n-1})A(a_{n-1})v.$$

Da schon in der Notation $[a_0; a_1, a_2, \ldots]$ für reguläre Kettenbrüche dem Term a_0 eine Sonderrolle zugewiesen wird, werden wir im Folgenden bevorzugt mit den Matrizen $N(a, b)$ arbeiten.

Rekursion für Näherungsbrüche

Um den Wert eines unendlichen Kettenbruchs zu bestimmen, muss man den Bruch nach einer endlichen Anzahl von Brüchen abbrechen und in einen gewöhnlichen Bruch umwandeln. Wir möchten den n-ten Näherungsbruch (3.33) und den Grenzwert (3.34) berechnen. Dazu wäre hilfreich, wenn man p_{n+1} und q_{n+1} aus p_n und q_n bestimmen könnte.

Ausbau eines Kettenbruchs "nach unten"

Normalerweise wird man die Auswertung eines Kettenbruches beim ersten Term a_0 beginnend bevorzugen, da so immer bessere Approximationen des Schlussresultates zu erwarten sind. Die Berechnung nach den Regeln des Bruchrechnens verlangen aber, dass man "unten", beim letzten Bruch b_n/a_n beginnt. Wir haben aber gesehen, dass man diesen Prozess durch Aufbau des Matrizenproduktes 3.35 von rechts nach links nachbilden kann. Da aber das Matrizenprodukt assoziativ ist, darf man das Produkt auch von links nach rechts auswerten, also bei den "kleinen Indizes" von a_i und b_i beginnen.

Die Matrixschreibweise kann uns aber auch helfen zu verstehen, wie sich ein Bruch ändert, wenn man einen weiteren Teilbruch b_n/a_n "unten" anhängt. Wir möchten also den Unterschied zwischen

$$\frac{p_{n-1}}{q_{n-1}} = \cfrac{b_1}{a_1 + \cfrac{b_2}{\cdots + \cfrac{b_{n-1}}{a_{n-1}}}} \quad \text{und} \quad \frac{p_n}{q_n} = \cfrac{b_1}{a_1 + \cfrac{b_2}{\cdots + \cfrac{b_{n-1}}{a_{n-1} + \cfrac{b_n}{a_n}}}} \tag{3.37}$$

ermitteln. Wir erhalten leichter vergleichbare Ausdrücke, wenn wir den letzten Term a_{n-1} im linken Bruch durch $a_{n_1} + 0$ ersetzen, aber die 0 als Bruch $0/1$ schreiben, wir erhalten

$$\frac{p_{n-1}}{q_{n-1}} = \cfrac{b_1}{a_1 + \cfrac{b_2}{\cdots + \cfrac{b_{n-1}}{a_{n-1} + \cfrac{0}{1}}}} \quad \text{und} \quad \frac{p_n}{q_n} = \cfrac{b_1}{a_1 + \cfrac{b_2}{\cdots + \cfrac{b_{n-1}}{a_{n-1} + \cfrac{b_n}{a_n}}}}.$$

In der Matrixnotation werden diese Brüche durch die beiden Produkte

$$\binom{p_{n-1}}{q_{n-1}} = N(a_1,b_1)\ldots N(a_{n-1},b_{n-1})\binom{0}{1} \quad \text{und} \quad \binom{p_n}{q_n} = N(a_1,b_1)\ldots N(a_{n-1},b_{n-1})\binom{b_n}{a_n}$$
$$\tag{3.38}$$

dargestellt.

Die beiden Vektoren am Ende der Produkte (3.38) können in eine Matrix zusammengefasst werden. Die beiden Brüche (3.37) haben daher in der Matrixschreibweise die beiden Spalten der Matrix

$$\begin{pmatrix} p_{n-1} & p_n \\ q_{n-1} & q_n \end{pmatrix} = N(a_1,b_1)\ldots N(a_{n-1},b_{n-1})\begin{pmatrix} 0 & b_n \\ 1 & a_n \end{pmatrix} = N(a_1,b_1)\ldots N(a_{n-1},b_{n-1})N(a_n,b_n).$$

Die Näherungsbrüche können somit allein durch Berechnung von Produkten von Matrizen $N(a_i,b_i)$ ermittelt werden.

Ein zusätzlicher Term a_0 ist jetzt leicht zu berücksichtigen. Dazu muss man nur von Links mit der Matrix $A(a_0)$ multiplizieren. Die Näherungsbrüche

$$\frac{p_{n-1}}{q_{n-1}} = a_0 + \cfrac{b_1}{a_1 + \cfrac{b_2}{\cdots + \cfrac{b_{n-1}}{a_{n-1}}}} \quad \text{und} \quad a_0 + \frac{p_n}{q_n} = \cfrac{b_1}{a_1 + \cfrac{b_2}{\cdots + \cfrac{b_{n-1}}{a_{n-1} + \cfrac{b_n}{a_n}}}}$$

haben in Matrixdarstellung die beiden Spalten der Matrix

$$\begin{pmatrix} p_{n-1} & p_n \\ q_{n-1} & q_n \end{pmatrix} = A(a_0)N(a_1, b_1) \dots N(a_{n-1}, b_{n-1})N(a_n, b_n). \tag{3.39}$$

Da die Produkte (3.39) in beliebiger Reihenfolge ausgewertet werden dürfen, insbesondere auch von links nach rechts, hat die Matrixnotation die Berechnung der Näherungsbrüche auf die Auswertung von Matrizenprodukten reduziert.

Rekursion

Die Faktorisierungen (3.35) und (3.38) der Näherungsbrüche sowie die Wirkung der Matrizen $A(a_k)$, $B(b_k)$ und $N(a_k, b_k)$ ermöglichen, für den Aufbau der Näherungsbrüche eine Rekursionsformel für die Matrizen der zwei letzten Näherungsbrüche

$$P_n = \begin{pmatrix} p_{n-1} & p_n \\ q_{n-1} & q_n \end{pmatrix}$$

anzugeben. Aus (3.38) folgt das Rekursionsgesetz

$$P_n = P_{n-1}N(a_n, b_n) \quad \text{mit Anfangsbedingung} \quad P_0 = A(a_0). \tag{3.40}$$

Beispiel 3.70. Die Näherungsbrüche für den Kettenbruch $[1; \overline{1}]$ werden aus der Rekursion (3.40) wie folgt gewonnen:

$$P_0 = A(1) = \begin{pmatrix} 1 & 1 \\ 0 & 1 \end{pmatrix}$$

$$P_1 = P_0 N(1, 1) = \begin{pmatrix} 1 & 1 \\ 0 & 1 \end{pmatrix}\begin{pmatrix} 0 & 1 \\ 1 & 1 \end{pmatrix} = \begin{pmatrix} 1 & 2 \\ 1 & 1 \end{pmatrix}$$

$$P_2 = P_1 N(1, 1) = \begin{pmatrix} 1 & 2 \\ 1 & 1 \end{pmatrix}\begin{pmatrix} 0 & 1 \\ 1 & 1 \end{pmatrix} = \begin{pmatrix} 2 & 3 \\ 1 & 2 \end{pmatrix}$$

$$P_3 = P_2 N(1, 1) = \begin{pmatrix} 2 & 3 \\ 1 & 2 \end{pmatrix}\begin{pmatrix} 0 & 1 \\ 1 & 1 \end{pmatrix} = \begin{pmatrix} 3 & 5 \\ 2 & 3 \end{pmatrix}$$

$$\vdots$$

$$P_{n+1} = P_n N(1, 1) = \begin{pmatrix} p_{n-1} & p_n \\ q_{n-1} & q_n \end{pmatrix}\begin{pmatrix} 0 & 1 \\ 1 & 1 \end{pmatrix} = \begin{pmatrix} p_n & p_n + p_{n-1} \\ q_n & q_n + q_{n-1} \end{pmatrix} \quad \Rightarrow \quad \begin{cases} p_{n+1} = p_n + p_{n-1} \\ q_{n+1} = q_n + q_{n-1}. \end{cases}$$

Die Rekursionsformel für die Zähler und Nenner der Näherungsbrüche ist also die Rekursionsformel für die Fibonacci-Zahlen. Die Startwerte sind

$$p_0 = 1 \quad \text{und} \quad p_{-1} = 1$$
$$q_0 = 1 \quad \text{und} \quad q_{-1} = 0,$$

sie sind also um einen Schritt verschoben. Daraus folgt, dass $q_{k+1} = p_k$ für alle k. Die Näherungsbrüche sind Quotienten aufeinanderfolgender Fibonacci-Zahlen.

Die Fibonacci-Zahlen und die zugehörige Rekursionsformel werden in Abschnitt 11.A nochmals genauer untersucht. Dort wird die Matrix $A(1)$ erneut auftreten und wir werden auf anderem Weg eine Formel für p_n und q_n bekommen. ○

Die Rekursionsgleichung des Beispiels kann auch verallgemeinert werden. Aus der Gleichung $P_n = P_{n-1}N(a_n, b_n)$ erhalten wir

$$\begin{pmatrix} p_{n-2} & p_{n-1} \\ q_{n-2} & q_{n-1} \end{pmatrix} \begin{pmatrix} 0 & b_n \\ 1 & a_n \end{pmatrix} = \begin{pmatrix} p_{n-1} & p_{n-2}b_n + p_{n-1}a_n \\ q_{n-1} & q_{n-2}b_n + q_{n-1}a_n \end{pmatrix} \Rightarrow \begin{cases} p_n = p_{n-2}b_n + p_{n-1}a_n \\ q_n = q_{n-2}b_n + q_{n-1}a_n. \end{cases}$$
(3.41)

Die Berechnung gemäß den Rekursionsbeziehungen (3.41) folgt dem folgenden Schema:

		b_1	b_2	b_3	b_4	$\ldots$	b_{n-2}	b_{n-1}	b_n	$\oplus$
	a_0	a_1	a_2	a_3	a_4	$\ldots$	a_{n-2}	a_{n-1}	a_n	
1	a_0	p_1	p_2	p_3	p_4	$\ldots$	p_{n-2}	p_{n-1}	p_n	
0	1	q_1	q_2	q_3	q_4	$\ldots$	q_{n-2}	q_{n-1}	q_n	

Die Berechung von p_n aus p_{n-2}, p_{n-1} und den Koeffizienten b_n und a_n ist rot hervorgehoben, die Berechnung von q_n erfolgt nach dem gleichen Muster.

Für einen regulären Kettenbruch vereinfachen sich wegen $b_k = 1$ die Rekursionsformeln (3.41) zu

$$p_n = p_{n-2} + p_{n-1}a_n$$
$$q_n = q_{n-2} + q_{n-1}a_n$$
(3.42)

und im Berechnungsschema kann man sich ebenfalls die oberste Zeile einsparen.

		a_0	a_1	a_2	a_3	a_4	$\ldots$	a_{n-2}	a_{n-1}	a_n
1	a_0	p_1	p_2	p_3	p_4	$\ldots$	p_{n-2}	p_{n-1}	p_n
0	1	q_1	q_2	q_3	q_4	$\ldots$	q_{n-2}	q_{n-1}	q_n

Beispiel 3.71. Man berechne die Näherungsbrüche für den regulären Kettenbruch

$$\pi = [3; 7, 15, 1, 292, 1, 1, 1, 2, 1, 3, 1, 14, 2, 1, 1, \ldots].$$

Das oben eingeführte Berechnungsschema ergibt:

	3	7	15	1	292	1	1	1	2	1
1	3	22	333	355	103993	104348	208341	312689	833719	1146408
0	1	7	106	113	33102	33215	66317	99532	265381	364913

Man kann daraus die folgenden Näherungsbrüche für π ablesen, die korrekten Stellen in der Dezimaldarstellung sind unterstrichen:

$$\frac{p_0}{q_0} = \frac{3}{1} = \underline{3.0000000000000000000}$$

$$\frac{p_1}{q_1} = \frac{22}{7} = \underline{3.14285}714285714285714$$

$$\frac{p_2}{q_2} = \frac{333}{106} = \underline{3.1415}0943396226415094$$

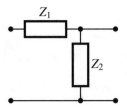

Abbildung 3.19: Ein Teilstück einer Übertragungsleitung kann modelliert werden als eine Serienimpedanz und eine Parallelimpedanz.

$$\frac{p_3}{q_3} = \frac{355}{113} = 3.\underline{1415929}2035398230088$$

$$\frac{p_4}{q_4} = \frac{103993}{33102} = 3.\underline{141592653}01190260407$$

$$\frac{p_5}{q_5} = \frac{104348}{33215} = 3.\underline{141592653}92142104470$$

$$\frac{p_6}{q_6} = \frac{208341}{66317} = 3.\underline{14159265346}743670552$$

$$\frac{p_7}{q_7} = \frac{312689}{99532} = 3.\underline{14159265361}893662339$$

$$\frac{p_8}{q_8} = \frac{833719}{265381} = 3.\underline{141592653581}07777120$$

$$\frac{p_9}{q_9} = \frac{1146408}{364913} = 3.\underline{141592653591}40397848$$

Zehn Nachkommastellen Genauigkeit werden mit einem nur sechsstelligen Nenner erreicht.   ○

3.D.4 Anwendung: Übertragungsleitungen

Wir verwenden die Theorie der Kettenbrüche und ihre Darstellung mit Hilfe von Matrizen, um ein einfaches Modell einer Übertragungsleitung zu studieren. Dazu betrachten wir die Übertragungsleitung als eine Hintereinanderschaltung gleichartiger Stücke der Leitung. Jedes Teilstück hat einen ohmschen Widerstand und eine Eigeninduktivität, ebenso haben die parallel geführten Leiter eine gewisse Kapazität. Ein Teilstück der Übertragungsleitung kann daher durch das Ersatzschaltbild in Abbildung 3.19 modelliert werden.

Gesucht ist die Impedanz Z_∞ der gesamten, unendlich langen Übertragungsleitung. Der in Abbildung 3.20 blau hinterlegte Teil des Ersatzschaltbildes ist erneut eine Kopie der ganzen Übertragungsleitung, hat also die Impedanz Z_∞. Die Impedanz kann daher berechnet werden, indem die Parallelschaltung von Z_2 und Z_∞ mit Z_1 in Serie berechnet

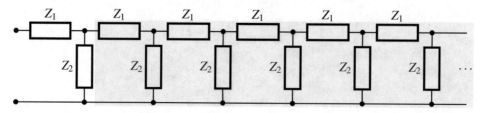

Abbildung 3.20: Modell einer Übetragungsleitung als Hintereinanderschaltung von Elemente der in Abbildung 3.19 dargestellten Form.

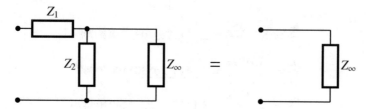

Abbildung 3.21: Verlängern der Übertragungsleitung um ein weiteres Element ändert die Gesamtimpedanz nicht.

wird. Die Parallelschaltung hat die Impedanz

$$\frac{1}{\frac{1}{Z_2} + \frac{1}{Z_\infty}},$$

(3.43)

in Serie mit Z_1 ergibt sich

$$Z_1 + \frac{1}{1/Z_2 + \dfrac{1}{Z_\infty}}.$$

Durch Wiederholung dieser Operation ergibt sich der Kettenbruch

$$Z_\infty = Z_1 + \cfrac{1}{1/Z_2 + \cfrac{1}{Z_1 + \cfrac{1}{1/Z_2 + \cfrac{1}{Z_1 + \cfrac{1}{1/Z_2 + \cfrac{1}{\cdots}}}}}}.$$

Früher haben wir die Entwicklung eines Kettenbruchs mit Hilfe von 2×2-Matrizen beschrieben, die im vorliegenden Fall

$$Q_1 = \begin{pmatrix} 0 & 1 \\ 1 & Z_1 \end{pmatrix} \qquad Q_2 = \begin{pmatrix} 0 & 1 \\ 1 & 1/Z_2 \end{pmatrix}$$

sind und abwechselnd angewendet werden müssen. Das Produkt der beiden Matrizen ist

$$Q = Q_2 Q_1 = \begin{pmatrix} 0 & 1 \\ 1 & 1/Z_2 \end{pmatrix} \begin{pmatrix} 0 & 1 \\ 1 & Z_1 \end{pmatrix} = \begin{pmatrix} 1 & Z_1 \\ 1/Z_2 & 1 + Z_1/Z_2 \end{pmatrix}.$$

Die Impedanz der Übertragungsgleitung entsteht durch Verkettung weiterer Elemente. Sie kann berechnet werden, indem höhere Potenzen von Q ausmultipliziert und die Verhältnisse der Elemente der ersten und zweiten Zeile gebildet werden. Eine Technik zur Berechnung von Potenzen einer Matrix wird in Kapitel 11 entwickelt.

Selbstverständlich kann man Z_∞ auch direkt aus (3.43) bestimmen, indem man sie in die quadratischen Gleichung

$$Z_\infty = Z_1 + \frac{Z_2 Z_\infty}{Z_\infty + Z_2} \quad \Rightarrow \quad Z_\infty^2 - Z_1 Z_\infty - Z_1 Z_2 = Z_2 Z_\infty \quad \Rightarrow \quad Z_\infty^2 - (Z_1 + Z_2)Z_\infty - Z_1 Z_2 = 0$$

umformt, daraus kann man die Lösung

$$Z_\infty = \frac{Z_1 + Z_2}{2} \pm \sqrt{\frac{(Z_1 + Z_2)^2}{4} + Z_1 Z_2}.$$

ablesen.

Übungsaufgaben

3.1. Berechnen Sie die folgenden Matrizenprodukte

a) $J = \begin{pmatrix} 0 & -1 \\ 1 & 0 \end{pmatrix}$, berechnen Sie alle Potenzen $J^2, J^3, J^4, \ldots$ von J.

b) $D_\alpha = \begin{pmatrix} \cos\alpha & -\sin\alpha \\ \sin\alpha & \cos\alpha \end{pmatrix}$, berechnen Sie $D_\alpha D_\beta$.

c) $A = \begin{pmatrix} 0 & 0 & 1 \\ 1 & 0 & 0 \\ 0 & 1 & 0 \end{pmatrix}$, berechnen Sie alle Potenzen von $A^2, A^3, \ldots$ von A.

3.2. Gegeben ist die Matrix

$$A = \begin{pmatrix} 1 & 2 \\ 9 & 1 \end{pmatrix},$$

Finden Sie eine Matrix B mit der Eigenschaft $AB = A - B$.

3.3. Das Gleichungssystems $Ax = b$ mit

$$A = \begin{pmatrix} -1 & 5 & -3 & 3 & 2 \\ -1 & 5 & -3 & 4 & 3 \\ -2 & -2 & 2 & 1 & 3 \\ -3 & 3 & -1 & -4 & -3 \end{pmatrix} \qquad \text{hat den Vektor} \qquad x = \begin{pmatrix} 1 \\ 1 \\ 1 \\ 1 \\ 1 \end{pmatrix}$$

als Lösung. Finden Sie die Lösungsmenge in Vektorform.

3.4. Gegeben sind die Matrizen

$$A = \begin{pmatrix} 4 & 9 & 8 \\ -1 & -2 & -1 \\ -2 & -5 & -5 \end{pmatrix} \quad \text{und} \quad P = \begin{pmatrix} -7 & -16 & -8 \\ 1 & 3 & 1 \\ 5 & 10 & 6 \end{pmatrix}$$

linalg.ch/gauss/35

a) Berechnen Sie P^2.

b) Berechnen Sie die Inverse A^{-1} von A.

c) Berechnen Sie $P_0 = A^{-1}PA$.

d) Warum erklärt c) das Resultat von a)?

3.5. Die Formeln

$$y_0 = \frac{1}{n}(x_1 + \cdots + x_n)$$
$$y_1 = x_2 - x_1$$
$$y_2 = x_3 - x_2$$
$$\vdots$$
$$y_{n-1} = x_n - x_{n-1}$$

beschreiben eine Transformation der Variablen $x_1, \ldots, x_n$ in die Variablen $y_0, \ldots, y_{n-1}$.

a) Schreiben Sie die Transformation als Produkt von Matrizen und Vektoren.

b) Finden Sie die Inverse der Matrix im Falle $n = 5$.

c) Können Sie daraus eine Vermutung für die Form der inversen Matrix im allgemeinen Fall ableiten, und eventuell beweisen?

Diese Aufgabenstellung stammt aus einer Ingenieuranwendung und wurde vorgeschlagen von Tabea Méndez.

3.6. In seinem Video *Morley's Miracle*[3] zeigt der mathematische Video-Blogger *Mathologer* den von John Conway erdachten Beweis des Satzes von Morley: Teilt man in einem beliebigen Dreieck die Winkel mit Geraden durch drei, dann schneiden sich diese Geraden in den Ecken eines gleichseitigen Dreiecks (in der Zeichnung orange):

---

[3] Youtube: https://www.youtube.com/watch?v=gjhmh3yWiTI

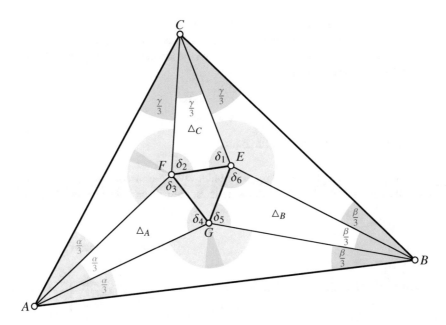

Mit Hilfe der Winkelsumme kann man schnell einige Beziehungen zwischen den Winkeln ableiten, zum Beispiel

$$\alpha + \beta + \gamma = 180° \quad \Rightarrow \quad \frac{\alpha}{3} + \frac{\beta}{3} + \frac{\gamma}{3} = 60°.$$

Im Dreieck $\triangle ABG$ muss der Winkel bei G den Wert $\frac{\gamma}{3} + 2 \cdot 60°$ haben, in der Abbildung durch die orangen Winkel dargestellt. Entsprechendes gilt auch in den Dreiecken $\triangle BCE$ und $\triangle CAF$.

Man könnte jetzt versuchen, die Winkel δ_i zu berechnen. Beim Timestamp 3:30 erklärt Mathologer, dass man für die Winkel $\delta_i, 1 \le i \le 6$, er nennt sie a, b, c, d, e, f, ein lineares Gleichungssystem aufstellen kann. Dazu verwendet er die folgenden Fakten und Annahmen:

1. Die Winkelsumme in den Dreiecken $\triangle_A = \triangle AGF$, $\triangle_B = \triangle BEG$ und $\triangle_C = \triangle CFE$ ist 180°.

2. Die Summe der Winkel in jedem der drei Punkte ist 360°.

3. Die orangen Winkel sind alle 60°.

Stellen Sie das Gleichungssystem auf und beantworten Sie folgende Fragen.

a) Ist das so gefundene Gleichungssystem regulär?

b) Bestimmen Sie den Rang der Koeffizientenmatrix.

3.7. Die Sylvester Gleichung (nach James Joseph Sylvester, 1884) ist die Gleichung

$$AX + XB = C \tag{3.44}$$

von $n \times n$-Matrizen. Gesucht ist X zu gegebenen Matrizen A, B und C. Da man für $n > 1$ die Faktoren im Allgmeinen nicht vertauschen darf, ist die Gleichung nicht direkt mit Matrizenalgebra lösbar. Trotzdem ist es natürlich eine lineare Gleichung für Elemente von X. Für den Fall $n = 2$ schreibe man

$$X = \begin{pmatrix} x_1 & x_2 \\ x_3 & x_4 \end{pmatrix} \tag{3.45}$$

und stelle die linearen Gleichungen für x auf.

3.8. Das sogenannte Kepler-Teleskop verwendet zwei Sammellinsen mit verschiedenen Brennweiten wie in Abbildung 3.22 dargestellt. Beide Linsen bestehen aus dem gleichen

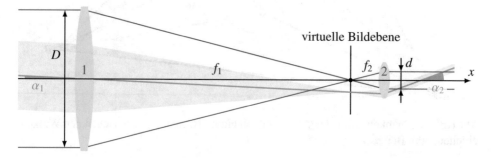

Abbildung 3.22: Strahlengang in einem einfachen Kepler-Teleskop. Die aus dem unendlichen parallel einfallenden Lichtstrahlen werden vom Objekt (Linse 1) auf eine Ebene im Abstand f_1 gebündelt und erzeugen dort ein virtuelles Bild. Der Beobachter kann mit dem Okular (Linse 2) dieses Bild vergrößert betrachten. In Aufgabe 3.8 wird die Vergrößerung berechnet.

Material mit Brechungsindex $n = 1.5$. Die Linsen sind zudem symmetrisch (beide Flächen haben den gleichen Krümmungsradius). Der Krümmungsradius der großen Linse ist $r_1 = 1000$, der der kleinen ist $r_2 = 100$. Die große Linse hat Dicke $d_1 = 10$, die kleine $d_2 = 6$.

a) Berechnen Sie die Brennweite der beiden Linsen.

b) In welchem Abstand müssen die Linsen montiert werden, damit parallel einfallende Lichtstrahlen (rot in Abbildung 3.22) auch wieder parallel aus dem System austreten. Man nennt dies ein *afokales* System. Das Auge kann die parallelen Strahlen auf die Netzhaut fokusieren, der Benutzer sieht ein scharfes Bild.

c) Vergleichen Sie die Summe der in a) gefundenen Brennweiten mit dem in b) gefundenen Abstand der Linsen.

d) Ein Strahlenbündel mit Durchmesser D wird beim Durchgang durch das optische System zu einem Strahlenbündel mit Durchmesser d. d heißt die *Austrittspupille* des Systems mit Öffnung D. Wenn d größer ist als die Pupille des Beobachters, kann das Auge des Beobachters nicht alles Licht nutzen, welches das optische System liefern kann. Berechnen Sie d.

e) Mit welchem Winkel α_2 zur optischen Achse tritt ein Lichtstrahl aus, der im Winkel α_1 zur optischen Achse auf der ersten Linse auftrifft? Die zugehörigen Lichtstrahlen sind in Abbildung 3.22 grün dargestellt. Die *Vergrößerung* des optischen Systems ist das Verhältnis der beiden Winkel.

f) Vergleichen Sie die in e) gefundene Vergrößerung des Teleskops mit dem Verhältnis der in a) gefundenen Brennweiten.

3.9. Welchen Wert hat der periodische Kettenbruch $y = [a; a, a, a, a, \ldots]$?

3.10. Berechnen Sie 666^{666} in $\mathbb{F}_{13}$.

3.11. Die Zahl $p = 47$ ist eine Primzahl, der Ring $\mathbb{Z}/p\mathbb{Z} = \mathbb{F}_{47}$ ist daher ein Körper. Jeder von Null verschiedene Rest $b \in \mathbb{F}_p^*$ hat daher eine multiplikative Inverse. Berechnen Sie die multiplikative Inverse von $b = 11 \in \mathbb{F}_{47}$.

3.12. Im Rahmen der Aufgabe, die Zehntausenderstelle der Zahl $5^{5^{5^{5^5}}}$ zu berechnen, muss Michael Penn im Video `https://youtu.be/Xg24FinMiws` bei 12:52 zwei Zahlen x und y finden, so dass,

$$5^5 x + 2^5 y = 1$$

ist. Verwenden Sie die Matrixform des euklidischen Algorithmus.

3.13. Der Körper $\mathbb{F}_2$ ist besonders einfach, da er nur zwei Elemente 0 und 1 enthält.

a) Bestimmen Sie die Additions- und Multiplikationstabelle für $\mathbb{F}_2$.

b) Lösen Sie das lineare Gleichungssystem

$$
\begin{aligned}
x_1 + x_2 &&&&= 0 \\
x_2 + x_3 + x_4 &&&= 1 \\
x_1 + x_2 + x_3 + x_4 &&= 1 \\
x_2 + x_3 &&&&= 0
\end{aligned}
$$

über dem Körper $\mathbb{F}_2$ mit dem Gauss-Algorithmus.

c) Bestimmen Sie die Inverse $A^{-1} \in \mathrm{GL}_2(\mathbb{F}_2)$ der Koeffizientenmatrix A des Gleichungssystems.

d) Kontrollieren Sie das Resultat durch Ausmultiplizieren des Produktes AA^{-1}.

3.14. Berechnen Sie die ersten sieben Näherungsbrüche des Kettenbruchs

$$x = 1 + \cfrac{1}{2 + \cfrac{1}{3 + \cfrac{1}{4 + \cfrac{1}{5 + \cfrac{1}{6 + \cfrac{1}{\ldots}}}}}}$$

mit Hilfe der Matrizennotation.

3.15. Die Primzahl $p = 10301$ ist die kleinste fünfstellige, $q = 929$ die größte dreistellige palindromische Primzahl. Man berechne die Inverse von $q \in \mathbb{F}_p$.

3.16. Sei ∂ der Randoperator eines elektrischen Netzwerkes, in dem alle Kanten den gleichen Widerstand r haben. Für den Laplace-Operator gilt dann

$$\Delta = \partial R^{-1} \partial^t = \frac{1}{r} \partial \partial^t.$$

Der *Grad d_i* des Knotens i des Netzwerks ist die Anzahl der Kanten, die in diesem Knoten zusammenkommen.

a) Zeigen Sie, dass die Matrix $\partial \partial^t$ die Matrixelemente

$$(\partial \partial^t)_{ik} = \begin{cases} d_i & i = k \\ -1 & i \neq k, \text{ es gibt eine Kante zwischen } i \text{ und } k \\ 0 & \text{sonst} \end{cases}$$

hat.

b) Berechnen Sie $\partial \partial^t$ für das Netzwerk von Abschnitt 2.A und verifizieren Sie das Resultat von Teilaufgabe a).

Lösungen: `https://linalg.ch/uebungen/LinAlg-103.pdf`

Kapitel 4

Determinante

Das Gleichungssystem $Ax = b$ mit der $n \times n$-Matrix A hat genau dann für jede rechte Seite b eine eindeutige Lösung, wenn die Matrix A regulär ist. Bei der quadratischen Gleichung $ax^2 + bx + c = 0$ kann man ganz ähnlich die Frage stellen, unter welchen Bedingungen an die reellen Koeffizienten a, b und c es keine, genau eine oder zwei reelle Lösungen gibt. Die Anwort wird von der sogenannten *Diskriminanten*

$$D = b^2 - 4ac \quad \Rightarrow \quad D \begin{cases} > 0 & \text{zwei verschiedene reelle Lösungen} \\ = 0 & \text{genau eine reelle Lösung} \\ < 0 & \text{keine reellen Lösungen} \end{cases}$$

gegeben. Die Diskriminante ist also eine einfach aus den Koeffizienten der Gleichung zu berechnende Kennzahl, die die Frage nach der Anzahl der Lösungen beantworten kann. Gibt es eine ähnlich einfache Kennzahl für quadratische Matrizen?

Die Determinante, die in diesem Kapitel eingeführt wird, liefert eine Kennzahl, an der sich ablesen lässt, ob eine Matrix regulär oder singulär ist. Zur Definition werden wir uns erst auf den Gauß-Algorithmus stützen, dann aber eine axiomatische Charakterisierung geben, die es uns leichter machen wird, die Determinante in anderem Zusammenhang wiederzuerkennen. Für das Arbeiten mit Determinanten genügt das allerdings nicht, dazu werden Rechenregeln und Formeln benötigt. Die Linearitätseigenschaften aus dem ersten Abschnitt werden dann mit dem Entwicklungssatz im zweiten Abschnitt einen praktisch durchführbaren Algorithmus ergeben. Schließlich kann man Determinanten sogar dazu verwenden, Gleichungssysteme zu lösen oder Matrizen zu invertieren (Abschnitt 4.6).

4.1 Eine Kennzahl für lineare Abhängigkeit

Die Determinante soll eine Kennzahl liefern, an der sich ablesen lässt, ob eine Matrix regulär oder singulär ist. Zur Definition werden wir in diesem Abschnitt vom Gauß-Algo-

© Der/die Autor(en), exklusiv lizenziert an
Springer-Verlag GmbH, DE, ein Teil von Springer Nature 2023
A. Müller, *Lineare Algebra: Eine anwendungsorientierte Einführung*,
https://doi.org/10.1007/978-3-662-67866-4_4

rithmus ausgehen und eine erste Charakterisierung finden, die wir in späteren Abschnitten zu verschiedenen Berechnungsmethoden ausbauen können.

4.1.1   Definition

Zu einer Matrix $A = (a_{ij})$ suchen wir eine Größe $\det A$, die auch

$$\det A = \det \begin{pmatrix} a_{11} & \cdots & a_{1n} \\ \vdots & \ddots & \vdots \\ a_{n1} & \cdots & a_{nn} \end{pmatrix} = \begin{vmatrix} a_{11} & \cdots & a_{1n} \\ \vdots & \ddots & \vdots \\ a_{n1} & \cdots & a_{nn} \end{vmatrix}$$

geschrieben wird. Die Determinante $\det A$ reflektiert, was während der Durchführung des Gauß-Algorithmus mit der Koeffizientenmatrix A vorgefallen ist. Nichts besonderes passiert bei Zeilenreduktionen. Falls dabei eine Nullzeile entsteht, bemerken wir das Problem erst, wenn wir im *nächsten* Schritt ein neues Pivotelement suchen. Nichtregularität stellen wir immer dann fest, wenn wir kein von 0 verschiedenes Pivotelement mehr finden können, oder anders ausgedrückt, wenn das nächste in Frage kommende Pivotelement = 0 ist.

Eine Nullzeile kann mit beliebigen Werten multipliziert werden, trotzdem wird sich nichts ändern. Die Kennzahl $\det A$ kann diese Situation dadurch wiedergeben, dass sie ihren Wert um den Faktor λ ändert, wenn man eine Zeile mit λ multipliziert. Nullzeilen haben damit zur Folge, dass die Determinante = 0 werden muss.

Wenn der Gauß-Algorithmus erfolgreich ist, wandelt er die Matrix A in eine Einheitsmatrix um. Dieser Einheitsmatrix können wir willkürlich einen Wert für die Determinante zuteilen, der Regularität mitteilen soll.

Aus diesen Überlegungen leiten wir die folgenden drei Regeln für die Determinante ab.

1. **Zeilenaddition:** $\det A$ ändert sich nicht bei einer Zeilenaddition:

$$\det A = \begin{vmatrix} \\ a_{k\cdot} \\ \\ a_{l\cdot} \\ \end{vmatrix} = \begin{vmatrix} \\ a_{k\cdot} \\ \\ a_{k\cdot} + a_{l\cdot} \\ \end{vmatrix}.$$

2. **Pivotdivision:** Wird eine Zeile von A mit λ multipliziert, wird auch $\det A$ mit λ multipliziert:

$$\begin{vmatrix} \\ \lambda a_{k\cdot} \\ \end{vmatrix} = \lambda \cdot \begin{vmatrix} \\ a_{k\cdot} \\ \end{vmatrix}.$$

3. **Normierung:**

$$\det I = \begin{vmatrix} 1 & & & & \\ & 1 & & & \\ & & 1 & & \\ & & & \ddots & \\ & & & & 1 \\ & & & & & 1 \end{vmatrix} = 1.$$

Es stellt sich unmittelbar die Frage, ob diese Regeln ausreichen, die Determinante zu berechnen, und ob der damit berechnete Wert auch eindeutig ist. Die erste Frage ist ziemlich klar: der Berechnungsalgorithmus, der sich aus den Regeln ableiten lässt, verwendet nur Informationen, die ohnehin im Gauß-Algorithmus anfallen. Weniger klar ist, dass die wenigen Wahlmöglichkeiten, die bei der Durchführung des Gauß-Algorithmus bestehen, trotzdem immer zum gleichen Wert für die Determinante führen.

Eine Gleichung und eine Unbekannte

Für den einfachsten Fall einer 1×1-Matrix (a) betrachten wir die Matrix als eine Einheitsmatrix, in der die einzige vorhandene Zeile mit a multipliziert worden ist. Daraus folgt

$$\det(a) = \det(a \cdot I) \overset{\text{Eigenschaft 2}}{=} a \det(I) \overset{\text{Eigenschaft 3}}{=} a \cdot 1 = a.$$

Der Wert der Determinanten ist in diesem Fall also eindeutig festgelegt und die Determinante ist genau für eindeutig lösbare Gleichungen $ax = b$ von Null verschieden.

Zwei Gleichungen und zwei Unbekannte

Aber auch für den Fall 2×2 können wir den Wert der Determinante von

$$A = \begin{pmatrix} a & b \\ c & d \end{pmatrix}$$

vollständig bestimmen. Dazu lassen wir uns wie vorhin vom Gauß-Algorithmus leiten, den wir links darstellen, während wir rechts die Veränderung des Determinantenwertes verfolgen. Wir beginnen damit, die erste Zeile der Matrix als eine mit a multiplizierte Zeile $(1 \quad b/a)$ zu betrachten. Nach Eigenschaft 2 gilt dann

$$\boxed{\begin{matrix} \boxed{a} & b \\ \boxed{c} & d \end{matrix}} \rightarrow \boxed{\begin{matrix} 1 & \frac{b}{a} \\ \boxed{c} & d \end{matrix}} \qquad \det\begin{pmatrix} a & b \\ c & d \end{pmatrix} = \boxed{a}\det\begin{pmatrix} 1 & \frac{b}{a} \\ c & d \end{pmatrix}.$$

Die nachfolgende Zeilensubtraktion ändert den Wert nicht:

$$\rightarrow \boxed{\begin{matrix} 1 & \frac{b}{a} \\ 0 & \boxed{d - \frac{bc}{a}} \end{matrix}} \qquad = \boxed{a}\det\begin{pmatrix} 1 & \frac{b}{a} \\ 0 & d - \frac{bc}{a} \end{pmatrix}.$$

Die Pivotzeile betrachten wir wieder als eine mit dem Pivotelement multiplizierte Zeile, die an der Pivotstelle eine 1 hat. Das Pivotelement kann man daher als Faktor herausziehen und erhält

$$\rightarrow \boxed{\begin{matrix} 1 & \boxed{\frac{b}{a}} \\ 0 & 1 \end{matrix}} \qquad = \boxed{a}\boxed{\left(d - \frac{bc}{a}\right)}\det\begin{pmatrix} 1 & \frac{b}{a} \\ 0 & 1 \end{pmatrix}.$$

Die nachfolgenden Operationen des Gauß-Algorithmus ändern den Wert der Determinanten nicht mehr:

$$\rightarrow \begin{vmatrix} 1 & 0 \\ 0 & 1 \end{vmatrix} = (ad - bc)\det\begin{pmatrix} 1 & 0 \\ 0 & 1 \end{pmatrix} = ad - bc.$$

Die Eigenschaften sind also offenbar bereits stark genug, um die Determinante festzulegen.

Merkhilfe für 2×2-Determinante

Die Formel für die 2×2-Determinante kann man sich mit dem "Fisch"

$$\begin{vmatrix} a & b \\ c & d \end{vmatrix} = ad - bc = \begin{matrix} a & b \\ c & d \end{matrix} \tag{4.1}$$

vielleicht besser merken. Das "Maul" des Fisches soll daran erinnern, dass bc subtrahiert werden muss.

Dreiecksmatrizen und Diagonalmatrizen

Die Regeln erlauben auch die Determinanten beliebiger oberer Dreiecksmatrizen zu berechnen. Wir können jede Zeile einer solchen Matrix als eine Zeile mit einer 1 auf der Diagonale betrachten, die mit dem Diagonalelement multipliziert worden ist. Mit Regel 2 folgt daher, dass

$$\begin{vmatrix} a_{11} & a_{12} & \dots & a_{1n} \\ 0 & a_{22} & \dots & a_{2n} \\ \vdots & \vdots & \ddots & \vdots \\ 0 & 0 & \dots & a_{nn} \end{vmatrix} = a_{11} \cdot \begin{vmatrix} 1 & a_{12}/a_{11} & \dots & a_{1n}/a_{11} \\ 0 & a_{22} & \dots & a_{2n} \\ \vdots & \vdots & \ddots & \vdots \\ 0 & 0 & \dots & a_{nn} \end{vmatrix}$$

$$= a_{11} \cdot a_{22} \cdot \dots \cdot a_{nn} \cdot \begin{vmatrix} 1 & * & \dots & * \\ 0 & 1 & \dots & * \\ \vdots & \vdots & \ddots & \vdots \\ 0 & 0 & \dots & 1 \end{vmatrix}. \tag{4.2}$$

Die nicht verschwindenden Einträge im rechten oberen, blauen Teil der Determinante (4.2) können mit Zeilenoperationen nach dem Muster des Gauß-Algorithmus zum Verschwinden gebracht werden, ohne dass sich der Wert der Determinanten dabei ändert.

Satz 4.1 (Determinante einer oberen Dreiecksmatrix). *Ist A eine obere Dreiecksmatrix mit Einträgen a_{ik}, dann ist die Determinante*

$$\det(A) = \begin{vmatrix} a_{11} & a_{12} & \dots & a_{1n} \\ & a_{22} & \dots & a_{2n} \\ & & \ddots & \vdots \\ 0 & & & a_{nn} \end{vmatrix} = a_{11} \cdot a_{22} \cdot \dots \cdot a_{nn}$$

das Produkt der Diagonalelemente. Dasselbe gilt für eine untere Dreicksmatrix.

4.1.2 Rechenregeln für Determinanten

Nach dem Muster der bisherigen Beispiele lassen sich für beliebige Matrizen weitere Rechenregeln ableiten, die die Berechnung einer Determinanten vereinfachen.

Hilfssatz 4.2 (Determinante mit Nullzeile). *Besteht eine Zeile in einer Matrix $A = (a_{ij})$ aus lauter Nullen, ist auch* $\det A = 0$.

Beweis. Multipliziert man die aus Nullen bestehende Zeile mit λ, wird $\det A$ nach Eigenschaft 2 mit λ multipliziert. Durch die Multiplikation ändern sich die Nullen in der Zeile allerdings nicht, es gilt also

$$\lambda \det A = \det A$$

für jedes beliebige $\lambda \in \Bbbk$. Die einzige Zahl, die sich nicht ändert, wenn man sie mit beliebigen Zahlen multipliziert, ist die Null. Also $\det A = 0$. □

Hilfssatz 4.3 (Determinante mit zwei gleichen Zeilen). *Sind zwei Zeilen in einer Matrix $A = (a_{ij})$ gleich, dann ist* $\det A = 0$.

Beweis. Subtrahiert man die erste der beiden gleichen Zeilen von der zweiten, ändert sich die Determinante nach Regel 1 nicht, denn dies ist eine Zeilenoperation. In der zweiten Zeile stehen nach dieser Operation aber lauter Nullen, die Determinante muss nach Hilfssatz 4.2 also = 0 sein. □

Hilfssatz 4.4 (Zeilenvertauschung). *Vertauscht man in einer Matrix $A = (a_{ij})$ zwei Zeilen, dann ändert* $\det A$ *das Vorzeichen.*

Beweis. Die Zeilenvertauschung kann man mit der folgenden Abfolge von Zeilenoperationen durchführen, die den Wert der Determinanten nicht ändern:

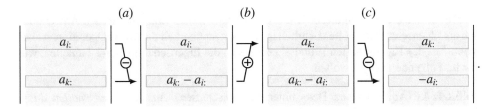

(a) Die Zeile i wird von der Zeile k subtrahiert, dort steht jetzt $a_{k:} - a_{i:}$.

(b) Die Zeile k wird zur Zeile i addiert, als Resultat steht in der Zeile i jetzt $a_{i:} + (a_{k:} - a_{i:}) = a_{k:}$. Die Zeile k ist jetzt an der Stelle, wo vorher die Zeile i war.

(c) Die Zeile i wird von der Zeile k subtrahiert. Als Resultat steht dort jetzt $(a_{k:} - a_{i:}) - a_{k:} = -a_{i:}$.

Bis auf das Vorzeichen in der Zeile k haben die Zeilen i und k die Plätze getauscht, ohne dass sich dabei der Wert der Determinanten geändert hat. Nimmt man den gemeinsamen Faktor -1 in Zeile k aus der Determinante heraus, erhält man die Behauptung des Hilfssatzes. □

Hilfssatz 4.5 (Linear abhängige Zeilen). *Sind die Gleichungen eines Gleichungssystems linear abhängig, dann gilt für die Koeffizienten* $\det A = 0$.

Beweis. Wenn die Zeilen linear abhängig sind, dann wissen wir bereits, dass im Gauß-Algorithmus am Ende mindestens eine Zeile aus lauter Nullen auftauchen muss. Am Ende des Prozesses ist die Determinante also $= 0$. □

4.1.3 Determinante als lineare Funktion der Zeilen

Die bisher verwendeten Eigenschaften der Determinanten hatten den Vorteil, einen direkten Bezug zu den Operationen zu haben, mit denen wir Gleichungssysteme gelöst haben. Sie hatten den Nachteil, etwas willkürlich zu sein. Daher verwendet man oft die folgenden Eigenschaften, aus denen die bisherigen Eigenschaften folgen.

$1'$. Die Determinante $\det A$ ist eine lineare Funktion der Zeilen, d. h.

$$
\begin{vmatrix} \lambda a'_{k:} + \mu a''_{k:} \end{vmatrix} = \lambda \cdot \begin{vmatrix} a'_{k:} \end{vmatrix} + \mu \cdot \begin{vmatrix} a''_{k:} \end{vmatrix}. \tag{4.3}
$$

Die Summe lässt sich in zwei Determinanten aufspalten, die skalaren Faktoren können vor die Determinante gezogen werden.

$2'$. Sind zwei Zeilen von A gleich, ist $\det A = 0$.

Der besondere Nutzen dieser Umformulierung ist, dass Linearität in den Anwendungen als Eigenschaft meist offensichtlich ist, die Anwendbarkeit der Gauß-Operationen aber nicht. Aus den Eigenschaften $1'$ und $2'$ lassen sich die Eigenschaften 1 und 2 ableiten, wie wir im Folgenden zeigen wollen.

Hilfssatz 4.6 (Äquivalenz der Determinanteneigenschaften). *Aus den Eigenschaften $1'$ und $2'$ folgen die Eigenschaften 1 und 2 der Determinante.*

Beweis. Setzt man $a'_{ki} = a_{ki}$, $a''_{ki} = a_{li}$ und $\lambda = 1$ entsteht auf der linken Seite von (4.3) die Determinante nach dem hinzuaddieren des μ-fachen der l-ten Zeile zur k-ten Zeile, also das Resultat einer Zeilenoperation. Auf der rechten Seite von (4.3) steht als erster Term die ursprüngliche Determinante, der zweite Term ist aber eine Determinante, in der die k-te und die l-te Zeile übereinstimmen, diese verschwindet also nach $2'$. Damit ist die Eigenschaft 1 bewiesen.

Setzt man $a'_{ki} = a_{ki}$ und $\mu = 0$, steht auf der linken Seite die Determinante, in der die k-te Zeile mit λ multipliziert wurde. Auf der rechten Seite steht die mit λ multiplizierte Determinante, wegen $\mu = 0$ fällt der zweite Term weg. Somit ist auch die Eigenschaft 2 bewiesen. □

Wenn die Eigenschaften 1′, 2′ und 3 erfüllt sind, sind also immer noch alle Schlussfolgerungen gültig, die wir aus den Eigenschaften 1 bis 2 gezogen hatten.

Der Vorteil dieser Eigenschaften gegenüber den bisher verwendeten besteht darin, dass sich daraus eine Formel ableiten lässt, aus der weitere Eigenschaften der Determinanten leichter erschlossen werden können.

Man kann zeigen, dass die Eigenschaften der Determinanten diese eindeutig bestimmen. Es kann also nicht passieren, dass eine andere Reihenfolge der Pivotelemente zu einem anderen Resultat führt. Diese Tatsache lässt sich aus der Linearität ableiten und wird sich später im Abschnitt 4.4 aus den Überlegungen, die auf den Entwicklungssatz führen, automatisch ergeben. Wir halten hier nur das Resultat fest.

Satz 4.7 (Charakterisierung der Determinanten I). *Die Determinante* det *A ist die einzige lineare Funktion der Zeilen von A, die folgende zwei Eigenschaften hat:*

1. *Falls A zwei gleiche Zeilen enthält, ist* det *A* = 0.

2. det *I* = 1.

4.1.4 Spalten statt Zeilen

Die Definition der Determinanten verlangt explizit nach Zeilenoperationen. Andererseits haben wir gelernt, dass man zur Berechnung der Koeffizienten einer verschwindenden Linearkombination der Zeilen die transponierte Matrix verwenden muss. Die Berechnung der Determinanten der transponierten Matrix mit Zeilenoperationen ist aber gleichbedeutend mit der Berechnung der Determinanten der ursprünglichen Matrix mit Spaltenoperationen. Genau dann wenn det(A) = 0 ist, ist auch det(A^t) = 0.

Wir können im Moment noch nicht einsehen, dass det(A) = det(A^t) tatsächlich gleich sind, werden einen solchen Beweis aber später im Satz 4.30 liefern. Auch ohne einen solchen Beweis können wir dieselben Überlegungen auf Spaltenoperationen anwenden, die zur Charakterisierung der Determinanten mit Zeilenoperationen geführt hatten, und die im Satz 4.7 kulminierten.

Wir könnten daher als alternative Definition der Determinanten eine verwenden, in der Spalten die Rollen von Zeilen übernehmen. Die Determinante wäre dann eine lineare Funktion der Spalten, sie würde also die Bedingung

$$\left| \begin{array}{c} \lambda a'_{:k} + \mu a''_{:k} \end{array} \right| = \lambda \cdot \left| \begin{array}{c} a'_{:k} \end{array} \right| + \mu \cdot \left| \begin{array}{c} a''_{:k} \end{array} \right|$$

für zwei Spalten $a'_{:k}$ und $a''_{:k}$ und Skalare λ und μ gelten. Und als Charakterisierung erhalten wir den folgenden Satz.

Satz 4.8 (Charakterisierung der Determinanten II). *Die Determinante* det *A ist die einzige lineare Funktion der Spalten von A, die folgende zwei Eigenschaften hat:*

1. Falls A zwei gleiche Spalten enthält, ist $\det A = 0$.

2. $\det I = 1$.

4.2   Berechnung der Determinanten

Die bisher gefundenen Regeln zur Berechnung der Determinante funktionieren zwar für beliebige Matrizen, aber sie erlauben uns außer in einfachen Fällen noch nicht, eine Formel für die Determinante anzugeben. In diesem Abschnitt sollen die Regeln daher im Sinne einer Vorbereitung auf die Herleitung des Entwicklungssatzes im Abschnitt 4.4 noch etwas vertieft werden und weitere Fälle untersucht werden, in denen die Berechnung der Determinanten mit wenig Aufwand möglich ist.

4.2.1   Berechnung mit dem Gauß-Algorithmus

Das Beispiel der 2×2-Determinante aus dem ersten Abschnitt lässt sich auch für beliebig große Determinanten verallgemeinern, woraus sich ein effizientes Berechnungsverfahren für die Determinante ergibt.

Im Laufe des Gauß-Verfahrens ändert sich die Determinante offenbar immer dann, wenn eine Pivotdivision ausgeführt wird. In solchen Schritten wird durch das Pivotelement dividiert. Am Ende des Verfahrens bleibt die Einheitsmatrix stehen, die die Determinante 1 hat. Durch fortgesetztes Dividieren durch die Pivotelemente wird aus der $\det A$ also 1:

$$\frac{\det A}{\prod_{p \text{ Pivotelement}} \textcircled{p}} = 1 \quad \Rightarrow \quad \det A = \prod_{p \text{ Pivotelement}} \textcircled{p}.$$

Somit folgt der folgende Satz.

Satz 4.9 (Determinante als Pivotprodukt). *Die Determinante von A ist das Produkt der Pivotelemente, die im Laufe des Gauß-Verfahrens auftreten.*

Der Internet-Gauß-Calculator berechnet auch das Produkt der Pivotelemente, die im Laufe des Algorithmus aufgetreten sind.

Beispiel 4.10. Berechnen Sie die Determinante der Matrix

$$A = \begin{pmatrix} 17 & 85 & -51 \\ -3 & -8 & 37 \\ -2 & -6 & 39 \end{pmatrix}$$

linalg.ch/gauss/38

mit Hilfe des Gauß-Algorithmus. Die Durchführung mit dem Tableau ergibt

$$\begin{array}{|ccc|} \textcircled{17} & 85 & -51 \\ -3 & -8 & 37 \\ -2 & -6 & 39 \end{array} \rightarrow \begin{array}{|ccc|} 1 & 5 & -3 \\ 0 & \textcircled{7} & 28 \\ 0 & 4 & 33 \end{array} \rightarrow \begin{array}{|ccc|} 1 & 5 & -3 \\ 0 & 1 & 4 \\ 0 & 0 & \textcircled{17} \end{array}.$$

Die Pivotelemente sind 17, 7 und 17, also ist die Determinante

$$\det(A) = 17 \cdot 7 \cdot 17 = 2023.$$

4.2.2 Berechnung mit Zeilenoperationen

Determinanten können auch berechnet werden, indem man sie zunächst mit beliebigen zulässigen Operationen in eine Form bringt, in der die Determinante einfach zu berechnen ist, typischerweise in Dreiecksform.

Beispiel 4.11. Man berechne die Determinante der Matrix

$$D_4 = \begin{pmatrix} 1 & 1 & 0 & 0 \\ 1 & 1 & 1 & 0 \\ 0 & 1 & 1 & 1 \\ 0 & 0 & 1 & 1 \end{pmatrix},$$

linalg.ch/gauss/39

indem man sie durch Zeilenoperationen auf Dreiecksform bringt:

$$\det D_4 = \begin{vmatrix} 1 & 1 & 0 & 0 \\ 1 & 1 & 1 & 0 \\ 0 & 1 & 1 & 1 \\ 0 & 0 & 1 & 1 \end{vmatrix} = \begin{vmatrix} 1 & 1 & 0 & 0 \\ 0 & 0 & 1 & 0 \\ 0 & 1 & 1 & 1 \\ 0 & 0 & 1 & 1 \end{vmatrix} \begin{array}{c} \\ \times \\ \end{array} \begin{vmatrix} 1 & 1 & 0 & 0 \\ 0 & 1 & 1 & 1 \\ 0 & 0 & 1 & 0 \\ 0 & 0 & 1 & 1 \end{vmatrix} = - \begin{vmatrix} 1 & 1 & 0 & 0 \\ 0 & 1 & 1 & 1 \\ 0 & 0 & 1 & 0 \\ 0 & 0 & 0 & 1 \end{vmatrix}$$

Die letzte Determinante ist 1 und damit $\det(D_4) = -1$. ○

Das Beispiel 4.11 kann verallgemeinert werden. Dazu betrachten wir die $n \times n$-Matrix

$$D_n = \begin{pmatrix} 1 & 1 & 0 & 0 & \dots & 0 \\ 1 & 1 & 1 & 0 & \dots & 0 \\ 0 & 1 & 1 & 1 & \dots & 0 \\ 0 & 0 & 1 & 1 & \dots & 0 \\ \vdots & \vdots & \vdots & \vdots & \ddots & \vdots \\ 0 & 0 & 0 & 0 & \dots & 1 \end{pmatrix}, \tag{4.4}$$

die auf der Diagonalen und unmittelbar darüber und darunter Einsen hat, der Rest der Matrix ist mit Nullen gefüllt. Wir berechnen die Determinante in Abhängigkeit von n. Für $n > 3$ kann man die Determinante durch Zeilenoperationen auf die Determinante von D_{n-3} zurückführen. Die Operationen sind:

1. Subtrahiere die erste Zeile von der zweiten, die Determinante ändert nicht.

2. Vertausche die zweite und dritte Zeile, dabei kehrt das Vorzeichen der Determinante.

3. Subtrahiere die dritte Zeile von der vierten, die Determinante ändert nicht.

Die Operationen zerlegen die Matrix in eine obere 3×3-Dreiecksmatrix mit Determinante 1 (grün) und die Matrix D_{n-3} (blau) wie im folgenden Schema:

Dies beweist die Rekursionsformel $\det D_n = -\det D_{n-3}$. Aus den Werten von $\det D_n$ für $n = 1, 2, 3$ kann man damit $\det D_n$ für beliebige n berechnen. Für $n = 1$ ist $\det D_1 = 1$ klar,

$$n = 2: \quad \begin{vmatrix} 1 & 1 \\ 1 & 1 \end{vmatrix} = 0, \quad n = 3: \quad \begin{vmatrix} 1 & 1 & 0 \\ 1 & 1 & 1 \\ 0 & 1 & 1 \end{vmatrix} = \begin{vmatrix} 1 & 1 & 0 \\ 0 & 0 & 1 \\ 0 & 1 & 1 \end{vmatrix} = -\begin{vmatrix} 1 & 1 & 0 \\ 0 & 1 & 1 \\ 0 & 0 & 1 \end{vmatrix} = -1.$$

So erhalten wir jetzt die folgende Wertetabelle für die Werte der Determinanten von D_n.

n	1	2	3	4	5	6	...	$6k$	$6k+1$	$6k+2$	$6k+3$	$6k+4$	$6k+5$	$6k+6$
$\det D_n$	1	0	−1	−1	0	1	...	1	1	0	−1	−1	0	1

Offenbar gilt $\det D_n = \det D_{n+6}$ für alle n. Die im Beispiel gelungene Zerlegung der Matrix in zwei Blöcke, deren Determinanten unabhängig voneinander berechnet werden können, ist ein allgemein nützliches Prinzip, das im nächsten Abschnitt 4.2.3 für beliebige Matrizen ausgearbeitet wird.

4.2.3 Blockdiagonalmatrizen

Eine Blockdiagonalmatrix A besteht aus kleineren quadratischen Matrizen $A_1, A_2, \ldots, A_n$ entlang der Diagonalen, der Rest der Matrix ist mit Nullen gefüllt:

$$(4.5)$$

Die Berechnung der Determinanten mit Zeilenoperationen strebt an, eine Matrix auf Dreiecksform zu bringen. Bei einer Blockdiagonalmatrix ist dies immer nur innerhalb eines einzelnen Blocks möglich. Allein durch Operationen innerhalb der einzelnen Blöcke entsteht also eine Blockdiagonalmatrix aus lauter Dreiecksblöcken. Die Determinante ist das Produkt der Diagonalelemente dieser Dreiecksblöcke. Dieses zerfällt aber in die Produkte der Diagonalelemente der einzelnen Blöcke, die wiederum die Determinanten der ursprünglichen Blöcke sind. Schematisch kann man dies als

schreiben. Damit haben wir den folgenden Satz gezeigt.

Satz 4.12 (Determinante einer Blockdiagonalmatrix). *Eine Blockdiagonalmatrix der Form* (4.5) *mit Blöcken $A_1, A_2, \ldots, A_n$ hat die Determinante*

$$\det(A) = \det(A_1) \cdot \det(A_2) \cdot \ldots \cdot \det(A_n).$$

$$(4.6)$$

Man beachte, dass das Argument immer noch gilt, wenn nur einer der grauen Bereiche oberhalb oder unterhalb der Diagonale aus lauter Nullen besteht. Ein später wichtiger Spezialfall dieser Beobachtung ist eine Matrix, in der nur ein Element der ersten Spalte von Null verschieden ist. Ist dies das Element in Zeile $i > 1$, dann kann durch $i - 1$ Zeilenvertauschungen erreicht werden, dass es in Zeile 1 steht:

$$\det(A) = \begin{vmatrix} & & \\ & A_{i1} & \end{vmatrix} = (-1)^{i-1} \cdot \begin{vmatrix} & & \\ 0 & A_{i1} & \end{vmatrix} = (-1)^{i-1} \cdot \square \cdot \begin{vmatrix} & & \\ & A_{i1} & \end{vmatrix}.$$

Die Matrix A_{i1} besteht aus den Einträgen der Matrix A, aus der man die Zeile i und die Spalte 1 entfernt hat. Die Determinante von A ist also

$$\det(A) = (-1)^{i-1} \cdot a_{i1} \cdot \det(A_{i1}). \tag{4.7}$$

Im Abschnitt 4.4 werden wir diese Spezialfall zu einer Berechnungsmethode für beliebige Matrizen ausbauen.

4.3   Permutationen

Die Zeilenvertauschungen, die man zur Berechnung einer Determinante anwenden möchte, können auch als Matrizen beschrieben werden.

Definition 4.13 (Permutationsmatrix). *Eine* Permutationsmatrix *ist eine Matrix P, die in jeder Zeile und Spalte genau eine Eins und sonst lauter Nullen enthält.*

Multipliziert man eine beliebig Matrix mit einer Permutationsmatrix von links, vertauscht sie die Zeilen der Matrix. Zum Beispiel:

$$\begin{pmatrix} 0 & 0 & 1 & 0 \\ 1 & 0 & 0 & 0 \\ 0 & 0 & 0 & 1 \\ 0 & 1 & 0 & 0 \end{pmatrix} \begin{pmatrix} e & i & n & s \\ z & w & e & i \\ d & r & e & i \\ v & i & e & r \end{pmatrix} = \begin{pmatrix} d & r & e & i \\ e & i & n & s \\ v & i & e & r \\ z & w & e & i \end{pmatrix}.$$

Andererseits spielen Zeilenvertauschungen bei der Berechnung von Determinanten eine wichtige Rolle. In diesem Abschnitt sollen daher Permutationen genauer untersucht werden und insbesondere der Begriff des Vorzeichens oder Signums einer Permutation erarbeitet werden, der im Entwicklungssatz in Abschnitt 4.4 wichtig werden wird.

4.3.1   Permutationen einer endlichen Menge

Eine endliche Anzahl n von Objekten kann auf $n!$ Arten angeordnet werden. Da es in dieser Diskussion nicht auf die Art der Objekte ankommt, nehmen wir als Objektmenge die Zahlen $[n] = \{1, \ldots, n\}$. Die Operation, die die Objekte in eine bestimmte Reihenfolge bringt, ist eine Abbildung $\sigma \colon [n] \to [n]$.

Definition 4.14 (Permutation). *Eine* Permutation *ist eine umkehrbare Abbildung* $[n] \to$ $[n]$*. Die Menge* S_n *aller umkehrbaren Abbildungen* $[n] \to [n]$ *mit der Zusammensetzung von Abbildungen als Verknüpfung heißt die die* symmetrische Gruppe*. Die identische Abbildung* $\sigma(x) = x$ *ist das* neutrale Element *der Gruppe* S_n *und wir auch mit* ε *bezeichnet.*

Permutationen als $2 \times n$**-Matrizen**

Eine Permutation kann als $2 \times n$-Matrix geschrieben werden:

$$= \begin{pmatrix} 1 & 2 & 3 & 4 & 5 & 6 \\ 2 & 1 & 3 & 5 & 6 & 4 \end{pmatrix}.$$

Das neutrale Element hat die Matrix

$$\varepsilon = \begin{pmatrix} 1 & 2 & 3 & 4 & 5 & 6 \\ 1 & 2 & 3 & 4 & 5 & 6 \end{pmatrix}$$

aus zwei identischen Zeilen.

Die Verknüpfung zweier solcher Permutationen kann leicht graphisch dargestellt werden: dazu werden die beiden Permutationen untereinander geschrieben und Spalten der zweiten Permutation in der Reihenfolge der Zahlen in der zweiten Zeile der ersten Permutation angeordnet. Die zusammengesetzte Permutation kann dann in der zweiten Zeile der zweiten Permutation abgelesen werden:

$$\left. \begin{aligned} \sigma_1 &= \begin{pmatrix} 1 & 2 & 3 & 4 & 5 & 6 \\ 2 & 1 & 3 & 5 & 6 & 4 \end{pmatrix} = \begin{pmatrix} 1 & 2 & 3 & 4 & 5 & 6 \\ 2 & 1 & 3 & 5 & 6 & 4 \end{pmatrix} \\ \sigma_2 &= \begin{pmatrix} 1 & 2 & 3 & 4 & 5 & 6 \\ 3 & 4 & 5 & 6 & 1 & 2 \end{pmatrix} = \begin{pmatrix} 2 & 1 & 3 & 5 & 6 & 4 \\ 4 & 3 & 5 & 1 & 2 & 6 \end{pmatrix} \end{aligned} \right\} \Rightarrow \sigma_2\sigma_1 = \begin{pmatrix} 1 & 2 & 3 & 4 & 5 & 6 \\ 4 & 3 & 5 & 1 & 2 & 6 \end{pmatrix}.$$

Die Inverse einer Permutation kann erhalten werden, indem die beiden Zeilen vertauscht werden und dann die Spalten wieder so angeordnet werden, dass die Zahlen in der ersten Zeile aufsteigend sortiert sind:

$$\sigma = \begin{pmatrix} 1 & 2 & 3 & 4 & 5 & 6 \\ 2 & 1 & 3 & 5 & 6 & 4 \end{pmatrix} \quad \Rightarrow \quad \sigma^{-1} = \begin{pmatrix} 2 & 1 & 3 & 5 & 6 & 4 \\ 1 & 2 & 3 & 4 & 5 & 6 \end{pmatrix} = \begin{pmatrix} 1 & 2 & 3 & 4 & 5 & 6 \\ 2 & 1 & 3 & 6 & 4 & 5 \end{pmatrix}.$$

4.3.2 Zyklenzerlegung

Eine Permutation $\sigma \in S_n$ kann auch mit der sogenanten Zyklenzerlegung analysiert werden.

Definition 4.15 (invariante Menge). *Eine* invariante Teilmenge *einer Permutation* $\sigma \in S_n$ *ist eine Teilmenge* $U \subset [n]$*, die von* σ *in sich selbst abgebildet wird, also* $\sigma(U) \subset U$*.*

Ein Zyklus *Z ist eine unter σ invariante, nichtleere Teilmenge von $[n]$, die keine kleinere invariante, nichtleere Teilmenge enthält. Die* Zyklenzerlegung *ist eine Zerlegung von*

$$[n] = \bigcup_{i=1}^{k} Z_i$$

in disjunkte Zyklen Z_i.

Zum Beispiel:

$$\sigma = \begin{pmatrix} 1 & 2 & 3 & 4 & 5 & 6 \\ 2 & 1 & 3 & 5 & 6 & 4 \end{pmatrix} \quad = \quad$$

Der folgende Satz stellt einen Algorithmus bereit, mit dem die Zyklenzerlegung einer Permutation gefunden werden kann.

Satz 4.16 (Zyklenzerlegung). *Sei $\sigma \in S_n$ eine Permutation. Der folgende Algorithmus findet die Zyklenzerlegung von σ:*

1. $i = 1$.

2. Wähle das erste noch nicht verwendete Element

$$s_i = \min\left([n] \setminus \bigcup_{j<i} Z_j\right).$$

3. Bestimme alle Elemente, die aus s_i durch Anwendung von σ entstehen:

$$Z_i = \{s_i, \sigma(s_i), \sigma(\sigma(s_i)), \dots\} = \{\sigma^k(s_i) \mid k \geq 0\}.$$

4. Falls $\bigcup_{j \leq i} Z_j \neq [n]$, erhöhe i um 1 und fahre weiter bei 2.

Zu jedem Zyklus Z_i einer Permutation σ gibt es eine Permutation σ_i, diesen Zyklus hat und alle anderen Punkte fest lässt. Die Permutation σ ist dann das Produkt der Permutationen σ_i, wobei es nicht auf die Reihenfolge ankommt.

Mit Hilfe der Zyklenzerlegung von σ lassen sich auch gewisse Eigenschaften von σ ableiten. Sei also $[n] = Z_1 \cup \cdots \cup Z_k$ die Zyklenzerlegung von σ. Für jedes Element $x \in Z_i$ gilt $\sigma^{|Z_i|}(x) = x$. Die kleinste Zahl m, für die $\sigma^m = e$ ist, das kleinste gemeinsame Vielfache der Zyklenlängen:

$$m = \text{kgV}(|Z_1|, |Z_2|, \dots, |Z_k|).$$

Was ist eine Gruppe?

Die Menge S_n der Permutationen von n Objekten ist ein Beispiel der viel abstrakteren algebraischen Struktur einer Gruppe (vgl. auch die Übersicht in Abbildung 1.4).

Definition 4.17 (Gruppe). *Eine Menge G mit einer Verknüpfung $G \times G \to G : (g, h) \mapsto gh$ heißt eine Gruppe, wenn sie die folgenden Bedingungen erfüllt.*

1. *Die Verknüpfung ist assoziativ, d. h. $(gh)k = g(hk)$ für alle $g, h, k \in G$.*

2. *Es gibt ein Element $e \in G$ derart, dass $eg = g$ für alle $g \in G$, es heißt das* neutrale Element.

3. *Zu jedem Element $g \in G$ gibt es ein Element $g^{-1} \in G$ derart, dass $gg^{-1} = e$ gilt, es heißt das zu g* inverse Element.

Außer der symmetrischen Gruppe S_n haben wir bereits eine ganze Reihe von Gruppen kennengelernt:

- Die Vektoren eines Vektorraums bilden bezüglich der Vektoraddition eine Gruppe mit dem neutralen Element 0 und dem inversen Element $-v$.

- Die von 0 verschiedenen Skalare eines Skalarkörpers bilden eine Gruppe bezüglich der Multiplikation mit dem neutralem Element 1 und dem inversem Element k^{-1} für $k \neq 0$.

- Die invertierbaren Matrizen $GL_n(\Bbbk)$ (siehe Definition 3.35) bilden eine Gruppe bezüglich der Matrizenmultiplikation mit der Einheitsmatrix als neutralem Element und der inversen Matrix als inversem Element.

Die Gruppentheorie befasst sich mit den Eigenschaften von abstrakten Gruppen unabhängig von deren Realisierung. Beispiele solcher Aussagen sind, dass nicht nur $eg = g$ ist, sondern auch $ge = g$, oder dass es nur ein einziges neutrales Element geben kann. Oder dass das inverse Element nicht nur $gg^{-1} = e$ erfüllt, sondern auch $g^{-1}g = e$. Diese letzte Aussage haben wir im Satz 3.32 für Matrizen bewiesen. Der Beweis war so formuliert, dass er für jede beliebige Gruppe funktioniert.

4.3.3   Permutationen und Transpositionen

Im vorangegangenen Abschnitt 4.3.2 haben wir Permutationen durch die Zyklenzerlegung charakterisiert. Es zeigt sich aber, dass sich eine Permutation in noch elementarere Bausteine zerlegen lässt, die Transpositionen.

Definition 4.18 (Transposition). *Eine* Transposition $\tau \in S_n$ *ist ein Permutation, die genau zwei Elemente vertauscht. Die Transposition τ_{ij} ist definiert durch*

$$\tau_{ij}(x) = \begin{cases} i & \text{falls } x = j \\ j & \text{falls } x = i \\ x & \text{sonst.} \end{cases}$$

Eine Transposition hat genau einen Zyklus der Länge 2, alle anderen Zyklen haben die Länge 1.

Zyklus und Permutationen aus Transpositionen

Sei σ die zyklische Vertauschung der Elemente $1, \ldots, k \in [n]$, also die Permutation, die $1 \to 2 \to 3 \to \cdots \to k-2 \to k-1 \to k \to 1$ abbildet. Dieser Zyklus lässt sich wie folgt aus Transpositionen zusammensetzen:

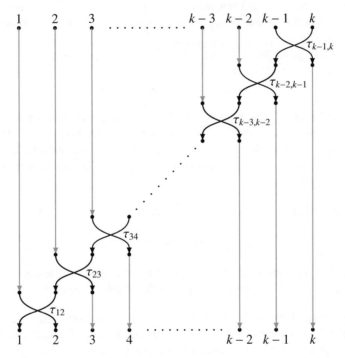

Es ist also

$$\sigma = \tau_{12}\tau_{23}\tau_{34}\cdots\tau_{k-3,k-2}\tau_{k-2,k-1}\tau_{k-1,k}.$$

Satz 4.19 (Darstellung als Produkt von Transpositionen). *Jede Permutation $\sigma \in S_n$ lässt sich als ein Produkt von Transpositionen schreiben. Jeder Zyklus der Länge k lässt sich aus $k - 1$ Transpositionen zusammensetzen. Eine Permutation mit einer Zerlegung in Zyklen der Längen $l_1, \ldots, l_p$ kann als Produkt von $l_1 + \cdots + l_p - p$ Transpositionen geschrieben werden.*

4.3.4   Signum einer Permutation

Die Anzahl der Transpositionen, die benötigt werden, um eine Permutation zu beschreiben, ist nicht fest. Wenn σ mit k Transpositionen geschrieben werden kann und γ mit l, dann hat $\gamma\sigma\gamma^{-1}$ die gleiche Zyklenzerlegung, kann aber mit $k + 2l$ Transpositionen geschrieben werden. Die Anzahl Transpositionen, die zur Darstellung einer Permutation nötig ist, ändert sich aber immer nur um eine gerade Zahl. Die Anzahl ist also keine

Invariante einer Permutation, aber ob die Anzahl gerade ist oder nicht, ist sehr wohl eine charakterisierende Eigenschaft einer Permutation.

Definition 4.20 (Vorzeichen einer Permutation). *Das* Vorzeichen *oder* Signum *einer Permutation σ ist die Zahl* $\operatorname{sgn}(\sigma) = (-1)^k$, *wenn σ als Produkt von k Transpositionen geschrieben werden kann.*

Die inverse Permutation σ^{-1} hat das gleiche Signum wie σ. Wenn nämlich $\sigma = \tau_1\tau_2\ldots\tau_k$ geschrieben werden kann, dann ist $\sigma^{-1} = \tau_k\ldots\tau_2\tau_1$, sowohl σ wie σ^{-1} können also mit der gleichen Zahl von Transpositionen geschrieben werden, sie haben also auch das gleiche Vorzeichen.

Die Abbildung $S_n \to \{\pm 1\}$, die einer Permutation das Signum zuordnet, hat die Produkteigenschaft

$$\operatorname{sgn}(\sigma_1\sigma_2) = \operatorname{sgn}(\sigma_1)\operatorname{sgn}(\sigma_2),$$

denn offensichtlich kann $\sigma_1\sigma_2$ mit k_1+k_2 Transpositionen geschrieben werden kann, wenn σ_i mit k_i Transpositionen geschrieben werden kann. Man sagt, sgn sei ein Homomorphismus von Gruppen (siehe auch den Kasten auf Seite 193 und Definition 9.15).

Das Signum definiert in der symmetrischen Gruppe eine Teilmenge bestehend aus den Permutationen mit Signum +1.

Definition 4.21 (alternierende Gruppe). *Die Teilmenge*

$$A_n = \{\sigma \in S_n \mid \operatorname{sgn}(\sigma) = 1\} \subset S_n.$$

heißt die alternierende Gruppe *der Ordnung n. Die Elemente von A_n heißen auch die* geraden *Permutationen, die Elemente von $S_n \setminus A_n$ heißen auch die* ungeraden *Permutationen.*

Die alternierende Gruppe A_n hat die Eigenschaft, dass sie unter der Verknüpfung von Permutationen abgeschlossen ist. Zunächst ist $\operatorname{sgn}(\varepsilon) = (-1)^0 = 1$, also ist $\varepsilon \in A_n$. Es wurde schon gezeigt, dass mit jedem Element $\sigma \in A_n$ auch das inverse Element $\sigma^{-1} \in A_n$ ist. Es muss aber noch sichergestellt werden, dass das Produkt von zwei geraden Permutation wieder gerade ist:

$$\sigma_1, \sigma_2 \in A_n \quad \Rightarrow \quad \operatorname{sgn}(\sigma_1) = \operatorname{sgn}(\sigma_2) = 1$$
$$\Rightarrow \quad \operatorname{sgn}(\sigma_1\sigma_2) = \operatorname{sgn}(\sigma_1)\operatorname{sgn}(\sigma_2) = 1 \cdot 1 = 1 \quad \Rightarrow \quad \sigma_1\sigma_2 \in A_n.$$

Man sagt auch, dass die alternierende Gruppe A_n eine Untergruppe von S_n sei (siehe auch Definition 9.13).

4.3.5   Permutationsmatrizen

Die Eigenschaft, dass eine Vertauschung das Vorzeichen kehrt, ist eine wohlbekannte Eigenschaft der Determinanten. In diesem Abschnitt soll daher eine Darstellung von Permutationen als Matrizen vorgestellt werden und die Verbindung zwischen dem Vorzeichen einer Permutation und der Determinante hergestellt werden.

Matrix zu einer Permutation

Gegeben sei jetzt eine Permutation $\sigma \in S_n$. Aus σ lässt sich eine lineare Abbildung $\Bbbk^n \to$ $\Bbbk^n$ konstruieren, die die Standardbasisvektoren permutiert, also

$$f_\sigma \colon \Bbbk^n \to \Bbbk^n \colon \begin{cases} e_1 \mapsto e_{\sigma(1)} \\ e_2 \mapsto e_{\sigma(2)} \\ \vdots \\ e_n \mapsto e_{\sigma(n)}. \end{cases}$$

Die Matrix P_σ der linearen Abbildung f_σ hat in Spalte i genau eine 1 in der Zeile $\sigma(i)$, also $(P_\sigma)_{ij} = \delta_{j\sigma(i)}$.

Beispiel 4.22. Die zur Permutation

$$\begin{pmatrix} 1 & 2 & 3 & 4 & 5 & 6 \\ 2 & 1 & 3 & 5 & 6 & 4 \end{pmatrix}$$

gehörige lineare Abbildung f_σ hat die Matrix

$$P_\sigma = \begin{pmatrix} & \blacksquare & & & & \\ \blacksquare & & & & & \\ & & \blacksquare & & & \\ & & & & \blacksquare & \\ & & & & & \blacksquare \\ & & & \blacksquare & & \end{pmatrix}.$$

Die Multiplikation einer Matrix A mit P_σ von links vertauscht die Zeilen gemäß der Permutation σ. Die Zeile i von $P_\sigma A$ enthält die Zeile $\sigma(i)$ der Matrix A. $\bigcirc$

Es ist klar, dass aus einer Permutationsmatrix auch die Permutation der Standardbasisvektoren abgelesen werden kann. Die Verknüpfung von Permutationen wird zur Matrixmultiplikation von Permutationsmatrizen. Man sagt, die Zuordnung $\sigma \mapsto P_\sigma$ sei ein Homomorphismus $S_n \to M_n(\Bbbk^n)$, d. h. es ist $P_{\sigma_1 \sigma_2} = P_{\sigma_1} P_{\sigma_2}$.

4.3.6 Permutationsmatrix einer Transposition

Transpositionen sind Permutationen, die genau zwei Elemente von $[n]$ vertauschen. Wir ermitteln jetzt die Permutationsmatrix der Transposition $\tau = \tau_{ij}$. Sie ist

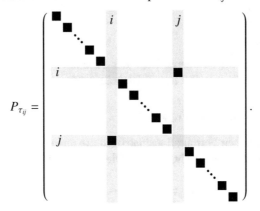

Die Permutation σ mit dem Zyklus $1 \to 2 \to \cdots \to l-1 \to l \to 1$ der Länge l kann aus aufeinanderfolgenden Transpositionen zusammengesetzt werden, die zugehörigen Permutationsmatrizen sind

$$P_\sigma = P_{\tau_{12}} P_{\tau_{23}} P_{\tau_{34}} \ldots P_{\tau_{l-2,l-1}} P_{\tau_{l-1,l}}$$

Die Multiplikation ist am leichtesten von rechts nach links auszuführen, was auch erlaubt ist, da die Matrixmultiplikation ja assoziativ ist. Jede Transpositionsmatrix vertauscht zwei Zeilen der nachfolgenden Matrix:

$\vdots$

Die $l \times l$-Matrix in der linken oberen Ecke des Produktes beschreibt einen Zyklus, der rechte untere Block ist die $(n-l) \times (n-l)$-Einheitsmatrix.

4.3.7 Determinante und Vorzeichen

Die Transpositionen haben Permutationsmatrizen, die aus der Einheitsmatrix entstehen, indem genau zwei Zeilen vertauscht werden. Die Determinante einer solchen Permutationsmatrix ist

$$\det P_\tau = -\det I = -1 = \operatorname{sgn}(\tau).$$

Pierre-Simon Laplace

Pierre-Simon Laplace kam am 23. März 1749 in Beaumon-
en-Auge in der Normandie zur Welt. Sein Vater wünschte
sich für seinen Sohn eine geistliche Karriere und schrieb
in für ein Studium der Theologie und Philosophie am
Jesuiten-Kolleg von Caen in. Seine Professoren in Caen erkannten seine mathematische Begabung und ermöglichten
ihm, in Paris bei Jean-Baptiste le Rond d'Alembert Mathematik zu studieren.

Laplace' wichtigstes Werk ist seine *Traité de Mécanique Céleste* [15], eine Abhandlung
über die Himmelsmechanik. Weitere bedeutende Beiträge leistete er zur Wahrscheinlichkeitsrechnung und stellte diese auf eine streng logische Basis. Zum Beispiel berechnete
er die Wahrscheinlichkeit eines Zusammenstoßes der Erde mit einem Kometen und kam
zum Schluss, dass diese zwar klein, über astronomische Zeiträume aber groß wäre.

Laplace ist außer für den Entwicklungssatz (Abschnitt 4.4) für den Laplace-Operator,
die Laplace-Gleichung und die Laplace-Transformation bekannt.

Laplace starb am 5. März 1827 in Paris.

Nach der Produktregel für die Determinante, die in Abschnitt 4.5 erklärt wird, folgt für
eine Darstellung der Permutation $\sigma = \tau_1 \ldots \tau_l$ als Produkt von Transpositionen, dass

$$\det P_\sigma = \det P_{\tau_1} \cdots \det P_{\tau_l} = (-1)^l = \mathrm{sgn}(\sigma). \tag{4.8}$$

Das Vorzeichen einer Permutation ist also identisch mit der Determinante der zugehörigen
Permutationsmatrix.

4.4   Entwicklungssatz

Der Entwicklungssatz von Laplace erlaubt, Determinanten rekursiv zu berechnen. Für die
Berechnung einer $n \times n$-Determinante werden n kleinere $(n-1) \times (n-1)$-Determinanten
bestimmt und miteinander verknüpft.

4.4.1   Entwicklungssatz aus der Pivotproduktformel

Die Pivotproduktformel erlaubt, die Determinante einer Dreiecksmatrix sofort als Produkt
der Diagonalelemente zu berechnen, wie wir in Satz 4.1 gezeigt haben. Es lässt sich daraus
aber eine viel allgemeinere Beobachtung ableiten, die schließlich zu einer allgemeinen
Berechnungsformel für die Determinante führt, dem Entwicklungssatz von Laplace.

Rekursion

Wir betrachten eine Matrix, die in der ersten Spalte nur in der ersten Zeile ein von Null verschiedenes Element enthält:

$$A = \begin{pmatrix} a_{11} & a_{12} & a_{13} & \cdots & a_{1n} \\ 0 & a_{22} & a_{23} & \cdots & a_{2n} \\ 0 & a_{32} & a_{33} & \cdots & a_{3n} \\ \vdots & \vdots & \vdots & \ddots & \vdots \\ 0 & a_{n2} & a_{n3} & \cdots & a_{nn} \end{pmatrix}.$$

Nach (4.7) ist die Determinante

$$\det(A) = a_{11} \cdot \det(A_{11}) \quad \text{mit} \quad A_{11} = \begin{pmatrix} a_{22} & a_{23} & \cdots & a_{2n} \\ a_{32} & a_{33} & \cdots & a_{3n} \\ \vdots & \vdots & \ddots & \vdots \\ a_{n2} & a_{n3} & \cdots & a_{nn} \end{pmatrix}. \tag{4.9}$$

Die Untermatrix A_{11} wird uns in ähnlicher Form immer wieder begegnen, wir geben ihr daher einen Namen.

Definition 4.23 (Minor). *Sei $A \in M_{n \times m}(\Bbbk)$ eine $n \times m$-Matrix. Die Minormatrix A_{ik} entsteht aus der Matrix A durch Entfernen der Zeile i und der Spalte k:*

$$A_{ik} = \begin{pmatrix} a_{11} & \cdots & a_{1,k-1} & a_{1,k+1} & \cdots & a_{1n} \\ \vdots & \ddots & \vdots & \vdots & \ddots & \vdots \\ a_{i-1,1} & \cdots & a_{i-1,k-1} & a_{i-1,k+1} & \cdots & a_{i-1,n} \\ a_{i+1,1} & \cdots & a_{i+1,k-1} & a_{i+1,k+1} & \cdots & a_{i+1,n} \\ \vdots & \ddots & \vdots & \vdots & \ddots & \vdots \\ a_{n1} & \cdots & a_{n,k-1} & a_{n,k+1} & \cdots & a_{nn} \end{pmatrix} \in M_{(n-1) \times (m-1)}(\Bbbk). \tag{4.10}$$

A_{ik} heißt auch der i-k-Minor. Die Determinante einer Minormatrix A_{ik} heißt auch Minordeterminante.

Vorzeichenregel

Die Rekursionsformel (4.9) kann verallgemeinert werden auf eine Situation, wo in Spalte k nur ein Element, nämlich das in Zeile i, von Null verschieden ist:

$$A = \begin{pmatrix} a_{11} & \cdots & a_{1,k-1} & 0 & a_{1,k+1} & \cdots & a_{1n} \\ \vdots & \ddots & \vdots & \vdots & \vdots & \ddots & \vdots \\ a_{i-1,1} & \cdots & a_{i-1,k-1} & 0 & a_{i-1,k+1} & \cdots & a_{i-1,n} \\ a_{i1} & \cdots & a_{i,k-1} & a_{ik} & a_{i,k+1} & \cdots & a_{in} \\ a_{i+1,1} & \cdots & a_{i+1,k-1} & 0 & a_{i+1,k+1} & \cdots & a_{i+1,n} \\ \vdots & \ddots & \vdots & \vdots & \vdots & \ddots & \vdots \\ a_{n1} & \cdots & a_{n,k-1} & 0 & a_{n,k+1} & \cdots & a_{nn} \end{pmatrix}.$$

Durch Vertauschung mit den $i - 1$ vorangegangenen Zeilen und $k - 1$ vorangegangenen Spalten kann man erreichen, dass das Element a_{ik} in die linke obere Ecke verschoben wird. Bei den Zeilenvertauschungen ändert das Vorzeichen $(i - 1)$-mal, also um $(-1)^{i-1}$, bei den Spaltenvertauschungen um den Faktor $(-1)^{k-1}$. Schematisch dargestellt haben wir die gesuchte Determinante

$$\det(A) = \begin{vmatrix} & k & \\ i & \bigcirc & \\ & & \end{vmatrix} = (-1)^{i+k}\cdot\bigcirc\cdot\begin{vmatrix} & \\ & A_{ik} \end{vmatrix} = (-1)^{i+k}\cdot a_{ik}\cdot\det(A_{ik}) \quad (4.11)$$

in eine kleinere Determinante der Matrix A_{ik} umgewandelt, die aus A entsteht, indem man Zeile i und Spalte k entfernt. In konventionelleren Formeln ist

$$\det(A) = (-1)^{i-1}(-1)^{k-1}\begin{vmatrix} a_{ik} & a_{i1} & \cdots & a_{i,k-1} & a_{i,k+1} & \cdots & a_{in} \\ 0 & a_{11} & \cdots & a_{1,k-1} & a_{1,k+1} & \cdots & a_{1n} \\ \vdots & \vdots & \ddots & \vdots & \vdots & \ddots & \vdots \\ 0 & a_{i-i,1} & \cdots & a_{i-i,k-1} & a_{i-1,k+1} & \cdots & a_{i-i,n} \\ 0 & a_{i+i,1} & \cdots & a_{i+i,k-1} & a_{i+1,k+1} & \cdots & a_{i+i,n} \\ \vdots & \vdots & \ddots & \vdots & \vdots & \ddots & \vdots \\ 0 & a_{n1} & \cdots & a_{n,k-1} & a_{n,k+1} & \cdots & a_{nn} \end{vmatrix}$$

$$= (-1)^{i+k-2} \cdot a_{ik} \cdot \begin{vmatrix} a_{11} & \cdots & a_{1,k-1} & a_{1,k+1} & \cdots & a_{1n} \\ \vdots & \ddots & \vdots & \vdots & \ddots & \vdots \\ a_{i-i,1} & \cdots & a_{i-i,k-1} & a_{i-1,k+1} & \cdots & a_{i-i,n} \\ a_{i+i,1} & \cdots & a_{i+i,k-1} & a_{i+1,k+1} & \cdots & a_{i+i,n} \\ \vdots & \ddots & \vdots & \vdots & \ddots & \vdots \\ a_{n1} & \cdots & a_{n,k-1} & a_{n,k+1} & \cdots & a_{nn} \end{vmatrix}$$

$$= (-1)^{i+k} \cdot a_{ik} \cdot \det(A_{ik}).$$

Das Vorzeichen $(-1)^{i+k}$ kann dem folgenden Schachbrettmuster entnommen werden:

		k				
	1	2	3	4	5	6
1	+	−	+	−	+	−
2	−	+	−	+	−	+
3	+	−	+	−	+	−
4	−	+	−	+	−	+
5	+	−	+	−	+	−
6	−	+	−	+	−	+

Aufteilung einer Spalte

Enthält eine Spalte nur ein einziges von Null verschiedenes Element, können wir die Determinante auf die Berechnung einer kleineren Determinante reduzieren. Um dies für die Berechnung einer beliebigen Determinante ausnützen zu können, müssen wir in der Lage sein, eine beliebige Spalte in Spalten aufzuteilen, die nur ein einziges von Null verschiedenes Element enthalten. Dies gelingt mit Hilfe der Linearität.

Wir zeigen das Prinzip am Beispiel der ersten Spalte. Die Linearität liefert

$$
\begin{vmatrix} a_{11} & a_{12} & \cdots & a_{1n} \\ a_{21} & a_{22} & \cdots & a_{2n} \\ a_{31} & a_{32} & \cdots & a_{3n} \\ \vdots & \vdots & \ddots & \vdots \\ a_{n1} & a_{n2} & \cdots & a_{nn} \end{vmatrix} = \begin{vmatrix} a_{11}+0 & a_{12} & \cdots & a_{1n} \\ 0+a_{21} & a_{22} & \cdots & a_{2n} \\ 0+a_{31} & a_{32} & \cdots & a_{3n} \\ \vdots & \vdots & \vdots & \ddots & \vdots \\ 0+a_{n1} & a_{n2} & \cdots & a_{nn} \end{vmatrix}
$$

$$
= \begin{vmatrix} a_{11} & a_{12} & \cdots & a_{1n} \\ 0 & a_{22} & \cdots & a_{2n} \\ 0 & a_{32} & \cdots & a_{3n} \\ \vdots & \vdots & \ddots & \vdots \\ 0 & a_{n2} & \cdots & a_{nn} \end{vmatrix} + \begin{vmatrix} 0 & a_{12} & \cdots & a_{1n} \\ a_{21} & a_{22} & \cdots & a_{2n} \\ a_{31} & a_{32} & \cdots & a_{3n} \\ \vdots & \vdots & \ddots & \vdots \\ a_{n1} & a_{n2} & \cdots & a_{nn} \end{vmatrix}. \qquad (4.12)
$$

Durch wiederholte Anwendung dieser Idee kann die erste Spalte in n Spalten aufgeteilt werden, die jede nur ein einziges von Null verschiedenes Element enthält.

Allgemeiner Fall

Damit haben wir alle Ideen für die allgemeine Berechnungsformel zusammen. Wir wählen dazu die Spalte k aus. Die Aufspaltungsformel (4.12) besagt, dass wir eine Determinante in eine Summe von speziellen Determinanten zerlegen können, in denen die Spalte k jeweils nur ein von Null verschiedenes Elemente enthält. Diese Elemente sind die Spaltenelemente a_{ik} mit $1 \le i \le n$.

Die Rekursionsformel (4.9) besagt, dass wir diese Determinante aus den Determinanten der Minormatrizen A_{ik} berechnen können. Die Vorzeichenregel sagt, welches Vorzeichen man dazu verwenden muss. Insgesamt bekommen wir so die Formel

$$
\det(A) = \sum_{i=1}^{n} \underbrace{(-1)^{i+k}}_{\text{Vorzeichen}} \underbrace{a_{ik} \cdot \det(A_{ik})}_{\text{Rekursion nach (4.9)}}.
$$

Sie heißt der *Entwicklungssatz* von Laplace.

Entwicklung nach einer Spalte

Schematisch kann die Berechnung einer Determinanten mit dem Entwicklungssatz wie folgt dargestellt werden. Die Entwicklung nach der Spalte k nimmt die Elemente aus der Spalte k als Vorfaktoren mit dem Vorzeichen aus dem Schachbrettmuster, multipliziert sie mit den Minordeterminanten und bildet die Summe:

$$= (-1)^{1+k} \circ \left| \quad \right| + (-1)^{2+k} \circ \left| \quad \right| + (-1)^{3+k} \circ \left| \quad \right|$$

$$+ \cdots + (-1)^{n-1+k} \circ \left| \quad \right| + (-1)^{n+k} \circ \left| \quad \right|.$$

Entwicklung nach einer Zeile

Wir haben zwar noch nicht gezeigt, dass sich unter Verwendung der Zeilen die gleiche Determinante ergibt, dies wird erst in Satz 4.30 gezeigt. Dies wird erlauben, die Determinante auch durch Entwicklung nach einer Zeile zu berechnen. Dazu nimmt man die Elemente der Zeile i, multipliziert sie mit dem Vorzeichen nach dem Schachbrettmuster und der zugehörigen Minordeterminante und summiert wieder zur Determinanten:

$$= (-1)^{i+1} \circ \left| \quad \right| + (-1)^{i+2} \circ \left| \quad \right| + (-1)^{i+3} \circ \left| \quad \right|$$

$$+ \cdots + (-1)^{i+n} \circ \left| \quad \right|.$$

4.4.2 Entwicklungssatz direkt aus der Linearität

Man kann den Entwicklungssatz auch ganz direkt aus der Linearität und den Rechenregeln für die Determinante einer Matrix A herleiten. Seien also a_{ij} die Einträge in einer $n \times n$-Determinante. Die erste Spalte können wir als Summe von Vektoren betrachten, die jeweils nur an einer Stelle eine Eins haben und sonst aus Nullen bestehen:

$$\begin{pmatrix} a_{11} \\ a_{21} \\ \vdots \\ a_{n1} \end{pmatrix} = a_{11} \begin{pmatrix} 1 \\ 0 \\ \vdots \\ 0 \end{pmatrix} + a_{21} \begin{pmatrix} 0 \\ 1 \\ \vdots \\ 0 \end{pmatrix} + \cdots + a_{n1} \begin{pmatrix} 0 \\ 0 \\ \vdots \\ 1 \end{pmatrix}.$$

Da die Determinante eine lineare Funktion der Spalten ist, können wir dies einsetzen:

$$\det(A) = a_{11} \begin{vmatrix} 1 & a_{12} & \cdots & a_{1n} \\ 0 & a_{22} & \cdots & a_{2n} \\ \vdots & \vdots & \ddots & \vdots \\ 0 & a_{n2} & \cdots & a_{nn} \end{vmatrix} + a_{21} \begin{vmatrix} 0 & a_{12} & \cdots & a_{1n} \\ 1 & a_{22} & \cdots & a_{2n} \\ \vdots & \vdots & \ddots & \vdots \\ 0 & a_{n2} & \cdots & a_{nn} \end{vmatrix} + \cdots + a_{n1} \begin{vmatrix} 0 & a_{12} & \cdots & a_{1n} \\ 0 & a_{22} & \cdots & a_{2n} \\ \vdots & \vdots & \ddots & \vdots \\ 1 & a_{n2} & \cdots & a_{nn} \end{vmatrix}.$$

Durch Vertauschungen kann man die Zeile, die mit 1 beginnt, in jeder Determinante nach oben bringen, die einzelnen Terme erhalten dadurch alternierende Vorzeichen

$$\det(A) = a_{11} \begin{vmatrix} 1 & a_{12} & \ldots & a_{1n} \\ 0 & a_{22} & \ldots & a_{2n} \\ \vdots & \vdots & \ddots & \vdots \\ 0 & a_{n2} & \ldots & a_{nn} \end{vmatrix} - a_{21} \begin{vmatrix} 1 & a_{22} & \ldots & a_{2n} \\ 0 & a_{12} & \ldots & a_{1n} \\ \vdots & \vdots & \ddots & \vdots \\ 0 & a_{n2} & \ldots & a_{nn} \end{vmatrix} + \cdots + (-1)^{n+1} a_{n1} \begin{vmatrix} 1 & a_{n2} & \ldots & a_{nn} \\ 0 & a_{12} & \ldots & a_{1n} \\ 0 & a_{22} & \ldots & a_{2n} \\ \vdots & \vdots & \ddots & \vdots \\ 0 & a_{n-1,2} & \ldots & a_{n-1,n} \end{vmatrix}.$$

Um die einzelnen Determinanten zu berechnen, muss man jetzt den Gauß-Algorithmus anwenden. In der ersten Zeile und Spalte gibt es nichts mehr zu tun, das dort stehende Pivotelement ist bereits 1. Es bleibt also nur noch die $(n-1) \times (n-1)$-Matrix im rechten unteren Teil, diese besteht aus den Zeilen und Spalten von A, die übrig bleiben, wenn man die erste Spalte wegstreicht, und im i-ten Summanden die i-te Zeile. Der Gauß-Algorithmus wird die Determinante dieser $(n-1) \times (n-1)$ Matrix liefern. Es folgt

$$\det(A) = a_{11} \begin{vmatrix} a_{22} & \ldots & a_{2n} \\ a_{32} & \ldots & a_{3n} \\ \vdots & \ddots & \vdots \\ a_{n2} & \ldots & a_{nn} \end{vmatrix} - a_{21} \begin{vmatrix} a_{12} & \ldots & a_{1n} \\ a_{32} & \ldots & a_{3n} \\ \vdots & \ddots & \vdots \\ a_{n2} & \ldots & a_{nn} \end{vmatrix} + \cdots + (-1)^{n-1} a_{n1} \begin{vmatrix} a_{12} & \ldots & a_{1n} \\ a_{22} & \ldots & a_{2n} \\ \vdots & \ddots & \vdots \\ a_{n-1,2} & \ldots & a_{n-1,n} \end{vmatrix}.$$

Satz 4.24 (Laplacescher Entwicklungssatz). *Sei A eine $n \times n$-Matrix. Dann ist*

$$\det(A) = \sum_{i=1}^{n} (-1)^{i+1} a_{i1} \det(A_{i1}) = \sum_{i=1}^{n} (-1)^{1+j} a_{1j} \det(A_{1j}) \qquad (4.13)$$

die Entwicklung nach der ersten Spalte bzw. Zeile, und

$$\det(A) = \sum_{i=1}^{n} (-1)^{i+j} a_{ij} \det(A_{ij}) = \sum_{j=1}^{n} (-1)^{i+j} a_{ij} \det(A_{ij}) \qquad (4.14)$$

die Entwicklung nach der j-ten Spalte bzw. i-ten Zeile.

Wir haben noch nicht gezeigt, dass die Entwicklungen nach Zeilen und Spalten den den gleichen Wert haben, dies wird sich aus Satz 4.29 ergeben.

Beispiel 4.25. Die zu Beginn des Kapitels gefundene Formel für die Determinante einer 2×2-Matrix ist ein Spezialfall des Entwicklungssatzes. Entwicklung nach der ersten Zeile ergibt

$$\begin{vmatrix} a & b \\ c & d \end{vmatrix} = a \cdot \det(d) - b \cdot \det(c) = ad - bc. \qquad \bigcirc$$

Beispiel 4.26. Man berechne die Determinante der Matrix

$$A = \begin{pmatrix} -1 & -3 & 0 \\ 2 & 3 & -2 \\ 2 & 1 & -3 \end{pmatrix}.$$

Der Entwicklungssatz liefert für die Entwicklung nach der ersten Spalte

$$\det(A) = \boxed{-1} \cdot \det\begin{pmatrix} 3 & -2 \\ 1 & -3 \end{pmatrix} - \boxed{2} \cdot \det\begin{pmatrix} -3 & 0 \\ 1 & -3 \end{pmatrix} + \boxed{2} \cdot \det\begin{pmatrix} -3 & 0 \\ 3 & -2 \end{pmatrix}$$
$$= -1(-9 + 2) - 2(9 - 0) + 2(6 - 0) = 7 - 18 + 12 = 1.$$

○

4.4.3 Spezialfall: Dimension 3, die Sarrus-Formel

Mit dem Entwicklungssatz lässt sich jetzt eine einfache Formel für die Determinante einer 3×3-Matrix, die sarrussche Formel, herleiten. Dazu entwickeln wir nach der ersten Spalte:

$$\begin{vmatrix} a_{11} & a_{12} & a_{13} \\ a_{21} & a_{22} & a_{23} \\ a_{31} & a_{32} & a_{33} \end{vmatrix} = \boxed{a_{11}} \begin{vmatrix} a_{22} & a_{23} \\ a_{32} & a_{33} \end{vmatrix} - \boxed{a_{21}} \begin{vmatrix} a_{12} & a_{13} \\ a_{32} & a_{33} \end{vmatrix} + \boxed{a_{31}} \begin{vmatrix} a_{12} & a_{13} \\ a_{22} & a_{23} \end{vmatrix}$$

$$= a_{11}(a_{22}a_{33} - a_{23}a_{32}) - a_{21}(a_{12}a_{33} - a_{13}a_{32}) + a_{31}(a_{12}a_{23} - a_{13}a_{22})$$
$$= a_{11}a_{22}a_{33} + a_{12}a_{23}a_{31} + a_{13}a_{21}a_{32} - a_{31}a_{22}a_{13} - a_{32}a_{23}a_{11} - a_{33}a_{21}a_{12}.$$

Die folgende Merkhilfe vereinfacht die Anwendung dieser Formel. Die Produkte der Matrixeinträge auf den blauen, schrägen Linien werden mit positivem Vorzeichen, diejenige auf den roten, schrägen Linien mit negativem Vorzeichen zur Determinante aufsummiert:

$$\begin{vmatrix} a_{11} & a_{12} & a_{13} \end{vmatrix} \begin{matrix} a_{11} & a_{12} \\ a_{21} & a_{22} & a_{23} & a_{21} \\ a_{31} & a_{32} & a_{33} & a_{31} & a_{32} \end{matrix} = \begin{matrix} a_{11}a_{22}a_{33} + a_{12}a_{23}a_{31} + a_{13}a_{23}a_{32} \\ - a_{31}a_{22}a_{13} - a_{32}a_{23}a_{11} - a_{33}a_{21}a_{12}. \end{matrix}$$

Achtung: Diese Formel kann nicht auf größere Determinanten verallgemeinert werden, wie das folgende Beispiel zeigt.

Beispiel 4.27. Für die Matrix D_4 nach (4.4) wurde auf Seite 170 der Wert $\det D_4 = -1$ gefunden. Die naheliegende, aber falsche Verallgemeinerung der Sarrus-Formel auf den Fall $n = 4$ hat nichts mit dem tatsächlichen Wert der Determinante zu tun. Die Produkte entlang der roten und blauen Linien ergeben

$$\begin{vmatrix} 1 & 1 & 0 & 0 \\ 1 & 1 & 1 & 0 \\ 0 & 1 & 1 & 1 \\ 0 & 0 & 1 & 1 \end{vmatrix} \overset{?}{=} 1 + 0 + 0 + 0 - 0 - 0 - 1 - 0 = 0,$$

ein völlig falscher Wert. ○

4.4.4   Determinante einer Bandmatrix

In diesem Abschnitt berechnen wir die Determinante der Matrix

$$B_n = \begin{pmatrix} -2 & 1 & 0 & 0 & \dots & 0 \\ 1 & -2 & 1 & 0 & \dots & 0 \\ 0 & 1 & -2 & 1 & \dots & 0 \\ 0 & 0 & 1 & -2 & \dots & 0 \\ \vdots & \vdots & \vdots & \vdots & \ddots & \vdots \\ 0 & 0 & 0 & 0 & \dots & -2 \end{pmatrix}$$

mit Hilfe des Entwicklungssatzes. Die Entwicklung nach der ersten Spalte ergibt

Darin werden Einträge 1 als grüne Blöcke, Einträge -2 als rote Blöcke dargestellt. Entwicklung der zweiten Determinante auf der rechten Seite nach der ersten Spalte macht daraus

Daraus kann man jetzt die Rekursionsformel

$$\det B_n = -2 \cdot \det B_{n-1} - \det B_{n-2}$$

ablesen. Damit Sie nützlich sein kann, muss man für $n = 1$ und $n = 2$ die Determinantenwerte direkt ausrechnen. Sie sind

$$\det B_1 = \det(-2) = -2 \quad \text{und} \quad \det B_2 = \begin{vmatrix} -2 & 1 \\ 1 & -2 \end{vmatrix} = 4 - 1 = 3.$$

Für die weiteren Werte von $\det B_n$ findet man dann die folgende Tabelle

n	1	2	3	4	5	$\dots$	k	$\dots$
$\det B_n$	-2	3	-4	5	-6	$\dots$	$(-1)^k(k+1)$	$\dots$

Wir werden in Kapitel 11 ein Verfahren für die systematische Lösung solcher sogenannter Differenzengleichungen kennenlernen. Für das vorliegende Bespiel kann man sich mit vollständiger Induktion von der Richtigkeit der Formel

$$\det B_k = (-1)^k(k+1) \tag{4.15}$$

überzeugen. Unter der Induktionsannahme, dass die Formel für $k < n$ gilt, folgt für n

$$\det B_n = -2 \cdot \det B_{n-1} - \det B_{n-2} = -2 \cdot (-1)^{n-1} n - (-1)^{n-2}(n-1)$$
$$= 2(-1)^n n - (-1)^n (n-1) = (-1)^n (2n - (n-1)) = (-1)^n (n+1).$$

Damit ist die Formel für alle n bewiesen.

4.4.5   Determinante von $I + tA$

Der Entwicklungssatz ermöglicht, die Determinante von $I + tA$ zu berechnen und damit einen Zusammenhang zwischen Determinante und Spur herzustellen. Dieser Zusammenhang wird später in Abschnitt 9.4 bei der Untersuchung der Matrixexponentialfunktion nützlich sein.

Satz 4.28 (Determinante von $I + tA$). *Ist $A \in M_n(\Bbbk)$ eine $n \times n$-Matrix, dann ist*

$$\det(I + tA) = 1 + t \operatorname{tr} A + O(t^2) \tag{4.16}$$

ein Polynom vom Grad n in der Variablen t mit Koeffizienten in $\Bbbk$.

Der Term $O(t^2)$ in (4.16) fasst alle Terme zusammen, die t mindestens in der zweiten Potenz enthalten.

Beweis. Wir führen den Beweis mit Hilfe von vollständiger Induktion. Für $n = 1$ ist $\det(I + tA) = 1 + ta_{11}$ ein Polynom vom Grad 1, es sind gar keine Terme vom Grad ≥ 2 vorhanden.

Sei jetzt im Sinne der Induktionsannahme vorausgesetzt, dass für eine $n \times n$-Matrix bereits gezeigt ist, dass $\det(I + tA)$ ein Polynom vom Grad n von der Form (4.16) ist. Sei A eine $(n+1) \times (n+1)$-Matrix in $M_{n+1}(\Bbbk)$. Wir berechnen die Determinante von $I + tA$ durch Entwicklung nach der ersten Spalte:

$$\det(I + tA) = (1 + ta_{11}) \det((I + tA)_{11}) + \sum_{k=2}^{n+1} (-1)^{k+1} ta_{k1} \det((I + tA)_{k1}) \tag{4.17}$$

Die Determinante im ersten Term kann mit der Induktionsannahme berechnet werden. Sie ist

$$\det((I + tA)_{11}) = \det(I + tA_{11}) = 1 + t \operatorname{tr} A_{11} + O(t^2)$$
$$= 1 + t(a_{22} + \cdots + a_{n+1,n+1}) + O(t^2).$$

Multiplikation mit $1 + ta_{11}$ ergibt für den ersten Term

$$(1 + ta_{11})(1 + t \operatorname{tr} A_{11} + O(t^2) = 1 + t(a_{11} + \operatorname{tr} A_{11}) + O(t^2)$$
$$= 1 + t \operatorname{tr} A + O(t^2).$$

Der erste Term allein liefert also schon einen Ausdruck der Form (4.16), es muss jetzt nur noch gezeigt werden, dass die anderen Terme in $O(t^2)$ absorbiert werden können, also mindestens t^2 enthalten.

Die Minormatrix in der Summe in (4.17) hat die Form

$$
\det((I + tA)_{k1}) = \begin{vmatrix} ta_{12} & \cdots & ta_{1,n+1} \\ \vdots & \ddots & \vdots \\ ta_{n+1,2} & \cdots & 1 + ta_{n+1,n+1} \end{vmatrix} = t \cdot \begin{vmatrix} a_{12} & \cdots & a_{1,n+1} \\ \vdots & \ddots & \vdots \\ ta_{n+1,2} & \cdots & 1 + ta_{n+1,n+1} \end{vmatrix},
$$

enthält also immer den gemeinsamen Faktor t in der ersten Zeile, den man herausziehen kann. Zusammen mit dem Faktor t vor a_{k1} in (4.17) haben alle diese Terme daher mindestens den Grad 2 in t.   □

4.4.6 Entwicklungssatz und Permutationen

Der Entwicklungssatz expandiert die Determinante von A in eine Summe von $n!$ Summanden. Jeder Summand ist ein Produkt von Matrixelementen von A, aus jeder Zeile und jeder Spalte genau ein Element. Zu jedem Summanden gehört also eine Permutationsmatrix, die genau an der Stelle eine Eins hat, für die im Produkt ein Matrixelement vorkommt. Zum Produkt $a_{21}a_{32}a_{13}$ gehört zum Beispiel die Permutationsmatrix

$$
P = \begin{pmatrix} 0 & 0 & 1 \\ 1 & 0 & 0 \\ 0 & 1 & 0 \end{pmatrix}.
$$

Ist π die zugehörige Permutation, kann man das Produkt auch als $a_{1\pi(1)}a_{2\pi(2)}a_{3\pi(3)}$ schreiben. Dazu kommt noch ein Vorzeichenfaktor, der genau das Signum der zu P gehörigen Permutation oder $\det P$ ist.

Satz 4.29 (Determinante als Summe über Permutationen). *Die Determinante der $n \times n$-Matrix A ist*

$$
\det A = \sum_{\pi \in S_n} \operatorname{sgn}(\pi) a_{1\pi(1)} a_{2\pi(2)} a_{3\pi(3)} \cdots a_{n\pi(n)} = \sum_{\pi \in S_n} \operatorname{sgn}(\pi) \prod_{i=1}^{n} a_{i\pi(i)}. \tag{4.18}
$$

Eindeutigkeit der Determinante

In Satz 4.7 wurde behauptet, dass die Determinante die einzige lineare Funktion der Zeilen ist, die gewisse Eigenschaften hat. Die Begründung dafür steht noch aus.

Wir schreiben jede Zeile einer $n \times n$-Matrix A als Linearkombination der Standardbasiszeilenvektoren e_i:

$$
a_{k:} = \sum_{i=1}^{n} a_{ki} e_i. \tag{4.19}
$$

Wir schreiben die Determinante als lineare Funktion der Zeilen als

$$
\det A = \Delta(a_{1:}, \ldots, a_{n:}).
$$

Setzen wir jetzt die Linearkombinationen (4.19) für jedes Argument ein, wird daraus

$$
\det A = \Delta\left(\sum_{i_1=1}^{n} a_{1,i_1} e_{i_1}, \ldots, \sum_{i_n=1}^{n} a_{n,i_n} e_{i_n} \right)
$$

$$= \sum_{i_1=1}^{n} \cdots \sum_{i_n=1}^{n} a_{1,i_1} \ldots a_{n,i_n} \Delta(e_{i_1}, \ldots, e_{i_n}) \tag{4.20}$$

wegen der Linearität von Δ in jedem Argument. Die Ausdrücke $\Delta(e_{i_1}, \ldots, e_{i_n})$ verschwinden immer dann, wenn zwei gleiche Zeilen vorkommen. Das bedeutet, dass $k \mapsto i_k$ eine Permutation $\pi \in S_n$ sein muss mit $\pi(k) = i_k$. Die Summe (4.20) muss also nur über die Permutationen $\pi \in S_n$ erstreckt werden und wird damit zu

$$\det A = \sum_{\pi \in S_n} a_{i\pi(i)} \ldots a_{n\pi(n)} \, \Delta(e_{\pi(1)}, \ldots, e_{\pi(n)}).$$

Die Determinante $\Delta(e_{\pi(1)}, \ldots, e_{\pi(n)})$ wird durch Vertauschung der Zeilen mit der inversen Permutation π^{-1} zu $\Delta(e_1, \ldots, e_n)$, bekommt dabei aber auch das Vorzeichen $\mathrm{sgn}(\pi)$. Somit ist die Determinante

$$\det A = \sum_{\pi \in S_n} a_{1\pi(1)} \ldots a_{n\pi(n)} \, \mathrm{sgn}(\pi),$$

in Übereinstimmung mit der Formel (4.18) des Entwicklungssatzes 4.29. Damit ist Satz 4.7 jetzt auch bewiesen.

Determinante der transponierten Matrix

Die Formel (4.18) ermöglicht jetzt auch, die frühere Behauptung (siehe Abschnitt 4.1.4) zu klären, dass es nicht darauf ankommt, ob man Zeilen- oder Spaltenoperationen zur Definition der Determinanten verwendet. Damals wurde darauf hingewiesen, das dies gleichbedeutend damit ist, dass A und A^t die gleiche Determinante haben.

Satz 4.30 (Determinante einer Transponierten). *Für eine $n \times n$-Matrix A gilt $\det A = \det A^t$.*

Beweis. Die Matrixelemente von A^t sind

$$(A^t)_{ik} = (A)_{ki} = a_{ki}.$$

Damit kann man die Determinante von A^t nach Satz 4.29 berechnen als

$$\det A^t = \sum_{\pi \in S_n} \mathrm{sgn}(\pi) \prod_{i=1}^{n} (A^t)_{i\pi(i)} = \sum_{\pi \in S_n} \mathrm{sgn}(\pi) \prod_{i=1}^{n} a_{\pi(i)i}.$$

Indem wir die Faktoren im Produkt mit π^{-1} umordnen erhalten wir

$$\det A^t = \sum_{\pi \in S_n} \mathrm{sgn}(\pi) \prod_{i=1}^{n} a_{i\pi^{-1}(i)}.$$

Die Zuordnung $\pi \mapsto \pi^{-1}$ bildet die Permutationsgruppe S_n bijektiv auf sich selbst ab und ändert das Signum nicht. Jedes $\pi \in S_n$ kann daher auch als $\pi = \sigma^{-1}$ mit $\sigma \in S_n$ erhalten werden, also ist

$$\det A^t = \sum_{\sigma \in S_n} \mathrm{sgn}(\sigma) \prod_{i=1}^{n} a_{i\sigma(i)} = \det A.$$

Damit ist gezeigt, dass $\det A^t = \det A$. $\square$

Der Leitkoeffizient von $\det(I + tA)$

In Abschnitt 4.4.5 wurde der Term ersten Grades der Determinanten $\det(I + tA)$ berechnet. Mit Hilfe der Formel (4.18) kann das Result von Satz 4.28 verbessert werden. Der folgende Satz findet auch den Leitkoeffizienten des Polynoms $\det(I + tA)$.

Satz 4.31 (Leitkoeffizient von $\det(I + tA)$). *Sei* $A \in M_n(\Bbbk)$ *eine* $n \times n$-*Matrix, dann ist* $\det(I + tA)$ *ein Polynom vom Grad n der Form*

$$\det(I + tA) = 1 + t \operatorname{tr} A + \cdots + t^n \det A. \tag{4.21}$$

Beweis. Die ersten zwei Terme wurden bereits in Satz 4.28 bestimmt, es muss also nur noch der Leitkoeffizient bestimmt werden. Wir schreiben $B = I + tA$. Nach der Formel (4.18) ist

$$\det B = \sum_{\pi \in S_n} \prod_{i=1}^{n} b_{i\pi(i)}$$

ein Produkt von genau n Faktoren der Form

$$b_{i\pi(i)} = \begin{cases} 1 + ta_{i\pi(i)} & \text{falls } i = \pi(i) \\ ta_{i\pi(i)} & \text{sonst.} \end{cases}$$

Der Summand 1 kann keinen Faktor t zur Summe beisteuern und trägt daher nicht zum Leitkoeffizienten bei. Für den Leitkoeffizienten können die Summanden 1 daher ignoriert werden. Die Determinante wird jetzt zu

$$\det(I + tA) = \sum_{\pi \in S_n} \prod_{i=1}^{n} b_{i\pi(i)}$$

$$= t^n \sum_{\pi \in S_n} \prod_{i=1}^{n} a_{i\pi(i)} + (\text{Terme vom Grad} < n)$$

$$= t^n \det A + (\text{Terme vom Grad} < n).$$

Damit ist Satz 4.31 vollständig bewiesen.   □

4.5   Produktformel

Wie verträgt sich die Determinante mit Matrizenprodukten? Überraschenderweise gibt es hierauf eine sehr einfach Antwort, die auch nicht schwierig zu verstehen ist.

Satz 4.32 (Produktformel). *Sind A und B* $n \times n$-*Matrizen, dann ist*

$$\det(AB) = \det(A) \det(B).$$

Beweisidee. Wir gehen den Beweis wie folgt an. Wir betrachten zunächst nur die Abhängigkeit von $\det(AB)$ von A. Dabei werden wir feststellen, dass sich $\det(AB)$ fast wie die Determinante verhält, nur der Wert für $A = I$ ist nicht der richtige, der Wert ist

$\det(IB) = \det(B)$ statt 1. Indem wir $\det(AB)$ durch $\det(B)$ dividieren, erhalten wir aber eine Funktion, die sich genau wie die Determinante verhält. Weil die Eigenschaften der Determinanten diese eindeutig bestimmen, muss $\det(AB)/\det(B) = \det(A)$ sein, woraus wir die Behauptung folgern können.   □

Beweis. Falls die Matrix B singulär ist, dann ist auch AB singulär und $\det(AB) = \det(B) = 0$. In diesem Fall ist die Produktformel also korrekt. Im Folgenden dürfen wir annehmen, dass $\det B \neq 0$.

Wir betrachten die Funktion $d : A \mapsto d(A) = \det(AB)$. Sie hat die folgenden Eigenschaften, die weiter unten noch begründet werden müssen:

1'. d ist eine lineare Funktion der Zeilen von A.

2'. Hat A zwei gleiche Zeilen, dann hat auch AB zwei gleiche Zeilen und es folgt $d(A) = 0$.

3. $d(I) = \det(B)$.

Die Funktion d verhält sich bis auf die letzte Eigenschaft wie die Determinante. Dividiert man die Funktion d durch die Determinante von B, ist auch die letzte Eigenschaft die einer Determinanten. Die Funktion

$$d' : A \mapsto \frac{\det(AB)}{\det(B)}$$

hat die Eigenschaften:

1'. d' ist eine lineare Funktion der Zeilen von A.

2'. Enthält A zwei gleiche Zeilen, dann ist $d'(A) = 0$.

3. $d'(I) = 1$.

Nach Satz 4.7 muss d' die Determinante von A sein:

$$d'(A) = \det(A)$$

$$\Rightarrow \quad \frac{\det(AB)}{\det(B)} = \det(A)$$

$$\Rightarrow \quad \det(AB) = \det(A)\det(B).$$

Das beweist die Produktformel, bis auf die oben behaupteten Eigenschaften 1' und 2'.

Die Zeile mit der Nummer i in AB wird erhalten, indem man die Zeile i von A mit der Matrix B multipliziert. Wenn also A zwei gleiche Zeilen enthält, dann sind auch die entsprechenden Zeilen von AB gleich, was Eigenschaft 2' beweist.

Ist die Zeile i von A eine Linearkombination der Form

$$\begin{pmatrix} a_{i1} & \dots & a_{in} \end{pmatrix} = \lambda \begin{pmatrix} a'_{i1} & \dots & a'_{in} \end{pmatrix} + \mu \begin{pmatrix} a''_{i1} & \dots & a''_{in} \end{pmatrix},$$

dann ist die Zeile i von AB ebenfalls eine Linearkombination, nämlich

$$\begin{pmatrix} a_{i1} & \dots & a_{in} \end{pmatrix} B = \lambda \begin{pmatrix} a'_{i1} & \dots & a'_{in} \end{pmatrix} B + \mu \begin{pmatrix} a''_{i1} & \dots & a''_{in} \end{pmatrix} B.$$

Schreiben wir A' für die Matrix, die in Zeile i die a'_{ij} statt der a_{ij} enthalten, und analog für A'', dann folgt, dass

$$d(A) = \det(AB) = \lambda \det(A'B) + \mu \det(A''B) = \lambda d(A') + \mu d(A''),$$

was genau die Eigenschaft 1' ist.   □

Blockdiagonalmatrizen und Produktformel

Eine Blockdiagonalmatrix kann man als Produkt

$$\det(A) = \begin{pmatrix} A_1 & 0 & 0 & 0 \\ 0 & A_2 & \ldots & 0 \\ \vdots & \vdots & \ddots & \vdots \\ 0 & 0 & \ldots & A_k \end{pmatrix} = \det \left(\begin{pmatrix} A_1 & 0 & 0 & 0 \\ 0 & I & \ldots & 0 \\ \vdots & \vdots & \ddots & \vdots \\ 0 & 0 & \ldots & I \end{pmatrix} \begin{pmatrix} I & 0 & 0 & 0 \\ 0 & A_2 & \ldots & 0 \\ \vdots & \vdots & \ddots & \vdots \\ 0 & 0 & \ldots & I \end{pmatrix} \ldots \begin{pmatrix} I & 0 & 0 & 0 \\ 0 & I & \ldots & 0 \\ \vdots & \vdots & \ddots & \vdots \\ 0 & 0 & \ldots & A_k \end{pmatrix} \right)$$

schreiben. Die einzelnen Faktoren haben jeweils die Determinante $\det A_i$, nach der Produktformel ist daher

$$\det A = \det(A_1) \det(A_2) \ldots \det(A_k).$$

Determinante der inversen Matrix

Für eine invertierbare Matrix A ist $AA^{-1} = I$, aus der Produktformel folgt daher

$$1 = \det I = \det(AA^{-1}) = \det(A) \det(A^{-1}) \quad \Rightarrow \quad \det(A^{-1}) = \det(A)^{-1}.$$

Die Determinante der inversen Matrix ist die Reziproke der Determinanten der Matrix.

Die Determinante stellt also eine Beziehung zwischen der Multiplikation der Matrizen und der Multiplikation der Zahlen her. Als Abbildung respektiert sie die algebraischen Strukturen. Solche Abbildungen werden allgemein Homomorphismen genannt und spielen eine wichtige Rolle im Studium abstrakter algebraischer Strukturen, siehe auch den Kasten auf Seite 193.

Die Produktregel garantiert, dass zwei Matrizen A und B mit Determinante 1 auch ein Produkt mit Determinante $\det(AB) = \det A \det B = 1 \cdot 1 = 1$ haben, und dass $\det A^{-1} = 1$ ist. Die Menge der Matrizen mit Determinante 1 ist unter Multiplikation und Invertierung abgeschlossen.

Definition 4.33 (spezielle lineare Gruppe). *Die* spezielle lineare Gruppe *ist die Menge*

$$\mathrm{SL}_n(\mathbb{k}) = \{A \in M_n(\mathbb{k}) \mid \det A = 1\}$$

von Matrizen, deren Determinante den Wert 1 hat.

Gibt es auch eine Summenformel?

Es gibt keine vergleichbare Formel für die Determinante der Summe von zwei Matrizen. Schon 2×2-Matrizen zeigen uns, dass wir eine solche Formel auch nicht erwarten können:

$$A = \begin{pmatrix} 0 & 0 \\ a & a \end{pmatrix} \qquad\qquad \det(A) = \begin{vmatrix} 0 & 0 \\ a & a \end{vmatrix} = 0$$

Was ist ein Homomorphismus?

Die Determinante bildet quadratische Matrizen in Zahlen ab und führt Produkte von Matrizen in Produkte von Zahlen über. Außerdem wird das neutrale Element der Matrizenmultiplikation (die Einheitsmatrix I) in das neutrale Element der Multiplikation von Zahlen (die 1) abgebildet. Etwas formeller: det ist eine Abbildung

$$\det: M_{n \times n}(\Bbbk) \to \Bbbk : A \mapsto \det A$$

mit den Eigenschaften, dass

$$\det(AB) = \det(A)\det(B)$$
$$\det(I) = 1$$

gilt. Beschränkt man sich auf die Teilmenge $GL_n(\Bbbk) \subset M_{n \times n}(\Bbbk)$ der invertierbaren Matrizen, dann gilt außerdem $\det(A^{-1}) = \det(A)^{-1}$, es wird also auch das inverse Element bezüglich der Matrizenmultiplikation in das inverse Element bezüglich der Skalarmultiplikation übergeführt.

Eine solche Abbildung zwischen algebraischen Strukturen, die die wesentlichen Eigenschaften der Struktur erhält, heißt ein *Homomorphismus*. Homomorphismen sind die zentralen Werkzeuge, algebraische Strukturen miteinander zu vergleichen. Lineare Abbildungen sind Homomorphismen für die Struktur des Vektorraumes. Umkehrbare Homomorphismen heißen auch Isomorphismen. Isomorphe Strukturen lassen sich mit den Mitteln der Algebra nicht unterscheiden.

$$B = \begin{pmatrix} 0 & b \\ 0 & b \end{pmatrix} \qquad \det(B) = \begin{vmatrix} 0 & b \\ 0 & b \end{vmatrix} = 0$$

$$A + B = \begin{pmatrix} 0 & b \\ a & a+b \end{pmatrix} \qquad \det(A + B) = \begin{vmatrix} 0 & b \\ a & a+b \end{vmatrix} = -ab.$$

In den beiden Determinanten $\det(A)$ und $\det(B)$ ist die Information darüber, wie groß a oder b sind, nicht mehr vorhanden, es ist daher unmöglich, eine Formel zu konstruieren, die aus $\det(A)$ und $\det(B)$ die Determinante $\det(A + B) = ab$ berechnen kann.

4.6 Lösen von Gleichungssystemen

Aus dem Hilfssatz 4.5 folgt sofort, dass ein Gleichungssystem genau dann eindeutig lösbar ist, wenn die Determinante der Koeffizientenmatrix nicht 0 ist.

Satz 4.34 (Lösbarkeitsbedingung mit Determinante). *Das Gleichungssystem mit n Unbekannten und n Gleichungen mit den Koeffizienten a_{ij} ist genau dann eindeutig lösbar, wenn* $\det A \neq 0$.

Gabriel Cramer

Gabriel Cramer kam am 31. Juli 1704 in Genf als Sohn eines Arztes zur Welt. Im Alter von 18 Jahren doktorierte
er mit einer Arbeit auf dem Gebiet der Akustik. Er wurde 1724 Professor der Mathematik an der Genfer Akademie. Er schrieb ein umfangreiches Werk über die Theorie
algebraischer Kurven [6]. Ein Anhang mit dem Titel *De
l'évanouillment des inconnues* beschreibt ein Verfahren zur
Lösung linearer Gleichungssysteme. Cramer findet den Wert jeder Variablen als Quotient genau wie in Satz 4.35. Die Berechnung von Zähler und Nenner erinnert sehr stark
an die Vorgehensweise im Gauß-Algorithmus. Sie gab später Anlass zur Entwicklung
der Theorie der Determinanten.
Cramer starb am 4. Januar 1752 in Bagnols-sur-Cèze, Frankreich.

4.6.1 Die cramersche Regel

Wir möchten jetzt die in der Einleitung versprochene Formel für die Lösung ableiten, mit
der man die Lösung des Gleichungssystems aus lauter Determinanten berechnen kann.

Satz 4.35 (Cramer). *Das Gleichungssystem mit n Unbekannten und n Gleichungen mit
den Koeffizienten a_{ij} mit* $\det A \neq 0$ *hat die Lösungen*

$$x_1 = \frac{\begin{vmatrix} b_1 & a_{12} & \cdots & a_{1n} \\ \vdots & \vdots & \ddots & \vdots \\ b_n & a_{n2} & \cdots & a_{nn} \end{vmatrix}}{\begin{vmatrix} a_{11} & a_{12} & \cdots & a_{1n} \\ \vdots & \vdots & \ddots & \vdots \\ a_{n1} & a_{n2} & \cdots & a_{nn} \end{vmatrix}}, \quad \ldots, \quad x_n = \frac{\begin{vmatrix} a_{11} & \cdots & a_{1,n-1} & b_1 \\ \vdots & \ddots & \vdots & \vdots \\ a_{n1} & \cdots & a_{n,n-1} & b_n \end{vmatrix}}{\begin{vmatrix} a_{11} & \cdots & a_{1,n-1} & a_{1n} \\ \vdots & \ddots & \vdots & \vdots \\ a_{n1} & \cdots & a_{n,n-1} & a_{nn} \end{vmatrix}}.$$

*Die Unbekannte x_k berechnet man also als Quotient der Determinanten von A, in der man
die k-te Spalte durch die rechten Seiten b_i ersetzt hat, und der Determinanten von A.*

Beweis. Schreiben wir $a_1, \ldots, a_n$ für die Spalten von A und b für die Spalte der rechten
Seite, dann bedeutet das Gleichungssystem, dass die Spalte b geschrieben werden kann als
eine Linearkombination der Spalten von A:

$$x_1 a_1 + \cdots + x_n a_n = b. \tag{4.22}$$

In (3.1) haben wir dies die Vektorschreibweise des Gleichungssystems genannt. Die Determinante von A ist eine lineare Funktion jeder einzelnen Spalte. Wir betrachten für den
Moment nur die Abhängigkeit der Determinante von der k-ten Spalte und schreiben dafür

$$\Delta_k(u) = \begin{vmatrix} a_{11} & \cdots & u_1 & \cdots & a_{1n} \\ \vdots & \ddots & \vdots & \ddots & \vdots \\ a_{n1} & \cdots & u_n & \cdots & a_{nn} \end{vmatrix}.$$

Setzen wir beide Seiten von (4.22) in Δ_k ein, erhalten wir unter Ausnützung der Linearität:

$$x_1\Delta_k(a_1) + \cdots + x_k\Delta_k(a_k) + \cdots + x_n\Delta_k(a_n) = \Delta_k(b).$$

Auf der linken Seite enthalten alle Terme außer dem k-ten die Spalte a_i zweimal, einmal am Platz i, und einmal neu eingefügt am Platz k. Da die Determinante verschwindet, wenn zwei Spalten übereinstimmen, bleibt nur der k-te Term stehen:

$$x_k\Delta_k(a_k) = \Delta_k(b).$$

Auf der linken Seite setzt man die k-te Spalte als k-te Spalte in A ein und berechnet die Determinante, dies ist also nichts anderes als die Determinante von A. Auf der rechten Seite ersetze man die k-Spalte von A durch b, also

$$x_k \begin{vmatrix} a_{11} & \cdots & a_{1n} \\ \vdots & \ddots & \vdots \\ a_{n1} & \cdots & a_{nn} \end{vmatrix} = \begin{vmatrix} a_{11} & \cdots & b_1 & \cdots & a_{1n} \\ \vdots & \ddots & \vdots & \ddots & \vdots \\ a_{n1} & \cdots & b_n & \cdots & a_{nn} \end{vmatrix}.$$

Die Behauptung folgt jetzt durch Auflösen nach x_k.   □

Dieser Satz stellt zwar eine hübsche Formel zur Berechnung der Lösung bereit, die für numerische Zwecke allerdings selten geeignet ist. Die Berechnung der $n + 1$ Determinanten ist bereits aufwendiger als die Durchführung des Gauß-Verfahrens, das die Lösung auch schon liefert. Die cramersche Lösungsformel kann aber für theoretische Einsichten nützlich sein.

Beispiel 4.36. Man finde die Lösung des Gleichungssystems

$$\begin{aligned} -x - 3y \quad\quad &= -7 \\ 2x + 3y - 2z &= 2 \\ 2x + y - 3z &= -5. \end{aligned}$$

Die Koeffizientenmatrix und die rechte Seite sind

$$A = \begin{pmatrix} -1 & -3 & 0 \\ 2 & 3 & -2 \\ 2 & 1 & -3 \end{pmatrix}, \qquad b = \begin{pmatrix} -7 \\ 2 \\ -5 \end{pmatrix},$$

linalg.ch/gauss/40

wobei wir in Beispiel 4.26 bereits $\det(A) = 1$ gefunden haben. Für die Lösung des Gleichungssystems bekommen wir damit

$$x = \frac{\begin{vmatrix} -7 & -3 & 0 \\ 2 & 3 & -2 \\ -5 & 1 & -3 \end{vmatrix}}{\det(A)} = 63 - 30 + 0 - 0 - 14 - 18 = 1,$$

linalg.ch/gauss/41

$$y = \frac{\begin{vmatrix} -1 & -7 & 0 \\ 2 & 2 & -2 \\ 2 & -5 & -3 \end{vmatrix}}{\det(A)} = 6 + 28 + 0 - 0 + 10 - 42 = 2,$$

linalg.ch/gauss/42

$$z = \frac{\begin{vmatrix} -1 & -3 & -7 \\ 2 & 3 & 2 \\ 2 & 1 & -5 \end{vmatrix}}{\det(A)} = 15 - 12 - 14 + 42 + 2 - 30 = 3.$$

linalg.ch/gauss/43

4.6.2   Inverse Matrix

Mit den im Abschnitt 4.4 in Definition 4.23 eingeführten Minoren kann man jetzt auch eine Formel für die Elemente der inversen Matrix finden. Die inverse Matrix von A hat in ihren Spalten die Lösungen x des Gleichungssystems $Ax = b$ für ganz spezielle rechte Seiten b. Die j-te Spalte ist die Lösung zur rechten Seite e_j, dem Standardbasisvektor e_j, der genau an der j-ten Stelle eine 1 hat und sonst aus lauter Nullen besteht. Nach der cramerschen Regel kann man die i-te Unbekannte x_i in $Ax = e_j$ mit Determinanten berechnen, nämlich

$$x_i = (-1)^{i+j} \frac{\det(A_{ji})}{\det(A)}. \tag{4.23}$$

Dies ist auch der Eintrag in Spalte j und Zeile i der inversen Matrix A^{-1}:

$$A^{-1} = \frac{1}{\det(A)} \begin{pmatrix} \det(A_{11}) & -\det(A_{21}) & \det(A_{31}) & \dots & (-1)^{1+n}\det(A_{n1}) \\ -\det(A_{12}) & \det(A_{22}) & -\det(A_{32}) & \dots & (-1)^{2+n}\det(A_{n2}) \\ \det(A_{13}) & -\det(A_{23}) & \det(A_{33}) & \dots & (-1)^{3+n}\det(A_{n3}) \\ \vdots & \vdots & \vdots & \ddots & \vdots \\ (-1)^{n+1}\det(A_{1n}) & (-1)^{n+2}\det(A_{2n}) & (-1)^{n+3}\det(A_{3n}) & \dots & (-1)^{n+n}\det(A_{nn}) \end{pmatrix}. \tag{4.24}$$

Definition 4.37 (Kofaktoren). *Die Terme in der Matrix in (4.24) heißen* Kofaktoren *der Matrix A. Sie bilden die* Matrix der Kofaktoren

$$\mathrm{cof}(A)_{ij} = (-1)^{i+j}\det(A_{ij}). \tag{4.25}$$

Mit dieser Notation ist die inverse Matrix

$$A^{-1} = \frac{1}{\det(A)}\mathrm{cof}(A)^t. \tag{4.26}$$

Man beachte den feinen Unterschied zwischen (4.23) und (4.25), die Indizes i und j haben die Plätze getauscht. In der Formel (4.26) für die inverse Matrix äussert sich dies in der Transposition der Kofaktormatrix.

Für 2×2-Matrizen führt dies auf die manchmal nützliche Formel

$$\begin{pmatrix} a & b \\ c & d \end{pmatrix}^{-1} = \frac{1}{ad - bc} \begin{pmatrix} d & -b \\ -c & a \end{pmatrix}. \tag{4.27}$$

Für die Berechnung der Inversen größerer Matrizen ist die Formel nur in speziellen Fällen von Nutzen. Die Berechnung der Inversen mit Hilfe des Gauß-Algorithmus erfordert im Allgemeinen deutlich weniger Aufwand. Hingegen ist die Formel für theoretische Überlegungen durchaus interessant. Es folgt aus ihr zum Beispiel, dass die Inverse einer Matrix mit ganzzahligen Einträgen und Determinante 1 wieder lauter ganzzahlige Einträge hat. Die Menge

$$SL_n(\mathbb{Z}) = \{A \in M_n(\mathbb{Z}) | \det(A) = 1\},$$

hat also die Eigenschaft, dass mit $A \in SL_2(\mathbb{Z})$ auch $A^{-1} \in SL_2(\mathbb{Z})$ ist.

Beispiel 4.38. Man bestimme die Inverse der Matrix

$$A = \begin{pmatrix} -1 & -3 & 1 \\ 2 & 3 & -2 \\ 2 & 1 & -3 \end{pmatrix}.$$

linalg.ch/gauss/44

Die Determinante von A kann mit der Sarrus-Formel berechnet werden. Sie ist

$$\det(A) = \begin{vmatrix} -1 & -3 & 1 \\ 2 & 3 & -2 \\ 2 & 1 & -3 \end{vmatrix}$$

$$= (-1) \cdot 3 \cdot (-3) + (-3) \cdot (-2) \cdot 2 + 1 \cdot 2 \cdot 1$$
$$\quad - 2 \cdot 3 \cdot 1 - 1 \cdot (-2) \cdot (-1) - (-3) \cdot 2 \cdot (-3)$$
$$= 9 + 12 + 2 - 6 - 2 - 18 = -3.$$

Die Minoren sind

$$\det A_{11} = \begin{vmatrix} 3 & -2 \\ 1 & -3 \end{vmatrix} = -7, \quad \det A_{12} = \begin{vmatrix} 2 & -2 \\ 2 & -3 \end{vmatrix} = -2, \quad \det A_{13} = \begin{vmatrix} 2 & 3 \\ 2 & 1 \end{vmatrix} = -4,$$

$$\det A_{21} = \begin{vmatrix} -3 & 1 \\ 1 & -3 \end{vmatrix} = 8, \quad \det A_{22} = \begin{vmatrix} -1 & 1 \\ 2 & -3 \end{vmatrix} = 1, \quad \det A_{23} = \begin{vmatrix} -1 & -3 \\ 2 & 1 \end{vmatrix} = 5,$$

$$\det A_{31} = \begin{vmatrix} -3 & 1 \\ 3 & -2 \end{vmatrix} = 3, \quad \det A_{32} = \begin{vmatrix} -1 & 1 \\ 2 & -2 \end{vmatrix} = 0, \quad \det A_{33} = \begin{vmatrix} -1 & -3 \\ 2 & 3 \end{vmatrix} = 3.$$

Beim Hinschreiben der Inversen muss man jetzt aber beachten, dass das Element in Zeile i und Spalte j der inversen Matrix mit A_{ji} gebildet wird:

$$A^{-1} = \frac{1}{\det(A)} \begin{pmatrix} +\det(A_{11}) & -\det(A_{21}) & +\det(A_{31}) \\ -\det(A_{12}) & +\det(A_{22}) & -\det(A_{32}) \\ +\det(A_{13}) & -\det(A_{23}) & +\det(A_{33}) \end{pmatrix} = \frac{1}{-3} \begin{pmatrix} -7 & -8 & 3 \\ 2 & 1 & 0 \\ -4 & -5 & 3 \end{pmatrix}.$$

Zur Kontrolle rechnen wir das Produkt nach:

$$\begin{pmatrix} -7 & -8 & 3 \\ 2 & 1 & 0 \\ -4 & -5 & 3 \end{pmatrix} \begin{pmatrix} -1 & -3 & 1 \\ 2 & 3 & -2 \\ 2 & 1 & -3 \end{pmatrix} = \begin{pmatrix} 7-16+6 & 21-24+3 & -7+16-9 \\ -2+2+0 & -6+3+0 & 2-2+0 \\ 4-10+6 & 12-15+3 & -4+10-9 \end{pmatrix}$$

$$= -3 \cdot \begin{pmatrix} 1 & 0 & 0 \\ 0 & 1 & 0 \\ 0 & 0 & 1 \end{pmatrix}.$$

Da wir in diesem Produkt die Determinanten -3 noch nicht berücksichtigt haben, ist dies das zu erwartende Resultat. ○

Übungsaufgaben

4.1. Bestimmen Sie die Werte von t, für die

a) $\begin{vmatrix} t-4 & 3 \\ 2 & t-9 \end{vmatrix} = 0$

b) $\begin{vmatrix} t-1 & 4 \\ 3 & t-2 \end{vmatrix} = 0$

4.2. Lösen Sie das Gleichungssystem $Ax = b$ mit

$$A = \frac{1}{2} \begin{pmatrix} 2 & 1 & 0 \\ 1 & 2 & 1 \\ 0 & 1 & 2 \end{pmatrix}, \qquad b = \frac{1}{2} \begin{pmatrix} 1 \\ 2 \\ 0 \end{pmatrix}$$

linalg.ch/gauss/45

mit Hilfe der cramerschen Regel.

4.3. Gegeben ist das Gleichungssystem

$$\begin{aligned} x - ty &= t \\ tx + y &= t^2. \end{aligned}$$

a) Für welche Werte von t ist die Matrix dieses Gleichungssystems regulär?

b) Verwenden Sie die cramersche Regel, um eine Formel für x und y in Abhängigkeit von t anzugeben.

4.4. Berechnen Sie die Determinante der $n \times n$-Matrix

$$A_n = \begin{pmatrix} \frac{1}{n} & \frac{1}{n} & \frac{1}{n} & \cdots & \frac{1}{n} & \frac{1}{n} \\ -1 & 1 & 0 & \cdots & 0 & 0 \\ 0 & -1 & 1 & \cdots & 0 & 0 \\ \vdots & \vdots & \ddots & \ddots & \vdots & \vdots \\ 0 & 0 & 0 & \cdots & -1 & 1 \end{pmatrix}.$$

4.5. Betrachten Sie die Matrix

$$A = \begin{pmatrix} 1 & 2 \\ 9 & 1 \end{pmatrix}.$$

Berechnen Sie $\det(A^{47})$.

4.6. Betrachten Sie die Matrizen

$$A = \begin{pmatrix} 13 & 9 & -3 & 15 \\ 0 & 11 & 7 & 5 \\ 0 & 0 & 17 & 13 \\ 0 & 0 & 0 & 19 \end{pmatrix} \quad \text{und} \quad B = \begin{pmatrix} 0 & 1 & 0 & 0 \\ -1 & 0 & -2 & 0 \\ 0 & 2 & 0 & 1 \\ 0 & 0 & 1 & 0 \end{pmatrix}.$$

a) Berechnen Sie $\det(A)$ und $\det(B)$.

b) Berechnen Sie $C = BAB^t$.

c) Berechnen Sie $\det(C)$, ohne erneut den Gauß-Algorithmus oder den Entwicklungssatz zu bemühen.

Lösungen: `https://linalg.ch/uebungen/LinAlg-104.pdf`

Kapitel 5

Polynome

Dem Leser dürften Polynome und ihre grundlegenden Eigenschaften wie die arithmetischen Operationen mit Polynomen oder die Eigenschaften der Teilbarkeit und Faktorisierung aus der Schule bekannt sein. Dieses Kapitel dient zunächst dazu, die Notation zu etablieren. Dann soll aber gezeigt werden, wie Polynome auch mit den Methoden der linearen Algebra behandelt werden können. Insbesondere lassen sich Grundaufgaben wie das Finden des größten gemeinsamen Teilers auch mit der Tableau-Methode lösen.

5.1 Notation und allgemeine Eigenschaften

Ein *Polynom* ist eine Linearkombination von Potenzen einer Unbekannten X der Form

$$a(X) = a_0 + a_1 X + a_2 X + \ldots + a_{n-1} X^{n-1} + a_n X^n = \sum_{i=0}^{n} a_i X^i, \quad n \geq 0.$$

Die Koeffizienten a_i sind Elemente einer Zahlenmenge wie $\mathbb{Z}$, $\mathbb{Q}$, $\mathbb{R}$ oder eines beliebigen Körpers $\Bbbk$. Wir werden oft die Konvention verwenden, dass die Koeffizienten des Polynoms $p(X)$ mit dem gleichen Buchstaben bezeichnet werden, dem ein Index hinzugefügt wurde. Nach dieser Konvention hat das Polynom $p(X)$ die Koeffizienten p_i, also $p(X) = p_0 + p_1 X + p_2 X^n + \cdots + p_n X^n$. Die Konvention entspricht auch der früher eingeführten Konvention, die Komponenten eines Vektors v mit $v_1, \ldots, v_n$ zu bezeichnen.

5.1.1 Rechnen mit Polynomen

Das *Nullpolynom* ist das Polynom, dessen Koeffizienten alle 0 sind. Zwei Polynome sind gleich, wenn sie die gleichen Koeffizienten haben, also

$$a(X) = b(X) \quad \Leftrightarrow \quad a_i = b_i \; \forall i.$$

© Der/die Autor(en), exklusiv lizenziert an
Springer-Verlag GmbH, DE, ein Teil von Springer Nature 2023
A. Müller, *Lineare Algebra: Eine anwendungsorientierte Einführung*,
https://doi.org/10.1007/978-3-662-67866-4_5

Nicht nur der Vergleich, auch die Addition und Subtraktion von Polynomen erfolgt koeffizientenweise. Die Summe zweier Polynome $a(X)$ und $b(X)$ ist

$$a(X) + b(X) = (a + b)(X) = \sum_{i=0}^{n}(a_i + b_i)X^i.$$

Diese Summe ist nur definiert, wenn das n für beide Polynome gleich ist. Wir legen fest, dass die Koeffizienten $a_i = 0$ für $i > n$ angenommen werden. Zwei Polynome sind gleich, wenn ihre Differenz das Nullpolynom ist.

5.1.2   Der Grad eines Polynoms

Der *Grad* $d = \deg a(X)$ eines Polynoms $a(X)$ ist der größte Index d derart, dass $a_d \neq 0$ ist. Eine Konstante $\neq 0$ ist ein Polynom, in dem die Unbekannte X gar nicht vorkommt, also ein Polynom der Form $a(X) = a_0$. Der Grad einer Konstanten $\neq 0$ ist daher 0. Die Konstante 0 ist ein Polynom, das keinen Koeffizienten $\neq 0$ hat, die Definition des Grades ist daher etwas unklar: was ist die größte Zahl einer leeren Menge?

Definition 5.1 (Grad eines Polynoms). *Der* Grad *des Polynoms* $a(X) = a_0 + a_1 X + a_2 X^2 + \ldots + a_n X^n$ *ist*

$$\deg a(X) = \begin{cases} -\infty & a(X) = 0 \\ \max\{k \mid a_k \neq 0\} & \text{sonst.} \end{cases} \tag{5.1}$$

Das Symbol $-\infty$ *ist keine Zahl, aber die Addition damit ist definiert durch*

$$-\infty + a = -\infty \qquad \forall a \in \mathbb{N}. \tag{5.2}$$

Definition 5.2 (Leitkoeffizient). *Sei* $a(X)$ *ein Polynom vom Grad* $n = \deg a(X)$. *Der Koeffizient* $a_{\deg a}$ *heißt der* Leitkoeffizient. *Das Polynom heißt* normiert, *wenn der Leitkoeffizient* $a_n = 1$ *ist.*

5.1.3   Der Polynomring

In Produkten darf die Unbekannte X mit Zahlen beliebig vertauscht werden, Rechnen mit X ist kommutativ. Damit ergibt sich die Struktur eines Ringes (siehe auch die Übersicht über algebraische Strukturen in Abbildung 1.4).

Definition 5.3 (Ring). *Ein Ring R ist eine Menge mit zwei Verknüpfungen + und · mit den folgenden Eigenschaften.*

1. *Die Addition und die Multiplikation sind assoziativ.*

2. *Es gibt ein neutrales Element $0 \in R$ der Addition, d. h. $a + 0 = a$ für alle $a \in R$.*

3. *Es gibt zu jedem $a \in R$ ein inverses Element $-a$ bezüglich der Addition:* $(-a) + a = 0$.

4. *Die Addition ist kommutativ.*

5. *Es gelten die Distributivgesetze*

$$a(b + c) = ab + ac \qquad (a + b)c = ac + bc$$

für alle $a, b, c \in R$.

Die ganzen Zahlen erfüllen die Forderungen von Definition 5.3, sie bilden einen Ring mit einer kommutativen Multiplikation. Matrizen $M_n(\Bbbk)$ bilden ebenfalls einen Ring, allerdings ist die Multiplikation für $n > 1$ nicht kommutativ.

Definition 5.4 (Polynomring). *Die Menge der Polynome in der Unbekannten X mit Koeffizienten in der Menge R wird mit*

$$R[X] = \{a(X) = a_0 + a_1 X + \ldots + a_n X^n \mid a_i \in R\}$$

bezeichnet.

Satz 5.5 (Polynomring). *$R[X]$ ist ein Ring.*

1. *Das Nullpolynom ist das Polynom, dessen Koeffizienten alle 0 sind.*

2. *Addition von Polynomen: sind $a(X)$ und $b(X)$ Polynome, dann ist*

$$a(X) + b(X) = \sum_{i=1}^{n} (a_i + b_i)X^i$$

die Summe der Polynome, wobei $n = \max(\deg a(X), \deg b(X))$. Das Nullpolynom ist das neutrale Element der Polynomaddition.

3. *Multiplikation von Polynomen mit einer Zahl: Ist $a(X) \in R[X]$ ein Polynom vom Grad n und $\lambda \in R$ eine Zahl, dann ist $\lambda a(X)$ ein Polynom mit Koeffizienten $\lambda a_i, 0 \leq i \leq n$.*

4. *Multiplikation von Polynomen: Sind*

$$a(X) = a_0 + a_1 X + \ldots a_n X^n$$
$$b(X) = b_0 + b_1 X + \ldots b_m X^m$$

Polynome mit Grad n bzw. m, dann ist das Produkt von $a(X)$ und $b(X)$ das Polynom

$$a(X) \cdot b(X) = a_0 b_0 + (a_0 b_1 + a_1 b_0)X + \ldots + (a_{n-1} b_m + a_n b_{m-1})X^{n+m-1} + a_n b_m X^{n+m}. \tag{5.3}$$

Das Einspolynom $p(x) = 1$ ist neutrales Element der Polynommultiplikation.

5.1.4 Rechnen mit dem Grad

Satz 5.6 (Rechenregeln für den Grad). *Seien $a(X)$ und $b(X)$ Polynome vom Grad $\deg a(X)$ und $\deg b(X)$. Dann gilt*

1. $\deg(a(X) \cdot b(X)) = \deg a(X) + \deg b(X)$.

2. $\deg(a(X) + b(X)) \leq \max(\deg a(X), \deg b(X))$.

3. $\deg \lambda a(X) = \deg a(X)$ *für* $\lambda \neq 0$.

Beweis. 1. Für Polynome $\neq 0$ sind die Rechenregeln für den Grad eines Produktes aus der Definition 5.3 unmittelbar klar. Ist einer der Faktoren das Nullpolynom, dann ist das Produkt ebenfalls das Nullpolynom. Aus der Regel (5.2) folgt 1.

2. Bei der Addition zweier Polynome kann es passieren, dass sich die Terme höchsten Grades wegheben, was den Grad der Summe reduzieren kann.

3. Bei der Multiplikation mit einer Zahl $\lambda \neq 0$ kann der höchste nichtverschwindende Koeffizient nicht zu 0 werden, also ist auch der Grad unverändert.   □

Der Grad ermöglicht, den Polynomring $R[X]$ in größer werdende Teilmengen aufzuteilen. Schreiben wir

$$R^{(n)}[X] = \{p(X) \in R[X] \mid \deg p \leq n\}$$

für die Menge der Polynome vom Grad $\leq n$, dann ist $R[X]$ die Vereinigung der geschachtelten Mengen $R^{(n)}[X]$:

$$\{0\} = R^{(-\infty)}[X] \subset R = R^{(0)}[X] \subset R^{(1)}[X] \subset R^{(2)}[X] \subset \cdots \subset R^{(n)}[X] \subset \cdots \subset R[X].$$

Aus den Rechenregeln von Satz 5.6 folgt, dass die Mengen $R^{(n)}[X]$ unter Addition und Multiplikation mit Zahlen aus R abgeschlossen sind. Die Multiplikation zweier Polynome in $R^{(n)}[X]$ führt im Allgemeinen aus der Menge $R^{(n)}[X]$ heraus. Zwei Polynome vom Grad $n > 0$ haben als Produkt ein Polynom vom Grad $2n$, das nicht mehr in $R^{(n)}[X]$ ist. Aus der Rechenregel für das Produkt folgt aber

$$R^{(n)}[X] \cdot R^{(m)}[X] \subset R^{(n+m)}[X].$$

5.2   Polynome als Vektoren

Die Addition von Polynomen und die Multiplikation mit einer Zahl erfolgt nach Satz 5.5 koeffizientenweise. Es ist daher naheliegend, Polynome als Vektoren zu schreiben. Dem Polynom $a(X) = a_0 + a_1 X + \ldots + a_n X^n \in R^{(n)}[X]$ entspricht der Vektor

$$a = \begin{pmatrix} a_0 \\ a_1 \\ \vdots \\ a_n \end{pmatrix} \in R^{n+1}.$$

Dies definiert eine Abbildung $f^{(n)} \colon R^{(n)}[X] \to R^{n+1}$. Aus dem Vektor a kann das Polynom durch Bildung der Summe

$$f^{(n)} \colon a \mapsto a(X) = \sum_{k=0}^{n} a_k X^k$$

wiedergewonnen werden, dies definiert die Umkehrabbildung $R^{n+1} \to R^{(n)}[X]$. Diese Abbildung kann auch als Matrizenprodukt

$$a(X) = \begin{pmatrix} 1 & X & \ldots & X^{n-1} & X^n \end{pmatrix} \begin{pmatrix} a_0 \\ a_1 \\ \vdots \\ a_{n-1} \\ a_n \end{pmatrix}$$

geschrieben werden. Im Folgenden verwenden wir die Konvention, den zum Polynom $a(X)$ gehörigen Vektor mit a zu bezeichnen.

Skalarmultiplikation

Dem Polynom $\lambda a(X)$ entspricht der Vektor

$$\begin{pmatrix} \lambda a_0 \\ \lambda a_1 \\ \vdots \\ \lambda a_n \end{pmatrix} = \lambda a.$$

Die Skalarmultiplikation eines Polynoms wird zur Skalarmultiplikation von Vektoren.

Addition

Zwei Polynomen $a(X)$ und $b(X)$ vom Grad $\leq n$ entsprechen die Vektoren $a, b \in R^n$. Die Summe $a(X) + b(X)$ ist das Polynom mit Koeffizienten $a_i + b_i$, der zu $a(X) + b(X)$ gehörige Vektor ist

$$\begin{pmatrix} a_0 + b_0 \\ a_1 + b_1 \\ \vdots \\ a_n + b_n \end{pmatrix} = a + b.$$

Die Polynomaddition wird zur Vektoraddition. Dies bedeutet, dass die Abbildung

$$f^{(n)} : R^{(n)}[X] \to R^{n+1} : a(X) \mapsto a$$

eine bijektive lineare Abbildung ist.

Produkt von Polynomen und Faltung von Vektoren

Die Darstellung von Polynomen als Vektoren ermöglicht also, die linearen Operation mit Polynomen als Vektoroperationen durchzuführen. Das Produkt führt aber aus jedem endlichdimensionalen Vektorraum $R^{(n)}[X]$ heraus und kann daher nicht allgemein durchgeführt werden. Beginnt man aber mit Polynomen "kleinen" Grades in einem genügend großen $R^{(n)}[X]$, dann bleibt das Produkt in $R^{(n)}[X]$ und kann mit der Formel (5.3) berechnet werden.

Definition 5.7 (Faltung). *Die Faltung zweier Vektoren $a, b \in R^{n+1}$ ist der Vektor mit den Komponenten*

$$c_k = a_k b_0 + a_{k-1} b_1 + \ldots + a_1 b_{k-1} + a_0 b_k = \sum_{i=0}^{k} a_k b_{k-i} = \sum_{i+j=k} a_i b_j. \tag{5.4}$$

Die Faltung wird mit $c = a * b$ bezeichnet.

Die Faltung ist linear in jedem Faktor,

$$a * (b' + b'') = a * b' + a * b''$$
$$a * (\lambda b) = \lambda a * b,$$

wie man durch Nachrechnen sofort verifizieren kann. Außerdem ist sie kommutativ, also $a * b = b * a$.

Sind $a(X)$ und $b(X)$ Polynome derart, dass $\deg a(X) + \deg b(X) \leq n$, dann ist

$$f^{(n)}(a(X) \cdot b(X)) = a * b.$$

Falls aber $\deg a(X) + \deg b(X) > n$ ist, ist $a * b$ immer noch definiert, das zugehörige Polynom ist aber verschieden von $a(X) \cdot b(X)$, es fehlen ihm die Terme vom Grad $> n$.

5.3 Teilbarkeit

In Abschnitt 3.C wurde gezeigt, wie man mit Resten rechnen kann und wie dies in der Kryptographie von Nutzen ist. In Abschnitt 3.C.3 diente das Diffie-Hellman-Verfahren zur Demonstration der Nützlichkeit der modularen Arithmetik. Modernere Verfahren wie zum Beispiel jene, die auf elliptischen Kurven basieren, verwenden einen erweiterten Körper $\mathbb{F}_p(\alpha)$, der in Abschnitt 5.B vorgestellt wird. Er besteht im Wesentlichen aus Polynomen in α. Rechnungen in diesem Körper werden mit Polynomen durchgeführt, aber statt Reste bezüglich der Primzahl p müssen jetzt Reste bezüglich geeigneter Polynome bestimmt werden. Es sind also effiziente Algorithmen zur Polynomdivision und zum Rechnen mit Polynomresten nötig. Der vorliegende Abschnitt ist dieser Aufgabenstellung gewidmet.

5.3.1 Division von Polynomen

Die Grundaufgabe für alle späteren Algorithmen ist die Division mit Rest.

Aufgabe 5.8. *Zu gegebenen Polynomen $a(X) = a_n X^n + a_{n-1} X^{n-1} + \cdots + a_2 X^2 + a_1 X + a_0$ und $b(X) = b_m X^m + b_{m-1} X^{m-1} + \cdots + b_2 X^2 + b_1 X + b_0$ sind zwei Polnoyme $q(X) = q_s X^s + q_{s-1} X^{s-1} + \cdots + q_1 X + q_0$ und $r(X) = r_t X^t + r_{t-1} X^{t-1} + \cdots + r_1 X + r_0$ gesucht derart, dass*

$$a(X) = b(X)q(X) + r(X).$$

Es muss $n = m + s$ und $r < m$ sein.

Der Polynomdivisionsalgorithmus

Die Division von Polynomen funktioniert ganz analog zur Division ganzer Zahlen, die man in der Schule lernt. Der einzige Unterschied ist, dass die Potenzen von 10, also die Stellenposition innerhalb der Zahl, durch die Potenzen der unabhängigen Variablen des Polynoms ersetzt werden. Bei der Zahlendivision können an jeder Stelle nur Ziffern stehen, bei der Polynomdivision ist es ein beliebiger Koeffizient. Das ändert aber nichts am Algorithmus.

Beispiel 5.9. Seien die beiden Polynome

$$a(X) = X^4 - X^3 - 7X^2 + X + 6$$
$$b(X) = 2X^2 + X + 1 \tag{5.5}$$

gegeben. Der Divisionsalgorithmus findet den Quotienten $q(X)$ und den Rest $r(X)$:

$$
\begin{array}{l}
X^4 - X^3 - 7X^2 + X + 6 : 2X^2 + X + 1 = \frac{1}{2}X^2 - \frac{3}{4}X - \frac{27}{8} = q(X).\\
\underline{-(X^4 + \frac{1}{2}X^3 + \frac{1}{2}X^2)}\\
\quad - \frac{3}{2}X^3 - \frac{15}{2}X^2 + X\\
\quad \underline{-(-\frac{3}{2}X^3 - \frac{3}{4}X^2 - \frac{3}{4}X)}\\
\qquad - \frac{27}{4}X^2 + \frac{7}{4}X + 6\\
\qquad \underline{-(-\frac{27}{4}X^2 - \frac{27}{8}X - \frac{27}{8})}\\
\qquad\qquad \frac{41}{8}X + \frac{75}{8} = r(X)
\end{array}
$$

Das Resultat kann überprüft werden, indem man $b(X)q(X) + r(X)$ berechnet. Tatsächlich ist

$$
\begin{array}{rl}
b(X)q(X) = & (2X^2 + X + 1) \cdot (\frac{1}{2}X^2 - \frac{3}{4}X - \frac{27}{8})\\
& \overline{X^4 - \frac{3}{2}X^3 - \frac{27}{4}X^2}\\
& \quad\; \frac{1}{2}X^3 - \frac{3}{4}X^2 - \frac{27}{8}X\\
& \qquad\quad\; \frac{1}{2}X^2 - \frac{3}{4}X - \frac{27}{8}\\
+ r(X) = & \qquad\qquad\qquad \frac{41}{8}X + \frac{75}{8}\\
a(X) = & \overline{X^4 - X^3 - 7X^2 + X + 1}
\end{array}
$$

Damit ist das Resultat verifiziert. ○

Divisionsrest mit der Tableau-Methode

Der Rest der Polynomdivision kann mit Zeilenoperationen eines geeignet gefüllten Tableaus bestimmt werden. Das Tableau muss die Beziehung $a(X) = q(X)b(X) + r(X)$ ausdrücken. Das Polynom $a(X)$ entsteht durch Multiplikation der Koeffizienten a_k mit den Potenzen von X, was man durch das Tableau

X^n	X^{n-1}	$\ldots$	X	1	1
a_n	a_{n-1}	$\ldots$	a_1	a_0	$a(X)$

ausdrücken kann.

Der Polynomdivisionsalgorithmus subtrahiert davon Vielfache der Polynome $b(X)$, $Xb(X)$, $X^2b(X)$ usw. Diese können ebenfalls im Tableau eingetragen werden:

X^n	X^{n-1}	X^{n-2}	...	X^2	X	1	1
b_m	b_{m-1}	b_{m-2}	...	0	0	0	$X^{n-m}b(X)$
0	b_m	b_{m-1}	...	0	0	0	$X^{n-m-1}b(X)$
0	0	b_m	...	0	0	0	$X^{n-m-2}b(X)$
$\vdots$	$\vdots$		$\ddots$		$\vdots$	$\vdots$	$\vdots$
0	0	0	...	b_0	0	0	$X^2b(X)$
0	0	0	...	b_1	b_0	0	$Xb(X)$
0	0	0	...	b_2	b_1	b_0	$b(X)$
a_n	a_{n-1}	a_{n-2}	...	a_2	a_1	a_0	$a(X)$

$$(5.6)$$

Der Gauß-Algorithmus versucht jetzt, möglichst viele der Koeffizienten a_k in der letzten Zeile von (5.6) zu 0 zu machen. Dazu müssen die Zeilen mit Zahlen q_i multipliziert und von der letzten Zeile subtrahiert werden. Wir bezeichnen die Zahlen von oben nach unten mit $q_{n-m}, q_{n-m-1}, \ldots, q_0$. Was auf der linken Seite übrig bleibt, sind genau die Terme des Restes. Auf der rechten Seite steht

X^n	X^{n-1}	...	X^s	X^{s-1}	...	X	1	1
$\vdots$	$\vdots$		$\vdots$	$\vdots$		$\vdots$	$\vdots$	$\vdots$
0	0	...	r_s	r_{s-1}	...	r_1	r_0	$a(X) - q^{n-m}X^{n-m}b(X) - \cdots - q_0b(X)$

Die Terme mit $b(X)$ auf der rechten Seite in der letzten Zeile können zusammengefasst werden und $b(X)$ kann ausgeklammert werden, es bleibt der Faktor $q(X)$.

X^n	X^{n-1}	...	X^s	X^{s-1}	...	X	1	1
$\vdots$	$\vdots$		$\vdots$	$\vdots$		$\vdots$	$\vdots$	$\vdots$
0	0	...	r_s	r_{s-1}	...	r_1	r_0	$a(X) - q(X)b(X)$

Der Gauß-Algorithmus bestimmt also den Rest $r(X)$ und die Faktoren, die während des Algorithmus verwendet werden, ergeben den Quotienten $q(X)$.

Beispiel 5.10. Wir illustrieren die Methode am bereits durchgerechneten Beispiel 5.9:

X^4	X^3	X^2	X	1	
②	1	1	0	0	$X^2b(X)$
0	2	1	1	0	$Xb(X)$
0	0	2	1	1	$b(X)$
①	-1	-7	1	6	$a(X)$

X^4	X^3	X^2	X	1	
1	$\frac{1}{2}$	$\frac{1}{2}$	0	0	$\frac{1}{2}X^2 b(X)$
0	(2)	1	1	0	$Xb(X)$
0	0	2	1	1	$b(X)$
0	$\left(-\frac{3}{2}\right)$	$-\frac{15}{2}$	1	6	$a(X) - \frac{1}{2}X^2 b(X)$

(→)

X^4	X^3	X^2	X	1	
1	$\frac{1}{2}$	$\frac{1}{2}$	0	0	$\frac{1}{2}X^2 b(X)$
0	1	$\frac{1}{2}$	$\frac{1}{2}$	0	$\frac{1}{2}Xb(X)$
0	0	(2)	1	1	$b(X)$
0	0	$\left(-\frac{27}{4}\right)$	$\frac{7}{4}$	6	$a(X) - \frac{1}{2}X^2 b(X) + \frac{3}{2}Xb(X)$

(→)

X^4	X^3	X^2	X	1	
1	$\frac{1}{2}$	$\frac{1}{2}$	0	0	$\frac{1}{2}X^2 b(X)$
0	1	$\frac{1}{2}$	$\frac{1}{2}$	0	$\frac{1}{2}Xb(X)$
0	0	1	$\frac{1}{2}$	$\frac{1}{2}$	$\frac{1}{2}b(X)$
0	0	0	$\frac{41}{8}$	$\frac{75}{8}$	$a(X) - \frac{1}{2}X^2 b(X) + \frac{3}{2}Xb(X) + \frac{27}{8}b(X)$

(→)

In der rechten Spalte kann man verfolgen, wie durch Subtraktion geeigneter Vielfacher von $X^k b(X)$ schrittweise der Rest entsteht, genau so wie er auch im klassischen Algorithmus entsteht. Aus der letzten Zeile kann man links vom vertikalen Strich ablesen, dass der Rest $r(X) = \frac{41}{8}X + \frac{75}{8}$ und der Quotient $q(X) = \frac{1}{2}X^2 - \frac{3}{2}X - \frac{27}{4}$ ist. $\bigcirc$

Quotient mit der Tableau-Methode

Das Tableau von Beispiel 5.10 ist noch nicht geeignet, die Polynomdivision vollständig mit der Tableau-Methode auf einem Computer durchzuführen, weil in der rechten Spalte immer noch Polynome stehen. Wir versuchen daher, diese eine Spalte in separate Spalten für jeden Koeffizienten des Quotienten $q(X)$ aufzuteilen.

Wir möchten in der letzten Zeile die Gleichung

$$a(X) = q(X)b(X) + r(X) \tag{5.7}$$

stehen haben. Darin ist $q(X) = q_s X^s + q_{s-1}X^{s-1} + \cdots + q_0$ der gesuchte Quotient. Durch Ausmultiplizieren können wir die rechte Seite von (5.7) schreiben als

$$a(X) = q_s X^s b(X) + q_{s-1}X^{s-1}b(X) + \cdots + q_0 b(X) + r(X).$$

Da uns nur die Koeffizienten q_k interessieren, schreiben wir die anderen Faktoren in die

Kopfzeile und erhalten das Tableau

X^n	X^{n-1}	X^{n-2}	...	X^2	X	1	$X^s b(x)$	$X^{s-1}b(X)$	$X^{s-2}b(X)$	...	$Xb(X)$	$b(X)$	$r(X)$
b_m	b_{m-1}	b_{m-2}	...	0	0	0	1	0	0	...	0	0	0
0	b_m	b_{m-1}	...	0	0	0	0	1	0	...	0	0	0
0	0	b_m	...	0	0	0	0	0	1	...	0	0	0
$\vdots$	$\vdots$	$\vdots$	$\ddots$	$\vdots$	$\vdots$	$\vdots$	$\vdots$	$\vdots$	$\vdots$	$\ddots$	$\vdots$	$\vdots$	$\vdots$
0	0		...	b_1	b_0	0	0	0	0	...	0	0	0
0	0		...	b_2	b_1	b_0	0	0	0	...	0	1	0
a_n	a_{n-1}	a_{n-1}	...	a_2	a_1	a_0	q_s	q_{s-1}	q_{s-2}	...	q_1	q_0	1

Wie wir bereits wissen, lässt die Durchführung der Vorwärtsreduktion in der letzten Zeile auf der linken Seite nur die Koeffizienten des Rests $r(X)$ stehen. Entsprechend darf auf der rechten Seite nur $r(X)$, also die Eins in der letzten Spalte stehen bleiben. Die Koeffizienten q_k von $q(X)$ werden also entfernt.

In dieser Form können wir das Tableau aber ohnehin nicht hinschreiben, weil wir die q_k noch nicht kennen. Statt diese Koeffizienten hinzuschreiben und vom Algorithmus wegputzen zu lassen, können wir Nullen an ihre Stelle schreiben, der Algorithmus wird dann die negativen Koeffizienten $-q_k$ erzeugen:

X^n	X^{n-1}	X^{n-2}	...	X^2	X	1	$X^s b(x)$	$X^{s-1}b(X)$	$X^{s-2}b(X)$	...	$Xb(X)$	$b(X)$	$r(X)$
b_m	b_{m-1}	b_{m-2}	...	0	0	0	1	0	0	...	0	0	0
0	b_m	b_{m-1}	...	0	0	0	0	1	0	...	0	0	0
0	0	b_m	...	0	0	0	0	0	1	...	0	0	0
$\vdots$	$\vdots$	$\vdots$	$\ddots$	$\vdots$	$\vdots$	$\vdots$	$\vdots$	$\vdots$	$\vdots$	$\ddots$	$\vdots$	$\vdots$	$\vdots$
0	0		...	b_1	b_0	0	0	0	0	...	1	0	0
0	0		...	b_2	b_1	b_0	0	0	0	...	0	1	0
a_n	a_{n-1}	a_{n-1}	...	a_2	a_1	a_0	0	0	0	...	0	0	1

Die Vorwärtsreduktion macht aus der letzten Zeile

X^n	X^{n-1}	X^{n-2}	...	X^2	X	1	$X^s b(x)$	$X^{s-1}b(X)$	$X^{s-2}b(X)$	...	$Xb(X)$	$b(X)$	$r(X)$
$\vdots$	$\vdots$	$\vdots$	$\ddots$	$\vdots$	$\vdots$	$\vdots$	$\vdots$	$\vdots$	$\vdots$	$\ddots$	$\vdots$	$\vdots$	$\vdots$
0	0	0	...	r_2	r_1	r_0	$-q_s$	$-q_{s-1}$	$-q_{s-2}$	...	$-q_1$	$-q_0$	1

Die letzte Spalte ist nur ein Platzhalter, sie ist für die Rechnung gar nicht nötig und kann weggelassen werden. Indem die Einsen im rechten Teil des Tableaus durch -1 ersetzt werden, entstehen in der Fußzeile bei der Durchführung des Algorithmus die Koeffizienten von $q(X)$. Damit haben wir den folgenden Algorithmus zur Bestimmung von Quotient und Rest mit der Tableau-Methode gewonnen.

Satz 5.11 (Quotient von Polynomen). *Sind* $a(X) = a_n X^n + a_{n-1} X^{n-1} + \cdots + a_1 X + a_0$ *und* $b(X) = b_m X^m + b_{m-1} X^{m-1} + \cdots + b_1 X + b_0$ *Polynome mit* $n \geq m$, *dann produziert die Vorwärtsreduktion im Tableau*

b_m	b_{m-1}	b_{m-2}	$\ldots$	0	0	0	-1	0	0	$\ldots$	0	0
0	b_m	b_{m-1}	$\ldots$	0	0	0	0	-1	0	$\ldots$	0	0
0	0	b_m	$\ldots$	0	0	0	0	0	-1	$\ldots$	0	0
$\vdots$	$\vdots$	$\vdots$	$\ddots$	$\vdots$	$\vdots$	$\vdots$	$\vdots$	$\vdots$	$\vdots$	$\ddots$	$\vdots$	$\vdots$
0	0	0	$\ldots$	b_1	b_0	0	0	0	0	$\ldots$	-1	0
0	0	0	$\ldots$	b_2	b_1	b_0	0	0	0	$\ldots$	0	-1
a_n	a_{n-1}	a_{n-1}	$\ldots$	a_2	a_1	a_0	0	0	0	$\ldots$	0	0

in der Fußzeile

0	0	0	$\ldots$	r_2	r_1	r_0	q_s	q_{s-1}	q_{s-2}	$\ldots$	q_1	q_0

die Koeffizienten des Restes $r(X)$ *und des Quotienten* $q(X)$ *der Polynomdivision von* $a(X)$ *durch* $b(X)$.

Beispiel 5.12. Die Polynomdivision $(X^4 - X^3 - 7X^2 + X + 6) : (2X^2 + X + 19)$ lässt sich jetzt wie folgt mit der Tableau-Methode durchführen:

$$
\left[\begin{array}{ccccc|ccc}
2 & 1 & 1 & 0 & 0 & -1 & 0 & 0 \\
0 & 2 & 1 & 1 & 0 & 0 & -1 & 0 \\
0 & 0 & 2 & 1 & 1 & 0 & 0 & -1 \\
1 & -1 & -7 & 1 & 6 & 0 & 0 & 0
\end{array}\right]
\rightarrow
\left[\begin{array}{ccccc|ccc}
1 & \frac{1}{2} & \frac{1}{2} & 0 & 0 & -\frac{1}{2} & 0 & 0 \\
0 & 1 & \frac{1}{2} & \frac{1}{2} & 0 & 0 & -\frac{1}{2} & 0 \\
0 & 0 & 1 & \frac{1}{2} & \frac{1}{2} & 0 & 0 & -\frac{1}{2} \\
0 & 0 & 0 & \frac{41}{8} & \frac{75}{8} & \frac{1}{2} & -\frac{3}{2} & -\frac{27}{4}
\end{array}\right].
$$

linalg.ch/gauss/48

Wieder ist der Quotient $q(X) = \frac{1}{2}X^2 - \frac{3}{2}X - \frac{27}{4}$ und der Rest $r(X) = \frac{41}{8}X + \frac{75}{8}$. ◯

5.3.2 Größter gemeinsamer Teiler und Sylvester-Matrix

Mit Hilfe eines geeigneten Tableaus können Quotient und Rest einer Polynomdivision ermittelt werden. In diesem Abschnitt soll gezeigt werden, wie sich damit auch der euklidische Algorithmus für den größten gemeinsamen Teiler in Tableau-Form bringen lässt.

Die Sylvester-Matrix

Für zwei Polynome $a(X)$ und $b(X)$ kann der Divisionsrest und der Quotient mit Hilfe des Tableaus von Satz 5.11 bestimmt werden. Für den größten gemeinsamen Teiler wird nur der Rest $r(X)$ gebraucht, zu dessen Bestimmung nur die linke Hälfte des Tableaus ausgefüllt werden muss.

Im nächsten Schritt des euklidischen Algorithmus muss der Rest der Division von $b(X)$ durch $r(X)$ berechnet werden. Auch dazu kann das Tableau von Satz 5.11 verwendet werden. Die Koeffizienten des Polynoms $r(X)$ kommen darin nicht nur einmal vor, wie am

Ende der Berechnung von $r(X)$ in der Fußzeile des Tableau, sondern in mehreren verschobenen Kopien. Daher muss das Verfahren modifiziert werden, so dass es den Rest mehrfach produziert. Dies kann einfach dadurch geschehen, dass mehrere Zeilen mit den Koeffizienten von $a(X)$, jeweils um eine Spalte verschoben, initialisiert werden. An ihrer Stelle werden am Ende Kopien von $r(X)$ stehen. Damit auch die verschobenen Reste berechnet werden könnne, braucht es zusätzliche Kopien von $b(X)$.

Definition 5.13 (Sylvester-Matrix). *Seien* $a(X) = a_n X^n + a_{n-1} X^{n-1} + \cdots + a_1 X + a_0$ *und* $b(X) = b_m X^m + b_{m-1} X^{m-1} + \cdots + b_1 X + b_0$ *Polynome vom Grad* $\deg a(X) = n$ *bzw.* $\deg b(X) = m$. *Die* $(n + m) \times (n + m)$*-Matrix*

$$
\mathrm{Syl}(a,b) = \left(\begin{array}{ccccccccc}
a_n & a_{n-1} & a_{n-2} & \cdots & & & & & \\
 & a_n & a_{n-1} & a_{n-2} & \cdots & & & & \\
 & & a_n & a_{n-1} & a_{n-2} & \cdots & & & \\
 & & & \ddots & \ddots & \ddots & \ddots & & \\
 & & & & & \cdots & a_1 & a_0 & \\
 & & & & & & \cdots & a_1 & a_0 \\
\hline
b_m & b_{n-1} & b_{n-2} & \cdots & & & & & \\
 & b_n & b_{n-1} & b_{m-2} & \cdots & & & & \\
 & & \ddots & \ddots & \ddots & \ddots & \ddots & & \\
 & & & & \cdots & b_2 & b_1 & b_0 & \\
 & & & & & \cdots & b_2 & b_1 & b_0
\end{array}\right),
$$
(5.8)

deren erste m *Zeilen die Koeffizienten von* $a(X)$ *enthalten und deren letzten* n *Zeilen jene von* $b(X)$, *heißt die* Sylvester-Matrix.

Größter gemeinsamer Teiler mit der Tableau-Methode

Zur Berechnung des größten gemeinsamen Teilers von $a(X)$ und $b(X)$ mit $n = \deg a \geq m = \deg b$ beginnt man also mit der Sylvester-Matrix $\mathrm{Syl}(b, a)$. Auf jeder der m Zeilen im unteren Teil der Matrix werden $n - m + 1$-Zeilenoperationen mit Zeilen aus dem oberen Teil durchgeführt. Man beachte, dass weitere Reduktionsschritte möglich wären, weil die Zeilen ja länger geworden sind als sie im Satz 5.11 waren. In den unteren m Zeilen entsteht dann der Rest $r(X)$ der Division von $a(X)$ durch $b(X)$. Außerdem werden die ersten $n+m-1$ Spalten Nullen enthalten:

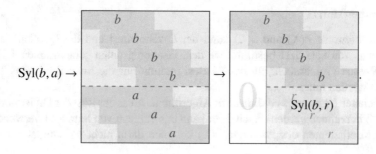

In der rechten unteren Ecke ist die kleine Sylvester-Matrix Syl(b, r) entstanden. Nach Vertauschung der Polynome $b(X)$ und $r(X)$ kann mit der gleichen Methode der nächste Rest berechnet werden. Das folgende Beispiel illustriert den Prozess.

Beispiel 5.14. Wir illustrieren die Vorgehensweise an der Aufgabe, den größten gemeinsamen Teiler von $a(X) = X^4 - 3X^3 + \frac{3}{4}X^2 + \frac{13}{4}X - \frac{3}{2}$ und $b(X) = X^3 + \frac{9}{2}X^2 + \frac{13}{2}X + 3$ zu bestimmen. Das erste Tableau enthält 4 Kopien von $b(X)$ und 3 Kopien von $a(X)$:

$$
\left[\begin{array}{ccccccc}
1 & -\frac{9}{2} & \frac{13}{2} & 3 & 0 & 0 & 0 \\
0 & 1 & -\frac{9}{2} & \frac{13}{2} & 3 & 0 & 0 \\
0 & 0 & 1 & -\frac{9}{2} & \frac{13}{2} & 3 & 0 \\
0 & 0 & 0 & 1 & -\frac{9}{2} & \frac{13}{2} & 3 \\
1 & -3 & \frac{3}{4} & \frac{13}{4} & -\frac{3}{2} & 0 & 0 \\
0 & 1 & -3 & \frac{3}{4} & \frac{13}{4} & -\frac{3}{2} & 0 \\
0 & 0 & 1 & -3 & \frac{3}{4} & \frac{13}{4} & -\frac{3}{2}
\end{array}\right]
\rightarrow
\left[\begin{array}{ccccccc}
1 & -\frac{9}{2} & \frac{13}{2} & 3 & 0 & 0 & 0 \\
0 & 1 & -\frac{9}{2} & \frac{13}{2} & 3 & 0 & 0 \\
0 & 0 & 1 & -\frac{9}{2} & \frac{13}{2} & 3 & 0 \\
0 & 0 & 0 & 1 & -\frac{9}{2} & \frac{13}{2} & 3 \\
0 & 0 & 28 & 49 & 21 & 0 & 0 \\
0 & 0 & 0 & 28 & 49 & 21 & 0 \\
0 & 0 & 0 & 0 & 28 & 49 & 21
\end{array}\right].
\tag{5.9}
$$

Im kleineren Tableau unten rechts stehen oben die Polynome $b(X)$ und unten die Reste $r(X) = r_1(X) = 28X^2 + 49X + 21$. Um mit der gleichen Methode weiterarbeiten zu können, müssen wir die beiden Teile vertauschen:

$$
\left[\begin{array}{ccccc}
28 & 49 & 21 & 0 & 0 \\
0 & 28 & 49 & 21 & 0 \\
0 & 0 & 28 & 49 & 21 \\
1 & -\frac{9}{2} & \frac{13}{2} & 3 & 0 \\
0 & 1 & -\frac{9}{2} & \frac{13}{2} & 3
\end{array}\right]
\rightarrow
\left[\begin{array}{ccccc}
1 & \frac{7}{4} & \frac{3}{4} & 0 & 0 \\
0 & 1 & \frac{7}{4} & \frac{3}{4} & 0 \\
0 & 0 & 1 & \frac{7}{4} & \frac{3}{4} \\
0 & 0 & \frac{15}{16} & \frac{15}{16} & 0 \\
0 & 0 & 0 & \frac{15}{16} & \frac{15}{16}
\end{array}\right].
\tag{5.10}
$$

Wieder findet man den Rest $r_2(X) = \frac{15}{16}X + \frac{15}{16}$ in der letzten Zeile. Wir vertauschen wieder die beiden Polynome im gestrichelt markierten Untertableau und bestimmen den letzten Rest:

$$
\left[\begin{array}{ccc}
\frac{15}{16} & \frac{15}{16} & 0 \\
0 & \frac{15}{16} & \frac{15}{16} \\
1 & \frac{7}{4} & \frac{3}{4}
\end{array}\right]
\rightarrow
\left[\begin{array}{ccc}
1 & 1 & 0 \\
0 & 1 & 1 \\
0 & 0 & 0
\end{array}\right].
\tag{5.11}
$$

Daraus kann man ablesen, dass der letzte Rest $r_3(X) = 0$ geworden ist, der zweitletzte Rest war also der größte gemeinsame Teiler, den wir normiert in der zweiten Zeile ablesen können. Somit ist $X + 1$ der größte gemeinsame Teiler von $a(X)$ und $b(X)$. ○

Das Verfahren ermöglicht also tatsächlich, den größten gemeinsamen Teiler zu bestimmen, aber die Vorgehensweise bei der Arbeit im Tableau weicht vom Gauß-Algorithmus ab. Er ist daher nicht wirklich nützlich, weil existierende Softwarebibliotheken kaum genutzt werden können. Eine alternative Vorgehensweise, die diesen Nachteil nicht hat, wird im Abschnitt 5.3.3 gezeigt.

Die Determinante der Sylvester-Matrix

Die Zeilenoperationen, die zur Berechnung des Restes in der Sylvester-Matrix verwendet werden, ändern die Determinante der Sylvester-Matrix nicht. Zur Vertauschung der beiden Polynome in der Sylvester-Matrix sind nm Vertauschungen nötig, es ist daher

$$\det \mathrm{Syl}(a,b) = (-1)^{nm} \det \mathrm{Syl}(b,a). \tag{5.12}$$

Die Operationen, die zur Berechnung des größten gemeinsamen Teilers nötig sind, ändern also höchstens das Vorzeichen der Determinanten von $\mathrm{Syl}(a,b)$.

Das Beispiel 5.14 illustriert, wie die Berechnung der Determinanten endet, wenn der größte gemeinsame Teiler in Polynom vom Grad ≥ 1 ist. In dieser Situation endet die Reduktion mit der Umformung

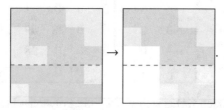

Wenn die grünen Reste = 0 sind endet der Algorithmus, das rote Polynom ist der größte gemeinsame Teiler. Wenn die grünen Reste $\neq 0$ sind, geht der Algorithmus weiter und es können weitere Reste bestimmt werden:

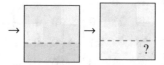

Auch in diesem letzten Fall kann der Rest im braunen Feld = 0 sein, so dass der größte gemeinsame Teiler das grüne Polynom ist, das Grad 1 hat. Wenn im braunen Feld eine Zahl $\neq 0$ steht, dann ist der größte gemeinsame Teiler = 1, die beiden Polynome sind teilerfremd.

Setzt man alle Umformungen zusammen, sehen die möglichen Schlusstableaux wie folgt aus:

deg ggT$(a,b) \geq 1$ ggT$(a,b) = 1$

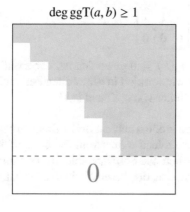
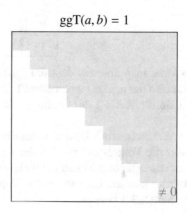

Was ist ein eukldischer Ring?

Ein euklidischer Ring ist zunächst ein Ring R wie die ganzen Zahlen $\mathbb{Z}$ oder die Polynome $\Bbbk[X]$. Zusätzlich gibt es aber eine Funktion $d : R^* \to \mathbb{Z}$, die auf den von 0 verschiedenen Elementen $R^* = R \setminus \{0\}$ von R definiert ist. Sie muss folgende Eigenschaften haben:

1. $d(a) \geq 0$ für alle $a \in R^*$.

2. $d(a) \leq d(ab)$ für $a, b \in R^*$.

3. Sind $a, b \in R^*$, so gibt es $q, r \in R^*$ mit $a = qb + r$ und $r = 0$ oder $d(r) < d(b)$.

Für $R = \mathbb{Z}$ macht die Funktion $d(z) = |z|$ für $z \in \mathbb{Z}$ die ganzen Zahlen zu einem euklidischen Ring.
Für $R = \Bbbk[X]$ macht der Grad $d(a) = \deg a$ für $a \in \Bbbk[X]$ die Polynome mit Koeffizienten in $\Bbbk$ zu einem euklidischen Ring.
Die Eigenschaft 3 ist genau das, was man braucht, um den Divisionsalgorithmus mit Rest für ganze Zahlen oder Polynome zu definieren. Alles, was sich nur aus dem Divisionsalgorithmus ergibt, gilt also gleichermaßen in den ganzen Zahlen wie für Polynome oder für Elemente eines beliebigen euklidischen Ringes.

Daraus lässt sich jetzt ablesen, dass die Determinante genau dann nicht verschwindet, wenn die beiden Polynome teilerfremd sind.

Satz 5.15 (Resultante und teilerfremd). *Zwei Polynome $f(X)$ und $g(X)$ sind genau dann teilerfremd, wenn* $\det \mathrm{Syl}(f, g) \neq 0$ *ist.*

Definition 5.16 (Resultante). *Sind f und g Polynome, dann heißt die Determinante der Sylvester-Matrix*

$$\mathrm{res}(f, g) = \det \mathrm{Syl}(f, g)$$

die Resultante *der Polynome.*

Zwei Polynome sind genau dann teilerfremd, wenn die Resultante $\mathrm{res}(f, g) \neq 0$ ist.

5.3.3 Der euklidische Algorithmus für Polynome

Teilbarkeit von Polynomen funktioniert ganz analog zur Teilbarkeit ganzer Zahlen. Es lässt sich sogar eine gemeinsame Struktur identifizieren, die Struktur eines euklidischen Ringes (siehe Kasten "Was ist ein euklidischer Ring" auf Seite 215). Sowohl die ganzen Zahlen wie auch die Polynome bilden einen euklidischen Ring. Der Divisionsalgorithmus, Teilbarkeit und auch der euklidische Algorithmus für den größten gemeinsamen Teiler funktionieren in allen euklidischen Ringen gleich.

Der größte gemeinsame Teiler

Der erweiterte euklidische Algorithmus kann zu zwei beliebigen Polynomen $a(X)$ und $b(X)$ mit größtem gemeinsamem Teiler $g(X)$ zwei Polynome $s(X)$ und $t(X)$ finden derart, dass $g(X) = s(X)a(X) + t(X)b(X)$. Die Rechnung wird genau gleich durchgeführt wie mit ganzen Zahlen. Das Rechnen mit Polynomen ist aber etwas umständlich. Wir verzichten daher darauf, dieses Vorgehen hier im Detail auszuführen, denn wir können dasselbe Ziel auch mit einer Tableau-Methode erreichen, die wir im nächsten Abschnitt vorstellen wollen.

Berechnung des größten gemeinsamen Teilers mit der Tableau-Methode

Die Theorie verspricht, dass zu zwei Polynomen $a(X)$ und $b(X)$ immer zwei Polynome $s(X)$ und $t(X)$ gefunden werden können, so dass

$$s(X)a(X) + t(X)b(X) = g(X),$$

wobei $g(X)$ der größte gemeinsame Teiler ist.

Noch etwas allgemeiner: wenn ein Polynom $h(X)$ durch $g(X)$ teilbar ist, dann gibt es ein Polynom $l(X)$ mit $h(X) = l(X)g(X)$. Dann gibt es aber auch Polynome $\tilde{s}(X) = l(X)s(X)$ und $\tilde{t}(X) = l(X)t(X)$ derart, dass

$$\tilde{s}(X)a(X) + \tilde{t}(X)b(X) = h(X). \tag{5.13}$$

Man könnte also auch versuchen, den größten gemeinsamen Teiler dadurch zu finden, dass man studiert, für welche $h(X)$ die Gleichung (5.13) lösbar ist.

Aufgabe 5.17. *Zu Polynomen $a(X)$, $b(X)$ und $h(X)$ finde man Polynome $\tilde{s}(X)$ und $\tilde{t}(X)$ derart, dass* (5.13) *gilt.*

Die Polynomgleichung (5.13) ist linear in den Koeffizienten von $\tilde{s}(X)$ und $\tilde{t}(X)$. Durch Koeffizientenvergleich wird daraus ein lineares Gleichungssystem, eine Gleichung für jede Potenz von X. Diese ergeben ein Tableau, das die Gleichung (5.13) und die Koeffizienten von von $\tilde{s}(X)$ und $\tilde{t}(X)$ findet. Wir illustrieren die Lösung der Aufgabe zunächst an einem Beispiel.

Beispiel 5.18. Wir formulieren das Problem, die Gleichung (5.13) für die Polynome

$$a(X) = X^3 - 6X^2 + 11X - 6 \qquad \text{und} \qquad b(X) = X^2 + X - 2$$

zu lösen, als Tableau. Zu einem gegebenen Polynom $h(X)$ liefert der Koeffizientenvergleich in der Gleichung (5.13) für jede Potenz von X eine lineare Gleichung wie im folgenden Tableau:

	s_2	s_1	s_0	t_3	t_2	t_1	t_0	
X^5	1			1				h_5
X^4	−6	1		1	1			h_4
X^3	11	−6	1	−2	1	1		h_3
X^2	−6	11	−6		−2	1	1	h_2
X^1		−6	11			−2	1	h_1
X			−6				−2	h_0

Wir möchten das Resultat durch die Koeffizienten von $h(X)$ ausdrücken können, daher müssen wir diese Koeffizienten in die Tableau-Kopfzeile verschieben, es wird damit zu

s_1	s_0	t_2	t_1	t_0	h_4	h_3	h_2	h_1	h_0
1				1	1	0	0	0	0
-6	1	1	1		0	1	0	0	0
11	-6	-2	1	1	0	0	1	0	0
-6	11		-2	1	0	0	0	1	0
	-6			-2	0	0	0	0	1

$\rightarrow$

s_1	s_0	t_2	t_1	t_0	h_4	h_3	h_2	h_1	h_0
1	0	0	0	$\frac{1}{6}$	$\frac{5}{24}$	$\frac{1}{120}$	$\frac{13}{120}$	$\frac{7}{120}$	0
0	1	0	0	$\frac{1}{3}$	$\frac{1}{6}$	$\frac{1}{6}$	$\frac{1}{6}$	$\frac{1}{6}$	0
0	0	1	0	$-\frac{1}{6}$	$\frac{19}{24}$	$-\frac{1}{120}$	$-\frac{13}{120}$	$-\frac{7}{120}$	0
0	0	0	1	$\frac{5}{6}$	$\frac{7}{24}$	$\frac{107}{120}$	$\frac{71}{120}$	$\frac{29}{120}$	0
0	0	0	0	0	1	1	1	1	1

linalg.ch/gauss/47

Die Nullzeile auf der linken Seite zeigt, dass die Variable t_0 frei wählbar ist. Um ein möglichst einfaches Polynom für $t(X)$ zu bekommen, werden wir $t_0 = 0$ wählen.

Die letzte Zeile zeigt, dass die Aufgabe nicht für jedes Polynom $h(X)$ lösbar ist. Die rechte Seite beschreibt eine zusätzliche Bedingung, die das Polynom $h(X)$ erfüllen muss.

Da wir ein Polynom $h(X)$ möglichst kleinen Grades finden möchten, möchten wir die Variablen h_2 bis h_4 auf 0 setzen. Ein normiertes Polynom $h(X)$ mit minimalem Grad, für das das Gleichungssystem lösbar ist, hat den Grad 1 und seine Koeffizienten erfüllen die Gleichungen

$$h_1 + h_0 = 0 \text{ und } h_1 = 1 \text{ (Normierung)} \quad \Rightarrow \quad h(X) = h_1 X + h_0 = (X - 1).$$

Damit ist der größte gemeinsame Teiler $X - 1$ gefunden.

Durch Einsetzen von $h_1 = 1$ kann man aber auch die beiden Polynome

$$s(X) = \frac{7}{120} X + \frac{1}{6} \quad \text{und} \quad t(X) = -\frac{7}{120} X^2 + \frac{1}{6} X$$

ablesen, für die tatsächlich

$$s(X)a(X) + t(X)b(X) = \left(\frac{7}{120}X + \frac{1}{6}\right)(X^3 - 6X^2 + 11X - 6) + \left(-\frac{7}{120}X^2 + \frac{1}{6}X\right)(X^2 + X - 2)$$
$$= X - 1$$

gilt, wie man sich durch Nachrechnen überzeugen kann. $\bigcirc$

Es braucht nur wenige Anpassungen, um aus dem Beispiel einen allgemeinen Algorithmus zu machen. Wir wissen, dass der größte gemeinsame Teiler einen Grad höchstens so groß wie beide Ausgangspolynome hat. Wir brauchen daher auf der rechten Seite nicht alle Spalten.

Satz 5.19 (ggT von Polynomen). *Seien $a(X)$ und $b(X)$ wie früher Polynome vom Grad n bzw. m und $l = \min(m, n)$. Um zwei Polynome $s(X)$ vom Grad $m - 1$ und $t(X)$ vom Grad* *n − 1 zu bestimmen, geht man wie folgt vor. Man bildet zunächst das Tableau*

s_{m-1}	s_{m-2}	...	s_1	s_0	t_{n-1}	t_{n-2}	...	t_1	t_0	h_l	...	h_2	h_1	h_0
a_n	0	...	0	0	b_m	0	...	0	0	0	...	0	0	0
a_{n-1}	a_n	...	0	0	b_{m-1}	b_m	...	0	0	0	...	0	0	0
a_{n-2}	a_{n-1}	...	0	0	b_{m-2}	b_{m-1}	...	0	0	0	...	0	0	0
a_{n-3}	a_{n-2}	...	0	0	b_{m-3}	b_{m-2}	...	0	0	0	...	0	0	0
⋮	⋮	⋱	⋮	⋮	⋮	⋮	⋱	⋮	⋮		⋱	⋮	⋮	⋮
0	0	...	a_2	a_3	0	0	...	b_2	b_3	0	...	0	0	0
0	0	...	a_1	a_2	0	0	...	b_1	b_2	0	...	1	0	0
0	0	...	a_0	a_1	0	0	...	b_0	b_1	0	...	0	1	0
0	0	...	0	a_0	0	0	...	0	b_0	0	...	0	0	1

mit m+n Zeilen und m+n+l+1 Spalten. Die Koeffizientenmatrix links ist die transponierte Sylvestermatrix Syl(a, b)^t. Die Durchführung des Gauß-Algorithmus liefert das Schluss-Tableau

s_{m-1}	s_{m-2}	...	t_l	t_{l-1}	...	t_0	h_l	...	h_1	h_0
1	0	...	0	*	...	*	d_{1l}	...	d_{11}	d_{10}
0	1	...	0	*	...	*	d_{2l}	...	d_{21}	d_{20}
⋮	⋮	⋱	⋮	⋮	⋱	⋮	⋮	⋱	⋮	⋮
0	0	...	1	*	...	*	d_{kl}	...	d_{k1}	d_{k0}
0	0	...	0	0	...	0	c_{1l}	...	c_{11}	c_{10}
⋮	⋮	⋱	⋮	⋮	⋱	⋮	⋮	⋱	⋮	⋮
0	0	...	0	0	...	0	$c_{l-1,l}$	...	$c_{l-1,1}$	$c_{l-1,0}$

Die Koeffizienten $h_0, \ldots, h_l$ des größten gemeinsamen Teilers h(X) von a(X) und b(X) sind eine Lösung des homogenen Gleichungssystems

h_0	h_1	...	h_{l-1}	h_l	0
c_{10}	c_{11}	...	$c_{1,l-1}$	c_{1l}	0
c_{20}	c_{21}	...	$c_{2,l-1}$	c_{2l}	0
⋮	⋮	⋱	⋮	⋮	⋮
$c_{l-1,0}$	$c_{l-1,1}$	...	$c_{l-1,l-1}$	$c_{l-1,l}$	0

Alle frei wählbaren Variablen dieser Lösung werden auf 0 gesetzt, außer die mit dem kleinsten Index, die auf 1 gesetzt wird. Das zugehörige Polynom h(X) ist normiert. Die Koeffizienten $t_0 = t_1 = \cdots = t_{l-1} = 0$ verschwinden und die restlichen Koeffizienten $s_{m-1}, \ldots, t_l$ können aus den Koeffizienten von h(X) berechnet werden.

Man kann den letzten Schritt im Algorithmus von Satz 5.19 auch noch in Tableau-Form bringen. Dabei geht es ja darum, das Gleichungssystem mit den Koeffizienten c_{ij} zu lösen und die gefundenen Lösungen ins Gleichungssystem mit den Koeffizienten d_{ij}

einzusetzen. Dazu schreibt man alle Koeffizienten in ein Tableau und führt den Gauß-Algorithmus auf den Koeffizienten c_{ij} aus. Das Rückwärtseinsetzen dehnt man aber auch auf die Koeffizienten d_{ij} aus. Schematisch erhält man die Tableaux

h_0	h_1	...	h_l	1
d_{10}	d_{11}	...	d_{1l}	s_{m-1}
$\vdots$	$\vdots$	$\ddots$	$\vdots$	$\vdots$
d_{k0}	d_{k1}	...	d_{kl}	t_l
c_{10}	c_{11}	...	c_{1l}	0
c_{20}	c_{21}	...	c_{2l}	0
c_{30}	c_{31}	...	c_{3l}	0
$\vdots$	$\vdots$	$\ddots$	$\vdots$	0
$c_{l-1,0}$	$c_{l-1,1}$	...	$c_{l-1,l}$	0

$\rightarrow$

h_0	h_1	h_2	h_3	...	h_{l-1}	h_l	1
0	0	*	0	...	*	*	s_{m-1}
$\vdots$	$\vdots$	$\vdots$	$\vdots$	$\ddots$	$\vdots$	$\vdots$	$\vdots$
0	0	*	0	...	*	*	t_l
1	0	*	0	...	*	*	0
0	1	*	0	...	*	*	0
0	0	0	1	...	*	*	0
$\vdots$	$\vdots$	$\vdots$	$\vdots$	$\ddots$	$\vdots$	$\vdots$	$\vdots$
0	0	0	0	...	0	0	0

Die erste frei wählbare Variable wird auf 1 gesetzt, alle anderen auf 0. Die gesuchten Polynomkoeffizienten lassen sich also allesamt im grünen Bereich ablesen, die Vorzeichen der Koeffizienten von h müssen noch gekehrt werden.

Beispiel 5.20. Wir berechnen den größten gemeinsamen Teiler von

$$a(X) = X^4 - 2X^3 - X^2 - 2X + 1 \quad \text{und} \quad b(X) = X^4 + 3X^2 + 2X + X - 1.$$

Baut man damit das Tableau von Satz 5.19 auf und führt den Algorithmus durch, erhält man

s_3	s_2	s_1	s_0	t_3	t_2	t_1	t_0	h_2	h_1	h_0
1	0	0	0	0	0	1	3	-34	0	0
0	1	0	0	0	0	0	7	-81	0	0
0	0	1	0	0	0	2	-1	3	0	0
0	0	0	1	0	0	-1	-1	1	0	0
0	0	0	0	1	0	0	-3	34	0	0
0	0	0	0	0	1	-1	8	-89	0	0
0	0	0	0	0	0	0	0	-1	1	0
0	0	0	0	0	0	0	0	-1	0	1

linalg.ch/gauss/46

Um daraus die gesuchten Koeffizienten zu bestimmen, bildet man das neue Gleichungssystem

h_0	h_1	h_2	1
0	0	-34	s_3
0	0	-81	s_2
0	0	3	s_1
0	0	1	s_0
0	0	34	t_3
0	0	-89	t_2
0	1	-1	0
1	0	-1	0

$\rightarrow$

h_0	h_1	h_2	1
0	0	-34	s_3
0	0	-81	s_2
0	0	3	s_1
0	0	1	s_0
0	0	34	t_3
0	0	-89	t_2
1	0	-1	0
0	1	-1	0

aus dem sich die Koeffizienten des größten gemeinsamen Teilers

$$h(X) = X^2 + X + 1$$

sofort ablesen lassen. Ebenso findet man die Polynome

$$s(X) = -34X^3 - 81X^2 + 3X + 1 \quad \text{und} \quad t(X) = 34X^3 - 89X^2,$$

die

$$s(X)a(X) + t(X)b(X) = X^2 + X + 1$$

erfüllen.   ○

5.4   Nullstellen

Für lineare Gleichungen haben wir eine vollständige Antwort auf die Frage, wieviele Lösungen die Gleichung hat. Dabei spielt der Zahlenkörper nicht so eine wichtige Rolle: wenn die Koeffizienten in $\Bbbk$ liegen, dann findet man auch die Lösung in $\Bbbk$. Es kann nicht passieren, dass eine lineare Gleichung keine Lösungen hat in $\Bbbk$, aber mindestens eine Lösung in einem größeren Körper $\Bbbk' \supset \Bbbk$.

Für Polynomgleichungen ist die Frage etwas schwieriger. Zum Beispiel ist $p(X) = X^2 - 2 \in \mathbb{Q}[X]$ ein Polynom mit rationalen Koeffizienten, dagegen hat die Polynomgleichung $p(X) = X^2 - 2 = 0$ keine Lösung in $\mathbb{Q}$, aber die zwei Lösungen $X = \pm\sqrt{2}$ in $\mathbb{R}$.

Das Beispiel zeigt auch, dass wir zulassen müssen, dass Lösungen einer Polynomgleichung möglicherweise aus einem größeren Körper kommen. Als Kandidaten für Lösungen betrachten wir daher jede Art von Algebra, in der Addition, Subtraktion, Multiplikation und die Multiplikation mit Koeffizienten aus $\Bbbk$ wohldefiniert sind.

Definition 5.21 (Nullstelle, algebraisches Element). *Ein Element α heißt* Nullstelle *des Polynoms $p(X) \in R[X]$, wenn $p(\alpha) = 0$. Ein Element α heißt algebraisch vom Grad n über R wenn es Nullstelle eines Polynoms vom Grad n mit Koeffizienten in R ist.*

Zum Beispiel werden wir in Abschnitt 5.5.4 zeigen, wie auch Matrizen in eine Gleichung eingesetzt werden können und wie Matrizen als Nullstellen von Polynomgleichungen betrachtet werden können.

5.4.1   Faktorisierung und Nullstellen

In der Polynomgleichung $X^2 - 1 = 0$ kann das Polynom als Produkt

$$X^2 - 1 = (X + 1)(X - 1)$$

geschrieben werden, woraus sich sofort ablesen lässt, dass die Nullstellen ± 1 sind.

Das Umgekehrte geht aber auch. Sei $p(X) \in \Bbbk[X]$ ein Polynom und $\alpha \in \Bbbk$ eine Nullstelle von $p(X)$. Dann können wir $p(X)$ durch das Polynom $(X - \alpha)$ teilen. Nach dem Polynomdivisionsalgorithmus gibt es zwei Polynome $q(X), r(X) \in \Bbbk[X]$ derart, dass

$$p(X) = (X - \alpha) \cdot q(X) + r(X). \tag{5.14}$$

Außerdem ist $\deg q(X) = \deg p(X) - 1$ und $\deg r(X) < 1$, insbesondere ist $r(X) = r_0 \in \Bbbk$ eine Konstante. Setzen wir α in (5.14) ein, erhalten wir

$$0 = p(\alpha) = \underbrace{(\alpha - \alpha)}_{= 0} q(\alpha) + r_0 \qquad \Rightarrow \qquad r(X) = 0. \qquad (5.15)$$

Es folgt, dass $p(X)$ für jede Nullstelle α durch $X - \alpha$ teilbar ist. Man sagt, dass sich der *Linearfaktor* $(X - \alpha)$ abspalten lässt.

Es ist denkbar, dass auch $q(\alpha) = 0$ in (5.15), dann lässt sich von $q(X)$ ein weiterer Linearfaktor $(X - \alpha)$ abspalten. α heißt dann eine doppelte Nullstelle von $p(X)$. Wiederholung dieses Prozesses führt auf den Begriff der mehrfachen Nullstelle.

Definition 5.22 (mehrfache Nullstelle). *α heißt eine k-fache Nullstelle von $p(X) \in \Bbbk[X]$, wenn es ein Polynom $q(X) \in \Bbbk[X]$ gibt derart, dass $p(X) = (X - \alpha)^k q(X)$ und $q(\alpha) \neq 0$ gilt. k heißt auch die* algebraische Vielfachheit *oder einfach* Vielfachheit *der Nullstelle α.*

Satz 5.23 (Faktorisierung). *Ist $p(X) \in \Bbbk[X]$ ein Polynom und sind $\alpha_1, \ldots, \alpha_m$ alle Nullstellen von $p(X)$ in $\Bbbk$, dann gibt es ein Polynom $q(X) \in \Bbbk[X]$, das selbst keine Nullstellen in $\Bbbk$ hat, und Zahlen $n_1, \ldots, n_m$ derart, dass*

$$p(X) = (X - \alpha_1)^{n_1} (X - \alpha_2)^{n_2} \ldots (X - \alpha_m)^{n_m} q(X)$$

ist. Die Zahlen n_i sind die Vielfachheiten von α_i. Für die Grade von $p(X)$ und $q(X)$ und die Vielfachheiten gilt

$$\deg p(X) = n_1 + n_2 + \cdots + n_m + \deg q(X).$$

Aus dem Satz folgt auch, dass ein Polynom vom Grad n höchstens n verschiedene Nullstellen haben kann.

5.4.2 Nullstellen in Körpererweiterungen

Schon im Altertum war bekannt, dass die Quadratwurzel $\sqrt{2}$ irrational ist. Das Polynom $p(X) = X^2 - 2 \in \Bbbk[X]$ hat in den rationalen Zahlen $\mathbb{Q}$ keine Nullstelle. Entsprechend lässt sich $X^2 - 2$ auch nicht faktorisieren. Das Polynom $p(X)$ kann aber auch als Polynom mit reellen Koeffizienten in $\mathbb{R}[X]$ betrachtet werden. Die reellen Zahlen $\mathbb{R}$ enthalten die Quadratwurzel $\sqrt{2}$, somit gibt es eine Faktorisierung

$$X^2 - 2 = (X - \sqrt{2})(X + \sqrt{2})$$

in $\mathbb{R}[X]$. Im größeren Körper ist die Faktorisierung möglich geworden.

Definition 5.24 (Körpererweiterung). *Sei $\Bbbk$ ein Körper und $\Bbbk'$ ein Körper, der $\Bbbk$ enthält, also $\Bbbk \subset \Bbbk'$. Dann heißt $\Bbbk'$ ein* Erweiterungskörper *und $\Bbbk \subset \Bbbk'$ heißt* Körpererweiterung.

Die reellen Zahlen $\mathbb{R}$ bilden also einen Erweiterungskörper der rationalen Zahlen $\mathbb{Q}$, der alle Quadratwurzeln enthält. Auch das Polynom $p(X) = X^3 - 2$ vom Grad 3 hat keine Nullstellen in $\mathbb{Q}$, aber in $\mathbb{R}$ ist die Faktorisierung

$$X^3 - 2 = (X - \sqrt[3]{2})(X^2 + \sqrt[3]{2}X + \sqrt[3]{4})$$

möglich. Der zweite, quadratische Faktor hat wegen der Diskriminante $(\sqrt[3]{2})^2 - 4\sqrt[3]{4} = -3\sqrt[3]{4} < 0$ keine reellen Nullstellen.

5.4.3   Komplexe Zahlen

Die reellen Zahlen enthalten zwar die Nullstellen von sehr vielen Polynomen, aber das Polynom $p(X) = X^2 + 1$ kann keine reelle Nullstelle haben, weil $X^2 + 1 \geq 1$ für jeden beliebigen reellen Wert von X ist. Gibt es eine Körpererweiterung der reellen Zahlen, in der auch dieses Polynom faktorisiert werden kann?

Ein Erweiterungskörper $\mathbb{C} \supset \mathbb{R}$ muss ein neues, noch nicht in $\mathbb{R}$ existierendes Element i enthalten, dessen Quadrat den Wert $i^2 = -1$ hat. Der Körper $\mathbb{C}$ muss dann mindestens alle Linearkombinationen von 1 und i mit reellen Koeffizienten enthalten, wir schreiben dafür

$$\mathbb{C} = \langle 1, i \rangle = \mathbb{R}(i) = \{a + bi \mid a, b \in \mathbb{R}\}.$$

Da $\mathbb{C}$ auch ein Körper sein soll, müssen auch alle Produkte wieder in $\mathbb{C}$ liegen. Dazu rechnen wir nach:

$$(a + bi)(c + di) = ac + (ad + bc)i + bdi^2 = (ac - bd) + (ad + bc)i \in \mathbb{C},$$

die Menge $\mathbb{C}$ ist also bezüglich der Multiplikation abgeschlossen.

Ein Körper liegt aber erst vor, wenn sich auch jedes von 0 verschiedene Element invertieren lässt. Dies ist mit dem folgenden Trick des Erweiterns mit $a - bi$ möglich:

$$\frac{1}{a + bi} = \frac{1}{a + bi} \cdot \frac{a - bi}{a - bi} = \frac{a - bi}{a^2 - (bi)^2} = \frac{a - bi}{a^2 + b^2} = \frac{a}{a^2 + b^2} + i\frac{-b}{a^2 + b^2} \in \mathbb{C}. \quad (5.16)$$

Der Nenner ist für nicht verschwindende Elemente von $\mathbb{C}$ positiv und damit ist die Inverse gefunden.

Definition 5.25 (Konjugation). *Die Abbildung*

$$^- : \mathbb{C} \to \mathbb{C} : z = a + bi \mapsto \bar{z} = a - bi$$

heißt komplexe Konjugation, *die Zahl $\bar{z}$ heißt die zu z komplex konjugiert Zahl.*

Mit der komplexen Konjugation kann die Inverse (5.16) als

$$\frac{1}{z} = \frac{1}{z} \cdot \frac{\bar{z}}{\bar{z}} = \frac{\bar{z}}{z\bar{z}}$$

geschrieben werden. Der Nenner auf der rechten Seite ist

$$z\bar{z} = (a + bi)(a - bi) = a^2 + b^2 > 0$$

und wird auch als *Betrag* $|z|^2 = z\bar{z}$ bezeichnet.

Die Zahl i ist nicht die einzige Nullstelle des Polynoms $X^2 + 1$, auch $-i$ ist eine Nullstelle. Tatsächlich gibt es keine algebraische Möglichkeit, die beiden Nullstellen auseinander zu halten, alle Rechnungen bleiben gleich, wenn man von i zu $-i$ übergeht.

5.4.4 Fundamentalsatz der Algebra

Im Körper $\mathbb{C}$ können jetzt Quadratwurzeln von beliebigen negativen Zahlen gezogen werden und damit beliebige quadratische Gleichungen mit reellen Koeffizienten gelöst werden. Das garantiert aber noch nicht, dass alle Polynomgleichungen mit reellen Koeffizienten auch tatsächlich gelöst werden können.

Der Fundamentalsatz der Algebra klärt diese Frage. Er wurde erstmals im Laufe des 18. Jahrhunderts formuliert und verschiedene berühmte Mathematiker wie Euler, d'Alembert, Lagrange und Laplace haben Beweisversuche veröffentlicht. Der erste Beweis geht auf eine Arbeit von Jean-Robert Argand im Jahr 1806 zurück, wurde aber erst 1814 in den Annales de Mathématiques veröffentlicht. Carl Friedrich Gauß hat im Laufe seiner Karriere mehrere Beweise angegeben.

Satz 5.26 (Fundamentalsatz der Algebra). *Ist $p(X) \in \mathbb{C}[X]$ ein Polynom mit komplexen Koeffizienten vom Grad* $\deg p(X) > 0$, *dann hat $p(X)$ eine Nullstelle in $\mathbb{C}$.*

Alle Beweise des Fundamentalsatzes verwenden mathematische Werkzeuge, die ganz klar über die in diesem Buch entwickelten Techniken hinausgehen. Da komplexe Zahlen in der weiteren Entwicklung auch nur eine Nebenrolle spielen, wird nicht weiter auf den Beweis eingegangen.

Durch Abspaltung eines Linearfaktors zur gemäß Satz 5.26 existierenden Nullstelle α erhalten wir ein komplexes Polynom $q(X) \in \mathbb{C}[X]$ mit $p(X) = (X - \alpha)q(X)$, auf das wir erneut den Fundamentalsatz anwenden können. Es folgt daher der folgende Satz.

Satz 5.27 (Linearfaktoren). *Jedes normierte Polynom $p(X) \in \mathbb{C}[X]$ zerfällt in Linearfaktoren*

$$p(X) = (X - \alpha_1)(X - \alpha_2) \ldots (X - \alpha_n), \quad \alpha_1, \alpha_2, \ldots, \alpha_n \in \mathbb{C}.$$

Polynome mit komplexen Koeffizienten haben also alle Nullstellen in $\mathbb{C}$. Man sagt, der Körper $\mathbb{C}$ sei *algebraisch abgeschlossen*.

5.4.5 Erweiterung von $\mathbb{Q}$ um eine Nullstelle

Es ist nicht nötig, den sehr viel größeren Körper $\mathbb{R}$ oder sogar $\mathbb{C}$ zu verwenden, um das Polynom $p(X) = X^2 - 2$ zu faktorisieren. Es würde reichen, einen Körper zu konstruieren, der außer den rationalen Zahlen auch noch die Quadratwurzel $\sqrt{2}$ enthält. Dieser Körper müsste mindestens alle Zahlen der Form $a + b\sqrt{2}$ mit $a, b \in \mathbb{Q}$ enthalten. Da der Körper auch bezüglich der Multiplikation abgeschlossen sein muss, müssen auch beliebige Produkte wieder darin liegen. Das Produkt

$$(a + b\sqrt{2})(c + d\sqrt{2}) = ac + (ad + bc)\sqrt{2} + bd(\sqrt{2})^2 = (ac + 2bd) + (ad + bc)\sqrt{2}$$

hat tatsächlich wieder die verlangte Form. Ziel dieses Abschnitts ist die Verallgemeinerung dieser Konstruktion auf Nullstellen von Polynomen beliebigen Grades.

Reduktion

Sei $b(X) = X^n + b_{n-1}X^{n-1} + \cdots + b_2 X^2 + b_1 X + b_0 \in \mathbb{Q}[X]$ ein normiertes Polynom vom Grad n und $\alpha \in \mathbb{C}$ eine Nullstelle von $b(X)$. Aus $b(\alpha) = 0$ folgt

$$\alpha^n = -b_{n-1}\alpha^{n-1} - \ldots - b_2\alpha^2 - b_1\alpha - b_0$$

$$\text{und} \qquad \alpha^{n+k} = -b_{n-1}\alpha^{n+k-1} - \ldots - b_2\alpha k + 2 - b_1\alpha^{k+1} - b_0\alpha^k$$

für $k > 0$. n-te und höhere Potenzen können also immer durch niedrigere Potenzen ausgedrückt werden.

Beispiel 5.28. Wir betrachten das Polynom $b(X) = X^3 + 3X + 2$ und seine reelle Nullstelle[1] α. Man finde eine Darstellung von $a(\alpha) = \alpha^5 - \alpha^4 + 5\alpha^3$ mit höchstens zweiten Potenzen von α.

Aus $b(\alpha) = 0$ erhalten wir $\alpha^5 + 3\alpha^3 + 2\alpha^2 = \alpha^2 b(\alpha) = 0$. Wir subtrahieren dies vom gegeben Ausdruck $a(\alpha)$, wodurch der Term α^5 verschwindet. Dasselbe wiederholen wir wieder für α^4:

$$
\begin{array}{rll}
a(\alpha) = & \alpha^5 - \alpha^4 + 5\alpha^3 & \\
& \underline{-(\alpha^5 \qquad + 3\alpha^3 + 2\alpha^2)} & = -\alpha^2 b(\alpha) \\
& -\alpha^4 + 2\alpha^3 - 2\alpha^2 & \\
& \underline{-(-\alpha^4 \qquad\quad - 3\alpha^2 - 2\alpha)} & = -(-\alpha b(\alpha)) \\
& 2\alpha^3 + \alpha^2 + 2\alpha & \\
& \underline{-(2\alpha^3 \qquad\quad + 3\alpha + 2)} & = -2b(\alpha). \\
& \alpha^2 - \alpha + 2 &
\end{array}
$$

Es bleibt der Ausdruck

$$\alpha^2 - \alpha + 2,$$

der nicht mehr weiter reduziert werden kann.   ◯

---

[1] Nach der Lösungsformel für die kubische Gleichung von Cardano ist

$$\alpha = \sqrt[3]{-1 + \sqrt{2}} + \sqrt[3]{-1 - \sqrt{2}}$$

eine Nullstelle. Wir überprüfen dies durch Nachrechnen. Die dritte Potenz von α ist

$$\alpha^3 = \left(\sqrt[3]{-1 + \sqrt{2}} + \sqrt[3]{-1 - \sqrt{2}} \right)^3$$

$$= (-1 + \sqrt{2}) + 3\left(\sqrt[3]{-1 + \sqrt{2}}\right)^2 \sqrt[3]{-1 - \sqrt{2}} + 3\sqrt[3]{-1 + \sqrt{2}}\left(\sqrt[3]{-1 - \sqrt{2}}\right)^2 + (-1 - \sqrt{2})$$

$$= -2 + 3\sqrt[3]{-1 + \sqrt{2}}\sqrt[3]{-1 - \sqrt{2}}\underbrace{\left(\sqrt[3]{-1 + \sqrt{2}} + \sqrt[3]{-1 - \sqrt{2}}\right)}_{=\,\alpha}.$$

Das Produkt der beiden Kubikwurzeln ist

$$\sqrt[3]{-1 + \sqrt{2}}\sqrt[3]{-1 - \sqrt{2}} = \sqrt[3]{(-1 + \sqrt{2})(-1 - \sqrt{2})} = \sqrt[3]{1 - \sqrt{2}^2} = \sqrt[3]{-1} = -1$$

und damit folgt

$$\alpha^3 = -2 + 3(-1)\alpha \qquad \Rightarrow \qquad \alpha^3 + 3\alpha + 2 = 0.$$

Das Beispiel zeigt, dass die Reduktion nichts anderes ist als der Polynomdivisionsalgorithmus. Dieser liefert Polynome $q(X)$ und $r(X)$ derart, dass $a(X) = q(X)b(X) + r(X)$ und $\deg r(X) < \deg b(X)$. Setzt man α ein, folgt

$$a(\alpha) = q(\alpha) \underbrace{b(\alpha)}_{= 0} + r(\alpha) = r(\alpha).$$

Die reduzierte Form des Ausdrucks $a(\alpha)$ ist der Rest $r(\alpha)$ der Polynomdivision. Auch die Durchführung mit einem Tableau lässt sich auf die vorliegende Situation übertragen.

Das Minimalpolynom von α

Die Potenzen $\alpha^0, \alpha^1, \alpha^2, \ldots, \alpha^n$ können mit rationalen Zahlen multipliziert und addiert werden. Sie bilden also einen Vektorraum. Die Bedingung $b(\alpha) = 0$ besagt dann, dass

$$\alpha^n + b_{n-1}\alpha^{n-1} + \ldots + b_2\alpha^2 + b_1\alpha + b_0 = 0$$

eine verschwindende, nichttriviale Linearkombination der Potenzen von α ist. Die Zahlen $1, \alpha, \alpha^2, \ldots, \alpha^n$ sind linear abhängig.

Es ist durchaus möglich, dass bereits niedrigere Potenzen von α linear abhängig sind. Dies würde bedeuten, dass es ein Polynom kleineren Grades gibt, das bereits α als Nullstelle hat.

Beispiel 5.29. Das Polynom $b(X) = X^4 - 5X^2 + 6 = (X^2 - 3)(X^2 - 2)$ hat die Nullstellen $\pm\sqrt{2}$ und $\pm\sqrt{3}$. Aber $\alpha = \sqrt{2}$ ist bereits eine Nullstelle von $X^2 - 2$, bereits die Zahlen $1, \alpha, \alpha^2$ sind linear abhängig. $\bigcirc$

Definition 5.30 (Minimalpolynom). *Sei α ein algebraisches Element über $\mathbb{Q}$. Das Minimalpolynom von α ist das normierte Polynom kleinsten Grades mit Koeffizienten in $\mathbb{Q}$, das α als Nullstelle hat.*

Irreduzible Polynome

Das Minimalpolynom $m(X) \in \mathbb{Q}[X]$ eines über $\mathbb{Q}$ algebraischen Elements kann selbst keine Faktorisierung in Polynome geringeren Grades in $\mathbb{Q}[X]$ haben. Wäre nämlich $m(X) = s(X)t(X)$ mit $s(X), t(X) \in \mathbb{Q}[X]$ eine solche Faktorisierung, dann wäre auch

$$0 = m(\alpha) = s(\alpha)t(\alpha) \qquad \Rightarrow \qquad s(\alpha) = 0 \text{ oder } t(\alpha) = 0.$$

Wir hätten ein Polynom von noch geringerem Grad gefunden, das auch bereits α als Nullstelle hat.

Definition 5.31 (irreduzibel). *Ein Polynom $p(X) \in R[X]$ heißt irreduzibel, wenn es keine Polynome geringeren Grades $s(X), t(X) \in R[X]$, $\deg s(X) \geq 1$, $\deg t(X) \geq 1$, gibt derart, dass $p(X) = s(X)t(X)$.*

Das Minimalpolnom eines algebraischen Elementes ist also immer irreduzibel.

Der Körper $\mathbb{Q}(\alpha)$

Wir suchen jetzt einen Körper, der $\mathbb{Q}$ und die algebraische Zahl α mit dem Minimalpolynom $m(X) \in \mathbb{Q}[X]$ enthält. Aus der Reduktion folgt, dass alle Zahlen durch Linearkombinationen

$$\mathbb{Q}(\alpha) = \langle 1, \alpha, \alpha^2, \ldots, \alpha^{n-1} \rangle$$
$$= \{ b_0 + b_1\alpha + b_2\alpha^2 + \ldots + b_{n-1}\alpha^{n-1} \mid b_0, b_1, b_2, \ldots, b_{n-1} \in \mathbb{Q} \} \tag{5.17}$$

dargestellt werden können.

Die Reduktion erklärt auch, wie Produkte von zwei Zahlen in $\mathbb{Q}(\alpha)$ wieder als Linearkombinationen wie in (5.17) geschrieben werden können. Sind die Zahlen $a(\alpha)$ und $b(\alpha)$, dann muss der Rest $r(X)$ des Polynoms $a(X)b(X)$ bei Division durch $m(X)$ bestimmt werden, das Produkt von $a(\alpha)$ und $b(\alpha)$ in $\mathbb{Q}(\alpha)$ ist dann $r(\alpha)$.

Es bleibt noch zu erklären, wie der Kehrwert einer Zahl als Linearkombination von Potenzen von α geschrieben werden kann. Gesucht ist also zu einem Polynom $a(X)$ ein Polynom $b(X)$ derart, dass der Divisionsrest von $a(X)b(X)$ zu 1 wird. Es muss also ein Polynom $q(X)$ geben derart, dass

$$a(X)b(X) - q(X)m(X) = 1 \tag{5.18}$$

ist.

Da der Grad von $a(X)$ und $b(X)$ kleiner ist als der Grad von $m(X)$ und $m(X)$ keine Teiler hat, sind $a(X)$ und $m(X)$ teilerfremd. Nach dem erweiterten euklidischen Algorithmus gibt es Polynome $s(X)$ und $t(X)$ derart, dass

$$s(X)a(X) + t(X)m(X) = 1$$

ist. Setzt man $b(X) = s(X)$ und $q(X) = -t(X)$, ist die Gleichung (5.18) erfüllt. Der Kehrwert der Zahl $a(\alpha)$ ist daher $s(\alpha)$.

Damit ist gezeigt, dass $\mathbb{Q}(\alpha)$ ein Körper ist. Er ist der kleinste Körper, der sowohl $\mathbb{Q}$ wie auch α enthält.

Definition 5.32 (Adjunktion). *Der Körper* $\mathbb{Q}(\alpha)$ *von (5.17)* *heißt der durch* Adjunktion *der Nullstelle* α *mit Minimalpolynom* $m(X)$ *entstandene Erweiterungskörper von* $\mathbb{Q}$.

Zu jedem algebraischen Element kann also immer ein kleinstmöglicher Körper gefunden werden, der dieses Element enthält. Er ist auch ein Vektorraum über $\mathbb{Q}$, dessen Dimension der Grad des Elementes ist.

Der Nutzen dieser Darstellung der Elemente von $\mathbb{Q}(\alpha)$ als Polynome ist, dass man damit auch auf einem Computer exakt rechnen kann, während eine Approximation mit reellen Zahlen zwangsläufig zu Rundungsfehlern führen wird.

5.5   Polynome und Matrizen

Die Beschreibung von Polynomen als Vektoren hat zwar ermöglicht, die linearen Operationen auf Vektoroperationen abzubilden, aber für das Produkt mussten wir uns mit einer neuen Operation, der Faltung, behelfen. Matrizen haben natürlicherweise ein Produkt, es liegt daher nahe, zu versuchen, die Operationen mit Polynomen auf Operationen in eine Matrizenmenge abzubilden.

5.5.1   Die Matrix der Variablen X

Multipliziert man ein Polynom $a(X)$ vom Grad n mit X, entsteht das Polynom $a(X)X$ vom Grad $n+1$. Die Abbildung $a(X) \mapsto a(X)X$ ist eine lineare Abbildung von Polynomen, denn es gilt

$$X(a(X) + b(X)) = Xa(X) + Xb(X)$$
$$X(\lambda a(X)) = \lambda Xa(X).$$

Unter Verwendung der Beschreibung der Polynome als Vektoren in R^{n+2} kann die Multiplikation mit X als Matrix geschrieben werden. Der i-te Standardbasisvektor $e_i \in R^{n+2}$ entspricht dem Polynom X^{i-1}. Durch Multiplikation wird er auf X^i, also auf $e_{i+1} \in R^{n+2}$ abgebildet. Die Matrix dieser Abbildung ist die $(n + 2) \times (n + 2)$-Matrix

$$\tilde{X} = \begin{pmatrix} 0 & & & & \\ 1 & 0 & & & \\ & 1 & 0 & & \\ & & \ddots & \ddots & \\ & & & 1 & 0 \end{pmatrix} \in M_{(n+2)\times(n+2)}(R). \tag{5.19}$$

Die Matrix $\tilde{X}$ ist eine lineare Abbildung $R^{(n+1)} \to R^{(n+1)}$. Sie beschreibt die Multiplikation mit X nur für Polynome vom Grad $\leq n + 1$, allerdings nicht vollständig. Für $i \leq n$ ist $XX^i = \tilde{X}e_{i+1} = e_{i+2} = X^{i+1}$ korrekt. Für $i = n+2$ ist $e_i = e_{n+2} = X^{n+1}$, was durch die Matrix $\tilde{X}$ auf 0 abgebildet wird, da die letzte Spalte der Matrix $\tilde{X}$ lauter Nullen enthält. Für Grade $\geq n+1$ gibt die Matrix $\tilde{X}$ die Multiplikation mit der Variablen X nicht mehr korrekt wieder. Man kann aber jederzeit n soweit erhöhen, dass die Matrix $\tilde{X}$ für alle vorkommenden Potenzen von X funktioniert.

5.5.2   Die Matrix eines Polynoms

Die Matrix $\tilde{X}$ von (5.19) beschreibt die Multiplikation von X mit Polynomen vom Grad $\leq n$ korrekt. Mehrfache Anwendung der Matrix kann auch die Multiplikation mit Potenzen von X beschreiben, solange der Grad nicht zu groß wird. Sei m der Grad des Polynoms $a(X)$, also $m = \deg a(X)$. Dann kann die Multiplikation mit X^k durch die Wirkung der Matrix $\tilde{X}^k$ auf dem Vektor a beschrieben werden, solange der Grad des Produktes $\leq n + 1$ bleibt, also solange

$$\deg a(X) + k \leq n + 1 \quad \Rightarrow \quad k \leq n + 1 - \deg a(X).$$

Die Potenzen der Matrix $\tilde{X}$ können sofort berechnet werden:

$$\tilde{X}^2 = \begin{pmatrix} 0 \\ 0 & 0 \\ 1 & 0 & 0 \\ & 1 & 0 & 0 \\ & & \ddots & \ddots & \ddots \\ & & & & 1 & 0 & 0 \end{pmatrix}, \; \tilde{X}^3 = \begin{pmatrix} 0 \\ 0 & 0 \\ 0 & 0 & 0 \\ 1 & 0 & 0 & 0 \\ & 1 & 0 & 0 & 0 \\ & & \ddots & \ddots & \ddots & \ddots \\ & & & & 1 & 0 & 0 & 0 \end{pmatrix}, \dots, \tilde{X}^n = \begin{pmatrix} 0 \\ 0 & 0 \\ 0 & 0 & 0 \\ 0 & 0 & 0 & 0 \\ 0 & 0 & 0 & 0 & 0 \\ \vdots & \vdots & \vdots & \vdots & \vdots & \ddots \\ 0 & 0 & 0 & 0 & 0 & \dots & 0 \\ 1 & 0 & 0 & 0 & 0 & \dots & 0 & 0 \end{pmatrix}.$$

$$(5.20)$$

Die Matrix $\tilde{X}^k$ bildet e_i auf e_{i+k} ab, solange $i \le n + 1 - k$ ist.

Für ein Polynom $b(X)$ vom Grad $\deg b(X) \le n + 1 - \deg a(X)$ kann die Wirkung des Polynoms $b(X)$ auf dem zum Polynom $a(X)$ gehörigen Vektor mit der Matrix

$$b(\tilde{X}) = b_0 + b_1\tilde{X} + b_2\tilde{X}^2 + \dots + b_m\tilde{X}^m, \quad m = \deg b(X)$$

berechnet werden. Mit der Darstellung (5.20) der Potenzen $\tilde{X}^k$ wird die Matrix des Polynoms $b(X)$

$$b(\tilde{X}) = \begin{pmatrix} b_0 \\ b_1 & b_0 \\ b_2 & b_1 & b_0 \\ b_3 & b_2 & b_1 & b_0 \\ b_4 & b_3 & b_2 & b_1 & b_0 \\ \vdots & \vdots & \vdots & \vdots & \vdots & \ddots \\ b_{n-1} & b_{n-2} & b_{n-3} & b_{n-4} & b_{n-5} & \dots & b_0 \\ b_n & b_{n-1} & b_{n-2} & b_{n-3} & b_{n-4} & \dots & b_1 & b_0 \end{pmatrix}. \qquad (5.21)$$

In der Zeile k stehen die niedrigen k Koeffizienten von b, also die Zahlen $b_0, \dots, b_{k-1}$ in umgekehrter Reihenfolge.

5.5.3 Matrizenprodukt und Faltung

Das Produkt von Polynomen kann mit Hilfe der Faltungsformel (5.4) berechnet werden. Solange die Grade der Polynome klein genug sind, muss das Produkt auch durch Berechnung des Matrizenproduktes der Matrizen $a(\tilde{X})$ und $b(\tilde{X})$ erhalten werden können. Wir wollen zeigen, dass sich dabei ebenfalls die Faltungsformel (5.4) für die Einträge in der Matrix $c(\tilde{X})$ ergibt.

Satz 5.33 (Faltung und Polynomprodukt). *Seien $a(X)$ und $b(X)$ Polynome mit $\deg a(X) + \deg b(X) \le n$. Für das Faltungsprodukt $c = a * b$ gilt*

$$c(\tilde{X}) = a(\tilde{X})b(\tilde{X}).$$

Beweis. Wir berechnen das Matrixelement in Zeile $i + k + 1$ und Spalte $i + 1$ der Produktmatrix $a(\tilde{X})b(\tilde{X})$ und zeigen, dass sich der Koeffizient c_k der Faltung $c = a * b$ ergibt. Das gesuchte Element ist das Produkt der Zeile $i + k + 1$ von $a(\tilde{X})$ und der Spalte i von $b(\tilde{X})$. Aus der Form (5.21) der Matrix eines Polynoms kann man erkennen, dass in der

Zeile jeweils Koeffizienten in absteigender Reihenfolge des Index stehen, in der Spalte stehen Koeffizienten in aufsteigender Reihenfolge des Index. Wir schreiben in der folgenden schematischen Darstellung nur die Indizes hin und verwenden außerdem $m = k + i$:

$$c_k \overset{?}{=} (a(\tilde{X})b(\tilde{X}))_{m+1,i+1}$$

$$= \begin{pmatrix} a_{k+i} & \cdots & a_{k+1} & a_k & a_{k-1} & \cdots & a_1 & a_0 & 0 & \cdots & 0 \end{pmatrix} \begin{pmatrix} 0 \\ \vdots \\ 0 \\ b_0 \\ b_1 \\ \vdots \\ b_{k-1} \\ b_k \\ b_{k+1} \\ \vdots \\ b_{n-i+1} \end{pmatrix}$$

$$= \begin{matrix} a_{k+i} \\ \cdot \\ 0 \end{matrix} + \cdots + \begin{matrix} a_{k+1} \\ \cdot \\ 0 \end{matrix} + \begin{matrix} a_k \\ \cdot \\ b_0 \end{matrix} + \begin{matrix} a_{k-1} \\ \cdot \\ b_1 \end{matrix} + \cdots + \begin{matrix} a_1 \\ \cdot \\ b_{k-1} \end{matrix} + \begin{matrix} a_0 \\ \cdot \\ b_k \end{matrix} + \begin{matrix} 0 \\ \cdot \\ b_{k+1} \end{matrix} + \cdots + \begin{matrix} 0 \\ \cdot \\ b_{n-i+1} \end{matrix}$$

$$= 0 + \ldots + a_{k+1} \cdot 0 + a_k b_0 + a_{k-1} b_1 + \ldots + a_1 b_{k-1} + a_0 b_k + 0 \cdot b_{k+1} + \ldots + 0 = c_k.$$

Damit ist gezeigt, dass $a(\tilde{X})b(\tilde{X}) = c(\tilde{X})$. $\qquad\qquad\square$

5.5.4 Matrix in ein Polynom einsetzen

Eine quadratische $n \times n$-Matrix $A \in M_n(\Bbbk)$ beschreibt eine lineare Abbildung $\Bbbk^n \to \Bbbk^n$, die v auf Av abbildet. Der Vektor Av wird von A auf $A(Av) = A^2 v$ abgebildet. Die Vektoren $v, Av, A^2 v, \ldots$ können natürlich auch mit Koeffizienten $a_0, a_1, a_2, \ldots, a_m$ linear kombiniert werden, was den Vektor

$$u = a_0 v + a_1 Av + a_2 A^2 v + \ldots$$

ergibt. Schreibt man im ersten Term $v = Iv$, dann kann man u als die Wirkung einer einzigen Matrix auf dem Vektor v schreiben:

$$u = (a_0 I + a_1 A + a_2 A^2 + \ldots + a_m A^m)v. \tag{5.22}$$

Es ist daher sinnvoll, die Potenzen einer Matrix wie folgt zu definieren:

Definition 5.34 (Matrixpotenzen). *Für ganzzahliges $k > 0$ sind die* Potenzen *einer $n \times n$-Matrix $A \in M_n(\Bbbk)$ definiert durch*

$$A^k = \begin{cases} AA^{k-1} & k > 0 \\ I & k = 0. \end{cases}$$

Falls A regulär ist, kann A^k auch für ganzzahliges $k < 0$ definiert werden als $A^k = (A^{-1})^{|k|} = (A^{|k|})^{-1}$.

Die Koeffizienten a_k definieren das Polynom

$$a(X) = a_0 + a_1 X + a_2 X^2 + \cdots + a_m X^m = \sum_{k=0}^{m} a_k X^k \in \Bbbk[X].$$

Der Vektor u von (5.22) ist damit

$$u = \left(\sum_{k=0}^{m} a_k A^k \right) v$$

nach Definition 5.34. Es ist daher sinnvoll, die große Klammer auf der rechten Seite als den Wert des Polynoms $a(A)$ mit der Matrix A als Argument zu betrachten. Der einzige Unterschied zur Berechnung eines Polynomwertes für $a(x)$ für $x \in \Bbbk$ ist, dass der Term vom Grad 0 mit der Einheitsmatrix $A^0 = I$ multipliziert werden muss.

Definition 5.35 (Polynom mit Matrixargument). *Ist $A \in M_n(\Bbbk)$ und $p(X) = p_0 + p_1 X + \cdots + p_n X^n \in \Bbbk[X]$, dann ist*

$$p(A) = \sum_{k=0}^{n} p_k A^k.$$

Beispiel 5.36. Die Matrix

$$A = \begin{pmatrix} -8 & 10 \\ -5 & 7 \end{pmatrix}$$

hat die Potenzen

$$A^2 = \begin{pmatrix} 14 & -10 \\ 5 & -1 \end{pmatrix}, \ A^3 = \begin{pmatrix} -62 & 70 \\ -35 & 43 \end{pmatrix}, \ A^4 = \begin{pmatrix} 146 & -130 \\ 65 & -49 \end{pmatrix}, \ \cdots$$

Setzt man A in das Polynom $a(X) = X^2 + X - 6$ ein

$$a(A) = A^2 + A - 6I = \begin{pmatrix} 14 & -10 \\ 5 & -1 \end{pmatrix} + \begin{pmatrix} -8 & 10 \\ -5 & 7 \end{pmatrix} + \begin{pmatrix} -6 & 0 \\ 0 & -6 \end{pmatrix} = \begin{pmatrix} 0 & 0 \\ 0 & 0 \end{pmatrix}.$$

Die Matrix A kann also als eine Nullstelle des Polynoms $a(X)$ angesehen werden. $\bigcirc$

Das Beispiel deutet an, dass man durch Untersuchung von Polynomen $a(X)$ und Matrizen $a(A)$ mehr über die Matrix A erfahren kann. Nehmen wir zum Beispiel an, dass wir bereits wissen, dass es einen Vektor v und eine Zahl λ gibt derart, dass $Av = \lambda v$. Kapitel 11 wird solche sogenannten Eigenvektoren im Detail untersuchen. Wegen $A^2 v = A(Av) = A(\lambda v) = \lambda Av = \lambda^2 v$ folgt jetzt auch

$$a(\lambda)v = (\lambda^2 + \lambda - 6)v = (A^2 + A - 6)v = a(A)v = 0v = 0.$$

Dies bedeutet, dass λ eine Nullstelle des Polynoms $a(X)$ sein muss. Das Polynom $a(X)$ erlaubt also, eine charakteristische Eigenschaft der Matrix A zu ermitteln.

Nilpotente Matrizen

Im Beispiel 5.36 wurde gezeigt, wie eine Matrix eine Nullstelle eines Polynoms sein kann. Die einfachsten Polynome sind die Polynome $p(X) = X^m$, sie haben in den reellen Zahlen nur 0 als Nullstelle. In einem Matrizenring $M_n(\Bbbk)$ sieht es aber ganz anders aus. Da kann es durchaus auch Matrizen geben, deren Potenzen verschwinden. Die ersten Beispiele waren die Matrizen $\tilde{X}$ von (5.5.1).

Definition 5.37 (nilpotent). *Eine Matrix $N \in M_n(\Bbbk)$ heißt* nilpotent, *wenn es eine natürliche Zahl k gibt mit $N^k = 0$. Die kleinste Zahl k, für die $N^k = 0$ ist, heißt der* Nilpotenzgrad *von N.*

Satz 5.38 (nilpotente Dreiecksmatrizen). *$n \times n$-Dreiecksmatrizen mit lauter Nullen auf der Diagonalen sind nilpotent vom Grad höchstens n.*

Beweis. Wir betrachten eine obere Dreiecksmatrix, die Rechnung für untere Dreiecksmatrizen ist analog. Seien A und B obere Dreiecksmatrizen, deren Diagonalelemente 0 sind. Wir nehmen zusätzlich an, dass nur die Einträge $a_{kl} \neq 0$ mit $l \geq k + d_A$ und $b_{kl} \neq 0$ mit $l \geq k + d_B$ sind. Die Zahlen d_A und d_B geben an, wieviele "Diagonalen" nur aus Nullen bestehen. Wir nehmen an, dass $d_A > 0$ und $d_B > 0$. Wir berechnen das Produkt

$$AB = \quad \cdot \quad = \quad = C.$$

Auf der Zeile k der Matrix A sind nur die roten Elemente von 0 verschieden, diese werden bei der Berechnung des Produktes mit Spalten der Matrix B mit Elementen im hellroten Bereich multipliziert. In der Matrix B sind nur die Elemente im blauen Bereich von 0 verschieden. Das Element in Zeile k und Spalte l der Produktmatrix kann nur dann von 0 verschieden sein, wenn der blaue Bereich der Spalte l in B sich mit dem hellroten Bereich schneidet, der beim Zeilenindex $k + d_A$ beginnt. Der blaue Bereich in der Spalte endet nach dem Zeilenindex $l - k_B$. Das Element c_{kl} in der Produktmatrix kann also nur dann von 0 verschieden sein, wenn $k + d_A \leq l - k_B$ oder $l \geq k + d_A + d_B$. Also ist C eine obere Dreiecksmatrix mit $d_C = d_A + d_B$.

Eine obere Dreiecksmatrix mit Nullen auf der Diagonalen hat $d_A \geq 1$. Das Produkt A^m ist eine obere Dreiecksmatrix mit $d_{A^m} = m d_A$. Insbesondere folgt für $m = n$, dass nur Elemente von 0 verschieden sein können, für die $k + n \leq l$ gilt. Wegen $n < k + n \leq l \leq n$ kann es also keine von 0 verschiedene Elemente geben, es muss $A^n = 0$ sein. $\qquad\square$

Die Dreiecksmatrizen mit Nullen auf der Diagonalen sind nicht die einzigen nilpotenten Matrizen. Ist T eine invertierbare Matrix und A eine nilpotente obere Dreiecksmatrix mit $A^k = 0$, dann ist

$$(TAT^{-1})^k = \underbrace{(TAT^{-1})(TAT^{-1})\cdots(TAT^{-1})}_{k\text{ Faktoren}}$$

$$= TAT^{-1}TAT^{-1}\cdots TAT^{-1} = TA^kT^{-1} = T0T^{-1} = 0.$$

Die Matrix $N = TAT^{-1}$ ist also ebenfalls nilpotent. Sie ist aber nicht mehr unbedingt eine Dreiecksmatrix.

Beispiel 5.39. Die Matrix

$$T = \begin{pmatrix} 1 & 4 & 6 \\ 1 & 2 & -3 \\ 0 & 1 & 4 \end{pmatrix} \quad \text{hat die Inverse} \quad T^{-1} = \begin{pmatrix} 11 & -10 & -24 \\ -4 & 4 & 9 \\ 1 & -1 & -2 \end{pmatrix}.$$

Die zur nilpotenten oberen Dreiecksmatrix A gehörige Matrix $N = TAT^{-1}$ ist

$$A = \begin{pmatrix} 0 & 2 & -1 \\ 0 & 0 & 2 \\ 0 & 0 & 0 \end{pmatrix} \quad \Rightarrow \quad N = TAT^{-1} = \begin{pmatrix} -1 & 1 & 4 \\ -5 & 5 & 12 \\ 2 & -2 & -4 \end{pmatrix}.$$

Die Potenzen dieser Matrix sind

$$N^2 = \begin{pmatrix} 4 & -4 & -8 \\ 4 & -4 & -8 \\ 0 & 0 & 0 \end{pmatrix} \quad \text{und} \quad N^3 = 0.$$

Die Matrix N ist ein Beispiel einer nilpotenten Matrix, die nicht eine Dreiecksmatrix ist. $\quad\bigcirc$

Einheitswurzeln

Die Drehmatrix von Beispiel 3.37 hat die Eigenschaft, dass

$$D_\alpha D_\beta = \begin{pmatrix} \cos\alpha & -\sin\alpha \\ \sin\alpha & \cos\alpha \end{pmatrix}\begin{pmatrix} \cos\beta & -\sin\beta \\ \sin\beta & \cos\beta \end{pmatrix}$$

$$= \begin{pmatrix} \cos\alpha\cos\beta - \sin\alpha\sin\beta & -(\sin\alpha\cos\alpha - \cos\alpha\sin\beta) \\ \sin\alpha\cos\alpha - \cos\alpha\sin\beta & \cos\alpha\cos\beta - \sin\alpha\sin\beta \end{pmatrix}$$

$$= \begin{pmatrix} \cos(\alpha + \beta) & -\sin(\alpha + \beta) \\ \sin(\alpha + \beta) & \cos(\alpha + \beta) \end{pmatrix} = D_{\alpha+\beta}.$$

Daraus folgt auch $D_\alpha^n = D_{n\alpha}$. Für $\alpha = \frac{2\pi}{n}$ folgt, dass

$$D_\alpha^n = I, \qquad \Rightarrow \qquad a(D_\alpha) = 0, \text{ für } a(X) = X^n - 1.$$

Die Drehmatrizen $D_{2\pi/n}$ sind also "Nullstellen" der Polynome $X^n - 1$.

Definition 5.40 (Einheitswurzel). *Ein Element ζ heißt n-te Einheitswurzel, wenn $\zeta^n - 1 = 0$. Eine n-Einheitswurzel ζ heißt primitiv, wenn $p_n(\zeta) = 0$ und $p_k(\zeta) \neq 0$ ist für die Polynome $p_k(X) = X^k - 1$ und $k < n$.*

In den reellen Zahlen gibt es nur zwei Zahlen, die überhaupt n-te Einheitswurzeln sein können, nämlich 1 mit $p_1(1) = 0$ und -1 mit $p_2(-1) = 0$. Es lässt sich aber keine primitive dritte oder vierte Einheitswurzel finden. Die Drehmatrizen

$$D_{2\pi/3} = \begin{pmatrix} \cos \frac{2\pi}{3} & -\sin \frac{2\pi}{3} \\ \sin \frac{2\pi}{3} & \cos \frac{2\pi}{3} \end{pmatrix} = \begin{pmatrix} -\frac{1}{2} & -\frac{\sqrt{3}}{2} \\ \frac{\sqrt{3}}{2} & -\frac{1}{2} \end{pmatrix} \quad \text{und} \quad D_{\pi/2} = \begin{pmatrix} \cos \frac{\pi}{2} & -\sin \frac{\pi}{2} \\ \sin \frac{\pi}{2} & \cos \frac{\pi}{2} \end{pmatrix} = \begin{pmatrix} 0 & -1 \\ 1 & 0 \end{pmatrix}$$
$$(5.23)$$

sind jedoch dritte und vierte primitive Einheitswurzeln in $M_2(\mathbb{R})$.

5.5.5 Minimalpolynom einer Matrix

Die Menge $M_n(\mathbb{k})$ der $n \times n$-Matrizen ist ein n^2-dimensionaler Vektorraum, es kann daher höchstens n^2 linear unabhängige Matrizen geben. Die $n^2 + 1$ Matrizen

$$I = A^0, \; A = A^1, \; A^2, \; A^3, \; \dots A^{n^2}$$

müssen linear abhängig sein. Es muss Koeffizienten $a_0, a_1, \dots, a_{n^2}$ geben derart, dass

$$a_0 I + a_1 A + a_2 A^2 + \dots + a_{n^2} A^{n^2} = 0$$

ist. Es gibt also ein Polynom $a(X) \in \mathbb{k}[X]$ derart, dass $a(A) = 0$. Die Konstruktion zeigt, dass der Grad $\deg a(X) \leq n^2$ sein muss, er könnte aber aber auch viel kleiner sein.

Definition 5.41 (Minimalpolynom). *Das Minimalpolynom einer Matrix $A \in M_n(\mathbb{k})$ ist das normierte Polynom $m(X) \in \mathbb{k}[X]$ geringsten Grades, für das $m(A) = 0$.*

Minimalpolynom und Gauß-Algorithmus

Das Minimalpolynom kann mit dem Gauß-Algorithmus wie folgt gefunden werden. Dazu schreiben wir die Einträge der Potenzen einer Matrix als Zeilenvektoren. Auf der rechten Seite schreiben wir die entsprechende Potenz der Unbekannten X. In der Durchführung des Gauß-Algorithmus entsteht auf der linken Seite eine Nullzeile, auf der rechten Seite steht das Minimalpolynom von A.

Beispiel 5.42. Die Matrix N mit den Potenzen

$$N = \begin{pmatrix} 5 & -4 & -3 \\ 4 & -3 & -3 \\ -6 & 6 & 4 \end{pmatrix}, \quad N^2 = \begin{pmatrix} 5 & -4 & -3 \\ 4 & -3 & -3 \\ -6 & 6 & 4 \end{pmatrix}, \quad N^3 = \begin{pmatrix} 12 & -11 & -7 \\ 11 & -10 & -7 \\ -14 & 14 & 8 \end{pmatrix}$$

führt auf das Tableau

a_{11}	a_{12}	a_{13}	a_{21}	a_{22}	a_{23}	a_{31}	a_{32}	a_{33}	
1	0	0	0	1	0	0	0	1	1
2	−1	−1	1	0	−1	−2	2	2	X
5	−4	−3	4	−3	−3	−6	6	4	X^2
12	−11	−7	11	−10	−7	−14	14	8	X^3

Durchführung des Gauß-Algorithmus führt auf das Tableau

a_{11}	a_{12}	a_{13}	a_{21}	a_{22}	a_{23}	a_{31}	a_{32}	a_{33}	
1	0	0	0	1	0	0	0	1	1
0	1	1	−1	2	1	2	−2	0	$-X + 2$
0	0	1	0	0	1	2	−2	−1	$X^2 - 4X + 3$
0	0	0	0	0	0	0	0	0	$X^3 - 4X^2 + 5X - 2$

aus dem man das Minimalpolynom

$$m(X) = X^3 - 4X^2 + 5X - 2$$

von A ablesen kann.   ◯

Beispiel 5.43. Die Berechung von Beispiel 5.42 verlangt, dass man auf der rechten Seite mit Polynomen rechnen kann. Mit dem Gauß-Calculator, der nur numerisch rechnen kann, ist dies nicht möglich. Man kann diese Limitierung umgehen, indem auf der rechten Seite für jede Potenz X^k der Variablen eine Spalte einrichtet. Wir führen dies für die Matrix von Beispiel 5.42 durch.

a_{11}	a_{12}	a_{13}	a_{21}	a_{22}	a_{23}	a_{31}	a_{32}	a_{33}	X^3	X^2	X	1
1	0	0	0	1	0	0	0	1	0	0	0	1
2	−1	−1	1	0	−1	−2	2	2	0	0	1	0
5	−4	−3	4	−3	−3	−6	6	4	0	1	0	0
12	−11	−7	11	−10	−7	−14	14	8	1	0	0	0

linalg.ch/gauss/49

Durchführung des Gauß-Algorithmus mit dem Gauß-Calculator führt wieder auf das gleiche Minimalpolynom.   ◯

Im Beispiel ist der Grad des Minimalpolynoms $\deg m_A(X) = n$, also deutlich kleiner als zu Beginn dieses Abschnitts vermutet wurde. Tatsächlich wird im Satz 13.23 von Cayley-Hamilton für jede $n \times n$-Matrix $A \in M_n(\Bbbk)$ ein Polynom vom Grad n konstruiert, das auf A die Nullmatrix ergibt. Dies zeigt dann, dass der Grad des Minimalpolynoms immer $\deg m_A(X) \leq n$ ist.

Grad des Minimalpolynoms

Natürlich gibt es Matrizen mit noch kleinerem Minimalpolynom. Die Nullmatrix hat das Minimalpolynom $m_0(X) = X$ und die Einheitsmatrix hat das Minimalpolynom $m_I(X) = X - 1$. Jeder andere Wert ist jedoch auch möglich, wie das folgende Beispiel zeigt, das sich aus der Matrix $\tilde{X}^t$ von (5.5.1) ergibt.

Beispiel 5.44. Ist $0 < k \le n$, dann ist die $k \times k$-Matrix

$$N_k = \begin{pmatrix} 0 & 1 & & & & \\ & 0 & 1 & & & \\ & & 0 & 1 & & \\ & & & 0 & \ddots & \\ & & & & \ddots & 1 \\ & & & & & 0 \end{pmatrix}$$

nilpotent mit Grad k, sie hat das Minimalpolynom $m_{N_k}(X) = X^k$. Daraus kann man jetzt die $n \times n$-Matrix

$$A = \left(\begin{array}{c|c} N_k & 0 \\ \hline 0 & 0 \end{array} \right)$$

konstruieren, die in der linken oberen Ecke die Matrix N_k als enthält. Das Minimalpolynom dieser Matrix ist wieder $m_A(X) = X^k$. $\bigcirc$

In Kapitel 13 wird der Zusammenhang zwischen dem Minimalpolynom und der sogenannten Jordan-Normalform genauer untersucht werden.

Minimalpolynome für Einheitswurzeln

In (5.23) wurden 2×2-Matrizen gefunden, die dritte und vierte Einheitswurzeln sind. Die Minimalpolynome werden aber einen kleineren Grad haben.

Für $n = 3$ ist $D = D_{2\pi/3}$ eine Nullstelle des Polynoms $p_3(X) = X^3 - 1$, also $p_3(D) = 0$. Das Polynom $p_3(X)$ lässt sich faktorisieren als $p_3(X) = X^3 - 1 = (X - 1)(X^2 + X + 1)$. Zwar ist $0 = p_3(D) = (D - I)(D^2 + D + I)$, das bedeutet aber noch nicht, dass die Faktoren verschwinden. Da aber $D - I$ eine reguläre Matrix ist, kann man schließen, dass $D^2 + D + I = 0$ ist. Dies kann man aber auch direkt nachprüfen:

$$D^2 = D_{4\pi/3} = \begin{pmatrix} -\frac{1}{2} & \frac{\sqrt{3}}{2} \\ -\frac{\sqrt{3}}{2} & -\frac{1}{2} \end{pmatrix} \quad \Rightarrow \quad D^2 + D + I = \begin{pmatrix} -\frac{1}{2} & \frac{\sqrt{3}}{2} \\ -\frac{\sqrt{3}}{2} & -\frac{1}{2} \end{pmatrix} + \begin{pmatrix} -\frac{1}{2} & -\frac{\sqrt{3}}{2} \\ \frac{\sqrt{3}}{2} & -\frac{1}{2} \end{pmatrix} + \begin{pmatrix} 1 & 0 \\ 0 & 1 \end{pmatrix} = 0.$$

Das Polynom $m(X) = X^2 + X + 1$ lässt sich nicht weiter faktorisieren, es ist das Minimalpolynom von $D_{2\pi/3}$.

Für $n = 4$ kann man das Polynom $p_4(X) = X^4 - 1 = (X^2 - 1)(X^2 + 1) = (X - 1)(X + 1)(X^2 + 1)$ faktorisieren. Die 4-te Einheitswurzel $D_{\pi/2}$ ist eine Nullstelle des Polynoms $X^2 + 1$, denn

$$D_{\pi/2} = \begin{pmatrix} 0 & -1 \\ 1 & 0 \end{pmatrix} \quad \Rightarrow \quad D^2 = \begin{pmatrix} -1 & 0 \\ 0 & -1 \end{pmatrix} \quad \Rightarrow \quad D^2 + I = 0,$$

also ist $m(X) = X^2 + 1$ das Minimalpolynom von $D_{\pi/2}$.

Wurzeln

Die Quadratwurzel $\sqrt{2}$ ist eine Nullstelle des Polynoms $m(X) = X^2 - 2$. Es ist bekannt, dass es keine rationale Zahl gibt, die Nullstelle des Polynoms ist. Aber die Matrix

$$W = \begin{pmatrix} 0 & 2 \\ 1 & 0 \end{pmatrix} \in M_{2\times 2}(\mathbb{Z}) \quad \text{hat Quadrat} \quad W^2 = \begin{pmatrix} 2 & 0 \\ 0 & 2 \end{pmatrix} = 2I. \tag{5.24}$$

Somit ist $m(X)$ das Minimalpolynom von W. Die Matrix W hat also die gleichen algebraischen Eigenschaften wie eine Quadratwurzel von 2.

Komplexe Zahlen

Die Gleichung $X^2 + 1 = 0$ hat in den reellen Zahlen keine Lösung. Andererseits wurde die Matrix $J = D_{\pi/2}$ gefunden, die das Minimalpolynom $m_J(X) = X^2 + 1$ hat. Die Menge

$$\mathbb{R}(J) = \{aI + bJ \mid a, b \in \mathbb{R}\}$$

ist daher ein Zahlenkörper, der $\mathbb{R}$ enthält, und in dem die Gleichung $X^2 = -1$ eine Lösung hat. Im Kasten auf Seite 112 haben wurde dieser Körper mit $\mathbb{C} = \mathbb{R}(J)$ bezeichnet.

5.A   Interpolation

In der Numerik haben Polynome eine besonderer Bedeutung. Sie sind einerseits sehr einfach zu berechnen, andererseits lässt sich nach einem Satz von Karl Weierstraß jede stetige Funktion beliebig genau durch Polynome approximieren. Interpolation ist ein beliebte Möglichkeit, ein approximierendes Polynom zu finden.

5.A.1   Stützstellen

Gegeben sei also eine stetige Funktion $f(x)$ auf einem Intervall $[a, b]$. Sie soll durch ein Polynom approximiert werden. Dazu werden $n + 1$ Werte $x_0, \ldots, x_n$ im Intervall vorgegeben, an denen das approximierende Polynom mit der Funktion übereinstimmen soll. Wir ordnen die x_i aufsteigend an, also

$$a \leq x_0 < x_1 < \cdots < x_k \cdots < x_n \leq b.$$

Das gesuchte Polynom $p(x)$ muss jetzt

$$p(x_i) = f(x_i) \quad \text{für alle } i$$

erfüllen. Die Zahlen x_i heißen *Stützstellen*, die Funktionswerte $y_i = f(x_i)$ an diesen Stellen heißen *Stützwerte*.

5.A.2 Die Polynome $l(x)$ und $l_i(x)$

Es ist einfach, den Vektor y aus den Standardbasisvektoren linear zu kombinieren:

$$
\begin{pmatrix} y_0 \\ y_1 \\ y_2 \\ \vdots \\ y_n \end{pmatrix} = y_0 \cdot \begin{pmatrix} 1 \\ 0 \\ 0 \\ \vdots \\ 0 \end{pmatrix} + y_1 \cdot \begin{pmatrix} 0 \\ 1 \\ 0 \\ \vdots \\ 0 \end{pmatrix} + y_2 \cdot \begin{pmatrix} 0 \\ 0 \\ 1 \\ \vdots \\ 0 \end{pmatrix} + \cdots + y_n \cdot \begin{pmatrix} 0 \\ 0 \\ 0 \\ \vdots \\ 1 \end{pmatrix}
$$

$$
= \sum_{i=0}^{n} y_i e_i. \tag{5.25}
$$

Das Interpolationspolynom lässt sich ebenso einfach finden, wenn man Polynome $l_i(x)$ finden kann, die wie die Standardbasisvektoren an den interessanten Stellen nur die Werte 0 und 1 haben.

Aufgabe 5.45. *Finde Polynome $l_i(x)$ mit der Eigenschaft, dass*

$$
l_i(x_k) = \delta_{ik} = \begin{cases} 1 & i = k \\ 0 & sonst \end{cases}
$$

gilt.

Mit den Polynomen $l_i(x)$ lässt sich die Interpolationsaufgabe jetzt leicht lösen. Das analog zu (5.25) konstruierte Polynom

$$
p(x) = y_0 l_0(x) + y_1 l_1(x) + y_2 l_2(x) + \cdots + y_n l_n(x) = \sum_{i=0}^{n} y_i l_i(x)
$$

hat an den Stützstellen die Werte

$$
p(x_k) = \sum_{i=1}^{n} y_i l_i(x_k) = \sum_{i=1}^{n} y_i \delta_{ik} = y_k,
$$

es ist also das gesuchte Interpolationspolynom.

Abbildung 5.1 zeigt das Resultat die Interpolation eines Kreisbogens als Graph der Funktion $f(x) = \sqrt{1 - x^2}$ auf dem Intervall $[-1, 1]$. Die Polynome $l_i(x)$ sind blau dargestellt, sie haben in der Stützstelle jeweils den Wert 1. Sie werden mit den rot dargestellten Funktionswerten y_i in den Stützstellen multipliziert (rote Kurven rechts). Die Überlagerung ergibt das Interpolationspolynom $p(x)$ in der Abbildung links.

Konstruktion der Polynome $l_i(x)$

Das Polynom $l_i(x)$ hat genau die Nullstellen $x_0, \ldots, x_n$ ohne die Stützstelle x_i. Ein solches Polynom ist ein Vielfaches des Produktes

$$
p_i(x) = (x - x_0)(x - x_1) \cdots \widehat{(x - x_i)} \cdots (x - x_n),
$$

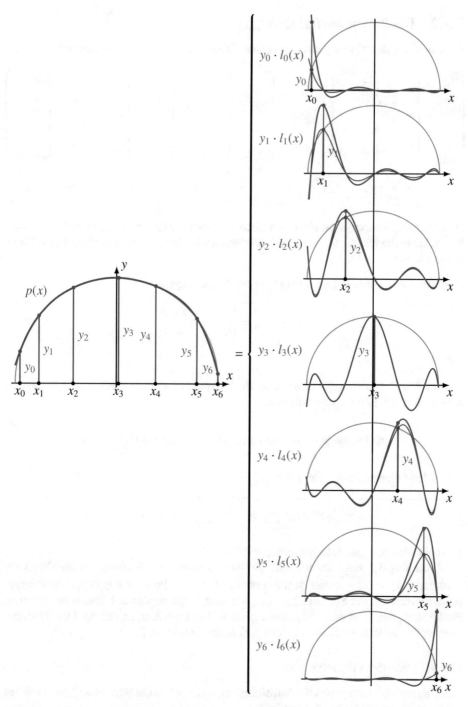

Abbildung 5.1: Interpolation eines Kreisbogens im Intervall $[-1, 1]$ mit sieben Stützstellen. Das Interpolationspolynom $p(x)$ entsteht durch Überlagerung der blauen Polynome $l_i(x)$ gewichtet mit den Stützwerten y_i.

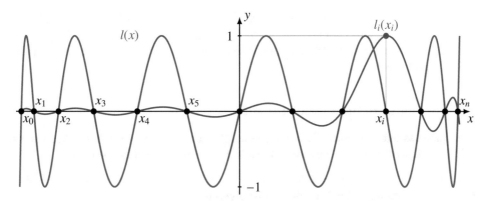

Abbildung 5.2: Die Graphen der Polynome $l(x)$ (rot) und $l_i(x)$ (blau). Die Stützstellen sind so gewählt, dass $|l(x)|$ im ganzen Interval nicht größer als 1 wird (Tschebyscheff-Interpolation).

wobei das Zeichen $\frown$ anzeigt, dass dieser Faktor im Produkt weggelassen wird. Das Produkt $p_i(x)$ hat aber für $x = x_i$ noch nicht den verlangten Wert 1. Indem man durch den Wert $p_i(x_i)$ dividiert, entsteht der Wert 1. Somit ist

$$l_i(x) = \frac{p_i(x)}{p_i(x_i)} = \frac{(x - x_0)(x - x_1) \cdots (\widehat{x - x_i}) \cdots (x - x_n)}{(x_i - x_0)(x_i - x_1) \cdots (\widehat{x_i - x_i}) \cdots (x_i - x_n)}$$

das gesuchte Polynom.

Das Polynom $l(x)$

Das Polynom $p_i(x)$ entsteht durch Weglassen eines Faktors aus dem Produkt

$$l(x) = (x - x_0)(x - x_1) \cdots (x - x_n) = \prod_{i=0}^{n}(x - x_i)$$

aller Linearfaktoren. Daraus kann man $l_i(x)$ für $x \neq x_i$ durch Division durch $(x - x_i)$ erhalten. Strebt x gegen x_i geht der Quotient wegen $l(x) - l(x_i) = l(x)$ in die Ableitung

$$p_i(x) = \frac{l(x)}{x - x_i} \xrightarrow{\quad x \to x_i \quad} \lim_{x \to x_i} \frac{l(x)}{x - x_i} = \lim_{x \to x_i} \frac{l(x) - l(x_i)}{x - x_i} = l'(x_i)$$

über. Das Polynom $l(x)$ hat alle Stützstellen als Nullstellen. Zwischen den Stützstellen nimmt es mehr oder weniger große Werte an. Besonders groß werden die Werte zwischen weit auseinanderliegendenden Stützstellen oder am Rand des Intervalls. Sie geben einen Eindruck vom zu erwartenden Interpolationsfehler. Die Graphen der Polynome $l(x)$ und $l_i(x)$ sind in Abbildung 5.2 dargestellt.

Numerische Verbesserung

Die Berechnung des Interpolationspolynoms nach den oben dargestellten Formeln ist numerisch nicht sehr zuverlässig. Gründe dafür sind, dass einerseits der Faktor $x - x_i$ nahe bei einer Stützstelle als Differenz zweier fast gleicher Zahlen durch Auslöschung Genauigkeit verliert und andererseits die Faktoren $(x - x_k)$ für Stützstellen weit weg von x das Produkt aufblasen. Eine bessere Berechnungsmethode ist die baryzentrische Formel [9, p. 238], [11, 6.1, problem 31].

5.A.3   Vandermonde-Determinante

Man kann das Interpolationspolynom $p(x)$ mit Hilfe eines linearen Gleichungssystems für seine Koeffizienten finden. Dies soll in diesem Abschnitt durchgeführt werden.

Gleichungssystem für das Interpolationspolynom

Um ein Gleichungssystem für das Interpolationspolynom zu finden, schreibt man das Polynom $p(x)$ als

$$p(x) = p_0 + p_1 x + p_2 x^2 + \cdots + p_n x^n.$$

Einsetzen der Stützstellen ergibt das Gleichungssystem

$$
\begin{aligned}
p_0 + p_1 x_0 + p_2 x_0^2 + \ldots + p_n x_0^n &= y_0 \\
p_0 + p_1 x_1 + p_2 x_1^2 + \ldots + p_n x_1^n &= y_1 \\
p_0 + p_1 x_2 + p_2 x_2^2 + \ldots + p_n x_2^n &= y_2 \\
\vdots \qquad\quad \vdots \qquad\quad \vdots \qquad \ddots \qquad \vdots \quad\; \vdots \\
p_0 + p_2 x_n + p_2 x_n^2 + \ldots + p_n x_n^n &= y_n,
\end{aligned}
\tag{5.26}
$$

aus dem sich die Koeffizienten p_i bestimmen lassen.

Definition 5.46 (Vandermonde-Matrix). *Die Koeffizientenmatrix*

$$
V(x_0, \ldots, x_n) =
\begin{pmatrix}
1 & x_0 & x_0^2 & \ldots & x_0^n \\
1 & x_1 & x_1^2 & \ldots & x_1^n \\
1 & x_2 & x_2^2 & \ldots & x_2^n \\
\vdots & \vdots & \vdots & \ddots & \vdots \\
1 & x_n & x_n^2 & \ldots & x_n^n
\end{pmatrix}
$$

des Gleichungssystems (5.26) *heißt* Vandermonde-Matrix. *Die Determinante der Vandermonde-Matrix heißt* Vandermonde-Determinante.

Das Interpolationspolynom kann also durch Lösen des Vandermonde-Gleichungssystems

$$V(x_0, \ldots, x_n)p = y \tag{5.27}$$

gefunden werden, wobei y der Spaltenvektor der Stützwerte und p der Spaltenvektor der gesuchten Polynomkoeffizienten ist.

Eigenschaften der Vandermonde-Determinante

Die Voraussetzung für die Lösbarkeit des Gleichungssystems (5.27) ist, dass die Vandermonde-Determinante $\det V(x_0, \dots, x_n) \neq 0$ ist. Wir wissen aber auch bereits aus der Konstruktion des Interpolationspolynoms, wann dies der Fall sein wird. Wir können ein Interpolationspolynom genau dann finden, wenn die Stützstellen verschieden sind. Daher ist nicht so überraschend, dass der folgende Satz gilt:

Satz 5.47 (Vandermonde-Determinante). *Der Vandermonde-Determinante* $\det V(x_0, \dots, x_n)$ *hat den Wert*

$$\det V(x_0, \dots, x_n) = \prod_{0 \leq i < j \leq n} (x_j - x_i). \qquad (5.28)$$

Sie verschwindet genau dann, wenn zwei der Zahlen x_i gleich sind.

Der Satz 5.47 kann auf verschiedene Arten bewiesen werden, die interessante Eigenschaften der Vandermonde-Determinante erkennbar machen. Die nächsten zwei Abschnitte 5.A.4 und 5.A.5 zeigen zwei verschiedene Zugänge.

5.A.4 Vandermonde-Determinante als Polynom in $x_0, \dots, x_n$

Im ersten Zugang betrachten wir die Vandermonde-Determinante $V(x_0, \dots, x_n)$ als Polynom in den Variablen $x_0, \dots, x_n$. Polynome sind gleich, wenn sie an genügend vielen Stellen gleiche Werte haben. Wenn die Polynome die gleichen Nullstellen haben, reicht sogar ein einziger von 0 verschiedener Vergleichswert.

Nullstellen von $\det V(x_0, \dots, x_n)$

Kann man die Formel (5.28) auch "erraten"? Die Vandermonde-Determinante

$$\det V(x_0, \dots, x_n) = p(x_0, x_1, \dots, x_n)$$

ist ein Polynom vom Grad n in jeder der Variablen x_i. Wenn zwei Stützstellen übereinstimmen, dann sind die entsprechenden Zeilen der Vandermonde-Matrix gleich und damit verschwindet die Determinante. Als Polynom in x_i hat $\det V(x_0, \dots, x_n)$ die n Nullstellen $x_0, x_1, \dots, \widehat{x_i}, \dots, x_n$. Da ein nicht verschwindendes Polynom vom Grad n nicht mehr als n Nullstellen haben kann, muss

$$\det V(x_0, \dots, x_n) = a_i(x_0, \dots, \widehat{x_i}, \dots, x_n)(x_i - x_0) \cdots (\widehat{x_i - x_0}) \cdots (x_i - x_n)$$

$$= a_i(x_0, \dots, \widehat{x_i}, \dots, x_n) \prod_{\substack{k=0 \\ k \neq i}}^{n} (x_i - x_k)$$

für alle i sein. $a_i(x_0, \dots, \widehat{x_i}, \dots, x_n)$ hängt nicht von x_i ab, ist aber wieder ein Polynom in allen anderen Variablen. Außerdem ist $a_i(x_0, \dots, \widehat{x_i}, \dots, x_n) = 0$ genau dann, wenn zwei der Argumente übereinstimmen. Daraus kann man schließen, dass sich auch aus a_i ein Faktor ausklammern lässt:

$$a_i(x_0, \dots, \widehat{x_i}, \dots, x_n) = a_{ik}(x_0, \dots, \widehat{x_i}, \dots, \widehat{x_k}, \dots, x_n) \prod_{\substack{j=0 \\ i \neq j \neq k}}^{n} (x_k - x_j).$$

Durch Wiederholen dieser Überlegung finden wir schließlich, dass sich die Vandermonde-Determinante als Produkt

$$\det V(x_0, \ldots, x_n) = a \prod_{0 \leq i < j \leq n} (x_j - x_i)$$

schreiben lassen muss, es bleibt also nur noch die Zahl a zu bestimmen. Satz 5.47 sagt also nur, dass $a = 1$ ist.

Der Koeffizient a

Um a zu bestimmen, kann man versuchen, den Koeffizienten von $x_0^n x_1^{n-1} x_2^{n-2} \cdots x_{n-1}$ auf beiden Seiten zu bestimmen. Auf der linken Seite kann das mit Hilfe der Entwicklung der Determinanten nach der ersten Zeile geschehen:

$$\det V(x_0, \ldots, x_n) = \begin{vmatrix} 1 & x_0 & x_0^2 & \cdots & x_0^{n-1} & x_0^n \\ 1 & x_1 & x_1^2 & \cdots & x_1^{n-1} & x_1^n \\ 1 & x_2 & x_2^2 & \cdots & x_2^{n-1} & x_2^n \\ \vdots & \vdots & \vdots & \ddots & \vdots & \vdots \\ 1 & x_n & x_n^2 & \cdots & x_n^{n-1} & x_n^n \end{vmatrix}$$

$$= \left\{ \begin{matrix} \text{Terme niedrigerer} \\ \text{Ordnung in } x_0 \end{matrix} \right\} + (-1)^{n-1} x_0^n \begin{vmatrix} 1 & x_1 & x_1^2 & \cdots & x_1^{n-1} \\ 1 & x_2 & x_2^2 & \cdots & x_2^{n-1} \\ \vdots & \vdots & \vdots & \ddots & \vdots \\ 1 & x_n & x_n^2 & \cdots & x_n^{n-1} \end{vmatrix}.$$

Durch wiederholte Anwendung dieser Formel finden wir

$$\det V(x_0, \ldots, x_n) = (-1)^n x_0^n (-1)^{n-1} x_1^{n-1} (-1)^{n-2} x_2^{n-2} \cdots (-1)^{n-(n-1)} x_{n-1}^{n-(n-1)} + \ldots$$

$$= (-1)^{\sum_{k=1}^n k} x_0^n x_1^{n-1} x_2^{n-2} \cdots x_{n-1} + \ldots$$

Um a zu bestimmen, muss nun auch noch der entsprechende Koeffizient im Produkt der Differenzen berechnet werden. Dazu ordnen wir die Faktoren im Produkt etwas übersichtlicher geordnet als

$$
\prod_{0 \leq i < j \leq n} (x_j - x_i) = (x_1 - x_0)
$$

$$
\cdot (x_2 - x_0)(x_2 - x_1)
$$

$$
\cdot (x_3 - x_0)(x_3 - x_1)(x_3 - x_2)
$$

$$
\cdot (x_4 - x_0)(x_4 - x_1)(x_4 - x_2)(x_4 - x_3)
$$

$$
\vdots \qquad \vdots \qquad \vdots \qquad \vdots \qquad \ddots
$$

$$
\cdot (x_n - x_0)(x_n - x_1)(x_n - x_2)(x_n - x_3) \quad \ldots \quad (x_n - x_{n-1})
$$

$$
= (-1)^n x_0^n \cdot (-1)^{n-1} x_1^{n-1} \cdot (-1)^{n-2} x_2^{n-2} \cdot (-1)^{n-3} x_3^{n-3} \cdot \ldots \cdot (-1)^{n-(n-1)} x_{n-1}
$$

$$
+ \ldots
$$

$$
= (-1)^{\sum_{k=1}^{n}(n-k)} x_0^n x_1^{n-1} x_2^{n-2} x_3^{n-3} \cdots x_{n-1} + \ldots
$$

an und heben die Faktoren farbig hervor, die $x_0^n x_1^{n-1} \cdots x_{n-1}$ ergeben. Wir finden den gleichen Koeffizienten für $x_0^n x_1^{n-1} x_2^{n-2} \cdots x_{n-1}$. Dies bedeutet, dass $a = 1$ sein muss.

5.A.5 Die Vandermonde-Determinante und Zeilen- und Spaltenoperationen

Man kann die Vandermonde-Determinante auch mit Hilfe von Zeilen- und Spaltenoperationen und des Entwicklungssatzes berechnen. Wir führen einen Induktionsbeweis.

Induktionsverankerung

Für $n = 1$ kann man die Determinante direkt ausrechnen:

$$
\det V(x_0, x_1) = \begin{vmatrix} 1 & x_0 \\ 1 & x_1 \end{vmatrix} = x_1 - x_0,
$$

in diesem Fall stimmt die Formel (5.28) für den Fall $n = 1$.

Induktionsannahme

Als Induktionsannahme dürfen wir jetzt voraussetzen, dass die Formel (5.28) für die Vandermonde-Determinante für höchstens als n Stützstellen bereits bewiesen ist.

Induktionsschritt

Wir müssen jetzt zeigen, dass die Formel (5.28) auch für $n + 1$ Stützstellen gilt. Dazu subtrahieren wir in der Determinante die erste Zeile in jeder weiteren und erhalten

$$\det V(x_0, \dots, x_n) = \begin{vmatrix} 1 & x_0 & x_0^2 & x_0^3 & \dots & x_0^n \\ 1 & x_1 & x_1^2 & x_1^3 & \dots & x_1^n \\ \vdots & \vdots & \vdots & & \ddots & \vdots \\ 1 & x_n & x_n^2 & x_n^3 & \dots & x_n^n \end{vmatrix} \tag{5.29}$$

$$= \begin{vmatrix} 1 & x_0 & x_0^2 & x_0^3 & \dots & x_0^n \\ 0 & x_1 - x_0 & x_1^2 - x_0^2 & x_1^3 - x_0^3 & \dots & x_1^n - x_0^n \\ \vdots & \vdots & \vdots & & \ddots & \vdots \\ 0 & x_n - x_0 & x_n^2 - x_0^2 & x_n^3 - x_0^3 & \dots & x_n^n - x_0^n \end{vmatrix}$$

$$= \underbrace{\begin{vmatrix} x_1 - x_0 & x_1^2 - x_0^2 & x_1^3 - x_0^3 & \dots & x_1^n - x_0^n \\ \vdots & \vdots & \vdots & \ddots & \vdots \\ x_n - x_0 & x_n^2 - x_0^2 & x_n^3 - x_0^3 & \dots & x_n^n - x_0^n \end{vmatrix}}_{=: \, D}. \tag{5.30}$$

Nun verwenden wir die algebraische Identität

$$x^k - y^k = (x - k)(x^{k-1} + x^{k-2}y + x^{k-3}y^2 + \dots xy^{k-2} + y^{k-1}).$$

Sie zeigt, dass alle Einträge der Zeile j der Determinante D den gemeinsamen Faktor $x_j - x_0$ haben. Die Faktoren können aus der Determinante genommen werden und ergeben

$$D = \left(\prod_{j=1}^{n} (x_j - x_0) \right) \cdot \underbrace{\begin{vmatrix} 1 & x_1 + x_0 & x_1^2 + x_1 x_0 + x_0^2 & \dots & x_1^{n-1} + x_1^{n-2}x_0 + \dots + x_0^{n-1} \\ \vdots & \vdots & \vdots & \ddots & \vdots \\ 1 & x_n + x_0 & x_n^2 + x_n x_0 + x_0^2 & \dots & x_n^{n-1} + x_n^{n-2}x_0 + \dots + x_0^{n-1} \end{vmatrix}}_{=: \, C}.$$

$$\tag{5.31}$$

Die Spalte $k + 1$ von C enthält auf der Zeile j

$$x_j^{k+1} + x_j^k x_0 + x_j^{k-1} x_0^2 + \dots + x_0^{k+1} = x_j^{k+1} + x_0(x_j^k + x_j^{k-1} x_0 + \dots + x_0^k).$$

Die Klammer auf der rechten Seite ist das Element in Spalte k von C. Jede Spalte der Determinanten C enthält also das x_0-Vielfache der vorangegangenen Spalte als Summand:

$$C = \begin{vmatrix} 1 & x_1 + x_0 & x_1^2 + (x_1 + x_0)x_0 & \dots & x_1^{n-1} + (x_1^{n-2} + \dots + x_0^{n-2})x_0 \\ \vdots & \vdots & \vdots & \ddots & \vdots \\ 1 & x_n + x_0 & x_n^2 + (x_n + x_0)x_0 & \dots & x_n^{n-1} + (x_n^{n-2} + \dots + x_0^{n-2})x_0 \end{vmatrix}.$$

Durch Spaltenoperationen können diese Terme alle entfernt werden, ohne dass sich die Determinante ändert. Somit ist

$$
C = \begin{vmatrix} 1 & x_1 & x_1^2 & \ldots & x_1^{n-1} \\ \vdots & \vdots & \vdots & \ddots & \vdots \\ 1 & x_n & x_n^2 & \ldots & x_n^{n-1} \end{vmatrix} = \det V(x_1, \ldots, x_n)
$$

eine kleinere Vandermonde-Determinante, für die nach Induktionsannahme die Formel schon bewiesen ist.

Damit kann jetzt auch die Determinante

$$
\begin{aligned}
\det V(x_0, \ldots, x_n) &= \prod_{k=1}^{n} (x_k - x_0) \det V(x_1, \ldots, x_n) \\
&= \prod_{j=1}^{n} (x_j - x_0) \prod_{1 \le i < j \le n} (x_j - x_i) \\
&= \prod_{0 \le i < j \le n} (x_j - x_i)
\end{aligned}
$$

ausgerechnet werden. Der Induktionsschritt ist vollzogen und die Formel für die Vandermonde-Determinante bewiesen.

5.B Die endlichen Körper $\mathbb{F}_{p^n}$ und AES

Im Abschnitt 3.C haben wir den endlichen Körper $\mathbb{F}_p$ kennengelernt, der für jede Primzahl p gebildet werden kann. Für $p = 2$ ergibt sich ein Körper, der in der Digitaltechnik und in der Codierungstheorie von großer Bedeutung ist, wie der Abschnitt 9.B über fehler-korrigierende Codes zeigen wird. In Abschnitt 5.4.5 wurde der Körper $\mathbb{Q}$ um Nullstellen eines Polynoms erweitert und so ein größerer Körper konstruiert. Diese Konstruktion ist auch für endliche Körper möglich und führt auf eine Familie technisch nützlicher Körper. Sie werden zum Beispiel für die Kryptographie mit elliptischen Kurven verwendet. In diesem Abschnitt soll gezeigt werden, wie der Advanced Encryption Standard AES die Multiplikation in einem Körper $\mathbb{F}_{2^8}$ für die Definition der Verschlüsselung verwendet.

5.B.1 Erweiterung von $\mathbb{F}_p$ um eine Nullstelle

In diesem Abschnitt soll gezeigt werden, wie die Entwicklungen zum Rechnen mit Polynomen in $\mathbb{Q}[X]$ und die Konstruktion der Körper $\mathbb{Q}(\alpha)$ auf endliche Körper erweitert werden kann.

Nullstellen von Polynomen in $\mathbb{F}_p[X]$

Der Prozess der Adjunktion einer Nullstelle eines Polynoms zu einem Körper gemäß Definition 5.32 funktioniert auch für einen endlichen Körper $\mathbb{F}_p$.

Beispiel 5.48. Das Polynom $X^2 - 2 = X^2 + 3 \in \mathbb{F}_5[X]$ hat keine Nullstelle in $\mathbb{F}_5$, denn die Quadrate aller Elemente von $\mathbb{F}_5$ sind:

X	0	1	2	3	4
X^2	0	1	4	4	1

Keines der Quadrate ist 2.

Im Gegensatz zu der Situation bei $\mathbb{Q}$ haben wir hier keinen größeren Körper, der alle Quadratwurzeln enthält. Wir können aber immer noch die Matrix

$$W = \begin{pmatrix} 0 & 2 \\ 1 & 0 \end{pmatrix} \in M_{2 \times 2}(\mathbb{F}_5)$$

betrachten, deren Quadrat wie in (5.24) $W^2 = 2I$ ist. ○

Irreduzible Polynome

Irreduzible Polynome lassen sich nicht faktorisieren. Bei Polynomen in $\mathbb{Q}[X]$ gibt es immer eine Faktorisierung in komplexe Linearfaktoren, aus der man möglicherweise rationale Faktoren zusammensetzen kann. Eine solche Möglichkeit, eine Faktorisierung zu finden, gibt es für Polynome in $\mathbb{F}_p[X]$ nicht. Da aber die Faktoren geringeren Grad haben und es für jeden Koeffizienten nur wenige Werte gibt, kann man auch einfach durchprobieren.

Beispiel 5.49. Das Polynom $m(X) = X^2 + 3 \in \mathbb{F}_5$ ist irreduzibel. Eine Faktorisierung des Polynoms müsste von der Form $X^2 + 3 = (X + a)(X + b)$ sein, als

$$(X + a)(X + b) = X^2 + (a + b)X + ab \quad \Rightarrow \quad \begin{cases} a + b = 0 \\ ab = 3 \end{cases} \tag{5.32}$$

Für die 5 möglichen Elemente $a \in \mathbb{F}_5$ kann man zunächst $b = -a$ bestimmen und dann nachrechnen, ob $ab = 3$ ist. Die Tabelle

a	0	1	2	3	4
$b = -a$	0	4	3	2	1
ab	0	4	1	1	4

enthält die Resultate, unter den Produkten kommt 3 nicht vor, also lassen sich die Gleichungen (5.32) nicht lösen. ○

Ausgehend von einem beliebigen irreduziblen Polynom $m(X)$ kann man jetzt wieder die Adjunktionskonstruktion von Definition 5.32 durchführen. Dazu ist ja die Kenntnis des Wertes der Nullstelle α nicht nötig, nur die algebraischen Eigenschaften, die man aus $m(\alpha) = 0$ gewinnt, werden gebraucht.

Definition 5.50 (Erweiterungen von $\mathbb{F}_p$). *Sei $m(X)$ ein über $\mathbb{F}_p$ irreduzibles Polynom vom Grad l, dann bezeichnen wird den Körper, den man aus $\mathbb{F}_p$ durch Adjunktion einer Nullstelle α von $m(X)$ erhält, mit $\mathbb{F}_{p^l}$.*

Division in $\mathbb{F}_{p^l}$

Auch der Divisionsalgorithmus funktioniert wie im rationalen Fall. Für die Inverse eines Polynoms $a(X) \in \mathbb{F}_{p^l}$ bezüglich eines irreduziblen Polynoms $m(X)$ werden zunächst mit dem erweiterten euklidischen Algorithmus zwei Polynome $t(X)$ und $s(X)$ mit

$$t(X)a(X) + s(X)m(X) = 1$$

bestimmt. Das Polynom $t(X)$ ist dann die gesuchte multiplikative Inverse von $a(X)$ in $\mathbb{F}_{p^l}$.

Wir illustrieren das Vorgehen anhand eines Beispiels in $\mathbb{F}_3 = \{0, 1, 2\} = \{0, \pm 1\}$. Zunächst brauchen wir dazu ein irreduzibles Polynom.

Beispiel 5.51. Das Polynom $m(X) = X^3 + X^2 - 1 \in \mathbb{F}_3[X]$ ist irreduzibel. Einer der Faktoren müsste ein Linearfaktor sein, folglich müsste 1 oder $2 = -1$ eine Nullstelle sein. Aber $m(1) = 1 + 1 - 1 = 1$ und $m(-1) = -1 + 1 - 1 = -1$, somit hat $m(X)$ keine Faktorisierung in $\mathbb{F}_3[X]$.   ○

Jetzt können wir die Inverse eines Polynoms in $\mathbb{F}_{3^3}$ berechnen.

Beispiel 5.52. Finde die Inverse von $a(X) = X - 1$ in $\mathbb{F}_{3^3}$ und den Quotienten $b(X)a(X)^{-1}$ für $b(X) = X^2 + 1$.

Wir führend den erweiterten euklidischen Algorithmus für die Polynome $a(X) = X - 1$ und $m(X) = X^3 + X^2 - 1$ durch und erhalten:

n	a_n	b_n	r_n	q_n	s_{n+1}	t_{n+1}
-1					0	1
0	$X - 1$	$X^3 + X^2 - 1$	$X - 1$	0	1	0
1	$X^3 + X^2 - 1$	$X - 1$	1	$X^2 - X - 1$	$-X^2 + X + 1$	1
2	$X - 1$	1	0	$X - 1$	$X^3 + X^2 - 1$	$-X + 1$

Die gesuchten Polynome sind also $s(X) = -X^2 + X + 1$ und $t(X) = 1$. Tatsächlich kann man nachrechnen, dass

$$s(X)a(X) + t(X)m(X) = (-X^2 + X + 1)(X - 1) + 1(X^3 + X^2 - 1)$$
$$= (-X^3 - X^2 - 1) + X^3 + X^2 - 1 = -2 = 1.$$

Es folgt, dass

$$(X - 1)^{-1} = -X^2 + X + 1 \quad \text{in} \quad \mathbb{F}_{3^3}$$

Für den Quotienten finden wir

$$b(X)a(X)^{-1} = (X^2 + 1)(-X^2 + X + 1) = -X^4 + X^3 + X + 1 \equiv -X^3 + 1 \equiv X^2.$$

Kontrolle:

$$X^2(X - 1) = X^3 - X^2 \equiv X^2 + 1.$$

in $\mathbb{F}_{3^3}$ ○

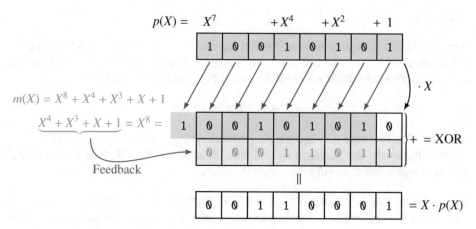

Abbildung 5.3: Multiplikation mit X modulo $m = X^8 + X^4 + X^3 + X + 1$.

5.B.2 Der Körper $\mathbb{F}_{2^8}$

Der Advanced Encryption Standard AES verwendet den endlichen Erweiterungskörper von $\mathbb{F}_2$, der durch das irreduzible Polynom

$$m(X) = X^8 + X^4 + X^3 + X + 1$$

definiert wird. Ein Element in diesem Körper ist also ein Polynom $a(X)$ höchstens vom Grad 7. Es wird durch die acht Koeffizienten $a_7, \ldots, a_0 \in \mathbb{F}_2$ vollständig beschrieben. Diese können als ein einzelnes Byte codiert werden. Wir schreiben Bytes als Hexadezimalzahlen in der Form `0xa5`, womit

$$\mathtt{0xa5} = \mathtt{10100101}_2 = X^7 + X^5 + X^2 + 1$$

gemeint ist.

Im Folgenden wird dargestellt, wie sich die Körperoperationen in diesem Körper besonders effizient in Hardware realisieren lassen.

Multiplikation als Schieberegister

Abbildung 5.3 zeigt schematisch die Multiplikation eines Polynoms mit Koeffizienten in $\mathbb{F}_2$ gefolgt von der anschließenden Reduktion modulo $m(X)$. Werden Koeffizienten der Potenzen von X in absteigender Reihenfolge des Exponenten geschrieben, entspricht die Multiplikation einer Schiebeoperation um eine Stelle nach links. Der höchstwertige Koeffizient wird zu einem Koeffizienten von X^8, der mit Hilfe des Minimalpolynoms reduziert werden kann. Wenn der Koeffizient von X^7 also 1 ist, muss nach der Schiebeoperation das Minimalpolynom addiert werden.

Wie die Multiplikation zweier Polynome $p(X)$ und $q(X)$ in $\mathbb{F}_2[X]$ modulo $m(X)$ abläuft, zeigt Abbildung 5.4. Auf der linken Seite wird $p(X)$ wiederholt mit X multipliziert und reduziert, es entstehen dort also die Terme $p(X)X^k$. Je nachdem ob der Koeffizient q_k von $q(X)$ gleich 1 ist oder gleich 0, werden die Terme in der rechten Spalte aufkumuliert.

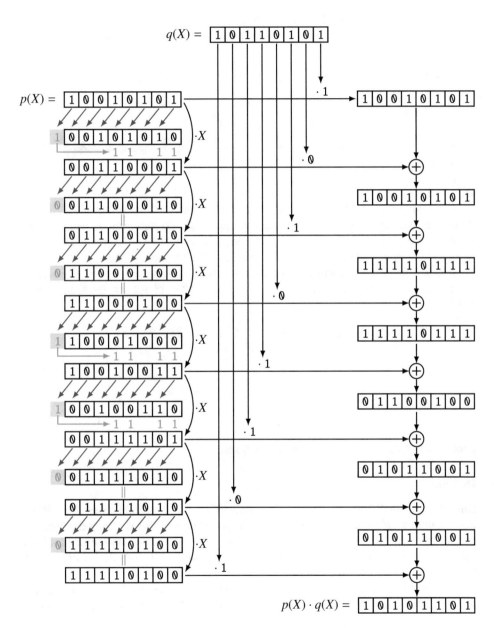

Abbildung 5.4: Multiplikation der zwei Elemente $p(X) = \texttt{0x95}$ und $q(X) = \texttt{0xb5}$ in $\mathbb{F}_{2^8}$ mit Hilfe von Schieberegistern. Das Produkt ist das Polynom $p(X) \cdot q(X) = \texttt{0xae}$.

Unter `https://linalg.ch/files/f256` stehen Spreadsheets bereit, mit denen diese Rechnungen interaktiv durchgeführt werden können.

Die Abbildung 5.4. zeigt die Berechnung des Produktes `0x95` · `0xb5`. Dieses kann man natürlich auch durch Reduktion des Produktes der Polynome erreichen. Das Produkt $p(X) \cdot q(X)$ ist

$$
\begin{aligned}
&= X^{14} &&+ X^{12} &&&&+ X^9 + X^8 + X^7 &&+ X^5 + X^4 &&&&+ 1\\
&\equiv &&X^{12} &&+ X^{10} &&+ X^8 &&+ X^6 + X^5 + X^4 &&&&+ 1\\
&\equiv &&&&X^{10} &&&&+ X^7 + X^6 &&&&+ 1\\
&\equiv &&&&&&&&+ X^7 + X^5 &&+ X^3 + X^2 &&+ 1\\
&= \texttt{0xae}.
\end{aligned}
$$

Dies ist das gleiche Resultat, welches auch in Abbildung 5.4 gefunden wurde.

Die Additionen sind logische XOR-Operationen, ein Übertrag tritt nicht auf. Die Addition wie auch die Schiebeoperation sind grundlegende Operationen, die jeder noch so einfache Prozessor beherrscht. Mit 7 Schiebeoperationen und 14 bedingten Additionsoperationen lässt sich das Produkt in $\mathbb{F}_{2^8}$ also sehr schnell berechnen.

Aus der Tabelle 5.1 kann man zum Beispiel ablesen, dass die Inverse des Polynoms `0x03` $= X + 1$ das Polyonom `0xf6` $= X^7 + X^6 + X^5 + X^4 + X^2 + X$ ist. Tatsächlich ist das Produkt

$$
\begin{aligned}
\texttt{0x03} \cdot \texttt{0xf6} &= (X + 1) \cdot (X^7 + X^6 + X^5 + X^4 + X^2 + X)\\
&= X^8 + X^7 + X^6 + X^5 + X^3 + X^2\\
& \quad\quad\; X^7 + X^6 + X^5 + X^4 + X^2 + X\\
&= X^8 + X^4 + X^3 + X\\
&\equiv 1.
\end{aligned}
$$

Dies bestätigt, dass `0xf6` die Inverse von `0x03` ist.

Division

Die Division im Körper $\mathbb{F}_{2^8}$ kann selbstverständlich mit dem euklischen Algorithmus durchgeführt werden, und für größere Körper ist aus auch sicher der Weg der Wahl. Da es aber im vorliegenden Körper $\mathbb{F}_{2^8}$ nur 255 mögliche Kandidaten für die multiplikative Inverse gibt, kann man diese auch einfach durchprobieren. Die Tabelle 5.1 ordnet jeder Zahl zwischen 1 und 255 die Inverse in $\mathbb{F}_{2^8}$ zu.

Aus der Tabelle kann man zum Beispiel ablesen, dass die Inverse des Polynoms `0x03` $= X + 1$ das Polyonom `0xf6` $= X^7 + X^6 + X^5 + X^4 + X^2 + X$ ist. Tatsächlich ist das Produkt

$$
\begin{aligned}
\texttt{0x03} \cdot \texttt{0xf6} &= (X + 1) \cdot (X^7 + X^6 + X^5 + X^4 + X^2 + X)\\
&= X^8 + X^7 + X^6 + X^5 + X^3 + X^2\\
& \quad\quad\; X^7 + X^6 + X^5 + X^4 + X^2 + X\\
&= X^8 + X^4 + X^3 + X
\end{aligned}
$$

	0	1	2	3	4	5	6	7
0x00		0x01	0x8d	0xf6	0xcb	0x52	0x7b	0xd1
0x08	0xe8	0x4f	0x29	0xc0	0xb0	0xe1	0xe5	0xc7
0x10	0x74	0xb4	0xaa	0x4b	0x99	0x2b	0x60	0x5f
0x18	0x58	0x3f	0xfd	0xcc	0xff	0x40	0xee	0xb2
0x20	0x3a	0x6e	0x5a	0xf1	0x55	0x4d	0xa8	0xc9
0x28	0xc1	0x0a	0x98	0x15	0x30	0x44	0xa2	0xc2
0x30	0x2c	0x45	0x92	0x6c	0xf3	0x39	0x66	0x42
0x38	0xf2	0x35	0x20	0x6f	0x77	0xbb	0x59	0x19
0x40	0x1d	0xfe	0x37	0x67	0x2d	0x31	0xf5	0x69
0x48	0xa7	0x64	0xab	0x13	0x54	0x25	0xe9	0x09
0x50	0xed	0x5c	0x05	0xca	0x4c	0x24	0x87	0xbf
0x58	0x18	0x3e	0x22	0xf0	0x51	0xec	0x61	0x17
0x60	0x16	0x5e	0xaf	0xd3	0x49	0xa6	0x36	0x43
0x68	0xf4	0x47	0x91	0xdf	0x33	0x93	0x21	0x3b
0x70	0x79	0xb7	0x97	0x85	0x10	0xb5	0xba	0x3c
0x78	0xb6	0x70	0xd0	0x06	0xa1	0xfa	0x81	0x82
0x80	0x83	0x7e	0x7f	0x80	0x96	0x73	0xbe	0x56
0x88	0x9b	0x9e	0x95	0xd9	0xf7	0x02	0xb9	0xa4
0x90	0xde	0x6a	0x32	0x6d	0xd8	0x8a	0x84	0x72
0x98	0x2a	0x14	0x9f	0x88	0xf9	0xdc	0x89	0x9a
0xa0	0xfb	0x7c	0x2e	0xc3	0x8f	0xb8	0x65	0x48
0xa8	0x26	0xc8	0x12	0x4a	0xce	0xe7	0xd2	0x62
0xb0	0x0c	0xe0	0x1f	0xef	0x11	0x75	0x78	0x71
0xb8	0xa5	0x8e	0x76	0x3d	0xbd	0xbc	0x86	0x57
0xc0	0x0b	0x28	0x2f	0xa3	0xda	0xd4	0xe4	0x0f
0xc8	0xa9	0x27	0x53	0x04	0x1b	0xfc	0xac	0xe6
0xd0	0x7a	0x07	0xae	0x63	0xc5	0xdb	0xe2	0xea
0xd8	0x94	0x8b	0xc4	0xd5	0x9d	0xf8	0x90	0x6b
0xe0	0xb1	0x0d	0xd6	0xeb	0xc6	0x0e	0xcf	0xad
0xe8	0x08	0x4e	0xd7	0xe3	0x5d	0x50	0x1e	0xb3
0xf0	0x5b	0x23	0x38	0x34	0x68	0x46	0x03	0x8c
0xf8	0xdd	0x9c	0x7d	0xa0	0xcd	0x1a	0x41	0x1c

Tabelle 5.1: Tabelle der Inversen der von 0 verschiedenen Elemente in $\mathbb{F}_{2^8}$.

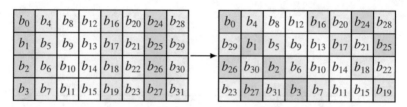

Abbildung 5.5: Zeilenshift in einem Block von 256 bits

$$\equiv \qquad\qquad\qquad 1.$$

Dies bestätigt, dass `0xf6` die Inverse von `0x03` ist.

Mit dieser Tabelle, die in einem Programm als einfache Lookup-Tabelle implementiert werden kann, welche nur gerade 256 Bytes Platz beansprucht, kann jetzt auch jede beliebige Division a/b durchgeführt werden. Dazu wird b^{-1} aus der Tabelle gelesen und das Produkt $a/b = ab^{-1}$ bestimmt.

Die S-Box des AES-Verschlüsselungsalgorithmus

Der AES-Verschlüsselungsalgorithmus basiert ganz entscheidend auf der Arithmetik im Körper $\mathbb{F}_{2^8}$, die in den vorangegangenen Abschnitten entwickelt worden ist. In Abschnitt 3.C.4 wurde bereits ein Teil der sogenannten S-Box des Algorithmus vorgestellt, nämlich die Multiplikation eines Elements von $\mathbb{F}_{2^8}$, betrachtet als Vektor eines $\mathbb{F}_2^8$, mit der Matrix S von (3.31). Die ganze S-Box besteht aber aus drei Schritten:

1. Zum Element $x \in \mathbb{F}_{2^8}$ wird das multiplikative Inverse bestimmt, zum Beispiel mit der Tabelle 5.1.

2. Die Matrix S wird auf x^{-1} angewendet.

3. Das Polynom $q(X) = X^7 + X^6 + X + 1 =$ `0xc3` wird hinzuaddiert.

Jeder dieser drei Schritte ist invertierbar, also auch die ganze S-Box.

5.B.3   Blockbildung in AES

Der AES-Algorithmus verknüpft aber auch längere Sequenzen von Bytes, die man sich zu diesem Zweck als Rechteck

$$
\begin{array}{cccccccc}
b_0 & b_4 & b_8 & b_{12} & b_{16} & b_{20} & b_{24} & b_{28} \\
b_1 & b_5 & b_9 & b_{13} & b_{17} & b_{21} & b_{25} & b_{29} \\
b_2 & b_6 & b_{10} & b_{14} & b_{18} & b_{22} & b_{26} & b_{30} \\
b_3 & b_7 & b_{11} & b_{15} & b_{19} & b_{23} & b_{27} & b_{31}
\end{array}
\tag{5.33}
$$

angeordnet denken kann mit Einträgen, die Bytes in $\mathbb{F}_{2^8}$ sind. In (5.33) ist ein Block aus 256 bits dargestellt, es sind auch kürzere Blöcke möglich, die Blocklänge ist jedoch immer ein Vielfaches von 32 Bit. Um die Daten in einem Block durcheinander zu mischen, verwendet der AES-Algorithmus zwei Operationen:

1. Zeilen mischen: die Zeilen werden zyklisch permutiert. Die erste Zeile bleibt gleich, in der zweiten Zeile wird jedes Byte um ein Feld nach rechts geschoben, in jeder weiteren Zeile um ein Byte mehr, wie in Abbildung 5.5 dargestellt.

2. Spalten mischen: Die Bytes einer Spalte werden als vierdimensionaler Vektor über dem Körper $\mathbb{F}_{2^8}$ betrachtet und mit der 4×4-Matrix

$$C = \begin{pmatrix} \texttt{0x02} & \texttt{0x03} & \texttt{0x01} & \texttt{0x01} \\ \texttt{0x01} & \texttt{0x02} & \texttt{0x03} & \texttt{0x01} \\ \texttt{0x01} & \texttt{0x01} & \texttt{0x02} & \texttt{0x03} \\ \texttt{0x03} & \texttt{0x01} & \texttt{0x01} & \texttt{0x02} \end{pmatrix}$$

multipliziert. Man kann nachrechnen, dass die Matrix C invertierbar ist (Übungsaufgabe 5.4).

Alternativ kann man die Multiplikation mit der Matrix C auch interpretieren als eine Polynommultiplikation. Dazu interpretiert man die Spalten des Blocks als Polynom vom Grad 3 mit Koeffizienten in $\mathbb{F}_{2^8}$. Durch Reduktion mit dem irreduziblen Polynom $n(Z) = Z^4 + 1 \in \mathbb{F}_{2^8}[Z]$ entsteht aus dem Polynomring wieder ein Körper. Die Wirkung der Matrix C ist dann nichts anderes als Multiplikation mit dem Polynom

$$c(Z) = \texttt{0x03}Z^3 + Z^2 + Z + \texttt{0x02},$$

die natürlich ebenfalls umkehrbar ist.

Übungsaufgaben

5.1. Gegeben ist das Polynom

$$a(X) = X^5 - 15X^3 + 10X^2 + 60X - 72 \in \mathbb{Q}[X].$$

Wenn $a(X)$ eine mehrfache Nullstelle α hat, dann ist $a(X) = (X-\alpha)^2 q(X)$ und die Ableitung

$$a'(X) = 2(X - \alpha)q(X) + (X - \alpha)^2 q'(X)$$

hat ebenfalls α als Nullstelle. Insbesondere haben $a(X)$ und $a'(X)$ einen gemeinsamen Teiler. Der größte gemeinsame Teiler von $a(X)$ und $a'(X)$ kann also die Suche nach Nullstellen vereinfachen. Verwenden Sie diese Idee, um das Polynom $a(X)$ zu faktorisieren.

5.2. Man finde das Minimalpolynom der Matrix

$$A = \begin{pmatrix} 0 & -3 & -2 & 0 \\ 1 & -4 & -2 & 0 \\ -3 & 7 & 3 & 0 \\ -14 & 25 & 5 & 1 \end{pmatrix}.$$

linalg.ch/gauss/51

5.3. Führen Sie die nachfolgenden Berechnungen unter Verwendung des Multiplikations-Spreadsheets[2] für den Körper $\mathbb{F}_{2^8}$ durch, wie er in AES implementiert wird.

---

[2]Versionen für verschiedene Tabellenkalkulationsprogramme unter `https://linalg.ch/files/f256/`

a) Berechnen Sie die dritten Potenzen von

$$z_1 = \text{0x67}, \quad z_2 = \text{0xa7}, \quad z_3 = \text{0xc0}.$$

Zeigen Sie, dass alle drei Elemente Nullstellen des Polynoms $P(Z) = Z^3 + \text{0x07} \in \mathbb{F}_{\kappa^\leftarrow}[Z]$ sind.

b) Multiplizieren Sie

$$(Z + z_1)(Z + z_2)(Z + z_3) = (Z + \text{0x67})(Z + \text{0xa7})(Z + \text{0xc0})$$

und zeigen Sie, dass dies eine Faktorisierung von $P(Z)$ ist.

c) Bestimmen Sie z_1^{-1}.

d) Weil für alle drei Elemente z_k die Gleichung $z_k^3 = 7$ gilt, müssen

$$\zeta_1 = 1 = \frac{z_1}{z_1}, \quad \zeta_2 = \frac{z_2}{z_1} \quad \text{und} \quad \zeta_3 = \frac{z_3}{z_1}$$

dritte Einheitswurzeln sein. Berechnen Sie ζ_2 und ζ_3 und prüfen Sie nach, dass $\zeta_2^3 = \zeta_3^3 = 1$ ist.

5.4. Zeigen Sie, dass die Matrix

$$C = \begin{pmatrix} \text{0x02} & \text{0x03} & \text{0x01} & \text{0x01} \\ \text{0x01} & \text{0x02} & \text{0x03} & \text{0x01} \\ \text{0x01} & \text{0x01} & \text{0x02} & \text{0x03} \\ \text{0x03} & \text{0x01} & \text{0x01} & \text{0x02} \end{pmatrix},$$

die im AES-Algorithmus für das Mischen der Spalten verwendet wird, invertierbar ist.

Lösungen: `https://linalg.ch/uebungen/LinAlg-105.pdf`

Kapitel 6

Affine Vektorgeometrie

Die vorangegangenen Kapitel haben die Algebra der Vektoren entwickelt, ohne sich auf irgendeine Weise auf die geometrische Anschauung zu beziehen. Viele Leser werden bereits einige Vertrautheit mit der Verwendung von Vektoren zur Beschreibung geometrischer Objekte haben. Dieses Kapitel beginnt, die Verbindung zur Geometrie wieder herzustellen. In der Schule achtet man oft nicht darauf, möglichst nur mit einem Minimum an geometrischen Annahmen auszukommen. In diesem Kapitel sollen daher nur *affine* Eigenschaften verwendet werden, grob gesprochen geht es um Geraden und Ebenen und um Parallelität. Längen und Winkel, gemessen mit Hilfe des Skalarproduktes, werden erst in Kapitel 7 hinzukommen. Ebenso das Konzept der Orientierung, das zusammen mit Volumenmessung und dem Vektorprodukt in Kapitel 8 seinen Auftritt haben wird.

6.1 Affine Geometrie

In der geometrischen Grundausbildung lernt man Konstruktionen mit Zirkel und Lineal auszuführen. Mit einem Zirkel ist es sehr leicht möglich, die Länge zweier Strecken zu vergleichen. Die Richtung der beiden Strecken spielt dabei keine Rolle. Solange die Strecken parallel sind, gibt es aber auch eine einfachere Konstruktion, die nur die Fähigkeit erfordert, zu einer gegebenen Geraden eine Parallele zu zeichnen.

6.1.1 Axiome

Die affine Geometrie handelt von Punkten, Geraden und Ebenen, die den folgenden Axiomen genügen:

1. Zu zwei Punkten kann man immer eine Gerade durch die beiden Punkte finden.

2. Zu einer Geraden in der Ebene und einem Punkt, der nicht auf der Geraden liegt, gibt es immer eine Gerade durch den Punkt, die die erste Gerade nicht schneidet.

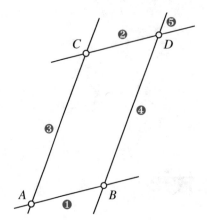

Konstruktion des Parallelogramms $ABCD$:

❶ Gerade durch A und B
❷ Parallele zu AB durch C
❸ Gerade durch A und C
❹ Parallele zu AC durch B
❺ Schnittpunkt der Parallelen ist D

Abbildung 6.1: Parallelogrammkonstruktion. Konstruiere zu drei Punkten A, B und C die vierte Ecke D eines Parallelogramms.

3. Zu drei Punkten im Raum, die nicht auf einer Geraden liegen, gibt es eine Ebene, die die drei Punkte enthält.

4. Zu einer Ebene im Raum und einem Punkt, der nicht in der Ebene liegt, gibt es eine zweite Ebene durch den Punkt, die die erste Ebene nicht schneidet.

Die Axiome 3 und 4 werden natürlich nur in der räumlichen Geometrie benötigt.

6.1.2   Grundkonstruktionen

Die Grunoperationen in einem Vektorraum über $\mathbb{Q}$ sind die Addition von Vektoren und die Multiplikation mit rationalen Zahlen. Dafür gibt es Konstruktionen, die ohne die Fähigkeit, eine Strecke mit dem Zirkel abzutragen, auskommen.

Parallelogrammkonstruktion

Aus den ersten zwei Axiomen lässt sich zum Beispiel ableiten, dass man zu drei Punkten immer die vierte Ecke eines Parallelogramms konstruieren kann. Diese Konstruktion ist in Abbildung 6.1 dargestellt.

Streckenvergleich

Mit der Parallelogrammkonstruktion kann man zwei parallele Strecken vergleichen, ohne ihre Länge messen zu müssen. Im Geometrieunterricht lernt man, dass man zum Abtragen von Strecken den Zirkel braucht. Ein Zirkel wird aber nur gebraucht, um eine Strecke auch drehen zu können. Wir verlangen hier aber nur, dass wir parallele Strecken vergleichen können. Alle unsere Konstruktionen sollten also ganz ohne Zirkel nur mit den in den Axiomen erläuterten Konstruktionsschritten möglich sein.

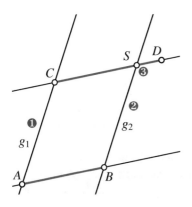

Gegeben: parallele Strecken AB und CD.

Parallelogramm-Konstruktion (❶–❸) für den Punkt S:

❶   Konstruiere die Gerade g_1 durch A und C
❷   Konstruiere die parallele Gerade g_2 zur Geraden g_1 durch B
❸ S ist der Schnittpunkt von g_2 mit der Geraden durch C und D

Falls S auf der Strecke CD liegt, ist CD länger als AB, andernfalls ist CD kürzer als AB.

Abbildung 6.2: Vergleich zweier Strecken AB und CD mit Hilfe der Parallelogrammkonstruktion. S ist die vierte Ecke des Parallelogramms mit Ecken A, B und C. Wenn S auf der Strecke CD liegt, ist CD länger als AB.

Die in Abbildung 6.2 illustrierte Konstruktion ermittelt, ob die Strecke AB länger oder kürzer ist als CD. Dazu wird zunächst das zu den Ecken A, B und C gehörende Parallelogramm mit der vierten Ecke S konstruiert. Die Strecke CS ist gleich lang wie AB. Wenn die Ecke S auf der Strecke CD liegt, ist CD länger als AB. Wenn die beiden Strecken parallele Seiten eines Parallelogramms sind, dann sind sie gleich.

Strecke vervielfachen

Man kann mit der Parallelogrammkonstruktion Strecken mehrfach aneinander hängen, was einer Multiplikation mit einer natürliche Zahl entspricht. Die Idee der Konstruktion ist, dass die Parallelogrammkonstruktion erlaubt, eine Strecke parallel zu verschieben, aber nicht auf der gleichen Gerade. Die Parallelogrammkonstruktion muss daher zweimal angewendet werden, einmal, um die Strecke 'neben' die Gerade zu verschieben, und ein zweites Mal, um sie so zurück zu verschieben, dass der neue Anfangspunkt der alte Endpunkt der Strecke wird. Diese Konstruktion ist in Abbildung 6.3 dargestellt.

Strecke in einem rationalen Verhältnis teilen

Mit der Strahlensatzkonstruktion in Abbildung 6.4 kann man eine Strecke in einem beliebigen rationalen Verhältnis aufteilen. Man kann also eine Strecke mit einer rationalen Zahl "multiplizieren", ohne dass man ihre Länge messen kann.

Man beachte, dass es mit den Werkzeugen der affinen Geometrie nicht möglich ist, zwei Strecken zu vergleichen, die nicht parallel sind. Dazu müsste man eine Strecke drehen können, so wie man das zum Beispiel mit einem Zirkel machen kann.

6.1.3   Affine Geometrie und Vektoroperationen über $\mathbb{Q}$

Die Konstruktionen von Abschnitt 6.1.2 sind ausreichend, um alle Operationen durchzuführen, die man in einem Vektorraum über $\mathbb{Q}$ erwartet:

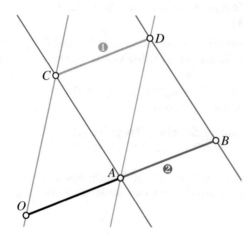

Gegeben: Strecke OA

❶ Wähle C nicht auf der Geraden durch O und A und konstruiere die Strecke CD mit Hilfe der grünen Parallelogramm-Konstruktion

❷ Konstruiere die Strecke AB mit Hilfe der roten Parallelogramm- Konstruktion

Die Strecke AB ist gleich lang wie OA und liegt auf der gleichen Geraden.

Abbildung 6.3: Konstruktion, mit der die Strecke OA im Punkt A angehängt werden kann, wodurch sich der Punkt B ergibt. Durch Iteration dieser Konstruktion kann ein beliebiges ganzzahliges Vielfaches der Strecke AB konstruiert werden.

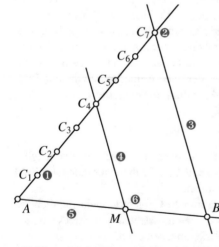

Konstruktion des Punktes M, der AB im Verhältnis 4 : 3 teilt:

❶ Punkt C_1 willkürlich wählen
❷ Strecke AC_1 mit Parallelogrammkonstruktion sechsmal anhängen ergibt Punkte C_2 bis C_7
❸ Gerade durch B und C_7
❹ Parallele zu BC_7 durch C_4
❺ Gerade durch A und B
❻ M ist der Schnittpunkt von AB und der Parallelen zu BC_7 durch C_4

Abbildung 6.4: Strahlensatzkonstruktion. Teile eine gegebene Strecke in einem rationalen Verhältnis, hier wird die Strecke AB im Verhältnis 4 : 3 geteilt.

Aufgabe 6.1 (Skalarmultiplikation). *Zu einer Strecke AB und eine rationale Zahl $\lambda = p/q \in \mathbb{Q}$ finde man einen Punkt C derart, dass AC eine zu AB parallele Strecke ist, die λ mal so lange ist wie AB.*

Lösung. Die Konstruktionen zur Vervielfachung einer Strecke und der Teilung in einem rationalen Verhältnis löst die Aufgabe.   ○

Aufgabe 6.2 (Addition). *Zu zwei gegebenen Strecken AB und AC finde man einen Punkt D derart, dass BD eine zu AC parallele und gleich lange Strecke ist. Die Strecke AD kann als die Summe der beiden Strecken angesehen werden.*

Lösung. Die Parallelogrammkonstruktion löst diese Aufgabe.   ○

6.1.4 Vektorraumoperationen über $\mathbb{R}$

Die Streckenvervielfachungskonstruktion erlaubt nur, ein rationales Vielfaches einer Strecke zu konstruieren. Mit den vorgestellten Methoden ist es nicht möglich, auf einer Geraden durch die Punkte A und B einen Punkt C zu konstruieren, die $\sqrt{2}$-mal so lange ist wie eine Strecke AB.

Umgekehrt ist es auch nicht möglich zu entscheiden, ob zu gebenenen Punkten A, B und C Punkte auf einer Geraden eine rationale Zahl $\lambda \in \mathbb{Q}$ existiert, so dass AC λ-mal so lang ist wie AB. Man kann aber zu jedem Bruch p/q Punkte C_1 und C_2 finden, so dass die Strecke AC_1 q/p-mal so lange ist wie AB und die Strecke AC_2 $(p+1)/q$-mal so lange. Wenn wir entscheiden können, ob der Punkt C *zwischen* zwei Punkten C_1 und C_2 auf der gleichen Geraden liegt, dann erlaubt uns dies eine Approximation für das Streckenverhältnis $\overline{AC} : \overline{AB}$ zu finden. Diese Fähigkeit ist aber in den Axiomen nicht gegeben. Wir verwenden hier Eigenschaften der reellen Zahlen: jede reelle Zahl lässt sich beliebig genau durch Brüche approximieren, und man kann immer entscheiden, ob eine reelle Zahl *zwischen* zwei Brüchen liegt oder nicht. In gewissen endlichen Geometrien oder bei Verwendung eines endlichen Körpers $\mathbb{F}_p$ gibt es keine solche Ordnungsrelation.

Mit Hilfe des Grenzwertbegriffs der Analysis lassen sich die "Lücken" in $\mathbb{Q}$ stopfen, die Vektorraumoperationen lassen sich damit auf beliebige reelle Zahlen in $\mathbb{R}$ ausdehnen. Im Folgenden arbeiten wir meist nur mit rationalen Vielfachen. Sollte es nötig sein, reelle Vielfachen zu betrachten, werden wir stillschweigend annehmen, dass es wie oben skizziert eine Möglichkeit gibt, eine beliebig genaue Approximation zu konstruieren.

6.2 Koordinatensysteme

In diesem Abschnitt schlagen wir die Brücke zwischen der Algebra der Vektoren und der Geometrie.

6.2.1 Punkte und Vektoren

Die Geometrie macht Aussagen über Punkte in der Ebene und im Raum. Kein Punkt spielt eine besondere Rolle, alle Punkte sind gleichberechtigt. Die Algebra der Vektoren kennt dagegen einen speziellen Vektor, nämlich den Nullvektor, und sie kennt Operationen, die

Abbildung 6.5: Ursprung O und Ortsvektor $\overrightarrow{OP}$ des Punktes P

kein offensichtliches Gegenstück in der Geometrie haben: Die Multiplikation mit Zahlen und die Addition von Vektoren. Es braucht daher eine Übersetzung, die Punkte auf Vektoren abbildet und den algebraischen Operationen einen geometrischen Sinn gibt.

Nullpunkt und Ortsvektoren

Wenn es eine Abbildung von Punkten auf Vektoren gibt, dann muss dem Nullvektor ein spezieller Punkt entsprechen, den wir meist mit O bezeichnen und *Nullpunkt* oder *Ursprung* nennen. Der Buchstabe O kommt vom lateinischen Wort *origo* oder dem englischen *origin*, das Ursprung bedeutet.

Einem Punkt P der Ebene können wir jetzt einen Pfeil von O nach P zuordnen. Einen Pfeil kann man in der Ebene parallel verschieben, wie die Parallelogrammkonstruktion zeigt. Alle parallelen Pfeile sind gleichwertig. Wir bezeichnen jeden dieser Pfeile als Vektor $\overrightarrow{OP}$, den wir auch den *Ortsvektor* des Punktes P nennen (Abbildung 6.5).

Konvention 6.3. *Den Ortsvektor des Punktes P bezeichnen wir üblicherweise mit dem zugehörigen Kleinbuchstaben $\vec{p}$, also $\overrightarrow{OP} = \vec{p}$.*

Algebraische Operationen

Wir müssen jetzt die algebraischen Operationen für Vektoren, die wir für die lineare Algebra brauchen, für Ortsvektoren erklären:

1. Addition: Pfeile werden mit Hilfe der Parallelogrammkonstruktion von Aufgabe 6.2 aneinander gehängt:

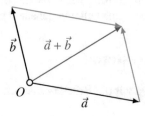

2. Multiplikation mit einer Zahl: Um einen Vektor mit der rationalen Zahl zu multiplizieren, wird die Strahlensatzkonstruktion von Aufgabe 6.1 verwendet.

Aus den Konstruktionen folgt, dass die Eigenschaften der Rechenoperationen mit Vektoren genau den Eigenschaften der geometrischen Operationen mit Pfeilen entsprechen.

Der aufgespannte Raum

Sei $\mathcal{B} = \{\vec{b}_1, \ldots, \vec{b}_k\}$ eine Menge von Vektoren. Der von $\mathcal{B}$ aufgespannte Raum $\langle \mathcal{B} \rangle$ ist die Menge aller Linearkombinationen

$$\langle \mathcal{B} \rangle = \{\lambda_1 \vec{b}_1 + \cdots + \lambda_k \vec{b}_k \mid \lambda_i \in \mathbb{Q}\}.$$

Der Begriff des aufgespannten Raums wird erst sinnvoll, wenn es eine Methode gibt, zu einem Vektor $\vec{v}$ herauszufinden, ob er in $\langle \mathcal{B} \rangle$ liegt, ob es also eine Lösung der Gleichung

$$\lambda_1 \vec{b}_1 + \cdots + \lambda_k \vec{b}_k = \vec{v} \tag{6.1}$$

gibt.

Wir illustrieren ein mögliches Vorgehen für den Fall $k = 2$ zweier Vektoren. Sei dafür ein Punkt P gegeben. Geraden parallel zu den Vektoren $\vec{b}_1$ und $\vec{b}_2$ schneiden die die Geraden durch O mit Richtung $\vec{b}_2$ bzw. $\vec{b}_1$ in den Punkten P_1 bzw. P_2. Die gesuchten Faktoren λ_i sind so zu wählen, dass $\overrightarrow{OP_i} = \lambda_i \vec{b}_i$ ist. Falls das Problem keine rationale Lösung hat, kann unter den zusätzlichen Annahmen von Abschnitt 6.1.4 ein reelles Vielfaches gefunden werden.

Für den Raum unserer Anschauung ist es daher zulässig davon auszugehen, dass es für die Gleichung (6.1) ein Lösungsverfahren gibt, das die Zahlen λ_i liefern kann. Wir formulieren dies als zusätzliches Axiom wie folgt:

Axiom 6.1 (Lösbarkeit von Vektorgleichungen). *Zu gegebenen Vektoren* $\vec{b}_1, \ldots, \vec{b}_k$ *und* $\vec{v}$ *gibt es ein Verfahren, das die Lösung* $\lambda_i \in \Bbbk$ *der Vektorgleichung*

$$\lambda_1 \vec{b}_1 + \cdots + \lambda_k \vec{b}_k = \vec{v}$$

finden kann.

Die Details dieses Verfahrens sind nicht wichtig, wir betrachten es als eine Black Box, mit der sich Aussagen über Vektormengen machen lassen. Als Gegenstück dazu haben wir in der Algebra der Spaltenvektoren mit dem Gauß-Algorithmus ein solches Verfahren.

Lineare Abhängigkeit

Eine Menge $\mathcal{B} = \{\vec{b}_1, \ldots, \vec{b}_n\}$ von Vektoren heißt *linear abhängig*, wenn die Gleichung

$$\lambda_1 \vec{b}_1 + \cdots + \lambda_k \vec{b}_k = 0 \tag{6.2}$$

eine nichttriviale Lösung $\lambda_1, \ldots, \lambda_k \in \mathbb{Q}$ hat. Die Vektoren heißen linear unabhängig, wenn die Gleichung (6.2) nur die triviale Lösung $\lambda_1 = \cdots = \lambda_k = 0$ hat.

Die Frage, ob Vektoren linear abhängig sind, lässt sich unter Annahme des Lösbarkeitsaxiomes 6.1 entscheiden. Wenn es eine nichttriviale Lösung der Gleichung (6.2) mit $\lambda_i \neq 0$ gibt, dann kann man durch Multiplikation mit $1/\lambda_i$ auch eine nichttriviale Lösung mit $\lambda_i = 1$ erhalten. Die Frage ist also gleichbedeutend damit, dass es für mindestens ein i eine Lösung der Gleichung

$$\lambda_1 \vec{b}_1 + \cdots + \vec{b}_i + \cdots + \lambda_k \vec{b}_k = 0$$

gibt. Diese Frage kann das Lösbarkeitsaxiom 6.1 aber nicht entscheiden, dazu muss die Gleichung erst in die Form

$$\lambda_1 \vec{b}_1 + \cdots + \widehat{\vec{b}_i} + \cdots + \lambda_k \vec{b}_k = -\vec{b}_i$$

gebracht werden, worin der Hut auf der linken Seite bedeutet, dass dieser Term weggelassen werden soll.

Vektorpfeile

Die oben geometrisch definierten Vektoren oder Pfeile wurden mit einem Pfeil über dem Buchstaben gekennzeichnet. Wir unterscheiden sie also von den algebraischen Vektoren aus Kapitel 3. Die bisher entwickelten Konstruktionen mit geometrischen Vektoren zeigen aber, dass alle relevanten Operationen mit geometrischen Vektoren eine Entsprechung für Spaltenvektoren haben. Mit der Einführung von Koordinatensystemen in Abschnitt 6.2.2 wird diese Unterscheidung verschwinden. Die Wahl einer Basis ordnet jedem Vektor $\vec{x}$ einen Spaltenvektor aus $\mathbb{Q}^n$ oder $\mathbb{R}^n$ zu.

In diesem und den folgenden drei Kapiteln werden wir die Notation der Vektorpfeile beibehalten um den Leser daran zu erinnern, dass erst durch die Wahl eines Koordinatensystems ein vom Koordinatensystem abhängiger Spaltenvektor entsteht, mit dem algebraisch gerechnet werden kann. Oft ist die Wahl eines Koordinatensystems aus dem Kontext einer Problemstellung klar, so dass Spaltenvektoren und geometrische Vektoren austauschbar verwendet werden können.

6.2.2　Basis und Koordinatensystem

Ein Koordinatensystem ermöglicht, jeden beliebigen Punkt des Raumes mit Hilfe weniger Zahlen zu beschreiben. Der ausgezeichnete Punkt O reicht dafür noch nicht. Ein Koordinatensystem erhalten wir erst, wenn zusätzlich eine Menge $\mathcal{B} = \{\vec{b}_1, \ldots, \vec{b}_n\}$ von Vektoren zur Beschreibung der Koordinatenachsen vorgegeben ist. Wir sagen, der Punkt P hat die Koordinaten $(x_1, \ldots, x_n)$, wenn gilt

$$\vec{p} = \overrightarrow{OP} = x_1 \vec{b}_1 + \cdots + x_n \vec{b}_n.$$

Meist geht man intuitiv davon aus, dass die Vektoren von $\mathcal{B}$ aufeinander senkrecht stehen und Länge 1 haben. Diese Bedingung ist aber unnötig, ja im Moment haben wir noch nicht einmal die nötigen Hilfsmittel, um Länge und Zwischenwinkel zu berechnen. Diese werden erst im Kapitel 7 bereitgestellt.

Nicht jede Menge $\mathcal{B}$ von Vektoren ist gleichermaßen zur Konstruktion eines Koordinatensystems geeignet. Zu einem Punkt sollte es genau einen Satz von Koordinaten geben, die diesen Punkt beschreiben. Gäbe es zwei Koordinaten $(x_1, \ldots, x_n)$ und $(x_1', \ldots, x_n')$, die auf den selben Ortsvektor $\vec{p}$ abgebildet werden, dann müsste gelten

$$\vec{p} = x_1 \vec{b}_1 + \cdots + x_n \vec{b}_n = x_1' \vec{b}_1 + \cdots + x_n' \vec{b}_n.$$

Bringt man alles auf eine Seite, erhält man die Gleichung

$$(x_1 - x_1')\vec{b}_1 + \cdots + (x_n - x_n')\vec{b}_n = 0.$$

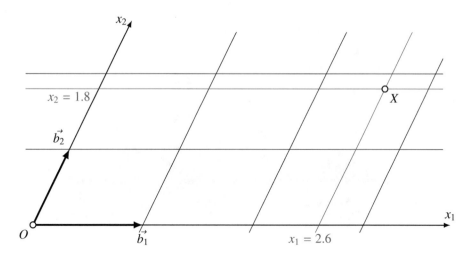

Abbildung 6.6: Koordinaten (x_1, x_2) des Punktes X im durch die Basis $\mathcal{B} = \{\vec{b}_1, \vec{b}_2\}$ definierten Koordinatensystem.

Wir möchten, dass diese Gleichung nur die triviale Lösung hat. Nach Definition trifft dies genau dann zu, wenn die Vektoren $\vec{b}_1, \ldots, \vec{b}_n$ linear unabhängig sind.

Definition 6.4 (Basis). *Eine Menge* $\mathcal{B} = \{\vec{b}_1, \ldots, \vec{b}_n\}$ *heißt eine* Basis, *wenn die Vektoren linear unabhängig sind und* $\langle \mathcal{B} \rangle$ *der ganze Raum ist.*

Es ist aus der Parallelogrammkonstruktion anschaulich klar, dass in der Ebene zwei Basisvektoren genügen, während für den dreidimensionalen Raum drei Basisvektoren nötig sind. In Abbildung 6.6 ist die Darstellung eines Punktes X in der Basis $\mathcal{B} = \{\vec{b}_1, \vec{b}_2\}$ dargestellt. In Abbildung 6.7 ist die Darstellung eines Punktes X mit Ortsvektor $\vec{x}$ in der Basis $\mathcal{B} = \{\vec{e}_1, \vec{e}_2, \vec{e}_3\}$ gezeigt. Hier werden spezielle Basisvektoren verwendet, die orthogonal sind und Länge 1 haben.

6.2.3 Koordinatenvektoren

Sobald eine Basis festgelegt ist, können wir beliebige Vektoren in dieser Basis ausdrücken. Hat der Vektor

$$\overrightarrow{OX} = \vec{x} = x_1\vec{b}_1 + x_2\vec{b}_2 + x_3\vec{b}_3$$

in der Basis $\mathcal{B} = \{\vec{b}_1, \vec{b}_2, \vec{b}_3\}$ die Koordinaten x_1, x_2, x_3, dann können wir ihn mit Hilfe der Basis mit dem Spaltenvektor

$$x = \begin{pmatrix} x_1 \\ x_2 \\ x_3 \end{pmatrix}$$

identifizieren. Wir nennen den Spaltenvektor x den Koordinatenvektor des Vektors $\vec{x}$ in der Basis $\mathcal{B}$.

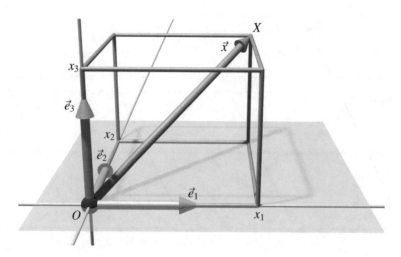

Abbildung 6.7: Koordinaten (x_1, x_2, x_3) des Punktes X mit Ortsvektor $\vec{x}$ in der Basis $\mathcal{B} = \{\vec{e}_1, \vec{e}_2, \vec{e}_3\}$.

Die algebraischen Rechenoperationen mit Koordinatenvektoren stimmen genau mit den geometrischen Konstruktionen für die zugehörigen geometrischen Vektoren überein. Alle bisher formulierten Aufgaben für geometrische Vektoren werden durch die Wahl einer Basis zu entsprechenden Aufgaben für Spaltenvektoren und können mit den Methoden gelöst werden, die in Kapitel 3 bereitgestellt wurden. Wir werden daher oft die Bezeichnungen für die Spaltenvektoren und geometrische Vektoren austauschbar verwenden, insbesondere dann, wenn die Wahl der Basis aus dem Kontext klar ist.

Die Koordinatenvektoren b_1, b_2 und b_3 der Basisvektoren $\vec{b}_1$, $\vec{b}_2$ und $\vec{b}_3$ sind

$$b_1 = \begin{pmatrix} 1 \\ 0 \\ 0 \end{pmatrix}, \quad b_2 = \begin{pmatrix} 0 \\ 1 \\ 0 \end{pmatrix} \quad \text{und} \quad b_3 = \begin{pmatrix} 0 \\ 0 \\ 1 \end{pmatrix},$$

also die Standardbasisvektoren von $\mathbb{R}^3$.

6.2.4   Unterräume

Der Begriff des Vektorraums für algebraische Vektoren ist bereits in Abschnitt 3.2 eingeführt worden. Er lässt sich direkt auf die vorliegende geometrische Situation übertragen.

Definition 6.5 (Vektorraum). *Eine Menge V von Vektoren heißt ein* Vektorraum, *wenn sich die grundlegenden Vektor-Operationen der Addition von Vektoren und der Multiplikation mit Zahlen unbeschränkt ausführen lassen. Insbesondere muss $0 \in V$ sein und mit $\vec{u}, \vec{v} \in V$ müssen auch $\vec{u} + \vec{v}$ und $\lambda \vec{u}$ in V sein für alle $\lambda \in \mathbb{Q}$ (oder $\lambda \in \mathbb{R}$).*

Die in diesem Abschnitt eingeführten geometrischen Vektoren bilden einen Vektorraum. Durch die Wahl einer Basis entsteht eine bijektive Abbildung zwischen V und $\mathbb{Q}^n$ definiert. Nicht nur Fragestellungen über einzelne Vektoren lassen sich mit Hilfe einer Basis in Fragen über Spaltenvektoren übersetzen, auch Fragen über Räume geometrischer Vektoren werden zu Fragen über Vektorräume von Spaltenvektoren.

Ist $\mathcal{A} = \{a_1, \ldots, a_l\} \subset V$ eine Menge von l Vektoren in V, dann ist $U = \langle \mathcal{A} \rangle$ ein Unterraum des Vektorraums V: $\langle \mathcal{A} \rangle = V \subset U$. Wenn die Vektoren in $\mathcal{A}$ linear unabhängig sind, dann lässt sich ein Vektor in $\langle \mathcal{A} \rangle$ auf eindeutige Weise durch die Vektoren $\vec{a}_1, \ldots, \vec{a}_l$ ausdrücken. Man sagt auch, $\langle \mathcal{A} \rangle$ habe die Dimension l.

Definition 6.6 (Dimension). *Die Dimension* $\dim U$ *eines Unterraumes* U *ist die maximale Anzahl linear unabhängiger Vektoren in diesem Unterraum.*

Beispiel 6.7. Die Vektoren

$$\mathcal{A} = \left\{ \vec{a}_1 = \begin{pmatrix} 1 \\ 2 \\ 3 \end{pmatrix}, \vec{a}_2 = \begin{pmatrix} 3 \\ 2 \\ 1 \end{pmatrix} \right\}$$

spannen einen zweidimensionalen Unterraum von $\mathbb{R}^3$ auf. Man finde die Koordinaten ξ des Vektors

$$\vec{v} = \begin{pmatrix} 0 \\ 4 \\ 8 \end{pmatrix}$$

als Linearkombination der Vektoren von $\mathcal{A}$.

Dazu muss man das Gleichungssystem $A\xi = \vec{v}$ lösen, in dessen Koeffizientenmatrix A die Spaltenvektoren der Basis $\mathcal{A}$ eingefüllt werden:

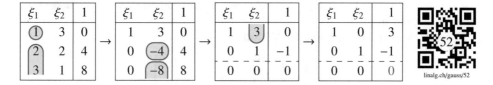

linalg.ch/gauss/52

man kann also die Koordinaten 3 und -1 ablesen. Kontrolle:

$$A\xi = \begin{pmatrix} 1 & 3 \\ 2 & 2 \\ 3 & 1 \end{pmatrix} \begin{pmatrix} 3 \\ -1 \end{pmatrix} = \begin{pmatrix} 0 \\ 4 \\ 8 \end{pmatrix} = \vec{v}. \qquad \bigcirc$$

Dimension eines Unterraums

Die Vektoren $\mathcal{A} = \{\vec{a}_1, \ldots, \vec{a}_l\}$ müssen nicht unbedingt eine Basis von $\langle \mathcal{A} \rangle$ bilden. Dieser Fall tritt ein, wenn die Vektoren $\vec{a}_1, \ldots, \vec{a}_l$ linear abhängig sind. Indem man linear abhängige Vektoren weglässt, kann man die Menge der Vektoren $\mathcal{A}$ soweit verkleinern, dass eine Basis des Vektorraumes übrig bleibt.

Diese Situation wird illustriert von der Abbildung 6.8. Zwei linear unabhängige Vektoren bilden eine Basis des von den beiden Vektoren aufgespannten zweidimensionalen Raumes (Abbildung 6.8 a)). Fügt man einen dritten Vektor hinzu, der in der aufgespannten Ebene liegt, dann spannen die drei Vektoren zwar immer noch den zweidimensionalen Raum auf, aber die drei Vektoren bilden keine Basis (Abbildung 6.8 b)). Liegt der dritte Vektor nicht in der Ebene (Abbildung 6.8 c)), dann spannen die drei Vektoren den ganzen

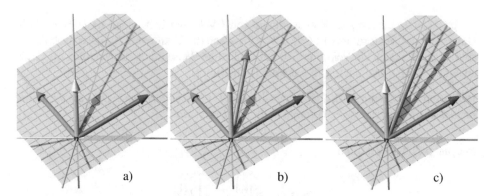

a)   b)   c)

Abbildung 6.8: a) Zwei linear unabhängige Vektoren bilden die Basis für einen zweidimensionalen Unterraum des $\mathbb{R}^3$, also für eine Ebene. b) Ein linear abhängiger Vektor (orange) liegt in der Ebene und wirft keinen Schatten. Fügt man einen solchen Vektor hinzu, bleibt der aufgespannte Unterraum zweidmensional, die drei Vektoren bilden keine Basis. c) Sind die drei Vektoren linear unabhängig, erkennbar daran, dass der orange Vektor nicht in der Ebene enthalten ist, dann bilden alle drei eine Basis des ganzen Raumes.

dreidimensionalen Raum auf, nicht mehr nur die Ebene, und die drei Vektoren sind eine Basis.

Beispiel 6.8. Für dieses Beispiel nehmen wir an, dass eine geeignete Basis mit 3 Vektoren vorgegeben wurde und dass alle Vektoren als Koordinatenvektoren in dieser Basis dargestellt werden.

Man finde eine Basis des von den Vektoren

$$\begin{pmatrix} -43 \\ -22 \\ -44 \end{pmatrix}, \quad \begin{pmatrix} -26 \\ -12 \\ -26 \end{pmatrix} \quad \text{und} \quad \begin{pmatrix} 56 \\ 28 \\ 57 \end{pmatrix}$$

aufgespannten Raumes.

Wir gehen der Reihe nach durch die Vektoren und untersuchen, ob sich der nächste Vektor bereits durch die früheren Vektoren ausdrücken lässt. Der Gauß-Algorithmus macht genau das für die Zeilen einer Matrix. Als Test für lineare Unabhängigkeit füllen wir die Vektoren als Zeilen in ein Tableau ein und führen den Gauß-Algorithmus durch:

-43	-22	-44
-26	-12	-26
56	28	57

$\rightarrow$

1	0	$\frac{22}{28}$
0	1	$\frac{13}{28}$
0	0	0

linalg.ch/gauss/53

Die ersten beiden Vektoren sind also linear unabhängig, die Dimension ist mindestens 2. Der dritte Vektor ist nicht mehr linear unabhängig. Die Dimension des aufgespannten Raumes ist daher $\dim\langle\mathcal{A}\rangle = 2$ und die ersten beiden Vektoren bilden eine Basis.

Natürlich hätte man auch mit zwei beliebigen anderen Vektoren beginnen können und hätte jedesmal eine andere Basis des gleichen Unterraumes erhalten.   ◯

6.2.5 Basiswechsel

Es gibt vorerst keinen Grund, irgendeiner Basis den Vorzug zu geben. Wenn aber jede beliebige Basis verwendet werden darf, dann brauchen wir eine Methode, wie wir Koordinaten zwischen verschiedenen Basen umrechnen können. Auch dieses Problem haben wir bereits früher in Abschnitt 3.2.3 für Spaltenvektoren gelöst. Durch Wahl einer Basis können wir auch dieses geometrische Problem auf das algebraische zurückführen.

Aufgabe 6.9 (Basiswechsel). *Seien $\mathcal{B}$ und $\mathcal{B}'$ Basen von Unterräumen. Jeder Vektor $\vec{v} \in \langle \mathcal{B} \rangle$ kann durch seinen Koordinatenvektor x dargestellt werden. Falls $\vec{v}$ auch in $\langle \mathcal{B}' \rangle$ liegt, kann er durch seinen Koordinatenvektor x' dargestellt werden. Wie kann man x in x' umrechnen?*

Lösung. Durch Wahl einer gemeinsamen Basis $\mathcal{D}$ des Raumes kann man jeden der Basisvektoren in $\mathcal{B} = \{\vec{b}_1, \dots, \vec{b}_n\}$ und $\mathcal{B}' = \{\vec{b}'_1, \dots, \vec{b}'_m\}$ als Koordinatenvektoren schreiben, ebenso der Vektor $\vec{v}$. Die Koordinaten von $\vec{v}$ in der Basis $\mathcal{B}$ können auch durch die Bestimmung der Koordinaten des Spaltenvektors v in der Basis der Spaltenvektoren $\{b_1, \dots, b_n\}$ gefunden werden, ebenso für die x'. Die Umrechnung von x nach x' kann jetzt mit der Methode von Abschnitt 3.2.3 gefunden werden. Im Schlusstableau (3.8) stehen rechts die Einträge t_{ik} der Transformationsmatrix T, die $x' = Tx$ liefert.   ◯

Die Lösung der Aufgabe 6.9 zeigt, dass man ein geometrisches Problem durch Wahl eines Koordinatensystems immer auf ein Problem über Spaltenvektoren reduzieren kann. Wenn nichts anderes gesagt wird, werden wir daher im Folgenden immer annehmen, dass eine geeignete Basis gewählt worden ist und dass die Vektoren als Koordinatenvektoren in dieser Basis dargestellt sind.

6.3 Lineare Abbildungen

Wie im vorangegangenen Abschnitt verwenden wir im Folgenden eine Basis $\mathcal{B} = \{\vec{b}_1, \dots, \vec{b}_n\}$. Die Vektoren $\vec{b}_i$ sind linear unabhängig und jeder Vektor lässt sich als Linearkombination der Basisvektoren schreiben.

6.3.1 Affine und lineare Abbildungen

Wenn ein Kartograph eine Karte herstellt, dann muss er sie so gestalten, dass die für die Anwendung der Karte wesentlichen Eigenschaften der Realität nicht verzerrt werden. Wenn es um die Bestimmung von Winkeln zwischen Geraden geht, dann muss die Karte winkeltreu sein. Wenn es um den Vergleich von Flächeninhalten geht, dann ist eine flächentreue Karte gewünscht. Es ist nicht immer möglich, solche Karten herzustellen. Von der Erdoberfläche gibt es zwar flächen- und winkeltreue Karten, aber keine längentreuen Karten.

Wenn wir eine Karte eines Problems in der affinen Geometrie machen wollen, dann brauchen wir eine Abbildung, die die wesentlichen Elemente der affinen Geometrie respektiert. Die im Abschnitt 6.2 vorgestellten Axiome sprechen von Geraden, Ebenen und Parallelen als den primären geometrischen Objekten. Zulässige Abbildungen dürfen also

Ebenen und Geraden nicht zerstören. Wenn aber Geraden auf Geraden abgebildet werden, dann werden Geraden, die sich nicht schneiden, auf Geraden abgebildet, die sich nicht schneiden, Parallelität ist also automatisch erhalten.

Definition 6.10 (Affine Abbildung). *Eine Abbildung, die Ebene, Geraden und Parallelität erhält, heißt* affine Abbildung.

Aus den Axiomen haben wir die algebraischen Eigenschaften von Ortsvektoren konstruiert. Affine Abbildungen müssen also verträglich sein mit den algebraischen Operationen. Um die Geometrie mit Vektoren auszudrücken, mussten wir außerdem einen speziellen Punkt O einführen. Eine affine Abbildung muss diesen nicht erhalten. Die zugehörige algebraische Abbildung setzt sich zusammen aus einer Abbildung φ, die den Nullpunkt erhält, und einer Verschiebung, die den alten Nullpunkt in den neuen Nullpunkt verschiebt.

Für die algebraischen Abbildungen, die uns interessieren, stellen wir daher folgende Regeln auf:

$$\varphi(0) = 0$$
$$\varphi(\lambda\vec{p}) = \lambda\varphi(\vec{p})$$
$$\varphi(\vec{u} + \vec{v}) = \varphi(\vec{u}) + \varphi(\vec{v})$$

Diese lassen sich in eine einzige Definition zusammenfassen.

Definition 6.11 (Lineare Abbildung). *Eine Abbildung $\varphi\colon \mathbb{R}^n \to \mathbb{R}^m$ mit den Eigenschaften*

$$\varphi(\lambda\vec{p}) = \lambda\varphi(\vec{p}) \quad und \quad \varphi(\vec{u} + \vec{v}) = \varphi(\vec{u}) + \varphi(\vec{v})$$

heißt lineare Abbildung.

Eine affine Abbildung ψ ist also gegeben durch eine lineare Abbildung φ und eine Verschiebung um $\vec{t}$: $\psi(\vec{v}) = \varphi(\vec{v}) + \vec{t}$.

6.3.2 Beschreibung linearer Abbildungen durch Matrizen

Wir wollen jetzt lineare Abbildungen der Ebene und des dreidimensionalen Raumes mit Hilfe einer Basis genauer beschreiben. Sei also eine Basis $\mathcal{B} = \{\vec{b}_1, \dots, \vec{b}_n\}$ und eine lineare Abbildung φ gegeben.

Matrix einer linearen Abbildung

Jeder beliebige Vektor $\vec{x}$ kann als Linearkombination

$$\vec{x} = x_1\vec{b}_1 + \cdots + x_n\vec{b}_n$$

der Vektoren $\vec{b}_i$ geschrieben werden. Der Bildvektor $\varphi(\vec{x})$ kann mit den Linearitätseigenschaften vereinfacht werden:

$$\varphi(\vec{x}) = \varphi(x_1\vec{b}_1 + \cdots + x_n\vec{b}_n) = x_1\varphi(\vec{b}_1) + \cdots + x_n\varphi(\vec{b}_n).$$

Die lineare Abbildung ist also vollständig durch die Bilder der Basisvektoren $\varphi(\vec{b}_i)$ festgelegt.

In der Basis werden die Vektoren $\vec{b}_i$ durch die Standardbasisvektoren

$$e_1 = \begin{pmatrix} 1 \\ 0 \\ \vdots \\ 0 \end{pmatrix}, \quad e_2 = \begin{pmatrix} 0 \\ 1 \\ \vdots \\ 0 \end{pmatrix}, \quad \ldots, \quad e_n = \begin{pmatrix} 0 \\ 0 \\ \vdots \\ 1 \end{pmatrix}$$

dargestellt. Auch die Bildvektoren können in der Basis $\mathcal{B}$ ausgedrückt werden, wir schreiben die Bilder als Spaltenvektoren

$$\vec{a}_i = \varphi(\vec{b}_i) = \begin{pmatrix} a_{1i} \\ a_{2i} \\ \vdots \\ a_{ni} \end{pmatrix}.$$

Der Bildvektor $\varphi(\vec{x})$ ist daher die Linearkombination

$$\varphi(\vec{x}) = x_1 \begin{pmatrix} a_{11} \\ a_{21} \\ \vdots \\ a_{n1} \end{pmatrix} + x_2 \begin{pmatrix} a_{12} \\ a_{22} \\ \vdots \\ a_{n2} \end{pmatrix} + \cdots + x_n \begin{pmatrix} a_{1n} \\ a_{2n} \\ \vdots \\ a_{nn} \end{pmatrix} = \begin{pmatrix} a_{11} & a_{12} & \ldots & a_{1n} \\ a_{21} & a_{22} & \ldots & a_{2n} \\ \vdots & \vdots & \ddots & \vdots \\ a_{n1} & a_{n2} & \ldots & a_{nn} \end{pmatrix} \begin{pmatrix} x_1 \\ x_2 \\ \vdots \\ x_n \end{pmatrix}.$$

Die Spalten der Matrix A sind die Koordinatenvektoren der Bilder $\varphi(\vec{b}_i)$. Wir fassen diese Resultate wie folgt zusammen.

Satz 6.12 (Matrix einer linearen Abbildung). *Eine lineare Abbildung wird in einer Basis durch die Matrix A vollständig beschrieben. Die Spalten von A enthalten die Bilder der Standardbasisvektoren.*

Die folgenden Beispiele verwenden Begriffe zur Beschreibung der Abbildung, die erst später exakt definiert sind, die dem Leser aus dem elementaren Geometrieunterricht bekannt sein dürften. Es geht in den Beispielen vor allem darum, diese wohlbekannten Abbildungen durch Matrizen auszudrücken.

Beispiel 6.13. Vertauschung der Achsen: Wir suchen die Matrix der linearen Abbildung des zweidimensionalen Raumes, die die beiden Achsrichtungen $\vec{e}_1$ und $\vec{e}_2$ vertauscht. In den Spalten von A stehen die Bilder der Standardbasisvektoren. Daher muss in der ersten Spalte das Bild von $\vec{e}_1$ stehen, also der Vektor $\vec{e}_2$. In der zweiten Spalte muss dagegen $\vec{e}_1$ stehen. Die gesuchte Matrix ist daher

$$A = \begin{pmatrix} 0 & 1 \\ 1 & 0 \end{pmatrix}. \qquad \qquad \bigcirc$$

Beispiel 6.14. Matrix einer Spiegelung: Wir suchen die Matrix einer Spiegelung der Ebene an der Geraden durch die Punkte O und $(2, 2)$. Nach Satz 6.12 müssen wir die Bilder der

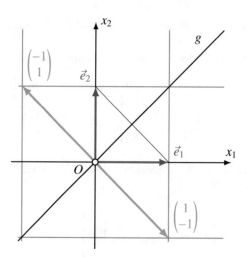

Abbildung 6.9: Die Spiegelung an der Geraden g bildet den Vektor $\vec{e}_1$ auf $\vec{e}_2$ ab und umgekehrt.

Standardbasisvektoren bestimmen. Aus Abbildung 6.9 kann man ablesen, dass die Spiegelung den Vektor $\vec{e}_1$ auf $\vec{e}_2$ abbildet und umgekehrt. Daraus kann man jetzt die Matrix S der Spiegelung zusammensetzen. Sie enthält die Bilder der Standardbasisvektoren:

$$\vec{e}_1 \leftrightarrow \vec{e}_2 \quad \Leftrightarrow \quad \begin{pmatrix} 1 \\ 0 \end{pmatrix} \leftrightarrow \begin{pmatrix} 0 \\ 1 \end{pmatrix} \quad \Leftrightarrow \quad S = \begin{pmatrix} 0 & 1 \\ 1 & 0 \end{pmatrix}.$$

Wir kontrollieren dieses Resultat, indem wir berechnen, wie ein Vektor auf der Geraden und ein Vektor senkrecht dazu abgebildet werden:

auf g:
$$S \begin{pmatrix} 1 \\ 1 \end{pmatrix} = \begin{pmatrix} 0 & 1 \\ 1 & 0 \end{pmatrix} \begin{pmatrix} 1 \\ 1 \end{pmatrix} = \begin{pmatrix} 1 \\ 1 \end{pmatrix},$$

senkrecht auf g:
$$S \begin{pmatrix} 1 \\ -1 \end{pmatrix} = \begin{pmatrix} 0 & 1 \\ 1 & 0 \end{pmatrix} \begin{pmatrix} 1 \\ -1 \end{pmatrix} = \begin{pmatrix} -1 \\ 1 \end{pmatrix} = - \begin{pmatrix} 1 \\ -1 \end{pmatrix}.$$

Der Vektor in der zweiten Zeile steht senkrecht auf der Geraden g und wird durch die Spiegelung mit -1 multipliziert.

Natürlich ist dies genau die gleiche Matrix wie im vorangegangenen Beispiel, denn die Spiegelung vertauscht die beiden Basisvektoren. ○

Beispiel 6.15. Matrix einer Drehung: Gesucht ist die Matrix R einer Drehung um den Winkel α. Aus Abbildung 6.10 liest man die Bilder der Standardbasisvektoren ab:

$$R: \vec{e}_1 \mapsto \begin{pmatrix} \cos \alpha \\ \sin \alpha \end{pmatrix}, \quad R: \vec{e}_2 \mapsto \begin{pmatrix} -\sin \alpha \\ \cos \alpha \end{pmatrix}.$$

Daraus kann man die Drehmatrix

$$R = \begin{pmatrix} \cos \alpha & -\sin \alpha \\ \sin \alpha & \cos \alpha \end{pmatrix} \tag{6.3}$$

zusammensetzen. ○

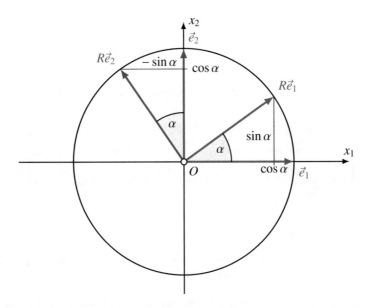

Abbildung 6.10: Drehung der Ebene um den Winkel α. Die Drehmatrix R besteht aus den Bildern der Standardbasisvektoren.

6.3.3 Zusammensetzung linearer Abbildungen

Was für eine Matrix erhält man, wenn man zwei lineare Abbildungen, je beschrieben durch Matrizen A und B, nacheinander ausführt? Diese Situation kann schematisch dargestellt werden durch das Diagramm

$$\mathbb{R}^n \xrightarrow{\ \ A\ \ } \mathbb{R}^m \xrightarrow{\ \ B\ \ } \mathbb{R}^l. \tag{6.4}$$
$$\underbrace{\phantom{\mathbb{R}^n \xrightarrow{\ \ A\ \ } \mathbb{R}^m \xrightarrow{\ \ B\ \ } \mathbb{R}^l}}_{C}$$

Um die Matrix dieser Zusammensetzung zu finden, muss man herausfinden, auf welche Vektoren die Standardbasisvektoren abgebildet werden. Die erste Abbildung mit Matrix A bildet $\vec{e}_i$, $i = 1, \ldots, n$, auf die i-te Spalte von A ab, die wir mit

$$\vec{a}_i = \begin{pmatrix} a_{1i} \\ \vdots \\ a_{mi} \end{pmatrix} = a_{1i}\vec{e}_1 + \cdots + a_{mi}\vec{e}_m \tag{6.5}$$

bezeichnen. Die zweite Abbildung bildet die Standardbasisvektoren in $\mathbb{R}^m$ auf die Spalten von B ab. Die Zusammensetzung (6.4) bildet den Vektor $\vec{a}_i$ in (6.5) ab auf

$$B\vec{a}_i = \vec{b}_1 a_{1i} + \cdots + \vec{b}_m a_{mi} = \begin{pmatrix} b_{11} \\ \vdots \\ b_{l1} \end{pmatrix} a_{1i} + \cdots + \begin{pmatrix} b_{1m} \\ \vdots \\ b_{lm} \end{pmatrix} a_{mi} = \begin{pmatrix} b_{11}a_{1i} + \cdots + b_{1m}a_{mi} \\ \vdots \\ b_{l1}a_{1i} + \cdots + b_{lm}a_{mi} \end{pmatrix}.$$

Dies ist aber auch die i-te Spalte der Matrix C, bestehend aus den Komponenten c_{1i} bis c_{li}. Man liest ab

$$c_{ji} = b_{j1}a_{1i} + \cdots + b_{jm}a_{mi}$$

oder in schematischer Darstellung als die Verknüpfung von Spaltenvektoren der involvierten Matrizen

$$\begin{pmatrix} c_{:i} \end{pmatrix} = \begin{pmatrix} b_{:1} & & b_{:m} \end{pmatrix} \begin{pmatrix} a_{:i} \end{pmatrix}.$$

Dies ist genau die Definition des Matrizen-Produktes aus Abschnitt 3.3.4.

Satz 6.16 (Zusammensetzung). *Die aus der Abbildung mit Matrix A und der Abbildung mit Matrix B zusammengesetzte Abbildung hat Matrix $C = BA$.*

Man beachte die scheinbar 'verkehrte' Reihenfolge der Faktoren. Man erinnere sich aber daran, dass die Vektoren, auf die die Matrizen wirken, rechts von der Matrix hingeschrieben werden. Die Wirkung der Matrix C auf einen Vektor v wird Cv geschrieben. Dies soll das gleiche sein, wie wenn zuerst A wirkt, was den Bildvektor Av ergibt, und auf diesen Vektor wirkt jetzt B, geschrieben $B(Av) = BAv$.

6.3.4 Basiswechsel

Eine lineare Abbildung wird in einer Basis $\mathcal{B}$ durch eine Matrix A beschrieben, in den Spalten stehen die Bilder der Standardbasisvektoren. Sowohl die Standardbasisvektoren wie auch die Komponenten in den Spalten sind von der Basis abhängig, die Abbildungsmatrix A ist also ebenfalls basisabhängig. Damit stellt sich die Frage, wie sich die Abbildungsmatrix ändert, wenn man die Basis wechselt.

Wir möchten jetzt eine neue Basis C verwenden, die Basistransformationsmatrix T sei gegeben, sie rechnet die Koordinaten eines Vektors in der Basis $\mathcal{B}$ um in Koordinaten in der Basis C. Ein Vektor $\vec{u}$ soll mit der Abbildung A abgebildet und in der neuen Basis C dargestellt werden. Dazu muss man ihn erst in die Basis $\mathcal{B}$ umrechnen, was mit der inversen Matrix T^{-1} geschehen kann. Dann erst kann man A anwenden, erhält dann aber einen Vektor in der Basis $\mathcal{B}$, man muss ihn also erst wieder mit T in die Basis C umrechnen. Alles zusammen ergibt in der Basis C der Bildvektor $TAT^{-1}u$. Wir fassen das Resultat im folgenden Satz zusammen.

Satz 6.17 (Basiswechsel). *Sei T die Transformationsmatrix, die Koordinaten von der Basis $\mathcal{B}$ in die Basis C umrechnet. Die lineare Abbildung, die in der Basis $\mathcal{B}$ durch die Matrix A beschrieben wird, wird in der Basis C durch die Matrix*

$$A' = TAT^{-1} \tag{6.6}$$

beschrieben.

Diese Situation kann auch im folgenden Diagramm

Basis $\mathcal{B} = \{\vec{b}_1, \ldots, \vec{b}_n\}$:

Basis $C = \{\vec{c}_1, \ldots, \vec{c}_n\}$:

$$\mathbb{R}^n \xrightarrow{\ A\ } \mathbb{R}^n$$

$$T^{-1} \left(\ \Big\downarrow T \qquad \Big\downarrow T \right.$$

$$\mathbb{R}^n \xrightarrow{\ A'\ } \mathbb{R}^n$$

illustriert werden. Die Abbildung A' führt vom Vektorraum unten links zum Vektorraum unten rechts. Dieser Weg ist gleichbedeutend mit dem Umweg über die beiden Vektorräume in der oberen Zeile. Um von unten links nach oben links zu kommen, muss man die Transformationsmatrix T^{-1} verwenden. Zusammengesetzt wird der Umweg durch TAT^{-1} beschrieben, woraus wieder die Aussage des Satzes folgt.

Beispiel 6.18. In einem früheren Beispiel haben wir die Spiegelung an der 45°-Geraden mit Hilfe der Matrix

$$S = \begin{pmatrix} 0 & 1 \\ 1 & 0 \end{pmatrix}$$

beschrieben. Jetzt möchten wir ein Koordinatensystem verwenden, das gegenüber dem ursprünglichen um 45° verdreht ist. Wir möchten also die Basisvektoren

$$\vec{c}_1 = \frac{1}{\sqrt{2}} \begin{pmatrix} 1 \\ 1 \end{pmatrix} \qquad \text{und} \qquad \vec{c}_2 = \frac{1}{\sqrt{2}} \begin{pmatrix} -1 \\ 1 \end{pmatrix}$$

verwenden und müssen daher die Transformationsmatrix T für den Basiswechsel von der Standardbasis in die neue Basis $C = \{\vec{c}_1, \vec{c}_2\}$ ermitteln. Wir verwenden zur Bestimmung von T das Tableau (3.7), also

$$\left[\begin{array}{cc|cc} \frac{1}{\sqrt{2}} & -\frac{1}{\sqrt{2}} & 1 & 0 \\ \frac{1}{\sqrt{2}} & \frac{1}{\sqrt{2}} & 0 & 1 \end{array} \right] \quad \rightarrow \quad \left[\begin{array}{cc|cc} 1 & 0 & \frac{1}{\sqrt{2}} & \frac{1}{\sqrt{2}} \\ 0 & 1 & -\frac{1}{\sqrt{2}} & \frac{1}{\sqrt{2}} \end{array} \right]$$

linalg.ch/gauss/56

die Transformationsmatrix ist damit

$$T = \frac{1}{\sqrt{2}} \begin{pmatrix} 1 & 1 \\ -1 & 1 \end{pmatrix} \quad \text{mit der Inversen} \quad T^{-1} = \frac{1}{\sqrt{2}} \begin{pmatrix} 1 & -1 \\ 1 & 1 \end{pmatrix}.$$

Damit können wir jetzt die Abbildungsmatrix im neuen Koordinatensystem berechnen:

$$S' = TST^{-1} = \frac{1}{\sqrt{2}} \begin{pmatrix} 1 & 1 \\ -1 & 1 \end{pmatrix} \begin{pmatrix} 0 & 1 \\ 1 & 0 \end{pmatrix} \frac{1}{\sqrt{2}} \begin{pmatrix} 1 & -1 \\ 1 & 1 \end{pmatrix}$$

$$= \frac{1}{2} \begin{pmatrix} 1 & 1 \\ 1 & -1 \end{pmatrix} \begin{pmatrix} 1 & -1 \\ 1 & 1 \end{pmatrix} = \frac{1}{2} \begin{pmatrix} 2 & 0 \\ 0 & -2 \end{pmatrix} = \begin{pmatrix} 1 & 0 \\ 0 & -1 \end{pmatrix}.$$

Im neuen Koordinatensystem wird die Abbildung durch die Matrix S' beschrieben. Diese Matrix besagt, dass der erste Basisvektor nicht verändert wird, während der zweite mit -1 multipliziert wird. Dies beschreibt genau die Spiegelung an der $45°$-Geraden: Ein Vektor auf der Geraden bleibt unverändert, während ein Vektor senkrecht dazu mit -1 multipliziert wird.   ◯

Der Satz 6.17 und das nachfolgende Beispiel zeigen ein weiteres Mal, dass es auf die Reihenfolge der Faktoren im Matrizenprodukt ankommt. Könnte man A und T vertauschen, wäre $TAT^{-1} = ATT^{-1} = AI = A$. Die Abbildungsmatrix würde also gar nicht von der Basis abhängen.

6.4   Geraden

Die affine Geometrie definiert Geraden und Ebenen als die primären Objekte. Schnittpunkte und Schnittgeraden und mithin die Parallelität sind die zentralen Konstruktionen und Eigenschaften, mit denen die Geometrie aufgebaut werden soll. Es ist daher höchste Zeit, dass wir auch für Geraden und Ebenen eine vektorielle Beschreibung finden und das Finden von Schnittpunkten und Schnittgeraden auf rechnerische Art ermöglichen.

6.4.1   Geraden in der Ebene und im Raum

Die erste Beschreibung einer Geraden mit Hilfe von Koordinaten, die man in der Schule normalerweise kennenlernt, ist die des Graphen einer Funktion $y = ax + b$ (Abbildung 6.11). Diese Beschreibung hat aber mindestens zwei Schwächen, die sie für eine weiterführende Theorie ungeeignet macht.

1. Sie funktioniert nur in der Ebene und lässt sich nicht auf die dreidimensionale Situation verallgemeinern.

2. Vertikale Geraden lassen sich damit nicht beschreiben, wie die Gerade g_2 in Abbildung 6.11 zeigt. Damit wird die Vertikale zu einer Richtung mit speziellen Eigenschaften. In der affinen Geometrie sind jedoch alle Richtungen gleichberechtigt.

Wir sind daher gezwungen, eine verallgemeinerungsfähigere und symmetrischere Beschreibung einer Geraden zu finden.

Parallele Geraden haben alle die gleiche Richtung, sie enthalten alle den gleichen Vektor. Ausgehend von einem Punkt außerhalb einer gegebenen Geraden kann eine parallele Gerade konstruiert werden. Eine Gerade kann also beschrieben werden durch einen Punkt und einen Richtungsvektor. Im Vektorbild müssen wir die Menge der Punkte der Geraden g durch ihre Ortsvektoren beschreiben. Sei also P_0 der Ausgangspunkt der Geraden und P ein beliebiger Punkt. Der Vektor von P_0 nach P muss ein Vielfaches des *Richtungsvektors* $\vec{r}$ sein:

$$\overrightarrow{P_0P} = t\vec{r}.$$

Der Ortsvektor $\vec{p}$ von P erfüllt daher die Gleichung

$$\vec{p} = \vec{p}_0 + t\vec{r} \qquad (6.7)$$

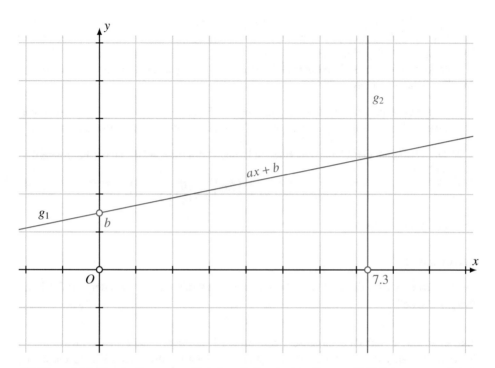

Abbildung 6.11: Beschreibung einer Geraden als Graph einer linearen Funktion $y = ax + b$ (rote Gerade g_1). a ist die Steigung, b der Achsenabschnitt auf der y-Achse. Vertikale Geraden, wie die blaue Gerade g_2, können auf diese Art nicht beschrieben werden.

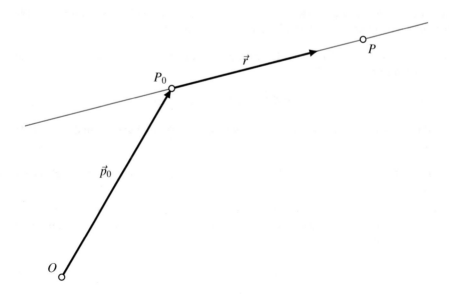

Abbildung 6.12: Parameterdarstellung einer Gerade mit Stützvektor $\vec{p}_0$ und Richtungsvektor $\vec{r}$.

(siehe auch Abbildung 6.12). Dies ist die *Parameterdarstellung* der Geraden, manchmal auch die *Punkt-Richtungs-Form* der Geradengleichung genannt. Der Ortsvektor $\vec{p}_0$ des Ausgangspunktes P_0 heißt auch *Stützvektor*.

Wir überprüfen, dass diese Form der Geradengleichung tatsächlich die oben genannten Unzulänglichkeiten nicht hat:

1. Tatsächlich haben wir in der Herleitung der Parameterdarstellung (6.7) keine Voraussetzungen darüber gemacht, ob die Vektoren zwei- oder dreidimensional sind.

2. Die vertikalen Geraden in der Ebenen können zum Beispiel durch die Parameterdarstellung

$$\{(x_0, y) \mid y \in \mathbb{R}\} = \left\{ \begin{pmatrix} x_0 \\ 0 \end{pmatrix} + y \begin{pmatrix} 0 \\ 1 \end{pmatrix} \middle| \; y \in \mathbb{R} \right\}$$

beschrieben werden.

Geschwindigkeit

Interpretiert man t als die Zeit, dann bewegt sich ein Punkt auf der Geraden mit der Parameterdarstellung

$$\vec{p} = \vec{p}_0 + t\vec{v}$$

ausgehend vom Punkt P_0 in einer Sekunde um $\vec{v}$. Dieser Vektor stellt die Geschwindigkeit des Punktes dar. Die Parameterdarstellung der Geraden ist also auch eine Beschreibung einer gleichförmigen Bewegung mit *Geschwindigkeitsvektor* $\vec{v}$.

Gerade durch zwei Punkte

Aufgabe 6.19 (Gerade durch zwei Punkte). *Gegeben sind zwei Punkte A und B, finde die Parameterdarstellung einer Geraden durch die beiden Punkte.*

Lösung. Als Stützvektor kann der Ortsvektor von A verwendet werden, als Richtungsvektor der Vektor von A nach B:

$$\vec{p} = \overrightarrow{OA} + t\overrightarrow{AB} = \vec{a} + t(\vec{b} - \vec{a}).$$

Allerdings kann genauso gut auch $\vec{b}$ als Stützvektor verwendet werden und $\vec{a} - \vec{b}$ als Richtungsvektor. $\qquad\qquad\bigcirc$

Beispiel 6.20. Man finde die Parameterdarstellung der Geraden durch die Punkte $A = (3, 1, 4)$ und $B = (1, 5, 9)$.

Dazu braucht man einen Vektor, der die Funktion des Stützvektors übernehmen kann, wir verwenden $\vec{a}$ dafür, und als Richtungsvektor können wir $\vec{b} - \vec{a}$ verwenden. Damit wird die Geradengleichung

$$\vec{p}(t) = \begin{pmatrix} 3 \\ 1 \\ 4 \end{pmatrix} + t \begin{pmatrix} -2 \\ 4 \\ 5 \end{pmatrix}. \tag{6.8}$$

Wir werden diese Gerade in nachfolgenden Beispielen weiter verwenden. $\qquad\qquad\bigcirc$

Liegt ein Punkt auf einer Geraden?

Aufgabe 6.21 (Inzidenz). *Gegeben ist die Gerade durch $\vec{q}$ mit Richtungsvektor $\vec{v}$. Geht die Gerade durch den Punkt $\vec{s}$?*

Lösung. Offenbar müssen wir herausfinden, ob es einen Wert des Parameters t gibt, für den der Geradenpunkt mit $\vec{s}$ identisch ist, also

$$\vec{s} = \vec{q} + t\vec{v}.$$

Diese Vektorgleichung ist genau genommen ein Gleichungssystem für die einzelnen Komponenten

$$\begin{pmatrix} s_1 \\ s_2 \\ s_3 \end{pmatrix} = \begin{pmatrix} q_1 \\ q_2 \\ q_3 \end{pmatrix} + t \begin{pmatrix} v_1 \\ v_2 \\ v_3 \end{pmatrix} \quad \Rightarrow \quad \begin{aligned} s_1 &= q_1 + tv_1 \\ s_2 &= q_2 + tv_2 \\ s_3 &= q_3 + tv_3. \end{aligned}$$

Dieses Gleichungssystem mit drei Gleichungen aber nur einer Unbekannten t wird meistens nicht lösbar sein. Aber es gilt natürlich die übliche Lösungstrichotomie für lineare Gleichungssysteme:

1. Es kann keine Lösungen geben: Dieser Fall tritt ein, wenn die Gerade an dem Punkt $\vec{s}$ vorbei geht.
2. Es kann unendlich viele Lösungen geben: Dieser Fall tritt ein, wenn $\vec{v} = 0$ ist und $\vec{q} = \vec{s}$. Dann "bleibt" der Punkt $\vec{r}(t)$ immer am Ort $\vec{q}$, der identisch ist mit dem gesuchten Punkt $\vec{s}$.
3. Es kann genau eine Lösung geben: Falls $\vec{v} \neq 0$ und der Punkt auf der Geraden liegt, gibt es genau einen Parameterwert, für den der Punkt getroffen wird.

Den Parameterwert im Fall 3 kann man zum Beispiel finden, indem man eine der Gleichungen auswählt, in der der v_i-Koeffizient nicht 0 ist. Diese Gleichung löst man nach t auf. Falls $v_1 \neq 0$ heißt das

$$t = \frac{s_1 - q_1}{v_1}.$$

Durch Einsetzen in die anderen Gleichungen kann man anschließend auch überprüfen, ob die Gerade tatsächlich durch den Punkt geht. ○

Beispiel 6.22. Welcher der Punkte $U = (5, -3, -1)$ und $V = (7, -7, -7)$ liegt auf der Geraden (6.8)?

Um zu testen, ob die Gerade durch den Punkt mit Ortsvektor $\vec{u}$ geht, muss man versuchen, die Gleichung

$$\begin{pmatrix} 3 \\ 1 \\ 4 \end{pmatrix} + t \begin{pmatrix} -2 \\ 4 \\ 5 \end{pmatrix} = \vec{u}$$

zu lösen. Für die beiden Ortsvektoren $\vec{u}$ und $\vec{v}$ bedeutet das

$$\begin{pmatrix} 3 \\ 1 \\ 4 \end{pmatrix} + t_1 \begin{pmatrix} -2 \\ 4 \\ 5 \end{pmatrix} = \vec{u} = \begin{pmatrix} 5 \\ -3 \\ -1 \end{pmatrix} \qquad\qquad \begin{pmatrix} 3 \\ 1 \\ 4 \end{pmatrix} + t_2 \begin{pmatrix} -2 \\ 4 \\ 5 \end{pmatrix} = \vec{v} = \begin{pmatrix} 7 \\ -7 \\ -7 \end{pmatrix}$$

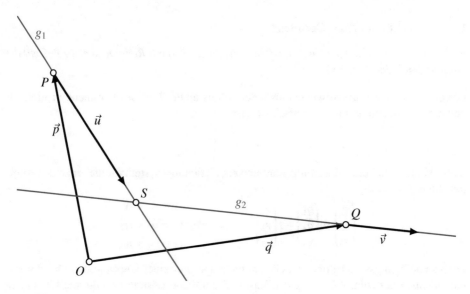

Abbildung 6.13: Schnittpunkt zweier Geraden mit den Parmeterdarstellungen $\vec{p} + t\vec{u}$ und $\vec{q} + t\vec{v}$.

$$t_1 \begin{pmatrix} -2 \\ 4 \\ 5 \end{pmatrix} = \begin{pmatrix} 5 \\ -3 \\ -1 \end{pmatrix} - \begin{pmatrix} 3 \\ 1 \\ 4 \end{pmatrix} = \begin{pmatrix} 2 \\ -4 \\ -5 \end{pmatrix} \qquad t_2 \begin{pmatrix} -2 \\ 4 \\ 5 \end{pmatrix} = \begin{pmatrix} 7 \\ -7 \\ -7 \end{pmatrix} - \begin{pmatrix} 3 \\ 1 \\ 4 \end{pmatrix} = \begin{pmatrix} 4 \\ -8 \\ -11 \end{pmatrix}$$

$$t_1 = -1, \qquad\qquad\qquad\qquad\qquad t_2 : \text{keine Lösung.}$$

Es folgt, dass U auf der Geraden liegt, V aber nicht. $\bigcirc$

6.4.2   Schnittpunkte

Aufgabe 6.23 (Schnittpunkt zweier Geraden). *Gegeben zwei Geraden g_1 und g_2 mit Parameterdarstellungen*

$$\vec{p} = \vec{q} + t\vec{u} \qquad und \qquad \vec{p} = \vec{w} + t\vec{v},$$

finde ihren Schnittpunkt (Abbildung 6.13).

Lösung. Man beachte, dass in dieser Aufgabe t ein Platzhalter ist. Man kann nicht erwarten, dass der Schnittpunkt in beiden Parameterdarstellungen den gleichen Parameterwert hat. Daher muss in der zweiten Gleichung eine neue, von t unabhängige Variable s verwendet werden.

   Wir müssen also zwei Variablen t und s bestimmen, so dass die beiden Parameterdarstellungen den gleichen Punkt ergeben. Wir müssen also die Gleichung

$$\vec{q} + t\vec{u} = \vec{w} + s\vec{v}$$

nach t und s auflösen. Indem man die Vektorgleichung in Komponenten schreibt

$$q_1 + tu_1 = w_1 + sv_1$$

$$q_2 + tu_2 = w_2 + sv_2$$
$$q_3 + tu_3 = w_3 + sv_3$$

und die Unbekannten t und s auf die linke Seite bringt, erhält man ein lineares Gleichungssystem

$$u_1 t - v_1 s = w_1 - q_1$$
$$u_2 t - v_2 s = w_2 - q_2$$
$$u_3 t - v_3 s = w_3 - q_3.$$

Dies ist ein Gleichungssystem mit zwei Unbekannten, für die Anzahl der Lösungen gelten wieder die bekannten Alternativen:

1. Keine Lösung: Die Geraden haben keinen Schnittpunkt. In der Ebene kann dies zum Beispiel dadurch geschehen, dass die Geraden parallel sind. Im Raum können die Geraden auch windschief sein. In drei Dimensionen erhalten wir drei Gleichungen mit nur zwei Unbekannten, dieses System wir normalerweise nicht lösbar sein.
2. Unendlich viele Lösungen: Die Geraden sind deckungsgleich.
3. Genau eine Lösung: Es gibt einen wohldefinierten Schnittpunkt.

Gelöst werden kann das Gleichungssystem natürlich mit den Standardverfahren für lineare Gleichungssysteme.   ○

Das Vorgehen in diesem Lösungsvorschlag ist aber nicht ganz befriedigend, weil er nur t und s bestimmt, nicht den Schnittpunkt. Diesen findet man erst, indem man die gefundenen Werte für t oder s in die Geradengleichungen einsetzt.

Ein besseres Verfahren betrachtet von Anfang an die gesuchten Koordinaten x, y und z des Schnittpunktes zusammen mit den Parametern t und s als gleichberechtigte Unbekannte. Wir haben also die Vektorgleichungen

$$\vec{p} = \begin{pmatrix} x \\ y \\ z \end{pmatrix} = t \begin{pmatrix} u_1 \\ u_1 \\ u_3 \end{pmatrix} + \begin{pmatrix} q_1 \\ q_2 \\ q_3 \end{pmatrix} \quad \text{und} \quad \vec{p} = \begin{pmatrix} x \\ y \\ z \end{pmatrix} = s \begin{pmatrix} v_1 \\ v_1 \\ v_3 \end{pmatrix} + \begin{pmatrix} w_1 \\ w_2 \\ w_3 \end{pmatrix}$$

mit fünf Unbekannten zu lösen. Wir bringen alle Unbekannten auf die linke Seite und schreiben alles als lineares Gleichungssystem

$$
\begin{aligned}
x &\quad - u_1 t & &= q_1 \\
y &\quad - u_2 t & &= q_2 \\
z &- u_3 t & &= q_3 \\
x &\quad & - v_1 s &= w_1 \\
y &\quad & - v_2 s &= w_2 \\
z &\quad & - v_3 s &= w_3,
\end{aligned}
\tag{6.9}
$$

dem das Tableau

x	y	z	t	s	1
1	0	0	$-u_1$	0	q_1
0	1	0	$-u_2$	0	q_2
0	0	1	$-u_3$	0	q_3
1	0	0	0	$-v_1$	w_1
0	1	0	0	$-v_2$	w_2
0	0	1	0	$-v_3$	w_3

oder schematisch

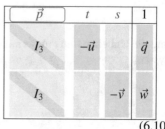

$$(6.10)$$

entspricht. Eine einzige Durchführung des Gauß-Algorithmus wird alle verlangten Antworten liefern.

Beispiel 6.24. Man finde den Schnittpunkt der Geraden g_1 und g_2 mit den Parameterdarstellungen

$$g_1 : \vec{r} = t\begin{pmatrix}5\\6\\1\end{pmatrix} + \begin{pmatrix}0\\4\\2\end{pmatrix} \qquad g_2 : \vec{r} = s\begin{pmatrix}5\\2\\4\end{pmatrix} + \begin{pmatrix}-15\\-6\\-7\end{pmatrix}.$$

Das Tableau (6.10) für die Bestimmung des Schnittpunktes ist

x	y	z	t	s	1
1	0	0	-5	0	0
0	1	0	-6	0	4
0	0	1	-1	0	2
1	0	0	0	-5	-15
0	1	0	0	-2	-6
0	0	1	0	-4	-7

$\rightarrow$

x	y	z	t	s	1
1	0	0	0	0	-5
0	1	0	0	0	-2
0	0	1	0	0	1
0	0	0	1	0	-1
0	0	0	0	1	2
0	0	0	0	0	0

linalg.ch/gauss/57

Die Null in der rechten unteren Ecke zeigt, dass sich die Geraden tatsächlich schneiden. In den Spalten für t und s lesen wir die Parameterwerte $t = -1$ und $s = 2$ ab und in den Spalten x, y und z die Koordinaten des Schnittpunktes $S = (-5, -2, 1)$. $\bigcirc$

Die schematische Darstellung (6.10) rechts zeigt, dass dieses Vorgehen für beliebige Dimension n auf ein Gleichungssystem mit $n + 2$ Unbekannten und $2n$ Gleichungen führt. Im Falle $n = 2$ hat man 4 Gleichungen und 4 Unbekannte. Der Fall, dass die Gleichungen keine Lösungen haben, ist immer noch möglich. Er tritt auf, wenn die beiden Geraden parallel sind. Dies kann man wie folgt einsehen. Führt man die ersten zwei Schritte der Vorwärtsreduktion durch, erhält man die Tableaux

x	y	t	s	1
1	0	$-u_1$	0	q_1
0	1	$-u_2$	0	q_2
1	0	0	$-v_1$	w_1
0	1	0	$-v_2$	w_2

$\rightarrow$

x	y	t	s	1
1	0	$-u_1$	0	q_1
0	1	$-u_2$	0	q_2
0	0	u_1	$-v_1$	$w_1 - q_1$
0	1	0	$-v_2$	w_2

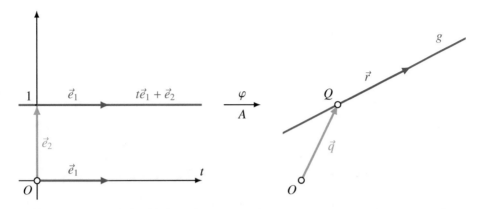

Abbildung 6.14: Gerade g mit Parameterdarstellung $\vec{p} = t\vec{r} + \vec{q}$ als Bild einer Standardgeraden $\vec{p} = t\vec{e}_1 + \vec{e}_2$ unter einer linearen Abbildung, die $\vec{e}_1 \mapsto \vec{r}$ und $\vec{e}_2 \mapsto \vec{q}$ abbildet.

$$\rightarrow \begin{array}{cccc|c} x & y & t & s & 1 \\ \hline 1 & 0 & -u_1 & 0 & q_1 \\ 0 & 1 & -u_2 & 0 & q_2 \\ 0 & 0 & u_1 & -v_1 & w_1 - q_1 \\ 0 & 0 & u_2 & -v_2 & w_2 - q_2 \end{array}.$$

Das Gleichungssystem ist genau dann nicht lösbar, wenn in dem kleineren Tableau unten rechts eine Nullzeile auftritt. Dies passiert genau dann, wenn die Vektoren $\vec{u}$ und $\vec{v}$ linear abhängig sind, wenn die Geraden also parallel sind.

6.4.3 Gerade als Bild einer linearen Abbildung

Sei die Gerade g mit der Parameterdarstellung

$$\vec{p} = \vec{q} + t\vec{r}$$

gegeben. Wir wollen die Gerade als Bild einer linearen Abbildung φ verstehen. Eine lineare Abbildung ist gegeben durch die Bilder der Standardbasisvektoren. Wir wählen die Vektoren $\vec{r}$ und $\vec{q}$ als Bilder der Standardbasisvektoren unter φ. Die Matrix von φ muss daher

$$A = \begin{pmatrix} r_1 & q_1 \\ r_2 & q_2 \\ \vdots & \vdots \\ r_n & q_n \end{pmatrix}$$

sein. Die Abbildung bildet die Vektoren der roten Geraden in Abbildung (6.14) links auf die Punkte der Geraden g in der Abbildung rechts ab:

$$\varphi : \begin{pmatrix} t \\ 1 \end{pmatrix} \mapsto t\vec{r} + \vec{q} = A \begin{pmatrix} t \\ 1 \end{pmatrix}.$$

Wir lernen zwei Dinge aus dieser Beobachtung:

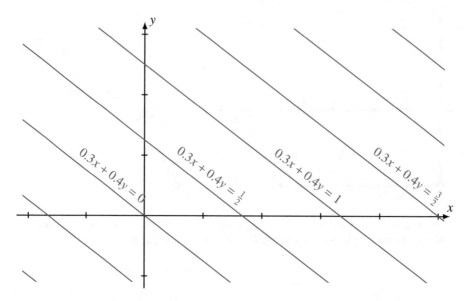

Abbildung 6.15: Geraden in der der Ebene als Lösungsmengen der Gleichung $0.3x + 0.4y = c$ mit verschiedenen Werten von c.

1. Jede Gerade ist Bild der gleichen Gerade $\{(t, 1) \mid t \in \mathbb{R}\} \subset \mathbb{R}^2$. Man könnte also auch sagen, dass die affine Geometrie der Geraden gleichbedeutend mit der Geometrie der möglichen linearen Abbildungen der Parameterebene in die Ebene ist. Aus dieser Perspektive muss man vor allem lernen, mit linearen Abbildungen zu arbeiten.

2. Eine lineare Abbildung bildet den Nullpunkt wieder auf den Nullpunkt ab. Die Verwendung einer zusätzlichen zweiten Koordinate, die immer den Wert 1 hat, ermöglicht uns, eine Verschiebung hinzuzufügen. Diese Idee wird in Abschnitt 6.A.2 bei der Beschreibung der Bildtransformation der Aufrechtbildkamera und später in Kapitel 10 bei der Diskussion der Abbildung durch eine Kamera eine wesentliche Rolle spielen.

6.4.4   Gerade in der Ebene als Lösungsmenge

Eine einzelne lineare Gleichung der Form

$$ax + by = c$$

(Abbildung 6.15) kann mit dem Gauß-Algorithmus

x	y	1
a	b	c

$\rightarrow$

x	y	1
1	$\frac{b}{a}$	$\frac{c}{a}$

gelöst werden. Daraus liest man die Lösungsmenge

$$\mathbb{L} = \left\{ \begin{pmatrix} x \\ y \end{pmatrix} = \begin{pmatrix} \frac{c}{a} \\ 0 \end{pmatrix} + y \begin{pmatrix} -\frac{b}{a} \\ 1 \end{pmatrix} \middle| \ y \in \mathbb{R} \right\}.$$

In der Mengenklammer steht aber gerade die Parameterdarstellung einer Gerade mit dem Parameter y.

Umgekehrt kann man zu jeder Parameterdarstellung $\vec{p} + t\vec{r}$ einer Geraden in der Ebene eine lineare Gleichung angeben. Dazu muss man die Konstanten a, b und c so bestimmen, dass die Gleichung zum Beispiel für den Stützvektor $\vec{p}$ und für den Punkt $\vec{p} + \vec{r}$ erfüllt ist. Indem man die Koordinaten dieser Punkte einsetzt, erhält man zwei Gleichungen

$$
\begin{aligned}
p_1 a + \qquad p_2 b &= c \\
(p_1 + q_1)a + (p_2 + q_2)b &= c
\end{aligned}
$$

für die drei Unbekannten a, b und c. In ein Tableau übertragen

a	b	c	1
p_1	p_2	-1	0
$p_1 + q_1$	$p_2 + q_2$	-1	0

$\rightarrow$

a	b	c	1
p_1	p_2	-1	0
q_1	q_2	0	0

$\rightarrow$

a	b	c	1
1	0	u_1	0
0	1	u_2	0

Daraus liest man ab, dass c eine frei wählbare Variable ist und dass man $a = u_1 c$ und $b = u_2 c$ verwenden muss.

Beispiel 6.25. Man finde eine lineare Gleichung, deren Lösungsmenge die Gerade mit Parameterdarstellung

$$
\begin{pmatrix} 1 \\ 2 \end{pmatrix} + t \begin{pmatrix} 2 \\ 1 \end{pmatrix}
$$

ist.

Wir müssen das Gleichungssystem

a	b	c	1
1	2	-1	0
2	1	0	0

$\rightarrow$

a	b	c	1
1	0	$\frac{1}{3}$	0
0	1	$-\frac{2}{3}$	0

linalg.ch/gauss/58

lösen. Aus dem Schlusstableau lesen wir ab, dass wir mit $c = 3$ die Gleichung mit $a = -1$ und $b = 2$ verwenden können, also

$$
-x + 2y = 3.
$$

Durch Einsetzen der Punkte $(1, 2)$ und $(3, 3)$ kann man sich überzeugen, dass die Lösungsmenge dieser Gleichung mit der Geraden zusammenfällt. $\bigcirc$

6.4.5 Parallele Geraden

Wie kann man herausfinden, ob zwei Geraden in der Ebene parallel sind?

Aufgabe 6.26 (Parallelität). *Gegeben zwei Geraden in der Ebene in Parameterdarstellung*

$$
\vec{p} = \vec{q} + t\vec{u} \qquad und \qquad \vec{p} = \vec{w} + t\vec{v},
$$

entscheide, ob die Geraden parallel sind.

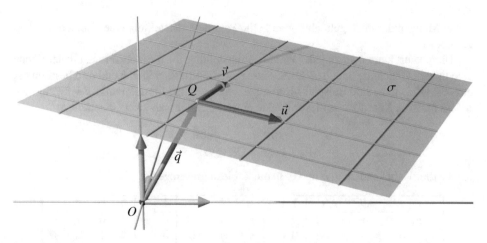

Abbildung 6.16: Parameterdarstellung einer Ebene σ mit den Richtungsvektoren $\vec{u}$ und $\vec{v}$ und dem Stützvektor $\vec{q}$.

Lösung. Die Geraden sind parallel, wenn sie keine Schnittpunkte haben, oder wenn das Gleichungssystem

$$\vec{q} + t\vec{u} = \vec{w} + s\vec{v} \qquad \Leftrightarrow \qquad t\vec{u} - s\vec{v} = \vec{w} - \vec{q}$$

keine Lösung hat. Dies ist ein Gleichungssystem mit zwei Gleichungen für zwei Unbekannte. Es kann nur im singulären Fall keine Lösung haben. Dieser tritt ein, wenn die Vektoren $\vec{u}$ und $\vec{v}$ linear abhängig sind. ○

Das gefundene Kriterium für Parallelität funktioniert auch im Raum: Zwei Geraden sind genau dann parallel, wenn die Richtungsvektoren linear abhängig sind.

6.5 Ebenen

Für Ebenen im dreidimensionalen Raum lassen sich genau die gleichen Aufgaben stellen und mit völlig analogen Methoden lösen wie für Geraden. Einzig die Schnittmenge zweier Ebenen im Raum präsentiert eine neue Herausforderung: aus Dimensionsgründen ist eine nichtleere Schnittmenge mindestens eine Gerade.

6.5.1 Parameterdarstellung

Eine Ebene erstreckt sich ausgehend von einem festen Punkt Q in zwei linear unabhängige Richtungen. Die Parameterdarstellung einer Ebene verwendet daher außer dem Stützvektor $\vec{q}$ zwei Richtungsvektoren $\vec{u}$ und $\vec{v}$ und braucht zwei unabhängige Parameter t und s:

$$\vec{p} = \vec{q} + t\vec{u} + s\vec{v} \tag{6.11}$$

(Abbildung 6.16).

Matrixformen für die Parameterdarstellung

Die beiden Richtungsvektoren $\vec{u}$ und $\vec{v}$ der Parameterdarstellung einer Ebene könnten als Spalten einer Matrix R zusammengefasst werden. Die Parameterdarstellung (6.11) bekommt damit die Form

$$\vec{p} = \vec{q} + \underbrace{\left(\begin{array}{c|c} \vec{u} & \vec{v} \end{array}\right)}_{= R} \begin{pmatrix} t \\ s \end{pmatrix} = \vec{q} + R \begin{pmatrix} t \\ s \end{pmatrix}. \qquad (6.12)$$

Indem man dem Parametervektor eine konstante Komponente hinzufügt, kann man die noch einfachere Form

$$\vec{p} = \underbrace{\left(\begin{array}{c|c|c} \vec{q} & \vec{u} & \vec{v} \end{array}\right)}_{= \tilde{R}} \begin{pmatrix} 1 \\ t \\ s \end{pmatrix} = \tilde{R} \begin{pmatrix} 1 \\ t \\ s \end{pmatrix}$$

erreichen.

Ebene durch drei Punkte

So wie in der Ebene eine Gerade durch zwei Punkte gegeben ist, ist eine Ebene im Raum durch drei Punkte gegeben.

Aufgabe 6.27 (Ebene durch drei Punkte). *Gegeben sind drei Punkte A, B und C, finde die Parameterdarstellung einer Ebene durch die drei Punkte (Abbildung 6.17).*

Lösung. Als Stützvektor kann man jeden der drei Ortsvektoren nehmen, zum Beispiel $\vec{a}$. Als Richtungsvektoren kann man die Vektoren wählen, die A mit B bzw. C verbinden. Daher ist eine mögliche Parameterdarstellung

$$\vec{p} = \vec{a} + t(\vec{b} - \vec{a}) + s(\vec{c} - \vec{a}). \qquad \bigcirc$$

Beispiel 6.28. Man finde die Parameterdarstellung der Ebene durch die drei Punkte $A = (1, 2, 1)$, $B = (3, 4, -1)$ und $C = (4, -1, 0)$.

Die Vektoren $\vec{u} = \overrightarrow{AB}$ und $\vec{v} = \overrightarrow{AC}$ können als Richtungsvektoren verwendet werden und ergeben als Parameterdarstellung:

$$\vec{r} = \begin{pmatrix} 1 \\ 2 \\ 1 \end{pmatrix} + t \begin{pmatrix} 2 \\ 2 \\ -2 \end{pmatrix} + s \begin{pmatrix} 3 \\ -3 \\ -1 \end{pmatrix}. \qquad (6.13)$$

$$\bigcirc$$

Liegt ein Punkt auf einer Ebene?

Aufgabe 6.29 (Inzidenz). *Gegeben die Parameterdarstellung (6.11) einer Ebene, entscheide, ob ein Punkt P auf der Ebene liegt.*

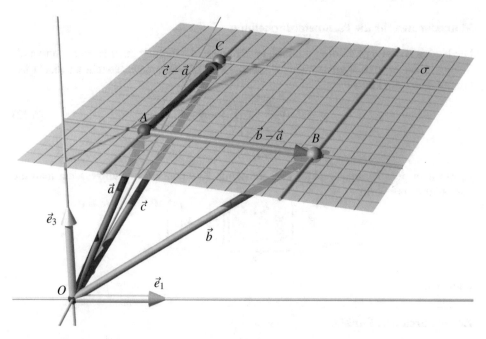

Abbildung 6.17: Ebene σ durch die drei Punkte A, B und C. Als Stützvektor kann der Ortsvektor $\vec{a}$ von A verwendet werden. Die Differenzen $\vec{b} - \vec{a}$ und $\vec{c} - \vec{a}$ dienen als Richtungsvektoren.

Lösung. Der Punkt P liegt genau dann auf der Ebene, wenn sich Parameterwerte t und s finden lassen derart, dass der resultierende Vektor der Ortsvektor $\vec{p}$ von P ist. Dies führt auf das Gleichungssystem

$$\vec{p} = \vec{q} + t\vec{u} + s\vec{v},$$

ein Gleichungssystem mit drei Gleichung und zwei Unbekannten. In Tableauform kann man es mit dem Gauß-Algorithmus lösen und erhält

t	s	1
u_1	v_1	$q_1 - p_1$
u_2	v_2	$q_2 - p_2$
u_3	v_3	$q_3 - p_3$

$\rightarrow$

t	s	1
1	0	t
0	1	s
0	0	$*$

Der rote Stern rechts unten zeigt an, ob der Punkt P auf der Ebene liegt. Steht dort ein von Null verschiedener Wert, hat das Gleichungssystem keine Lösung und der Punkt P liegt nicht auf der Ebene. In der rechten oberen Ecke kann man die Parameterwerte t und s ablesen, mit denen der Punkt P erreicht wird.   ◯

Beispiel 6.30. Liegt der Punkt $P = (12, 9, 1)$ auf der Ebene mit der Parameterdarstellung

$$\begin{pmatrix} 15 \\ 8 \\ -2 \end{pmatrix} + t \begin{pmatrix} -3 \\ -1 \\ -1 \end{pmatrix} + s \begin{pmatrix} 0 \\ 1 \\ 2 \end{pmatrix}?$$

Wir füllen die Daten ins Tableau ein und lösen das Gleichungssystem mit dem Gauß-Algorithmus:

t	s	1
-3	0	-3
-1	1	1
-1	2	3

$\rightarrow$

t	s	1
1	0	1
0	1	2
0	0	0

linalg.ch/gauss/60

Man kann ablesen, dass der Punkt P auf der Ebene liegt und dass er mit den Parameterwerten $t = 1$ und $s = 2$ erreicht wird.   ○

Beschreiben zwei Parameterdarstellungen die gleiche Ebene?

Die obenstehenden Beispiele haben klar gemacht, dass die gleiche Ebene verschiedene Parameterdarstellungen haben kann. Wie kann man entscheiden, ob zwei Parameterdarstellungen die gleiche Ebene beschreiben?

Aufgabe 6.31 (Gleichheit). *Gegeben zwei Parameterdarstellungen von Ebenen*

$$\sigma_1: \quad \vec{q}_1 + t\vec{u}_1 + s\vec{v}_1 \quad und \quad \sigma_2: \quad \vec{q}_2 + t\vec{u}_2 + s\vec{v}_2,$$

entscheide, ob sie die gleiche Ebene beschreiben.

Lösung. Die beiden Parameterdarstellungen beschreiben die gleiche Ebene, wenn sich für jede Wahl der Parameter der einen Ebene ein Punkt ergibt, der sich auch auf der zweiten Ebene befindet. Man kann also die Vektorgleichung

$$\vec{q}_1 + t_1\vec{u}_1 + s_1\vec{v}_1 = \vec{q}_2 + t_2\vec{u}_2 + s_2\vec{v}_2$$

für jede Wahl von t_2 und s_2 immer nach t_1 und s_1 auflösen. Wir können also die Unbekannten t_1 und s_1 auf die linke Seite, die restlichen Variablen auf die rechte schaffen und erhalten das Gleichungssystem

$$t_1\vec{u}_1 + s_1\vec{v}_1 = \vec{q}_2 - \vec{q}_1 + t_2\vec{u}_2 + s_2\vec{v}_2.$$

In Tableauform lautet es

t_1	s_1	1	t_2	s_2
u_{11}	v_{11}	$q_{21} - q_{11}$	u_{21}	v_{21}
u_{12}	v_{12}	$q_{22} - q_{12}$	u_{22}	v_{22}
u_{13}	v_{13}	$q_{23} - q_{13}$	u_{23}	v_{23}

$\rightarrow$

t_1	s_1	1	t_2	s_2
1	0	$*$	$*$	$*$
0	1	$*$	$*$	$*$
0	0	$*$	$*$	$*$

Die beiden Parameterdarstellungen beschreiben genau dann die gleiche Ebene, wenn die roten Sterne rechts unten im Tableau alle verschwinden.   ○

Beispiel 6.32. Beschreiben die Parameterdarstellungen

$$\begin{pmatrix} 1 \\ 2 \\ 3 \end{pmatrix} + t_1 \begin{pmatrix} 2 \\ -3 \\ -4 \end{pmatrix} + s_1 \begin{pmatrix} -1 \\ -5 \\ 1 \end{pmatrix} \quad und \quad \begin{pmatrix} 1 \\ -11 \\ 1 \end{pmatrix} + t_1 \begin{pmatrix} 7 \\ -4 \\ -13 \end{pmatrix} + s_1 \begin{pmatrix} 2 \\ -20 \\ -15 \end{pmatrix}$$

die gleiche Ebene?

Füllen wir die gegebenen Daten in ein Tableau ein, erhalten wir

t_1	s_1	1	t_2	s_2
2	-1	0	7	2
-3	-5	-13	-4	-20
-4	1	-2	-13	-15

$\rightarrow$

t_1	s_1	1	t_2	s_2
1	0	1	3	$\frac{30}{13}$
0	1	2	-1	$\frac{34}{13}$
0	0	0	0	$-\frac{109}{13}$

linalg.ch/gauss/59

Der nicht verschwindende Koeffizient hat zur Folge, dass $s_2 = 0$ sein muss. Für andere Parameterwerte von s_2 ergeben sich damit Punkte, die nicht durch t_1 und s_1 dargestellt werden können. Die Parameterdarstellungen können nicht die gleiche Ebene darstellen.

$\bigcirc$

Eine weitere Möglichkeit, diese Frage zu entscheiden ist, die Schnittmenge der beiden Ebenen zu bestimmen. Wenn die Parameterdarstellungen die gleiche Ebene beschreiben, dann ist die Schnittmenge wieder eine Ebene. Wie man die Schnittmenge bestimmt, diskutieren wir im nächsten Abschnitt.

6.5.2 Schnittmengen

Die Schnittmengen von Geraden und Ebenen oder zwei Ebenen sind vielfältiger, können sich doch zwei Ebenen in einer Geraden schneiden. In diesem Abschnitt lösen wir verschiedene Schnittprobleme.

Durchstoßpunkt

Wir lösen folgende Aufgabe (siehe auch Abbildung 6.18).

Aufgabe 6.33 (Durchstoßpunkt). *Gegeben ist eine Gerade g mit Parameterdarstellung $\vec{q} + t\vec{r}$ und eine Ebene σ mit Parameterdarstellung $\vec{p}_0 + t\vec{u} + s\vec{v}$. Finde den Durchstoßpunkt S der Geraden g durch die Ebenen σ.*

Lösung. Zur Lösung der Aufgabe müssen offenbar die Streckungsfaktoren vor den Richtungsvektoren so gefunden werden, dass sich auf der Geraden und in der Ebene der gleiche Punkt ergibt. Wir müssen daher in der Geradengleichung einen unabhängigen Parameter verwenden, zum Beispiel w. Die Bedingung für den Punkt S könnten wir dann als

$$\vec{q} + w\vec{r} = \vec{p}_0 + t\vec{u} + s\vec{v}$$

schreiben. Diese Vektorgleichung steht für drei Gleichungen mit den drei Unbekannten w, t und s. Im Allgemeinen wird sie genau eine Lösung haben, aus der durch Einsetzen in die Parameterdarstellungen die Koordinaten des Punktes S berechnet werden können.

Wie bei der Berechnung des Schnittpunktes von zwei Geraden kann man aber auch hier schneller zum Ziel gelangen. Wir möchten nicht nur die drei Parameter bestimmen,

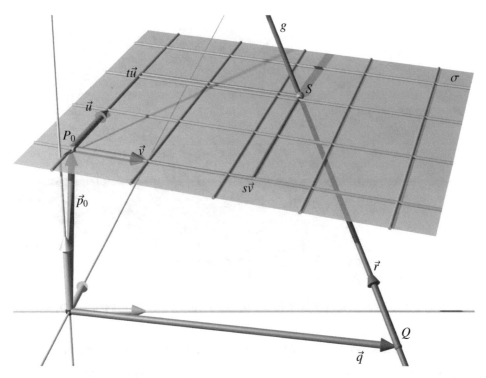

Abbildung 6.18: Durchstoßpunkt S der Geraden g durch die Ebene σ, beide gegeben in Parameterdarstellung.

sondern auch gleich die Koordinaten x, y und z des Durchstoßpunktes S. Wir haben die folgenden Vektorgleichungen dafür:

$$\begin{pmatrix} x \\ y \\ z \end{pmatrix} = \vec{q} + w\vec{r} \qquad \text{und} \qquad \begin{pmatrix} x \\ y \\ z \end{pmatrix} = \vec{p}_0 + t\vec{u} + s\vec{v}.$$

Dies sind sechs Gleichungen für die sechs Unbekannten x, y, z, t, s und w. In einem Tableau lassen sich diese Gleichungen schreiben als

x	y	z	w	t	s	1
1	0	0	$-r_1$	0	0	q_1
0	1	0	$-r_2$	0	0	q_2
0	0	1	$-r_3$	0	0	q_3
1	0	0	0	$-u_1$	$-v_1$	p_{10}
0	1	0	0	$-u_2$	$-v_2$	p_{20}
0	0	1	0	$-u_3$	$-v_3$	p_{30}

oder schematisch

$\vec{p}$			w	t	s	1
	I_3		$-\vec{r}$			$\vec{q}$
	I_3			$-\vec{u}$	$-\vec{v}$	$\vec{p}_0$

. (6.14)

Die Lösung dieses Gleichungssytems mit dem Gauß-Algorithmus gibt in einem Durchgang alle gesuchten Größen.   ○

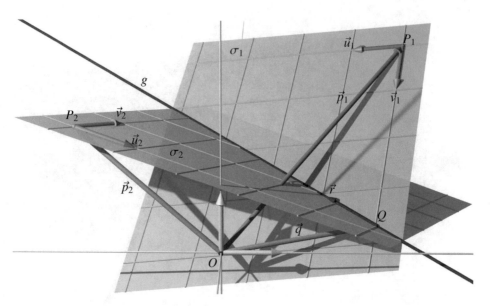

Abbildung 6.19: Schnittgerade g zweier Ebenen σ_1 und σ_2, beide gegeben in Parameterdarstellung.

Beispiel 6.34. Finde den Durchstoßpunkt der Geraden mit Parameterdarstellung

$$\begin{pmatrix} 5 \\ 8 \\ 3 \end{pmatrix} + w \begin{pmatrix} 1 \\ 0 \\ 1 \end{pmatrix} \quad \text{durch die Ebene mit Parameterdarstellung} \quad \begin{pmatrix} 1 \\ 2 \\ 1 \end{pmatrix} + t \begin{pmatrix} 2 \\ 2 \\ -2 \end{pmatrix} + s \begin{pmatrix} 3 \\ -3 \\ -1 \end{pmatrix}.$$

Einsetzen ins Tableau 6.14 und Lösen mit dem Gauß-Algorithmus liefert

x	y	z	w	t	s	1
1	0	0	-1	0	0	5
0	1	0	0	0	0	8
0	0	1	-1	0	0	3
1	0	0	0	-2	-3	1
0	1	0	0	-2	3	2
0	0	1	0	2	1	1

$\rightarrow$

x	y	z	w	t	s	1
1	0	0	0	0	0	1
0	1	0	0	0	0	8
0	0	1	0	0	0	-1
0	0	0	1	0	0	-4
0	0	0	0	1	0	$\frac{3}{2}$
0	0	0	0	0	1	-1

linalg.ch/gauss/61

Daraus kann man ablesen, dass der Durchstoßpunkt S die Koordinaten $(1, 8, -1)$ hat, die für die Parameterwerte $w = -4$, $t = \frac{3}{2}$ und $s = -1$ erreicht werden. $\bigcirc$

Schnittgerade

Zwei Ebenen schneiden sich im dreidimensionalen Raum typischerweise in einer Geraden. Diese zu finden, ist der Inhalt der folgenden Aufgabe.

Aufgabe 6.35 (Schnittgerade). *Gegeben zwei Ebenen σ_1 und σ_2 mit Parameterdarstellungen*

$$\sigma_1: \quad \vec{p}_1 + t\vec{u}_1 + s\vec{v}_1 \quad \text{und} \quad \sigma_2: \quad \vec{p}_2 + t\vec{u}_2 + s\vec{v}_2, \tag{6.15}$$

finde die Schnittgerade $g = \sigma_1 \cap \sigma_2$ mit der Parameterdarstellung

$$\vec{p} = \vec{q} + t\vec{r}.$$

(siehe auch Abbildung 6.19)

Lösung. Wir stellen ein Gleichungssystem auf für die Unbekannten t_1, s_1, t_2 und s_2 sowie die unbekannten Komponenten des Vektors

$$\vec{p} = \begin{pmatrix} x \\ y \\ z \end{pmatrix}.$$

Die Ebenengleichungen in Tableauform werden zu

$\vec{p}$	t_1	s_1	t_2	s_2	1
I_3	$-\vec{u}_1$	$-\vec{v}_1$			$\vec{p}_1$
I_3			$-\vec{u}_2$	$-\vec{v}_2$	$\vec{p}_2$

(6.16)

Dies sind sechs Gleichungen für sieben Unbekannte. Im allgemeinen Fall wird das Schlusstableau daher die Form

x	y	z	t_1	s_1	t_2	s_2	
1	0	0	0	0	0	$-r_1$	q_1
0	1	0	0	0	0	$-r_2$	q_2
0	0	1	0	0	0	$-r_3$	q_3
0	0	0	1	0	0	$-r_4$	q_4
0	0	0	0	1	0	$-r_5$	q_5
0	0	0	0	0	1	$-r_6$	q_6

(6.17)

haben. Die Variable s_2 ist frei wählbar und kann als Geradenparameter verwendet werden. Die Parameterdarstellung der Schnittgerade lässt sich jetzt ablesen:

$$\begin{pmatrix} x \\ y \\ z \end{pmatrix} = \begin{pmatrix} q_1 \\ q_2 \\ q_3 \end{pmatrix} + s_2 \begin{pmatrix} r_1 \\ r_2 \\ r_3 \end{pmatrix}.$$

Man kann in den letzten drei Gleichungen auch ablesen, wie die Parameter t_1, s_1 und t_2 von s_2 abhängen für Punkte, die auf der Schnittgeraden liegen, nämlich

$$t_1 = q_4 + s_2 r_4, \qquad s_1 = q_5 + s_2 r_5 \qquad \text{und} \qquad t_2 = q_6 + s_2 r_6.$$

Dieses Verfahren liefert also mit einem Tableau alle Informationen, die man über das Problem in Erfahrung bringen kann.   ○

Beispiel 6.36. Man finde die Schnittgerade der beiden Ebenen mit Parameterdarstellung

$$\sigma_1 : \vec{p}_1 + t_1\vec{u}_1 + s_1\vec{v}_1 = \begin{pmatrix} 5 \\ 8 \\ 6 \end{pmatrix} + t_1 \begin{pmatrix} 4 \\ 6 \\ 7 \end{pmatrix} + s_1 \begin{pmatrix} 2 \\ 5 \\ 6 \end{pmatrix}, \qquad \sigma_2 : \vec{p}_2 + t_2\vec{u}_2 + s_2\vec{v}_2 = \begin{pmatrix} 5 \\ 4 \\ 4 \end{pmatrix} + t_2 \begin{pmatrix} 6 \\ 6 \\ 7 \end{pmatrix} + s_2 \begin{pmatrix} 5 \\ 4 \\ 4 \end{pmatrix}.$$

Das zugehörige Tableau ist

x	y	z	t_1	s_1	t_2	s_2	1
1	0	0	-4	-2	0	0	5
0	1	0	-6	-5	0	0	8
0	0	1	-7	-6	0	0	6
1	0	0	0	0	-6	-5	5
0	1	0	0	0	-6	-4	4
0	0	1	0	0	-7	-4	4

$\rightarrow$

x	y	z	t_1	s_1	t_2	s_2	
1	0	0	0	0	0	-14	-67
0	1	0	0	0	0	-13	-68
0	0	1	0	0	0	$-\frac{29}{2}$	-80
0	0	0	1	0	0	$-\frac{11}{2}$	-26
0	0	0	0	1	0	4	16
0	0	0	0	0	1	$-\frac{3}{2}$	-12

linalg.ch/gauss/62

Daraus kann man die Parameterdarstellung

$$\begin{pmatrix} x \\ y \\ z \end{pmatrix} = \begin{pmatrix} -67 \\ -68 \\ -80 \end{pmatrix} + s_2 \begin{pmatrix} 14 \\ 13 \\ \frac{29}{2} \end{pmatrix}$$

der Schnittgeraden ablesen. $\bigcirc$

Falls bei der Lösung des Gleichungssystems zwei frei wählbare Variablen stehen bleiben, können wir schließen, dass die Schnittmenge eine Ebene ist. Dies ist nur möglich, wenn die beiden Parameterdarstellungen die gleiche Ebene beschreiben.

6.5.3   Ebenen und lineare Abbildungen

Ebene als Bild einer linearen Abbildung

Wie eine Gerade kann auch eine Ebene als Bild einer Standardebene $\{(t, s, 1) \mid t, s \in \mathbb{R}\} \subset \mathbb{R}^3$ in einem dreidimensionalen Parameterraum unter einer linearen Abbildung betrachtet werden. Die Abbildung muss $\vec{e}_1$ auf den ersten Richtungsvektor, $\vec{e}_2$ auf den zweiten Richtungsvektor und $\vec{e}_3$ auf den Stützvektor abbilden. Die Abbildungsmatrix muss also in der ersten Spalte den Richtungsvektor $\vec{u}$ enthalten, in der zweiten den Richtungsvektor $\vec{v}$ und in der dritten Spalte den Stützvektor $\vec{q}$, wie in

$$A = \begin{pmatrix} u_1 & v_1 & q_1 \\ u_2 & v_2 & q_2 \\ u_3 & v_3 & q_3 \end{pmatrix}.$$

Die Parameterdarstellung kann dann wieder in Matrixform geschrieben werden als

$$t\vec{u} + s\vec{v} + \vec{q} = A \begin{pmatrix} t \\ s \\ 1 \end{pmatrix} = \begin{pmatrix} u_1 & v_1 & q_1 \\ u_2 & v_2 & q_2 \\ u_3 & v_3 & q_3 \end{pmatrix} \begin{pmatrix} t \\ s \\ 1 \end{pmatrix}.$$

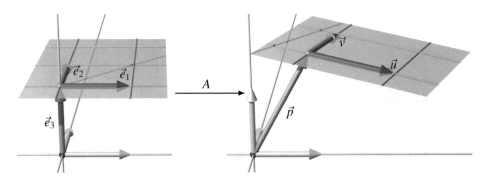

Abbildung 6.20: Ebene als Abbildung einer Standardebene mit $\vec{e}_1$ und $\vec{e}_2$ als Richtungsvektoren und $\vec{e}_3$ als Stützvektor.

Ebene im Raum als Nullmenge

Wir bestimmen die Lösungsmenge einer einzelnen linearen Gleichung

$$ax + by + cz = d \qquad (6.18)$$

der drei Koordinaten x, y und z des dreidimensionalen Raumes. Das Gauß-Tableau hat die Form

x	y	z	1
a	b	c	d

$\rightarrow$

x	y	z	1
1	$\frac{b}{a}$	$\frac{c}{a}$	$\frac{d}{a}$

.

Man hat also zwei frei wählbare Variablen, nämlich y und z, und man kann die Lösungsmenge schreiben als

$$\mathbb{L} = \left\{ \begin{pmatrix} \frac{d}{a} \\ 0 \\ 0 \end{pmatrix} + y \begin{pmatrix} -\frac{b}{a} \\ 1 \\ 0 \end{pmatrix} + z \begin{pmatrix} -\frac{c}{a} \\ 0 \\ 1 \end{pmatrix} \,\middle|\, x, y \in \mathbb{R} \right\}.$$

In der Mengenklammer steht die Parameterdarstellung einer Ebene.

Umgekehrt kann man auch zu einer beliebigen Ebene mit Parameterdarstellung

$$\vec{q} + t\vec{u} + s\vec{v}$$

eine lineare Gleichung finden, die die Ebene als Lösungemenge hat. Dazu setzt man die Gleichung in der Form (6.18) an und setzt die drei Punkte $\vec{q}$, $\vec{q} + \vec{u}$ und $\vec{q} + \vec{v}$ ein:

$$\begin{aligned}
q_1 a + & q_2 b + & q_3 c &= d \\
(q_1 + u_1)a + & (q_2 + u_2)b + & (q_3 + u_3)c &= d \\
(q_1 + v_1)a + & (q_2 + v_2)b + & (q_3 + v_3)c &= d
\end{aligned}$$

Wir bringen die Unbekannte d ebenfalls auf die linke Seite und schreiben das Gleichungssystem in Tableauform als

a	b	c	d	
q_1	q_2	q_3	-1	0
$q_1 + u_1$	$q_2 + u_2$	$q_3 + u_3$	-1	0
$q_1 + v_1$	$q_2 + v_2$	$q_3 + v_3$	-1	0

$\rightarrow$

a	b	c	d	
p_1	p_2	p_3	-1	0
u_1	u_2	u_3	0	0
v_1	v_2	v_3	0	0

(6.19)

$$\rightarrow \begin{array}{|ccc|c|c|} a & b & c & d & \\ \hline 1 & 0 & 0 & a_1 & 0 \\ 0 & 1 & 0 & b_1 & 0 \\ 0 & 0 & 1 & c_1 & 0 \end{array}.$$

Die Variable d ist frei wählbar, die anderen erhält man mittels $a = -a_1 d$, $b = -b_1 d$ und $c = -c_1 d$.

Beispiel 6.37. Man finde eine lineare Gleichung, deren Lösungsmenge die Ebene mit der Parameterdarstellung

$$\begin{pmatrix} -3 \\ 1 \\ -2 \end{pmatrix} + t \begin{pmatrix} -4 \\ -5 \\ -3 \end{pmatrix} + s \begin{pmatrix} 3 \\ -2 \\ 2 \end{pmatrix}$$

ist.

Wir füllen diese Information in das Tableau (6.19)

$$\begin{array}{|cccc|c|} a & b & c & d & \\ \hline -3 & 1 & -2 & -1 & 0 \\ -4 & -5 & -3 & 0 & 0 \\ 3 & -2 & 2 & 0 & 0 \end{array} \rightarrow \begin{array}{|cccc|c|} a & b & c & d & \\ \hline 1 & 0 & 0 & 16 & 0 \\ 0 & 1 & 0 & 1 & 0 \\ 0 & 0 & 1 & -23 & 0 \end{array}$$

linalg.ch/gauss/63

und finden im Schlusstableau, dass die Variable d frei wählbar ist. Wir wählen willkürlichen $d = 1$

$$a = -16d = -16, \quad b = -d = -1, \quad c = 23d = 23$$

und damit die Gleichung

$$-16x - y + 23z = 1$$

ab. Sie hat als Lösungsmenge die gegebene Ebene.   ○

6.6   Affine Unterräume beliebiger Dimension

Die Lösungsmenge eines Gleichungssystems aus m Gleichungen für n Unbekannte ist ein $n - m$-dimensionaler affiner Unterraum des $\mathbb{R}^n$. Die aus dem Gauß-Algorithmus abgeleitete Lösungsmenge liefert eine Parametrisierung durch einen Stützvektor, der im Schlusstableau auf der rechten Seite abgelesen werden kann, und $n - m$ Richtungsvektoren, die in den Spalten gefunden werden, die zu frei wählbaren Variablen gehören.

In diesem Abschnitt soll die umgekehrte Aufgabe gelöst werden. Ausgehend von der Parameterdarstellung eines k-dimensionalen affinen Unterraumes von $\mathbb{R}^n$ soll ein Gleichungssystem von $n - k$ linear unabhängigen Gleichungen gefunden haben, das den affinen Unterraum als Lösungsmenge hat.

6.6.1 k-dimensionale affine Unterräume

In den vorangegangenen Abschnitten wurden Geraden und Ebenen als Teilmengen eines zwei- oder dreidimensionalen Raumes untersucht. Die Methoden sind auf beliebige Dimensionen verallgemeinerungsfähig.

Definition 6.38 (k-dimensionaler Unterraum). *Ein k-dimensionaler affiner Unterraum eines n-dimensionalen Vektorraumes $\mathbb{R}^n$ ist von der Form*

$$U = \left\{ x = \begin{pmatrix} x_1 \\ x_2 \\ \vdots \\ x_n \end{pmatrix} = q + t_1 r_1 + \cdots + t_k r_k \;\middle|\; t_1, \ldots, t_k \in \mathbb{R} \right\}.$$

Darin ist $q \in \mathbb{R}^n$ ein n-dimensionaler Stützvektor und die $r_i \in \mathbb{R}^n$ sind linear unabhängige n-dimensionale Richtungsvektoren.

Eine Gerade ist also ein 1-dimensionaler affiner Unterraum des $\mathbb{R}^2$ oder $\mathbb{R}^3$, eine Ebene ist ein zweidimensionaler affiner Unterraum des $\mathbb{R}^3$. Die Komponenten des Stützvektors und der Richtungsvektoren schreiben wir auch

$$q = \begin{pmatrix} q_1 \\ q_2 \\ \vdots \\ q_n \end{pmatrix} \quad \text{und} \quad r_i = \begin{pmatrix} r_{1i} \\ r_{2i} \\ \vdots \\ r_{ni} \end{pmatrix}.$$

Die Richtungsvektoren bilden eine $n \times k$-Matrix R mit den Einträgen r_{ki}. Da die Richtungsvektoren linear unabhängig sind, hat sie Rang k. Schreibt man die Parameter als k-dimensionalen Spaltenvektor t, kann man die Vektoren des affinen Unterraumes auch als Matrixprodukt schreiben, nämlich

$$t = \begin{pmatrix} t_1 \\ t_2 \\ \vdots \\ t_k \end{pmatrix} \in \mathbb{R}^k \quad \Rightarrow \quad U = \{x = q + Rt \mid t \in \mathbb{R}^k\}. \tag{6.20}$$

6.6.2 Schnittmengen affiner Unterräume

Es ist intuitiv klar, dass die Schnittmenge zweier affiner Unterräume wieder ein affiner Unterraum ist. Die Lösung der folgenden Aufgabe klärt, wie man eine Parameterdarstellung der Schnittmenge finden kann.

Aufgabe 6.39 (Schnittmenge). *Finde die Schnittmenge der affinen Unterräume*

$$U_1 = \{p_1 + R_1 t_1 \mid t_1 \in \mathbb{R}^{k_1}\} \quad \text{und} \quad U_2 = \{p_2 + R_2 t_2 \mid t_2 \in \mathbb{R}^{k_2}\}$$

von $\mathbb{R}^n$.

Lösung. Entsprechend der Vorgehensweise zur Bestimmung der Schnittmenge von Geraden und Ebenen in zwei und drei Dimensionen muss ein Tableau bereitgestellt werden, das die Information der Beschreibung der beiden affinen Unterräume enthält:

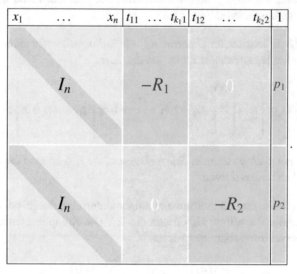

Dies sind $2n$-Gleichungen für die $n + k_1 + k_2$ Unbekannten

$$\underbrace{x_1, \ldots, x_n}_{n}, \underbrace{t_{11}, \ldots, t_{k_1 1}}_{k_1}, \underbrace{t_{12}, \ldots, t_{k_2 2}}_{k_2}.$$

Die Durchführung des Gauß-Algorithmus liefert ein Schlusstableau der Form

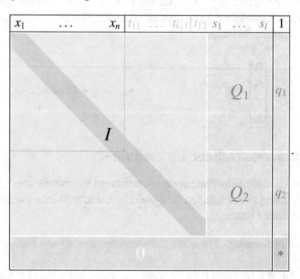

Der rote Stern in der rechten unteren Ecke gibt an, ob die Gleichungen überhaupt eine Lösung haben, oder gleichbedeutend, ob die beiden affinen Unterräume U_1 und U_2 sich

schneiden. Wenn eines der Elemente in diesem Feld von 0 verschieden ist, ist die Schnittmenge leer.

Wir bezeichnen die Anzahl der frei wählbaren Variablen mit l. Die Matrix Q_1 ist eine $n \times l$-Matrix von Richtungsvektoren. Die Schnittmenge ist ein l-dimensionaler affiner Unterraum von $\mathbb{R}^n$ mit der Parameterdarstellung

$$U_1 \cap U_2 = \{q_1 - Q_1 s \mid s \in \mathbb{R}^l\}.$$

Die Schnittmenge hat Stützvektor q_1 und die Richtungsvektoren stehen in den Spalten von Q_1. ○

Die l Parameter $s_1, \ldots, s_l$ können mit den Richtungsvektoren in der Matrix Q_1 als Parameter für die Schnittmenge mit dem Stützvektor q_1 verwendet werden. Wir setzen $r = k_1 + k_2 - l$. Die $r \times l$-Matrix Q_2 und der r-dimensionale Spaltenvektor q_2 ermöglichen, die anderen r Parameter durch die l Parameter $s_1, \ldots, s_l$ als

$$\begin{pmatrix} t_{11} \\ \vdots \\ t_{k_1 1} \\ t_{12} \\ \vdots \\ t_{k_2 2} \end{pmatrix} = q_2 - Q_2 s, \quad s \in \mathbb{R}^l$$

auszudrücken.

6.6.3 Vergleich affiner Unterräume

Die Lösung von Aufgabe 6.39 kann jetzt dazu verwendet werden, weitere Aufgaben zu lösen.

Aufgabe 6.40 (Gleichheit). *Man entscheide, ob zwei affine Unterräume $U_1 = p_1 + R_1 t_1$ und $U_2 = p_2 + R_2 t_2$ gleich sind.*

Diese Aufgabe ist ein Spezialfall der Aufgabe zu entscheiden, ob ein affiner Unterraum in einem anderen affinen Unterraum enthalten ist.

Aufgabe 6.41 (Teilmenge). *Sei U_1 ein k_1-dimensionaler Unterraum und U_2 ein k_2-dimensionaler Unterraum mit $k_1 \leq k_2$. Man entscheide, ob U_2 eine echte Teilmenge von U_1 ist.*

Lösung. Die Entscheidung kann mit Hilfe der Methode zur Bestimmung der Schnittmenge erreicht werden, wir verwenden die Notationen der Lösung von Aufgabe 6.39. Ist die Schnittmenge leer, kann U_1 keine Teilmenge von U_2 sein. Wir nehmen daher im Folgenden an, dass die Schnittmenge $U_1 \cap U_2 \neq \emptyset$ ist.

Wenn $l < k_2$ ist, dann enthält U_2 Vektoren, die von Parametervektoren t_2 erzeugt werden, die nicht durch einen Parametervektor s beschrieben werden können. U_2 ist also genau dann eine echte Teilmenge, wenn $l = k_2$ ist. ○

Lösung von Aufgabe 6.40. Nach Aufgabe 6.41 sind die Unterräume genau dann gleich, wenn die Schnittmenge nicht leer und $k_1 = k_2 = l$ ist. ○

6.6.4   Gleichungssystem für einen affinen Unterraum

Aufgabe 6.42 (Gleichungssystem für einen affinen Unterraum). *Gegeben ist ein k-dimen-sionaler affiner Unterraum*

$$U = \{\vec{p} = \vec{q} + Rt \mid t \in \mathbb{R}^k\}.$$

Man findet m = n − k linear unabhängige Gleichungen mit einer m × n-Matrix A und der rechten Seite b derart, dass U die Lösungsmenge des Gleichungssystems Ax = b ist.

Lösung. Eine einzelne Gleichung des Gleichungssystems $Ax = b$ lautet

$$a_1 x_1 + \cdots + a_n x_n = b. \tag{6.21}$$

Die Unbekannten a_1 bis a_n und b sind zu bestimmen. Linear unabhängige Lösungen dafür werden dann eine genügend große Anzahl von Gleichungen ergeben.

Schreiben wir die Koeffizienten a_1 bis a_n als Spaltenvektor, dann erhält die Glei-chung (6.21) die Form

$$a^t x = b. \tag{6.22}$$

Hier ist aber nicht wie gewohnt der Vektor x unbekannt, sondern der Zeilenvektor a. Um die Gleichungen in der gewohnten Form zu schreiben, kann man (6.22) transponieren und erhält

$$x^t a = b. \tag{6.23}$$

Jeder Vektor x des affinen Unterraums U erfüllt die Gleichungen (6.23). Setzt man die Darstellung (6.20) des Vektors x in die Gleichung (6.23) ein, erhält man

$$(\vec{q} + Rt)^t a = b$$
$$\Rightarrow \qquad \vec{q}^{\,t} a + t^t R^t a - b = 0.$$

Die Tableauform dieser Gleichungen ist

a_1	$\ldots$	a_n	b	1
$q_1 + r_{1:}t$	$\ldots$	$q_n + r_{n:}t$	-1	0

Die Zeilenvektoren $r_{i:}$ sind k-dimensional. Jeder Parametervektor $t \in \mathbb{R}^k$ führt zu einer eigenen Gleichung, diese Gleichungen sind jedoch linear abhängig. Wählt man der Reihe nach für t den Nullvektor und die Standardbasisvektoren, erhält man das Tableau

t_1	t_2	$\ldots$	t_k
0	0	$\ldots$	0
1	0	$\ldots$	0
0	1	$\ldots$	0
$\vdots$	$\vdots$	$\ddots$	$\vdots$
0	0	$\ldots$	1

$\Rightarrow$

a_1	a_2	$\ldots$	a_n	b	1
q_1	q_2	$\ldots$	q_n	-1	0
$q_1 + r_{11}$	$q_2 + r_{21}$	$\ldots$	$q_n + r_{n1}$	-1	0
$q_1 + r_{12}$	$q_2 + r_{22}$	$\ldots$	$q_n + r_{n2}$	-1	0
$\vdots$	$\vdots$	$\ddots$	$\vdots$	$\vdots$	$\vdots$
$q_1 + r_{1k}$	$q_2 + r_{2k}$	$\ldots$	$q_n + r_{nk}$	-1	0

Ordnet man die Unbekannten in der Reihenfolge $b, a_1, \ldots, a_n$ an, kann man den ersten Gauß-Schritt durchführen:

b	a_1	a_2	$\ldots$	a_n	0
-1	q_1	q_2	$\ldots$	q_n	0
-1	$q_1 + r_{11}$	$q_2 + r_{21}$	$\ldots$	$q_n + r_{n1}$	0
-1	$q_1 + r_{12}$	$q_2 + r_{22}$	$\ldots$	$q_n + r_{n2}$	0
$\vdots$	$\vdots$	$\vdots$	$\ddots$	$\vdots$	$\vdots$
-1	$q_1 + r_{1k}$	$q_2 + r_{2k}$	$\ldots$	$q_n + r_{nk}$	0

$\rightarrow$

b	a_1	a_2	$\ldots$	a_n	0
-1	q_1	q_2	$\ldots$	q_n	0
0	r_{11}	r_{21}	$\ldots$	r_{n1}	0
0	r_{12}	r_{22}	$\ldots$	r_{n2}	0
$\vdots$	$\vdots$	$\vdots$	$\ddots$	$\vdots$	$\vdots$
0	r_{1k}	r_{2k}	$\ldots$	r_{nk}	0

Die Spalten von R sind nach Voraussetzung linear unabhängig, also sind sie auch als Zeilen von R^t linear unabhängig. Die Durchführung des Gauß-Algorithmus ist daher möglich, ohne dass eine Nullzeile entsteht, was zu einem Schlusstableau der Form

b	a_1	a_2	$\ldots$	a_k	a_{k+1}	$\ldots$	a_n	0
-1	q_1	q_2	$\ldots$	q_k	q_{k+1}	$\ldots$	q_n	0
0	1	0	$\ldots$	0	$r^*_{k+1,1}$	$\ldots$	r^*_{n1}	0
0	0	1	$\ldots$	0	$r^*_{k+1,2}$	$\ldots$	r^*_{n2}	0
$\vdots$	$\vdots$	$\vdots$	$\ddots$	$\vdots$	$\vdots$	$\ddots$	$\vdots$	$\vdots$
0	0	0	$\ldots$	1	$r^*_{k+1,k}$	$\ldots$	r^*_{nk}	0

(6.24)

führt. In schematischer Form entsteht die Matrix R^* aus dem Tableau

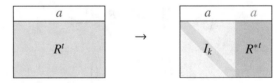

durch Durchführung des Gauß-Algorithmus.

Die unteren k Gleichungen von Tableau (6.24) erlauben, die Koeffizienten a_1 bis a_k aus den frei wählbaren Koeffizienten a_{k+1} bis a_n zu bestimmen. Die Koeffizienten der $m \times r$-Matrix R^* in der rechten unteren Ecke kann dazu verwendet werden.

Um die Matrix A zu bestimmen, muss man jetzt die frei wählbaren Variablen festlegen. Wählt man sie als die Standardbasisvektoren, erhält man m verschiedene Lösungen für die Koeffizienten $a_1, \ldots, a_n$. Für ersten k Werte $a_1, \ldots, a_k$ müssen die Einträge von $-R^*$ verwendet werden, die restlichen sind 0 oder 1. Die Matrix A ist daher die $m \times n$-Koeffizientenmatrix

$$A = \begin{pmatrix} -r^*_{k+1,1} & -r^*_{k+1,2} & \cdots & -r^*_{k+1,k} & 1 & 0 & \cdots & 0 \\ -r^*_{k+2,1} & -r^*_{k+2,2} & \cdots & -r^*_{k+2,k} & 0 & 1 & \cdots & 0 \\ \vdots & \vdots & \ddots & \vdots & \vdots & \vdots & \ddots & \vdots \\ -r^*_{n1} & -r^*_{n2} & \cdots & -r^*_{nk} & 0 & 0 & \cdots & 1 \end{pmatrix} = \left(\begin{array}{c|c} -R^* & I \end{array} \right).$$

Um die zugehörigen rechten Seiten zu bestimmen, wird die Gleichung (6.22) mit den eben bestimmten Koeffizienten A auf den bekannten Vektor q angewendet: $b = Aq$. Das Gleichungssystem für den Unterraum U ist dann $Ax = b$. $\bigcirc$

Beispiel 6.43. Als Beispiel soll eine (zweidimensionale) Ebene in einem vierdimensionalen Raum $\mathbb{R}^4$ untersucht werden. Die Parameterdarstellung der Ebene sei

$$\begin{pmatrix} x_1 \\ x_2 \\ x_3 \\ x_4 \end{pmatrix} = q + tr_1 + tr_2 = \begin{pmatrix} 0 \\ 8 \\ 2 \\ 6 \end{pmatrix} + t\begin{pmatrix} 1 \\ 2 \\ 11 \\ -5 \end{pmatrix} + s\begin{pmatrix} 2 \\ 5 \\ 29 \\ -12 \end{pmatrix},$$

mit der Matrix

$$R = \begin{pmatrix} 1 & 2 \\ 2 & 5 \\ 11 & 29 \\ -5 & -12 \end{pmatrix}$$

der Richtungsvektoren. Es ist also $n = 4$ und $m = k = 2$. Die Durchführung des Gauß-Algorithmus auf R^t liefert

$$\begin{array}{|cccc|} 1 & 2 & 11 & -5 \\ 2 & 5 & 29 & -12 \end{array} \to \begin{array}{|cccc|} 1 & 2 & 11 & -5 \\ 0 & 1 & 7 & -2 \end{array} \to \begin{array}{|cccc|} 1 & 0 & -3 & -1 \\ 0 & 1 & 7 & -2 \end{array}.$$

linalg.ch/gauss/64

Insbesondere ist die 2×2-Matrix

$$R^{t*} = \begin{pmatrix} -3 & -1 \\ 7 & -2 \end{pmatrix} \quad \Rightarrow \quad R^* = \begin{pmatrix} -3 & 7 \\ -1 & -2 \end{pmatrix}$$

und damit

$$A = \begin{pmatrix} 3 & -7 & 1 & 0 \\ 1 & 2 & 0 & 1 \end{pmatrix}.$$

Damit kann jetzt auch die rechte Seite berechnet werden, sie ist

$$b = Aq = \begin{pmatrix} -54 \\ 22 \end{pmatrix}.$$

Zur Kontrolle bestimmen wir jetzt die Lösungsmenge des Gleichungsystems $Ax = b$:

x_1	x_2	x_3	x_4	1		x_1	x_2	x_3	x_4	1
3	−7	1	0	−54	→	1	0	$\frac{2}{13}$	$\frac{7}{13}$	$\frac{46}{13}$
1	2	0	1	22		0	1	$-\frac{1}{13}$	$\frac{3}{13}$	$\frac{120}{13}$

linalg.ch/gauss/65

Daraus kann man die Lösungsmenge

$$\mathbb{L} = \left\{ \frac{1}{13}\begin{pmatrix} 46 \\ 120 \\ 0 \\ 0 \end{pmatrix} + \frac{x_3}{13}\begin{pmatrix} -2 \\ 1 \\ 13 \\ 0 \end{pmatrix} + \frac{x_4}{13}\begin{pmatrix} -7 \\ -3 \\ 0 \\ 13 \end{pmatrix} \;\middle|\; x_3, x_4 \in \mathbb{R} \right\}$$

ablesen.

Um zu überprüfen, ob diese Lösungsmenge mit der Bildmenge der ursprünglichen Parameterdarstellung übereinstimmt, bestimmen wir die Schnittmenge mit Hilfe des als Lösung von Aufgabe 6.39 beschriebenen Verfahrens. Das dazu nötige Tableau enthält in den ersten vier Zeilen die Gleichungen der Parameterdarstellung und in den letzten vier die Lösungsmenge. Um die Brüche zu vermeiden, multiplizieren wir letztere mit 13:

x_1	x_2	x_3	x_4	s	t	z_3	z_4	1
1	0	0	0	-1	-2	0	0	0
0	1	0	0	-2	-5	0	0	8
0	0	1	0	-11	-29	0	0	2
0	0	0	1	5	12	0	0	6
13	0	0	0	0	0	2	7	46
0	13	0	0	0	0	-1	3	120
0	0	13	0	0	0	-13	0	0
0	0	0	13	0	0	0	-13	0

linalg.ch/gauss/66

Durchführung des Gauß-Algorithmus liefert das Tableau

x_1	x_2	x_3	x_4	s	t	z_3	z_4	1
1	0	0	0	0	0	$\frac{2}{13}$	$\frac{7}{13}$	$\frac{46}{13}$
0	1	0	0	0	0	$-\frac{1}{13}$	$\frac{3}{13}$	$\frac{120}{13}$
0	0	1	0	0	0	-1	0	0
0	0	0	1	0	0	0	-1	0
0	0	0	0	1	0	$\frac{12}{13}$	$\frac{29}{13}$	$\frac{198}{13}$
0	0	0	0	0	1	$-\frac{5}{13}$	$-\frac{11}{13}$	$-\frac{76}{13}$
0	0	0	0	0	0	0	0	0
0	0	0	0	0	0	0	0	0

Da genau zwei frei wählbare Variablen z_3 und z_4 gefunden wurden, darf man schließen, dass die beiden Mengen identisch sind, dass also das Gleichungssystem $Ax = b$ genau die Vektoren der ursprünglichen Parameterdarstellung als Lösung hat. $\bigcirc$

6.A   Aufrechtbildkamera

In einer Studienarbeit an der HSR Hochschule für Technik Rapperswil haben Tabea Méndez und Felix Rast für ein Rohrreinigungsunternehmen einen Prototypen einer Kamera entwickelt, die unabhängig von der Lage der Kamera immer ein aufrechtes Bild zeigt. Bei der Wartung von Rohrsystemen wird eine Kamera in das Rohr geschoben, um Schäden am Rohr oder andere Probleme zu finden. Die Orientierung im Rohrsystem wird viel einfacher, wenn man weiß, wo auf dem Bild oben ist und ob eine im Bild sichtbare Abzweigung nach links oder nach rechts führt.

Abbildung 6.22 zeigt die Kamera in Aktion. Die Kamera wurde vor einem Green-Screen aufgenommen und das Kamerabild als Hintergrund eingeblendet. Die Kamera fügt

Abbildung 6.21: Aufnahmeanordnung für Abbildung 6.22. Die Aufrechtbildkamera vor dem Green-screen wird von der Webcam aufgenommen. Das Signal aus der Aufrechtbildkamera wird von einem Video-Capture-Gerät gelesen und vom Aufnahmecomputer mit der Ansicht der Aufrechtbildkamera kombiniert.

im Bild auch den aktuellen Drehwinkel α der Kamera gegen die Horizontale ein. Es wird zwar immer die gleiche Szene abgebildet, aber die Drehung der Kamera verschiebt diese auch horizontal, so dass sich eine parallaktische Verschiebung ergibt.

6.A.1 Lösungskonzept

Ein Dreiachsbeschleunigungssensor ist in der Lage, die Richtung der Schwerkraft als Vektor $\vec{g}$ zu messen, der in Abbildung 6.23 rot dargestellt ist. In Kapitel 7 wird gezeigt, wie das Skalarprodukt von $\vec{g}$ mit dem Vektor der Kameraachse ermöglicht, die Neigung der Kamera gegen die Vertikale zu bestimmen. Ebenso kann das Skalarprodukt auch dazu verwendet werden, den Drehwinkel α (grün in Abbildung 6.23) zwischen der Horizontalen (gelb) und der horizontalen Kante der Kamera zu berechnen. Das Auslesen des Beschleunigungssensors sowie die Berechnung der Bilddrehung übernimmt ein Raspberry Pi Computer.

6.A.2 Bilddrehung

Ausgehend vom Drehwinkel α, den der Beschleunigungssensor gemessen hat, muss das Bild gedreht werden.

$\alpha = -36°$

$\alpha = -\ 1°$

$\alpha =\ \ 62°$

Abbildung 6.22: Die Aufrechtbildkamera liefert immer ein aufrechtes Bild (Hintergrund), unabhängig von der tatsächlichen Lage der Kamera. Die Kamera (blau) wurde vor einem Green-Screen aufgenommen, so dass die Kamera und das Bild gleichzeitig dargestellt werden können. Der aktuelle Drehwinkel wird von der Kamera in den Video-Stream eingeblendet und kann unten links im Bild abgelesen werden.

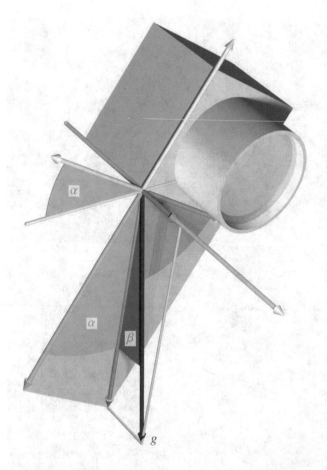

Abbildung 6.23: Drehwinkel α und Neigungswinkel β der Aufrechtbildkamera.

Bildkoordinatensysteme

Der Sensor der Kamera wie auch die Ausgabe-Bilder verwenden ein Koordinatensystem, das den Nullpunkt in der linken unteren Ecke des Bildes haben (Abbildung 6.24). Die Drehmatrix R von (6.3) führt eine Drehung um den Nullpunkt aus. Für einen Drehwinkel $\alpha > 90°$ würden alle Pixel des Kamerabildes aus dem Rechteck herausgedreht, das im Ausgabevideostream ausgegeben wird.

Es ist also nötig, das Kamerabild zunächst so zu verschieben, dass der Bildmittelpunkt im Nullpunkt landet, dann die Drehung auszuführen und schließlich den Nullpunkt wieder in den Mittelpunkt des Ausgabebildes zu verschieben. So entsteht eine Drehung um den Mittelpunkt des Bildes.

Allerdings entsteht durch die Drehung noch ein weiteres Problem, das ebenfalls in Abbildung 6.24 dargestellt wird. Das Kamerabild hat für einige Bereiche des Ausgabe-bildes keine Bildinformation. Dazu müsste ein größeres Bild aufgenommen werden. Um trotzdem möglichst wenig Auflösung zu verlieren, wird ein Bildsensor mit einer höhe-

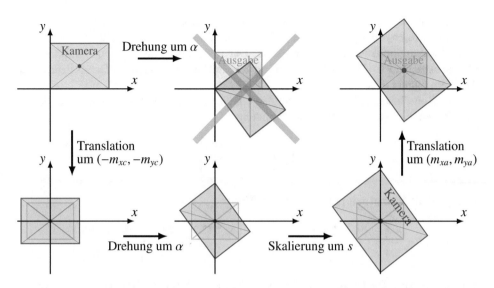

Abbildung 6.24: Transformation des Aufnahmebildes (blau) mit dem Ziel, das ganze Ausgabebild (grün) mit aufrechter Bildinformation zu füllen.

ren Auflösung verwendet. Das Bild kann dann so skaliert werden, dass immer das ganze Ausgabebild mit Information ausgefüllt ist. Wie man aus Abbildung 6.24 ablesen kann, muss so skaliert werden, dass vertikale Ausdehnung des Aufnahmebildes die Länge der Diagonalen des Ausgabebildes erhält.

Drehung und Verschiebung

Wir bezeichnen die Pixelkoordinaten eines Punktes auf dem Kamerachip mit (x_c, y_c). Der Mittelpunkt M_c des Chips hat die Koordinaten (m_{xc}, m_{yc}). Um das Bild so zu verschieben, dass der Mittelpunkt im Nullpunkt des Koordinatensystems landet, müssen die Ortsvektoren mit

$$\begin{pmatrix} x_c \\ y_c \end{pmatrix} \mapsto \begin{pmatrix} x_c - m_{xc} \\ y_c - m_{yc} \end{pmatrix} \tag{6.25}$$

umgerechnet werden.

Die Drehung um den Winkel α kann jetzt mit der Drehmatrix

$$D_\alpha = \begin{pmatrix} \cos\alpha & -\sin\alpha \\ \sin\alpha & \cos\alpha \end{pmatrix}$$

erfolgen.

Bezeichnen wir die Koordinaten im Ausgabebild mit (x_a, y_a) und den Mittelpunkt M_a des Ausgabebildes mit (m_{xa}, m_{ya}), dann bekommt die abschließende Verschiebung des Nullpunktes in den Punkt M_a die Form

$$\begin{pmatrix} x_a \\ y_a \end{pmatrix} \mapsto \begin{pmatrix} x_a + m_{xa} \\ y_a + m_{ya} \end{pmatrix}. \tag{6.26}$$

Die drei Abbildungen müssen jetzt zusammengesetzt werden. Die Verschiebungen (6.25) und (6.26) sind jedoch nicht in Matrixform, so dass man sie nicht einfach durch eine Matrixmultiplikation berechnen kann. Der folgende, in der Computergraphik übliche, in Abschnitt 6.4.3 angedeutete und in Kapitel 10 etwas mehr im Detail begründete Trick ermöglicht dies.

Die Koordinaten eines Punktes werden um eine dritte Komponente erweitert, die immer den Wert 1 hat. Die Translationsabbildung

$$\begin{pmatrix} x_c \\ y_c \\ 1 \end{pmatrix} \mapsto \begin{pmatrix} x_c - m_{xc} \\ y_c - m_{yc} \\ 1 \end{pmatrix}$$

kann jetzt als Matrixmultiplikation mit der Matrix

$$T_{\vec{m}_c} = \begin{pmatrix} 1 & 0 & -m_{xc} \\ 0 & 1 & -m_{yc} \\ 0 & 0 & 1 \end{pmatrix} \quad \Rightarrow \quad \begin{pmatrix} x_c - m_{xc} \\ y_c - m_{yc} \\ 1 \end{pmatrix} = \begin{pmatrix} 1 & 0 & -m_{xc} \\ 0 & 1 & -m_{yc} \\ 0 & 0 & 1 \end{pmatrix} \begin{pmatrix} x_c \\ y_c \\ 1 \end{pmatrix}$$

realisiert werden. Die Drehung um den Winkel α muss jetzt ebenfalls mit einer 3×3-Matrix beschrieben werden, dazu kann die Matrix

$$D_\alpha = \begin{pmatrix} \cos\alpha & -\sin\alpha & 0 \\ \sin\alpha & \cos\alpha & 0 \\ 0 & 0 & 1 \end{pmatrix}$$

verwendet werden.

Skalierung

Um das Bild so zu skalieren, dass keine schwarzen Ecken enstehen, kann die Matrix

$$S_s = \begin{pmatrix} s & 0 & 0 \\ 0 & s & 0 \\ 0 & 0 & 1 \end{pmatrix}$$

verwendet werden. Man beachte, dass die dritte Koordinate nicht skaliert wird. Die 1 als dritte Koordinaten bleibt so bei allen Abbildungen erhalten.

Die gesamte Abbildung vom Aufnahmebild ins Ausgabebild wird durch das Matrizenprodukt

$$A = T_{m_a} S_s D_\alpha T_{-m_c}$$

$$= \begin{pmatrix} 1 & 0 & m_{xa} \\ 0 & 1 & m_{ya} \\ 0 & 0 & 1 \end{pmatrix} \begin{pmatrix} s & 0 & 0 \\ 0 & s & 0 \\ 0 & 0 & 1 \end{pmatrix} \begin{pmatrix} \cos\alpha & -\sin\alpha & 0 \\ \sin\alpha & \cos\alpha & 0 \\ 0 & 0 & 1 \end{pmatrix} \begin{pmatrix} 1 & 0 & -m_{xc} \\ 0 & 1 & -m_{yc} \\ 0 & 0 & 1 \end{pmatrix}$$

$$= \begin{pmatrix} s\cos\alpha & -s\sin\alpha & s(-m_{xc}\cos\alpha + m_{yc}\sin\alpha) + m_{xa} \\ s\sin\alpha & s\cos\alpha & s(-m_{xc}\sin\alpha + m_{yc}\cos\alpha) + m_{ya} \\ 0 & 0 & 1 \end{pmatrix}$$

gegeben.

Optimierung

Ein großer Teil der Pixel des Aufnahmebildes wird gar nicht ins Ausgabebild abgebildet. Es ist daher sinnvoller, nur diejenigen Pixel zu berechnen, die tatsächlich benötigt werden. Jeder Pixel des Ausgabebildes wird mit der Farbe eines Pixels des Aufnahmebildes eingefärbt. Zur Bestimmung dieses Pixels kann die inverse Matrix A^{-1} verwendet werden. Jeder einzelne Faktor von A lässt sich leicht invertieren, so dass man sofort

$$
A^{-1} = (T_{m_a} S_s D_\alpha T_{-m_c})^{-1} = T_{-m_c}^{-1} D_\alpha^{-1} S_s^{-1} T_{m_a}^{-1} = T_{m_c} D_{-\alpha} S_{1/s} T_{-m_a}
$$

$$
= \begin{pmatrix} \frac{1}{s}\cos\alpha & -\frac{1}{s}\sin\alpha & \frac{1}{s}(-m_{xa}\cos\alpha - m_{ya}\sin\alpha) + m_{xc} \\ \frac{1}{s}\sin\alpha & \frac{1}{s}\cos\alpha & \frac{1}{s}(+m_{xa}\sin\alpha + m_{ya}\cos\alpha) + m_{yc} \\ 0 & 0 & 1 \end{pmatrix}
$$

ausrechnen kann.

Hardware-Implementation

Die Berechnung des gedrehten Bildes ist gut parallelisierbar und auf moderner Hardware leicht durchführbar. Leider wird auch noch CPU-Leistung für die im Abschnitt 6.A.3 beschriebene Farbraumumrechnung benötig. Dies kann weniger leistungsfähige Prozessoren an ihre Leistungsgrenzen bringen. Viele moderne Systeme, auch das Raspberry Pi, verfügen aber über eine 3D-Graphikeinheit. Diese ist für die Berechnung der Abbildung eines dreidimensionalen Objektes auf einen zweidimensionalen Bildschirm optimiert. Dabei kann sie auch Drehungen der Objekte berücksichtigen.

Die Realisierung der Aufrechtbildkamera hat dies ausgenützt. Das in den RGB-Farbraum umgerechnete Bild wurde als Textur auf ein im dreidimensionalen Raum platziertes um den Mittelpunkt gedrehtes Rechteck aufgespannt. Die 3D-Graphikeinheit berechnet davon die Projektion auf das Ausgabebild ohne weitere Belastung der CPU. So wird die CPU für die Farbraumumrechnung des nächsten Bildes freigegeben, dies steigert die erreichbare Bildrate.

6.A.3 Farbraumumrechnung

Das menschliche Auge verwendet zwei Arten von Sehzellen. Die sogenannten *Stäbchen* sind reine Helligkeitssensoren, sind aber in sehr großer Zahl über die ganze Netzhaut verteilt vorhanden. Die farbempfindlichen *Zapfen* dagegen sind größer und in geringerer Zahl vorhanden.

Videokameras können die unterschiedliche Auflösung des Auges für Farben und für Helligkeit ausnützen und die zu übertragende Datenmenge reduzieren. Da die Zapfen vor allem für die Farben rot, grün und blau empfindlich sind, ist es naheliegend, Bildschirme aus Pixeln zu konstruieren, die rot, grün oder blau leuchten können. Jeder Pixel besteht also aus drei Werten R, G und B. Für vier Pixel sind insgesamt 12 Pixelwerte nötig. Alle in diesem Farbraum darstellbaren Farben sind Punkte des Farbwürfels in Abbildung 6.25.

Das Auge kann die Farbe aber nur etwa mit halber Auflösung erkennen, die Übertragung aller drei Farbkanäle für jeden einzelnen Pixel ist gar nicht nötig. Ein sparsameres

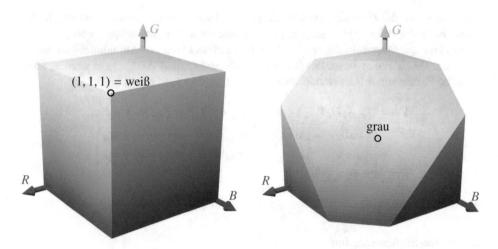

Abbildung 6.25: RGB-Farbraum. Der RGB-Farbraum wird zum Beispiel von Bildschirmen verwendet. Eine Farbe wird durch Werte für Rot, Grün und Blau im Intervall [0, 1] spezifiziert. Alle im RGB-Farbraum darstellbaren Farben bilden einen Einheitswürfel in $\mathbb{R}^3$. Grautöne können auf der Körperdiagonalen vom Nullpunkt zum Punkt (1, 1, 1) gefunden werden, der weiß entspricht.

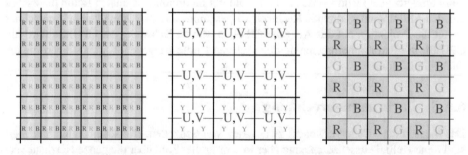

Abbildung 6.26: Farbbildschirme verwenden den RGB-Farbraum, in dem jedem Pixel drei Werte für die Farben rot, grün und blau zugeordnet sind (links). In RGB sind zwölf Zahlenwerte nötig. Der YUV-Farbraum (Mitte) verwenden pro Vierergruppe von Pixeln vier Y-Werte, die die Helligkeit wiedergeben, aber nur zwei Werte U und V, die die Farbinformation enthalten, insgesamt also sechs Zahlenwerte. Auf den Pixeln des Kamerachips liegt eine Bayer-Filtermaske, welche jedem Pixel eine Farbe gibt (rechts). Pro Vierergruppe von Pixeln stehen auch nur vier Zahlen zur Verfügung, nur je ein Wert für rot und blau sowie zwei für grün. Eine YUV-Kamera interpoliert daraus Werte für die sechs Werte von YUV.

Abbildung 6.27: Der YUV-Farbraum verwendet eine Helligkeitsachse Y und zwei dazu transversale Achsen U und V für die Farbinformation.

Modell verwendet Helligkeitsinformation für jedes einzelne Pixel, stellt aber Farbinformation nur für jede Vierergruppe von Pixeln bereit (Abbildung 6.26 Mitte). Dazu ist eine Codierung der Farbinformation nötig, die Farbe und Helligkeit leicht zu trennen erlaubt. Der YUV-Farbraum verwendet daher die Diagonale des Farbwürfels als Achse Y als Helligkeitsinformation. Zwei Richtungen U und V in dazu transversaler Richtung codieren die Farbinformation. Es genügt dann, Y für jeden Pixel zu übertragen, während U und V nur bei jedem vierten Pixel benötigt werden. Für vier Pixel sind daher nur 4 Y-Werte und zwei U- bzw. V-Werte nötig. Gegenüber dem RGB-Farbraum ergibt sich eine Einsparung von 50%.

Kamerachips verwenden eine sogenannte Bayer-Matrix aus roten, grünen und blauen Filtern auf den Pixeln (Abbildung 6.26 rechts). Pro Vierergruppe stehen also nur je ein Wert für rot und blau sowie zwei Werte für grün zur Verfügung. In einem Debayering genannten Prozess werden daraus YUV- oder RGB-Farben interpoliert.

Umrechnungsmatrix zwischen YUV und RGB

Die Umrechnung zwischen dem RGB- und dem YUV-Farbraum ist linear. Die Komponente Y für die Helligkeit ist

$$Y = 0.299 \cdot R + 0.879 \cdot G + 0.114 \cdot B,$$

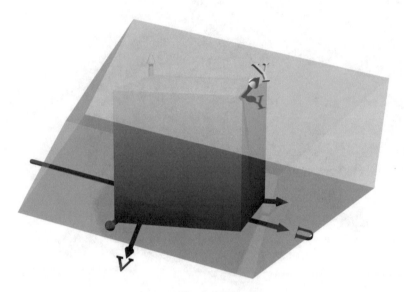

Abbildung 6.28: Zusammenhang zwischen YUV- und RGB-Farbraum. Der RGB-Farbwürfel ist fast vollständig im Parallelepiped enthalten, das von den Achsen Y, U und V aufgespannt wird. Allerdings fehlen zwei Ecken, wie Abbildung 6.29 zeigt.

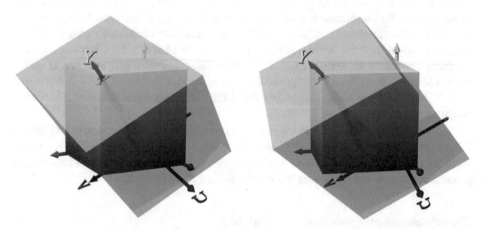

Abbildung 6.29: RGB-Farben, die nicht als YUV-Farben darstellbar sind. Das graue Parallelepiped enthält alle YUV-Farben. Vom RGB-Farbwürfel ragen die rote sowie die cyane Ecke heraus.

die beiden Farbkoordinaten U und V sind

$$U = 0.493 \cdot (B - Y)$$
$$V = 0.877 \cdot (R - Y)$$

Durch Einsetzen des Ausdrucks für Y kann man die Abbildungsmatrix

$$\begin{pmatrix} Y \\ U \\ V \end{pmatrix} = \underbrace{\begin{pmatrix} 0.299 & 0.587 & 0.114 \\ -0.147407 & -0.289391 & 0.436798 \\ 0.614777 & -0.514799 & -0.099978 \end{pmatrix}}_{= A} \begin{pmatrix} R \\ G \\ B \end{pmatrix}$$

finden. Die Umrechung von YUV in RGB erfolgt mit der inversen Matrix

$$A^{-1} = \begin{pmatrix} 1 & 0 & 1.140251 \\ 1 & -0.393931 & -0.580809 \\ 1 & 2.028398 & 0 \end{pmatrix}.$$

Nicht jede Farbe im YUV-Farbraum ist in RGB-darstellbar und umgekehrt. Die als RGB-Farben darstellbaren YUV-Farben bilden das graue Parallelepiped in Abbildung 6.29.

Nicht darstellbare Farben

Abbildung 6.28 zeigt ganz deutlich, dass sehr viele YUV-Farben keine RGB-Entsprechung haben. Die Abbildung 6.29 zeigt, dass auch nicht alle RGB-Farben als YUV-Farben dargestellt werden können. Je eine kleine Ecke extremer roter Farben und extremer Cyan-Farben sind nicht als YUV-Farben darstellbar.

Übungsaufgaben

6.1. Kann der Vektor

$$v = \begin{pmatrix} 2 \\ -5 \\ 3 \end{pmatrix}$$

als Linearkombination der Vektoren

$$u_1 = \begin{pmatrix} 1 \\ -3 \\ 2 \end{pmatrix}, \qquad u_2 = \begin{pmatrix} 2 \\ -4 \\ -1 \end{pmatrix}, \qquad \text{und} \qquad u_3 = \begin{pmatrix} 1 \\ -5 \\ 7 \end{pmatrix}$$

linalg.ch/gauss/67

geschrieben werden? Wenn ja, finden Sie die Koeffizienten, wenn nein, warum nicht? Bilden die Vektoren u_i eine Basis?

6.2. Finden Sie die Transformationsmatrix T, welche Koordinaten in der Basis

$$\mathcal{B} = \left\{ \begin{pmatrix} 2 \\ 0 \\ 1 \\ 2 \end{pmatrix}, \begin{pmatrix} -4 \\ -1 \\ 5 \\ 4 \end{pmatrix}, \begin{pmatrix} -3 \\ 1 \\ 0 \\ 5 \end{pmatrix} \right\}$$

in Koordinaten in der Basis

$$C = \left\{ \begin{pmatrix} -4 \\ -1 \\ 5 \\ 4 \end{pmatrix}, \begin{pmatrix} -5 \\ 0 \\ 6 \\ 11 \end{pmatrix}, \begin{pmatrix} 6 \\ 1 \\ -4 \\ -2 \end{pmatrix} \right\}$$

linalg.ch/gauss/68

umrechnet. Bestimmen Sie außerdem die Koordinaten x_i des Vektors

$$v = \begin{pmatrix} 3 \\ 2 \\ -4 \\ 3 \end{pmatrix}$$

linalg.ch/gauss/69

in der Basis $\mathcal{B}$ und rechnen Sie sie mit der Transformationsmatrix in Koordinaten in der Basis C um. Kontrollieren Sie Ihr Resultat.

6.3. Statt der Standardbasis soll die Basis aus den Vektoren

$$b_1' = \begin{pmatrix} 1 \\ -1 \end{pmatrix}, \qquad b_2' = \begin{pmatrix} 1 \\ 2 \end{pmatrix}$$

verwendet werden. Dazu müssen zu Koordinaten $\begin{pmatrix} x_1 \\ x_2 \end{pmatrix}$ in der Standardbasis die neuen Koordinaten in der Form

$$\begin{pmatrix} x_1' \\ x_2' \end{pmatrix} = T \begin{pmatrix} x_1 \\ x_2 \end{pmatrix}$$

gefunden werden. Bestimmen Sie die Matrix T.

6.4. Die Lösungsmenge des Gleichungssystems

$$\begin{array}{rrrrr} 4x & + & 8y & - & 12z & = & 16 \\ 7x & + & 17y & - & 15z & = & 7 \end{array}$$

linalg.ch/gauss/71

ist eine Gerade.

a) Verwenden Sie den Gauss-Algorithmus, um dafür eine Parameterdarstellung zu finden.

b) Schneidet diese Gerade die Gerade mit der Parameterdarstellung

$$\begin{pmatrix} -18 \\ 19 \\ 7 \end{pmatrix} + t \begin{pmatrix} -3 \\ 4 \\ 2 \end{pmatrix}$$

linalg.ch/gauss/72

und wenn ja, in welchem Punkt?

6.5. Finden Sie eine Parameterdarstellung der Schnittgeraden der Ebenen durch die Punkte $A = (6, 4, 7)$, $B = (9, 2, 9)$ und $C = (1, 7, 0)$ bzw. $P = (2, 2, 4)$, $Q = (6, 13, 4)$, und $R = (1, 3, 7)$.

linalg.ch/gauss/73

Lösungen: `https://linalg.ch/uebungen/LinAlg-106.pdf`

Kapitel 7

Skalarprodukt und Orthogonalität

7.1 Orthogonale Projektion und Skalarprodukt

Abstand und Winkel spielen in der euklidischen Geometrie eine fundamentale Rolle. Die bisher eingeführten Elemente der Vektorgeometrie erlauben jedoch noch nicht, Abstände oder Winkel zu berechnen. Aus der elementaren Trigonometrie ist bekannt, dass der Schlüssel dazu das Verständnis rechtwinkliger Dreiecke ist. Der Kosinus eines Winkels ist das Verhältnis von Ankathete zu Hypothenuse. Die Ankathete ist aber auch die orthogonale Projektion der Hypothenuse auf die Richtung der Ankathete. Das Skalarprodukt soll daher in diesem Abschnitt aus der orthogonalen Projektion entwickelt werden.

7.1.1 Orthogonale Projektion

Zunächst möchten wir zeigen, dass sich Längen und Winkel berechnen lassen, wenn man in der Lage ist, die Länge der orthogonalen Projektion eines Vektors $\vec{v}$ auf jeden beliebigen anderen Vektor $\vec{u}$ zu berechnen.

Seien also $\vec{u}$, $\vec{v}$ zwei beliebige Vektoren wie in Abbildung 7.1 und $p_{\vec{u}}(\vec{v})$ die Länge der Projektion des Vektors $\vec{v}$ auf $\vec{u}$. Wir versehen diese Länge mit einem Vorzeichen. Zeigt der auf $\vec{u}$ projizierte Vektor $\vec{v}$ in die gleiche Richtung wie $\vec{u}$, nehmen wir die Länge positiv, zeigt der projizierte Vektor in die Gegenrichtung, ist $p_{\vec{u}}(\vec{v})$ negativ.

Die Länge von $\vec{v}$ ist $p_{\vec{v}}(\vec{v})$, und für den Winkel α zwischen den beiden Vektoren ist

$$\cos\alpha = \frac{\text{Ankathete}}{\text{Hypothenuse}} = \frac{p_{\vec{u}}(\vec{v})}{p_{\vec{v}}(\vec{v})}. \tag{7.1}$$

Offenbar ist die Länge der Projektion die grundlegendere Größe, aus der man die anderen Konzepte ableiten kann. Etwas ungünstig ist an dieser Projektion nur, dass die beiden

© Der/die Autor(en), exklusiv lizenziert an
Springer-Verlag GmbH, DE, ein Teil von Springer Nature 2023
A. Müller, *Lineare Algebra: Eine anwendungsorientierte Einführung*,
https://doi.org/10.1007/978-3-662-67866-4_7

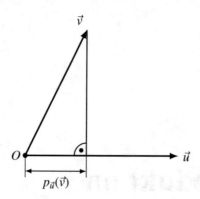

Abbildung 7.1: Orthogonale Projektion

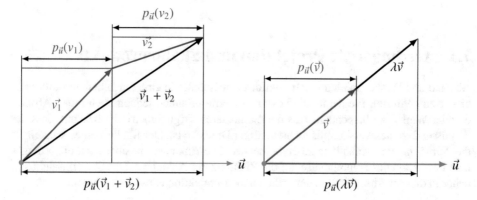

Abbildung 7.2: Die Projektionsabbilung $\vec{v} \mapsto p_{\vec{u}}(\vec{v})$ ist linear. Die linke Graphik zeigt $p_{\vec{u}}(\vec{v}_1 + \vec{v}_2) = p_{\vec{u}}(\vec{v}_1) + p_{\vec{u}}(\vec{v}_2)$, die rechte verwendet den Strahlensatz um $p_{\vec{u}}(\lambda\vec{v}) = \lambda p_{\vec{u}}(\vec{v})$ zu zeigen.

Vektoren nicht symmetrisch eingehen. Immerhin ist $p_{\vec{u}}(\vec{v})$ linear in $\vec{v}$, wie man sich mit Hilfe der Abbildung 7.2 sofort überzeugen kann. Es ist also

$$p_{\vec{u}}(\vec{v}_1 + \vec{v}_2) = p_{\vec{u}}(\vec{v}_1) + p_{\vec{u}}(\vec{v}_2) \qquad \text{und}$$
$$p_{\vec{u}}(\lambda\vec{v}) = \lambda p_{\vec{u}}(\vec{v}).$$

7.1.2 Skalarprodukt

Zur Behebung der Asymmetrie zwischen $\vec{u}$ und $\vec{v}$ in $p_{\vec{u}}(\vec{u})$ ist also eine Konstruktion gesucht, die wie $p_{\vec{v}}(\vec{u})$ immer noch linear in $\vec{u}$ ist, aber auch symmetrisch in $\vec{u}$ und $\vec{v}$. Die Formel (7.1) deutet an, wie dies erreicht werden kann. Der Zwischenwinkel kann nämlich auch berechnet werden, indem die beiden Vektoren vertauscht werden:

$$\cos\alpha = \frac{p_{\vec{u}}(\vec{v})}{p_{\vec{v}}(\vec{v})} = \frac{p_{\vec{v}}(\vec{u})}{p_{\vec{u}}(\vec{u})}.$$

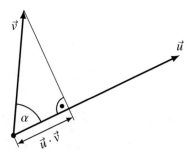

Abbildung 7.3: Skalarprodukt $\vec{u} \cdot \vec{v}$ des Einheitsvektors $\vec{u}$ und des Vektors $\vec{v}$ mit Zwischenwinkel α.

Multipliziert man diese Gleichung mit dem Produkt der Längen $p_{\vec{u}}(\vec{u})p_{\vec{v}}(\vec{v})$, erhält man

$$p_{\vec{u}}(\vec{u})p_{\vec{v}}(\vec{v}) \cos \alpha = p_{\vec{u}}(\vec{u})p_{\vec{u}}(\vec{v}) = p_{\vec{v}}(\vec{v})p_{\vec{v}}(\vec{u}), \tag{7.2}$$

was offenbar symmetrisch in $\vec{u}$ und $\vec{v}$ ist. Es ist aber zusätzlich bei festem $\vec{u}$ linear in $\vec{v}$, weil $p_{\vec{u}}(\vec{v})$ linear ist in $\vec{v}$, und bei festem $\vec{v}$ linear in $\vec{u}$, weil $p_{\vec{v}}(\vec{u})$ linear ist in $\vec{u}$. Dies rechtfertigt die folgende Definition.

Definition 7.1 (Skalarprodukt). *Das* Skalarprodukt *zweier Vektoren* $\vec{u}$ *und* $\vec{v}$ *ist*

$$\vec{u} \cdot \vec{v} = p_{\vec{u}}(\vec{u})p_{\vec{v}}(\vec{v}) \cos \alpha = p_{\vec{u}}(\vec{u})p_{\vec{u}}(\vec{v}) = p_{\vec{v}}(\vec{v})p_{\vec{v}}(\vec{u}). \tag{7.3}$$

Die Linearität des Skalarproduktes bedeutet, dass die folgenden Rechenregeln gelten:

$$(\vec{a} + \vec{b}) \cdot \vec{c} = \vec{a} \cdot \vec{c} + \vec{b} \cdot \vec{c}, \qquad\qquad (\lambda \vec{a}) \cdot \vec{b} = \lambda(\vec{a} \cdot \vec{b}),$$

$$\vec{a} \cdot (\vec{b} + \vec{c}) = \vec{a} \cdot \vec{b} + \vec{a} \cdot \vec{c}, \qquad\qquad \vec{a} \cdot (\lambda \vec{b}) = \lambda(\vec{a} \cdot \vec{b}).$$

Linearität bedeutet in diesem Fall also nichts anderes, als dass man Ausmultiplizieren oder Ausklammern kann, wie man es sich von der elementaren Algebra gewohnt ist, und auch skalare Faktoren beliebig aus einem Skalarprodukt herausziehen oder in einen Faktor hineinschieben kann. Da das Skalarprodukt nach Konstruktion symmetrisch in beiden Faktoren ist, darf man sogar Faktoren vertauschen.

Aus der Größe $\vec{u} \cdot \vec{v}$, die wie gesagt linear in $\vec{u}$ und in $\vec{v}$ ist, kann man $p_{\vec{u}}(\vec{v})$ mittels

$$p_{\vec{u}}(\vec{v}) = \frac{p_{\vec{u}}(\vec{v})p_{\vec{u}}(\vec{u})}{p_{\vec{u}}(\vec{u})} = \frac{\vec{u} \cdot \vec{v}}{\sqrt{p_{\vec{u}}(\vec{u})^2}} = \frac{\vec{u} \cdot \vec{v}}{\sqrt{\vec{u} \cdot \vec{u}}}$$

aus (7.3) wieder zurückgewinnen. Gegenüber der orthogonalen Projektionsfunktion $p_{\vec{u}}(\vec{v})$ hat man also nichts verloren.

Definition 7.2 (Länge und Zwischenwinkel). *Seien* $\vec{u}$ *und* $\vec{v}$ *zwei Vektoren, dann ist*

$$|\vec{u}| = p_{\vec{u}}(\vec{u}) = \sqrt{\vec{u} \cdot \vec{u}}$$

Länge eines komplexen Vektors

Das bisher definierte Skalarprodukt funktioniert nicht mehr in einem komplexen Vektorraum, es führt auf Widersprüche, wie wir hier kurz zeigen möchten.

Wir nehmen daher an, es gäbe ein Skalarprodukt für komplexe Vektoren, mit dem man die Länge $|u| = \sqrt{u \cdot u}$ eines Vektors u berechnen kann. Wir berechnen jetzt die Länge von iu:

$$|iu| = \sqrt{(iu) \cdot (iu)} = \sqrt{i^2(u \cdot u)} = \sqrt{-|u|^2}.$$

Unter der Wurzel auf der rechten Seite steht eine negative Zahl. $|iu|$ ist also eine imaginäre Zahl. Da wir die Länge zum Vergleich von Vektoren verwenden wollen, es aber in den komplexen Zahlen keine Vergleichsrelation gibt, ist dieser Versuch eines Skalarproduktes kein brauchbares Hilfsmittel mehr. Eine besser funktionierende Lösung sind komplexe Skalarprodukte (siehe Kasten auf Seite 343).

die Länge *des Vektors und der* Zwischenwinkel *ist der Winkel* α*, der*

$$|\vec{u}|\,|\vec{v}|\cos\alpha = \vec{u} \cdot \vec{v} \quad \Rightarrow \quad \cos\alpha = \frac{\vec{u} \cdot \vec{v}}{|\vec{u}| \cdot |\vec{v}|} \tag{7.4}$$

erfüllt. Zwei vom Nullvektor verschiedene Vektoren $\vec{u}$ *und* $\vec{v}$ *heißen* senkrecht *aufeinander,* $\vec{u} \perp \vec{v}$*, wenn* $\vec{u} \cdot \vec{v} = 0$*. Weiter kürzen wir* $\vec{v} \cdot \vec{v} = \vec{v}^2$ *ab.*

Häufig braucht man zu einem Vektor einen Vektor mit gleicher Richtung, aber Einheitslänge. Wir verwenden die Schreibweise

$$\vec{v}^0 = \frac{\vec{v}}{|\vec{v}|}$$

für den zum Vektor $\vec{v}$ gehörigen *Einheitsvektor*.

7.1.3   Kosinussatz

Aus der Definition des Skalarproduktes lässt sich unmittelbar der Kosinussatz der ebenen Trigonometrie ableiten. Seien dazu A, B und C die Ecken eines Dreiecks in der Ebene wie in Abbildung 7.4 und $\vec{a}$, $\vec{b}$ und $\vec{c}$ ihre jeweiligen Ortsvektoren. Die Längen der Seiten sind die Längen der Differenzen der Ortsvektoren, also zum Beispiel $c = |\vec{b} - \vec{a}|$.

Der Kosinussatz berechnet die Seitenlänge c aus den anderen Seiten und dem Winkel γ an der Ecke C. Schreibt man $\vec{a} - \vec{b} = \vec{a} - \vec{c} + \vec{c} - \vec{b}$, kann man die Länge mit dem Skalarprodukt umformen:

$$\begin{aligned}
c^2 = |\vec{a} - \vec{b}|^2 &= (\vec{a} - \vec{b}) \cdot (\vec{a} - \vec{b}) \\
&= ((\vec{a} - \vec{c}) + (\vec{c} - \vec{b})) \cdot ((\vec{a} - \vec{c}) + (\vec{c} - \vec{b})) \\
&= |\vec{a} - \vec{c}|^2 + |\vec{c} - \vec{b}|^2 + 2(\vec{a} - \vec{c}) \cdot (\vec{c} - \vec{b}) \\
&= a^2 + b^2 - 2(\vec{a} - \vec{c}) \cdot (\vec{b} - \vec{c})
\end{aligned}$$

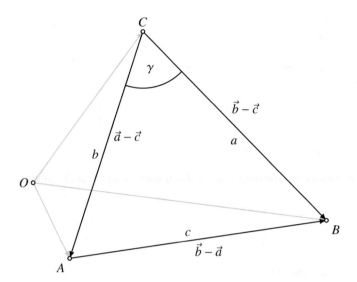

Abbildung 7.4: Herleitung des Kosinussatzes der ebenen Trigonometrie mit Hilfe des Skalarproduktes.

Die ersten beiden Terme sind die quadrierten Längen der Seiten a und b. Setzt man die Definition des Skalarproduktes $(\vec{a} - \vec{c}) \cdot (\vec{b} - \vec{c})$ in den letzten Term ein, erhält man

$$c^2 = a^2 + b^2 - 2ab \cos \gamma.$$

Dies ist der Kosinussatz.

7.1.4 Skalarprodukt und Standardbasis

Zur praktischen Berechnung des Skalarproduktes benötigen wir eine Formel, die das Skalarprodukt aus den Vektorkomponenten berechnet. Mit der *Standardbasis* meinen wir die Basis aus den Einheitsvektoren $\{\vec{e}_1, \vec{e}_2, \vec{e}_3\}$ des üblichen orthogonalen kartesischen Koordinatensystems. Orthogonalität bedeutet $\vec{e}_i \cdot \vec{e}_j = 0$ für $i \neq j$, Einheitsvektoren bedeutet $|\vec{e}_i|^2 = \vec{e}_i \cdot \vec{e}_i = 1$ für alle i.

Schreibt man die Vektoren $\vec{u}$ und $\vec{v}$ in dieser Basis als

$$\vec{u} = \begin{pmatrix} u_1 \\ u_2 \\ u_3 \end{pmatrix} = u_1 \vec{e}_1 + u_2 \vec{e}_2 + u_3 \vec{e}_3, \qquad \vec{v} = \begin{pmatrix} v_1 \\ v_2 \\ v_3 \end{pmatrix} = v_1 \vec{e}_1 + v_2 \vec{e}_2 + v_3 \vec{e}_3,$$

dann kann das Skalarprodukt mit der Linearität berechnet werden:

$$\begin{aligned} \vec{u} \cdot \vec{v} &= (u_1 \vec{e}_1 + u_2 \vec{e}_2 + u_3 \vec{e}_3) \cdot (v_1 \vec{e}_1 + v_2 \vec{e}_2 + v_3 \vec{e}_3) \\ &= u_1 v_1 \vec{e}_1 \cdot \vec{e}_1 + u_1 v_2 \vec{e}_1 \cdot \vec{e}_2 + u_1 v_3 \vec{e}_1 \cdot \vec{e}_3 \\ &\quad + u_2 v_1 \vec{e}_2 \cdot \vec{e}_1 + u_2 v_2 \vec{e}_2 \cdot \vec{e}_2 + u_2 v_3 \vec{e}_2 \cdot \vec{e}_3 \\ &\quad + u_3 v_1 \vec{e}_3 \cdot \vec{e}_1 + u_3 v_2 \vec{e}_3 \cdot \vec{e}_2 + u_3 v_3 \vec{e}_3 \cdot \vec{e}_3. \end{aligned}$$

Die Skalarprodukte von aufeinander senkrecht stehenden Vektoren verschwinden. Es bleiben nur die Termen mit $\vec{e}_i \cdot \vec{e}_i$. Wegen $\vec{e}_i \cdot \vec{e}_i = 1$ erhalten wir den folgenden Satz.

Satz 7.3 (Skalarprodukt in der Standardbasis). *Das Skalarprodukt zweier Vektoren mit Koordinaten*

$$\vec{u} = \begin{pmatrix} u_1 \\ u_2 \\ u_3 \end{pmatrix} \quad und \quad \vec{v} = \begin{pmatrix} v_1 \\ v_2 \\ v_3 \end{pmatrix}$$

in der Standardbasis wird $\vec{u} \cdot \vec{v} = u_1 v_1 + u_2 v_2 + u_3 v_3$.

Beispiel 7.4. Berechnen Sie die Länge und den Zwischenwinkel der Vektoren

$$\vec{a} = \begin{pmatrix} 3 \\ 12 \\ 4 \end{pmatrix}, \qquad \vec{b} = \begin{pmatrix} 2 \\ 3 \\ 6 \end{pmatrix}.$$

Die Länge der Vektoren ist

$$
\begin{aligned}
|\vec{a}| &= \sqrt{\vec{a} \cdot \vec{a}} & |\vec{b}| &= \sqrt{\vec{b} \cdot \vec{b}} \\
&= \sqrt{9 + 144 + 16} & &= \sqrt{4 + 9 + 36} \\
&= \sqrt{169} = 13 & &= \sqrt{49} = 7.
\end{aligned}
$$

Damit kann man jetzt auch den Zwischenwinkel berechnen

$$\cos\alpha = \frac{\vec{a} \cdot \vec{b}}{|\vec{a}|\,|\vec{b}|} = \frac{6 + 36 + 24}{13 \cdot 7} = \frac{66}{91} = 0.72527$$

$$\Rightarrow \qquad \alpha = 43.51°.$$

7.1.5 Skalarprodukt in $\mathbb{R}^n$

Nach dem Muster des Skalaproduktes $\vec{u} \cdot \vec{v}$ im dreidimensionalen Raum kann auch ein Skalarprodukt für beliebige Spaltenvektoren in $\mathbb{R}^n$ definiert werden.

Definition 7.5 (Skalarprodukt in $\mathbb{R}^n$). *Das* Skalarprodukt *in* $\mathbb{R}^n$ *ist die bilineare Abbildung*

$$\langle\ ,\ \rangle \colon \mathbb{R}^n \times \mathbb{R}^n \to \mathbb{R} \colon (a,b) \mapsto \langle a,b \rangle = a \cdot b = a^t b = \sum_{i=1}^{n} a_i b_i.$$

Das Skalarprodukt wird auch Dot-Produkt *und manchmal das* Standardskalarprodukt *genannt.*

Das Skalarprodukt der dreidimensionalen Vektoren $\vec{a}$ in der Standardbasis stimmt also nach Definition mit dem Skalarprodukt der Spaltenvektoren in $\mathbb{R}^3$ überein.

In Matlab und Octave gibt es mehrere Möglichkeiten, ein Skalarprodukt zu berechnen. Für Spaltenvektoren kann man die mathematische Definition $a \cdot b = a^t b$ direkt

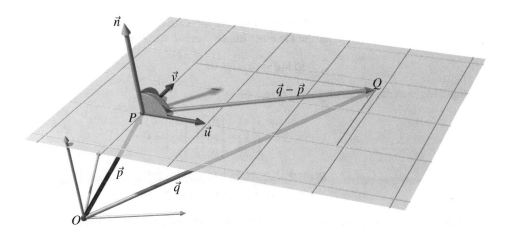

Abbildung 7.5: Ebene in Normalenform. Vektoren vom Stützpunkt P der Ebene zu einem Punkt Q der Ebene stehen senkrecht auf dem Normalenvektor $\vec{n}$.

in die Matlab-Notation `a'*b` übersetzen. Zusätzlich gibt es aber auch noch die Funktion `dot(a,b)`. Die `dot`-Funktion hat noch einen zusätzlichen optionalen Parameter. Die Notwendigkeit eines solchen Parameters wird klar, wenn man mehrere Vektoren in zwei $n \times m$-Matrizen A und B packt und dann die Skalarprodukte in einer Operation berechnen möchte. Dann ist nicht klar, ob man die Skalarprodukte der Zeilenvektoren oder die Skalarprodukte der Spaltenvektoren berechnen will[1]. Der zusätzliche Parameter gibt dann an, entlang welcher Dimension summiert werden muss:

Befehl	Interpretation	Komponenten
`dot(A,B,1)`	Zeilenvektor aus Skalarprodukten der Spaltenvektoren von A und B	$p_i = \sum_{k=1}^{n} a_{ik} b_{ik}$
`dot(A,B,2)`	Spaltenvektor aus Skalarprodukten der Zeilenvektoren von A und B	$p_k = \sum_{i=1}^{m} a_{ik} b_{ik}$

7.2 Erste Anwendungen des Skalarproduktes

Aus den Eigenschaften des Skalarproduktes ergeben sich unmittelbar erste Anwendungen. Ihnen gemeinsam ist die Verwendung der *Normalen*, eines Vektors, der auf einer Geraden in der Ebene oder auf einer Ebene im Raum senkrecht steht.

7.2.1 Normalenform von Ebene und Gerade

Das Skalarprodukt gibt uns eine neue Möglichkeit, Ebenen zu beschreiben. Eine Ebene durch den Punkt P senkrecht auf den Vektor $\vec{n}$ besteht genau aus jenen Punkten Q, für die

---

[1]Eine alternative Lösung bietet die Tensornotation, die in Kapitel 15 angesprochen wird.

der Vektor $\overrightarrow{PQ}$ auf $\vec{n}$ senkrecht steht (Abbildung 7.5). Mit dem Skalarprodukt ausgedrückt: Die Menge der Ortsvektoren der Punkte einer Ebene durch P mit Normale $\vec{n}$ ist

$$\{\vec{q} \mid (\vec{q} - \vec{p}) \cdot \vec{n} = 0\}.$$

Multipliziert man die Gleichung aus, erhält man

$$\left(\begin{pmatrix} x \\ y \\ z \end{pmatrix} - \begin{pmatrix} p_1 \\ p_2 \\ p_3 \end{pmatrix}\right) \cdot \begin{pmatrix} n_1 \\ n_2 \\ n_3 \end{pmatrix} = 0$$

$$(x - p_1)n_1 + (y - p_2)n_2 + (z - p_3)n_3 = 0$$

$$n_1 x + n_2 y + n_3 z - (p_1 n_1 + p_2 n_2 + p_3 n_3) = 0.$$

Diese Form der Ebenengleichung, in der $\vec{n}$ ein Einheitsnormalenvektor ist, heißt auch *hessesche Normalform*.

Satz 7.6 (Abstand eines Punktes von einer Ebene). *Ist $\vec{n}$ ein Einheitsvektor, dann ist*

$$d = (\vec{q} - \vec{p}) \cdot \vec{n}$$

der Abstand des Punktes mit dem Ortsvektor $\vec{q}$ von der Ebene durch den Punkt mit Ortsvektor $\vec{p}$ und Normalen $\vec{n}$. In Koordinaten:

$$d = n_1 x + n_2 y + n_3 z - \vec{p} \cdot \vec{n}.$$

Der Abstand ist positiv, wenn der Punkt Q auf der gleichen Seite der Ebene liegt wie die Normale $\vec{n}$ zeigt.

Beweis. $(\vec{q} - \vec{p}) \cdot \vec{n}$ ist die Länge der Projektion des Vektors $\vec{q} - \vec{p}$ auf den Normalenvektor $\vec{n}$, also genau der behauptete Abstand. □

Beispiel 7.7. Man finde die Normalenform der Ebenengleichung (6.13) auf Seite 285, und berechne den Abstand des Punktes $(1, 1, 1)$ von der Ebene.

Die Lösung vollzieht sich in folgenden Schritten:
  1. Bestimme die Normale der Ebene.
  2. Schreibe die Gleichung der Ebene in Normalenform.
  3. Bringe die Normalenform in hessesche Normalform.
  4. Berechne den Abstand des Punktes $(1, 1, 1)$.
Gesucht ist ein Vektor $\vec{n}$, der auf beiden Richtungsvektoren senkrecht steht, also

$$\begin{pmatrix} n_1 \\ n_2 \\ n_3 \end{pmatrix} \cdot \begin{pmatrix} 2 \\ 2 \\ -2 \end{pmatrix} = 0, \qquad \begin{pmatrix} n_1 \\ n_2 \\ n_3 \end{pmatrix} \cdot \begin{pmatrix} 3 \\ -3 \\ -1 \end{pmatrix} = 0. \tag{7.5}$$

Dies ist gleichbedeutend mit dem Gleichungssystem

$$\begin{pmatrix} 2 & 2 & -2 \\ 3 & -3 & -1 \end{pmatrix} \begin{pmatrix} n_1 \\ n_2 \\ n_3 \end{pmatrix} = \begin{pmatrix} 0 \\ 0 \end{pmatrix}.$$

Der Gauß-Algorithmus liefert

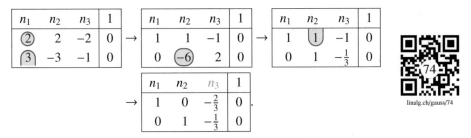

Die Komponente n_3 ist frei wählbar. Wir setzen $n_3 = 3$ und bekommen $n_1 = 2$ und $n_2 = 1$. Tatsächlich ist

$$\begin{pmatrix} 2 \\ 1 \\ 3 \end{pmatrix} \cdot \begin{pmatrix} 2 \\ 2 \\ -2 \end{pmatrix} = 4 + 2 - 6 = 0 \qquad \text{und} \qquad \begin{pmatrix} 2 \\ 1 \\ 3 \end{pmatrix} \cdot \begin{pmatrix} 3 \\ -3 \\ -1 \end{pmatrix} = 6 - 3 - 3 = 0.$$

Damit ist die Normalenform der Ebenengleichung

$$\left(\begin{pmatrix} x \\ y \\ z \end{pmatrix} - \begin{pmatrix} 1 \\ 2 \\ 1 \end{pmatrix} \right) \cdot \begin{pmatrix} 2 \\ 1 \\ 3 \end{pmatrix} = 0 \qquad \Rightarrow \qquad 2x + y + 3z = 7. \tag{7.6}$$

Diese Form ist zwar eine Normalenform, aber noch nicht die hessesche Normalform, da man für diesen Zweck einen Einheitsvektor als Normalenvektor verwenden muss. Unser Normalenvektor hat die Länge $|\vec{n}| = \sqrt{14}$. Dividieren wir die Gleichung (7.6) durch $\sqrt{14}$, erhalten wir die hessesche Normalform:

$$d = \frac{2}{\sqrt{14}} x + \frac{1}{\sqrt{14}} y + \frac{3}{\sqrt{14}} z - \frac{7}{\sqrt{14}}. \tag{7.7}$$

Die hessesche Normalform berechnet den Abstand eines Punktes von der Ebene. Man muss jetzt also nur noch den Punkt $(1, 1, 1)$ in die Gleichung (7.7) einsetzen:

$$d = (2 + 1 + 3 - 7)/\sqrt{14} = -1/\sqrt{14} = -0.26726,$$

der gesuchte Abstand ist $d = -0.26726$, der Punkt liegt auf der dem Vektor $\vec{n}$ abgewandten Seite der Ebene. ○

Visualisierung des Gauß-Algorithmus mit der Normalenform

Jede Gleichung eines linearen Gleichungssystems mit drei Unbekannten kann als eine Ebenengleichung in Normalenform interpretiert werden. Der Gauss-Algorithmus modifiziert diese Normalen. Pivotoperationen strecken den Normalenvektor derart, dass eine Komponenten 1 wird. Vorwärtsreduktion und Rückwärtseinsetzen verschieben die Spitze des Vektors parallel zu einem anderen Normalenvektor. Am Ende des Prozesses sind alle Normalenvektoren parallel zu den Koordinatenachsen und die Ebenen schneiden die Achsen in genau einem Punkt, in dem der Wert der entsprechenden Variablen der Lösung abgelesen werden kann. Das nebenstehend verlinkte Video animiert diesen Vorgang.

7.2.2 Parallel- und Orthogonalkomponente

Das Skalarprodukt erlaubt, den orthogonal auf $\vec{u}$ projizierten Vektor $\vec{v}_\parallel$ eines Vektors $\vec{v}$ zu berechnen. Er heißt die Parallelkomponente von $\vec{v}$. Die Richtung des projizierten Vektors ist die von $\vec{u}$, seine Länge kann mithilfe des Skalarproduktes gefunden werden. Die Länge der Projektion $\vec{v}_\parallel$ ist $|\vec{v}_\parallel| = |\vec{v}| \cos \alpha$. Das Skalarprodukt $\vec{u} \cdot \vec{v}$ ist

$$\vec{u} \cdot \vec{v} = |\vec{u}| \underbrace{|\vec{v}| \cos \alpha}_{= |\vec{v}_\parallel|} = |\vec{u}| \, |\vec{v}_\parallel| \qquad \Rightarrow \qquad |\vec{v}_\parallel| = \vec{v} \cdot \frac{\vec{u}}{|\vec{u}|}.$$

Der zweite Faktor ist ein Einheitsvektor, den wir schon mit

$$\vec{u}^0 = \frac{\vec{u}}{|\vec{u}|}$$

bezeichnet haben. Wir können ihn auch als Richtungsvektor für $\vec{v}_\parallel$ verwenden. Damit bekommen wir für den orthogonal projizierten Vektor

$$\vec{v}_\parallel = (\vec{v} \cdot \vec{u}^0) \, \vec{u}^0 = \left(\vec{v} \cdot \frac{\vec{u}}{|\vec{u}|} \right) \frac{\vec{u}}{|\vec{u}|}.$$

Die Differenz $\vec{v}_\perp = \vec{v} - \vec{v}_\parallel$ steht senkrecht auf $\vec{u}$ und heißt die *Orthogonalkomponente*.

Satz 7.8 (Parallel- und Orthogonalkomponente). *Seien zwei Vektoren $\vec{v}$ und $\vec{u}$ gegeben. Dann lässt sich $\vec{v}$ in zwei Komponenten $\vec{v}_\parallel$ und $\vec{v}_\perp$ zerlegen, also*

$$\vec{v} = \vec{v}_\parallel + \vec{v}_\perp, \qquad mit \quad \begin{cases} \vec{v}_\parallel = \vec{v} \cdot \dfrac{\vec{u}}{|\vec{u}|} \vec{u} \\[2mm] \vec{v}_\perp = \vec{v} - \vec{v}_\parallel, \end{cases}$$

wobei $\vec{v}_\parallel$ parallel zu $\vec{u}$ ist und $\vec{v}_\perp$ senkrecht zu $\vec{u}$.

Wenn $\vec{u}$ ein Einheitsvektor ist, dann vereinfacht sich die Formel für die parallele Komponente zu $\vec{v}_\parallel = (\vec{v} \cdot \vec{u})\vec{u}$.

7.2.3 Spiegelung an einer Geraden oder Ebene

Da man mit dem Skalarprodukt senkrechte Projektionen berechnen kann, muss es auch möglich sein, die Spiegelung eines Vektors $\vec{v}$ an einer Ebene mit Einheitsnormalenvektor $\vec{n}$ zu berechnen ($|\vec{n}| = 1$). Dazu zerlegt man den Vektor $\vec{v}$ in eine Komponente $\vec{v}_\parallel$ parallel zur Normalen und eine Komponenten $\vec{v}_\perp$ parallel zur Ebene, also $\vec{v} = \vec{v}_\parallel + \vec{v}_\perp$ (Abbildung 7.6). Die senkrechte Komponente ist im Wesentlichen die Projektion von $\vec{v}$ auf $\vec{n}$:

$$\vec{v}_\parallel = (\vec{v} \cdot \vec{n})\vec{n}.$$

Die parallele Komponente ist der Rest:

$$\vec{v}_\perp = \vec{v} - \vec{v}_\parallel = \vec{v} - (\vec{v} \cdot \vec{n})\vec{n}.$$

Beim gespiegelten Vektor zeigt die senkrechte Komponente in die entgegengesetzte Richtung:

$$\vec{v}_{\text{gespiegelt}} = \vec{v}_\perp - \vec{v}_\parallel = \vec{v} - (\vec{v} \cdot \vec{n})\vec{n} - (\vec{v} \cdot \vec{n})\vec{n} = \vec{v} - 2(\vec{v} \cdot \vec{n})\vec{n}. \tag{7.8}$$

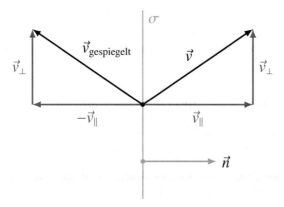

Abbildung 7.6: Spiegelung eines Vektors $\vec{v}$ an der Ebene senkrecht auf $\vec{n}$. Die Parallelkomponente bleibt gleich, das Vorzeichen der Orthogonalkomponente wird umgekehrt.

Beispiel 7.9. Man spiegle den Vektor $\vec{a}$ an der Ebene mit der Normalen $\vec{n}$, wobei

$$\vec{a} = \begin{pmatrix} 1 \\ 2 \\ 3 \end{pmatrix} \quad \text{und} \quad \vec{n} = \begin{pmatrix} 1 \\ 1 \\ 1 \end{pmatrix}.$$

Zunächst stellen wir fest, dass $\vec{n}$ noch kein Einheitsvektor ist, dass wir stattdessen $\vec{n}^0 = \vec{n}/\sqrt{3}$ verwenden müssen. Damit kann $\vec{a}$ jetzt in parallele und orthogonale Komponenten zerlegt werden:

$$\vec{a}_{\parallel} = (\vec{a} \cdot \vec{n}^0)\vec{n}^0 = \frac{1}{\sqrt{3}}(1 + 2 + 3)\frac{1}{\sqrt{3}}\begin{pmatrix} 1 \\ 1 \\ 1 \end{pmatrix} = \begin{pmatrix} 2 \\ 2 \\ 2 \end{pmatrix}.$$

$$\vec{a}_{\perp} = \vec{a} - \vec{a}_{\perp} = \begin{pmatrix} -1 \\ 0 \\ 1 \end{pmatrix},$$

Nach Formel (7.8) ist

$$\vec{a}' = \vec{a}_{\perp} - \vec{a}_{\parallel} = \begin{pmatrix} -1 \\ 0 \\ 1 \end{pmatrix} - \begin{pmatrix} 2 \\ 2 \\ 2 \end{pmatrix} = \begin{pmatrix} -3 \\ -2 \\ -1 \end{pmatrix}.$$

der gespiegelt Vektor. ○

7.3 Orthogonale und orthonormierte Basen

Bei der Berechnung des Skalarproduktes in Komponenten in der Standardbasis hat sich gezeigt, dass eine Basis aus Einheitsvektoren, die zusätzlich aufeinander senkrecht stehen, besonders gut für die Arbeit mit dem Skalarprodukt geeignet ist. Nicht immer hat man allerdings eine so bequeme Basis. In diesem Abschnitt sollen die Vorzüge einer solchen Basis nochmals herausgearbeitet werden und es soll gezeigt werden, wie man aus einer beliebigen Basis immer eine passende Basis aus orthogonalen Einheitsvektoren machen kann.

7.3.1 Orthogonale Basis und Orthonormalbasis

Definition 7.10 (Orthogonale Basis). *Eine Basis* $\mathcal{B} = \{\vec{b}_1, \vec{b}_2, \vec{b}_3\} \subset \mathbb{R}^3$ *heißt orthogonal, wenn die Basisvektoren orthogonal sind, also* $\vec{b}_i \perp \vec{b}_j$ *für* $i \neq j$.

Eine orthogonale Basis ist nur der erste Schritt zur Vereinfachung der Berechnung des Skalarproduktes. Schreibt man zwei Vektoren $\vec{u}$ und $\vec{v}$ in der orthogonalen Basis $\mathcal{B}$, dann ergibt die Rechnung

$$
\begin{aligned}
\vec{u} \cdot \vec{v} &= (u_1\vec{b}_1 + u_2\vec{b}_2 + u_3\vec{b}_3) \cdot (v_1\vec{b}_1 + v_2\vec{b}_2 + v_3\vec{b}_3) \\
&= u_1v_1\vec{b}_1 \cdot \vec{b}_1 + u_1v_2\vec{b}_1 \cdot \vec{b}_2 + u_1v_3\vec{b}_1 \cdot \vec{b}_3 \\
&\quad + u_2v_1\vec{b}_2 \cdot \vec{b}_1 + u_2v_2\vec{b}_2 \cdot \vec{b}_2 + u_2v_3\vec{b}_2 \cdot \vec{b}_3 \\
&\quad + u_3v_1\vec{b}_3 \cdot \vec{b}_1 + u_3v_2\vec{b}_3 \cdot \vec{b}_2 + u_3v_3\vec{b}_3 \cdot \vec{b}_3.
\end{aligned}
$$

Da die Basis orthogonal ist, ist für $i \neq j$ $\vec{b}_i \perp \vec{b}_j \Rightarrow \vec{b}_i \cdot \vec{b}_j = 0$, die gemischten Produkte fallen weg und es bleibt

$$
= u_1v_1\vec{b}_1 \cdot \vec{b}_1 + u_2v_2\vec{b}_2 \cdot \vec{b}_2 + u_3v_3\vec{b}_3 \cdot \vec{b}_3.
$$

Es bleiben also noch die Faktoren $\vec{b}_i \cdot \vec{b}_i = |\vec{b}_i|^2$ stehen. Um auch diese Faktoren los zu werden, müssen wir zusätzlich verlangen, dass die Basisvektoren Länge 1 haben.

Definition 7.11 (Orthonormierte Basis). *Eine Basis* $\mathcal{B} = \{\vec{b}_1, \vec{b}_2, \vec{b}_3\}$ *heißt* Orthonormalbasis *oder* orthonormiert, *wenn für die Basisvektoren* $\vec{b}_i \cdot \vec{b}_j = \delta_{ij}$ *für alle* i, j *gilt.*

Bei Aufgabenstellungen, in denen Längen und Winkel berechnet werden müssen, werden orthonormierte Basen bevorzugt, da in so einer Basis die Berechnung des Skalarproduktes besonders einfach ist.

7.3.2 Darstellung von Vektoren und Matrizen

Die Darstellung eines Vektors $\vec{v}$ in einer beliebigen Basis erfordert normalerweise die Lösung des Gleichungssystems in Vektorform

$$
v_1\vec{b}_1 + v_2\vec{b}_2 + v_3\vec{b}_3 = \vec{v}, \tag{7.9}
$$

um die Koordinaten v_i des Vektors in der Basis zu bestimmen. Für eine orthonormierte Basis ist dies jedoch viel leichter. Multipliziert man (7.9) skalar mit dem Basisvektor $\vec{b}_i$, erhält man

$$
v_1\vec{b}_i \cdot \vec{b}_1 + v_2\vec{b}_i \cdot \vec{b}_2 + v_3\vec{b}_i \cdot \vec{b}_3 = \vec{b}_i \cdot \vec{v}.
$$

Jørgen Pedersen Gram

Jørgen Pederson Gram kam am 27. Juni 1850 in Nustrup zur Welt. In einem Paper über Reihenentwicklungen, die sich bei Least-Squares Problemen ergeben, findet sich auch der Gram-Schmidt-Orthonormalisierungs-Algorithmus (Abschnitt 7.3.3).
Die Gram-Matrix (Abschnitt 7.6.1) wird auch in der Regelungstechnik verwendet (Abschnitt 12.B).
Gram starb am 29. April 1916 auf dem Weg zu einem Meeting der Königlichen Dänischen Akademie, nachdem er von einem Radfahrer angefahren worden war.

Da die Basisvektoren orthogonal sind, verschwinden alle Produkte mit verschiedenen Indizes und es bleibt nur

$$v_i \vec{b}_i \cdot \vec{b}_i = \vec{b}_i \cdot \vec{v}$$

stehen. Da die Basis auch orthonormiert ist, ist $\vec{b}_i \cdot \vec{b}_i = 1$ und die Komponente v_i lässt sich unmittelbar ablesen:

$$v_i = \vec{b}_i \cdot \vec{v}.$$

Die Koordinaten eines Vektors bezüglich einer orthonormierten Basis können also als Skalarprodukte mit den Basisvektoren berechnet werden. Dies gilt auch für das Skalarprodukt in $\mathbb{R}^n$.

Satz 7.12 (Darstellung in einer Orthonormalbasis). *Die Koordinaten eines Vektors v werden in einer orthonormierten Basis $\mathcal{B} = \{b_1, \ldots, b_n\}$ durch das Skalarprodukt gegeben, es ist*

$$v = (v \cdot b_1)b_1 + (v \cdot b_2)b_2 + \cdots + (v \cdot b_n)b_n.$$

Matrixelemente in einer Orthonormalbasis

Sei eine lineare Abbildung φ in einer Orthonormalbasis $\mathcal{B} = \{b_1, \ldots, b_n\}$ durch die Matrix A mit den Matrixelemente a_{ik} gegeben. In der Spalte k von A steht die Darstellung des Bildvektors $\varphi(b_k)$ in der Basis. Die Koeffizienten in der Basis $\mathcal{B}$ kann man nach Satz 7.12 durch Skalarproduktbildung mit den Basisvektoren bestimmen. Tatsächlich ist

$$b_i \cdot \varphi(b_k) = b_i \cdot \sum_{j=1}^{n} a_{jk}b_j = \sum_{j=1}^{n} a_{jk}b_i \cdot b_j = \sum_{j=1}^{n} a_{jk}\delta_{ij} = a_{ik}.$$

Satz 7.13 (Matrixelemente in einer Orthonormalbasis). *Eine linearen Abbildung $\varphi \colon \mathbb{R}^n \to \mathbb{R}^n$ hat in einer Orthonormalbasis die Matrix A mit den Elementen $a_{ik} = b_i \cdot \varphi(b_k)$.*

Abbildung 7.7: Orthonormalisierungsverfahren nach Gram-Schmidt. Erste zwei Schritte.

Abbildung 7.8: Orthonormalisierungsverfahren nach Gram-Schmidt. Dritter Schritt.

7.3.3 Orthonormalisierung nach Gram-Schmidt

Für orthonormierte Vektoren ist es besonders einfach, eine Darstellung eines beliebigen Vektors als Linearkombination dieser Vektoren zu finden. Es ist daher sicher nützlich, aus einer Menge von Vektoren $\{\vec{a}_1, \vec{a}_2, \vec{a}_3\}$ eine neue Menge von Vektoren zu konstruieren, die sich von der gegebenen möglichst wenig unterscheidet, aber dennoch aus orthonormierten Vektoren besteht.

Die Abbildung 7.7 und 7.8 illustrieren anhand des Problems, den schiefen Turm von Pisa aufzurichten, wie man dazu vorgehen kann.

Wir beginnen mit dem Vektor $\vec{a}_1$. Das einzige, was uns daran hindert, ihn als den ersten Basisvektor einer orthonormierten Basis zu verwenden, ist seine Länge, die möglicherweise nicht 1 ist. Länge 1 kann man aber durch Normieren immer erreichen, wir verwenden daher

$$\vec{b}_1 = \vec{a}_1^0 = \frac{\vec{a}_1}{|\vec{a}_1|}$$

als ersten Basisvektor.

Außer der Länge kann beim zweiten Basisvektor $\vec{a}_2$ auch noch die Richtung falsch sein, wie in Abbildung 7.7. Möglicherweise hat er eine Komponente parallel zu $\vec{b}_1$. Da $\vec{b}_1$ Länge 1 hat, kann diese Komponente mit dem Skalarprodukt als $(\vec{b}_1 \cdot \vec{a}_2)\vec{b}_1$ berechnet werden. Nach Subtraktion von $\vec{a}_2$ muss die Länge wieder korrigiert werden, was

$$\vec{b}_2 = \frac{\vec{a}_2 - (\vec{b}_1 \cdot \vec{a}_2)\vec{b}_1}{|\vec{a}_2 - (\vec{b}_1 \cdot \vec{a}_2)\vec{b}_1|}$$

als zweiten Basisvektor ergibt.

Der dritte Basisvektor kann sogar Komponenten sowohl in $\vec{b}_1$-Richtung also auch in $\vec{b}_2$-Richtung haben, die entfernt werden müssen, bevor er als Basisvektor einer orthogonalen Basis verwendet werden kann (Abbildung 7.8). Da die beiden Vektoren $\vec{b}_1$ und $\vec{b}_2$ bereits orthonormiert sind, können diese Komponenten wieder mit dem Skalarprodukt berechnet werden. Damit bekommen wir

$$\vec{b}_3 = \frac{\vec{a}_3 - (\vec{b}_1 \cdot \vec{a}_3)\vec{b}_1 - (\vec{b}_2 \cdot \vec{a}_3)\vec{b}_2}{|\vec{a}_3 - (\vec{b}_1 \cdot \vec{a}_3)\vec{b}_1 - (\vec{b}_2 \cdot \vec{a}_3)\vec{b}_2|}.$$

Das Verfahren ist bekannt als das Orthonormalisierungsverfahren von Gram-Schmidt. Es hat die zusätzlichen Eigenschaften, dass der k-te neue Basisvektor sich linear aus den ersten k alten Basisvektoren kombinieren lässt.

Satz 7.14 (Gram-Schmidt). *Seien $\{\vec{a}_1, \vec{a}_2, \vec{a}_3\}$ linear unabhängige Vektoren im dreidimensionalen Raum. Dann gibt es orthonormierte Vektoren $\{\vec{b}_1, \vec{b}_2, \vec{b}_3\}$ so, dass $\vec{b}_k$ aus $\vec{a}_1, \ldots, \vec{a}_k$ linear kombiniert werden kann, für jedes k. Die $\vec{b}_i$ lassen sich wie folgt berechnen*

$$\vec{b}_1 = \frac{1}{|\vec{a}_1|}\vec{a}_1,$$

$$\vec{b}_2 = \frac{\vec{a}_2 - (\vec{a}_2 \cdot \vec{b}_1)\vec{b}_1}{|\vec{a}_2 - (\vec{a}_2 \cdot \vec{b}_1)\vec{b}_1|},$$

$$\vec{b}_3 = \frac{\vec{a}_3 - (\vec{a}_3 \cdot \vec{b}_1)\vec{b}_1 - (\vec{a}_3 \cdot \vec{b}_2)\vec{b}_2}{|\vec{a}_3 - (\vec{a}_3 \cdot \vec{b}_1)\vec{b}_1 - (\vec{a}_3 \cdot \vec{b}_2)\vec{b}_2|}.$$

Auf die Reihenfolge der Vektoren kommt es entscheidend an, wie die folgenden zwei Beispiele zeigen.

Beispiel 7.15. Die Vektoren

$$\vec{a}_1 = \begin{pmatrix} 1 \\ 0 \\ 0 \end{pmatrix}, \qquad \vec{a}_2 = \begin{pmatrix} 1 \\ 1 \\ 0 \end{pmatrix}, \qquad \vec{a}_3 = \begin{pmatrix} 1 \\ 1 \\ 1 \end{pmatrix}$$

sind zu orthonormieren.

Die Formeln aus Satz 7.14 liefern folgende Vektoren:

$$\vec{b}_1 = \frac{\vec{a}_1}{|\vec{a}_1|} = \begin{pmatrix} 1 \\ 0 \\ 0 \end{pmatrix},$$

$$\vec{b}_2 = \frac{\vec{a}_2 - (\vec{a}_2 \cdot \vec{b}_1)\vec{b}_1}{|\vec{a}_2 - (\vec{a}_2 \cdot \vec{b}_1)\vec{b}_1|} = \frac{\begin{pmatrix} 1 \\ 1 \\ 0 \end{pmatrix} - 1 \cdot \begin{pmatrix} 1 \\ 0 \\ 0 \end{pmatrix}}{\cdots} = \begin{pmatrix} 0 \\ 1 \\ 0 \end{pmatrix},$$

$$\vec{b}_3 = \frac{\vec{a}_3 - (\vec{a}_3 \cdot \vec{b}_1)\vec{b}_1 - (\vec{a}_3 \cdot \vec{b}_2)\vec{b}_2}{\cdots} = \frac{\begin{pmatrix} 1 \\ 1 \\ 1 \end{pmatrix} - 1 \cdot \begin{pmatrix} 1 \\ 0 \\ 0 \end{pmatrix} - 1 \cdot \begin{pmatrix} 0 \\ 1 \\ 0 \end{pmatrix}}{\cdots} = \begin{pmatrix} 0 \\ 0 \\ 1 \end{pmatrix}.$$

Man findet also genau die Vektoren der Standardbasis.

Beispiel 7.16. Die Vektoren

$$\vec{a}_1 = \begin{pmatrix} 1 \\ 0 \\ 0 \end{pmatrix}, \qquad \vec{a}_2 = \begin{pmatrix} 1 \\ 1 \\ 1 \end{pmatrix}, \qquad \vec{a}_3 = \begin{pmatrix} 1 \\ 1 \\ 0 \end{pmatrix}$$

sind zu orthonormieren.

Dieses Beispiel unterscheidet sich vom vorangegangenen nur durch die Reihenfolge der Vektoren. Wieder können die Formeln von Satz 7.14 angewandt werden:

$$\vec{b}_1 = \frac{\vec{a}_1}{|\vec{a}_1|} = \begin{pmatrix} 1 \\ 0 \\ 0 \end{pmatrix},$$

$$\vec{b}_2 = \frac{\vec{a}_2 - (\vec{a}_2 \cdot \vec{b}_1)\vec{b}_1}{\cdots} = \frac{\begin{pmatrix} 1 \\ 1 \\ 1 \end{pmatrix} - 1 \cdot \begin{pmatrix} 1 \\ 0 \\ 0 \end{pmatrix}}{\cdots} = \frac{1}{\sqrt{2}}\begin{pmatrix} 0 \\ 1 \\ 1 \end{pmatrix},$$

Erhard Schmidt

Erhard Schmidt (geboren am 13. Januar 1876) war ein deutscher Mathematiker aus Dorpat im heutigen Estland. Er studierte in Dorpat, Berlin und Göttingen.
Schmidt doktorierte bei David Hilbert in Göttingen über die Theorie der Integralgleichungen. Dabei spielte die Entwicklung von Funktionen als Funktionenreihe eine wesentliche Rolle. Er entwickelte das nach Gram und Schmidt benannte Orthonormalisierungsverfahren zum Zweck, aus einer beliebigen Funktionenfamilie eine orthonormierte Familie zu erhalten und damit die Entwicklung zu vereinfachen.
Schmidt starb am 6. Dezember 1959 in Berlin.

Autorin: Gerda Schimpf. Quelle: Archiv des Mathematischen Forschungsinstituts Oberwolfach

$$\vec{b}_3 = \frac{\vec{a}_3 - (\vec{a}_3 \cdot \vec{b}_1)\vec{b}_1 - (\vec{a}_3 \cdot \vec{b}_2)\vec{b}_2}{\cdots} = \frac{\begin{pmatrix}1\\1\\0\end{pmatrix} - 1 \cdot \begin{pmatrix}1\\0\\0\end{pmatrix} - \frac{1}{\sqrt{2}} \cdot \frac{1}{\sqrt{2}}\begin{pmatrix}0\\1\\1\end{pmatrix}}{\cdots} = \frac{1}{\sqrt{2}}\begin{pmatrix}0\\1\\-1\end{pmatrix}.$$

Die gefundenen Vektoren sind völlig verschiedenen von den Vektoren im Beispiel 7.15.
○

7.3.4 Orthonormalisierung in $\mathbb{R}^n$

Auch in $\mathbb{R}^n$ mit dem Standardskalarprodukt $a \cdot b = a^t b$ sind orthonormierte Basen besonders vorteilhaft, so dass auch hier der Wunsch nach einem Verfahren zur Orthonormalisierung einer Menge von Vektoren besteht. Die Methode von Gram-Schmidt ist umittelbar auf $\mathbb{R}^n$ übertragbar.

Sei also $\mathcal{A} = \{a_1, \dots, a_k\}$ eine linear unabhängige Menge von Vektoren. Gesucht ist eine ebenfalls linear unabhängige Menge von Vektoren $\mathcal{B} = \{b_1, \dots, b_k\}$, die den gleichen Unterraum aufspannen. Außerdem soll gelten:

1. $b_i \cdot b_j = b_i^t b_j = 0$ falls $i \neq j$: Vektoren von $\mathcal{B}$ sind orthogonal.

2. $|b_i| = 1$ für alle i: Vektoren von $\mathcal{B}$ sind normiert.

Man beachte, dass $\mathcal{A}$ keine Basis sein muss. Die Vektoren sind zwar linear unabhängig, weil k auch kleiner als n sein kann, können sie auch nur einen echten Unterraum erzeugen. Falls $\mathcal{A}$ eine Basis ist, dann wird auch $\mathcal{B}$ eine Basis sein, beide Vektormengen erzeugen den ganzen Raum.

Wie im dreidimensionalen Fall konstruieren wir jetzt schrittweise die Menge $\mathcal{B}$. Der Vektor a_1 hat als schlimmsten möglichen Mangel, dass er nicht die richtige Länge hat, also setzen wir

$$b_1 = \frac{a_1}{|a_1|}.$$

Der zweite Vektor a_2 hat möglicherweise nicht die richtige Länge, aber noch viel schwerer wiegt, dass er nicht senkrecht auf b_1 steht. Man kann jedoch die zu b_1 parallele Komponente mit Hilfe des Skalarproduktes finden: $(b_1 \cdot a_2)b_1$ ist ein Vektor parallel zu b_1. Subtrahieren wir dieses Stück von a_2 bekommen wir einen Vektor, der senkrecht auf b_1 steht:

$$b_1 \cdot (a_2 - (b_1 \cdot a_2)b_1) = b_1 \cdot a_2 - (b_1 \cdot a_2)\underbrace{(b_1 \cdot b_1)}_{=1} = b_1 \cdot a_2 - b_1 \cdot a_2 = 0.$$

Bringen wir ihn noch auf Länge 1, bekommen wir den Vektor

$$b_2 = \frac{a_2 - (a_2 \cdot b_1)b_1}{|a_2 - (a_2 \cdot b_1)b_1|}.$$

Im nächsten Schritt gehen wir im Prinzip gleich vor, müssen aber auch noch a_2 hinzuziehen:

$$b_3 = \frac{a_3 - (a_3 \cdot b_1)b_1 - (a_3 \cdot b_2)b_2}{|a_3 - (a_3 \cdot b_1)b_1 - (a_3 \cdot b_2)b_2|}$$

$$\vdots$$

$$b_k = \frac{a_k - (a_k \cdot b_1)b_1 - \cdots - (a_k \cdot b_{k-1})b_{k-1}}{|a_k - (a_k \cdot b_1)b_1 - \cdots - (a_k \cdot b_{k-1})b_{k-1}|}.$$

Damit haben wir einen rekursiven Algorithmus gefunden, der das gestellt Problem löst. Der folgende Satz ist eine Erweiterung des Satzes 7.14 für Vektormengen in Räumen beliebiger Dimension.

Satz 7.17 (Gram-Schmidt). *Ist $\mathcal{A} = \{a_1, \ldots, a_k\}$ eine linear unabhängige Menge von Vektoren, dann gibt es eine orthonormierte Menge von Vektoren $\mathcal{B} = \{b_1, \ldots, b_k\}$ so, dass $\langle a_1, \ldots, a_k \rangle = \langle b_1, \ldots, b_l \rangle$ für $l = 1, \ldots, n$. Die Vektoren b_i sind gegeben durch*

$$b_1 = \frac{a_1}{|a_1|} \quad \text{und}$$

$$b_l = \frac{a_l - (a_l \cdot b_1)b_1 - \cdots - (a_l \cdot b_{l-1})b_{l-1}}{|a_l - (a_l \cdot b_1)b_1 - \cdots - (a_l \cdot b_{l-1})b_{l-1}|}, \quad l = 2, \ldots, k.$$

Die Berechnung einer orthonormierten Basis nach dem Verfahren von Gram-Schmidt ist nicht gut geeignet, wenn die Vektoren von $\mathcal{A}$ fast linear abhängig sind. Dann entstehen im Zähler und Nenner Differenzen, die sehr klein sein können, was zu Auslöschung und damit Genauigkeitsverlust führt. In Abschnitt 12.4 wird als bessere Alternative ein auf numerisch stabileren Algorithmen für die sogenannte QR-Zerlegung basierendes Verfahren gezeigt.

7.4 Orthogonale Matrizen

Bewegungen sind affine Abbildung, die Längen nicht verändert. Eine Bewegung ändert auch die drei Seiten eines Dreiecks nicht und somit auch nicht die Winkel. Bleibt außerdem der Nullpunkt fest, ist die Bewegung sogar eine lineare Abbildung. In diesem Abschnitt werden die Eigenschaften der Matrizen solcher längentreuer linearer Abbildungen untersucht.

7.4.1 Längentreue lineare Abbildungen

Sei A die Matrix einer linearen Abbildung, die das Skalarprodukt nicht verändert. Für beliebige Vektoren $u, v \in \mathbb{R}^n$ muss also

$$u \cdot v = (Au) \cdot (Av) \quad \Rightarrow \quad u^t v = (Au)^t Av = u^t A^t A v$$

gelten. Die Matrixelemente der linearen Abbildung sind nach Satz 7.13 durch die Skalarprodukte mit den Basisvektoren bestimmt. Für die Standardbasisvektoren $u = e_i$ und $v = e_k$ bedeutet dies

$$(A^t A)_{ik} = e_i^t (A^t A) e_k = e_i \cdot e_k = \delta_{ik}.$$

Die Matrixelemente von $A^t A$ sind also die Matrixelemente von I.

Definition 7.18 (orthogonale Matrix). *Eine Matrix A heißt orthogonal, wenn $A^t A = AA^t = I$ die Einheitsmatrix ist.*

Beispiel 7.19. Die Matrix

$$A = \begin{pmatrix} \frac{\sqrt{2}}{2} & \frac{\sqrt{2}}{2} \\ -\frac{\sqrt{2}}{2} & \frac{\sqrt{2}}{2} \end{pmatrix}$$

ist orthogonal:

$$A^t A = \begin{pmatrix} \frac{\sqrt{2}}{2} & -\frac{\sqrt{2}}{2} \\ \frac{\sqrt{2}}{2} & \frac{\sqrt{2}}{2} \end{pmatrix} \begin{pmatrix} \frac{\sqrt{2}}{2} & \frac{\sqrt{2}}{2} \\ -\frac{\sqrt{2}}{2} & \frac{\sqrt{2}}{2} \end{pmatrix} = \begin{pmatrix} \frac{2}{4} + \frac{2}{4} & \frac{2}{4} - \frac{1}{2} \\ \frac{2}{4} - \frac{2}{4} & \frac{2}{4} + \frac{1}{2} \end{pmatrix} = I. \qquad \bigcirc$$

7.4.2 Eigenschaften orthogonaler Matrizen

Eine besondere Eigenschaft orthogonaler Matrizen ist, dass sich die inverse Matrix ganz besonders leicht berechnen lässt, wie der folgende Satz zeigt.

Satz 7.20 (Spalten einer orthogonalen Matrix). *Die Spalten einer orthogonale Matrix A sind orthonormiert, sie sind orthogonale Vektoren der Länge 1. Außerdem ist $A^{-1} = A^t$.*

Beweis. Multipliziert man $A^t A = I$ von rechts mit A^{-1}, bekommt man $A^t A A^{-1} = A^t = A^{-1}$.

Wir interpretieren die Bedingung $A^t A = I$ geometrisch. Der Eintrag ik der Produktmatrix ist das Produkt der Zeile i von A^t und der Spalte k von A. Dies ist aber auch das Skalarprodukt der Spalte i von A und der Spalte k von A. Die Bedingung $A^t A = I$ sagt also, dass das Skalarprodukt $a_{:i} \cdot a_{:k} = 0$ ist, wenn $i \neq k$, und $= 1$ wenn $i = k$. Die Spalten von A sind also orthonormiert. $\qquad \square$

Orthogonale Matrizen in $\mathbb{R}^3$ können visualisiert werden als die drei Spaltenvektoren der Matrix. Diese sind gleichzeitig die Bilder der Standardbasisvektoren.

7.4.3 Vertauschung der Koordinatenachsen

Die Matrix der Abbildung, die die Koordinatenachsen vertauscht, ist orthogonal. Die Abbildung

$$\vec{e}_1 \mapsto b_1 = \begin{pmatrix} 0 \\ 0 \\ 1 \end{pmatrix}, \qquad \vec{e}_2 \mapsto b_2 = \begin{pmatrix} 0 \\ 1 \\ 0 \end{pmatrix}, \qquad \vec{e}_3 \mapsto b_3 = \begin{pmatrix} 1 \\ 0 \\ 0 \end{pmatrix}$$

vertauscht die x- und die z-Achsen, und lässt die y-Achse fest. Die zugehörige Abbildungsmatrix ist

$$A = \begin{pmatrix} 0 & 0 & 1 \\ 0 & 1 & 0 \\ 1 & 0 & 0 \end{pmatrix}. \tag{7.10}$$

Die Spalten sind offensichtlich orthonormiert, also ist A orthogonal. Aber auch durch Nachrechnen können wir überprüfen, dass $A^t A = I$ ist.

7.4.4 Spiegelungen

Spiegelungen erhalten ganz sicher alle Längen, sie müssen sich daher durch eine orthogonale Matrix beschreiben lassen, für die in diesem Abschnitt eine Formel gefunden werden soll. Die Spiegelungsebene muss den Nullpunkt enthalten, wenn sich eine lineare Abbildung ergeben soll. Die Spiegelungsebene ist somit durch den Normalenvektor vollständig bestimmt.

Sei n ein zweidimensionaler Vektor der Länge 1. Dann ist die Abbildung

$$u \mapsto u - 2n(n \cdot u) \tag{7.11}$$

die Spiegelung an der Geraden mit der Normalen n, wie schon in Abschnitt 7.2.3 in (7.8) gezeigt wurde.

In der Formel (7.11) für den Bildvektor kann man das Skalarprodukt $n \cdot u$ als Matrizenprodukt $n^t u$ und damit die Abbildung als

$$u \mapsto u - 2nn^t u$$

schreiben. Um den ganzen Ausdruck als Produkt einer Matrix mit dem Vektor u zu schreiben, muss man den alleinstehenden Vektor u durch Iu ersetzen, so dass daraus

$$u \mapsto Iu - 2nn^t u = (I - 2nn^t)u$$

wird. Die Matrix der Spiegelungsabbildung ist also

$$S_n = I - 2n^t n = \begin{pmatrix} 1 & 0 \\ 0 & 1 \end{pmatrix} - 2\begin{pmatrix} n_1 \\ n_2 \end{pmatrix}\begin{pmatrix} n_1 & n_2 \end{pmatrix} = \begin{pmatrix} 1 - 2n_1^2 & -2n_1 n_2 \\ -2n_1 n_2 & 1 - 2n_n^2 \end{pmatrix}. \tag{7.12}$$

Wir wollen nachrechnen, dass sie tatsächlich orthogonal ist. Dabei beachten wir, dass $1 - n_1^2 = n_2^2$ ist, weil ja $|n| = 1$, also kann man S_n auch als

$$S_n = \begin{pmatrix} n_2^2 - n_1^2 & -2n_1 n_2 \\ -2n_1 n_2 & n_1^2 - n_2^2 \end{pmatrix}$$

schreiben. S_n ist orthogonal, wenn das Produkt $S_n^t S_n$ die Einheitsmatrix ergibt. Ausmultiplizieren des Produktes ergibt

$$
\begin{aligned}
S_n^t S_n &= \begin{pmatrix} n_2^2 - n_1^2 & -2n_1 n_2 \\ -2n_1 n_2 & n_1^2 - n_2^2 \end{pmatrix} \begin{pmatrix} n_2^2 - n_1^2 & -2n_1 n_2 \\ -2n_1 n_2 & n_1^2 - n_2^2 \end{pmatrix} \\
&= \begin{pmatrix} n_2^4 - 2n_1^2 n_2^2 + n_1^4 + 4n_1^2 n_2^2 & -2(n_2^2 - n_1^2)n_1 n_2 + -2(n_1^2 - n_2^2)n_1 n_2 \\ -2(n_1^2 - n_2^2)n_1 n_2 + -2(n_2^2 - n_1^2)n_1 n_2 & n_2^4 - 2n_1^2 n_2^2 + n_1^4 + 4n_1^2 n_2^2 \end{pmatrix} \\
&= \begin{pmatrix} n_1^4 + 2n_1^2 n_2^2 + n_2^4 & 0 \\ 0 & n_1^4 + 2n_1^2 n_2^2 + n_2^4 \end{pmatrix} \\
&= \begin{pmatrix} (n_1^2 + n_2^2)^2 & 0 \\ 0 & (n_1^2 + n_2^2)^2 \end{pmatrix} = I.
\end{aligned}
$$

Die Matrix S_n ist also tatsächlich immer orthogonal.

Spiegelungen in $\mathbb{R}^m$

Die Herleitung der Formel (7.12) der Spiegelungsmatrix hat gar nicht verwendet, dass der Vektor zweidimensional war. Auch die Rechnung, dass die Matrix S_n orthogonal ist, kann in beliebiger Dimension durchgeführt werden.

Satz 7.21 (Matrix einer Spiegelung). *Sei n ein Einheitsvektor und σ die Ebene durch den Nullpunkt mit der Normalen n. Die Spiegelung an σ hat die orthogonale Matrix*

$$
S_n = I - 2nn^t. \tag{7.13}
$$

Beweis. Da n ein Einheitsvektor ist, gilt $n \cdot n = n^t n = 1$. Die Orthogonalität von S_n folgt aus

$$
S_n^t S_n = (I - 2nn^t)^t (I - 2nn^t) = (I - 2nn^t)^2 = I - 4nn^t + 4n \underbrace{n^t n}_{= 1} n^t = I. \qquad \square
$$

Beispiel 7.22. Man bestimme die Matrix der Spiegelung an der Ebene, die mit allen drei Koordinatenachsen den gleichen Winkel einschließt.

Die Normale dieser Ebene ist

$$
n = \frac{1}{\sqrt{3}} \begin{pmatrix} 1 \\ 1 \\ 1 \end{pmatrix}.
$$

Die Formel für die Spiegelungsmatrix benötigt das Produkt nn^t. Da alle Komponenten identisch sind, besteht auch das Produkt aus lauter identitischen Komponenten:

$$
nn^t = \frac{1}{\sqrt{3}} \begin{pmatrix} 1 \\ 1 \\ 1 \end{pmatrix} \frac{1}{\sqrt{3}} \begin{pmatrix} 1 & 1 & 1 \end{pmatrix} = \frac{1}{3} \begin{pmatrix} 1 & 1 & 1 \\ 1 & 1 & 1 \\ 1 & 1 & 1 \end{pmatrix}.
$$

Mit der Formel (7.13) finden wir

$$S_n = I - 2nn^t = \begin{pmatrix} \frac{1}{3} & -\frac{2}{3} & -\frac{2}{3} \\ -\frac{2}{3} & \frac{1}{3} & -\frac{2}{3} \\ -\frac{2}{3} & -\frac{2}{3} & \frac{1}{3} \end{pmatrix}$$

für die Spiegelungsmatrix.   ○

Die Spiegelungsmatrix ist symmetrisch

In der Rechnung im Beweis von Satz 7.21 wurde verwendet, dass

$$S_n^t = (I - 2n\, n^t)^t = I^t - 2(n^t)^t\, n^t = I - 2n\, n^t = S_n. \tag{7.14}$$

Die Spiegelungsmatrix ist also symmetrisch.

Spiegelung ist involutiv

Führt man eine Spiegelung zweimal aus, befinden sich alle Vektoren wieder am ursprünglichen Ort. Eine solche Abbildung heißt *involutiv* oder eine *Involution*. Dies kann man für S_n auch direkt nachrechnen. Es ist nämlich

$$S_n^2 = S_n S_n = S_n^t S_n = S_n^{-1} S_n = I$$

wegen (7.14).

7.5 Drehungen

Eine Drehung des Raumes um den Nullpunkt lässt Längen invariant, also muss Sie durch eine orthogonale Matrix darstellbar sein. In diesem Abschnitt sollen die Matrizen von Drehungen in der Ebene und im dreidimensionalen Raum bestimmt werden.

7.5.1 Drehungen im zweidimensionalen Raum

Unter einer Drehung der Ebene um den Winkel α gehen die Standardbasisvektoren über in die Vektoren

$$\vec{e}_1 \mapsto \begin{pmatrix} \cos\alpha \\ \sin\alpha \end{pmatrix} \quad \text{und} \quad \vec{e}_2 \mapsto \begin{pmatrix} -\sin\alpha \\ \cos\alpha \end{pmatrix} \tag{7.15}$$

(siehe auch Abbildung 7.9). Die Matrix, die diese Drehung beschreibt, enthält die Vektoren (7.15) als Spalten. Wir rechnen nach, dass die Matrix

$$D_\alpha = \begin{pmatrix} \cos\alpha & -\sin\alpha \\ \sin\alpha & \cos\alpha \end{pmatrix}$$

orthogonal ist:

$$D_\alpha^t D_\alpha = \begin{pmatrix} \cos\alpha & \sin\alpha \\ -\sin\alpha & \cos\alpha \end{pmatrix} \begin{pmatrix} \cos\alpha & -\sin\alpha \\ \sin\alpha & \cos\alpha \end{pmatrix} = \begin{pmatrix} \cos^2\alpha + \sin^2\alpha & 0 \\ 0 & \sin^2\alpha + \cos^2\alpha \end{pmatrix} = I.$$

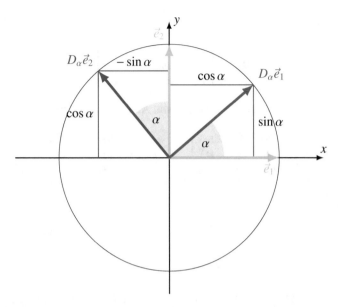

Abbildung 7.9: Bildvektoren der Standardbasisvektoren unter einer Drehung der Ebene um den Winkel α um den Nullpunkt. Die Drehmatrix hat in den Spalten diese Bildvektoren.

Der Drehwinkel lässt sich natürlich sofort aus der Matrixbeschreibung der Drehung ablesen. Allerdings kann man $\cos\alpha$ auch mit einer Formel bekommen, die später in (7.19) auf Drehungen im dreidimensionalen Raum verallgemeinert werden kann, wo es nicht so einfach ist, den Drehwinkel aus den Matrixelementen abzulesen.

Satz 7.23 (Drehwinkel einer Drehung in der Ebene). *Der Drehwinkel α einer Drehung des zweidimensionalen Raumes mit Matrix D erfüllt*

$$\cos\alpha = \frac{\operatorname{tr} D}{2}. \tag{7.16}$$

7.5.2 Drehungen des dreidimensionalen Raumes

Die Drehungen des Raumes sind etwas komplizierter als die Drehungen der Ebene, da jede beliebige Richtung als Drehachse auftreten kann. Wir beginnen daher damit, Drehungen um die Koordinatenachsen zu beschreiben und leiten daraus eine Methode her, den Drehwinkel zu bestimmen. Die Bestimmung der Drehachse werden wir im Zusammenhang mit dem Eigenwertproblem in Kapitel 11 genauer untersuchen.

Drehungen um die Koordinatenachsen

Drehungen um die Koordinatenachsen können mit Hilfe der zweidimensionalen Drehmatrix D_α gefunden werden. Die Drehung um die x-Achse um den Winkel α ändert die *x*-Koordinate nicht, hat also die Matrix

$$D_{x,\alpha} = \begin{pmatrix} 1 & 0 & 0 \\ 0 & \cos\alpha & -\sin\alpha \\ 0 & \sin\alpha & \cos\alpha \end{pmatrix}. \tag{7.17}$$

Analog können Drehungen um die anderen zwei Achsen formuliert werden:

$$D_{y,\alpha} = \begin{pmatrix} \cos\alpha & 0 & \sin\alpha \\ 0 & 1 & 0 \\ -\sin\alpha & 0 & \cos\alpha \end{pmatrix}, \qquad D_{z,\alpha} = \begin{pmatrix} \cos\alpha & -\sin\alpha & 0 \\ \sin\alpha & \cos\alpha & 0 \\ 0 & 0 & 1 \end{pmatrix}. \tag{7.18}$$

Drehwinkelformel

Für die speziellen Drehmatrizen (7.17) und (7.18) lässt sich die Formel

$$\cos\alpha = \frac{\mathrm{tr}(D) - 1}{2} \tag{7.19}$$

für den Drehwinkel ablesen, die (7.19) verallgemeinert. Die Formel funktioniert aber auch für weitere Drehungen, wie das folgende Beispiel zeigt.

Beispiel 7.24. Die Matrix

$$D = \begin{pmatrix} 0 & 0 & 1 \\ 1 & 0 & 0 \\ 0 & 1 & 0 \end{pmatrix}$$

vertauscht die Koordinatenachsen zyklisch. Dies entspricht einer Drehung um die Achse mit Richtung

$$\vec{n} = \frac{1}{\sqrt{3}} \begin{pmatrix} 1 \\ 1 \\ 1 \end{pmatrix}.$$

Da dreimalige Wiederholung die Achsen wieder an ihren ursprünglichen Platz bringt, muss es sich um eine Drehung um 120° handeln. Wir rechnen dies mit der Drehwinkelformel 7.19 nach:

$$\cos\alpha = \frac{\mathrm{tr}(D) - 1}{2} = \frac{0 - 1}{2} = -\frac{1}{2} \qquad \Rightarrow \qquad \alpha = 120°,$$

wie erwartet.   ○

Spezielle Drehmatrizen und Koordinatenvertauschungen

Man kann die Matrizen (7.18) mit Hilfe einer Achsenvertauschung aus der Drehmatrix $D_{x,\alpha}$ um die *z*-Achse bekommen. Die Matrix

$$T = \begin{pmatrix} 0 & 0 & 1 \\ 0 & 1 & 0 \\ 1 & 0 & 0 \end{pmatrix} = T^{-1}$$

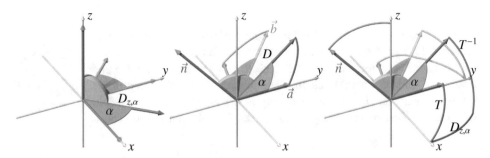

Abbildung 7.10: Eine beliebige Drehung um die blaue Achse (Mitte) kann auf eine Drehung um den gleichen Drehwinkel um die z-Achse (links) reduziert werden. Dazu ist die im rechten Bild gezeigte Zusammensetzung von Drehungen nötig.

vertauscht die x- und die z-Achse. Eine Drehung um die z-Achse erhält man, indem man zuerst die x- und die z-Achse vertauscht, dann die Drehung um die z-Achse ausführt und schließlich die Achsvertauschung rückgängig macht. Als Matrizenprodukt bedeutet dies:

$$
T^{-1}D_{x,\alpha}T = \begin{pmatrix} 0 & 0 & 1 \\ 0 & 1 & 0 \\ 1 & 0 & 0 \end{pmatrix} \begin{pmatrix} 1 & 0 & 0 \\ 0 & \cos\alpha & -\sin\alpha \\ 0 & \sin\alpha & \cos\alpha \end{pmatrix} \begin{pmatrix} 0 & 0 & 1 \\ 0 & 1 & 0 \\ 1 & 0 & 0 \end{pmatrix}
$$

$$
= \begin{pmatrix} 0 & \sin\alpha & \cos\alpha \\ 0 & \cos\alpha & -\sin\alpha \\ 1 & 0 & 0 \end{pmatrix} \begin{pmatrix} 0 & 0 & 1 \\ 0 & 1 & 0 \\ 1 & 0 & 0 \end{pmatrix} = \begin{pmatrix} \cos\alpha & \sin\alpha & 0 \\ -\sin\alpha & \cos\alpha & 0 \\ 0 & 0 & 1 \end{pmatrix} = D_{z,-\alpha}.
$$

Man beachte auch das negative Vorzeichen von α. Es rührt daher, dass die Achsevertauschung eine Spiegelung in der x-z-Ebene ist, bei der die Drehrichtung umgekehrt wird. Eine entsprechende Rechnung ist auch für die y-Achse möglich.

Drehwinkel ermitteln

Für die Standard-Drehmatrizen $D_{z,\alpha}$ (Abbildung 7.10 links) ist der Drehwinkel leicht mit Hilfe der Spur zu ermitteln. Wir müssen uns klar machen, dass die Formel (7.19) für eine beliebige Drehachse ebenfalls gilt.

Satz 7.25 (Drehwinkelformel im Raum). *Sei D eine Drehung im dreidimensionalen Raum, dann erfüllt der Drehwinkel α die Gleichung*

$$
\cos\alpha = \frac{\operatorname{tr} D - 1}{2}. \tag{7.20}
$$

Beweis. Zunächst wählen wir das Koordinatensystem so, dass die Drehung eine Drehung um die z-Achse wird. Dazu müssen wir zunächst die Richtung $\vec{n}$ der Drehachse kennen ($|\vec{n}| = 1$). In der Ebene senkrecht auf $\vec{n}$ wählen wir jetzt zwei beliebige Vektoren $\vec{a}$ und $\vec{b}$, die senkrecht aufeinander stehen. Dies kann zum Beispiel dadurch geschehen, dass man zwei beliebige Lösungen des Gleichungssystems $\vec{n} \cdot \vec{x} = 0$ wählt und sie orthonormiert. Die Vektoren $\vec{n}, \vec{a}, \vec{b}$ bilden eine orthonormierte Basis (Abbildung 7.10 Mitte). In der $\vec{a}$-$\vec{b}$-Ebene ist D eine Drehung um den Winkel α.

Füllt man die Vektoren $\vec{n}$, $\vec{a}$ und $\vec{b}$ in eine T Matrix ein, dann ist T eine orthogonale Matrix, da die Spaltenvektoren orthonormiert sind. Sie bildet die Standarbasisvektoren auf $\vec{n}$, $\vec{a}$ und $\vec{b}$ ab. $T^{-1} = T^t$ bildet daher $\vec{n}$, $\vec{a}$ und $\vec{b}$ auf die Standardbasisvektoren ab. Die Drehung um den Winkel α in der $\vec{a}$-$\vec{b}$-Ebene wird durch T in eine Drehung in der y-z-Ebene umgewandelt. Genauer: die Zusammensetzung $T^{-1}DT$ bildet die Vektoren wie folgt ab:

linalg.ch/video/2

$$\begin{array}{ccccccc}
 & T & & D & & T^{-1} & \\
\vec{e}_1 & \mapsto & \vec{n} & \mapsto & D\vec{n} & \mapsto & \vec{e}_1 \\
\vec{e}_2 & \mapsto & \vec{a} & \mapsto & D\vec{a} & \mapsto & D_{z,\alpha}\vec{e}_2 \\
\vec{e}_3 & \mapsto & \vec{b} & \mapsto & D\vec{b} & \mapsto & D_{z,\alpha}\vec{e}_3.
\end{array}$$

Somit ist

$$T^{-1}DT = D_{z,\alpha}$$

eine spezielle Drehmatrix um die z-Achse, für die der Drehwinkel einfach zu berechnen ist. Umgekehrt kann man die Drehung D auch als $D = TD_{z,\alpha}T^{-1}$ schreiben (Abbildung 7.10 rechts).

In der Spur dürfen die Faktoren eines Produktes von Matrizen nach Satz 3.39 zyklisch vertauscht werden, daher folgt

$$\operatorname{tr}(T^{-1}DT) = \operatorname{tr}(DTT^{-1}) = \operatorname{tr}(DI) = \operatorname{tr}(D) \quad \Rightarrow \quad \operatorname{tr} D = \operatorname{tr} D_{\alpha,z}.$$

Für die Matrix D gilt daher

$$\frac{\operatorname{tr} D - 1}{2} = \frac{\operatorname{tr} D_{z,\alpha} - 1}{2} = \cos\alpha,$$

was die Spurformel für beliebige Drehmatrizen in $\mathbb{R}^3$ beweist. $\square$

Euler-Winkel

Um die Lage eines Körpers im Raum festzulegen wurde schon früh die folgende nach Euler benannte Parametrisierung verwendet. Die Lage wird durch drei aufeinanderfolgende Drehungen um die z-, die x- und dann nochmals die z-Achse herbeigeführt. Die drei Drehungen sind

linalg.ch/video/3

1. eine Drehung um die z-Achse um den Winkel α

2. eine Drehung um die x-Achse um den Winkel β

3. eine Drehung um die z-Achse um den Winkel γ

Mit der Matrizen-Darstellung der einzelnen Drehungen kann auch die Matrix der gesamten Drehung berechnet werden. Wir schreiben $D_{x,\alpha}$ für eine Drehung um die x-Achse

Leonhard Euler

Leonhard Euler kam am 15. April 1707 in Basel zu Welt. Sein Vater hatte mathematische Interessen. Er hatte bei Jakob Bernoulli Vorlesungen gehört und sogar eine Dissertation verfasst. Er förderte die mathematische Ausbildung Leonhards. Im Alter von 13 Jahren schrieb Euler sich an der Universität Basel ein und begann auf Wunsch seines Vaters ein Theologiestudium, das er mit einer Dissertation abschloss.

1726 vollendete er eine zweite Dissertation über die Schalllausbreitung. Im folgenden Jahr nahm er erstmals an einem Wettbewerb um den Pariser Akademiepreis teil, bei dem es um die optimale Platzierung von Schiffsmasten ging. Damit begann seine Beschäftigung mit Optimierungsproblemen und mit der Kontinuumsmechanik. Ab 1727 wirkte er an der Kaiserlichen Russischen Akademie der Wissenschaften in Sankt Petersburg. Zwischen 1741 und 1760 hielt Euler eine Stelle an der Königlichen Preussischen Akademie der Wissenschaften zu Berlin. In diese Zeit fallen auch die *Briefe an eine deutsche Prinzessin*, die aus seiner Aufgabe, Friederike Charlotte von Brandenburg-Schwedt als Tutor zu dienen, entstanden sind. Seine Sehkraft verminderte sich zunehmend, im Jahr 1771 erblindete er fast vollständig, arbeitet aber weiter, seine Ideen im Kopf entwickelnd.

Euler leistete bedeutende Beiträge auf vielen Gebieten der Mathematik. Viele noch heute übliche Notationen und das Konzept der Funktion gehen auf ihn zurück. Er löste das berühmte Basel-Problem, die Summe $\sum_{k=1}^{\infty} 1/k^2 = \pi^2/6$. Die eulersche Identität $e^{i\varphi} = \cos\varphi + i\sin\varphi$, deren Matrixform in Kapitel 9 behandelt wird, zeigt einen tiefen Zusammenhang zwischen Exponentialfunktion und trigonometrischen Funktionen. Er begründete die Graphentheorie, mehr dazu in Abschnitt 14.1.1. In der Fluidmechanik war er der erste, der Differentialgleichungen einführt. Die Beschreibung einer Drehung durch drei Winkel entstand im Rahmen seiner astronomischen Forschungen und erschien posthum in [7].

Euler starb am 18. September 1783 in Sankt Petersburg.

um den Winkel α, und sinngemäß für die anderen Achsen. Die zusammengesetzte Drehmatrix $O(\alpha, \beta, \gamma)$ kann man nun explizit berechnen. Im Produkt

$$O(\alpha, \beta, \gamma) = D_{z,\gamma} D_{x,\beta} D_{z,\alpha} \tag{7.21}$$

$$= \begin{pmatrix} \cos\gamma & -\sin\gamma & 0 \\ \sin\gamma & \cos\gamma & 0 \\ 0 & 0 & 1 \end{pmatrix} \begin{pmatrix} 1 & 0 & 0 \\ 0 & \cos\beta & -\sin\beta \\ 0 & \sin\beta & \cos\beta \end{pmatrix} \begin{pmatrix} \cos\alpha & -\sin\alpha & 0 \\ \sin\alpha & \cos\alpha & 0 \\ 0 & 0 & 1 \end{pmatrix}$$

$$= \begin{pmatrix} \cos\gamma & -\sin\gamma & 0 \\ \sin\gamma & \cos\gamma & 0 \\ 0 & 0 & 1 \end{pmatrix} \begin{pmatrix} \cos\alpha & -\sin\alpha & 0 \\ \sin\alpha\cos\beta & \cos\alpha\cos\beta & -\sin\beta \\ \sin\alpha\sin\beta & \cos\alpha\sin\beta & \cos\beta \end{pmatrix}$$

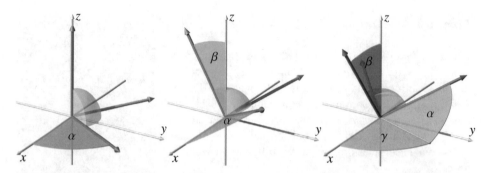

Abbildung 7.11: Die Euler-Winkel beschreiben eine beliebige Drehung als Zusammensetzung von drei Drehungen um die Winkel α, β und γ.

$$= \begin{pmatrix} \cos\alpha\cos\gamma - \sin\alpha\cos\beta\sin\gamma & -\sin\alpha\cos\gamma - \cos\alpha\cos\beta\sin\gamma & \sin\beta\sin\gamma \\ -\cos\alpha\sin\gamma + \sin\alpha\cos\beta\cos\gamma & -\sin\alpha\sin\gamma + \cos\alpha\cos\beta\cos\gamma & -\sin\beta\cos\gamma \\ \sin\alpha\sin\beta & \cos\alpha\sin\beta & \cos\beta \end{pmatrix}$$

sind die Spalten die Bilder der Standardbasisvektoren. Sie sind mit den gleichen Farben hervorgehoben wie die Vektoren in Abbildung 7.11.

In der Astronomie und der Raumfahrt sind die Winkel sehr gebräuchlich. Der Winkel β ist die Neigung der Bahn gegenüber der Referenzebene. Bei Satellitenbahnen um die Erde ist dies die Äquatorebene, bei interplanetaren Missionen die Ebene der Erdbahn. Der Winkel γ ist der Winkel zwischen einer Referenzrichtung und der Schnittgeraden der Bahnebene mit der Referenzebene. Diese Schnittgerade heißt auch die Knotenlinie. Bei Planetenbahnen ist die Referenzrichtung die Richtung des Frühlingspunktes. Der Winkel α ist der Winkel zwischen der Knotenlinie und dem erd- oder sonnennächsten Punkt.

7.6   Verallgemeinerte Skalarprodukte

Ausgehend von der geometrischen Vorstellung der orthogonalen Projektion haben wir im Abschnitt 7.1 das Skalarprodukt als bilineare Funktion auf Vektorpaaren konstruiert und später die orthonormierten Basen als die für Berechnung des Skalarproduktes vorteilhaften Basen gefunden. Die geometrische Vorstellung steht in Räumen beliebiger Dimension jedoch nur noch eingeschränkt zur Verfügung. In diesem Abschnitt soll daher ein verallgemeinerter Begriff des Skalarproduktes entwickelt werden, der direkt auf der Matrizenalgebra basiert und uns in den Kapiteln 11 und 13 von Nutzen sein wird.

7.6.1   Gram-Matrix

Wir betrachten zunächst den Vektorraum $\mathbb{R}^n$ mit dem bekannten Standardskalarprodukt $u \cdot v = u^t v$. Außerdem sei in diesem Vektorraum eine beliebige Basis $\mathcal{B} = \{b_1, \ldots, b_n\}$ gegeben, nicht notwendigerweise orthogonal. Das Ziel dieses Abschnitts ist, das bekannte Skalarprodukt in dieser Basis auszudrücken.

Komplexes Skalarprodukt

Die Definition des Standardskalarproduktes funktioniert in einem komplexen Vektorraum nicht mehr (Kasten auf Seite 318). An die Stelle der Definition 7.29 tritt die folgende.

Definition 7.26 (sesquilinear). *Ein komplexes Skalarprodukt auf dem komplexen Vektorraum V ist eine Funktion*

$$\langle \, , \, \rangle: V \times V \to \mathbb{C} : (u, v) \mapsto \langle u, v \rangle$$

mit den Eigenschaften:

1. *Sesquilinear: linear im zweiten Argument und konjugiert linear im ersten Argument:*

$$\langle u, v_1 + v_2 \rangle = \langle u, v_1 \rangle + \langle u, v_2 \rangle \qquad \langle u_1 + u_2, v \rangle = \langle u_1, v \rangle + \langle u_2, v_2 \rangle$$

$$\langle u, \lambda v \rangle = \lambda \langle u, v \rangle \qquad\qquad\qquad \langle \lambda u, v \rangle = \overline{\lambda} \langle u, v \rangle.$$

2. *Hermitesch:* $\langle u, v \rangle = \overline{\langle v, u \rangle}$.
3. *Postiv definit:* $\langle u, u \rangle \geq 0$ *für alle u und* $\langle u, u \rangle = 0$ *nur für u = 0.*

Die hermitesche Symmetrie (Punkt 2.) bedeutet, dass $\langle u, u \rangle = \overline{\langle u, u \rangle}$ eine nichtnegative reelle Zahl sein muss. Man kann damit wieder eine Norm $|u| = \sqrt{\langle u, u \rangle}$ definieren. Die Rechenregeln für ein reelles Skalarprodukt lassen sich im Wesentlichen übertragen, zum Beispiel gilt

$$|\lambda u| = \sqrt{\langle \lambda u, \lambda u \rangle} = \sqrt{\lambda \overline{\lambda} \langle u, u \rangle} = |\lambda| \sqrt{\langle u, u \rangle} = |\lambda| \cdot |u|.$$

Das Wort "sesquilinear" leitet sich aus lat. sesqui her, was "eineinhalb" bedeutet. Eine sesquilineare Funktion ist linear in einem Argument aber nur halb linear im anderen.

Die Gram-Matrix

Die Vektoren u und v können in der Basis $\mathcal{B}$ als Linearkombinationen

$$u = \sum_{i=1}^{n} u_i b_i \qquad \text{und} \qquad v = \sum_{i=1}^{n} v_i b_i$$

geschrieben werden. Das Skalarprodukt von u und v kann mit Hilfe der Linearität berechnet werden, es ist

$$u \cdot v = \left(\sum_{i=1}^{n} u_i b_i \right) \cdot \left(\sum_{i=1}^{n} v_i b_i \right) = \sum_{i=1}^{n} \sum_{j=1}^{n} u_i v_i (b_i \cdot b_j). \qquad (7.22)$$

Es müssen also nur die Skalarprodukte $g_{ij} = (b_i \cdot b_j)$ bekannt sein, damit man aus den $\mathcal{B}$-Koordinaten u_i und v_j das Skalarprodukt berechnen kann.

Definition 7.27 (Gram-Matrix, Skalarprodukt $\langle\ ,\ \rangle_G$). *Die Matrix $G = G(b_1, \ldots, b_n)$ mit den Einträgen $(G)_{ij} = b_i \cdot b_j$ heißt* Gram-Matrix. *Die Summe (7.22) definiert das Skalarprodukt zur Matrix G, das man auch $\langle u, v \rangle_G = u^t G v$ schreiben kann.*

In einer beliebigen Basis braucht es die Gram-Matrix G, um das Skalarprodukt als $u \cdot v = \langle u, v \rangle_G = u^t G v$ zu schreiben. Nicht für jede Matrix hat aber $u^t G v$ alle Eigenschaften, die man von einem Skalarprodukt erwartet. Die folgenden Abschnitte untersuchen, welche zusätzlichen Eigenschaften die Matrix G hat.

Symmetrie

Das Skalarprodukt war so konstruiert worden, dass es symmetrisch ist, also $u \cdot v = v \cdot u$ für alle Vektoren u und v. Da die Gram-Matrix als Einträge Skalarprodukte hat, ist sie ebenfalls symmetrisch:

$$(G)_{ij} = b_i \cdot b_j = b_j \cdot b_i = (G)_{ji}.$$

Positiv definit

Für das ursprüngliche Skalarprodukt war besonders wichtig, dass man damit einen Längenbegriff definieren konnte. Dies war möglich, weil das Skalarprodukt eines Vektors mit sich selbst niemals negativ werden konnte.

Definition 7.28 (positiv definit). *Eine $m \times m$-Matrix A heißt* positiv definit, *wenn $u^t A u > 0$ für alle $u \in \mathbb{R}^m \setminus \{0\}$.*

Aus der Konstruktion folgt also, dass für das Standardskalarprodukt und für jede beliebige Basis die zugehörige Gram-Matrix positiv definit ist.

7.6.2 Axiomatische Definition eines Skalarproduktes

Abschnitt 7.6.1 ging vom bekannten Skalarprodukt aus, es wurde aber eine beliebige Basis verwendet, in der das Skalarprodukt keine besonderen Eigenschaften mehr hatte. Wir können auch umgekehrt vorgehen und von der Standardbasis ausgehen, aber das Skalarprodukt derart verändern, dass die Standardbasis keine besonderen Eigenschaften mehr hat. So erhalten wir ein verallgemeinertes Skalarprodukt. Nützlich ist ein solches Skalarprodukt aber nur, wenn es ähnliche geometrische Eigenschaften hat.

Definition 7.29 (verallgemeinertes Skalarprodukt). *Ein (verallgemeinertes) Skalarprodukt auf dem Vektorraum reellen V ist eine Funktion*

$$\langle\ ,\ \rangle \colon V \times V \to V \colon (u, v) \mapsto \langle u, v \rangle$$

mit den Eigenschaften

1. $\langle\ ,\ \rangle$ ist linear in jedem Faktor, also

$$\langle a + b, c \rangle = \langle a, c \rangle + \langle b, c \rangle \qquad\qquad \langle \lambda a, b \rangle = \lambda \langle a, b \rangle$$
$$\langle a, b + c \rangle = \langle a, b \rangle + \langle a, c \rangle \qquad\qquad \langle a, \lambda b \rangle = \lambda \langle a, b \rangle.$$

Skalarprodukte in Funktionenräumen

Die Fourier-Theorie ermöglicht, eine beliebige 2π-periodische Funktion als Linearkombination von Sinus- und Kosinus-Funktionen zu schreiben (siehe auch Abschnitt 7.D). Mit einem Skalarprodukt ist eine solche Zerlegung bezüglich einer Basis besonders einfach, wenn die Basis orthonormiert ist.

Es ist also ein Skalarprodukt auf dem Vektorraum der stetigen 2π-periodischen Funktionen zu definieren. Für zwei solche Funktionen definieren wir das Skalarprodukt als

$$\langle f, g \rangle = \frac{1}{\pi} \int_{-\pi}^{\pi} f(t)g(t)\, dt.$$

Diese Definition ist ganz offensichtlich linear in beiden Faktoren und symmetrisch. Sie ist aber auch positiv definit, denn wenn eine stetige Funktion in einem Punkt nicht verschwindet, dann tut sie das auch in einer Umgebung, und damit ist das Integral

$$\langle f, f \rangle = \frac{1}{\pi} \int_{-\pi}^{\pi} f(t)^2 \, dt > 0.$$

Es war die Leistung von Joseph Fourier zu erkennen, dass man für dieses Skalarprodukt auch eine orthonormierte Basis finden kann, wenngleich er noch nicht diese Sprache verwendet hat. Man kann zeigen, dass die trigonometrischen Funktionen

$$c_0(t) = \frac{1}{\sqrt{2}}, \qquad c_k(t) = \cos kt, \qquad \text{und} \qquad s_k(t) = \sin kt \qquad \text{für } k > 0$$

orthonormiert sind bezüglich dieses Skalarproduktes.

2. $\langle \ , \ \rangle$ *ist symmetrisch:* $\langle a, b \rangle = \langle b, a \rangle$.

3. $\langle \ , \ \rangle$ *ist positiv definit:* $\langle u, u \rangle > 0$ *für* $a \in V \setminus \{0\}$.

Das Standardskalarprodukt ist offenbar auch ein Skalarprodukt im Sinne der Definition 7.29. Die Definition ist aber nicht beschränkt auf endlichdimensionale Vektorräume. Der Kasten "Skalarprodukte in Funktionenräumen" zeigt das Skalarprodukt, das die Basis der Fourier-Theorie ist.

Da das Skalarprodukt positiv definit ist, lässt sich jetzt auch die Norm eines Vektors definieren.

Definition 7.30 (Norm). *In einem Vektorraum* V *mit Skalarprodukt* $\langle \ , \ \rangle$ *ist die* Norm *eines Vektors* $v \in V$ *definiert als*

$$\|v\|^2 = \langle v, v \rangle \qquad \Leftrightarrow \qquad \|v\| = \sqrt{\langle v, v \rangle}.$$

Die Norm ist genau dann von 0 verschieden, wenn auch der Vektor von 0 verschieden ist.

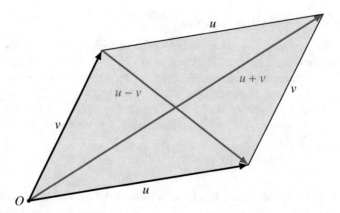

Abbildung 7.12: Parallelogrammgleichung (Satz 7.31): Die Summe der Quadrate der Seiten eines Parallelogramms ergeben die Summe der Quadrate der Diagonalen.

7.6.3 Allgemeine Gesetze für Skalarprodukte

Der Nutzen der axiomatischen Definition 7.29 des Skalarproduktes liegt darin, dass Eigenschaften, die nur aus den Axiomen abgeleitet werden können, für alle Skalarprodukte gleichermaßen gelten und nicht mehr erneut hergeleitet werden müssen. In diesem Abschnitt werden ein paar Beispiele zusammengestellt.

Parallelogrammgleichung

Der Satz des Pythagoras verbindet die Seitenlängen in einem rechtwinkligen Dreieck. Für ein verallgemeinertes Skalarprodukt ist der anschauliche Begriff der Orthogonalität nicht mehr anwendbar, trotzdem gibt es eine zum Satz des Pythagoras analoge Beziehung zwischen den Seitenlängen. Dazu berechnet man

$$
\begin{aligned}
\|u + v\|^2 &= \langle u + v, u + v \rangle = \langle u, u \rangle + 2\langle u, v \rangle + \langle v, v \rangle = \|u\|^2 + 2\langle u, v \rangle + \|v\|^2 \\
\|u - v\|^2 &= \langle u - v, u - v \rangle = \langle u, u \rangle - 2\langle u, v \rangle + \langle v, v \rangle = \|u\|^2 - 2\langle u, v \rangle + \|v\|^2.
\end{aligned}
\tag{7.23}
$$

In der Summe heben sich die Skalarprodukte auf der rechten Seite weg und es ergibt sich der folgende Satz.

Satz 7.31 (Parallelogrammgleichung). *Für zwei beliebige Vektoren u und v gilt die parallelogrammgleichung*

$$
\|u + v\|^2 + \|u - v\|^2 = 2\|u\|^2 + 2\|v\|^2.
\tag{7.24}
$$

Die Abbildung 7.12 zeigt die geometrische Bedeutung der Gleichung (7.24): die Summe der Quadrate der Seiten eines Parallelogramms ist gleich der Summe der Quadrate der Diagonalen. Für ein Rechteck sind die beiden Diagonalen gleich lang und die Parallelogrammgleichung wird zum Satz des Pythagoras.

Polarisationsformel

Man könnte meinen, dass die Norm weniger Information beinhaltet als das Skalarprodukt, weil aus dem Skalarprodukt ja zusätzlich zur Länge auch der Zwischenwinkel berechnet werden kann. Dem ist aber nicht so. Man kann das Skalarprodukt dank der Bilinearität aus der Norm rekonstruieren. Die Differenz der Gleichungen (7.23) lässt sich nämlich nach dem Skalarprodukt auflösen:

$$\|u + v\|^2 - \|u - v\|^2 = 4\langle u, v \rangle \quad \Rightarrow \quad \langle u, v \rangle = \frac{1}{4}(\|u + v\|^2 - \|u - v\|^2).$$

Satz 7.32 (Polarisationsformel). *Das Skalarprodukt lässt sich aus der Norm, die aus dem Skalarprodukt gebildet wurde, mittels der* Polarisationsformel

$$\langle u, v \rangle = \frac{1}{4}(\|u + v\|^2 - \|u - v\|^2) \tag{7.25}$$

wiedergewinnen.

Cauchy-Schwarz-Ungleichung

Die geometrische Intuition sagt, dass das Skalarprodukt als Projektion nicht größer sein kann als der projizierte Faktor. Eine entsprechende Aussage, die Cauchy-Schwarz-Ungleichung, gilt auch für ein beliebiges Skalarprodukt.

Satz 7.33 (Cauchy-Schwarz-Ungleichung). *Für zwei beliebige Vektoren gilt*

$$|\langle u, v \rangle| \leq \|u\| \cdot \|v\|. \tag{7.26}$$

mit Gleichheit genau dann, wenn u und v linear abhängig sind.

Beweis. Wenn u und v linear abhängig sind, dann gibt es t derart, dass $u + tv = 0$ ist. Dies inspiriert uns, die Norm von $u + tv$ zu berechnen. Sie ist

$$\|u + tv\|^2 = \|u\|^2 + 2t\langle u, v \rangle + t^2\|v\|^2. \tag{7.27}$$

Dies ist ein quadratischer Ausdruck in t, der sein Minimum bei

$$t = -\frac{\langle u, v \rangle}{\|v\|^2}$$

annimmt. Da $\|u + tv\|^2 \geq 0$ ist, muss dies auch auch für das Minimum gelten. Setzen wir den Wert für t ein, erhalten wir

$$0 \leq \|u\|^2 - 2\frac{\langle u, v \rangle^2}{\|v\|^2} + \frac{\langle u, v \rangle}{\|v\|^4}\|v\|^2 = \|u\|^2 - \frac{\langle u, v \rangle^2}{\|v\|^2}$$

$$\Rightarrow \quad \langle u, v \rangle^2 \leq \|u\|^2 \cdot \|v\|^2.$$

Die Wurzel ergibt

$$|\langle u, v \rangle| \leq \|u\| \cdot \|v\|.$$

Gleichheit ist genau dann möglich, wenn das Minimum von (7.27) = 0 ist. Da das Skalarprodukt positiv definit ist, ist das nur möglich, wenn $u + tv = 0$, wenn also u und v linear abhängig sind. $\qquad\square$

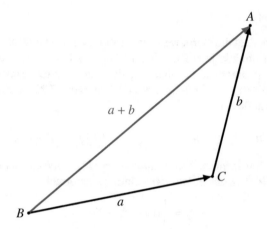

Abbildung 7.13: Dreiecksungleichung für die Norm

Dreiecksungleichung

Noch näher an der Intuition ist die Dreiecksungleichung, die besagt, dass in einem Dreieck die Summe der Längen zweier Seiten immer mindestens so groß ist wie die Länge der dritten Seite (Abbildung 7.13). Vektoriell geschrieben bedeutet dies

$$\|u + v\| \le \|u\| + \|v\|.$$

Tatsächlich ist

$$\|u + v\|^2 = \|u\|^2 + 2\langle u, v \rangle + \|v\|^2 \le \|u\|^2 + 2|\langle u, v \rangle| + \|v\|^2.$$

Auf diesen Ausdruck können können wir jetzt die Cauchy-Schwarz-Ungleichung (7.26) anwenden und erhalten den binomischen Ausdruck

$$\|u + v\|^2 \le \|u\|^2 + 2\|u\| \cdot \|v\| + \|v\|^2 = (\|u\| + \|v\|)^2$$
$$\Rightarrow \quad \|u + v\| \le \|u\| + \|v\|.$$

Damit haben wir den folgenden Satz beweisen:

Satz 7.34 (Dreiecksungleichung). *Die Norm eines Skalarprodukts erfüllt die Dreiecksungleichung*

$$\|u + v\| \le \|u\| + \|v\| \tag{7.28}$$

für beliebige Vektoren u und v mit Gleichheit genau dann, wenn die Vektoren u und v linear abhängig sind.

Skalarprodukte und symmetrische Matrizen

Wählt man in V eine Basis $\mathcal{B} = \{b_1, \ldots, b_n\}$, dann tritt bei der Berechnung des Skalarprodukts $\langle u, v \rangle$ wie beim Standardskalarprodukt die Gram-Matrix G mit den Matrixelementen

Trägheitsmoment und Skalarprodukt

Die Rotationsenergie eines starren Körpers kann aus dem Vektor $\vec{\omega}$ der Winkelgeschwindigkeit mit der (symmetrischen) Matrix des Trägheitsmomentes Θ berechnet werden. Für die kinetische Energie eines Massepunktes mit der Masse m_i, der sich im körperfesten Koordinatensystem an der Position $\vec{p}_i$ befindet, brauchen wir seine Entfernung r_i von der Drehachse. Die Projektion auf die Drehachse ist $\vec{p}_i \cdot \vec{\omega}^0$, also ist

$$r_i^2 = \vec{p}_i^2 - (\vec{p}_i \cdot \vec{\omega}^0)^2.$$

Die kinetische Energie ist dann

$$\frac{1}{2}m_i v_i^2 = \frac{1}{2}m_i r_i^2 |\vec{\omega}|^2 = \frac{1}{2}m_i(\vec{p}_i^2 - (\vec{p}_i \cdot \vec{\omega}^0))|\vec{\omega}|^2 = \frac{1}{2}m_i(\vec{p}_i^2|\vec{\omega}|^2 - (\vec{p}_i \cdot \vec{\omega})^2)$$
$$= \frac{1}{2}\omega^t(|p_i|^2 I - p_i p_i^t)\omega.$$

Die gesamte kinetische Energie summiert über alle Massepunkte wird zu

$$E = \frac{1}{2}\omega^t \underbrace{\left(\sum_i (|p_i|^2 I - p_i^t p_i)\right)}_{= \Theta} \omega = \frac{1}{2}\omega^t \Theta \omega.$$

Die symmetrische Matrix Θ heißt Trägheitsmoment. Aufgrund der Definition als kinetische Energie ist Θ auch positiv definit. Die Rotationsenergie kann man daher als ein verallgemeinertes Skalarprodukt von Winkelgeschwindigkeitsvektoren betrachten.

$(G)_{ik} = \langle b_i, b_k \rangle$ auf und das Skalarprodukt bekommt die Form $\langle u, v \rangle = u^t G v$, wobei wir im letzten Ausdruck u und v als Koordinatenvektoren bezüglich der Basis $\mathcal{B}$ verstehen. Jedes verallgemeinerte Skalarprodukt nach Definition 7.29 ist also in einer Basis von der Form eines Skalarproduktes $\langle \ , \ \rangle_G$ mit einer geeigneten Matrix G.

Die Gram-Matrix G muss positiv definit sein, die Definition 7.28 gibt aber eine eher schwierig nachzuprüfende Bedingung. Eine effiziente Methode zur Entscheidung der Frage, ob eine Matrix positiv definit ist, werden wir im Abschnitt 12.3 über die Cholesky-Zerlegung kennenlernen.

Viele physikalische Größen können als Werte eines verallgemeinerten Skalarproduktes betrachtet werden, zum Beispiel die Rotationsenergie eines starren Körpers (siehe Kasten "Trägheitsmoment und Skalarprodukt") oder die potentielle Energie eines elastisch verformten Körpers.

7.7 Kreis und Kugel

Da das Skalarprodukt die Länge eines Vektors berechnet, kann man jetzt auch die Menge der Punkte eines Kreises in der Ebene oder einer Kugel im Raum vektoriell beschreiben. In diesem Abschnitt lösen wir ein paar Standardaufgaben. Viele Fragestellungen, deren

Formulierung von Kreisen oder Kugeln spricht, sind allerdings nur Abstandsaufgaben, die besser mit den Abstandsformeln von Abschnitt 8.3.6 angepackt werden können.

7.7.1 Gleichungen von Kreis und Kugel

Definition 7.35 (Kreis und Kugel). *Der Kreis $K(M, r)$ in der Ebene oder die Kugel im Raum ist die Menge aller Punkte, die vom Mittelpunkt M den gleichen Abstand r haben.*

In vektorieller Form bedeutet Definition 7.35, dass die Vektoren vom Mittelpunkt zu den Punkten konstante Länge haben. Schreiben wir $\vec{m}$ für den Ortsvektor des Mittelpunktes, dann besteht die Kugel aus den Punkten mit den Ortsvektoren

$$
\begin{aligned}
K(M, r) &= \{\vec{p} \mid |\vec{p} - \vec{m}| = r\} \\
&= \{\vec{p} \mid (\vec{p} - \vec{m}) \cdot (\vec{p} - \vec{m}) = r^2\} \\
&= \{\vec{p} \mid (\vec{p} - \vec{m})^2 = r^2\}.
\end{aligned}
\tag{7.29}
$$

Hier wenden wir zur Abkürzung die Notationskonvention $\vec{v} \cdot \vec{v} = \vec{v}^2$ für das Quadrat eines Vektors auf die Differenz $\vec{p} - \vec{m}$ an.

7.7.2 Durchstoßpunkt einer Geraden mit einer Kugel

Aufgabe 7.36. *Gesucht ist der Durchstoßpunkt der Geraden mit der Parameterdarstellung $\vec{p} = \vec{p}_0 + t\vec{u}$ durch die Kugel $K(M, r)$. Man finde ein Kriterium dafür, dass die Gerade die Kugel trifft.*

Lösung. Die Gerade schneidet die Kugel genau dann, wenn es ein t gibt so, dass $\vec{p}_0 + t\vec{u}$ die Kugelgleichung

$$
|(\vec{p}_0 + t\vec{u}) - \vec{m}| = r \qquad \Leftrightarrow \qquad |t\vec{u} + (\vec{p}_0 - \vec{m})| = r
$$

erfüllt. In der quadratischen Form (7.29) der Kugelgleichung ist dies die quadratische Gleichung

$$
(t\vec{u} + (\vec{p}_0 - \vec{m}))^2 = r^2.
$$

Da wir nur an den Koeffizienten der quadratischen Gleichung für t interessiert sind, achten wir beim Ausmultiplizieren darauf, die innere Klammer nicht aufzulösen. Wir erhalten

$$
t^2 (\vec{u})^2 + 2t(\vec{p}_0 - \vec{m}) \cdot \vec{u} + (\vec{p}_0 - \vec{m})^2 = r^2.
\tag{7.30}
$$

Das Vorzeichen der Diskriminante

$$
\Delta = (2(\vec{p}_0 - \vec{m}) \cdot \vec{u})^2 - 4\vec{u}^2 ((\vec{p}_0 - \vec{m})^2 - r^2)
\tag{7.31}
$$

der quadratischen Gleichung (7.30) zeigt an, ob es eine reelle Lösung gibt. Ist $\Delta > 0$, gibt es zwei verschiedene Lösung, die den beiden Durchstoßpunkten der Gerade durch die Kugel entsprechen. Für $\Delta = 0$ gibt es nur einen Schnittpunkte, die Gerade ist tangential an die Kugel.   ◯

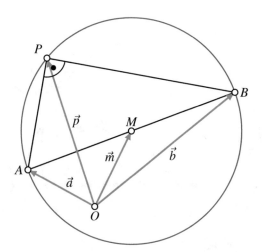

Abbildung 7.14: Die Punkte P, von denen aus die Strecke AB unter einem rechten Winkel erscheint, bilden den Thales-Kreis (rot).

7.7.3   Thales-Kreis

Mit dem Skalarprodukt kann man ausdrücken, von welchen Punkten aus eine Strecke AB unter einem rechten Winkel gesehen wird. Damit bietet es sich für den Beweis der folgenden Aussage an.

Satz 7.37 (Thales-Kreis). *Die Punkte P, von denen aus die Strecke AB unter einem rechten Winkel erscheint, ist ein Kreis mit dem Durchmesser AB.*

Beweis. Vektoriell ausgedrückt haben die Punkte P die Eigenschaft $\overrightarrow{AP} \cdot \overrightarrow{BP} = 0$ (Abbildung 7.14). Unter Verwendung der Konvention, dass kleine Buchstaben für die Ortsvektoren der Punkte mit entsprechenden Großbuchstaben stehen, ist dies gleichbedeutend mit

$$(\vec{p} - \vec{a}) \cdot (\vec{p} - \vec{b}) = 0.$$

Ausmultiplizieren macht daraus

$$\vec{p}^{\,2} - (\vec{a} + \vec{b}) \cdot \vec{p} + \vec{a} \cdot \vec{b} = 0.$$

Die ersten beiden Terme können quadratisch ergänzt werden:

$$\vec{p}^{\,2} - 2\left(\frac{\vec{a} + \vec{b}}{2}\right) \cdot \vec{p} + \left(\frac{\vec{a} + \vec{b}}{2}\right)^2 - \left(\frac{\vec{a} + \vec{b}}{2}\right)^2 + \vec{a} \cdot \vec{b} = 0.$$

Jetzt können die ersten drei Terme mit der binomischen Formel zusammengefasst werden in ein Quadrat

$$\left(\vec{p} - \frac{\vec{a} + \vec{b}}{2}\right)^2 = \left(\frac{\vec{a} + \vec{b}}{2}\right)^2 - \vec{a} \cdot \vec{b}.$$

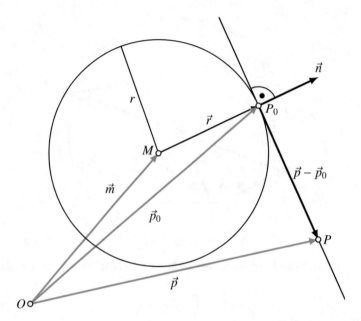

Abbildung 7.15: Tangente im Punkt P_0 an den Kreis um M mit Radius r. Der Vektor $\vec{p} - \vec{p}_0$ muss auf dem Normalenvektor $\vec{n}$ senkrecht stehen. Der Normalenvektor $\vec{n}$ hat die Richtung von $\vec{r} = \vec{p}_0 - \vec{m}$.

Die rechte Seite kann man ausmultiplizieren und vereinfachen zu

$$\left(\vec{p} - \frac{\vec{a} + \vec{b}}{2}\right)^2 = \frac{\vec{a}^2 - 2\vec{a} \cdot \vec{b} + \vec{b}^2}{4} = \left(\frac{\vec{a} - \vec{b}}{2}\right)^2.$$

Diese Gleichung für die Ortsvektoren p beschreibt einen Kreis um den Punkt $(\vec{a} + \vec{b})/2$ mit dem Radius $|\vec{a} - \vec{b}|/2$. Dies ist der Thales-Kreis.   □

7.7.4   Tangente und Tangentialebene

In der Analysis lernt man, Tangenten an Kurven mit Hilfe der Ableitung zu bestimmen. Für beleibige Kurven ist dies der einzig gangbare Weg. Bei Kreisen und Kugeln gibt es aber eine einfachere Lösung, da die Tangente oder Tangentialebene immer senkrecht auf dem Radiusvektor des Berührpunktes steht.

Tangente oder Tangentialebene in einem Punkt

Die Normale $\vec{n}$ auf einen Kreis oder eine Kugel ist immer parallel zum Radiusvektor $\vec{r} = \vec{p} - \vec{m}$ (Abbildung 7.15). Daher kann man die Gleichung der Tangente im Punkt P_0 an einen Kreis oder der Tangentialebene der Kugel in der Normalenform sofort angeben:

Satz 7.38 (Tangente/Tangentialebene in einem Punkt I). *Ortsvektoren $\vec{p}$ auf der Tangentialebene an eine Kugel mit Mittelpunktsortsvektor $\vec{m}$ und Radius r im Punkt mit Ortsektor*

$\vec{p}_0$ *erfüllen die Gleichung*

$$(\vec{p} - \vec{p}_0) \cdot \underbrace{(\vec{p}_0 - \vec{m})}_{= \vec{n}} = 0. \tag{7.32}$$

Man kann den Punkt P aber auch dadurch charakterisieren, dass die orthogonale Projektion der Vektors $\overrightarrow{MP}$ auf die Normale $\vec{n}$ immer die Länge r haben muss. Mit dem Skalarprodukt kann man dies durch die Bedingung

$$(\vec{p} - \vec{m}) \cdot \vec{n} = r \tag{7.33}$$

ausdrücken. Als Normaleneinheitsvektor kann man

$$\vec{n} = \frac{\vec{p}_0 - \vec{m}}{|\vec{p}_0 - \vec{m}|} = \frac{\vec{p}_0 - \vec{m}}{r}$$

verwenden. Setzt man dies in (7.33) ein, erhält man

$$(\vec{p} - \vec{m}) \cdot \frac{\vec{p}_0 - \vec{m}}{r} = r$$

$$\Rightarrow \quad (\vec{p} - \vec{m}) \cdot (\vec{p}_0 - \vec{m}) = r^2. \tag{7.34}$$

Man erhält also die Tangentengleichung (7.34) aus der Kreisgleichung, indem man eine der Variablen $\vec{p}$ durch den Berührpunkt $\vec{p}_0$ ersetzt.

Satz 7.39 (Tangente/Tangentialebene in einem Punkt II). *Die Tangentialebene im Punkt P_0 an die Kugel $K(M, r)$ hat die Gleichung* (7.34).

Tangente von einem Punkt an einen Kreis

Aufgabe 7.40 (Tangente von einem Punkt an einen Kreis). *Es sind die Gleichungen der Tangenten an einen Kreis $K(M, r)$ zu finden, die durch den Punkt P gehen.*

Die klassische konstruktive Lösung aus der Elementargeometrie verwendet den Thales-Kreis über der Strecke MP, seine Schnittpunkte mit $K(M, r)$ sind die Berührpunkte der Tangenten (Abbildung 7.16). Die Tangenten sollen jetzt aber auf rein algebraische Art gefunden werden.

Lösung. Das Problem wäre im wesentlich gelöst, wenn der Berührpunkt P_0 mit Ortsvektor $\vec{p}_0$ bekannt wäre. Dieser muss natürlich auf dem Kreis liegen, also

$$(\vec{p}_0 - \vec{m})^2 = r^2. \tag{7.35}$$

Außerdem muss der Punkt P auf der Tangente im Punkt P_0 liegen, also muss $\overrightarrow{MP_0}$ senkrecht auf $\overrightarrow{PP_0}$ stehen:

$$(\vec{p}_0 - \vec{m}) \cdot (\vec{p}_0 - \vec{p}) = 0. \tag{7.36}$$

Damit haben wir zwei quadratische Gleichungen (7.35) und (7.36) für die beiden unbekannten Koordinaten von P_0 gefunden. Im Allgemeinen werden sie die Bestimmung von $\vec{p}_0$ ermöglichen (Ausnahmen: P im Inneren des Kreises).

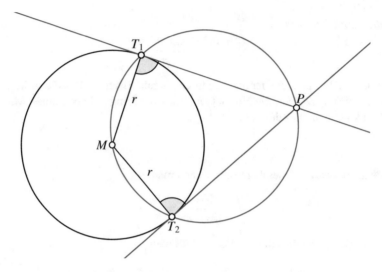

Abbildung 7.16: Tangente vom Punkt P an den Kreis $K(M, r)$. Die Berührpunkte T_1 und T_2 sind Schnittpunkte des Kreises mit dem Thales-Kreis (rot) über der Strecke MP.

Zur Bestimmung von $\vec{p}_0$ multiplizieren wir die zweite Gleichung (7.36) aus und erhalten

$$\vec{p}_0^2 - (\vec{m} + \vec{p}) \cdot \vec{p}_0 + \vec{m} \cdot \vec{p} = 0.$$

Quadratisch Ergänzen ergibt

$$\vec{p}_0^2 - 2\vec{p}_0 \cdot \left(\frac{\vec{m} + \vec{p}}{2}\right) + \left(\frac{\vec{m} + \vec{p}}{2}\right)^2 - \left(\frac{\vec{m} + \vec{p}}{2}\right)^2 + \vec{m} \cdot \vec{p} = 0.$$

Die letzten zwei Terme kann man auf die rechte Seite bringen und vereinfachen und erhält die Gleichung

$$\left(\vec{p}_0 - \frac{\vec{m} + \vec{p}}{2}\right)^2 = \left(\frac{\vec{m} + \vec{p}}{2}\right)^2 - \vec{m} \cdot \vec{p} = \left(\frac{\vec{m} - \vec{p}}{2}\right)^2$$

eines Kreises mit Mittelpunkt $(\vec{m} + \vec{p})/2$ und Radius $|\vec{m} - \vec{p}|/2$, also wieder einen Thales-Kreis. Wir haben die von der konstruktiven Lösung vorgeschlagene Vorgehensweise auch algebraisch wiedergefunden.   ◯

7.8   Überbestimmte Gleichungssysteme – "Least Squares"

Bei einem überbestimmten Gleichungssystem, also einem Gleichungssystem mit mehr Gleichungen als Unbekannten, kann man im Allgemeinen nicht davon ausgehen, dass es überhaupt eine Lösung gibt. Ein solches Gleichungssystem hat die Form $Ax = b$, wobei A eine Matrix ist, die mehr Zeilen als Spalten hat.

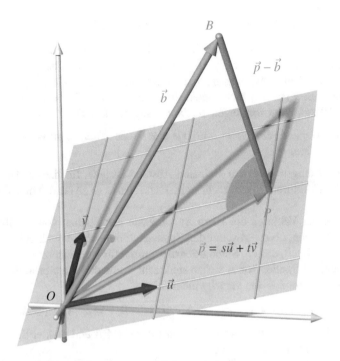

Abbildung 7.17: Überbestimmtes Gleichungssystem: Die Vektoren Ax beschreiben nur eine Ebene, der Punkt B mit Ortsvektor b muss nicht auf dieser Ebene liegen. Gesucht ist die Lösung P, für die der Fehler $\vec{p} - \vec{b}$ minimal wird.

Betrachten wir als Beispiel das Gleichungssystem

$$\underbrace{\begin{pmatrix} 6 & 14 \\ 12 & 28 \\ 9 & 21 \end{pmatrix}}_{= A} \underbrace{\begin{pmatrix} s \\ t \end{pmatrix}}_{= x} = \begin{pmatrix} 2 \\ 4 \\ 4 \end{pmatrix} = b. \tag{7.37}$$

Die Bildmenge der Abbildungsmatrix A ist eine Ebene durch den Nullpunkt mit den beiden Spalten von A als Richtungsvektoren $\vec{u}$ und $\vec{v}$, und den Parametern s und t, wie in Abbildung 7.17 dargestellt. Das Gleichungssystem sucht also nach Parameterwerten s und t für den einen Punkt auf der Ebene mit den Koordinaten $(2, 4, 4)$. Solche Parameterwerte müssen aber gar nicht existieren, es ist ja nicht klar, dass der Punkt B überhaupt in der Ebene liegt.

Noch eine weitere Schwierigkeit deutet sich an. Die beiden Spaltenvektoren von A könnten linear abhängig sein. Im Beispiel ist tatsächlich die zweite Spalte das $\frac{7}{3}$-fache der ersten Spalte. Der Rang der Matrix ist daher 1, was bedeutet, dass die Bildmenge sogar nur eine Gerade ist.

Die Parameterwerte $s = \frac{1}{2}$ und $t = 0$ zeigen, dass der Punkt $(2, 4, 3)$ auf der Geraden liegt. Der gegebene Punkt $(2, 4, 4)$ kann daher nicht auf der Geraden liegen. Das Gleichungssystem ist tatsächlich nicht lösbar.

7.8.1   Lösung im Sinne der kleinsten Quadrate

Die Vektoren Av mit $v \in \mathbb{R}^m$ bilden im Beispiel eine Ebene oder Gerade, die b nicht enhalten muss. Man kann daher im Allgemeinen nicht erwarten, dass es eine Lösung v_0 mit $Av_0 = b$ gibt. Das beste, was man erwarten kann, ist ein Vektor v_0 derart, dass Av_0 möglichst nahe an b ist. Av_0 muss unter allen Vektoren der Form Av jener sein, der am nächsten bei b liegt. v_0 ist sozusagen die "am wenigsten falsche" Lösung.

Aufgabe 7.41. *Gegeben eine $n \times m$-Matrix A und $b \in \mathbb{R}^n$, finde einen Vektor $v \in \mathbb{R}^m$ derart, dass $|b - Av|$ minimal ist.*

Lösung. Die Lösung v_0 mit dem kleinsten Abstand ist jene, für die der Differenzvektor $b - Av_0$ auf allen Vektoren Av senkrecht steht. Es ist also v_0 so zu bestimmen, dass $b - Av_0 \perp Av$ für alle v.

Die Menge der Vektoren der Form Av wird von den Spalten von A aufgespannt. Es genügt also zu testen, ob $b - Av_0$ auf den Spaltenvektoren von A senkrecht steht. Dies ist gleichbedeutend damit, nur die Standardbasisvektoren für v einzusetzen.

$b - Av_0$ und die Spalten von A stehen senkrecht, wenn die Skalarprodukte von Spalten von A mit dem Vektor $b - Av_0$ verschwinden, also

$$A^t(b - Av_0) = 0 \quad \Rightarrow \quad A^tb - A^tAv_0 = 0 \quad \Rightarrow \quad A^tAv_0 = A^tb. \tag{7.38}$$

Dies ist ein Gleichungssystem mit Koeffizientenmatrix A^tA und rechter Seite A^tb, das als Lösung den gesuchten Vektor v_0 hat.

A^t hat so viele Zeilen wie v Komponenten hat, also handelt es sich bei (7.38) um ein Gleichungssystem mit gleich vielen Gleichungen wie Unbekannten. $\bigcirc$

Wenn sich ein Gleichungssystem $Av = b$ nicht exakt lösen lässt, ermöglicht das Gleichungssystem (7.38) eine Lösung im Sinne der kleinsten quadrierten Abstände oder der *kleinsten Quadrate*. Wir fassen diese Resultate im nachstehenden Satz zusammen.

Satz 7.42 (Lösungsverfahren für kleinste Quadrate). *Sei A eine $n \times m$ Matrix und b ein n-dimensionaler Vektor. Eine Lösung der Gleichung $Av = b$ im Sinne der kleinsten Quadrate ist Lösung des Gleichungssystems*

$$A^tAv = A^tb$$

mit m Gleichungen und m Unbekannten. Falls die Spalten von A linear unabhängig sind, ist A^tA regulär und damit $v = (A^tA)^{-1}A^tb$.

Beispiel 7.43. Man finden den Fußpunkt des Lotes vom Punkt $P = (9, 10, 7)$ auf die Ebene durch O, $A = (8, 10, 10)$ und $B = (9, 13, 12)$.

Der Fußpunkt des Lotes ist der Punkt der Ebene, der den geringsten Abstand zu P hat. Die Ebenengleichung ist

$$A \begin{pmatrix} s \\ t \end{pmatrix} = \begin{pmatrix} 8 & 9 \\ 10 & 13 \\ 10 & 12 \end{pmatrix} \begin{pmatrix} s \\ t \end{pmatrix}.$$

Gesucht wird die "beste Lösung" von

$$A \begin{pmatrix} s \\ t \end{pmatrix} = \begin{pmatrix} 9 \\ 10 \\ 7 \end{pmatrix} = b.$$

Dazu muss zunächst die Matrix $A^t A$ und der Vektor $A^t b$ berechnet werden.

$$A^t A = \begin{pmatrix} 264 & 322 \\ 322 & 394 \end{pmatrix}, \qquad A^t b = \begin{pmatrix} 242 \\ 295 \end{pmatrix}.$$

Daraus findet man die Lösung für s und t numerisch als

$$\begin{pmatrix} s \\ t \end{pmatrix} = \begin{pmatrix} 1.07831 \\ -0.13253 \end{pmatrix}$$

und durch Einsetzen in die Ebenengleichung den Ortsvektor des Fußpunktes

$$\vec{f} = \begin{pmatrix} 7.4337 \\ 9.0602 \\ 9.1928 \end{pmatrix}.$$

Man kann dieses Resultat dadurch kontrollieren, dass man nachrechnet, ob $\vec{p} - \vec{f}$ senkrecht auf beiden Richtungsvektoren der Ebene steht:

$$(\vec{p} - \vec{f})^t A = \begin{pmatrix} -1.7451 \cdot 10^{-11} & -2.1316 \cdot 10^{-11} \end{pmatrix},$$

im Rahmen der Rechengenauigkeit[2] steht die Differenz also tatsächlich auf den Richtungsvektoren senkrecht.   ○

Alles in einem Schritt

In Kapitel 6 wurde gezeigt, wie man Probleme der affinen Geometrie mit nur einer Durchführung des Gauß-Algorithmus lösen kann. Bei der soeben vorgestellten Lösung des Fußpunktproblems musste man aber in mehrere Schritten vorgehen. Zuerst wurden s und t bestimmt, erst in einem zweiten Schritt konnte der Fußpunkt des Lotes berechnet werden.

Natürlich ist das auch für dieses Problem möglich, man behandelt x, y und z einfach als zusätzliche Variablen, die als Koordinaten von Av berechnet werden. Das Gauß-Tableau dazu ist

x	y	z	s	t	1		x	y	z	s	t	1
1	0	0			0		1	0	0			
0	1	0	$-A$		0	→	0	1	0			Av
0	0	1			0		0	0	1			
			$A^t A$	$A^t b$						1	0	$(A^t A)^{-1} A^t b$
										0	1	

$\qquad\qquad\qquad\qquad\qquad\qquad\qquad\qquad\qquad\qquad\qquad\qquad\qquad$ (7.39)

Auf der rechten Seite kann man die Least-Squares-Lösung $v = (s, t)^t$ im unteren Teil ablesen, der Ortsvektor des Punktes Av steht im oberen Teil.

---

[2]Bei der Rechnung mit dem Computer kann man von der Genauigkeit des `double` Datentyps ausgehen, die etwa 15 Stellen umfasst. Die Matrix $A^t A$ enthält Elemente der Grössenordnung 10^4, die Rundungsfehler in der Grössenordnung von 10^{-11} aufweisen.

Beispiel 7.44. Für das Zahlenbeispiel lautet dieses Gauß-Tableau:

x	y	z	s	t	
1	0	0	−8	−9	0
0	1	0	−10	−13	0
0	0	1	−10	−12	0
0	0	0	264	322	242
0	0	0	322	394	295

$\rightarrow$

x	y	z	s	t	
1	0	0	0	0	7.4337
0	1	0	0	0	9.0602
0	0	1	0	0	9.1928
0	0	0	1	0	1.0783
0	0	0	0	1	−0.1325

linalg.ch/gauss/75

Man erhält also genau die bereits früher gefundenen Lösungen.   ◯

Der Fall linear abhängiger Spalten

Im einführenden Beispiel (7.37) hat die Koeffizientenmatrix A den Rang 1. Daher ist A^tA singulär und man kann zur Bestimmung der Lösung v nach Satz 7.42 die inverse Matrix nicht verwenden. Das Gleichungssystem $A^tAx = A^tb$ kann aber sehr wohl mit dem Gauß-Algorithmus gelöst werden. Dazu berechnen wird das Gleichungssystem $A^tAv = A^tb$ mit

$$A^tA = \begin{pmatrix} 6 & 12 & 9 \\ 14 & 28 & 12 \end{pmatrix} \begin{pmatrix} 6 & 14 \\ 12 & 28 \\ 9 & 21 \end{pmatrix} = \begin{pmatrix} 261 & 609 \\ 609 & 1421 \end{pmatrix} \quad \text{und} \quad A^tb = \begin{pmatrix} 6 & 12 & 9 \\ 14 & 28 & 12 \end{pmatrix} \begin{pmatrix} 2 \\ 4 \\ 4 \end{pmatrix} = \begin{pmatrix} 96 \\ 224 \end{pmatrix}$$

und lösen es mit dem Gauß-Tableau

s	t	1
(261)	609	96
(609)	1421	224

$\rightarrow$

s	t	1
1	$\frac{7}{3}$	$\frac{32}{87}$
0	0	0

linalg.ch/gauss/76

Die Lösungsmenge ist

$$\mathbb{L} = \left\{ \begin{pmatrix} s \\ t \end{pmatrix} = \begin{pmatrix} \frac{32}{87} \\ 0 \end{pmatrix} + t \begin{pmatrix} -\frac{7}{3} \\ 1 \end{pmatrix} \;\middle|\; t \in \mathbb{R} \right\}.$$

Verschiedenen Lösungsvektoren in $v \in \mathbb{L}$ führen alle auf den gleichen Punkt Av. Mit dem großen Tableau (7.39)

x	y	z	s	t	1
1	0	0	6	14	0
0	1	0	12	28	0
0	0	1	9	21	0
0	0	0	261	609	96
0	0	0	609	1421	224

$\rightarrow$

x	y	z	s	t	1
1	0	0	0	0	$-\frac{192}{87}$
0	1	0	0	0	$-\frac{383}{87}$
0	0	1	0	0	$-\frac{288}{87}$
0	0	0	1	$\frac{7}{3}$	$\frac{32}{87}$
0	0	0	0	0	0

linalg.ch/gauss/77

kann man alle Größen gleichzeigt bestimmen. Das Schlusstableau zeigt, dass es zwar viele verschiedene Paare (s, t) für v gibt, dass diese aber alle auf den gleichen Punkt Av führen.

7.8.2 Anwendungen der Methode der kleinsten Quadrate

Die Bedeutung der Methode der kleinsten Qudarate besteht darin, dass man in der Praxis sehr oft die Situation hat, dass man deutlich mehr Daten hat als nötig, um die Parameter eines Problems zu bestimmen. Zum Beispiel genügt es, drei Punkte eines Kreises zu kennen, um Mittelpunkt und Radius exakt bestimmen zu können. Zwei Punkte bestimmen eine Gerade eindeutig, in der Praxis misst man meistens mehr als zwei Punkte.

In der Landesvermessung bestimmt man einen Punkt immer durch mehr Winkelmessungen als nötig wären. Allerdings sind die Messungen mit Messfehlern behaftet. Gauß erfand die Methode der kleinsten Quadrate, als er die Vermessung des Königreichs Hannover leitete. Sie ermöglichte ihm, die Genauigkeit der Resultate erheblich zu steigern.

In diesem Abschnitt sollen weitere Beispiele von Aufgabenstellungen vorgestellt werden, in denen die Methode der kleinsten Quadrate erfolgreich angewendet werden kann. Umfangreichere Anwendungen werden in den Abschnitten 7.B und 7.C behandelt.

Die Gleichungen aufstellen

Die größte Hürde beim Einsatz der Methode der kleinsten Quadrate ist, das überbestimmte lineare Gleichungssystem aufzustellen. Die folgende Methode hat sich bewährt. Man stellt alle Gleichungen auf, die die gesuchten Größen erfüllen müssen. Um den Überblick darüber zu behalten, was man genau bestimmen will, werden die Unbekannten rot geschrieben. Wenn sich die Unbekannten mit der Methode der kleinsten Quadrate bestimmen lassen, dann sollten sich die Gleichungen als lineares Gleichungssystem schreiben lassen, aus dem man die Matrix A und die rechte Seite b ablesen kann.

Die gesuchten Größen kommen in den Gleichungen nicht immer linear vor. Oft ist es aber möglich, neue Variablen einzuführen, die lineare Gleichungen erfüllen und aus denen sich die ursprünglichen Größen leicht bestimmen lassen. Diese Vorgehensweise wird in der Aufgabe 7.46 notwendig sein.

Gerade durch Punkte

Aufgabe 7.45. *Gegeben sind Punkte (x_i, y_i) mit $1 \le i \le n$, die ungefähr auf einer Geraden $y = ax + b$ liegen. Gesucht sind die Werte von a und b (Abbildung 7.18 links).*

Lösung. Lägen die Punkte exakt auf der Geraden, müsste jeder Punkt die Geradengleichung erfüllen, wir erhielten also die Gleichungen

$$
\begin{aligned}
ax_1 + b &= y_1 \\
ax_2 + b &= y_2 \\
\vdots \quad &\quad \vdots \\
ax_n + b &= y_n.
\end{aligned}
\tag{7.40}
$$

Dies ist ein lineares Gleichungssystem für die Unbekannten a und b mit n Gleichungen, für $n > 2$ verschiedene Punkte ist es also überbestimmt.

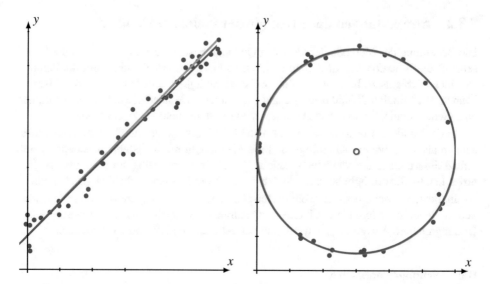

Abbildung 7.18: Anwendungen der Methode der kleinsten Quadrate: links die Bestimmung einer Geraden, die eine Menge von Punkten am besten approximiert. Die blauen Punkte sind entstanden, indem Punkte der grünen Gerade mit einer zufälligen Abweichungen gestört wurden. Die rot eingezeichnete Regressionsgerade approximiert die ursprüngliche Gerade mit großer Genauigkeit. Rechts: Bestimmung eines Kreises, der eine Menge von Punkten am besten approximiert.

Die Gleichung (7.40) kann mit dem Standardverfahren gelöst werden. Dazu schreiben wir zunächst die Matrix A und den Vektor b auf:

$$A = \begin{pmatrix} x_1 & 1 \\ x_2 & 1 \\ \vdots & \vdots \\ x_n & 1 \end{pmatrix}, \qquad x = \begin{pmatrix} a \\ b \end{pmatrix}, \qquad b = \begin{pmatrix} y_1 \\ y_2 \\ \vdots \\ y_n \end{pmatrix}$$

Für die Lösung müssen wir $A^t A$ und $A^t b$ berechnen:

$$A^t A = \begin{pmatrix} x_1 & x_2 & \dots & x_n \\ 1 & 1 & \dots & 1 \end{pmatrix} \begin{pmatrix} x_1 & 1 \\ x_2 & 1 \\ \vdots & \vdots \\ x_n & 1 \end{pmatrix} = \begin{pmatrix} \sum_{i=1}^{n} x_i^2 & \sum_{i=1}^{n} x_i \\ \sum_{i=1}^{n} x_i & n \end{pmatrix}$$

$$A^t b = \begin{pmatrix} x_1 & x_2 & \dots & x_n \\ 1 & 1 & \dots & 1 \end{pmatrix} \begin{pmatrix} y_1 \\ y_2 \\ \vdots \\ y_n \end{pmatrix} = \begin{pmatrix} \sum_{i=1}^{n} x_i y_i \\ \sum_{i=1}^{n} y_i \end{pmatrix}.$$

Dieses Gleichungssystem kann man mit der cramerschen Regel (Satz 4.35) lösen. Dazu berechnet man zunächst die Determinante von $A^t A$, sie ist

$$\det(A^t A) = n \sum_{i=1}^{n} x_i^2 - \left(\sum_{i=1}^{n} x_i \right)^2.$$

Die Unbekannte a hat den Wert

$$a = \frac{n \sum_{i=1}^{n} x_i y_i - \sum_{i=1}^{n} x_i \sum_{i=1}^{n} y_i}{n \sum_{i=1}^{n} x_i^2 - \left(\sum_{i=1}^{n} x_i \right)^2} = \frac{\frac{1}{n} \sum_{i=1}^{n} x_i y_i - \frac{1}{n} \sum_{i=1}^{n} x_i \cdot \frac{1}{n} \sum_{i=1}^{n} y_i}{\frac{1}{n} \sum_{i=1}^{n} x_i^2 - \left(\frac{1}{n} \sum_{i=1}^{n} x_i \right)^2}.$$

Den Achsenabschnitt b könnte man natürlich auch so finden, es geht aber auch direkter. Die Summe der Gleichungen (7.40) ist

$$a \sum_{i=1}^{n} x_i + nb = \sum_{i=1}^{n} y_i \qquad \Rightarrow \qquad b = \frac{1}{n} \sum_{i=1}^{n} y_i - a \cdot \frac{1}{n} \sum_{i=1}^{n} x_i.$$

Die Gerade mit der Gleichung $y = ax + b$ heißt auch *Regressionsgerade*. ○

Kreis durch Punkte

Aufgabe 7.46. *Gegeben sind die Punkte (x_i, y_i) mit $1 \leq i \leq n$, die ungefähr auf einem Kreis liegen. Gesucht sind Mittelpunkt $M = (m_x, m_y)$ und Radius r dieses Kreises.*

Lösung. Zunächst müssen wir Gleichungen für die gesuchten Variablen aufstellen. Die Gleichung eines Kreises ist

$$(x_i - m_x)^2 + (y_i - m_y)^2 = r^2.$$

Diese Gleichungen sind allerdings nicht linear. Das Standardverfahren ist also nicht anwendbar. Wir multiplizieren daher aus, und erhalten

$$x_i^2 - 2x_i m_x + m_x^2 + y_i^2 - 2y_i m_y + m_y^2 = r^2.$$

Indem wir die Quadrate der Variablen zu einer neuen Variable

$$c = r^2 - m_x^2 - m_y^2$$

zusammenfassen, können wir die Gleichungen in lineare Form bringen:

$$2x_i m_x + 2y_i m_y + c = x_i^2 + y_i^2, \qquad 1 \leq i \leq n. \tag{7.41}$$

In dieser Form lässt sich das Standardverfahren anwenden, die Matrix A und die Vektoren x und b sind

$$A = \begin{pmatrix} 2x_1 & 2y_1 & 1 \\ 2x_2 & 2y_2 & 1 \\ \vdots & \vdots & \vdots \\ 2x_n & 2y_n & 1 \end{pmatrix}, \qquad x = \begin{pmatrix} m_x \\ m_y \\ c \end{pmatrix} \qquad \text{und} \qquad b = \begin{pmatrix} x_1^2 + y_1^2 \\ x_2^2 + y_2^2 \\ \vdots \\ x_n^2 + y_n^2 \end{pmatrix}.$$

Aus der Lösung kann dann der Radius

$$r = \sqrt{c + m_x{}^2 + m_y{}^2}$$

bestimmt werden.   ○

Abbildung 7.18 rechts zeigt, wie der Kreis mit großer Genauigkeit auch aus stark fehlerbehafteten Punkten bestimmt werden kann.

7.A   Raytracing

Computergraphik-Effekte sind aus modernen Filmen nicht mehr wegzudenken. Ganze Spielfilme wurden schon vollständig am Computer erzeugt. Wie können die Bilder so realistisch wirken? *Raytracing*, deutsch *Strahlverfolgung*, ist ein Algorithmus zur Berechnung realistischer 3D-Computergraphiken, der auf der Simulation von Lichtstrahlen basiert, die das Auge des Betrachters erreichen. Es zeichnet sich durch relative einfache mathematische Prinzipien und geringen Aufwand bei der Realisierung aus. Der Rechenaufwand zur Berechnung realistischer Bilder kann trotzdem ganz beträchtlich werden.

Alle 3D-Abbildungen in diesem Buch wurden mit dem als freie Software für alle Desktop-Plattformen verfügbaren Povray-Raytracer [22] berechnet. Dazu werden die dargestellten Szenen aus einfachen geometrischen Objekten wie Kugeln, Zylindern, Kegelstümpfen und Ebenen in einem dreidimensionalen Raum zusammengesetzt. Sie können zu komplexeren Objekten vereinigt werden, es ist aber auch möglich, Schnittmengen oder Differenzmengen zu bilden. Kompliziertere Oberflächen können aus Dreiecken zusammengesetzt werden.

Um ein Bild zu erzeugen, muss für jeden vom Auge ausgehenden Strahl ermittelt werden, in welcher Farbe der zugehörige Pixel eingefärbt werden muss. Die Zuordnung von Strahlen zu Pixeln wird in Kapitel 10 genauer untersucht, in diesem Abschnitt geht es nur um die Bestimmung der Farbe. Zu jedem Strahl wird daher der erste Schnittpunkt mit einem Objekt der Szene berechnet. Die Farbe dieses Schnittpunktes ist die Farbe, die der Pixel erhalten muss. Sie wird durch die Oberflächeneigenschaften des Objektes und der Farbe des Lichtes bestimmt, das aus verschiedenen Richtungen in diesem Punkt eintrifft. Besonders einfach ist dies für eine spiegelnde Oberfläche. Der Strahl wird an der Oberfläche reflektiert und der nächste Schnittpunkt mit einem anderen Objekt gesucht. Die Oberflächenfarbe kann die Farbe des gespielten Lichts modifizieren. Für den neuen Schnittpunkt wiederholt sich die Rechnung. Für matte Oberflächen, die Licht nicht reflektieren sondern diffus streuen, müssen mehrere vom ersten Schnittpunkt ausgehende Strahlen zurückverfolgt werden, um alle Lichtbeiträge zu ermitteln, die die Farbe und Helligkeit bestimmen.

7.A.1   Reflexion eines Lichtstrahls

Der Raytracing-Algorithmus muss den reflektierten Strahl in einem Punkt der Oberfläche des reflektierenden Objektes berechnen können. Dazu ist nach Abschnitt 7.2.3 die Kenntnis des Normalenvektors auf der Oberfläche des Objektes nötig. Die Grundaufgabe für die Berechnung einer 3D-Szene mit Raytracing ist als die folgende.

Abbildung 7.19: Eine einfache Raytracing-Szene bestehend aus zwei spiegelnden Kugeln, zwei Kegelstümpfen und einem Würfel. Die Objekte liegen auf einer diffus reflektierenden, karierten Ebene.

Aufgabe 7.47. *Gegeben eine Kugel, einen Quader, einen Kegel oder ein ähnlich einfaches geometrisches Objekt, bezeichnet mit G, und der Strahl durch den Augpunkt A mit Ortsvektor $\vec{a}$ und Richtungsvektor $\vec{r}$. Der Strahl hat die Parameterdarstellung $\vec{p}(t) = \vec{a} + t\vec{r}$.*

1. *Berechne den kleinsten Wert t_0, für den der Strahl das Objekt schneidet, für den also $\vec{p}(t_0) \in G$ oder $t_0 = \min\{t \in \mathbb{R}^+ \mid \vec{a} + t\vec{r} \in G\}$.*

2. *Berechnet die Normale auf der Oberfläche des Objektes G im Punkt $\vec{p}(t_0)$.*

Falls es keinen Schnittpunkt gibt, ist $t_0 = \infty$.

Für eine größere Zahl von Objekten G_i, $1 \leq i \leq n$ wird die Lösung der Grundaufgaben 7.47 auf jedes Objekt G_i angewendet und der gefunden minimale Wert t_0 mit t_i bezeichnet, der zugehörige Normalenvektor mit $\vec{n}_i$. Der kleinste der höchstens n Werte t_i und der zugehörige Normalenvektor $\vec{n}_i$ bestimmt dann den reflektierten Strahl. Für transparente Objekte können die ersten paar Durchstoßpunkte t_i mit unterschiedlicher Gewichtung berücksichtigt werden.

In den folgenden Abschnitten wird die Grundaufgaben 7.47 für verschiedene einfache Objekte gelöst.

Reflexion an einer Ebene

Eine Ebene kann in der Normalenform durch den Normalenvektor $\vec{n}$ und eine Konstante h parametrisiert werden. Die Ortsvektoren $\vec{p}$ der Punkte der Ebene erfüllen die Gleichung

$$\vec{n} \cdot \vec{p} = h. \tag{7.42}$$

Lösung der Grundaufgabe 7.47 für eine Ebene. Die Normale auf die Ebene hängt nicht vom Schnittpunkt ab und ist $\vec{n}$. Der Schnittpunkt kann gemäß der Methode zur Bestimmung von Schnittmengen von Abschnitt 6.6.2 mit dem Tableau

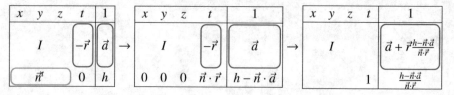

bestimmt werden. Man liest

$$t_0 = \frac{h - \vec{n} \cdot \vec{a}}{\vec{n} \cdot \vec{r}} \quad \text{und} \quad \vec{p}(t_0) = \vec{a} + t_0 \vec{r} = \vec{a} + \frac{h - \vec{n} \cdot \vec{a}}{\vec{n} \cdot \vec{r}} \vec{r}$$

ab. Ein interessierender Schnittpunkt liegt aber nur vor, wenn $t_0 > 0$ ist. □

Dasselbe Resultat kann man auch erhalten, indem man die Parameterdarstellung des Strahls in die Ebenengleichung (7.42) einsetzt. Damit ergibt sich

$$\vec{n} \cdot (\vec{a} + t_0 \vec{r}) = h \quad \Rightarrow \quad t_0 \vec{n} \cdot \vec{r} = h - \vec{n} \cdot \vec{a} \quad \Rightarrow \quad t_0 = \frac{h - \vec{n} \cdot \vec{a}}{\vec{n} \cdot \vec{r}}.$$

Wieder muss $t_0 > 0$, sonst liegt die Ebene nicht in Blickrichtung.

Reflexion an einer Kugel

Für eine Kugel ist die Normale wieder einfach zu bestimmen: als Normalenvektor kann der Radiusvektor des Durchstoßpunktes des Strahls durch die Kugel verwendet werden. Sei also eine Kugel mit Mittelpunkt M mit Ortsvektor $\vec{m}$ und Radius R geben.

Lösung der Grundaufgabe 7.47 für eine Kugel. Durch Einsetzen der Parameterdarstellung des Strahls in die Kugelgleichung

$$(\vec{p} - \vec{m}) \cdot (\vec{p} - \vec{m}) = R^2$$

erhält man nach Abschnitt 7.7.2 die quadratische Gleichung

$$|\vec{r}|^2 \, t^2 + 2t\vec{r} \cdot (\vec{a} - \vec{m}) + |\vec{a} - \vec{m}|^2 - R^2 = 0$$

mit der Lösung

$$t = \frac{-\vec{r} \cdot (\vec{a} - \vec{m}) \pm \sqrt{(\vec{r} \cdot (\vec{a} - \vec{m}))^2 - |\vec{r}|^2(|\vec{a} - \vec{m}|^2 - R^2)}}{|\vec{r}|^2}.$$

Von den zwei Lösungen ist nur die kleinere positive Lösung interessant. Falls der Strahl die Gerade nicht schneidet oder beide Lösungen der quadratischen Gleichung negativ sind, gibt es keinen Schnittpunkt in Blickrichtung. □

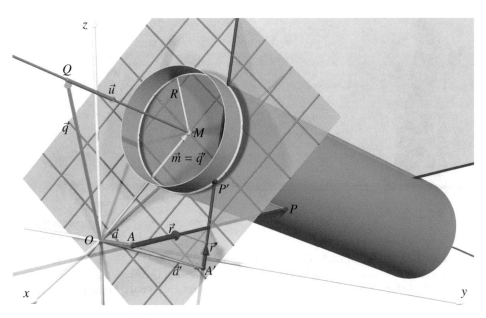

Abbildung 7.20: Der erste Durchstoßpunkt P einer Geraden durch einen Zylinder kann mit Hilfe einer Projektion auf eine Ebene senkrecht zur Zylinderachse berechnet werden.

Reflexion an einem Zylinder

Ein Zylinder kann beschrieben werden durch seine Achse, eine Gerade, und den Radius R. Sei die Achse beschrieben durch den Stützpunkt mit Ortsvektor $\vec{q}$ und Richtungsvektor $\vec{u}$. Wir dürfen annehmen, dass $|\vec{u}| = 1$ ist. Die Achse hat die Parameterdarstellung $\vec{q} + s\vec{u}$ mit dem Parameter s. Die Berechnung des Schnittpunkt des Strahls $\vec{a} + t\vec{r}$ kann vereinfacht werden, indem alles auf eine Ebene senkrecht auf der Strahlachse projiziert wird. Die Projektion eines Vektors $\vec{v}$ auf die Ebene muss die zu $\vec{u}$ parallele Komponenten entfernen, also

$$\vec{v}' = \vec{v} - \vec{v}_\parallel = \vec{v} - (\vec{v} \cdot \vec{u})\vec{u},$$

wie in Satz 7.8 dargestellt.

In Abbildung 7.20 ist der Strahl mit Augpunkt A und Richtungsvektor $\vec{r}$ rot dargestellt, die Projektion auf die graue Ebene senkrecht auf die Zylinderachse in pink. Die Zylinderachse mit Stützpunkt Q und Richtungsvektor $\vec{u}$ ist grün dargestellt. Die Projektion von $\vec{q}$a uf die graue Ebene ist gegeben durch $\vec{q}' = \vec{q} - (\vec{q} \cdot \vec{u})\vec{u} = \vec{m}$. Der Schnittpunkt P' des projizierten Strahls durch den gelben Kreis um M mit Radius R ist auch der erste Durchstoßpunkt der pinken Geraden durch eine Kugel um M mit Radius R. Der zugehörige Wert des Parameters kann mit der Methode zur Bestimmung des Durchstoßpunktes im vorangegangenen Abschnitt bestimmt werden. Der gleiche Parameterwert liefert in der Parameterdarstellung der roten Geraden den Punkt P.

Die Normale im Punkt P ist parallel zur Normalen im Punkt P', letztere ist der Vektor von M nach P' oder $\vec{n} = \vec{p}' - \vec{m}$. Damit ist die Grundaufgabe 7.47 auch für einen Zylinder gelöst.

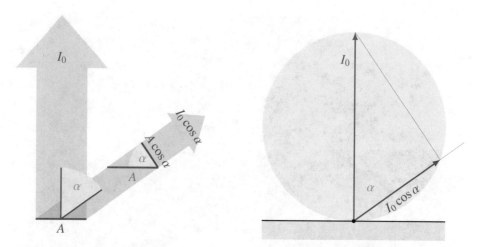

Abbildung 7.21: Das Lambertsche Gesetz der diffusen Reflexion. Die Oberfläche strahlt die zur Verfügung stehende Energie in alle Richtungen gleichermaßen ab. Der Querschnitt, der in die Richtung in einem Winkel α von der Normalen strahlen kann, ist um den Faktor $\cos \alpha$ kleiner.

7.A.2 Diffuse Reflexion und Umgebungslicht

Oberflächen realer Körper sind keine perfekten Spiegel. Aus der Richtung $\vec{r}$ einfallendes Licht wird nicht nur in der gespielten Richtung zurückgeworfen, mindestens ein Teil des Lichtes wird in alle Richtungen weitergeleitet. Rauhe Oberflächen reflektieren Licht *diffus*. Dabei spielt die Richtung des einfallenden Lichtes keine Rolle, sie führt nur dazu, dass pro Flächeneinheit der Oberfläche ein gewisse Strahlungsleistung zur Ausstrahlung in alle Richtungen zur Verfügung steht. Sei I_0 die senkrecht auf die Oberfläche von einem Flächenelement vom Flächeninhalt A abgestrahlte Strahlungsleistung (Abbildung 7.21). In einem Winkel α von der Normalen auf die Oberfläche erscheint das Flächenelement um den Faktor $\cos \alpha$ verkleinert. Die in die Richtung im Winkel α von der Normalen abgestrahlte Strahlungsleistung ist daher $I_0 \cos \alpha$. Dies ist das *Lambertsche Gesetz* der diffusen Strahlung.

Die Strahlungsleistung, die von einer Lichtquelle auf der Oberfläche eintrifft, hängt vom Winkel zur Normalen ab, in dem das Licht eintrifft. Auch diese Abhängigkeit ist proportional zum Kosinus des Einfallswinkels. Um die Helligkeit eines Pixels zu bestimmen, der einen diffus reflektierenden Punkt in der Szene abbildet, müssen also ausgehend von diesem Punkt verschiedene Strahlen in alle möglichen Richtungen verfolgt werden und ermittelt werden, welche Farbe und welche Intensität Licht aus dieser Richtung einfällt. Ist der Einfallswinkel β, dann muss die einfallende Intensität mit dem Faktor $\cos \alpha \cos \beta$ gewichtet werden.

7.A.3 Phong-Beleuchtungsmodell

Sowenig wie es perfekt reflektierende Oberflächen gibt, gibt es perfekt diffus reflektierende Oberflächen. Reale Oberflächen strahlen einfallendes Licht in Richtung des reflektierten einfallenden Strahles mehr oder weniger stark bevorzugt ab. Die Oberfläche erscheint

Abbildung 7.22: Entstehung von Glanzlichtern auf der Basis des Phong-Beleuchtungsmodells.

daher in diese Richtung etwas heller, es entsteht ein Glanzlicht. Abbildung 7.22 zeigt links eine Kugel, die vollständig diffus reflektiert. Das reflektierte Licht einer weißen Licht-quelle nimmt die Farbe der Kugeloberfläche an. In der Mitte ist das Licht dargestellt, das bevorzugt in einer Richtung nahe der Reflektionsrichtung abgestrahlt wird. Dieses Licht wird von der Oberfläche nicht verfärbt. Die Kugel rechts zeigt beide Arten von Reflexion zusammen. Man beachte auch, dass das vom Boden oder Himmel ausgetrahlte Licht die Oberfläche der Kugeln nicht aufhellt, wie es in der Realität geschehen müsste.

Sei also $\vec{r}$ die Richtung des reflektierten Lichtstrahles. Die Intensität des ausgestrahlten Lichtes ist maximal in Richtung $\vec{r}$ und wird kleiner, je größer der Winkel ϑ zwischen $\vec{r}$ und der Richtung zum Betrachter wird. Die Abnahme kann durch eine Funktion $f(\vartheta)$ mit $f(0) = 1$ und $f(\vartheta) \leq 1$ für $0 < \vartheta \leq \frac{\pi}{2}$ beschrieben werden. Eines der einfachsten Modelle für die Funktion $f(\vartheta)$ ist das Phong-Beleuchtungsmodell, das von Bui Tuong Phong 1975 als rein empirisches Modell vorgeschlagen wurde. Es verwendet die Funktion

$$f(\vartheta) = \cos^n \vartheta \tag{7.43}$$

die in Abbildung 7.23 visualisiert wird. Je größer der Exponent n ist, desto enger wird der ausgestrahlte Lichtkegel und desto kleiner wird das Glanzlicht. Die zugehörigen Glanz-lichter werden in Abbildung 7.24 dargestellt.

7.B Ein Parametrisierungsproblem

Ein Thermostat misst die Differenz zwischen der aktuellen Temperatur und der Soll-Temperatur. Die Größe dieser Differenz kann dann verwendet werden, die Leistung der Heizung so einzustellen, dass die Temperatur möglichst schnell wieder die Soll-Temperatur

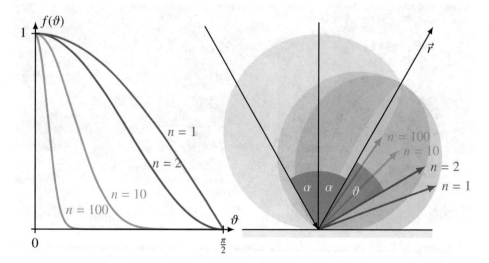

Abbildung 7.23: Phong-Beleuchtungsmodell: Je größer der Exponent n in (7.43) ist, desto enger wird der reflektierte Lichtkegel, die Helligkeit des ausgestrahlten Lichtes nimmt sehr schnell ab, wenn sich die Ausstrahlrichtung von der Richtung $\vec{r}$ entfernt.

Abbildung 7.24: Glanzlichter nach dem Phong-Beleuchtungsmodell für verschiedene Exponenten n.

Abbildung 7.25: Äquatoriale Montierung eines Teleskops. Die rote Linie am Boden ist die Nord-Süd-Richtung, die rote Linie an der Himmelskugel ist der Merdian.

erreicht. Die Regelungstechnik lehrt, wie der Zusammenhang zwischen Temperaturdifferenz und Heizleistung zu wählen ist, damit der Thermostat erfolgreich funktioniert. In jedem Regelkreis findet man solche funktionalen Zusammenhänge, oft in Form linearer Funktionen, die durch wenige Parameter charakterisiert werden können. Oft hängen diese Parameter auch von anderen technischen Eigenschaften ab, zum Beispiel von der Empflichkeit der verwendeten Sensoren, oder sie korrigieren die unvermeidbaren Herstellungstoleranzen. Im letzten Fall spricht man oft auch von Kalibrierung.

In diesem Abschnitt soll an einem Beispiele gezeigt werden, wie die Methode der kleinsten Quadrate zur Lösung solcher Parametrisierungs- und Kalibrierungsaufgaben verwendet werden kann.

7.B.1 Die Problemstellung

Bilder lichtschwacher Himmelsobjekte lassen sich nur mit langen Belichtungszeiten aufnehmen. Es ist daher nötig, das Teleskop so aufzustellen, dass es präzis der Bewegung der Gestirne an der Himmelskugel nachgeführt werden kann.

Äquatoriale Montierung

Nicht allzu große Teleskope werden meistens auf einer *äquatorialen Montierung* aufgestellt, wie sie in Abbildung 7.25 schematisch dargestellt ist. Eine Achse, die Pol- oder

Stundenachse, ist parallel zur Erdachse ausgerichtet. Der Winkel zwischen dem Meridian und der aktuellen Ausrichtung des Teleskops ist der Stundenwinkel, der hier mit α bezeichnet wird (blau). Der Stundenwinkel setzt sich zusammen aus der *Rektaszension*, der Längenkoordinate des Gestirns an der Himmelskugel, und einem Winkel, der proportional zur Zeit ist. Der Winkel zwischen dem Himmelsäquator und dem anvisierten Gestirn ist die Deklination, bezeichnet mit δ (grün). Die Erddrehung bewegt ein Gestirn auf einem Breitenkreis, also einem Kreis konstanter Deklination, über den Himmel. Die Erddrehung kann durch gleichmäßige Drehung um die Polachse kompensiert werden. Abbildung 7.27 zeigt eine sogenannte *deutsche Montierung* nach dem gleichen Prinzip, das Teleskop ist aber statt in einer Gabel am einen Ende der Deklinationsachse angebracht und muss mit einem Gegengewicht ausbalanciert werden.

Nachführung

Verbleibende Aufstellungsfehler, mechanische Toleranzen der Montierung oder die atmopsphärische Refraktion führen jedoch dazu, dass über längere Zeit trotzdem Abweichungen entstehen und Korrekturen nötig sind, um zu verhindern, dass sie Langzeitbelichtungen unbrauchbar machen.

Zur Korrektur wird ein separates Leitteleskop mit einer eigenen kleinen Kamera verwendet (siehe Abbildung 7.27). Im Abstand weniger Sekunden werden Bilder aufgenommen und die sich verändernde Position eines Leitsterns auf dem Bild ermittelt. Ein Computer kann dann die Korrektur ermitteln, die den Leitstern an der gleichen Stelle auf dem Kamerachip hält. Dieser Prozess wird *Nachführung* genannt.

Die meisten Consumer-Montierungen verfügen über eine einfache Schnittstelle mit vier digitalen Eingängen. Zwei Eingänge dienen dazu, die Deklination zu vergrößern oder zu verkleinern. Die anderen zwei erhöhen oder verkleinern die Drehgeschwindigkeit um die Polachse, solange sie aktiviert werden. Damit wird es möglich, die Rektaszension zu vergrößern oder zu verkleinern. Benötigt wird also ein Regler, der die vier Eingänge der Nachführschnittstelle so ansteuert, dass das Bild des gewählten Leitsterns im Bild der Nachführkamera an der gleichen Stelle bleibt.

Nachführimpulse und Himmelskoordinaten

Bewegt man das Teleskop nur in Rektaszension oder nur in Deklination, verschiebt sich das Bild des Leitsterns jeweils ungefähr auf einer Geraden. Meistens ist die Kamera jedoch nicht so sorgfältig ausgerichtet, dass diese beiden Geraden parallel zu den Kanten des Sensorchips der Nachführkamera sind. Es ist daher nötig, die Verdrehung der Kamera zu messen, wenn man die notwendige Korrektur berechnen will.

Der Zusammenhang zwischen der Zeitdauer, während der einer der Nachführeingänge aktiviert wird, und der Distanz in Pixeln, die der Leitstern auf dem Chip der Nachführkamera zurücklegt, ist ziemlich kompliziert. Die Brennweite des Nachführteleskops und die Pixelgröße der Nachführkamera sind die wichtigsten Einflussgrößen. Die Brennweite kann durch Zusatzlinsen verändert worden sein, dies kann insbesondere im Amateurbereich dazu führen, dass die Brennweite gar nicht exakt bekannt ist und daher am besten auch gemessen wird.

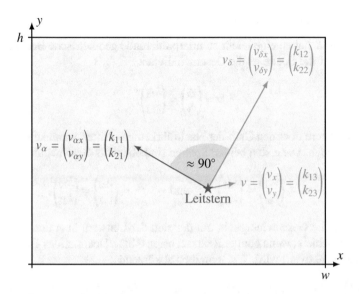

Abbildung 7.26: Geometrische Interpretation der Spalten der Kalibrationsmatrix K als Geschwindigkeiten, mit denen sich der Leitstern über den Sensorchip der Nachführkamera bewegt, wenn die Nachführeingänge in Rektaszension (blau) bzw. Deklination (grün) aktiviert sind. Die dritte Spalte ist der orange Vektor der Geschwindigkeit, mit der der Leitstern über den Chip driftet, wenn gar keine Nachführimpulse gegeben werden.

Bei mobiler Ausrüstung ist die Polachse der Montierung meistens nicht exakt parallel zur Erdachse. Dies führt dazu, dass der Leitstern mit mehr oder weniger konstanter Geschwindigkeit über den Chip driftet. Es wird sich unten zeigen, dass auch diese Geschwindigkeit gemessen und bei der Korrektur berücksichtig werden kann, was die Genauigkeit der Nachführung verbessert.

Wir bezeichnen mit α und δ die Dauer der Nachführimpulse in Rektaszension bzw. Deklination. t ist die Zeit seit der letzten Positionsbestimmung des Leitsterns im Kamerabild. Mit x und y soll die Änderung der Pixelkoordinaten bezeichnet werden, die der Leitstern erfährt. In erster Näherung gibt es einen linearen Zusammenhang

$$\begin{pmatrix} \Delta x \\ \Delta y \end{pmatrix} = \underbrace{\begin{pmatrix} k_{11} & k_{12} & k_{13} \\ k_{21} & k_{22} & k_{23} \end{pmatrix}}_{= K} \begin{pmatrix} \alpha \\ \delta \\ t \end{pmatrix} \tag{7.44}$$

zwischen den Pixelkoordinatenänderungen und den Steuersignalen und der Zeit der Positionsmessungen.

Geometrische Interpretation von K

Die Spalten von K haben eine leicht zu interpretierende geometrische Bedeutung (Abbildung 7.26). Die dritte Spalte ist die Geschwindigkeit

$$v = \begin{pmatrix} v_x \\ v_y \end{pmatrix} = \begin{pmatrix} k_{13} \\ k_{23} \end{pmatrix},$$

mit der der Leitstern über den Chip der Nachführkamera driftet, wenn keine Nachführimpulse geben werden. Die ersten beiden Spalten sind ebenfalls Geschwindigkeiten

$$v_\alpha = \begin{pmatrix} v_{x\alpha} \\ v_{y\alpha} \end{pmatrix} = \begin{pmatrix} k_{11} \\ k_{21} \end{pmatrix} \quad \text{und} \quad v_\delta = \begin{pmatrix} v_{x\delta} \\ v_{y\delta} \end{pmatrix} = \begin{pmatrix} k_{12} \\ k_{22} \end{pmatrix},$$

sie beschreiben die Geschwindigkeit, mit der sich der Leitstern über den Chip der Nachführkamera verschiebt, wenn nur der Rektaszensions- bzw. Deklinations-Eingang der Nachführschnittstelle aktiviert wird. Wir schreiben abkürzend

$$\begin{pmatrix} \Delta x \\ \Delta y \end{pmatrix} = \begin{pmatrix} k_{11} & k_{12} \\ k_{21} & k_{22} \end{pmatrix} \begin{pmatrix} \alpha \\ \delta \end{pmatrix} + t \begin{pmatrix} k_{13} \\ k_{23} \end{pmatrix} = \underbrace{\begin{pmatrix} v_{x\alpha} & v_{x\delta} \\ v_{x\alpha} & v_{y\delta} \end{pmatrix}}_{=: L} \begin{pmatrix} \alpha \\ \delta \end{pmatrix} + t \begin{pmatrix} v_x \\ v_y \end{pmatrix} = L \begin{pmatrix} \alpha \\ \delta \end{pmatrix} + t \begin{pmatrix} v_x \\ v_y \end{pmatrix}.$$

Die Bezeichnung L für die Matrix der α- und δ-Geschwindigkeiten soll an die L-Form erinnern, in der die beiden Geschwindigkeitsvektoren angeordnet sind (Abbildung 7.26).

Korrektur

Um die Korrektur zu bestimmen, die den Leitstern wieder an die gleiche Position im Bild bringt, setzt man für t die Zeit bis zur nächsten Positionsbestimmung ein und für Δx und Δy die nötigen Korrekturen in Pixelkoordinaten. Dann löst man nach α und δ auf und erhält

$$\begin{pmatrix} \alpha \\ \delta \end{pmatrix} = L^{-1} \left(-\begin{pmatrix} \Delta x \\ \Delta y \end{pmatrix} + \begin{pmatrix} v_x \\ v_y \end{pmatrix} t \right).$$

Mit den ermittelten Zeiten α und δ wird dann die Nachführschnittstelle angesteuert. Nach erfolgter Korrektur nimmt die Nachführkamera das nächste Bild auf.

7.B.2   Lösung

Der Lösungsalgorithmus verlangt danach, die Korrektur (α, δ) zu bestimmen. Dazu müssen die Konstanten in der Matrix K bekannt sein. In diesem Abschnitt wird diese rein mathematische Aufgabe gelöst.

Die minimale Anzahl von Messungen

Um die sechs Koeffizienten der Matrix A zu bestimmen, müssen mindestens acht Messungen der Position des Leitsterns durchgeführt werden.

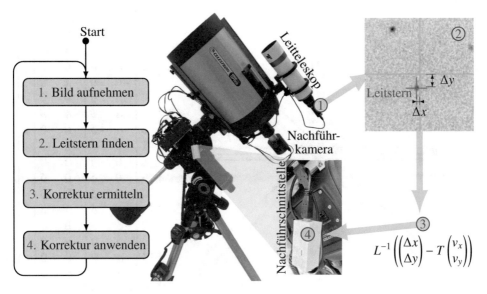

Abbildung 7.27: Nachführalgorithmus.

1. Die erste Messung etabliert den Nullpunkt des x-y-Koordinatensystems für die nachfolgenden Messungen.

2. Eine Messung nach der Anwendung einer bekannten Korrektur α in Rektaszension ermöglicht im Wesentlichen die Bestimmung von k_{11} und k_{21}.

3. Eine Messung nach der Anwendung einer bekannten Korrektur δ in Deklination ermöglich im Wesentlichen die Bestimmung von k_{12} und k_{22}.

4. Eine letzte Messung nach einer bekannten Zeit t ermöglicht die Bestimmung der letzten Spalten von K.

In dieser einfachen Form kann das Problem aber nicht gelöst werden.

Fehlerquellen

Für die praktische Implementation der Messung von K muss man berücksichtigen, dass die Bestimmung der Koordinaten x und y des Leitsterns nicht ohne Fehler möglich ist. Um eine schnelle Reaktion der Nachführung auf eine Abweichung zu ermöglichen, werden möglichst kurze Belichtungszeiten mit der Nachführkamera verwendet. Die Helligkeit des Sterns in der Aufnahme ist gering und das Rauschen des Sensors erschwert die Bestimmung der genauen Position.

Eine weitere Fehlerquelle ist das Spiel des Antriebsgetriebes der Montierung. Folgt eine postive Korrektur in Deklination auf eine negative Korrektur, wird ein Teil der Zeit δ dafür aufgewendet, das Getriebespiel aufzunehmen. Die gemessene Verschiebung des Leitsterns in Deklinationsrichtung wird daher kleiner, was dazu führt, dass die δ-Korrektur

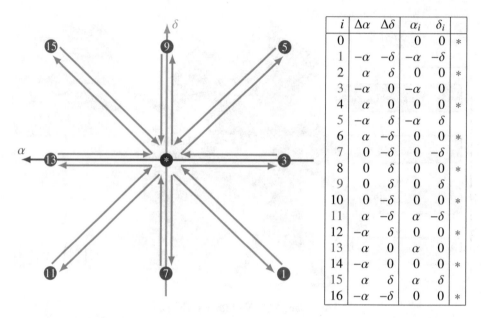

i	$\Delta\alpha$	$\Delta\delta$	α_i	δ_i	
0			0	0	*
1	$-\alpha$	$-\delta$	$-\alpha$	$-\delta$	
2	α	δ	0	0	*
3	$-\alpha$	0	$-\alpha$	0	
4	α	0	0	0	*
5	$-\alpha$	δ	$-\alpha$	δ	
6	α	$-\delta$	0	0	*
7	0	$-\delta$	0	$-\delta$	
8	0	δ	0	0	*
9	0	δ	0	δ	
10	0	$-\delta$	0	0	*
11	α	$-\delta$	α	$-\delta$	
12	$-\alpha$	δ	0	0	*
13	α	0	α	0	
14	$-\alpha$	0	0	0	*
15	α	δ	α	δ	
16	$-\alpha$	$-\delta$	0	0	*

Abbildung 7.28: Muster von Punkten in der α-δ-Ebene, die für die Bestimmung der Einträge der Matrix A bestimmt werden können. Die in der Tabelle mit einem dunkelroten Stern markierten Punkte entsprechenden dem Mittelpunkt des Musters.

unvollständig angewendet worden zu sein scheint und es ergeben sich zu kleine Koeffizienten $k_{\cdot 2}$.

Die Formeln (7.44) gehen davon aus, dass die Koordinaten zur Zeit $t = 0$ ohne Nachführrinputs ($\alpha = 0$ und $\delta = 0$) $x = 0$ und $y = 0$ sind. Mit einer fehlerbehafteten ersten Positionsmessung ist diese Annahme nicht mehr zulässig, eine zusätzliche zeitunabhängige Verschiebung muss zusätzlich berücksichtigt werden. Sie kann durch Erweiterung der Matrix K um eine weitere Spalte erreicht werden:

$$\begin{pmatrix}x\\y\end{pmatrix} = \begin{pmatrix}k_{11} & k_{12} & k_{13} & k_{14}\\k_{21} & k_{22} & k_{23} & k_{24}\end{pmatrix}\begin{pmatrix}\alpha\\\delta\\t\\1\end{pmatrix} = \begin{pmatrix}k_{11} & k_{12}\\k_{21} & k_{22}\end{pmatrix}\begin{pmatrix}\alpha\\\delta\end{pmatrix} + t\begin{pmatrix}k_{13}\\k_{23}\end{pmatrix} + \begin{pmatrix}k_{14}\\k_{24}\end{pmatrix} \qquad (7.45)$$

Diese Form der Gleichungen erlaubt, die Koordinaten (x, y) ohne Bezug auf einen Startpunkt der Messung zu bestimmen. Für die spätere Korrektur wird die vierte Spalten nicht benötigt.

Ein alternatives Messvorgehen

Statt nur die minimale Anzahl von Messungen durchzuführen, muss ein Muster von Punkten im Raum der (α, δ)-Koordinaten angefahren werden, wie das Muster in Abbildung 7.28. Zusätzlich zu den Werten α_i und δ_i wird auch die Zeit t_i festgehalten, zu der eine Aufnahme zur Bestimmung der Position (x_i, y_i) des Leitsterns auf dem Chip gemacht worden ist.

i	α_i	δ_i	t_i	x_i	y_i
0	0.000	0.000	0.000	0.631	3.405
1	−4.434	−4.434	7.229	5.267	−2.512
2	0.000	0.000	13.067	1.178	2.703
3	−4.434	0.000	18.926	5.951	0.478
4	0.000	0.000	24.772	0.683	2.243
5	−4.434	4.434	30.617	9.388	6.379
6	0.000	0.000	36.455	3.366	5.793
7	0.000	−4.434	42.281	1.207	0.179
8	0.000	0.000	48.130	2.497	2.701
9	0.000	4.434	53.976	4.760	8.902
10	0.000	0.000	59.816	4.465	6.522
11	4.434	−4.434	65.650	−2.652	2.343
12	0.000	0.000	71.476	3.397	2.691
13	4.434	0.000	77.327	−1.751	4.637
14	0.000	0.000	83.169	3.335	2.720
15	4.434	4.434	89.018	0.000	10.581
16	0.000	0.000	94.855	4.762	6.553

Tabelle 7.1: Datenpunkte für die Kalibrierung, die aus dem Punktmuster von Abbildung 7.28 mit $\alpha = \delta = 4.434$ gewonnen wurden.

Auswertung

Mit dem Vorgehen des vorangegangenen Abschnittes ist es jetzt möglich, die Bestimmung der Koeffizienten k_{ij} durchzuführen. Gemessen wurden die Daten in Tabelle 7.1. Zeichnet man die Punkte (x_i, y_i) ein, ergibt sich das etwas undurchschaubare Muster in Abbildung 7.29.

Um die Einträge der Matrix K zu bestimmen, ist ein 34×8-Gleichungssystem aufzustellen, dessen Koeffizientenmatrix aus Zeilen der Form

$$
A = \begin{pmatrix} \vdots & \vdots & \vdots & \vdots & \vdots & \vdots & \vdots & \vdots \\ \alpha_i & \delta_i & t_i & 1 & 0 & 0 & 0 & 0 \\ 0 & 0 & 0 & 0 & \alpha_i & \delta_i & t_i & 1 \\ \vdots & \vdots & \vdots & \vdots & \vdots & \vdots & \vdots & \vdots \end{pmatrix}, \quad \text{und rechten Seiten der Form} \quad b = \begin{pmatrix} \vdots \\ x_i \\ y_i \\ \vdots \end{pmatrix}
$$

für $i = 0, \ldots, 16$ besteht. Für die Daten in der Tabelle 7.1 ergeben sich die Matrix

$$
A = \begin{pmatrix}
0.000 & 0.000 & 0.000 & 1 & 0 & 0 & 0 & 0 \\
0 & 0 & 0 & 0 & 0.000 & 0.000 & 0.000 & 1 \\
-4.434 & -4.434 & 7.229 & 1 & 0 & 0 & 0 & 0 \\
0 & 0 & 0 & 0 & -4.434 & -4.434 & 7.229 & 1 \\
0.000 & 0.000 & 13.067 & 1 & 0 & 0 & 0 & 0 \\
0 & 0 & 0 & 0 & 0.000 & 0.000 & 13.067 & 1 \\
-4.434 & 0.000 & 18.926 & 1 & 0 & 0 & 0 & 0 \\
0 & 0 & 0 & 0 & -4.434 & 0.000 & 18.926 & 1 \\
0.000 & 0.000 & 24.772 & 1 & 0 & 0 & 0 & 0 \\
0 & 0 & 0 & 0 & 0.000 & 0.000 & 24.772 & 1 \\
-4.434 & 4.434 & 30.617 & 1 & 0 & 0 & 0 & 0 \\
0 & 0 & 0 & 0 & -4.434 & 4.434 & 30.617 & 1 \\
0.000 & 0.000 & 36.455 & 1 & 0 & 0 & 0 & 0 \\
0 & 0 & 0 & 0 & 0.000 & 0.000 & 36.455 & 1 \\
0.000 & -4.434 & 42.281 & 1 & 0 & 0 & 0 & 0 \\
0 & 0 & 0 & 0 & 0.000 & -4.434 & 42.281 & 1 \\
0.000 & 0.000 & 48.130 & 1 & 0 & 0 & 0 & 0 \\
0 & 0 & 0 & 0 & 0.000 & 0.000 & 48.130 & 1 \\
0.000 & 4.434 & 53.976 & 1 & 0 & 0 & 0 & 0 \\
0 & 0 & 0 & 0 & 0.000 & 4.434 & 53.976 & 1 \\
0.000 & 0.000 & 59.816 & 1 & 0 & 0 & 0 & 0 \\
0 & 0 & 0 & 0 & 0.000 & 0.000 & 59.816 & 1 \\
4.434 & -4.434 & 65.650 & 1 & 0 & 0 & 0 & 0 \\
0 & 0 & 0 & 0 & 4.434 & -4.434 & 65.650 & 1 \\
0.000 & 0.000 & 71.476 & 1 & 0 & 0 & 0 & 0 \\
0 & 0 & 0 & 0 & 0.000 & 0.000 & 71.476 & 1 \\
4.434 & 0.000 & 77.327 & 1 & 0 & 0 & 0 & 0 \\
0 & 0 & 0 & 0 & 4.434 & 0.000 & 77.327 & 1 \\
0.000 & 0.000 & 83.169 & 1 & 0 & 0 & 0 & 0 \\
0 & 0 & 0 & 0 & 0.000 & 0.000 & 83.169 & 1 \\
4.434 & 4.434 & 89.018 & 1 & 0 & 0 & 0 & 0 \\
0 & 0 & 0 & 0 & 4.434 & 4.434 & 89.018 & 1 \\
0.000 & 0.000 & 94.855 & 1 & 0 & 0 & 0 & 0 \\
0 & 0 & 0 & 0 & 0.000 & 0.000 & 94.855 & 1
\end{pmatrix}, \quad \text{und der Vektor} \quad b = \begin{pmatrix}
0.631 \\ 3.405 \\ 5.267 \\ -2.512 \\ 1.178 \\ 2.703 \\ 5.951 \\ 0.478 \\ 0.683 \\ 2.243 \\ 9.388 \\ 6.379 \\ 3.366 \\ 5.793 \\ 1.207 \\ 0.179 \\ 2.497 \\ 2.701 \\ 4.760 \\ 8.902 \\ 4.465 \\ 6.522 \\ -2.652 \\ 2.343 \\ 3.397 \\ 2.691 \\ -1.751 \\ 4.637 \\ 3.335 \\ 2.720 \\ 0.000 \\ 10.581 \\ 4.762 \\ 6.553
\end{pmatrix}.
$$

Die Lösung des zugehörigen überbestimmten Gleichungssystems liefert die Matrix

$$
K = \begin{pmatrix}
-1.213386 & 0.296956 & 0.041501 & 0.740444 \\
0.365427 & 0.927921 & 0.019941 & 2.942982
\end{pmatrix}
\tag{7.46}
$$

Die Lösung ist in Abbildung 7.29 durch die farbigen Vektoren in den gleichen Farben wie die Spalten der Matrix in (7.46) visualisiert. Durch Einsetzen der Werte für α_i, δ_i und t_i kann die Position berechnet werden, an denen man den Leitstern finden müsste. In Abbildung 7.29 sind diese Punkte als brauen Kreise dargestellt, die mit den tatsächlichen gemessenen Positionen über brauen Linien verbunden sind. Trotz der nicht unbedeutenden Fehler ergab die Berechnung der Matrix K eine gute Kalibrierung der Nachführung und konnte erfolgreich für astronomische Aufnahmen verwendet werden.

7.C Bildregistrierung

In der Astrophotographie werden lange Belichtungszeiten dadurch erreicht, dass mehrere Bilder mit kürzerer Belichtungszeit zur Deckung gebracht werden. So lassen sich auch Details sichtbar machen, die erst durch die Addition des Lichtes über viele Stunden oder sogar Nächte sichtbar werden. Auch werden meistens monochrome Sensoren verwendet. Farbbilder entstehen dadurch, dass Bilder, die durch verschiedenfarbige Filter aufgenommen wurden, zur Deckung gebracht werden. Durch Verwendung von Spezialfiltern, die zum Beispiel nur für das Licht einer einzelnen Spektrallinie durchlässig sind, lassen sich mit dieser Technik Bilder gewinnen, die Aussagen über die physikalischen Prozesse machen können, die das Licht produziert haben.

Abbildung 7.30 zeigt den Quallen-Nebel IC443, einen Supernova-Überrest im Sternbild Zwillinge. Es setzt sich aus 173 Bildern kürzerer Belichtungszeit zusammen, die zur

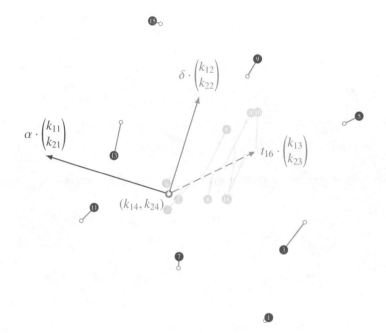

Abbildung 7.29: Gemessene Punkte (x_i, y_i) zu den Positionen (α, δ) gemäß dem Muster von Abbildung 7.28. Die roten Punkte sind gemessene Positionen, hellrot sind Positionen in der Mitte des Musters, die in Abbildung 7.28 mit einem Stern bezeichnet sind. Die Lösung K des Kalibrierungsproblems wird durch die farbigen Vektoren visualisiert. Die aus der Matrix K berechneten Positionen sind als braune Kreise dargestellt und mit den zugehörigen gemessenen Punkten verbunden.

Deckung gebracht wurden. Durch die Mittelung vieler Bilder konnte das Sensorrauschen ausreichend reduziert werden und das Bild so stark aufgehellt werden, dass der Nebel in der Bildmitte überhaupt sichtbar wurde. Dadurch werden auch die Bilder der Sterne vergrößert. Das Bild ist ein Ausschnitt aus einem größeren Bild. Zur Illustration des Registrierungsproblems in Abbildung 7.31 wird ein quadratisches Gebiet aus dem großen, hier nicht gezeigten Bild verwendet, der einige nicht allzu helle Sterne enthält. Der grün eingerahmte Teil in Abbildung 7.30 ist der obere Teil dieses Gebietes.

Die Abbildung 7.31 illustriert, wie die Bildregistrierung funktioniert. Legt man die Bilder einfach übereinander, wird die Verschiebung und Drehung offensichtlich (unten links). Bevor die Bilder kombiniert werden, muss der Drehwinkel und der Verschiebungsvektor bestimmt werden. Dies geschieht mit Hilfe der exakten Positionen von neun Sternen in beiden Bildern. Damit werden die Sterne genau übereinander abgebildet und es ergibt sich ein Bild mit höherem Kontrast. In der Praxis wird statt der nur neun Sterne eine sehr viel größere Zahl von Sternen verwendet, deren Positionen automatisch mit hoher Genauigkeit aus dem Bild ausgelesen werden.

Das Registrierungsproblem ist nicht nur darauf beschränkt, Bilder zur Deckung zu bringen. Bei der Herstellung von Leiterplatten werden in aufeinanderfolgenden Arbeitsschritten das Leiterbahnmuster und die Lötmaske belichtet, die sich natürlich decken sollten. Bei der anschließenden Bestückung muss der Bestückungsautomat die genaue Lage

Abbildung 7.30: Dieses Bild des Quallen-Nebels IC443 setzt sich aus 173 farbigen Einzelbildern von je einer Minute Belichtungszeit zusammen, die zu diesem Zweck zur Deckung gebracht werden mussten. Der grüne Ausschnitt wird in Abbildung 7.31 verwendet.

der Leiterplatte kennen, damit die Bauteile genau auf den Anschlussflächen positioniert werden können. Zu diesem Zweck sind auf der Leiterplatte oft zusätzliche Markierungen angebracht, die mit dem Bestückungsplan zur Deckung gebracht werden müssen. In all diesen Fällen muss in jedem Arbeitsschritt eine Transformation gefunden werden, die wichtige Punkt der Vorlage auf entsprechenden Punkte aus dem vorangegangen Schritt positioniert.

Aufgabe 7.48 (Registrierungsproblem, nichtlinear). *Gegeben sind Punkte* $(x_i, y_i) \in \mathbb{R}^2$ *und* $(x'_i, y'_i) \in \mathbb{R}^2$, $i = 1, \ldots, n$, *man finde den Winkel* α *einer Drehung und einen Verschiebungsvektor* $t \in \mathbb{R}^2$ *derart, dass*

$$\begin{pmatrix} x'_i \\ y'_i \end{pmatrix} = \begin{pmatrix} \cos \alpha & -\sin \alpha \\ \sin \alpha & \cos \alpha \end{pmatrix} \begin{pmatrix} x_i \\ y_i \end{pmatrix} + \begin{pmatrix} t_x \\ t_y \end{pmatrix}, \quad \forall i = 1, \ldots, n. \qquad (7.47)$$

In dieser Form ist die Aufgabe in der Praxis nicht lösbar, da die gemessenen Positionen fehlerbehaftet sind und die Gleichungen (7.47) nur ungefähr gelten können. Die n Vektorgleichungen (7.47) entsprechen $2n$ skalaren Gleichungen für die Unbekannten α, t_x und t_y. Sie bilden ein nichtlineares überbestimmtes Gleichungssystem. Die in Abschnitt 7.8 beschriebene Methode funktioniert jedoch nur für lineare Gleichungssysteme. Es müssen daher alternative Variablen gesucht werden, in denen die Aufgabenstellung zu einem überbestimmten linearen Gleichungssystem wird. Wir führen daher zwei neue Variablen c und s ein, die für $\cos \alpha$ und $\sin \alpha$ stehen.

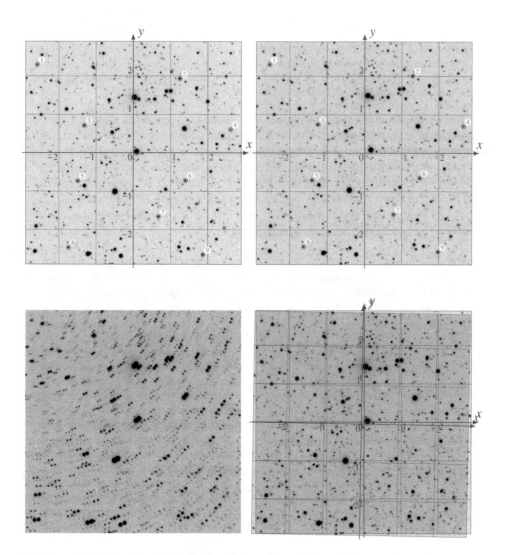

Abbildung 7.31: Oben: Zwei Bilder in Negativdarstellung aus der gleichen Nacht jeweils vom Anfang und Ende einer Aufnahmefolge. Wegen Aufstellungsfehlern der Teleskopmontierung dreht sich
das Bild im Laufe der Sequenz um den Leitstern, der sich links oben etwas außerhalb des Bildes befindet. Die Sterne befinden sich daher nicht an der gleichen Stelle im Bild. Legt man die Bilder
übereinander, wird die Verschiebung und Drehung offensichtlich (unten links). Von neun Sternen
sind die Positionen in beiden Bildern möglichst exakt bestimmt worden (grün, nummeriert 1–9).
Daraus konnte die Drehung und Verschiebung so genau bestimmt werden, dass man nach deren Anwendung keine Verschiebung mehr erkennen kann (unten rechts).

Aufgabe 7.49 (Registrierungsproblem, linear). *Gegeben sind Punkte* $(x_i, y_i) \in \mathbb{R}^2$ *und* $(x_i', y_i') \in \mathbb{R}^2$, $i = 1, \ldots, n$, *man finde die Zahlen s und c, die ungefähr den Sinus- und Kosinus-Werten des Winkels α einer Drehung entsprechen, und einen Verschiebungsvektor* $t \in \mathbb{R}^2$ *derart, dass*

$$\begin{pmatrix} x_i' \\ y_i' \end{pmatrix} = \begin{pmatrix} c & -s \\ s & c \end{pmatrix} \begin{pmatrix} x_i \\ y_i \end{pmatrix} + \begin{pmatrix} t_x \\ t_y \end{pmatrix}, \quad \forall i = 1, \ldots, n. \tag{7.48}$$

Bei der Bestimmung der Koordinaten der Punkte (x_i, y_i) und (x_i', y_i') sind Fehler unvermeidlich. Je nach Brennweite des Teleskops können Sterne so klein wie einzelne Pixel des Sensors abgebildet werden. Die gemessenen Koordinaten sind dann ganzzahlig. Es ist zwar im Prinzip möglich, gewisse Punkte mit ganzzahligen Koordinaten durch eine Drehung auf ebensolche Punkte abzubilden, doch geht das nur für sehr spezielle Winkel und Punkte. Bei langer Brennweite werden Sterne auf unscharfe Kreise abgebildet, für die schon die Bestimmung genauer Koordinaten schwierig ist. Die Aufgabe muss daher so gestellt werden, dass sie die Fehler berücksichtigt.

Aufgabe 7.50 (Registrierungsproblem mit Fehler). *Gegeben sind Punkte* $(x_i, y_i) \in \mathbb{R}^2$ *und* $(x_i', y_i') \in \mathbb{R}^2$, $i = 1, \ldots, n$, *man finde die Zahlen s und c, die ungefähr den Sinus- und Kosinus-Werten des Winkels α einer Drehung entsprechen, und einen Verschiebungsvektor* $t \in \mathbb{R}^2$ *derart, dass die Quadratsumme der Fehler*

$$d = \sum_{i=1}^{n} \left\| \begin{pmatrix} x_i' \\ y_i' \end{pmatrix} - \begin{pmatrix} c & -s \\ s & c \end{pmatrix} \begin{pmatrix} x_i \\ y_i \end{pmatrix} - \begin{pmatrix} t_x \\ t_y \end{pmatrix} \right\|^2 \tag{7.49}$$

minimal wird.

Lösung. Wir bezeichnen das Bild des Punktes (x_i, y_i) unter der Abbildung mit den gesuchten Parametern s, c und $\vec{t}$ mit $(\bar{x}_i, \bar{y}_i)$. Es gilt

$$\begin{aligned} \bar{x}_i &= cx_i - sy_i + t_x \\ \bar{y}_i &= sx_i + cy_i + t_y. \end{aligned} \tag{7.50}$$

Der Fehler d in (7.49) bekommt dann die Form

$$d = \sum_{i=1}^{n} \left((\bar{x}_i - x_i')^2 + (\bar{y}_i - y_i')^2 \right).$$

Die gesuchten Werte c, s, t_x und t_y sind daher die bestmögliche Lösung der $2n$ linearen Gleichungen (7.50) für $1 = 1, \ldots, n$. Aus der Form

$$\left. \begin{aligned} x_i c - y_i s + t_x &= x_i' \\ y_i c + y_i s + t_y &= y_i' \end{aligned} \right\}, \quad i = 1, \ldots, n$$

der Gleichungen (7.50) lässt sich die Form der Matrix A und des Vektors b ablesen. Sie

i	x_i	y_i	x_i'	y_i'
1	−2.585	2.295	−2.542	2.303
2	1.250	1.931	1.296	2.010
3	−1.313	0.713	−1.251	0.747
4	2.610	0.612	2.670	0.700
5	−1.490	−0.730	−1.405	−0.705
6	1.400	−0.720	1.485	−0.650
7	0.670	−1.660	0.774	−1.595
8	−1.745	−2.462	−1.629	−2.437
9	1.870	−2.650	1.980	−2.570

Tabelle 7.2: Koordinaten der in Abbildung 7.31 ausgewählten Sterne.

sind

$$
A = \begin{pmatrix}
x_1 & -y_1 & 1 & 0 \\
y_1 & x_1 & 0 & 1 \\
x_2 & -y_2 & 1 & 0 \\
y_2 & x_2 & 0 & 1 \\
\vdots & \vdots & \vdots & \vdots \\
x_i & -y_i & 1 & 0 \\
y_i & x_i & 0 & 1 \\
\vdots & \vdots & \vdots & \vdots \\
x_n & -y_n & 1 & 0 \\
y_n & x_n & 0 & 1
\end{pmatrix}, \quad
x = \begin{pmatrix} c \\ s \\ t_x \\ t_y \end{pmatrix} \quad \text{und} \quad
b = \begin{pmatrix} x_1' \\ y_1' \\ x_2' \\ y_2' \\ \vdots \\ x_i' \\ y_i' \\ \vdots \\ x_n' \\ y_n' \end{pmatrix}.
$$

Die Lösung des überbestimmten linearen Gleichungssystems $Ax = b$ mit der Methode der kleinsten Quadrate ist $x = (A^t A)^{-1} A^t b$. ○

Das überbestimmte Gleichungssystem ist linear geworden und lässt sich mit der Methode von Abschnitt 7.8 lösen. Aus s und c lässt sich der Drehwinkel mit Hilfe von

$$
\tan\alpha = \frac{s}{c} \quad \Rightarrow \quad \alpha = \arctan\frac{s}{c}
$$

bestimmen.

Aus den Daten von Tabelle 7.2 findet man die Matrix A und den Vektor b des überbestimmten Gleichungssystems als

$$
A = \begin{pmatrix}
-2.585 & -2.295 & 1 & 0 \\
2.295 & -2.585 & 0 & 1 \\
1.250 & -1.931 & 1 & 0 \\
1.931 & 1.250 & 0 & 1 \\
-1.313 & -0.713 & 1 & 0 \\
0.713 & -1.313 & 0 & 1 \\
2.610 & -0.612 & 1 & 0 \\
0.612 & 2.610 & 0 & 1 \\
-1.490 & 0.730 & 1 & 0 \\
-0.730 & -1.490 & 0 & 1 \\
1.400 & 0.720 & 1 & 0 \\
-0.720 & 1.400 & 0 & 1 \\
0.670 & 1.660 & 1 & 0 \\
-1.660 & 0.670 & 0 & 1 \\
-1.745 & 2.462 & 1 & 0 \\
-2.462 & -1.745 & 0 & 1 \\
1.870 & 2.650 & 1 & 0 \\
-2.650 & 1.870 & 0 & 1
\end{pmatrix}, \quad
b = \begin{pmatrix}
-2.542 \\
2.303 \\
1.296 \\
2.010 \\
-1.251 \\
0.747 \\
2.670 \\
0.700 \\
-1.405 \\
-0.705 \\
1.485 \\
-0.650 \\
0.774 \\
-1.595 \\
-1.629 \\
-2.437 \\
1.980 \\
-2.570
\end{pmatrix}.
$$

Anwendung des Verfahrens zur Lösung von überbestimmten Gleichungssystemen von Satz 7.42 führt auf die Parameter

$$
x = \begin{pmatrix} c \\ s \\ t_x \\ t_y \end{pmatrix} = \begin{pmatrix} 0.999513 \\ 0.015438 \\ 0.074454 \\ 0.051378 \end{pmatrix} \Rightarrow \begin{cases} \alpha = 0.8849° \\ \vec{t} = \begin{pmatrix} 0.074454 \\ 0.051378 \end{pmatrix}. \end{cases}
$$

Um die Bilder zur Deckung zu bringen, muss man das zweite Bild um den Winkel $\alpha = -0.8849°$ drehen und um Vektor $-\vec{t}$ verschieben. Mit dem Vektor x kann jetzt auch der verbleibende Fehler berechnet werden, es ist $|Ax - b| = 0.014965$. Eine weitere Kontrolle der Genauigkeit des Resultates besteht darin, dass $\sqrt{s^2 + c^2} = 1$ sein sollte. Tatsächlich findet man $\sqrt{s^2 + c^2} = 0.99963175$ mit einem Fehler $\approx 4 \cdot 10^{-4}$.

7.D   Anwendung: Diskrete Fourier-Transformation

Das Skalarprodukt zweier Vektoren ist maximal, wenn die Vektoren die gleiche Richtung haben. Es beschreibt somit, wie "ähnlich" sich zwei Vektoren sind. Wenn das Skalarprodukt verschwindet, sind die Vektoren orthogonal, sie haben "keine Ähnlichkeit". Diese Idee können wir auch auf Vektoren von Zahlen anwenden, die als Messungen eines periodischen Signals entstanden sind. So wird es möglich, ein Signal in seine Frequenzbestandteile zu zerlegen.

Abbildung 7.32: In einem Programm zur digitalen Musikaufnahme werden die vom Mikrofon in Spannungen gewandelten Druckschwankungen des Schalls als Zahlenfolge abgespeichert, die auch wieder als Graph einer Funktion dargestellt werden können.

7.D.1   Signale

Ein Mikrofon wandelt Musik oder Sprache in eine zu den Druckschwankungen proportionale Spannung. Ein Analog-Digital-Wandler (AD-Converter, kurz ADC) wandelt diese Spannung in eine Folge von digitalen Zahlenwerten, den sogenannten *Samples* um. Dies geschieht typischerweise 48000 oder, insbesondere in der professionellen Aufnahmetechnik, 96000 mal pro Sekunde. Ein Digital-Analog-Wandler (DA-Converter, DAC) kann daraus wieder ein elektrisches Signal erzeugen, das verstärkt und über Kopfhörer oder Lautsprecher wiedergegeben werden kann. Abbildung 7.32 zeigt, wie eine Tonaufnahmesoftware eine Konzertaufnahme darstellt. Im unteren Bereich des Fensters sind die Samples der beiden von zwei Mikrofonen aufgenommenen Stereokanäle als Funktionskurven dargestellt.

Signale als Vektoren

Der ADC wandelt also eine Funktion $u(t)$ in den Samplevektor

$$u = \begin{pmatrix} u(t_0) \\ u(t_1) \\ \vdots \\ u(t_{N-1}) \end{pmatrix} \tag{7.51}$$

um, der die Funktionswerte zu den Abtastzeitpunkten $t_0, t_1, \ldots, t_{N-1}$ enthält (Abbildung 7.33). Signale können daher als Vektoren in einem N-dimensionalen Vektorraum $\mathbb{R}^N$ be-

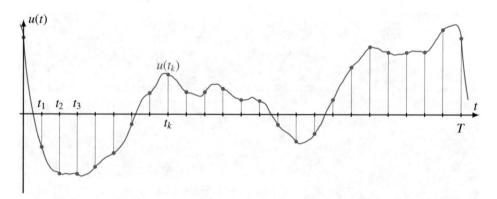

Abbildung 7.33: Die Abtastung eines analogen Signals $u(t)$ führt auf eine Listen von Zahlenwerten, die man als Vektor $u \in \mathbb{R}^N$, definiert in (7.51), schreiben kann.

trachtet werden.

Der ADC tastet das Signal zu Zeitpunkten ab, die gleiche Zeitabstände Δt haben. Die Abtastzeitpunkte sind dann $t_i = i\Delta t$ mit $0 \leq i \leq N - 1$. Für ein Signal, das für die Zeit T dauert, wird $\Delta t = T/N$ gewählt, die Abtastzeitpunkte sind daher

$$t_0 = 0, t_1 = \frac{T}{N}, t_2 = \frac{2T}{N}, \ldots, t_{N-1} = \frac{(N-1)T}{N}.$$

Ein periodisches Signal dauert beliebig lange, muss sich aber nach einer Periode T wiederholen. Es ist vollständig beschrieben durch die Werte im Zeitintervall $[0, T]$. Die Digitalisierung ist daher nur für dieses Zeitintervall nötig und die periodische Funktion kann durch den N-dimensionalen Vektor (7.51) dargestellt werden.

Frequenz

Töne in der Musik entstehen aus periodischen Schwingungen von Saiten, Membranen, Stäben, Platten oder Luftsäulen in einem Instrument. Die Periodendauer oder die Frequenz der Wiederholung bestimmen die Tonhöhe, die der Zuhörer wahrnimmt. In einem Konzert spielen viele Instrumente gleichzeitig verschieden hohe Töne, so dass die Mikrofone eine komplizierte Summe von Signalen aufnehmen. Kann man aus diesem Gemisch die einzelnen Frequenz wieder rekonstruieren?

Die Sinus- und Kosinus-Funktionen $s_\omega(t) = \sin(\omega t)$ und $c_\omega(t) = \cos(\omega t)$ beschreiben eine harmonische Schwingung mit der Kreisfrequenz ω. Bereits der Ton eines einzelnen Instruments ist aber nicht nur eine einfache Sinus-Schwingung. Vielmehr sind Sinus- oder Kosinus-Schwingungen aller ganzzahligen Vielfachen der Frequenz des Tones ebenfalls vertreten und machen die Klangfarbe des Instrumentes aus. Ein Violinist kann zum Beispiel die höheren Vielfachen der Grundfrequenz verstärken und damit einen schärferen Klang erreichen, indem er die Saiten seines Instruments mit dem Bogen näher an deren Ende streicht. Kann man diese Obertöne aus dem Zahlenwerten des digitalisierten Signales extrahieren?

Auch die Sinus- und Kosinus-Funktionen können als Vektoren dargestellt werden, indem man die Funktionswerte zu den Abtastzeitpunkten

$$s_\omega = \begin{pmatrix} \sin \omega t_0 \\ \sin \omega t_1 \\ \vdots \\ \sin \omega t_{N-1} \end{pmatrix} \quad \text{und} \quad c_\omega = \begin{pmatrix} \cos \omega t_0 \\ \cos \omega t_1 \\ \vdots \\ \cos \omega t_{N-1} \end{pmatrix} \tag{7.52}$$

als Komponenten der Vektoren nimmt. Für die Periode T führen nur die Kreisfrequenzen

$$\omega_k = \frac{2\pi}{T}k, \ 0 \le k \le N - 1$$

auf ein periodisches Signal. Für $k = N$ müssen die trigonometrischen Funktionen in (7.52) an den Stellen

$$\omega_N t_i = \omega_N i \Delta t = \frac{2\pi N}{T}\frac{T}{N}i = 2\pi i, \ i = 0, 1, \ldots, N - 1,$$

ausgewertet werden. Die Sinusfunktionen haben darauf immer den Wert 0, die Kosinusfunktionen immer den Wert 1. Die Vektoren s_{ω_N} und c_{ω_N} unterscheiden sich also nicht von den Vektoren s_{ω_0} und c_{ω_0}.

Die verschiedenen Tonfrequenzen in einem polyphonen Musikstück oder die Obertöne eines einzelnen Instrumentes sind charakterisiert durch ihre "Ähnlichkeit" mit den Sinus- und Kosinus-Funktionen. Es ist daher naheliegend, das Skalarprodukt zu verwenden, um die Vektoren, die Signale darstellen, mit Vektoren zu vergleichen, die die Sinus- oder Kosinus-Funktionen darstellen.

7.D.2 Eine orthogonale Basis

Die Standardbasisvektoren e_k im Raum der Signalvektoren bilden natürlich eine orthonormierte Basis. Die Koordinaten eines Signals u bezüglich dieser Basis werden durch das Skalarprodukt berechnet, also

$$\langle e_k, u \rangle = u(t_{k-1}), \qquad k = 1, \ldots, N.$$

Diese Koeffizienten liefern keine zusätzliche Information über das Signal. Zum Beispiel helfen sie nicht, die Zusammensetzung des Signals aus verschiedenen Frequenzen zu verstehen. In diesem Abschnitt wird eine alternative orthonormierte Basis konstruiert, die genau diese Art von Aussage ermöglicht.

Eine periodische Funktion mit Periode T wird zu den Zeitpunkten $t_i = iT/N$, $i = 0, \ldots, N - 1$, abgetastet und ergibt einen Vektor in $\mathbb{R}^N$. Für die trigonometrischen Funktionen c_{ω_0}, c_{ω_k} und s_{ω_k} für $k = 1, \ldots, N - 1$ entstehen $2N - 1$ Vektoren, die aber nicht linear unabhängig sind.

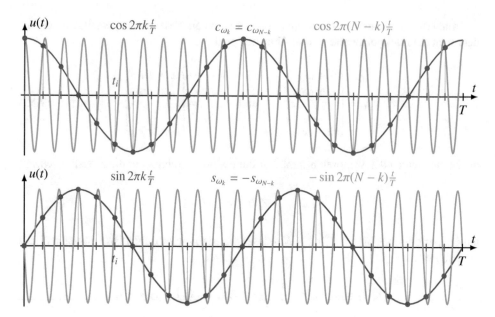

Abbildung 7.34: Die Kosinusfunktion $\cos\frac{2\pi k}{N}\frac{t}{T}$ und $\cos\frac{2\pi(N-k)}{N}\frac{t}{T}$ sind auf den Zeitpunkten t_i identisch, also auch $c_{\omega_k} = c_{\omega_{N-k}}$ ebenso ist $s_{\omega_k} = -s_{\omega_{N-k}}$. Die Frequenz der grünen Funktionen ist höher als die halbe Frequenz, mit der abgetastet wird.

Lineare Abhängigkeiten

Tatsächlich sind die Werte von $s_{\omega_k}(t)$ und $s_{\omega_{N-k}}(t)$ bzw. $c_{\omega_k}(t)$ und $c_{\omega_{N-k}}(t)$ auf den Zeitpunkten t_i wegen der 2π-Periodizität der Sinus- und Kosinusfunktionen

$$\sin\omega_{N-k}t_i = \sin\frac{2\pi}{T}(N-k)\frac{T}{N}i = \sin\left(2\pi i - \frac{2\pi k}{T}\frac{T}{N}i\right) = -\sin\frac{2\pi k}{T}\frac{T}{N}i = -\sin\omega_k t_i,$$

$$\cos\omega_{N-k}t_i = \cos\frac{2\pi}{T}(N-k)\frac{T}{N}i = \cos\left(2\pi i - \frac{2\pi k}{T}\frac{T}{N}i\right) = \cos\frac{2\pi k}{T}\frac{T}{N}i = \cos\omega_k t_i.$$

Dies zeigt, dass für die Signalvektoren

$$s_{\omega_k} = -s_{\omega_{N-k}} \qquad \text{und} \qquad c_{\omega_k} = c_{\omega_{N-k}} \tag{7.53}$$

für $k = 1, \ldots, N-1$ gilt. Die Vektoren sind linear abhängig, jene für $k > N/2$ können weggelassen werden. Dieses Phänomen heißt *Aliasing*, nach Sampling sind gewisse Funktionen nicht mehr linear unabhängig (Abbildung 7.34).

Gerade Dimension

Falls $N = 2n$ eine gerade Zahl ist, dann ist $\omega_n = \omega_{N-n}$. Die Funktionswerte der Sinus- und Kosinusfunktionen und den Samplingpunkten sind

$$\sin\omega_n t_i = \sin\frac{2\pi}{T}n\frac{T}{2n}i = \sin\pi i = 0$$

$$\cos \omega_n t_i = \cos \frac{2\pi}{T} n \frac{T}{2n} i = \cos \pi i = (-1)^i$$

für $i = 0, \ldots, N - 1$. Für $N = 2n$ ist daher $s_{\omega_n} = 0$ und c_{ω_n} ist der Vektor, der alternierend die Komponenten ± 1 hat. Es ist naheliegend zu vermuten, dass die $N = 2n$ Vektoren

$$c_{\omega_0} = c_0, s_{\omega_1}, c_{\omega_1}, \ldots, s_{\omega_{n-1}}, c_{\omega_{n-1}}, c_{\omega_n}$$

eine Basis von $\mathbb{R}^N$ bilden. Wir werden das weiter unten dadurch einsehen, dass wir nachrechnen, dass die Vektoren orthogonal sind.

Ungerade Dimension

Für ungerade Dimension $N = 2n + 1$ haben die $2n + 1$ Vektoren

$$c_{\omega_0} = c_0, s_{\omega_1}, c_{\omega_1}, \ldots, s_{\omega_n}, c_{\omega_n}$$

keine offensichtliche lineare Abhängigkeit. Es liegt daher nahe zu vermuten, dass sie eine Basis von $\mathbb{R}^N$ bilden. Auch dies wird sich durch Nachweis der Orthogonalität der Vektoren ergeben.

Orthogonalitätsbeziehungen

Wir möchten zeigen, dass die Vektoren s_{ω_k} und c_{ω_k} für die oben festgelegten zulässigen Werte von k eine orthogonale Vektormenge bilden. Wir verwenden dazu die wohlbekannten Identitäten

$$\cos \alpha \cos \beta = \tfrac{1}{2} \cos(\alpha + \beta) + \tfrac{1}{2} \cos(\alpha - \beta)$$
$$\sin \alpha \cos \beta = \tfrac{1}{2} \sin(\alpha + \beta) + \tfrac{1}{2} \sin(\alpha - \beta)$$
$$\sin \alpha \sin \beta = \tfrac{1}{2} \cos(\alpha - \beta) - \tfrac{1}{2} \cos(\alpha + \beta).$$

Um die Skalarprodukte von s_{ω_k} und c_{ω_k} zu finden, müssen wir die Werte

$$\alpha = \omega_k t_i \qquad \text{und} \qquad \beta = \omega_l t_i$$

einsetzen und dann über i summieren. Die Identitäten werden dann zu

$$\left. \begin{aligned} \cos \omega_k t_i \cos \omega_l t_i &= \tfrac{1}{2} \cos(\omega_k + \omega_l) t_i + \tfrac{1}{2} \cos(\omega_k - \omega_l) t_i \\ \sin \omega_k t_i \cos \omega_l t_i &= \tfrac{1}{2} \sin(\omega_k + \omega_l) t_i + \tfrac{1}{2} \sin(\omega_k - \omega_l) t_i \\ \sin \omega_k t_i \sin \omega_l t_i &= \tfrac{1}{2} \cos(\omega_k - \omega_l) t_i - \tfrac{1}{2} \cos(\omega_k + \omega_l) t_i. \end{aligned} \right\} \qquad (7.54)$$

Die Summe und Differenz der Kreisfrequenzen ist

$$\omega_k \pm \omega_l = \frac{2\pi}{T}(k \pm l) \qquad \Rightarrow \qquad (\omega_k \pm \omega_l) t_i = \frac{2\pi}{T}(k \pm l)\frac{iT}{N} = \frac{2\pi}{N}(k \pm l)i.$$

Das Skalarprodukt $\langle c_{\omega_k}, c_{\omega_l} \rangle$ ist daher die Summe

$$\langle c_{\omega_k}, c_{\omega_l} \rangle = \frac{1}{2} \sum_{i=0}^{N-1} \cos \frac{2\pi}{N}(k + l)i + \frac{1}{2} \sum_{i=0}^{N-1} \cos \frac{2\pi}{N}(k - l)i.$$

Die Behauptung folgt also, wenn man zeigen kann, dass die Summen auf der rechten Seite verschwinden. Der folgende Satz erlaubt, diese Summen zu berechnen.

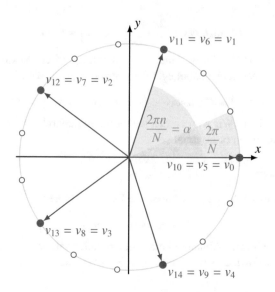

Abbildung 7.35: Die Vektoren v_i für den Beweis von Satz 7.51.

Satz 7.51 (trigonometrische Summen). *Sei $0 < n < N$ eine ganze Zahl, dann ist*

$$S_n = \sum_{i=0}^{N-1} \sin \frac{2\pi n i}{N} = 0 \quad und \quad C_n = \sum_{i=0}^{N-1} \cos \frac{2\pi n i}{N} = 0. \tag{7.55}$$

Außerdem ist $S_0 = S_N = 0$ und $C_0 = C_N = N$. Falls $N = 2n$ gerade ist, ist außerdem $C_n = 0$.

Der Beweis dieses Satz ergibt sich aus der Beobachtung, dass die Summanden der beiden Summen die y- bzw. x-Koordinaten der Ecken eines regulären Polygons sind (Abbildung 7.35). Dass die Summen = 0 sind bedeutet, dass sich der Mittelpunkt des Polygons im Nullpunkt befindet.

Beweis. Wir betrachten die Vektoren

$$v_0 = \begin{pmatrix} 1 \\ 0 \end{pmatrix}, \quad v_1 = \begin{pmatrix} \cos \frac{2\pi n}{N} \\ \sin \frac{2\pi n}{N} \end{pmatrix}, \ldots, \quad v_i = \begin{pmatrix} \cos \frac{2\pi n}{N} i \\ \sin \frac{2\pi n}{N} i \end{pmatrix}, \ldots, \quad v_{N-1} = \begin{pmatrix} \cos \frac{2\pi n}{N}(N-1) \\ \sin \frac{2\pi n}{N}(N-1) \end{pmatrix}.$$

Die Summe dieser Vektoren ist

$$v = v_0 + v_1 + \ldots + v_i + \ldots + v_{N-1} = \begin{pmatrix} C_n \\ S_n \end{pmatrix}.$$

Die Behauptung ist also gleichbedeutend damit, dass der Vektor v der Nullvektor ist.

Die Vektoren v_i liegen alle auf dem Einheitskreis in der Ebene, sie entstehen aus dem Vektor v_0 durch Drehung um den Winkel $\alpha = 2\pi n/N$ (orange in Abbildung 7.35). Die

Drehung um α bildet den Vektor v_i auf den Vektor v_{i+1} ab, dies gilt auch für den Vektor v_{N-1}, der auf

$$v_N = \begin{pmatrix} \cos \frac{2\pi n}{T} \frac{T}{N} N \\ \sin \frac{2\pi n}{T} \frac{T}{N} N \end{pmatrix} = \begin{pmatrix} \cos 2\pi n \\ \sin 2\pi n \end{pmatrix} = v_0$$

abgebildet wird. Die Drehung um den Winkel α bildet daher die Summe v auf

$$D_\alpha v_0 + D_\alpha v_1 + \ldots + D_\alpha v_{N-2} + D_\alpha v_{N-1} = v_1 + v_2 + \ldots + v_{N-1} + v_N = v_1 + v_2 + \ldots + v_{N-1} + v_0 = v$$

ab. Die Summe v ist also ein Punkt in der Ebene, der unter der Drehung D_α fest ist. Da $\alpha \ne 0$ und $\alpha \ne 2\pi$ ist, ist der einzige Fixpunkt dieser Drehung der Nullpunkt. Es folgt $v = 0$ und damit die Behauptung.

Der Spezialfall $S_0 = S_N = 0$ folgt daraus, dass alle Werte der Sinusfunktion verschwinden, für $C_0 = C_N = N$ hat jede Kosinusfunktion den Wert 1. Für $N = 2n$ gerade ist C_n eine Summe einer geraden Anzahl alternierender Terme ± 1, also $= 0$. □

Satz 7.52 (Orthogonalität). *Für $N = 2n + 1$ sind die Vektoren*

$$c_0, \ s_1, c_1, \ s_2, c_2, \ \ldots, s_n, c_n$$

eine orthogonale Basis von $\mathbb{R}^N$. Für $N = 2n$ sind die Vektoren

$$c_0, \ s_1, c_1, \ s_2, c_2, \ \ldots, s_{n-1}, c_{n-1}, \ c_n$$

eine orthogonale Basis von $\mathbb{R}^N$.

Beweis. Die Skalarprodukte können mit Hilfe der Identitäten (7.54) gemäß

$$\left. \begin{aligned} \langle c_k, c_l \rangle &= \tfrac{1}{2} C_{k+l} + \tfrac{1}{2} C_{k-l} \\ \langle s_k, c_l \rangle &= \tfrac{1}{2} S_{k+l} + \tfrac{1}{2} S_{k-l} \\ \langle s_k, s_l \rangle &= \tfrac{1}{2} C_{k-l} - \tfrac{1}{2} C_{k+l} \end{aligned} \right\} \tag{7.56}$$

durch die Summen $S_{k \pm l}$ und $C_{k \pm l}$ ausgedrückt werden. Nach Satz 7.52 sind diese Summen für $k \ne l$. Für $k = l$ ist

$$\langle s_k, c_k \rangle = \tfrac{1}{2} S_{2k} + \tfrac{1}{2} S_0 = 0.$$

Falls $N = 2n$ ist, muss nur noch der Spezialfall $\langle c_0, c_n \rangle$ untersucht werden. Aber

$$\langle c_0, c_n \rangle = \tfrac{1}{2} C_n + \tfrac{1}{2} C_{-n} = \tfrac{1}{2} C_n + \tfrac{1}{2} C_{N-n} = \tfrac{1}{2} C_n + \tfrac{1}{2} C_n = C_n = 0.$$

Damit sind alle Fälle bewiesen, die Vektoren sind alle orthogonal. □

Normierung

Die Vektoren c_k und s_k sind keine Einheitsvektoren. Um die Vektoren zu normieren, müssen wir die Normen $|c_k|^2$ und $|s_k|^2$ berechnen.

Satz 7.53 (Normierung). *Die Basisvektoren haben die Normen*

$$|c_0|^2 = N, \qquad |c_k|^2 = |s_k|^2 = \tfrac{1}{2} N \quad \textit{für } 0 < k < \frac{N}{2}, \qquad |c_n|^2 = N \quad \textit{für } N = 2n. \tag{7.57}$$

Beweis. Da alle Komponenten von c_0 den Wert 1 haben, ist $|c_0|^2 = N$ klar.

Sei jetzt also $k > 0$. Die Normen können aus den Formeln (7.56) für die Skalarprodukte berechnet werden.

$$|c_k|^2 = \tfrac{1}{2}C_{2k} + \tfrac{1}{2}C_0 = \frac{N}{2},$$

$$|s_k|^2 = \tfrac{1}{2}C_0 - \tfrac{1}{2}C_{2k} = \frac{N}{2}.$$

Falls $N = 2n$ ist, kann man auch noch die letzte Norm berechnen:

$$|c_n|^2 = \tfrac{1}{2}C_{2n} + \tfrac{1}{2}C_0 = \tfrac{1}{2}C_0 + \tfrac{1}{2}C_0 = \tfrac{1}{2}N + \tfrac{1}{2}N = N. \qquad \square$$

7.D.3   Frequenzanalyse und -synthese

Das Skalarprodukt eines Signals u mit den Vektoren c_k, s_k der Basis von $\mathbb{R}^N$ vergleicht u mit den harmonischen Schwingungen verschiedener Frequenzen. Je größer das Skalarprodukt ist, desto größer ist die "Ähnlichkeit", desto bedeutender ist diese Frequenzkomponenten im Signal u.

Wir nennen die Skalarprodukte

$$a_k = \langle c_k, u \rangle \qquad \text{und} \qquad b_k = \langle s_k, u \rangle$$

die *Fourier-Koeffizienten* von u. Die Berechnung des Vektors der Fourier-Koeffizienten kann mit der folgenden Matrix F erfolgen:

$$
\begin{pmatrix} a_0 \\ a_1 \\ b_1 \\ a_2 \\ b_2 \\ \vdots \\ a_{n-1} \\ b_{n-1} \\ a_n \end{pmatrix}
=
\underbrace{\begin{pmatrix} c_0 \\ c_1 \\ s_1 \\ c_2 \\ s_2 \\ \vdots \\ c_{n-1} \\ s_{n-1} \\ c_n \end{pmatrix}}_{=\,F}
\begin{pmatrix} u(t_0) \\ u(t_1) \\ u(t_2) \\ u(t_3) \\ u(t_4) \\ \vdots \\ u(t_{2n-3}) \\ u(t_{2n-2}) \\ u(t_{2n-1}) \end{pmatrix}
$$

Um die inverse Matrix zu finden multiplizieren wir zunächst FF^t. Da die Zeilen von F orthogonal sind, entsteht eine Diagonalmatrix, auf der Diagonalen stehen die Normen der

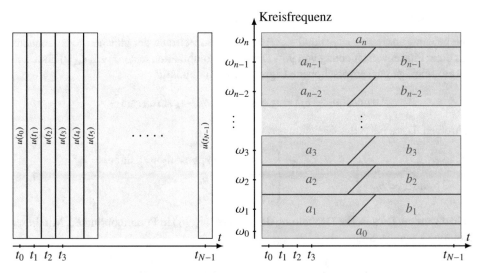

Abbildung 7.36: Die Fourier-Koeffizienten a_k und b_k beschreiben für jede Kreisfrequenz Signalwerte auf der ganzen Länge des Zeitintervals, symbolisiert durch die horizontalen Rechtecke im Diagramm rechts. Im Gegensatz dazu sind die Funktionswerte $u(t_k)$ die Koordinaten in der Standardbasis. Jeder Wert $u(t_k)$ hat nur Einfluss auf den Wert des Signals zur Zeit t_k, dargestellt durch die vertikalen Rechtecke im linken Teil der Graphik. Er beeinflusst aber die Fourier-Koeffizienten für jede Frequenz.

Zeilenvektoren von F, also

$$FF^t = \begin{pmatrix} |c_0|^2 & & & & & & & & \\ & |c_1|^2 & & & & & & & \\ & & |s_1|^2 & & & & & & \\ & & & |c_2|^2 & & & & & \\ & & & & |s_2|^2 & & & & \\ & & & & & \ddots & & & \\ & & & & & & |c_{n-1}|^2 & & \\ & & & & & & & |s_{n-1}|^2 & \\ & & & & & & & & |c_n|^2 \end{pmatrix}.$$

Das ursprüngliche Signal u kann aus den Koeffizienten wiedergewonnen werden, wenn man die Vektoren c_k und s_k normiert:

$$\begin{aligned} u &= a_0 \frac{c_0}{|c_0|^2} + a_1 \frac{c_1}{|c_1|^2} + b_1 \frac{s_1}{|s_1|^2} + a_2 \frac{c_2}{|c_2|^2} + b_2 \frac{s_2}{|s_2|^2} + \ldots \\ &\quad + a_{n-1} \frac{c_{n-1}}{|c_{n-1}|^{n-1}} + b_{n-1} \frac{s_{n-1}}{|s_{n-1}|^{n-1}} + a_n \frac{c_n}{|c_n|^2}. \\ &= \frac{a_0}{2} \frac{2c_0}{N} + a_1 \frac{2c_1}{N} + b_1 \frac{2s_1}{N} + a_2 \frac{2c_2}{N} + b_2 \frac{2s_2}{N} + \ldots + a_{n-1} \frac{2c_{n-1}}{N} + b_{n-1} \frac{2s_{n-1}}{N} + \frac{a_n}{2} \frac{2c_n}{N}. \end{aligned}$$

Betrag und Phase

Die beiden Funktionen $c_{\omega_k}(t)$ und $s_{\omega_k}(t)$ beschreiben Beiträge der gleichen Kreisfrequenz mit einer Phasenverschiebung von $90°$. Die Linearkombination $a_k c_{\omega_k}(t) + b_k s_{\omega_k}(t)$ lässt sich als eine einzige phasenverschobene trigonometrische Funktion

$$r_k \cos(\omega_k t + \delta_k) = r_k \cos \omega_k t \cos \delta_k - r_k \sin \omega_k t \sin \delta_k$$

schreiben. Dazu muss das Gleichungssystem

$$\left.\begin{array}{c} r_k \cos \delta_k = a_k \\ r_k \sin \delta_k = b_k \end{array}\right\} \quad \Rightarrow \quad \left\{\begin{array}{l} a_k^2 + b_k^2 = r_k^2 \cos^2 \delta_k + r_k^2 \sin^2 \delta_k = r_k^2 \\ \tan \delta_k = \dfrac{b_k}{a_k} \end{array}\right. \tag{7.58}$$

gelöst werden. Dies ist die Darstellung des Punktes (a_k, b_k) in Polarkoordinaten. Mit dieser Notation kann das Signal als

$$u(t) = a_0 \frac{1}{N} + \sum_{1 \leq k < \frac{N}{2}} r_k \frac{2}{N} \cos(\omega_k t + \delta_k) + a_n \frac{1}{N} \cos \omega_n t$$

geschrieben werden.

Frequenzanalyse der Standardbasisvektoren

Die Fourier-Koeffizienten des Standardbasisvektors e_i hat die Werte

$$a_0 = \langle c_0, e_i \rangle = 1, \qquad a_k = \langle c_k, e_i \rangle = \cos \omega_k t_{i-1}, \qquad a_n = \langle c_n, e_i \rangle = (-1)^{i-1},$$
$$b_k = \langle s_k, e_i \rangle = \sin \omega_k t_{i-1}, \tag{7.59}$$

wobei $0 < k < N/2$ und $n = N/2$ falls N gerade ist. Wegen

$$a_k^2 + b_k^2 = \cos^2 \omega_k t_{i-1} + \sin^2 \omega_k t_{i-1} = 1 \tag{7.60}$$

wirkt sich ein Änderung eines einzelnen Funktionswertes auf jede Frequenz um den gleichen Betrag aus. Die Fourier-Transformation verteilt also die Information in einem Funktionswert auf alle Frequenzen. Dies wird durch die vertikalen Balken links in Abbildung 7.36 visualisiert.

Frequenzspektrum

Die Funktion $u(t)$ kann aus den Koeffizienten a_k und b_k bzw. aus der Polardarstellung r_k und δ_k zurückgewonnen werden. Die Koeffizienten a_k, b_k oder die Beträge r_k und die Phasen δ_k sind auch als das Frequenzspektrum des Signals bekannt. Sie enthalten die vollständige Information über die Funktionen, soweit sie aus den Datenpunkten abgeleitet werden kann. In Abbildung 7.36 wird der Zusammenhang zwischen den Fourier-Koeffizienten und den Funktionswerten dargestellt. Jedes Paar (a_k, b_k) beschreibt die Komponente zur Kreisfrequenz ω_k. Eine Änderung dieses Paares verändert die Funktion auf der ganzen Länge des Zeitintervals.

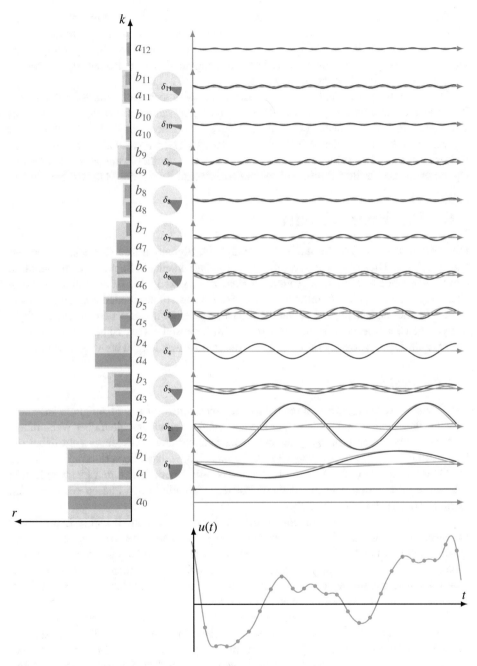

Abbildung 7.37: Fourier-Synthese eines Signals aus den roten Datenpunkten unten rechts. Die Beträge der Fourier-Koeffizienten a_k und b_k sind links als Balken dargestellt. Die zugehörige Polardarstellung (r_k, δ_k) besteht aus dem violetten Balken für r_k und dem Winkel im grauen Kreis für δ_k. Das grüne Signal unten rechts entsteht durch Summierung der Frequenzkomponenten für $k = 0, \ldots, n$, die rechts dargestellt werden.

Die Rekonstruktion des Signals aus den Fourier-Koeffizienten wird in Abbildung 7.37 illustriert. Zu den blau und rot dargestellten Koeffizienten a_k und b_k gehören die blaue $a_k \cos \omega_k t$-Komponenten und die rote $b_k \sin \omega_k t$-Komponente. Ihre Überlagerung ist die violette $r_k \cos(\omega_k t + \delta_k)$-Komponente. Diese überlagern sich zum grünen Signal, das für $t = t_i$ die vorgegeben Datenpunkte $u(t_i)$ ergibt.

Die Darstellung der Funktion als Spektrum hat viele technisch interessante Vorteile. Zum Beispiel kann man zeigen, dass die Faltung zweier Signale mit Hilfe des Spektrums sehr viel einfacher berechnet werden kann. Auch gibt es einen schnellen Algorithmus, die sogenannte *schnelle Fourier-Transformation* oder FFT (*Fast Fourier Transform*), der das Spektrum mit $O(N \log N)$ Operationen berechnen kann, deutlich weniger als den $O(N^2)$-Operationen, die für die Berechnung des Matrizenproduktes mit der Matrix F benötigt.

7.E   Das Haar-Wavelet

Die diskrete Fourier-Transformation hat ermöglicht, Signale in ihre Frequenzkomponenten zu zerlegen. Dies ist jedoch nicht die einzige Möglichkeit, ein Signal zu analysieren. In diesem Abschnitt wird die Analyse mit der Haar-Basis gezeigt. Sie ist die einfachste Form einer Wavelet-Basis, einer Familie von orthogonalen Basisfunktionen, die zusätzlich interessante Skalierungseigenschaften hat. Ausgehend von einer interessanten und vielseitigen analytischen Theorie, wie sie zum Beispiel in [3] dargestellt wird, ist eine große Vielfalt von spezialisierten Wavelets für die verschiedensten Anwendungen entwickelt worden.

7.E.1   Motivation

Die Frequenzzerlegung der diskreten Fourier-Transformation macht möglich, in einem Signal Komponenten unterschiedlicher Frequenz und damit unterschiedlicher Wellenlänge zu trennen und separat zu analysieren und zu manipulieren. Allerdings geht dabei die Information, wann genau ein Ereignis stattgefunden hat, vollständig verloren. Die Analyse der Standardbasis in (7.59) und (7.60) zeigt, dass alle Koeffizienten den gleichen Betrag haben, die Information über die zeitliche Position ist allein in den Phasen versteckt, und damit nur noch schwer zugänglich.

Die Methode der Sprengseismik in der Geologie erzeugt durch kleine Explosionen Stosswellen, die sich durch den Untergrund bewegen und an Schichten unterschiedlicher Dichte reflektiert werden. Die reflektierten Signale werden von Geophonen registriert. Die diskrete Fourier-Transformation ermöglicht zwar übliche Operationen der Signalverarbeitung wie die Korrektur des Frequenzganges, sie hilft aber nicht dabei, den genauen Zeitpunkt des Eintreffens der Reflexionen zu bestimmen.

Gesucht ist eine Basis, die einen Kompromiss zwischen der Standardbasis und der Fourier-Basis darstellt. Die Entwicklungskoeffizienten in dieser Basis sollen einerseits etwas Information über die Frequenzzusammensetzung enthalten, aber auch möglichst viel Information über die zeitliche Position wiedergeben. Für die Standardbasisvektoren e_l gibt der Index l die zeitliche Position an, die zugehörigen Koeffizienten u_l ist der Signalwert zu diesem Zeitpunkt. Der Index k der Vektoren c_k und s_k der Fourier-Basis spezifiziert die Frequenz, er enthält keine Information darüber wann im Signal etwas Interessantes passiert. Für die Kompromiss erwarten wir eine Basis aus Vektoren $\psi_{k,l}$, wobei ein hoher

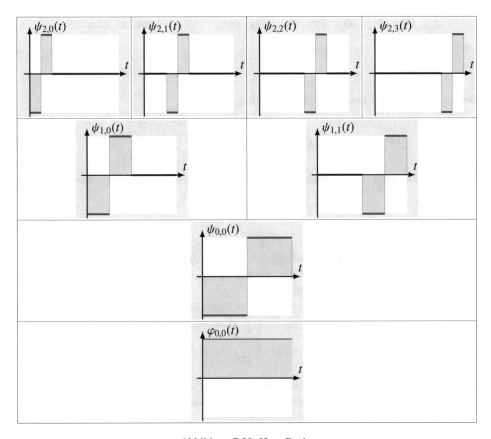

Abbildung 7.38: Haar-Basis.

Index k auf hohe Frequenz hindeutet und ein hoher Index l einen späten Zeitpunkt auf der Zeitachse ausdrückt.

7.E.2 Die Haar-Basis

In diesem Abschnitt wird die sogenannte Haar-Basis für einen $N = 2^{n+1}$-dimensionalen Vektorraum konstruiert. Wie im Abschnitt 7.D stellen wir Vektoren u als zeitabhängige Signale dar, die zwischen den Zeitpunkten t_l und t_{l+1} den Wert u_l haben mit $l = 0, \ldots, N-1$. Wir schreiben auch $u_l = u(t_l)$.

Die Basis besteht aus den folgenden Vektoren mit der Länge der Teilintervalle, auf denen Sie lokalisiert sind:

$\varphi_{0,0}$,	ganzes Intervall
$\psi_{0,0}$,	ganzes Intervall
$\psi_{1,0}$, $\psi_{1,1}$,	halbes Intervall
$\psi_{2,0}$, $\psi_{2,1}$, $\psi_{2,2}$, $\psi_{2,3}$,	ein Viertel es Intervalls

$\psi_{3,0},\ \psi_{3,1},\ \psi_{3,2},\ \psi_{3,3},\ \psi_{3,4},\ \psi_{3,5},\ \psi_{3,6},\ \psi_{3,7},$ 　　　　ein Achtel es Intervalls

$\vdots$

$\psi_{n,0},\ \psi_{n,1},\ \ldots,\ \psi_{n,2^n-1}$ 　　　　　　Teilintervall der Länge 2.

Das Signal u hat in dieser Basis die Darstellung

$$u = a_{0,0}\varphi_{0,0} + b_{0,0}\psi_{0,0} + b_{1,0}\psi_{1,0} + b_{1,1}\psi_{1,1} + \cdots + \sum_{l=0}^{2^n-1} b_{n,l}\psi_{n,l}$$

$$= a_{0,0}\varphi_{0,0} + \sum_{k=0}^{n} \sum_{l=0}^{2^k-1} b_{k,l}\psi_{k,l}$$

mit Koeffizienten $a_{0,0}, b_{k,l} \in \mathbb{R}$.

Der erste Basisvektor $\varphi_{0,0}$ ist der konstante Vektor, alle Komponenten $\varphi_{0,0}(t_l)$ dieses Vektors haben über das ganze Intervall den Wert $\varphi_{0,0}(t_l) = 1$. Er ist in Abbildung 7.38 unten dargestellt. Dieser Vektor beinhaltet weder Zeitpunkt-Information, noch Information über Phänomene mit kurzer Wellenlänge.

Alle Vektoren $\psi_{k,l}$ sollen orthogonal sein zu $\varphi_{0,0}$. Dies bedeutet, dass

$$\langle \varphi_{0,0}, \psi_{k,l}\rangle = \sum_{i=0}^{N-1} \psi_{k,l}(t_i) = 0$$

sein muss. Die Komponenten aller Vektoren $\psi_{k,l}$ haben daher Mittelwert 0. Der Koeffizient $a_{0,0}$ ist also der Mittelwert von u, der zugehörige Vektor $\varphi_{0,0}$ heißt *Skalierungsfunktion* oder *Vaterwavelet*.

Der Vektor $\psi_{0,0}$ gibt die Veränderung des Signals auf der größtmöglichen Wellenlängenskala wieder. Er heißt auch *Waveletfunktion* der *Mutterwavelet*. Er hat Wert -1 auf der ersten Hälfte der Zeitpunkte und 1 auf auf der zweiten Hälfte (Abbildung 7.38). Er beschreibt eine "Welle" mit der maximal möglichen Wellenlänge N. Der zugehörige Koeffizient $b_{0,0}$ ist die Differenz der Mittelwerte der Werte von u in der ersten und der zweiten Hälfte des Definitionsbereiches.

Die weiteren Vektoren $\psi_{k,l}$ mit $k > 0$ sind skalierte Versionen von $\psi_{0,0}$. Sie können durch die folgenden zwei Eigenschaften charakterisiert werden.

1. Die Funktionen $\psi_{k,l}$ sind um $l \cdot N/2^k$ verschobene Versionen der Funktion $\psi_{k,0}$, also

$$\psi_{k,l}(t) = \psi_{k,0}(t - lN2^{-k}). \tag{7.61}$$

2. Die Funktion $\psi_{k+1,0}$ ist eine skalierte Version von $\psi_{k,0}$, nämlich

$$\psi_{k+1,0}(t) = \psi_{k,0}(2t). \tag{7.62}$$

Indem man (7.61) und (7.62) zusammensetzt, kann jede Funktion $\psi_{k,l}(t)$ durch $\psi_{0,0}(t)$ ausgedrückt werden:

$$\psi_{k,l}(t) = \psi_{k,0}(t - lN2^{-k}) = \psi_{k-1,0}(2(t - lN2^{-k}))$$

$$= \psi_{k-2,0}(2 \cdot 2(t - lN2^{-k})) = \cdots = \psi_{0,0}(2^k t - lN).$$

Der zugehörige Koeffizient $b_{k,l}$ ist die Differenz der Mittelwerte von Funktionswerten über jeweils 2^{n-k} benachbarte Wert. Der Vektor $\psi_{k,l}$ hat jeweils $d_k = 2^{n-k}$ aufeinanderfolgende gleiche Werte. Der erste Wert t_i, für den $\psi_{k,l}(t_i) \neq 0$ ist, ist $l \cdot 2^{n-k+1}$:

$$\psi_{k,l}(t_i) = \begin{cases} -1 & l2^{n-k+1} \leq i < l2^{n-k+1} + 2^{n-k} \\ 1 & l2^{n-k+1} + 2^{n-k} \leq i < (l+1)2^{n-k+1} \\ 0 & \text{sonst.} \end{cases}$$

Die in Abbildung 7.38 als Funktionen dargestellten Basisvektoren können auch als Vektoren als

$$\varphi_{0,0} = \begin{pmatrix} 1 \\ 1 \\ 1 \\ 1 \\ 1 \\ 1 \\ 1 \\ 1 \end{pmatrix}, \quad \psi_{0,0} = \begin{pmatrix} -1 \\ -1 \\ -1 \\ -1 \\ 1 \\ 1 \\ 1 \\ 1 \end{pmatrix}, \quad \psi_{1,0} = \begin{pmatrix} -1 \\ -1 \\ 1 \\ 1 \\ 0 \\ 0 \\ 0 \\ 0 \end{pmatrix}, \quad \psi_{1,1} = \begin{pmatrix} 0 \\ 0 \\ 0 \\ 0 \\ -1 \\ -1 \\ 1 \\ 1 \end{pmatrix},$$

$$\psi_{2,0} = \begin{pmatrix} -1 \\ 1 \\ 0 \\ 0 \\ 0 \\ 0 \\ 0 \\ 0 \end{pmatrix}, \quad \psi_{2,1} = \begin{pmatrix} 0 \\ 0 \\ -1 \\ 1 \\ 0 \\ 0 \\ 0 \\ 0 \end{pmatrix}, \quad \psi_{2,2} = \begin{pmatrix} 0 \\ 0 \\ 0 \\ 0 \\ -1 \\ 1 \\ 0 \\ 0 \end{pmatrix}, \quad \psi_{2,3} = \begin{pmatrix} 0 \\ 0 \\ 0 \\ 0 \\ 0 \\ 0 \\ -1 \\ 1 \end{pmatrix}$$

geschrieben werden.

7.E.3 Analyse

Bei der Konstruktion der Haar-Basis wurde schon darauf hingewiesen, dass die Koeffizienten $a_{0,0}$ und $b_{k,l}$ sehr leicht berechnet werden können. $a_{0,0}$ ist der Mittelwert des Signals und $b_{k,l}$ ist eine Differenz von Mittelwerten zweier benachbarter Teile des Signals bestehend aus jeweils 2^{n-k} Samples.

Die Berechnung der Koeffizienten $b_{n,0}, \ldots, b_{n,2^n-1}$, die zu den Basisvektoren $\psi_{n,0}, \ldots, \psi_{n,2^n-1}$ gehören, ist direkt aus den Daten möglich, wie Abbildung 7.39 illustriert. Es gilt

$$b_{n,l} = \frac{1}{2}(u_{2l+1} - u_{2l}),$$

dargestellt durch die roten Pfeile und Punkte in der obersten Zeile.

Für die nächste Generation von Koeffizenten $b_{n-1,0}, \ldots, b_{n-1,2^{n-1}-1}$ werden die Mittelwert von jeweils zwei benachbarten Samples benötigt:

$$b_{n-1,l} = \frac{1}{2}\left(\frac{1}{2}(u_{4l+3} + u_{4l+2}) - \frac{1}{2}(u_{4l+1} + u_{4l})\right).$$

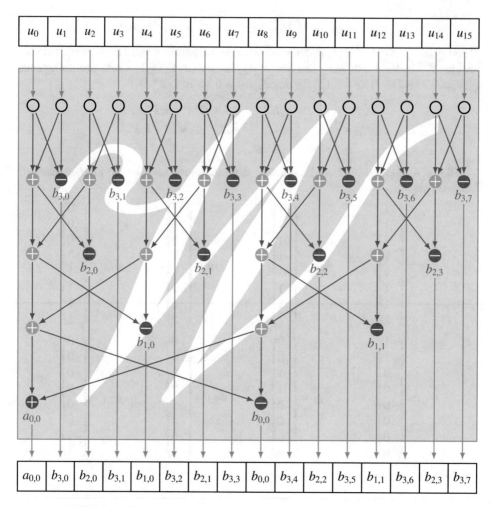

Abbildung 7.39: Bestimmung der Wavelet-Koeffizienten mit einer Filterbank.

Die Berechnung wird also vereinfacht, wenn man bereits bei der Berechnung der $b_{k,l}$ auch die Mittelwerte berechnet. Dies sind die blauen Pfeile in der Abbildung.

Die Berechnung der Koeffizienten $b_{k,l}$ und der Mittelwerte erfolgt also durch wiederholte Anwendungen der Matrix

$$\frac{1}{2}\begin{pmatrix} 1 & 1 \\ -1 & 1 \end{pmatrix} = \quad\quad\quad\quad\quad\quad\quad\quad\quad\quad\quad (7.63)$$

auf geeignete Paare von Samples oder bereits berechneten Mittelwerten. Sobald zwei Samples ermittelt worden sind, kann darauf die Matrix angewendet werden. Damit ist bereits ein b-Koeffizient bestimmt. Die blauen Mittelwerte treten mit halber Frequenz auf, sobald zwei Mittelwerte ermittel worden sind, kann darauf wieder die Matrix angewendet werden, was zu einem weiteren b-Koffizienten und einem Mittelwert führt. In der schematischen Darstellung stehen die Pfeile für Multiplikation mit $\frac{1}{2}$, der schräge rote Pfeil ist der Wert, der im roten Knotenpunkt subtrahiert wird.

Diese Konstruktion der Bestimmung der Koeffizienten lässt sich sehr effizient auch in Hardware realisieren. Es wird nur für jede Ebene in Abbildung 7.39 eine Recheneinheit benötigt, die die Matrix 7.63 berechnet. Die Einheiten können ihre Operationen parallel durchführen sobald die Resultate der darüberliegenden Ebene vorliegen. Diese Vorgehensweise ist auch als *schnelle Wavelet-Transformation* bekannt.

Matrixschreibweise

Die Operationen können natürlich auch als Matrizen geschrieben werden. Schreiben wir $\mathscr{W}_k$ für die Operationen zur Bestimmung der Koeffizienten $b_{k,l}$ und der Mittelwerte auf der gleichen Ebene. $\mathscr{W}_n$ operiert direkt auf den Samples, auf jedes Paar aufeinanderfolgender Samples muss die Matrix (7.63) als 2×2-Block auf der Diagonalen der Matrix plaziert werden. Für $\mathscr{W}_{n-1}$ muss jeweils ein Wert übersprungen werden. Für $n = 2$ sind dies die Matrizen

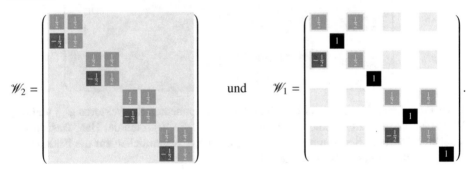

Die weißen Zeilen und Spalten in der Matrix $\mathscr{W}_1$ deuten an, dass diese wie eine Einheitsmatrix operieren. Dies ist der Ausdruck dafür, dass die Koeffizienten $b_{2,l}$ in diesen Positionen bereits berechnet sind.

Die Berechnung der Koeffizienten $b_{k,l}$ sowie $a_{0,0}$ erfolgt durch die Zusammensetzung all dieser Matrizen, also

$$\mathscr{W} = \mathscr{W}_0 \mathscr{W}_1 \mathscr{W}_2$$

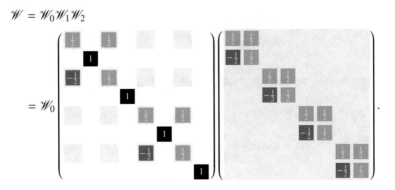

Ausmultiplizeren des Produktes der hinteren zwei Matrizen ergibt

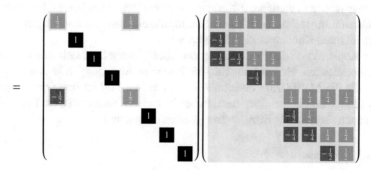

und schließlich

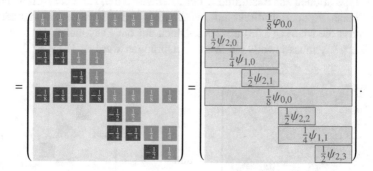

In der Produktmatrix stehen auf den Zeilen die Komponenten der Vektoren $\varphi_{0,0}$ und $\psi_{k,l}$. Wir haben natürlich nichts anderes erwartet, denn da die Vektoren der Haar-Basis orthogonal sind, läuft die Bestimmung der Koeffizienten im Wesentlichen auf die Bildung von Skalarprodukten mit den Basisvektoren hinaus.

7.E.4   Synthese

Abbildung 7.40 zeigt, wie ein beliebiges Signal mit Hilfe der Haar-Basis synthetisiert werden kann. Das rot dargestellt Signal, das auch schon in Abschnitt 7.D als Beispiel gedient hat, wird durch die Funktionen

$$u_0 = a_{0,0}\varphi_{0,0} = s_0$$

$$u_1 = a_{0,0}\varphi_{0,0} + \underbrace{b_{0,0}\psi_{0,0}}_{= s_1}$$

$$u_2 = a_{0,0}\varphi_{0,0} + b_{0,0}\psi_{0,0} + \underbrace{b_{1,0}\psi_{1,0} + b_{1,1}\psi_{1,1}}_{= s_2}$$

$$\vdots$$

$$u_i = a_{0,0}\varphi_{0,0} + \underbrace{\sum_{k<i}\sum_{l=1}^{2^k-1} b_{k,l}\psi_{k,l}}_{= s_{k+1}}$$

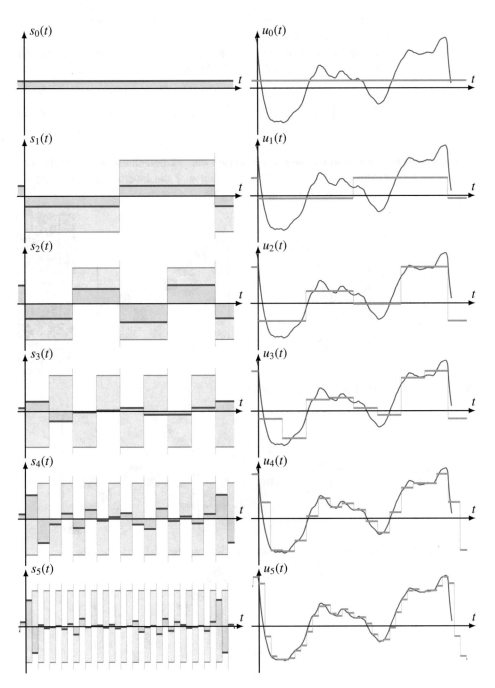

Abbildung 7.40: Signalsynthese mit dem Haar-Wavelet.

mit zunehmendem i besser approximiert. Die Approximation u_k entsteht also aus der Approximation u_{k-1} dadurch, dass die Summe s_k hinzuaddiert wird. In der Abbildung ist der Summand s_k jeweils links, die verbesserte Approximation rechts.

Die Synthese des Signals u kann aber auch dadurch gefunden werden, dass man die Matrix $\mathscr{W}$ invertiert. Da sich diese aus Blöcken der Form (7.63) mit der Inversen

$$2\begin{pmatrix} 1 & 1 \\ -1 & 1 \end{pmatrix}^{-1} = 2\begin{pmatrix} \frac{1}{2} & -\frac{1}{2} \\ \frac{1}{2} & \frac{1}{2} \end{pmatrix} = \begin{pmatrix} 1 & -1 \\ 1 & 1 \end{pmatrix} = \quad \tag{7.64}$$

zusammensetzen, kann man die inversen Matrizen der $\mathscr{W}_k$ berechnen. Mit den gleichen Notationen wie in Abschnitt 7.E.3 erhalten wir für $n = 2$ die Inversen der Matrizen $\mathscr{W}_2$ und $\mathscr{W}_1$ zum Beispiel mit dem Gauß-Algorithmus als

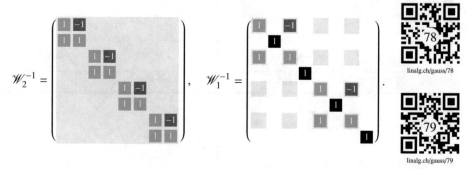

linalg.ch/gauss/78

linalg.ch/gauss/79

Daraus können wir jetzt $\mathscr{W}^{-1}$ als das Produkt

berechnen. Ausmultiplizeren des Produktes der vorderen zwei Matrizen ergibt

und schließlich wird das verbleibende Produkt mit der Matrix $\mathscr{W}_0^{-1}$

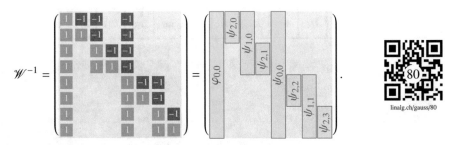

Die inverse Matrix $\mathscr{W}^{-1}$ kann natürlich auch mit Hilfe des Gauß-Algorithmus berechnet werden. In der Produktmatrix stehen in den Spalten die Komponenten der Vektoren $\varphi_{0,0}$ und $\psi_{k,l}$. Wir haben natürlich nichts anderes erwartet, denn die Synthese produziert ja eine Linearkombination der Basisvektoren mit den gegeben Koeffizienten $a_{0,0}$ und $b_{k,l}$.

Die Konstruktion der Matrix $\mathscr{W}$ als Produkt ermöglicht eine ganz analoge Berechnung mit einer Filterbank, die in Abbildung 7.41 dargestellt ist.

7.E.5   Erweiterungen

Die Funktionen $\varphi_{0,0}$ und $\psi_{k,l}$ mit $l = 1, \ldots, 2^k - 1$ und $k = 0, \ldots, n$ bilden ein orthogonale Funktionenfamilie. Die Koeffizienten $a_{0,0}$ und $b_{k,l}$ können analog zur Fourier-Basis durch Bildung von Skalarprodukten gefunden werden. Abweichend zur Fourier-Basis bleibt aber in den Koeffizienten $b_{k,l}$ etwas Ortsinformation erhalten. Da die Funktionen $\psi_{k,l}$ nur auf einem mit größer werdendem k immer kleiner werdenden Teilintervall des Definitionsbereiches von Null verschieden sind, beschreibt der Koeffizient $b_{k,l}$ nur Details in diesem Teilintervall. Aber auch etwas Wellenlängeninformation steckt noch in den Koeffizienten drin. Wenn sich das Signal über die Länge des Teilintervalls kaum ändert, dann ist der Koeffizienten $b_{k,l}$ kaum von 0 verschieden.

In Abbildung 7.42 sind die Zuständigkeitsbereiche der einzelnen Koffizienten analog zur Darstellung 7.36 schematisch dargestellt. Die "Frequenzen" ω_k der Funktionen $\psi_{k,l}$ sind $\omega_k = \omega_0 2^k$, die "Wellenlänge" des Basiswavelets $\psi_{k,l}$ wird mit 2^{-k} kleiner.

Die Abbildung 7.43 zeigt auf ähnliche Weise die Bedeutung der Koeffizienten für das bereits früher als Beispiel analysierte Signal. Da die Koeffizienten auch beschreiben, wie groß der Unterschied innerhalb der beiden Halbintervall einer Basisfunktion $\psi_{k,l}$ ist, sind diejenigen Koeffizienten groß und die zugehörigen Rechtecke intensiv eingefärbt, in denen eine große Veränderung des Signals sichtbar ist. Zum Beispiel fällt das Signal zu Beginn steil ab, was sich durch intensiv grüne Färbung aller Rechtecke äussert, deren Zuständigkeitsbereich in diesen Teil des Signals fällt.

Multiresolutionsanalyse

Die Vektoren $\psi_{k,l}$ für höhere k ermöglichen, ein Signal mit feinerer Auflösung zu analysieren. Dies kann man mathematisch noch etwas präziser fassen. Sei V_k der Vektorraum der Signale, die von Vektoren

$$\varphi_{0,0}, \ \psi_{0,0}, \ \ldots \psi_{k,0}, \ldots, \psi_{k,2^k-1} \qquad \Rightarrow \qquad V_k = \langle \varphi_{0,0}, \psi_{i,l} \mid i \le k \rangle$$

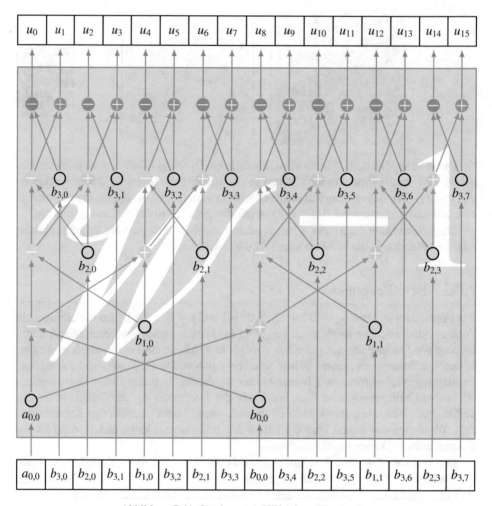

Abbildung 7.41: Synthese mit Hilfe einer Filterbank.

aufgespannt wird. Je größer k, desto größer die Dimension von V_k, genauer

$$V_0 \subset V_1 \subset V_2 \subset \ldots \subset V_k \subset \ldots$$

Die Vektoren in V_k erfüllen aber zusätzliche Eigenschaften:

1. Der Vektorraum V_k ist invariant unter Translation der Signale um Vielfache der Intervallänge, auf der $\psi_{k,l}$ von 0 verschieden ist.

2. Für $k < m$ ist $V_k \subset V_m$ und die Signale in V_m entstehen durch zeitliche Kompression (Dilatation) eines Signals in V_k.

Eine solche Aufteilung des Signalraums heißt eine *Multiresolutionsanalyse*.

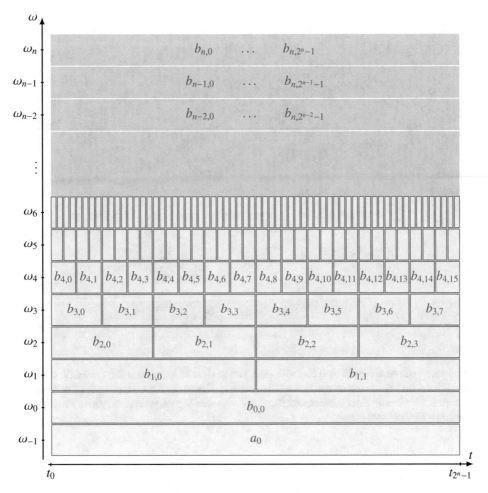

Abbildung 7.42: Zuständigkeit der Koeffizienten

Übungsaufgaben

7.1. Berechnen Sie den Zwischenwinkel zwischen den Vektoren

$$\vec{a} = \begin{pmatrix} -6 \\ 8 \\ 0 \end{pmatrix}, \qquad \vec{b} = \begin{pmatrix} 3 \\ -4 \\ 12 \end{pmatrix}.$$

7.2. Gegeben sind die Punkte $A = (-2, 3, -2)$ und $B = (-6, -1, 1)$. Von welchen Punkten der x-Achse wird die Strecke AB unter einem Winkel von $\alpha = 90°$ gesehen?

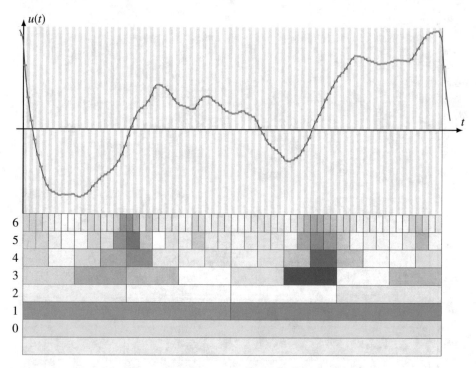

Abbildung 7.43: Analyse mit dem Haar-Wavelet. Die Rechtecke im unteren Teil stehen für die Koeffizienten $a_{0,0}$ und $b_{k,l}$. Je intensiver die Farbe ist, desto größer ist der Absolutbetrag des Koeffizienten. Blau steht für positive Koeffizienten und damit ansteigendes Signal, grün für negative Koeffizienten und damit für fallendes Signal.

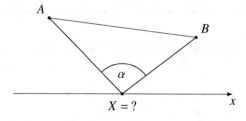

7.3. Ortonormalisieren Sie die drei Vektoren

$$\vec{a}_1 = \begin{pmatrix} 1 \\ 1 \\ 0 \end{pmatrix}, \qquad \vec{a}_2 = \begin{pmatrix} 0 \\ 1 \\ 1 \end{pmatrix}, \qquad \vec{a}_3 = \begin{pmatrix} 1 \\ 0 \\ 1 \end{pmatrix}.$$

7.4. Im Allgemeinen ist $(\vec{a} \cdot \vec{b})^2 \neq \vec{a}^2 \vec{b}^2$. Finden Sie Bedingungen, unter denen Gleichheit trotzdem gilt.

7.5. Finden Sie die Normalenform einer Ebenen durch den Nullpunkt, die die z-Achse unter einem Winkel von 30° schneidet und außerdem parallel zur Geraden durch die Punkte $A = (1, 0, 0)$ und $B = (0, 2, 0)$ ist.

7.6. Seien a und b zwei beliebige von 0 verschiedene Vektoren gleicher Länge. Berechnen Sie den Zwischenwinkel der Vektoren

$$v_+ = a + b \qquad \text{und} \qquad v_- = a - b$$

7.7. Berechnen Sie den Winkel zwischen den Ebenen mit den Gleichungen

$$
\begin{aligned}
2x &+ 3y &+ 4z &= 6 \\
3x &- 2y &- z &= -4.
\end{aligned}
$$

7.8. Stellen Sie die Gleichungen der Geraden auf, die zur Geraden mit der Gleichung

$$6x - 8y - 13 = 0$$

den Abstand 4.5 haben.

7.9. Stellen Sie die Gleichung der Tangenten des Kreises mit der Gleichung

$$(x - 2)^2 + (y - 5)^2 = 16$$

auf, die parallel zur Geraden mit der Gleichung

$$4x - 3y + 1 = 0$$

ist.

7.10. Für eine Forschungsarbeit müssen Beschleunigungen sehr exakt gemessen werden können. Zu diesem Zweck wird ein rauscharmer Beschleunigungssensor verwendet, welcher zuvor kalibriert wird. Als Referenz wird dabei die Erdbeschleunigung verwendet. Leider reicht es für diese Anwendung aber nicht aus, den Standardwert von $9.81 \frac{m}{s^2}$ als Referenz zu verwenden, weshalb vorab die örtliche Erdbeschleunigung ermittelt wird.

Für die Bestimmung der örtlichen Erdbeschleunigung wird eine kleine Stahlkugel im Vakuum fallen gelassen und deren Fall mit einer High-Speed-Kamera aufgezeichnet. Die Auswertung der aufgenommenen Bilder ergab folgende Datenpunkte

i	Zeit t_i in Sekunden	Höhe h_i in Meter
1	0.00	1.4009
2	0.05	1.2176
3	0.10	1.0097
4	0.15	0.7774
5	0.20	0.5209

wobei der Zeitpunkt, zu dem die Kugel erstmals auf einem Bild auftaucht als $t = 0$ ange-nommen wurde. Zudem ist aus der Physik bekannt, dass die Höhe eines fallenden Objekts mit dem quadratischen Polynom

$$h = -\frac{1}{2}gt^2 + v_0 t + h_0$$

beschrieben werden kann.

a) Stellen Sie ein Gleichungssystem auf, mit dem sich die bestmöglichen Werte für g, v_0, und h_0 bestimmen lassen. Im Gleichungssystem müssen alle Messwerte berück-sichtigt werden. Zudem soll es erweitert werden können, wenn mehr Daten bekannt werden.

b) Bestimmen Sie die örtliche Erdbeschleunigung g.

7.11. Ein Student muss für seine Bachelorarbeit Beschleunigungen eines 2-Achsen Ro-boters messen und entwickelt dafür ein PCB, auf welchem er zwei 1-Achsen-Beschleuni-gungssensoren orthogonal zueinander anbringt. Jeder der Sensoren sollte ihm den Anteil der Beschleunigung in einer Richtung (x- bzw. y-Achse) ermitteln, womit er in der Lage ist, Beschleunigungen in der Ebene messen. Aufgrund von Fertigungstoleranzen wurden die Sensoren leider nicht exakt auf dem PCB platziert, wodurch Messfehler entstehen. Wir können jedoch annehmen, dass die wahren Beschleunigungswerte a_x und a_y linear von den gemessenen Beschleunigungswerten m_x und m_y abhängen. Um diesen Zusammenhang zu ermitteln, wurden folgende Paare gemessen:

a_x	a_y	m_x	m_y
9.81	0.00	9.83	1.02
0.00	9.81	−1.11	10.21
6.94	−6.94	6.98	−6.20

Gesucht ist jetzt eine 2×2-Matrix C, die den Zusammenhang zwischen den wahren Werten (a_x, a_y) und den gemessenen Werten (m_x, m_y) möglichst gut wiedergeben kann.

a) Stellen Sie ein Gleichungssystem auf, mit dem sich die bestmöglichen Werte für die Matrixelemente von C bestimmen lassen. Im Gleichungssystem müssen alle Mess-werte berücksichtigt werden. Zudem soll es erweitert werden können, wenn mehr Daten bekannt werden.

b) Bestimmen Sie die Matrix C.

Hinweis. Verwenden Sie einen Taschenrechner oder Computer, um das in a) gefundene Gleichungssystem zu lösen.

7.12. Eine Kugel mit Radius 7 bewegt sich auf der Geraden g durch die Punkte $A = (67, 81, -71)$ und $B = (-33, -43, 57)$ und trifft auf die Ebene σ mit der Gleichung

$$2x + 3y + 6z = 147.$$

Wo befindet sich das Zentrum der Kugel in dem Moment, wo die Kugel die Ebene σ berührt?

Lösungen: `https://linalg.ch/uebungen/LinAlg-107.pdf`

Kapitel 8

Flächeninhalt, Volumen und Orientierung

In diesem Kapitel gehen wir wenn nicht anders vermerkt von einem rechtwinkligen Koordinatensystem aus.

8.1 Orientierung

Welche Seite einer Ebene ist die richtige? In Abbildung 8.1 sieht man den Berner Zytglogge-Turm einmal in der gewohnten Orientierung und einmal gespiegelt, geradeso als ob man das transparente Bild von der Rückseite betrachten würde. Erst die willkürliche Festlegung einer bevorzugen Orientierung des Uhrzeigersinns erlaubt zu unterscheiden, ob man das Bild "richtig" oder "verkehrt" sieht.

Das selbe Problem stellt sich auch im dreidimensionalen Raum. Abbildung 8.2 zeigt eine rechte Hand und ihr Spiegelbild. Die ebenfalls eingezeichneten Basisvektoren b_1, b_2 und b_3 können gleich angeordnet sein wie die drei Finger der rechten Hand in der Reihenfolge Daumen, Zeigefinger und Mittelfinger, oder eher wie die entsprechenden Finger der linken Hand.

8.1.1 Festlegung einer Orientierung mit Hilfe einer Basis

Legt man in der Ebene zwei Richtungen fest, dann gibt es eine Drehung um den kleinstmöglichen Winkel, die den ersten Vektor in den zweiten überführt. Im Alltagssprachgebrauch würden wir zwischen einer Drehung im Uhrzeigersinn und einer Drehung im Gegenuhrzeigersinn unterscheiden. Der Prozess vergleicht also die gegenseitige Lage zweier Vektoren mit einem Orientierungsstandard, nämlich der Zeigerbewegung einer Uhr, die wir willkürlich über die Ebene gelegt haben. So wird es möglich zu entscheiden, ob eine Drehrichtung in der Ebene gleich orientiert ist wie eine Uhr oder entgegengesetzt.

© Der/die Autor(en), exklusiv lizenziert an
Springer-Verlag GmbH, DE, ein Teil von Springer Nature 2023
A. Müller, *Lineare Algebra: Eine anwendungsorientierte Einführung*,
https://doi.org/10.1007/978-3-662-67866-4_8

Abbildung 8.1: Uhrzeigersinn oder Gegenuhrzeigersinn? Die Unterscheidung wird erst möglich durch die willkürliche Festlegung einer bevorzugten Orientierung

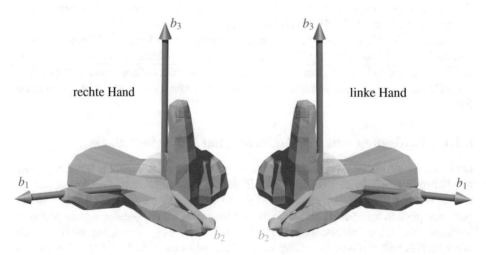

Abbildung 8.2: Die Bevorzugung der rechten Hand gegenüber der linken legt willkürlich eine Orientierung des dreidimensionalen Raumes fest.

Bis anhin haben wir eine Basis als eine Menge von linear unabhängigen Vektoren definiert, die den ganzen Raum aufspannen. Eine Orientierung entsteht, indem wir zusätzlich eine bevorzugte Reihenfolge der Basisvektoren festlegen.

Definition 8.1 (orientierte Basis). *Eine* orientierte Basis *eines n-dimensionalen Vektorraumes ist ein n-Tupel von Vektoren* $B = (b_1, \ldots, b_n)$, *derart, dass* $\mathcal{B} = \{b_1, \ldots, b_n\}$ *eine Basis ist.*

Eine orientierte Basis ist ein n-Tupel von Vektoren, ein gewöhnliche Basis ist eine Menge von Vektoren. In einem n-Tupel kommt es auf die Reihenfolge der Vektoren an, in einer Menge nicht.

In der Ebene sind zwei Festlegungen einer orientierten Basis üblich. Im Alltag ist der Uhrzeigersinn üblich, also die Festlegung einer Ausgangsrichtung des Uhrzeigers und der Richtung senkrecht dazu, in die er sich bewegt. In der Mathematik ist die positive Orientierung die eines kartesischen Koordinatensystems mit Standardbasisvektoren e_1 "nach rechts" und e_2 "nach oben". Die Drehung von e_1 nach e_2 erfolgt im Gegenuhrzeigersinn. Die mathematisch übliche positive Orientierung ist also der Alltagsorientierung entgegengesetzt.

In der Vermessung sind Koordinatensysteme üblich, in denen das von der Nordrichtung nach Osten gemessene Azimut die positive Orientierung ist.

Im dreidimensionalen Raum ist die übliche bevorzugte Orientierung jene, in der die drei Basisvektoren so angeordnet sind wie die ersten drei Finger der rechten Hand. Diese ist zwar praktisch, nimmt aber Bezug auf Menschen. Als Gedankenexperiment stelle man sich die Kommunikation mit Aliens vor, mit denen keine direkte Begegnung möglich ist. Wir wissen nicht, ob die Bilder, die wir von ihnen empfangen, spiegelverkehrt dargestellt sind, da wir keine gemeinsame Referenz haben. Wie auch immer wir versuchen, rechts und links oder Uhrzeigersinn und Gegenuhrzeigersinn zu erklären, alles hängt davon ab, welche Referenz die Aliens am Ende wählen. Klarheit kann nur ein physikalisches Experiment schaffen, das beide Parteien durchführen können, und das einen von der Orientierung abhängigen Ausgang hat (Siehe Kasten *Das Experiment von Wu*).

Die klassische Physik kennt keine Experimente, mit der man diese Orientierung von der entgegengesetzten unterscheiden könnte. Erst das quantenmechanische Experiment von Chien-Shiung Wu 1956 hat gezeigt, dass sich aus dem β-Zerfall von Kobalt-Atomen eine physikalisch definierte bevorzugte Orientierung des Universums ableiten lässt.

8.1.2 Orientierung und Determinante

Der Prozess des Vergleichs zweier orientierter Basen im vorangegangenen Abschnitt hat an anschauliche Vorgänge appelliert, die sich nur schwer auf einen höherdimensionalen Raum übertragen lassen. Gesucht ist eine Methode, mit der sich zwei orientierte Basen als gleich oder entgegengesetzt orientiert erkennen lassen.

In der Ebene betrachtet man zwei Koordinatensysteme als gleich orientiert, wenn Sie sich durch eine Drehung ineinander überführen lassen. Sie gelten als entgegengesetzt orientiert, wenn ein Spiegelung erforderlich ist. Die Eigenschaft, die gleiche Orientierung festzulegen, muss sich also aus einer Matrix ableiten lassen, die die eine orientierte Basis in die andere überführt.

Das Experiment von Wu

In den 1950er-Jahren war die Meinung vorherrschend, dass physikalische Experimente nicht zwischen zwei verschiedenen Orientierungen des Raums zu unterschieden gestatten. Das Experiment von Chien-Shiung Wu (1912–1997) wiederlegte dies.

Cobalt-60 ist ein radioaktives Isotop des Cobalt, das mit einer Halbwertszeit von 5.27 Jahren in Nickel zerfällt und dabei ein Elektron und ein Antineutrino emittiert (β-Zerfall). Da der Spin des Cobalt-Kerns 5 ist und jener des Nickel-Kerns 4, müssen die beiden emittierten Teilchen je Spin $\frac{1}{2}$ parallel zur Richtung des Spins des Cobalt-Kerns tragen. Das Elektron kann aber in jede beliebige Richtung emittiert werden, sein Spin kann parallel zur Bewegungsrichtung oder entgegengesetzt dazu sein. Stellt man sich den Spin (vereinfachend) als Drehung des Elektrons vor, dann bedeutet paralleler Spin, dass sich das Elektron so wie die Finger der rechten Hand dreht, wenn der Daumen in Bewegungsrichtung zeigt (Abbildung 8.14).

Wenn die physikalischen Gesetze die Orientierung nicht unterscheiden können, würde man gleich viele parallele wie antiparallele Spins erwarten. Tatsächlich wurden aber deutlich mehr linkshändige Elektronen beobachtet. Der Prozess, der die β-Teilchen erzeugt, unterscheidet also zwischen rechts und links.

Seien also zwei orientierte Basen $(b_1, \ldots, b_n)$ und $(b'_1, \ldots, b'_n)$ gegeben. Da die b_j eine Basis bilden, lassen sich die Vektoren b'_i als Linearkombinationen der b_j ausdrücken. Seien a_{ij} die dazu nötigen Koeffizienten, also

$$b'_i = \sum_{j=1}^{n} a_{ij} b_j. \tag{8.1}$$

Definition 8.2 (Orientierung). *Zwei orientierte Basen* $(b_1, \ldots, b_n)$ *und* $(b'_1, \ldots, b'_n)$ *legen die* gleiche Orientierung *fest, wenn die Determinante der Matrix* a_{ij}, *die die Vektoren* b_j *gemäß* (8.1) *in die Vektoren* b'_i *überführt, positiv ist.*

Wenn eine weitere orientierte Basis $(b''_1, \ldots, b''_n)$ die gleiche Orientierung festlegt wie $(b'_1, \ldots, b'_n)$, dann hat die Matrix a'_{ij}, die b'_i gemäß

$$b''_k = \sum_{i=1}^{n} a'_{ki} b'_i$$

in b''_k überführt, eine positive Determinante. Die Vektoren b''_k lassen sich auch in der Basis b_j ausdrücken, nämlich als

$$b''_k = \sum_{i=1}^{n} a'_{ki} b'_i = \sum_{i=1}^{n} a'_{ki} \left(\sum_{j=1}^{n} a_{ij} b_j \right) = \sum_{j=1}^{n} \left(\sum_{i=1}^{n} a'_{ki} a_{ij} \right) b_j.$$

Die innere Summe ergibt die Matrixelemente des Matrizenproduktes $A'A$. Nach der Produkteigenschaft der Determinante ist

$$\det(A'A) = \det A' \det A.$$

Da sowohl A wie auch A' positive Determinante haben, ist auch $\det(A'A) > 0$ und es folgt, dass $(b_1'', \ldots, b_n'')$ die gleiche Orientierung wie $(b_1, \ldots, b_n)$ festlegt.

8.1.3   Orientierung einer Ebene oder des dreidimensionalen Raumes

Wir haben den Abschnitt mit der Beobachtung begonnen, dass wir nicht über die Orientierungen sprechen können, wenn wir keine Referenz dafür haben. Im Alltag verwenden wir den Uhrzeigersinn oder die Finger der rechten Hand als jedermann vertraute Referenz. Weder Uhren noch Hände sind grundlegende Objekte der Geometrie. Aus rein mathematischer Sicht stehen Sie für die Wahl einer Orientierung nicht zur Verfügung. Vielmehr definiert eine Orientierung, was der Uhrzeigersinn ist und welche Hand die rechte ist.

Die Wahl einer Orientierung (b_1, b_2) in einer Ebene läuft darauf hinaus, dass wir eine Wahl der Basisvektoren als die "positive" Orientierung auszeichnen. Der Gram-Schmidt-Prozess ändert den Vektor b_2 nur parallel zu b_1, das ändert die Orientierung nicht. Wir können also davon ausgehen, dass die Basisvektoren, die die Orientierung definieren, orthonormiert sind. Die Drehrichtung, mit der man den Vektor b_1 mit einer 90°-Drehung in den Vektor b_2 überführen kann, nennen wir dann den *Gegenuhrzeigersinn*.

Im dreidimensionalen Raum legen drei Vektoren (b_1, b_2, b_3) eine Orientierung fest. Auch hier dürfen wir wieder annehmen, dass die Vektoren orthonormiert sind. Die *rechte Hand* ist diejenige, deren erste drei Finger zueinander stehen wie die Basisvektoren b_1, b_2 und b_3 (Abbildung 8.2).

8.2   Flächeninhalt und Volumen

Mit dem Skalarprodukt haben wir ein Werkzeug, Längen und Winkel zu berechnen, es fehlt jedoch noch ein Werkzeug, Volumina einfach zu berechnen. Dabei haben wir im Kapitel 4 bereits alles bereitgestellt, was wir für die Volumenberechnung benötigen. Wir werden auf diesem Weg auch eine neue Vektoroperation kennenlernen, das Vektorprodukt.

Orthonormierte Vektorsysteme haben wir als sehr nützlich erkannt, aber die Bestimmung eines Vektors, der auf zwei gegebenen Vektoren senkrecht steht, ist eher kompliziert. Uns stand bislang entweder das aufwendige Orthogonalisierungsverfahren zur Verfügung oder die Lösung eines Gleichungssystems mit dem Gauß-Algorithmus.

8.2.1   Flächeninhalt eines Parallelogramms

Zwei Vektoren $\vec{u}$ und $\vec{v}$ spannen in der Ebene ein Parallelogramm auf. Gesucht ist der Flächeninhalt des Parallelogramms. Statt dafür eine Formel abzuleiten, untersuchen wir zunächst die Eigenschaften dieses Flächeninhaltes in der Hoffnung, dass wir bereits ein Objekt mit den passenden Eigenschaften kennen.

Wir bezeichnen den Flächeninhalt des von $\vec{u}$ und $\vec{v}$ aufgespannten Parallelogramms mit $A(\vec{u}, \vec{v})$. Der Flächeninhalt im landläufigen Sinne ist natürlich immer positiv. Es stellt sich jedoch als zweckmäßig heraus, wenn wir den Flächeninhalt hier mit einem Vorzeichen versehen. Und zwar soll $A(\vec{u}, \vec{v})$ positiv sein, wenn sich $\vec{u}$ mit einer Drehung von weniger als 180° im Gegenuhrzeigersinn in den Vektor $\vec{v}$ drehen lässt. Wir nennen $A(\vec{u}, \vec{v})$ den orientierten Flächeninhalt.

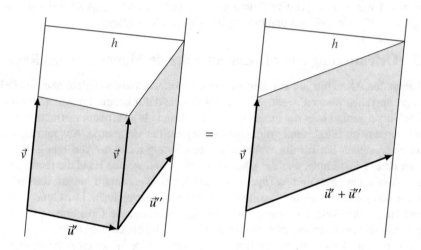

Abbildung 8.3: Addition von Flächeninhalten von Parallelogrammen. Beide Flächen haben die gleiche Grundseite $|\vec{v}|$ und die gleiche Höhe h, also ist der graue Flächeninhalt beider Figuren gleich. Daraus lässt sich ableiten, dass der orientierte Flächeninhalt linear ist in jedem Argument.

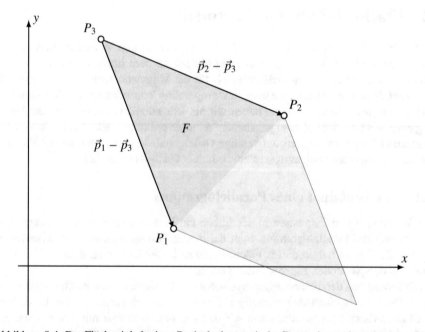

Abbildung 8.4: Der Flächeninhalt eines Dreiecks kann mit der Determinante berechnet werden.

Die Funktion $A(\vec{u}, \vec{v})$ hat folgende Eigenschaften

1′. A ist linear im ersten Argument:

$$A(\vec{u}' + \vec{u}'', \vec{v}) = A(\vec{u}', \vec{v}) + A(\vec{u}'', \vec{v}), \tag{8.2}$$
$$A(\lambda\vec{u}, \vec{v}) = \lambda A(\vec{u}, \vec{v}).$$

Die Additionsregel 8.2 wird in Abbildung 8.3 illustriert.

2″. A ändert das Vorzeichen bei Vertauschung der beiden Vektoren.

3. Der Flächeninhalt eines Einheitsquadrates ist $A(\vec{e}_1, \vec{e}_2) = 1$.

Die ersten beiden Eigenschaften zusammen ergeben, dass A auch linear im zweiten Argument ist. Im Kapitel 4 haben wir gelernt, dass es nur eine Funktion mit diesen Eigenschaften gibt, nämlich die Determinante:

Satz 8.3 (orientierter Flächenininhalt). *Der orientierte Flächeninhalt des von den Vektoren $\vec{u}$ und $\vec{v}$ aufgespannten Parallelogramms ist*

$$A(\vec{u}, \vec{v}) = \begin{vmatrix} u_1 & v_1 \\ u_2 & v_2 \end{vmatrix} = u_1 v_2 - u_2 v_1.$$

Die Abbildung 8.4 zeigt, wie man den Satz 8.3 dazu verwenden kann, den Flächeninhalt eines Dreiecks zu berechnen. Das Resultat ist zusammengefasst im folgenden Satz.

Satz 8.4 (Flächeninhalt eines Dreiecks). *Der Flächeninhalt eines Dreiecks mit den Ecken (x_1, y_1), (x_2, y_2) und (x_3, y_3) ist*

$$F = \frac{1}{2} \begin{vmatrix} x_1 - x_3 & x_2 - x_3 \\ y_1 - y_3 & y_2 - y_3 \end{vmatrix}.$$

Beispiel 8.5. Man berechne den Flächeninhalt des Dreiecks mit den Ecken $A = (1, 6)$, $B = (7, 5)$ und $C = (5, 3)$.

Die Kantenvektoren des Dreiecks ABC sind

$$\overrightarrow{AB} = \begin{pmatrix} 6 \\ -1 \end{pmatrix}, \qquad \overrightarrow{AC} = \begin{pmatrix} 4 \\ -3 \end{pmatrix}$$

und der Flächeninhalt

$$F = \frac{1}{2} \begin{vmatrix} 6 & 4 \\ -1 & -3 \end{vmatrix} = -7.$$

Der Flächeninhalt ist also 7.   ○

8.2.2 Volumen eines Parallelepipeds

Ganz ähnlich kann man das Volumen eines Parallelepipeds in drei Dimensionen berechnen, das von drei Vektoren $\vec{a}$, $\vec{b}$ und $\vec{c}$ aufgespannt wird. Auch hier stellt es sich als nützlich heraus, das Volumen mit einem Vorzeichen zu versehen:

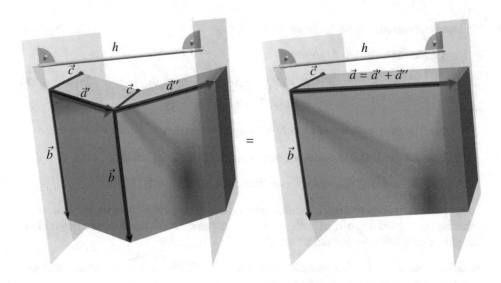

Abbildung 8.5: Addition der Volumina von Parallelepipeden. Da die beiden Körper die gleiche Höhe und die gleiche (pinke) Grundfläche haben, haben Sie auch das gleiche Volumen. Daraus kann man ablesen, dass das orientierte Volumen eine lineare Funktion der Kantenvektoren ist.

Definition 8.6 (orientiertes Volumen). *Das orientierte Volumen $V(\vec{a}, \vec{b}, \vec{c})$ eines von den drei Vektoren $\vec{a}$, $\vec{b}$ und $\vec{c}$ aufgespannten Parallelepipeds ist positiv, wenn die drei Vektoren eine "rechtshändiges System" bilden, also orientiert sind wie die ersten drei Finger der rechten Hand (Abbildung 8.2), andernfalls ist $V(\vec{a}, \vec{b}, \vec{c})$ negativ.*

Dieses orientierte Volumen hat die folgenden Eigenschaften:

1'. $V(\vec{a}, \vec{b}, \vec{c})$ ist linear im ersten Argument, wie man der Abbildung 8.5 entnehmen kann:

$$V(\lambda\vec{a}, \vec{b}, \vec{c}) = \lambda V(\vec{a}, \vec{b}, \vec{c})$$
$$V(\vec{a}' + \vec{a}'', \vec{b}, \vec{c}) = V(\vec{a}', \vec{b}, \vec{c}) + V(\vec{a}'', \vec{b}, \vec{c})$$

2''. Vertauscht man zwei der drei Vektoren, ändert das Volumen das Vorzeichen.

3. Das orientierte Volumen des Einheitswürfels ist $V(\vec{e}_1, \vec{e}_2, \vec{e}_3) = 1$.

Aus den ersten beiden Eigenschaften können wir folgern, dass das orientierte Volumen auch in allen anderen Argumenten linear ist. Und wie im vorangegangenen Abschnitt schließen wir, dass $V(\vec{a}, \vec{b}, \vec{c})$ die Determinante ist:

Satz 8.7 (orientiertes Volumen). *Das orientierte Volumen $V(\vec{a}, \vec{b}, \vec{c})$ eines von den Vektoren $\vec{a}$, $\vec{b}$ und $\vec{c}$ aufgespannten Parallelepipeds ist*

$$V(\vec{a}, \vec{b}, \vec{c}) = \begin{vmatrix} a_1 & b_1 & c_1 \\ a_2 & b_2 & c_2 \\ a_3 & b_3 & c_3 \end{vmatrix}.$$

Abbildung 8.6: Ein Kalzit- oder Kalkspat-Kristall hat die Form eines Parallelepipeds. Minerale, die sich gut spalten lassen, werden in der Geologie als Spate bezeichnet, die Spaltprodukte sind angenäherte Parallelepipeds.

Abbildung 8.7: Kalzit hat viele interessante Eigenschaften. Die Spaltflächen sind Parallelogramme mit Winkeln 74° 55′ bzw. 105° 5′. Im rechten Teilbild ist ein solcher Kristall mit einem 3D-Programm gerendert worden, die Kanten sind auch im linken Bild über die Fotographie des Kristalls gelegt. In der Fotographie ist außerdem erkennbar, dass Kalzit doppelbrechend ist.

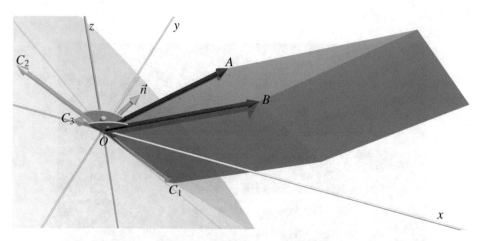

Abbildung 8.8: In Beispiel 8.8 werden alle Parallelepipede mit Vollumen 8 gesucht, deren dritte Kante $\overrightarrow{OC}$ in einer gegebenen Ebene $\perp \vec{n}$ liegt und eine Orthogonalitätsbedingung mit anderen Kanten erfüllt.

Das Parallelepiped wird auch als *Spat* bezeichnet. In der Geologie werden gut spaltbare Minerale als Spate bezeichnet, zum Beispiel Feldspat oder Kalkspat (Abbildung 8.7.). Durch Spaltung gewonnene Kristalle dieser Minerale sind gute Approximationen von Parallelepipeden. Das Volumen $V(\vec{a}, \vec{b}, \vec{c})$ des von $\vec{a}$, $\vec{b}$ und $\vec{c}$ aufgespannten Parallelepipeds heißt daher auch das *Spatvolumen*.

Beispiel 8.8. Man finde alle Parallelepipede mit folgenden Eigenschaften (Die Situation ist in Abbildung 8.8 dargestellt):

1. Zwei Kanten sind $\vec{a} = \overrightarrow{OA}$ und $\vec{b} = \overrightarrow{OB}$ mit $A = (4, 1, 3)$ und $B = (5, 1, 2)$.
2. Die dritte Kante ist $\overrightarrow{OC}$, wobei C (orange in Abbildung 8.8) auf der Ebene durch O mit der Normalen

$$\vec{n} = \begin{pmatrix} 1 \\ 1 \\ 1 \end{pmatrix}$$

   liegt. Die Ebene ist in Abbildung 8.8 grün dargestellt.
3. Zwei Kanten stehen senkrecht aufeinander. Die rechten Winkel sind in Abbildung 8.8 gelb eingezeichnet.
4. Das Volumen ist 8.

Wir suchen einen Vektor

$$\vec{c} = \begin{pmatrix} x \\ y \\ z \end{pmatrix},$$

der die Bedingungen der Aufgabe erfüllt. Zunächst muss $\vec{c}$ auf $\vec{n}$ senkrecht stehen, also $\vec{c} \cdot \vec{n} = 0$ oder

$$x + y + z = 0. \tag{8.3}$$

Da $\vec{a} \cdot \vec{b} = 20 + 1 + 6 = 27 \neq 0$ ist, stehen $\vec{a}$ und $\vec{b}$ nicht senkrecht, es ist also der gesuchte Vektor $\vec{c}$ der auf den bereits bekannten Kanten senkrecht stehen muss. Wir versuchen es zunächst mit $\vec{a}$, weitere Lösungen ergeben sich, wenn man stattdessen $\vec{b}$ verwendet. Dies liefert die Bedingung $\vec{a} \cdot \vec{c} = 0$ oder

$$4x + y + 3z = 0. \tag{8.4}$$

Das Volumen kann mit der Determinante berechnet werden:

$$V = \begin{vmatrix} 4 & 5 & x \\ 1 & 1 & y \\ 3 & 2 & z \end{vmatrix} = 4z + 15y + 2x - 3x - 8y - 5z = -x + 7y - z = \pm 8. \tag{8.5}$$

Jetzt kann der Vektor $\vec{c}$ mit dem Gauß-Algorithmus aus den drei Gleichungen (8.3), (8.5) und (8.4) bestimmt werden:

$$\left[\begin{array}{ccc|c} 1 & 1 & 1 & 0 \\ -1 & 7 & -1 & \pm 8 \\ 4 & 1 & 3 & 0 \end{array}\right] \rightarrow \left[\begin{array}{ccc|c} 1 & 1 & 1 & 0 \\ 0 & 8 & 0 & \pm 8 \\ 0 & -3 & -1 & 0 \end{array}\right] \rightarrow \left[\begin{array}{ccc|c} 1 & 1 & 1 & 0 \\ 0 & 1 & 0 & \pm 1 \\ 0 & 0 & -1 & \pm 3 \end{array}\right]$$

linalg.ch/gauss/85

$$\rightarrow \left[\begin{array}{ccc|c} 1 & 1 & 0 & \pm 3 \\ 0 & 1 & 0 & \pm 1 \\ 0 & 0 & 1 & \mp 3 \end{array}\right] \rightarrow \left[\begin{array}{ccc|c} 1 & 0 & 0 & \pm 2 \\ 0 & 1 & 0 & \pm 1 \\ 0 & 0 & 1 & \mp 3 \end{array}\right].$$

linalg.ch/gauss/86

Es folgt $C = (\pm 2, \pm 1, \mp 3)$. Zwei weitere Lösungen findet man auf die gleiche Weise, indem man statt der Bedingung $\vec{a} \cdot \vec{c} = 0$ verlangt, dass $\vec{b} \cdot \vec{c} = 0$ ist, man findet dann

$$\left[\begin{array}{ccc|c} 1 & 1 & 1 & 0 \\ -1 & 7 & -1 & \pm 8 \\ 5 & 1 & 2 & 0 \end{array}\right] \rightarrow \left[\begin{array}{ccc|c} 1 & 1 & 1 & 0 \\ 0 & 8 & 0 & \pm 8 \\ 0 & -4 & -3 & 0 \end{array}\right] \rightarrow \left[\begin{array}{ccc|c} 1 & 1 & 1 & 0 \\ 0 & 1 & 0 & \pm 1 \\ 0 & 0 & -3 & \pm 4 \end{array}\right]$$

linalg.ch/gauss/87

$$\rightarrow \left[\begin{array}{ccc|c} 1 & 1 & 0 & \pm\frac{4}{3} \\ 0 & 1 & 0 & \pm 1 \\ 0 & 0 & 1 & \mp\frac{4}{3} \end{array}\right] \rightarrow \left[\begin{array}{ccc|c} 1 & 0 & 0 & \pm\frac{1}{3} \\ 0 & 1 & 0 & \pm 1 \\ 0 & 0 & 1 & \mp\frac{4}{3} \end{array}\right].$$

linalg.ch/gauss/88

Die möglichen Lösungspunkte sind $C = (\pm\frac{1}{3}, \pm 1, \mp\frac{4}{3})$. ○

8.2.3 Die Schuhbändel-Formel für den Flächeninhalt eines Polygons

Der orientierte Flächeninhalt eines Dreiecks OAB in der Ebene wir durch die halbe Determinante

$$F(OAB) = \frac{1}{2}\begin{vmatrix} x_A & x_B \\ y_A & y_B \end{vmatrix} = \frac{1}{2}\begin{vmatrix} x_A & y_A \\ x_B & y_B \end{vmatrix}$$

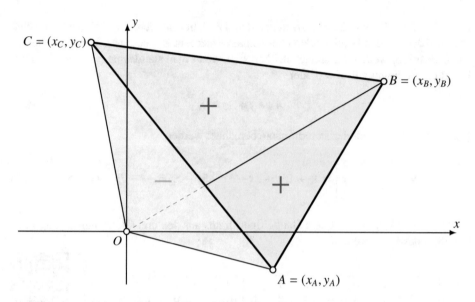

Abbildung 8.9: Schuhbändel-Formel zur Berechnung des Flächeninhalts eines Polygons.

der Ortsvektoren $\vec{a}$ und $\vec{b}$ berechnet. Kompliziertere Polygone können in Dreiecke zerlegt werden. Der Flächeninhalt des Dreiecks $\triangle ABC$ in Abbildung 8.9 zum Beispiel kann berechnet werden aus den orientierten Flächeninhalten

$$
\begin{aligned}
F(ABC) &= F(OAB) + F(OBC) - F(OAC) \\
&= F(OAB) + F(OBC) + F(OCA) \\
&= \frac{1}{2}\begin{vmatrix} x_A & x_B \\ y_A & y_B \end{vmatrix} + \frac{1}{2}\begin{vmatrix} x_B & x_C \\ y_B & y_C \end{vmatrix} + \frac{1}{2}\begin{vmatrix} x_C & x_A \\ y_C & y_A \end{vmatrix} \\
&= \frac{1}{2}\begin{vmatrix} x_A & y_A \\ x_B & y_B \end{vmatrix} + \frac{1}{2}\begin{vmatrix} x_B & y_B \\ x_C & y_C \end{vmatrix} + \frac{1}{2}\begin{vmatrix} x_C & y_C \\ x_A & y_A \end{vmatrix}.
\end{aligned}
$$

Satz 8.9 (Schuhbändel-Formel). *Ein Polygon mit den Ecken $P_1, P_2, \ldots, P_n$ hat den orientierten Flächeninhalt*

$$
F(P_1 P_2 \ldots P_n) = \frac{1}{2}\begin{vmatrix} x_1 & y_1 \\ x_2 & y_2 \end{vmatrix} + \frac{1}{2}\begin{vmatrix} x_2 & y_2 \\ x_3 & y_3 \end{vmatrix} + \cdots + \frac{1}{2}\begin{vmatrix} x_n & y_n \\ x_1 & y_1 \end{vmatrix}. \tag{8.6}
$$

Der Name Schuhbändel-Formel[1] für (8.6) kommt von der folgenden Erweiterung der

---

[1]Der Youtuber Mathologer hat das schöne Video `https://youtu.be/0KjG8Pg6LGk` über die Schuhbändel-Formel gemacht.

Determinanten-Notation her:

$$\begin{vmatrix} x_1 & y_1 \\ x_2 & y_2 \\ x_3 & y_3 \\ \vdots & \vdots \\ x_n & y_n \end{vmatrix} = \begin{vmatrix} x_1 & y_1 \\ x_2 & y_2 \end{vmatrix} + \begin{vmatrix} x_2 & y_2 \\ x_3 & y_3 \end{vmatrix} + \cdots + \begin{vmatrix} x_n & y_n \\ x_1 & y_1 \end{vmatrix}.$$

Der orientiert Flächeninhalt des Polygons kann damit als

$$F(P_1 P_2 \dots P_n) = \frac{1}{2} \begin{vmatrix} x_1 & y_1 \\ x_2 & y_2 \\ x_3 & y_3 \\ \vdots & \vdots \\ x_n & y_n \end{vmatrix}$$

geschrieben werden.

8.2.4 Orientiertes Volumen in n Dimensionen

Die zwei- und dreidimensionalen Beispiele ermöglichen jetzt, eine allgemeine Definition für das Volumen in einem n-dimensionalen Raum zu geben.

Definition 8.10 (n-dimensionales Volumen)**.** *Das n-dimensionale Volumen $V(v_1, \dots, v_n)$ eines von den Spaltenvektoren $v_1, \dots, v_n$ aufgespannenten n-dimensionalen Parallelepipeds ist die Determinante der Matrix mit Spalten v_i:*

$$V(v_1, \dots, v_n) = \begin{Vmatrix} v_1 & v_2 & \cdots & v_n \end{Vmatrix}.$$

Das n-dimensionale orientierte Volumen ist linear in allen Vektoren, antisymmetrisch und das Parallelepiped aus den Standardbasisvektoren hat das Volumen 1.

8.3 Vektorprodukt

Das orientierte Volumen in drei Dimensionen ermöglicht die Konstruktion des Vektorproduktes. Mit ihm wird die Aufgabe, einen Vektor senkrecht auf zwei gegebenen Richtungen zu finden, besonders einfach lösbar. Es ist aber auch nützlich für eine Reihe von Formeln zur Bestimmung des Abstandes zwischen einem Punkt und einer Geraden oder zwischen windschiefen Geraden im Raum.

8.3.1   Definition des Vektorproduktes

Wir schreiben das Spatvolumen nach der sarrusschen Regel aus:

$$
\begin{aligned}
V(\vec{a}, \vec{b}, \vec{c}) &= \det(\vec{a}, \vec{b}, \vec{c}) \\
&= a_1 b_2 c_3 + b_1 c_2 a_3 + c_1 a_2 b_3 - a_3 b_2 c_1 - b_3 c_2 a_1 - c_3 a_2 b_1 \\
&= (a_2 b_3 - a_3 b_2) c_1 + (a_3 b_1 - a_1 b_3) c_2 + (a_1 b_2 - a_2 b_1) c_3 \\
&= \begin{pmatrix} a_2 b_3 - a_3 b_2 \\ a_3 b_1 - a_1 b_3 \\ a_1 b_2 - a_2 b_1 \end{pmatrix} \cdot \begin{pmatrix} c_1 \\ c_2 \\ c_3 \end{pmatrix}
\end{aligned}
$$

Es gibt also einen Vektor, der die Berechnung des Spatvolumens mit einem Skalarprodukt erlaubt und der wie folgt definiert ist.

Definition 8.11 (Vektorprodukt). *Der Vektor*

$$
\vec{a} \times \vec{b} = \begin{pmatrix} a_2 b_3 - a_3 b_2 \\ a_3 b_1 - a_1 b_3 \\ a_1 b_2 - a_2 b_1 \end{pmatrix}
$$

heißt das Vektorprodukt von $\vec{a}$ und $\vec{b}$. Die Komponenten p_i des Vektorproduktes $\vec{p} = \vec{a} \times \vec{b}$ sind

$$
p_1 = \begin{vmatrix} a_2 & b_2 \\ a_3 & b_3 \end{vmatrix}, \qquad p_2 = \begin{vmatrix} a_3 & b_3 \\ a_1 & b_1 \end{vmatrix}, \qquad p_3 = \begin{vmatrix} a_1 & b_2 \\ a_2 & b_1 \end{vmatrix}.
$$

Beispiel 8.12. Man bestimme das Vektorprodukt von

$$
\vec{a} = \begin{pmatrix} 1 \\ 2 \\ 3 \end{pmatrix} \quad \text{und} \quad \vec{b} = \begin{pmatrix} 8 \\ 5 \\ 13 \end{pmatrix}.
$$

Wir verwenden direkt die Definition

$$
\vec{a} \times \vec{b} = \begin{pmatrix} 1 \\ 2 \\ 3 \end{pmatrix} \times \begin{pmatrix} 8 \\ 5 \\ 13 \end{pmatrix} = \begin{pmatrix} 2 \cdot 13 - 3 \cdot 5 \\ 3 \cdot 8 - 1 \cdot 13 \\ 1 \cdot 5 - 2 \cdot 8 \end{pmatrix} = \begin{pmatrix} 11 \\ 11 \\ -11 \end{pmatrix}. \qquad \bigcirc
$$

Das Vektorprodukt hat die folgenden Eigenschaften (siehe auch Abbildung 8.10).

Satz 8.13 (Eigenschaften des Vektorprodukts). *Sind $\vec{a}$ und $\vec{b}$ zwei dreidimensionale Vektoren, dann gilt*

a) *$\vec{a} \times \vec{b}$ steht senkrecht auf $\vec{a}$ und $\vec{b}$.*

b) *$|\vec{a} \times \vec{b}|$ ist der Flächeninhalt des von $\vec{a}$ und $\vec{b}$ aufgespannten Parallelogrammes im Raum.*

c) *Ist α der Winkel zwischen $\vec{a}$ und $\vec{b}$, dann ist*

$$
|\vec{a} \times \vec{b}| = |\vec{a}|\,|\vec{b}| \sin \alpha.
$$

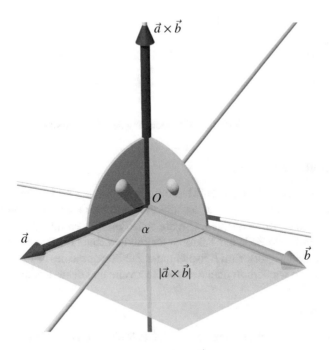

Abbildung 8.10: Das Vektorprodukt der Vektoren $\vec{a}$ und $\vec{b}$ ist ein Vektor senkrecht auf $\vec{a}$ und $\vec{b}$ mit einer Länge, die dem Flächeninhalt des aufgespannten Parallelogramms entspricht und derart, dass $\vec{a}$, $\vec{b}$ und $\vec{a} \times \vec{b}$ ein Rechtssystem bilden.

Beweis. Sei $\vec{c}$ ein Vektor in der von $\vec{a}$ und $\vec{b}$ aufgespannten Ebene. In diesem Fall degeneriert das von $\vec{a}$, $\vec{b}$ und $\vec{c}$ aufgespannte Parallelepiped. Es hat Volumen 0, also $V(\vec{a}, \vec{b}, \vec{c}) = 0$. Da somit

$$V(\vec{a}, \vec{b}, \vec{c}) = (\vec{a} \times \vec{b}) \cdot \vec{c} = 0$$

ist, steht $\vec{c}$ senkrecht auf $\vec{a} \times \vec{b}$. Da dies für jeden Vektor $\vec{c}$ in der von $\vec{a}$ und $\vec{b}$ aufgespannten Ebene gilt, steht $\vec{a} \times \vec{b}$ senkrecht auf dieser Ebene und insbesondere auf $\vec{a}$ und $\vec{b}$. Dies beweist die Aussage a).

Sei $\vec{n}$ der Normalenvektor mit Länge 1 auf der von $\vec{a}$ und $\vec{b}$ aufgespannten Ebene. Das Volumen $V(\vec{a}, \vec{b}, \vec{n})$ ist dasjenige eines von $\vec{a}$ und $\vec{b}$ aufgespannten Prismas mit Höhe 1, also gleich groß wie der Flächeninhalt des von $\vec{a}$ und $\vec{b}$ aufgespannten Parallelogramms. Andererseits ist

$$V(\vec{a}, \vec{b}, \vec{n}) = (\vec{a} \times \vec{b}) \cdot \vec{n}$$

auch die Projektion des Vektors $\vec{a} \times \vec{b}$ auf $\vec{n}$. Die beiden Vektoren haben aber die gleiche Richtung, weil sie beide senkrecht stehen auf der von $\vec{a}$ und $\vec{b}$ aufgespannten Ebene. Also ist die Projektion gerade die Länge des Vektors. Somit ist $|\vec{a} \times \vec{b}|$ der Flächeninhalt des Parallelogramms, dies beweist b).

Die Höhe des von $\vec{a}$ und $\vec{b}$ aufgespannten Parallelogramms ist $|\vec{b}| \sin \alpha$, der Flächeninhalt also $|\vec{a} \times \vec{b}| = |\vec{a}| \, |\vec{b}| \sin \alpha$. Damit ist auch c) gezeigt. □

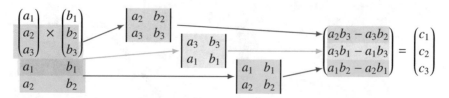

Abbildung 8.11: Merkhilfe für die Berechnung des Vektorprodukts $\vec{c} = \vec{a} \times \vec{b}$.

Merkhilfe für die Berechnung

Um das Vektorprodukt $\vec{a} \times \vec{b}$ nach der Merkhilfe in Abbildung 8.11 zu berechnen, schreibt man die beiden Vektoren nebeneinander und verlängert sie nach unten durch Wiederholung der ersten beiden Komponenten. Um die erste Zeile im Produkt $\vec{c} = \vec{a} \times \vec{b}$ zu berechnen, deckt man die erste Zeile der Faktoren ab und berechnet die 2×2-Determinante der nächsten beiden Zeilen (rot), zum Beispiel unter Zuhilfenahme des "Fisches" (4.1). Nach unten fortschreitend wiederholt man dies für die zweite und dritte Komponente.

8.3.2   Normale

Das Vektorprodukt erlaubt uns jetzt, auf einfache Weise die Normale einer Ebene zu finden. Sei

$$\vec{r} = \vec{p} + t\vec{u} + s\vec{v}$$

die Parameterdarstellung einer Ebene, dann ist

$$\vec{n} = \vec{u} \times \vec{v}$$

eine Normale, also ist

$$(\vec{r} - \vec{p}) \cdot (\vec{u} \times \vec{v}) = 0$$

die Normalenform der Ebenengleichung.

Beispiel 8.14. Man finde die Normale der Ebene mit der Parameterdarstellung (6.13).

Die Normale haben wir schon einmal mit Hilfe der Gleichungen (7.5) berechnet, jetzt kann dies mit Hilfe des Vektorproduktes vereinfacht werden:

$$\vec{n} = \vec{u} \times \vec{v} = \begin{pmatrix} 2 \\ 2 \\ -2 \end{pmatrix} \times \begin{pmatrix} 3 \\ -3 \\ -1 \end{pmatrix} = \begin{pmatrix} 2 \cdot (-1) - (-2) \cdot (-3) \\ (-2) \cdot 3 - 2 \cdot (-1) \\ 2 \cdot (-3) - 2 \cdot 3 \end{pmatrix} = \begin{pmatrix} -8 \\ -4 \\ -12 \end{pmatrix} = -4 \begin{pmatrix} 2 \\ 1 \\ 3 \end{pmatrix}. \qquad (8.7)$$

$\vec{n}$ ist also ein Vielfaches der mit den Gleichungen (7.5) gefundenen Normale. Damit wird die Ebenengleichung

$$0 = \begin{pmatrix} -8 \\ -4 \\ -12 \end{pmatrix} \cdot \left(\begin{pmatrix} x \\ y \\ z \end{pmatrix} - \begin{pmatrix} 1 \\ 2 \\ 1 \end{pmatrix} \right) = -8x - 4y - 12z + 28$$

$$\Rightarrow 2x + y + 3z = 7. \qquad \bigcirc$$

Die ampèresche Kraft nach Graßmann

Das Gesetz von Biot-Savart beschreibt den Beitrag $\vec{B}$ zur magnetischen Flussdichte, die ein von einem konstanten Strom I_1 durchflossenes Teilstück der Länge l_1 eines Leiters erzeugt. Ein Teilstück eines vom Strom I_2 durchflossenen Leiters der Länge l_2 erfährt in diesem Feld die sogenannte Lorentz-Kraft $\vec{F}$. Beide lassen sich mit Hilfe von Vektorprodukten beschreiben:

$$\text{Biot-Savart:} \quad \vec{B} = \frac{\mu_0}{4\pi} \frac{\vec{I}_1 \times \vec{r}}{r^3}, \qquad \text{Lorentz-Kraft:} \quad \vec{F} = \vec{I}_2 \times \vec{B}.$$

Darin ist $\vec{r}$ der Vektor zwischen den beiden infinitesimalen Leiterstücken und $\vec{I}_k$ sind Vektoren mit der Richtung des Leiterstückes und der "Länge" $I_k \cdot l_k$. Setzt man beide zusammen, erhält man die Kraft

$$\vec{F}_{12} = \frac{\mu_0}{4\pi r^3} \vec{I}_2 \times (\vec{I}_1 \times \vec{r}) = -\frac{\mu_0}{4\pi r^3} \vec{I}_2 \times (\vec{r} \times \vec{I}_1) \tag{8.8}$$

Dies ist bekannt als die graßmannsche Form der Ampère-Kraft. Nach Newtons drittem Gesetz müsste der erste Leiter eine entgegengesetzt gleich große Kraft $\vec{F}_{21} = -\vec{F}_{12}$ erfahren. Es ist aber

$$\vec{F}_{21} = -\frac{\mu_0}{4\pi r^3} \vec{I}_1 \times ((-\vec{r}) \times \vec{I}_2) = -\frac{\mu_0}{4\pi r^3} (\vec{r} \times \vec{I}_2) \times \vec{I}_1 = \frac{\mu_0}{4\pi r^3} (\vec{I}_2 \times \vec{r}) \times \vec{I}_1,$$

was sich von $\vec{F}_{12}$ nicht nur durch das Vorzeichen, sondern auch durch die Platzierung der Klammer unterscheidet. Das Vektorprodukt ist aber nicht assoziativ, wie die Graßmann-Identität (Kasten auf Seite 431) zeigt. (8.8) verträgt sich also nicht mit dem dritten newtonschen Gesetz.

8.3.3 Dreierprodukte

Das Vektorprodukt ist nicht assoziativ, im Allgemeinen ist also

$$(\vec{a} \times \vec{b}) \times \vec{c} \neq \vec{a} \times (\vec{b} \times \vec{c}).$$

Bei einem mehrfachen Produkt darf man daher die Klammern nicht weglassen. Trotzdem gibt es natürlich Gesetzmäßigkeiten für mehrfache Produkte, zwei davon werden in den folgenden Abschnitten hergeleitet.

Graßmann-Identität

Wir suchen nach einer Formel, mit der $\vec{a} \times (\vec{b} \times \vec{c})$ berechnet werden kann. Wir nehmen an, dass die beiden Vektoren $\vec{b}$ und $\vec{c}$ linear unabhängig sind. Wären sie das nicht, dann wäre $\vec{n} = \vec{b} \times \vec{c} = 0$ und das ganze Produkt wäre 0.

Der Vektor $\vec{n} = \vec{b} \times \vec{c}$ steht senkrecht auf $\vec{b}$ und $\vec{c}$. Anders herum ausgedrückt liegen die Vektoren $\vec{b}$ und $\vec{c}$ in der Ebene senkrecht auf $\vec{n}$. Da sie nach Voraussetzung linear unabhängig sind, bilden Sie eine Basis dieser Ebene.

Hermann Graßmann

Hermann Graßmann kam am 15. April 1809 in Stettin zur
Welt. In seiner Kindheit fiel er eher durch Vergesslichkeit
und Träumerei als durch mathematische Begabung auf. Er
begann 1827 ein Studium an der Berliner Universität, hörte
aber keine Vorlesungen über Mathematik, die er sich vollständig selbst beibrachte. 1830 kehrte er nach Stettin zurück. Er wirkte als Lehrer und führte seine Forschungen
zu der Verbindung zwischen Geometrie und Arithmetik im
Selbststudium fort. Seine Ideen zu dem, was wir heute Vektorgeometrie nennen würden, blieb unverstanden. Erst 1866
entstand eine regelmäßige Korrespondenz zwischen Graßmann und Hankel, der Graß-
manns Theorie weiteren Mathematikern bekannt machte, darunter auch Sophus Lie, der
sogar nach Stettin reiste, um von Graßmann zu lernen (siehe den Kasten zu Lie auf
Seite 476).
Graßmann starb am 26. September 1877 in Stettin.

Das Produkt $\vec{p} = \vec{a} \times (\vec{b} \times \vec{c}) = \vec{a} \times \vec{n}$ steht senkrecht auf $\vec{a}$ und $\vec{n}$, insbesondere liegt es
in der Ebene senkrecht auf $\vec{n}$. Da diese Ebene die beiden Vektoren $\vec{b}$ und $\vec{c}$ als Basis hat,
muss das Produkt $\vec{p}$ eine Linearkombination von $\vec{b}$ und $\vec{c}$ sein. Tatsächlich gilt der folgende
Satz:

Satz 8.15 (Graßmann-Identität). *Für drei Vektoren $\vec{a}, \vec{b}, \vec{c} \in \mathbb{R}^3$ gilt*

$$\vec{a} \times (\vec{b} \times \vec{c}) = (\vec{a} \cdot \vec{c})\vec{b} - (\vec{a} \cdot \vec{b})\vec{c},$$
$$(\vec{a} \times \vec{b}) \times \vec{c} = (\vec{a} \cdot \vec{c})\vec{b} - (\vec{b} \cdot \vec{c})\vec{a}. \tag{8.9}$$

Es ist natürlich möglich, die Identität (8.9) direkt in der Komponentendarstellung des
Produktes nachzurechnen. Der folgende, eher geometrische Beweis hilft dem besseren
Verständnis des Vektorproduktes.

Beweis. Wir verwenden wieder die oben eingeführte Bezeichnung $\vec{n} = \vec{b} \times \vec{c}$ und $\vec{p} = \vec{a} \times (\vec{b} \times \vec{c})$.

1. Schritt: Reduktion auf ein zweidimensionales Problem. Das Vektorprodukt $\vec{a} \times \vec{n}$
ändert sich nicht, wenn man $\vec{a}$ um eine Summanden parallel zu $\vec{n}$ ändert, weil ein solcher
Summand mit $\vec{n}$ verschwindendes Vektorprodukt hat. Man kann daher den Vektor $\vec{a}$ paral-
lel zu $\vec{n}$ auf den Vektor $\vec{a}_\perp = \vec{a} - (\vec{a} \cdot \vec{n}^0)\vec{n}^0$ in die von $\vec{b}$ und $\vec{c}$ aufgespannte Ebene projizieren
(Abbildung 8.12 links).

Da $\vec{n}$ auf $\vec{b}$ und $\vec{c}$ senkrecht steht, werden durch diese Projektion die Skalarprodukte

$$(\vec{a} + t\vec{n}) \cdot \vec{b} = \vec{a} \cdot \vec{b} + t \underbrace{\vec{n} \cdot \vec{b}}_{= 0} = \vec{a} \cdot \vec{b} \qquad \text{und}$$

$$(\vec{a} + t\vec{n}) \cdot \vec{c} = \vec{a} \cdot \vec{c} = \vec{a} \cdot \vec{c} + t \underbrace{\vec{n} \cdot \vec{c}}_{= 0} = \vec{a} \cdot \vec{c}$$

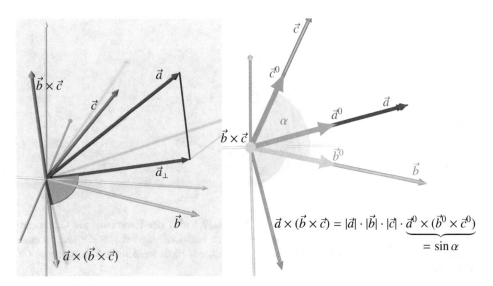

Abbildung 8.12: Herleitung der Graßmann-Identität (8.12). Der Vektor $\vec{a}$ kann durch seine Projektion $\vec{a}_\perp$ in die von $\vec{b}$ und $\vec{c}$ aufgespannte Ebene ersetzt werden, ohne dass sich das Produkt $\vec{a} \times (\vec{b} \times \vec{c})$ verändert. Rechts die Ansicht von einem Punkt auf der Verlängerung der Normalen $\vec{b} \times \vec{c}$ senkrecht auf die Ebene. Aus dieser Perspektive liegt der Vektor $\vec{a}$ über $\vec{a}_\perp$.

ebenfalls nicht verändert. Für die Berechnung des Produktes $\vec{p} = \vec{a} \times (\vec{b} \times \vec{c})$ darf daher angenommen werden, dass der Vektor $\vec{a}$ in der $\vec{b}$-$\vec{c}$-Ebene liegt.

2. Schritt: Reduktion auf Einheitsvektoren. Wegen

$$\vec{p} = \vec{a} \times (\vec{b} \times \vec{c}) = |\vec{a}| \cdot |\vec{b}| \cdot |\vec{c}| \cdot \vec{a}^0 \times (\vec{b}^0 \times \vec{c}^0)$$

kann die Richtung des Produktvektors $\vec{p}$ durch Berechnung des Produktes der zugehörigen Einheitsvektoren gefunden werden. Da sich auch die rechte Seite der Identität (8.9) auf die gleiche Art zu

$$(\vec{a} \cdot \vec{c}) \cdot \vec{b} = |\vec{a}| \cdot |\vec{b}| \cdot |\vec{c}| \cdot (\vec{a}^0 \cdot \vec{c}^0) \cdot \vec{b}^0$$

$$(\vec{a} \cdot \vec{b}) \cdot \vec{c} = |\vec{a}| \cdot |\vec{b}| \cdot |\vec{c}| \cdot (\vec{a}^0 \cdot \vec{b}^0) \cdot \vec{c}^0$$

umformen lässt, genügt es, die Identität für Einheitsvektoren zu beweisen.

In den folgenden Schritten darf jetzt angenommen werden, dass alle Vektoren Einheitsvektoren sind, und dass $\vec{a}$ in der von $\vec{b}$ und $\vec{c}$ aufgespannten Ebene liegt.

3. Schritt: Betrag des Produktes. Da $\vec{a}$ senkrecht steht auf $\vec{b} \times \vec{c}$ ist

$$|\vec{a} \times (\vec{b} \times \vec{c})| = |\vec{b} \times \vec{c}| = \sin \alpha, \tag{8.10}$$

wobei α der Winkel zwischen $\vec{b}$ und $\vec{c}$ ist. Der Vektor $\vec{p}$ ist ein Vektor der Länge $\sin \alpha$, der aus $\vec{a}$ durch Drehung um 90° im Uhrzeigersinn hervorgeht (Abbildung 8.12 rechts).

4. Schritt: Orthonormierte Basis. Die Drehung um 90° im Uhrzeigersinn lässt sich in einem orthogonalen Koordinatensystem besonders einfach ausdrücken. In einem solchen

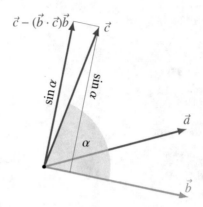

Abbildung 8.13: Orthonormierte Basis für die Schritte 4 und 5 der Herleitung der Graßmann-Identität (8.12). Das Produkt $\vec{a} \times (\vec{b} \times \vec{c})$ entsteht durch eine Drehung um 90°, die sich in einer orthonormierten Basis besonders leicht beschreiben lässt. Als Basis werden die Vektoren $\vec{b}$ und $\vec{c'}$ verwendet.

Koordinatensystem wird die Drehung durch die Matrix

$$D = \begin{pmatrix} 0 & 1 \\ -1 & 0 \end{pmatrix}$$

dargestellt. Die Basis erhalten wir durch Orthonormalisierung der Vektoren $\vec{b}$ und $\vec{c}$. Der Vektor $\vec{b}$ hat bereits Einheitslänge, der zweite Vektor ist

$$\vec{c'} = \frac{\vec{c} - (\vec{c} \cdot \vec{b})\,\vec{b}}{|\vec{c} - (\vec{c} \cdot \vec{b})\,\vec{b}|} = \frac{\vec{c} - (\vec{c} \cdot \vec{b})\,\vec{b}}{\sin \alpha}. \tag{8.11}$$

In dieser Basis kann der Vektor $\vec{a}$ zerlegt werden in

$$\vec{a} = (\vec{a} \cdot \vec{b})\,\vec{b} + (\vec{a} \cdot \vec{c'})\,\vec{c'}.$$

Der gedrehte Vektor ist dann

$$D\vec{a} = (\vec{a} \cdot \vec{c'})\,\vec{b} - (\vec{a} \cdot \vec{b})\,\vec{c'}. \tag{8.12}$$

$D\vec{a}$ ist ein Einheitsvektor, der Produktvektor ist daher nach (8.10) $\vec{p} = \sin \alpha D\vec{a}$.

5. Schritt: Vektor $\vec{c'}$ durch $\vec{c}$ ersetzen. Aus (8.11) folgt

$$\sin \alpha \cdot \vec{c'} = \vec{c} - (\vec{c} \cdot \vec{b})\,\vec{b}. \tag{8.13}$$

Damit wird das Produkt durch Einsetzen von (8.13) in (8.12)

$$\vec{p} = \sin \alpha \cdot D\vec{a} = (\vec{a} \cdot (\vec{c} - (\vec{c} \cdot \vec{b})\,\vec{b}))\,\vec{b} - (\vec{a} \cdot \vec{b}) \cdot (\vec{c} - (\vec{c} \cdot \vec{b})\,\vec{b})$$

$$= (\vec{a} \cdot \vec{c})\,\vec{b} - (\vec{a} \cdot \vec{b})(\vec{c} \cdot \vec{b})\,\vec{b} - (\vec{a} \cdot \vec{b})\,\vec{c} + (\vec{a} \cdot \vec{b})(\vec{c} \cdot \vec{b})\,\vec{b}.$$

Die ampèresche Kraft und die Graßmann-Identität

Die Graßmann-Identität erlaubt, die Graßmannsche Form der ampèreschen Kraft (Seite 427) umzuformen:

$$\vec{F}_{12} = \frac{\mu_0}{4\pi r^3}\vec{I}_2 \times (\vec{I}_1 \times \vec{r}) = \frac{\mu_0}{4\pi r^3}((\vec{I}_2 \cdot \vec{I}_1)\vec{r} - (\vec{I}_1 \cdot \vec{r})\vec{I}_2) = \frac{\mu_0}{4\pi}\frac{\vec{I}_1 \cdot \vec{I}_2}{r^2}\vec{r}^0 - \frac{\mu_0}{4\pi}\frac{\vec{I}_1 \cdot \vec{r}}{r^3}\vec{I}_2$$

Der erste Term ist ein Kraftgesetz ähnlich dem coulombschen Gesetz. Dieser Teil ist symmetrisch in den beiden Leitern. Der zweite Teil ist nicht symmetrisch, man kann aber zeigen, dass er bei der Berechnung der gesamten Kraft auf einen geschlossenen Leiter herausfällt.

André-Marie Ampère hat in [1] das Kraftgesetz experimentell in der folgenden, symmetrischen Form gefunden:

$$\vec{F}_{12} = \frac{\mu_0}{4\pi}\vec{r}^0\left(2\frac{\vec{I}_1 \cdot \vec{I}_2}{r^2} - 3(\vec{I}_1 \cdot \vec{r}^0)(\vec{I}_2 \cdot \vec{r}^0)\right),$$

die verträglich ist mit dem dritten newtonschen Gesetz.

Der zweite und vierte Term auf der rechten Seite heben sich weg, es bleibt

$$\vec{a} \times (\vec{b} \times \vec{c}) = (\vec{a} \cdot \vec{c})\,\vec{b} - (\vec{a} \cdot \vec{b})\,\vec{c}.$$

Damit ist die erste Identität bewiesen.

6. Schritt: Die zweite Identität von (8.9) ergibt sich durch direkte Rechnung:

$$(\vec{a} \times \vec{b}) \times \vec{c} = -\vec{c} \times (\vec{a} \times \vec{b}) = \vec{c} \times (\vec{b} \times \vec{a}) = (\vec{c} \cdot \vec{a})\vec{b} - (\vec{c} \cdot \vec{b})\vec{a} = (\vec{a} \cdot \vec{c})\vec{b} - (\vec{b} \cdot \vec{c})\vec{a}.$$

Damit ist der Satz vollständig bewiesen.   □

Mit den Formeln (8.9) kann man das Ausmaß der Nichtassoziativität des Vektorprodukts berechnen. Die Differenz der beiden möglichen Klammerungen in einem Dreierprodukt ist

$$\vec{a} \times (\vec{b} \times \vec{c}) - (\vec{a} \times \vec{b}) \times \vec{c} = (\vec{a} \cdot \vec{b})\,\vec{c} - (\vec{b} \cdot \vec{c})\,\vec{a}.$$

Daraus lässt sich zum Beispiel ablesen, dass im Spezialfall, wo $\vec{b}$ auf $\vec{a}$ und $\vec{c}$ senkrecht steht, das Vektorprodukt trotz allem assoziativ ist.

Vektorprodukt als Matrizenprodukt

Das Vektorprodukt mit einem festen Vektor $\vec{a}$ definiert eine Abbildung

$$\vec{a} \times : \mathbb{R}^3 \to \mathbb{R}^3 : \vec{v} \mapsto \vec{a} \times \vec{v}.$$

Da diese Abbildung linear ist, muss es eine 3×3-Matrix $L(\vec{a})$ geben derart, dass $A\vec{v} = \vec{a} \times \vec{v}$. Wir berechnen diese Matrix, indem wir $\vec{a} \times \vec{e}_i$ für die Standardbasisvektoren berechnen:

$$\vec{a} \times \vec{e}_1 = \begin{pmatrix} a_1 \\ a_2 \\ a_3 \end{pmatrix} \times \begin{pmatrix} 1 \\ 0 \\ 0 \end{pmatrix} = \begin{pmatrix} 0 \\ a_3 \\ -a_2 \end{pmatrix}, \quad \vec{a} \times \vec{e}_2 = \begin{pmatrix} a_1 \\ a_2 \\ a_3 \end{pmatrix} \times \begin{pmatrix} 0 \\ 1 \\ 0 \end{pmatrix} = \begin{pmatrix} -a_3 \\ 0 \\ a_1 \end{pmatrix}, \quad \vec{a} \times \vec{e}_2 = \begin{pmatrix} a_1 \\ a_2 \\ a_3 \end{pmatrix} \times \begin{pmatrix} 0 \\ 0 \\ 1 \end{pmatrix} = \begin{pmatrix} a_2 \\ -a_1 \\ 0 \end{pmatrix}.$$

Dies sind die Spalten der Matrix

$$L(\vec{a}) = \begin{pmatrix} 0 & -a_3 & a_2 \\ a_3 & 0 & -a_1 \\ -a_2 & a_1 & 0 \end{pmatrix}.$$ (8.14)

Vektorprodukt und Matrixkommutator

Welche Matrix gehört zum Vektorprodukt $\vec{a} \times \vec{b}$? Zunächst hat das Vektorprodukt

$$\vec{a} \times \vec{b} = \begin{pmatrix} a_1 \\ a_2 \\ a_3 \end{pmatrix} \times \begin{pmatrix} b_1 \\ b_2 \\ b_3 \end{pmatrix} = \begin{pmatrix} a_2 b_3 - a_3 b_2 \\ a_3 b_1 - a_1 b_3 \\ a_1 b_2 - a_2 b_1 \end{pmatrix}$$

die Matrix

$$L(\vec{a} \times \vec{b}) = \begin{pmatrix} 0 & -a_1 b_2 + a_2 b_1 & a_3 b_1 - a_1 b_3 \\ a_1 b_2 - a_2 b_1 & 0 & -a_2 b_3 + a_3 b_2 \\ -a_3 b_1 + a_1 b_3 & a_2 b_3 - a_3 b_2 & 0 \end{pmatrix}.$$

Die Diagonale enthält nur Nullen, die Außerdiagonbalelemente sind Differenzen von Monomen.

Um herauszufinden, ob diese Matrix etwas mit den Matrizen $L(\vec{a})$ und $L(\vec{b})$ zu tun hat, berechnen wir die Produkte

$$L(\vec{a})L(\vec{b}) = \begin{pmatrix} 0 & -a_3 & a_2 \\ a_3 & 0 & -a_1 \\ -a_2 & a_1 & 0 \end{pmatrix}\begin{pmatrix} 0 & -b_3 & b_2 \\ b_3 & 0 & -b_1 \\ -b_2 & b_1 & 0 \end{pmatrix} = \begin{pmatrix} -a_3 b_3 - a_2 b_2 & a_2 b_1 & a_3 b_1 \\ a_1 b_2 & -a_3 b_3 - a_1 b_1 & a_3 b_2 \\ a_1 b_3 & a_2 b_3 & -a_2 b_2 - a_1 b_1 \end{pmatrix}$$

$$L(\vec{b})L(\vec{a}) = \begin{pmatrix} 0 & -b_3 & b_2 \\ b_3 & 0 & -b_1 \\ -b_2 & b_1 & 0 \end{pmatrix}\begin{pmatrix} 0 & -a_3 & a_2 \\ a_3 & 0 & -a_1 \\ -a_2 & a_1 & 0 \end{pmatrix} = \begin{pmatrix} -b_3 a_3 - b_2 a_2 & b_2 a_1 & b_3 a_1 \\ b_1 a_2 & -b_3 a_3 - b_1 a_1 & b_3 a_2 \\ b_1 a_3 & b_2 a_3 & -b_2 a_1 - b_1 a_1 \end{pmatrix}.$$

Die Diagonalelement sind identisch, Außerdiagonalelemente sind Monome. Die Differenz dieser beiden Matrixprodukte ist

$$L(\vec{a})L(\vec{b}) - L(\vec{b})L(\vec{a}) = L(\vec{a} \times \vec{b}).$$

In der Matrixversion wird also das Vektorprodukt in den sogenannten Kommutator übersetzt.

Definition 8.16 (Kommutator). *Der* Kommutator *ist die bilineare Abbildung*

$$[\ ,\ ]: M_n(\Bbbk) \times M_n(\Bbbk) \to M_n(\Bbbk) : (A, B) \mapsto [A, B] = AB - BA.$$

Für das Vektorprodukt gilt daher

$$[L(\vec{a}), L(\vec{b})] = L(\vec{a} \times \vec{b}).$$

Die Zuordnung $\vec{v} \mapsto L(\vec{v})$ führt das Vektorprodukt in den Kommutator über.

Jacobi-Identität

Der Kommutator von Matrizen erfüllt noch eine weitere interessante Identität.

Lemma 8.17 (Jacobi-Identität). *Der Kommutator* [,] *erfüllt die* Jacobi-Identität

$$[[A, B], C] + [[B, C], A] + [[C, A], B] = 0. \tag{8.15}$$

Beweis. Die Dreierprodukte sind

$$[[A, B], C] = (AB - BA)C - C(AB - BA) = ABC - BAC - CAB + CBA$$
$$[[B, C], A] = (BC - CB)A - A(BC - CB) = BCA - CBA - ABC - ACB$$
$$[[C, A], B] = (CA - AC)B - B(CA - AC) = CAB - ACB - BCA + BAC$$

mit der Summe 0, da sich Terme in gleicher Farbe wegheben. □

Die Jacobi-Identität (8.15) gilt natürlich im Speziellen auch für die Matrizen $L(\vec{a})$, was auf den folgenden Satz führt.

Satz 8.18 (Jacobi-Identität für das Vektorprodukt). *Für drei beliebige Vektoren* $\vec{a}, \vec{b}, \vec{c} \in \mathbb{R}^3$ *gilt*

$$\vec{a} \times (\vec{b} \times \vec{c}) + \vec{b} \times (\vec{c} \times \vec{a}) + \vec{c} \times (\vec{a} \times \vec{b}) = 0.$$

Der Vektorraum mit dem Vektorprodukt und die Matrizen mit dem Kommutator bilden eine Struktur, die als Lie-Algebra bekannt ist, siehe Kasten "Was ist eine Lie-Algebra?".

8.3.4 Viererprodukte

Mit der Graßmann-Identität kann man jetzt auch verschiedene Produkte von vier Vektoren ausrechnen.

Vierer-Vektorprodukt

Das Vierer-Vektorprodukt ist ein Vektorprodukt von zwei Vektorprodukten:

$$\vec{p} = (\vec{a} \times \vec{b}) \times (\vec{c} \times \vec{d}).$$

Mit der Graßmann-Identität bekommt man

$$(\vec{a} \times \vec{b}) \times (\vec{c} \times \vec{d}) = ((\vec{a} \times \vec{b}) \cdot \vec{d}) \vec{c} - ((\vec{a} \times \vec{b}) \cdot \vec{c}) \vec{d}$$
$$= ((\vec{c} \times \vec{d}) \cdot \vec{a}) \vec{b} - ((\vec{c} \times \vec{d}) \cdot \vec{b}) \vec{a}. \tag{8.16}$$

Die skalaren Faktoren sind Spatprodukte $(\vec{a} \times \vec{b}) \cdot \vec{c} = \det(\vec{a}, \vec{b}, \vec{c})$. Die beiden Formen (8.16) des Viererproduktes ergeben damit die Identität

$$\det(\vec{a}, \vec{b}, \vec{d}) \vec{c} - \det(\vec{a}, \vec{b}, \vec{c}) \vec{d} - \det(\vec{a}, \vec{c}, \vec{d}) \vec{b} + \det(\vec{b}, \vec{c}, \vec{d}) \vec{a} = 0$$
$$\det(\vec{b}, \vec{c}, \vec{d}) \vec{a} - \det(\vec{a}, \vec{c}, \vec{d}) \vec{b} + \det(\vec{a}, \vec{b}, \vec{d}) \vec{c} - \det(\vec{a}, \vec{b}, \vec{c}) \vec{d} = 0. \tag{8.17}$$

Was ist eine Lie-Algebra?

Die Jacobi-Identität für den Matrix-Kommutator und das Vektorprodukt zeigt, dass hier möglicherweise eine algebraische Struktur vorliegt, die weitere Anwendungen hat. Tatsächlich handelt es sich dabei im eine sogenannte Lie-Algebra, benannt nach dem norwegischen Mathematiker Sophus Lie (siehe auch den Kasten auf Seite 476). Sie treten auf im Studium stetiger Transformationsgruppen.

Definition 8.19 (Lie-Algebra). *Eine* Lie-Algebra *ist ein Vektorraum V mit einem bilinearen Produkt*

$$[\ , \ ] \colon V \times V \to V \colon (u, v) \mapsto [u, v],$$

auch genannt die Lie-Klammer, *das außerdem die Bedingungen*

  1. Antisymmetrie: $[u, v] = -[v, u]$ *und*

  2. Jacobi-Identität: $[u, [v, w]] + [v, [w, u]] + [w, [u, v]] = 0$

erfüllt.

Die Berechnungen dieses Kapitels liefern zwei wichtige Beispiele von Lie-Algebren.

Beispiel 8.20. Der dreidimensionale Raum $\mathbb{R}^3$ mit dem Vektorprodukt als Lie-Klammer $[\vec{a}, \vec{b}] = \vec{a} \times \vec{b}$ ist eine Lie-Algebra. $\bigcirc$

Beispiel 8.21. Die Matrizenmenge $M_n(\Bbbk)$ mit dem Matrix-Kommutator $[A, B] = AB - BA$ ist eine Lie-Algebra. $\bigcirc$

Weitere Beispiele von Lie-Algebren können als Unteralgebren der Matrix-Lie-Algebra von Beispiel 8.21 gefunden werden. Solche Bespiele werden in Abschnitt 9.4 studiert.

(8.17) unterscheidet sich nur dadurch, dass die Vektoren alphabetisch sortiert wurden. Da vier Vektoren in $\mathbb{R}^3$ immer linear abhängig sind, ist die Existenz einer solchen Linearkombination nicht überraschend. Die Formel (8.17) liefert aber eine konkrete Formel für eine nichttriviale Linearkombination, mindestens wenn die vier Vektoren den ganzen Raum aufspannen.

Das Vierer-Skalarprodukt

Das Vierer-Skalarprodukt ist ein Skalarprodukt von zwei Vektorprodukten. Mit der Graßmann-Identität bekommt man

$$
\begin{aligned}
(\vec{a} \times \vec{b}) \cdot (\vec{c} \times \vec{d}) &= \det(\vec{a}, \vec{b}, \vec{c} \times \vec{d}) \\
&= \vec{a} \cdot (\vec{b} \times (\vec{c} \times \vec{d})) \\
&= \vec{a} \cdot ((\vec{b} \cdot \vec{d})\vec{c} - (\vec{b} \cdot \vec{c})\vec{d}) \\
&= (\vec{a} \cdot \vec{c})(\vec{b} \cdot \vec{d}) - (\vec{a} \cdot \vec{d})(\vec{b} \cdot \vec{c})
\end{aligned}
$$

Abbildung 8.14: Rechte-Hand-Regel für die Drehrichtung einer Drehung um einen Vektor $\vec{u}$: Zeigt der Daumen einer rechten Hand in Richtung des Vektors $\vec{u}$, folgt die Drehung den übrigen Fingern.

$$= \begin{vmatrix} \vec{a} \cdot \vec{c} & \vec{a} \cdot \vec{d} \\ \vec{b} \cdot \vec{c} & \vec{b} \cdot \vec{d} \end{vmatrix}.$$

Der Spezialfall $\vec{c} = \vec{a}$ und $\vec{d} = \vec{b}$ liefert

$$|\vec{a} \times \vec{b}|^2 = \begin{vmatrix} \vec{a} \cdot \vec{a} & \vec{a} \cdot \vec{b} \\ \vec{b} \cdot \vec{a} & \vec{b} \cdot \vec{b} \end{vmatrix}.$$

Diese Determinante ist bekannt als die Gram-Determinante, sie wird in Abschnitt 8.4 genauer untersucht.

8.3.5 Drehungen und die Rodrigues-Formel

Das Vektorprodukt kann dazu verwendet werden, die Drehung des dreidimensionalen Raumes um eine gegebene Achse $\vec{u}$ und um einen gegebenen Drehwinkel darzustellen. Die Drehrichtung folgt dabei der Rechte-Hand-Regel von Abbildung 8.14: zeigt der Daumen der rechten Hand in Richtung der Drehachse, folgt die Drehbewegung den übrigen Fingern. Diese Konvention ist gleichbedeutend mit der Wahl einer Orientierung.

Problemstellung

Gegeben ist ein Einheitsvektor $\vec{u}$ und der Winkel α. Gesucht ist eine vektorgeometrische Beschreibung der Drehung um die Achse durch den Nullpunkt mit der Richtung $\vec{u}$ um den Winkel α. Zu einem beliebigen Punkt X mit dem Ortsvektor $\vec{x}$ soll der Bildpunkt X' mit Ortsvektor $\vec{x}'$ berechnet werden. Die Situation ist in Abbildung 8.15 dargestellt.

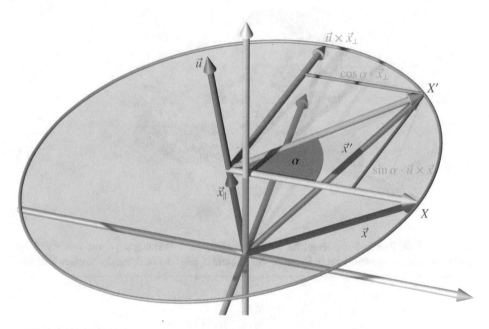

Abbildung 8.15: Herleitung der Rodrigues-Formel: Der Punkt X wird um die Achse mit Richtung $\vec{u}$ gedreht, der Bildpunkt X' liegt in einer Ebene mit Stützvektor $\vec{x}_\parallel$ senkrecht auf $\vec{u}$.

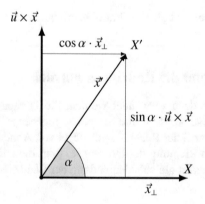

Abbildung 8.16: Herleitung der Rodrigues-Formel: Die gedrehte Vektor in der Ebene mit Stützvektor $\vec{x}_\parallel$ kann leicht als Linearkombination der orthogonalen Vektoren $\vec{x}_\perp$ und $\vec{u} \times \vec{x}$ gleicher Länge dargestellt werden.

Benjamin Olinde Rodrigues

Benjamin Olinde Rodrigues kam am 6. Oktober 1795 in Bordeaux, Frankreich, zur Welt. Bald nach seiner Geburt zog seine Familie nach Paris. Rodrigues wurde Erster an den Aufnahmeprüfungen der École polytechnique und an der École normale supérieure, begann dann aber ein Studium an der Universität Paris, wo er 1816 in Mathematik promovierte. Wegen seiner jüdischen Abstammung waren seine Aussichten auf einen Mathematiklehrstuhl schlecht, er arbeitet daher als Bankier.

Rodrigues beschrieb in einer Arbeit 1940 eine Drehung des dreidimensionalen Raumes, die später von Hamilton (siehe den Kasten zu Hamilton auf Seite 457 und den Abschnitt 8.B) wiederentdeckt wurde. Er nahm damit auch bereits Elemente der Theorie der Lie-Gruppen von Abschnitt 9.4 vorweg.

Rodrigues starb am 17. Dezember 1851 in Paris.

Drehformel

Der Bildpunkt liegt in einer Ebene mit der Normalen $\vec{u}$ und dem Stützvektor $\vec{x}_\parallel = \vec{u}(\vec{u}\cdot\vec{x})$. Es muss also nur eine Drehung in dieser Ebene konstruiert werden. Die Vektoren $\vec{x}_\perp = \vec{x} - \vec{x}_\parallel$ und

$$\vec{u} \times \vec{x}_\perp = \vec{u} \times (\vec{x} - \vec{x}_\parallel) = \vec{u} \times \vec{x}$$

stehen senkrecht aufeinander und haben die gleiche Länge

$$|\vec{u} \times \vec{x}| = |\vec{u} \times \vec{x}_\perp| = |\vec{u}| \cdot |\vec{x}_\perp| = |\vec{x}_\perp|.$$

Sie bilden eine orthogonale Basis der auf $\vec{u}$ senkrechten Ebene mit Stützvektor $\vec{x}_\parallel$. In dieser Ebene kann der gedrehte Vektor als Linearkombination

$$\sin\alpha \cdot \vec{u} \times \vec{x} + \cos\alpha \cdot \vec{x}_\perp$$

geschrieben werden (Abbildung 8.16). Zusammen mit dem zur Richtung $\vec{u}$ parallelen Anteil $\vec{u}_\parallel$ ist der Ortsvektor des Bildpunktes

$$X' = \vec{x}' = \vec{x}_\parallel + \sin\alpha \cdot \vec{u} \times \vec{x} + \cos\alpha \cdot \vec{x}_\perp \tag{8.18}$$

$$= \vec{u}(\vec{u} \cdot \vec{x}) + \sin\alpha \cdot \vec{u} \times \vec{x} + \cos\alpha \cdot \vec{x}(1 - \vec{u} \cdot \vec{x})$$

$$= \cos\alpha \cdot \vec{x} + (1 - \cos\alpha)(\vec{u} \cdot \vec{x}) \cdot \vec{u} + \sin\alpha \cdot (\vec{u} \times \vec{x}). \tag{8.19}$$

Wir fassen das Resultat zusammen im folgenden Satz.

Satz 8.22 (Rodrigues). *Eine Drehung um die Achse $\vec{u}$ mit $|\vec{u}| = 1$ um den Winkel α führt den Vektor $\vec{x}$ über in den Vektor*

$$\vec{x}' = \cos\alpha \cdot \vec{x} + (1 - \cos\alpha)(\vec{u} \cdot \vec{x}) \cdot \vec{u} + \sin\alpha \cdot (\vec{u} \times \vec{x}). \tag{8.20}$$

Die Formel (8.20) ist bekannt als die Vektorform der *Rodrigues-Formel* nach Olinde Rodrigues.

Matrixform

In einer orthonormierten Basis muss die Abbildung $\vec{x} \mapsto \vec{x}'$ eine Darstellung als orthogonale Matrix $D_{\vec{u},\alpha}$ haben, sie kann gefunden werden, indem eine Matrixdarstellung für jeden Term in der Rodrigues-Formel (8.20) konstruiert wird.

Die Abbildung

$$\vec{x} \mapsto \vec{u}(\vec{u} \cdot \vec{x}) = \vec{u}(\vec{u}^t \vec{x}) = (\vec{u}\vec{u}^t)\vec{x}$$

hat die Matrix

$$\vec{u}\vec{u}^t = \begin{pmatrix} u_1 \\ u_2 \\ u_3 \end{pmatrix} \begin{pmatrix} u_1 & u_2 & u_3 \end{pmatrix} = \begin{pmatrix} u_1^2 & u_1 u_2 & u_1 u_3 \\ u_2 u_1 & u_2^2 & u_2 u_3 \\ u_3 u_1 & u_3 u_2 & u_3^2 \end{pmatrix}.$$

Für das Vektorprodukt wurde in (8.14) bereits eine Matrixform für die Abbildung $\vec{x} \mapsto \vec{u} \times \vec{x}$ mit der Matrix $U = L(\vec{u})$ gefunden.

Für den Term $\vec{x}_\perp$ beachten wir zunächst, dass aus der Graßmann-Identität (8.9)

$$\vec{u} \times (\vec{u} \times \vec{x}) = (\vec{u} \cdot \vec{x})\vec{u} - (\vec{u} \cdot \vec{u})\vec{x} = \vec{x}_\parallel - |\vec{u}|^2 \vec{x} = \vec{x}_\parallel - \vec{x} = -\vec{x}_\perp$$

folgt. Dies ermöglicht, auch $\vec{x}_\parallel = \vec{x} - \vec{x}_\perp$ durch mit Hilfe des Vektorproduktes als $\vec{x}_\parallel = \vec{x} + \vec{u} \times (\vec{u} \times \vec{x})$ zu schreiben. Eingesetzt in die Formel (8.18) erhalten wir jetzt für die Drehformel die Form

$$\begin{aligned}
\vec{x}' &= \vec{x}_\parallel + \sin\alpha \cdot \vec{u} \times \vec{x} - \cos\alpha \cdot \vec{u} \times (\vec{u} \times \vec{x}) \\
&= \vec{x} + \vec{u} \times (\vec{u} \times \vec{x}) + \sin\alpha \cdot \vec{u} \times \vec{x} - \cos\alpha \cdot \vec{u} \times (\vec{u} \times \vec{x}) \\
&= \vec{x} + \sin\alpha \cdot \vec{u} \times \vec{x} + (1 - \cos\alpha) \cdot \vec{u} \times (\vec{u} \times \vec{x}).
\end{aligned}$$

Daraus lässt sich jetzt sofort die Matrixform der Rodrigues-Formel ableiten:

$$\vec{x}' = D_{\vec{u},\alpha}\vec{x} = (I + \sin\alpha \cdot U + (1 - \cos\alpha) \cdot U^2)\vec{x}. \tag{8.21}$$

Das Produkt U^2 ist

$$U^2 = \begin{pmatrix} 0 & -u_3 & u_2 \\ u_3 & 0 & -u_1 \\ -u_2 & u_1 & 0 \end{pmatrix}^2 = \begin{pmatrix} -u_2^2 - u_3^2 & u_1 u_2 & u_1 u_3 \\ u_1 u_2 & -u_1^2 - u_3^2 & u_2 u_3 \\ u_1 u_3 & u_2 u_3 & -u_1^2 - u_2^2 \end{pmatrix} = \begin{pmatrix} -(1 - u_1^2) & u_1 u_2 & u_1 u_3 \\ u_1 u_2 & -(1 - u_2^2) & u_2 u_3 \\ u_1 u_3 & u_2 u_3 & -(1 - u_3^2) \end{pmatrix}.$$

Einsetzen in (8.21) ergibt die explizite Form

$$D_{\vec{u},\alpha} = \begin{pmatrix} 1 - (1-c)(1-u_1^2) & -su_3 + (1-c)u_1 u_2 & su_2 + (1-c)u_1 u_3 \\ su_3 + (1-c)u_1 u_2 & 1 - (1-c)(1-u_2^2) & -su_1 + (1-c)u_2 u_3 \\ -su_2 + (1-c)u_1 u_3 & su_1 + (1-c)u_2 u_3 & 1 - (1-c)(1-u_3^2) \end{pmatrix}$$

mit $s = \sin\alpha$ und $c = \cos\alpha$. Wegen $1 - (1-c)(1-u_k^2) = 1 - 1 + c + u_k^2 - cu_k^2 = c + (1-c)u_k^2$ hat die Drehmatrix auch die Form

$$= \begin{pmatrix} c + (1-c)u_1^2 & -su_3 + (1-c)u_1 u_2 & su_2 + (1-c)u_1 u_3 \\ su_3 + (1-c)u_1 u_2 & c + (1-c)u_2^2 & -su_1 + (1-c)u_2 u_3 \\ -su_2 + (1-c)u_1 u_3 & su_1 + (1-c)u_2 u_3 & c + (1-c)u_3^2 \end{pmatrix}. \tag{8.22}$$

Die Formel 8.22 heißt die Matrixform der *Rodrigues-Formel*.

Beispiel 8.23. Für die Standardbasisvektoren findet man durch Einsetzen in (8.22) die Drehmatrizen um die Koordinatenachsen in der Form

$$D_{x,\alpha} = \begin{pmatrix} 1 & 0 & 0 \\ 0 & \cos\alpha & -\sin\alpha \\ 0 & \sin\alpha & \cos\alpha \end{pmatrix}, \quad D_{y,\alpha} = \begin{pmatrix} \cos\alpha & 0 & \sin\alpha \\ 0 & 1 & 0 \\ -\sin\alpha & 0 & \cos\alpha \end{pmatrix} \quad \text{und} \quad D_{y,\alpha} = \begin{pmatrix} \cos\alpha & -\sin\alpha & 0 \\ \sin\alpha & \cos\alpha & 0 \\ 0 & 0 & 1 \end{pmatrix}.$$

In (7.18) wurden diese Matrizen bereits direkt hergeleitet. ◯

8.3.6 Weitere Anwendungen

Das Vektorprodukt hat eine große Zahl von Anwendungen, von denen hier nur drei diskutiert werden sollen, eine Abstandsformel für Punkte und Geraden in drei Dimensionen, eine Zwischenwinkelformel und eine Methode, den Abstand zweier winschiefer Geraden in drei Dimensionen zu bestimmen.

Zwischenwinkel

Für den Zwischenwinkel zweier Vektoren folgt direkt aus Satz 8.13

$$\sin\alpha = \frac{|\vec{a} \times \vec{b}|}{|\vec{a}| \cdot |\vec{b}|}.$$

Beispiel 8.24. Berechnen Sie den Zwischenwinkel der Richtungsvektoren der Ebenengleichung (6.13).

Das Vektorprodukt der beiden Vektoren wurde in (8.7) schon berechnet. Die Länge der Vektoren ist

$$|\vec{u}| = \sqrt{4 + 4 + 4} = 2\sqrt{3}, \quad |\vec{v}| = \sqrt{9 + 9 + 1} = \sqrt{19}.$$

Die Zwischenwinkelformel liefert jetzt

$$\sin\alpha = \frac{|\vec{u} \times \vec{v}|}{|\vec{u}| \cdot |\vec{v}|} = \frac{\sqrt{64 + 16 + 144}}{\sqrt{12 \cdot 19}} = \frac{\sqrt{224}}{\sqrt{228}} = 0.98246$$

$$\alpha = 79.252°.$$ ◯

Abstand Punkt–Gerade

Es ist der Abstand eines Punktes A mit Ortsvektor $\vec{a}$ von der Geraden durch den Punkt mit Ortsvektor $\vec{p}$ und Richtungsvektor $\vec{r}$, also mit der Parameterdarstellung

$$\vec{q} = \vec{p} + t\vec{r},$$

zu bestimmen (Abbildung 8.17 links) Der gesuchte Abstand d ist die Höhe des Parallelogramms, das von $\vec{a} - \vec{p}$ und $\vec{r}$ aufgespannt wird, wobei $\vec{r}$ als Grundseite zu betrachten ist. Der Flächeninhalt F des Parallelogramms kann mit dem Vektorprodukt berechnet werden:

$$F = |(\vec{a} - \vec{p}) \times \vec{r}| \quad \Rightarrow \quad d = \frac{|(\vec{a} - \vec{p}) \times \vec{r}|}{|\vec{r}|}. \tag{8.23}$$

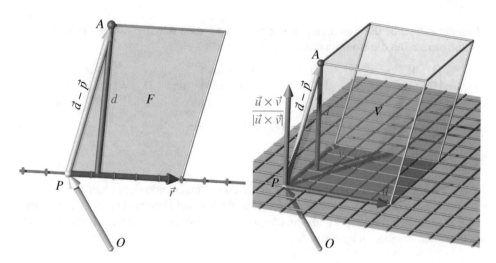

Abbildung 8.17: Bestimmung des Abstands eines Punktes von einer Gerade in Parameterdarstellung (links) und eines Punktes von einer Ebene in Parameterdarstellung (rechts). Beide verwenden das Vektorprodukt zur Bestimmung von Inhalt und Grundseite eines Parallelogramms bzw. eines Parallelepipeds.

Abstand Punkt–Ebene

Es ist der Abstand eines Punktes A mit dem Ortsvektor $\vec{a}$ von der Ebene durch den Punkt mit Stützvektor $\vec{p}$ und Richtungsvektoren $\vec{u}$ und $\vec{v}$ zu bestimmen (Abbildung 8.17 rechts).

Die drei Vektoren $\vec{a} - \vec{p}$, $\vec{u}$ und $\vec{v}$ spannen ein Parallelepiped auf, dessen Höhe über der von $\vec{u}$ und $\vec{v}$ aufgespannten Grundseite genau der gesuchte Abstand ist. Das Volumen V des Parallelepipeds kann mit dem Spatvolumen berechnet werden, der Flächeninhalt mit dem Vektorprodukt. So findet man die Abstandsformel

$$V = |(\vec{a} - \vec{p}) \cdot (\vec{u} \times \vec{v})| \quad \Rightarrow \quad d = \frac{|(\vec{a} - \vec{p}) \cdot (\vec{u} \times \vec{v})|}{|\vec{u} \times \vec{v}|}. \tag{8.24}$$

Abstand zweier windschiefer Geraden

Zwei nicht parallele Geraden g_0 und g_1 im Raum, die sich nicht schneiden, heißen *windschief* (siehe Abbildung 8.18). Sie haben einen kürzesten Abstand d, der auf beiden Geraden senkrecht steht. Sind

$$g_0: \vec{p} = \vec{p}_0 + t\vec{r}_0$$
$$g_1: \vec{p} = \vec{p}_1 + t\vec{r}_1$$

Parameterdarstellungen der Geraden, dann ist die Richtung des kürzesten Abstandes die Richtung des Vektorproduktes $\vec{n} = \vec{r}_0 \times \vec{r}_1$. Ein Vektor zwischen zwei beliebigen Punkten auf den beiden Geraden, zum Beispiel zwischen P_0 und P_1, also der Vektor $\vec{p}_1 - \vec{p}_0$, wird als Projektion auf die Richtung des kürzesten Abstandes immer die Länge dieses kürzesten Abstandes haben. Die Projektion kann mit dem Skalarprodukt berechnet werden, der

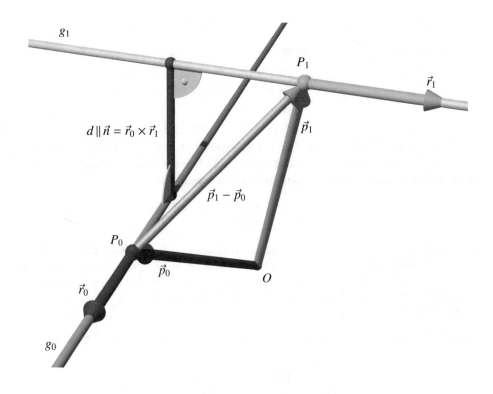

Abbildung 8.18: Abstand windschiefer Geraden: Der minimale Abstand (rot) ist parallel zur Normalen auf beide Geraden g_0 und g_1, also parallel zum Vektorprodukt $\vec{r}_0 \times \vec{r}_1$.

kürzeste Abstand d ist

$$d = (\vec{p}_1 - \vec{p}_0) \cdot \frac{\vec{r}_0 \times \vec{r}_1}{|\vec{r}_0 \times \vec{r}_1|}. \tag{8.25}$$

8.4 Gram-Matrix und Gram-Determinante

Die $n \times n$-Determinante erlaubt zwar, das Volumen eines n-dimensionalen Parallelepipeds
zu berechnen, sie liefert aber nicht unmittelbar eine Lösung für das Problem, zum Beispiel
den Flächeninhalt eines im dreidimensionalen Raum eingebetteten Parallelogramms zu
berechnen. Zwar schafft das Vektorprodukt dies, doch bleibt die etwas allgemeinere Frage
stehen: wie berechnet man das k-dimensionale Volumen eines in den n-dimensionalen
Raum eingebetteten, von den k Vektoren $a_1, \ldots, a_k \in \mathbb{R}^n$ aufgespannten Parallelepipeds?

In diesem Abschnitt wird gezeigt, wie die Gram-Determinante, eine $k \times k$-Determinante
gebildet aus den Skalarprodukten der Vektoren a_i, diese Aufgabe löst. Als Nebenresultat
erhalten wir auch eine Abstandsformel, die in beliebiger Dimension funktioniert.

8.4.1   Ein neuer Blick auf die Gram-Matrix

In Abschnitt 7.6.1 haben wir die Gram-Matrix

$$
G = G(b_1, \ldots, b_n) = \begin{pmatrix} b_1 \cdot b_1 & b_1 \cdot b_2 & \ldots & b_1 \cdot b_n \\ b_2 \cdot b_1 & b_2 \cdot b_2 & \ldots & b_2 \cdot b_n \\ \vdots & \vdots & \ddots & \vdots \\ b_n \cdot b_1 & b_n \cdot b_2 & \ldots & b_n \cdot b_n \end{pmatrix}
$$

als Werkzeug kennengelernt, mit dem das Skalarprodukt in einer beliebigen Basis $\mathcal{B} = \{b_1, \ldots, b_n\}$ berechnet werden kann. Haben die Vektoren u und v die Koordinaten u_i bzw. v_i in dieser Basis, dann ist das Skalarprodukt gegeben durch

$$
u \cdot v = \sum_{i,j=1}^{n} u_i (G)_{ij} v_j.
$$

Dabei sind wir davon ausgegangen, dass die Vektoren von $\mathcal{B}$ eine Basis bilden. Dies ist aber gar nicht nötig. Wenn die Vektoren von $\mathcal{B}$ linear unabhängig sind, sind sie vielleicht noch nicht eine Basis des ganzen Raumes, aber auf jeden Fall eine Basis des aufgespannten Raumes $\langle \mathcal{B} \rangle$. Die Gram-Matrix ermöglicht somit, das Skalarprodukt in diesem Unterraum bezüglich der Basis $\mathcal{B}$ zu berechnen.

Beispiel 8.25. Für die Ebene σ durch die Punkte O, $(1, 1, 0)$ und $(0, 1, 1)$ kann man die Vektoren

$$
b_1 = \begin{pmatrix} 1 \\ 1 \\ 0 \end{pmatrix} \quad \text{und} \quad b_2 = \begin{pmatrix} 0 \\ 1 \\ 1 \end{pmatrix}
$$

als Basis verwenden. Die Gram-Matrix dieser Vektoren ist

$$
G = \begin{pmatrix} b_1 \cdot b_1 & b_1 \cdot b_2 \\ b_2 \cdot b_1 & b_2 \cdot b_2 \end{pmatrix} = \begin{pmatrix} 2 & 1 \\ 1 & 2 \end{pmatrix}.
$$

Die beiden Vektoren

$$
u = \begin{pmatrix} 1 \\ 0 \\ -1 \end{pmatrix} = 1 \cdot b_1 + (-1) \cdot b_2 \quad \text{und} \quad v = \begin{pmatrix} 1 \\ 2 \\ 1 \end{pmatrix} = 1 \cdot b_1 + 1 \cdot b_2
$$

liegen beide in der Ebene σ. Das Skalarprodukt kann man jetzt sowohl im $\mathbb{R}^3$ als auch mit Hilfe der Gram-Matrix berechnen.

$$
u \cdot v = \begin{pmatrix} 1 \\ 0 \\ -1 \end{pmatrix}^t \begin{pmatrix} 1 \\ 2 \\ 1 \end{pmatrix} = 0
$$

$$
= \begin{pmatrix} 1 \\ -1 \end{pmatrix}^t G \begin{pmatrix} 1 \\ 1 \end{pmatrix} = \begin{pmatrix} 1 \\ -1 \end{pmatrix}^t \begin{pmatrix} 2 & 1 \\ 1 & 2 \end{pmatrix} \begin{pmatrix} 1 \\ 1 \end{pmatrix} = \begin{pmatrix} 1 \\ -1 \end{pmatrix}^t \begin{pmatrix} 3 \\ 3 \end{pmatrix} = 0.
$$

Wie erwartet geben beide Rechnungen den gleichen Wert. Die Berechnung mit der Gram-Matrix ist jedoch ausschließlich möglich für Vektoren, die sich in der Ebene σ befinden, und sie ist ganz unabhängig davon, wie sich das Skalarprodukt außerhalb der Ebene verhält. ○

8.4.2 Gram-Determinante

Von der Gram-Matrix G der Vektoren $a_1, \ldots, a_n$ (siehe Abschnitt 8.4.1) kann man auch die Determinante berechnen. Was ist ihre geometrische Bedeutung?

Definition 8.26 (Gram-Determinante). *Die Determinante der Gram-Matrix der Vektoren* $a_1, \ldots, a_n$ *wird*

$$\mathrm{Gram}(a_1, \ldots, a_n) = \det G(a_1, \ldots, a_n) = \begin{vmatrix} a_1 \cdot a_1 & a_1 \cdot a_2 & \ldots & a_1 \cdot a_n \\ a_2 \cdot a_1 & a_2 \cdot a_2 & \ldots & a_2 \cdot a_n \\ \vdots & \vdots & \ddots & \vdots \\ a_n \cdot a_1 & a_n \cdot a_2 & \ldots & a_n \cdot a_n \end{vmatrix}$$

geschrieben und heißt Gram-Determinante.

Wir wenden den Gram-Schmidt-Orthonormalisierungsprozess auf die Vektoren $a_1, \ldots, a_n$ an und verfolgen, wie sich der Wert der Gram-Determinante dabei ändert. Wir tun dies zunächst nur für die jeweils ersten Faktoren in den Skalarprodukten.

Im ersten Schritt wird der Vektor a_1 mit seiner Länge $l_1 = |a_1|$ skaliert, dabei entsteht der Einheitsvektor b_1, er hat die Eigenschaft $a_1 = |a_1| \cdot b_1 = l_1 \cdot b_1$. Setzt man dies in die Gram-Determinante ein, erhält man

$$\mathrm{Gram}(a_1, \ldots, a_n) = \begin{vmatrix} a_1 \cdot a_1 & a_1 \cdot a_2 & \ldots & a_1 \cdot a_n \\ a_2 \cdot a_1 & a_2 \cdot a_2 & \ldots & a_2 \cdot a_n \\ \vdots & \vdots & \ddots & \vdots \\ a_n \cdot a_1 & a_n \cdot a_2 & \ldots & a_n \cdot a_n \end{vmatrix}$$

$$= \begin{vmatrix} l_1 \cdot b_1 \cdot a_1 & l_1 \cdot b_1 \cdot a_2 & \ldots & l_1 \cdot b_1 \cdot a_n \\ a_2 \cdot a_1 & a_2 \cdot a_2 & \ldots & a_2 \cdot a_n \\ \vdots & \vdots & \ddots & \vdots \\ a_n \cdot a_1 & a_n \cdot a_2 & \ldots & a_n \cdot a_n \end{vmatrix}$$

$$= l_1 \cdot \begin{vmatrix} b_1 \cdot a_1 & b_1 \cdot a_2 & \ldots & b_1 \cdot a_n \\ a_2 \cdot a_1 & a_2 \cdot a_2 & \ldots & a_2 \cdot a_n \\ \vdots & \vdots & \ddots & \vdots \\ a_n \cdot a_1 & a_n \cdot a_2 & \ldots & a_n \cdot a_n \end{vmatrix}.$$

Im zweiten Schritt wird zu a_2 ein Vielfaches von a_1 hinzuaddiert:

$$\mathrm{Gram}(a_1, \ldots, a_n) = l_1 \cdot \begin{vmatrix} b_1 \cdot a_1 & \ldots & b_1 \cdot a_n \\ (a_2 - (a_2 \cdot b_1)b_1) \cdot a_1 & \ldots & (a_2 - (a_2 \cdot b_1)b_1) \cdot a_n \\ \vdots & \ddots & \vdots \\ a_n \cdot a_1 & \ldots & a_n \cdot a_n \end{vmatrix}.$$

Dabei wird in der zweiten Zeile das $a_2 \cdot b_1$-fache der ersten Zeile subtrahiert, eine solche Zeilenoperation ändert aber den Wert der Determinante nicht. Um den Orthonormalisierungsschritt abzuschließen, muss jetzt noch durch die Länge $l_2 = |a_2 - (a_2 \cdot b_1)b_1|$ dividiert werden. l_2 ist aber die Länge eines Vektors, der auf a_1 senkrecht steht, also eine "Höhe". Wir erhalten

$$\mathrm{Gram}(a_1,\ldots,a_n) = l_1 \cdot l_2 \cdot \begin{vmatrix} b_1 \cdot a_1 & \ldots & b_1 \cdot a_n \\ b_2 \cdot a_1 & \ldots & b_2 \cdot a_n \\ \vdots & \ddots & \vdots \\ a_n \cdot a_1 & \ldots & a_n \cdot a_n \end{vmatrix}.$$

Bei den weiteren Operationen des Gram-Schmidtschen Orthonormalisierungsprozesses werden wieder Vielfache bereits umgeformter Zeilen subtrahiert, was die Determinante nicht ändert, oder es werden Faktoren aus der Determinante genommen. Diese Faktoren

$$l_i = |a_i - (a_i \cdot b_1)b_1 - (a_i \cdot b_2)b_2 - \cdots - (a_i \cdot b_{i-1})b_{i-1}|$$

sind jeweils Längen von Vektoren, die auf den bereits orthogonalisierten senkrecht stehen. Am Ende ergibt sich damit

$$\mathrm{Gram}(a_1,\ldots,a_n) = l_1 \cdot l_2 \cdot \ldots \cdot l_n \begin{vmatrix} b_1 \cdot a_1 & b_1 \cdot a_2 & \ldots & b_1 \cdot a_n \\ b_2 \cdot a_1 & b_2 \cdot a_2 & \ldots & b_2 \cdot a_n \\ \vdots & \vdots & \ddots & \vdots \\ b_n \cdot a_1 & b_n \cdot a_2 & \ldots & b_n \cdot a_n \end{vmatrix}.$$

Den gleichen Prozess wendet man jetzt nochmals auf die jeweils rechten Faktoren in jedem Skalarprodukt der Gram-Determinante an. Dabei müssen die gleichen Faktoren aus der Determinanten herausgenommen werden wie beim ersten Durchgang. Die verbleibende Determinante enthält die Skalarprodukte $b_i \cdot b_j = \delta_{ij}$, die Determinante der Einheitsmatrix ist aber 1. Damit erhalten wir

$$\mathrm{Gram}(a_1,\ldots,a_n) = l_1^2 \cdot l_2^2 \cdot \ldots \cdot l_n^2 \cdot \begin{vmatrix} b_1 \cdot b_1 & b_1 \cdot b_2 & \ldots & b_1 \cdot b_n \\ b_2 \cdot b_1 & b_2 \cdot b_2 & \ldots & b_2 \cdot b_n \\ \vdots & \vdots & \ddots & \vdots \\ b_n \cdot b_1 & b_n \cdot b_2 & \ldots & b_n \cdot b_n \end{vmatrix}$$
$$= l_1^2 \cdot l_2^2 \cdot \ldots \cdot l_n^2 \cdot \det(I)$$
$$= l_1^2 \cdot l_2^2 \cdot \ldots \cdot l_n^2$$

als den Wert der Gram-Determinante. Das Produkt $l_1 \cdot l_2 \cdots l_n$ ist das n-dimensionale Volumen des n-dimensionalen Parallelepipeds aufgespannt von den Vektoren $a_1,\ldots,a_n$.

Satz 8.27 (Volumen des n-dimensionalen Parallelepipeds). *Das n-dimensionale Volumen* $\mathrm{Vol}(a_1,\ldots,a_n)$ *des von den Vektoren* $a_1,\ldots,a_n$ *aufgespannten n-dimensionalen Parallelepipeds erfüllt*

$$\mathrm{Vol}(a_1,\ldots,a_n)^2 = \mathrm{Gram}(a_1,\ldots,a_n).$$

Die Gram-Determinante liefert also das Volumen eines n-dimensionalen Parallelepipeds ganz unabhängig von der Dimension des Raumes, aus dem die Vektoren $a_1,\ldots,a_n$ stammen. Da zum Beispiel der orientierte Flächeninhalt eines Parallelogramms in drei Dimensionen keinen Sinn hat, ist auch nicht überraschend, dass die Gram-Determinante über die Orientierung keine Aussage mehr machen kann.

8.4.3 Die allgemeine Abstandsformel

Die Gram-Determinante erlaubt, Volumina beliebiger Dimension zu berechnen. Damit kann man jetzt aber auch den Abstand eines Punktes von einem affinen Unterraum beliebiger Dimension bestimmen. Wir der k-dimensionale Raum von den Vektoren $a_1, \dots, a_k$ aufgespannt, dann ist $\mathrm{Gram}(a_1, \dots, a_k)$ das Quadrat des Volumens $\mathrm{Vol}(a_1, \dots, a_k)$ des k-dimensionalen Parallelepipeds aufgespannt von den a_i. Fügt man den Vektor b hinzu, entsteht das Volumen $\mathrm{Vol}(a_1, \dots, a_k, b)$ eines $k + 1$-dimensionalen Parallelepipeds. Dieses kann aber auch aus dem Abstand h des Punktes b von $\langle a_1, \dots, a_k \rangle$ und dem Volumen der "Seite" $a_1, \dots, a_k$ berechnen, es ist

$$\mathrm{Vol}(a_1, \dots, a_k, b) = h \cdot \mathrm{Vol}(a_1, \dots, a_k) \quad \Rightarrow \quad h = \frac{\mathrm{Vol}(a_1, \dots, a_k, b)}{\mathrm{Vol}(a_1, \dots, a_k)}.$$

Damit erhalten wir den folgenden Satz.

Satz 8.28 (allgemeine Abstandsformel). *Seien $a_1, \dots, a_k \in \mathbb{R}^n$ linear unabhängige Vektoren und sei $b \in \mathbb{R}^n$ ein weiterer Vektor. Dann ist der Abstand h des Punktes b vom k-dimensionalen Vektorraum $\langle a_1, \dots, a_k \rangle$ aufgespannt von den Vektoren $a_1, \dots, a_k$ gegeben durch*

$$h = \sqrt{\frac{\mathrm{Gram}(a_1, \dots, a_k, b)}{\mathrm{Gram}(a_1, \dots, a_k)}}. \tag{8.26}$$

b liegt genau dann in dem von den a_i aufgespannten Raum, wenn $h = 0$.

Die Formel (8.23) für den Abstand eines Punktes Q von einer Geraden $\vec{p} = \vec{p}_0 + t\vec{r}$ ist

$$d = \frac{|(\vec{q} - \vec{p}) \times \vec{r}|}{|\vec{r}|} = \frac{\mathrm{Vol}(\vec{q} - \vec{p}, \vec{r})}{\mathrm{Vol}(\vec{r})}$$

der Spezialfall $k = 1$ der Formel (8.26). Die Formeln (8.24) für den Abstand Punkt–Ebene und (8.25) für den Abstand windschiefer Geraden passen ebenfalls in dieses Schema.

8.A Welche Leistung kann man von einer PV-Anlage erwarten?

Für die Energiewende spielt die aus Solaranlagen gewonnene, erneuerbare elektrische Energie eine wichtige Rolle. An klaren Sommertagen kann die Photovoltaik einen beträchtlichen Teil des Energiebedarfs decken. Wegen des tieferen Sonnenstandes und der kürzeren Tage ist die Ausbeute im Winter wesentlich geringer. Doch wie hängt die zu erwartende Leistung von den geometrischen Eigenschaften der Aufstellung der PV-Anlage ab?

Die Solarpanels einer Photovoltaikanlage liefern die größtmögliche Leistung, wenn die Sonne senkrecht auf sie einstrahlt. Die meisten kleinen Installationen können die Panels nicht bewegen, sie sind fest auf Dächern oder Fassaden montiert. PV-Anlagen auf nach Süden ausgerichteten und ausreichend steilen Dächern können auch außerhalb der Sommermonate gute Leistungen bringen, nach Osten oder Westen ausgerichtete Dächer oder Dächer mit geringer Neigung schränken die mögliche Leistung ein. In diesem Abschnitt soll sie berechnet werden.

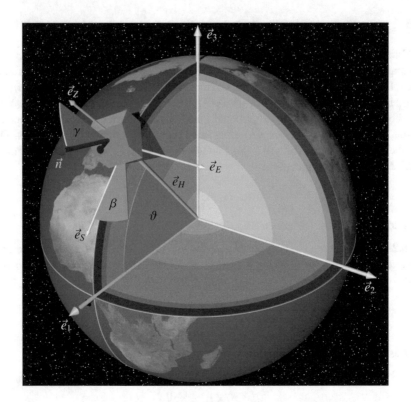

Abbildung 8.19: Die Vektoren $\vec{e}_1$, $\vec{e}_2$ und $\vec{e}_3$ bilden ein orthogonales Koordinatensystem mit Ursprung im Mittelpunkt der Erde. Das Haus mit den Solarpanels befindet sich im Punkt H auf der Erdoberfläche auf der geographischen Breite ϑ, sein Ortsvektor ist $\vec{e}_H$. Die Vektoren $\vec{e}_S$ (Richtung nach Süden), $\vec{e}_E$ (Richtung nach Osten) und $\vec{e}_Z$ (Richtung zum Zenith) bilden ein Koordinatensystem für das Haus, es wird in Abbildung 8.20 im Detail erklärt.

8.A.1   Koordinatensystem für Punkte auf der Erdkugel

Für die vektorielle Beschreibung eines Punktes auf der Erdoberfläche brauchen wir drei orthonormierte Basisvektoren, in denen sich die Drehungen zum Beispiel mit Hilfe der Rodrigues-Formel einfach ausdrücken lassen. Üblich ist die Beschreibung mit geographischer Länge und Breite.

Definition 8.29 (geographische Länge und Breite). *Ein Punkt auf der Erdoberfläche wird in Kugelkoordinaten durch die* geographische Länge $\varphi \in [0, 2\pi]$ *und die* geographische Breite $\vartheta \in [-\frac{\pi}{2}, \frac{\pi}{2}]$ *festgelegt.*

Da sich die Erde im Laufe eines Tages um die eigene Achse dreht, ist die geographische Länge für das vorliegende Problem bedeutungslos, wir gehen daher im Folgenden davon aus, dass $\varphi = 0$ ist, das Haus steht also auf dem Nullmeridian.

Als ersten Basisvektor für das Koordinatensystem von Abbildung 8.19 verwenden wir den Einheitsvektor $\vec{e}_1$ in der Äquatorebene vom Erdmittelpunkt durch den Nullmeridian.

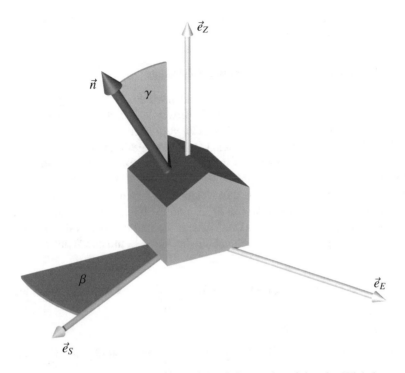

Abbildung 8.20: Berechnung der Normalen auf den Solarpanels auf dem im Winkel γ geneigten Dach eines Hauses, dessen Dachfirst aus der Ost-West-Richtung um den Winkel β gedreht ist. Der eingezeichnete Winkel gehört zu einem negativen Wert von β.

Der Einheitsvektor $\vec{e}_3$, der entlang der Erdachse nach Norden zeigt, ist der dritte Basisvektor. Mit $\vec{e}_3 \times \vec{e}_1 = \vec{e}_2$ als zweitem Basisvektor entsteht ein Rechtssystem.

Die Position des Hauses auf der Einheitskugel hat den Ortsvektor

$$\vec{e}_H = \cos\vartheta \cdot \vec{e}_1 + \sin\vartheta \cdot \vec{e}_3,$$

wie man sich am Viertelkreis in der $\vec{e}_1$-$\vec{e}_3$-Ebene direkt überlegen kann. Man kann diese Formel aber auch direkt aus der Rodrigues-Formel (8.20) für eine Drehung des Vektors $\vec{x} = \vec{e}_1$ um die Achse $\vec{u} = \vec{e}_2$ um den Winkel $-\vartheta$ bekommen. Sie besagt

$$\vec{e}_H = \cos(-\vartheta) \cdot \vec{e}_1 + (1 - \cos(-\vartheta))\underbrace{(\vec{e}_2 \cdot \vec{e}_1)}_{= 0} \cdot \vec{e}_2 + \sin(-\vartheta)\underbrace{(\vec{e}_2 \times \vec{e}_1)}_{= -\vec{e}_3}$$

$$= \cos\vartheta \cdot \vec{e}_1 + \sin\vartheta \cdot \vec{e}_3.$$

8.A.2 Die Normale auf die Solarpanels

Die zu erwartende Leistung ist nach Abschnitt 7.A proportional zum Skalarprodukt zwischen der Normalen der Panels und der Richtung der Sonnenstrahlung. Für eine fest installierte PV-Anlage ist daher die Richtung des Normalenvektors des Daches zu bestimmen, auf dem die Panels installiert sind.

Das Koordinatensystem am Standort der PV-Anlage

Für die Beschreibung der Dachnormalen verwenden wir das in Abbildung 8.20 dargestellte Koordinatensystem. Als dritten Basisvektor $\vec{e}_Z$ verwenden wir die Richtung Zenith. Dieser Vektor stimmt mit dem Ortsvektor des Hauses $\vec{e}_H = \vec{e}_Z$ überein. Als zweiten Basisvektoren verwenden wir die Richtung $\vec{e}_E$ nach Osten. Der Vektor $\vec{e}_E$ stimmt mit $\vec{e}_2$ überein. Als erster Basisvektor dient die Südrichtung $\vec{e}_S = \vec{e}_E \times \vec{e}_Z$. Die drei vektoren $\vec{e}_S$, $\vec{e}_E$ und $\vec{e}_Z$ bilden ein Rechtssystem.

Das Koordinatensystem aus den Basisvektoren $\vec{e}_S$, $\vec{e}_E$ und $\vec{e}_Z$ entsteht aus dem Koordinatensystem mit den Basisvektoren $\vec{e}_1$, $\vec{e}_2$ und $\vec{e}_3$ durch Drehung um die Achse mit Richtung $\vec{e}_2$ um den Winkel $\frac{\pi}{2} - \vartheta$. Die Vektoren $\vec{e}_S$ und $\vec{e}_Z$ können daher auch mit der Rodrigues-Formel (8.20) für eine Drehung um die Achse $\vec{e}_2$ um den Winkel $\frac{\pi}{2} - \vartheta$ gewonnen werden. Es gilt

$$\vec{e}_S = \cos(\tfrac{\pi}{2} - \vartheta) \cdot \vec{e}_1 + (1 - \cos(\tfrac{\pi}{2} - \vartheta))\underbrace{(\vec{e}_2 \cdot \vec{e}_1)}_{= 0} \cdot \vec{e}_2 + \sin(\tfrac{\pi}{2} - \vartheta) \cdot \underbrace{(\vec{e}_2 \times \vec{e}_1)}_{= -\vec{e}_3}$$

$$= \sin\vartheta \cdot \vec{e}_1 - \cos\vartheta \cdot \vec{e}_3,$$

$$\vec{e}_Z = \cos(\tfrac{\pi}{2} - \vartheta) \cdot \vec{e}_3 + (1 - \cos(\tfrac{\pi}{2} - \vartheta))\underbrace{(\vec{e}_2 \cdot \vec{e}_3)}_{= 0} \cdot \vec{e}_2 + \sin(\tfrac{\pi}{2} - \vartheta) \cdot \underbrace{(\vec{e}_2 \times \vec{e}_3)}_{= \vec{e}_1}$$

$$= \sin\vartheta \cdot \vec{e}_3 + \cos\vartheta \cdot \vec{e}_1.$$

Zusammengefasst:

$$\begin{aligned} \vec{e}_S &= \sin\vartheta \cdot \vec{e}_1 &&- \cos\vartheta \cdot \vec{e}_3 \\ \vec{e}_E &= &&\vec{e}_2 \\ \vec{e}_Z &= \cos\vartheta \cdot \vec{e}_1 &&+ \sin\vartheta \cdot \vec{e}_3. \end{aligned} \tag{8.27}$$

Im Koordinatensystem mit den Basisvektoren $\vec{e}_S$, $\vec{e}_E$ und $\vec{e}_Z$ soll jetzt der Normalenvektor auf den Solarpanels berechnet und damit die folgende Aufgabe gelöst werden.

Aufgabe 8.30. *Das mit Solarpanels versehen Dach mit Neigung γ ist von der Südrichtung abweichend im Winkel β ausgerichtet. Bestimme den Normalenvektor.*

Dachneigung

Der Normalenvektor eines nach Süden orientierten Daches mit dem Neigungswinkel γ entsteht aus dem Vektor $\vec{e}_Z$ durch Drehung um die Achse $\vec{e}_E$ um den Winkel γ. Nach der Rodrigues-Formel ist dies der Vektor

$$\vec{n}(\gamma) = \cos\gamma \cdot \vec{e}_Z + (1 - \cos\gamma)\underbrace{(\vec{e}_E \cdot \vec{e}_Z)}_{= 0} + \sin\gamma\underbrace{(\vec{e}_E \times \vec{e}_Z)}_{= \vec{e}_S}$$

$$= \cos\gamma \cdot \vec{e}_Z + \sin\gamma \cdot \vec{e}_S. \tag{8.28}$$

Ausrichtung des Hauses

Eine Drehung des Hauses um den Winkel β um die $\vec{e}_Z$-Achse macht daraus wieder nach der Rodrigues-Formel

$$\vec{n}(\gamma,\beta) = \cos\beta \cdot \vec{n}(\gamma) + (1 - \cos\beta)(\vec{e}_Z \cdot \vec{n}(\gamma))\vec{e}_Z + \sin\beta(\vec{e}_Z \times \vec{n}(\gamma)). \qquad (8.29)$$

Beim Einsetzen von $\vec{n}(\gamma)$ braucht man nach (8.28) die Wirkung auf die Vektoren $\vec{e}_Z$ und $\vec{e}_S$, also die Produkte

$$\begin{aligned}
\vec{e}_Z \cdot \vec{n}(\gamma) &= \vec{e}_Z \cdot (\cos\gamma \cdot \vec{e}_Z + \sin\gamma \cdot \vec{e}_S) \\
&= \cos\gamma \cdot \underbrace{\vec{e}_Z \cdot \vec{e}_Z}_{= 1} + \sin\gamma \cdot \underbrace{\vec{e}_Z \cdot \vec{e}_S}_{= 0} = \cos\gamma, \\
\vec{e}_Z \times \vec{n}(\gamma) &= \cos\gamma \cdot \underbrace{\vec{e}_Z \times \vec{e}_Z}_{= 0} + \sin\gamma \cdot \underbrace{\vec{e}_Z \times \vec{e}_S}_{= \vec{e}_E} \\
&= \sin\gamma \cdot \vec{e}_E.
\end{aligned}$$

Daraus ergibt sich die Normale

$$\begin{aligned}
\vec{n}(\gamma,\beta) &= \cos\beta(\cos\gamma \cdot \vec{e}_Z + \sin\gamma \cdot \vec{e}_S) + (1 - \cos\beta)\cos\gamma \cdot \vec{e}_Z + \sin\gamma\sin\beta \cdot \vec{e}_E \\
&= \cos\beta\sin\gamma \cdot \vec{e}_S + \sin\beta\sin\gamma \cdot \vec{e}_E + \cos\gamma \cdot \vec{e}_Z.
\end{aligned}$$

Die Normale im Erdkoordinatensystem

Indem man die Darstellung der Vektoren (8.27) einsetzt, erhält man die Darstellung der Normalen in der Basis $\{\vec{e}_1, \vec{e}_2, \vec{e}_3\}$:

$$\begin{aligned}
\vec{n}(\gamma,\beta) &= \cos\beta\sin\gamma \cdot (\sin\vartheta \cdot \vec{e}_1 - \cos\vartheta \cdot \vec{e}_3) \\
&\quad + \sin\beta\sin\gamma \cdot \vec{e}_2 \\
&\quad + \cos\gamma \cdot (\cos\vartheta \cdot \vec{e}_1 + \sin\vartheta \cdot \vec{e}_3) \\
&= (\cos\beta\sin\gamma\sin\vartheta + \cos\gamma\cos\vartheta)\vec{e}_1 \\
&\quad + \sin\beta\sin\gamma \cdot \vec{e}_2 \\
&\quad + (-\cos\beta\sin\gamma\cos\vartheta + \cos\gamma\sin\vartheta)\vec{e}_3 \\
&= \begin{pmatrix} \cos\beta\sin\gamma\sin\vartheta + \cos\gamma\cos\vartheta \\ \sin\beta\sin\gamma \\ -\cos\beta\sin\gamma\cos\vartheta + \cos\gamma\sin\vartheta \end{pmatrix}. \qquad (8.30)
\end{aligned}$$

Diese Form ist besser dazu geeignet, später in Abschnitt 8.A.4 die zu erwartende Leistung zu berechnen.

8.A.3 Die Bewegung der Sonne

Im Laufe eines Jahres bewegt sich die Sonne auf einer scheinbaren Bahn über die Himmelskugel (siehe Abbildung 8.22). Zur Tag- und Nachtgleiche befindet sich die Sonne auf

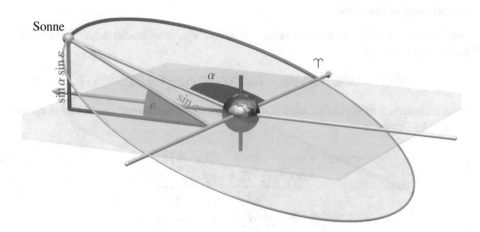

Abbildung 8.21: Die Bahn der Sonne auf der Himmelskugel ist gegenüber dem Erdäquator um den Winkel $\varepsilon = 23.45°$ geneigt. Der Winkel α ist der Winkel zwischen dem Frühlingspunkt ♈, wo sich die Sonne zur Frühjahrstag- und Nachtgleiche befindet, und der Richtung zur Sonne.

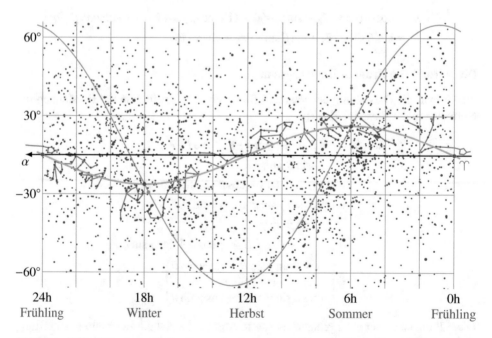

Abbildung 8.22: Bahn (orange) der Sonne durch die Sternbilder des Tierkreises (pink) im Laufe eines Jahres in Merkator-Projektion. Ebenfalls eingezeichnet ist die galaktische Ebene (hellblau), die gegenüber dem Äquator um 62.6° geneigt ist. Das galaktische Zentrum befindet sich nur wenige Grade südwestlich des Punktes (rot, bei $\alpha = 18$ h), an dem sich die Sonne zur Wintersonnenwende befindet.

dem Himmelsäquator. Der Frühlingspunkt ist der Schnittpunkt der Sonnenbahn mit dem Himmelsäquator, den die Sonne im März am Übergang zwischen dem Nordwinter und dem Nordfrühling überschreitet. Er heißt auch der Widder-Punkt, weil er sich im Sternbild Widder befindet.

Die Bahn der Sonne über das Jahr auf der Himmelskugel ist ein Kreis in einer Ebene, die um den Winkel $\varepsilon = 23.45°$ gegenüber der Äquatorebene geneigt ist (Abbildung 8.21). Ist α der Winkel zwischen dem Frühlingspunkt und der Sonne auf der Sonnenbahn, dann ist die Position der Sonne

$$\vec{s}(\alpha) = \sin\alpha\cos\varepsilon \cdot \vec{e}_1 + \cos\alpha \cdot \vec{e}_2 + \sin\alpha\sin\varepsilon \cdot \vec{e}_3. \tag{8.31}$$

Der Winkel α wächst nicht gleichmäßig an, da sich die Erde auf einer Ellipsenbahn bewegt. Im Rahmen der hier betrachteten Näherung spielt die Abweichung von der Gleichförmigkeit kaum eine Rolle und soll daher ignoriert werden.

Unsere Zeitrechnung sorgt dafür, dass die Sonne am Mittag immer wieder über dem Nullmeridian steht. In (8.31) bedeutet dies, dass nur die $\vec{e}_3$-Komponenten senkrecht zur Äquatorebene relevant ist, wir verwenden daher für s den Vektor

$$\vec{s}(\alpha) = \sqrt{1 - \sin^2\alpha\sin^2\varepsilon} \cdot \vec{e}_1 + \sin\alpha\sin\varepsilon \cdot \vec{e}_3. \tag{8.32}$$

Außerdem rotiert die Himmelskugel einmal am Tag um die Erdachse, wir bezeichnen den Drehwinkel mit τ. Die $\vec{e}_3$-Komponente ändert dabei nicht, nur die Vektoren $\vec{e}_1$ und $\vec{e}_2$ werden gedreht. Wir schreiben die gedrehten Vektoren

$$\begin{aligned}
\vec{e}_1(\tau) &= \cos\tau \cdot \vec{e}_1 + \sin\tau \cdot \vec{e}_2 \\
\vec{e}_2(\tau) &= -\sin\tau \cdot \vec{e}_1 + \cos\tau \cdot \vec{e}_2.
\end{aligned} \tag{8.33}$$

Damit wird der Vektor $\vec{s}$ zeitabhängig

$$\begin{aligned}
\vec{s}(\alpha, \tau) &= \sqrt{1 - \sin^2\alpha\sin^2\varepsilon} \cdot \vec{e}_1(\tau) + \sin\alpha\sin\varepsilon \cdot \vec{e}_3(\tau) \\
&= \sqrt{1 - \sin^2\alpha\sin^2\varepsilon} \cdot (\cos\tau \cdot \vec{e}_1 + \sin\tau \cdot \vec{e}_2) + \sin\alpha\sin\varepsilon \cdot \vec{e}_3 \\
&= \begin{pmatrix} \sqrt{1 - \sin^2\alpha\sin^2\varepsilon} \cdot \cos\tau \\ \sqrt{1 - \sin^2\alpha\sin^2\varepsilon} \cdot \sin\tau \\ \sin\alpha\sin\varepsilon \end{pmatrix} = \begin{pmatrix} X\cos\tau \\ X\sin\tau \\ Z \end{pmatrix},
\end{aligned} \tag{8.34}$$

wobei wir zur Abkürzung $Z = \sin\alpha\sin\varepsilon$ und $X = \sqrt{1 - Z^2}$ gesetzt haben.

Tagesgang der Solarstrahlung

Damit die Solarpanels Strom produzieren können, muss die Sonne über dem Horizont stehen, d. h. das Skalarprodukt $\vec{s}(\alpha, \tau) \cdot \vec{e}_Z$ muss > 0 sein. Wegen

$$\vec{e}_Z = \begin{pmatrix} \cos\vartheta \\ 0 \\ \sin\vartheta \end{pmatrix}$$

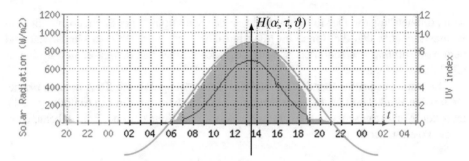

Abbildung 8.23: Gemessene Sonnenstrahlung an einem Standort auf $\vartheta = 47.25°$ nördlicher Breite im Vergleich zum Wert, der durch (8.35) gegeben wird. Die Abweichungen können durch die Wirkung der atmosphärischen Absorbtion erklärt werden.

wird das Skalarprodukt, das anzeigt, wie hoch über dem Horizont die Sonne steht, zu

$$
\begin{aligned}
H(\alpha, \tau, \vartheta) &= \vec{s}(\alpha, \tau) \cdot \vec{e}_Z \\
&= X \cos \tau \cos \vartheta + Z \sin \vartheta \\
&= \sqrt{1 - \sin^2 \alpha \sin^2 \varepsilon} \cos \tau \cos \vartheta + \sin \alpha \sin \varepsilon \sin \vartheta.
\end{aligned}
\tag{8.35}
$$

Als Funktion von τ allein ist $H(\alpha, \tau, \vartheta)$ eine Kosinus-Funktion mit der Amplitude $X \cos \vartheta$ mit einem zusätzlichen konstanten Term $Z \sin \vartheta$.

Der Tagesgang der Solarstrahlung nach (8.35) wird in Abbildung 8.23 mit Messungen einer Wetterstation verglichen. Die Abweichungen dürften vor allem durch die atmosphärische Absorption entstehen.

Sonnenauf- und -untergang

Die Zeitpunkte von Sonnenauf- und -untergang können durch Auflösen der Gleichung $H(\alpha, \tau, \vartheta) = 0$ nach τ bestimmt werden, also

$$
\cos \tau = -\frac{\sin \alpha \sin \varepsilon \sin \vartheta}{\sqrt{1 - \sin^2 \alpha \sin^2 \varepsilon} \cos \vartheta}
$$

oder

$$
\tau_{\pm} = \pm \arccos\left(-\frac{\sin \alpha \sin \varepsilon}{\sqrt{1 - \sin^2 \alpha \sin^2 \varepsilon}} \tan \vartheta\right).
\tag{8.36}
$$

Für einen Beobachter auf dem Äquator ist $\vartheta = 0$, die Auf- und Untergangszeiten werden nach (8.36) jeweils $\pm \frac{\pi}{2}$, auf dem Äquator sind alle Tage gleich lang. Für $\vartheta > 0$ und $\sin \alpha > 0$, also wird im Nordsommer das durch (8.36) bestimmte Intervall $> \pi$, im Nordsommer sind die Tage länger. Der größtmögliche Wert von $\sin \alpha$ ist 1, für diesen Wert wird

$$
\tau = \pm \arccos(-\tan \varepsilon \tan \vartheta).
$$

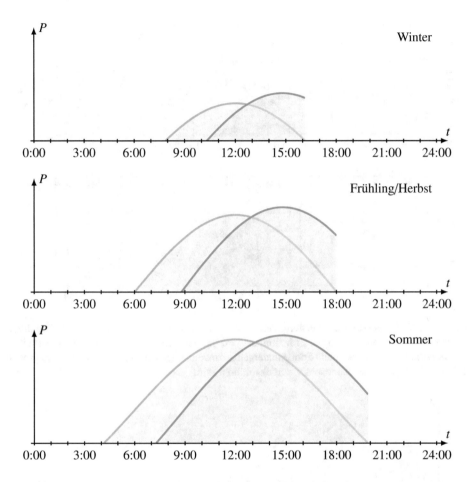

Abbildung 8.24: Leistung einer PV-Anlage mit $\beta = -95°$ und $\gamma = 30°$ im Lauf eines Tages (grün) im Vergleich zur Solarstrahlung (gelb). Die Dachneigung ist dafür verantwortlich, dass die maximale Leistung der Panels über der maximalen Einstrahlung liegt.

Die Sonne geht gar nicht mehr unter, wenn $\tan \varepsilon \tan \vartheta > 1$ wird, was genau für

$$\tan \varepsilon \tan \vartheta = 1 \;\Rightarrow\; \tan \varepsilon = \frac{1}{\tan \vartheta} = \cot \vartheta = \tan(\tfrac{\pi}{2} - \vartheta) \;\Rightarrow\; \varepsilon = \frac{\pi}{2} - \vartheta \;\Rightarrow\; \vartheta = \frac{\pi}{2} - \varepsilon$$

geschieht. Für Punkte auf der Erdoberfläche, die näher als ε am Nordpol sind, die also nördlich des Polarkreises liegen, geht die Sonne im Sommer eine Zeit lang nicht unter.

8.A.4 Die Leistung der PV-Anlage

Die Leistung der PV-Anlage ist proportional zum Skalarprodukt der Richtung der einfallenden Strahlung $\vec{s}(\alpha, \tau)$ und der Normalen $\vec{n}(\gamma, \beta)$ der Pa-

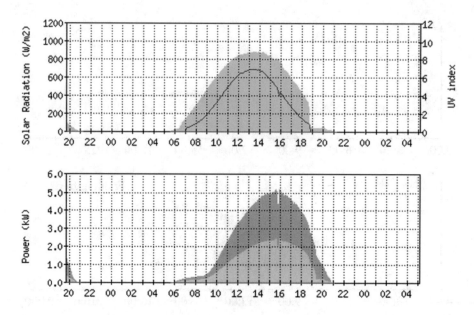

Abbildung 8.25: Messung der Leistung einer PV-Anlage mit $\beta = -95°$ und $\gamma = 30°$. Die durch β hervorgerufene Verschiebung des Maximums wird gut wiedergegeben, ebenso der einigermaßen abrupte Abfall der Leistung beim Sonnenuntergang. Abweichungen dürften wieder zu einem großen Teil auf die Wirkung der Atmosphäre zurückzuführen sein.

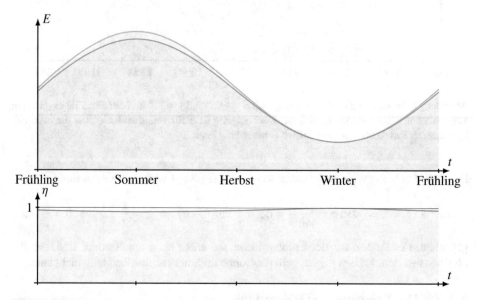

Abbildung 8.26: Täglicher Energieoutput einer PV-Anlage mit $\beta = -95°$ und $\gamma = 30°$ im Laufe eines Jahrs. Die grüne Kurve zeigt den theoretisch möglichen Ertrag der Anlage, die gelbe Kurve die täglich eingestrahlte Sonnenenergie. Die untere Graphik zeigt das Verhältnis η von eingestrahlter Energie und Ertrag der PV-Anlage.

nels. Das nebenstehend verlinkte Video zeigt, wie sich die Richtung der einfallenden Strahlung über das Jahr ändert. Die Darstellungen (8.30) und (8.34) der Vektoren $\vec{n}(\gamma, \beta)$ bzw. $\vec{s}(\alpha, \tau)$ wird die Leistung daher

$$
\begin{aligned}
P(\alpha, \tau, \gamma, \beta, \vartheta) &= \vec{s}(\alpha, \tau) \cdot \vec{n}(\gamma, \beta) \\
&= X(\cos \tau (\cos \beta \sin \gamma \sin \vartheta + \cos \gamma \cos \vartheta) + \sin \tau \sin \beta \sin \gamma) \\
&\quad + Z(-\cos \beta \sin \gamma \cos \vartheta + \cos \gamma \sin \vartheta).
\end{aligned}
$$

Leider ist diese Formel etwas zu unübersichtlich, um damit eine allgemeine Diskussion anzustellen. Ein paar Beispielrechnungen sollen daher genügen. Die Abbildungen 8.24 und 8.25 zeigen die Funktionen $\tau \mapsto H(\alpha, \tau, \vartheta)$ und $\tau \mapsto P(\alpha, \tau, \gamma, \beta, \vartheta)$ für eine PV-Anlage an einem Standort mit geographischer Breite $\vartheta = 47.19°$ auf einem Dach mit Neigung $\gamma = 30°$ und Ausrichtung $\beta = -95°$, also ungefähr in Westrichtung. Es ist zu erwarten, dass die Leistung der Anlage erst am Nachmittag maximal wird, was auch von den Graphen bestätigt wird.

Dank elektrischen Speichersystemen interessiert die Verteilung der Leistung über den Tag im Allgemeinen weniger als die pro Tag gelieferte Energie. Damit Energie gewonnen wird, muss die Sonne über dem Horizont sein, dazu wurden in (8.36) die Auf- und Untergangszeiten berechnet. Außerdem muss $P(\alpha, \tau, \gamma, \beta, \vartheta) > 0$ sein. Das Zeitintervall, während dem dies möglich ist, kann nicht so einfach in geschlossener Form bestimmt werden, eine numerische Lösung ist notwendig. Damit kann dann die an einem Tag gelieferte Energie als Integral

$$
E(\alpha, \gamma, \beta, \vartheta) = \int_{\tau_s}^{\tau_e} P(\alpha, \tau, \gamma, \beta, \vartheta)\, d\tau
$$

berechnet werden. Abbildung 8.26 zeigt außer der Funktion E auch die auf einer horizontalen Ebene eingestrahlte Energiedichte. Die Drehung β des Hauses hat dabei nur geringe Auswirkungen, da sie durch die Dachneigung fast wett gemacht wird. Das Verhältnis

$$
\eta = \frac{E(\alpha, \gamma, \beta, \vartheta)}{\int_{\tau_-}^{\tau_+} H(\alpha, \tau, \vartheta)\, d\tau}
$$

der gewonnen Energie zur Solarstrahlung bleibt über das ganze Jahr in der Nähe von 1.

Natürlich ist dieses Modell eine stark Vereinfachung. Eine PV-Anlage liefert auch schon Energie bevor die Sonne direkt auf die Panels scheint. Die meisten Standorte können das theoretisch mögliche Zeitintervall für die Stromproduktion nicht ausnutzen, weil die Sonne wegen eines höheren Horizontes weniger lang auf die Anlage scheint. Davon ist vor allem die Produktion im Winter betroffen, wenn die Sonne ohnehin schon tief am Himmel steht.

8.B MEMS-Kreiselsensoren und Quaternionen

Smartphones und Tablet Computer enthalten Beschleunigungs- und Kreiselsensoren, mit denen Sie jederzeit ihren Bewegungszustand feststellen können. Das Gerät wird damit zum Steuerelement in Computerspielen. Dazu muss die Software jedoch in der Lage sein, die Drehung des Gerätes nachzuvollziehen. Dies ist zwar mit Matrizen möglich, besonders beliebt unter Entwicklern ist aber die Beschreibung von Drehungen mit Quaternionen, wie die Apple Entwickler-Dokumentation [28] zeigt. Ein möglicher Grund dafür ist, dass sie sich als Arrays implementieren lassen, eine für Programmierer besonders einfach zu handhabende Datenstruktur. Die Beschreibung von Drehungen mit Quaternionen basiert auf der Rodrigues-Formel, dieser Zusammenhang soll im Folgenden erklärt werden.

8.B.1   MEMS-Kreiselsensoren

Microelectromechanical systems sind mikroskopische, auf der Halbleitertechnologie aufbauende Systeme, die gewöhnliche Halbleiterschaltungen um mechanische Funktionen erweitern. Dazu gehören neben Mikrofonen, Oszillatoren, Lautsprechern, Drucksensoren und Pumpen die besonders verbreiten Beschleunigungs- und Kreiselsensoren. Die verbreitete Herstellungstechnik für Halbleiter ermöglicht, solche Sensoren in großen Stückzahlen kostengünstig herzustellen.

Beschleunigungssensoren werden schon sehr lange zur Auslösung von Airbags oder zum Schutz von Harddisks, die bei der Detektion eines Falls schnell in Parkposition gebracht und damit vor einem Head-Crash bewahrt werden können, verwendet. Die Aufrechtbildkamera von Abschnitt 6.A verwendet einen Beschleunigungssensor, um die Richtung der Schwerkraft zu bestimmen. Mit dem Aufkommen von Smartphones und Tablet Computern wuchs der Wunsch, die Bewegung des Geräts genau zu messen und das Gerät selbst zu einem Controller für Spiele zu machen. Mittlerweile tummelt sich etwa zwei Dutzend Anbieter solcher Sensoren auf dem Markt und ermöglichen, fast jedes Gerät damit auszurüsten.

Die meisten Kreiselsensoren bestimmen die Komponenten des Winkelgeschwindigkeitsvektors $\vec{\omega}$, der die Richtung der Drehachse und als Länge die Winkelgeschwindigkeit der Drehung hat. Die Drehachse hat also die Richtung $\vec{u} = \vec{\omega}^0$. In einem Zeitinterval Δt ist der Drehwinkel $|\vec{\omega}|\Delta t$.

8.B.2   Quaternionen

Die Quaternionen wurden von William Rowan Hamilton erfunden, als er versuchte, eine algebraische Darstellung für Drehungen im dreidimensionalen Raum zu finden. Seine Motivation war die Möglichkeit, Drehungen in der Ebene mit komplexen Zahlen zu beschreiben. Seine Hoffnung war, eine dreidimensionale Algebra zu finden, was jedoch nicht gelang. Er erkannte schließlich, dass eine vierdimensionale Algebra nötig ist, in der der dreidimensionale Raum ein Unterraum ist.

Der Vektorraum der Quaternionen

Die Quaternionen $\mathbb{H}$ bilden einen vierdimensionalen reellen Vektorraum mit den Basisvektoren

$$1, \ i, \ j, \ k \in \mathbb{H}.$$

Eine Quaternion ist also ein Vektor

$$q = a + bi + cj + dk \in \mathbb{H}, \qquad \text{mit} \quad a, b, c, d \in \mathbb{R}.$$

William Rowan Hamilton

Hamilton kam am 4. August 1805 in Dublin zur Welt. Bereits mit zwölf Jahren las er Newtons *Arithmetica universalis* und machte sich so mit der Analysis vertraut. Im Februar 1822 machte er auf sich aufmerksam, indem er er einen Fehler im umfangreichen Werk über Himmelsmechanik von Laplace (siehe Kasten über Laplace auf Seite 179) fand.

Ausgehend von seinen Forschungen zur Optik entwickelte er 1834 die nach ihm benannte Hamiltonsche Mechanik. Sie ist die Basis der modernen Astromechanik und der Quantenmechanik. Seit 1833 befasste er sich mit dem Problem der Erweiterung der komplexen Zahlen zur Beschreibung dreidimensionaler Drehungen. Der Durchbruch gelang ihm im 16. Oktober 1843 mit der Entdeckung der Multiplikationsregeln der Quaternionen.

Hamliton starb am 2. September 1865 in Dunsink bei Dublin.

Die erste Komponente heißt Realteil, der Rest heißt der Imaginär- oder Vektorteil:

$$\operatorname{Re} q = \operatorname{Re}(a + bi + cj + dk) = a \qquad \text{und} \qquad \operatorname{Im} q = \operatorname{Im}(a + bi + cj + dk) = bi + cj + dk.$$

Die reellen Zahlen sind auf natürlich Art in $\mathbb{H}$ eingebetet sind, eine reelle Zahl $r \in \mathbb{R}$ wird mit der Quaternion $r = r + 0i + 0j + 0k \in \mathbb{H}$ identifiziert. Die Imaginärteile bilden einen dreidimensionalen Vektorraum, der mit dem dreidimensionalen Anschauungsraum identifiziert werden kann. Der Vektorteil kann daher auch als dreidimensionaler Vektor geschrieben werden. Die Quaternion $q = q_0 + q_1 i + q_2 j + q_3 k$ wird auch als $q = q_0 + \vec{q}$ geschrieben, wobei $\vec{q}$ der dreidimensionale Vektor

$$\vec{q} = q_1 i + q_2 j + q_3 k = \begin{pmatrix} q_1 \\ q_2 \\ q_3 \end{pmatrix}$$

ist.

Multiplikation von Quaternionen

Die Multiplikation von Quaternionen soll natürlich assoziativ und bilinear sein, es genügt daher, Regeln für die Multiplikation der Basisvektoren festzulegen. Da das Ziel ist, die nicht kommutativen Drehungen des dreidimensionalen Raumes mit solchen Multiplikationen zu beschreiben, werden diese Produkte nicht kommutativ sein. Hamilton ist nach langem Suchen auf die Regeln

$$i^2 = j^2 = k^2 = ijk = -1 \tag{8.37}$$

gestoßen. Durch Multiplikation der letzten Beziehung von links mit i bzw. von rechts mit k findet man

$$i^2 jk = -i \qquad\qquad\qquad ijk^2 = -k$$

$$\Rightarrow \quad jk = i \qquad\qquad\qquad \Rightarrow \quad ij = k.$$

Aus diesen kann man durch Multiplikation von links und rechts mit j und k bzw. i und j

$$-k = j^2 k = ji \qquad -j = jk^2 = ik \qquad -j = i^2 j = ik \qquad -i = ij^2 = kj$$

erhalten. Damit sind alle Zweierprodukt von Basisvektoren gemäß der Tabelle

$\cdot$	1	i	j	k
1	1	i	j	k
i	i	-1	k	$-j$
j	j	$-k$	-1	i
k	k	j	$-i$	-1

bestimmt.

Für einen Vektorteil allein ist das Produkt

$$
\begin{aligned}
\vec{u}\vec{v} &= (u_1 i + u_2 j + u_3 k)(v_1 i + v_2 j + v_3 k) \\
&= u_1 v_1 i^2 + u_1 v_2 ij + u_1 v_3 ik + u_2 v_1 ji + u_2 v_2 j^2 + u_2 v_3 jk + u_3 v_1 ki + u_3 v_2 kj + u_3 v_3 k^2 \\
&= -(u_1 v_1 + u_2 v_2 + u_3 v_3) + (u_2 v_3 - u_3 v_2)i + (u_3 v_1 - u_1 v_3)j + (u_1 v_2 - u_2 v_1)k \\
&= -\vec{u} \cdot \vec{v} + \vec{u} \times \vec{v}.
\end{aligned}
$$

Aus den Regeln folgt auch, dass die Multiplikation mit reellen Faktoren mit dem Vektorteil vertauscht.

Norm

Die *Norm* einer Quaternionen $q \in \mathbb{H}$ ist

$$|q|^2 = |q_0 + q_1 i + q_2 j + q_3 k|^2 = q_0^2 + q_1^2 + q_2^2 + q_3^2.$$

Die Norm des Vektorteils einer Quaternion stimmt mit der Länge des Vektors im dreidimensionalen Raum überein. Eine Quaternion mit Norm 1 heißt auch *Einheitsquaternion*.

Die *komplex konjugierte* Quaternionen $\overline{q}$ von $q = q_0 + q_1 i + q_2 j + q_3 k$ ist

$$\overline{q} = q_0 - q_1 i - q_2 j - q_3 k = q_0 - \vec{q}.$$

Sie ermöglicht, über das Produkt

$$
\begin{aligned}
q\overline{q} &= (q_0 + q_1 i + q_2 j + q_3 k)(q_0 - q_1 i - q_2 j - q_3 k) = (q_0 + \vec{q})(q_0 - \vec{q}) \\
&= q_0^2 - \vec{q}\vec{q} = q_0^2 + \vec{q} \cdot \vec{q} - \vec{q} \times \vec{q} = q_0^2 + |\vec{q}|^2 = |q|^2
\end{aligned}
$$

die Norm von q zu berechnen. Es folgt daraus auch, dass $|q| = |\overline{q}|$.

Division

Die komplexe Konjugation von Quaternionen ermöglicht auch, die Division zu definieren. Sei q eine Quaternion, wir suchen eine Quaternion q^{-1}, für die $qq^{-1} = 1$ gilt. Wegen $q\overline{q} = |q|^2$ ist

$$q \cdot \frac{\overline{q}}{|q|^2} = \frac{q\overline{q}}{|q|^2} = \frac{|q|^2}{|q|^2} = 1.$$

Somit ist $q^{-1} = \overline{q}/|q|^2$.

Genau genommen haben wir nur $qq^{-1} = 1$ nachgeprüft, es ist aber auch $q^{-1}q = \overline{q}q/|q|^2 = |\overline{q}|^2/|q|^2 = 1$.

8.B.3 Drehungen

Die Rodrigues-Formel (8.20) beschreibt, wie ein Vektor $\vec{x}$ um einen Winkel um eine Achse $\vec{u}$ gedreht wird. Um eine Beschreibung mit Quaternionen zu konstruieren, betrachten wir eine Einheitsquaternion $q = q_0 + \vec{q}$. Da $1 = |q|^2 = q_0^2 + |\vec{q}|^2$ ist, gibt es einen Winkel $\alpha \in (-\pi, \pi]$ derart, dass

$$q = \cos\frac{\alpha}{2} + \vec{q}^{\,0}\sin\frac{\alpha}{2} = \cos\frac{\alpha}{2} + \vec{u}\sin\frac{\alpha}{2},$$

wobei $\vec{q}^{\,0} = \vec{u}$ der Einheitsvektor mit Richtung $\vec{q}$ ist. Die inverse Quaternion ist $q^{-1} = \overline{q}$. Damit berechnen wir jetzt qxq^{-1} für eine reine Vektorquaternion $x = \vec{x}$:

$$
\begin{aligned}
qxq^{-1} = qx\overline{q} &= \left(\cos\frac{\alpha}{2} + \vec{u}\sin\frac{\alpha}{2}\right)\vec{x}\left(\cos\frac{\alpha}{2} - \vec{u}\sin\frac{\alpha}{2}\right) \\
&= \left(-(\vec{u}\cdot\vec{x})\sin\frac{\alpha}{2} + \vec{x}\cos\frac{\alpha}{2} + \vec{u}\times\vec{x}\sin\frac{\alpha}{2}\right)\left(\cos\frac{\alpha}{2} - \vec{u}\sin\frac{\alpha}{2}\right) \\
&= -(\vec{u}\cdot\vec{x})\sin\frac{\alpha}{2}\cos\frac{\alpha}{2} + (\vec{u}\cdot\vec{x})\vec{u}\sin^2\frac{\alpha}{2} \\
&\quad + \vec{x}\cos^2\frac{\alpha}{2} + (\vec{u}\cdot\vec{x})\cos\frac{\alpha}{2}\sin\frac{\alpha}{2} - \cos\frac{\alpha}{2}\sin\frac{\alpha}{2}\vec{x}\times\vec{u} \\
&\quad + \cos\frac{\alpha}{2}\sin\frac{\alpha}{2}\vec{u}\times\vec{x} + \sin^2\frac{\alpha}{2}((\vec{u}\times\vec{x})\cdot\vec{u}) - (\vec{u}\times\vec{x})\times\vec{u}\sin^2\frac{\alpha}{2} \\
&= \vec{x}\cos^2\frac{\alpha}{2} + 2\sin\frac{\alpha}{2}\cos\frac{\alpha}{2}\vec{u}\times\vec{x} + (\vec{u}\cdot\vec{x})\vec{u}\sin^2\frac{\alpha}{2} - (\vec{u}\times\vec{x})\times\vec{u}\sin^2\frac{\alpha}{2}. \quad (8.38)
\end{aligned}
$$

Der letzte Term kann mit der Graßmann-Identität (8.9) ausgerechnet werden:

$$(\vec{u}\times\vec{x})\times\vec{u} = (\vec{u}\cdot\vec{u})\vec{x} - (\vec{u}\cdot\vec{x})\vec{u} = |\vec{u}|^2\vec{x} - (\vec{u}\cdot\vec{x})\vec{u} = \vec{x} - (\vec{u}\cdot\vec{x})\vec{u}.$$

Damit wird der Ausdruck (8.38) zu

$$
\begin{aligned}
qxq^{-1} &= \vec{x}\cos^2\frac{\alpha}{2} + 2\cos\frac{\alpha}{2}\sin\frac{\alpha}{2}\vec{u}\times\vec{x} + (\vec{u}\cdot\vec{x})\vec{u}\sin^2\frac{\alpha}{2} - \vec{x}\sin^2\frac{\alpha}{2} + (\vec{u}\cdot\vec{x})\vec{u}\sin^2\frac{\alpha}{2} \\
&= \left(\cos^2\frac{\alpha}{2} - \sin^2\frac{\alpha}{2}\right)\vec{x} + 2\sin^2\frac{\alpha}{2}(\vec{u}\cdot\vec{x})\vec{u} + 2\cos\frac{\alpha}{2}\sin\frac{\alpha}{2}\vec{u}\times\vec{x} \\
&= \cos\alpha\,\vec{x} + (1 - \cos\alpha)(\vec{u}\cdot\vec{x})\vec{u} + \sin\alpha\,\vec{u}\times\vec{x} \quad (8.39)
\end{aligned}
$$

Andererseits besagt die Rodrigues-Formel (8.20), dass der um die Achse $\vec{u}$ um den Winkel α gedrehte Vektor

$$\vec{x}' = \cos \alpha \vec{x} + (1 - \cos \alpha)(\vec{u} \cdot \vec{x})\vec{u} + \sin \alpha (\vec{u} \times \vec{x})$$

ist, dies stimmt mit dem Resultat (8.39) überein.

Satz 8.31 (Drehung und Einheitsquaternion). *Für eine Einheitsquaternion $\vec{q} = \cos \alpha/2 + \vec{q}^0 \sin \alpha/2$ beschreibt die Abbildung*

$$\mathbb{R}^3 \to \mathbb{R}^3 : \vec{x} \mapsto qxq^{-1} \tag{8.40}$$

eine Drehung des dreidimensionalen Raumes um den Winkel α um die Achse $\vec{q}^0$.

Zusammensetzung von Drehungen

Sind p und q zwei Einheitsquaternionen, dann beschreibt jede eine Drehung des dreidimensionalen Raumes über die Formel (8.40). Die Zusammensetzung der Drehung ist die Abbildung

$$\vec{x} \mapsto q\vec{x}q^{-1} \mapsto p(q\vec{x}q^{-1})p^{-1} = (pq)\vec{x}(pq)^{-1}.$$

Die zusammengesetzte Drehung ist also durch das Produkt der Quaternionen gegeben.

Seien p und q Einheitsquaternionen

$$p = \cos \frac{\beta}{2} + \vec{u} \sin \frac{\beta}{2} \qquad \text{und} \qquad q = \cos \frac{\alpha}{2} + \vec{u} \sin \frac{\alpha}{2}$$

mit parallelem Vektorteil. Sie beschreiben Drehungen um die gemeinsame Achse $\vec{u}$ um die Winkel α und β. Das Produkt ist

$$\begin{aligned}
pq &= \cos \frac{\beta}{2} \cos \frac{\alpha}{2} + \cos \frac{\beta}{2} \sin \frac{\alpha}{2}\vec{u} + \sin \frac{\beta}{2} \cos \frac{\alpha}{2}\vec{u} - \sin \frac{\beta}{2} \sin \frac{\alpha}{2}|u|^2 + \sin \frac{\beta}{2} \sin \frac{\alpha}{2}\vec{u} \times \vec{u} \\
&= \cos \frac{\beta}{2} \cos \frac{\alpha}{2} - \sin \frac{\beta}{2} \sin \frac{\alpha}{2} + \left(\cos \frac{\beta}{2} \sin \frac{\beta}{2} + \sin \frac{\beta}{2} \cos \frac{\beta}{2}\right)\vec{u} \\
&= \cos \frac{\alpha + \beta}{2} + \vec{u} \sin \frac{\alpha + \beta}{2},
\end{aligned}$$

wie erwartet für eine Quaternion, die eine Drehung um $\vec{u}$ um den Winkel $\alpha + \beta$ beschreibt.

8.B.4   Geometrische Algebra

Die Verschiebung eines Vektors $\vec{x}$ um einen Vektor $\vec{t}$ ist die Addition von Vektoren in $\mathbb{H}$. Eine Streckung um den Streckungsfaktor $s \in \mathbb{R} \subset \mathbb{H}$ ist die Multiplikation der Quaternionen. Die Beschreibung der Drehungen mit Hilfe von Quaternionen zeigt, dass sich alle geometrischen Transformationen durch algebraische Operationen in $\mathbb{H}$ ausdrücken lassen. Daraus lässt sich eine rein algebraische Beschreibung der dreidimensionalen Geometrie ableiten. Sie ist als *geometrische Algebra* bekannt.

Übungsaufgaben

8.1. Berechnen Sie den Flächeninhalt des Polygons mit den Ecken in Abbildung 8.27

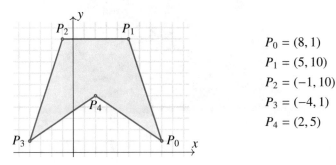

$$P_0 = (8, 1)$$
$$P_1 = (5, 10)$$
$$P_2 = (-1, 10)$$
$$P_3 = (-4, 1)$$
$$P_4 = (2, 5)$$

Abbildung 8.27: Flächeninhalt eines Fünfeckes in der Ebene.

8.2. Gegeben ist eine Ebene σ, welche durch die Punkte

$$A = (12, 0, 0), \qquad B = (0, 0, 5) \qquad \text{und} \qquad C = (12, 5, 0)$$

geht, sowie ein gerades Rohr mit Durchmesser 1, dass zwischen den Punkten

$$D = (4, -5, 6) \qquad \text{und} \qquad E = (8, 5, 10)$$

installiert ist (siehe auch Abbildung 8.28). Nun wird eine Kugel mit Radius 2 im Punkt B auf die Ebene gelegt und losgelassen. Die Kugel rollt auf den Punkt A zu. Wird die Kugel unter dem Rohr hindurch passen und damit den Punkt A erreichen?

8.3. Betrachten Sie die Vektoren

$$\vec{a}_0 = \begin{pmatrix} 14 \\ -2 \\ 5 \end{pmatrix} \qquad \text{und} \qquad \vec{a}_1 = \begin{pmatrix} 2 \\ -11 \\ -10 \end{pmatrix}.$$

a) Berechnen Sie $\vec{a}_2 = \vec{a}_0 \times \vec{a}_1$.

b) Bestimmen Sie Länge und Zwischenwinkel der Vektoren $\vec{a}_0$ und $\vec{a}_1$.

c) Betrachten Sie die rekursiv definierte Folge $\vec{a}_{n+1} = \vec{a}_{n-1} \times \vec{a}_n$. Berechnen Sie $\vec{a}_6$.

8.4. Der Kalzit-Kristall ist ein Rhomboeder, ein Parallelepiped, dessen Seitenflächen Parallelogramme mit den gleichen Winkeln α und $180° - \alpha$ sind. Im Falle des Kalzit-Kristalls ist $\alpha_{Kalzit} = 74.92°$. Seien die Kantenlängen eines solchen Rhomboeders a_1, a_2 und a_3.

a) Bestimmen Sie das Volumen.

b) Wie groß ist das Volumen eines Kalzitkristalls mit Seitenlängen 1?

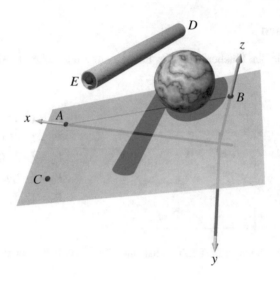

Abbildung 8.28: Zu Aufgabe 8.2.

8.5. Gegeben ist der Einheitsvektor

$$\vec{u} = \frac{1}{\sqrt{3}} \begin{pmatrix} 1 \\ 1 \\ 1 \end{pmatrix}.$$

a) Berechnen Sie die Bilder $\vec{e}_i'$ der Standardbasisvektoren $\vec{e}_i$, $i = 1, \dots, 3$, unter einer Drehung um die Achse mit Richtung $\vec{u}$ und um den Drehwinkel $\alpha = 60°$.

b) Wenden Sie die Drehung auch auf $\vec{e}_1''$ an.

Lösungen: https://linalg.ch/uebungen/LinAlg-108.pdf

Kapitel 9

Transformationen

In bisherigen Kapiteln haben wir jeweils einzelne lineare Abbildungen studiert. In diesem Kapitel wollen wir Mengen von lineare Abbildungen durch ihre Eigenschaften charakterisieren.

9.1 Eigenschaften linearer Abbildungen

Lineare Abbildungen sind Abbildungen zwischen Vektorräumen, die die zusätzliche Bedingung erfüllen, dass Unterräume in Unterräume abgebildet werden. Die Linearität

$$\varphi(t_1 v_1 + t_2 v_2) = t_1 \varphi(v_1) + t_2 \varphi(v_2) \quad \forall t_i \in \Bbbk, v_i \in V$$

einer Abbildung $\varphi \colon V \to U$ garantiert dies. Für die lineare Algebra sind nur die Operationen Vektoraddition und Skalarmultiplikation maßgebend. Alle Konstruktionen früherer Kapitel konnten damit ausgeführt werden. Eine lineare Abbildung ändert diese Operationen nicht, die Konstruktionen werden einfach in einen anderen Vektorraum übertragen. In diesem Sinne kann man sagen, dass lineare Abbildungen die Struktur der linearen Räume erhalten.

Ein wichtiger Schritt hin zum Verständnis einer linearen Abbildung ist, Kern und Bild der linearen Abbildung bestimmen zu können.

9.1.1 Kern: Eindeutige Lösbarkeit

Der Kern einer linearen Abbildung besteht aus allen Vektoren, die von der Abbildung auf 0 abgebildet werden.

Definition 9.1 (Kern einer linearen Abbildung). *Der* Kern *einer linearen Abbildung* $f \colon U \to V$ *ist die Menge* $\ker f = \{v \in U \mid f(v) = 0\}$ *(von engl.* kernel*).*

Für $u_1, u_2 \in \ker f$ und $\lambda \in \mathbb{k}$ ist

$$f(u_1 + u_2) = f(u_1) + f(u_2) = 0 \quad \Rightarrow \quad u_1 + u_2 \in \ker f$$
$$f(\lambda u_1) = \lambda f(u_1) = 0 \quad \Rightarrow \quad \lambda u_1 \in \ker f,$$

Dies zeigt, dass der Kern ein Unterraum von U ist.

Um den Kern mit Hilfe einer Basis von U zu beschreiben, muss die lineare Abbildung f als Matrix A gegeben sein.

Definition 9.2 (Nullraum). *Der* Nullraum *einer Matrix* $A \in M_{m \times n}(\mathbb{k})$ *besteht aus den Spaltenvektoren, die von A auf 0 abgebildet werden:* $N(A) = \{x \in \mathbb{k}^n \mid Ax = 0\}$ *(engl. auch* null space*).*

Die Vektoren des Nullraums einer Matrix A können als Lösungen der homogenen Gleichung $Ax = 0$ gefunden werden. Der Gauß-Algorithmus ermöglicht, eine Basis des Nullraumes zu finden:

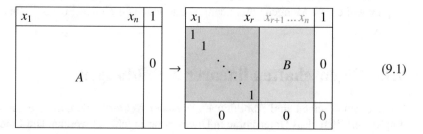

$$(9.1)$$

Der Rang der Matrix A ist r, es bleiben $n - r$ frei wählbare Variablen.

Die Vektoren im Kern einer linearen Abbildung haben in einer Basis als Spaltenvektoren die Vektoren im Nullraum der Matrix der linearen Abbildung in dieser Basis. Der Begriff des Kerns ist aber etwas allgemeiner, er ist auch für unendlichdimensionale Vektorräume sinnvoll.

Eindeutige Lösbarkeit von linearen Gleichungssystemen

Der Kern einer linearen Abbildung $f : U \to V$ zeigt an, wie groß der Lösungsraum der linearen Gleichung $f(x) = b$ ist. Nehmen wir an, dass $x, y \in U$ Lösungen der Gleichung sind, dann ist $f(x - y) = f(x) - f(y) = b - b = 0$. Die Differenz $x - y$ zwischen Lösungen ist also im Kern: $x - y \in \ker f$. Hat man eine Lösung x_0 der Gleichung $f(x) = b$ gefunden, dann findet man alle anderen, indem man einen Vektor aus dem Kern hinzuaddiert:

$$\mathbb{L} = \{x \in U \mid f(x) = b\} = x_0 + \ker f.$$

Wenn eine inhomogene Gleichung überhaupt eine Lösung hat, dann hat sie genau so viele Lösungen wie die zugehörige homogene Gleichung.

Es ist nicht garantiert, dass es zu einer gegebenen rechten Seite $b \in V$ überhaupt eine Lösung gibt. Für die rechte Seite $b = 0$ ist aber $0 \in U$ immer eine Lösung, die Lösungsmenge ist in diesem Fall der Kern $\ker f$.

9.1.2   Bild: Lösbarkeit von Gleichungen

Ist $f \colon U \to V$ eine lineare Abbildung dann hat die Gleichung $f(x) = b$ genau dann eine Lösung, wenn b im sogenannten Bild von f liegt:

Definition 9.3 (Bild einer linearen Abbildung). *Das* Bild im f *(von engl.* image*) einer linearen Abbildung* $f \colon U \to V$ *ist die Menge* $\operatorname{im} f = \{f(u) \mid u \in U\}$.

Für zwei Vektoren $v_1, v_2 \in \operatorname{im} f$ gibt es Vektoren $u_1, u_2 \in U$ mit $v_1 = f(u_1)$ und $v_2 = f(u_2)$. Die Addition und Skalarmultiplikation ist

$$v_1 + v_2 = f(u_1) + f(u_2) = f(u_1 + u_2) \quad \Rightarrow \quad v_1 + v_2 \in \operatorname{im} f$$
$$\lambda v_1 = \lambda f(u_1) = f(\lambda u_1) \quad \Rightarrow \quad \lambda v_1 \in \operatorname{im} f$$

für $\lambda \in \Bbbk$. Dies zeigt, dass das Bild im f unter Addition und Skalarmultiplikation abgeschlossen, also ein Unterraum von V ist.

Wählt man in U und V je eine Basis, dann kann die lineare Abbildung $f \colon U \to V$ durch eine Matrix B beschrieben werden. Da die Vektoren von U Linearkombinationen der Basisvektoren von U sind, besteht das Bild im f aus allen Linearkombinationen von den Bildern der Basisvektoren, also den Spalten der Matrix B.

Definition 9.4 (Spaltenraum). *Der* Spaltenraum *einer Matrix* $B \in M_{m \times n}(\Bbbk)$ *besteht aus den Linearkombinationen von Spaltenvektoren von* B: $C(B) = \{By \mid y \in \Bbbk^n\}$ *(von engl.* column space*).*

Die Vektoren im Bild einer linearen Abbildung f haben als Koordinatenvektoren genau die Vektoren des Spaltenraumes der zu f gehörigen Matrix.

9.1.3   Kern, Bild und Gauß-Tableau

Die Matrix B im Schlusstableau von (9.1) kann dazu verwendet werden, den Nullraum von f als Bild einer neuen Matrix auszudrücken. Sie berechnet die Koordinaten $x_1, \ldots, x_r$ aus den frei wählbaren Variablen $x_{r+1}, \ldots, x_n$. Mit der Matrix

$$D = \begin{pmatrix} & & & \\ & -B & & \\ & & & \\ 1 & & & \\ & 1 & & \\ & & \ddots & \\ & & & 1 \end{pmatrix} \tag{9.2}$$

ist der Nullraum von A

$$N(A) = \left\{ D \begin{pmatrix} x_{r+1} \\ \vdots \\ x_n \end{pmatrix} \;\middle|\; x \in \Bbbk^{n-r} \right\} = C(D),$$

also der Spaltenraum von D.

9.1.4 Orthogonalkomplement

Der Nullraum der Matrix A besteht aus Vektoren $x \in \Bbbk^n$, für die $Ax = 0$ gilt. Die Zeilen von A sind die Spalten von A^t, die Produkte der Zeilen von A mit x sind Skalarprodukte mit den Spalten von A^t. Der Nullraum von A ist also das Orthogonalkomplement des von den Spalten von A^t aufgespannten Raumes.

Satz 9.5 (Nullraum von A und Spaltenraum von A^t). *Der Nullraum von A ist das Orthogonalkomplement des Spaltenraumes von A^t: $N(A) = C(A^t)^{\perp}$.*

Mit dem Gauß-Algorithmus konnte eine Basis für den Nullraum gefunden werden. Der Nullraum ist der Spaltenraum der Matrix D in (9.2). Wenn die Matrix A den Rang r hat, dann bilden die Zeilen von A einen r-dimensionalen Raum. Mit dem Gauß-Algorithmus können r linear unabhängige Zeilen gefunden werden, sie lassen sich aus dem Schlusstableau (9.1) ablesen. Der Spaltenraum von A^t ist dann auch der Spaltenraum der $n \times r$-Matrix

$$F = \begin{pmatrix} 1 & & \\ & 1 & \\ & & 1 \\ & B^t & \end{pmatrix} \quad \Rightarrow \quad C(F) = C(A^t),$$

die durch Transponieren des Schlusstableaus entsteht.

Der Spaltenraum von A^t ist das Orthogonalkomplement des Spaltenraums von D, die Spalten von F bilden eine Basis des Orthogonalkomplements. Die Spalten von D sind linear unabhängig und bilden eine Basis des Nullraums. Die Spalten von F und D zusammen bilden daher eine Basis von $\Bbbk^n$ mit der zusätzlichen Eigenschaft, dass die Spalten von D eine Basis des Nullraums von A sind und die Spalten von F orthogonal dazu sind. Die beiden Matrizen F und D können kombiniert werden in eine reguläre Matrix

$$G = \begin{pmatrix} F & D \\ C(A^t) & N(A) \end{pmatrix} = \begin{pmatrix} 1 & & -B & \\ & 1 & & \\ & & 1 & \\ & B^t & & 1 \end{pmatrix}. \tag{9.3}$$

Der Fall einer einzelnen Gleichung in $\Bbbk^2$

Die Struktur der Matrix G hat eine einfache Entsprechung in zwei Dimensionen. Die 1×2-Matrix

$$A = \begin{pmatrix} a & b \end{pmatrix}$$

mit $a \neq 0$ führt auf das Schlusstableau

$$\boxed{\begin{array}{cc} a & b \end{array}} \rightarrow \boxed{\begin{array}{cc} 1 & -\dfrac{b}{a} \end{array}} \quad \text{mit der zugehörigen Matrix} \quad G = \begin{pmatrix} 1 & -\dfrac{b}{a} \\ \dfrac{b}{a} & 1 \end{pmatrix}.$$

Die beiden Spalten von G sind orthogonal, die zweite Spalte spannt den Lösungsraum auf $Ax = 0$ auf und die erste Spalte den Spaltenraum von A^t. Nach Multiplikation mit a findet man die Matrix

$$aG = \begin{pmatrix} a & -b \\ b & a \end{pmatrix} \Rightarrow \begin{pmatrix} a \\ b \end{pmatrix} \perp \begin{pmatrix} -b \\ a \end{pmatrix}.$$

Zu jedem Vektor in $\mathbb{R}^2$ findet man also einen orthogonalen Vektor, indem man die zwei Komponenten vertauscht und das Vorzeichen der einen kehrt.

Dies beobachtet man auch in einer zweidimensionalen Drehmatrix, die immer die Form

$$D_\alpha = \begin{pmatrix} \cos\alpha & -\sin\alpha \\ \sin\alpha & \cos\alpha \end{pmatrix}$$

hat. Die Spalten gehen auseinander hervor, indem man die Komponenten vertauscht und das Vorzeichen der einen Komponente kehrt.

Das Orthogonalkomplement eines einzelnen Vektors in $\mathbb{k}^n$

Für das Orthogonalkomplement eines einzelnen Vektors a mit den Komponenten $a_1, \ldots, a_n$ mit $a_1 \neq 0$ muss aus dem Tableau

$$\boxed{\begin{array}{cccc} a_1 & a_2 & \ldots & a_n \end{array}} \rightarrow \boxed{\begin{array}{cccc} 1 & \dfrac{a_2}{a_1} & \ldots & \dfrac{a_n}{a_1} \end{array}}$$

die Matrix

$$G = \begin{pmatrix} 1 & -\dfrac{a_2}{a_1} & \ldots & -\dfrac{a_n}{a_1} \\ \dfrac{a_2}{a_1} & 1 & \ldots & 0 \\ \vdots & \vdots & & \vdots \\ \dfrac{a_n}{a_1} & 0 & \ldots & 1 \end{pmatrix}.$$

abgelesen werden, die die Basisvektoren als Spalten enthält. Nach Multiplikation mit a_1 finden wir eine Basis des Orthogonalkomplements des Vektors a mit den Basisvektoren

$$\begin{pmatrix} -a_2 \\ a_1 \\ 0 \\ \vdots \\ 0 \end{pmatrix}, \begin{pmatrix} -a_3 \\ 0 \\ a_1 \\ \vdots \\ 0 \end{pmatrix}, \ldots, \begin{pmatrix} -a_n \\ 0 \\ 0 \\ \vdots \\ a_1 \end{pmatrix}.$$

9.2   Invarianten

In einer Anwendung sind meist nicht beliebige Abbildungen zulässig. In der Mechanik eines starren Körpers müssen zum Beispiel Längen und Winkel erhalten bleiben, es sind also nur Abbildungen zulässig, die diese nicht ändern. In diesem Abschnitt untersuchen wir einige solche *Invarianten* und die Matrizen, die sie nicht ändern.

9.2.1   Volumen

Das Volumen eines Parallelepipeds, das von Vektoren $b_1, \ldots, b_n$ aufgespannt wird, ist eine Grösse, die von der Wahl des Koordinatensystems unabhängig ist. Volumentreue Abbildungen dürfen den Wert nicht ändern. Das Volumen wird von der Determinanten berechnet werden, die als Spalten die Vektoren b_i hat. Eine lineare Abbildung mit der Matrix A ändert also genau dann das Volumen des Parallelepipeds nicht, wenn die Determinante durch die Multiplikation mit der Matrix A nicht verändert wird. Wegen der Produktformel $\det(AB) = \det(A)\det(B)$ für die Determinante ist das genau dann der Fall, wenn $\det A = 1$ ist. Die volumenerhaltenden Transformationen von $\mathbb{R}^n$ werden also durch Matrizen mit Determinante 1 dargestellt.

9.2.2   Längen und Winkel

Längen und Winkel werden mit dem Skalarprodukt definiert. Sie sind also genau dann unter einer linearen Abbildung erhalten, wenn das Skalarprodukt unverändert bleibt. In einer orthonormierten Basis wird das Skalarprodukt zweier Vektoren u und v durch das Produkt $u^t v$ berechnet. Eine lineare Abbildung mit der Matrix A, die das Skalarprodukt erhält, erfüllt daher

$$u^t v = \langle u, v \rangle = \langle Au, Av \rangle = (Au)^t Av = u^t A^t Av.$$

Setzt man die Standardbasisvektoren $u = e_i$ und $v = e_k$ ein, findet man die Matrixelemente

$$\delta_{ik} = e_i^t e_k = e_i^t (A^t A) e_k = (A^t A)_{ik} \quad \Rightarrow \quad A^t A = I.$$

Solche Matrizen wurden in Abschnitt 7.4 orthogonal genannt.

Verallgemeinerte Skalarprodukte

Ein verallgemeinertes Skalarprodukt wird nach Definition 7.27 durch eine symmetrische, positiv definite Matrix G definiert. Das Skalarprodukt $\langle \ , \ \rangle_G$ der Vektoren u und v ist definiert durch

$$\langle u, v \rangle_G = u^t G v.$$

Eine lineare Abbildung mit der Abbildungsmatrix A erhält das verallgemeinerte Skalarprodukt, wenn

$$u^t G v = \langle u, v \rangle_G = \langle Au, Av \rangle_G Au^t GAv = u^t A^t GAv$$

für alle Vektoren u und v. Setzt man wieder $u = e_i$ und $v = e_k$, folgt

$$g_{ik} = e_i^t G e_k = e_i^t A^t GAe_k = (A^t GA)_{ik} \quad \Rightarrow \quad G = A^t GA.$$

Das verallgemeinerte Skalarprodukt wird genau dann nicht verändert, wenn die Abbildungsmatrix A die Bedinung $A^t G A$ erfüllt. Das gewöhnliche Skalarprodukt ist der Fall $G = I$, es führt auf die orthogonalen Matrizen.

Hyperbolisches Skalarprodukt

Die Matrix

$$H = \begin{pmatrix} 1 & 0 \\ 0 & -1 \end{pmatrix}$$

ist nicht positiv definit und definiert daher kein verallgemeinertes Skalarprodukt. Trotzdem lässt sich das *hyperbolische Skalarprodukt* oder *Minkowski-Skalarprodukt*

$$\langle u, v \rangle_H = u^t H v$$

definieren, das in der speziellen Relativitätstheorie eine besondere Bedeutung hat. Wir stellen erneut die Frage, welche linearen Abbildungen das Produkt $\langle \ , \ \rangle_H$ nicht ändern. Wie für eine verallgemeinertes Skalarprodukt erfüllt eine Matrix A, die $\langle \ , \ \rangle_H$ nicht verändert, die Bedingung $A^t H A = H$.

Einige einfache Beispiele lassen sich sofort angeben. Die Matrizen $A = \pm H$ erfüllen die Bedingung wegen

$$A^t H A = \pm H^t H H = \pm H H^2 = \pm H = A.$$

Ist A eine Matrix, die $A^t H A = H$ erfüllt, dann erfüllen auch die Matrizen $B_\pm = \pm H A$ die Bedingungen:

$$(\pm H A)^t H (\pm H A) = A^t H^3 A = A^t H A = H.$$

Die Matrix H ändert das Vorzeichen der zweiten Koordinaten, $-H$ ändert das Vorzeichen der ersten Koordinate.

Wir suchen jetzt eine Parametrisierung aller Matrizen A, die $A^t H A = H$ erfüllen. Durch Multiplikation mit H oder $-H$ oder beiden kann man immer erreichen, das die Elemente $a_{11} \geq 0$ und $a_{22} \geq 0$ sind.

Für die Einträge der Matrix A ergeben sich Bedingungen

$$A^t H A = \begin{pmatrix} a_{11} & a_{21} \\ a_{12} & a_{22} \end{pmatrix} \begin{pmatrix} 1 & 0 \\ 0 & -1 \end{pmatrix} \begin{pmatrix} a_{11} & a_{12} \\ a_{21} & a_{22} \end{pmatrix} = \begin{pmatrix} a_{11} & -a_{21} \\ a_{12} & -a_{22} \end{pmatrix} \begin{pmatrix} a_{11} & a_{12} \\ a_{21} & a_{22} \end{pmatrix}$$

$$= \begin{pmatrix} a_{11}^2 - a_{21}^2 & a_{11}a_{12} - a_{21}a_{22} \\ a_{11}a_{12} - a_{21}a_{22} & a_{12}^2 - a_{22}^2 \end{pmatrix} = H = \begin{pmatrix} 1 & 0 \\ 0 & -1 \end{pmatrix}.$$

Dies ist gleichbedeutend mit den Gleichungen

$$\begin{aligned} a_{11}^2 - a_{21}^2 &= 1, \\ a_{22}^2 - a_{12}^2 &= 1, \end{aligned} \qquad a_{11}a_{12} - a_{21}a_{22} = 0. \tag{9.4}$$

Die Lösungen der Gleichungen auf der linken Seite können mit hyperbolischen Funktionen parametrisiert werden. Wir verwenden die Parametrisierung

$$\begin{aligned} a_{11}^2 - a_{21}^2 &= 0 & \Rightarrow & \quad a_{11} = \cosh t, \quad a_{21} = \sinh t, \\ a_{22}^2 - a_{12}^2 &= 0 & \Rightarrow & \quad a_{22} = \cosh s, \quad a_{12} = \sinh s. \end{aligned}$$

Setzt man dies in die rechte Gleichung in (9.4) ein, erhält man

$$0 = a_{11}a_{12} - a_{21}a_{22} = \cosh t \sinh s - \sinh t \cosh s = 0 \quad \Rightarrow \quad \tanh t = \tanh s \quad \Rightarrow \quad t = s.$$
$$(9.5)$$

Die Menge der 2×2-Matrizen, die das hyperbolische Skalarprodukt erhalten und positive Einträge auf der Diagonalen haben, besteht also aus den Matrizen

$$L_0 = \left\{ \begin{pmatrix} \cosh t & \sinh t \\ \sinh t & \cosh t \end{pmatrix} \middle| \, t \in \mathbb{R} \right\}.$$

Die Gesamtheit G der Matrizen, die das Skalarprodukt erhalten, besteht also den vier Komponenten

$$G = L_0 \cup HL_0 \cup (-H)L_0 \cup (-I)L_0$$

Die Teilmengen sind

$$HL_0 = \left\{ \begin{pmatrix} \cosh t & \sinh t \\ -\sinh t & -\cosh t \end{pmatrix} \middle| \, t \in \mathbb{R} \right\}$$

$$(-H)L_0 = \left\{ \begin{pmatrix} -\cosh t & -\sinh t \\ \sinh t & \cosh t \end{pmatrix} \middle| \, t \in \mathbb{R} \right\}$$

$$(-I)L_0 = \left\{ \begin{pmatrix} -\cosh t & -\sinh t \\ -\sinh t & -\cosh t \end{pmatrix} \middle| \, t \in \mathbb{R} \right\}$$

Definition 9.6 (Lorentz-Transformation). *Eine Transformation in L heißt* Lorentz-Transformation.

In der speziellen Relativitätstheorie wird postuliert, dass die hyperbolische Länge $l^2 = x^2 - c^2 t^2$ eine invariante Größe ist. Verwendet man $x_1 = x$ und $x_2 = ct$ als Koordinaten, dann wird $l^2 = x_1^2 - x_2^2$ das verallgemeinerte Skalarprodukt. Die zulässigen Koordinatentransformationen in der speziellen Relativitätstheorie sind daher die Lorentz-Transformationen.

9.3 Gruppen

Die Invarianten von Abschnitt 9.2 haben unter den Matrizen in $M_n(\Bbbk)$ jeweils ein Teilmenge ausgezeichnet. Die Teilmenge war im Allgemeinen kein Unterraum von $M_n(\Bbbk)$, dafür war sie abgeschlossen unter Matrixmultiplikation und -inversion. Solche Teilmengen sind sogenannte Gruppen.

9.3.1 Die Definition einer Gruppe

Eine Gruppe ist die kleinste algebraische Struktur, in der sinnvoll Gleichungen gelöst werden können. Dazu muss es eine Verknüpfung geben, die auch invertiert werden kann. Genauer gilt folgende Definition.

Definition 9.7 (Gruppe). *Eine Menge G mit einer zweistelligen Verknüpfung*

$$G \times G \to G : (g, h) \mapsto gh$$

heißt eine Gruppe, *wenn sie die folgenden Eigenschaften hat:*

1. *Die Verknüpfung ist assoziativ, d. h. $(gh)k = g(hk)$ für alle $g, h, k \in G$.*

2. *Es gibt ein Element $e \in G$, das* neutrale Element, *mit der Eigenschaft $eg = ge = g$ für alle $g \in G$.*

3. *Zu jedem Element $g \in G$ gibt es eine Element $g^{-1} \in G$ derart, dass $g^{-1}g = e$. Das Element g^{-1} heißt das zu g inverse Element.*

Beispiel 9.8. Die Menge $\mathbb{R}$ mit der Addition ist eine Gruppe. Das neutrale Element ist $0 \in \mathbb{R}$, das inverse Element von a ist $-a$. ◯

Beispiel 9.9. Ein Vektorraum V ist eine Gruppe bezüglich der Addition mit dem neutralen Element $0 \in V$ und $-v$ als inversem Element von $v \in V$. ◯

Beispiel 9.10. Die Menge $\mathbb{R}^* = \mathbb{R} \setminus \{0\}$ mit der Multiplikation ist eine Gruppe. Das neutrale Element ist $1 \in \mathbb{R}^*$ und das inverse Element von $a \in \mathbb{R}^*$ ist $\frac{1}{a}$. ◯

Beispiel 9.11. Für einen beliebigen Körper $\Bbbk$ ist $\Bbbk^* = \Bbbk \setminus \{0\}$ eine Gruppe bezüglich der Multiplikation. ◯

Beispiel 9.12. Die Menge der invertierbaren Matrizen $GL_n(\Bbbk)$ ist eine Gruppe mit der Matrizenmultiplikation als Verknüpfung, der Einheitsmatrix I als neutrales Element und der inversen Matrix als inverses Element. ◯

Definition 9.13 (Untergruppe). *Ist G eine Gruppe, dann heißt eine Teilmenge $H \subset G$, die mit der gleichen Verknüpfung eine Gruppe ist, eine* Untergruppe *von G.*

Die Definition einer Gruppe verlangt, dass eine Untergruppe mindestens das neutrale Element e enthält. Außerdem muss die Teilmenge bezüglich der Verknüpfung abgeschlossen sein und mit jedem Element muss auch das inverse Element in der Teilmenge sein, damit sie eine Untergruppe ist.

Die durch die Invarianten von Abschnitt 9.2 definierten Teilmengen von $M_n(\Bbbk)$ sind in der Tat Gruppen. Die Einheitsmatrix I war in den Teilmengen enthalten. Um einzusehen, dass die Teilmengen sogar Gruppen sind, muss man nur noch zeigen, dass sie bezüglich der Matrizenmultiplikation und -inversion abgeschlossen sind.

9.3.2 Die orthogonale Gruppe

Orthogonale Matrizen waren Matrizen A, die die Bedingung $A^t A = I$ erfüllen (Definition 7.18).

Definition 9.14 (orthogonale Gruppe). *Die orthogonale Gruppe ist die Gruppe*

$$O(n) = \{A \in M_n(\mathbb{R}) \mid A^t A = I\}.$$

Daraus folgt automatisch, dass $A \in O(n)$ wegen $A^{-1} = A^t$ invertierbar ist, die orthogonale Gruppe ist also eine Teilmenge von $GL_n(\Bbbk)$. Außerdem ist das Produkt zweier orthogonaler Matrizen A und B

$$(AB)^t AB = B^t A^t AB = B^t IB = B^t B = I.$$

Unitäre Matrizen

Eine orthogonale Matrix O verändert das Skalarprodukt nicht. Lässt man in den Vektoren komplexe Einträge zu, dann muss statt eines Skalarprodukts ein komplexes Skalarprodukt verwendet werden (Siehe Kasten auf Seite 343). Eine Matrix, die das komplexe Skalarprodukt nicht verändert, heißt unitär.

Die unitären Matrizen bilden genau wie die orthogonalen Matrizen eine Gruppe, nämlich die sogenannte *unitäre Gruppe* U(n). Die spezielle unitäre Gruppe besteht aus den unitären Matrizen, die außerdem Determinante 1 haben, also

$$\mathrm{SU}(n) = \mathrm{U}(n) \cap \mathrm{SL}_n(\mathbb{C}).$$

Das komplexe Standardskalarprodukt zweier komplexer Vektoren u und v ist das Produkt u^*v, also ganz ähnlich wie das reelle Skalarprodukt, es muss nur Transposition durch hermitesche Konjugation ersetzt werden. Eine Matrix A ist unitär, wenn $u^*v = (Au)^*Av = u^*A^*Av$, daraus kann man wie bei orthogonalen Matrizen folgern, dass für unitäre Matrizen $A^*A = I$ und $A^{-1} = A^*$ gilt.

Das Produkt AB ist daher auch wieder eine orthogonale Matrix in $O(n)$.

Wenn A Längen und Winkel erhält, dann wird die inverse Matrix dies auch tun und A^{-1} ist wieder orthogonal. Etwas formeller erfüllt $A^{-1} = A^t$ die Bedingung

$$(A^{-1})^t A^{-1} = (A^t)^t A^t = AA^t = AA^{-1} = I,$$

A^{-1} ist also ebenfalls orthogonal.

Die soeben durchgeführten Rechnungen zeigen ganz analog auch, dass die Menge der Matrizen, die ein verallgemeinertes Skalarprodukt $\langle\ ,\ \rangle_G$ oder das Minkowski-Skalarprodukt $\langle\ ,\ \rangle_H$ nicht verändern, ebenfalls Gruppen bilden.

9.3.3   Homomorphismen

Die spezielle lineare Gruppe (Definition 4.33) ist durch den Wert 1 der Determinante definiert. Letztere zeichnet sich durch die besondere Eigenschaft der Produktformel aus, die eine genauere Untersuchung rechtfertigt.

Strukturerhaltende Abbildungen

Lineare Abbildungen erhalten die Struktur eines Vektorraumes, lineare Unterräume bleiben erhalten. Das verwandte Konzept für Gruppen ist der Begriff des Homomorphismus.

Definition 9.15 (Homomorphismus). *Eine Abbildung $\varphi \colon G \to H$ zwischen Gruppen heißt ein* Homomorphismus, *wenn für alle $g, h \in G$ gilt $\varphi(gh) = \varphi(g)\varphi(h)$.*

Wegen $\varphi(ge) = \varphi(g)\varphi(e)$ für alle g muss $\varphi(e)$ das neutrale Element von H sein. Außerdem ist $e = \varphi(e) = \varphi(g^{-1}g) = \varphi(g^{-1})\varphi(g)$. Da auch $\varphi(g)^{-1}\varphi(g) = e$ ist, muss $\varphi(g^{-1}) = \varphi(g)^{-1}$ sein. Aus der Definition eines Homomorphismus folgt also auch, dass das neutrale Element von G auf das neutrale Element von H abgebildet wird und dass das Bild des inversen Elements das inverse Element des Bildes ist.

Kern und Bild

Der Kern einer linearen Abbildung besteht aus den Vektoren, die von der Abbildung auf 0 abgebildet werden. Dies kann auf Homomorphismen zwischen Gruppen verallgemeinert werden.

Definition 9.16 (Kern und Bild). *Der* Kern *eines Homomorphismus* $\varphi : G \to H$ *ist die Menge*

$$\ker \varphi = \{g \in G \mid \varphi(g) = e\}.$$

Das Bild *von* φ *ist*

$$\operatorname{im} \varphi = \{\varphi(g) \mid g \in G\}.$$

Wie für lineare Abbildungen kann man nachrechnen, dass Kern und Bild Untergruppen von G bzw. H sind. Wir führen dies für den Kern vor. Für $g_1, g_2 \in \ker G$ ist

$$\varphi(g_1 g_2) = \varphi(g_1)\varphi(g_2) = ee = e \qquad \Rightarrow \qquad g_1 g_2 \in \ker G$$

und

$$\varphi(g_1^{-1}) = \varphi(g_1)^{-1} = e^{-1} = e \qquad \Rightarrow \qquad g_1^{-1} \in \ker \varphi.$$

Damit ist gezeigt, dass $\ker \varphi \subset G$ eine Untergruppe ist.

Die Determinante ist keine lineare Abbildung

Die Determinante von Matrizen in $M_n(\Bbbk)$ ist keine lineare Abbildung. Wäre sie linear, müsste $\det(\lambda A) = \lambda \det(A)$ gelten, in Wirklichkeit ist aber $\det(\lambda A) = \lambda^n \det(A)$. Mit der Produktformel für die Determinante und (4.21) kann man die Determinanten einer Summe ausrechnen:

$$
\begin{aligned}
\det(A + B) &= \det(A(I + A^{-1}B)) = \det A \det(I + A^{-1}B) \\
&= \det A(1 + \operatorname{tr}(A^{-1}B) + \cdots + \det(A^{-1}B)) \\
&= \det A + \det A \operatorname{tr}(A^{-1}B) + \cdots + \det A \det(A^{-1}) \det B \\
&= \det A + \underbrace{\det A \operatorname{tr}(A^{-1}B)}_{\text{Zwischenterme}} + \ldots + \det B.
\end{aligned}
$$

Wegen der Zwischenterme auf der rechten Seite ist die Determinante einer Summe im Allgemeinen von der Summe der Determinanten verschieden.

Wäre die Determinante linear, müsste für $A = I \in M_2(\Bbbk)$ und $B = -I \in M_2(\Bbbk)$ die Summenformel

$$0 = \det(0) = \det(A + B) = \det(I + (-I)) = \det I + \det(-I) = 1 + (-1)^2 = 2$$

gelten, ein offensichtlicher Widerspruch.

Determinante als Homomorphismus

Die Produktregel

$$\det(AB) = \det(A)\det(B)$$

der Determinante besagt, dass Produkte von Matrizen durch die Determinante in Produkte von reellen Zahlen überführt werden. Sie ist ein Homomorphismus von der Matrizengruppe $\mathrm{GL}_n(\Bbbk)$ in die Gruppe $\Bbbk^*$. Die Determinante verträgt sich zwar nicht mit der Addition von Matrizen und der Skalarmultiplikation, aber sie verträgt sich mit der Matrixmultiplikation.

9.3.4   Die spezielle lineare Gruppe

Die spezielle lineare Gruppe ist definiert als die Menge der Matrizen mit Determinante 1 (Definition 7.18). Da die Determinante ein Homomorphismus ist, ist

$$\mathrm{SL}_n(\Bbbk) = \{A \in M_n(\Bbbk) \mid \det A = 1\} = \ker \det$$

automatisch eine Untergruppe von $\mathrm{GL}_n(\Bbbk)$ ist.

9.3.5   Die spezielle orthogonale Gruppe

Für eine orthogonale Matrix $A \in O(n)$ gilt $I = A^t A$ und somit

$$1 = \det(I) = \det(A^t A) = \det(A^t)\det(A) = \det(A)^2.$$

Die Determinante kann also nur die Werte ± 1 annehmen. Spiegelungen ändern die Orientierung und haben Determinante -1, Drehungen haben Determinante $+1$.

Definition 9.17 (spezielle orthogonale Gruppe). *Die* spezielle orthogonale Gruppe *ist die Gruppe*

$$\mathrm{SO}(n) = O(n) \cap \mathrm{SL}_n(\mathbb{R}) = \{A \in M_n(\mathbb{R}) \mid A^t A = I \wedge \det A = 1\}.$$

Die spezielle orthogonale Gruppe besteht also aus den orientierungserhaltenden Transformationen, die Längen und Winkel erhalten.

9.3.6   Die Spur definiert keine Gruppe

Die Spur ist zwar eine lineare Abbildung, aber kein Homomorphismus, wie unten gezeigt wird. Die Menge

$$\ker \mathrm{tr} = \{A \in M_n(\Bbbk) \mid \mathrm{tr}\, A = 0\}$$

ist daher ein Unterraum, aber sie ist im Allgemeinen bezüglich der Matrizenmultiplikation nicht abgeschlossen. Mit der Spur lässt sich daher keine Untergruppe definieren.

Beispiel 9.18.   Die Matrix

$$A = \begin{pmatrix} 1 & 0 \\ 0 & -1 \end{pmatrix}$$

hat $\mathrm{tr}\, A = 0$, aber $A^2 = I$ hat Spur $\mathrm{tr}\, A^2 = \mathrm{tr}\, I = 2$.   ○

Für die Spur gibt es keine Produktformel

Die Spur ist im Gegensatz zur Determinanten eine lineare Abbildung

$$\text{tr}: M_n(\Bbbk) \to \Bbbk : A \mapsto \text{tr}\,A,$$

aber sie verträgt sich nicht mit der Matrizenmultiplikation, wie das folgende Gegenbeispiel zeigt. Die Matrix

$$J_t = \sqrt{\frac{t}{2}}\begin{pmatrix} 0 & -1 \\ 1 & 0 \end{pmatrix}$$

hat $\text{tr}\,J_t = 0$ aber $J_t^2 = \frac{t}{2}I$ hat $\text{tr}\,J_t^2 = t$. Nehmen wir an es gäbe eine Regel, nach der $\text{tr}\,AB$ aus $\text{tr}\,A$ und $\text{tr}\,B$ berechnet werden kann. Wir schreiben sie als eine Funktion

$$\text{tr}\,AB = f(\text{tr}\,A, \text{tr}\,B).$$

Für die Matrix J_t müsste dann gelten

$$t = \text{tr}\,J_t^2 = f(\text{tr}\,J_t, \text{tr}\,J_t) = f(0,0)$$

für jeden beliebigen Wert $t \in \Bbbk$. Dies ist nicht möglich für alle Werte $t \neq f(0,0)$. Eine solche Regel kann es also nicht geben.

9.4 Lie-Algebren

In Abschnitt 9.2 wurden Gruppen als Mengen von Matrizen definiert, die eine Größe unverändert lassen. Die Spur kam dabei mit gutem Grund nicht vor: sie definiert zwar einen Unterraum von $M_n(\Bbbk)$, aber keine Gruppe. Sie definiert aber eine sogenannte Lie-Algebra. Eine solche wurde bereits im Abschnitt 8.3 untersucht: das Vektorprodukt. In diesem Abschnitt soll gezeigt werden, dass es zu jeder der früher definierten Matrizengruppen eine Lie-Algebra gehört. Die Lie-Algebra des Vektorproduktes wird sich dabei als die Lie-Algebra der Gruppe SO(3) herausstellen.

9.4.1 Eine Algebra für Matrizen mit Spur 0

Die Spur verträgt sich nicht gut mit dem Matrizenprodukt, es ist daher nicht zu erwarten, dass die Matrizen mit Spur 0 eine der bereits bekannten algebraischen Strukturen ergibt. Mit dem Kommutator lässt sich aber eine interessante Struktur konstruieren.

Kommutator

Die Spur eines Produktes von Matrizen hängt nicht von der Reihenfolge der Faktoren ab, es gilt $\text{tr}(AB) = \text{tr}(BA)$. Es folgt, dass

$$\text{tr}(AB - BA) = \text{tr}(AB) - \text{tr}(BA) = 0, \tag{9.6}$$

Der Kommutator $[A, B] = AB - BA$ ist also eine Matrix mit Spur 0.

Sophus Lie

Sophus Lie kam am 17. Dezember 1842 in Nordfjordeid in Norwegen zur Welt. Er studierte von 1859 bis 1865 an der Christiania und legte das Reallehrerexamen ab. Erst 1868 begann er ernsthaft, sich mit Mathematik zu beschäftigen. Lie hatte während seines Studiums bei Peter Ludwig Mejdell Sylow Vorlesungen über Gruppentheorie gehört. Später traf er mit Felix Klein zusammen und veröffentlichte Arbeiten über Transformationsgruppen. Er begründete die Theorie der kontinuierlichen Symmetrie und verwendete sie für Untersuchungen über Differentialgleichungen. Seine Ideen bilden die Basis der heutigen Theorie der Lie-Gruppen und Lie-Algebren.

Lie litt zeit seines Lebens an einer nicht heilbaren Anämie und starb am 18. Februar 1899 in Kristiania, dem heutigen Oslo.

Jacobi-Identität

Die Multiplikation von Matrizen in $M_n(\Bbbk)$ ist assoziativ, es kommt nicht darauf an, mit welchem Produkt man beim Ausmultiplizieren beginnt. Das Assoziativgesetz gilt aber für den Kommutator nicht, wie das folgende Beispiel zeigt.

Beispiel 9.19. Wir betrachten die Matrizen

$$A = \begin{pmatrix} 0 & 1 & 0 \\ -1 & 0 & 0 \\ 0 & 0 & 0 \end{pmatrix} \quad \text{und} \quad B = \begin{pmatrix} 0 & 0 & -1 \\ 0 & 0 & 0 \\ 1 & 0 & 0 \end{pmatrix}.$$

Sie haben den Kommutator

$$[A, B] = \begin{pmatrix} 0 & 0 & 0 \\ 0 & 0 & 1 \\ 0 & -1 & 0 \end{pmatrix} = C.$$

Damit folgt jetzt

$$[A, [B, B]] = [A, 0] = 0$$
$$[[A, B], B] = [C, B] = -A.$$

Insbesondere ist $[A, [B, B]] \neq [[A, B], B]$, das Kommutatorprodukt ist nicht assoziativ. ○

Um Dreierprodukte umzuformen steht aber eine andere Identität zur Verfügung, nämlich die Jacobi-Identität

$$[[A, B], C] + [[B, C], A] + [[C, A], B] = 0,$$

die wir als Lemma 8.17 bereits kennengelernt haben.

9.4.2 Lie-Algebra

Der Matrizenkommutator und die Jacobi-Identität legen die Basis für eine neue algebraische Struktur, die Lie-Algebra.

Definition 9.20 (Lie-Algebra). *Eine Lie-Algebra L ist ein $\Bbbk$-Vektorraum mit einem bilinearen Produkt $[\ ,\ ]$: $L \times L \to L$, das auch als* Lie-Klammer *bezeichnet wird, und welches die folgenden Eigenschaften hat:*

1. *$[x, x] = 0$ für alle $x \in L$.*

2. *Es gilt die Jacobi-Identität*

$$[[a, b], c] + [[b, c], a] + [[c, a], b] = 0.$$

Die Lie-Klammer ist antisymmetrisch, wie man durch Ausrechnen des Produktes $[x + y, x + y]$ nachrechnen kann:

$$0 = [x + y, x + y] = [x, x] + [x, y] + [y, x] + [y, y] = [x, y] + [y, x] \quad \Rightarrow \quad [x, y] = -[y, x].$$

Der dreidimensionale Raum $\mathbb{R}^3$ mit dem Vektorprodukt und die Matrizenalgebra $M_n(\Bbbk)$ mit dem Matrizenkommutator sind Lie-Algebren.

9.4.3 Lie-Algebren zu den Matrizengruppen

Die Matrizengruppen, die in Abschnitt 9.2 definiert wurden, haben die zusätzliche Eigenschaft, dass sich darin stetige oder sogar differenzierbare Kurven von Matrizen definieren lassen. Damit wird es sinnvoll, von der Ableitung und Tangentialvektoren zu sprechen. In diesem Abschnitt soll gezeigt werden, dass diese Tangentialvektoren eine Lie-Algebra bilden.

Ableitung von Kurven in einer Gruppe

Wir betrachten eine Matrizengruppe $G \subset M_n(\mathbb{R})$ und eine Kurve

$$\gamma \colon [-\varepsilon, \varepsilon] \to G : t \mapsto \gamma(t).$$

Der Definitionsbereich ist ein kleines Intervall um $0 \in \mathbb{R}$. Zusätzlich verlangen wir, dass die Kurve für $t = 0$ durch das neutrale Element der Gruppe G geht, also $\gamma(0) = I \in G$. Da $M_n(\mathbb{R})$ ein endlichdimensionaler reeller Vektorraum ist, sind Stetigkeit und Differenzierbarkeit wohldefiniert. Hat die Matrix $\gamma(t)$ die Matrixelemente $\gamma_{ik}(t)$, dann ist γ stetig bzw. differenzierbar, wenn alle Funktionen $\gamma_{ik}(t)$ stetig bzw. differenzierbar sind. Die Ableitung $\dot{\gamma}(t)$ nach t hat die Matrixelemente $\dot{\gamma}_{ik}(t)$.

Die Ableitung einer Kurve an der Stelle $t = 0$ ist der Tangentialvektor an die Kurve. Der Tangentialvektor $\dot{\gamma}(0) \in M_n(\mathbb{R})$ ist also eine $n \times n$-Matrix.

Die Zusammensetzung einer Kurve γ in $M_n(\mathbb{R})$ mit der Transposition ist die Kurve $\gamma^t \colon t \mapsto \gamma^t(t)$. Der zugehörige Tangentialvektor ist $\dot{\gamma}^t(0)$.

Zwei Kurven $\gamma(t)$ und $\eta(t)$ in $M_n(\mathbb{R})$ können mit der Matrizenmultiplikation zum Produkt $\mu(t) = \gamma(t)\eta(t)$ verknüpft werden. Für die Ableitung von $\mu(t)$ gilt die Produktregel:

$$\dot{\mu}_{ik}(t) = \frac{d}{dt} \sum_{j=1}^{n} \gamma_{ij}(t)\eta_{jk}(t) = \sum_{j=1}^{n} \left(\dot{\gamma}_{ij}(t)\eta_{jk}(t) + \gamma_{ij}(t)\dot{\eta}_{jk}(t) \right)$$

$$= (\dot{\gamma}\eta + \gamma\dot{\eta})_{ik} \quad \Rightarrow \quad \frac{d}{dt}\mu(t) = \dot{\gamma}(t)\eta(t) + \gamma(t)\dot{\eta}(t).$$

An der Stelle $t = 0$ gilt wegen $\gamma(0) = \eta(0) = I$

$$\dot{\mu}(0) = \dot{\gamma}(0) \underbrace{\eta(0)}_{= I} + \underbrace{\gamma(0)}_{= I} \dot{\eta}(0) = \dot{\gamma}(0) + \dot{\eta}(0).$$

Wählt man $\eta(t) = \gamma(t)^{-1}$, ist $\mu(t) = \gamma(t)\gamma(t)^{-1} = I$ konstant und damit die Ableitung $= 0$. Es folgt, dass

$$\frac{d}{dt}\gamma(t)^{-1}\bigg|_{t=0} = -\dot{\gamma}(0).$$

Ableitung und Kommutator

Die Ableitung des Produktes von zwei Kurven an der Stelle $t = 0$ führt auf die Summe der Ableitungen. Insbesondere ist die Ableitung von $\gamma(t)\eta(t)$ und $\eta(t)\gamma(t)$ für $t = 0$ nicht unterscheidbar. Damit ist nicht mehr erkennbar, dass das Matrizenprodukt im Allgemeinen nicht kommutativ ist.

Sei $\gamma(t)$ eine Kurve mit $\dot{\gamma}(0) = A$ und B eine Matrix. Dann ist die Ableitung von $\gamma(t)B\gamma(t)^{-1}$ an der Stelle $t = 0$

$$\frac{d}{dt}(\gamma(t)B\gamma(t)^{-2})\bigg|t = 0 = \dot{\gamma}(0)B\gamma(0) - \gamma(0)^{-1}B\dot{\gamma}(0) = AB - BA = [A, B].$$

Für eine kommutative Gruppe ist $\gamma(t)B\gamma(t)^{-1} = B$ konstant, die Ableitung und damit der Kommutator von A und b ist $= 0$. Die Information über die Nichtkommutativität der Multiplikation in der Gruppe ist also im Kommutator in der Lie-Algebra erhalten geblieben.

Lie-Algebra der allgemeinen linearen Gruppe $\mathrm{GL}_n(\mathbb{R})$

Zu jeder beliebigen Matrix $A \in M_n(\mathbb{R})$ ist $\gamma_A(t) = I + tA$ eine differenzierbare Kurve in $M_n(\mathbb{R})$. Man kann zeigen, dass die geometrische Reihe

$$\gamma_A(t)^{-1} = (I + tA)^{-1} = I - tA + t^2A^2 - t^3A^3 + \cdots = \sum_{k=0}^{\infty} (-1)^k t^k A^k$$

für genügend kleine t konvergiert und die Inverse von $I + tA$ ist. Die Ableitung an der Stelle $t = 0$ ist A. Für kleine t ist $\gamma_A(t)$ sogar eine Kurve in $\mathrm{GL}_n(\mathbb{R})$. Dies bedeutet, dass jede beliebige Matrix Tangentialvektor einer Kurve durch I in $\mathrm{GL}_n(\mathbb{R})$ sein kann.

Definition 9.21 (Lie-Algebra von $\mathrm{GL}_n(\mathbb{R})$). *Die Menge*

$$\mathrm{gl}_n(\mathbb{R}) = M_n(\mathbb{R})$$

mit dem Kommutatorprodukt heißt die Lie-Algebra der Gruppe $\mathrm{GL}_n(\mathbb{R})$.

Lie-Algebra von U(n)

Die Lie-Algebra so(n) der Gruppe O(n) der orthogonalen Matrizen besteht aus antisymmetrischen Matrizen mit Spur 0. Wir erwarten daher, dass die Lie-Algebra der unitären Gruppe (Kasten auf Seiten 472)

$$u(n) = \{A \in M_n(\mathbb{C}) \mid A^* = -A\} \tag{9.7}$$

ist. Tatsächlich gilt entlang einer Kurve $\gamma(t)$ von unitären Matrizen mit $\gamma(0) = I$ die Identität $\gamma(t)^*\gamma(t) = I$. Ableitung nach t an der Stelle $t = 0$ ergibt

$$0 = \frac{d}{dt}(\gamma(t)^*\gamma(t))\bigg|_{t=0} = \dot{\gamma}(0)^*\gamma(0) + \gamma(0)^*\dot{\gamma}(0) = \dot{\gamma}(0)^* + \dot{\gamma}(0) \Rightarrow \dot{\gamma}(0)^* = -\dot{\gamma}(0).$$

Eine Matrix $A \in M_n(\mathbb{C})$ ist also Tangentialvektor an die Gruppe U(n), wenn $A^* = -A$ gilt. Man sagt, A ist *antihermitesch*. Damit ist die Vermutung (9.7) bestätigt.

Lie-Algebra der orthogonalen Gruppe O(n)

Die orthogonale Gruppe ist definiert durch die Bedingung

$$O^t O = I.$$

Eine Kurve $\gamma(t)$ durch $\gamma(0) = I$ in der orthogonalen Gruppe erfüllt daher $\gamma(t)^t\gamma(t) = I$ für alle t. Die Ableitung davon an der Stelle $t = 0$ ist

$$\dot{\gamma}(0)^t + \dot{\gamma}(0) = 0 \qquad \Rightarrow \qquad \dot{\gamma}(0)^t = -\dot{\gamma}(0),$$

die Tangentialvektoren sind also antisymmetrische Matrizen.

Der Kommutator antisymmetrischer Matrizen ist selbst wieder antisymmetrisch, denn für antisymmetrische Matrizen A und B, also $A^t = -A$ und $B^t = -B$, gilt

$$[A, B]^t = (AB - BA)^t = B^t A^t - A^t B^t = (-B)(-A) - (-A)(-B) = BA - AB = -(AB - BA)$$
$$= -[A, B].$$

Die antisymmetrischen Matrizen bilden eine Lie-Algebra:

Definition 9.22 (Lie-Algebra von O(n)). *Die Menge*

$$so(n) = \{A \in M_n(\mathbb{R}) \mid A^t = -A\}$$

mit dem Matrizenkommutator ist eine Lie-Algebra.

Lie-Algebra der speziellen linearen Gruppe SL$_n(\mathbb{R})$

Die spezielle lineare Gruppe SL$_n(\mathbb{R})$ besteht aus reellen $n \times n$-Matrizen mit Determinante 1. Die Kurve $I + tA$ geht zwar durch I, aber die Matrizen $I + tA$ sind nicht notwendigerweise in SL$_n(\mathbb{R})$, denn

$$d(t) = \det(I + tA) = 1 + t\operatorname{tr} A + O(t^2)$$

nach (4.28). Insbesondere gilt $\dot{d}(0) = \operatorname{tr} A$. Die Kurve

$$\gamma(t) = \frac{1}{\det(I + tA)^{\frac{1}{n}}}(I + tA) \tag{9.8}$$

hat Determinante

$$\det \gamma(t) = \frac{1}{\det(I + At)} \det(I + tA) = 1,$$

verläuft also in $\mathrm{SL}_n(\mathbb{R})$ und ist damit geeignet, einen Tagentialvektor in $\mathrm{sl}_n(\mathbb{R})$ zu berechnen.

Die Ableitung der Kurve $\gamma(t)$ von (9.8) bei $t = 0$ ist

$$\dot{\gamma}(0) = \frac{d}{dt} \frac{I + tA}{\sqrt[n]{d(t)}}\bigg|_{t=0} = \frac{A \sqrt[n]{d(0)} - I \frac{1}{n} d(0)^{\frac{1}{n}-1} \dot{d}(0)}{\sqrt[n]{d(0)}^2} = A - I \frac{\operatorname{tr} A}{n}.$$

Es folgt, dass der Tangentialvektor die

$$\operatorname{tr} \dot{\gamma}(0) = \operatorname{tr} A - \frac{\operatorname{tr} A}{n} \underbrace{\operatorname{tr} I}_{= n} = 0$$

hat. Die Lie-Algebra $\mathrm{sl}_n(\mathbb{R})$ besteht daher aus den Matrizen mit Spur 0.

Außerdem ist die Spur eines Kommutators wieder 0, die Menge der Matrizen mit verschwindender Spur ist daher unter dem Kommutatorprodukt abgeschlossen. Sie ist daher eine Lie-Algebra.

Definition 9.23 (Lie-Algebra von $\mathrm{SL}_n(\mathbb{R})$). *Die Menge*

$$\mathrm{sl}_n \mathbb{R} = \{A \in M_n(\mathbb{R}) \mid \operatorname{tr} A = 0\}$$

mit dem Matrix-Kommutator heißt die Lie-Algebra der Gruppe $\mathrm{SL}_n(\mathbb{R})$.

9.4.4 Exponentialfunktion

Bis jetzt wurden Kurven in einer Matrizengruppe durch die Einheitsmatrix und die Ableitung der Kurve in der Einheitsmatrix untersucht. So ließ sich jeder Kurve eine Matrix der Lie-Algebra zuordnen. Umgekehrt sollte es auch möglich sein, aus einer Matrix in der Lie-Algebra, ein Kurve durch I zu konstruieren, deren Ableitung die gegebene Matrix ist.

Die Exponentialreihe

Zu jeder Matrix $A \in M_n(\mathbb{R})$ lässt sich eine solche Kurve als Lösung der Differentialgleichung

$$\frac{d}{dt} \gamma(t) = A \gamma(t) \tag{9.9}$$

erster Ordnung mit der Anfangsbedingung $\gamma(0) = I$ finden. Eine mögliche Lösung kann mit der Matrixexponentialfunktion gefunden werden.

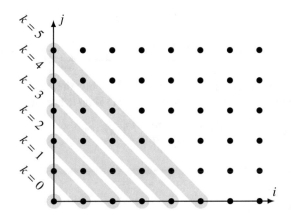

Abbildung 9.1: Terme der Summe (9.11). Es gilt $j = k - i$, jede Kombination von i und j in $\mathbb{N}$ kommt genau einmal vor.

Definition 9.24 (Matrixexponentialfunktion). *Für eine Matrix $B \in M_n(\mathbb{R})$ heißt die Reihe*

$$e^B = \exp B = I + B + \frac{B^2}{2!} + \frac{B^3}{3!} + \frac{B^4}{4!} + \cdots = \sum_{k=0}^{\infty} \frac{1}{k!} B^k$$

die Matrixexponentialfunktion *von B.*

Die Kurve $\gamma(t) = \exp tA$ hat die Ableitung

$$\dot\gamma(t) = \frac{d}{dt} \exp tA = \frac{d}{dt} \sum_{k=0}^{\infty} \frac{t^k A^k}{k!} = \sum_{k=0}^{\infty} \frac{k t^{k-1} A^k}{k!} = A \sum_{k=1}^{\infty} \frac{t^{k-1} A^{k-1}}{(k-1)!} = A \exp tA,$$

ist also eine Lösung der Differentialgleichung (9.9).

Die Potenzreihe $\eta(t) = \exp(-tA)$ ist Lösung der Differentialgleichung $\dot\eta(t) = -A\eta(t)$. Das Produkt $\gamma(t)\eta(t)$ ist eine Kurve durch $\gamma(0)\eta(0) = I$, die die Differentialgleichung

$$\frac{d}{dt}(\gamma(t)\eta(t)) = \dot\gamma(t)\eta(t) + \gamma(t)\dot\eta(t) = A\gamma(t)\eta(t) + \gamma(t)(-A\eta(t)) = A\gamma(t)\eta(t) - A\gamma(t)\eta(t) = 0$$

erfüllt. Das Produkt ist daher konstant und es folgt $\eta(t) = \gamma(t)^{-1}$.

Potenzgesetz

Für reelle Zahlen gilt $e^{a+b} = e^a e^b$, wie man durch Ausrechnen der Potenzreihe nachprüfen kann. Dabei braucht man aber, dass das Produkt der Zahlen a und b kommutativ ist. Es ist daher im allgemeinen nicht zu erwarten, dass eine solche Formel für beliebige Matrizen A und B gilt.

Satz 9.25 (Potenzgesetz für die Matrixexponentialfunktion). *Sind $A, B \in M_n(\mathbb{R})$ Matrizen, die vertauschen, für die also $AB = BA$ ist, dann gilt*

$$e^{A+B} = e^A e^B. \tag{9.10}$$

Beweis. Wir berechnen die Exponentialreihe für $A + B$:

$$e^{A+B} = \sum_{k=0}^{\infty} \frac{(A+B)^k}{k!} = \sum_{k=0}^{\infty} \frac{1}{k!} \sum_{i=0}^{k} \binom{k}{i} A^i B^{k-i} = \sum_{k=0}^{\infty} \frac{1}{k!} \sum_{i=0}^{k} \frac{k!}{i!\,(k-i)!} A^i B^{k-i}. \qquad (9.11)$$

Aus Abbildung 9.1 kann man ablesen, dass jede Kombination von i und $j = k - i$ genau einmal in der Summe vorkommt. Die Summe (9.11) kann daher auch als

$$= \sum_{i=0}^{\infty} \sum_{j=0}^{\infty} \frac{A^i}{i!} \frac{B^j}{j!} = \sum_{i=0}^{\infty} \frac{A^i}{i!} \cdot \sum_{j=0}^{\infty} \frac{B^j}{j!} = e^A e^B$$

geschrieben werden.   □

Exponentialfunktion von $\mathrm{sl}_n(\mathbb{R})$

Die Lie-Algebra $\mathrm{sl}_n(\mathbb{R})$ besteht aus den Matrizen mit Spur 0. Sei $A \in \mathrm{sl}_n(\mathbb{R})$. Die Exponentialfunktion liefert

$$B(t) = e^{tA} = \sum_{k=0}^{\infty} \frac{t^k A^k}{k!}.$$

Wir behaupten, dass $\det B(t) = 1$ ist. Zunächst ist klar, dass $\det B(0) = \det I = 1$ ist.

Wir zeigen, dass die Ableitung der Funktion $t \mapsto \det B(t)$ verschwindet, was bedeutet, dass $B(t)$ konstant und damit $= 1$ sein muss.

Für die Ableitung von $\det B(t)$ verwenden wir zunächst die Tatsache, dass $e^{(t+\tau)A} = e^{tA} e^{\tau A}$ ist, für die Ableitung nach t folgt dann

$$\frac{d}{dt} e^{tA} = \frac{d}{d\tau} e^{tA} e^{\tau A} = e^{tA} \frac{d}{d\tau} e^{\tau A}.$$

Für $B(t)$ berechnen wir dann

$$\frac{d}{dt} \det B(t) = \frac{d}{d\tau} \det B(t+\tau) = \frac{d}{d\tau} \det(B(t)B(\tau)) = \det B(t) \cdot \frac{d}{d\tau} \det B(\tau),$$

es reicht also, die Ableitung an der Stelle $\tau = 0$ zu berechnen. Dort können wir das Resultat von Satz 4.28 verwenden, nämlich

$$\det B(\tau) = \det\left(I + \tau \sum_{k=1}^{\infty} \frac{\tau^{k-1} A^k}{k!}\right) = 1 + \tau \operatorname{tr} \sum_{k=1}^{\infty} \frac{\tau^{k-1} A^k}{k!} + O(\tau^2).$$

Ableiten nach τ ergibt nach der Produktregel

$$\frac{d}{d\tau} \det B(\tau) = \operatorname{tr} \sum_{k=1}^{\infty} \frac{\tau^{k-1} A^k}{k!} + \tau \operatorname{tr} \sum_{k=2}^{\infty} \frac{(k-1)\tau^{k-2} A^k}{k!} + O(\tau).$$

An der Stelle $\tau = 0$ bleibt aus der ersten Summe nur der erste, Terme, die zweite Summe verschwindet ganz:

$$\left. \frac{d}{d\tau} \det B(\tau) \right|_{\tau=0} = \operatorname{tr} A = 0.$$

Damit ist gezeigt, dass $\det B(t) = 1$ und damit $B(t) \in \mathrm{sl}_n(\mathbb{R})$ ist.

Exponentialfunktion von so(n)

Die Lie-Algebra so(n) besteht aus antisymmetrischen Matrizen mit Spur 0. Sei also $A \in$ so(n). Die Exponentialreihe macht daraus die Kurve

$$O(t) = \exp tA = \sum_{k=0}^{\infty} \frac{t^k A^k}{k!}.$$

Die transponierte Matrix ist

$$O(t)^t = \sum_{k=0}^{\infty} \frac{t^k A^{tk}}{k!} = \sum_{k=0}^{\infty} \frac{t^k (-A)^k}{k!} = \exp(-tA).$$

Nach (9.10) folgt dann

$$O^t(t)O(t) = e^{-tA} e^{tA} = e^{-tA+tA} = e^0 = I.$$

Die Matrizen e^{tA} sind also alle orthogonal.

Drehungen in $\mathbb{R}^2$ und so(2)

Auf der Diagonalen einer antisymmetrischen Matrix kann nur 0 stehen. Eine antisymmetrische 2×2-Matrizen A hat daher die Form

$$A = \begin{pmatrix} 0 & -t \\ t & 0 \end{pmatrix} = tJ \quad \text{mit der Matrix} \quad J = \begin{pmatrix} 0 & -1 \\ 1 & 0 \end{pmatrix}.$$

Die Exponentialreihe für Jt ist die Drehmatrix

$$e^{tJ} = \left(\sum_{i=0}^{\infty} (-1)^i t^{2i} (2i)! \right) I + \left(\sum_{i=0}^{\infty} (-1)^i t^{2i+1} (2i+1)! \right) J = I \cos t + J \sin t = \begin{pmatrix} \cos t & -\sin t \\ \sin t & \cos t \end{pmatrix}.$$

$$(9.12)$$

Exponentialform der Rodrigues-Formel

Die Ableitung der Matrixform (8.21) der Rodrigues-Formel nach dem Winkel ist

$$\frac{d}{d\alpha}(I + \sin \alpha \cdot U + (1 - \cos \alpha) \cdot U^2) = \cos \alpha U + \sin \alpha U^2.$$

An der Stelle $\alpha = 0$ wird dies

$$\frac{d}{d\alpha}(I + \sin \alpha \cdot U + (1 - \cos \alpha) \cdot U^2)\Big|_{\alpha=0} = \cos 0 \cdot U + \sin 0 \cdot U^2 = U = \begin{pmatrix} 0 & -u_3 & u_2 \\ u_3 & 0 & -u_1 \\ -u_2 & u_1 & 0 \end{pmatrix},$$

eine antisymmetrische und spurlose Matrix, also in so(n). Daraus können wir die folgende Exponentialform der Rodrigues-Formel gewinnen.

Satz 9.26 (Rodrigues-Formel, Exponentialform). *Sei $\vec{u}$ ein Einheitsvektor und $\alpha \in \mathbb{R}$. Die Matrix der Drehung um die Achse mit Richtungsvektor $\vec{u}$ um den Winkel α hat die Matrix*

$$D_{\vec{u},\alpha} = \exp \alpha U \quad mit \quad U = \begin{pmatrix} 0 & -u_3 & u_2 \\ u_3 & 0 & -u_1 \\ -u_2 & u_1 & 0 \end{pmatrix} \quad und \quad \vec{u} = \begin{pmatrix} u_1 \\ u_2 \\ u_3 \end{pmatrix}. \tag{9.13}$$

Für die Standardbasisvektoren liefert eine Rechnung analog zu (9.12) die Drehmatrizen (7.17) und (7.18) um die Koordinatenachsen.

9.A   Quadratur-Amplituden-Modulation

Um ein zeitabhängiges Signal drahtlos zu übertragen, muss es auf ein hochfrequentes Trägersignal aufmoduliert werden. Wie macht man das und wie kann man das ursprüngliche Signal wiedergewinnen? Eine besonders flexible Methode, die sogenannte Quadratur-Amplituden-Modulation, lässt sich mit Hilfe von Vektorgeometrie und Drehmatrizen besonders leicht verstehen.

linalg.ch/video/5

9.A.1   Amplitudenmodulation

Die Technik der Amplitudenmodulation geht auf die Anfangszeit des Radios zurück. Um ein zeitabhängiges Audiosignal $A(t)$ mit Frequenzen von typischwerweise wenigen hundert Hertz oder wenigen Kilohertz drahtlos zu übertragen, verändert man die Amplitude eines Trägersignals von mehreren hundert Kilohertz oder mehr und leitet es zu einer Antenne. Diese strahlt dann ein entsprechend oszillierendes elektromagnetisches Feld ab, das von einem Empfänger aufgefangen und wieder hörbar gemacht werden kann.

In Abbildung 9.2 wird die Amplitude des Träger $\cos \omega t$ mit der Kreisfrequenz $\omega = 2\pi f$ im Takt des Signals verändert. Genauer: der Träger wird mit der zeitlich veränderlichen Intensität $I(t) = 1 + A(t)$ multipliziert, das ausgesendete und empfangene Signal ist also

$$I(t) \cos \omega t = (1 + A(t)) \cos \omega t. \tag{9.14}$$

Ein so moduliertes Signal ist besonders leicht zu demodulieren. Es reicht, das Signal gleichzurichten und verbleibende Reste der Trägerfrequenz sowie die konstante Komponenten auszufiltern, wie dies ein Detektorradio (Abbildung 9.3) tut.

Mit dieser Methode kann man zu jeder Zeit t einen einzelnen Wert $I(t)$ übermitteln. Für die Praxis ist das schon bei Audiosignalen oft ungenügend, man möchte doch mindestens beide Stereokanäle eines qualitativ hochwertigen Signals gleichzeitig übertragen können.

Die zweite Schwierigkeit ist die Frage, warum wir $\cos \omega t$ dem ebenfalls möglichen Träger $\sin \omega t$ vorziehen sollen. Die beiden unterscheiden sich nur um eine Phasenverschiebung von 90°, die für die oben beschriebene Modulation und Demodulation bedeutungslos ist.

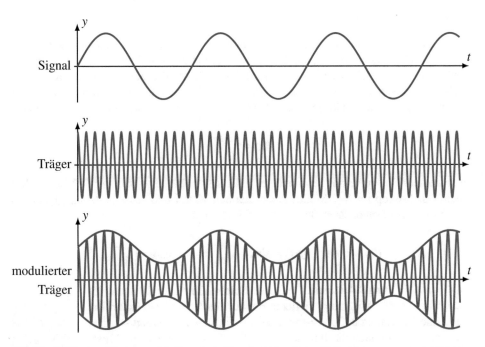

Abbildung 9.2: Amplitudenmodulation eines Signals $A(t)$ auf eine Trägerfrequenz $\cos \omega t$. Die Amplitude des Trägers wird im Takt des Signals verändert.

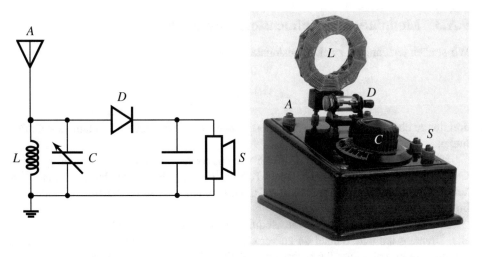

Abbildung 9.3: Ein Detektorradio (links das Schatlbild, rechts ein Gerät aus den 1930er-Jahren) besteht aus einem einstellbaren Schwingkreis aus Spule L und Kondensator C zur Auswahl der Trägerfrequenz, einer Diode D zur Gleichrichtung und einem Kondensator zur Filterung der Überreste des Trägers. Die elektromagnetischen Wellen regen über die am Antennenanschluss A angeschlossene Antenne den Schwingkreis zum Schwingen an. Bei starken Sendern kann das niederfrequente Tonsignal ohne Verstärkung mit einem Kopfhörer am Anschluss S abgehört werden.

9.A.2   Zweidimensionale Signale

Wir suchen also nach einem Verfahren, mit dem wir nicht nur ein einzelnes zeitabhängiges Signal $I(t)$ übertragen können, sondern auch noch ein zweites Signal, das wir mehr oder weniger aus historischen Gründen $Q(t)$ nennen wollen[1]. Die beiden Stereokanäle eines Audiosignals wären gute Kandidaten dafür. Wir stellen uns die beiden Komponenten als untrennbar zusammengehörig vor, es ist daher sinnvoll, sie als zweidimensionalen Vektor

$$\vec{v}(t) = \begin{pmatrix} I(t) \\ Q(t) \end{pmatrix}$$

zu schreiben. Dieser Vektor beschreibt zu jeder Zeit t einen Punkt in der I-Q-Ebene. Mit einem Oszilloskop im X-Y-Modus kann man den Vektor und seine Zeitabhängigkeit als Kurve sichtbar machen. Zum Beispiel führt das Signal

$$I(t) = \cos t, \quad Q(t) = \sin 3t \quad \Rightarrow \quad \vec{v}(t) = \begin{pmatrix} \cos t \\ \sin 3t \end{pmatrix} \tag{9.15}$$

auf die in Abbildung 9.4 dargestellte Kurve. Solche Kurven sind bekannt als *Lissajous-Figuren*. Mit komplizierteren Funktionen $I(t)$ und $Q(t)$ kann fast jede Linienzeichnung auf den Schirm des Oszilloskops gezaubert werden, wie zum Beispiel auch die Internet "Kunstform" der Oscilloscope Music zeigt. In Abbildung 9.5 werden zum Beispiel ein Tänzer oder drei Pilze mit zwei geeigneten Funktionen $I(t)$ und $Q(t)$ gezeichnet.

linalg.ch/video/6

9.A.3   Modulation zweidimensionaler Signale

Wir streben jetzt an, ein zweidimensionales Signal

$$\vec{v}(t) = \begin{pmatrix} I(t) \\ Q(t) \end{pmatrix}$$

drahtlos zu übertragen und müssen zu diesem Zweck ein geeignetes Modulationsverfahren finden.

Mit nur dem einen Signal $I(t)$ haben wir $I(t)\cos \omega t$ als moduliertes Signal gewählt. Geometrisch können wir das auf einem Kreis mit Radius $I(t)$ als Drehung um den Winkel ωt mit anschließender Projektion auf die horizontale Achse verstehen (Abbildung 9.6 links).

Es ist daher naheliegend, für die Modulation des zweidimensionalen Signals ebenfalls eine Drehung um den Winkel ωt zu verwenden. Der Vektor $\vec{v}(t)$ wird in der I-Q-Ebene gedreht wie in Abbildung 9.6 rechts gezeigt. Dazu kann eine Drehmatrix $D_{\omega t}$ verwendet werden. Wir berechnen

$$D_{\omega t}\vec{v}(t) = \begin{pmatrix} \cos \omega t & -\sin \omega t \\ \sin \omega t & \cos \omega t \end{pmatrix}\begin{pmatrix} I(t) \\ Q(t) \end{pmatrix} = \begin{pmatrix} I(t) \cos \omega t - Q(t) \sin \omega t \\ I(t) \sin \omega t + Q(t) \cos \omega t \end{pmatrix} = \begin{pmatrix} s(t) \\ c(t) \end{pmatrix} \tag{9.16}$$

---

[1]Das Signal $I(t)$ heißt auch die In-phase-Komponente und $Q(t)$ Quadratur-Komponente

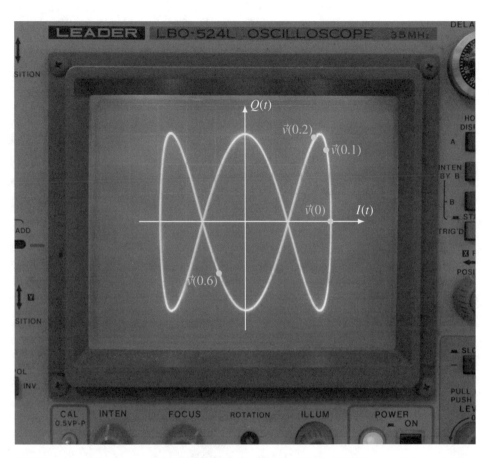

Abbildung 9.4: Die Lissajous-Figur des zweidimensionalen Signals (9.15) kann auf einem Oszilloskop im X-Y-Modus sichtbar gemacht werden.

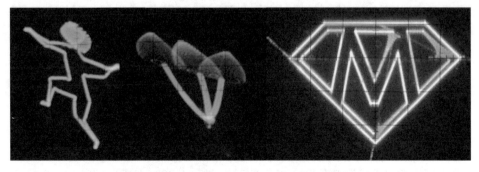

Abbildung 9.5: Tänzer und drei Pilze gezeichnet von zwei Signalen $I(t)$ und $Q(t)$ aus dem Video https://youtu.be/rtR63-ecUNo (links) und das MathMan-Logo gezeichnet mit Hilfe eines für diesen Zweck konstruierten Audio-Files (rechts).

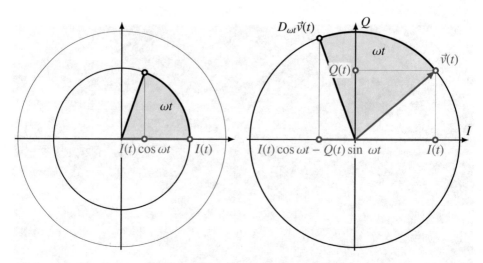

Abbildung 9.6: Links: Modulation des Signals $I(t)$ als Drehung um den Winkel ωt auf einem Kreis mit Radius $I(t)$. Rechts: Erweiterung auf zweidimensionale Signale durch Hinzunahme einer zweiten Komponente $Q(t)$. Modulation bleibt die Anwendung der Drehung auf den Vektor $\vec{v}(t)$. Nur die horizontale Komponente des modulierten Signals (rot) wird am Ende übertragen.

Das zweite Signal $Q(t)$ modulieren wir also statt mit $\cos \omega t$ mit der Funktion $-\sin \omega t$. Natürlich können wir aus den beiden Funktionen $I(t) \cos \omega t$ und $-Q(t) \sin \omega t$ auch die Funktionen $I(t)$ und $Q(t)$ zurückgewinnen, das reicht aber nicht. Dazu brauchen wir nämlich $I(t) \cos \omega t$ und $-Q(t) \sin \omega t$ unabhängig voneinander, wir brauchen also zwei unabhängig Übertragungskanäle für die beiden Signale, was wir vermeiden wollen.

Einzelne Werte der Funktionen $I(t)$ und $Q(t)$ können aber aus der Summe

$$s(t) = I(t) \cos \omega t - Q(t) \sin \omega t$$

rekonstruiert werden. An den Stellen $t = k\pi/\omega$ für $k \in \mathbb{Z}$ verschwindet der Faktor $\sin \omega t$, so dass an diesen Stellen der zweite Summand in $s(t)$ wegfällt. Ebenso wird der erste Summand an den Stellen $t = (k + \frac{1}{2})\pi/\omega$ verschwinden. Dieser Sachverhalt ist in Abbildung 9.7 dargestellt. Es ist also

$$s\left(k \cdot \frac{\pi}{2\omega}\right) = \begin{cases} I(k \cdot \frac{\pi}{2\omega}) \cdot (-1)^{\frac{k}{2}} & k \text{ gerade,} \\ Q(k \cdot \frac{\pi}{2\omega}) \cdot (-1)^{\frac{k-1}{2}} & k \text{ ungerade.} \end{cases}$$

Zu Zeitpunkten, die Vielfache von $\pi/2\omega$ sind, kann man also aus $s(t)$ die Werte von $I(t)$ und $Q(t)$ ablesen. Tatsächlich lernt man in der Signaltheorie, dass man daraus die Funktionen $I(t)$ und $Q(t)$ rekonstruieren kann, wenn sie keine Frequenzkomponenten größer als die Trägerfrequenz haben. Die Summe $s(t)$ ist also etwas, was man potentiell drahtlos übermitteln kann, und woraus man die Komponenten $I(t)$ und $Q(t)$ zurückgewinnen kann. Man nennt dieses Modulationsverfahren *Quadratur-Amplituden-Modulation*.

Da wir über das nötige signaltheoretische Wissen noch nicht verfügen, müssen wir eine alternative, geometrische Methode suchen, wie wir aus $s(t)$ die Komponenten $I(t)$ und

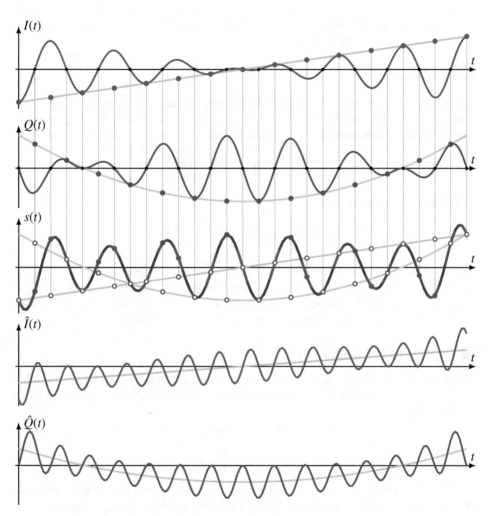

Abbildung 9.7: Rekonstruktion der Signale $I(t)$ und $Q(t)$ (oberste zwei Graphen) aus der Summe $s(t) = I(t)\cos\omega t - Q(t)\sin\omega t$ (Mitte). Die Nullstellen von $\sin\omega t$ sind durch feine blaue Linien dargestellt, die Nullstellen von $\cos\omega t$ durch feine rote Linien. Der Graph von $s(t)$ ist jeweils mit der Farbe eingefärbt, die den dominanten Beitrag repräsentiert. Blaue Segmente im Graphen von $s(t)$ bedeuten, dass vor allem der Wert von $Q(t)$ zum Wert beiträgt, dies geschieht in der Umgebung von Nullstellen von $\cos\omega t$, in den roten Segmenten ist es der Wert von $I(t)$, der dominiert während $\sin\omega t$ eine Nullstelle durchläuft. Fette Punkte auf dem Graphen von $s(t)$ markieren Punkte bei den genannten Nullstellen. Die leeren Punkte sind Werte von $s(t)$, die um das Vorzeichen des Trägers korrigiert wurden, sie liegen genau auf dem Graphen der ursprünglichen Signale $I(t)$ und $Q(t)$. Die untersten zwei Graphen zeigen die rekonstruierten Signale $\hat{I}(t) = s(t)\cos\omega t$ und $\hat{Q}(t) = -s(t)\sin\omega t$, welche in Abschnitt 9.A.4 erklärt werden.

$Q(t)$ wiedergewinnen können. Das modulierte Signal $s(t)$ ist also nichts anderes als eine Komponente eines Vektors, der entsteht, indem $\vec{v}(t)$ mit sehr großer Winkelgeschwindigkeit ω um den Ursprung gedreht wird. Wir sind aber insofern nicht weiter, dass wir $I(t)$ und $Q(t)$ noch nicht rekonstruieren können.

9.A.4 Demodulation

Die modulierten Komponenten $s(t)$ und $c(t)$ entstehen gemäß (9.16) durch eine sehr rasche Drehung $D_{\omega t}\vec{v}(t)$ des Vektor $\vec{v}(t)$. Da die Drehung durch eine Matrix beschrieben wird, können wir sie auch wieder rückgängig machen, indem wir mit der inversen Matrix

$$D_{\omega t}^{-1} = D_{-\omega t} = \begin{pmatrix} \cos \omega t & \sin \omega t \\ -\sin \omega t & \cos \omega t \end{pmatrix}$$

multiplizieren. So finden wir

$$D_{\omega t}^{-1} \begin{pmatrix} s(t) \\ c(t) \end{pmatrix} = D_{\omega t}^{-1} D_{\omega t} \begin{pmatrix} I(t) \\ Q(t) \end{pmatrix} = \begin{pmatrix} I(t) \\ Q(t) \end{pmatrix},$$

das Signal ist wieder *demoduliert* worden. Es ist also klar, dass man aus $s(t)$ und $c(t)$ die ursprünglichen Signale $I(t)$ und $Q(t)$ rekonstruieren kann. Allerdings ist auch dies nicht wirklich eine Lösung des Problems. Es ist immer noch notwendig, die beiden Funktionen $s(t)$ und $c(t)$ getrennt zu übertragen, um $I(t)$ und $Q(t)$ wiederzugewinnen.

Demodulation mit Trigonometrie

Wir suchen ein Verfahren, mit dem wir $I(t)$ und $Q(t)$ allein aus $s(t)$ zurückgewinnen können. Auch für dieses Problem suchen wir eine geometrische Lösung. Wir gehen dazu von der Gleichung

$$\vec{v}(t) = D_{-\omega t} \underbrace{D_{\omega t}\vec{v}(t)}_{= \begin{pmatrix} s(t) \\ c(t) \end{pmatrix}}$$

aus. Die Tatsache, dass wir $c(t)$ nicht übertragen wollen, können wir dadurch abbilden, dass wir in der Gleichung eine Projektionsmatrix P verwenden, um die Komponeten $c(t)$ zu unterdrücken:

$$P = \begin{pmatrix} 1 & 0 \\ 0 & 0 \end{pmatrix} \quad \Rightarrow \quad P \begin{pmatrix} s(t) \\ c(t) \end{pmatrix} = \begin{pmatrix} s(t) \\ 0 \end{pmatrix}.$$

Durch diese Änderung wird man natürlich nicht mehr $I(t)$ und $Q(t)$ zurückgewinnen können, stattdessen wird man modifizierte Funktionen $\hat{I}(t)$ und $\hat{Q}(t)$ erhalten. Das ganze Übertragungssystem kann daher mit dem Matrizenprodukt

$$\begin{pmatrix} \hat{I}(t) \\ \hat{Q}(t) \end{pmatrix} = D_{-\omega t} \begin{pmatrix} s(t) \\ 0 \end{pmatrix} = D_{-\omega t} P D_{\omega t} \vec{v}(t) \tag{9.17}$$

beschrieben werden. Wegen

$$D_{-\omega t} P = \begin{pmatrix} \cos \omega t & 0 \\ -\sin \omega t & 0 \end{pmatrix}$$

bekommen wir aus (9.17)

$$\hat{I}(t) = \cos\omega t\, s(t),$$
$$\hat{Q}(t) = -\sin\omega t\, s(t).$$

Wir bezeichnen den Vektor mit diesen Komponenten als

$$\hat{v}(t) = \begin{pmatrix} \hat{I}(t) \\ \hat{Q}(t) \end{pmatrix}.$$

Der Vektor ist also das, was von der Rekonstruktion nach dem Wegfallen der Komponente $c(t)$ noch übrig bleibt.

Wie unterscheiden sich $\hat{I}(t)$ und $\hat{Q}(t)$ von $I(t)$ und $Q(t)$? In der folgenden Rechnung benötigen wir die Einheitsmatrix I, die wir zur Unterscheidung von $I(t)$ mit dem Index 2 der Dimension als I_2 schreiben. Um den Unterschied zwischen den demodulierten Signalen und den Originalen zu bestimmen, berechnen wir

$$\begin{aligned}
D_{-\omega t}PD_{\omega t} &= \begin{pmatrix} \cos\omega t & \sin\omega t \\ -\sin\omega t & \cos\omega t \end{pmatrix}\begin{pmatrix} 1 & 0 \\ 0 & 0 \end{pmatrix}\begin{pmatrix} \cos\omega t & -\sin\omega t \\ \sin\omega t & \cos\omega t \end{pmatrix} \\
&= \begin{pmatrix} \cos^2\omega t & -\cos\omega t\sin\omega t \\ -\cos\omega t\sin\omega t & \sin^2\omega t \end{pmatrix} = \frac{1}{2}\begin{pmatrix} 1+\cos 2\omega t & -\sin 2\omega t \\ -\sin 2\omega t & 1-\cos 2\omega t \end{pmatrix} \\
&= \frac{1}{2}I_2 + \frac{1}{2}\begin{pmatrix} \cos 2\omega t & -\sin 2\omega t \\ -\sin 2\omega t & -\cos 2\omega t \end{pmatrix}.
\end{aligned}$$

Im zweitletzten Schritt haben wir die Doppelwinkelformeln für die trigonometrischen Funktionen verwendet. Nach der Rekonstruktion bleiben also zwei Terme

$$\hat{v}(t) = \frac{1}{2}\vec{v}(t) + \frac{1}{2}\begin{pmatrix} \cos 2\omega t & -\sin 2\omega t \\ -\sin 2\omega t & -\cos 2\omega t \end{pmatrix}\vec{v}(t).$$

Der erste Term ist bis auf den Faktor $\frac{1}{2}$ der gesuchte Vektor $\vec{v}(t)$. Doch was ist der zweite Term? Die Matrix kann man auch schreiben als

$$\begin{pmatrix} \cos 2\omega t & -\sin 2\omega t \\ -\sin 2\omega t & -\cos 2\omega t \end{pmatrix} = \underbrace{\begin{pmatrix} 1 & 0 \\ 0 & -1 \end{pmatrix}}_{=\,S}\begin{pmatrix} \cos 2\omega t & -\sin 2\omega t \\ \sin 2\omega t & \cos 2\omega t \end{pmatrix} = \begin{pmatrix} 1 & 0 \\ 0 & -1 \end{pmatrix}D_{2\omega t},$$

bis auf die Spiegelungsmatrix S handelt es sich also wieder um eine Drehung, allerdings mit der doppelten Frequenz. Beides zusammen kann kurz als

$$\hat{v}(t) = \frac{1}{2}\vec{v}(t) + \frac{1}{2}S\,D_{2\omega t}\vec{v}(t) \tag{9.18}$$

geschrieben werden.

Die untersten zwei Graphen in Abbildung 9.7 zeigen die Komponenten $\hat{I}(t)$ und $\hat{Q}(t)$. Es ist gut erkennbar, wie sie sich aus $\frac{1}{2}I(t)$ bzw. $\frac{1}{2}Q(t)$ und einer Schwingung mit der doppelten Frequenz des Trägers zusammensetzen.

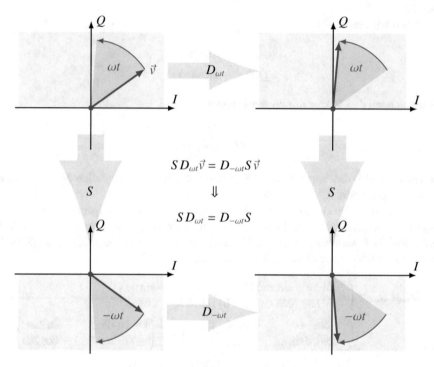

Abbildung 9.8: Vertauschungsregel für die Drehmatrizen $D_{\pm\omega t}$ und die Matrix S der Spiegelung an der I-Achse.

Demodulation mit Matrixalgebra

In der vorangegangenen Herleitung der Formel (9.18) haben wir ausgiebig von trigonometrischen Formeln Gebrauch gemacht. Wir können die Formel aber auch auf eine viel geometrischere Art verstehen. Dazu schreiben wir die Projektionsmatrix P als eine Summe

$$P = \begin{pmatrix} 1 & 0 \\ 0 & 0 \end{pmatrix} = \begin{pmatrix} \frac{1}{2} + \frac{1}{2} & 0 \\ 0 & \frac{1}{2} - \frac{1}{2} \end{pmatrix} = \frac{1}{2} \begin{pmatrix} 1 & 0 \\ 0 & 1 \end{pmatrix} + \frac{1}{2} \begin{pmatrix} 1 & 0 \\ 0 & -1 \end{pmatrix} = \frac{1}{2} I_2 + \frac{1}{2} S.$$

Damit wird

$$D_{-\omega t} P D_{\omega t} = \frac{1}{2} D_{-\omega t} I_2 D_{\omega t} + \frac{1}{2} D_{-\omega t} S D_{\omega t} = \frac{1}{2} I_2 + \frac{1}{2} D_{-\omega t} S D_{\omega t}.$$

Wir wollen das Produkt $D_{-\omega t} S$ geometrisch verstehen und modifizieren. Die Matrix S spiegelt Vektoren an der I-Achse, die Matrix $D_{-\omega t}$ dreht Vektoren um den Winkel $-\omega t$ (Abbildung 9.8). Zusammen bewirken sie dasselbe wie eine Drehung um ωt gefolgt von einer Spiegelung an der I-Achse, also

$$D_{-\omega t} S = S D_{\omega t}.$$

Damit erhalten wir

$$D_{-\omega t} P D_{\omega t} = \frac{1}{2} I_2 + \frac{1}{2} D_{-\omega t} S D_{\omega t} = \frac{1}{2} I_2 + \frac{1}{2} S D_{\omega t} D_{\omega t} = \frac{1}{2} I_2 + \frac{1}{2} S D_{2\omega t},$$

woraus wieder die Formel (9.18) für $\hat{v}(t)$ folgt.

Filterung des Trägers

Gehen wir davon aus, dass die Bewegung des Vektors $\vec{v}(t)$ in der I-Q-Ebene sehr viel langsamer ist als die Drehung mit der Winkelgeschwindigkeit 2ω, dann können wir den zweiten Term näherungsweise eliminieren. Um dies zu verstehen, nehmen wir an, dass $\vec{v}(t)$ während eines Zeitintervalls der Länge $L = \pi/\omega$ konstant ist ist. Wir bezeichnen Mittelwerte über das Intervall mit dem Buchstaben $\mathcal{M}$. Wir beachten dann, dass der zweite Term in (9.18) für dieses Zeitintervall die gleichförmige, ganze Drehung des Vektors um den Nullpunkt beschreibt. Der Mittelwert des zweiten Terms über das Intervall verschwindet daher:

$$\mathcal{M}\frac{1}{2}S\,D_{2\omega t}\vec{v}(t) = 0$$

(siehe auch Abbildung 9.9 links). Der erste Term von (9.18) ist während des Intervalls konstant, sein Mittelwert ist daher

$$\mathcal{M}\frac{1}{2}\vec{v}(t) = \frac{1}{2}\vec{v}(t).$$

Wir finden daher den Mittelwert von $\hat{v}(t)$ als

$$\mathcal{M}\hat{v}(t) = \frac{1}{2}\vec{v}(t),$$

bis auf den Faktor $\frac{1}{2}$ wird also $\vec{v}(t)$ durch die Mittelwertbildung rekonstruiert. Verändert sich $\vec{v}(t)$ während des Intervalls um einen Betrag kleiner als ε (Abbildung 9.9 rechts), dann kommt ein Fehler hinzu, der ebenfalls von der Größenordnung ε ist.

In praktischen Anwendungen ist die Frequenz des Trägers oft deutlich größer als die typischen Frequenzen in $I(t)$ und $Q(t)$, die Annahme, dass sich $\vec{v}(t)$ während einer halben Trägerperiode nicht ändert, ist daher mit großer Genauigkeit erfüllt. Die Mittelwertbildung wird technisch mit Hilfe eines Tiefpassfilters realisiert.

Demodulationsfehler

Bis jetzt sind wir davon ausgegangen, dass wir die Frequenz und die Phase des Trägersignals genau kennen. Doch dies ist nicht korrekt. Die Demodulation erfolgt im Empfänger, wo die Matrix $D_{\omega t}$ neu erzeugt werden muss. Dabei kann es zu Fehlern in der Frequenz kommen. Die Demodulation erfolgt also mit einer Matrix $D_{\omega_r t}$ mit einer möglicherweise von der Sendefrequenz ω abweichenden Frequenz $\omega_r = \omega + \Delta\omega$. Das decodierte Signal ist dann

$$\hat{v}(t) = D_{-\omega_r t}P D_{\omega t}\vec{v}(t) = D_{-(\omega+\Delta\omega)t}(\tfrac{1}{2}I_2 + \tfrac{1}{2}S)D_{\omega t}\vec{v}(t) = \frac{1}{2}D_{-\Delta\omega t}\vec{v}(t) + \frac{1}{2}D_{-(\omega+\Delta\omega)t}S\,D_{\omega t}\vec{v}(t)$$

$$= \frac{1}{2}D_{-\Delta\omega t}\vec{v}(t) + \frac{1}{2}S\,D_{(\omega+\Delta\omega)t}D_{\omega t}\vec{v}(t) = \frac{1}{2}D_{-\Delta\omega t}\vec{v}(t) + \frac{1}{2}S\,D_{(2\omega+\Delta\omega)t}\vec{v}(t).$$

$$(9.19)$$

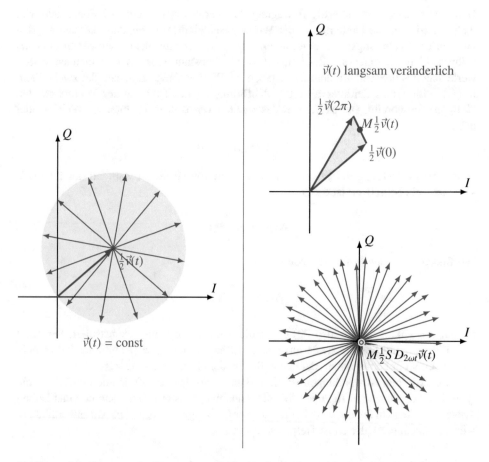

Abbildung 9.9: Filterung des Trägers aus (9.18). Nach der Demodulation liegt die Summe (9.18) aus dem langsam veränderlichen ursprünglichen Signal (blau) und einem Produkt mit doppelter Trägerfrequenz vor. Für ein konstantes Signal (links) kann der rote Anteil durch Mittelung über eine Periode eliminiert werden. Rechts sind für ein langsam veränderliches Signal zur besseren Lesbarkeit die Terme $\frac{1}{2}\vec{v}(t)$ oben und $\frac{1}{2}S D_{2\omega t}\vec{v}(t)$ unten getrennt dargestellt. Der Mittelwerte $M\frac{1}{2}S D_{2\omega t}$ ist der Beitrag des zweiten (roten) Terms zum Mittelwert und sehr nahe beim Nullpunkt, die Mittelung über ein Periodenintervall des Trägers bringt die Trägerkomponente also fast vollständig zum Verschwinden.

Bei der Filterung des Trägers verschwindet der zweite Term. Die Demodulation liefert also nicht den Vektor $\vec{v}(t)$, vielmehr rotiert der demodulierte Vektor mit der Winkelgeschwindigkeit $\Delta\omega$.

Korrekte Demodulation ist also nur möglich, wenn Sender und Empfänger exakt die gleiche Frequenz verwenden. Der Empfänger kann versuchen, die korrekte Frequenz aus dem empfangenen Signal zu extrahieren, oder Sender und Empfänger können ein hochgenaues Frequenznormal verwenden. Ein Rubidium-Frequenznormal stellt eine Referenz-Frequenz mit einem typischen relativen Fehler kleiner als 10^{-9} zur Verfügung. Bei einem Trägersignal im typischen Bereich der Mobiltelefonie (Größenordnung $\sim$ 1 GHz) resultiert also weniger als eine Umdrehung von $\hat{v}(t)$ pro Sekunde.

Selbst wenn Sender und Empfänger hochgenaue Frequenzreferenzen verwenden, wenn man also annehmen darf, dass $\omega_r = \omega$, ist noch nicht sichergestellt, dass auch die Phase übereinstimmt. Die Demodulation könnte mit einer um den Winkel δ phasenverschobenen Drehmatrix $D_{\omega t + \delta}$ erfolgen. Dieselbe Rechnung wie in (9.19) liefert dann

$$\hat{v}(t) = \frac{1}{2} D_{-\delta} \vec{v}(t) + \frac{1}{2} S D_{\delta + 2\omega t} \vec{v}(t).$$

Bei der Filterung fällt auch hier der zweite Term weg, der demodulierte Vektor ist aber um den Winkel $-\delta$ verdreht. Um dies zu vermeiden muss der Sender dem Empfänger die genaue Phase irgendwie mitteilen. Technische Möglichkeiten dazu werden in den nachstehenden Beispielen kurz angesprochen.

9.A.5 Beispiele

Die Quadratur-Amplituden-Modulation ermöglicht, im Vergleich zur Trägerfrequenz langsam veränderliche zweidimensionale Signale zu übertragen und wieder zu rekonstruieren. Der besondere Nutzen dieser Technik ist jedoch, dass sie viele ältere Modulationsverfahren als Spezialfälle enthält, wie in diesem Abschnitt gezeigt werden soll.

Amplitudenmodulation

Amplitudenmodulation konnten wir verstehen, bevor wir $Q(t)$ kannten, sie ist der Spezialfall $Q(t) = 0$. Für ein Audiosignal $A(t)$ mit $A(t) < 1$ wird $I(t) = 1 + A(t)$ verwendet. Das in Europa weitgehend bereits durch Digitalradio ersetzte Mittelwellenradio (AM) verwendet Amplitudenmodulation. Bis 2025 werden in Europa alle Radiostationen digitalisiert, damit wird AM für den Rundfunk aussterben. Im Flugfunk wird AM trotz der schlechteren Tonqualität verwendet, weil bei schlechten Empfangsverhältnissen im Gegensatz zu Frequenzmodulation oder digitaler Übertragung ein zwar stark verrauschtes, aber immer noch verständliches Signal empfangen werden kann.

Phasenmodulation

Statt der Amplitude kann auch die Phase des Trägersignals moduliert werden. Dazu muss ωt ersetzt werden durch $\omega t + \delta$. Der konstante unmodulierte Vektor $\vec{v}_0$ in der *I-Q*-Ebene

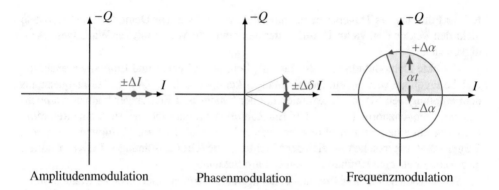

Abbildung 9.10: Amplitudenmodulation (links), Phasenmodulation (Mitte) und Frequenzmodulation in der I-Q-Ebene. Frequenzmodulation ensteht durch eine Drehung in der I-Q-Ebene mit der
Kreisfrequenz der gewünschten Frequenzänderung.

erzeugt das modulierte Signal

$$D_{\omega t + \delta} \vec{v_0} = D_{\omega t} \underbrace{D_\delta \vec{v_0}}_{= \vec{v}(t)} .$$

Eine Phasenänderung um den Winkel δ entsteht also dadurch, dass man den Vektor $\vec{v_0}$ in
der I-Q-Ebene um δ dreht. Dieses Modulationsverfahren heißt *Phasenmodulation*. Abbildung 9.10 zeigt in der Mitte die Transformation in der I-Q-Ebene, die Phasenmodulation
bewirkt.

Mit reiner Amplitudenmodulation lässt sich kein Stereosignal übertragen. Sind $L(t)$
und $R(t)$ die beiden Stereokanäle, dann erfolgt die Amplitudenmodulation typischerweise
mit $I(t) = 1 + L(t) + R(t)$, wobei man wieder $L(t) + R(t) < 1$ voraussetzen muss. Ein reiner
AM-Empfänger wird also nur das Audio-Signal $A(t) = L(t) + R(t)$ empfangen.

Um die Stereoinformation zu übermitteln, muss zusätzlich die Differenz $L(t) - R(t)$
übermittelt werden. Das C-QUAM Verfahren (Compatible **Qu**adrature **A**mplitude **M**odu-
lation) verwendet dafür $Q(t) = L(t) - R(t)$. Man darf annehmen, dass $L(t) - R(t)$ klein
ist. Dann befinden sich die Punkte $(I(t), Q(t))$ immer in der Nähe der I-Achse, was sich in
einer kleinen Verschiebung

$$\delta = \arctan \frac{Q(t)}{I(t)} = \arctan \frac{L(t) - R(t)}{1 + L(t) + R(t)}$$

der Phase des übermittelten Signals äußert. Der Betrag des Vektors $\vec{v}(t)$ ist dagegen

$$|\vec{v}(t)| = \sqrt{(1 + L(t) + R(t))^2 + (L(t) - R(t))^2} = (1 + L(t) + R(t)) \sqrt{1 + \left(\frac{L(t) - R(t)}{1 + L(t) + R(t)}\right)^2}$$

$$\approx 1 + L(t) + R(t),$$

weil der zweite Summand unter der Wurzel klein ist. Die Q-Komponente ändert also nicht
wirklich etwas am Signal, das ein AM-Empfänger empfängt.

Um dem Empfänger zu signalisieren, dass eine Stereoübertragung vorliegt, wird $Q(t)$ zusätzlich ein Pilotton von 25 Hz hinzugefügt. Da nicht C-QUAM-taugliche Empfänger die Phasenschwankungen nicht erkennen können, werden sie vom Pilotton auch nicht gestört. Die Stereodifferenz enthält nur einen sehr geringen Anteil tiefe Frequenzen, so dass deren Verlust beim Ausfiltern des Pilottons sich nicht auf den Stereoeindruck auswirkt.

Frequenzmodulation

Bei der *Frequenzmodulation* des UKW-Radios wird die Trägerfrequenz im Takt des zu übertragenden Tonsignals verändert. Lässt sich dies auch mit Hilfe der Signale $I(t)$ und $Q(t)$ beschreiben? Welche Funktionen $I(t)$ und $Q(t)$ muss man wählen?

Ist das zu übertragende Audiosignal 0, dann wird nur der unveränderte Träger ausgestrahlt. Dies lässt sich dadurch erreichen, dass man für $\vec{v}(t)$ den konstanten Vektor $\vec{v}(t) = \vec{v}_0 = (1,0)^t$ wählt.

Das ausgestrahlte Signal $s(t)$ entsteht als erste Komponente des Vektors $D_{\omega t}\vec{v}(t)$. Für konstantes $\vec{v}(t) = \vec{v}_0$ oszilliert es mit der Kreisfrequenz ω. Will man, dass es schneller oszilliert, dann muss die Frequenz ω erhöht werden. Möchte man die Frequenz um α steigern, dann muss man ω durch $\omega + \alpha$ ersetzen. Das modulierte Signal ist dann

$$\begin{pmatrix} s(t) \\ c(t) \end{pmatrix} = D_{(\omega+\alpha)t}\vec{v}_0 = D_{\omega t}\underbrace{D_{\alpha t}\vec{v}_0}_{=\,\vec{v}(t)}.$$

Dies ist gleichbedeutend damit, dass man den Vektor $\vec{v}_0$ in der I-Q-Ebene mit der Winkelgeschwindigkeit α dreht und so $\vec{v}(t)$ erhält. Daraus liest man ab, dass für die Signale $I(t)$ und $Q(t)$

$$\begin{pmatrix} I(t) \\ Q(t) \end{pmatrix} = D_{\alpha t}\vec{v}_0 \quad \Rightarrow \quad \begin{cases} I(t) = \cos \alpha t \\ Q(t) = \sin \alpha t \end{cases} \tag{9.20}$$

gilt. Insbesondere kann man auch die Frequenzmodulation mit der Quadratur-Amplituden-Modulation realisieren. Abbildung 9.10 zeigt rechts symbolisch die Kreisbewegung in der I-Q-Ebene, die Frequenzmodulation bewirkt.

Analoges Farbfernsehen

Die Entwicklung des analogen Farbfernsehens sah sich vor die Aufgabe gestellt, zusätzlich zur bereits im Schwarz-Weiß-Fernsehen übertragenen Helligkeit (Luminanz, Y) die Farbinformation zu übermitteln. Üblich ist dabei die Verwendung des YUV-Farbraumes, für den die zusätzlichen Signale $U = R - Y$ und $V = B - Y$ benötigt werden, die die Farbinformation codieren. Für ein farbloses Bild sind $U = 0$ und $V = 0$.

Das Problem ist also, zusätzlich zum Luminanzbild, das bereits amplitudenmoduliert übertragen wird, den Farbvektor $(U, V)^t$ zu übertragen. Es liegt nahe, dafür die Quadratur-Amplituden-Modulation zu verwenden. Im in Europa üblichen PAL-System wurde für den Träger für das Farbsignal die Frequenz 4.43361875 MHz verwendet. Da ein Phasenfehler im Empfänger zu einer Drehung des Farbvektors und damit zu einer auffälligen Verschiebung der Farben auf dem Farbkreis führen würde, muss der Sender dem Empfänger die genaue Phase mitteilen. Am Anfang jeder Zeile wird daher eine etwa zehn Perioden langer

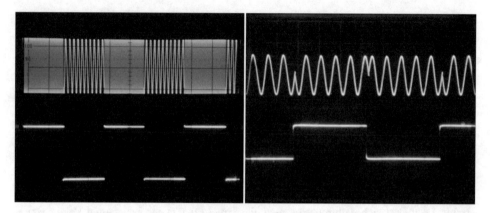

Abbildung 9.11: Bei Frequency-Shift-Keying (FSK, links) werden die logischen Werte 0 und 1 durch verschiedene Frequenzen codiert. Bei Phase-Shift-Keying (PSK) dreht die Phase des Trägers um 180° beim Übergang zum entgegengesetzten logischen Wert.

"PAL-Burst" übermittelt, den der Empfänger dazu verwenden kann, die Phase des Farbträgers zu bestimmen.

Zusätzlich invertiert das PAL-System die Phase des Farbträgers aufeinanderfolgender Zeilen, so dass sich Farbfehler durch Phasenfehler auf aufeinanderfolgenden Zeilen wegmitteln. Im PAL-System steht also Farbinformation jeweils nur für Paare von Zeilen zur Verfügung und nur mit einer Dichte, die durch die Frequenz des Farbträgers begrenzt ist. Die effektive Farbauflösung eines PAL-Farbfernsehbildes ist daher halb so groß wie die Helligkeitsauflösung. Da auch die Farbauflösung des menschlichen Auges kleiner ist als die Helligkeitsauflösung, ist diese Einschränkung des Systems von Auge nicht erkennbar.

FSK und PSK

Für die digitale Signalübertragung braucht man minimal die Fähigkeit, zwei Zustände zu übermitteln, die man aber exakt wiedererkennnen können muss. Frequency-Shift-Keying (FSK) ist ein Verfahren, das zwei digitale Zustände durch verschiedene Frequenzen codiert, es ist also ein Frequenzmodulationsverfahren, von dem im vorangegangenen Abschnitt bereits gezeigt wurde, wie es mit der Quadratur-Amplituden-Modulation realisierbar ist.

Phase-Shift-Keying (PSK) verwendet stattdessen eine Phasenverschiebung des Trägersignals. Eine Phasenverschiebung um den Winkel φ kann realisiert werden, indem man eine Drehung um den Winkel φ vorschaltet, also die Drehmatrix D_φ einfügt. Besonders einfach ist eine Phasenverschiebung um den Winkel $\varphi = 180°$,

$$D_\varphi = \begin{pmatrix} \cos 180° & -\sin 180° \\ \sin 180° & \cos 180° \end{pmatrix} = -E.$$

Diese Phasenverschiebung wird also dadurch realisiert, dass man das Vorzeichen von I und Q ändert. Verwendet man den Vektor $(1, 0)^t$ zur Codierung einer logischen 0, dann codiert der Vektor $(-1, 0)^t$ eine logische 1. Auch PSK ist also mit Quadratur-Amplituden-Modulation realisierbar.

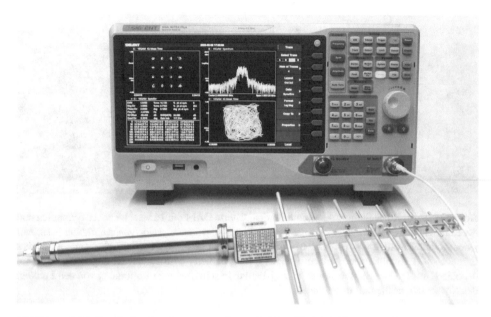

Abbildung 9.12: Der Spektralanalysator empfängt ein Signal bei 2.4 GHz und stellt die demodulierten *I-Q*-Signale dar.

Quantisierte QAM

Die quantisierte QAM nutzt den Platz in der *I-Q*-Ebene zur effizienten Übertragung digitaler Daten. In Abbildung 9.12 empfängt die Antenne ein Signal und leitet es an den Spektrumanalysator weiter, der das Spektrum misst und die *I-Q*-Komponenten bestimmt. Im Folgenden wird beschrieben, wie sich den gemessenen *I-Q*-Punkten digitale Zahlenwerte zuordnen lassen.

Mit Quadratur-Amplituden-Modulation lässt sich ein beliebiger Vektor in der *I-Q*-Ebene übertragen. Bei PSK wurden nur die Punkte $(1, 0)$ und $(-1, 0)$ in der *I-Q*-Ebene verwendet. Nach der Demodulation erhält man Vektoren, die wegen Fehlern nicht exakt mit den ursprünglichen Vektoren übereinstimmen. Da man aber nur die beiden logischen Zustände unterscheiden können muss, kann man alle Vektoren mit $I > 0$ als logische 0 decodieren und Vektoren mit $I < 0$ als logische 1.

Statt nur zwei Zustände 0 und 1 zu codieren, könnte man ein größere Zahl von Punkten in der *I-Q*-Ebene verwenden, wie in Abbildung 9.13 dargestellt. Die Punkte werden auch *Symbole* genannt. Ein empfangener Vektor wird wegen Übertragungsfehlern nicht exakt mit dem ursprünglichen Vektor übereinstimmen. Zur Decodierung suchen wir dasjenige Symbol, das dem Vektor am nächsten liegt. Man teilt also die Ebene in Teilgebiete $T_{\vec{v}_k} \subset \mathbb{R}^2$ zu jedem Symbol $\vec{v}_k$ auf. Fällt der empfangene Vektor $\hat{v}$ in das Teilgebiet des Symbols $\vec{v}_k$, also $\hat{v} \in T_{\vec{v}_k}$, dann decodieren wir ihn als das Symbol $\vec{v}_k$.

Im Beispiel der Abbildung 9.13 können 16 verschiedene Vektoren unterschieden werden, die man mit vierstelligen Binärzahlen identifizieren kann. Mit jedem Symbol werden also vier Bit übertragen. Dieses Verfahren heißt auch 16-QAM und wird unter anderem

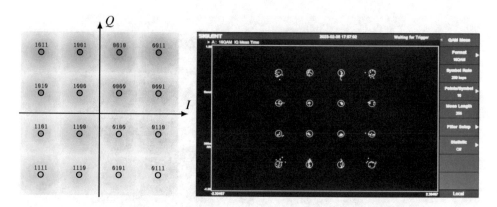

Abbildung 9.13: Konstellationsdiagramm für quantisierte QAM mit 16 verschiedenen Symbolen und Messung eines derart modulierten Signals mit dem Spektrumanalysator von Abbildung 9.12. Mit jedem Symbol werden vier Bit codiert. Zu jedem Symbol gehört ein quadratisches Gebiet gleicher Farbe. Fällt der empfangene Vektor in eines dieser Gebiete, wird er als das zugehörige Symbol decodiert. Infolge von Rauschen werden *I-Q*-Punkte in schwankender Entfernung von den Punkten des Konstellationsdiagramms gefunden.

bei DVB-T verwendet.

Die Punkte-Menge $\vec{v}_k$ heißt auch die *Konstellation* des Verfahrens. Eine große Zahl von Konstellationen sind für verschiedene Übertragungssysteme konzipiert worden. Tabelle 9.1 zeigt eine Übersicht über diese Vielfalt. Durch feinere Aufteilung der *I-Q*-Ebene können mehr Bits pro Symbol übertragen werden.

Die quantisierte QAM ist die Basis fast aller digitalen Übertragungstechniken. Entsprechend gehört die Demodulation und Messung eines solchen Signals zu den Grundaufgaben, die ein Hochfrequenzingenieur von seinen Messgeräten erwartet. Die Abbildung 9.14 zeigt die Messresultate des Spektrumanalysators von Abbildung 9.12 etwas genauer. Man kann die Aufarbeitung des Signals vom empfangenen Spektrum oben rechts bis zu den decodierten Daten unten links verfolgen. Das Diagramm unten rechts zeigt die gemessenen *I-Q*-Werte als Pfad in der *I-Q*-Ebene. Die Decodierung erfolgt durch Abtastung der Werte zu vorgegebenen Zeitpunkten, an denen sich der *I-Q*-Vektor in der Nähe eines Punktes der Konstellation (links oben im Bild) befindet.

Für ungerade Potenzen von 2 kann das Konstellationsdiagramm kein Quadrat sein. Für k ungerade kann man aber 2^k Punkte erhalten, indem man dem Quadrat der 2^{k-1} Punkte der Konstellation von 2^{k-1}-QAM vier Rechtecke mit jeweils $2^{k-1}/4 = 2^{k-3}$ Punkten hinzugefügt, daraus ergibt sich eine Konstellation mit $2^{k-1} + 4 \cdot 2^{k-3} = 2^{k-1} + 2^{k-1} = 2^k$ Punkten (Abbildung 9.15 Mitte). In diesem hat das Konstellationsdiagramm also die Form eines Kreuzes mit breite $2^{(k-1)/2}$ und Armlänge $\frac{3}{2} \cdot 2^{(k-1)/2}$. Diese Konstellation wird manchmal auch Cross-QAM genannt.

n-PSK

Analog zum Vorgehen bei der quantisierten QAM kann auch PSK diskretisiert werden. Als Konstellationsdiagramm für n-PSK dienen n Punkte auf einem Kreis, die durch einen

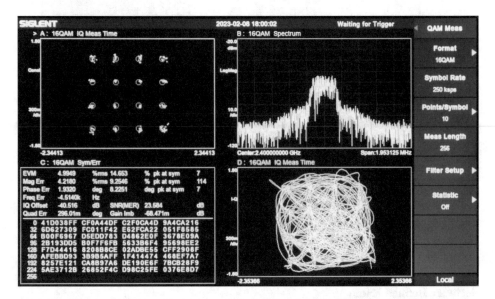

Abbildung 9.14: Analyse eines 16QAM-modulierten Signals bei 2.4GHz. Das empfangene Spektrum ist oben rechts sichtbar, der Pfad der empfangenen Punkte in der *I-Q*-Ebene unten rechts. Zu vorgegebenen Zeiten wird das Signal abgetastet, die zugehörigen Punkte fallen in die Nähe der Konstellationspunkte in der Darstellung oben links. Links unten die decodierten Daten.

Bits	Symbole	Konstellation	Name	Anwendung
2	4	2×2	4-QAM	DVB-S
4	16	4×4	16-QAM	V.29, DVB-T
6	64	8×8	64-QAM	DVB-C, DVB-T
8	256	16×16	256-QAM	DVB-C
10	1024	32×32	1024-QAM	
12	4096	64×64	4096-QAM	DVB-C2, G.hn
15	32768	128×256 Kreuz	32768-QAM	ADSL

Tabelle 9.1: Verschiedene Konstellationen für quantisierte QAM und ihre Anwendungen.

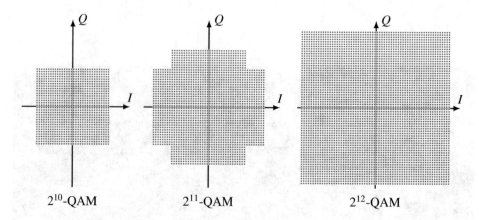

2^{10}-QAM 2^{11}-QAM 2^{12}-QAM

Abbildung 9.15: Konstellationsdiagramme für 2^k-QAM für verschiedene Werte von k.

Winkel $2\pi/n$ getrennt sind. In Abbildung 9.16 ist das Konstellationsdiagramm für 8-PSK dargestellt. Da den Symbolen ganze Sektoren zugeordnet sind, ist dieses Verfahren unempfindlich auf Schwankungen der Signalstärke.

Software Defined Radio

Die vorangegangenen Beispiele haben illustriert, dass die Quadratur-Amplituden-Modulation jedes besprochene Modulationsverfahren realisieren kann. Es ist nur nötig, einen Sender zu bauen, der Inputs $I(t)$ und $Q(t)$ entgegennimmt, die Modulation mit der Matrix $D_{\omega t}$ vornimmt und das resultierende Signal $s(t)$ aussendet. Auf der Empfängerseite braucht man eine physikalische Realisierung der Matrix $D_{\omega_r t}$ und des Tiefpasses, der die demodulierten Signal $\hat{I}(t)$ und $\hat{Q}(t)$ ausgibt. Die Decodierung zum Beispiel als amplitudenmoduliertes Sprachsignal, als frequenzmoduliertes Musiksignal oder als digitales 16-QAM-Signal kann danach ausschließlich in Software erfolgen. Die Modulationsart eines solchen sogenannten *Software Defined Radio (SDR)* wird also durch die Software definiert, die die Signale $I(t)$ und $Q(t)$ erzeugt bzw. die Signale $\hat{I}(t)$ und $\hat{Q}(t)$ analysiert. SDR ermöglicht dem interessierten Hacker auch exotische Experimente, wie das in Abbildung 9.17 dargestellte fiktive digitale Modulationsverfahren.

9.B   Fehlerkorrigierende Codes

Jede Art von digitaler Datenübertragung muss mit der Schwierigkeit fertig werden, dass einzelne Bits fehlerhaft übertragen werden. Natürlich strebt der Ingenieur primär an, ein möglichst fehlerarmes Übertragungssystem zu bauen. Wenn die verbleibenden Fehler selten sind, reicht es, die Fehler zuverlässig erkennen zu können und dann Teile der Übertragung zu wiederholen. So werden fehlerhafte Pakete in einem Ethernet-Netzwerk korrigiert.

Bei hoher Fehlerwahrscheinlichkeit ist dieses Vorgehen zu aufwendig. Auch die Übermittlung der Resultate interplanetarer Missionen kann so nicht funktionieren. Signallauf-

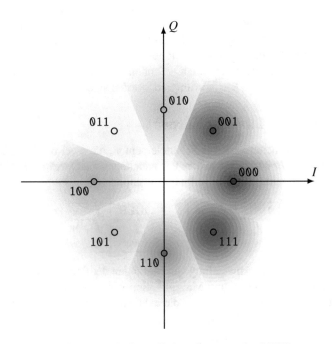

Abbildung 9.16: Konstellationsdiagramm für 8-PSK.

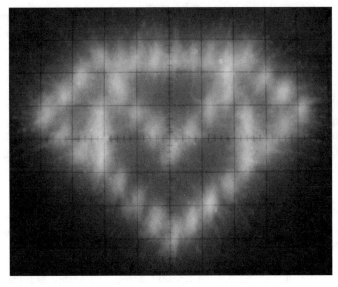

Abbildung 9.17: Konstellationsdiagramm für ein fiktives digitales Modulationsverfahren, das nur Punkte eines MathMan-Logos als Symbole verwendet.

zeiten von vielen Stunden würden bedeuten, dass es viele Tage dauern würde, bis alle als fehlerhaft erkannten Datenpakete wiederholt wurden. Speichermedien wie CD und DVD kann man als Datenübermittlung in die Zukunft ansehen. Ein Pressfehler auf einer CD kann aber grundsätzlich nicht durch wiederholtes Lesen der CD korrigiert werden. In diesen Fällen muss eine Codierung der Daten gefunden werden, die eine Rekonstruktion ermöglicht, selbst wenn einzelne Bits korrumpiert worden sind.

9.B.1   Rechnen mit Bits: der Körper $\mathbb{F}_2$

In der Digitaltechnik arbeitet man mit Schaltelementen, die zwei mögliche Zustände für die Wahrheitswerte *wahr* und *falsch* haben. Die naheliegenden Operationen sind die UND- und ODER-Verknüpfungen mit den Verknüpfungstabellen

UND	f	w
f	f	f
w	f	w

ODER	f	w
f	f	w
w	w	w

Für das Rechnen und die Anwendung von Methoden der linearen Algebra sind Operationen, die sich wie die Addition und Multiplikation verhalten, besser geeignet. Statt der ODER-Verknüpfung verwenden wir daher die exklusive ODER-Verknüpfung oder XOR-Verknüpfung mit der Wahrheitstabelle

XOR	f	w
f	f	w
w	w	f

Schreiben wir für f eine 0 und für w eine 1, können die Operationen XOR und ODER als Addition und Multiplikation in der Menge $\mathbb{F}_2 = \{0, 1\}$ mit den Operationstabellen

+	0	1
0	0	1
1	1	0

für die Addition und

·	0	1
0	0	0
1	0	1

für die Multiplikation aufgefasst werden. Die Menge $\mathbb{F}_2$ mit den Operationen + und · hat alle Eigenschaften, die für die lineare Algebra benötigt werden; sie ist der Körper, der in Abschnitt 3.C konstruiert worden ist. Alle Operationen der linearen Algebra sind darauf anwendbar, insbesondere auch der Gauß-Algorithmus.

9.B.2   Digitale Codes

Um ganze Zeichen zu übermitteln, müssen mehrere Bits zusammengefasst werden. Eine Folge von n Bits ist ein Element von $\mathbb{F}_2^n$, wir nennen sie ein *Wort*. Wörter sind Bitvektoren.

Im Alltagssprachgebrauch stellt man sich unter einem Code eine Zuordnung von Bitvektoren zu speziellen Zeichen vor. Im Kontext dieses Abschnittes bezeichnen wir eine solche Zuordnung als eine Codierung. Eine große Zahl von gebräuchlichen Codierungen sind im Laufe der Zeit verwendet worden. Telex-Netzwerke haben den in Tabelle 9.2 dargestellten, aus fünf Bits bestehenden CCITT-2 Code verwendet. Mit fünf Bits lassen sich

32 verschiedene Zeichen codieren, daher werden Umschaltzeichen verwendet, um zwischen den Buchstaben und den Ziffern/Zeichen umzuschalten. In diesem Code scheint es auch keinen einfachen Zusammenhang zwischen den Ziffern und dem Wert des als Binärzahl interpretierten Wortes zu geben.

Definition 9.27. *Ein Code C der Länge n ist eine Teilmenge $C \subset \mathbb{F}_2^n$. Die Wörter in C heißen* Codewörter.

Die Codierung nach CCITT-2 lässt keinen Raum für redundante Information, an der man einen Fehler in einem übertragenen Wort erkennen könnte. Dazu müssen längere Wörter verwendet werden, der Code darf aber nicht alle möglichen Bitkombinationen enthalten. Nur die Codewörter in C entsprechen einer fehlerfreien Übertragung. Es muss genügende Wörter außerhalb C geben, damit Fehler zuverlässig erkannt und möglicherweise korrigiert werden können. Dies kann erreicht werden, wenn der Unterschied zwischen Codewörtern in C genügend groß ist. Der Unterschied kann mit der Hamming-Distanz gemessen werden.

Definition 9.28. *Die* Hamming-Distanz *zwischen zwei Wörtern u und v ist die Anzahl der Bits, die verschieden sind.*

Die Hamming-Distanz zwischen u und v ist auch die Anzahl der 1-Bits in der Summe $u + v$. Ein Einzelbitfehler führt von einem Codewort zu einem Wort, das eine Einheit in Hamming-Distanz entfernt ist.

Damit ein Code einzelne Fehler korrigieren kann, ist notwendig, dass ein Codewort mit einem Fehler immer noch eindeutig zugeordnet werden kann. Alle Wörter mit einer Hamming-Distanz 1 von einem Codewort werden bei der Fehlerkorrektur wieder dem Codewort zugeordnet. Die Hamming-Distanz zwischen zwei Wörtern muss groß genug sein. Wäre die Hamming-Distanz zwischen zwei Codewörtern u und v nur 2, dann gäbe es zwei Bits, in denen sich die beiden Codewörter unterscheiden. Wenn man u um das eine Bit ändert und v um das andere, entsteht das gleiche Wort, wir haben ein Wort gefunden, welches von beiden Codewörtern eine Einheit in Hamming-Distanz entfernt ist und daher nicht mehr eindeutig einem der Codewörter zugeordnet werden kann. Die gleiche Überlegung funktioniert auch wenn n Fehler erkannt und korrigiert werden sollen und ergibt den folgenden Satz.

Satz 9.29. *Die Codewörter eines Codes, der maximal n Bitfehler erkennen und korrigieren kann, müssen mindestens die Hamming-Distanz $2n + 1$ voneinander haben.*

9.B.3 Parität: einen Einzelbitfehler erkennen

In diesem Abschnitt soll die Aufgabe gelöst werden, einen einzelnen Bitfehler in einer Bitfolge

$$b_0, b_1, \ldots, b_n \in \mathbb{F}_2$$

zu erkennen. Dazu berechnen wir die Summe

$$p = b_0 + b_1 + \cdots + b_n = \sum_{k=0}^{n} b_k \in \mathbb{F}_2,$$

Codewort	Buchstaben	Ziffern/Zeichen	Codewort	Buchstaben	Ziffern/Zeichen
00000	unbenutzt	unbenutzt	10000	T	5
00001	E	3	10001	Z	+
00010	Zeilenvorschub		10010	L	)
00011	A	-	10011	W	2
00100	␣	␣	10100	H	unbenutzt
00101	S	'	10101	Y	6
00110	I	8	10110	P	0
00111	U	7	10111	Q	1
01000	Wagenrücklauf		11000	O	9
01001	D	wer da?	11001	B	?
01010	R	4	11010	G	unbenutzt
01011	J	Klingel	11011	Umschaltung Zeichen	
01100	N	,	11100	M	.
01101	F	unbenutzt	11101	X	/
01110	C	:	11110	V	=
01111	K	(	11111	Umschaltung Buchstaben	

Tabelle 9.2: CCITT-2 Code für Fernschreiber. Nicht alle möglichen Codewörter sind benutzt, die meisten sind doppelt belegt für Buchstaben und Ziffern/Zeichen. Die Codewörter 11111 und 11011 dienen der Umschaltung zwischen den beiden Belegungen. Das Wort 00000 ist kein Codewort, es wird nicht benutzt.

auch die *Parität* genannt. Die Parität p ist genau dann 0, wenn unter den Bits $b_0, \ldots, b_n$ eine gerade Anzahl 1 sind. Die Parität wird zusätzlich zu den Datenbits übertragen.

Die Parität ist sehr leicht zu prüfen. Dazu berechnet man die Summe aller Datenbits und der Parität:

$$c(p, b) = p + \sum_{k=0}^{n} b_k = p + p = 0 \tag{9.21}$$

in $\mathbb{F}_2$. Ein Übertragungsfehler eines einzelnen Bits ändert die Zahl der 1-Bits um 1, sie wechselt von gerade zu ungerade und umgekehrt. Die Summe (9.21) wechselt daher von 0 auf 1.

Die asynchrone serielle Übertragung nach dem RS-232-Standard verwendet genau dieses Verfahren, um Übertragungsfehler zu erkennen. Die übertragenen Zeichen sind 5–8 Bits lang. Das letzte Bit kann als Paritätsbit der vorangegangenen Bits verwendet werden. In Abbildung 9.18 wird die Übertragung des Zeichens A mit RS-232 dargestellt.

9.B.4 Maskierung: einen Einzelbitfehler lokalisieren

Die Parität ermöglicht, einen einzelnen Bitfehler in einem übertragenen Zeichen zu erkennen, es ist aber nicht möglich, die Position des Fehlers zu ermitteln. Um die Position eines Fehlers in 4 Bits zu codieren, braucht es mindestens 3 Bits. Gesucht ist daher ein Methode, zusätzliche Fehlerkontrollbits zu berechnen, die Lokalisierungsinformation enthalten.

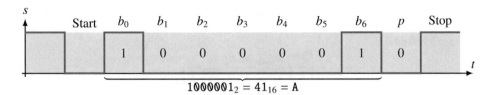

Abbildung 9.18: Asynchrone serielle Übertragung des Zeichens A nach dem RS-232-Standard. Nach einem Startbit, das der Synchronisation dient, werden die sieben Bits b_0 bis b_6 übertragen, gefolgt vom Paritätsbit und mindestens einem Stopbit. Da eine gerade Anzahl der Datenbits 1 sind, ist das Paritätsbit $p = 0$. Das Stopbit stellt die Ausgangslage vor der Übertragung wieder her. Die Übertragung des nächsten Zeichens startet mit einem neuen Startbit, wenn das Signal für eine Bitzeit auf 0 geht.

Maske

Die Position des Fehlers kann eingeschränkt werden, indem nur ein Teil der Datenbits addiert werden. Wenn die Summe einen Fehler anzeigt, dann muss er in einem der aufaddierten Datenbits stecken. Die Summe $p_0 = b_0 + b_1$ kann einen Fehler in den Bits b_0 und b_1 anzeigen. Wenn $p_0 + b_0 + b_1 = 1$ ist, dann liegt ein Fehler in b_0 oder b_1 vor. Man sagt, die Bits b_2 und b_3 sind maskiert worden.

Die Maskierung können wir auch als Linearform schreiben:

$$p_0 = \begin{pmatrix} 1 & 1 & 0 & 0 \end{pmatrix} \begin{pmatrix} b_0 \\ b_1 \\ b_2 \\ b_3 \end{pmatrix} \quad \Leftrightarrow \quad \begin{array}{|c|c|c|c|c|} \hline b_0 & b_1 & b_2 & b_3 & p_0 \\ \hline 1 & 1 & 0 & 0 & 1 \\ \hline \end{array}$$

Die Überprüfung eines Paritätsbits kann man auch in Vektorform als das Produkt

$$p_0 + b_0 + b_1 = \left(\begin{array}{|c|c|c|c|c|} \hline 1 & 1 & 1 & 0 & 0 \\ \hline \end{array} \right) \begin{pmatrix} p_0 \\ b_0 \\ b_1 \\ b_2 \\ b_3 \end{pmatrix}$$

schreiben. Wird diese Summe 1 und liegt genau ein Fehler vor, dann muss er in einem der Datenbits b_0 und b_1 oder im Paritätsbits p_0 sein.

Fehlerlokalisierung

Mit verschiedenen Masken und zusätzlichen Paritätsbits kann man die Position weiter einschränken. Damit zeigen sich jedoch eine neue Schwierigkeit. Die zusätzlichen Paritätsbits könnten selbst ebenfalls falsch übertragen werden. Die Masken müssen daher so eingerichtet sein, dass immer mindestens zwei einen Fehler anzeigen. Ist nur eines der Paritätsbits falsch, kann man daraus schließen, dass nicht eines der Datenbits sondern das Paritätsbit falsch ist.

Um einen Fehler in vier Bits zu lokalisieren braucht es drei Masken für drei Paritätsbits p_0, p_1 und p_2, wobei immer mindestens eine Maske das fehlerhafte Bit summieren muss. Mit den Masken

$$
\begin{array}{ccccccc}
p_0 & p_1 & p_2 & b_0 & b_1 & b_2 & b_3 \\
1 & 0 & 0 & 1 & 1 & 0 & 1 \\
0 & 1 & 0 & 1 & 0 & 1 & 1 \\
0 & 0 & 1 & 0 & 1 & 1 & 1 \\
1 & 2 & 4 & 3 & 5 & 6 & 7
\end{array}
\tag{9.22}
$$

kann dies erreicht werden. Zum Beispiel führt ein Bitfehler im b_2-Bit dazu, dass die zweite und dritte Zeile, also die Ausdrücke

$$
p_1 + b_0 + b_2 + b_3 \qquad \text{und} \qquad p_2 + b_1 + b_2 + b_3
$$

zu 1 werden. Bei einem Fehler im Paritätsbit p_2 wird dagegen nur die dritte Zeile, also $p_2 + b_1 + b_2 + b_3 = 1$. Für jede Position des fehlerhaften Bit entsteht bei der Paritätsprüfung ein anderes Muster, das jeweils aus der Spalte der Tabelle abgelesen werden kann. Die Masken ermöglich also, die Bitpositionen zu unterscheiden.

Fehlerkorrektur

Die Masken (9.22) ermöglichen zwar, die Fehlerpositionen zu unterscheiden, es wäre aber einfacher, den Fehler zu korrigieren, wenn das Bitmuster genau die Binärdarstellung der Nummer des fehlerhaften Bits wäre. Die Reihenfolge der Spalten muss dabei so verändert werden, dass das Bitmuster in der Spalte von Tabelle (9.22) als Binärzahl (unterste Zeile) gelesen die Position angibt. Dazu müssen die Spalten von p_2 und b_0 vertauscht werden, was auf die Maske

$$
\begin{array}{ccccccc}
p_0 & p_1 & b_0 & p_2 & b_1 & b_2 & b_3 \\
1 & 0 & 1 & 0 & 1 & 0 & 1 \\
0 & 1 & 1 & 0 & 0 & 1 & 1 \\
0 & 0 & 0 & 1 & 1 & 1 & 1 \\
1 & 2 & 3 & 4 & 5 & 6 & 7
\end{array}
\tag{9.23}
$$

führt. Die zu (9.23) gehörende Matrix

$$
P = \begin{pmatrix}
1 & 0 & 1 & 0 & 1 & 0 & 1 \\
0 & 1 & 1 & 0 & 0 & 1 & 1 \\
0 & 0 & 0 & 1 & 1 & 1 & 1
\end{pmatrix}
$$

berechnet aus einem Wort, geschrieben als Spaltenvektor, ein Bitmuster, das als Binärzahl interpretiert die Fehlerstelle angibt. Sie heißt die *Prüfmatrix*.

Erweiterung auf längere Datenwörter

Wenn die Anzahl der Datenbits größer ist, reichen drei Paritätsbits nicht mehr, um die Position des Fehlers zu codieren. Vier Paritätsbits können nur $2^4 - 1$ Fehlerpositionen anzeigen, es können also maximal $2^4 - 1 - 4 = 11$ Datenbits abgesichert werden. Die Masken müssen wieder so gewählt werden, dass die Prüfung der Paritätsbits die Position des fehlerhaften Bits anzeigt, dass also in der Prüfmatrix die vertikal als Binärzahlen gelesenen Einträge die Nummer der Spalte ergeben:

$$
\begin{array}{ccccccccccccccc}
p_0 & p_1 & b_0 & p_2 & b_1 & b_2 & b_3 & p_3 & b_4 & b_5 & b_6 & b_7 & b_8 & b_9 & b_{10} \\
\hline
1 & 0 & 1 & 0 & 1 & 0 & 1 & 0 & 1 & 0 & 1 & 0 & 1 & 0 & 1 \\
0 & 1 & 1 & 0 & 0 & 1 & 1 & 0 & 0 & 1 & 1 & 0 & 0 & 1 & 1 \\
0 & 0 & 0 & 1 & 1 & 1 & 1 & 0 & 0 & 0 & 0 & 1 & 1 & 1 & 1 \\
0 & 0 & 0 & 0 & 0 & 0 & 0 & 1 & 1 & 1 & 1 & 1 & 1 & 1 & 1 \\
\hline
1 & 2 & 3 & 4 & 5 & 6 & 7 & 8 & 9 & 10 & 11 & 12 & 13 & 14 & 15
\end{array}
\qquad (9.24)
$$

Das Schema kann auf beliebig viele Bits verallgemeinert werden. Das Paritätsbits p_i müssen in den Positionen 2^i platziert werden. Mit k Paritätsbits können $2^k - 1$ Fehlerpositionen codiert werden, es bleiben also noch $2^k - 1 - k$ Bitpositionen für Datenbits. Der Code ist also in der Lage, mit k Paritätsbits genau einen Einzelbitfehler in $2^k - 1$ Bits zu korrigieren, wovon $2^k - 1 - k$ Datenbits sind.

Definition 9.30. *Der oben konstruierte Code heißt* Hamming-Code.

Mit jedem zusätzlichen Paritätsbit wird die Anzahl der Bits, die abgesichert werden können, etwa verdoppelt, der Code scheint also immer besser zu werden. Dies täuscht allerdings: die Wahrscheinlichkeit, dass ein weiterer Fehler auftritt, den der Code dann nicht mehr korrigieren kann, wird ebenfalls größer.

9.B.5 Codierung und Fehlerkorrektur als lineare Operationen

Der Hamming-Code berechnet Paritätsbits so, dass für unverfälschte Daten die Zeilen der Maske 0 ergeben. Es werden also nur Bitfolgen gesendet, die Lösungen eines homogenen Gleichungssystems mit den Koeffizienten im Tableau (9.24) sind. Die Codewörter des Codes müssen also im Nullraum der Prüfmatrix

$$
P = \begin{pmatrix}
①& 0 & 1 & 0 & 1 & 0 & 1 & 0 & 1 & 0 & 1 & 0 & 1 & 0 & 1 \\
0 & ① & 1 & 0 & 0 & 1 & 1 & 0 & 0 & 1 & 1 & 0 & 0 & 1 & 1 \\
0 & 0 & 0 & ① & 1 & 1 & 1 & 0 & 0 & 0 & 0 & 1 & 1 & 1 & 1 \\
0 & 0 & 0 & 0 & 0 & 0 & 0 & ① & 1 & 1 & 1 & 1 & 1 & 1 & 1
\end{pmatrix}
$$

liegen. Man kann die Menge der Codewörter des Codes daher auch als Lösungsmenge des Gleichungssystems mit der Koeffizientenmatrix P verstehen.

Um die Lösungsmenge zu bestimmen, muss der Gauß-Algorithmus durchgeführt und die reduzierte Zeilenstufenform bestimmt werden. Es stellt sich aber heraus, dass die Matrix P bereits diese Form hat und dass die Datenbits b_0 bis b_{10} die frei wählbaren Variablen sind. Die Lösungsmenge kann man daher unmittelbar daraus ableiten und bekommt

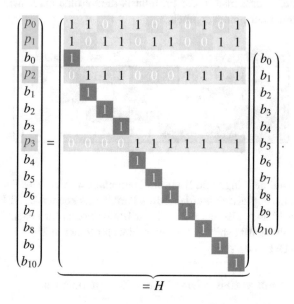

Die Matrix H berechnet also aus den Datenbits b_0 bis b_{10} das vollständige Datenwort samt Paritätsbits, das anschließend übertragen werden kann. Auf der Empfängerseite berechnet die Matrix P die Position des fehlerhaften Bits im Datenwort.

Die Menge der fehlerfreien Datenwörter ist als Nullraum von P ein Unterraum von $\mathbb{F}_2^{15}$. Die Spalten von H bilden eine Basis. Der Hamming-Code ist ein linearer Code im Sinne der folgenden Definition.

Definition 9.31. *Ein* linearer Code *ist ein Code, dessen Codewörter einen Unterraum von* $\mathbb{F}_2^n$ *bilden.*

Der Hamming-Code ist in der Lage, einen einzelnen Fehler zu korrigieren. Wir wissen bereits aus Satz 9.29, dass die Hamming-Distanz zwischen Codewörtern mindestens 3 sein muss. Tatsächlich unterscheiden sich zwei beliebige Spaltenvektoren von H immer in mindestens drei Komponenten.

Eine Basis von $\mathbb{F}_2^{15}$

Nach dem Muster der Matrix G in (9.3) kann man jetzt auch eine Basis von $\mathbb{F}_2^{15}$ angeben. Im Gegensatz zu (9.3) stehen die frei wählbaren Variablen nicht am Ende der Liste der Variablen, sie bilden daher nicht einen einzigen grünen Block B, er zerfällt in mehrere horizontale Streifen. Entsprechend entstehen auch im Block B^t im linken Teil von G einige

Lücken. Die Spalten der Matrix

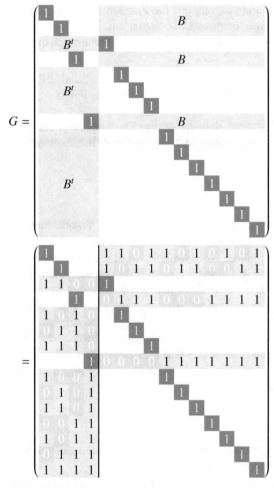

sind eine Basis von $\mathbb{F}_2^{15}$.

9.C Satellitennavigation

Globale Satellitennavigationssysteme (GNSS) wie das amerikanische Global Positioning System GPS, das russische GLONASS oder das europäische Galileo-System verwenden alle das gleiche Prinzip. Eine Konstellation von Satelliten sendet ihre Position und Zeit. Empfänger auf der Erde decodieren diese Signale und können durch Vergleich der Daten von mindestens vier Satelliten die eigene Position bestimmen. Die Berechnung der Position basiert auf dem in Abschnitt 9.2.2 studierten hyperbolischen Skalarprodukt, sie wird in Abschnitt 9.C.1 genauer erklärt. Das Design einer geeigneten Konstellation von Satelliten kann mit einigen wenigen Drehmatrizen beschrieben werden, was in Abschnitt 9.C.2 dargestellt wird.

9.C.1   Positionsbestimmung

Der Satellit S senden ein Signal, das die Position (x_S, y_S, z_S) und Zeit t_S des Satelliten codiert. Der Empfänger empfängt das Signal zur Zeit t und möchte daraus die eigene Position (x, y, z) bestimmen. Die Satellitensignale breiten sich mit Lichtgeschwindigkeit c aus, es muss daher

$$c(t - t_S) = \sqrt{(x - x_S)^2 + (y - y_S)^2 + (z - z_S)^2} \qquad (9.25)$$

gelten. Unter der Annahme, dass die genaue Empfangszeit t bekannt ist, ist also auch die Entfernung des Empfängers vom Satelliten bekannt. In einer eindimensionalen Welt wird die Bedingung (9.25) zu

$$c(t - t_S) = \sqrt{(x - x_S)^2} = |x - x_S| \qquad \Rightarrow \qquad x = x_S \pm c(t - t_S) \qquad (9.26)$$

vereinfacht. Damit lässt sich x tatsächlich bis auf ein Vorzeichen bestimmen.

Die Lösung (9.26) des eindimensionalen Problems zeigt auch, dass ein Fehler Δt in der Zeitbestimmung t zu einem Positionsfehler in der Größenordnung $c\Delta t$ führt. Ein Fehler von nur 1 µs führt also auf einen Positionsfehler von ungefähr 300 m. Eine Positionsbestimmung im Bereich weniger Meter erfordert daher eine Uhr im Empfänger, die die Zeit mit einer Genauigkeit von wenigen 10 ns angeben kann. Dazu ist nur eine Atomuhr in der Lage. Es muss also ein Lösungsweg gefunden werden, auf dem der Empfänger nicht nur seine Position, sondern auch seine Zeit aus den Satellitensignalen bestimmen kann.

Um die drei Unbekannten x, y und z zu bestimmen, müssen mindestens drei Satelliten empfangen werden. Aus den Positionen $S_i = (x_i, y_i, z_i)$ und den Sendezeiten t_i der Satelliten ergeben sich die Gleichungen

$$c^2(t - t_i)^2 = (x - x_i)^2 + (y - y_i)^2 + (z - z_i)^2, \qquad i = 1, 2, \ldots$$

Mit einem weiteren Satelliten stehen genügend Gleichungen zur Verfügung, um auch die vierte Unbekannte t zu bestimmen.

Für mehr als vier empfangene Satelliten ist das Gleichungssystem

$$d_i(t, x, y, z) = (x - x_i)^2 + (y - y_i)^2 + (z - z_i)^2 - c^2(t - t_i)^2 = 0, \qquad i = 1, \ldots, n, \quad (9.27)$$

ein überbestimmtes nichtlineares Gleichungssystem für die vier Unbekannten (x, y, z, t). Die Idee der Methode der kleinsten Quadrate von Abschnitt 7.8 kann sinngemäß übertragen werden und eine approximative Lösung als Minimum der Funktion

$$Z(t, x, y, z) = \sum_{i=1}^{n} d_i(t, x, y, z)^2,$$

einem Polynome vierten Grades in den Unbekannten, gefunden werden. Der Newton-Algorithmus ist ein effizientes Verfahren zur Bestimmung eines solchen Punktes, wir verlassen damit aber den Bereich der linearen Algebra.

9.C.2 Satellitenkonstellationen

Die Satelliten müssen so auf Umlaufbahnen platziert werden, dass jederzeit mindestens vier Satelliten über dem Horizont stehen. Damit die Signale nicht von Hindernissen absorbiert werden, müssen die Satelliten ausreichend hoch über dem Horizont stehen. In polnahen Gebieten ist dies nur möglich, wenn die Bahnen gegenüber dem Äquator geneigt sind. Die Bahnen sollen bis auf einfache Drehungen identisch sein, damit deren Berechnung möglichst einfach wird. Insbesondere sollen sie alle die gleiche Neigung der Bahnebene verwenden.

Es ist sehr aufwendig und teuer, einen Satelliten in eine Umlaufbahn zu bringen. Eine Verschiebung eines einzelnen Satelliten entlang einer Bahn ist ein vergleichsweise einfaches Manöver. Es sollen daher viele Satelliten jeweils der gleichen Bahn in ausreichendem Abstand hintereinander folgen. So wird es möglich, mit nur einem Start mehrere Satelliten in die gewünschte Position zu bringen und damit die Kosten zu reduzieren.

Da sich die Erde unter der Satellitenkonstellation um die eigene Achse dreht, wird eine gleichmäßige Abdeckung mit Satellitensignalen nur erreicht, wenn die gewählten Bahnebenen den Äquator in regelmäßigen Winkelabständen schneiden und wenn die Satelliten die Bahnen mit konstanter Geschwindigkeit durchlaufen, sich also auf Kreisbahnen bewegen. Ebenso müssen die Satelliten gleichmäßig auf eine Bahn verteilt sein.

Die Kreisbahnen verlaufen in konstanter Höhe, verschiedene Bahnebenen schneiden sich daher notwendigerweise. Es muss sichergestellt werden, dass die Satelliten nicht zusammenstoßen können. Dies kann dadurch erreicht werden, dass die Satelliten zu leicht versetzten Zeiten den Äquator überqueren sollen. Hat man insgesamt t Satelliten, dann kann man als Winkelabstand für die Überquerung des Äquators den Winkel $360°/t$ wählen.

Damit haben wir sechs Parameter identifiziert, die die Bahnen festlegen. Es sind dies

r	der Bahnradius,
T	die Bahnperiode,
i	die Neigung der Bahn (inclination),
t	die Gesamtzahl der Satelliten,
p	die Anzahl der Bahnebenen und
f	die Phase der Bahn.

Für die geometrischen Eigenschaften der Satellitenkonstellation sind die Parameter r und T nicht wichtig. Die p verschiedenen Bahnebenen gehen durch Drehung um $360°/p$ um die Erdachse auseinander hervor. Auf jeder Bahn befinden sich t/p Satelliten, deren Winkelabstand ist daher $360° \cdot p/t$. Eine solche Konstellation heißt ein i:t/p/f-*Walker-Delta-Konstellation*.

Die Satellitenpositionen in einer Walker-Delta-Konstellation lassen sich mit wenigen Matrizen beschrieben. Wir konstruieren dazu zuerst eine Bahn in der x-y-Ebene, die wir dann um die x-Achse drehen, damit sie die richtige Neigung erhält. Dieser letzte Schritt kann mit der Matrix

$$D_{x,i} = \begin{pmatrix} 1 & 0 & 0 \\ 0 & \cos i & -\sin i \\ 0 & \sin i & \cos i \end{pmatrix}$$

geschehen. Wir nehmen an, dass sich ein Satellit zur Zeit $\tau = 0$ auf der x-Achse befindet, also im Punkt $(r, 0, 0)$. Die Positionen der anderen Satelliten der gleichen Bahn entstehen durch Drehung um die z-Achse um ganzzahlige Vielfache von $2\pi/p$:

$$D_{z,2\pi/p} = \begin{pmatrix} \cos\frac{2\pi}{p} & -\sin\frac{2\pi}{p} & 0 \\ \sin\frac{2\pi}{p} & \cos\frac{2\pi}{p} & 0 \\ 0 & 0 & 1 \end{pmatrix}$$

Der Satellit mit der Nummer k auf der Bahn hat daher die Position

$$D_{x,i}D_{z,2\pi/p}^{k}\begin{pmatrix} r \\ 0 \\ 0 \end{pmatrix}$$

Die Bewegung der Satelliten auf der Bahn kann durch die Drehmatrix $D_{z,2\pi\tau/T}$ beschrieben werden. Die verschiedenen Bahnebenen entstehen aus der ersten durch Drehung um die z-Achse um ganzzahlige Vielfache des Winkels $2\pi/p$. Die Satelliten anderer Bahnebenen sind um Vielfache des Winkels $2\pi f/t$ phasenverschoben. Setzt man alles zusammen, hat der Satellit mit der Nummer k in der Ebene $b = 0, \ldots, p-1$ zur Zeit τ den Ortsvektor

$$D_{z,k\cdot 2\pi/p}D_{x,i}D_{z,2\pi kp/t+2\pi fb/t+2\pi\tau/T}\begin{pmatrix} r \\ 0 \\ 0 \end{pmatrix} = D_{z,\frac{2\pi k}{p}}D_{x,i}D_{z,2\pi(\frac{kp}{t}+\frac{fb}{t}+\frac{\tau}{T})}\begin{pmatrix} r \\ 0 \\ 0 \end{pmatrix}$$

Nach (7.21) sind die Winkel die Eulerwinkel der Drehmatrix

$$D_{z,\frac{2\pi k}{p}}D_{x,i}D_{z,2\pi(\frac{kp}{t}+\frac{fb}{t}+\frac{\tau}{T})} = O\left(2\pi\left(\frac{kp}{t}+\frac{fb}{t}+\frac{\tau}{T}\right), i, \frac{2\pi k}{p}\right).$$

Diese Beschreibung ermöglicht, die Bahn jedes Satelliten in geschlossener Form zu beschreiben. Sie setzt sich zusammen aus einer Matrix, die die Zeitabhängigkeit der Position wiedergibt, und einem Faktor, der die Bahngeometrie enthält:

$$O\left(2\pi\left(\frac{kp}{t}+\frac{fb}{t}+\frac{\tau}{T}\right), i, \frac{2\pi k}{p}\right) = \underbrace{O\left(2\pi\left(\frac{kp}{t}+\frac{fb}{t}\right), i, \frac{2\pi k}{p}\right)}_{\text{Bahngeometrie}}\underbrace{D_{z,\frac{2\pi\tau}{T}}}_{\text{Zeitabhängigkeit}}.$$

Die Matrizen $\tau \mapsto D_{z,2\pi\tau/T}$ bilden was man eine Einparametergruppe von Drehungen nennt.

Die Konstellationen von Galileo und GPS

Das Galileo-System verwendet eine $54°{:}24/3/1$ Walker-Delta-Konstellation, also 24 Satelliten auf drei Bahnebenen, die sich um $120°$ unterscheiden. Die Satelliten folgen sich im Abstand von $45°$, sie bilden jeweils ein gleichmäßiges Achteck in der Bahnebene. Die Bewegung in den Bahnebenen ist um $360° f/p = 15°$ phasenverschoben. Die Konstellation ist in Abbildung 9.19 dargestellt.

linalg.ch/video/7

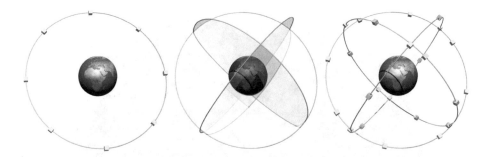

Abbildung 9.19: Galileo-Konstellation: acht Satelliten in einer Bahnebene (links), drei Bahnebenen (Mitte) und die gesamte Konstellation aus insgesamt 24 Satelliten (rechts).

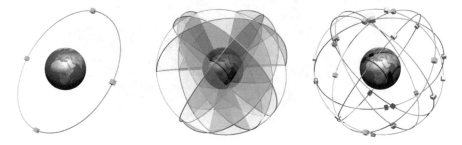

Abbildung 9.20: GPS-Konstellation: vier Satelliten in einer Bahnebene (links), sechs Bahnebenen (Mitte) und gesamte Konstellation aus insgesamt 24 Satelliten (rechts).

GPS verwendet eine $55°{:}24/6/2$ Walker-Delta-Konstellation, also 24 Satelliten in sechs Bahnebenen, die sich um $60°$ unterscheiden. Auf jeder Bahn befinden sich also vier Satelliten, die sich in $90°$-Abständen folgen, der Phasenunterschied zwischen den Bahnebenen ist $360° \cdot 2/24 = 30°$. Die Abbildung 9.20 zeigt die GPS-Konstellation. Die Wahl des Phasenparameters führt dazu, dass Satelliten an den Kreuzungspunkten zusammentreffen können. Tatsächlich fliegen die GPS-Satelliten nicht genau in den Plätzen der Walker-Delta-Konstellation, wodurch Zusammenstösse verhindert werden.

Starlink

Starlink ist eine Satellitenkonstellation, die satellitenbasierte Internetdienste in entlegene Gebiet bringen soll. Da leicht transportable und kostengünstige Empfänger eingesetzt werden sollen, wird eine sehr große Zahl von in geringer Höhe fliegender Satelliten benötigt. Auch die Starlink-Konstellationen sind Walker-Delta-Konstellationen. Starlink Phase 1 Version 3 verwendet 1584 Satelliten in 22 Ebenen, die um $53°$ geneigt sind, also eine $53°{:}1584/22/f$-Walker-Delta-Konstellation. Der Phasenparameter f ist nicht bekannt. Die Satelliten bewegen sich in einer Höhe von 550 km und umkreisen die Erde einmal alle 95 Minuten. Die Abbildung 9.21 zeigt, dass die Konstellation trotz der großen Zahl von Satelliten Gebiete in hohen Breiten wie Grönland, Island oder Skandinavien überhaupt nicht

Abbildung 9.21: Die Starlink Phase 1 Version 3 Konstellation ist eine Walker-Delta-Konstellation vom Typ $53°{:}1584/22/f$, der Phasenparameter f ist nicht bekannt. Je 72 Satelliten in 22 Bahnebenen umkreisen die Erde in 550 km Höhe alle 95 Minuten.

abdecken kann. Auch ist die Satellitendichte in Äquatornähe geringer. Daher plant Starlinke weitere Konstellationen mit vielen Tausend zusätzlichen Satelliten in größeren Höhen zum Teil mit größerer Bahnneigung, um die nördlichen Gebiet abzudecken, zum Teil aber auch mit deutlich kleinerer Neigung, um die Abdeckung in Äquatornähe zu verbessern.

9.D   Trägheitsplattform

In Abschnitt 8.B wurde gezeigt, wie MEMS-Sensoren einen Winkelgeschwindigkeitsvektor $\vec{\omega}$ messen können und wie man mit $\vec{\omega}$ mit Hilfe von Quaternionen sehr leicht Drehungen des Raumes beschreiben kann. Manchmal braucht man aber mehr: eine Trägheitsplattform ist in der Lage, aus Beschleunigungs- und Winkelgeschwindigkeitsdaten laufend die Position und Lage eines Koordinatensystems im Raum ermitteln. Schon in den 1960er-Jahren hat der Apollo-Guidance-Computer (AGC) mit Hilfe mechanischer Kreisel und Beschleunigungssensoren dem Apollo-Raumschiff und dem LEM Lunar Lander ermöglicht, autonom den Weg in eine Mondumlaufbahn und schließlich auf die Mondoberfläche zu finden. In diesem Abschnitt soll gezeigt werden, wie dies möglich ist.

9.D.1 Koordinatensystem und orthogonale Matrizen

Ein Raumschiff hat sein eigenes Koordinatensystem, das mit den Sensoren fest verbunden ist. Der Winkelgeschwindigkeitsvektor, den die Kreiselsensoren messen, und der Beschleunigungsvektor, den die Beschleunigungssensoren ermitteln, wird in diesem Koordinatensystem angegeben. Es dreht und verschiebt sich mit dem Raumschiff. Um die eigene Position und Lage zu bestimmen, müssen diese Vektoren in ein raumfestes Koordinatensystem umgerechnet werden.

Das raumfeste Koordinatensystem hat die Basisvektoren $\vec{b}_1$, $\vec{b}_2$ und $\vec{b}_3$. Das Raumschiffkoordinatensystem verwendet die Basisvektoren $\vec{b}_1'$, $\vec{b}_2'$ und $\vec{b}_3'$, die gegenüber den raumfesten Basisvektoren verdreht sind. Zu Beginn der Reise sollen die Richtungen der Basisvektoren übereinstimmen, also $\vec{b}_i = \vec{b}_i'$ für $i = 1, 2, 3$. Die Basisvektoren $\vec{b}_i'$ des Raumschiffkoordinatensystems bilden auch im raumfesten Koordinatensystem eine orthonormierte Basis. Jeder Vektor $\vec{b}_i'$ kann durch die Basisvektoren $\vec{b}_k$ ausgedrückt werden als

$$\vec{b}_i' = \sum_{k=1}^{3} r_{ki} \vec{b}_k.$$

Die Koeffizienten r_{ki} sind die Koordinaten des Vektors $\vec{b}_i'$ im Koordinatensystem mit den Achsen $\vec{b}_k$.

Da die Vektoren $\vec{b}_i'$ orthonormiert sind, bilden die Koeffizienten r_{ki} eine orthogonale Matrix. Die Matrix R mit Einträgen r_{ki} enthält als Spalten die Basisvektoren $\vec{b}_i'$.

9.D.2 Drehungen

Die Matrix R verändert sich mit der Bewegung des Raumschiffs, sie ist eine Funktion $R(t)$ der Zeit. Um $R(t + \Delta t)$ zu bestimmen, kann der zur Zeit t von den Kreiselsensoren gemessene Winkelgeschwindigkeitsvektor $\vec{\omega}$ verwendet werden. Der Vektor $\vec{\omega}^0$ ist die Drehachse, der Drehwinkel ist $|\vec{\omega}|\Delta t$.

Die Drehung um die Achse kann mit der Exponentialform der Rodrigues-Formel (Satz 9.26) aus der Matrix

$$\Omega = \begin{pmatrix} 0 & -\omega_3 & \omega_2 \\ \omega_3 & 0 & -\omega_1 \\ -\omega_2 & \omega_1 & 0 \end{pmatrix}$$

abgeleitet werden. Mit der Exponentialreihe findet man die Drehmatrix

$$O = \exp(\Omega \cdot \Delta t) = \sum_{k=0}^{\infty} \frac{\Omega^k \Delta t^k}{k!}, \tag{9.28}$$

die die Drehung im Raumschiffkoordinatensystem beschreibt. Die Ausrichtung $R(t)$ des Raumschiffkoordinatensystems kann damit für die Zeit $t + \Delta t$ aktualisiert werden und ist

$$R(t + \Delta t) = R(t) e^{\Omega \cdot \Delta t}.$$

Abbildung 9.22: Trägheitsplattform mit fest damit verbundenem Koordinatensystem mit den Basis-vektoren $\vec{b}'_1$, $\vec{b}'_2$ und $\vec{b}'_3$.

Lukas M. hat in seiner Maturaarbeit genau diesen einfachen Algorithmus für eine selbstgebaute Kreiselplattform implementiert. Die Plattform mit dem mit der Plattform verbundenen Koordinatensystem ist in Abbildung 9.22 sichtbar. Die Plattform wurde in eine Rakete eingebaut und während eines Fluges getestet. Der Video-QR-Code führt auf ein Video, das die Funktion der Trägheitsplattform sowie den Testflug zeigt. Abbildung 9.23

linalg.ch/video/8

zeigt drei Phasen des Testflugs, in denen man die Funktion der Kreiselplattform an den ein-geblendeten Basisvektoren $\vec{b}'_i$ gut erkennen kann. Nach dem Start steigt die Rakete vertikal hoch, bewegt sich auf Scheitelhöhe praktisch horizontal und hängt nach Fallschirmöffnung mit der Spitze nach unten.

9.D.3 Geschwindigkeit

Um den Ort $\vec{x}(t)$ und die Geschwindigkeit $\vec{v}(t)$ der Trägheitsplattform im raumfesten Koor-dinatensystem zu bestimmen, müssen die von der Plattform gemessenen Beschleunigun-gen $\vec{a}'(t)$ erst ins raumfeste Koordinatensystem umgerechnet werden. Dies geschieht mit

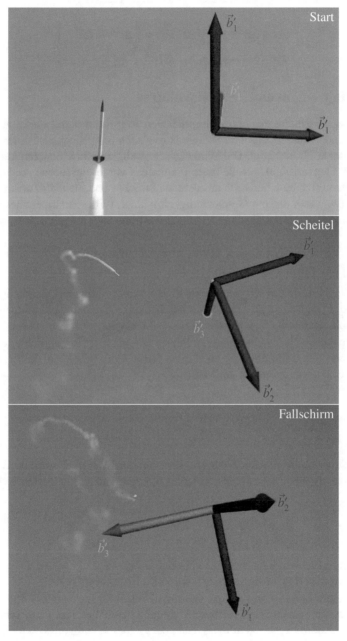

Abbildung 9.23: Drei Phasen aus dem Testflug mit der Trägheitsplattform. Das eingeblendete Koordinatensystem wurde mit dem in Abschnitt 9.D.2 beschriebenen Algorithmus bestimmt. Man kann verfolgen, wie die Rakete zunächst vertikal hochsteigt, auf Scheitelhöhe horizontal fliegt und schließlich mit der Spitze nach unten am Fallschirm hängt.

der Matrix $R(t)$. Damit ergbit sich für Ort und Geschwindigkeit

$$
\left.\begin{aligned}
\vec{x}(t + \Delta t) &= \vec{x}(t) + \Delta t \cdot \vec{v}(t) + \frac{1}{2}\Delta t^2 \cdot R(t)\vec{a}' \\
\vec{v}(t + \Delta t) &= \vec{v}(t) + \Delta t \cdot R(t)\vec{a}' .
\end{aligned}\right\}
\tag{9.29}
$$

9.D.4   Flugzeug in einer Standardkurve

Als Test und Illustration des oben beschriebenen Algorithmus soll dieser auf ein Flugzeug angewendet werden, das eine Standardkurve nach links fliegt, also einen 360°-Kreis in zwei Minuten ($T = 120\,\mathrm{s}$). Die Winkelgeschwindigkeit einer Standardkurve ist 3°/s. Die von der Flugverkehrskontrolle eines Flughafens vorgeschriebenen Anflugrouten zur Landung setzen sich üblicherweise aus geraden Strecken und Standardkurven zusammen.

Für ein Flugzeug, das mit Geschwindigkeit v fliegt, ist die Zentripetalbeschleunigung $a_z = \omega v$. Diese muss durch die Querneigung β des Flugzeugs aufgebracht werden:

$$
g \tan \beta = \omega v = \frac{2\pi v}{T} \qquad \Rightarrow \qquad \beta = \arctan \frac{2\pi v}{gT} .
$$

Die Trägheitsplattform des Flugzeugs wird die konstante vertikale Beschleunigung $\vec{a}'$ vom Betrag $g/\cos\beta = g\sec\beta$ und den konstanten Winkelgeschwindigkeitsvektor vom Betrag $\omega = 2\pi/T$ mit einer Neigung β aus der Vertikalen messen.

Die erste Achse $\vec{b}_1'$ des Flugzeugkoordinatensystems zeigt in Flugrichtung, die zweite Achse $\vec{b}_2'$ nach links, die dritte $\vec{b}_3'$ nach oben (Abbildung 9.24). Zur Zeit $t = 0$ ist das Flugzeugkoordinatensystem mit der Matrix

$$
R(0) = \begin{pmatrix} 1 & 0 & 0 \\ 0 & \cos\beta & \sin\beta \\ 0 & -\sin\beta & \cos\beta \end{pmatrix}
$$

gegenüber dem raumfesten Koordinatensystem um den Winkel β verdreht. Die im Flugzeugkoordinatensystem gemessenen Beschleunigungs- und Winkelgeschwindigkeitsvektoren sind

$$
\vec{a}' = \begin{pmatrix} 0 \\ 0 \\ g/\cos\beta \end{pmatrix} \qquad \text{und} \qquad \vec{\omega}' = \begin{pmatrix} 0 \\ -\omega\sin\beta \\ \omega\cos\beta \end{pmatrix} .
$$

Da der Winkelgeschwindigkeitsvektor konstant ist, ist auch die Matrix $O = \exp(\Omega \cdot \Delta t)$ von (9.28) konstant. Die Drehmatrix $R(t)$ zur Zeit t ist daher $R(0)O^{t/\Delta t}$.

Bei der Berechnung von Ort und Geschwindigkeit ist zu berücksichtigen, dass der Vektor $\vec{a}'$ die Komponenten der Erdbeschleunigung beinhaltet. Nach Umrechnung $R(t)\vec{a}'$ ins raumfeste Koordinatensystem muss daher der Erdbeschleunigungsvektor $\vec{g}$ subtrahiert werden, bevor die Formeln (9.29) angewendet werden können.

Die exakte Lösung ist eine Kreisbahn vom Radius $vT/2\pi$. Die Aufteilung in kurze Zeitschritte der Länge Δt führt zu Ungenauigkeiten, die mit kleiner werdendem Zeitschritt verschwinden. Abbildung 9.25 zeigt die Simulation für verschiedene Länge des Zeitschrittes. Die Formeln (9.29) beschreiben eine Parabel, während die korrekte Kurve ein Kreisbogen

Abbildung 9.24: Koordinatensystem und Beschleunigungen auf ein Flugzeug, das eine Standardkurve fliegt.

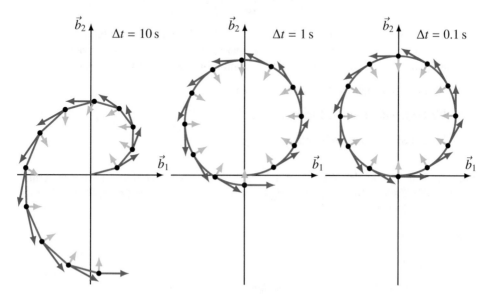

Abbildung 9.25: Simulation einer Standardkurve mit dem Algorithmus von Abschnitt 9.D.2 und 9.D.3 mit verschiedenen Zeitschritten.

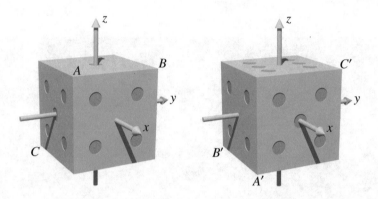

Abbildung 9.26: Aufgabe 9.2 fragt nach einer Drehmatrix, die den linken Würfel in den rechten Würfel überführt.

ist. Ein Zeitschritt von $\Delta t = 10\,\text{s}$ ist offensichtlich zu lang. Beim Zeitschritt $\Delta t = 0.1\,\text{s}$ ist der Fehler nur noch 35 m, nur 0.82% des Durchmessers des Kreises.

Übungsaufgaben

9.1. Betrachten Sie die Menge

$$G = \left\{ m(a) = \begin{pmatrix} a & a \\ a & a \end{pmatrix} \,\middle|\, a \in \mathbb{R}^* \right\}$$

der 2×2-Matrizen mit identischen Einträgen. Die Matrizen $m(a)$ haben die Determinante $\det m(a) = 0$, sie sind also nicht regulär. Trotzdem soll in dieser Aufgabe gezeigt werden, dass die Menge G eine Gruppe mit der Matrizenmultiplikation als Verknüpfung ist.

a) Rechnen Sie nach, dass $m(a)m(b) \in G$ ist.

b) Finden Sie das neutrale Element in G.

c) Finden Sie das inverse Element von $m(a)$.

9.2. Der Mittelpunkt des Würfels mit Kantenlänge 2 befindet sich im Koordinatenursprung (Abbildung 9.26). Eine Drehung des Raumes führt die Punkte A, B und C in die Punkte A', B' bzw. C' über.

a) Finden Sie die Drehmatrix R.

b) Wie groß ist der Winkel zwischen den beiden Ortsvektoren $\overrightarrow{OA}$ und $\overrightarrow{OB}$.

c) Wie groß ist der Winkel zwischen den Bildern der Vektoren

$$\begin{pmatrix} 1 \\ 1 \\ 0 \end{pmatrix} \quad \text{und} \quad \begin{pmatrix} -1 \\ -1 \\ -1 \end{pmatrix}?$$

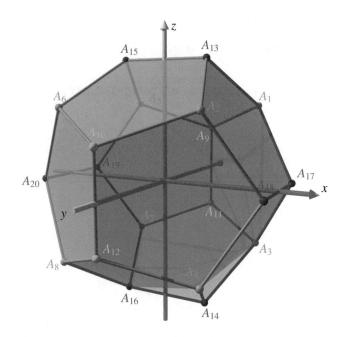

Abbildung 9.27: Dodekaeder für Aufgabe 9.3.

9.3. Vom Dodekaeder in Abbildung 9.27 sind die Punkte

$$A_1 = (1, 1, 1), \qquad A_{10} = (0, -\varphi, 1/\varphi), \quad A_{13} = (1/\varphi, 0, \varphi),$$
$$A_{15} = (-1/\varphi, 0, \varphi), \quad A_{18} = (\varphi, -1/\varphi, 0) \qquad\qquad \text{mit} \quad \varphi = \frac{1 + \sqrt{5}}{2}$$

bekannt.

a) Finden Sie eine Drehmatrix R, welche A_{18} auf A_{10} abbildet und die Seitenfläche $A_1 A_9 A_5 A_{15} A_{13}$ in sich abbildet.

b) Finden Sie den Drehwinkel der von R beschriebenen Drehung.

9.4. Sei A die Matrix

$$A = \frac{1}{3} \begin{pmatrix} 2 & -2 & 1 \\ 1 & 2 & 2 \\ 2 & 1 & -2 \end{pmatrix}.$$

a) Ist A orthogonal?

b) Zeigen Sie: A ist keine Drehmatrix.

c) Finden Sie die Matrix S einer Spiegelung an der x-y-Ebene.

d) Berechnen Sie AS.

e) Zeigen Sie: AS ist eine Drehmatrix.

f) Bestimmen Sie den Drehwinkel von AS.

Lösungen: https://linalg.ch/uebungen/LinAlg-109.pdf

Kapitel 10

Projektive Geometrie

Die Entdeckung der Zentralperspektive in der Renaissance ermöglichte Künstlern realitische Landschaftsdarstellungen. Heute sind solche Bilder dank der jedermann zugänglichen Kameras in Mobiltelefonen eine Selbstverständlichkeit. Kameras sind so einfach in der Anwendung geworden, dass sie sich auch in der Technik zu eigentlichen Universalsensoren entwickelt haben und zusammen mit geeigneten Bildverarbeitungsalgorithmen Aufgaben übernommen haben, die früher Spezialsensoren wie Lichtschranken, Ultraschall- oder Radargeräten vorbehalten waren. Damit Kameras auf diese Weise eingesetzt werden können, müssen die Abbildungsgesetze auch mathematisch im Detail verstanden werden. In diesem Kapitel sollen sie erklärt werden.

10.1 Perspektive

In der Malerei der Renaissance taucht plötzlich die zentralperspektivische Darstellung auf, die oft dem Architekten Filippo Brunelleschi (1377 – 1446) zugeschrieben wird. Besonderen Ruhm erlangte er aber als Architekt und Baumeister der gewaltigen Kuppel der Kathedrale Santa Maria del Fiore in Florenz. Sein Gemälde aus dem Jahr 1415 des Battisterio di San Giovanni von einem Standpunkt im Hauptportal der Kathedrale aus ist das älteste bekannte Bild, das die zentralperspektivische Darstellung nutzt. Masaccio (1401–1428) war einer der ersten Künstler, der die neue Technik wie kein Anderer gemeistert hat. Sein Fresco *Das Tribut-Geld* in der Brancacci-Kapelle der Kirche Santa Maria del Carmine in Florenz [16] zeigt im rechten Teil des Bildes ein perspektivisch korrekt abgebildetes Gebäude. Im Laufe des 15. Jahrhunderts entwickelte sich die perspektivische Malerei sprunghaft und erreichte im Wandgemälde *das letzte Abendmahl* von Leonardo da Vinci im Refektorium des Klosters Santa Maria delle Grazie in Mailand einen Höhepunkt (Abbildung 10.1 zeigt die Mosaikkopie in der Wiener Minoritenkirche). Die Zentralperspektive wird zu einem Mittel der Bildkomposition. Die Fluchtlinien aller geraden Linien schneiden sich im Fluchtpunkt ungefähr in der Mitte des Bildes im Kopf von Jesus.

A. Müller, *Lineare Algebra: Eine anwendungsorientierte Einführung*,
https://doi.org/10.1007/978-3-662-67866-4_10

Abbildung 10.1: Mosaikkopie des *letzten Abendmals* in der Minoritenkirche in Wien. Die Fluchtlinien schneiden sich nahe dem Zentrum des Bildes im Kopf von Jesus. Foto: Gregor Peda, D-94034 Passau.

Ansätze zur perspektivischen Darstellung findet man aber in China schon im 6. Jahrhundert in einem Werk des Sui-Malers Zhǎn Zǐqián (展子虔) ungefähr um 600 CE. Und auch die japanische Holzschnittkunst dokumentiert zum Beispiel in den Werken von Okumura Masanobu (1686–1764) perspektivische Darstellungen von Innenräumen. Von Utagawa Toyoharu (歌川 豊春, 1735–1814) stammt der Holzschnitt von den Theatern von Sakai-Chō (Abbildung 10.2).

10.1.1   Lochkamera

In einer modernen Kamera (Abbildung 10.3). fokussiert im einfachsten Fall ein Objektiv das vom Gegenstand ausgehende Licht auf dem Sensor. Der *Weltpunkt P* wird dabei auf den *Bildpunkt B′* abgebildet (Abbildung 10.4). Meist ist das Objektiv verschiebbar gelagert, damit das Bild auf dem Sensor scharf eingestellt werden kann. Es ist die Aufgabe des Sensors, das Bild zu digitalisieren, damit es in digitaler Form über eine Schnittstelle ausgelesen werden kann. Nach diesem einfachen Grundprinzip funktionieren alle Handy-Kameras. Hochwertige Kameras sorgen zum Beispiel mit einem mechanischen Verschluss dafür, dass nur während einer kurzen Zeit Licht auf den Sensor fällt. Dies ermöglicht schärfere Aufnahmen mit höherer Auflösung, da die Auslesezeit bei hoher Pixelzahl länger sein kann als die Belichtungszeit.

Ein perfektes Objektiv würde ein Gitter aus geraden Linien abbilden, ohne die Geraden zu krümmen. Mit Glaslinsen realisierte Objektive verfügen aber leider oft über Abbildungsfehler, die dazu führen, dass das Bild auf dem Sensor verzerrt wird. Vor allem Weitwinkelobjektive haben meist gut erkennbare Tonnenverzerrung (Abbildung 10.5), was in der Architekturfotographie zu unnatürlich gekrümmten Gebäudekanten führt. Mit entsprechendem Aufwand können aber auch Objektive mit sehr geringer Verzerrung gebaut

Abbildung 10.2: Der Holzschnitt der Theater von Sakai-Chō von Utagawa Toyoharu von 1780 zeigt eine zentralperspektivische Landschaftsdarstellung [26].

Abbildung 10.3: Moderne digitale Kamera für Astrophotographie, bestehend aus dem Kamerakörper (rot), der den Sensor und die USB-Interface-Elektronik enthält, und dem Objektiv, das das Bild auf dem Sensor erzeugt.

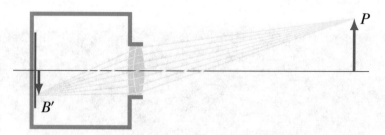

Abbildung 10.4: Abbildungsprinzip einer Kamera. Das Objektiv fokussiert das vom Gegenstand ausgehende Licht auf dem Sensor, wo die Helligkeitswerte digitalisiert werden können.

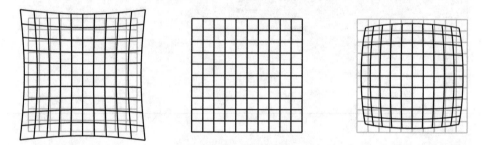

Abbildung 10.5: Verzerrungen eines realen Objektivs. In der Mitte die ideale Abbildung durch die Lochkamera, links Kissenverzerrung, rechts Tonnenverzerrung.

werden. Alternativ können die Abbildungsfehler in der nachfolgenden digitalen Bearbeitung der Bilder korrigiert werden.

Zur Reduktion der Lichtmenge und Verbesserung der Tiefenschärfe verfügen hochwertige Objektive auch über eine Blende, mit der die Öffnung des Objektivs verkleinert werden kann. Aber auch ganz ohne Linsen ergibt sich ein unscharfes Bild allein durch die Blende. Macht man die Öffnung sehr klein, so dass nur noch ein winziges Loch bleibt, entsteht eine scharfe Abbildung, allerdings um den Preis eines sehr dunklen Bildes (Abbildung 10.6). Für die nachfolgenden theoretischen Überlegungen hat diese sogenannte *Lochkamera* aber den Vorteil, dass Sie keine Verzerrungen verursacht.

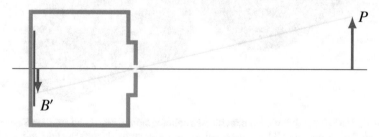

Abbildung 10.6: Die Lochkamera als Vereinfachung des Kameraprinzips auf das geometrisch Essenzielle.

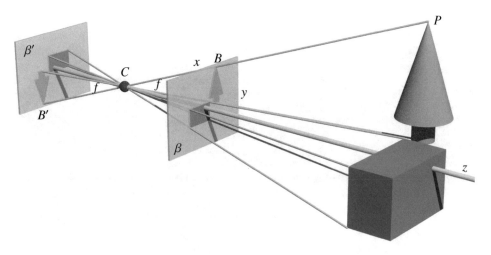

Abbildung 10.7: Abbildung einer dreidimensionalen Szene durch die idealisierte Lochkamera.

Die Abbildung einer dreidimensionalen Szene einer solchen idealisierten Kamera wird in Abbildung 10.7 dargestellt. Ein Weltpunkt P wird durch die Lochblende im Punkt C, dem sogenannten *Kamerazentrum*, auf die im Abstand f angebrachte Sensorebene β' abgebildet, wo der Bildpunkt B' entsteht. Das Bild steht auf dem Sensor auf dem Kopf. Das gleiche, aber aufrechte Bild entsteht, wenn man sich die Bildebene zwischen dem Gegenstand und dem Punkt C im Abstand f angebracht vorstellt. Der Bildpunkt B in dieser Ebene entsteht dann als Durchstoßpunkt des Strahls vom Weltpunkt P zum Kamerazentrum C.

10.1.2 Geraden

Eine Gerade durch das Kamerazentrum C wird auf einen einzigen Punkt abgebildet. Im Gegensatz dazu spannen die Punkte einer Geraden g im Raum, die nicht durch das Kamerazentrum C geht, zusammen mit C eine Ebene σ auf (Abbildung 10.8). Die Bildebene β schneidet σ wieder in einer Geraden. Folglich bildet die idealisierte Kamera Geraden immer wieder auf Geraden ab.

Die Eigenschaft, ob zwei Geraden einen Schnittpunkt haben, wird bei der Abbildung durch die Kamera jedoch nicht erhalten. In Abbildung 10.9 kann man erkennen, dass die gelb hervorgehobenen Längskanten der Gebäude, die alle parallel sind, in der Abbildung zu Geraden werden, die sich in einem Punkt F, dem Fluchtpunkt, auf dem Horizont zu schneiden scheinen. Der Fluchtpunkt repräsentiert eine Gerade, die zu den gelben Geraden parallel ist, aber zusätzlich durch das Kamerazentrum verläuft. Auch die vertikalen Kanten sind in der (virtuellen) Realität parallel, konvergieren aber in einem Punkt weit unterhalb der Bildkante. Die zur Bildebene parallelen roten Gebäudekanten dagegen bleiben auch in der Abbildung parallel.

Die umgekehrte Situation, dass sich in der Realität schneidende Geraden im Bild parallel werden, ist auch möglich. Schneiden sich zwei Geraden auf einer Ebene parallel zur Bildebene, dann kann der Schnittpunkt nicht auf die Bildebene abgebildet werden. Die

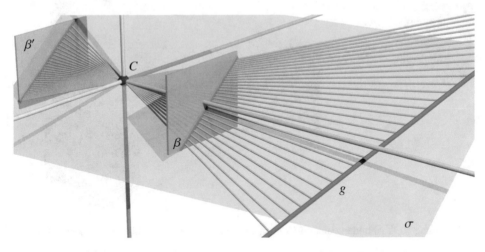

Abbildung 10.8: Die idealisierte Kamera bildet Geraden auf Geraden ab.

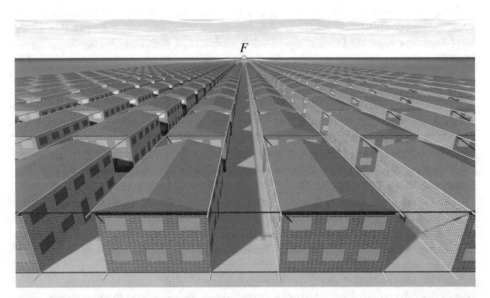

Abbildung 10.9: Die zentralperspektivische Abbildung erhält Parallelität von Geraden nicht. Sich nicht schneidende Geraden können in der Projektion einen Schnittpunkt, den sogenannten Fluchtpunkt, haben.

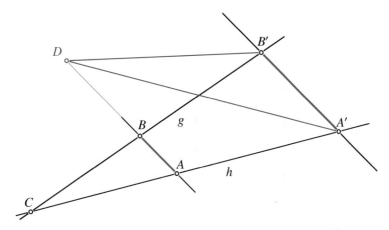

Abbildung 10.10: Der Strahlensatz in der Ebene zeigt, welche Strecken gleich abgebildet werden. Für eine Kamera im Punkt C sind die Strecken AB und $A'B'$ nicht zu unterschieden. Befindet sich die Kamera im Punkt D, erscheint die Strecke AB nur als Punkt.

Bilder der Geraden dürfen sich also nicht schneiden, sie sind parallel.

10.2 Strahlen

Die Beispiele von Abschnitt 10.1 zeigen, dass wir der Beschreibung von Geraden im Raum besondere Aufmerksamkeit schenken müssen.

10.2.1 Strahlensatz

Der Strahlensatz zeigt, welche Strecken zwischen Weltpunkten in der Projektion gleich aussehen werden. Abbildung 10.10 zeigt, dass alle Strecken mit Endpunkten auf den Geraden g und h vom Punkt C aus, dem Schnittpunkt der beiden Geraden, gleich aussehen. Von einem anderen Punkt D aus sind sie dagegen im Allgemeinen verschieden. Die Strecke AB ist als ein einziger Punkt sichtbar.

Von jedem beliebigen Punkt aus sehen Strecken genau dann gleich aus, wenn sie Endpunkte auf einer gemeinsamen Geraden durch das Kamerazentrum haben und außerdem parallel sind. Die beiden Strecken AB und $A'B'$ sehen von C aus gleich aus, haben aber ganz offensichtlich verschiedene Längen, verursacht durch die unterschiedliche Entfernung von C. Dies ist, was der Strahlensatz aussagt: Die Verhältnisse entsprechender Strecken sind gleich:

$$\overline{AB} : \overline{A'B'} = \overline{AC} : \overline{A'C} = \overline{BC} : \overline{B'C}.$$

Brennweite

Abbildung 10.11 zeigt die Abbildung eines Punktes P auf eine Ebene β, die senkrecht auf der x-Achse in der Entfernung f vom Kamerazentrum angebracht ist. Verwendet man statt der Lochkamera ein richtiges Objektiv, kann nur im Abstand der Brennweite f ein scharfes

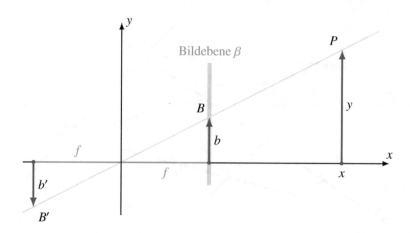

Abbildung 10.11: Abbildung auf einen Chip, der in der Entfernung f, der Brennweite, vom Kamerazentrum angebracht ist. Die Bildkoordinaten b bzw. b' hängen nur vom Verhältnis $y : x$ und von f ab.

Bild entstehen. y ist der Abstand des Weltpunktes von der x-Achse, x ist der Fußpunkt des Lotes von P auf die x-Achse.

Nach dem Strahlensatz ist

$$y : x = b : f \quad \Rightarrow \quad b = f \cdot \frac{y}{x}. \tag{10.1}$$

Der rote Bildvektor b ist also umso größer, je größer die Brennweite f ist. Eine lange Brennweite, ein Teleobjektiv, erzeugt also ein großes Bild, während eine kleine Brennweite ein kleines Bild erzeugt.

Der Bruch y/x ist dimensionslos. Wenn der Abstand b von der Achse in der Bildebene in Pixeln gemessen werden soll, denn empfiehlt es sich, auch die Brennweite in Pixeln zu messen, denn die Gleichung (10.1) liefert b immer in den gleichen Maßeinheiten wie f.

10.2.2 Der projektive Raum

Die Punkte auf einer Geraden durch das Kamerazentrum sind im Bildbereich nicht unterscheidbar, ganz unabhängig davon, wie die Bildebene orientiert ist und wie weit der Punkt vom Kamerazentrum entfernt ist. Aus Sicht der Zentralprojektion sind die grundlegenden Objekte daher die Geraden durch das Kamerazentrum.

Definition des projektiven Raumes

Der projektive Raum kann daher wie folgt konstruiert werden. Ausgehend vom euklidischen Raum E und einem Punkt C bilden wir einen neuen Raum PE, dessen Punkte die Geraden durch C sind. Die Geraden von PE sind die Ebenen von E. Zu jedem Weltpunkt P gehört die eindeutig bestimmte Gerade durch C und P, sie ist ein Punkt des projektiven Raumes PE.

Die Definition des projektiven Raumes ist etwas abstrakt, aber wir können uns jederzeit ein Bild wenigstens eines Teils davon machen. Dazu schneiden wir den Raum E mit einer Ebene β, die C nicht enthält. Zu den meisten Punkten in $\mathrm{P}E$, nämlich zu den Geraden in E, die nicht parallel zur Ebene β sind, gibt es genau einen Schnittpunkt mit der Ebene β. Die Geraden in $\mathrm{P}E$, die parallel zu β sind, können nicht in β wiedergefunden werden. Es gibt also keine Abbildung des ganzen projektiven Raumes auf die Ebene β, aber es gibt eine Abbildung von β in den projektiven Raum, die jedem Punkt $B \in \beta$ die Gerade durch C und B zuordnet und als Punkt des projektiven Raumes betrachtet.

Karten für den projektiven Raum

Man sagt auch, eine Ebene β definiert eine Karte für einen Teil des projektiven Raumes. Jede Karte kann zwar nur einen Teil des projektiven Raumes beschreiben, aber für jeden Punkt des projektiven Raumes gibt es unendlich viele Karten. Diese Situation ist ganz ähnlich wie bei einer Kugel, für die es ebenfalls in der Umgebung jedes Punktes Karten gibt, die einen Teil der Kugeloberfläche auf eine Ebene abbilden können, aber es gibt keine Abbildungen der ganzen Kugel in eine Ebene.

Projektion einer Kugel auf den projektiven Raum

Es gibt auch eine Abbildung einer Kugel um C auf den projektiven Raum, die jedem Punkt P der Kugel die Gerade durch C und P zuordnet. Der Antipodenpunkt von P auf der Kugel ist der zweite Schnittpunkt dieser Gerade mit der Kugel. Die beiden antipodalen Punkte der Kugel werden auf den gleichen Punkt des projektiven Raumes abgebildet. Die Abbildung von der Kugel auf den projektiven Raum ist also eine 2-zu-1-Abbildung.

10.2.3 Homogene Koordinaten

Der projektive Raum besteht aus den Geraden durch das Kamerazentrum. Um in einem projektiven Raum rechnen zu können, brauchen wir Koordinaten. Wir beginnen daher mit dem Raum $\mathbb{R}^{n+1}$ und verwenden den Nullpunkt als Kamerazentrum. Für die Anschauung mag es sinnvoll sein, sich $n = 2$ vorzustellen, also den dreidimensionalen Raum. Eine Gerade

$$g = \{t\vec{r} \mid t \in \mathbb{R}\} = g_{\vec{r}}$$

durch den Nullpunkt ist charakterisiert durch den Richtungsvektor $\vec{r}$. Alle Vektoren von g mit Ausnahme des Nullpunktes bestimmen die gleiche Gerade. Der zugehörige n-dimensionale projektive Raum $\mathrm{P}\mathbb{R}^n$ besteht aus solchen Geraden in $\mathbb{R}^{n+1}$ durch den Nullpunkt. Ein Punkt $P \in \mathrm{P}\mathbb{R}^{n+1}$ besteht aus allen Vektoren $t\vec{p}$, $t \in \mathbb{R}$, wobei $\vec{p}$ einer der Vektoren auf der Geraden ist. Die Koordinaten eines jeden solchen Vektors können als Koordinaten für den Punkt P dienen. Es gibt also keine eindeutigen Koordinaten für einen Punkt.

Definition 10.1 (homogene Koordinaten). *Ist $P \in \mathrm{P}\mathbb{R}^n$ ein Punkt des n-dimensionalen projektiven Raumes, der durch den Vektor mit den Komponenten $(x_0, \ldots, x_n)$ dargestellt wird, dann heißt das $n+1$-Tupel $[x_0, x_1, \ldots, x_n]$ homogene Koordinaten des Punktes P. Die eckigen Klammern sollen andeuten, dass eine ganze Klasse von Vektoren gemeint ist, die den gleichen Punkt beschreiben. Das Tupel $[y_0, \ldots, y_n]$ beschreibt genau dann ebenfalls*

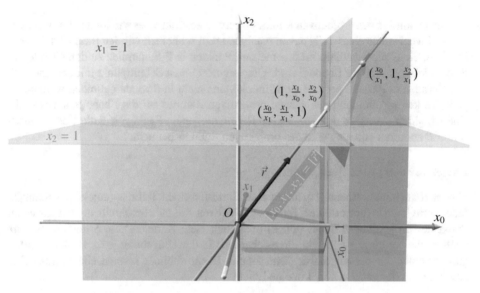

Abbildung 10.12: Homogene Koordinaten eines Punktes der projektiven Ebene $P\mathbb{R}^2$. Alle Punkte der orangen Geraden stellen den gleichen "Punkt" der projektiven Ebene dar.

den Punkt P, wenn es eine Zahl $t \in \mathbb{R}$ gibt mit $y_i = tx_i$ für alle i. Wir schreiben dafür auch $x \sim y$.

Ist P ein Punkt mit homogenen Koordinaten $(x_0, \ldots, x_n)$, und ist $x_i \neq 0$, dann können wir durch Division die speziellen homogenen Koordinaten

$$P = [x_1, \ldots, x_i, \ldots, x_n] = \left[\frac{x_1}{x_i}, \ldots, 1, \ldots, \frac{x_n}{x_i} \right]$$

wählen. Der Punkt ist Schnittpunkt der Geraden mit der Hyperebene $x_i = 1$. Falls $x_i = 0$ ist, ist die Gerade parallel zu dieser Ebene, es gibt daher keinen Schnittpunkt. Abbildung 10.12 zeigt spezielle Repräsentanten des Punktes der projektiven Ebene mit dem Richtungsvektor $\vec{r}$ in den verschiedenen speziellen Projektionsebenen $x_0 = 1$ (blau), $x_1 = 1$ (rot) und $x_2 = 1$ (grün).

Homogene Koordinaten ermöglichen also, jeden beliebigen Punkt der komplexen Ebene darzustellen, sogar solche, die keinen Schnittpunkt mit einer speziellen Schnittebene gemeinsam haben.

Welche Maßeinheiten soll man für die Koordinaten x_i verwenden? Ein Wechsel der Maßeinheit bedeutet Multiplikation mit einem Umrechnungsfaktor. Homogene Koordinaten beschreiben den gleichen Punkt im projektiven Raum, wenn sie sich um einen gemeinsamen Faktor unterscheiden, Die Maßeinheiten sind damit für homogene Koordinaten gegenstandslos. Eine Kamera wird ein 1 m großes Objekt in 10 m Entfernung gleich abbilden wie ein 1 km großes Objekt in 10 km Entfernung, es kommt nur auf die Verhältnisse an. Erst bei der Projektion auf einen Sensor mit bekannten Dimensionen und bekannter Brennweite wird das Verhältnis zwischen Pixel-Größe und Brennweite von Interesse sein.

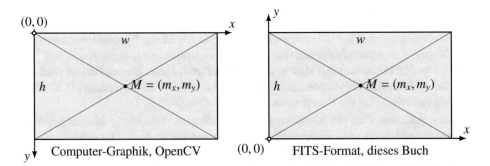

Abbildung 10.13: Koordinatensystem für Bilder. Links ein oft in der Computergraphik verwendetes Koordinatensystem, das den Nullpunkt in der linken oberen Ecke hat. Rechts das in diesem Buch verwendete, etwas vertrautere Koordinatensystem mit dem Nullpunkt in der linken unteren Ecke des Bildes. Es ist auch im astronomischen Bildformat FITS [8] üblich.

10.3   Projektion

Die Geraden des $n+1$-dimensionalen Raumes bilden den projektiven Raum. Eine Kamera im Nullpunkt sieht alle Punkte des dreidimensionalen Raumes, kann aber Punkte auf der gleichen Geraden nicht unterscheiden. Eine Kamera bildet also den projektiven Raum ab. Bis jetzt verstehen wir aber nur das Prinzip. Wir brauchen einen Formelsatz, mit dem wir aus Weltkoordinaten Pixelkoordinaten auf einem Sensor berechnen können.

Wie in Abschnitt 10.2 lässt sich alles in n Dimension definieren und berechnen, da wir aber primär an der Abbildung durch eine Kamera interessiert sind, arbeiten wir in diesem Abschnitt wieder in drei Dimensionen, die wir wieder mit x, y und z bezeichnen.

10.3.1   Koordinatensysteme für Bilder

Für die koordinatenmäßige Beschreibung von Bildern brauchen wir ein Koordinatensystem für die Bildebene. In diesem Abschnitt beschreiben wir die zwei wichtigsten Koordinatenkonventionen. Insbesondere legen wir die in diesem Buch verwendete Konvention fest. Im Folgenden gehen wir immer von einem Bild der Breite w und Höhe h aus.

Computer-Graphik

In der Computergraphik wird oft ein Koordinatensystem für Bilder verwendet, das den Nullpunkt in der linken oberen Ecke hat. Die OpenCV-Bibliothek [20] ist ein Beispiel dafür. Die x-Achse zeigt nach rechts und die y-Achse nach unten, als z-Achse wird die Richtung zum Bildgegenstand verwendet (Abbildung 10.13 links). Die Pixel sind also ähnlich angeordnet wie die Elemente einer Matrix, mit dem Element mit den kleinsten Indizes in der linken oberen Ecke. Der Mittelpunkt des Bildes hat die Koordinaten $M = (m_x, m_y) = (w/2, h/2)$.

Kartesische Koordinaten

Außerhalb des Gebiets der Computer-Graphik sind in der Ebene Koordinatensysteme üblich, deren x-Achse nach rechts und deren y-Achse nach oben zeigt, wie in Abbildung 10.13 rechts. Der Nullpunkt befindet sich in der linken unteren Ecke. Dieses Format wird zum Beispiel auch vom in der Astronomie üblichen Bildformat FITS verwendet [8]. Der Mittelpunkt des Bildes hat die Koordinaten $M = (m_x, m_y) = (w/2, h/2)$.

Vervollständigt man das Koordinatensystem mit einer z-Achse in Richtung auf den Bildgegenstand, zeigt sich ein (kleiner) Nachteil dieser Konvention: Das entstehende Koordinatensystem ist linkshändig und damit entgegengesetzt orientiert zu den als Raumkoordinatensystemen üblicheren Koordinatensystemen.

10.3.2 Spezielle Projektionen

Bei der Einführung der homogenen Koordinaten haben wir bereits gesehen, wie die Koordinaten eines Weltpunktes die homogenen Koordinaten eines Punktes der projektiven Ebene bestimmen und wie man daraus den Bildpunkt berechnen kann, wenn die Projektionsebene eine der Ebenen $x_i = 1$ ist.

Kamerakoordinatensystem

In diesem Abschnitt betrachten wir eine Kamera, die in z-Richtung eines Koordinatensystems blickt. Die Projektionsebene β schneidet die z-Achse im Abstand 1 orthogonal, die y-Achse zeigt vertikal nach oben, die x-Achse aus Sicht der Kamera nach rechts. Die Situation ist in Abbildung 10.14 dargestellt.

Um die Projektion eines Weltpunktes $P(x, y, z)$ zu berechnen, benötigen wir den Durchstoßpunkt der Geraden durch den Nullpunkt und P durch die Bildebene β. Dazu muss der Vektor so skaliert werden, dass seine z-Komponente 1 wird. Dies wird mit

$$\begin{pmatrix} x \\ y \\ z \end{pmatrix} \mapsto \frac{1}{z} \begin{pmatrix} x \\ y \\ z \end{pmatrix} = \begin{pmatrix} x/z \\ y/z \\ 1 \end{pmatrix} \in [x, y, z]$$

erreicht. Wie man sehen kann, vermeidet das Rechnen mit homogenen Koordinaten die aufwendigen Divisionen.

Brennweite

Die Abbildung soll den Bildpunkt im Koordinatensystem des Sensors angeben. Als Maßeinheit auf dem Sensor sind Pixel üblich. Wir verwenden daher im Folgenden Pixel als Maßeinheit für alles. Je größer die Brennweite ist, desto größer ist auch das Bild, die Abbildung ist also

$$\begin{pmatrix} x/z \\ y/z \end{pmatrix} \mapsto \begin{pmatrix} f x/z \\ f y/z \end{pmatrix}.$$

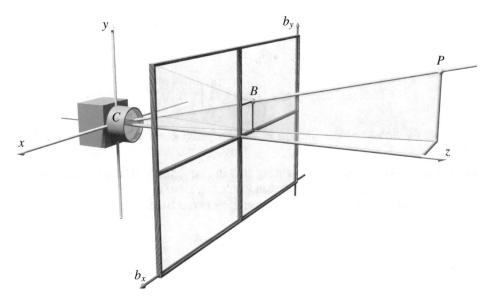

Abbildung 10.14: Standardausrichtung der Kamera in Richtung der z-Achse, die Vertikale des Sensors zeigt nach oben. Das Fenster zeigt, wo auf dem Chip der Bildpunkt zu liegen kommt.

In homogenen Koordinaten bedeutet dies

$$\begin{pmatrix} x \\ y \\ z \end{pmatrix} \mapsto \begin{pmatrix} fx \\ fy \\ z \end{pmatrix} = \begin{pmatrix} f & 0 & 0 \\ 0 & f & 0 \\ 0 & 0 & 1 \end{pmatrix} \begin{pmatrix} x \\ y \\ z \end{pmatrix}.$$

Homogene Koordinaten haben also den Vorteil, dass die Abbildung als Matrix geschrieben werden kann.

Translation des Ursprungs

Das Koordinatensystem des Sensors verwendet nicht die Achse als Nullpunkt, sondern eine Ecke des Chips. Die Bildkoordinaten eines Punktes in der Nähe der Achse können positiv oder negativ sein, Pixelkoordinaten sind aber immer positiv. Der Punkt B in Abbildung 10.14 hat zum Beispiel eine negative x-Koordinate. Die Umrechnung erfolgt durch Addition der Mittelpunktskoordinaten, also in inhomogenen Koordinaten

$$\begin{pmatrix} fx/z \\ fy/z \end{pmatrix} \mapsto \begin{pmatrix} fx/z + m_x \\ fy/z + m_y \end{pmatrix}.$$

Auch dies lässt sich eleganter in homogenen Koordinaten schreiben. Multipliziert man mit z, erhält man die Abbildung

$$\begin{pmatrix} fx \\ fy \\ z \end{pmatrix} \mapsto \begin{pmatrix} fx + m_x z \\ fy + m_y z \\ z \end{pmatrix} = \begin{pmatrix} f & 0 & m_x \\ 0 & f & m_y \\ 0 & 0 & 1 \end{pmatrix} \begin{pmatrix} x \\ y \\ z \end{pmatrix}.$$

In homogenen Koordinaten lässt sich also sogar die Verschiebung um die Mittelpunktskoordinaten mit einer Matrix ausdrücken.

Definition 10.2 (Kameramatrix). *Die Matrix*

$$K = \begin{pmatrix} f & 0 & m_x \\ 0 & f & m_y \\ 0 & 0 & 1 \end{pmatrix}$$

beschreibt die Abbildung der Kamera in Standardposition auf den Sensor, sie heißt die
Kameramatrix.

Beispiel 10.3. Die Kamera von Abbildung 10.3 ist eine ASI174MC mit einen Sensor mit
Auflösung 3096×2020 und $2.4\mu m$ großen Pixeln hat. Dazu wird ein Objektiv mit 24mm
Brennweite verwendet. Für die Kameramatrix muss die Brennweite in Pixel-Einheiten
umgerechnet werden:

$$f = \frac{24\,mm}{2.4\,\mu m} = 10000.$$

Als Kameramatrix bekommt man jetzt

$$K = \begin{pmatrix} 10000 & 0 & 1548 \\ 0 & 10000 & 1010 \\ 0 & 0 & 1 \end{pmatrix}. \qquad\qquad \bigcirc$$

Die Kameramatrix kann mit weiteren Elementen erweitert werden, die weitere Eigenschaften der Kamera darstellen können. Zum Beispiel kann der Chip in der Kamera verdreht sein, was man dadurch modellieren kann, dass man in der linken oberen Ecke von
K statt einem Vielfachen einer Einheitsmatrix das Vielfache einer Drehmatrix platziert. Es
ist auch möglich, dass die Optik das Bild spiegelt, dies ist ein häufiger Fall in astrophoto-
graphischen Kameras[1]. Dem kann durch ein Vorzeichen bei einem der Diagonalelemente
Rechnung getragen werden.

Beim anamorphotischen Abbildungsverfahren, das in der Breitwandcinematographie
eingesetzt wird, um ein sehr breites Bild auf einen vergleichsweise schmalen Sensor abzubilden, wird die x-Koordinate bei der Abbildung gestaucht. Bei der Projektion wird die
x-Achse gestreckt, um das ursprüngliche Verhältnis wieder herzustellen. In der Kameramatrix K äussert sich dies durch zusätzliche Skalierungsfaktoren auf der Diagonalen. Alle
diese Eigenschaften werden als innere Eigenschaften der Kamera betrachtet, sie bleiben
gleich, wenn man die Kamera an einen anderen Ort bringt oder sie anders ausrichtet.

In den Anwendungen ist die Bestimmung der Kameramatrix Grundvoraussetzung für
jede rechnerische Auswertung der gewonnenen Bilder. Dafür gibt es aber Standardfunk-
tionen in Matlab oder Computer-Vision Bibliotheken, die den Benutzer dabei unterstützen,
die Kameramatrix aus Kalibrierbildern abzuleiten. Diese Funktionen sind oft auch in der
Lage, Verzerrungen durch die Optik zu erkennen und manchmal sogar die Daten bereitzu-
stellen, damit die Bilder vor der weiteren Verarbeitung entzerrt werden können.

---

[1]Ein Im Primärfokus eines Spiegelteleskops entsteht das Bild nach nur einer Reflexion auf der Oberfläche
des Hauptspiegels. Große Teleskope bieten genügend Platz, dass der Kamerasensor innerhalb des Teleskops
platziert werden kann. Da nur eine Reflexion erfolgt, ist das Bild gespiegelt. Kleine Teleskop verwenden einen
zweiten Spiegel, um das Licht zum Beispiel seitlich (Newton-Teleskop) oder durch ein Loch im Hauptspiegel
(Cassegrain-Teleskop) aus dem Teleskoptubus heraus auf den Sensor zu werfen. Durch die zweite Reflexion ist
das Bild wieder seitenrichtig.

10.3.3 Beliebige Kameraposition und -orientierung

In diesem Abschnitt bestimmen wir die Abbildungseigenschaften einer Kamera mit fester Kameramatrix K, die in eine beliebige Richtung ausgerichtet ist.

Drehung der Kamera

Die Drehung der Kamera führt auf dem Bild zu einer etwas undurchsichtigen Abbildung, im dreidimensionalen Raum ist sie dagegen einfach mit einer Drehmatrix zu beschreiben. Um die Kamera aus der in Abschnitt 10.3.2 verwendeten speziellen Position in die gewünschte Aufnahmerichtung zu drehen, wird eine orthogonale Matrix O verwendet. Man kann aber den gleichen Effekt erreichen, indem man die Weltpunkte mit der inversen Matrix $D = O^{-1}$ ins Bildfeld der Kamera in spezieller Position dreht.

Definition 10.4 (Drehmatrix einer Kamera). *Mit der Drehmatrix D in der Kameraabbildung ist immer eine orthogonale Matrix gemeint, die die Ortsvektoren der Weltpunkte in Punkte abbildet, die mit einer Kamera in Standardausrichtung dasselbe Bild ergeben.*

Hat man die Matrix D, kann man jetzt die Abbildung sofort angeben. Die Weltpunkte müssen erst mit D vor die Kamera gedreht werden, dann bildet die Kameramatrix K sie auf die Bildpunkte ab. Dies ist die zusammengesetzte Abbildung

$$\begin{pmatrix} x \\ y \\ z \end{pmatrix} \mapsto KD \begin{pmatrix} x \\ y \\ z \end{pmatrix}.$$

Projektionsmatrix für beliebiges Kamerazentrum

Bisher war das Kamerazentrum im Nullpunkt des Koordinatensystems. Es ist aber unzweckmäßig, dass jede Kamera sozusagen ihren eigenen Nullpunkt braucht. Insbesondere bei der Triangulation von Objekten im dreidimensionalen Raum möchte man ein gemeinsames Koordinatensystem für alle Kameras verwenden.

Sei also das Kamerazentrum im Punkt C mit Ortsvektor $\vec{c}$. Wie bei der Drehung der Kamera ist der erste Schritt, die Weltpunkte $\vec{p}$ umzurechnen in ein Koordinatensystem mit Nullpunkt im Kamerazentrum. Das Kamerazentrum selbst muss auf 0 abgebildet werden, ein beliebiger Punkt $\vec{p}$ wird auf $\vec{p} - \vec{c}$ abgebildet.

Die Abbildung $\vec{p} \mapsto \vec{p} - \vec{c}$ ist nicht linear, aber mit einem Trick kann man sie wieder als Matrix schreiben. Dazu erweitert man die Ortsvektoren um eine zusätzliche vierte Koordinate mit Wert 1. Dann kann man die Abbildung schreiben als

$$\vec{p} - \vec{c} = \begin{pmatrix} x - c_x \\ y - c_y \\ z - c_z \end{pmatrix} = \begin{pmatrix} 1 & 0 & 0 \\ 0 & 1 & 0 \\ 0 & 0 & 1 \end{pmatrix} \begin{pmatrix} x \\ y \\ z \end{pmatrix} + 1 \cdot \begin{pmatrix} -c_x \\ -c_y \\ -c_z \end{pmatrix} = \underbrace{\begin{pmatrix} 1 & 0 & 0 & -c_x \\ 0 & 1 & 0 & -c_y \\ 0 & 0 & 1 & -c_z \end{pmatrix}}_{= \begin{pmatrix} I & -\vec{c} \end{pmatrix}} \begin{pmatrix} x \\ y \\ z \\ 1 \end{pmatrix}.$$

Die 3×4-Matrix rechts besteht aus einer Einheitsmatrix und der vierten Spalte $-\vec{c}$. Sie bildet einen um eine vierte Koordinaten 1 erweiterten Ortsvektor auf den verschobenen

Vektor ab. Skaliert man den erweiterten Vektor, ändert sich am Bildpunkt auf dem Kamerachip nichts, daher ist die folgende Definition sinnvoll.

Definition 10.5 (homogene Koordinaten). *Die homogenen Koordinaten eines Weltpunktes $\vec{p} = (x, y, z)$ sind die Vielfachen der Quadrupel $\tilde{p} = (x, y, z, 1)$.*

Die Abbildung durch die Kamera ist damit vollständig in homogenen Koordinaten beschrieben. Der Weltpunkt $p = (x, y, z)$ in homogenen Koordinaten wird auf den Bildpunkt

$$\vec{b} = KD\begin{pmatrix} I & -\vec{c} \end{pmatrix}\tilde{p}$$

in homogenen Koordinaten abgebildet.

Definition 10.6 (Kameraprojektionsmatrix). *Die Kameraprojektionsmatrix ist die Verkettung*

$$P = KD\begin{pmatrix} I & -\vec{c} \end{pmatrix}$$

mit der Kameramatrix K und der Drehmatrix D.

10.3.4 Bestimmung der Drehmatrix D

Die Matrix D dreht die Umgebung so, dass der Gegenstand vor der Kamera in Standardposition erscheint. Diese Definition der Drehmatrix ist manchmal etwas schwierig umzusetzen. Die folgende Überlegung ermöglicht eine einfachere Bestimmung.

Die erste Komponente von $D\vec{p}$ ist das Skalarprodukt der ersten Zeile von D mit dem Vektor $\vec{p}$. Die erste Komponente von $D\vec{p}$ ist aber auch die Projektion des Bildvektors auf die Richtung der x-Achse des Sensors. Ähnlich ist die zweite Zeile von D ein Einheitsvektor mit Richtung der y-Achse des Sensors. Schließlich ist die dritte Zeile ein Einheitsvektor mit Richtung auf das Bild. Die Matrix D kann also gefunden werden, indem man die Achsrichtungen des Sensorkoordinatensystems bestimmt und sie als Zeilenvektoren zur Matrix D zusammenfügt.

Da die Zeilenvektoren von D orthonormiert sein müssen, kann man geeignete Vektoren mit Hilfe des Vektorproduktes leicht konstruieren.

Aufgabe 10.7. *Eine Kamera befindet sich im Punkt C und wird so auf den Punkt P ausgerichtet, dass die Bildvertikale nach oben zeigt. Finde eine Drehmatrix D für diese Kameraausrichtung.*

Lösung. Die Richtung der z-Achse ist die Blickrichtung, also der Einheitsvektor

$$\vec{u}_3 = (\vec{p} - \vec{c})^0.$$

vom Kamerazentrum C zum Zielpunkt P. Die x-Richtung muss senkrecht darauf und senkrecht auf der Vertikalen, also der Richtung des dritten Standardbasisvektors, sein. Dafür kann man den Vektor

$$\vec{u}_1 = (\vec{u}_2 \times \vec{e}_3)^0$$

verwenden. Die Richtung der y-Achse schließlich kann als Vektorprodukt dieser beiden Vektoren gefunden werden:

$$\vec{u}_2 = \vec{u}_1 \times \vec{u}_3.$$

Die Matrix mit den Vektoren $\vec{u}_1$, $\vec{u}_2$ und $\vec{u}_3$ als Spalten dreht die Standardbasisvektoren in diese Richtungen. In Abschnitt 10.3.3 haben wir sie O genannt. Die Matrix D ist die Inverse davon, also

$$O = \begin{pmatrix} \vec{u}_1 = (\vec{u}_3 \times \vec{e}_2)^0 & \vec{u}_2 = \vec{u}_1 \times \vec{u}_3 & \vec{u}_3 = (\vec{p} - \vec{c}) \end{pmatrix} = D^{-1} = D^t \quad \Rightarrow \quad D = \begin{pmatrix} \vec{u}_1 = (\vec{u}_3 \times \vec{e}_2)^0 \\ \vec{u}_2 = \vec{u}_1 \times \vec{u}_3 \\ \vec{u}_3 = (\vec{p} - \vec{c})^0 \end{pmatrix}.$$

Beispiel 10.8. Man finde die Drehmatrix D für eine Kamera im Punkt $C = (4, 3, 2)$, die so auf den Punkt $P = (0, 1, 1)$ ausgerichtet ist, dass das Bild aufrecht ist. Nach der Lösung zu Aufgabe 10.7 müssen wir zunächst den Einheitsvektor mit Richtung von C auf P finden. Er ist

$$\vec{p} - \vec{c} = \begin{pmatrix} -4 \\ -2 \\ -1 \end{pmatrix} \quad \Rightarrow \quad \vec{u}_3 = \begin{pmatrix} -0.8729 \\ -0.4364 \\ -0.2182 \end{pmatrix}.$$

Aus $\vec{u}_3$ und dem dritten Standardbasisvektor kann man jetzt den Vektor $\vec{u}_1$ bestimmen:

$$\vec{e}_3 \times (\vec{p} - \vec{c}) = \begin{pmatrix} 2 \\ -4 \\ 0 \end{pmatrix} \quad \Rightarrow \quad \vec{u}_1 = \begin{pmatrix} 0.4472 \\ -0.8944 \\ 0 \end{pmatrix}.$$

Schließlich ist der dritte Vektor

$$(\vec{e}_3 \times (\vec{p} - \vec{c})) \times (\vec{p} - \vec{c}) = \begin{pmatrix} 4 \\ 2 \\ -20 \end{pmatrix} \quad \Rightarrow \quad \vec{u}_2 = \begin{pmatrix} 0.1952 \\ 0.0976 \\ -0.9759 \end{pmatrix}.$$

Diese Vektoren müssen jetzt als Spalten in die Matrix

$$D = \begin{pmatrix} 0.4472 & -0.8944 & 0 \\ 0.1952 & 0.0976 & -0.9759 \\ -0.8729 & -0.4364 & -0.2182 \end{pmatrix}$$

eingesetzt werden.

10.A   Triangulation mit Kameras

Die Virtual Reality Experience von YULLBE [29] ermöglicht einem Besucher, zusammen mit anderen Spielern in eine virtuelle Realität einzutauchen. Die Körperhaltung und Bewegung aller Teilnehmer erscheinen in der virtuellen Realität. Dies ist möglich, weil die Besucher am Körper Marker tragen, die einer großen Anzahl von Kameras im Raum ermöglichen, von jeder Person eine große Anzahl von Punkten in den Kamerabildern zu identifizieren. Sobald mindestens zwei verschiedene Kameras den gleichen Punkt beobachten können, lässt sich dessen Position im Raum berechnen. In diesem Abschnitt soll gezeigt werden, wie das gemacht wird.

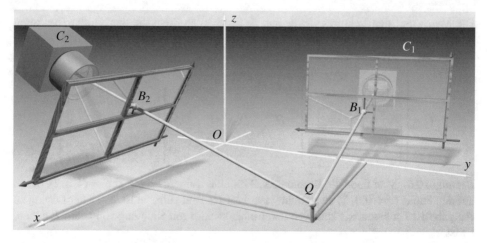

Abbildung 10.15: Triangulation mit Kameras: Die Position eines Punktes im Raum kann aus Beobachtungen des Punktes von mindestens zwei Kameras berechnet werden.

10.A.1 Triangulation mit zwei Kameras

In diesem Abschnitt soll die folgende Aufgabe gelöst werden.

Aufgabe 10.9. *Ein Punkt Q wird von zwei Kameras beobachtet, die sich in den Punkten mit Ortsvektoren $\vec{c}_i$, $i = 1, 2$, befinden und die Kameramatrix K_i und die Drehmatrix D_i haben. Auf dem Chip von Kamera i findet man den Punkt an den Koordinaten b_i. Bestimme den Ortsvektor $\vec{q}$ des Punktes Q.*

Lösung. Der Punkt Q befindet sich im Schnittpunkt zweier Geraden, die von den Kamerazentren ausgehen. Die Richtungsvektoren müssen noch bestimmt werden. Der zur Kamera i gehörige Richtungsvektor ist $\vec{r}_i = \vec{q} - \vec{c}_i$. Er wird von der Kamera i auf $\tilde{b}_i = K_i D_i \vec{r}$ abgebildet. Da die Matrizen K_i und D_i invertierbar sind, findet man

$$\vec{r}_i = (K_i D_i)^{-1} \tilde{b}_i.$$

Der Punkt Q ist daher der Schnittpunkt der beiden Geraden mit Parameterdarstellung

$$\vec{q} = \vec{c}_i + t_i (K_i D_i)^{-1} \tilde{b}_i, \quad i = 1, 2. \tag{10.2}$$

Der Schnittpunkt kann mit dem Lösungsverfahren von Aufgabe 6.23 gefunden werden.

$\bigcirc$

Wegen Ungenauigkeiten in der Kameravermessung oder auch der Positionsbestimmung im Bild ist nicht garantiert, dass die beiden Geraden (10.2) überhaupt einen Schnittpunkt haben. Im Normalfall werden die beiden Geraden windschief sein.

Wir haben in (8.25) bereits eine Formel für den minimalen Abstand zweier windschiefer Geraden gefunden. Gesucht ist jetzt aber nicht nur der Abstand, sondern ein Punkt, zum Beispiel der Mittelpunkt der Strecke geringster Länge, die die beiden Geraden verbindet. Es ist denkbar, diesen Punkt direkt zu bestimmen. Es ist aber viel einfacher, die Aufgabenstellung als ein überbestimmtes Problem zu betrachten und es mit der Methode von Abschnitt 7.8 zu lösen.

10.A.2 Beliebig viele Kameras

In einer VR-Experience mit vielen Teilnehmern kann es sehr leicht passieren, dass die am Körper der Mitspieler angebrachten Markierungen verdeckt werden. Zwei Kameras sind daher meistens nicht ausreichend, das YULLBE-Wunderland in Hamburg verwendet über 150 Kameras. Die Aufgabe 10.9 muss daher erweitert werden.

Aufgabe 10.10. *Ein Punkt $\vec{q}$ wird mit n Kameras beobachtet, die sich in den Punkten $\vec{c}_i$ befinden und jeweils durch ihre Kameramatrix K_i und ihre Drehmatrix D_i beschrieben sind. Auf dem Kamerachip erscheint der Punkt an den homogenen Pixelkoordinaten $\tilde{b}_i$. Man bestimme den Vektor $\vec{q}$.*

Lösung. Gesucht ist also ein Vektor $\vec{q}$ derart, dass die Abstände

$$d_i = |\vec{q} - \vec{c}_i - t_i \vec{r}_i|$$

minimal sind. Diese Aufgabe kann mit der Methode der geringsten Quadrate gefunden werden. Es müssen also die Unbekannten t_i und $\vec{q}$ derart bestimmt werden, dass das Gleichungssystem

$$\vec{q} - t_i \vec{r}_i = \vec{c}_i$$

bestmöglich löst. Dies sind $3n$ Gleichungen für $n + 3$ Unbekannte, für $n > 1$ ist dies ein überbestimmtes Gleichungssystem, das mit der Methode von Abschnitt 7.8 gelöst werden kann. ◯

Beispiel 10.11. Man finde den Punkt Q, der am nächsten an den beiden Geraden mit

$$\vec{c}_1 = \begin{pmatrix} -5 \\ 15 \\ 3 \end{pmatrix}, \qquad \vec{r}_1 = \begin{pmatrix} 10 \\ -2 \\ -1 \end{pmatrix}, \qquad \vec{c}_2 = \begin{pmatrix} 10 \\ -5 \\ 3 \end{pmatrix} \quad \text{und} \quad \vec{r}_2 = \begin{pmatrix} 2 \\ 8 \\ -1 \end{pmatrix}$$

liegt. Das überbestimmte Gleichungssystem dafür ist

$$Ax = \begin{pmatrix} I & -\vec{r}_1 \\ I & -\vec{r}_2 \end{pmatrix} x = \begin{pmatrix} 1 & 0 & 0 & -10 & 0 \\ 0 & 1 & 0 & 2 & 0 \\ 0 & 0 & 1 & 1 & 0 \\ 1 & 0 & 0 & 0 & -2 \\ 0 & 1 & 0 & 0 & -8 \\ 0 & 0 & 1 & 0 & 1 \end{pmatrix} x = b = \begin{pmatrix} \vec{c}_1 \\ \vec{c}_2 \end{pmatrix} = \begin{pmatrix} -5 \\ 15 \\ 3 \\ 10 \\ -5 \\ 3 \end{pmatrix}.$$

Es hat die Lösung

$$(A^t A)^{-1} A^t b = \begin{pmatrix} 14.0512 \\ 11.1828 \\ 1.0360 \\ 1.9058 \\ 2.0222 \end{pmatrix}.$$

Daraus liest man die Näherung

$$\vec{q} \approx \begin{pmatrix} 14.0512 \\ 11.1828 \\ 1.0360 \end{pmatrix}$$

für den Punkt Q ab. ◯

10.A.3   Ein vollständiges Triangulationsbeispiel

In diesem Abschnitt soll die Triangulation eines Punktes mit zwei Kameras an einem Beispiel vollständig durchgerechnet werden.

Aufgabe 10.12. *Zwei Kameras mit Sensorformat* 640×480 *und Brennweite* $f = 100$ *befinden sich in den Punkten* $C_1 = (-5, 15, 3)$ *bzw.* $C_2 = (10, -5, 3)$. *Kamera 1 schaut genau in Richtung der x-Achse, Kamera 2 genau in Richtung der y-Achse. Sie beobachten den Punkt Q an den Pixelkoordinaten* $b_1 = (336, 229)$ *bzw.* $b_2 = (334, 228)$. *Wo befindet sich Q?*

Lösung. Die Kameramatrix für beide Kameras ergibt sich aus den technischen Daten als

$$K = \begin{pmatrix} 100 & 0 & 320 \\ 0 & 100 & 240 \\ 0 & 0 & 1 \end{pmatrix}.$$

Als nächstes müssen wir die Drehmatrizen D_1 und D_2 der beiden Kameras bestimmen. Da die Kameras genau in die Richtung der Koordinatenachsen blicken, ist die zweite Zeile der dritte Standardbasisvektor und dritte Zeile der Achsvektor. Die erste Zeile ergibt sich dann nach der Methode von Aufgabe 10.7:

$$D_1 = \begin{pmatrix} 0 & -1 & 0 \\ 0 & 0 & 1 \\ 1 & 0 & 0 \end{pmatrix} \quad \text{und} \quad D_2 = \begin{pmatrix} 1 & 0 & 0 \\ 0 & 0 & 1 \\ 0 & 1 & 0 \end{pmatrix}.$$

Aus K, D und den homogenen Koordinaten der Bildpunkte findet man nun die Richtungsvektoren

$$\vec{r}_1 = (KD)^{-1}\tilde{b}_1 = (KD)^{-1}\begin{pmatrix} 336 \\ 229 \\ 1 \end{pmatrix} = \begin{pmatrix} 1.00 \\ -0.16 \\ -0.11 \end{pmatrix},$$

$$\vec{r}_2 = (KD_1)^{-1}\tilde{b}_2 = (KD_2)^{-1}\begin{pmatrix} 344 \\ 228 \\ 1 \end{pmatrix} = \begin{pmatrix} 0.24 \\ -1.00 \\ -0.12 \end{pmatrix}.$$

Daraus ergibt sich das überbestimmte Gleichungssystem wie in Beispiel 10.11 mit der Lösung

$$\vec{q} = \begin{pmatrix} 14.0655 \\ 11.9529 \\ 0.9343 \end{pmatrix}$$

für den Punkt Q.   ○

Die Pixelkoordinaten im Beispiel wurden ausgehend von ganzzahligen Punktkoordinaten $Q = (14, 12, 1)$ berechnet und dann auf ganze Pixel gerundet worden. Der Fehler der Koordinaten des Punktes Q bewegt sich daher in der Nähe von einer Zehntel Einheit.

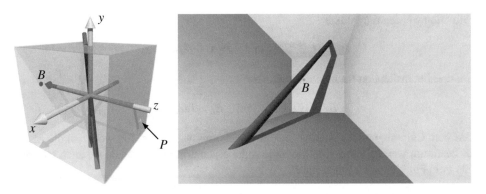

Abbildung 10.16: Darstellung der Raumsituation aus Aufgabe 10.2.

Übungsaufgaben

10.1. Eine Kamera soll im Punkt $C = (5, 1, 3)$ montiert werden und den Punkt $A = (3, -5, -6)$ beobachten. Sie soll so orientiert sein, dass die horizontale Chipkante auch im Raum horizontal liegt. Finden Sie zu diesem Zweck orthonormierte Vektoren $\vec{b}_i$ derart, dass $\vec{b}_1$ von C aus auf den Punkt A zeigt, $\vec{b}_2$ horizontal ist, also senkrecht auf die Vertikale, und $\vec{b}_3$ zusammen mit $\vec{b}_1$ und $\vec{b}_2$ ein Rechtssystem bildet.

10.2. Wir betrachten den würfelförmigen Hohlraum mit Ecken $(\pm 1, \pm 1, \pm 1)$ (Abbildung 10.16 links). Im Inneren befindet sich ein gerades Rohr mit Durchmesser 0.1 zwischen den Punkten $(0.5, -1, -0.5)$ und $(-0.5, 1, 0.5)$. Nun soll ein weiteres Rohr mit dem gleichen Durchmesser installiert werden. Es soll durch eine Öffnung im Punkt $P = (-0.5, -0.5, -1)$ eingeführt werden und muss einen Punkt an der Rückwand ($z = 1$) erreichen, welcher aber von außen nicht erkennbar ist. Daher wird eine Kamera mit einem 320×180-Chip und Brennweite $f = 50$ in der Öffnung bei P platziert. Auf dem Kamerabild (Abbildung 10.16 rechts) hat der Zielpunkt die Koordinaten $B = (179, 109)$. Die Ausrichtung der Kamera wird durch die Drehmatrix

$$D = \begin{pmatrix} 0.99504 & 0.00000 & -0.09950 \\ 0.00000 & 1.00000 & 0.00000 \\ 0.09950 & 0.00000 & 0.99504 \end{pmatrix}$$

gegeben. Kann das neue Rohr installiert werden, ohne vom bereits vorhandenen Rohr blockiert zu werden?

10.3. Von einer Kamera soll die Kameramatrix

$$K = \begin{pmatrix} f & 0 & m_x \\ 0 & f & m_y \\ 0 & 0 & 1 \end{pmatrix}$$

bestimmt werden. Zu diesem Zweck wird die Kamera im Nullpunkt des Koordinatensystems so montiert, dass sie genau in Richtung der z-Achse blickt ($D = E$). In dieser

Situation werden die Punkte

$$P_1 = (1, 2, 10) \quad \text{und} \quad P_2 = (-2, -1, 12)$$

im dreidimensionalen Raum auf die Punkte

$$B_1 = (91, 62) \quad \text{und} \quad B_2 = (88, 59)$$

auf dem Chip abgebildet. Stellen Sie ein Gleichungssystem auf, mit welchem die Matrix K bestimmt werden kann. Ihre Methode sollte erweiterbar sein, sodass sie auch mit mehr als zwei Punkten noch funktioniert.

10.4. Am 21. Dezember 2020 kam es zu einer "großen Konjuktion" zwischen den Planeten Jupiter und Saturn, sie kamen sich bis auf 6 Winkelminuten nahe, das entspricht etwa einem Fünftel des Vollmonddurchmessers. Bei dieser Gelegenheit konnte man auch mit einem stark vergrößernden Teleskop beide Planeten gleichzeitig im Gesichtsfeld des Teleskops sehen. Die Beobachtung war allerdings nicht ganz einfach, weil beide Planeten sehr tief am Himmel standen.

In einem Koordinatensystem, dessen Nullpunkt in der Sonne liegt, waren die Planeten zum Beobachtungszeitpunkt an den Positionen

$$\vec{p}_{\mathrm{4}} = \begin{pmatrix} 3.001 \\ -4.122 \\ -0.049 \end{pmatrix}, \qquad \vec{p}_{\hbar} = \begin{pmatrix} 5.488 \\ -8.345 \\ -0.071 \end{pmatrix}, \qquad \vec{p}_{\delta} = \begin{pmatrix} -0.0057 \\ 0.9836 \\ 0.0000 \end{pmatrix}$$

in sogenannten heliozentrischen Koordinaten, die die astronomische Einheit, den mittleren Abstand von Sonne und Erde als Einheit verwenden. Darin steht ♃ für Jupiter, ♄ für Saturn und ♁ für die Erde.

Auf der Erde befindet sich eine Kamera mit einem Chip von 3600×2400 Pixeln und einem Teleskop mit 100000 Pixeln Brennweite als Objektiv. Diese Brennweite entspricht bei einer handelsüblichen Spiegelreflexkamera etwa einer Objektivbrennweite von 150mm.

Die Ausrichtung der Kamera wird durch die Drehmatrix

$$D = \begin{pmatrix} 0.7481 & 0.4364 & 0.5000 \\ -0.4277 & -0.2591 & 0.8660 \\ 0.5074 & -0.8617 & -0.0072 \end{pmatrix}$$

beschrieben.

a) Finden Sie die Pixelkoordinaten von Jupiter und Saturn auf dem Chip.

b) Wie weit auseinander in Pixeln befinden sich die Bilder von Jupiter und Saturn?

10.5. Eine sogenannte Blasenkammer kann dazu verwendet werden, die Bahnen subatomarer Teilchen sichtbar zu machen. Sie funktioniert wie folgt. In eine mit flüssigem Wasserstoff gefüllte Kammer werden Elementarteilchen injiziert. Kurz zuvor wird der Druck stark reduziert, so dass die Temperatur der Flüssigkeit jetzt über dem Siedepunkt liegt. Die

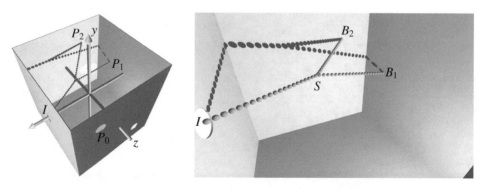

Abbildung 10.17: Blasenkammer aus Aufgabe 10.5.

Teilchen ionisieren einzelne Wasserstoff-Moleküle, welche als Keime für Gasblasen dienen. Wenige Millisekunden später werden die Gasblasen mit Blitzlicht sichtbar gemacht und mit mehreren Kameras aufgenommen. Am CERN in Genf wurde 1973 mit der großen Blasenkammer *Gargamelle* das Z-Boson nachgewiesen.

Eine Kamera mit einem 320×180-Chip und Brennweite $f = 135$ beobachtet eine würfelförmige Blasenkammer (Abbildung 10.17 links) mit den Ecken $(\pm 1, \pm 1, \pm 1)$ von einem Beobachtungsfenster im Punkt $P_0 = (0.5, 0.5, -1)$ aus und hat die Aufnahme in Abbildung 10.17 rechts gemacht. Ein Teilchen tritt beim Punkt $I = (1, 0, 0)$ in die Kammer ein. Beim Punkt $S = (\frac{1}{8}, \frac{1}{8}, \frac{3}{8})$ zerfällt es. Auf der Aufnahme sind zwei Spuren zu sehen, die bei den Pixelkoordinaten $B_1 = (204, 114)$ und $B_2 = (160, 150)$ enden, weil dort die Teilchen die Kammer verlassen. Die Orientierung der Kamera wird durch die Drehmatrix

$$D = \begin{pmatrix} 0.894 & 0.000 & 0.447 \\ 0.183 & -0.913 & -0.365 \\ 0.408 & 0.408 & -0.816 \end{pmatrix}$$

gegeben.

a) Berechnen Sie die Koordinaten der Austrittspunkte P_1 und P_2 der Teilchen.

b) Ein Physiker will wissen, welchen Winkel die Bahnen der Zerfallsprodukte einschließen. Berechnen Sie den Winkel $\angle P_1 S P_2$.

10.6. Zwei Kameras mit Brennweite $f = 100$ Pixel und einem 120×90-Chip sind in den Punkten $C_1 = (100, 0, 0)$ und $C_2 = (0, 100, 0)$ platziert und mit den Drehmatrizen

$$D_1 = \begin{pmatrix} 0 & -1 & 0 \\ 0 & 0 & 1 \\ -1 & 0 & 0 \end{pmatrix} \quad \text{und} \quad D_2 = \begin{pmatrix} 0 & 0 & -1 \\ 1 & 0 & 0 \\ 0 & -1 & 0 \end{pmatrix}$$

ausgerichtet. Ein Punkt Q wird von den Kameras auf die Bildpunkte $B_1 = (36, 40)$ und $B_2 = (65, 58)$ abgebildet. Bestimmen Sie den Punkt Q.

Lösungen: `https://linalg.ch/uebungen/LinAlg-l10.pdf`

Kapitel 11

Eigenwerte und Eigenvektoren

11.1 Motivation

Es kann eine große Herausforderung sein, die Wirkung einer Matrix zu verstehen. Die Matrixzerlegungen, die in Abschnitt 12 beschrieben werden, können die Aufgabe vereinfachen. In diesem Abschnitt werden zwei noch etwas einfachere Ansätze beschrieben, die in vielen Fällen eine übersichtliche Lösung ermöglichen.

11.1.1 Fibonacci-Zahlen

Die Blüten im Blütenstand eines Körbchenblütlers sind in nach rechts und nach links gekrümmten Spiralen angeordnet, deren Anzahlen sind immer aufeinanderfolgende Fibonacci-Zahlen (Abbildung 11.1). Dasselbe Phänomen beobachtet man auch bei Romanesco-Broccoli, Tannzapfen (Abbildung 11.2) oder auf einer Ananas. Warum das so ist, hat Youtuber Mathologer in einem Video[1] mit dem Titel *The fabulous Fibonacci flower formula* erklärt.

Die Fibonacci-Zahlen sind definiert durch

$$F_0 = 0, \quad F_1 = 1, \quad F_n = F_{n-1} + F_{n-2} \text{ für } n > 1. \tag{11.1}$$

Für die Berechnung der F_n muss man also immer die zwei letzten Werte der Folge speichern, dazu könnte man einen 2-dimensionalen Spaltenvektor verwenden. Wir schreiben

$$f_n = \begin{pmatrix} F_{n+1} \\ F_n \end{pmatrix} \quad \text{insbesondere} \quad f_0 = \begin{pmatrix} 1 \\ 0 \end{pmatrix}.$$

---

[1] https://youtu.be/_GkxCIW46to

Abbildung 11.1: Die Anzahlen der nach rechts und nach links gebogenen Spiralen im Blütenstand eines Körbchenblütlers sind aufeinanderfolgende Fibonacci-Zahlen.

Abbildung 11.2: Auch auf Romanesco-Broccoli und Tannzapfen kann man entgegengesetzt gekrümmte Kurven sehen, deren Anzahl jeweils aufeinanderfolgende Fibonacci-Zahlen sind.

Die Rekursionsformel (11.1) kann man dann in Matrixform bringen:

$$f_n = \begin{pmatrix} F_{n+1} \\ F_n \end{pmatrix} = \begin{pmatrix} F_n + F_{n-1} \\ F_n \end{pmatrix} = \underbrace{\begin{pmatrix} 1 & 1 \\ 1 & 0 \end{pmatrix}}_{=A} \begin{pmatrix} F_n \\ F_{n-1} \end{pmatrix} = A \begin{pmatrix} F_n \\ F_{n-1} \end{pmatrix}, \tag{11.2}$$

Durch wiederholte Anwendung der Rekursionsformel (11.2) findet man

$$f_n = A^n f_0.$$

Dies ist eine Formel zur direkten Berechnung der Fibonacci-Zahlen, aber sie verlangt nach den Matrixpotenzen von A.

Es gehört schon fast zur Folklore, dass die Quotienten F_{n+1}/F_n gegen das Verhältnis $\varphi = \frac{1+\sqrt{5}}{2}$ des goldenen Schnittes konvergieren. Doch warum ist das so? Eine Formel für A^n könnte dies verständlich machen. Auch dieses Problem verlangt daher nach einer Möglichkeit, Potenzen von A effizient zu berechnen. Die folgenden Abschnitte arbeiten auf dieses Ziel hin.

11.1.2 Matrixexponentialfunktion

In der Analysis lernt man, dass die Differentialgleichung $y' = ay$ die Lösung $y(x) = y_0 e^{ax}$ hat. Tatsächlich lässt sich die Potenzreihe

$$y(x) = y_0 e^{ax} = y_0\left(1 + ax + \frac{(ax)^2}{2!} + \frac{(ax)^3}{3!} + \dots\right) = y_0 \sum_{k=0}^{\infty} \frac{(ax)^k}{k!} \tag{11.3}$$

mindestens formal nach x abgeleiten, was

$$y'(x) = y_0\left(0 + a + 2a\frac{(ax)}{2!} + 3a\frac{(ax)^2}{3!} + \dots\right) = ay_0 \underbrace{\left(1 + ax + \frac{(ax)^2}{2!} + \dots\right)}_{= e^{ax}} = ay_0 e^{ax}$$

ergibt. Die Potenzreihe ist also eine formale Lösung der Differentialgleichung. Die Analysis lehrt auch, dass die Potenzreihe gleichmäßig konvergiert und alle diese Operationen tatsächlich berechtigt sind.

In Abschnitt 9.4.4 wurde gezeigt, dass der Ansatz (11.3) auch für eine lineare Differentialgleichung $y' = Ay$ mit einer $n \times n$-Matrix $A \in M_n(\mathbb{R})$ funktioniert. Die Reihe

$$\exp(Ax) = e^{Ax} = \left(1 + xA + \frac{x^2}{2!}A^2 + \frac{x^3}{3!}A^3 + \dots\right). \tag{11.4}$$

konvergiert gleichmäßig und liefert zu einer Anfangsbedingung y_0 die Lösung $y(x) = y_0 e^{Ax}$ der Differentialgleichung.

Die Lösung (11.4) ist nur dann praktisch durchführbar, wenn es möglich ist, die Potenzen A^k der Matrix A effizient zu berechnen.

11.1.3 Komplexität der Berechnung von Matrixpotenzen

Die Berechnung des Produktes zweier Matrizen $A, B \in M_n(\mathbb{R})$ erfordert die Berechnung von n^2 Elementen, die jeweils als ein Produkte Zeile $\times$ Spalte entstehen. Dafür sind jedesmal n Multiplikationen und $n - 1$ Additionen nötig. Das Matrizenprodukt erfordert also n^3 Multiplikationen und $n^2(n - 1)$ Additionen, insgesamt $O(n^3)$ Operationen. Für große n wächst die Komplexität sehr schnell an, was die Berechnung im Wesentlichen verunmöglicht.

Es gibt Möglichkeiten, den Aufwand zu reduzieren, der Strassen-Algorithmus zum Beispiel reduziert den Aufwand auf ungefähr $O(n^{2.807})$. Verfeinerungen dieser Ideen ermöglichen, den Aufwand soger auf $O(n^{2.372})$ zu reduzieren, Als Ansatz für die Lösung der Differentialgleichung ist dies immer noch ein viel zu großer Aufwand.

Für spezielle Matrizen ist die Berechung von Matrixpotenzen einfach. Ist $D \in M_n(\mathbb{R})$ eine Diagonalmatrix, dann ist D^2 die Diagonalmatrix mit den quadrierten Diagonalelemente von D. Die Berechnung von D^2 ist also in n Multiplikationen möglich. Auch die Potenzen D^n sind Diagonalmatrizen und die Matrixexponentialfunktion ist

$$\exp\begin{pmatrix} \lambda_1 & 0 & \dots & 0 \\ 0 & \lambda_2 & \dots & 0 \\ \vdots & \vdots & \ddots & \vdots \\ 0 & 0 & \dots & \lambda_n \end{pmatrix} = \begin{pmatrix} e^{\lambda_1} & 0 & \dots & 0 \\ 0 & e^{\lambda_2} & \dots & 0 \\ \vdots & \vdots & \ddots & \vdots \\ 0 & 0 & \dots & e^{\lambda_n} \end{pmatrix}.$$

Matrixexponentialfunktion und Drehmatrizen

Die Matrixexponentialfunktion ermöglicht, Drehmatrizen als Werte der Exponentialfunktion zu finden. Dazu dient die Matrix

$$J = \begin{pmatrix} 0 & -1 \\ 1 & 0 \end{pmatrix} \quad \text{mit} \quad J^2 = \begin{pmatrix} -1 & 0 \\ 0 & -1 \end{pmatrix} = -I, \quad J^3 = J^2 J = -J,$$
$$J^4 = J^3 J = -JJ = -(-I) = I.$$

Die Matrixexponentialfunktion hat die Potenzreihe (Definition 9.24)

$$e^{Jt} = I + Jt + \frac{J^2 t^2}{2!} + \frac{J^3 t^3}{3!} + \frac{J^4 t^4}{4!} + \frac{J^5 t^5}{5!} + \frac{J^6 t^6}{6!} + \dots$$
$$= I + Jt - I\frac{t^2}{2!} - J\frac{t^3}{3!} + I\frac{t^4}{4!} + J\frac{t^5}{5!} - I\frac{t^6}{6!} + \dots$$
$$= I\left(1 - \frac{t^2}{t!} + \frac{t^4}{4!} + \dots\right) + J\left(t - \frac{t^3}{3!} + \frac{t^5}{5!} + \dots\right)$$
$$= I\cos t + J\sin t = \begin{pmatrix} \cos t & -\sin t \\ \sin t & \cos t \end{pmatrix}. \tag{11.5}$$

Aus den Potenzgesetzen folgt außerdem

$$e^{J(s+t)} = e^{Js} e^{Jt},$$

das Produkt zweier Drehmatrizen mit Drehwinkeln s und t ist eine Drehmatrix mit Drehwinkel $s + t$.
Die Formel (11.5) ist in der Theorie der komplexen Zahlen auch als die eulersche Formel
bekannt.

Die Komplexität der Berechnung der ersten k Terme der Matrixexponentialfunktion ist
also $O(nk)$.

Die Berechnung der Matrixexponentialfunktion ist also eigentlich nur dann mit akzep-
tabler Komplexität möglich, wenn sich das Problem auf eine Diagonalmatrix reduzieren
lässt. In Kapitel 13 werden wir weitere Formen einer Matrix finden, für die die Berechnung
von Matrixpotenzen auch nicht allzu aufwendig, aber immer noch beträchtlich schwerer
als für Diagonalmatrizen ist.

11.2   Eigenwerte und Eigenvektoren

In Abschnitt 11.1 wurde klar, dass Diagonalmatrizen anzustreben sind, um Matrixpotenzen einfach berechnen zu können. In diesem Abschnitt suchen wir daher nach einzelnen
Vektoren, auf denen eine $n \times n$-Matrix A wie eine Diagonalmatrix wirkt.

11.2.1 Problemstellung

Eine Diagonalmatrix multipliziert einen Standardbasisvektor mit dem zugehörigen Diagoalelement:

$$\begin{pmatrix} \lambda_1 & 0 & \dots & 0 \\ 0 & \lambda_2 & \dots & 0 \\ \vdots & \vdots & \ddots & \vdots \\ 0 & 0 & \dots & \lambda_n \end{pmatrix} e_k = \lambda_k e_k.$$

Für eine allgemeine Matrix A entspricht das einem Vektor v, der $Av = \lambda v$ erfüllt, also ein Vektor, der von der Matrix ohne Richtungsänderung nur gestreckt wird.

Definition 11.1 (Eigenwert und Eigenvektor). *Ein* Eigenvektor *der Matrix A zum* Eigenwert λ *ist ein Vektor $v \neq 0$ derart, dass $Av = \lambda v$.*

Die Bedingung $v \neq 0$ dient dazu, pathologische Fälle auszuschließen. Ist $v = 0$, dann gilt die Gleichung $Av = A0 = \lambda 0$ für jedes beliebige λ, jede Zahl wäre ein Eigenwert. Das wäre kein nützliches Konzept.

Es ist nicht sinnvoll zu sagen, ein Vektor v sei *der* Eigenvektor von A zum Eigenwert λ, denn jedes Vielfache eines Eigenvektors ist wegen

$$A(tv) = tAv = t\lambda v = \lambda(tv)$$

auch ein Eigenvektor. Sind u und v beide Eigenvektoren zum Eigenwert λ, dann ist

$$A(u + v) = Au + Av = \lambda u + \lambda v = \lambda(u + v),$$

es ist also auch $u + v$ ein Eigenvektor. Die Eigenvektoren bilden einen Unterraum.

Definition 11.2 (Eigenraum). *Der Unterraum $E_\lambda = \{v \mid Av = \lambda v\}$ heißt der Eigenraum von A zum Eigenwert λ. Die Dimension $\dim E_\lambda(A)$ heißt die* geometrische Vielfachheit *des Eigenwertes λ.*

Aufgabe 11.3. *Zu einer Matrix A finde man die Eigenwerte und Eigenvektoren und ihre geometrische Vielfachheit.*

Man kann die Aufgabe 11.3 als zwei getrennte Probleme sehen, die Bestimmung der Eigenwerte einerseits und die Berechnung der Eigenvektoren andererseits. Dies ist die Vorgehensweise, die wir in den folgenden Abschnitten verwenden werden. Die gegenseitige Abhängigkeit von Eigenwerten und Eigenvektoren lässt aber auch die Möglichkeit offen, beide simultan zu berechnen, wie dies der Jacobi-Algorithmus von Abschnitt 11.5.2 tut.

11.2.2 Die charakteristische Gleichung

In diesem Abschnitt kümmern wir uns um die Frage, wie die Eigenwerte λ gefunden werden können, ohne dass auch die Eigenvektoren gefunden werden müssen.

Charakterisierung der Eigenwerte

Ein Eigenwert λ ist eine Zahl $\lambda \in \mathbb{R}$ derart, dass die lineare Gleichung $Av = \lambda v$ eine Lösung v hat. Wir wissen bereits, wie man die Frage entscheiden kann, ob ein Gleichungssystem eine Lösung hat. Dazu müssen wird das Gleichungssystem aber erst in Standardform bringen, in der alle Unbekannten auf der linken Seite stehen. Die Gleichung wird damit zu

$$Av - \lambda v = 0.$$

Den zweiten Term auf der linken Seite kann man mit Hilfe der Einheitsmatrix I in Matrixform als

$$(A - \lambda I)v = 0 \tag{11.6}$$

schreiben. Gesucht sind Lösungen $v \neq 0$ dieser Gleichung. Solche gibt es genau dann, wenn die Koeffizientenmatrix singulär ist. Damit können wir Eigenwerte unabhängig von den Eigenvektoren definieren.

Satz 11.4 ($A - \lambda I$ singulär für Eigenwerte). *Ein Eigenwert einer Matrix $A \in M_n(\mathbb{R})$ ist eine Zahl $\lambda \in \mathbb{R}$ derart, dass die Matrix $A - \lambda I$ singulär ist.*

Beispiel 11.5. Die Anwendung des Kriteriums von Definition 11.4 ist etwas mühsam, aber für kleine Matrizen durchaus machbar. Wir untersuchen die Matrix

$$A = \begin{pmatrix} 1 & 1 \\ 1 & 0 \end{pmatrix}$$

von (11.2) und versuchen mit dem Gauß-Algorithmus zu bestimmen, für welche λ die Matrix $A - \lambda I$ singulär wird. Dazu führen wir den Gauß-Algorithmus wie folgt durch:

$$\begin{array}{|cc|} \hline 1 - \lambda & 1 \\ 1 & -\lambda \\ \hline \end{array} \rightarrow \begin{array}{|cc|} \hline \textcircled{1} & -\lambda \\ \boxed{1 - \lambda} & 1 \\ \hline \end{array} \rightarrow \begin{array}{|cc|} \hline 1 & -\lambda \\ 0 & 1 - (1 - \lambda)(-\lambda) \\ \hline \end{array}.$$

Das Tableau rechts hat genau dann eine Nullzeile, wenn der Ausdruck unten rechts verschwindet, also

$$0 = 1 - (1 - \lambda)(-\lambda) = 1 + \lambda - \lambda^2.$$

Dies ist eine quadratische Gleichung für λ mit den Lösungen

$$\lambda_\pm = \frac{1}{2} \pm \sqrt{\frac{1}{4} + 1} = \frac{1 \pm \sqrt{5}}{2}.$$

Hier taucht wie schon in der Diskussion von Abschnitt 11.1.1 das Verhältnis φ des goldenen Schnittes auf. Nach dem Wurzelsatz von Vieta ist $\lambda_+ \cdot \lambda_- = -1$, daher können beide Eigenwerte durch φ ausgedrückt werden:

$$\lambda_+ = \frac{1 + \sqrt{5}}{2} = \varphi \qquad \text{und} \qquad \lambda_- = \frac{1 - \sqrt{5}}{2} = -\frac{1}{\varphi}. \qquad \bigcirc$$

Eigenwerte und Determinante

In Kapitel 4 haben wir die Determinante als Kennzahl kennengelernt, mit der die Frage, ob eine Matrix singulär ist, entschieden werden kann. Diese können wir jetzt auf die Charakterisierung der Eigenwerte nach Definition 11.4 anwenden.

Satz 11.6 (Nullstellen des charakteristischen Polynoms). *Ein Eigenwert der Matrix $A \in M_n(\mathbb{R})$ ist eine Nullstelle $\lambda \in \mathbb{R}$ der Gleichung*

$$\det(A - \lambda I) = 0. \tag{11.7}$$

Die Gleichung 11.7 heißt die charakteristische Gleichung. Der Entwicklungssatz zeigt, dass die Determinante $\det(A - \lambda I)$ aus den Einträgen der Matrix $A - \lambda I$ nur durch Multiplikationen und Additionen hervorgeht, sie muss also ein Polynom in λ sein.

Definition 11.7 (charakteristisches Polynom). *Das Polynom*

$$\chi_A(\lambda) = \det(A - \lambda I)$$

heißt das charakteristische Polynom *von A.*

Beispiel 11.8. Die Matrix

$$A = \begin{pmatrix} 1 & 1 \\ 1 & 0 \end{pmatrix}$$

führt auf die Differenz

$$A - \lambda I = \begin{pmatrix} 1 - \lambda & 1 \\ 1 & -\lambda \end{pmatrix}$$

und damit auf das charakteristische Polynom

$$\chi_A(\lambda) = \det(A - \lambda I) = \begin{vmatrix} 1 - \lambda & 1 \\ 1 & -\lambda \end{vmatrix} = (1 - \lambda)(-\lambda) - 1 = \lambda^2 - \lambda - 1.$$

Dies ist das Polynom, das schon in Beispiel 11.5 gefunden wurde.   ○

Die Eigenwerte von A sind die Nullstellen des charakteristischen Polynoms. Wenn man das charakteristische Polynom vollständig in Linearfaktoren zerlegen kann, was zum Beispiel in $\mathbb{C}$ immer möglich ist, dann ist

$$\det(A - \lambda I) = \chi_A(\lambda) = (\lambda_1 - \lambda)(\lambda_2 - \lambda) \cdots (\lambda_n - \lambda). \tag{11.8}$$

Setzt man $\lambda = 0$ erhält man den folgenden Satz.

Satz 11.9 (Determinante als Produkt der Eigenwerte). *Sind λ_i, $i = 1, \ldots, n$, die Eigenwerte einer n-Matrix A, dann ist $\det A = \lambda_1 \cdot \ldots \cdot \lambda_n$.*

Eigenwerte und Spur

Die Faktorisierung (11.8) kann auch verwendet werden, um die Spur einer Matrix durch die Eigenwerte auszudrücken. Zunächst kann man (11.8) ausmultiplizieren und erhält

$$\chi_A(\lambda) = \lambda_1 \lambda_2 \cdots \lambda_n + \cdots + (\lambda_1 + \lambda_2 + \cdots + \lambda_n)(-\lambda)^{n-1} + (-\lambda)^n. \qquad (11.9)$$

Andererseits sagt Satz 4.28, dass $\det(I + tA) = 1 + t\operatorname{tr}A + O(t^2)$ ist. Setzen wir $t = -1/\lambda$ und multiplizieren wir mit $(-\lambda)^n$, wird daraus

$$\chi_A(\lambda) = (-\lambda)^n \det(1 - (1/\lambda)A) = (-\lambda)^n(1 - 1/\lambda \operatorname{tr}A + O(1/\lambda^2))$$
$$= (-\lambda)^n + (-\lambda)^{n-1} \operatorname{tr}A + O(\lambda^{n-2}). \qquad (11.10)$$

Durch Koeffizientenvergleich in (11.9) und (11.10) kann man den folgenden Satz ablesen.

Satz 11.10 (Spur als Summe der Eigenwerte). *Sind* $\lambda_1, \lambda_2, \ldots, \lambda_n$ *die Eigenwerte der Matrix* $A \in M_n(\Bbbk)$, *dann ist* $\operatorname{tr}A = \lambda_1 + \lambda_2 + \cdots + \lambda_n$.

11.2.3 Berechnung der Eigenvektoren

Ein Eigenvektor ist eine nichttriviale Lösung der Gleichung $A - \lambda I = 0$, also einer homogenen linearen Gleichung, die mit dem Gauß-Algorithmus bestimmt werden kann.

Beispiel 11.11. In Beispiel 11.8 wurden die Eigenwerte der Matrix

$$A = \begin{pmatrix} 1 & 1 \\ 1 & 0 \end{pmatrix}$$

bereits bestimmt. Es bleibt nur noch, Eigenvektoren dazu zu bestimmen. Für jeden Eigenwert müssen wir das Gleichungssystem $(A - \lambda)v = 0$ lösen. Dazu muss $A - \lambda I$ in ein Tableau eingefüllt werden.

Zum Eigenwert $\lambda = \varphi$ rechnen wir

$$\left[\begin{matrix} 1-\varphi & 1 \\ 1 & -\varphi \end{matrix}\right] \to \left[\begin{matrix} \textcircled{1} & -\varphi \\ 1-\varphi & 1 \end{matrix}\right] \to \left[\begin{matrix} 1 & -\varphi \\ 0 & 0 \end{matrix}\right] \quad \Rightarrow \quad v_+ = \begin{pmatrix} \varphi \\ 1 \end{pmatrix} = \begin{pmatrix} \lambda_+ \\ 1 \end{pmatrix}$$

Zum Eigenwert $\lambda = \lambda_- = -\frac{1}{\varphi}$ finden wir

$$\left[\begin{matrix} 1-\lambda_- & 1 \\ 1 & -\lambda_- \end{matrix}\right] \to \left[\begin{matrix} \textcircled{1} & -\lambda_- \\ 1-\lambda_- & 1 \end{matrix}\right] \to \left[\begin{matrix} 1 & -\lambda_- \\ 0 & 0 \end{matrix}\right] \quad \Rightarrow \quad v_- = \begin{pmatrix} \lambda_- \\ 1 \end{pmatrix} = \begin{pmatrix} -\frac{1}{\varphi} \\ 1 \end{pmatrix}$$

Damit haben wir eine Basis aus Eigenvektoren der Matrix A gefunden.   ○

11.2.4 Algorithmus für Eigenwerte und Eigenvektoren

Zusammenfassend können wir jetzt den folgenden Algorithmus zur Bestimmung der Eigenwerte und Eigenvektoren einer Matrix $A \in M_n(\mathbb{R})$ formulieren:

1. Bestimme das charakteristische Polynom $\chi_A(\lambda) = \det(A - \lambda I)$.

2. Finde die Nullstellen $\lambda_1, \lambda_2, \ldots, \lambda_n$ des charakteristischen Polynoms, dies sind die Eigenwerte von A.

3. Bilde für jeden Eigenwert λ_i das Tableau zur Matrix $A - \lambda_i I$ und bestimme eine nichttriviale Lösung mit Hilfe des Gauß-Algorithmus. Die geometrische Vielfachheit ist die Dimension der Lösungsmenge, also die Anzahl der frei wählbaren Variablen.

Die Wahl von λ_i als Nullstelle des charakteristischen Polynoms stellt sicher, dass im Schritt 3 eine nichttriviale Lösung gefunden werden kann. Es tritt also mit Sicherheit eine Nullzeile auf. Falls in der Handrechnung keine Nullzeile erscheinen will, weist das darauf hin, dass man sich bei der Durchführung des Gauß-Algorithmus verrechnet hat. Allerdings ist es bei der numerischen Rechnung möglich, dass Rundungsfehler dazu führen, dass sehr kleine Zahlen stehen bleiben. Eine Computer-Implementation muss solche Fälle erkennen können. Diese Schwäche des obigen Algorithmus ist der Grund, warum er selten die Basis für Eigenvektorberechnung mit dem Computer ist.

Beispiel 11.12. Man finde die Eigenwerte und Eigenvektoren der Matrix

$$A = \begin{pmatrix} 8 & 3 & -3 & -2 \\ -20 & -9 & 10 & 6 \\ -12 & -7 & 8 & 3 \\ 2 & 1 & -1 & 2 \end{pmatrix}.$$

linalg.ch/gauss/89

Als erstes muss das charakteristische Polynom von A bestimmt werden, was etwas mühsam ist, aber mit einem Computeralgebrasystem leicht gelingt. Man findet

$$\chi_A(\lambda) = \lambda^4 - 9\lambda^3 + 29\lambda^2 - 39\lambda + 18$$
$$= (\lambda - 3)^2(\lambda - 2)(\lambda - 1).$$

Daraus kann man ablesen, dass die Eigenwerte 1, 2 und 3 sind, wobei $\lambda = 3$ eine doppelte Nullstelle des charakteristischen Polynoms ist.

Für jeden Eigenwert müssen jetzt Eigenvektoren gefunden werden. Mit dem Gauß-Calculator ist das eine einfache Sache, wir zeigen hier nur den Fall $\lambda = 3$, der etwas interessanter ist, weil $\lambda = 3$ eine doppelte Nullstelle ist. Es stellt sich insbesondere die Frage, ob es mehr als einen linear unabhängigen Eigenvektor zum Eigenwert 3 gibt. Das zugehörige Gauß-Tableau ist

$$
\begin{array}{|cccc|}
\hline
8-\lambda & 3 & -3 & -2 \\
-20 & -9-\lambda & 10 & 6 \\
-12 & -7 & 8-\lambda & 3 \\
2 & 1 & -1 & 2-\lambda \\
\hline
\end{array}
=
\begin{array}{|cccc|}
\hline
⑤ & 3 & -3 & -2 \\
-20 & -12 & 10 & 6 \\
-12 & -7 & 5 & 3 \\
2 & 1 & -1 & -1 \\
\hline
\end{array}
\rightarrow
\begin{array}{|cccc|}
\hline
1 & \frac{3}{5} & -\frac{3}{5} & -\frac{2}{5} \\
0 & 0 & -2 & -2 \\
0 & \frac{1}{5} & -\frac{11}{5} & -\frac{9}{5} \\
0 & -\frac{1}{5} & \frac{1}{5} & -\frac{1}{5} \\
\hline
\end{array}
$$

$$\to \begin{pmatrix} 1 & \frac{3}{5} & -\frac{3}{5} & -\frac{2}{5} \\ 0 & 0 & \boxed{-2} & -2 \\ 0 & 1 & -11 & -9 \\ 0 & 0 & -2 & -2 \end{pmatrix} \to \begin{pmatrix} 1 & \frac{3}{5} & -\frac{3}{5} & -\frac{2}{5} \\ 0 & 0 & 1 & 1 \\ 0 & 1 & 0 & 2 \\ 0 & 0 & 0 & 0 \end{pmatrix}$$

$$\to \begin{pmatrix} 1 & \frac{3}{5} & 0 & \frac{1}{5} \\ 0 & 0 & 1 & 1 \\ 0 & 1 & 0 & 2 \\ 0 & 0 & 0 & 0 \end{pmatrix} \to \begin{pmatrix} 1 & 0 & 0 & -1 \\ 0 & 0 & 1 & 1 \\ 0 & 1 & 0 & 2 \\ 0 & 0 & 0 & 0 \end{pmatrix}$$

Die vierte Variable ist also frei wählbar, wir wählen den Wert 1 dafür und erhalten den Eigenvektor

$$v_3 = \begin{pmatrix} 1 \\ -2 \\ -1 \\ 1 \end{pmatrix}.$$

Tatsächlich ist

$$Av_3 = \begin{pmatrix} 8 & 3 & -3 & -2 \\ -20 & -9 & 10 & 6 \\ -12 & -7 & 8 & 3 \\ 2 & 1 & -1 & 2 \end{pmatrix} \begin{pmatrix} 1 \\ -2 \\ -1 \\ 1 \end{pmatrix} = \begin{pmatrix} 8 - 6 + 3 - 2 \\ -20 + 18 - 10 + 6 \\ -12 + 14 - 8 + 3 \\ 2 - 6 + 1 + 2 \end{pmatrix} = \begin{pmatrix} 3 \\ -6 \\ -3 \\ 3 \end{pmatrix} = 3v_3,$$

der Vektor v_3 ist also tatsächlich ein Eigenvektor zum Eigenwert $\lambda = 3$. Da nur eine frei wählbare Variable vorhanden ist, gibt es aber keinen weiteren, linear unabhängigen Eigenvektor, die geometrische Vielfachheit ist 1. ⃝

11.3 Diagonalisierung

Eigenvektoren sind Vektoren, die von einer Matrix nur gestreckt werden. Sie verhalten sich genau wie die Standardbasisvektoren unter der Wirkung einer Diagonalmatrix. Diese einfache Situation lässt sich durch Wahl einer anderen Basis herstellen, wenn eine Matrix genügend viele linear unabhängige Eigenvektoren hat.

11.3.1 Diagonalbasis

In Beispiel 11.11 und anderen haben wir bereits die Situation kennengelernt, dass es eine Basis aus Eigenvektoren gibt. Diese Situation soll in diesem Abschnitt noch etwas genauer untersucht werden.

Matrix in der Eigenbasis

Sei also $\mathcal{B} = \{v_1, \ldots, v_n\}$ eine Basis aus Eigenvektoren der Matrix A mit Eigenwerten λ_i. Die Vektoren v_i sind linear unabhängig und es ist $Av_i = \lambda_i v_i$. Wie sieht die Matrix bezüglich der Basis $\mathcal{B}$ aus?

Wir bezeichnen die Matrix bezüglich der Basis mit $\tilde{A}$. Die Spalte k der Matrix $\tilde{A}$ enthält die Koordinaten, mit denen die Basisvektoren v_i linear kombiniert werden müssen, um Av_k zu ergeben. Es ist also

$$Av_k = \tilde{a}_{1k}v_1 + \tilde{a}_{2k}v_2 + \cdots + \tilde{a}_{nk}v_n. \tag{11.11}$$

Andererseits wissen wir, dass $Av_k = \lambda_k v_k$ ist. Da die Vektoren v_i eine Basis bilden, kann es nur eine Darstellung von Av_k durch die Vektoren v_i geben, also muss (11.11) mit $\lambda_k v_k$ übereinstimmen. Somit ist

$$\tilde{a}_{ik} = \begin{cases} \lambda_k & i = k \\ 0 & i \neq k. \end{cases}$$

Dies bedeutet aber, dass $\tilde{A}$ eine Diagonalmatrix ist. Die einfache Situation der Diagonalbasis lässt sich also genau dann erreichen, wenn es eine Basis aus Eigenvektoren gibt.

Transformationsmatrix

Wir konstruieren jetzt aus der Basis $\mathscr{B} = \{v_1, \ldots, v_n\}$ aus Eigenvektoren die Matrix T, die die Eigenvektoren als Spalten enthält:

$$T = \left(\begin{array}{c|c|c|c} v_1 & v_2 & & v_n \end{array} \right) \tag{11.12}$$

Die Matrix T bildet den Standardbasisvektor e_k auf v_k ab. Zusammen mit A gilt also

$$ATe_k = Av_k = \lambda_k v_k = \lambda_k Te_k.$$

Durch Multiplikation mit T^{-1} von links findet man jetzt

$$T^{-1}ATe_k = \lambda_k e_k \qquad \text{für alle } k.$$

Somit ist $T^{-1}AT = \operatorname{diag}(\lambda_1, \ldots, \lambda_n)$.

Satz 11.13 (Eigenvektoren und Transformationsmatrix). *Die Matrix T, die wie in (11.12) verlangt als Spalten die Vektoren einer Basis aus Eigenvektoren enthält, transformiert die Matrix nach der Formel*

$$T^{-1}AT = \begin{pmatrix} \lambda_1 & 0 & \ldots & 0 \\ 0 & \lambda_2 & \ldots & 0 \\ \vdots & \vdots & \ddots & \vdots \\ 0 & 0 & \ldots & \lambda_n \end{pmatrix}$$

in Diagonalform.

Die Eigenvektoren liefern also nicht nur die Information, dass eine Matrix in Diagonalform gebracht werden kann, sie liefern auch die Transformationsmatrix. Die Funktion `eig` von Matlab/Octave liefert die Eigenvektoren als Spaltenvektoren einer Matrix, also genau in der Form der Matrix T.

Beispiel 11.14. Für die 4×4-Matrix von Beispiel 11.12 findet man die Eigenwerte und Eigenvektoren in Octave mit dem folgenden Befehl:

```
octave:2> [T, lambda] = eig(A)
T =

    0.0000 +        0i   -0.3780 + 0.0000i   -0.3780 - 0.0000i   -0.4472 +        0i
   -0.7071 +        0i    0.7559 +      0i     0.7559 -      0i    0.0000 +        0i
   -0.7071 +        0i    0.3780 - 0.0000i    0.3780 + 0.0000i   -0.8944 +        0i
    0.0000 +        0i   -0.3780 + 0.0000i   -0.3780 - 0.0000i    0.0000 +        0i

lambda =

Diagonal Matrix

    1.0000 +        0i              0                   0                   0
             0       3.0000 + 0.0000i              0                   0
             0              0       3.0000 - 0.0000i              0
             0              0                   0       2.0000 +        0i
```

Die Berechnung der Eigenwerte findet im Komplexen statt, daher zeigt Octave Resultate mit einem Imaginärteil an. Infolge von Rundungsfehlern findet Octave zwei Eigenvektoren zum Eigenwert 3, obwohl wir im Beispiel 11.12 bereits gesehen haben, dass die geometrische Vielfachheit nur 1 ist. Die beiden mittleren Spalten unterscheiden sich aber nur um einen sehr kleinen Imaginärteil. Nimmt man nur den Realteil, hat die Matrix T den Rang 3:

```
octave:3> rank(real(T))
ans = 3
octave:4> trace(imag(T)'*imag(T))
ans = 1.6225e-15
```

Die letzte Berechnung ist die Frobenius-Norm der Imaginärteile, sie zeigt, dass die Imaginärteile der Matrix T sehr klein sind. ⃝

Beispiel 11.15. Für die Matrix

$$A = \begin{pmatrix} 1 & 1 \\ 1 & 0 \end{pmatrix}$$

wurden früher in Beispiel 11.11 die Eigenvektoren bereits berechnet, die Matrix T kann daraus zusammengesetzt werden:

$$T = \begin{pmatrix} \varphi & -\frac{1}{\varphi} \\ 1 & 1 \end{pmatrix}.$$

Die inverse Matrix kann mit der Methode von Satz 3.32 berechnet werden:

$$\left[\begin{array}{cc|cc} \varphi & -\frac{1}{\varphi} & 1 & 0 \\ 1 & 1 & 0 & 1 \end{array}\right] \rightarrow \left[\begin{array}{cc|cc} ① & 1 & 0 & 1 \\ \varphi & -\frac{1}{\varphi} & 1 & 0 \end{array}\right] \rightarrow \left[\begin{array}{cc|cc} 1 & ① & 0 & 1 \\ 0 & -\frac{1}{\varphi} - \varphi & 1 & -\varphi \end{array}\right] \rightarrow \left[\begin{array}{cc|cc} 1 & 0 & \frac{\varphi}{1+\varphi^2} & 1 + \frac{\varphi^2}{1+\varphi^2} \\ 0 & 1 & \frac{-\varphi}{1+\varphi^2} & \frac{\varphi^2}{1+\varphi^2} \end{array}\right]$$

Mit der Substitution $\varphi^2 = 1 + \varphi$ für das Verhältnis des goldenen Schnittes wird daraus

$$\rightarrow \left[\begin{array}{cc|cc} 1 & 0 & \frac{\varphi}{2+\varphi} & \frac{1}{2+\varphi} \\ 0 & 1 & \frac{-\varphi}{2+\varphi} & \frac{1+\varphi}{2+\varphi} \end{array}\right] \quad \Rightarrow \quad T^{-1} = \frac{1}{2+\varphi}\begin{pmatrix} \varphi & 1 \\ -\varphi & 1+\varphi \end{pmatrix}.$$

Damit kann man jetzt nachrechnen, ob die Matrix T tatsächlich die Matrix A diagonalisiert:

$$T^{-1}AT = \frac{1}{2+\varphi}\begin{pmatrix} \varphi & 1 \\ -\varphi & 1+\varphi \end{pmatrix}\begin{pmatrix} 1 & 1 \\ 1 & 0 \end{pmatrix}\begin{pmatrix} \varphi & -\frac{1}{\varphi} \\ 1 & 1 \end{pmatrix} = \frac{1}{2+\varphi}\begin{pmatrix} \varphi+1 & \varphi \\ 1 & -\varphi \end{pmatrix}\begin{pmatrix} \varphi & -\frac{1}{\varphi} \\ 1 & 1 \end{pmatrix}$$

$$= \frac{1}{2+\varphi}\begin{pmatrix} \varphi^2+2\varphi & -\frac{\varphi+1}{\varphi}+\varphi \\ 0 & -\frac{1}{\varphi}-\varphi \end{pmatrix}.$$

Wieder unter der Verwendung der Identität $\varphi^2 = \varphi + 1$ wird daraus

$$= \frac{1}{2+\varphi}\begin{pmatrix} \varphi(\varphi+2) & 0 \\ 0 & -\frac{1+\varphi^2}{\varphi} \end{pmatrix} = \begin{pmatrix} \varphi & 0 \\ 0 & -\frac{1}{\varphi} \end{pmatrix}.$$

Die Matrix hat tatsächlich Diagonalform mit den Eigenwerten auf der Diagonalen. ○

11.3.2 Diagonalisierbarkeit

Eine Matrix ist genau dann diagonalisierbar, wenn es eine Basis aus Eigenvektoren gibt. Andererseits wissen wir, dass der Gauß-Algorithmus zu jedem Eigenwert mindestens einen Eigenvektor liefert. Es kann aber sein, dass sich keine Basis von Eigenvektoren ergibt, Beispiele dafür werden wir später in Abschnitt 11.3.3 kennenlernen.

Wenn die Matrix aber n verschiedene Eigenwerte hat, dann gibt es auch n linear unabhängige Eigenvektoren, somit ist A diagonalisierbar.

Satz 11.16 (diagonalisierbar dank verschiedener Eigenwerte). *Wenn eine Marix in $M_n(\mathbb{R})$ n verschiedene Eigenwerte hat, dann ist die Matrix A diagonalisierbar.*

Eine Matrix kann aber sehr wohl viel weniger verschiedene Eigenwerte haben und trotzdem diagonalisierbar sein. Die Einheitsmatrix I ist offensichtlich diagonal und alle Vektoren sind Eigenvektoren zum Eigenwert 1. Die Einheitsmatrix hat nur einen Eigenwert, ist aber trotzdem diagonalsierbar.

Beispiel 11.17. Eine Spiegelungsmatrix ist diagonalisierbar, obwohl sie nur die Eigenwerte 1 und −1 hat. Sei u ein Einheitsvektor und $S_u = 1 - 2u^t u$ die Matrix der Spiegelung an einer Ebene mit der Normalen u. Dann ist $S_u u = -u$ nach Definition einer Spiegelung. u ist somit ein Eigenvektor zum Eigenwert −1.

Wir ergänzen jetzt u zu einer orthonormierten Basis, was wir zum Beispiel mit dem Orthonormalisierungsverfahren von Gram-Schmidt erreichen können. Wir haben dann eine Basis bestehend aus $b_1 = u$ und Vektoren $b_2, \ldots, b_n$, die alle orthogonal auf b_1 sind. Nach Definition einer Spiegelung ist $S_u b_2 = b_2, \ldots, S_u b_n = b_n$, die Vektoren $b_2, \ldots, b_n$ sind also alle Eigenvektoren zum Eigenwert 1.

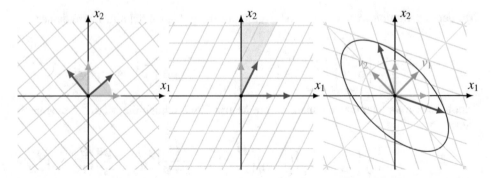

Abbildung 11.3: Warum sind nicht alle 2×2-Matrizen diagonalisierbar? Links: Drehung, alle Vektoren ändern ihre Richtung, können also nicht Eigenvektoren sein. Mitte: Scherung in x_1-Richtung: alle Vektoren mit einer nicht verschwindenden x_2-Komponente ändern ihre Richtung. Rechts: Diagonalisierbar heißt, dass es zwei verschiedene Richtung gibt, die nur gestreckt werden.

Da die Vektoren $b_1, \ldots, b_n$ ein Basis bilden, haben wir eine Basis aus Eigenvektoren gefunden, in der S_u die Matrixform

$$\begin{pmatrix} -1 & 0 & 0 & \ldots & 0 \\ 0 & 1 & 0 & \ldots & 0 \\ 0 & 0 & 1 & \ldots & 0 \\ \vdots & \vdots & \vdots & \ddots & \vdots \\ 0 & 0 & 0 & \ldots & 1 \end{pmatrix}$$

hat und somit diagonalisierbar ist. Wir haben außerdem gefunden, dass die Matrix S_u nur die Eigenwerte ± 1 hat. ⭘

Im Abschnitt 11.4 werden wir weitere Bedingungen kennenlernen, die Diagonalisierbarkeit garantieren. Im nächsten Abschnitt (11.3.3) untersuchen wir, was schief gehen kann. Im Kapitel 13 lernen wir ähnlich einfache Darstellungsmöglichkeiten für Matrizen kennen, wenn Diagonalform nicht möglich ist.

11.3.3 Beispiele nicht diagonalisierbarer Matrizen

In diesem Abschnitt sollen einige Fälle zusammengetragen werden, die zeigen, wieso Matrizen manchmal nicht diagonalisierbar sind.

Drehmatrizen

Eine Drehmatrix in zwei Dimensionen um einen Winkel, der nicht Vielfaches von π ist, kann ganz offensichtlich nicht diagonalisierbar sein, denn jeder Vektor ändert seine Richtung. Kein einziger Vektor wird nur gestreckt (Abbildung 11.3 links). Das charakteristische Polynom einer solchen Matrix ist

$$D = \begin{pmatrix} \cos \alpha & -\sin \alpha \\ \sin \alpha & \cos \alpha \end{pmatrix} \quad \Rightarrow \quad \chi_A(\lambda) = \begin{vmatrix} \cos \alpha - \lambda & -\sin \alpha \\ \sin \alpha & \cos \alpha - \lambda \end{vmatrix}$$

$$= (\cos\alpha - \lambda)^2 + \sin^2\alpha$$
$$= \cos^2\alpha - 2\lambda\cos\alpha + \lambda^2 + \sin^2\alpha$$
$$= 1 - 2\lambda\cos\alpha + \lambda^2.$$

Die charakteristische Gleichung ist

$$0 = \chi_A(\lambda) = \lambda^2 - 2\cos(\alpha)\lambda + 1$$

mit der Diskriminanten

$$\Delta = 4\cos^2\alpha - 4 = 4(\cos^2\alpha - 1) = -4\sin^2\alpha.$$

Die Diskriminante ist also für Winkel, die nicht Vielfache von π sind immer negativ, die Gleichung hat keine reellen Nullstellen.

Scherungen

Wir betrachten die Matrix

$$S = \begin{pmatrix} 1 & a \\ 0 & 1 \end{pmatrix}.$$

Sie hat den ersten Standardbasisvektor als Eigenvektor. Das charakteristische Polynom ist

$$\chi_S(\lambda) = \begin{vmatrix} 1-\lambda & a \\ 0 & 1-\lambda \end{vmatrix} = (1-\lambda)^2$$

mit der doppelten Nullstelle $\lambda = 1$. Der Gauß-Algorithmus zur Bestimmung der möglichen Eigenvektoren zum Eigenwert 1 verwendet das Tableau von $S - I$, also

$$\begin{array}{|cc|} \hline 1-\lambda & a \\ 0 & 1-\lambda \\ \hline \end{array} = \begin{array}{|cc|} \hline 0 & a \\ 0 & 0 \\ \hline \end{array}$$

Wenn $a \neq 0$ ist, kann es keinen weitern linear unabhängigen Eigenvektor geben. Es gibt also zwar Eigenvektoren, aber nicht genügend für eine Basis (Abbildung 11.3 Mitte). Die Matrix S ist nicht diagonalisierbar.

Was bedeutet Diagonalisierbarkeit für 2×2-Matrizen?

Wenn eine 2×2-Matrix A diagonalisierbar ist, dann gibt es zwei Richtungen v_1 und v_2, die von A nur gestreckt werden. Der Einheitskreis wird von einer solchen Matrix zu einer Ellipse verzerrt, deren Hauptachsen parallel sind zu v_1 und v_2. Diese Situation ist in Abbildung 11.3 rechts dargestellt.

11.4 Symmetrische Matrizen

Für eine beliebige Matrix gibt es keine Garantie, dass überhaupt ein Eigenvektor existiert. Für symmetrische Matrizen finden wir eine völlig andere Situation: symmetrische Matrizen sind immer diagonalisierbar, sogar mit einer orthogonalen Transformationsmatrix! In diesem Abschnitt tasten wir uns schrittweise an dieses Resultat heran. Dabei werden wir vom Skalarprodukt intensiv Gebrauch machen und am Ende auch verallgemeinerte Skalarprodukte verwenden. Aus diesem Grund verwenden wir in diesem Abschnitt die Notation $\langle \, , \, \rangle$ für das Skalarprodukt.

11.4.1 Eigenvektoren symmetrischer Matrizen

In Abschnitt 11.3.3 wurde illustriert, dass eine Scherung in der Ebene nicht diagonalisierbar ist, obwohl es einen Eigenvektor gibt. Der Vektor senkrecht dazu wird von der Scherung nicht nur gestreckt, er ändert auch seine Richtung. Für eine symmetrische Matrix kann diese Situation nicht eintreten, wie der folgende Satz zeigt.

Satz 11.18 (orthogonale Eigenvektoren symmetrischer Matrizen). *Eigenvektoren einer symmetrischen Matrix zu verschiedenen Eigenwerten sind orthogonal.*

Beweis. Seien v_1 und v_2 zwei Eigenvektoren zu den Eigenwerten $\lambda_1 \neq \lambda_2$. Wir berechnen das Skalarprodukt $v_1^t A v_2$ auf zwei verschiedene Arten:

$$\begin{aligned} v_1^t A v_2 &= v_1^t \lambda_2 v_2 & &= \lambda_2 v_1^t v_2 \\ &= v_1^t A^t v_2 = (A v_1)^t v_2 = (\lambda_1 v_1)^t v_2 & &= \lambda_1 v_1^t v_2. \end{aligned}$$

Zu Beginn der zweiten Zeile haben wir $A = A^t$ verwendet. Die beiden Ausdrücke rechts sind gleich, also ist ihre Differenz

$$\lambda_2 v_1^t v_2 - \lambda_1 v_1^t v_2 = \underbrace{(\lambda_2 - \lambda_1)}_{\neq 0} v_1^t v_2 = 0.$$

Da die Eigenwerte verschieden sind, muss das Skalarprodukt $v_1^t v_2 = 0$ sein, die Vektoren sind orthogonal.   □

Beispiel 11.19. Die symmetrische Matrix

$$A = \begin{pmatrix} 3 & 1 \\ 1 & 3 \end{pmatrix}$$

hat das charakteristische Polynom

$$\chi_A(\lambda) = \det(A - \lambda I) = \begin{vmatrix} 3 - \lambda & 1 \\ 1 & 3 - \lambda \end{vmatrix} = (3 - \lambda)^2 - 1 = \lambda^2 - 6\lambda + 8$$

mit den Nullstellen

$$\lambda_\pm = 3 \pm \sqrt{9 - 8} = \begin{cases} 4 \\ 2. \end{cases}$$

Die zugehörigen Eigenvektoren findet man mit dem Gauß-Algorithmus für jeden einzelnen Eigenwert:

$$\lambda_+ = 4: \quad \begin{pmatrix} \boxed{-1} & 1 \\ \boxed{1} & -1 \end{pmatrix} \rightarrow \begin{pmatrix} 1 & -1 \\ 0 & 0 \end{pmatrix} \quad \Rightarrow \quad v_+ = \begin{pmatrix} 1 \\ 1 \end{pmatrix},$$

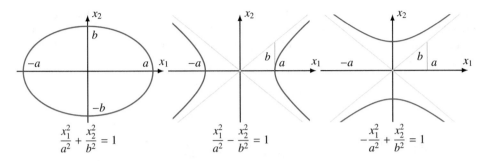

Abbildung 11.4: Ellipsen und Hyperbeln treten als Lösungsmengen einer Gleichung $\langle x, Ax \rangle = 1$ auf.

$$\lambda_- = 2: \qquad \boxed{\begin{array}{cc} \textcircled{1} & 1 \\ \textcircled{1} & 1 \end{array}} \rightarrow \boxed{\begin{array}{cc} 1 & 1 \\ 0 & 0 \end{array}} \qquad \Rightarrow \qquad v_- = \begin{pmatrix} -1 \\ 1 \end{pmatrix}.$$

Das Skalarprodukt der beiden Eigenvektoren ist

$$\langle v_+, v_- \rangle = v_+^t v_- = \begin{pmatrix} -1 & 1 \end{pmatrix} \begin{pmatrix} 1 \\ 1 \end{pmatrix} = -1 + 1 = 0,$$

sie sind orthogonal. ○

Aus der Rechnung von Satz 11.18 kann man aber noch mehr schließen.

Satz 11.20 (symmetrische Matrizen erhalten Orthogonalität von Eigenvektoren). *Ist v ein Eigenvektor einer symmetrischen Matrix A zum Eigenwert $\lambda \neq 0$, dann bildet A zu v orthogonale Vektoren auf zu v orthogonale Vektoren ab. Für $w \perp v$ ist also auch $Aw \perp v$.*

Beweis. Wir berechnen das Skalarprodukt von Aw und v:

$$\langle Aw, v \rangle = \langle w, Av \rangle = \langle w, \lambda v \rangle = \lambda \underbrace{\langle w, v \rangle}_{= 0} = 0,$$

also $Aw \perp v$. □

11.4.2 Geometrische Eigenschaften der Eigenvektoren

In Satz 11.18 hat sich gezeigt, dass die Eigenvektoren symmetrischer Matrizen spezielle geometrische Eigenschaften bezüglich des Skalarproduktes haben.

Geometrische Bedeutung von $\langle x, Ax \rangle$

Gefunden wurde das Resultat von Satz 11.18 durch Betrachtung des Skalarproduktes $\langle x, Ax \rangle$, das wir jetzt noch etwas genauer untersuchen wollen. Für eine diagonale 2×2-Matrix ist

$$\langle x, Ax \rangle = a_{11} x_1^2 + a_{22} x_2^2.$$

Für $a_{11} = a_{22} = 1$ ist $\langle v, Av \rangle = 1$ die Gleichung des Einheitskreises. Für andere Werte von a_{11} und a_{22} ist $\langle x, Ax \rangle = 1$ je nach Vorzeichen von a_{11} und a_{22} eine Ellipse oder eine Hyperbel. In Abbildung 11.4 sind die folgenden drei Situationen dargestellt. Zur Abkürzung schreiben wir

$$a = \frac{1}{\sqrt{|a_{11}|}} \quad \text{und} \quad b = \frac{1}{\sqrt{|a_{22}|}}$$

$$\left.\begin{array}{l} a_{11} > 0 \\ a_{22} > 0 \end{array}\right\} : \quad a_{11}x_1^2 + a_{22}x_2^2 = \frac{x_1^2}{\sqrt{|1/a_{11}|^2}} + \frac{x_2^2}{\sqrt{|1/a_{22}|^2}} = \frac{x_1^2}{a^2} + \frac{x_2^2}{b^2} = 1 : \quad \text{Ellipse}$$

$$\left.\begin{array}{l} a_{11} > 0 \\ a_{22} < 0 \end{array}\right\} : \quad a_{11}x_1^2 + a_{22}x_2^2 = \frac{x_1^2}{\sqrt{|1/a_{11}|^2}} - \frac{x_2^2}{\sqrt{|1/a_{22}|^2}} = \frac{x_1^2}{a^2} - \frac{x_2^2}{b^2} = 1 : \quad \text{Hyperbel}$$

$$\left.\begin{array}{l} a_{11} < 0 \\ a_{22} > 0 \end{array}\right\} : \quad a_{11}x_1^2 + a_{22}x_2^2 = -\frac{x_1^2}{\sqrt{|1/a_{11}|^2}} + \frac{x_2^2}{\sqrt{|1/a_{22}|^2}} = -\frac{x_1^2}{a^2} + \frac{x_2^2}{b^2} = 1 : \quad \text{Hyperbel}$$

Für eine beliebige diagonalisierbare Matrix A wird $\langle x, Ax \rangle = 1$ eine verzerrte Ellipse oder Hyperbel beschreiben. Es wird sich herausstellen, dass dies wieder Ellipsen und Hyperbeln sind.

Extermaleigenschaft

Die Abbildung 11.4 wurde aus einer Matrix A als Lösungsmenge der Gleichung $\langle x, Ax \rangle = 1$ erzeugt. Können wir die Richtung der Achsen als eine geometrische Eigenschaft der Punkte auf den Ellipsen und Hyperbeln wiederfinden? Die Achsenrichtungen fallen mit den Richtungen zu Kurvenpunkten größter oder kleinster Entfernung zusammen.

Um diese Vermutung für beliebige A zu plausibilisieren, halten wir v fest und betrachten verschiedene Matrizen, deren Bildvektoren Av aber alle die gleiche Länge haben. Das Skalarprodukt $\langle v, Av \rangle$ ist am größten, wenn v und Av parallel sind, und minimal, wenn sie antiparallel sind. Diese Situation tritt genau dann ein, wenn v ein Eigenvektor ist. Für alle anderen Richtungen von Av ist das Skalarprodukt geringer. Dies legt die folgende Extremaleigenschaft eines der Eigenvektoren nahe.

Satz 11.21 (Extremaleigenschaft). *Sei A eine symmetrische Matrix $A \in M_n(\mathbb{R})$ und v ein Einheitsvektor, der die Funktion*

$$f(v) = \frac{\langle v, Av \rangle}{\langle v, v \rangle} \tag{11.13}$$

maximiert, dann ist v ein Eigenvektor von A.

Beweis. Sei also v ein Einheitsvektor, der $f(v)$ maximiert und w ein beliebiger Vektor $w \perp v$. Da v $f(v)$ maximiert, muss die Ableitung von $f(v+tw)$ für $t = 0$ verschwinden. Wir wollen aus dieser Eigenschaft ableiten, dass dann $Av \perp w$ gilt. Da dies für alle Vektoren $w \perp v$ gilt, müssen Av und v parallel sein, v muss ein Eigenvektor sein.

Für die Berechnung der Ableitung von

$$f(v + wt) = \frac{\langle v, Av \rangle + t\langle v, Aw \rangle + t\langle w, Av \rangle + t^2\langle w, Aw \rangle}{\langle v, v \rangle + 2t\langle v, w \rangle + t^2\langle w, w \rangle}$$

$$= \frac{\langle v, Av\rangle + 2t\langle w, Av\rangle + t^2\langle w, Aw\rangle}{\langle v, v\rangle + t^2\langle w, w\rangle} = \frac{g(t)}{h(t)}$$

mit der Quotientenregel müssen die Ableitungen von Zähler und Nenner an der Stelle $t = 0$ separat ausgewertet werden:

$$g'(t) = 2\langle w, Av\rangle + 2t\langle w, Aw\rangle \qquad \Rightarrow \qquad g'(0) = 2\langle w, Av\rangle \qquad g(0) = 2\langle w, Av\rangle$$
$$h'(t) = 2t\langle w, w\rangle \qquad \Rightarrow \qquad h'(0) = 0 \qquad h(0) = \langle v, v\rangle.$$

Damit wird jetzt die Ableitung von $f(v + wt)$ an der Stelle $t = 0$

$$0 = \frac{d}{dt}f(v + wt)\Big|_{t=0} = \frac{d}{dt}\frac{g(t)}{h(t)}\Big|_{t=0} = \frac{g'(0)h(0) - g(0)h'(0)}{h(0)^2}$$
$$= \frac{2\langle w, Av\rangle\langle v, v\rangle}{(\langle v, v\rangle)^2} = \frac{\langle w, Av\rangle}{\langle v, v\rangle} = \langle w, Av\rangle.$$

Damit ist gezeigt, dass $w \perp Av$ und damit dass Av und v parallel sind. $\qquad\square$

11.4.3 Konstruktion einer Eigenbasis

Der Satz 11.21 sagt, dass man zu einer symmetrischen Matrix immer einen Eigenvektor durch Lösung eines Extremalproblems finden kann. Alle anderen Eigenvektoren sind dann orthogonal zu dieser Richtung, d. h. es gibt einen Vektorraum kleinerer Dimension, in dem man weitere Eigenvektoren suchen kann. Wiederholung dieses Prozesses führt auf den folgenden Diagonalisierbarkeitssatz.

linalg.ch/video/9

Satz 11.22 (Diagonalisierung symmetrischer Matrizen). *Eine symmetrische Matrix A ist immer mit einer orthogonalen Transformationsmatrix diagonalisierbar.*

Beweis. Wir beweisen den Satz mit Hilfe vollständiger Induktion nach der Dimension n der Matrix A, illustriert in Abbildung 11.5. Als Induktionsverankerung betrachten wir den Fall $n = 1$. Dann ist A nur eine Zahl a und ein Vektor v ist ebenfalls nur eine Zahl. Die Eigenvektoreigenschaft ist automatisch erfüllt.

Als Induktionsvoraussetzung nehmen wir jetzt an, dass der Satz für Vektorräume der Dimension $n - 1$ bereits bewiesen ist. Nach Satz 11.21 können wir jetzt einen Eigenvektor v durch Lösung eines Extremalproblems finden (Abbildung 11.5 oben links). Der Vektorraum

$$W = \{v\}^\perp = \{w \in \mathbb{R}^n \,|\, \langle v, w\rangle = 0\}$$

besteht aus Vektoren, die auf v senkrecht stehen. W ist $(n-1)$-dimensional. Nach Satz 11.20 ist $Aw \in W$ für alle Vektoren $w \in W$. Dass A symmetrisch ist, ist gleichbedeutend mit $\langle v_1, Av_2\rangle = \langle Av_1, v_2\rangle$ für beliebige Vektoren v_1 und v_2, insbesondere auch für Vektoren in W. Durch Wahl einer beliebigen Basis in W, erhält man eine symmetrische $(n-1)\times(n-1)$-Matrix A_0 (Abbildung 11.5 oben rechts). Nach Induktionsvoraussetzung gibt es eine Basis aus orthogonalen Eigenvektoren in W (Abbildung 11.5 unten links). Zusammen mit dem Vektor v bilden diese eine Basis aus orthogonalen Eigenvektoren von V (Abbildung 11.5 unten rechts). $\qquad\square$

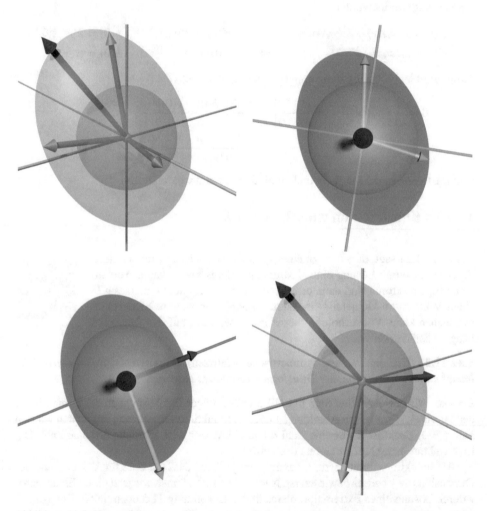

Abbildung 11.5: Konstruktion einer Eigenbasis im Falle $n = 3$. Oben links: Der erste Eigenvektor (rot) wird als Maximum von $f(v)$ (siehe (11.13)) gefunden . Oben rechts: In einem Unterraum (pinke Koordinatenachsen) finde man die zweidimensionale Situation wieder, der Einheitskreis wird von A in eine Ellipse deformiert. Unten links: Die verbleibenden Eigenvektoren sind Hauptachsen der Ellipse. Unten rechts: alle drei Vektoren zusammen ergeben eine orthonormierte Eigenbasis.

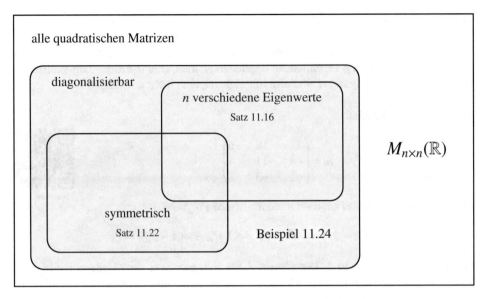

Abbildung 11.6: Bedingungen für Diagonalisierbarkeit.

11.4.4 Gleichzeitige Diagonalisierbarkeit

Das Resultat des Satzes 11.22 kann noch etwas verallgemeinert werden. Der Beweis wurde
so geführt, dass das Skalarprodukt nur in der Form $\langle \, , \, \rangle$ verwendet wurde. Dies bedeutet,
dass es für die Zwecke des Beweises durch jedes beliebige andere Skalarprodukt ersetzt
werden kann, zum Beispiel durch das verallgemeinerte Skalarprodukt $\langle \, , \, \rangle_B$ definiert
durch eine symmetrische, positiv definite Matrix B. Dann folgt, dass es eine Basis von
Eigenvektoren von A gibt, die bezüglich des Skalarproduktes $\langle \, , \, \rangle_B$ orthogonal sind. A
ist in dieser Basis natürlich diagonal. Aber die Bedingung der Orthogonalität bezüglich
$\langle \, , \, \rangle_B$ bedeutet, dass in dieser Basis auch B diagonal ist.

   Damit der Beweis tatsächlich übertragbar ist, müssen alle Rechnungen mit dem Skalarprodukt übertragbar sein, insbesondere die oft gebrauchte Operation, die Matrix A von
einer Seite des Skalarproduktes auf die andere zu schieben:

$$
\left.
\begin{aligned}
\langle Au, v\rangle_B &= Au^t Bv = u^t A^t Bv = u^t ABv \\
\langle u, Av\rangle_B &= u^t BAv
\end{aligned}
\right\}
\quad \Rightarrow \quad
u^t ABv = u^t BAv \quad \forall u, v.
$$

Dies ist nur möglich, wenn $AB = BA$.

Satz 11.23 (Gleichzeitige Diagonalisierung). *Seien A und B symmetrische Matrizen mit
AB = BA und B positiv definit. Dann gibt es eine Matrix T, die A und B gleichzeitig
diagonalisiert.*

11.4.5 Übersicht Diagonalisierbarkeit

Im Allgemeinen dürfen wir nicht davon ausgehen, dass eine $n \times n$-Matrix diagonalisierbar
ist. Wir haben aber zwei Kriterien gefunden, die Diagonalisierbarkeit garantieren können.

In Satz 11.16 waren es n verschiedene Eigenwerte, in Satz 11.22 die Symmetrie der Matrix. Solche Matrizen bilden Untermengen der Menge aller diagonalisierbaren Matrizen, wie in Abbildung 11.6 dargestellt. Das folgende Beispiel zeigt, dass es nicht symmetrische Matrizen gibt, die nicht n verschiedene Eigenwerte haben, aber trotzdem diagonalisierbar sind. Die beiden Bedingungen sind also hinreichend, aber nicht notwendig.

Beispiel 11.24. Die Matrix

$$A = \begin{pmatrix} 13 & 18 & -6 \\ -8 & -11 & 4 \\ -2 & -3 & 2 \end{pmatrix}$$

linalg.ch/gauss/90

ist nicht symmetrisch und hat das charakteristische Polynom

$$\det(A - \lambda I) = -\lambda^3 + 4\lambda^2 - 5\lambda + 2 = -(\lambda - 2)(\lambda - 1)^2$$

mit den Nullstellen 1 und 2. Die Matrix A hat also nur zwei verschiedene Nullstellen. Trotzdem kann man drei linear unabhängige Eigenvektoren finden. Der Gauß-Algorithmus ergibt:

$$\lambda = 1: \begin{pmatrix} \boxed{12} & 18 & -6 \\ -8 & -12 & 4 \\ -2 & -3 & 1 \end{pmatrix} \rightarrow \begin{pmatrix} 1 & \frac{3}{2} & -\frac{1}{2} \\ 0 & 0 & 0 \\ 0 & 0 & 0 \end{pmatrix} \Rightarrow v_1 = \begin{pmatrix} -3 \\ 2 \\ 0 \end{pmatrix}$$

$$v_2 = \begin{pmatrix} 1 \\ 0 \\ 2 \end{pmatrix},$$

$$\lambda = 2: \begin{pmatrix} \boxed{11} & 18 & -6 \\ -8 & -13 & 4 \\ -2 & -3 & 0 \end{pmatrix} \rightarrow \begin{pmatrix} 1 & \frac{18}{11} & -\frac{6}{11} \\ 0 & \boxed{\frac{1}{11}} & -\frac{4}{11} \\ 0 & \frac{3}{11} & -\frac{12}{11} \end{pmatrix}$$

linalg.ch/gauss/91

$$\rightarrow \begin{pmatrix} 1 & \boxed{\frac{18}{11}} & -\frac{6}{11} \\ 0 & 1 & -4 \\ 0 & 0 & 0 \end{pmatrix} \rightarrow \begin{pmatrix} 1 & 0 & 6 \\ 0 & 1 & -4 \\ 0 & 0 & 0 \end{pmatrix} \Rightarrow v_3 = \begin{pmatrix} -6 \\ 4 \\ 1 \end{pmatrix}.$$

Damit ist eine Basis aus Eigenvektoren gefunden, die Matrix A ist diagonalisierbar. ○

11.5   Numerische Eigenvektorbestimmung

Die Bestimmung der Eigenwerte und Eigenvektoren mit Hilfe des charakteristischen Polynoms und dem Gauß-Algorithmus ist zwar konzeptionell einfach aber höchstens für kleine

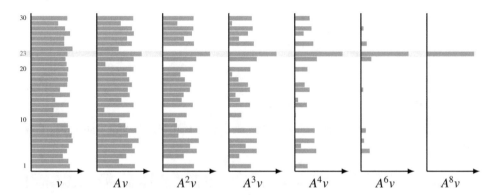

Abbildung 11.7: "Filterwirkung" der Potenzen von A. Die blauen Balken stellen die Koordinaten eines zufälligen Vektors v in der Eigenbasis von A mit betragsgrößtem Eigenwert 1 dar (logarithmische Darstellung). Durch wiederholte Anwendung der Matrix A verschwinden alle Koeffizienten außer dem des dominanten Eigenvektors, der in diesem Beispiel die Nummer 23 (rot) trägt.

oder anderswie spezielle Matrizen wirklich durchführbar. Ein computertauglicher Algorithmus sollte jedoch auch für große Matrizen mit Tausenden von Dimensionen funktionieren, dazu braucht es spezielle Ansätze.

Die numerische lineare Algebra hat viele leistungsfähige Algorithmen für das Eigenwertproblem entwickelt. Die hier ausgewählten zwei Methoden illustrieren zwei grundlegende Ideen, die die Basis für viele weitere Methoden wie den Francis-Algorithmus sind [27].

11.5.1 Die Potenzmethode

Eine der ursprünglichen Motivationen für die Entwicklung des Konzeptes des Eigenwertes und Eigenvektors war die Möglichkeit, damit Potenzen von Matrizen studieren zu können. Wir nehmen zu diesem Zweck an, dass die Matrix A mit Eigenwerten λ_i und Eigenvektoren v_i, $i = 1, \ldots, n$ diagonalisierbar ist. Es gilt also $Av_i = \lambda_i v_i$ für alle i. Wiederholte Anwendung von A ändert nur den Exponenten von k: $A^k v_i = \lambda_i^k v_i$.

Grundidee

Unter den Vektoren v_i wird derjenige mit dem betragsgrößten Eigenwert am stärksten gestreckt. Nach wiederholter Anwendung von A wird dieser aus allen Eigenvektoren besonders hervorragen. Dies wird in Abbildung 11.7 illustriert. Die blauen Balken stellen die Koordinaten eines zufälligen Vektors in der Eigenbasis von A dar, angenommen wird zusätzlich, dass der betragsgrößte Eigenwert 1 ist. Durch Anwendung der Matrix A werden alle Komponenten verkleinert, bis nur noch die Komponente des betragsgrößten Eigenwertes übrig bleibt.

Es ist also einfach, den Eigenvektor mit dem betragsgrößten Eigenwert zu finden, wenn die Eigenvektoren bereits bekannt sind. Nehmen wir der Einfachheit halber an, dass die Eigenwerte nach absteigendem Betrag sortiert sind, und dass nur ein einziger Eigenwert den maximalen Betrag erreicht, dass als

$$|\lambda_1| > |\lambda_2| \geq \cdots \geq |\lambda_n|$$

gilt.

Potenzen $A^k v$ für einen beliebigen Vektor v

Da die Eigenvektoren eine Basis bilden, lässt sich jeder beliebige Vektor v als Linearkombination

$$v = a_1 v_1 + \cdots + a_n v_n$$

der Eigenvektoren schreiben. Die Anwendung von A^k auf v ist wieder einfach und ergibt

$$A^n v = a_1 A^k v_1 + \cdots + a_n A^k v_n = a_1 \lambda_1^k v_1 + \cdots + a_n \lambda_n^k v_n. \tag{11.14}$$

Da λ_1 der betragsgrößte Eigenwert ist, wir unter den Termen auf der rechten Seite von (11.14) wieder der erste besonders hervorragen, die anderen werden im Vergleich dazu klein sein. Für großes k hat also $A^k v$ ungefähr die Richtung von v_1, der Vektor v_1 kann also mindestens durch $A^k v$ approximiert werden.

Für $|\lambda_1| > 1$ wird λ_1^k exponentiell schnell anwachsen und den Rechenbereich der CPU verlassen, für $|\lambda_1| < 1$ dagegen wird λ_1^k exponentiell schnell gegen 0 gehen. Dieses Wachstumsverhalten können wir kompensieren, indem wir $A^k v$ durch λ_1^k teilen, also

$$\frac{1}{\lambda_1^k} A^k v = a_1 v_1 + \left(\frac{\lambda_2}{\lambda_1}\right)^k v_2 + \cdots + \left(\frac{\lambda_n}{\lambda_1}\right)^k v_2. \tag{11.15}$$

Da für $i > 1$

$$\left|\frac{\lambda_i}{\lambda_1}\right| < 1 \quad \text{gilt, folgt} \quad \left(\frac{\lambda_i}{\lambda_1}\right)^k \to 0$$

für $k \to \infty$. Alle Summanden außer dem ersten auf der rechten Seite von (11.15) konvergieren daher gegen 0. Es folgt

$$\lim_{k \to \infty} \frac{1}{\lambda_1^k} A^k v = a_1 v_1.$$

Es sieht also so aus, als könnte man v_1 aus der Folge $A^k v$ bestimmen.

λ_1 ist unbekannt

Manchmal ist der Eigenwert λ_1 bekannt, zum Beispiel wird in Kapitel 14 gezeigt, dass Wahrscheinlichkeitsmatrizen als größten Eigenwert 1 haben. Im Allgemeinen ist λ_1 aber nicht bekannt und damit die Folge (11.15) gar nicht konstruierbar. Dies ist aber auch nicht nötig, denn es geht ja nur darum, den Vektor $A^k v$ nicht zu groß oder zu klein werden zu lassen. Dies kann auch erreicht werden, indem man seine Länge nach jeder Iteration wieder auf 1 normiert. Man konstruiert also iterativ die Folge

$$v^{(0)} = v, \qquad v^{(k+1)} = \frac{A v^{(k)}}{|A v^{(k)}|}.$$

Auch diese Folge wird gegen v_1 konvergieren.

k		$v^{(k)}$	
0	0.577350269189625	0.577350269189625	0.577350269189625
1	0.371390676354104	0.557086014531156	0.742781352708208
2	0.385973822213232	0.559662042209187	0.733350262205142
3	0.385032501414349	0.559500353617726	0.733968205821103
4	0.385093501824455	0.559510850865076	0.733928199905698
5	0.385089549858786	0.559510170872761	0.733930791886736
6	0.385089805894758	0.559510214927759	0.733930623960760
7	0.385089789306976	0.559510212073573	0.733930634840170
8	0.385089790381647	0.559510212258487	0.733930634135326
9	0.385089790312022	0.559510212246507	0.733930634180991
10	0.385089790316533	0.559510212247283	0.733930634178033
∞	0.385089790316259	0.559510212247236	0.733930634178213

Tabelle 11.1: Bestimmung des dominanten Eigenvektors der Matrix A in (11.16) von Beispiel 11.25 mit Hilfe der Potenzmethode. Die drei Zahlen auf der Zeile k sind die Komponenten von $v^{(k)}$. Korrekte Stellen sind unterstrichen.

Beispiel 11.25. Man finde den betragsgrößten Eigenwert und den zugehörigen Eigenvektor der Matrix

$$A = \begin{pmatrix} 1 & 2 & 3 \\ 2 & 3 & 4 \\ 3 & 4 & 5 \end{pmatrix}, \qquad (11.16)$$

die als symmetrische Matrix sicher diagonalisierbar ist.

Als Startvektor für die Iteration der Potenzmethode kann man den Vektor

$$v = \frac{1}{3} \begin{pmatrix} 1 \\ 1 \\ 1 \end{pmatrix}$$

verwenden, die Folge $v^{(k)}$ konvergiert gegen den Eigenvektor

$$v_1 \approx \begin{pmatrix} 0.385089790316259 \\ 0.559510212247236 \\ 0.733930634178213 \end{pmatrix}.$$

Die Resultate der Iteration sind in Tabelle 11.1 zusammengetragen. Alle Vektoren $v^{(k)}$ sind Einheitsvektoren, eine Approximation des Eigenwertes kann man daher aus $|Av^{(k)}|$ bekommen, man findet

$$\lambda_1 \approx 9.623475382979798.$$

Tatsächlich kann man das charakteristische Polynom

$$\chi_A(\lambda) = -\lambda^3 + 9\lambda^2 + 6\lambda = -\lambda(\lambda^2 - 9\lambda - 6)$$

auch direkt berechnen und die Nullstelle

$$\lambda_1 = \frac{9 + \sqrt{105}}{2} \approx 9.623475382979803$$

finden. Pro Iteration wird etwa eine Stelle gewonnen, was darauf zurückzuführen ist, dass λ_1 eine Größenordnung größer als der nächstkleinere Eigenwert ist.   ○

Wahl des Startvektors

Die Methode kann nur dann erfolgreich sein, wenn $a_1 \neq 0$ ist. Dies ist für einen zufällig gewählten Startvektor nicht garantiert. Der Fall $a_1 = 0$ ist daran erkennbar, dass die Folge (11.15) gegen 0 konvergiert. Wenn dies passiert, kann man durch einen zufällige Störung des Startvektors die Iteration wieder in die richtige Bahn lenken. Außer für spezielle Eigenvektoren können manchmal bereits die Rundungsfehler diese Aufgabe übernehmen.

Oft ist man in der Situation, den Eigenvektor v_1 für eine Matrix zu finden zu müssen, die sich nur wenig von einer Matrix A' unterscheidet, für die man v'_1 schon kennt. Dann darf man davon ausgehen, dass für den Vektor $v = v'_1$ der Koeffizient $a_1 \neq 0$ sein wird. Diese Situation tritt zum Beispiel bei der Berechnung des Google-PageRank ein. Zwischen zwei Durchgängen der Berechnung ändert sich die Google-Matrix, die die Link-Struktur des Internets beschreibt zwar, aber der alte PageRank-Vektor ist eine gute erste Approximation für den neuen PageRank-Vektor und kann daher als v verwendet werden.

11.5.2   Der Jacobi-Transformationsalgorithmus

Symmetrische Matrizen sind nach Satz 11.22 immer mit einer orthonormierten Basis diagonalisierbar. Diese zusätzliche geometrische Information über die Eigenvektoren nutzt der Jacobi-Transformationsalgorithmus aus. Sie bedeutet, dass es zu einer symmetrischen Matrix A eine orthogonale Matrix O derart geben muss, dass OAO^t diagonal ist. Die Spalten von O^t sind die Eigenvektoren, die Diagonalelemente von OAO^t die Eigenvektoren.

Drehungen und Eigenvektoren

Der Algorithmus versucht, die Matrix O iterativ aus einfachen Drehungen aufzubauen, bis die Matrix OAO^t diagonal geworden ist. Dazu beginnt er mit einer Matrix $O^{(0)} = I$ und $A^{(0)} = A$. Jetzt werden zwei Folgen $O^{(k)}$ und $A^{(k)}$ von Matrizen konstruiert, wobei $A^{(k)}$ gegen eine Diagonalmatrix konvergieren soll und $O^{(k)}$ gegen eine Matrix, die die Eigenvektoren in den Zeilen enthält.

Er ermittelt dazu auf noch zu erklärende Weise eine Drehung O_k, mit der man der Lösung näher kommen könnte, und bildet damit

$$A^{(k+1)} = O_k A^{(k)} O_k^t \quad \text{und} \quad O^{(k+1)} = O_k O^{(k)}.$$

Aufgrund der Konstruktion ist

$$A^{(k)} = O_{k-1} A^{(k-1)} O_{k-1}^t$$
$$= O_{k-1} O_{k-2} A^{(k-2)} O_{k-2}^t O_{k-1}^t$$

Carl Gustav Jacob Jacobi

Jacobi kam am 10. Dezember 1804 in Potsdam zur Welt. In seiner Schulzeit lernte er Mathematik vor allem autodidaktisch. 1821 begann er, an der Berliner Universität zu studieren. Da er die Mathematiker dort für mittelmäßig hielt, bildete er sich vor allem selbst weiter.
Jacobi erweiterte die Hamiltonsche Mechanik (Siehe den Kasten zu Hamilton auf Seite 457). Die Hamilton-Jacobi-Theorie wurde zur Grundlage der klassischen Mechanik. Er befasste sich auch mit Differentialgleichungen und der Differentialgeometrie. Er entwickelte ein iteratives Verfahren zur numerischen Lösung von linearen Gleichungssystemen. 1846 veröffentlichte er die Arbeit [10], die den Jacobi-Transformationsalgorithmus enthält.
Jacobi starb am 18. Februar 1851 in Berlin an einer Pockeninfektion.

$$\vdots$$
$$= O_{k-1} \ldots O_2 O_1 O_0 A (O_{k-1} \ldots O_2 O_1 O_0)^t$$
$$= O^{(k)} A O^{(k)t}.$$

Wenn man also durch geschickte Wahl der O_k erreichen kann, dass $A^{(k)}$ eine Diagonalmatrix ist, dann hat man in $O^{(k)}$ die Eigenvektoren gefunden.

Der Fall $n = 2$

In zwei Dimensionen braucht es nur eine Drehung O_0, um die symmetrische Matrix A zu diagonaliseren. Symmetrisch bedeutet, dass $a_{12} = a_{21}$. Für die Matrix

$$O_0 = \begin{pmatrix} \cos \vartheta & -\sin \vartheta \\ \sin \vartheta & \cos \vartheta \end{pmatrix}$$

muss also nur der Winkel ϑ bestimmt werden, der erreicht, dass $O_0 A O_0^t$ diagonal wird. Dazu berechnet man

$$O_0 A O_0^t = \begin{pmatrix} \cos \vartheta & -\sin \vartheta \\ \sin \vartheta & \cos \vartheta \end{pmatrix} \begin{pmatrix} a_{11} & a_{12} \\ a_{21} & a_{22} \end{pmatrix} \begin{pmatrix} \cos \vartheta & \sin \vartheta \\ -\sin \vartheta & \cos \vartheta \end{pmatrix}$$

$$= \begin{pmatrix} \cos \vartheta & -\sin \vartheta \\ \sin \vartheta & \cos \vartheta \end{pmatrix} \begin{pmatrix} a_{11} \cos \vartheta - a_{12} \sin \vartheta & a_{11} \sin \vartheta + a_{12} \cos \vartheta \\ a_{21} \cos \vartheta - a_{22} \sin \vartheta & a_{21} \sin \vartheta + a_{22} \cos \vartheta \end{pmatrix}$$

$$= \begin{pmatrix} * & (a_{11} - a_{22}) \cos \vartheta \sin \vartheta + a_{21}(\cos^2 \vartheta - \sin^2 \vartheta) \\ * & * \end{pmatrix}.$$

Im letzten Schritt, in dem wir auch die Symmetrie $a_{21} = a_{12}$ ausgenutzt haben, haben wir nur noch das Außerdiagonalelement bestimmt, da wir ja erreichen wollen, dass dieses $= 0$ wird. Wir lesen jetzt die Bedingung

$$(a_{11} - a_{22}) \cos \vartheta \sin \vartheta + a_{21}(\cos^2 \vartheta - \sin^2 \vartheta) = 0 \qquad (11.17)$$

für ϑ ab.

Die Koeffizienten in (11.17) lassen sich mit den Doppelwinkelformeln

$$\sin 2\vartheta = 2 \cos \vartheta \sin \vartheta$$
$$\cos 2\vartheta = \cos^2 \vartheta - \sin^2 \vartheta$$

vereinfachen zu

$$\frac{a_{11} - a_{22}}{2} \sin 2\vartheta + a_{21} \cos 2\vartheta = 0. \tag{11.18}$$

Für $a_{11} \neq a_{22}$ kann man dies auflösen nach

$$\tan 2\vartheta = \frac{2a_{21}}{a_{22} - a_{11}}. \tag{11.19}$$

Mit der Halbwinkelformel

$$\tan \vartheta = \frac{\tan 2\vartheta}{1 + \sqrt{1 + \tan^2 2\vartheta}} \tag{11.20}$$

kann man auch den $\tan \vartheta$ bestimmen. Da sich die trigonometrischen Funktionen durch jede andere ausdrücken lassen, finden wir jetzt

$$\cos \vartheta = \frac{1}{\sqrt{1 + \tan^2 \vartheta}},$$
$$\sin \vartheta = \pm \frac{\tan \vartheta}{\sqrt{1 + \tan^2 \vartheta}}. \tag{11.21}$$

In der letzten Formel muss das gleiche Vorzeichen wie $(a_{22} - a_{11})/2$ gewählt werden.

Die Formeln (11.19), (11.20) und (11.21) verwenden nur algebraische Operationen, sie ermöglichen daher, die Werte von $\sin \vartheta$ und $\cos \vartheta$ zu bestimmen, ohne dass man den Winkel ϑ bestimmen muss. Es ist insbesondere nicht nötig, Winkelfunktionen oder Arkus-Funktionen auszuwerten.

Hauptachsentransformation von Ellipsen

Eine symmetrische 2×2-Matrix A gibt Anlass zu einem verallgemeinerten Skalarprodukt $\langle x, y \rangle_A = x^t A y$. Der "Einheitskreis" in diesem Skalarprodukt besteht aus den Punkten, die die Gleichung

$$1 = \langle x, x \rangle_A = x^t A x = a_{11} x_1^2 + 2a_{12} x_1 x_2 + a_{22} x_2^2 \tag{11.22}$$

erfüllen. In Abbildung 11.8 links ist die Lösungsmenge dargestellt, es handelt sich um eine Ellipse. Nach der Diagonalisierung wird die Gleichung zu

$$a_{11}^{(1)} x_1^2 + a_{22}^{(1)} x_2^2 = 1, \tag{11.23}$$

die in Abbildung 11.8 Mitte als Ellipse mit Hauptachsen parallel zu den Koordinatenachsen dargestellt ist. Die Drehung um den Winkel ϑ bringt die Achsen der Ellipse mit den Koordinatenachsen zur Deckung.

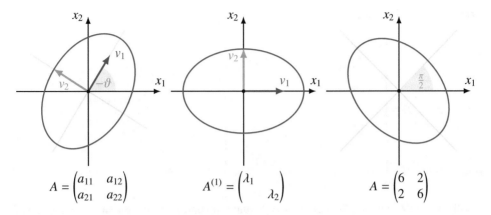

Abbildung 11.8: Diagonalisierung einer symmetrischen Matrix A als Transformation der zum Skalarprodukt $\langle\ ,\ \rangle_A$ gehörigen Ellipse. Links: Ellipse zu einer symmetrischen Matrix. Mitte: Ellipse zur diagonalisierten Matrix. Rechts: Ellipse einer symmetrischen Matrix im Fall $a_{11} = a_{22}$.

Der Sonderfall $a_{11} = a_{22}$

Die Formeln des vorangegangenen Abschnitts versagen, wenn $a_{11} = a_{22}$ ist. In diesem Fall wird die Gleichung (11.17) zu

$$a_{21} \cos 2\vartheta = 0.$$

Da die Matrix A noch nicht diagonal ist, ist $a_{21} \neq 0$, ϑ muss also so gewählt werden, dass $\cos 2\vartheta = 0$ ist, was nur für $\vartheta = \frac{\pi}{4}$ passiert. In diesem Fall muss man also

$$\cos \vartheta = \sin \vartheta = \frac{\sqrt{2}}{2}$$

verwenden. In Abbildung 11.8 rechts ist diese Situation dargestellt.

Drehungen in Koordinatenebenen

In zwei Dimensionen hat es die Drehung O_0 in der x_1-x_2-Ebene geschafft, das Element a_{12} der Matrix A zu 0 zu machen, womit die Matrix bereits diagonalisiert war. Für $n > 2$ reicht eine einzige Drehung in einer Koordinatenebene nicht mehr, um die Matrix zu diagonalisieren. Aber man kann immer noch erreichen, dass durch eine Drehung in der x_i-x_l-Koordinatenebene das Element a_{il} der Matrix zu 0 wird. Dazu verwendet man eine Drehmatrix, die nur die i-te und die l-te Komponente verändert und alle anderen Koordinaten erhält. Sie hat die Form

$$O(i, l, \vartheta) = \begin{pmatrix} 1 & & & & & & & & \\ & c & & & & -s & & & \\ & & 1 & & & & & & \\ & & & 1 & & & & & \\ & & & & 1 & & & & \\ & s & & & & c & & & \\ & & & & & & 1 & & \\ & & & & & & & 1 & \\ & & & & & & & & 1 \end{pmatrix} \begin{matrix} \\ i \\ \\ \\ \\ l \\ \\ \\ \\ \end{matrix} \qquad \text{mit} \qquad \begin{cases} c = \cos\vartheta \\ s = \sin\vartheta \end{cases} \qquad (11.24)$$

Außer in den Zeilen und Spalten mit den Nummern i und j ist sie eine Einheitsmatrix. Auf die Teilmatrix

$$\begin{pmatrix} a_{ii} & a_{il} \\ a_{li} & a_{ll} \end{pmatrix}$$

wirkt sich die Multiplikation von links mit $O(i, l, \vartheta)$ und von rechts mit $O(i, l, \vartheta)^t$ genau gleich aus wie im zweidimensionalen Fall, die dort gefundenen Formeln können daher sofort zur Bestimmung des Winkels ϑ bzw. die Zahlen $c = \cos\vartheta$ und $s = \sin\vartheta$ auf die aktuelle Situation angepasst werden.

Aus den Matrixelementen kann

$$\tan 2\vartheta = \frac{2a_{il}}{a_{ll} - a_{ii}}. \qquad (11.25)$$

bestimmt werden. Die Halbwinkelformel liefert dann

$$\tan\vartheta = \frac{\tan 2\vartheta}{1 + \sqrt{1 + \tan^2 2\vartheta}}. \qquad (11.26)$$

Die Darstellung von $\sin\vartheta$ und $\cos\vartheta$ durch den Tangens ist

$$\cos\vartheta = \frac{1}{\sqrt{1 + \tan^2\vartheta}}, \qquad (11.27)$$

$$\sin\vartheta = \pm\frac{\tan\vartheta}{\sqrt{1 + \tan^2\vartheta}}, \qquad (11.28)$$

wobei in der Darstellung von $\sin\vartheta$ das Vorzeichen von $\tan 2\vartheta$ verwendet werden muss.

Die Folgen $A^{(k)}$ und $O^{(k)}$ können jetzt wie folgt konstruiert werden. Zunächst wird ein Element $a_{il}^{(k)}$ der Matrix $A^{(k)}$ ausgewählt, das zu 0 gemacht werden soll. Dann wird die Matrix $O_k = O(i, l, \vartheta)$ bestimmt und es werden die Matrizen $A^{(k)}$ und $O^{(k)}$ nach folgenden Formeln berechnet:

$$O^{(k+1)} = O_k O^{(k)} = \begin{pmatrix} \ddots & & \\ & O_k & \\ & & \ddots \end{pmatrix} \begin{pmatrix} \\ O^{(k)} \\ \\ \end{pmatrix} = \begin{pmatrix} \\ O^{(k+1)} \\ \\ \end{pmatrix}$$

$$A^{(k+1)} = O_k A^{(k)} O_k^t = \begin{pmatrix} \ddots & & \square \\ & O_k & \\ \square & & \ddots \end{pmatrix} \begin{pmatrix} & & \\ & A^{(k)} & \\ & & \end{pmatrix} \begin{pmatrix} \ddots & & \square \\ & O_k^t & \\ \square & & \ddots \end{pmatrix}$$

$$= \begin{pmatrix} & & \\ \rule{2cm}{0.4pt} & & \\ & & \end{pmatrix} \begin{pmatrix} \ddots & & \square \\ \square & & \\ & & \ddots \end{pmatrix} = \begin{pmatrix} & | & \\ \rule{1cm}{0.4pt} & + & \rule{1cm}{0.4pt} \\ & | & \end{pmatrix}.$$

Die grauen Bereiche der Matrizen ändern sich nicht, da die entsprechenden Zeilen und Spalten der Matrix O_k die Spalten einer Einheitsmatrix sind, die bei Multiplikation nichts bewirken. Nur die farbigen Bereiche ändern sich, dies sind $4n - 2$ Elemente, die neu berechnet werden müssen. Der Rechenaufwand zur Berechnung der Matrizen $A^{(k)}$ und $O^{(k)}$ ist daher nur von der Größenordnung $O(n)$.

Pivotelemente

Die Wahl der Elemente $a_{il}^{(k)}$ in jedem Schritt muss noch geklärt werden. Auch diese Elemente werden in der Literatur oft die Pivotelemente das Jacobi-Transformationsalgorithmus genannt. Da es darum geht, die Außerdiagonalelemente alle zu 0 zu machen, ist eine erfolgversprechende Strategie, jeweils das betragsgrößte Außerdiagonalelement als Pivotelement zu wählen.

Whac-A-Mole

Der Jacobi-Transformationsalgorithmus ist eine Art mathematisches Whac-a-Mole Spiel. In diesem in den siebziger Jahren erfundenen Arcade-Spiel muss der Spieler mit einem Gummihammer Maulwürfe zurück in die Löcher schlagen, aus denen sie hervorgekommen sind. Zur Bestimmung der Eigenvektoren müssen die hervorkommenden Außerdiagonalelemente mit dem Hammer der Drehungen O_k wieder zurück geschlagen werden.

Der Algorithmus

Damit haben wir alle Elemente zusammengetragen, die für die Beschreibung des Jacobi-Transformationsalgorithmus nötig sind.

Satz 11.26 (Jacobi-Transformationsalgorithmus). *Um eine symmetrische Matrix A näherungsweise zu diagonalisieren, setzt man zunächst $A^{(0)} = A$ und $O^{(0)} = I$ und wiederholt dann die folgenden Schritte, bis die Außerdiagonalelemente ausreichend klein sind.*

1. *Bestimme das größte Außerdiagonalelement von $A^{(k)}$ an der Stelle (i, l)*

2. *Berechne $\cos \vartheta$ und $\sin \vartheta$ mit Hilfe der Formeln (11.25), (11.26) und (11.27)/(11.28)*

3. *O_k ist die Drehmatrix $O_k = O(i, l, \vartheta)$ mit Drehwinkel ϑ von (11.24)*

4. *Setze $A^{(k+1)} = O_k A^{(k)} O_k^t$ und $O^{(k+1)} = O_k O^{(k)}$.*

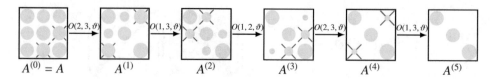

Abbildung 11.9: Der Jacobi-Transformationsalgorithmus versucht, das jeweils betragsgrößte Außerdiagonalelement (markiert mit einem roten Kreuz) mit Hilfe von Drehungen zu verkleinern, bis nur noch eine Diagonalmatrix übrig bleibt.

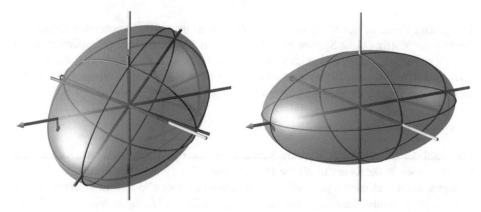

Abbildung 11.10: Diagonalisierung einer symmetrischen 3×3-Matrix als Transformation des zugehörigen Ellipsoids in eine Lage, in der die Hauptachsen parallel zu den Koordinatenachsen sind.

Der Ablauf des Algorithmus ist in Abbildung 11.9 visualisiert. In jedem Schritt wird ein Paar von Außerdiagonalelementen zu 0 gemacht, was aber nicht verhindern kann, dass andere Außerdiagonalelemente wieder größer werden können.

Konvergenz

In drei Dimensionen kann der Jacobi-Algorithmus ganz ähnlich zum zweidimensionalen Fall in Abbildung 11.8 visualisiert werden. Für eine symmetrische 3×3-Matrix A beschreibt die "Einheitskugel" des verallgemeinerten Skalarproduktes $\langle\ ,\ \rangle_A$ eine Fläche mit der Gleichung

linalg.ch/video/10

$$a_{11}x_1^2 + a_{22}x_2^2 + a_{33}x_3^2 + 2a_{12}x_1x_2 + 2a_{13}x_1x_3 + 2a_{23}x_2x_3 = 1.$$

Falls die Eigenwerte von A positiv sind, ist dies ein Ellipsoid wie in Abbildung 11.10 dargestellt. Nach Diagonalisierung wird daraus die Fläche mit der Gleichung

$$\lambda_1 x_1^2 + \lambda_2 x_2^2 + \lambda_3 x_3^2 = 1,$$

ein Ellipsoid mit Halbachsen der Länge $1/\sqrt{\lambda_i}$ parallel zu den Koordinatenachsen. Der Jacobi-Transformationsalgorithmus dreht das Ellipsoid mittels einer Abfolge von Drehungen in den Koordinatenebenen in ein achsenparalleles Ellipsoid. Dies wird im verlinkten Video dargestellt.

Die Animimation suggeriert, dass das Verfahren konvergiert. Tatsächlich kann man auch streng zeigen, dass der Jacobi-Transformationsalgorithmus für beliebige große Matrizen linear konvergiert [27]. Gegen Ende des Algorithmus, wenn bereits eine gewisse Genauigkeit erreicht worden ist,. wird die Konvergenz sogar quadratisch. Der Algorithmus funktioniert somit sehr zuverlässig.

Jacobi-Calculator

Ähnlich wie zum Gauß-Algorithmus gibt es auch zum Jacobi-Transformationsalgorithmus einen Jacobi-Calculator, der über QR-Codes direkt bei den Beispielen erreicht werden kann. Er zeigt jeweils die aktuelle Matrix $A^{(k)}$ und $O^{(k)}$ an. Durch Klicken auf das nächste Pivotelement wird dieses zu 0 gemacht. Dies wiederholt man, bis ausreichende Genauigkeit erreicht ist.

Beispiel 11.27. Man finde Eigenwerte und Eigenvektoren der Matrix

$$A = \begin{pmatrix} 1 & 2 & 3 \\ 2 & 3 & 4 \\ 3 & 4 & 5 \end{pmatrix},$$

linalg.ch/jacobi/92

die im Beispiel 11.25 bereits mit der Potenzmethode untersucht worden ist.

Begnügt man sich mit drei Nachkommastellen, findet man die Eigenwerte und Eigenvektoren mit dem Jacobi-Algorithmus in sechs Schritten:

1.000	2.000	3.000
2.000	3.000	⟨4.000⟩
3.000	4.000	5.000

$\rightarrow$

1.000	−0.270	⟨3.595⟩
−0.270	−0.123	0
3.595	0	8.123

$\rightarrow$

−0.499	⟨−0.249⟩	0
−0.249	−0.123	−0.104
0	−0.104	9.622

$\rightarrow$

−0.623	0	−0.046
0	−0.001	⟨−0.093⟩
−0.046	−0.093	9.622

$\rightarrow$

−0.623	0	⟨−0.046⟩
0	0	0
−0.046	0	9.623

$\rightarrow$

−0.623	0	0
0	0	0
0	0	9.623

.

Die Eigenvektoren lassen sich aus der Matrix $O^{(k)}$ ablesen:

$$\lambda_1 = -0.623, \quad v_1 = \begin{pmatrix} 0.828 \\ 0.142 \\ -0.543 \end{pmatrix}, \quad \lambda_2 = 0, \quad v_2 = \begin{pmatrix} -0.408 \\ 0.817 \\ -0.409 \end{pmatrix}, \quad \lambda_3 = 9.623, \quad v_3 = \begin{pmatrix} 0.385 \\ 0.560 \\ 0.734 \end{pmatrix}.$$

Für den dominanten Eigenwert, den einzigen, den die Potenzmethode finden kann, stimmt dies überein mit dem in Beispiel 11.25 gefundenen Resultat. ○

11.A Lineare Differenzengleichungen

In Abschnitt 11.1.1 wurde gezeigt, wie die Rekursionsformel für die Fibonacci-Zahlen mit Matrizen formuliert werden kann und wie sich daraus eine Formel für die Fibonacci-

Zahlen ableiten lässt, deren Nützlichkeit allerdings eingeschränkt ist, solange man die Potenzen der Matrix nicht effizient berechnen kann. Inzwischen kennen wir die Diagonalisierung als geeignetes Werkzeug und können damit jetzt ein allgemeines Verfahren zur Lösung sogenannter linearer Differenzengleichungen entwickeln.

Diese für sich genommen nützliche Anwendung kann auch helfen, die Intuition für die Theorie der linearen Differentialgleichungen zu bilden, die in vielen Bereichen ähnlich ist.

11.A.1   Lineare Differenzengleichungen und Matrizen

Eine homogene lineare Differenzengleichung der Ordnung n für eine Folge $x_0, x_1, \cdots \in \mathbb{R}$ ist eine Gleichung der Form

$$a_n x_{k+n} + a_{n-1} x_{k+n-1} + \ldots a_1 x_{k+1} + a_0 x_k = 0 \tag{11.29}$$

für $k \geq 0$. Der Koeffizient a_n muss von 0 verschieden sein, damit man das jeweils nächste Glied der Folge mittels

$$x_{k+n} = -\frac{1}{a_n}(a_{n-1} x_{k+n-1} + \ldots a_1 x_{k+1} + a_0 x_k)$$

berechnen kann. Damit die Lösung bestimmt ist, müssen außerdem Startwerte für $x_0, x_1,$ $\ldots, x_{n-1}$ vorgegeben werden.

Beispiel 11.28. Die Rekursionsformel (11.1) der Fibonacci-Zahlen ist eine lineare Differenzengleichung der Ordnung 2. Schreibt man (11.1) in der Form

$$1 \cdot x_{n+2} - x_{n+1} - x_n = 0,$$

kann man die Koeffizienten $a_2 = 1$, $a_1 = -1$ und $a_0 = -1$ ablesen. $\bigcirc$

Die Differentialgleichung kann man in Matrixform schreiben. Da für das nächste Folgenglied die n vorangegangenen Folgenglieder benötigt werden, werden diese als Vektor zusammengefasst:

$$X_k = \begin{pmatrix} x_{k+n-1} \\ x_{k+n-2} \\ x_{k+n-3} \\ \vdots \\ x_{k+2} \\ x_{k+1} \\ x_k \end{pmatrix} \Rightarrow X_{k+1} = \begin{pmatrix} x_{k+n} \\ x_{k+n-1} \\ x_{k+n-2} \\ \vdots \\ x_{k+3} \\ x_{k+2} \\ x_{k+1} \end{pmatrix} = \begin{pmatrix} -\dfrac{a_{n-1}}{a_n} x_{k+n-1} - \dfrac{a_{n-2}}{a_n} x_{k+n-2} - \cdots - \dfrac{a_1}{a_n} x_{k+1} - \dfrac{a_0}{a_n} x_k \\ x_{k+n-1} \\ x_{k+n-2} \\ \vdots \\ x_{k+3} \\ x_{k+2} \\ x_{k+1} \end{pmatrix}$$

$$= \underbrace{\begin{pmatrix} -\dfrac{a_{n-1}}{a_n} & -\dfrac{a_{n-1}}{a_n} & -\dfrac{a_{n-2}}{a_n} & \cdots & -\dfrac{a_2}{a_n} & -\dfrac{a_1}{a_n} & -\dfrac{a_0}{a_n} \\ 1 & 0 & 0 & \cdots & 0 & 0 & 0 \\ 0 & 1 & 0 & \cdots & 0 & 0 & 0 \\ 0 & 0 & 1 & \cdots & 0 & 0 & 0 \\ \vdots & \vdots & \vdots & \ddots & \vdots & \vdots & \vdots \\ 0 & 0 & 0 & \cdots & 0 & 0 & 0 \\ 0 & 0 & 0 & \cdots & 1 & 0 & 0 \\ 0 & 0 & 0 & \cdots & 0 & 1 & 0 \end{pmatrix}}_{= A} X_k.$$

$$(11.30)$$

Beispiel 11.29. Die Differenzengleichung der Fibonacci-Zahlen in Beispiel 11.28 hatte die Koeffizienten

$$a_2 = 1, \qquad a_1 = -1, \qquad a_0 = -1,$$

die auf die Matrix

$$A = \begin{pmatrix} -\dfrac{a_1}{a_2} & -\dfrac{a_0}{a_2} \\ 1 & 0 \end{pmatrix} = \begin{pmatrix} 1 & 1 \\ 1 & 0 \end{pmatrix}$$

führen, die wir schon in Gleichung (11.2) gefunden haben. ○

11.A.2 Allgemeine Lösung einer linearen Differenzengleichung

Eine Lösung wird durch den Anfangsvektor X_0 vollständig bestimmt. Die Vektoren X_k können aus dem Matrizenprodukt $X_k = A^k X_0$ berechnet werden. Die Matrixpotenzen können aber nur in einer Basis von Eigenvektoren der Matrix A effizient berechnet werden. Wir nehmen daher an, dass es zu jedem der Eigenwerte $\lambda_1, \lambda_2, \ldots, \lambda_n$ einen Eigenvektor $X^{(1)}, X^{(2)}, \ldots X^{(n)}$ gibt, dass also die Matrix A in der Basis aus den Vektoren $X^{(i)}$ diagonal ist.

Da die Vektoren $X^{(i)}$ eine Basis bilden, kann man auch den Startvektor X_0 als Linearkombination

$$X_0 = b_1 X^{(1)} + b_2 X^{(2)} + \cdots + b_n X^{(n)} \tag{11.31}$$

schreiben. Jetzt ist es einfach, die Vektoren X_k zu berechnen:

$$A^k X_0 = b_1 A^k X^{(1)} + b_2 A^k X^{(2)} + \cdots + b_n A^k X^{(n)}$$
$$= b_1 \lambda_1^k X^{(1)} + b_2 \lambda_2^k X^{(2)} + \cdots + b_n \lambda_n^k X^{(n)}$$

Da das letzte Element des Vektors X_k das Folgenglied x_k ist, kann man jetzt auch die Formel

$$x_k = b_1 \lambda_1^k X_n^{(1)} + b_2 \lambda_2^k X_n^{(2)} + \cdots + b_n \lambda_n^k X_n^{(n)}$$

für die Folgenglieder x_k finden.

Damit haben wir den folgenden Algorithmus für die Lösung einer linearen Differenzengleichung gefunden.

Satz 11.30 (Lösung einer Differenzengleichung). *Ist A die Matrix einer linearen Differenzengleichung $X_{k+1} = AX_k$ mit Startvektor X_0, dann kann eine Lösung wie folgt gefunden werden.*

1. *Finde eine Basis aus Eigenvektoren $X^{(1)}, \ldots, X^{(n)}$ mit Eigenwerten $\lambda_1, \ldots, \lambda_n$.*

2. *Zerlege den Startvektor X_0 in der Eigenbasis*

$$X_0 = b_1 X^{(1)} + b_2 X^{(2)} + \cdots + b_n X^{(n)}.$$

3. *Die Lösung ist*

$$X_k = b_1 \lambda_1^k X^{(1)} + \ldots + b_n \lambda_n^k X^{(n)}.$$

11.A.3 Eine Formel für die Fibonacci-Zahlen

In früheren Beispielen haben wir bereits die Eigenwerte und Eigenvektoren für die Differenzengleichung der Fibonacci-Zahlen gefunden. Sie waren:

$$\lambda_+ = \varphi, \quad X^{(+)} = \begin{pmatrix} \varphi \\ 1 \end{pmatrix} \quad \text{und} \quad \lambda_- = -\frac{1}{\varphi}, \quad X^{(-)} = \begin{pmatrix} -1/\varphi \\ 1 \end{pmatrix}.$$

Nach Satz 11.30 muss der Startvektor für die Fibonacci-Zahlen in der Eigenvektorbasis dargestellt werden, es muss also das Gleichungssystem

$$b_+ X^{(+)} + b_- X^{(-)} = \begin{pmatrix} 1 \\ 0 \end{pmatrix} \quad \Rightarrow \quad \begin{aligned} \varphi b_+ \ - \ (1/\varphi) b_- &= 1 \\ b_+ \ + \ \qquad b_- &= 0 \end{aligned}$$

gelöst werden. Dazu kann das Tableau

b_+	b_-	1
φ	$-1/\varphi$	1
1	1	0

$\rightarrow$

b_+	b_-	1
①	1	0
φ	$-1/\varphi$	1

$\rightarrow$

b_+	b_-		1
1	1		0
0	1		$\varphi/(1 + \varphi^2)$

linalg.ch/gauss/95

verwendet werden. φ ist eine Nullstelle des charakteristischen Polynoms, daher ist $\varphi^2 = \varphi + 1$ und damit

$$b_+ = \frac{\varphi}{1 + \varphi^2} = \frac{\varphi}{2 + \varphi} = \frac{1 + \sqrt{5}}{2} \cdot \frac{2}{5 + \sqrt{5}} = \frac{1}{\sqrt{5}} = -b_-.$$

Somit kann man jetzt eine Formel für die Fibonacci-Zahlen aufstellen.

Satz 11.31 (Binet-Formel). *Die Fibonacci-Zahlen werden durch die Formel*

$$F_n = \frac{1}{\sqrt{5}}\left(\left(\frac{1 + \sqrt{5}}{2}\right)^n - \left(\frac{1 - \sqrt{5}}{2}\right)^n\right)$$

berechnet.

11.A.4   Die Determinante det B_n aus Abschnitt 4.4.4

Für die Determinante $b_n = \det B_n$ der Matrix B_n von Abschnitt 4.4.4 wurde die Rekursionsbeziehung

$$b_{k+2} + 2b_{k+1} + b_k = 0$$

mit den Startwerten $b_0 = 1$ und $b_1 = -2$ gefunden. Die Matrix A dieser Differenzengleichung ist

$$A = \begin{pmatrix} -2 & -1 \\ 1 & 0 \end{pmatrix},$$

mit dem charakteristischen Polynom

$$\chi_A(\lambda) = \det(A - \lambda I) = \begin{vmatrix} -2-\lambda & -1 \\ 1 & -\lambda \end{vmatrix} = (\lambda+2)\lambda + 1 = \lambda^2 + 2\lambda + 1 = (\lambda+1)^2,$$

das nur die Nullstelle $\lambda = -1$ hat. Allerdings gibt es nur einen linear unabhängigen Eigenvektor zu diesem Eigenwert. Der Gauß-Algorithmus gibt

$$A - \lambda I = \begin{pmatrix} -1 & -1 \\ 1 & 1 \end{pmatrix} \quad \Rightarrow \quad \boxed{\begin{matrix} -1 & -1 \\ 1 & 1 \end{matrix}} \to \begin{matrix} 1 & 1 \\ 0 & 0 \end{matrix} \quad \Rightarrow \quad v_{-1} = \begin{pmatrix} -1 \\ 1 \end{pmatrix}.$$

Dies genügt aber nicht, denn der Anfangsvektor ist nicht darstellbar als Vielfaches von v_{-1}.

Aus v_{-1} kann man eine Basis machen, indem man den Vektor

$$v' = \begin{pmatrix} \frac{1}{2} \\ \frac{1}{2} \end{pmatrix}$$

hinzunimmt, der von $A - \lambda I$ auf

$$(A - \lambda I)v' = \begin{pmatrix} -1 \\ 1 \end{pmatrix}$$

abgebildet wird. In dieser Basis hat $A - \lambda I$ die Matrix

$$\tilde{A} - \lambda I = \begin{pmatrix} 0 & 1 \\ 0 & 0 \end{pmatrix} \quad \Rightarrow \quad \tilde{A} = \begin{pmatrix} -1 & 1 \\ 0 & -1 \end{pmatrix}.$$

Dies ist nicht die angestrebte Diagonalform, aber es ist ebenfalls eine Form, von der die Potenzen einfach zu berechnen sind. Sie heißt die Jordan-Normalform und wird im Abschnitt 13.3 diskutiert. Man kann sich überzeugen, dass

$$\tilde{A}^n = \begin{pmatrix} (-1)^n & (-1)^{n+1}n \\ 0 & (-1)^n \end{pmatrix}$$

ist.

Um die Lösung der Differenzengleichung zu bekommen, muss jetzt noch die Anfangsbedingung in der Basis $\{v_{-1}, v'\}$ ausgedrückt werden. Man findet

$$X_0 = \begin{pmatrix} b_1 \\ b_0 \end{pmatrix} = \begin{pmatrix} -2 \\ 1 \end{pmatrix} = \frac{3}{2}\begin{pmatrix} -1 \\ 1 \end{pmatrix} - \begin{pmatrix} \frac{1}{2} \\ \frac{1}{2} \end{pmatrix} \quad \Rightarrow \quad \tilde{X}_0 = \begin{pmatrix} \frac{3}{2} \\ -1 \end{pmatrix}.$$

Daraus folgt jetzt die Darstellung der Lösung

$$\tilde{A}^n \tilde{X}_0 = \begin{pmatrix} \frac{3}{2}(-1)^n - (-1)^{n+1} \\ -(-1)^n \end{pmatrix} \quad \Rightarrow \quad X_n = A^n X_0$$

$$= \left(\frac{3}{2}(-1)^n + (-1)^n n\right)\begin{pmatrix} -1 \\ 1 \end{pmatrix} - (-1)^n \begin{pmatrix} \frac{1}{2} \\ \frac{1}{2} \end{pmatrix}$$

$$= (-1)^n \begin{pmatrix} -\frac{3}{2} - n - \frac{1}{2} \\ \frac{3}{2} + n - \frac{1}{2} \end{pmatrix}$$

$$= (-1)^n \begin{pmatrix} -n - 2 \\ n + 1 \end{pmatrix}.$$

Daraus kann man die Formel $b_n = (-1)^n(n + 1)$ ablesen, die wir schon in (4.15) gefunden haben.

11.B   Differentialgleichungen

Die Entdeckung der Differentialrechnung durch Newton hat zusammen mit dem Bewegungsgesetz $F = ma$ Differentialgleichungen als mathematische Grundlage zur Beschreibung der Dynamik etabliert. Ist $x(t)$ die Ortskoordinate eines Massepunktes zur Zeit t und $F(x)$ die Kraft, die auf den Massepunkt wirkt, wenn er sich an der Ortskoordinaten x befindet, dann ist die Gleichung

$$ma = m\frac{d^2 x(t)}{dt^2} = F(x(t))$$

eine Differentialgleichung für die Funktion $x(t)$, der die Bewegung $x(t)$ genügen muss. Angesichts dieser Bedeutung ist es nicht überraschend, dass die Theorie der gewöhnlichen Differentialgleichung eine wichtige Rolle in der Ausbildung von Naturwissenschaftlern und Ingenieuren spielt. In diesem Abschnitt soll gezeigt werden, wie die lineare Algebra und insbesondere die Eigenwerttheorie eine kompakte Notation und effizient zu berechnende Lösungen für lineare Differentialgleichungen mit konstanten Koeffizienten liefern kann.

11.B.1   Die Matrixexponentialfunktion und Eigenvektoren

In Abschnitt 11.1.2 wird gezeigt, dass die Matrixexponentialfunktion $e^{At}x_0$ eine Lösung der Differentialgleichung

$$\frac{dx}{dt} = Ax \qquad \text{mit Anfangsbedingung} \qquad x(0) = x_0 \qquad (11.32)$$

ist. Wir nehmen in diesem Abschnitt an, dass A diagonalisierbar ist mit der Transformationsmatrix T, also dass $A' = T^{-1}AT$ eine Diagonalmatrix mit Eigenwerten auf der Diagonalen ist. Durch Multiplikation mit T^{-1} wird die Differentialgleichung (11.32) durch

$$T^{-1}\frac{dx}{dt} = T^{-1}Ax = T^{-1}ATT^{-1}x = A'T^{-1}x. \qquad (11.33)$$

Die Funktion $x'(t) = T^{-1}x(t)$ ist also eine Lösung einer Differentialgleichung mit diagonaler Koeffizientenmatrix, die man sofort angeben kann:

$$x'(t) = e^{A't}T^{-1}x_0.$$

Durch Rücktransformation mit der Matrix T kann man nun auch die Lösung

$$x(t) = Te^{A't}T^{-1}x_0$$

finden. Die Komponenten des Vektors $x(t)$ sind also Linearkombinationen der Funktionen $e^{\lambda_i t}$ für die Eigenwerte λ_i. Für den Preis der Diagonalisierung ist die Differentialgleichung (11.32) also ganz leicht lösbar.

11.B.2 Differentialgleichung einer gedämpften Schwingung

Im Analysis- oder Physik-Unterricht wird oft die Differentialgleichung einer harmonischen Schwingung mit Dämpfung besonders ausführlich studiert. Ein Massepunkt mit Masse m ist an einer Feder mit Federkonstante k aufgehängt. Die Auslenkung des Massepunktes aus der Ruhelage wird mit x bezeichnet. In der Ruhelage, bei $x = 0$ wirkt keine resultierende Kraft. An der Position x erfährt die Masse nach dem hookschen Federgesetz eine rücktreibende Kraft $F = -kx$. Nach dem newtonschen Gesetz gilt für die Position $x(t)$ in Abhängigkeit von der Zeit die Differentialgleichung

$$F = -kx(t) = ma = m\frac{d^2}{dt^2}x(t).$$

Die Bewegung der Masse wird durch Reibung behindert, die wir in erster Näherung proportional zur Geschwindigkeit annehmen können. Es wirkt also zusätzlich eine bremsende Kraft $-\beta\dot{x}$ entgegen der aktuellen Bewegungsrichtgung:

$$m\ddot{x} = -kx - \beta\dot{x} \qquad \Leftrightarrow \qquad m\ddot{x} + \beta\dot{x} + kx = 0 \qquad (11.34)$$

Reduktion der Ordnung

Die Differentialgleichung (11.34) ist von zweiter Ordnung, sie hat also nicht die Form der Differentialgleichung (11.32), die erster Ordnung ist. Sie lässt sich aber leicht in diese Form bringen, indem man zum Vektor

$$v(t) = \begin{pmatrix} x(t) \\ \dot{x}(t) \end{pmatrix}$$

übergeht. Seine Ableitung ist

$$\frac{d}{dt}v(t) = \frac{d}{dt}\begin{pmatrix} x(t) \\ \dot{x}(t) \end{pmatrix} = \begin{pmatrix} \dot{x}(t) \\ \ddot{x}(t) \end{pmatrix} = \begin{pmatrix} \dot{x}(t) \\ -\frac{k}{m}x(t) - \frac{\beta}{m}\dot{x}(t) \end{pmatrix} = \begin{pmatrix} 0 & 1 \\ -\frac{k}{m} & -\frac{\beta}{m} \end{pmatrix}\begin{pmatrix} x(t) \\ \dot{x}(t) \end{pmatrix}.$$

Dieser Trick ist auf lineare Differentialgleichungen beliebiger Ordnung anwendbar. Für die Differentialgleichung

$$y^{(n)} + a_{n-1}y^{(n-1)} + a_{n-2}y^{(n-2)} + \cdots + a_2y'' + a_1y' + a_0y = 0$$

verwendet man den Vektor

$$v(x) = \begin{pmatrix} y(x) \\ y'(x) \\ \vdots \\ y^{(n-2)}(x) \\ y^{(n-1)}(x) \end{pmatrix}$$

mit der Ableitung

$$\frac{d}{dx}v(x) = \begin{pmatrix} y' \\ y'' \\ \vdots \\ y^{(n-1)} \\ y^{(n)} \end{pmatrix} = \begin{pmatrix} y' \\ y'' \\ \vdots \\ y^{(n-1)} \\ -a_0y - a_1y' - \cdots - a_{n-1}y^{(n-1)} \end{pmatrix} = \underbrace{\begin{pmatrix} 0 & 1 & 0 & \ldots & 0 \\ 0 & 0 & 1 & & 0 \\ \vdots & \vdots & & \ddots & \\ 0 & 0 & 0 & & 1 \\ -a_0 & -a_1 & -a_2 & \ldots & -a_{n-1} \end{pmatrix}}_{= A} v(x).$$

$$(11.35)$$

Jede lineare Differentialgleichung lässt sich also in eine Matrix-Differentialgleichung mit der Matrix A in (11.35) umwandeln. Man beachte auch, dass die Matrix A in (11.35) aus der für lineare Differenzengleichungen gefunden Matrix von (11.30) hervorgeht, wenn man die Reihenfolge der Variablen umkehrt.

Charakteristische Gleichung

Die Lösung der Differentialgleichung basiert auf der Diagonalisierung der Matrix A. Das charakteristische Polynom der Matrix von (11.35) ist die Determinante

$$\chi_A(\lambda) = \det(A - \lambda I) = \begin{vmatrix} -\lambda & 1 & 0 & \ldots & 0 & 0 \\ 0 & -\lambda & 1 & \ldots & 0 & 0 \\ \vdots & \vdots & \vdots & \ddots & \vdots & \vdots \\ 0 & 0 & 0 & \ldots & -\lambda & 1 \\ -a_0 & -a_1 & -a_2 & \ldots & -a_{n-2} & -a_{n-1} - \lambda \end{vmatrix}$$

die wir durch Entwicklung nach der letzten Zeile berechnen wollen. Die Minoren, die durch Wegstreichen der Spalte k und der letzten Zeile entstehen, haben die Form

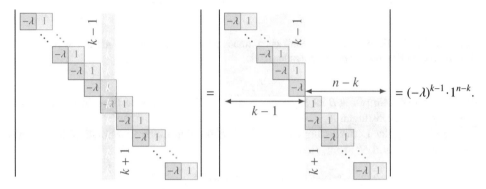

Die Determinante zerfällt in eine $(k-1) \times (k-1)$-Determinante einer Dreiecksmatrix mit $-\lambda$ auf der Diagonalen und mit dem Wert $(-\lambda)^{k-1}$ und eine $(n-k) \times (n-k)$-Determinante einer Dreiecksmatrix mit Einsen auf der Diagonalen und dem Wert 1. Nach dem Entwicklungssatz 4.24 ist das charakteristische Polynom von A

$$\begin{aligned}
\chi_A(\lambda) &= \det(A - \lambda I) \\
&= (-1)^{n+1}(-a_0) + (-1)^{n+2}(-a_1)(-\lambda)^{2-1} + (-1)^{n+3}(-a_2)(-\lambda)^{3-1} + \dots \\
&\quad + (-1)^{n+k}(-a_{k-1})(-\lambda)^{k-1} + \dots \\
&\quad + (-1)^{n+n-1}(-a_{n-2})(-\lambda)^{n-2} + (-1)^{n+n}(-a_{n-1} - \lambda)(-\lambda)^{n-1} \\
&= (-1)^n a_0 + (-1)^n a_1 \lambda + (-1)^n a_2 \lambda^2 + \dots + (-1)^n a_{k-1} \lambda^{k-1} + \dots \\
&\quad + (-1)^n a_{n-1} \lambda^{n-1} + (-1)^n \lambda^n \\
&= (-1)^n (a_0 + a_1 \lambda + a_2 \lambda^2 + \dots + a_{k-1} \lambda^{k-1} + \dots + a_{n-1} \lambda^{n-1} + \lambda^n).
\end{aligned}$$

Das Polynom in der Klammer kann man auch bekommen, indem man die Ableitung $y^{(k)}$ in der Differentialgleichung durch λ^k ersetzt. In der Analysis wird normalerweise gelehrt, dass man als Ansatz für die Lösung $y(x) = e^{\lambda x}$ versuchen und in die Differentialgleichung einsetzen soll. Wegen $y^{(n)}(x) = \lambda^n e^{\lambda x}$ entsteht so die Gleichung

$$(\lambda^n + a_{n-1} \lambda^{n-1} + \dots + a_2 \lambda^2 + a_1 \lambda + a_0) e^{\lambda x} = 0.$$

In der Klammer steht wieder das gleiche charakteristische Polynom. Man erhält also ganz unabhängig von der Vorgehensweise immer dieselbe Gleichung für λ, was rechtfertigt, dass auch im Analysis-Unterricht der Name *charakteristische Gleichung* verwendet wird.

Starke Dämpfung

Für die Differentialgleichung (11.34) ist die charakteristische Gleichung

$$m\lambda^2 + \beta\lambda + k = 0 \quad \Rightarrow \quad \lambda_\pm = \frac{-\beta \pm \sqrt{\beta^2 - 4mk}}{2m}.$$

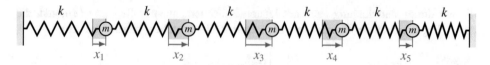

Abbildung 11.11: Federkette aus n identischen, reibungsfreien Massepunkten mit Masse m, die mit Federn mit der Federkonstante k verbunden sind.

Für sehr große Dämpfung β ist es möglich, dass die Diskriminante $\beta^2 - 4mk > 0$ ist, so dass zwei reelle Lösungen $\lambda_\pm$ existieren.

Die Lösung der Differentialgleichung muss dann eine Linearkombination der beiden Funktionen $e^{\lambda_+ t}$ und $e^{\lambda_- t}$ sein, also

$$x(t) = A e^{\lambda_+ t} + B e^{\lambda_- t}$$

Kritische Dämpfung

Falls $\beta^2 = 4km$ ist, ist $\lambda_\pm = -\beta/2m$ eine doppelte Nullstelle, man spricht von kritischer Dämpfung. Die Bedingung hat

$$\lambda_\pm^2 = \left(\frac{\beta}{2m}\right)^2 = \frac{k}{m}$$

zur Folge. Die Eigenvektoren der Matrix A werden mit dem Tableau

$$
\begin{array}{|cc|}
\hline
-\lambda_\pm & 1 \\
-\frac{k}{m} & -\frac{\beta}{m} - \lambda_\pm \\
\hline
\end{array}
=
\begin{array}{|cc|}
\hline
-\lambda_\pm & 1 \\
-\lambda_\pm^2 & 2\lambda_\pm - \lambda_\pm \\
\hline
\end{array}
=
\begin{array}{|cc|}
\hline
\boxed{-\lambda_\pm} & 1 \\
\boxed{-\lambda_\pm^2} & \lambda_\pm \\
\hline
\end{array}
\rightarrow
\begin{array}{|cc|}
\hline
1 & -1/\lambda_\pm \\
0 & 0 \\
\hline
\end{array}
$$

gefunden, es gibt also nur einen Eigenvektor. Die Matrix A ist im Falle kritischer Dämpfung nicht diagonalisierbar, die in diesem Kapitel dargestellte Theorie reicht also nicht für alle Anfangsbedingungen aus, eine Lösung zu finden. Wir werden im Kapitel 13 sehen, wie sich die Theorie mit Hilfe der Jordan-Normalform verallgemeinern lässt und so auch für diesen Fall eine Lösung produzieren kann. Der Fall kritischer Dämpfung wird in der Anwendung 13.A nochmals aufgenommen.

Schwingungen

Bei sehr geringer Dämpfung $\beta^2 < 4km$ hat die charakteristische Gleichung keine reellen Lösungen, die Nullstellen $\lambda_\pm$ sind komplexe Zahlen. Hat man die Theorie der komplexen Exponentialfunktion zur Verfügung (siehe Kasten *Komplexe Nullstellen der charakteristischen Gleichung*), kann man Lösungen der Differentialgleichung genau gleich wie in den anderen Fällen mit Hilfe der Exponentialfunktion schreiben.

11.B.3   Differentialgleichung einer Federkette

Wir stellen die Differentialgleichung einer Federketten aus n reibungsfrei gelagerten Massepunkten mit der Masse m auf, die untereinander und mit den Wänden mit Federn mit

Komplexe Nullstellen des charakteristischen Polynoms

Hat das charakteristische Polynom der Differentialgleichung die beiden komplex konjugierten Nullstellen $\lambda_\pm = a \pm bi$, dann sind die Funktionen $e^{\lambda_\pm t} = e^{(a \pm bi)t}$ Lösungen der Differentialgleichung. Nach der Eulerschen Gleichung ist

$$e^{(a \pm bi)t} = e^{at}(\cos bt \pm i \sin bt).$$

Die Summe der beiden Lösungen ist

$$e^{\lambda_+ t} + e^{\lambda_- t} = 2e^{at} \cos bt,$$

die Differenz ist

$$e^{\lambda_+ t} - e^{\lambda_- t} = e^{at} 2i \sin bt.$$

Als Linearkombinationen der ursprünglichen Lösungen müssen sie ebenfalls Lösungen der Differentialgleichung sein. Daraus kann man schließen, dass sich Lösungen der Differentialgleichung aus den beiden Lösungen $e^{at} \cos bt$ und $e^{at} \sin bt$ linear kombinieren lassen. Die Lösungen sind also gedämpfte Schwingungen mit Kreisfrequenz b und Dämpfung a.

Federkonstante k verbunden sind, wie in Abbildung 11.11 dargestellt. Die Auslenkung des Massepunktes mit der Nummer i wird mit x_i bezeichnet. Auf den Massepunkt i wirkt die Kraft der beiden Federn links und rechts, die jeweils proportional ist zur Dehnung der Feder gegenüber der Ruhelage. Die Feder rechts zieht mit der Kraft $k(x_{i+1} - x_i)$, die Feder links mit der Kraft $-k(x_i - x_{i-1})$. Das newtonsche Gesetz liefert daher

$$m\ddot{x}_i = k(x_{i+1} - x_i) - k(x_i - x_{i-1}).$$

Für die Massepunkte 1 und n ist zu beachten, dass jeweils eine der Federn an einem Ende fest ist, dies entspricht einer Auslenkung $x_0 = 0$ und $x_{n+1} = 0$. Insgesamt bekommen wir nach Division durch k also das Gleichungssystem

$$
\begin{aligned}
\frac{m}{k}\ddot{x}_1 &= -2x_1 + x_2 \\
\frac{m}{k}\ddot{x}_2 &= x_1 - 2x_2 + x_3 \\
\frac{m}{k}\ddot{x}_3 &= x_2 - 2x_3 + x_4 \\
&\ \vdots \\
\frac{m}{k}\ddot{x}_i &= x_{i-1} - 2x_i + x_{i+1} \\
&\ \vdots \\
\frac{m}{k}\ddot{x}_{n-2} &= x_{n-3} - 2x_{n-2} + x_{n-1} \\
\frac{m}{k}\ddot{x}_{n-1} &= x_{n-2} - 2x_{n-1} + x_n \\
\frac{m}{k}\ddot{x}_n &= x_{n-2} - 2x_n
\end{aligned}
\tag{11.36}
$$

Matrixform der Differentialgleichung

Die Differentialgleichung (11.36) lässt sich noch etwas übersichtlicher in Matrixform schreiben:

$$
\frac{d^2}{dt^2}
\begin{pmatrix} x_1 \\ x_2 \\ x_3 \\ \vdots \\ x_i \\ \vdots \\ x_{n-2} \\ x_{n-1} \\ x_n \end{pmatrix}
= \frac{k}{m}
\begin{pmatrix}
-2 & 1 & & & & & & \\
1 & -2 & 1 & & & & & \\
 & 1 & -2 & \ddots & & \Large 0 & & \\
 & & \ddots & \ddots & 1 & & & \\
 & & 1 & -2 & 1 & & & \\
 & & & 1 & \ddots & \ddots & & \\
 \Large 0 & & & & \ddots & -2 & 1 & \\
 & & & & & 1 & -2 & 1 \\
 & & & & & & 1 & -2
\end{pmatrix}
\begin{pmatrix} x_1 \\ x_2 \\ x_3 \\ \vdots \\ x_i \\ \vdots \\ x_{n-2} \\ x_{n-1} \\ x_n \end{pmatrix}
\quad\Rightarrow\quad
\frac{d^2}{dt^2} x = Ax \quad (11.37)
$$

$$= A$$

mit dem Vektor x mit Koordinaten x_i. Die Differentialgleichung (11.37) hat wieder nicht die Form (11.32), man kann also auch hier nicht mit einer direkten Lösung durch die Matrixexponentialfunktion rechnen.

Anfangsbedingungen

Die Lösung einer gewöhnlichen Differentialgleichung kann erst eindeutig bestimmt sein, wenn zusätzlich Anfangsbedingungen vorgegeben werden. Im Allgemeinen müssten Auslenkungen und Geschwindigkeiten der einzelnen Massepunkte zur Zeit $t = 0$ spezifiziert werden. Um das Beispiel nicht unnötig weiter aufzublasen beschränken wir uns jetzt auf besonders einfache Anfangsbedingungen, nämlich

$$x_i(0) = x_{i0} \quad\text{und}\quad \dot{x}_i(0) = 0$$

für alle i.

Die Lösungen, die wir von der Federkette erwarten, sind nicht abklingende harmonische Schwingungen. Solche können durch Kosinus-Funktionen beschrieben werden. Wir suchen daher nach Lösungen der Differentialgleichung in der Form $x(t) = x_0 \cos \omega t$. Die zweite Ableitung einer solchen Lösung ist

$$\frac{d^2}{dt^2} x(t) = -\omega^2 x_0 \cos \omega t = -\omega^2 x(t).$$

Eine Lösung der Differentialgleichung kann $x(t)$ nur sein, wenn

$$-\omega^2 x(t) = Ax(t) \quad\Leftrightarrow\quad -\omega^2 x_0 = Ax_0$$

gilt. Der Vektor x_0 muss also

$$Ax_0 = -\omega^2 x_0$$

erfüllen, er muss ein Eigenvektor von A sein. Die Kreisfrequenz ist damit auch festgelegt, sie muss so gewählt werden, dass $-\omega^2$ ein Eigenwert von A ist.

$\lambda_1 = -3.7321, \omega_1 = 1.9319$

$\lambda_2 = -3.0000, \omega_2 = 1.7321$

$\lambda_3 = -2.0000, \omega_3 = 1.4142$

$\lambda_4 = -1.0000, \omega_4 = 1.0000$

$\lambda_5 = -0.2679, \omega_5 = 0.5176$

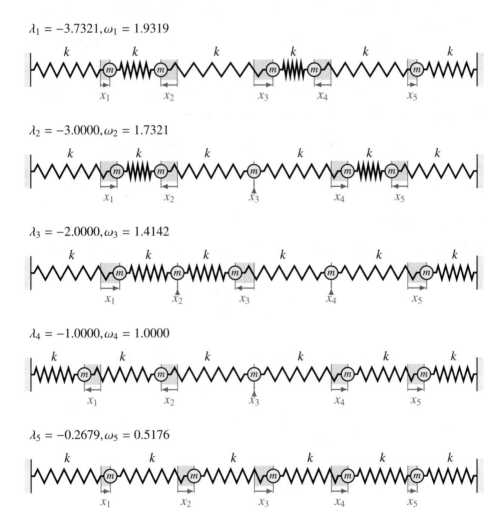

Abbildung 11.12: Basis aus Eigenvektoren für die Federkette mit fünf Massen. Bei der tiefsten Frequenz (unten) schwingen alle fünf Massen mit der gleichen Phase, bei der höchsten ganz oben haben benachbarte Massen entgegengesetzte Phase.

Eigenwerte und Eigenvektoren von A

Da die Matrix A symmetrisch ist, ist sie diagonalisierbar, es gibt also eine Basis $\{x^{(1)}, \ldots, x^{(n)}\}$ aus Eigenvektoren. Abbildung 11.12 zeigt die Eigenvektoren und die zugehörigen Kreisfrequenzen als Auslenkungen der Federkette im Falle $n = 5$. Bei der höchsten Frequenz (oben in Abbildung 11.12) schwingen die Massen gegenphasig, bei der tiefsten (unten) gleichphasig.

Da die Eigenvektoren $x^{(k)}$ eine Basis bilden, lässt sich jede Anfangsauslenkung x_0 der Federkette als Linearkombination

$$x_0 = a_1 x^{(1)} + a_2 x^{(2)} + \cdots + a_n x^{(n)}$$

der Eigenvektoren schreiben. Die Lösung hat dann die Form

$$x(t) = a_1 x^{(1)} \cos \omega_1 t + a_2 x^{(2)} \cos \omega_2 t + \cdots + a_n x^{(n)} \cos \omega_n t.$$

Dank der Eigenwerttheorie gelingt also die vollständige Lösung der Differentialgleichung einer Federkette.

Übungsaufgaben

11.1. Bestimmen Sie alle Eigenwerte und die zugehörigen Eigenvektoren der Matrix

$$A = \begin{pmatrix} 1 & 1 & 0 \\ 1 & 0 & 1 \\ 0 & 1 & 1 \end{pmatrix}.$$

11.2. Berechnen Sie Eigenwerte und Eigenvektoren der $n \times n$-Matrix

$$A = \begin{pmatrix} a & 1 & & \\ & a & 1 & \\ & & \ddots & 1 \\ & & & a \end{pmatrix}.$$

11.3. Berechnen Sie $A^{47} e_1$ für die Matrix

$$A = \begin{pmatrix} 3 & 1 \\ 1 & 3 \end{pmatrix}.$$

11.4. Ist die Matrix

$$A = \begin{pmatrix} \pi & 0 & 0 \\ 0 & \pi & 1 \\ 0 & 0 & \pi \end{pmatrix}$$

diagonalisierbar?

11.5. Bestimmen Sie das charakteristische Polynom der $n \times n$-Matrix

$$A = \begin{pmatrix} -a_{n-1} & -a_{n-2} & -a_{n-3} & \cdots & -a_2 & -a_1 & -a_0 \\ 1 & 0 & 0 & \cdots & 0 & 0 & 0 \\ & 1 & 0 & & & & \\ & & \ddots & \ddots & & & \\ & & & \ddots & 0 & & \\ & & & & 1 & 0 & \\ & & & & & 1 & 0 \end{pmatrix}.$$

Hinweis. Entwicklung nach der letzten Spalte.

11.6. Die Folge

$$0, \ 1, \ 5, \ 19, \ 65, \ 211, \ 665, \ 2059, \ 6305, \ \ldots$$

ist durch die Rekursionsformel

$$x_{n+1} = 5x_n - 6x_{n-1}$$

mit den Anfangswerten

$$x_0 = 0, \qquad x_1 = 1$$

definiert. Finden Sie eine Formel für x_n.

11.7. Betrachten Sie die Matrix

$$A = \begin{pmatrix} 3 - s & 1 \\ -s^2 & s + 3 \end{pmatrix}$$

mit $s \neq 0$.

a) Bestimmen Sie die Eigenwerte von A.

b) Finden Sie so viele linear unabhängige Eigenvektoren wie möglich.

c) Ist die Matrix diagonalisierbar?

Lösungen: `https://linalg.ch/uebungen/LinAlg-111.pdf`

Kapitel 12

Matrixzerlegungen

Die in früheren Kapiteln entwickelten Algorithmen wie der Gauß-Algorithmus oder der Gram-Schmidt-Algorithmus haben ein geometrisches Problem gelöst, zum Beispiel eine Schnittmenge berechnet oder eine orthonormierte Basis bestimmt. Diese Problemlösungen können aber auch rein algebraisch formuliert werden, nämlich als Zerlegung der Matrizen in ein Produkt von Matrizen mit einfacherer Struktur.

12.1 Zerlegung in Produkte einfacherer Matrizen

Dreiecksmatrizen sind besonders einfach. Die Determinante einer Dreiecksmatrix ist das Produkt der Diagonalelemente. Ein Gleichungssystem mit einer oberen Dreiecksmatrix als Koeffizientenmatrix ist schon "halb" gelöst: es fehlt nur noch das Rückwärtseinsetzen.

Sei jetzt $Ax = b$ ein Gleichungssystem mit einer beliebigen Koeffizientenmatrix. Wenn es gelingt, die Matrix A als Produkt $A = UV$ zu schreiben, wobei U und V einfachere Matrizen sind, dann wird die Lösung des Gleichungssystems in einfachere Schritte aufgeteilt. Mit der Abkürzung $y = Vx$ bekommen wir zunächst aus $b = Ax = UVx = Uy = b$ das Gleichungssystem $Uy = b$ mit der einfacheren Matrix U. Sobald y bestimmt ist, kann x aus dem Gleichungssystem $Vx = y$ bestimmt werden. Die Lösung des Gleichungssystems $Ax = b$ wird also aufgeteilt in die Lösung zweier Gleichungssysteme mit "einfacheren" Matrizen U und V.

Bereits erwähnt wurde der Fall, dass U oder V eine Dreiecksmatrix ist. Ebenfalls sehr einfach ist der Fall, wo U oder V orthogonale Matrizen sind. Ein Gleichungssystem $Vx = y$ mit einer orthogonalen Matrix V kann durch Multiplikation mit der transponierten Matrix $V^t = V^{-1}$ gelöst werden, die Lösung ist $x = V^t y$.

In den Abschnitten 12.2 bis 12.5 sollen die folgenden Spezialfälle untersucht werden:

© Der/die Autor(en), exklusiv lizenziert an
Springer-Verlag GmbH, DE, ein Teil von Springer Nature 2023
A. Müller, *Lineare Algebra: Eine anwendungsorientierte Einführung*,
https://doi.org/10.1007/978-3-662-67866-4_12

- Zerlegung in zwei Dreiecksmatrizen:

$$A = LU \quad \Leftrightarrow$$

$$A = LR \quad \Leftrightarrow$$

In Abschnitt 12.2 werden die LU- und LR-Zerlegungen vorgestellt.

- Für eine symmetrische Matrix A ist in gewissen Fällen die Cholesky-Zerlegung

$$A = LL^t \quad \Leftrightarrow$$

möglich. Die zusätzlichen Bedingungen, die die Cholesky-Zerlegung möglich machen, werden in Abschnitt 12.3 ermittelt.

- Die QR-Zerlegung zerlegt eine Matrix in Faktoren Q und R,

$$A = QR \quad \Leftrightarrow$$

wobei Q orthogonal und R eine obere Dreiecksmatrix ist. Dies ist der Inhalt von Abschnitt 12.4

- Noch einfacher als Dreiecksmatrizen sind Diagonalmatrizen. Eine Zerlegung in Diagonalmatrizen braucht aber mehr als zwei Faktoren. Die Singulärwertzerlegung zum Beispiel ermöglicht

$$A = U\Sigma V^t \quad \Leftrightarrow$$

mit orthogonalen Matrizen U und V. Diese Zerlegung wird in Abschnitt 12.5 vorgestellt. Die Elemente auf der Diagonalen sind die sogenannten Singulärwerte, die in absteigender Größe angeordnet sind.

12.2 LU-, LDU- und LR-Zerlegung

Die LU-, LDU- und LR-Zerlegungen sind ein Nebenprodukt des Gauß-Algorithmus.

12.2.1 Gauß-Matrizen

In einem Schritt des Gauß-Algorithmus wird durch das Pivotelement dividiert und es werden Vielfache der Pivotzeile in den Folgezeilen subtrahiert. Die relevanten Daten sind das Pivotelement a_{kk} und die darunterliegenden Faktoren a_{ik}, $i > k$. Überschreiben wir die entsprechenden Einträge in einer Einheitsmatrix damit, erhalten wir eine Matrix der Form

$$
G_k = \begin{pmatrix}
1 & 0 & \cdots & 0 & 0 & \cdots & 0 \\
0 & 1 & \cdots & 0 & 0 & \cdots & 0 \\
\vdots & \vdots & \ddots & \vdots & \vdots & \ddots & \vdots \\
0 & 0 & \cdots & \boxed{a_{kk}} & 0 & \cdots & 0 \\
0 & 0 & \cdots & a_{k+1,k} & 1 & \cdots & 0 \\
\vdots & \vdots & \ddots & \vdots & & \ddots & \vdots \\
0 & 0 & \cdots & a_{mk} & 0 & \cdots & 1
\end{pmatrix} =
$$

.

Für die Zwecke der nachfolgenden Diskussion werden wir die Matrizen G_k nach Ihrer Herkunft aus dem Gauß-Algorithmus *Gauß-Matrizen* nennen.

Gauß-Matrizen kehren den Gauß-Algorithmus um

Wie wirkt die Matrix G_k auf eine gegebene Matrix B? Die Matrix G_k hat drei Arten von Zeilen, wir diskutieren für jede einzelne, wie sie auf die Matrix B wirkt.

1. Die Zeilen von 1 bis $k - 1$ sind die gleichen Zeilen wie in einer Einheitsmatrix. Multipliziert man Zeile l einer Einheitsmatrix mit der Matrix B, entsteht die Zeile l der Matrix B:

2. Die Zeile k ist das a_{kk}-fache der entsprechenden Zeile einer Einheitsmatrix. Multi-

plikation dieser Zeile multipliziert die Zeile k der Matrix B mit a_{kk}.

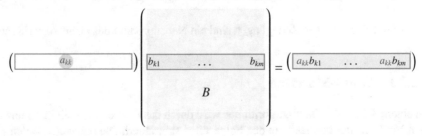

3. Die Zeilen $k + 1$ bis m enhalten eine Eins wie die entsprechende Zeile der Einheitsmatrix. Zusätzlich enthält die Zeile l aber noch einen Eintrag a_{lk} mit $l > k$ in der Zeile l. Das Produkt ist daher die Summe der unveränderten Zeile l und der mit a_{lk} multiplizierten Zeile k:

$$\left(\begin{array}{c|c|c} & \overset{l}{} & \\ \hline a_{lk} & 1 & \end{array}\right)\left(\begin{array}{ccc} & B & \\ \hline b_{k1} & \cdots & b_{km} \\ \hline b_{l1} & \cdots & b_{lm} \end{array}\right) = \begin{array}{l} a_{lk} \cdot \left(\begin{array}{ccc} b_{k1} & \cdots & b_{km} \end{array}\right) \\[2mm] +1 \cdot \left(\begin{array}{ccc} b_{l1} & \cdots & b_{lm} \end{array}\right) \end{array}$$

Wir stellen fest, dass die Multiplikation mit G_k die Gauß-Operation umkehrt.

Produkte von Gauß-Matrizen

Das Produkt $G_k G_j$ für $j > k$ ist mit diesem Wissen einfach auszurechnen. Nach dem vorangegangenen Abschnitt, muss in der Matrix G_j die Gauß-Operation mit Pivotelement a_{kk} rückgängig gemacht werden. Das bedeutet:

1. Das a_{lk}-fache der Zeile k von G_j muss zur Zeile l hinzuaddiert werden. Die Zeile k von G_j einhält nur ein Eins in Spalte k, hier verwenden wir, dass $j > k$ ist. Durch die Multiplikation mit G_k kommt also in der Zeile l ($k < l \leq m$) in Spalte k ein Eintrag a_{lk} hinzu.

2. Die Zeile k von G_j muss mit a_{kk} multipliziert werden. Wieder verwenden wir, dass diese Zeile nur eine Eins in Spalte k enthält. Dies wird also mit a_{kk} multiplizert.

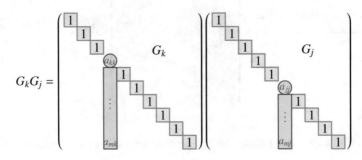

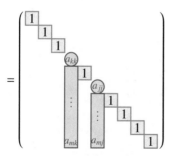

Solange also $k < j$ ist, fügt der links beigestellte Faktor G_k die Informationen zur Gauß-Operation mit Pivot a_{kk} zur Matrix hinzu.

12.2.2 Die LU-Zerlegung

Mit den Gauß-Matrizen lässt sich der Gauß-Algorithmus also schrittweise umkehren. Ausgehend von der Matrix A erzeugt der Gauß-Algorithmus während der Vorwärtsreduktion eine obere Dreiecksmatrix U, die auf der Diagonalen lauter Einsen hat. Da die Gauß-Matrizen den Prozess umkehren, muss auch

$$A = \underbrace{G_1 G_2 \ldots G_{m-1} G_m}_{=\,L} U$$

sein. Weil im Produkt die Faktoren aufsteigend nummeriert sind, besteht die Matrix L einfach nur aus den Pivot- und Spaltenelementen, die die einzelnen Reduktionsschritte definiert haben. Es ist also

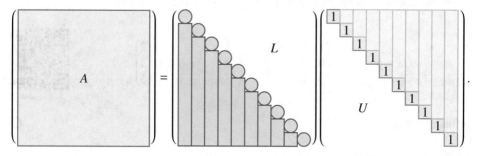

Definition 12.1 (unital, LU-Zerlegung). *Eine Dreiecksmatrix, die auf der Diagonalen lauter Einsen hat, heißt* unital. *Die Zerlegung $A = LU$ heißt die* LU-Zerlegung *der Matrix A.*

Der Gauß-Algorithmus liefert also als Nebenprodukt die Zerlegung $A = LU$. Das Gleichungssystem $Ax = b$ kann mit Hilfe der LU-Zerlegung gelöst werden. Zunächst muss das Gleichungssystem $Ly = b$ gelöst werden, was sehr einfach ist, weil L eine untere Dreiecksmatrix ist. Es bedeutet, dass die Vorwärtsreduktion nur noch mit dem Vektor b gemacht werden muss.

Anschließend kann das Gleichungssystem $Ux = y$ gelöst werden, was wiederum sehr einfach ist: das Rückwärtseinsetzen muss nur noch auf der Spalte y gemacht werden.

Beispiel 12.2. Die Matrix

$$A = \begin{pmatrix} -1 & -3 & 2 \\ 2 & 7 & -2 \\ 2 & 9 & 7 \end{pmatrix}$$

linalg.ch/gauss/96

hat die LU-Zerlegung

$$A = LU \quad \text{mit} \quad L = \begin{pmatrix} -1 & 0 & 0 \\ 2 & 1 & 0 \\ 2 & 3 & 5 \end{pmatrix}, \ U = \begin{pmatrix} 1 & 3 & -2 \\ 0 & 1 & 2 \\ 0 & 0 & 1 \end{pmatrix}.$$

Das Gleichungssystem

$$Ax = b = \begin{pmatrix} -1 \\ 15 \\ 66 \end{pmatrix}$$

wird jetzt gelöst, indem erst das Gleichungssystem

$$Ly = b \quad \Rightarrow \quad \begin{pmatrix} -1 & 0 & 0 \\ 2 & 1 & 0 \\ 2 & 3 & 5 \end{pmatrix} y = \begin{pmatrix} -1 \\ 15 \\ 66 \end{pmatrix} \quad \Rightarrow \quad y = \begin{pmatrix} 1 \\ 13 \\ 5 \end{pmatrix}$$

linalg.ch/gauss/97

gelöst wird. Anschließend kann x als Lösung des Gleichungssystems

$$Ux = y \quad \Rightarrow \quad \begin{pmatrix} 1 & 3 & -2 \\ 0 & 1 & 2 \\ 0 & 0 & 1 \end{pmatrix} x = \begin{pmatrix} 1 \\ 13 \\ 5 \end{pmatrix} \quad \Rightarrow \quad x = \begin{pmatrix} 2 \\ 3 \\ 5 \end{pmatrix}$$

linalg.ch/gauss/98

gefunden werden.   ◯

12.2.3 Die LDU-Zerlegung

Die LU-Zerlegung ist in dem Sinne asymmetrisch, dass die Pivotelement immer in der Matrix L landen, während U unital ist. Man kann aber auch eine symmetrischere Zerlegung bekommen, in der beide Dreiecksmatrizen unital sind. Dazu werden Diagonalelemente von L in eine eigene Diagonalmatrix gepackt, also

$$D = \begin{pmatrix} l_{11} & 0 & \dots & 0 \\ 0 & l_{22} & \dots & 0 \\ \vdots & \vdots & \ddots & \vdots \\ 0 & 0 & \dots & l_{mm} \end{pmatrix} \quad \text{mit} \quad l_{ik} = (L)_{ik}.$$

Dann kann man in der LU-Zerlegung zwischen L und U die Einheitsmatrix in der Form $I = D^{-1}D$ einschieben und erhält

$$A = LU = LIU = \underbrace{LD^{-1}}_{= L'} \cdot D \cdot U.$$

Die Multiplikation mit D^{-1} ist ebenfalls einfach:

$$L' = \begin{pmatrix} l_{11} & 0 & \cdots & 0 \\ l_{21} & l_{22} & \cdots & 0 \\ \vdots & \vdots & \ddots & \vdots \\ l_{m1} & l_{m2} & \cdots & l_{22} \end{pmatrix} \begin{pmatrix} l_{11}^{-1} & 0 & \cdots & 0 \\ 0 & l_{22}^{-1} & \cdots & 0 \\ \vdots & \vdots & \ddots & \vdots \\ 0 & 0 & \cdots & l_{mm}^{-1} \end{pmatrix} = \begin{pmatrix} 1 & 0 & \cdots & 0 \\ l_{21}/l_{11} & 1 & \cdots & 0 \\ \vdots & \vdots & \ddots & \vdots \\ l_{m1}/l_{11} & l_{m2}/l_{22} & \cdots & 1 \end{pmatrix}.$$

L' ensteht also aus L einfach dadurch, dass jede Spalte durch das Diagonalelement geteilt wird. Die Zerlegung $A = L'DU$ heißt die *LDU-Zerlegung*.

Beispiel 12.3. Im Beispiel 12.2 wurde die LU-Zerlegung

$$A = \begin{pmatrix} -1 & -3 & 2 \\ 2 & 7 & -2 \\ 2 & 9 & 7 \end{pmatrix} = \begin{pmatrix} -1 & 0 & 0 \\ 2 & 1 & 0 \\ 2 & 3 & 5 \end{pmatrix} \begin{pmatrix} 1 & 3 & -2 \\ 0 & 1 & 2 \\ 0 & 0 & 1 \end{pmatrix}$$

gefunden. Division der Spalten durch die Diagonalelement ergibt

$$L' = LD^{-1} = \begin{pmatrix} 1 & 0 & 0 \\ -2 & 1 & 0 \\ -2 & 3 & 1 \end{pmatrix}$$

und damit ist die LDU-Zerlegung

$$A = \begin{pmatrix} 1 & 0 & 0 \\ -2 & 1 & 0 \\ -2 & 3 & 1 \end{pmatrix} \begin{pmatrix} -1 & 0 & 0 \\ 0 & 1 & 0 \\ 0 & 0 & 5 \end{pmatrix} \begin{pmatrix} 1 & 3 & -2 \\ 0 & 1 & 2 \\ 0 & 0 & 1 \end{pmatrix}. \qquad \bigcirc$$

12.2.4 Die LR-Zerlegung

Schließlich kann man den Faktor D in der LDU-Zerlegung auch zum Faktor U schlagen und so die Zerlegung

$$A = L' \underbrace{DU}_{= R} = L'R$$

erhalten. Sie zerlegt A in eine unitale untere Dreiecksmatrix L' und eine obere Dreiecksmatrix R. Das Produkt LU ist wieder einfach auszurechnen:

$$\begin{pmatrix} l_{11} & 0 & \cdots & 0 \\ 0 & l_{22} & \cdots & 0 \\ \vdots & \vdots & \ddots & \vdots \\ 0 & 0 & \cdots & l_{mm} \end{pmatrix} \begin{pmatrix} 1 & u_{12} & \cdots & u_{1m} \\ 0 & 1 & \cdots & u_{2m} \\ \vdots & \vdots & \ddots & \vdots \\ 0 & 0 & \cdots & 1 \end{pmatrix} = \begin{pmatrix} l_{11} & l_{11}u_{12} & \cdots & l_{11}u_{1m} \\ 0 & l_{22} & \cdots & l_{22}u_{2m} \\ \vdots & \vdots & \ddots & \vdots \\ 0 & 0 & \cdots & l_{mm} \end{pmatrix},$$

Es wird also jede Zeile von U mit dem entsprechenden Diagonalelement multipliziert. Diese Zerlegung heißt die LR-Zerlegung der Matrix A.

Beispiel 12.4. In Weiterführung der Beispiel 12.2 und 12.3 finden wir jetzt auch die LR-Zerleung von A. Dazu müssen wir die Zeilen von U mit den Diagonalelementen multiplizieren:

$$R = DU = \begin{pmatrix} -1 & 0 & 0 \\ 0 & 1 & 0 \\ 0 & 0 & 5 \end{pmatrix} \begin{pmatrix} 1 & 3 & -2 \\ 0 & 1 & 2 \\ 0 & 0 & 1 \end{pmatrix} = \begin{pmatrix} -1 & -3 & 2 \\ 0 & 1 & 2 \\ 0 & 0 & 5 \end{pmatrix} \qquad \bigcirc$$

12.2.5 Übersicht

Wir können die Dreieckszerlegungen, die aus dem Gauß-Algorithmus abgeleitet worden sind, wie folgt graphisch zusammenfassen:

Die Bezeichnungen LU-, LDU- und LR-Zerlegungen werden in der Literatur leider nicht einheitlich verwendet. Die hier vorgeschlagene Nomenklatur versucht deutlicher zu machen, welche der Matrizen jeweils unital sein soll.

12.2.6 Spezialfälle

Bisher haben wir angenommen, dass A eine quadratische Matrix ist, in der sich der Gauß-Algorithmus ohne Zeilen- oder Spaltenvertauschungen durchführen lässt. Für nichtquadratische Matrizen und für Fälle, wo ein verschwindendes Pivotelement eine Zeilen- oder Spaltenvertauschung erzwingt, sind kleinere Anpassungen nötig.

Zeilen- und Spaltenvertauschungen

Wir nehmen jetzt an, dass der Gauß-Algorithmus nicht ohne Zeilenvertauschungen durchführbar ist. Dann gibt es eine Permutationsmatrizen P derart, dass der Gauß-Algorithmus für die Matrix $A' = P^t A$ ohne Zeilenvertauschungen durchführbar ist. Es gibt also LU-, LDU- und LR-Zerlegungen

$$P^t A = LU = L'DU = L'R.$$

Multipliziert man von links mit P^t, erhält man die angepassten Zerlegungen für A, nämlich

$$A = PLU = PL'DU = PL'R.$$

In dieser Form wird die LU-Zerlegung zum Beispiel auch von Octave durchgeführt. Man beachte, dass die Funktion `lu(A)` von Octave das berechnet, was wir die LR-Zerlegung genannt haben.

Beispiel 12.5. In der Matrix

$$A = \begin{pmatrix} 0 & 1 \\ 2 & 4 \end{pmatrix}$$

kann der Gauß-Algorithmus nicht ohne Zeilenvertauschungen durchgeführt werden. Die Matlab-Funktion `lu(A)` liefert wie erwartet auch eine Permutationsmatrix:

```
octave:2> [L, U, P] = lu(A)
L =

   1   0
   0   1

U =

   2   4
   0   1

P =

Permutation Matrix

   0   1
   1   0

octave:3> P * L * U
ans =

   0   1
   2   4
```

Die Permutationsmatrix P vertauscht die beiden Zeilen. Danach ist die Matrix PA bereits eine obere Dreiecksmatrix $R = PA$, für L kann die Einheitsmatrix verwendet werden. ○

Rechteckige Matrizen

In der bisherigen Darstellung sind wir davon ausgegangen, dass die Matrix A quadratisch ist. Der Gauß-Algorithmus kann aber natürlich auch auf rechteckige Matrizen angewendet werden und die Beobachtungen über Gauß-Matrizen sind ebenfalls übertragbar. Wieder nehmen wir an, dass er sich ohne Zeilen- oder Spaltenvertauschungen durchgeführt werden kann.

Für eine $m \times n$-Matrix mit $n > m$ bleiben in der Matrix U die zusätzlichen Spalten $m + 1$ bis n. Die Matrizen L, L' und D sind daher quadratische $m \times m$-Matrizen, U und R sind $m \times n$-Matrizen.

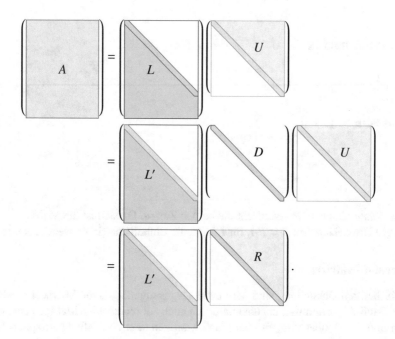

Dies funktioniert auch für eine $m \times n$-Matrix A mit $m > n$. In diesem Fall werden L und L' $m \times n$-Matrizen, die anderen Matrizen sind quadratische $n \times n$-Matrizen:

12.3 Cholesky-Zerlegung

Die LU- und LR-Zerlegungen sind inhärent unsymmetrisch. Man hat sich dafür entschieden, die Diagonalelement der einen oder der anderen Matrix zuzuschlagen. Wenn die Diagonalelemente aber nicht negativ sind, dann kann man aus ihnen die Wurzel ziehen, und eine symmetrischere Zerlegung gewinnen:

Die beiden Faktoren auf der rechten Seite haben die gleichen Diagonalelemente, der Rest der Matrix unterschiedet sich aber.

Eine Zerlegung, in der die Faktoren B und B' durch Transposition auseinander hervorgehen, ist nur möglich, wenn die Matrix A zusätzliche Bedingungen erfüllt. Ist nämlich $B' = B^t$, dann gilt auch

$$A^t = (BB')^t = (BB^t)^t = (B^t)^t B^t = BB^t = BB' = A.$$

Die Matrix A muss also symmetrisch sein.

Beispiel 12.6. Die symmetrische Matrix

$$A = \begin{pmatrix} 1 & 2 & 1 \\ 2 & 8 & 8 \\ 1 & 8 & 11 \end{pmatrix}$$

linalg.ch/gauss/99

hat die LU-Zerlegung

$$A = \begin{pmatrix} 1 & 0 & 0 \\ 2 & 4 & 0 \\ 1 & 6 & 1 \end{pmatrix} \begin{pmatrix} 1 & 2 & 1 \\ 0 & 1 & \frac{3}{2} \\ 0 & 0 & 1 \end{pmatrix}.$$

Die Wurzel aus der Diagonalen ist

$$\sqrt{D} = \begin{pmatrix} 1 & 0 & 0 \\ 0 & 2 & 0 \\ 0 & 0 & 1 \end{pmatrix}.$$

L von rechts mit $\sqrt{D}^{-1}$ multiplizieren ist dasselbe wie die Spalten von L durch die Diagonalelement von $\sqrt{D}$ teilen, U von links mit $\sqrt{D}$ multiplizieren ist dasselbe wie die Zeilen von U mit den Diagonalelementen von $\sqrt{D}$ zu multiplizieren. So erhält man die symmetrische Zerlegung

$$A = \begin{pmatrix} 1 & 0 & 0 \\ 2 & 2 & 0 \\ 1 & 3 & 1 \end{pmatrix} \begin{pmatrix} 1 & 2 & 1 \\ 0 & 2 & 3 \\ 0 & 0 & 1 \end{pmatrix} = BB^t.$$

Somit ist eine Zerlegung in der Form BB^t gefunden.   ◯

Ob die Bedingung, dass die Diagonal-Elemente in der Dreieckszerlegung nicht negativ sind dürfen, erfüllt ist, lässt sich nicht ohne weiteres entscheiden. Eine handlichere, und wie sich später herausstellen wird, gleichbedeutende Bedingung ist, dass die Matrix positiv definit sein muss (Definition 7.28).

Das im Beispiel gezeigte Verfahren zur Bestimmung der Zerlegung $A = BB^t$ fährt das schwere Geschütz der LU-Zerlegung auf. Dabei kann die Zerlegung auch direkt gefunden werden. Dazu schreibt man das Produkt BB^t aus und leitet daraus Bedingungen für die Einträge b_{ik} der Matrix B ab.

Beispiel 12.7. Mit der Matrix A des Beispiels 12.6 muss man eine Matrix B finden, für die gilt

$$BB^t = \begin{pmatrix} b_{11} & 0 & 0 \\ b_{21} & b_{22} & 0 \\ b_{31} & b_{32} & b_{33} \end{pmatrix} \begin{pmatrix} b_{11} & b_{21} & b_{31} \\ 0 & b_{22} & b_{32} \\ 0 & 0 & b_{33} \end{pmatrix} = \begin{pmatrix} b_{11}^2 & b_{11}b_{21} & b_{11}b_{31} \\ * & b_{21}^2 + b_{22}^2 & b_{21}b_{31} + b_{22}b_{32} \\ * & * & b_{31}^2 + b_{32}^2 + b_{33}^2 \end{pmatrix}.$$

Die Bedingungen, die man daraus ableiten kann, sind

$$b_{11}^2 = 1 \quad \Rightarrow \quad b_{11} = 1$$
$$b_{11}b_{21} = b_{21} = 2 \quad \Rightarrow \quad b_{21} = 2$$
$$b_{11}b_{31} = b_{31} = 1 \quad \Rightarrow \quad b_{31} = 1$$
$$b_{21}^2 + b_{22}^2 = 4 + b_{22}^2 = 8 \quad \Rightarrow \quad b_{22} = 2$$
$$b_{31}b_{21} + b_{32}b_{22} = 1 \cdot 2 + 2b_{32} = 8 \quad \Rightarrow \quad b_{32} = 3$$
$$b_{31}^2 + b_{32}^2 + b_{33}^2 = 1^2 + 3^2 + b_{33}^2 = 11 \quad \Rightarrow \quad b_{33} = 1.$$

In jeder Zeile sind aus früheren Rechnungen alle Unbekannten bis auf eine bereits ermittelt worden, man kann also immer auch die nächste finden.   ◯

Daraus können wir das folgende Resultat ableiten, das gleichzeitig eine neue Charakterisierung der positiv definiten Matrizen ist.

Satz 12.8 (Cholesky-Zerlegung). *Genau dann ist eine symmetrische Matrix A positiv definit, wenn sie eine sogenannte* Cholesky-Zerlegung *$A = BB^t$ hat, wobei B eine untere Dreiecksmatrix ist.*

Beweis. Der einzige Punkt, an dem der oben skizzierte Algorithmus versagen könnte, ist bei den Elementen, wo eine Quadratwurzel gezogen werden muss. Dies sind die Diagonalelemente. Um dies zu klären, führen wir den Algorithmus etwas formell durch.

Die Matrizen A und B können als Blockmatrizen

$$
A = \left(\begin{array}{c|c} a_{11} & a^t \\ \hline a & A' \end{array} \right), \qquad B = \left(\begin{array}{c|c} b_{11} & 0 \\ \hline b & B' \end{array} \right)
$$

geschrieben werden, mit $m-1$-dimensionalen Spaltenvektoren a und b. Aus $A = BB^t$ wird dann

$$
A = \left(\begin{array}{c|c} b_{11}^2 & b_{11} b^t \\ \hline b_{11} b & bb^t + B' B'^t \end{array} \right) \quad \Rightarrow \quad
\begin{array}{ll}
b_{11}^2 = a_{11} & \Rightarrow \quad b_{11} = \sqrt{a_{11}} \\[2mm]
b_{11} b = a & \Rightarrow \quad b = \dfrac{1}{b_{11}} a \\[2mm]
bb^t + B' B'^t = A'
\end{array}
$$

die erste Spalte von B kann also bestimmt werden, wenn $a_{11} > 0$ ist. Wegen $a_{11} = e_1^t A e_1 > 0$ ist dies immer möglich. Da die Matrix $A' - bb^t$ symmetrisch ist, haben wir das Problem darauf zurückgeführt, eine Cholesky-Zerlegung von $A' - bb^t$ zu finden. Dazu kann der gleiche Algorithmus verwendet werden, wir müssen aber einsehen, dass $A' - bb^t$ wieder positiv definit ist.

Da A positiv definit ist, wissen wir, dass $v^t A v > 0$ ist für $v \neq 0$. Wir zerlegen auch den Vektor v in die erste Komponente und den Rest,

$$
v = \left(\begin{array}{c} v_1 \\ \hline v' \end{array} \right),
$$

und berechnen damit

$$
v^t A v = v_1 a_{11} v_1 + v_1 a'^t v' + v'^t a' v_1 + v'^t A' v' > 0.
$$

Für $v_1 = 0$ folgt sofort, dass $v'^t A' v' > 0$ ist für $v' \neq 0$, also ist auch A' positiv definit.

Setzt man $v_1 = a' v / a_{11}$, dann wird daraus

$$
\begin{aligned}
0 < a_{11} \frac{(a'^t v')^2}{a_{11}^2} - 2 \frac{a'^t v'}{a_{11}} a'^t v' + v'^t A' v' &= v'^t A' v' - \frac{(a'^t v')^2}{a_{11}} \\
&= v'^t A' v' - v'^t \left(\frac{a}{\sqrt{a_{11}}} \frac{a^t}{\sqrt{a_{11}}} \right) v' \\
&= v'^t \left(A' - \frac{a}{\sqrt{a_{11}}} \frac{a^t}{\sqrt{a_{11}}} \right) v \\
&= v'^t (A' - bb^t) v'.
\end{aligned}
$$

Dies zeigt, dass die Matrix $A' - bb^t$ positiv definit ist. Der Algorithmus kann also auf die Matrix $A' - bb^t$ angewendet werden um die Matrix B' zu finden. □

Die Voraussetzung, dass die Matrix positiv definit sein muss, ist nur notwendig für die Eindeutigkeit der Zerlegung, wie das folgende Beispiel zeigt.

Beispiel 12.9. Die Matrix

$$A = \begin{pmatrix} 0 & 0 \\ 0 & 1 \end{pmatrix}$$

ist nicht positiv definit, da zum Beispiel $e_1^t A e_1 = 0$ ist. Sie hat aber trotzdem eine Cholesky-Zerlegung, zum Beispiel $A = AA^t$.

Sie hat sogar unendlich viele Cholesky-Zerlegungen. Wählte man b_1 und b_2 so, dass $b_1^2 + b_2^2 = 1$ ist, dann ist

$$\begin{pmatrix} 0 & 0 \\ b_1 & b_2 \end{pmatrix} \begin{pmatrix} 0 & b_1 \\ 0 & b_2 \end{pmatrix} = \begin{pmatrix} 0 & 0 \\ 0 & b_1^2 + b_2^2 \end{pmatrix} = A,$$

eine Cholesky-Zerlegung von A. $\bigcirc$

12.4   QR-Zerlegung

Die QR-Zerlegung stellt eine beliebige Matrix A als Produkt

$$A = \begin{pmatrix} a_{11} & a_{12} & a_{13} & \cdots & a_{1n} \\ a_{21} & a_{22} & a_{23} & \cdots & a_{2n} \\ a_{31} & a_{32} & a_{33} & \cdots & a_{3n} \\ \vdots & \vdots & \vdots & \ddots & \vdots \\ a_{m1} & a_{m2} & a_{m3} & \cdots & a_{mn} \end{pmatrix} = \begin{pmatrix} q_{11} & q_{12} & a_{13} & \cdots & q_{1m} \\ q_{21} & q_{22} & a_{23} & \cdots & q_{2m} \\ q_{31} & q_{32} & a_{33} & \cdots & q_{2m} \\ \vdots & \vdots & \vdots & \ddots & \vdots \\ q_{m1} & q_{m2} & a_{m3} & \cdots & q_{mm} \end{pmatrix} \begin{pmatrix} r_{11} & r_{12} & r_{13} & \cdots & r_{1n} \\ 0 & r_{22} & r_{23} & \cdots & r_{2n} \\ 0 & 0 & r_{33} & \cdots & r_{3n} \\ \vdots & \vdots & \vdots & \ddots & \vdots \\ 0 & 0 & 0 & \cdots & r_{mn} \end{pmatrix} = QR$$

dar, wobei Q eine orthogonale Matrix ist und R eine obere Dreiecksmatrix. Das Produkt von Q mit der Spalte k kann als Linearkombination

$$A_{:,k} = \begin{pmatrix} a_{1k} \\ a_{2k} \\ \vdots \\ a_{mk} \end{pmatrix} = r_{1k} \begin{pmatrix} q_{11} \\ q_{21} \\ \vdots \\ q_{m1} \end{pmatrix} + r_{2k} \begin{pmatrix} q_{12} \\ q_{22} \\ \vdots \\ q_{m2} \end{pmatrix} + \cdots + r_{mk} \begin{pmatrix} q_{1m} \\ q_{2m} \\ \vdots \\ q_{mm} \end{pmatrix} = r_{1k} Q_{:,1} + r_{2k} Q_{:,2} + \cdots + r_{mk} Q_{:,m}$$

von Spaltenvektoren von Q verstanden werden. Graphisch können wir das auch wie folgt darstellen:

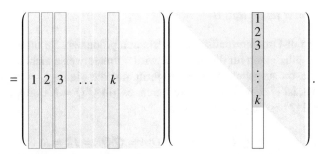

Die Spalten $k + 1$ bis m der Matrix Q werden für die Berechnung der Spalte k von A nicht gebraucht, da die Elemente $k + 1$ bis m in der k-ten Spalte von R verschwinden.

12.4.1 Gram-Schmidt-Orthonormalisierung und QR-Zerlegung

So wie die LU-Zerlegung nichts anderes war als eine andere Schreibweise für den Gauß-Algorithmus, ist auch die QR-Zerlegung nicht viel mehr als eine neue Schreibweise für den Gram-Schmidt-Orthonormalisierungsalgorithmus.

Matrizeninterpretation das Gram-Schmidt-Algorithmus

Das Gram-Schmidt-Orthonormalisierungsverfahren von Satz 7.17 erzeugt aus einer linear unabhängigen Menge $\mathcal{A} = \{a_1, \ldots, a_n\}$ von m-dimensionalen Spaltenvektoren eine neue Menge $\mathcal{B} = \{b_1, \ldots, b_n\}$ von orthonormierten Vektoren derart, dass jeder Vektor b_i Linearkombination der Vektoren $a_1, \ldots, a_i$ ist. Es gibt also Zahlen t_{ik} derart, dass

$$b_i = t_{1i}a_1 + t_{2i}a_2 + \cdots + t_{ii}a_i + 0 \cdot a_{i+1} + \cdots + 0 \cdot a_{n+1}. \tag{12.1}$$

Die Vektoren b_i kann man betrachten als die Spaltenvektoren einer Matrix B. Damit wird (12.1) zu

$$b_i = A \begin{pmatrix} t_{1i} \\ t_{2i} \\ \vdots \\ t_{ii} \\ 0 \\ \vdots \\ 0 \end{pmatrix} \quad \Rightarrow \quad B_{:,i} = AT_{:,i} \quad \Rightarrow \quad B = AT, \tag{12.2}$$

wobei T die $n \times n$-Matrix mit Einträgen t_{ki} und B die $m \times n$-Matrix mit Spalten b_i ist.

Das Gram-Schmidt-Verfahren stellt sicher, dass die Vektoren b_i orthonormiert sind. Sie erfüllen also $b_i^t b_k = \delta_{ik}$ oder in Matrixschreibweise $B^t B = I$, insbesondere ist B eine orthogonale Matrix.

Das Verfahren stellt auch sicher, dass die Matrix T invertierbar ist, es ist also erlaubt von $R = T^{-1}$ zu sprechen. Aus (12.2) wird jetzt

$$B = AT \quad \Rightarrow \quad \underbrace{B}_{= Q}\, \underbrace{T^{-1}}_{= R} = A,$$

die QR-Zerlegung der Matrix A.

Bestimmung von R aus A und B

Das Gram-Schmidt-Orthonormalisierungsverfahren produziert die orthogonale Matrix Q, aber über die Koeffizienten für die Matrix R wird normalerweise nicht Buch geführt. Man kann also nur davon ausgehen, dass der Algorithmus die Matrix $Q = B$ geliefert hat. Da Q orthogonal ist, ist Q sehr leicht zu invertieren, es gilt $Q^t Q = I$. Damit kann man jetzt R direkt aus A und Q bestimmen, nämlich mit

$$A = QR \quad \Rightarrow \quad Q^t A = Q^t QR = IR = R.$$

Da Q^t leicht zu berechnen ist, ist auch R einfach zu finden. Es ist insbesondere nicht nötig, die Matrix R durch Invertieren der Dreiecksmatrix T zu bestimmen.

12.4.2   QR-Zerlegung mit Reflektoren

Die Bestimmung der QR-Zerlegung mit Hilfe des Gram-Schmidtschen Or-thonormalisierungsverfahrens hat den Nachteil, numerisch nicht immer stabil zu sein. In diesem Abschnitt wird daher ein alternatives Verfahren vorgestellt, mit dem die QR-Zerlegung auf numerisch zuverlässigere Art bestimmt werden kann.

linalg.ch/video/11

Reflektoren

Wir schreiben die QR-Zerlegung $A = QR$ in der Form $Q^t A = R$ und interpretieren diese Form geometrisch. Wir schreiben $a_i = (A)_{:,i}$ für die Spaltenvektoren von A und $r_i = (R)_{:,i}$ für die Spaltenvektoren von R. Die erste Spalte der Matrix R entsteht dadurch, dass die Matrix Q^t auf die erste Spalte von A wirkt. Q^t ist orthogonal, also ändert Q^t die Länge des Vektors nicht. Die Wirkung von Q^t auf a_1 ist daher

$$Q^t a_1 = r_1 = \begin{pmatrix} r_{11} \\ 0 \\ \vdots \\ 0 \end{pmatrix}$$

Damit ist klar, dass $r_{11} = |a_1|$ gewählt werden muss. Wir suchen daher eine orthogonale Matrix, die den Vektor a_1 auf den Vektor r_1 abbildet. Dazu kann die Spiegelung an der Ebene durch 0 senkrecht auf $n = a_1 - r_1$. Die Matrix dieser Spiegelung ist nach (7.12)

$$S_1 = S_n = I - 2 \frac{(a_1 - r_1)(a_1 - r_1)^t}{|a_1 - r_1|^2}.$$

Diese Spiegelung bildet a_1 auf $S_1 a_1 = r_1$ ab.

Reduktion von A auf A_1

Als Matrix ausgeschrieben ist die Wirkung von S_1

$$S_1 A = S_1 \begin{pmatrix} a_{11} & a_{12} & \cdots & a_{1n} \\ a_{22} & a_{22} & \cdots & a_{2n} \\ \vdots & \vdots & \ddots & \vdots \\ a_{m1} & a_{m2} & \cdots & a_{mn} \end{pmatrix} = \left(\begin{array}{c|ccc} r_{11} & * & \cdots & * \\ \hline 0 & & & \\ \vdots & & A_1 & \\ 0 & & & \end{array} \right)$$

Die Matrix S_1 erreicht also das erwartete Resultat für die erste Spalte, aber die restlichen Spalten haben noch nicht das korrekte Format.

Iteration

Die gleiche Idee kann jetzt auf die kleinere Matrix A_1 angewendet werden. Es gibt also eine Spiegelungsmatrix S_2 derart, dass

$$S_2 A_1 = \left(\begin{array}{c|ccc} r_{22} & * & \cdots & * \\ \hline 0 & & & \\ \vdots & & A_2 & \\ 0 & & & \end{array} \right).$$

Die Matrix S_2 ist eine $(m-1) \times (m-1)$-Matrix, wir können sie in eine $m \times m$-Matrix

$$\tilde{S}_2 = \left(\begin{array}{c|ccc} 1 & 0 & \cdots & 0 \\ \hline 0 & & & \\ \vdots & & S_2 & \\ 0 & & & \end{array} \right)$$

einbetten. Damit wird

$$\tilde{S}_2 S_1 A = \left(\begin{array}{cc|ccc} r_{11} & * & * & \cdots & * \\ 0 & r_{22} & * & \cdots & * \\ \hline 0 & 0 & & & \\ \vdots & \vdots & & A_2 & \\ 0 & 0 & & & \end{array} \right)$$

Wir können also die Matrix erneut verkleinern.

Konstruktion der QR-Zerlegung

Die vorangegangenen Abschnitte zeigen, dass es orthogonale Matrizen $S_1, \tilde{S}_2, \ldots, \tilde{S}_l$ gibt derart, dass

$$\tilde{S}_l \cdots \tilde{S}_2 S_1 A = \begin{pmatrix} r_{11} & r_{12} & \cdots & r_{1n} \\ 0 & r_{22} & \cdots & r_{2n} \\ \vdots & \vdots & \cdots & \vdots \\ 0 & 0 & \cdots & r_{nn} \end{pmatrix}. \tag{12.3}$$

Die Matrizen $\tilde{S}_i$ und S_1 sind leicht zu invertieren, damit kann (12.3) umgestellt werden in

$$A = \underbrace{S_1^t \tilde{S}_2^t \cdot \ldots \cdot \tilde{S}_m^t}_{= Q} R.$$

Die Matrix Q ist als Produkt orthogonaler Matrizen ebenfalls orthogonal. Damit ist die QR-Zerlegung gefunden.

QR-Algorithmus für nicht quadratische Matrizen

Der oben skizzierte Algorithmus funktioniert auch, wenn $n \neq m$ ist.

Der Fall $m < n$:

$$\begin{pmatrix} a_{11} & \cdots & a_{1m} & a_{1,m+1} & \cdots & a_{1n} \\ \vdots & \ddots & \vdots & \vdots & \ddots & \vdots \\ a_{m1} & \cdots & a_{mm} & a_{m,m+1} & \cdots & a_{mn} \end{pmatrix} = \begin{pmatrix} q_{11} & \cdots & q_{1m} \\ \vdots & \ddots & \vdots \\ q_{m1} & \cdots & q_{mm} \end{pmatrix} \begin{pmatrix} r_{11} & \cdots & r_{1m} & r_{1,m+1} & \cdots & r_{1n} \\ \vdots & \ddots & \vdots & \vdots & \ddots & \vdots \\ 0 & \cdots & r_{mm} & r_{m,m+1} & \cdots & r_{mn} \end{pmatrix}.$$

Dies ist genau die Form der Matrizen, die erwartet war.

Der Fall $m > n$: Für $m > n$ liefert der Algorithmus

$$\begin{pmatrix} a_{11} & \cdots & a_{1n} \\ \vdots & \ddots & \vdots \\ a_{n1} & \cdots & a_{nn} \\ a_{n+1,1} & \cdots & a_{n+1,n} \\ \vdots & \ddots & \vdots \\ a_{m1} & \cdots & a_{mn} \end{pmatrix} = \begin{pmatrix} q_{11} & \cdots & q_{1n} & q_{1,n+1} & \cdots & q_{1m} \\ \vdots & \ddots & \vdots & \vdots & \ddots & \vdots \\ q_{n1} & \cdots & q_{nn} & q_{n,n+1} & \cdots & q_{nm} \\ q_{n+1,1} & \cdots & q_{n+1,n} & q_{n+1,n+1} & \cdots & q_{n+1,m} \\ \vdots & \ddots & \vdots & \vdots & \ddots & \vdots \\ q_{m1} & \cdots & q_{mn} & q_{m,n+1} & \cdots & q_{mm} \end{pmatrix} \begin{pmatrix} r_{11} & \cdots & r_{1n} \\ \vdots & \ddots & \vdots \\ 0 & \cdots & r_{nn} \\ 0 & \cdots & 0 \\ \vdots & \ddots & \vdots \\ 0 & \cdots & 0 \end{pmatrix}.$$

Da der untere Teil der Matrix R nur aus Nullen besteht, kann auch der rechte Teil der Matrix Q weggelassen werden. Die QR-Zerlegung vereinfacht sich in diesem Fall zu

$$\begin{pmatrix} a_{11} & \cdots & a_{1n} \\ \vdots & \ddots & \vdots \\ a_{n1} & \cdots & a_{nn} \\ a_{n+1,1} & \cdots & a_{n+1,n} \\ \vdots & \ddots & \vdots \\ a_{m1} & \cdots & a_{mn} \end{pmatrix} = \begin{pmatrix} q_{11} & \cdots & q_{1n} \\ \vdots & \ddots & \vdots \\ q_{n1} & \cdots & q_{nn} \\ q_{n+1,1} & \cdots & q_{n+1,n} \\ \vdots & \ddots & \vdots \\ q_{m1} & \cdots & q_{mn} \end{pmatrix} \begin{pmatrix} r_{11} & \cdots & r_{1n} \\ \vdots & \ddots & \vdots \\ 0 & \cdots & r_{nn} \end{pmatrix}.$$

Numerische Schwierigkeiten

Der Vektor n, aus dem die Spiegelung berechnet wird, kann sehr klein sein, wenn der Spaltenvektor a_1 schon fast der "richtige" Vektor ist. Da n eine Differenz fast gleicher Vektoren ist, wird die Genauigkeit von n durch Auslöschung reduziert. Die Anzahl korrekter Stellen in der Matrix S_1 wird dadurch reduziert.

Die Schwierigkeit kann wie folgt umgangen werden. Der Vektor n wird klein, wenn der Spaltenvektor a_1 schon sehr nahe beim Vektor $|a_1| \cdot e_1$ mit $|a_1|$ als erste Komponente ist. Man könnte aber genauso gut den Vektor mit $-|a_1|$ als erster Komponente wählen. Davon wird a_1 ungefähr die Entfernung $2|a_1|$ haben. Dadurch erhält man ein negatives Vorzeichen für $r_{11} = -|a_1|$, aber es war ja nicht verlangt, dass r_{11} positiv sein müsste (dies ist nur im Satz 7.17 von Gram-Schmidt gefordert).

Beispiel 12.10. Man kann Octave provozieren, den einen oder anderen möglichen Vektor zu wählen, indem man für A eine Matrix sehr nahe bei der Einheitsmatrix I oder bei $-I$ wählt.

```
octave:1> A = eye(2) + 1e-5 * rand(2,2)
A =

   1.0000e+00   3.3799e-07
   1.0866e-06   1.0000e+00

octave:2> [Q, R] = qr(A)
Q =

  -1.0000e+00  -1.0866e-06
  -1.0866e-06   1.0000e+00

R =

  -1.0000  -0.0000
       0   1.0000
```

```
octave:1> A = -eye(2) + 1e-5 * rand(2,2)
A =

  -1.0000e+00   5.4272e-06
   1.8891e-06  -9.9999e-01

octave:2> [Q, R] = qr(A)
Q =

  -1.0000e+00   1.8891e-06
   1.8891e-06   1.0000e+00

R =

   1.0000  -0.0000
       0  -1.0000
```

Im linken Beispiel ist A sehr nahe bei I. Die Wahl des positiven Zeichens für die erste Komponente in der ersten Spalte würde zu einem sehr kleinen n, zu Auslöschung und damit zu einem ungenauen Resultat führen. Octave wählt daher ein negatives Element. Im Beispiel rechts ist A dagegen nahe bei $-I$ und das postive Vorzeichen für die erste Komponente ist numerische günstiger.   ○

QR-Algorithmus mit Givens-Rotationen

Die Matrizen $\tilde{S}_i$ und S_1 sind Spiegelungen, somit ist ihre Determinante -1. Die Determinante von Q ist daher $\det Q = (-1)^{n-1}$. Q ist zwar immer orthogonal, für gerade n aber nicht unbedingt eine Drehung. Diese Schwierigkeit kann behoben werden, indem statt der Spiegelungen ein Drehungen in einer Ebene senkrecht auf den bereits orthogonalisierten Vektoren verwendet wird. Solche sogenannten *Givens-Rotationen* sind natürlich auch orthogonal, haben aber zusätzlich Determinante $+1$. Dadurch wird Q auf jeden Fall eine Matrix in SO(n).

12.4.3 Kleinste Quadrate und die QR-Zerlegung

In Abschnitt 7.8 haben wir bereits ein Verfahren kennengelernt, mit dem überbestimmte Gleichungssysteme der Form $Ax = b$ gelöst werden können, wobei A eine $m \times n$-Matrix mit $m > n$ ist. Die QR-Zerlegung kann dazu verwendet werden, eine Lösung zu finden.

Problemstellung

Gesucht wird ein Vektor x derart, dass $|Ax - b|$ möglichst klein wird. Aus der Geometrie (oder Abschnitt 7.8.1) wissen wir, dass der Vektor $Ax - b$ auf allen Spaltenvektoren von A senkrecht steht. Die Aufteilung

$$b = (b - Ax) + Ax$$

ist daher eine Zerlegung von b in orthogonale Komponenten. Die Komponente Ax liegt im von den Spaltenvektoren von A aufgespannten Unterraum, $b - Ax$ ist darauf senkrecht.

QR-Zerlegung und Orthogonalzerlegung

Die QR-Zerlegung von A hat die Form

$$(12.4)$$

Die Matrix R_0 ist eine obere Dreiecksmatrix.

Die Spalten von $Q_{\|}$ bilden eine orthonormierte Basis des von den Spalten von A aufgespannten Unterraumes. Die Spalten von $Q_{\perp}$ sind dazu senkrecht, sie bilden also eine Basis für einen Unterraum, in dem $Ax - b$ liegt.

Lösung des überbestimmten Problems

Multipliziert man (12.4) mit Q^t von links, wird die Gleichung zu

$$(12.5)$$

Da der untere Teil der Matrix R verschwindet, spielt auch der untere Teil von Q^t keine Rolle. Die Gleichung für x wird damit zu

$$Q_{\|}^t b = R_0 x.$$

Da R_0 eine obere Dreicksmatrix ist, ist das Gleichungssystem $R_0 x = Q_{\|}^t b$ sehr effizient nach x auflösbar.

Beispiel 12.11. Wir verwenden die QR-Zerlegung um das überbestimmte Gleichungssystem

$$\begin{pmatrix} -2 & 1 \\ 2 & 3 \\ 1 & 2 \end{pmatrix} \begin{pmatrix} x_1 \\ x_2 \end{pmatrix} = \begin{pmatrix} 2 \\ 1 \\ 4 \end{pmatrix}$$

zu lösen. Zunächst brauchen wir die QR-Zerlegung von A, die wir mit Octave oder Matlab wir folgt finden können:

```
octave:2> [Q, R] = qr(A)
Q =

  -0.6667  -0.7379  -0.1054
   0.6667  -0.5270  -0.5270
   0.3333  -0.4216   0.8433

R =

   3.0000   2.0000
        0  -3.1623
        0        0
```

Die dritte Spalte von Q wird nicht gebraucht, ebenso die dritte Zeile von R. Für die bestmögliche Lösung des überbestimmen Gleichungssystems kann jetzt mit dem Gleichungssystem

$$R_0 x = \begin{pmatrix} 3.0000 & 2.0000 \\ 0 & -3.1623 \end{pmatrix} \begin{pmatrix} x_1 \\ x_2 \end{pmatrix} = Q^t_{\parallel} b = \begin{pmatrix} -0.6667 & 0.6667 & 0.3333 \\ -0.7379 & -0.5270 & -0.4216 \end{pmatrix} \begin{pmatrix} 2 \\ 1 \\ 4 \end{pmatrix} = \begin{pmatrix} 0.6667 \\ -3.6893 \end{pmatrix}$$

die Lösung

$$\begin{pmatrix} x_1 \\ x_2 \end{pmatrix} = \begin{pmatrix} -0.5556 \\ 1.1667 \end{pmatrix}$$

gefunden werden.   ○

12.4.4 Anwendung: geometrische Zerlegung einer Abbildung

Die QR-Zerlegung kann dazu verwendet werden, eine lineare Abbildung in besser verständliche geometrische Einzelabbildungen zu zerlegen. Dies wird auch im nebenan verlinkten Video animiert gezeigt. Wir erklären diese Interpretation am Beispiel einer 3×3-Matrix A. Sei also $A = QR$ die QR-Zerlegung der Matrix A. Q ist eine orthogonale Abbildung, also eine Drehung und/oder Spiegelung, wir wollen den Faktor R besser verstehen.

linalg.ch/video/12

Zerlegung der Dreiecksmatrix R

In diesem Abschnitt soll die Matrix R noch weiter zerlegt werden. Zunächst zerlegen wir die Dreiecksmatrix in eine Diagonalmatrix und eine unitale Matrix

$$R = \begin{pmatrix} r_{11} & r_{12} & r_{13} \\ 0 & r_{22} & r_{23} \\ 0 & 0 & r_{33} \end{pmatrix} = \underbrace{\begin{pmatrix} 1 & u_{12} & u_{13} \\ 0 & 1 & u_{23} \\ 0 & 0 & 1 \end{pmatrix}}_{= U} \begin{pmatrix} s_1 & 0 & 0 \\ 0 & s_2 & 0 \\ 0 & 0 & s_3 \end{pmatrix} = \begin{pmatrix} s_1 & s_2 u_{12} & s_3 u_{13} \\ 0 & s_2 & s_3 u_{23} \\ 0 & 0 & s_3 \end{pmatrix}.$$

Daraus können die Einträge von U und S als

$$s_1 = r_{11}, \quad u_{12} = r_{12} s_1^{-1}$$
$$s_2 = r_{22}, \quad u_{13} = r_{13} s_1^{-1}$$
$$s_3 = r_{33}, \quad u_{23} = r_{23} s_2^{-1}$$

bestimmt werden.

Die unitale Matrix U kann ihrerseits noch weiter zerlegt werden. Dabei folgen wir dem Muster, das bei der Analyse der LU-Zerlegung erfolgreich war. Es ist

$$U = \begin{pmatrix} 1 & u_{12} & u_{13} \\ 0 & 1 & u_{23} \\ 0 & 0 & 1 \end{pmatrix} = \underbrace{\begin{pmatrix} 1 & 0 & 0 \\ 0 & 1 & u_{23} \\ 0 & 0 & 1 \end{pmatrix}}_{= U_{23}} \underbrace{\begin{pmatrix} 1 & u_{12} & 0 \\ 0 & 1 & 0 \\ 0 & 0 & 1 \end{pmatrix}}_{= U_{12}} \underbrace{\begin{pmatrix} 1 & 0 & u_{13} \\ 0 & 1 & 0 \\ 0 & 0 & 1 \end{pmatrix}}_{= U_{13}}.$$

Auch die Diagonalmatrix S kann weiter zerlegt werden in

$$S = \begin{pmatrix} s_1 & 0 & 0 \\ 0 & s_2 & 0 \\ 0 & 0 & s_3 \end{pmatrix} = \begin{pmatrix} s_1 & 0 & 0 \\ 0 & 1 & 0 \\ 0 & 0 & 1 \end{pmatrix} \begin{pmatrix} 1 & 0 & 0 \\ 0 & s_2 & 0 \\ 0 & 0 & 1 \end{pmatrix} \begin{pmatrix} 1 & 0 & 0 \\ 0 & 1 & 0 \\ 0 & 0 & s_3 \end{pmatrix}.$$

Insgesamt haben wir also R zerlegt in Faktoren

$$R = U_{23} U_{12} U_{13} S_1 S_2 S_3.$$

Man beachte, dass die Faktoren S_i untereinander vertauschbar sind. Von den Faktoren U_{ik} sind nur U_{23} und U_{13} vertauschbar.

Geometrische Interpretation der Faktoren

Die Faktoren S_i sind Streckungen entlang der Achse i. Die Matrix U_{ik} lässt alle Standardbasisvektoren unverändert außer dem k-ten. Dessen i-te Komponente wird um u_{ik} vergrößert. Dies ist geometrisch eine Scherung des k-ten Spaltenvektors um die Distanz u_{ik} in Richtung e_i.

Damit ist jetzt auch die Matrix A in geometrisch verständliche Faktoren zerlegt.

$$A = Q U_{23} U_{12} U_{13} S_1 S_2 S_3$$

bedeutet, dass A

1. zunächst die Achse i um den Faktor s_i streckt, dann

2. den k-ten Standardbasisvektor um u_{ik} in Richtung des i-ten Standardbasisvektors schehrt, und

3. zum Schluss den Raum mit der Drehmatrix Q dreht.

Natürlich kann man für die Zerlegung von R auch eine andere Reihenfolge der Diagonal- und Dreiecksmatrizen wählen. Dies ändert grundsätzlich nichts an der Interpretation, A setzt sich zusammen aus Skalierungen, Scherungen und einer abschließenden Drehung.

12.5 Singulärwertzerlegung

Zu einer diagonalisierbaren Matrix A gibt es eine Matrix T derart, dass $A = T^{-1}DT$, wobei D die Diagonalmatrix mit den Eigenwerten auf der Diagonalen ist. Für eine symmetrische Matrix ist dies sogar mit einer orthogonalen Matrix T möglich (Satz 11.22). Die Zerlegung $T^{-1}DT$ stellt die symmetrische Matrix A als Zusammensetzung von Drehungen T und Streckungen D dar. Die Singulärwertzerlegung erweitert diese Möglichkeit auf beliebige $m \times n$-Matrizen.

12.5.1 Singulärwerte

Ziel dieses Abschnitts ist die Formulierung der Singulärwertzerlegung im nachfolgenden Satz und ihre Verwendung zur Beschreibung von Kern und Bild einer linearen Abbildung. Der Beweis des Satzes wird in Abschnitt 12.5.3 nachgereicht.

Satz 12.12 (Singulärwertzerlegung). *Sei A eine beliebige $m \times n$-Matrix in $M_{m \times n}(\mathbb{R})$ mit Rang r. Dann gibt es orthogonale Matrizen $U \in O(m)$ und $V \in O(n)$ und positive Zahlen $\sigma_1 \geq \sigma_2 \geq \cdots \geq \sigma_r \in \mathbb{R}$, die Singulärwerte, derart, dass $A = U\Sigma V^t$, wobei Σ eine $m \times n$-Matrix ist, deren einzige nichtverschwindenden Einträge die Diagonalelemente $\sigma_{ii} = \sigma_i$ mit $i \leq r$ sind.*

Die Zerlegung kann schematisch wie folgt dargestellt werden:

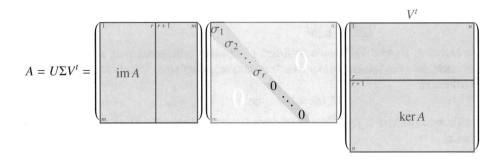

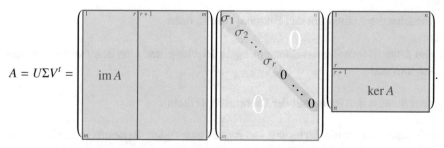

$$A = U\Sigma V^t =$$

Beide stellen die Matrix A als Zusammensetzung von Drehungen U, V^t und Streckungen Σ dar.

Kern und Bild

Die Spalten von V bilden eine orthonormierte Basis von $\mathbb{R}^n$. Das Produkt $V^t x$ berechnet die Komponenten des Vektors $x \in \mathbb{R}^n$ in der Basis V. Das Produkt mit Σ macht alle Komponenten mit Index $> r$ zu Null. Da U eine orthogonale Matrix ist und damit Längen erhält, ändert die Multiplikation mit U nichts mehr daran, ob ein Vektor auf 0 abgebildet wird. Somit sind genau diejenigen Vektoren im Nullraum von A, deren erste r Komponenten in der Basis V verschwinden. Der Nullraum von A hat daher die Spalten $r + 1$ bis n von V als Basis.

Nur die ersten r Komponenten von $\Sigma V^t x$ können von 0 verschieden sein. Für das Produkt mit U sind daher die Spalten $r + 1$ bis m von U unwichtig, sie werden ohnehin mit 0 multipliziert. Somit bilden die ersten r Spaltenvektoren von U eine Basis des Bildes von A.

Minimale Zerlegung

Die Spalten $r + 1$ bis n von V werden auf 0 abgebildet und die Spalten $r + 1$ bis m von U treten im Bild gar nicht auf. Lässt man diese Spalten weg, erhält die Singulärwertzerlegung die kompaktere Form

$$A = U_0 \Sigma_0 V_0^t = \qquad\qquad\qquad\qquad\qquad\qquad . \qquad (12.6)$$

Die Matrizen U_0 und V_0 können natürlich nicht mehr orthogonal sein, aber es gilt immer noch, dass die Spalten beider Matrizen orthonormiert sind. Dies lässt sich durch die Gleichungen

$$U_0^t U_0 = I_r \qquad \text{und} \qquad V_0^t V_0 = I_r$$

ausdrücken. Die Matrix Σ_0 enthält nur die von 0 verschiedenen Singulärwerte und ist damit regulär.

Aus der minimalen Zerlegung (12.6) kann immer eine Zerlegung nach Satz 12.12 konstruiert werden, indem man die Spalten der Matrizen U_0 und V_0 zu einer Basis von $\mathbb{R}^m$ bzw. $\mathbb{R}^n$ ergänzt und daraus die Matrizen U und V bildet.

12.5.2 Eindeutigkeit der Singulärwertzerlegung

Die Singulärwertzerlegung ist im Allgemeinen nicht eindeutig. In diesem Abschnitt sollen die verbleibenden Freiheitsgrade in der Wahl der Matrizen U und V der Singulärwertzerlegung bestimmt werden.

Freiheitsgrad 1: Vektoren im Kern

Die Spalten $r + 1$ bis n von V werden von A auf 0 abgebildet. Eine beliebige Linearkombination wird ebenfalls auf 0 abgebildet. Außerdem sind diese Spalten orthogonal auf auf den Spalten 1 bis r von V. Durch Multiplikation von V von rechts mit einer orthogonalen Matrix der Form

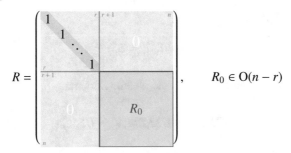

$$R = \begin{pmatrix} 1 & & & & & \\ & 1 & & & & \\ & & \ddots & & 0 & \\ & & & 1 & & \\ & & & & & \\ & 0 & & & R_0 & \end{pmatrix}, \qquad R_0 \in O(n-r)$$

kann jede beliebige andere Matrix $V' = VR$ entstehen. Dies entspricht einer orthogonalen Transformation im Unterraum aufgespannt von den Spalten $r+1$ bis n. Da die Spalten $r+1$ bis n von Σ alle 0 sind, ist $\Sigma R^t = \Sigma$. Daher führt die Matrix V' auf dieselbe Zerlegung, weil

$$U\Sigma V'^t = U\Sigma(VR)^t = U\Sigma R^t V^t = U\Sigma V^t.$$

Freiheitsgrad 2: Vektoren nicht im Bild

Die Spalten $r + 1$ bis m in U kommen im Bild gar nicht vor, daher können sie durch jede beliebige Linearkombination ersetzt werden. Die Multiplikation von U von rechts mit einer Matrix der Form

$$L = \begin{pmatrix} 1 & & & & & \\ & 1 & & & & \\ & & \ddots & & 0 & \\ & & & 1 & & \\ & & & & & \\ & 0 & & & L_0 & \end{pmatrix}, \qquad L_0 \in O(m-r)$$

ergibt eine Matrix $U' = UL$, die wegen $L\Sigma = L$ die gleiche Zerlegung ergibt, nämlich

$$U'\Sigma V^t = UL\Sigma V^t = U\Sigma V^t.$$

Freiheitsgrad 3: Mehrfache Singulärwerte

Wir nehmen jetzt an, dass einige der Singulärwerte gleich sind. Die Singulärwerte σ_i bis σ_j seien alle gleich. Dann können wir eine Matrix $M_0 \in O(l)$ mit $l = j - i + 1$ wählen und die Matrizen

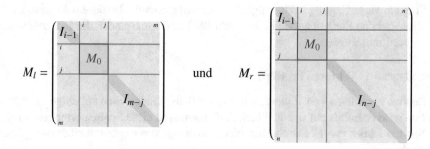

konstruieren. Da $M_0^t M_0 = I$ folgt

$$M_l \Sigma M_r^t = \Sigma.$$

Dann ergeben $U' = U M_l$ und $V' = V M_r$ die gleiche Zerlegung

$$U' \Sigma (V')^t = U M_l \Sigma M_r^t V^t = U \Sigma V^t.$$

Freiheitsgrad 4: $O(1)$ **Symmetrie für jeden Singulärwert**

Selbst wenn ein Singulärwert nur einmal vorkommt, sind U und V nicht eindeutig. Es ist immer noch möglich, das Vorzeichen der Spalte i von U wie auch von V umzukehren und wieder eine Singulärwert-Zerlegung zu erhalten. Für $j = i$ wird dies zum vorangegangenen Fall, die Wahl des Vorzeichens entspricht der Wahl von $M_0 \in O(1) = \{\pm 1\}$.

12.5.3   Singulärwerte und Eigenwerte

Ausgehend von der Singulärwertzerlegung $A = U \Sigma V^t$ kann man die symmetrischen Matrizen

$$AA^t = U \Sigma \underbrace{V^t V}_{= I} \Sigma^t U^t = U \Sigma \Sigma^t U^t \tag{12.7}$$

$$A^t A = V \Sigma^t \underbrace{U^t U}_{= I} \Sigma V^t = V \Sigma^t \Sigma V^t \tag{12.8}$$

gewinnen. Dies sind die Gram-Matrizen der Zeilen- bzw. Spaltenvektoren der Matrix A. Die Produkte der Singulärwertmatrizen sind

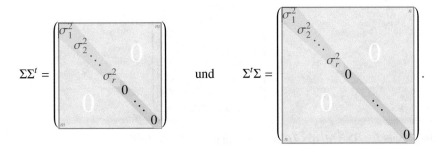

$$\Sigma\Sigma^t = \qquad\text{und}\qquad \Sigma^t\Sigma = \qquad .$$

Die Gleichungen (12.7) und (12.8) besagen jetzt, dass die Matrizen AA^t und A^tA durch die Matrizen U bzw. V diagonalisiert werden.

Eine Singulärwertzerlegung kann jetzt wie folgt gefunden werden. Da die Matrizen AA^t und A^tA symmetrisch sind, können sie mit einer orthogonalen Matrix diagonalisiert werden. Es gibt also eine $m \times m$-Matrix $V \in O(n)$ derart, dass

$$A^tA = V\Sigma^t\Sigma V^t$$

diagonal ist. Die Matrix V ist nicht eindeutig, da die Matrix $\Sigma^t\Sigma$ mehrfache Eigenwerte haben kann. Sie kann aber so gewählt werden, dass die Eigenwerte absteigend sind, also

$$\lambda_1 \geq \lambda_2 \geq \cdots \geq \lambda_r > \lambda_{r+1} = \cdots = \lambda_n = 0.$$

Die Singulärwerte sind dann $\sigma_i = \sqrt{\lambda_i}$ für $i \leq r$.

Gesucht ist jetzt nur noch eine Matrix $U \in O(m)$ derart, dass $A = U\Sigma V^t$. Dabei können wir nur erwarten, dass wir die ersten r Spalten eindeutig bestimmen können, die Spalten $r + 1$ bis m können dann durch Ergänzen zu einer orthonormierten Basis beliebig gewählt werden (Freiheitsgrad 2 in Abschnitt 12.5.2). Für die Spalten 1 bis r müssen wir

$$U_1 = AV \qquad = AV\Sigma_0$$

$$= \Sigma_0$$

wählen. Die Spalten von U_1 sind orthonormiert, denn

$$U_1^t U_1 = V^t A^t A V = \Sigma_0^t \Sigma\Sigma^t \Sigma_0 = I.$$

Durch Vervollständigen der Spalten von U_1 zu einer orthonormierten Basis von $\mathbb{R}^m$ kann jetzt

$$U = \begin{array}{|c|c|} \hline & \\ U_1 & \\ & \\ \hline \end{array}$$

gefunden werden. Die Matrix U ist orthogonal und $A = U\Sigma V^t$.

12.5.4 Pseudoinverse

Eine $m \times n$-Matrix A mit $m \neq n$ kann nicht invertiert werden. Man kann aber fragen, ob es eine Matrix $A^\dagger$ gibt, die soweit wie möglich eine Inverse ist.

Definition 12.13 (Pseudoinverse). *Die Matrix $A^\dagger \in M_{n \times m}(\mathbb{R})$ heißt Pseudoinverse der Matrix $A \in M_{m \times n}(\mathbb{R})$, wenn*

$$A^\dagger A = \begin{array}{|cc|} \hline I_r & 0 \\ 0 & 0 \\ \hline \end{array} = P_r \in M_n(\mathbb{R})$$

und

$$AA^\dagger = \begin{array}{|cc|} \hline I_r & 0 \\ 0 & 0 \\ \hline \end{array} = P_r \in M_m(\mathbb{R})$$

gilt. Dabei ist $r = \operatorname{rank} A$.

Für die Singulärwertmatrix Σ kann leicht eine Pseudoinverse angegeben werden, nämlich

$$\Sigma = \begin{bmatrix} \sigma_1 & & & & & & \\ & \sigma_2 & & & & & \\ & & \ddots & & & & \\ & & & \sigma_r & & & \\ & & & & 0 & & \\ & & & & & \ddots & \\ & & & & & & 0 \end{bmatrix} \Rightarrow \Sigma^\dagger = \begin{bmatrix} \sigma_1^{-1} & & & & & \\ & \sigma_2^{-1} & & & & \\ & & \ddots & & 0 & \\ & & & \sigma_r^{-1} & & \\ & & & & 0 & \\ & 0 & & & & \ddots \\ & & & & & 0 \end{bmatrix}, \quad (12.9)$$

wie man durch ausmultiplizieren nachprüfen kann. Die Pseudoinverse entsteht also durch Transponieren und Invertieren der Singulärwerte.

Mit der Singulärwertzerlegung einer Matrix kann eine Pseudoinverse sehr leicht gefunden werden. Sei $A = U\Sigma V^t$ eine Singulärwertzerlegung von A, dann hat $A^\dagger = V\Sigma^\dagger U^t$ die Eigenschaft

$$AA^\dagger = U\Sigma V^t V\Sigma^\dagger U^t = U\Sigma\Sigma^\dagger U^t = UP_r U^t = P_r$$
$$A^\dagger A = V\Sigma^\dagger U^t U\Sigma V^t = V\Sigma^\dagger\Sigma V^t = VP_r V^t = P_r. \quad (12.10)$$

Somit ist $A^\dagger = V\Sigma^\dagger U^t$ tatsächlich eine Pseudoinverse von A.

Satz 12.14 (Pseudoinverse). *Ist $A = U\Sigma V^t$ die Singulärwertzerlegung von A, dann ist $A^\dagger = V\Sigma^\dagger U^t$ eine Pseudoinverse von A, wobei $\Sigma^\dagger$ von (8.15) verwendet wird. Unter allen Lösungen x, die $y - Ax$ minimieren, ist $A^\dagger y$ die kleinste (Optimalität der Pseudoinversen).*

Beweis. Die rechten $n - r$ Spalten von V bilden eine Basis des Kernes von A, die anderen Spalten sind orthogonal dazu. Nach Konstruktion der Pseudoinversen liegt $A^\dagger y$ im Raum aufgespannt von den ersten r Spalten von V.

Eine zweite Lösung x', die $y - Ax$ ebenfalls minimiert, erfüllt $A(x - x') = 0$. Somit ist $x - x'$ im Kern von A und liegt damit im Raum aufgespannt von den Spalten $r + 1$ bis n von V. Da die beiden Unterräume orthogonal sind, folgt $x \perp (x - x')$, der Unterschied $x - x'$ ist immer orthogonal zu x. Wegen Pythagoras und der Dreiecksungleichung folgt aus

$$|x'|^2 = |x|^2 + |x - x'|^2 \geq |x|^2 \qquad \forall x'$$

die Optimalitätseigenschaft. $\qquad\qquad\square$

12.5.5 Geometrische Interpretation

Eine lineare Abbildung mit der Matrix A bildet den Einheitskreis auf eine Ellipse ab (Abbildung 12.1). Die Singulärwertzerlegung zeigt, wie sich die Abbildung aus zwei Drehungen und einer Skalierung entlang der Koordinatenachsen zusammensetzen lässt. Abbildung 12.2 zeigt diese Zerlegung.

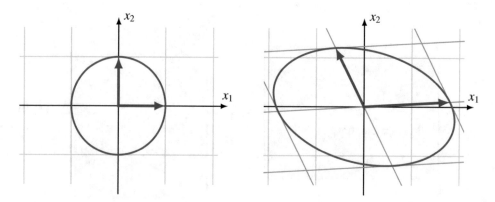

Abbildung 12.1: Eine lineare Abbildung mit Matrix A bildet den Einheitskreis auf eine Ellipse ab.

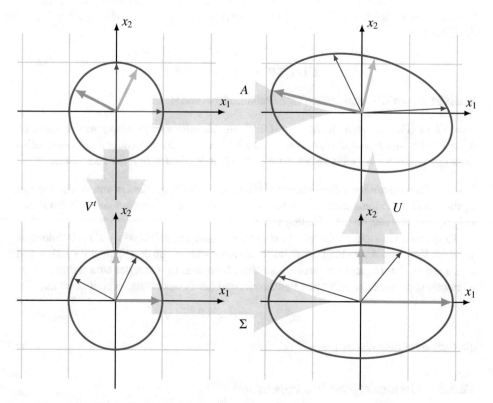

Abbildung 12.2: Eine Ellipse entsteht durch Streckung eines Kreises in Richtung der sogenannten Hauptachsen. Die Singulärwertzerlegung findet diese Streckfaktoren Σ und die Drehmatrizen U und V, die Koordinatenachsen im Bild- und im Urbildbereich auf die Streckachsen abbildet.

Die Spalten der Matrix V sind die Richtungen, in die der Kreis gestreckt werden muss. Diese Richtungen sind in der Abbildung als grüne und hellblaue Vektoren eingezeichnet. Diese Vektoren bleiben in allen Abbildungen orthogonal.

Die Abbildung durch die Matrix V^t spiegelt den Einheitskreis auf einen Einheitskreis so, dass der grüne und hellblaue Vektor auf die Achsen zu liegen kommen.

Die Abbildung Σ strecken die Ellipse entlang der Koordinatenachsen. Dadurch wird der Winkel zwischen den dunkelblauen Vektoren, den ursprünglichen Koordinatenachsen, nicht mehr ein rechter sein. Die Hauptachsen der Ellipse sind aber immer noch die Koordinatenachsen.

Die Matrix U spiegelt die Ellipse so, dass die Hauptachsen der Ellipse die Richtungen im Bild unter der Matrix A erhalten.

12.6 RREF und die CR-Zerlegung

Auch die reduzierte Zeilenstufenform kann als eine Matrixzerlegung verstanden werden. Wir gehen von einer $m \times n$-Matrix A mit Einträgen a_{ik} aus. Die reduzierte Zeilenstufenform von A ist dann ebenfalls eine $m \times n$-Matrix R mit Einträgen r_{ik}.

$$
\begin{array}{cccccccccccc}
1 & 2 & 3 & 4 & 5 & 6 & 7 & 8 & 9 & 10 & 11 & 12 \\
\hline
1 & & r_{13} & & r_{15} & r_{16} & & & r_{19} & & r_{1,11} & r_{1,12} \\
& 1 & r_{23} & & r_{25} & r_{26} & & & r_{29} & & r_{2,11} & r_{2,12} \\
& & & 1 & r_{35} & r_{36} & & & r_{39} & & r_{3,11} & r_{3,12} \\
& & & & & 1 & & & r_{49} & & r_{4,11} & r_{4,12} \\
& & & & & & & 1 & r_{59} & & r_{5,11} & r_{5,12} \\
& & & & & & & & & 1 & r_{6,11} & r_{6,12}
\end{array}
\qquad (12.11)
$$

Die Einträge von R in den Pivotspalten sind besonders einfach. Ist die Spalte k die Spalte des i-ten Pivotelementes, dann ist $r_{ik} = 1$ und $r_{jk} = 0$ für $j \neq i$. Ist r der Rang von A, dann gibt es r solche Spalten. Wir bezeichnen die Spaltennummern der Pivotspalten mit $k_1, \ldots, k_r$.

In Abschnitt 2.5.2 wurde gezeigt, dass die Pivotspalten in der reduzierten Zeilenstufenform wie auch in der ursprünglichen Matrix A linear unabhängig sind. Wir bilden eine neue Matrix

$$
C = \begin{pmatrix}
a_{1k_1} & a_{1k_2} & \ldots & a_{1k_r} \\
a_{2k_1} & a_{2k_2} & \ldots & a_{2k_r} \\
\vdots & \vdots & \ddots & \vdots \\
a_{mk_1} & a_{mk_2} & \ldots & a_{mk_r}
\end{pmatrix},
$$

deren Spalten die Pivotspalten der ursprünglichen Matrix sind. Die Spalten sind linear unabhängig, C ist daher eine $m \times r$-Matrix mit Rang r.

12.6.1 Faktorisierung mit der reduzierten Zeilenstufenform

Das Produkt von C mit einer Spalte, die in Zeile l eine Eins enthält und sonst lauter Nullen, produziert die Spalte l von C und damit die Spalte k_l von A:

$$
\begin{pmatrix} a_{1k_l} \\ a_{2k_l} \\ a_{3k_l} \\ a_{4k_l} \\ \vdots \\ a_{mk_l} \end{pmatrix}
=
\overset{\displaystyle C}{\begin{pmatrix} a_{1k_1} & a_{1k_l} & a_{1k_r} \\ a_{2k_1} & a_{2k_l} & a_{2k_r} \\ a_{3k_1} & a_{3k_l} & a_{3k_r} \\ a_{4k_1} & a_{4k_l} & a_{4k_r} \\ \vdots & \vdots & \vdots \\ a_{mk_1} & a_{mk_l} & a_{mk_r} \end{pmatrix}}
\begin{pmatrix} \\ \\ 1 \\ \\ \\ \end{pmatrix} \begin{matrix} \\ \\ \leftarrow l \\ \\ \\ \end{matrix} . \tag{12.12}
$$

Multiplikation mit einer grünen Spalte der reduzierten Zeilenstufenform ist eine Linearkombination

$$
\overset{\displaystyle C}{\begin{pmatrix} a_{1k_1} & a_{1k_2} & a_{1k_3} & a_{1k_r} \\ a_{2k_1} & a_{2k_2} & a_{2k_3} & a_{2k_r} \\ a_{3k_1} & a_{3k_2} & a_{3k_3} & a_{3k_r} \\ a_{4k_1} & a_{4k_2} & a_{4k_3} & a_{4k_r} \\ \vdots & \vdots & \vdots & \vdots \\ a_{mk_1} & a_{mk_2} & a_{mk_3} & a_{mk_r} \end{pmatrix}} \begin{pmatrix} r_{1k} \\ r_{2k} \\ r_{3k} \\ \\ \vdots \\ \end{pmatrix}
= r_{1k} \cdot \begin{pmatrix} a_{1k_1} \\ a_{2k_1} \\ a_{3k_1} \\ a_{4k_1} \\ \vdots \\ a_{mk_1} \end{pmatrix} + r_{2k} \cdot \begin{pmatrix} a_{1k_2} \\ a_{2k_2} \\ a_{3k_2} \\ a_{4k_2} \\ \vdots \\ a_{mk_2} \end{pmatrix} + r_{3k} \cdot \begin{pmatrix} a_{1k_3} \\ a_{2k_3} \\ a_{3k_3} \\ a_{4k_3} \\ \vdots \\ a_{mk_3} \end{pmatrix} + \cdots = \begin{pmatrix} a_{1k} \\ a_{2k} \\ a_{3k} \\ a_{4k} \\ \vdots \\ a_{mk} \end{pmatrix} \tag{12.13}
$$

der Pivotspalten von A mit Koeffizienten r_{ik}. Dieselbe Linearkombination der Pivotspalten der reduzierten Zeilenstufenform erzeugt, wie bereits in Abschnitt 2.5.2 dargestellt, die Spalte k der reduzierten Zeilenstufenform. Da lineare Spaltenabhängigkeiten bei der Berechnung der reduzierten Zeilestufenform erhalten bleiben folgt, dass (12.13) die Spalte k der ursprünglichen Matrix ist.

Die Produkte (12.12) und (12.13) zusammen bedeuten, dass die Multiplikation von C mit der reduzierten Zeilenstufenform R das Produkt

ergibt. Die Matrix A kann also als Produkt $A = CR$ aus den Pivotspalten in A und der reduzierten Zeilenstufenform rekonstruiert werden. Die Matrixzerlegung $A = CR$ heißt die *CR-Zerlegung* oder auch die *Strang-Zerlegung* nach Gilbert Strang.

Man könnte auch sagen, dass man die Matrix A aus ihren linear unabhängigen, in der Matrix C gesammelten Spalten rekonstruieren kann, indem man die linear abhängigen

Spalten von A mit Hilfe der Instruktionen in den grünen Spalten der reduzierten Zeilenstufenform linear kombiniert.

12.6.2 Bild und Kern

Jeder Spaltenvektor von A ist entweder eine Spalte von C oder eine Linearkombination von Spalten von C. Der Spaltenraum oder das Bild von A ist daher der Spaltenraum von C, die Spalten von C bilden eine Basis des Bildes der Matrix A.

Aus der reduzierte Zeilenstufenform kann die Lösungsmenge des homogenen Gleichungssystems mit Koeffizienten A unmittelbar abgeleitet werden. Die Matrix R enthält genau die Information, mit der die Lösungsmenge und damit der Kern konstruiert werden kann. Die Zeilen von R sind die Koeffizienten von Linearformen, die auf jedem Vektor der Lösungsmenge verschwinden. Ein Lösungsvektor x erfüllt also $a_{i:}x = 0$ für jedes $i \leq r$. Der Lösungsraum ist daher das Orthogonalkomplement des Spaltenraumes von A^t und die Spalten von R^t bilden eine Basis.

Dies gibt eine Rechtfertigung für den Namen CR-Zerlegung. Die Matrix C stellt eine Basis des Spaltenraumes $C(A)$ von A, bereit, die Matrix R ist eine Basis des Zeilenraumes, englisch *row space* von A.

Beispiel 12.15. Man finde eine Basis für den Spaltenraum und den Zeilenraum der Matrix

$$A = \begin{pmatrix} 3 & 6 & 1 & 14 & 2 & -2 & 4 & 5 \\ 1 & 2 & -1 & 6 & 3 & 10 & -6 & 3 \\ 2 & 4 & 3 & 7 & -2 & -17 & 14 & 3 \\ 2 & 4 & -2 & 12 & 5 & 16 & -10 & 3 \end{pmatrix}$$

linalg.ch/gauss/100

Dazu wird zunächst die reduzierte Zeilestufenform ermittelt:

3	6	1	14	2	-2	4	5		1	2		5		-3	2	
1	2	-1	6	3	10	-6	3	$\rightarrow$			1	-1		-1	2	
2	4	3	7	-2	-17	14	3						1	4	-2	
2	4	-2	12	5	16	-10	3									1

Daraus kann man die Matrizen

$$C = \begin{pmatrix} 3 & 1 & 2 & 5 \\ 1 & -1 & 3 & 3 \\ 2 & 3 & -2 & 3 \\ 2 & -2 & 5 & 3 \end{pmatrix} \quad \text{und} \quad R = \begin{pmatrix} 1 & 2 & 0 & 5 & 0 & -3 & 2 & 0 \\ 0 & 0 & 1 & -1 & 0 & -1 & 2 & 0 \\ 0 & 0 & 0 & 0 & 1 & 4 & -2 & 0 \\ 0 & 0 & 0 & 0 & 0 & 0 & 0 & 1 \end{pmatrix}$$

ablesen. Der Rang der Matrix A ist 4, die Spalten von C bilden eine Basis des Spaltenraums von A.

Der Zeilenraum von A ist ein vierdimensionaler Unterraum von $\mathbb{R}^8$, die Zeilen von R

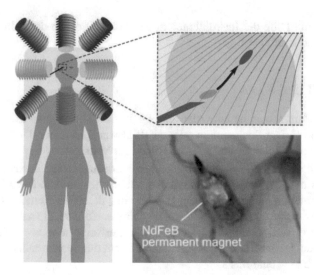

Abbildung 12.3: Augenoperation mit einem magnetisch gesteuerten Mikroroboter, der nur aus einem Permanentmagneten mit angefügtem Operationswerkzeug besteht. Der Roboter wird ins Auge injiziert und von acht Elektromagneten zur Netzhaut bewegt. (Image credit: Dr. Quentin Boehler, Multi-Scale Robotics Lab, ETHZ, and [17].)

bilden eine Basis davon. Nach (9.3) kann aus der Matrix R die Matrix

$$
G = \left(\begin{array}{cccc|cccc}
1 & & & & -2 & -5 & 3 & -2 \\
2 & & & & 1 & & & \\
& & 1 & & & 1 & 3 & -2 \\
& 5 & -1 & & & 1 & & \\
& & & 1 & & & -4 & 2 \\
-3 & -3 & 4 & & & & 1 & \\
2 & 2 & -2 & & & & & 1 \\
& & & 1 & & & &
\end{array}\right)
$$

konstruiert werden, deren letzte vier Spalten eine Basis des Nullraums von A bilden. Die ersten vier Spalten von G sind R^t, sie bilden eine Basis des Zeilenraumes von A.   ○

12.A Magnetische Navigationssysteme

Operationen im Inneren des Auges sind besonders anspruchsvoll, daher wurde versucht, solche Operationen mit Hilfe von mikroskopischen Robotern durchzuführen, die sich ohne Verbindungskabel im Auge bewegen können. Ein solcher Roboter besteht im Wesentlichen aus einem kleinen Magneten, an dem ein Haken oder ein anderes Operationswerkzeug befestigt ist. Da er zu klein ist, um irgendeine Energiequelle oder ein Antriebssystem zu transportieren, muss seine Bewegung von außen gesteuert werden (Abbildung 12.3).

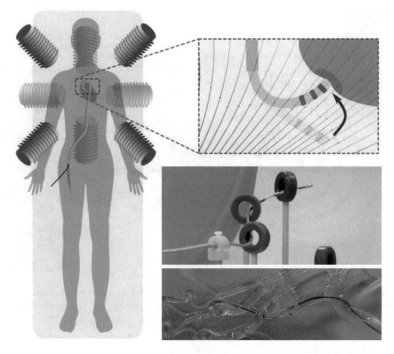

Abbildung 12.4: Mit Magnetfeldern kann eine Herzkatheter auf sehr komplizierten Pfaden gesteuert werden. (Image credit: Dr. Quentin Boehler, Multi-Scale Robotics Lab, ETHZ, and [17].)

Zur Diagnose und Behandlung von Erkrankungen des Magen-Darm-Traktes werden Kapseln mit einer kleinen Kamera verwendet, die der Patient schluckt. Während des Durchlaufs durch das Verdauungssystem können Bilder aufgenommen werden. Nachdem die Kapsel den Körper verlassen hat, können die Bilder ausgewertet und Diagnose gestellt werden. Der Nachteil des Systems ist, dass es keine Garantie gibt, dass die kleine Kamera von den mehr oder weniger zufälligen Bewegungen auch tatsächlich zu den erkrankten Stellen im Magen geführt wird. Versieht man die Kamera mit einem Permanentmagneten, kann man die Bewegung mit Magnetfeldern von außerhalb des Körpers beeinflussen.

Abbildung 12.4 zeigt, wie ein magnetisch beinflussbarer Herzkatheter flexibler durch den Körper gesteuert werden kann. Weitere Beispiel findet der interessierte Leser in [19].

Ein solches System wird ein *magnetisches Navigationssystem* (MNS) genannt. Es erlaubt, antriebslose Roboter oder Instrumente nur mit Hilfe von Magnetfeldern zu steuern[1].

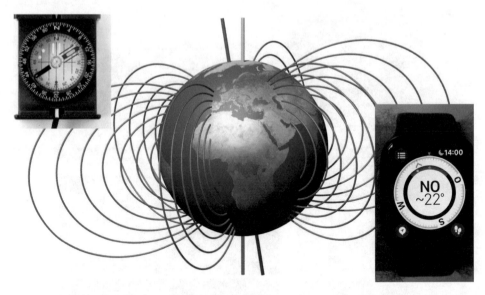

Abbildung 12.5: Das Erdmagnetfeld ist in erster Näherung das Feld eines magnetischen Dipols, der gegenüber der Erdachse um knapp 10° geneigt ist. Ein Kompass (links) verwendet einen magnetischen Dipol, der sich parallel zu den Feldlinien des Erdmagnetfeldes ausrichtet. Die Kompass-App einer Smartwatch (rechts) kann das Erdmagnetfeld direkt messen.

12.A.1   Kräfte im Magnetfeld

Seit über 2000 Jahren ist bekannt, dass die Splitter von Magnetit sich immer in Nord-Süd-Richtung anordnen. Im 11. Jahrhundert in China und etwas später in Europa begannen Seefahrer, schwimmende Magnetnadeln, sogenannte nasse Kompasse, als Navigationswerkzeug zu nutzen. Der magnetische Kompass nutzt die Tatsache, dass auf einen magnetischen Dipol im Erdmagnetfeld solange ein Drehmoment wirkt, wie der Dipol nicht parallel zum Magnetfeld ausgerichtet ist.

Moderne Smartphones und Smartwatches haben elektronische Sensoren für das Magnetfeld und können so die Richtung des Magnetfeldes messen und die Nord-Süd-Richtung auf einer simulierten Kompassanzeige darstellen (Abbildung 12.5).

Magnetfeld

Das Magnetfeld (genauer die magnetische Flussdichte oder magnetische Induktion) ist ein Vektorfeld, das jedem Punkt des Raumes einen Vektor $\vec{B}$ zuordnet, der die Stärke und Richtung des Magnetfeldes beschreibt. Es wird in Tesla gemessen, das Erdmagnetfeld hat eine magnetische Flussdichte von etwa 0.0004 T. Die stärksten bekannten Magnetfelder findet man bei besonders magnetischen Neutronensternen, den Magnetaren, da sind Fluss-

---

[1]Das Multi-Scale Robotics Lab (MSRL) der ETHZ unter Prof. Dr. Bradley Nelson befasst sich mit magnetischen Navigationssystemen. Dr. Quentin Boehler vom MSRL war bei der Zusammenstellung der Bilder in diesem Abschnitt behilflich. Weiteres Material kann in den Videos [19, 17] und https://linalg.ch/video/13 gefunden werden.

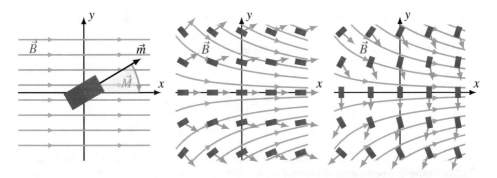

Abbildung 12.6: Wirkung eines Magnetfelds $\vec{B}$ auf einen magnetischen Dipol mit magnetischem Moment $\vec{m}$. Links: in einem homogenen Feld erfährt der Dipol ein Drehomoment, das versucht, ihn in Richtung des Feldes auszurichten. In einem inhomogenen Feld treten zusätzlich zum Drehmoment auch Kräfte auf. In der Darstellung in der Mitte ist die Kraft dargestellt, wenn das magnetische Moment parallel zur Feldrichtung ausgerichtet ist, rechts steht $\vec{m}$ senkrecht zur Feldrichtung.

dichten bis 10^{13} T gemessen worden. Ein moderner Neodym-Magnet erzeugt ein Feld von bis zu 1 T an seiner Oberfläche, in einem MRI-System ist man als Patient einem Feld von 1–7 T ausgesetzt.

Magnetisches Moment und Drehmoment

Die Stärke und Richtung eines Permanentmagneten gibt das sogenannte magnetische Moment $\vec{m}$ an. In einem Magnetfeld $\vec{B}$ wirkt auf den Permanentmagneten das Drehmoment

$$\vec{M} = \vec{m} \times \vec{B} \tag{12.14}$$

(Siehe Abbildung 12.6). Daraus kann man ablesen, dass die SI-Masseinheit des magnetischen Momentes N · m/T sein muss. In einem Feld von 1 T wirkt auf einen Magneten mit einem magnetischen Moment von 1 Nm/T ein Drehmoment von 1 Nm. Typische Kühlschrankmagnete haben ein magnetisches Moment von etwa 0.1 Nm/T. Das magnetische Moment hängt von der Größe des Magneten ab.

Kräfte

Magnete ziehen sich an, aber die Formel (12.14) liefert nur eine Drehmoment. In einem homogenen Magnetfeld, in dem $\vec{B}$ konstant ist, wirken keine Kräfte auf einen magnetischen Dipol. Ein solches Magnetfeld findet man näherungsweise an der Erdoberfläche in Äquatornähe (siehe Abbildung 12.5) oder im Inneren einer stromdurchflossenen Spule.

Damit auf einen Magneten eine Kraft wirkt, muss das Magnetfeld vom Ort abhängen, es ist also eine Funktion $\vec{B}(x)$, die nicht konstant ist (Abbildung 12.6 Mitte und rechts). Die Veränderungen der Komponenten B_x, B_y und B_z des Magnetfeldes werden durch die partiellen Ableitungen

$$\frac{\partial B_x}{\partial x}, \frac{\partial B_x}{\partial y}, \frac{\partial B_x}{\partial z}, \frac{\partial B_y}{\partial x}, \frac{\partial B_y}{\partial y}, \frac{\partial B_y}{\partial z}, \frac{\partial B_z}{\partial x}, \frac{\partial B_z}{\partial y}, \frac{\partial B_z}{\partial z}$$

gemessen. Wir fassen diese 9 Ableitungen in einem 9-dimensionalen Spaltenvektor zusammen, den wir mit ∂B bezeichnen.

Die Kraft, die auf den Dipol wirkt, wird oft mit dem Nabla-Operator

$$\nabla = \begin{pmatrix} \frac{\partial}{\partial x} \\ \frac{\partial}{\partial y} \\ \frac{\partial}{\partial z} \end{pmatrix}$$

geschrieben. Die Kraft $\vec{F}$ auf einen magnetischen Dipol mit dem magnetischen Moment $\vec{m}$ ist in dieser Schreibweise gegeben durch

$$\vec{F} = (\vec{m} \cdot \nabla)\vec{B} = \left(m_x \frac{\partial}{\partial x} + m_y \frac{\partial}{\partial y} + m_z \frac{\partial}{\partial z} \right) \begin{pmatrix} B_x \\ B_y \\ B_z \end{pmatrix}$$

$$= \begin{pmatrix} m_x \frac{\partial B_x}{\partial x} + m_y \frac{\partial B_x}{\partial y} + m_z \frac{\partial B_x}{\partial z} \\ m_x \frac{\partial B_y}{\partial x} + m_y \frac{\partial B_y}{\partial y} + m_z \frac{\partial B_y}{\partial z} \\ m_x \frac{\partial B_z}{\partial x} + m_y \frac{\partial B_z}{\partial y} + m_z \frac{\partial B_z}{\partial z} \end{pmatrix}$$

$$= \underbrace{\begin{pmatrix} m_x & m_y & m_z & 0 & 0 & 0 & 0 & 0 & 0 \\ 0 & 0 & 0 & m_x & m_y & m_z & 0 & 0 & 0 \\ 0 & 0 & 0 & 0 & 0 & 0 & m_x & m_y & m_z \end{pmatrix}}_{= M_0} \begin{pmatrix} \frac{\partial B_x}{\partial x} \\ \frac{\partial B_x}{\partial y} \\ \frac{\partial B_x}{\partial z} \\ \frac{\partial B_y}{\partial x} \\ \frac{\partial B_y}{\partial y} \\ \frac{\partial B_y}{\partial z} \\ \frac{\partial B_z}{\partial x} \\ \frac{\partial B_z}{\partial y} \\ \frac{\partial B_z}{\partial z} \end{pmatrix} = M_0 \, \partial B.$$

Der Rang der Matrix M_0 ist 3, wenn $\vec{m} \neq 0$ ist. Um die Pseudoinverse von M_0 zu bestimmen, die zu einem Kraftvektor, den man erzeugen möchte, den dazu nötigen Vektor der Ableitungen von $\vec{B}$ liefert, berechnen wir

$$M_0 M^t{}_0 = \begin{pmatrix} m_x^2 + m_y^2 + m_z^2 & 0 & 0 \\ 0 & m_x^2 + m_y^2 + m_z^2 & 0 \\ 0 & 0 & m_x^2 + m_y^2 + m_z^2 \end{pmatrix} = |\vec{m}|^2 \cdot I,$$

alle Singulärwerte sind $|\vec{m}|^2$.

Feldgleichungen

Für die elektromagnetischen Felder im Vakuum gelten die Maxwell'schen Gleichungen. Für statische Felder beinhalten sie lineare Abhängigkeiten zwischen den Ableitungen, nämlich

$$\frac{\partial B_x}{\partial x} + \frac{\partial B_y}{\partial y} + \frac{\partial B_z}{\partial z} = 0 \quad \Rightarrow \quad \frac{\partial B_z}{\partial z} = -\frac{\partial B_x}{\partial x} - \frac{\partial B_y}{\partial y} \tag{12.15}$$

$$\frac{\partial B_z}{\partial y} - \frac{\partial B_y}{\partial z} = 0 \qquad \frac{\partial B_x}{\partial z} - \frac{\partial B_z}{\partial x} = 0 \qquad \frac{\partial B_y}{\partial x} - \frac{\partial B_x}{\partial y} = 0. \tag{12.16}$$

Die Gleichungen (12.16) besagen, dass die drei Paare von Ableitungen

$$\frac{\partial B_z}{\partial y} = \frac{\partial B_y}{\partial z} \qquad\qquad \frac{\partial B_x}{\partial z} = \frac{\partial B_z}{\partial x} \qquad\qquad \frac{\partial B_y}{\partial x} = \frac{\partial B_x}{\partial y}$$

gleich sind. Die Gleichungen (12.15) und (12.16) können auch in Matrixform geschrieben werden als

$$\underbrace{\begin{pmatrix} 1 & 0 & 0 & 0 & 1 & 0 & 0 & 0 & 1 \\ 0 & 0 & 0 & 0 & 0 & -1 & 0 & 1 & 0 \\ 0 & 0 & 1 & 0 & 0 & 0 & -1 & 0 & 0 \\ 0 & -1 & 0 & 1 & 0 & 0 & 0 & 0 & 0 \end{pmatrix}}_{= A} \partial B = 0.$$

Nur Vektoren ∂B sind möglich, die im Kern der Matrix A liegen. Aus der reduzierten Zeilenstufenform

$$\begin{array}{|ccccccccc|c|} \hline 1 & 0 & 0 & 0 & 1 & 0 & 0 & 0 & 1 & 0 \\ 0 & 1 & 0 & -1 & 0 & 0 & 0 & 0 & 0 & 0 \\ 0 & 0 & 1 & 0 & 0 & 0 & -1 & 0 & 0 & 0 \\ 0 & 0 & 0 & 0 & 0 & 1 & 0 & -1 & 0 & 0 \\ \hline \end{array}$$

des Gleichungssystems mit Koeffizienten A kann man eine Basis für den Kern ablesen, die wir als 9×5-Matrix

$$Z = \begin{pmatrix} 0 & -1 & 0 & 0 & -1 \\ 1 & 0 & 0 & 0 & 0 \\ 0 & 0 & 1 & 0 & 0 \\ 1 & 0 & 0 & 0 & 0 \\ 0 & 1 & 0 & 0 & 0 \\ 0 & 0 & 0 & 1 & 0 \\ 0 & 0 & 1 & 0 & 0 \\ 0 & 0 & 0 & 1 & 0 \\ 0 & 0 & 0 & 0 & 1 \end{pmatrix} \tag{12.17}$$

schreiben. Z hat nach Konstruktion den Rang 5 und es ist $AZ = 0$.

Mögliche Kräfte

Mit der Matrix Z kann jetzt auch bestimmt werden, welche Kräfte möglich sind. Dazu ist

$$M_0 Z = \begin{pmatrix} m_y & -m_x & m_z & 0 & -m_x \\ m_x & m_y & 0 & m_z & 0 \\ 0 & 0 & m_x & m_y & m_z \end{pmatrix}$$

zu untersuchen. Wir möchten sicher sein, dass der Rang 3 ist, alle Singulärwerte sind von
0 verschieden. Dazu berechnen wir

$$M_0 Z (M_0 Z)^t = \begin{pmatrix} 2m_x^2 + m_y^2 + m_z^2 & 0 & 0 \\ 0 & m_x^2 + m_y^2 + m_z^2 & m_z m_y \\ 0 & m_z m_y & m_x^2 + m_y^2 + m_z^2 \end{pmatrix}$$

$$= \begin{pmatrix} |\vec{m}|^2 + m_x^2 & 0 & 0 \\ 0 & |\vec{m}|^2 & m_z m_y \\ 0 & m_z m_y & |\vec{m}|^2 \end{pmatrix}.$$

Das Produkt hat die Determinante

$$\det(M_0 Z (M_0 Z)^t) = \underbrace{(|\vec{m}|^2 + m_x^2)}_{> 0} \cdot (|\vec{m}|^4 - m_z^2 m_y^2). \qquad (12.18)$$

Wegen

$$m_z^2 \leq |\vec{m}|^2 \qquad \text{und} \qquad m_y^2 \leq |\vec{m}|^2 \qquad (12.19)$$

ist auch

$$m_z^2 m_y^2 \leq |\vec{m}|^4.$$

In den Ungleichungen (12.19) gilt nur dann Gleichheit, wenn der Vektor $\vec{m}$ nur eine von
0 verschiedene Komponente hat. Dann ist aber das Produkt $m_z m_y = 0$ und damit folgt,
dass auch der zweite Faktor in (12.18) nicht verschwindet. Somit hat MZ den Rang 3,
die Feldgesetze erlauben also im Prinzip, jede beliebige Kraft zu erzeugen. Es bleibt die
Herausforderung für den Ingenieur, dies auch technisch zu realisieren.

Darstellung durch die "ersten" Ableitungen

Mit der Matrix MZ lassen sich die möglichen Kräfte zwar berechnen, aber der Zusammenhang mit den Ableitungen in ∂B ist etwas undurchsichtig. Die Gleichungen (12.15) und
(12.16) erlauben aber auch direkt, die 9 möglichen Ableitungen durch die 5 Ableitungen

$$\frac{\partial B_x}{\partial x}, \frac{\partial B_x}{\partial y}, \frac{\partial B_x}{\partial z}, \frac{\partial B_y}{\partial y}, \frac{\partial B_y}{\partial z}$$

auszudrücken, die wir als 5-dimensionalen Spaltenvektor $\widetilde{\partial B}$ zusammenfassen. Daraus ergibt sich dann die einfachere Matrix

$$M = \begin{pmatrix} m_x & m_y & m_z & 0 & 0 \\ 0 & -m_x & 0 & m_y & m_z \\ -m_z & 0 & -m_x & -m_z & -m_y \end{pmatrix},$$

mit der die Kräfte als $\vec{F} = M \widetilde{\partial B}$ geschrieben werden können.

Überlagerung

Die Überlegungen der letzten Abschnitte hat gezeigt, dass durch geeignete inhomogene $\vec{B}$-Felder eine Kraft in jeder beliebigen Richtung erzeugt werden kann. Dabei wurde nicht darauf Rücksicht genommen, ob dieses Feld nach (12.14) auch ein Drehmoment erzeugt. Zur vollständigen Steuerung eines Mikroroboters möchte man Kräfte *und* Drehmomente unabhängig voneinander erzeugen können.

Nehmen wir also an, dass eine Kraft $\vec{F}$ und ein Drehmoment $\vec{M}$ erzeugt werden soll. Wir wissen bereits, dass es dazu ein geeignetes inhomogenes Magnetfeld $\vec{B}_F$ gibt, das die Kraft $\vec{F}$ erzeugt. Dieses hat aber möglicherweise auch ein unerwünschtes Drehmoment $\vec{M}_u$ als Nebeneffekt. Ein geeignet gerichtetes homogenes Magnetfeld $\vec{B}_u$ ermöglicht, das Drehmoment $\vec{M}_u$ zu kompensieren, also

$$\vec{M}_u = -\vec{m} \times \vec{B}_u.$$

Zum Beispiel kann $\vec{B}_u = -\vec{M}_u \times \vec{m}/|\vec{m}|^2$ gewählt werden. Nach der Graßmann-Identität (8.15) ist das von $\vec{B}_u$ erzeugte Drehmoment

$$\vec{m} \times \vec{B}_u = \frac{1}{|\vec{m}|^2}\vec{m} \times ((-\vec{M}_u) \times \vec{m}) = \frac{1}{|\vec{m}|^2}(|\vec{m}|^2 \cdot (-\vec{M}_u) - \underbrace{(\vec{m} \cdot (-\vec{M}_u))}_{= 0}\vec{m}) = -\vec{M}_u,$$

wie verlangt. Ebenso erzeugt das homogene Magnetfeld $\vec{B}_M = \vec{M} \times \vec{m}/|\vec{m}|^2$ das gewünschte Drehmoment $\vec{M} = \vec{m} \times \vec{B}_M$. Die konstanten Felder $\vec{B}_u$ und $\vec{B}_M$ erzeugen keine Kräfte, da ihre Ableitungen verschwinden.

Die Überlagerung

$$\vec{B} = \vec{B}_F + \vec{B}_u + \vec{B}_M$$

der Felder erzeugt die Kraft

$$\vec{F} = (\vec{m} \cdot \nabla)\vec{B} = (\vec{m} \cdot \nabla)\vec{B}_F + \underbrace{(\vec{m} \cdot \nabla)\vec{B}_u}_{= 0} + \underbrace{(\vec{m} \cdot \nabla)\vec{B}_M}_{= 0} = \vec{F},$$

weil die Ableitungen von $\vec{B}_u$ und $\vec{B}_M$ verschwinden, und das Drehmoment

$$\vec{M} = \vec{m} \times \vec{B} = \vec{m} \times (\vec{B}_F + \vec{B}_u + \vec{B}_M) = \vec{m} \times \vec{B}_F + \vec{m} \times \vec{B}_u + \vec{m} \times \vec{B}_M$$

$$= \vec{M}_u + (-\vec{M}_u) + \vec{M} = \vec{M}.$$

Dies zeigt, dass es mindestens im Prinzip möglich ist, beliebige Kräfte und Drehmomente zu erzeugen.

12.A.2 Magnetfelder erzeugen

Magnetische Navigation wird erst möglich, wenn man in der Lage ist, ein Magnetfeld mit vorgegebener Flussdichte $\vec{B}$ und Ableitungen ∂B zu erzeugen und so zu verändern, dass der Magnet einer vorbestimmten Bahn folgt und eine gewünschte Ausrichtung beibehält. Die drei Komponenten der Kraft und die zwei Komponenten des Drehmomentes senkrecht auf $\vec{m}$ bilden einen 5-dimensionalen Raum, man braucht also mindestens fünf Größen, die

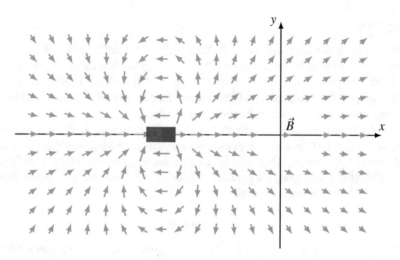

Abbildung 12.7: Magnetfeld $\vec{B}$ eines Dipols. Auf der Achse des Dipols (gleichzeitig die x-Achse) ist $\vec{B}$ parallel zur Achse, $B_y = 0$ und B_x nimmt mit der Entfernung vom Dipol ab.

man unabhängig voneinander steuern kann. Die Kräfte und Drehmomente entstehen aber aus den drei Komponenten von $\vec{B}$ und den fünf unabhängige Ableitungen. Dies sind bereits acht Größen, die unabhängig voneinander gesteuert werden müssen.

Magnetfelder können am einfachsten durch stromdurchflossene Spulen erzeugt werden. Die Spulen sind dabei fest montiert, nur die Stromstärke kann verändert werden. Da es acht unabhängige Feldstärken und Ableitungen gibt, sind mindestens acht Spulen nötig, wenn jedes denkbare Feld erzeugt werden soll. Für den nur 5-dimensionalen Raum der Kräfte und Drehmomente könnten fünf Spulen reichen.

Die Berechnung des Feldes, das von einer Spule erzeugt wird, ist nicht trivial. In diesem Abschnitt wollen wir nur einen Überblick darüber bekommen, welche Steuerungsmöglichkeiten eine gegebene Konfiguration von Spulen ermöglicht. Im Folgenden verwenden wir eine einfache Approximation und behandeln die Spule als magnetischen Dipol.

Das Feld einer Spule entlang der Achse

Als Baustein für spätere Untersuchungen bestimmen wird das Feld und seine Ableitungen eines Magnetfeldes, das von einer von einem Strom I durchflossenen Spule erzeugt wird. Aus der Physik weiß man, dass das Feld wie auch seine Ableitung zum Strom proportional ist. Es sieht ungefähr wie das in Abbildung 12.7 gezeigte Feld eines Dipols aus.

Das Feld im Nullpunkt des Koordinatensystems ist von der Form

$$\vec{B} = \begin{pmatrix} B_0 \\ 0 \end{pmatrix} I.$$

Die Ableitung in x-Richtung ist negativ, da das Feld abnimmt. Außerdem ist sie proportional zu I, man kann also schreiben

$$\frac{\partial B_x}{\partial x} = B_0' I$$

Aus den Feldgleichungen folgt, dass

$$\frac{\partial B_x}{\partial x} + \frac{\partial B_y}{\partial y} = 0 \quad \Rightarrow \quad \frac{\partial B_y}{\partial y} = -\frac{\partial B_x}{\partial x} = -B_0' I.$$

Die anderen Komponenten

$$\frac{\partial B_x}{\partial y} = \frac{\partial B_y}{\partial x} = 0, \qquad \frac{\partial B_x}{\partial z} = \frac{\partial B_z}{\partial x} = 0 \quad \text{und} \quad \frac{\partial B_z}{\partial y} = 0$$

verschwinden.

Aus dem $\vec{B}$-Feld und den Ableitungen kann man jetzt das Drehmoment

$$M_z = \vec{m} \times \vec{B} = B_0 I m_y \tag{12.20}$$

und die Kraft

$$\vec{F} = \begin{pmatrix} m_x & m_y & 0 & 0 & 0 \\ 0 & -m_x & 0 & m_y & 0 \end{pmatrix} \begin{pmatrix} B_0' I \\ 0 \\ 0 \\ -B_0' I \\ 0 \end{pmatrix} = \begin{pmatrix} m_x \\ -m_y \end{pmatrix} B_0' I \tag{12.21}$$

berechnen.

Zwei Spulen auf einer Achse

Das Feld einer einzelnen Spule kennen wir inzwischen, zwei Spulen auf einer Achse ändern nicht viel. Zunächst ist festzuhalten, dass das erzeugte Drehmoment immer versucht, den Magneten entlang der Achse auszurichten. Sobald der Magnet entlang der Achse ausgerichtet ist, $m_y = 0$ und die Kraft (12.21) ist ebenfalls parallel zur Achse. Die zweite Spule erweitert die Bewegungsmöglichkeiten also nicht, sie sorgt nur dafür, dass das Magnetfeld mit zunehmender Entfernung vom Nullpunkt nicht so schnell abfällt.

Zwei Spulen in einer Ebene

Abbildung 12.8 zeigt mögliche Anordnungen von Spulen in der Ebene, die verwendet werden sollen, um einen Magneten zu bewegen. Wir nehmen an, dass der Magnet durch mechanische Einschränkungen daran gehindert wird, die Ebene zu verlassen, und dass er sich nur in der Ebene drehen kann. Dann besteht die Steueraufgabe darin, zwei Kraftkomponenten und das Drehmoment um die Achse senkrecht zur Ebene zu steuern.

Die Anordnung links gibt nur die Kontrolle über zwei Ströme, die Dimension des Bildraumes der Magnetfelder und Ableitungen ist somit höchstens zweidimensional, also ist auch die Dimension des Bildraumes in den Kräften und Momenten höchstens zweidimensional. Eine vollständige Steuerung ist also grundsätzlich nicht möglich.

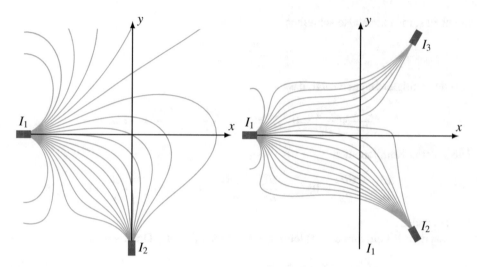

Abbildung 12.8: Zweidimensionale Systeme: Feld erzeugt von zwei oder drei stromdurchflossenen Spulen.

Drei Spulen in einer Ebene

Mit drei Spulen hat man drei Ströme, die man kontrollieren kann. Es besteht also die Hoffnung, dass es damit möglich wird, die zwei Kraftkomponenten und das Drehmoment zu steuern.

Für die Anordnung in Abbildung 12.8 rechts kann man die Kraft und das Drehmoment im Nullpunkt aus den Resultaten für eine einzelne Spule durch Überlagerung erhalten. Von der sehr langwierigen Rechnung interessiert uns hier nur das Resultat:

$$\begin{pmatrix} F_x \\ F_y \\ M_z \end{pmatrix} = \underbrace{\begin{pmatrix} B_0' m_x & \frac{1}{2}B_0'(\sqrt{3}m_y - m_x) & \frac{1}{2}B_0'(-\sqrt{3}m_y - m_x) \\ -B_0' m_y & \frac{1}{2}B_0'(m_y + \sqrt{3}m_x) & \frac{1}{2}B_0'(m_y - \sqrt{3}m_x) \\ B_0 m_y & \frac{1}{2}B_0(-m_y + \sqrt{3}m_x) & \frac{1}{2}B_0(-m_y - \sqrt{3}m_x) \end{pmatrix}}_{= T} \begin{pmatrix} I_1 \\ I_2 \\ I_3 \end{pmatrix}$$

Um herauszufinden, ob die Matrix regulär ist, berechnen wir die Determinante

$$\det T = \frac{1}{4}B_0 B_0'^2 \begin{vmatrix} m_x & \sqrt{3}m_y - m_x & -\sqrt{3}m_y - m_x \\ -m_y & m_y + \sqrt{3}m_x & m_y - \sqrt{3}m_x \\ m_y & -m_y + \sqrt{3}m_x & -m_y - \sqrt{3}m_x \end{vmatrix} = 0,$$

weil die Determinante zwei gleiche Spalten hat. Die Matrix ist also nicht regulär, was zeigt, dass man auch mit drei Spulen nicht die vollständige Kontrolle über Kraft und Drehmoment erhalten kann.

12.A.3 Magnetische Navigation

Abschnitt 12.A.1 hat gezeigt, dass es möglich ist, beliebige Kräfte und Drehmomente auf einen Magneten einwirken zu lassen, wenn man nur in der Lage ist, ein geeignetes Magnet-

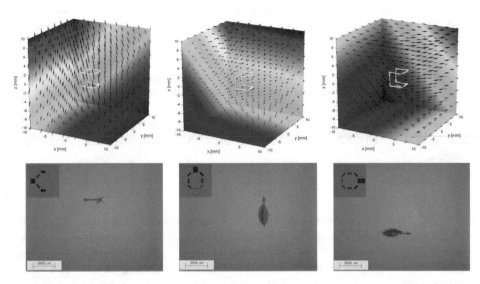

Abbildung 12.9: Steuerung eines magnetischen Mikroroboters mit acht Magnetspulen. Es ist möglich, beliebige Kräfte und Drehmoment (senkrecht zur Achse des Magneten) zu erzeugen. Die resultierende Bewegung kann auch quer zur Achse des Magneten erfolgen. (Image Credit: Dr. Quentin Boehler, Multi-Scale Robotics Lab, ETHZ, and [19].)

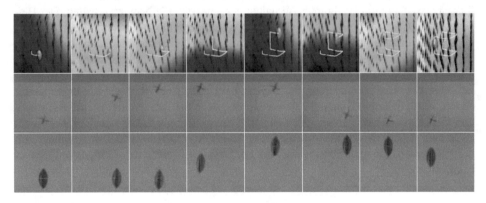

Abbildung 12.10: Bewegung eines Mikroroboters in einem magnetischen Navigationssystem mit acht Magneten. Untere und mittlere Reihe: Ansicht des Magneten von oben und von der Seite, obere Reihe: schematische Darstellung des Magnetfeldes. (Bilder aus dem Video [19] des Multi-Scale Robotics Lab, ETHZ.)

feld zu erzeugen. Die Beispiele in Abschnitt 12.A.2 haben aber gezeigt, dass es nicht ganz einfach ist, diese Felder zu erzeugen. Es sind zwar nur drei Kraftkomponenten und zwei Drehmomentkomponenten zu erzeugen, aber diese hängen von drei Feldstärken und von fünf Ableitungen ab. Tatsächlich ist es möglich, mit acht Magnetfeldspulen jede beliebige Bewegung zu realisieren.

Abbildung 12.9 zeigt, wie die Felder aufgebaut sein müssen, um eine Bewegung in eine beliebige Raumrichtung, auch quer zur Achse des Magneten zu erzwingen. In Abbildung 12.10 wird ein Permanentmagnet den Kanten eines Würfels im Raum entlangge-führt.

Für jede Ausrichtung $\vec{m}$ des Roboters gibt es eine 5×8-Matrix, die aus den acht Strömen $I_1, \dots, I_8$ durch die Spulen, zusammengefassst im Vektor I, die Kräfte und die Drehmomente

$$\begin{pmatrix} \vec{F} \\ \vec{M} \end{pmatrix} = A \cdot I$$

berechnet, die erzeugt werden können. Mit der Pseudoinversen $A^\dagger$ kann aus der gewünschten Kraft $\vec{F}$ und dem gewünschten Drehmoment $\vec{M}$ derjenige Strom I bestimmt werden, für den $|I|$ minimal ist. Da $|I|^2$ proportional zur elektrischen Leistung ist, bestimmt die Pseudoinverse also die energieeffizienteste Lösung.

12.B   Regelungstechnik und SVD

Die Regelungstechnik behandelt die in der Technik vorkommenden Regelungsvorgänge. Sie beschreibt Systeme und studiert die Möglichkeiten, wie sich solche Systeme beeinflussen lassen, um ein bestimmtes Verhalten der geregelten Größen zu erhalten. Der Heizungsthermostat misst eine Abweichung der Wohnraumtemperatur von der eingestellten Temperatur und beeinflusst die Heizung so, dass die Wohnraumtemperatur sich wieder dem gewünschten Wert nähert. Der Thermostat muss auch damit fertig werden, dass kaltes oder warmes Wetter den Heizbedarf verändert. Für dieses einfache System ist es ziemlich klar, dass eine Veränderung der Heizleistung auch tatsächlich die Raumtemperatur ändert. Kompliziertere Systeme haben viele mögliche Stellgrößen, die beeinflusst werde und viel mögliche Messgrößen, die sich verändern können. In dieser Situation ist es nicht mehr klar, welche Stellgrößen überhaupt einen Einfluss haben. In diesem Abschnitt soll gezeigt werden, wie man die Singulärwertzerlegung dazu verwenden kann, diese Frage zu beantworten.

12.B.1   Lineare, diskrete Systemmodellierung

Der Einfachheit halber verwenden wir eine Beschreibung des Systems als n-dimensionalen Vektor $x_k \in \mathbb{R}^n$ zu diskreten Zeitpunkten $k \in N$. Der Systemzustand zur Zeit $k + 1$ soll nur vom Systemzustand zur Zeit k abhängen. Der Einfachheit halber nehmen wir an, dass diese Abhängigkeit linear ist, dass es also eine $n \times n$-Matrix A gibt, so dass $x_{k+1} = Ax_k$.

Beispiel 12.16. Die Einschränkung auf lineare Modelle ist geringer als man im ersten Moment denken könnte. Die Bahn eines konstant beschleunigten Massepunktes ist eine Parabel, eine Kurvenform, die man nicht unbedingt mit einem linearen Matrizenprodukt assoziiert. Das System kann aber mit der Zeitentwicklungsgleichung

$$\begin{pmatrix} s_{k+1} \\ v_{k+1} \\ a_{k+1} \end{pmatrix} = \begin{pmatrix} 1 & \Delta t & \frac{1}{2}\Delta t^2 \\ 0 & 1 & \Delta t \\ 0 & 0 & 1 \end{pmatrix} \begin{pmatrix} s_k \\ v_k \\ a_k \end{pmatrix} \tag{12.22}$$

beschrieben wird, die Zeitschritte haben die Länge Δt. ○

Steuergrößen

Damit Regelung möglich ist, muss es man auf das System Einfluss nehmen können. Die Bewegung des kinematischen Systems (12.22) ist zum Beispiel möglich, indem man eine Kraft auf den Massepunkt wirken lässt. Dies äussert sich in einer zusätzlichen Beschleunigung. Etwas allgemeiner gibt es einen Steuervektor $u_k \in \mathbb{R}^r$ und eine $n \times r$-Matrix B, die den Einfluss von u_k auf den Zustand ausrechnet. Die Zeitentwicklungsgleichung bekommt einen zusätzlichen Term:

$$x_{k+1} = Ax_k + Bu_k = \left(\boxed{A} \right) x_k + \left(\boxed{B} \right) u_k. \tag{12.23}$$

Beispiel 12.17. Eine Kraft $F \in \mathbb{R}^r$, $r = 1$, verändert die Kinematik des Systems (12.22) mit Hilfe einer 2×1-Matrix B, die die Wirkung einer Kraft beschreibt. Die Kraft F führt zu einer Beschleunigung $a = F/m$, die Beschleunigung ist jetzt nicht mehr konstant, sie ist auch nicht mehr eine Systemvariable, da sie ja jetzt von außen vorgegeben ist. Die Matrix A verkleinert sich daher auf die 2×2-Matrix

$$A_2 = \begin{pmatrix} 1 & \Delta t \\ 0 & 1 \end{pmatrix}.$$

Aus der Beschleunigung $a = F/m$ resultiert eine Geschwindigkeitsänderung um $\Delta t \cdot a = \Delta t F/m$ und eine Ortsänderung um $\frac{1}{2}\Delta t^2 \cdot a = \frac{1}{2}\Delta t^2 F/m$. Die neuen Zeitentwicklungsgleichungen sind

$$B = \frac{1}{m}\begin{pmatrix} \frac{1}{2}\Delta t^2 \\ \Delta t \end{pmatrix} \quad \Rightarrow \quad \begin{pmatrix} s_{k+1} \\ v_{k+1} \end{pmatrix} = A_2\begin{pmatrix} s_k \\ v_k \end{pmatrix} + \frac{1}{m}\begin{pmatrix} \frac{1}{2}\Delta t^2 \\ \Delta t \end{pmatrix}F = \begin{pmatrix} 1 & \Delta t \\ 0 & 1 \end{pmatrix}\begin{pmatrix} s_k \\ v_k \end{pmatrix} + \frac{1}{m}\begin{pmatrix} \frac{1}{2}\Delta t^2 \\ \Delta t \end{pmatrix}F.$$

Je größer die Masse des Massepunktes, desto geringer ist der Einfluss einer Kraft auf die Dynamik des Systems. ○

Dimension der Steuervektoren u_k

In (12.23) ist die Matrix B als schmale Matrix dargestellt, als ob $r \leq n$ sein müsste. Dies ist nicht unbedingt notwendig, kann aber immer erreicht werden, wie jetzt gezeigt werden soll. Wir nehmen an, dass die Matrix B eine $n \times l$-Matrix mit $l > n$ ist. Die Singulärwertzerlegung besagt dann, dass $B = U \Sigma V^t$ geschrieben werden kann, wobei U und V orthogonale Matrizen sind und Σ die $n \times l$-Matrix der Singulärwerte. Ist r der Rang rank B von B, dann sind nur die ersten r Singulärwerte von 0 verschieden und die Singulärwertzerlegung kann geschrieben werden als

Die Zerlegung zeigt, dass es nur r linear unabhängig Steuergrößen gibt. Wegen

$$Bu_k = U\Sigma_1 V_1^t u_k$$

kann statt des l-dimensionalen Steuervektors u_k ohne Verlust der nur r-dimensionale Steuervektor $\tilde{u}_k = V^t_1 u_k$ verwendet werden. Mit der $n \times r$-Matrix $B_1 = U\Sigma_1$ bekommt das System die Form

$$x_{k+1} = Ax_k + B_1 \tilde{u}_k, \tag{12.24}$$

mit r-dimensionalem Steuervektor $\tilde{u}_k$. Dies zeigt, dass man immer annehmen darf, dass B vollen Rang hat.

Ausgangsgrößen

Die Komponenten des Zustandsvektors sind dem Regler nicht unbedingt zugänglich. Eine Trägheitsplattform kann zum Beispiel die Position nicht messen, sie kann nur Beschleunigungen und Winkelgeschwindigkeiten messen, also nur einen Teil der Zustandsvariablen. Die Ausgangsgrößen $y_k \in \mathbb{R}^m$ entstehen aus den Zustandsvariablen und möglicherweise auch aus den Stellgrößen, es gibt also eine $m \times n$-Matrix C und eine $m \times r$-Matrix D, die den Ausgangsvektor

$$y_k = Cx_k + Du_k = \left(\begin{array}{c} C \end{array} \right) x_k + \left(\begin{array}{c} D \end{array} \right) u_k$$

berechnen.

12.B.2 Steuerbarkeit

Die Aufgabe des Regelungstechnikers ist jetzt, für das System

$$\begin{aligned} x_{k+1} &= Ax_k + Bu_k \\ y_k &= Cx_k + Du_k \end{aligned} \tag{12.25}$$

die Steuergrößen u_k so zu bestimmen, dass y_k oder x_k vorgegebene Werte annehmen. Dabei stellt sich zunächst die Frage, ob die Stellgrößen überhaupt genügend weitreichenden Einfluss auf das System haben. Konkret: kann man mit Hilfe eines geeignet gewählten Steuervektors u_k jede beliebige Änderung des auch ohne Steuereinfluss erreichten Zustandes Ax_k bewirken?

Definition 12.18 (steuerbar). *Das System* (12.25) *heißt zur Zeit k nach x^1 steuerbar, wenn es eine Folge $u_k, \ldots, u_{k+s-1}$ von Steuervektoren gibt derart, dass $x_{k+s} = x^1$ ist.*

Propagation von Steuereinflüssen

Die Matrix B beschreibt, wie sich die Steuergrößen auf die Systemvariablen auswirken. Im Beispiel 12.17 steht nur eine eindimensionale Einflussnahmemöglichkeit zur Verfügung. Geschwindigkeit und Position ändern sich immer proportional zur Kraft. Um Position und Geschwindigkeit unabhängig voneinander zu verändern, braucht es zwei aufeinanderfolgende Steuereingaben. Um eine große Positionsänderung ohne Geschwindigkeitsänderung herbeizuführen, bedarf es einer großen Kraft, die den Massepunkt beschleunigt, gefolgt von einer ebensogroßen Gegenkraft, die ihn wieder auf die ursprüngliche Geschwindigkeit abbremst.

Die Auswirkung des Steuervektors u_k zur Zeit $k + 1$ ist Bu_k. Im nächsten Zeitschritt wird diese Auswirkung zu

$$x_{k+2} = A^2 x_k + ABu_k.$$

Über s Zeitschritte akkumuliert sich der Einfluss von u_k alleine zu

$$x_{k+s} = A^s x_k + A^{s-1} Bu_k.$$

Mit Hilfe mehrerer Steuervektoren $u_k, \ldots, u_{k+s}$ kann man also insgesamt die Wirkung

$$x_{k+s} = A^s x_k + Bu_{k+s-1} + ABu_{k+s-2} + \cdots + A^{s-2} Bu_{k+1} + A^{s-1} Bu_k$$

erreichen. Schreibt man die Vektoren u_{k+s-1} bis u_k nacheinander in einen großen Vektor $u_k^{(s)} \in \mathbb{R}^{sr}$, dann kann der Einflussvektor $Bu_{k+s-1} + ABu_{k+s-2} + \cdots + A^{s-2} Bu_{k+1} + A^{s-1} Bu_k$ als Produkt der Matrix

$$C_s(A, B) = \left(\begin{array}{c|c|c|c|c} B & AB & A^2 B & \cdots & A^{s-1}B \end{array} \right)$$

mit $u_k^{(s)}$ geschrieben werden. Im System (12.25) können damit jeweils s Schritte in einen Schritt zusammengefasst und dafür die Systemgleichungen

$$x_{k+s} = A^s x_k + C_s(A, B) u_k^{(s)}$$

verwendet werden. Die Matrix $C_s(A, B)$ heißt die *Steuerbarkeitsmatrix der Ordnung s*, $C(A, B) = C_n(A, B)$ heißt die *Steuerbarkeitsmatrix*.

Für größere Werte von s ist die $n \times sr$-Matrix $C_s(A, B)$ größer als nötig. Wie in (12.24) kann man die Eingabevektoren $u_k^{(s)}$ wieder mit Hilfe der Singulärwertzerlegung reduzieren auf Vektoren mit Dimension rank $C_s(A, B)$. Die Matrix U in der SVD identifiziert in der Spalte i eine Kombinationen von Systemvariablen, die sich mit dem gleichen "Gewicht" σ_i beeinflussen lässt. Die ersten rank $C_s(A, B)$ Spalten der Matrix V in der SVD bestehen dann aus Abfolgen von s Steuervektoren $u_k, u_{k+1}, \ldots, u_{k+s-1}$, die zusammen jeweils genau eine der kombinierten Systemvariablen beeinflussen. Man könnte diese kombinierten Steuervektoren "Steuermanöver" nennen, die sich über s Zeitschritte erstrecken und genau eine "kombinierte Systemvariable" beeinflussen.

Der Rang von $C_s(A, B)$

Die Dimension der Bildmenge von $C_s(A, B)$ wächst mit s monoton an. Sie wächst aber nicht mehr, wenn sie sich in einem Schritt nicht mehr vergrößert hat. Solange die Dimension anwächst, wächst sie mindestens um 1. Wenn es also möglich ist, jeden beliebigen Vektor als Bild unter der Matrix $C_s(A, B)$ zu erreichen, dann muss dies mit $s = n - 1$ möglich sein.

Satz 12.19 (Steuerbarkeit). *Das System* (12.25) *ist in s Schritten steuerbar, wenn der Rang der n × sr-Matrix*

$$\text{rank } C_s(A, B) = n$$

ist. Das System ist steuerbar, wenn $C_n(A, B)$ *vollen Rang hat.*

Beweis. Das System ist genau dann steuerbar in s Schritten, wenn jeder n-dimensionale Vektor im Bild von $C_s(A, B)$ liegt. Dazu muss der Rang von $C_s(A, B) = n$ sein. □

Beispiel 12.20. Für das Beispiel 12.17 ist die Steuerbarkeitsmatrix

$$A_2 B = \begin{pmatrix} 1 & \Delta t \\ 0 & 1 \end{pmatrix} \frac{1}{m} \begin{pmatrix} \frac{1}{2}\Delta t^2 \\ \Delta t \end{pmatrix} = \frac{1}{m} \begin{pmatrix} \frac{3}{2}\Delta t^2 \\ \Delta t \end{pmatrix} \quad \Rightarrow \quad C(A_2, B) = C_2(A_2, B) = \frac{1}{m} \begin{pmatrix} \frac{1}{2}\Delta t^2 & \frac{3}{2}\Delta t^2 \\ \Delta t & \Delta t \end{pmatrix}$$

Wegen

$$\det C(A_2, B) = \begin{vmatrix} \frac{1}{2m}\Delta t^2 & \frac{3}{2m}\Delta t^2 \\ \frac{1}{m}\Delta t & \frac{1}{m}\Delta t \end{vmatrix} = \frac{\Delta t^3}{2m^2} \begin{vmatrix} 1 & 3 \\ 2 & 2 \end{vmatrix} = \frac{\Delta t^3}{2m^2}(2 - 6) = -\frac{2\Delta t^3}{m^2} \neq 0.$$

Die Matrix $C(A_2, B)$ hat also Rang 2, das System ist steuerbar.   ○

12.B.3   Beobachtbarkeit

Beobachtbarkeit eines Systems bedeutet, dass aus den Ausgabegrößen y_k in einem gewissen Mass auf den Systemzustand geschlossen werden kann. Es mag zwar nicht unbedingt möglich sein, die Werte der Systemvariablen zu ermitteln, aber wenn die Ausgabegrößen y_k und die Steuergrößen u_k übereinstimmen, dann kann man mindestens schließen, dass auch die Zustandsvariablen x_i übereinstimmen. Die folgende Definition fasst diese Idee präziser.

Definition 12.21 (beobachtbar). *Das System* (12.25) *heißt beobachtbar, wenn für zwei mögliche Zustandsvektoren* x_k *und* $\tilde{x}_k$ *mit den gleichen Steuergrößen* u_k *aus* $Cx_k = C\tilde{x}_k$ *auch* $x_k = \tilde{x}_k$ *folgt.*

Ein einzelner Ausgabevektor y_k ist möglicherweise nicht in der Lage, alle Unterschiede zwischen den Vektoren x_k und $\tilde{x}_k$ sichtbar zu machen. Lässt man das System sich ohne Steuerinputs weiterentwickeln, durchläuft es die Zustände $x_{k+1} = Ax_k, x_{k+2} = A^2 x_k, \ldots$, von denen man aber nur die Ausgaben

$$y_{k+1} = CAx_k,$$

$$y_{k+2} = CA^2 x_k,$$

$$\vdots$$

$$y_{k+s-1} = CA^{s-1} x_k$$

messen kann. Fasst man die Vektoren y_k bis y_{k+s-1} zu einem neuen ms-dimensionalen Vektor $y_k^{(s)}$ zusammen, kann man sie mit einer einzigen Multiplikation der $sm \times n$-Matrix

$$O_s(A, C) = \begin{pmatrix} C \\ CA \\ CA^2 \\ \vdots \\ CA^{s-1} \end{pmatrix}$$

mit dem Vektor x_k als

$$y_k^{(s)} = O_s(A, C) x_k$$

bekommen. $O_s(A, C)$ heißt die *Beobachtbarkeitsmatrix* der Ordnung s. Die Beobachtbarkeitsmatrix der Ordnung n heißt auch einfach die Beobachtbarkeitsmatrix $O(A, C) = O_n(A, C)$. Das System ist offenbar genau dann beobachtbar, wenn es ein s gibt derart, dass $O_s(A, C)$ einen Unterschied

$$\Delta y_k^{(s)} = O_s(A, C)(x_k - \tilde{x}_k)$$

zwischen x_k und $\tilde{x}_k$ sichtbar macht.

Beispiel 12.22. Kann man im System (12.25) nur die Geschwindigkeit messen, hat die Matrix C die Form

$$C = \begin{pmatrix} 0 & 1 & 0 \end{pmatrix}.$$

Wegen

$$\operatorname{rank} O(A, C) = \operatorname{rank} \begin{pmatrix} 0 & 1 & 0 \\ 0 & 1 & \Delta t \\ 0 & 1 & 2\Delta t \end{pmatrix} = 2$$

ist dieses System nicht beobachtbar.

Kann man aber die Position bestimmen, dann ist

$$C = \begin{pmatrix} 1 & 0 & 0 \end{pmatrix}$$

und das System ist wegen

$$\operatorname{rank} O(A, C) = \operatorname{rank} \begin{pmatrix} 1 & 0 & 0 \\ 1 & \Delta t & \frac{1}{2}\Delta t^2 \\ 1 & 2\Delta t & 2\Delta t^2 \end{pmatrix} = 3$$

beobachtbar. ○

Satz 12.23 (Beobachtbarkeit). *Ein System ist genau dann beobachtbar, wenn der Rang der Beobachtbarkeitsmatrix* $\operatorname{rank} O(A, C) = n$ *ist.*

Beweis. Das System ist nach Definition genau dann beobachtbar, wenn aus $Cx_k = C\tilde{x}_k$ für alle k folgt, dass $x_k = \tilde{x}_k$. Mit $\Delta x_k = x_k - \tilde{x}_k$ ist dies gleichbedeutend damit, dass aus $C\Delta x_k = 0$ folgt, dass $\Delta x_k = 0$ ist, dass also der Vektor Δx_k im Kern von C ist für alle k.

Die Konstruktion von $O_s(A, C)$ basierte auf der Idee, dass ein Unterschied möglicherweise erst nach mehreren Entwicklungsschritten sichtbar wird. Da die Matrix $O_s(A, C)$ aus den Blöcken CA^i besteht, bedeutet dies, dass $\Delta x_k \in \ker CA^i$ für $i = 0, \ldots s - 1$. Der Kern von $O_s(A, C)$ ist

$$\ker O_s(A, C) = \ker C \cap \ker CA \cap \ker CA^2 \cap \cdots \cap CA^{s-1} = \bigcap_{i=0}^{s-1} \ker CA^i,$$

insbesondere kann er mit zunehmendem s nicht größer werden. Die Dimension nimmt jeweils um mindestens 1 ab oder bleibt gleich. Bleibt die Dimension gleich, dann nimmt sie auch für ein größeres s nicht mehr ab.

Das System ist genau dann beobachtbar, wenn es ein s gibt, so dass $\ker O_s(A, C) = 0$ ist. Wenn dies möglich ist, dann tritt es spätestens nach n Iterationen auf, also für $s = n$. □

12.B.4   Approximation

Man kann die Singulärwertzerlegung auch verwenden, um eine einfachere Approximation eines Systems zu finden. Wir nehmen wieder an, dass die Matrix B vollen Rang hat und bestimmen ihre Singulärwertzerlegung $B = U\Sigma V^t$.

Falls die Singulärwerte außerhalb der Teilmatrix Σ_1 sehr klein sind, müssen sehr große Steuervektoren verwendet werden, um das System wirkungsvoll zu beeinflussen. Es kann daher sinnvoll sein, auf diese Möglichkeit zu verzichten und das System zu vereinfachen. Als Steuermatrix wird dann

und als Steuervektor $\tilde{u}_k = \left(\boxed{V^t_1} \right) u_k$

verwendet. Die Dimension des Steuervektors ist damit kleiner geworden.

Übungsaufgaben

12.1. Gegeben sei

$$A = \begin{pmatrix} 2 & 8 & 8 \\ 1 & 5 & 7 \\ 0 & 1 & 5 \end{pmatrix}, \qquad b = \begin{pmatrix} 10 \\ 10 \\ 9 \end{pmatrix}.$$

a) Finden Sie die LU-Zerlegung von A.

b) Berechnen Sie det(A).

c) Lösen Sie das Gleichungssystem $Ly = b$.

d) Lösen Sie das Gleichungssystem $Ux = y$.

12.2. Gegeben sind

$$A = \begin{pmatrix} 1 & 2 \\ 2 & 1 \\ 2 & 1 \end{pmatrix}, \qquad b = \begin{pmatrix} 2 \\ 2 \\ 2 \end{pmatrix}.$$

Das Gleichungssystem $Ax = b$ ist überbestimmt, es wurde in Abschnitt 7.8 gezeigt, dass die beste Lösung aus dem (nicht überbestimmten) Gleichungssystem

$$A^t Ax = A^t b$$

bestimmt werden kann.

a) Bestimmen Sie $A^t A$ und $A^t b$.

b) $A^t A$ ist eine symmetrische Matrix, finden Sie die Cholesky-Zerlegung $A^t A = LL^t$.

c) Lösen Sie $Ly = A^t b$.

d) Lösen Sie $L^t x = y$.

12.3. Können Sie die Matrix

$$A = \begin{pmatrix} 1 & 1 & 1 \\ 1 & a^2 + 1 & a + 1 \\ 1 & a + 1 & 3 \end{pmatrix}$$

als Produkt $A = BB^t$ schreiben? Wenn ja bestimmen Sie eine solche Matrix B.

12.4. Diese Aufgabe ist eine Lernaufgabe, mit der Sie die Bestimmung der QR-Zerlegung erarbeiten können. Die Berechnungen in dieser Aufgabe werden mit Vorteil nur numerisch mit dem Taschenrechner durchgeführt.

a) Gegeben ist die Matrix

$$A = \begin{pmatrix} 3 & 0 & -3 \\ -2 & -5 & 2 \\ -2 & -1 & -1 \end{pmatrix}.$$

Wenden Sie den Gram-Schmidtschen Orthonormalisierungsprozess auf die Spalten von A an, die neuen Vektoren bilden die Matrix Q.

b) Ist die Matrix Q orthogonal? Ist das immer so, also nicht nur für diese spezielle Matrix A?

c) Finden Sie eine Matrix R derart, dass $A = QR$. Was fällt ihnen an der Matrix R auf?

d) Im Gram-Schmidt Prozess wurden die Spalten q_k so konstruiert, dass a_i eine Linearkombination von q_k mit $1 \leq k \leq i$ ist. Schreiben Sie diese Bedingung für jedes i mit Hilfe von Koeffizienten r_{ki}

e) Zeigen Sie, dass die Linearkombinationen von Teilaufgabe d) auch als Matrixprodukt $A = QR$ geschrieben werden kann.

12.5. Betrachten Sie die Matrix

$$A = \begin{pmatrix} \sqrt{2} & 0 & 0 \\ 0 & \frac{3}{2} & \frac{3\sqrt{3}}{2} \\ -\sqrt{2} & 0 & 0 \end{pmatrix}.$$

a) Bestimmen Sie die Singulärwerte von A.

b) Welchen Rang hat A?

c) Bestimmen Sie eine Orthonormalbasis von Kern und Bild von A.

d) Bestimmen Sie eine Orthonormalbasis von $\ker A^\perp$ und $\operatorname{im} A^\perp$.

e) Bestimmen Sie die Pseudoinverse $A^\dagger$ von A.

f) Berechnen Sie $P_1 = AA^\dagger$ und $P_2 = A^\dagger A$.

g) Überprüfen Sie, dass P_1 und P_2 Projektionen sind, also $P_1^2 = P_1$ und $P_2^2 = P_2$ gilt.

12.6. Berechnen Sie die Determinante der Matrix

$$A = \begin{pmatrix} 25u^2 & 5uv & 10u^2 \\ 5uv & v^2 + 9u^2 & -uv \\ 10u^2 & -uv & v^2 + 5u^2 \end{pmatrix} \qquad \text{mit } u > 0$$

mit Hilfe der Cholesky-Zerlegung.

12.7. Zeigen Sie, dass die Einheitsmatrix I postiv definit ist. Zeigen Sie weiter, dass die Matrix

$$K = \begin{pmatrix} 0 & 1 \\ 1 & 0 \end{pmatrix}$$

nicht positiv definit ist.

Lösungen: `https://linalg.ch/uebungen/LinAlg-112.pdf`

Kapitel 13

Normalformen

Ist eine Matrix diagonalisierbar, dann kann eine geeignete Basis die Berechnung von Potenzen und Potenzreihen einer Matrix vereinfachen oder überhaupt erst ermöglichen. Allerdings ist nicht jede Matrix diagonalisierbar. Die in diesem Kapitel hergeleiteten Normalformen beliebiger Matrizen erlauben immer noch die einfache Berechnung von Potenzen.

Dieses Buch versucht, die Diskussion komplexer Zahlen zu vermeiden. Wenn ein Eigenwert nicht reell ist, kann die Normalform immer noch genau gleich über den komplexen Zahlen konstruiert werden. Wir schreiben daher $\Bbbk$ für den Koeffizientenkörper. Leser, die mit komplexen Zahlen nicht vertraut sind, können dies einfach als $\mathbb{R}$ lesen. Nur die reelle Normalform von Abschnitt 13.3.3 ist etwas speziell: hat eine reelle Matrix nicht reelle Eigenwerte, kann man statt der Jordan-Normalform die reelle Normalform konstruieren, die eine reelle Matrix ist.

13.1 Invariante Unterräume

Die Zerlegung einer Matrix in einfachere Blöcke ist gleichbedeutend damit, Basen für Unterräume zu finden, die sich unter der Abbildung nicht ändern. Im Allgemeinen wird der ganze Raum $\Bbbk^n$ kein solcher invarianter Unterraum sein. In diesem Abschnitt soll gezeigt werden, wie man durch Iteration der Abbildung, also durch Betrachtung von Matrixpotenzen, immer zu einer Zerlegung in invariante Unterräume kommen kann. Daraus ergibt sich dann in Abschnitt 13.1.3 bereits eine Normalform für nilpotente Matrizen.

13.1.1 Kern und Bild von Matrixpotenzen

In diesem Abschnitt ist $A \in M_n(\Bbbk)$, A beschreibt eine lineare Abbildung $f \colon \Bbbk^n \to \Bbbk^n$. Im Folgenden sollen Kern und Bild der Potenzen A^k untersucht werden.

© Der/die Autor(en), exklusiv lizenziert an
Springer-Verlag GmbH, DE, ein Teil von Springer Nature 2023
A. Müller, *Lineare Algebra: Eine anwendungsorientierte Einführung*,
https://doi.org/10.1007/978-3-662-67866-4_13

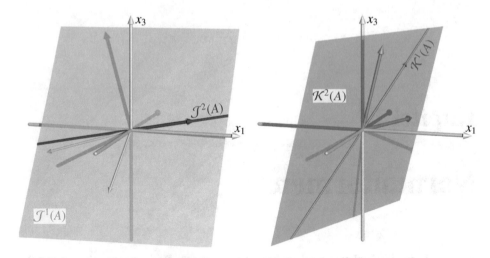

Abbildung 13.1: Iterierte Kerne und Bilder einer 3×3-Matrix mit Rang 2. Die abnehmend ge-schachtelten iterierten Bilder $\mathcal{J}^1(A) \supset \mathcal{J}^2(A)$ sind links dargestellt, die zunehmend geschachtelten iterierten Kerne $\mathcal{K}^1(A) \subset \mathcal{K}^2(A)$ rechts.

Definition 13.1 (iterierte Kerne und Bilder). *Wir bezeichnen Kern und Bild der iterierten Abbildung A^k mit*

$$\mathcal{K}^i(A) = \ker A^i \qquad und \qquad \mathcal{J}^i(A) = \operatorname{im} A^k.$$

Durch Iteration wird das Bild immer kleiner. Wegen

$$\mathcal{J}^i(A) = \operatorname{im} A^i = \operatorname{im} A^{i-1}A = \{A^{i-1}Av \mid v \in \Bbbk^n\} \subset \{A^{i-1}v \mid v \in \Bbbk^n\} = \mathcal{J}^{i-1}(A)$$

folgt

$$\Bbbk^n = \operatorname{im} I = \operatorname{im} A^0 = \mathcal{J}^0(A) \supset \mathcal{J}^1(A) = \operatorname{im} A$$
$$\supset \mathcal{J}^2(A) \supset \cdots \supset \mathcal{J}^i(A) \supset \mathcal{J}^{i+1}(A) \supset \cdots \supset \{0\}. \qquad (13.1)$$

Für die Kerne gilt etwas Ähnliches, sie werden immer größer. Wenn ein Vektor $x \in \mathcal{K}^i(A)$ die Bedingung $A^i x = 0$ erfüllt, dann erfüllt er erst recht auch

$$A^{i+1}x = A \underbrace{A^i x}_{= 0} = 0,$$

also ist $x \in \mathcal{K}^{i+1}(A)$. Es folgt

$$\{0\} = \mathcal{K}^0(A) = \ker A^0 = \ker I \subset \mathcal{K}^1(A) = \ker A \subset \cdots \subset \mathcal{K}^k(A) \subset \mathcal{K}^{k+1}(A) \subset \cdots \subset \Bbbk^n.$$
$$(13.2)$$

Neben diesen offensichtlichen Resultaten kann man aber noch mehr sagen. Es ist klar, dass in beiden Ketten (13.1) und (13.2) nur in höchstens n Schritten eine wirkliche Änderung stattfinden kann. Man kann aber sogar genau sagen, wo Änderungen stattfinden:

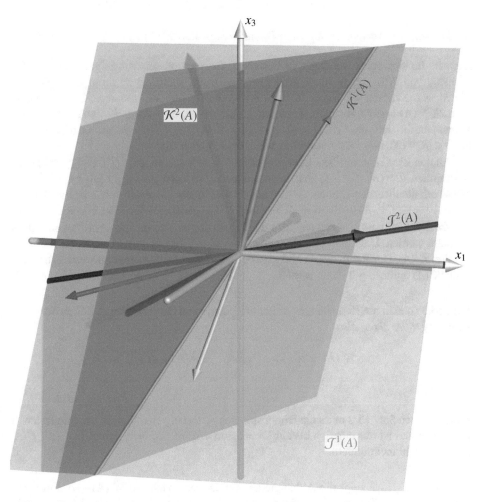

Abbildung 13.2: Iterierte Kerne und Bilder einer 3×3-Matrix mit Rang 2. Da dim $\mathcal{J}^2(A) = 1$ und dim $\mathcal{J}^1(A) = 2$ ist, muss es einen Vektor in $\mathcal{J}^1(A)$ geben, der von A auf 0 abgebildet wird, der also auch im Kern $\mathcal{K}^1(A)$ liegt. Daher ist $\mathcal{K}^1(A)$ die Schnittgerade von $\mathcal{J}^1(A)$ und $\mathcal{K}^2(A)$. Man kann auch gut erkennen, dass $\mathbb{R}^3 = \mathcal{K}^1(A) \oplus \mathcal{J}^1(A) = \mathcal{K}^2(A) \oplus \mathcal{J}^2(A)$ ist (Siehe später Definition 13.9).

Satz 13.2 (stationäre iterierte Kerne und Bilder). *Ist $A \in M_n(\Bbbk)$ eine $n \times n$-Matrix, dann gibt es eine Zahl k so, dass*

$$0 = \mathcal{K}^0(A) \subsetneq \mathcal{K}^1(A) \subsetneq \mathcal{K}^2(A) \subsetneq \ldots \subsetneq \mathcal{K}^k(A) = \mathcal{K}^{k+1}(A) = \ldots$$

$$\Bbbk^n = \mathcal{J}^0(A) \supsetneq \mathcal{J}^1(A) \supsetneq \mathcal{J}^2(A) \supsetneq \ldots \supsetneq \mathcal{J}^k(A) = \mathcal{J}^{k+1}(A) = \ldots$$

ist. Mit anderen Worten: ab der k-ten Potenz ändern sich $\mathcal{K}^i(A)$ und $\mathcal{J}^i(A)$ nicht mehr.

Beweis. Es sind zwei Aussagen zu beweisen. Erstens müssen wir zeigen, dass die Dimension von $\mathcal{K}^i(A)$ nicht mehr größer werden kann, wenn sie zweimal hintereinander gleich war. Nehmen wir daher an, dass $\mathcal{K}^i(A) = \mathcal{K}^{i+1}(A)$. Wir müssen $\mathcal{K}^{i+2}(A)$ bestimmen. $\mathcal{K}^{i+2}(A)$ besteht aus allen Vektoren $x \in \Bbbk^n$ derart, dass $Ax \in \mathcal{K}^{i+1}(A) = \mathcal{K}^i(A)$ ist. Daraus ergibt sich, dass $AA^i x = 0$, also ist $x \in \mathcal{K}^{i+1}(A)$. Wir erhalten also $\mathcal{K}^{i+2}(A) \subset \mathcal{K}^{i+1} \subset \mathcal{K}^{i+2}(A)$, dies ist nur möglich, wenn beide gleich sind.

Analog kann man für die Bilder vorgehen. Wir nehmen an, dass $\mathcal{J}^i(A) = \mathcal{J}^{i+1}(A)$ und bestimmten $\mathcal{J}^{i+2}(A)$. $\mathcal{J}^{i+2}(A)$ besteht aus all jenen Vektoren, die als Ax mit $x \in \mathcal{J}^{i+1}(A) = \mathcal{J}^i(A)$ erhalten werden können. Es gibt also insbesondere ein $y \in \Bbbk^n$ mit $x = A^i y$. Dann ist $Ax = A^{i+1}y \in \mathcal{J}^{i+1}(A)$. Insbesondere besteht $\mathcal{J}^{i+2}(A)$ genau aus den Vektoren von $\mathcal{J}^{i+1}(A)$.

Zweitens müssen wir zeigen, dass die beiden Ketten bei der gleichen Potenz von A konstant werden. Dies folgt jedoch daraus, dass $\dim \mathcal{J}^i(A) = \operatorname{rank} A^i = n - \dim \ker A^i = n - \dim \mathcal{K}^i(A)$. Der Raum $\mathcal{J}^i(A)$ hört also beim gleichen i auf, kleiner zu werden, bei dem auch $\mathcal{K}^i(A)$ aufhört, größer zu werden. □

Satz 13.3 (maximale Kettenlänge für iterierte Kerne und Bilder). *Die Zahl k in Satz 13.2 ist nicht größer als n, also*

$$\mathcal{K}^n(A) = \mathcal{K}^i(A) \qquad und \qquad \mathcal{J}^n(A) = \mathcal{J}^i(A)$$

für $i \geq n$.

Beweis. Nach Satz 13.2 muss die Dimension von $\mathcal{K}^i(A)$ in jedem Schritt um mindestens 1 zunehmen, das ist nur möglich bis zur Dimension n. Somit können sich $\mathcal{K}^i(A)$ und $\mathcal{J}^i(A)$ für $i > n$ nicht mehr ändern. □

Abbildung 13.3 zeigt die Abhängigkeit der Dimensionen $\dim \mathcal{K}^i(A)$ und $\dim \mathcal{J}^i(A)$ von i. Die Dimension $\dim \mathcal{J}^i(A)$ nimmt ab bis zu $i = k$, danach ändert sie sich nicht mehr und die Einschränkung von A auf $\mathcal{J}^k(A)$ ist injektiv. Die Dimension $\dim \mathcal{K}^i(A)$ nimmt zu bis zu $i = k$, danach ändert sie sich nicht mehr.

Definition 13.4 (stationäre Kerne und Bilder). *Die gemäß Satz 13.2 identischen Unterräume $\mathcal{K}^i(A)$ für $i \geq k$ und die identischen Unterräume $\mathcal{J}^i(A)$ für $i \geq k$ werden mit*

$$\mathcal{K}(A) = \mathcal{K}^i(A) \quad \forall i \geq k \qquad bzw. \qquad \mathcal{J}(A) = \mathcal{J}^i(A) \quad \forall i \geq k$$

bezeichnet.

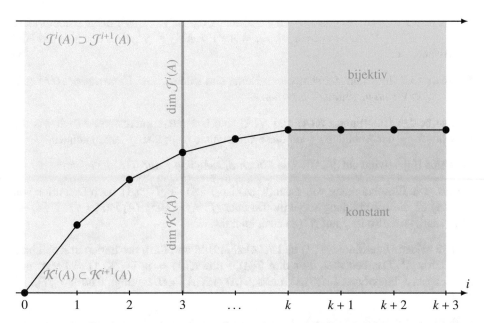

Abbildung 13.3: Entwicklung der Dimension von $\dim \mathcal{K}^k(A)$ (grün) und $\dim \mathcal{J}^k(A)$ (orange) in Abhängigkeit vom Exponenten k. Für $k \geq l$ ändern sich die Dimensionen nicht mehr, A eingeschränkt auf $\mathcal{J}^l(A) = \mathcal{J}(A)$ ist injektiv.

13.1.2 Invariante Unterräume

Kern und Bild sind der erste Schritt zu einem besseren Verständnis einer linearen Abbildung oder ihrer Matrix. Invariante Räume dienen dazu, eine lineare Abbildung in einfachere Abbildungen zwischen "kleineren" Räumen zu zerlegen, wo sie leichter analysiert werden können.

Definition 13.5 (invarianter Unterraum). *Sei $f\colon V \to V$ eine lineare Abbildung eines Vektorraums in sich selbst. Ein Unterraum $U \subset V$ heißt* invarianter Unterraum, *wenn*

$$f(U) = \{f(x) \mid x \in U\} \subset U$$

gilt.

Der Kern $\ker A$ einer linearen Abbildung ist trivialerweise ein invarianter Unterraum, da alle Vektoren in $\ker A$ auf $0 \in \ker A$ abgebildet werden. Ebenso ist natürlich $\operatorname{im} A$ ein invarianter Unterraum, denn jeder Vektor aus V wird in das Bild $\operatorname{im} A$ hinein abgebildet, insbesondere auch jeder Vektor aus $\operatorname{im} A \subset V$.

Satz 13.6 (invariante iterierte Kerne und Bilder). *Sei $f\colon V \to V$ eine lineare Abbildung mit Matrix A. Jeder der Unterräume $\mathcal{J}^i(A)$ und $\mathcal{K}^i(A)$ ist ein invarianter Unterraum.*

Beweis. Sei $x \in \mathcal{K}^i(A)$, es gilt also $A^i x = 0$. Wir müssen überprüfen, dass $Ax \in \mathcal{K}^i(A)$. Wir berechnen daher $A^i \cdot Ax = A^{i+1} x = A \cdot A^i x = A \cdot 0 = 0$, was zeigt, dass $Ax \in \mathcal{K}^i(A)$.

Sei jetzt $x \in \mathcal{J}^i(A)$, es gibt also ein $y \in V$ derart, dass $A^i y = x$. Wir müssen überprüfen, dass $Ax \in \mathcal{J}^i(A)$. Dazu berechnen wir $Ax = AA^i y = A^i Ay \in \mathcal{J}^i(A)$, Ax ist also das Bild von Ay unter A^i. □

Korollar 13.7 (Invarianz der stationären Kerne und Bilder). *Die Unterräume* $\mathcal{K}(A) \subset V$ *und* $\mathcal{J}(A) \subset V$ *sind invariante Unterräume.*

Die beiden Unterräume $\mathcal{K}(A)$ und $\mathcal{J}(A)$ sind besonders interessant, da wir aus der Einschränkung der Abbildung f auf diese Unterräume mehr über f lernen können.

Satz 13.8 (Injektivität auf $\mathcal{J}(A)$). *Die Einschränkung von f auf $\mathcal{J}(A)$ ist injektiv.*

Beweis. Die Einschränkung von f auf $\mathcal{J}^k(A)$ ist $\mathcal{J}^k(A) \to \mathcal{J}^{k+1}(A)$, nach Definition von $\mathcal{J}^{k+1}(A)$ ist diese Abbildung surjektiv. Da aber $\mathcal{J}^k(A) = \mathcal{J}^{k+1}(A)$ ist, ist $f: \mathcal{J}^k(A) \to \mathcal{J}^k(A)$ surjektiv, also ist f auf $\mathcal{J}^k(A)$ auch injektiv. □

Die beiden Unterräume $\mathcal{J}(A)$ und $\mathcal{K}(A)$ sind Bild und Kern der iterierten Abbildung mit Matrix A^k. Das bedeutet, dass $\dim \mathcal{J}(A) + \dim \mathcal{K}(A) = n$. Da $\mathcal{K}(A) = \ker A^k$ und andererseits A injektiv ist auf $\mathcal{J}(A)$, muss $\mathcal{J}(A) \cap \mathcal{K}(A) = 0$. Es folgt, dass $V = \mathcal{J}(A) + \mathcal{K}(A)$.

Definition 13.9 (direkte Summe). *Ein Vektorraum V heißt* direkte Summe *der Unterräume U_1 und U_2 wenn $V = U_1 + U_2$ und $U_1 \cap U_2 = \{0\}$. Die direkte Summe wird auch $V = U_1 \oplus U_2$ geschrieben.*

Nach Definition 13.9 ist V die direkte Summe von $\mathcal{J}(A)$ und $\mathcal{K}(A)$: $V = \mathcal{J}(A) \oplus \mathcal{K}(A)$.

In $\mathcal{K}(A)$ und $\mathcal{J}(A)$ kann man unabhängig voneinander jeweils eine Basis wählen. Die Basen von $\mathcal{K}(A)$ und $\mathcal{J}(A)$ zusammen ergeben eine Basis von V. Die Matrix A' in dieser Basis wird die Blockform

$$
A' = \left(\begin{array}{c|c} A'_{\mathcal{J}} & 0 \\ \hline 0 & A'_{\mathcal{K}} \end{array} \right)
$$

haben, wobei die Matrix $A'_{\mathcal{J}}$ invertierbar ist. Die Zerlegung in invariante Unterräume ergibt also eine natürlich Aufteilung der Matrix A in kleinere Matrizen mit zum Teil bekannten Eigenschaften.

13.1.3 Nilpotente Matrizen

Die Zerlegung von V in die beiden invarianten Unterräume $\mathcal{J}(A)$ und $\mathcal{K}(A)$ reduziert die lineare Abbildung auf zwei Abbildungen mit speziellen Eigenschaften. Es wurde bereits in Satz 13.8 gezeigt, dass die Einschränkung auf $\mathcal{J}(A)$ injektiv ist. Die Einschränkung auf $\mathcal{K}(A)$ bildet nach Definition 13.4 alle Vektoren nach k-facher Iteration auf 0 ab, $A^k \mathcal{K}(A) = 0$. Nach Definition 5.37 ist $A'_{\mathcal{K}}$ eine nilpotente Matrix vom Nilpotenzgrad k.

Man kann die Konstruktion der Unterräume $\mathcal{K}^i(A)$ weiter dazu verwenden, eine Basis zu finden, in der eine nilpotente Matrix eine besonders einfach Form erhält.

Satz 13.10 (Normalform einer maximal nilpotenten Matrix). *Sei A eine nilpotente $n \times n$-Matrix mit der Eigenschaft, dass $A^{n-1} \neq 0$. Dann gibt es eine Basis so, dass A die Form*

$$
N_n = \begin{pmatrix}
0 & 1 & & & & \\
 & 0 & 1 & & & \\
 & & 0 & 1 & & \\
 & & & \ddots & 1 & \\
 & & & & 0 & 1 \\
 & & & & & 0
\end{pmatrix}
\tag{13.3}
$$

bekommt.

Beweis. Da $A^{n-1} \neq 0$ ist, gibt es einen Vektor b_n derart, dass $A^{n-1}b_n \neq 0$. Wir konstruieren die Vektoren

$$b_n, \; b_{n-1} = Ab_n, \; b_{n-2} = Ab_{n-1}, \; \ldots, \; b_2 = Ab_3, \; b_1 = Ab_2.$$

Aus der Konstruktion folgt $b_1 = A^{n-1}b_n \neq 0$, aber $Ab_1 = A^n b_n = 0$. Aus der Konstruktion der iterierten Kerne $\mathcal{K}^i(A)$ folgt jetzt, dass die Vektoren $b_1, \ldots, b_n$ eine Basis bilden. In dieser Basis bekommt die Matrix die Form (13.3). □

Mit etwas mehr Sorgfalt kann man auch die Bedingung, dass $A^{n-1} \neq 0$ sein muss, im Satz 13.10 loswerden. Sie bedeutet nämlich dass sich die Matrix in mehrere kleinere Blöcke der Form (13.3) zerlegen lässt, wie der folgende Satz zeigt.

Satz 13.11 (Normalform für nilpotente Matrizen). *Sei A ein nilpotente Matrix, dann gibt es eine Basis, in der die Matrix aus lauter Nullen besteht außer in den Einträgen unmittelbar oberhalb der Hauptdiagonalen, wo die Einträge 0 oder 1 sind. Insbesondere zerfällt eine solche Matrix in Blöcke der Form N_{n_i}, $i = 1, \ldots, l$, wobei $n_1 + \cdots + n_l = n$ sein muss:*

$$
A' = \begin{pmatrix}
N_{n_1} & & & \\
 & N_{n_2} & & \mathbf{0} \\
 & & \ddots & \\
\mathbf{0} & & & N_{n_l}
\end{pmatrix}.
\tag{13.4}
$$

Im Abschnitt 13.1.4 wird ein Algorithmus zur Bestimmung einer geeigneten Basis für die Normalform (13.4) in etwas mehr Detail dargestellt.

Aus Satz 13.11 lässt sich für eine beliebige lineare Abbildung auch bereits eine partielle Normalform finden. Die Einschränkung von f auf den invarianten Unterraum $\mathcal{K}(A)$ ist nilpotent. Die Zerlegung $V = \mathcal{J}(A) \oplus \mathcal{K}(A)$ führt also zu einer Zerlegung der Abbildung f in eine invertierbare Abbildung $\mathcal{J}(A) \to \mathcal{J}(A)$ und eine nilpotente Abbildung $\mathcal{K}(A) \to \mathcal{K}(A)$. Nach Satz 13.11 kann man in $\mathcal{K}(A)$ eine Basis so wählen, dass die Matrix die Blockform (13.4) erhält.

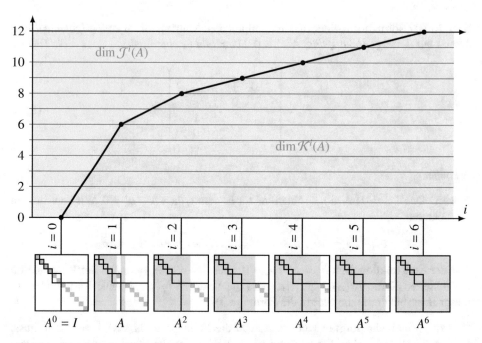

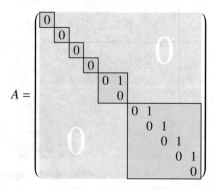

Abbildung 13.4: Entwicklung der Dimensionen von Kern und Bild von A^k in Abhängigkeit von k für die Matrix A von Beispiel 13.12.

Beispiel 13.12. In der Abbildung 13.4 sind die Dimensionen von Kern und Bild der Matrix

$$
A = \begin{pmatrix}
0 & & & & & & & & & \\
& 0 & & & & & & & & \\
& & 0 & & & & & & & \\
& & & 0 & & & & & & \\
& & & & 0 & 1 & & & & \\
& & & & & 0 & & & & \\
& & & & & & 0 & 1 & & \\
& & & & & & & 0 & 1 & \\
& & & & & & & & 0 & 1 \\
& & & & & & & & & 0 \\
& & & & & & & & & 0
\end{pmatrix}
$$

dargestellt. Die Matrix A^i ist in den kleinen Quadraten am unteren Rand der Abbildung schematisch gezeichnet. Grüne Spalten bestehen aus lauter Nullen, die zugehörigen Standardbasisvektoren werden von diesem A^i auf 0 abgebildet. Die orangen Felder enthalten Einsen, die entsprechenden Standardbasisvektoren bilden daher eine Basis des Bildes von A^i. ○

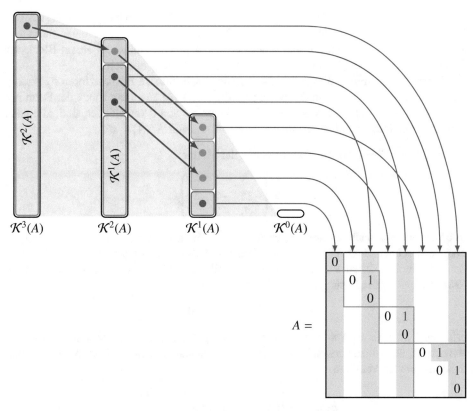

Abbildung 13.5: Konstruktion der Basis für die Jordansche Normalform einer nilpotenten Matrix. Die Vektoren werden in der Reihenfolge von rechts nach links sortiert, um die gewünscht Form der Matrix A zu bekommen.

13.1.4   Basis für die Normalform einer nilpotenten Matrix bestimmen

Die Zerlegung in die invarianten Unterräume $\mathcal{J}^i(A)$ und $\mathcal{K}^i(Y)$ ermöglicht, eine Basis zu finden, in der die Matrix A die Blockform (13.4) bekommt. In diesem Abschnitt soll die Konstruktion einer solchen Basis etwas ausführlicher beschrieben werden.

Abbildung 13.5 illustriert den Prozess an einer nilpotenten Matrix A mit $A^3 = 0$ Die vertikalen Rechtecke im linken Teil der Abbildung symbolisieren die Unterräume $\mathcal{K}^i(A)$. Es ist bekannt, dass $\mathcal{K}^i(A) \subset \mathcal{K}^{i+1}(A)$ ist, die Einbettung wird in der Abbildung durch graue Rechtecke dargestellt. Es sei k der Exponent, für den $\mathcal{K}^k(A) = \Bbbk^n$ wird. Da $\mathcal{K}^{k-1}(A) \neq \mathcal{K}^k(A)$ ist, muss es einen komplementären Unterraum geben, in dem eine Basis gewählt wird. Jeder der Vektoren $b_1, \ldots, b_s$ dieser Basis gibt Anlass zu einem Block der Form N_k, der auf dem Unterraum $\langle b_j, Ab_j, \ldots, A^{k-1}b_j \rangle$ operiert. In der Abbildung ist b_j durch einen roten Punkt symbolisiert und die Bilder $Ab_i, \ldots, A^{k-1}b_i$ werden durch blaue Pfeile untereinander verbunden.

Der Raum $\mathcal{K}^{k-1}(A)$ enthält dann $\mathcal{K}^{k-2}(A)$ und die Vektoren $Ab_1, \ldots, Ab_s$. Es ist aber möglich, dass diese Vektoren nicht den ganzen Raum $\mathcal{K}^{k-1}(A)$ erzeugen. In diesem Fall lassen sich die Vektoren mit Hilfe weiterer Vektoren $b_{s+1}, \ldots, b_{s+r}$ zu einer Basis von $\mathcal{K}^{l-1}(A)$ ergänzen. Wie vorhin gibt jeder der Vektoren b_{s+j} Anlass zu einem Block der Form N_{k-1}, der auf dem Unterraum $\langle b_{s+j}, Ab_{s+j} \ldots, A^{k-2}b_{s+j} \rangle$ operiert.

Durch Wiederholung dieses Prozesses können schrittweise Basisvektoren b_j erzeugt werden. Die Matrix A wird in der Basis $\{b_j, Ab_j, \ldots, A^k b_j\}$ zu einem Block der Form N_k. Für $0 \le i \le k-1$ sind die Vektoren $A^i b_j$, solange sie von 0 verschieden sind, alle nach Konstruktion linear unabhängig, sie bilden eine Basis von $\mathcal{K}^k(A) = \Bbbk^n$.

Beispiel 13.13. Die Basis für die Zerlegung der Matrix

$$A = \begin{pmatrix} 3 & 1 & -2 \\ -21 & -7 & 14 \\ -6 & -2 & 4 \end{pmatrix}$$

in Blockform soll nach der oben beschriebenen Methode ermittelt werden. Zunächst kann man nachrechnen, dass $A^2 = 0$ ist. Der Kern von A ist der Lösungsraum $\mathbb{L}$ der Gleichung $Ax = 0$, da alle Zeilen Vielfache der ersten Zeile sind, reicht es zu verlangen, dass die Komponenten x_i der Lösung die Gleichung

$$3x_1 + x_2 - 2x_3 = 0$$

erfüllen. Jetzt muss ein Vektor b_1 außerhalb von $\mathbb{L}$ gefunden werden, der erste Standardbasisvektor e_1 kann dazu verwendet werden. Es ist auch klar, dass $Ae_1 \ne 0$ ist. Wir verwenden daher die beiden Vektoren

$$b_3 = e_1 = \begin{pmatrix} 1 \\ 0 \\ 0 \end{pmatrix}, \qquad b_2 = Ab_3 = \begin{pmatrix} 3 \\ -21 \\ -6 \end{pmatrix}.$$

In einem Unterraum mit dieser Basis hat A die Matrix N_2. Jetzt muss noch ein Basisvektor b_1 gefunden werden, der in $\ker A = \mathbb{L}$ liegt und so, dass b_1 und b_2 linear unabhängig sind. Die zweite Bedingung kann leicht dadurch sichergestellt werden, dass man die erste Komponente von b_1 als 0 wählt. Eine mögliche Lösung ist dann

$$b_1 = \begin{pmatrix} 0 \\ 2 \\ 1 \end{pmatrix}.$$

Die Matrix

$$B = \begin{pmatrix} 0 & 1 & 3 \\ 2 & 0 & -21 \\ 1 & 0 & -6 \end{pmatrix} \qquad \text{mit der Inversen} \qquad B^{-1} = \begin{pmatrix} 0 & -\frac{2}{3} & \frac{7}{3} \\ 0 & -\frac{1}{9} & \frac{2}{9} \\ 1 & \frac{1}{3} & -\frac{2}{3} \end{pmatrix}$$

transformiert die Matrix A auf die Blockform

$$B^{-1}AB = B^{-1} \begin{pmatrix} 0 & 0 & 3 \\ 0 & 0 & -21 \\ 0 & 0 & -6 \end{pmatrix} = \left(\begin{array}{c|cc} 0 & & \\ \hline & 0 & 1 \\ & 0 & 0 \end{array} \right). \qquad \bigcirc$$

13.2 Eigenräume

In diesem Abschnitt betrachten wir Vektorräume $V = \Bbbk^n$ über einem beliebigen Körper $\Bbbk$ und quadratische Matrizen $A \in M_n(\Bbbk)$. In den meisten Anwendungen wird $\Bbbk = \mathbb{R}$ sein. Da aber in $\mathbb{R}$ nicht alle algebraischen Gleichungen lösbar sind, ist es manchmal notwendig, den Vektorraum zu erweitern um zum Beispiel auf dem Umweg über komplexe Zahlen Eigenschaften der Matrix A abzuleiten.

Definition 13.14 (Spektrum). *Die Menge*

$$\mathrm{Sp}(A) = \{\lambda \in \mathbb{C} \,|\, \lambda \text{ ist Eigenwert von } A\}$$

heißt das Spektrum *von A.*

Zu den Eigenwerten $\lambda \in \mathrm{Sp}(A)$ besteht der Eigenraum E_λ (siehe Defintion 11.2) aus Vektoren, die nur gestreckt werden, ist also automatisch ein invarianter Raum. Es bietet sich daher an, eine Matrix A in jedem Eigenraum separat zu analysieren.

Satz 13.15 (maximale Dimension des Eigenraumes). *Wenn* $\dim E_\lambda = n$ *ist, dann ist* $A = \lambda I$.

Beweis. Da V ein n-dimensionaler Vektoraum ist, ist $E_\lambda = V$. Jeder Vektor $v \in V$ erfüllt also die Bedingung $Av = \lambda v$, oder $A = \lambda I$. □

Wenn man die Eigenräume von A kennt, dann kann man auch die Eigenräume von $A + \mu I$ berechnen. Ein Vektor $v \in E_\lambda$ erfüllt

$$Av = \lambda v \quad \Rightarrow \quad (A + \mu)v = \lambda v + \mu v = (\lambda + \mu)v,$$

somit ist v ein Eigenvektor von $A + \mu I$ zum Eigenwert $\lambda + \mu$. Insbesondere können wir statt die Eigenvektoren von A zum Eigenwert λ zu studieren, auch die Eigenvektoren zum Eigenwert 0 von $A - \lambda I$ untersuchen.

13.2.1 Verallgemeinerte Eigenräume

Wenn λ ein Eigenwert der Matrix A ist, dann ist ist $A - \lambda I$ nicht injektiv und $\ker(A - \lambda I) \neq 0$. Man kann daher die invarianten Unterräume $\mathcal{K}(A - \lambda I)$ und $\mathcal{J}(A - \lambda I)$ bilden.

Beispiel 13.16. Wir untersuchen die Matrix

$$A = \begin{pmatrix} 1 & 1 & -1 & 0 \\ 0 & 3 & -1 & 1 \\ 0 & 2 & 0 & 1 \\ 0 & 0 & 0 & 2 \end{pmatrix}$$

Man kann zeigen, dass $\lambda = 1$ ein Eigenwert ist. Wir suchen die Zerlegung des Vektorraums $\mathbb{R}^4$ in invariante Unterräume $\mathcal{K}(A - I)$ und $\mathcal{J}(A - I)$. Die Matrix $B = A - I$ ist

$$B = \begin{pmatrix} 0 & 1 & -1 & 0 \\ 0 & 2 & -1 & 1 \\ 0 & 2 & -1 & 1 \\ 0 & 0 & 0 & 2 \end{pmatrix}.$$

Da sich $\mathcal{K}^i(B)$ für $i \geq n$ nicht mehr ändern kann, können wir und wir berechnen davon die vierte Potenz

$$D = B^4 = (A - I)^4 = \begin{pmatrix} 0 & 0 & 0 & 0 \\ 0 & 2 & -1 & 4 \\ 0 & 2 & -1 & 4 \\ 0 & 0 & 0 & 1 \end{pmatrix}.$$

Daraus kann man ablesen, dass das Bild von D die Basis

$$b_1 = \begin{pmatrix} 0 \\ 0 \\ 0 \\ 1 \end{pmatrix}, \qquad b_2 = \begin{pmatrix} 0 \\ 1 \\ 1 \\ 0 \end{pmatrix}$$

hat. Für den Kern von D können wir zum Beispiel die Basisvektoren

$$b_3 = \begin{pmatrix} 0 \\ 1 \\ 2 \\ 0 \end{pmatrix}, \qquad b_4 = \begin{pmatrix} 1 \\ 0 \\ 0 \\ 0 \end{pmatrix}$$

verwenden.

Als erstes überprüfen wir, ob diese Basisvektoren tatsächlich invariante Unterräume sind. Für $\mathcal{J}(A - I) = \langle b_1, b_2 \rangle$ berechnen wir

$$(A - I)b_1 = \begin{pmatrix} 0 \\ 4 \\ 4 \\ 1 \end{pmatrix} = 4b_2 + b_1 \quad \in \langle b_1, b_2 \rangle,$$

$$(A - I)b_2 = \begin{pmatrix} 0 \\ 1 \\ 1 \\ 0 \end{pmatrix} = b_2 \quad \in \langle b_1, b_2 \rangle.$$

Dies beweist, dass $\mathcal{J}(A - I)$ invariant ist. In dieser Basis hat die von $A - I$ beschriebene lineare Abbildung auf $\mathcal{J}(A - I)$ die Matrix

$$A_{\mathcal{J}(A-I)} = \begin{pmatrix} 1 & 4 \\ 0 & 1 \end{pmatrix}.$$

Für den Kern $\mathcal{K}(A - I)$ findet man analog

$$\left. \begin{aligned} Ab_3 &= -b_4 \\ Ab_4 &= 0 \end{aligned} \right\} \quad \Rightarrow \quad A_{\mathcal{K}(A-I)} = \begin{pmatrix} 0 & -1 \\ 0 & 0 \end{pmatrix}.$$

In der Basis $\mathcal{B} = \{b_1, b_2, b_3, b_4\}$ bekommt A die Blockform

$$A' = \begin{pmatrix} \begin{array}{cc|cc} 2 & 4 & & \\ 0 & 2 & & \\ \hline & & 1 & -1 \\ & & 0 & 1 \end{array} \end{pmatrix}.$$

Die Blöcke gehören zu den invarianten Unterräumen $\mathcal{J}(A - I)$ und $\mathcal{K}(A - I)$. Die aus $A - I$ gewonnenen invarianten Unterräume sind offenbar auch invariante Unterräume für A. ○

Definition 13.17 (verallgemeinerter Eigenraum). *Ist A eine Matrix mit Eigenwert λ, dann heißt der invariante Unterraum*

$$\mathcal{E}_\lambda(A) = \mathcal{K}(A - \lambda I)$$

der verallgemeinerte Eigenraum *von A zum Eigenwert λ.*

Es ist klar, dass $E_\lambda(A) = \ker(A - \lambda I) \subset \mathcal{E}_\lambda(A)$.

13.2.2 Zerlegung in invariante Unterräume

Wenn λ kein Eigenwert von A ist, dann ist $A - \lambda I$ injektiv und damit $\ker(A - \lambda I) = 0$. Es folgt, dass $\mathcal{K}^i(A - \lambda I) = 0$ und daher auch $\mathcal{J}^i(A - \lambda I) = V$. Die Zerlegung in invariante Unterräume $\mathcal{J}(A - \lambda I)$ und $\mathcal{E}_\lambda(A) = \mathcal{K}(A - \lambda I)$ liefert in diesem Falle also nichts Neues.

Für einen Eigenwert λ_1 von A dagegen erhalten wir die Zerlegung

$$V = \mathcal{E}_{\lambda_1}(A) \oplus \underbrace{\mathcal{J}(A - \lambda_1 I)}_{= V_2},$$

in invariante Unterräume, wobei $\mathcal{E}_{\lambda_1}(A) \neq 0$ ist. Die Matrix $A - \lambda_1 I$ eingeschränkt auf $\mathcal{E}_{\lambda_1}(A)$ ist nilpotent. Man kann daher sagen, dass A auf dem Unterraum $\mathcal{E}_{\lambda_1}(A)$ die Form $\lambda_1 I + N$ hat, wobei N nilpotent ist.

Die Zerlegung in invariante Unterräume ist zwar mit Hilfe von $A - \lambda_1 I$ gewonnen worden, ist aber natürlich auch eine Zerlegung in invariante Unterräume für A. Wir können daher das Problem auf V_2 einschränken und nach einem weiteren Eigenwert λ_2 von A in V_2 suchen. Dieser neue Eigenwert liefert eine Zerlegung von V_2 in invariante Unterräume. Indem wir so weiterarbeiten, bis wir den ganzen Raum ausgeschöpft haben, können wir eine Zerlegung des ganzen Raumes V finden, so dass A auf jedem einzelnen Summanden die sehr einfache Form "λI + nilpotent" hat:

Satz 13.18 (Zerlegung in Eigenräume). *Sei V ein $\mathbb{k}$-Vektorraum und f eine lineare Abbildung mit Matrix A derart, dass alle Eigenwerte $\lambda_1, \ldots, \lambda_l$ von A in $\mathbb{k}$ sind. Dann gibt es eine Zerlegung von V in verallgemeinerte Eigenräume*

$$V = \mathcal{E}_{\lambda_1}(A) \oplus \mathcal{E}_{\lambda_2}(A) \oplus \cdots \oplus \mathcal{E}_{\lambda_l}(A).$$

Die Einschränkung von $A - \lambda_i I$ auf den Eigenraum $\mathcal{E}_{\lambda_i}(A)$ ist nilpotent.

13.2.3 Nullstellen des charakteristischen Polynoms

Wenn das charakteristische Polynom von A keine Nullstellen in $\mathbb{k}$ hat, dann kann es auch keine Eigenvektoren in $\mathbb{k}^n$ geben. Gäbe es nämlich einen solchen Vektor, dann müsste eine der Komponenten des Vektors von 0 verschieden sein. Nehmen wir an, dass es die Komponente in Zeile k ist. Die Komponente v_k kann man auf zwei Arten berechnen, einmal als die k-Komponenten von Av und einmal als k-Komponente von λv:

$$a_{k1}v_1 + \cdots + a_{kn}v_n = \lambda v_k.$$

Da $v_k \neq 0$ kann man nach λ auflösen und erhält

$$\lambda = \frac{a_{k1}v_1 + \cdots + a_{kn}v_n}{v_k}.$$

Alle Terme auf der rechten Seite sind in $\Bbbk$ und werden nur mit Körperoperationen in $\Bbbk$ verknüpft, also muss auch $\lambda \in \Bbbk$ sein, im Widerspruch zur Annahme.

Durch Hinzufügen von geeigneten Elementen können wir immer zu einem Körper $\Bbbk'$ übergehen, in dem das charakteristische Polynom in Linearfaktoren zerfällt. Für reelle Matrizen kann man zum Beispiel zu $\mathbb{C}$ übergehen, da ein reelles Polynom alle Nullstellen in $\mathbb{C}$ hat. In diesem Körper $\Bbbk'$ kann man jetzt das homogene lineare Gleichungssystem mit Koeffizientenmatrix $A - \lambda I$ lösen und damit mindestens einen Eigenvektor v für jeden Eigenwert finden. Die Komponenten von v liegen in $\Bbbk'$, und mindestens eine davon kann nicht in $\Bbbk$ liegen. Das bedeutet aber nicht, dass man diese Vektoren nicht für theoretische Überlegungen über von $\Bbbk'$ unabhängige Eigenschaften der Matrix A machen. Das folgende Beispiel soll diese Idee illustrieren.

Beispiel 13.19. Wir arbeiten in diesem Beispiel über dem Körper $\Bbbk = \mathbb{Q}$. Die Matrix

$$A = \begin{pmatrix} -4 & 7 \\ -2 & 4 \end{pmatrix} \in M_2(\mathbb{Q})$$

hat das charakteristische Polynom

$$\chi_A(x) = \begin{vmatrix} -4 - x & 7 \\ -2 & 4 - x \end{vmatrix} = (-4 - x)(4 - x) - 7 \cdot (-2) = -16 + x^2 + 14 = x^2 - 2.$$

Die Nullstellen sind $\pm\sqrt{2}$ und damit nicht in $\mathbb{Q}$. Wir gehen daher über zum Körper $\mathbb{Q}(\sqrt{2})$, in dem sich zwei Nullstellen $\lambda = \pm\sqrt{2}$ finden lassen. Zu jedem Eigenwert lässt sich auch ein Eigenvektor $v_{\pm\sqrt{2}} \in \mathbb{Q}(\sqrt{2})^2$, und unter Verwendung dieser Basis bekommt die Matrix $A' = TAT^{-1}$ Diagonalform. Die Transformationsmatrix T enthält Matrixelemente aus $\mathbb{Q}(\sqrt{2})$, die nicht in $\mathbb{Q}$ liegen. Die Matrix A lässt sich also über dem Körper $\mathbb{Q}(\sqrt{2})$ diagonalisieren, nicht aber über dem Körper $\mathbb{Q}$.

Da A' Diagonalform hat mit $\pm\sqrt{2}$ auf der Diagonalen, folgt $A'^2 = 2I$, die Matrix A' erfüllt also die Gleichung

$$A'^2 - 2I = \chi_A(A) = 0. \tag{13.5}$$

Die Gleichung 13.5 wurde zwar in $\mathbb{Q}(\sqrt{2})$ hergeleitet, aber in ihr kommen keine Koeffizienten aus $\mathbb{Q}(\sqrt{2})$ vor, die man nicht auch in $\mathbb{Q}$ berechnen könnte. Sie gilt daher ganz allgemein, also $A^2 - 2I = 0$. Dies is ein Spezialfall des Satzes von Cayley-Hamilton (Satz 13.23) der besagt, dass jede Matrix A eine Nullstelle ihres charakteristischen Polynoms ist: $\chi_A(A) = 0$. ○

Beispiel 13.20. Die Matrix

$$A = \begin{pmatrix} 32 & -41 \\ 24 & -32 \end{pmatrix} \in M_2(\mathbb{R})$$

über dem Körper $\Bbbk = \mathbb{R}$ hat das charakteristische Polynom

$$\det(A - xI) = \begin{vmatrix} 32 - x & -41 \\ 25 & -32 - x \end{vmatrix} = (32 - x)(-32 - x) - 25 \cdot (-41) = x^2 - 32^2 + 1025 = x^2 + 1.$$

Die charakteristische Gleichung $\chi_A(x) = 0$ hat in $\mathbb{R}$ keine Lösungen, daher gehen wir zum Körper $\Bbbk' = \mathbb{C}$ über, in dem dank dem Fundamentalsatz 5.26 der Algebra alle Nullstellen zu finden sind, sie sind $\pm i$. In $\mathbb{C}$ lassen sich dann auch Eigenvektoren finden, man muss dazu die folgenden homogenen linearen Gleichungssyteme in Tableauform lösen:

$$
\left[\begin{array}{cc} 32-i & -41 \\ 25 & -32-i \end{array}\right] \rightarrow \left[\begin{array}{cc} 1 & t \\ 0 & 0 \end{array}\right] \qquad \left[\begin{array}{cc} 32+i & -41 \\ 25 & -32+i \end{array}\right] \rightarrow \left[\begin{array}{cc} 1 & \bar{t} \\ 0 & 0 \end{array}\right],
$$

wobei wir $t = -41/(32 - i) = -41(32 + i)/1025 = -1.28 - 0.04i = (64 - 1)/50$ abgekürzt haben. Die zugehörigen Eigenvektoren sind

$$
v_i = \begin{pmatrix} t \\ -1 \end{pmatrix} \qquad\qquad v_{-i} = \begin{pmatrix} \bar{t} \\ -1 \end{pmatrix}.
$$

Mit den Vektoren v_i und v_{-i} als Basis kann die Matrix A als komplexe Matrix, also mit komplexem T in die komplexe Diagonalmatrix $A' = \operatorname{diag}(i, -i)$ transformiert werden. Wieder kann man sofort ablesen, dass $A'^2 + I = 0$, und wieder kann man schließen, dass für die reelle Matrix A ebenfalls $\chi_A(A) = 0$ gelten muss. $\bigcirc$

13.3 Normalformen

In den Beispielen im vorangegangenen Abschnitt wurde wiederholt der Trick verwendet, den Koeffizientenkörper so zu erweitern, dass das charakteristische Polynom in Linearfaktoren zerfällt und für jeden Eigenwert Eigenvektoren gefunden werden können. Diese Idee ermöglicht, eine Matrix in einer geeigneten Körpererweiterung in eine besonders einfache Form zu bringen und das Problem dort zu lösen. Anschließend kann man sich darum kümmern, in welchem Maß die gewonnenen Resultate wieder in den ursprünglichen Körper transportiert werden können. Die dabei verwendete "einfache Form" war jeweils etwas ad hoc. In diesem Abschnitt sollen jetzt etwas systematischer geeignete Normalformen zusammengestellt werden.

13.3.1 Diagonalform

Sei A eine beliebige Matrix mit Koeffizienten in $\Bbbk$ derart, dass das charakteristische Polynom in Linearfaktoren

$$
\chi_A(x) = (x - \lambda_1)^{k_1} \cdot (x - \lambda_2)^{k_2} \ldots (x - \lambda_m)^{k_l}. \tag{13.6}
$$

mit Vielfachheiten k_1 bis k_l zerfällt, $\lambda_i \in \Bbbk$. Zu jedem Eigenwert λ_i gibt es sicher einen Eigenvektor, wir wollen aber in diesem Abschnitt zusätzlich annehmen, dass es eine Basis aus Eigenvektoren gibt. In dieser Basis bekommt die Matrix Diagonalform, wobei auf der Diagonalen nur Eigenwerte vorkommen können. Man kann die Vektoren so anordnen, dass

Camille Marie Ennemond Jordan

Jordan kam am 5. Januar 1838 in Lyon zur Welt. Nach seiner Schulbildung, in der seine mathematische Begabung offensichtlich war, studierte er an der École polytechnique in Paris. Als Ingenieur arbeitend führte er seine mathematischen Forschungen in seiner Freizeit weiter, bis er schließlich 1860 an der Sorbonne promovierte. 1876 wurde er Professer an der École polytechnique, 1883 am Collège de France.
Er befasste sich mit Analysis und Topologie wie auch mit der Gruppentheorie. Seine Lehrbücher zur Analysis und zur Gruppentheorie übten großen Einfluss aus. Die Jordan-Normalform entwickelte er im Zusammenhang mit Lösungen gewöhnlicher Differentialgleichungen, wie sie zum Beispiel im Abschnitt 13.A über die Federwaage studiert werden.
Jordans Tod war am internationalen Kongress der Mathematiker im Jahre 1900 in Paris mitgeteilt worden, worauf sich Jordan, der am Kongress teilnahm, meldete und meinte, die Jahreszahl können nicht stimmen, da er noch am Leben sei. Jordan starb am 21. Januar 1922 in Paris.

die Diagonalmatrix in Blöcke der Form $\lambda_i I$ zerfällt

$$A' = \begin{pmatrix} \lambda_1 I & & & & 0 \\ & \lambda_2 I & & & \\ & & \ddots & & \\ 0 & & & & \lambda_l I \end{pmatrix}.$$

Über die Größe eines solchen $\lambda_i I$-Blockes können wir zum jetzigen Zeitpunkt noch keine Aussagen machen.

Die Matrizen $A - \lambda_i I$ enthalten jeweils einen Block aus lauter Nullen. Das Produkt all dieser Matrizen ist daher

$$(A - \lambda_1 I)(A - \lambda_2 I) \cdots (A - \lambda_l I) = 0.$$

Somit ist $m(x) = (x - \lambda_1)(x - \lambda_2) \cdots (x - \lambda_l)$ das Polynom von kleinstmöglichem Grad, mit der Eigenschaft $m(A) = 0$. Dies ist das Minimalpolynom (Definition 5.30). Da jeder Faktor in $m(x)$ auch ein Faktor von $\chi_A(x)$ ist, folgt wieder $\chi_A(A) = 0$. Außerdem ist das Polynom $m(x)$ ein Teiler des charakteristischen Polynoms $\chi_A(x)$.

13.3.2 Jordan-Normalform

Wie in Abschnitt 13.3.1 zerfalle auch in diesem Abschnitt das charakteristische Polynom von $A \in M_n(\Bbbk)$ in Linearfaktoren in der Form (13.6). Anders als in Abschnitt 13.3.1 nehmen wir aber nicht mehr an, dass es eine Basis aus Eigenvektoren gibt.

Nach Satz 13.18 liefern die verallgemeinerten Eigenräume $V_i = \mathcal{E}_{\lambda_i}(A)$ eine Zerlegung von V in invariante Eigenräume

$$V = V_1 \oplus V_2 \oplus \cdots \oplus V_l$$

derart, dass $A - \lambda_i I$ auf V_i nilpotent ist. Wählt man in jedem der Unterräume V_i eine Basis, dann zerfällt die Matrix A in Blockmatrizen

$$A' = \begin{pmatrix} A_1 & & & & \\ & A_2 & & & \\ & & \ddots & & \\ & & & & A_l \end{pmatrix}, \tag{13.7}$$

wobei A_i Matrizen mit dem einzigen Eigenwert λ_i sind.

Nach Satz 13.11 kann man in den Unterräume die Basis zusätzlich so wählen, dass die entstehenden Blöcke $A_i - \lambda_i I$ spezielle nilpotente Matrizen sind, die lauter Nullen als Einträge haben mit Ausnahme höchstens der Einträge unmittelbar über der Diagonalen, die 1 sein können. Dies bedeutet, dass sich immer eine Basis so wählen lässt, dass die Matrix A_i in sogenannte Jordan-Blöcke zerfällt.

Definition 13.21 (Jordan-Block und Jordan-Matrix). *Ein m-dimensionaler* Jordan-Block *ist eine m × m-Matrix der Form*

$$J_m(\lambda) = \begin{pmatrix} \lambda & 1 & & & & \\ & \lambda & 1 & & & \\ & & \lambda & & & \\ & & & \ddots & & \\ & & & & \lambda & 1 \\ & & & & & \lambda \end{pmatrix}.$$

Eine Jordan-Matrix *ist eine Blockmatrix der Form*

$$J = \begin{pmatrix} J_{m_1}(\lambda) & & & \\ & J_{m_2}(\lambda) & & \\ & & \ddots & \\ & & & J_{m_p}(\lambda) \end{pmatrix}$$

Arthur Cayley

Cayley kam am 18. August 1821 in Richmond upon Thames zur Welt. Er wurde privat unterrichtet, bis er ab 1835 das King's College und später das Trinity College in Cambridge besuchte. 1845 schloss er mit einem Master ab und entschloss sich, als Anwalt zu arbeiten.
Cayley interessierte sich aber weiter für Mathematik und reiste zum Beispiel nach Dublin, um Hamilton's Vorlesungen über Quaternionen zu hören. Cayley fand neben seiner Tätigkeit als Notar Zeit, etwa 250 Arbeiten zu publizieren. 1863 wurde er zum Professor für Mathematik in Cambridge berufen, womit sich ein Lebenstraum Cayleys erfüllte und ihm ermöglichte, sich auf seine Forschung zu konzentrieren. Bis zu seinem Lebensende kamen gegen 1000 Forschungsarbeiten zusammen. Cayley starb am 26. Januar 1895 in Cambridge.

mit $m_1 + m_2 + \cdots + m_p = m$.

Da Jordan-Blöcke obere Dreiecksmatrizen sind, ist das charakteristische Polynom eines Jordan-Blocks oder einer Jordan-Matrix besonders einfach zu berechnen. Es gilt

$$\chi_{J_m(\lambda)}(x) = \det(J_m(\lambda) - xI) = (\lambda - x)^m$$

für einen Jordan-Block $J_m(\lambda)$. Für eine $m \times m$-Jordan-Matrix J mit Blöcken $J_{m_1}(\lambda)$ bis $J_{m_p}(\lambda)$ ist

$$\chi_{J(\lambda)}(x) = \chi_{J_{m_1}(\lambda)}(x)\chi_{J_{m_2}(\lambda)}(x)\cdots\chi_{J_{m_p}(\lambda)}(x) = (\lambda - x)^{m_1}(\lambda - x)^{m_2}\cdots(\lambda - x)^{m_p} = (\lambda - x)^m.$$

Satz 13.22 (Jordan-Normalform). *Über einem Körper* $\Bbbk' \supset \Bbbk$, *über dem das charakteristische Polynom* $\chi_A(x)$ *in Linearfaktoren zerfällt, lässt sich immer eine Basis finden derart, dass die Matrix A zu einer Blockmatrix wird, die aus lauter Jordan-Matrizen besteht. Die Dimension der Jordan-Matrix zum Eigenwert* λ_i *ist die Vielfachheit des Eigenwerts im charakteristischen Polynom.*

Beweis. Es ist nur noch die Aussage über die Dimension der Jordan-Blöcke zu beweisen. Die Jordan-Matrizen zum Eigenwert λ_i werden mit J_i bezeichnet und sollen $m_i \times m_i$-Matrizen sein. Das charakteristische Polynom jedes Jordan-Blocks ist dann $\chi_{J_i}(x) = (\lambda_i - x)^{m_i}$. Das charakteristische Polynom der Blockmatrix mit diesen Jordan-Matrizen als Blöcken ist das Produkt

$$\chi_A(x) = (\lambda_1 - x)^{m_1}(\lambda_2 - x)^{m_2}\cdots(\lambda_p - x)^{m_p}$$

mit $m_1 + m_2 + \cdots + m_p$. Die Blockgröße m_i ist also auch die Vielfachheit von λ_i im charakteristischen Polynom $\chi_A(x)$. □

Satz 13.23 (Cayley-Hamilton). *Ist A eine $n \times n$-Matrix über dem Körper $\Bbbk$, dann gilt $\chi_A(A) = 0$.*

Beweis. Zunächst gehen wir über zu einem Körper $\Bbbk' \supset \Bbbk$, indem das charakteristische Polynom $\chi_A(x)$ in Linearfaktoren $\chi_A(x) = (\lambda_1 - x)^{m_1}(\lambda_2 - x)^{m_2}\ldots(\lambda_p - x)^{m_p}$ zerfällt. Im Vektorraum $\Bbbk'$ kann man eine Basis finden, in der die Matrix A in Jordan-Matrizen $J_1, \ldots, J_p$ zerfällt, wobei J_i eine $m_i \times m_i$-Matrix ist. Für den Block mit der Nummer i erhalten wir $(J_i - \lambda_i E)^{m_i} = 0$. Setzt man also den Block J_i in das charakteristische Polynom $\chi_A(x)$ ein, erhält man

$$\chi_A(J_i) = (\lambda_1 I - J_1)^{m_1} \cdots \underbrace{(\lambda_i I - J_i)^{m_i}}_{= 0} \cdots (\lambda_i I - J_p)^{m_p} = 0.$$

Jeder einzelne Block J_i wird also zu 0, wenn man ihn in das charakteristische Polynome $\chi_A(x)$ einsetzt. Folglich gilt auch $\chi_A(A) = 0$.

Die Rechnung hat zwar im Körper $\Bbbk'$ stattgefunden, aber die Berechnung $\chi_A(A)$ kann in $\Bbbk$ ausgeführt werden, also ist $\chi_A(A) = 0$. □

Aus dem Beweis kann man auch noch eine strengere Bedingung ableiten. Auf jedem verallgemeinerten Eigenraum $\mathcal{E}_{\lambda_i}(A)$ ist $A_i - \lambda_i$ nilpotent mit Nilpotenzgrad q_i. Wählt man eine Basis in jedem verallgemeinerten Eigenraum derart, dass A_i eine Jordan-Matrix ist, kann man wieder zeigen, dass für das Polynom

$$m_A(x) = (x - \lambda_1 x)^{q_1}(x - \lambda_2 x)^{q_2} \cdots (x - \lambda_p x)^{q_p}$$

gilt $m_A(A) = 0$. $m_A(x)$ ist das *Minimalpolynom* der Matrix A.

Satz 13.24 (Minimalpolynom). *Über dem Körper $\Bbbk' \subset \Bbbk$, über dem das charakteristische Polynom $\chi_A(x)$ in Linearfaktoren zerfällt, ist das Minimalpolynom von A das Polynom*

$$m_A(x) = m(x) = (x - \lambda_1)^{q_1}(x - \lambda_2)^{q_2} \cdots (x - \lambda_p)^{q_p}$$

wobei q_i der Nilpotenzgrad der Einschränkung von $A - \lambda_i I$ auf den verallgemeinerten Eigenraum $\mathcal{E}_{\lambda_i}(A)$ ist. Es ist das Polynom geringsten Grades über $\Bbbk'$, das $m(A) = 0$ erfüllt.

Determinante und Spur

Aus der Jordan-Normalform lassen sich auch die Sätze 11.9 und 11.10 sofort verstehen. Die Determinante und Spur eines Jordan-Blocks $J_m(\lambda)$ ist

$$\det J_m(\lambda) = \lambda^m \quad \text{bzw.} \quad \operatorname{tr} J_m(\lambda) = m\lambda.$$

Eine Jordan-Matrix setzt sich aus solchen Blöcken zusammen. Die Jordan-Normalform der Matrix A ist ein Blockdiagonalmatrix mit $m_i \times m_i$-Jordan-Matrizen J_i zu den Eigenwerten λ_i, $i = 1, \ldots, k$, auf der Diagonalen ist. Daraus kann man sofort

$$\det A = \det J = \det J_1 \cdot \det J_k = \lambda_1^{n_1} \cdot \ldots \cdot \lambda_k^{n_k},$$
$$\operatorname{tr} A = \operatorname{tr} J = \operatorname{tr} J_1 \cdot \operatorname{tr} J_k = n_1 \lambda_1 + \ldots + n_k \lambda_k$$

schließen. Dies deckt sich mit den Folgerungen der genannten Sätze.

13.3.3 Reelle Normalform

Wenn eine reelle Matrix A komplexe Eigenwerte hat, ist die Jordansche Normalform zwar möglich, aber die zugehörigen Basisvektoren werden ebenfalls komplexe Komponenten haben. Für eine rein reelle Rechnung ist dies nachteilig, da der Speicheraufwand dadurch verdoppelt und der Rechenaufwand für Multiplikationen vervierfacht wird.

Die nicht reellen Eigenwerte von A treten in konjugiert komplexen Paaren λ_i und $\overline{\lambda}_i$ auf. Wir betrachten im Folgenden nur ein einziges Paar $\lambda = \alpha + i\beta$ und $\overline{\lambda} = \alpha - i\beta$ von konjugiert komplexen Eigenwerten mit nur je einem einzigen $n \times n$-Jordan-Block J und $\overline{J}$. Ist $\mathcal{B} = \{b_1, \dots, b_n\}$ die Basis für den Jordan-Block J, dann kann man die Vektoren $\overline{\mathcal{B}} = \{\overline{b}_1, \dots, \overline{b}_n\}$ als Basis für $\overline{J}$ verwenden. Die vereinigte Basis $C = \mathcal{B} \cup \overline{\mathcal{B}} = \{b_1, \dots, b_n, \overline{b}_1, \dots, \overline{b}_n\}$ erzeugen einen $2n$-dimensionalen Vektorraum, der direkte Summe der beiden von $\mathcal{B}$ und $\overline{\mathcal{B}}$ erzeugen Vektorräume $V = \langle \mathcal{B} \rangle$ und $\overline{V} = \langle \overline{\mathcal{B}} \rangle$ ist. Es ist also

$$U = \langle C \rangle = V \oplus \overline{V}.$$

Wir bezeichnen die lineare Abbildung mit den Jordan-Blöcken J und $\overline{J}$ wieder mit A.

Auf dem Vektorraum U hat die lineare Abbildung in der Basis C die Matrix

$$A = \begin{pmatrix} J & 0 \\ 0 & \overline{J} \end{pmatrix} = \begin{pmatrix} \lambda & 1 & & & & & & & & \\ & \lambda & 1 & & & & & & & \\ & & \lambda & \ddots & & & & & & \\ & & & \ddots & 1 & & & & & \\ & & & & \lambda & & & & & \\ & & & & & \overline{\lambda} & 1 & & & \\ & & & & & & \overline{\lambda} & 1 & & \\ & & & & & & & \overline{\lambda} & \ddots & \\ & & & & & & & & \ddots & 1 \\ & & & & & & & & & \overline{\lambda} \end{pmatrix}.$$

Die Jordan-Normalform bedeutet, dass

$$\begin{aligned} Ab_1 &= \lambda b_1 & &\Rightarrow & A\overline{b}_1 &= \overline{\lambda}\,\overline{b}_1, \\ Ab_2 &= \lambda b_2 + b_1 & &\Rightarrow & A\overline{b}_2 &= \overline{\lambda}\,\overline{b}_2 + \overline{b}_1, \\ Ab_3 &= \lambda b_3 + b_2 & &\Rightarrow & A\overline{b}_3 &= \overline{\lambda}\,\overline{b}_3 + \overline{b}_2, \\ &\;\;\vdots & & & &\;\;\vdots \\ Ab_n &= \lambda b_n + b_{n-1} & &\Rightarrow & A\overline{b}_n &= \overline{\lambda}\,\overline{b}_n + \overline{b}_{n-1}. \end{aligned}$$

Für die Linearkombinationen

$$c_k = \frac{b_k + \overline{b}_k}{\sqrt{2}}, \quad d_k = \frac{b_k - \overline{b}_k}{i\sqrt{2}} \tag{13.8}$$

folgt dann für $k > 1$

$$Ac_k = \frac{Ab_k + A\overline{b}_k}{2} \qquad\qquad Ad_k = \frac{Ab_k - A\overline{b}_k}{2i}$$

$$= \frac{1}{\sqrt{2}}(\lambda b_k + b_{k-1} + \overline{\lambda} \overline{b}_k + \overline{b}_{k-1})$$

$$= \frac{1}{\sqrt{2}}(\alpha b_k + i\beta b_k + \alpha \overline{b}_k - i\beta \overline{b}_k) + c_{k-1}$$

$$= \alpha \frac{b_k + \overline{b}_k}{\sqrt{2}} + i\beta \frac{b_k - \overline{b}_k}{\sqrt{2}} + c_{k-1}$$

$$= \alpha c_k - \beta d_k + c_{k-1},$$

$$= \frac{1}{i\sqrt{2}}(\lambda b_k + b_{k-1} - \overline{\lambda} \overline{b}_k - \overline{b}_{k-1})$$

$$= \frac{1}{i\sqrt{2}}(\alpha b_k + i\beta b_k - \alpha \overline{b}_k + i\beta \overline{b}_k) + d_{k-1}$$

$$= \alpha \frac{b_k - \overline{b}_k}{i\sqrt{2}} + i\beta \frac{b_k + \overline{b}_k}{i\sqrt{2}} + d_{k-1}$$

$$= \alpha d_k + \beta c_k + d_{k-1}.$$

Für $k = 1$ fallen die Terme c_{k-1} und d_{k-1} weg. In der Basis $\mathcal{D} = \{c_1, d_1, \ldots, c_n, d_n\}$ hat die Matrix also die *reelle Normalform*

$$A_{\text{reell}} = \begin{pmatrix} \begin{smallmatrix} \alpha & \beta \\ -\beta & \alpha \end{smallmatrix} & I_2 & & & & \\ & \begin{smallmatrix} \alpha & \beta \\ -\beta & \alpha \end{smallmatrix} & I_2 & & 0 & \\ & & \begin{smallmatrix} \alpha & \beta \\ -\beta & \alpha \end{smallmatrix} & I_2 & & \\ & & & \ddots & & \\ & 0 & & & \begin{smallmatrix} \alpha & \beta \\ -\beta & \alpha \end{smallmatrix} & I_2 \\ & & & & & \begin{smallmatrix} \alpha & \beta \\ -\beta & \alpha \end{smallmatrix} \end{pmatrix}. \tag{13.9}$$

Wir bestimmen noch die Transformationsmatrix, die A in die reelle Normalform bringt. Dazu beachten wir, dass die Vektoren c_k und d_k in der Basis $\mathcal{B}$ nur in den Komponenten k und $n + k$ von 0 verschiedene Koordinaten haben, nämlich

$$c_k = \frac{1}{\sqrt{2}} \begin{pmatrix} \\ 1 & \leftarrow k \\ \\ \hline \\ 1 & \leftarrow n+k \\ \\ \end{pmatrix} \quad \text{und} \quad d_k = \frac{1}{i\sqrt{2}} \begin{pmatrix} \\ 1 \\ \\ \hline \\ -1 \\ \\ \end{pmatrix} = \frac{1}{\sqrt{2}} \begin{pmatrix} \\ -i & \leftarrow k \\ \\ \hline \\ i & \leftarrow n+k \\ \\ \end{pmatrix}$$

gemäß (13.8). Die Umrechnung der Koordinaten von der Basis $\mathcal{B}$ in die Basis $\mathcal{D}$ wird

daher durch die Matrix

$$S = \frac{1}{\sqrt{2}} \left(\begin{array}{cccc|cccc} 1 & -i & & & & & & \\ & 1 & -i & & & & & \\ & & 1 & -i & & & & \\ & & & & \ddots & & & \\ & & & & & 1 & -i & \\ \hline 1 & i & & & & & & \\ & 1 & i & & & & & \\ & & 1 & i & & & & \\ & & & & \ddots & & & \\ & & & & & 1 & i & \end{array} \right)$$

vermittelt. Der Nenner $\sqrt{2}$ wurde so gewählt, dass die Zeilenvektoren der Matrix S als komplexe Vektoren orthonormiert sind, die Matrix S ist daher unitär und hat die Inverse

$$S^{-1} = S^* = \frac{1}{\sqrt{2}} \left(\begin{array}{cccc|cccc} 1 & & & & 1 & & & \\ i & & & & -i & & & \\ & 1 & & & & 1 & & \\ & i & & & & -i & & \\ & & 1 & & & & 1 & \\ & & i & & & & -i & \\ & & & \ddots & & & & \ddots \\ & & & 1 & & & & 1 \\ & & & i & & & & -i \end{array} \right).$$

Insbesondere folgt jetzt

$$A = S^{-1}A_{\text{reell}}S = S^*A_{\text{reell}}S \qquad \text{und} \qquad A_{\text{reell}} = SAS^{-1} = SAS^*.$$

13.A   Die Federwaage

Eine Federwaage (Abbildung 13.6) misst das Gewicht, indem sie die dazu proportionale Ausdehnung einer Feder bestimmt. Dies funktioniert allerdings nur, wenn die Waage ausreichend gedämpft ist, da sie sonst zu schwingen beginnt. Zu starke Dämpfung hat jedoch zur Folge, dass die Ruhelage langsamer erreicht wird. Die optimale Dämpfung vermeidet beides und soll in diesem Abschnitt bestimmt werden.

linalg.ch/video/15

In Abschnitt 11.B wurde bereits gezeigt, wie die Diagonalisierung einer symmetrischen Matrix die Lösung eines großen Differentialgleichungssystems ermöglicht. Die Federwaage wird durch eine Differentialgleichung der Form

$$y''(x) + ay'(x) + by(x) = f(x)$$

beschrieben, die jedoch noch nicht in dieses Schema passt. Das soll in den ersten vier Unterabschnitten nachgeholt werden.

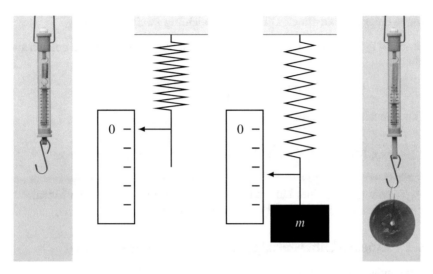

Abbildung 13.6: Funktionsprinzip einer Federwaage. Das Gewicht mg der Masse m dehnt die Feder, bis die neue Gleichgewichtslage erreicht ist.

13.A.1 Jordan-Normalform und Exponentialreihe

Eine homogene Matrixdifferentialgleichung kann durch die Exponentialreihe (9.24) gelöst werden, die Berechnung der Matrixpotenzen A^k ist jedoch sehr aufwendig. Für diagonalisierbare Matrizen wurde bereits in Kapitel 11 eine Vorgehensweise gezeigt. Für nicht diagonalisierbare Matrizen steht nur die Jordan-Normalform zur Verfügung, mit der die Exponentialreihe berechnet werden kann.

Potenzen von Jordan-Blöcken

Die Potenzen $J_m(\lambda)^k$ eines Jordan-Blockes können mit der nilpotenten Matrix N_m (Satz 13.10) und der binomischen Formel berechnet werden:

$$J_m(\lambda)^2 = (\lambda I + N)^2 = \lambda^2 I + 2\lambda N + N^2$$
$$J_m(\lambda)^3 = \lambda^3 I + 3\lambda^2 N + 3\lambda N^2 + N^3$$
$$\vdots$$
$$J_m(\lambda)^k = \sum_{i=0}^{m-1} \binom{k}{i} \lambda^{k-i} N^i.$$

Damit kann die Exponentialreihe $\exp(I + \lambda N)$ berechnet werden.

Lösungen einer Jordan-Block-Differentialgleichung zweiter Ordnung

Für einen 2×2-Jordan-Block ist $N^2 = 0$, so dass die Potenzen besonders einfach sind. Es gilt nämlich

$$(\lambda I + N)^k = \lambda^k I + \binom{k}{1}\lambda^{k-1}N = \lambda^k I + k\lambda^{k-1}N.$$

Die Exponentialreihe für $J_2(\lambda)$ wird damit

$$\exp(J_2(\lambda)x) = e^{\lambda x}I + \left(\sum_{k=1}^{\infty} \frac{k\lambda^{k-1}x^k}{k!}\right)N = e^{\lambda x}I + xe^{\lambda x}N = e^{\lambda x}(I + xN).$$

Die allgemeine Lösung einer Differentialgleichung mit einem doppelten Eigenwert λ ist daher eine Linearkombination der Funktionen $e^{\lambda x}$ und $xe^{\lambda x}$.

13.A.2   Lineare Differentialgleichungen zweiter Ordnung

Die Differentialgleichung

$$y'' + ay' + by = 0 \tag{13.10}$$

hat die Matrixform

$$\frac{d}{dx}\begin{pmatrix} y \\ y' \end{pmatrix} = \begin{pmatrix} y' \\ y'' \end{pmatrix} = \begin{pmatrix} 0 & 1 \\ -b & -a \end{pmatrix}\begin{pmatrix} y \\ y' \end{pmatrix}.$$

Um sie mit Hilfe der Jordan-Normalform zu lösen, muss die Jordan-Normalform der Matrix

$$A = \begin{pmatrix} 0 & 1 \\ -b & -a \end{pmatrix} \tag{13.11}$$

gefunden werden. Das charakteristische Polynom ist

$$\chi_A(\lambda) = \det(A - \lambda I) = \begin{vmatrix} -\lambda & 1 \\ -b & -a - \lambda \end{vmatrix} = -\lambda(-a - \lambda) - 1 \cdot (-b) = \lambda^2 + a\lambda + b$$

und hat die Nullstellen

$$\lambda_\pm = -\frac{a}{2} \pm \sqrt{\left(\frac{a}{2}\right)^2 - b}. \tag{13.12}$$

Die Nullstellen sind verschieden, wenn $a^2 \neq 4b$, in diesen Fällen ist die Matrix diagonalisierbar. Im Folgenden soll daher nur der Fall untersucht werden, in dem $a^2 = 4b$, der (einzige) Eigenwert ist dann $\frac{a}{2}$.

Normalform für eine 2×2-Matrix

In diesem und den folgenden Abschnitten wird die Normalform der 2×2-Matrix A aus (13.11) bestimmt. Falls die beiden Eigenwerte (13.12) verschieden sind, muss es zwei linear unabhängige Eigenvektoren geben, die mit dem Gauß-Algorithmus gefunden werden können. Da $\lambda_\pm$ Nullstellen von $\chi_A(\lambda)$ sind, gilt

$$\lambda_+\lambda_- = b \qquad \text{und} \qquad \lambda_+ + \lambda_- = -a \tag{13.13}$$

Die Gauß-Tableaux zur Bestimmung

$$\begin{array}{cc|c} 0-\lambda & 1 & 0 \\ -b & -a-\lambda & 0 \end{array} = \begin{array}{cc|c} -\lambda & 1 & 0 \\ -\lambda_+\lambda_- & \lambda_+ + \lambda_- - \lambda & 0 \end{array} \tag{13.14}$$

Einsetzen der Werte $\lambda_\pm$ für λ liefert die beiden Tableaux

$$\lambda = \lambda_+ : \quad \begin{array}{cc|c} -\lambda_+ & 1 & 0 \\ -\lambda_+\lambda_- & \lambda_- & 0 \end{array} \rightarrow \begin{array}{cc|c} -\lambda_+ & 1 & 0 \\ 0 & 0 & 0 \end{array} \quad \Rightarrow \quad v_+ = \begin{pmatrix} 1 \\ \lambda_+ \end{pmatrix}$$

$$\lambda = \lambda_- : \quad \begin{array}{cc|c} -\lambda_- & 1 & 0 \\ -\lambda_+\lambda_- & \lambda_+ & 0 \end{array} \rightarrow \begin{array}{cc|c} -\lambda_- & 1 & 0 \\ 0 & 0 & 0 \end{array} \quad \Rightarrow \quad v_- = \begin{pmatrix} 1 \\ \lambda_- \end{pmatrix} \sim \begin{pmatrix} -1 \\ -\lambda_- \end{pmatrix}.$$

Die beiden Vektoren $v_\pm$ bilden eine Basis aus Eigenvektoren.

Transformation auf Diagonalform im Fall $\lambda_+ \neq \lambda_-$

Die Transformationsmatrix, die die Matrix A auf Diagonalform bringt, ist

$$T = \begin{pmatrix} 1 & -1 \\ \lambda_+ & -\lambda_- \end{pmatrix}$$

mit der Inversen

$$T^{-1} = \frac{1}{\det T} \begin{pmatrix} -\lambda_- & 1 \\ -\lambda_+ & 1 \end{pmatrix} = \frac{1}{\lambda_+ - \lambda_-} \begin{pmatrix} -\lambda_- & 1 \\ -\lambda_+ & 1 \end{pmatrix}.$$

Tatsächlich kann man nachrechnen, dass

$$T \begin{pmatrix} \lambda_+ & 0 \\ 0 & \lambda_- \end{pmatrix} T^{-1} = T \begin{pmatrix} \lambda_+ & 0 \\ 0 & \lambda_- \end{pmatrix} \frac{1}{\lambda_+ - \lambda_-} \begin{pmatrix} -\lambda_- & 1 \\ -\lambda_+ & 1 \end{pmatrix} = \frac{1}{\lambda_+ - \lambda_-} T \begin{pmatrix} -\lambda_+\lambda_- & \lambda_+ \\ -\lambda_+\lambda_- & \lambda_- \end{pmatrix}$$

$$= \frac{1}{\lambda_+ - \lambda_-} \begin{pmatrix} 1 & -1 \\ \lambda_+ & -\lambda_- \end{pmatrix} \begin{pmatrix} -\lambda_+\lambda_- & \lambda_+ \\ -\lambda_+\lambda_- & \lambda_- \end{pmatrix}$$

$$= \frac{1}{\lambda_+ - \lambda_-} \begin{pmatrix} 0 & \lambda_+ - \lambda_- \\ -\lambda_+\lambda_-(\lambda_+ - \lambda_-) & (\lambda_+ + \lambda_-)(\lambda_+ - \lambda_-) \end{pmatrix}$$

$$= \begin{pmatrix} 0 & 1 \\ -\lambda_+\lambda_- & \lambda_+ + \lambda_- \end{pmatrix} = \begin{pmatrix} 0 & 1 \\ -b & -a \end{pmatrix} = A.$$

Transformation auf die Form $J_2(\lambda)$ im Fall $\lambda_+ = \lambda_-$

Im Falle eines einzigen Eigenwertes ist $\lambda_+ = \lambda_- = \lambda$ und die Gleichungen (13.13) werden zu

$$\lambda_+\lambda_- = \lambda^2 = b \quad \text{und} \quad \lambda_+ + \lambda_- = -a$$

$$\lambda = \sqrt{b} \qquad\qquad \lambda = -\frac{a}{2}.$$

Da die Vektoren v_+ und v_- ebenfalls übereinstimmen, brauchen wir noch einen weiteren Vektor u derart, dass $(A - \lambda I)u = v$. Eingesetzt in das Tableau (13.14) muss das Gleichungssystem

$$\begin{array}{cc|c} u_1 & u_2 & \\ -\lambda & 1 & 1 \\ -\lambda^2 & \lambda & \lambda \end{array} \rightarrow \begin{array}{cc|c} u_1 & u_2 & \\ -\lambda & 1 & 1 \\ 0 & 0 & 0 \end{array} \quad \Rightarrow \quad u = \begin{pmatrix} u_1 \\ 1 + \lambda u_1 \end{pmatrix}$$

Der Wert von u_1 kann frei gewählt werden, wir wählen $u_1 = 0$. Mit dieser Wahl wird die Transformationsmatrix

$$T = \begin{pmatrix} 1 & 0 \\ \lambda & 1 \end{pmatrix}$$

mit der Inversen

$$T^{-1} = \begin{pmatrix} 1 & 0 \\ -\lambda & 1 \end{pmatrix}.$$

Die Rechnung

$$TJ_2(\lambda)T^{-1} = T\begin{pmatrix} \lambda & 1 \\ 0 & \lambda \end{pmatrix}T^{-1} = T\begin{pmatrix} \lambda & 1 \\ 0 & \lambda \end{pmatrix}\begin{pmatrix} 1 & 0 \\ -\lambda & 1 \end{pmatrix}$$

$$= T\begin{pmatrix} \lambda - \lambda & 1 \\ -\lambda^2 & \lambda \end{pmatrix} = \begin{pmatrix} 1 & 0 \\ \lambda & 1 \end{pmatrix}\begin{pmatrix} 0 & 1 \\ -\lambda^2 & \lambda \end{pmatrix}$$

$$= \begin{pmatrix} 0 & 1 \\ -\lambda^2 & \lambda + \lambda \end{pmatrix} = \begin{pmatrix} 0 & 1 \\ -\lambda^2 & 2\lambda \end{pmatrix} = A$$

zeigt, dass die Matrix T die Matrix A auf Jordan-Normalform transformiert.

Transformation auf reelle Normalform

Falls die Matrix A keine reelle Nullstellen hat, kann sie auf die reelle Normalform

$$R = \begin{pmatrix} p & -q \\ q & p \end{pmatrix} \qquad \text{mit} \qquad p = -\frac{a}{2}, \quad q = \sqrt{b - \frac{a^2}{4}} \quad \Rightarrow \quad a = -2p, \quad b = q^2 + p^2$$

transformiert werden, was in diesem Abschnitt durchgeführt werden soll. Die Matrix A kann als

$$A = \begin{pmatrix} 0 & 1 \\ -b & -a \end{pmatrix} = \begin{pmatrix} 0 & 1 \\ -p^2 - q^2 & 2p \end{pmatrix}$$

geschrieben werden. Nach der Konstruktion von Abschnitt 13.3.3 sind die Basisvektoren

$$c_1 = \begin{pmatrix} 1 \\ p \end{pmatrix} \qquad \text{und} \qquad d_1 = \begin{pmatrix} 0 \\ q \end{pmatrix}$$

zu verwenden, für die gilt

$$Ac_1 = \begin{pmatrix} 0 & 1 \\ -p^2 - q^2 & 2p \end{pmatrix}\begin{pmatrix} 1 \\ p \end{pmatrix} = \begin{pmatrix} p \\ -p^2 - q^2 + 2p^2 \end{pmatrix} = \begin{pmatrix} p \\ p^2 - q^2 \end{pmatrix} = p\begin{pmatrix} 1 \\ p \end{pmatrix} - q\begin{pmatrix} 0 \\ q \end{pmatrix} = pc_1 - qd_1$$

und

$$Ad_1 = \begin{pmatrix} 0 & 1 \\ -p^2 - q^2 & 2p \end{pmatrix}\begin{pmatrix} 0 \\ q \end{pmatrix} = \begin{pmatrix} q \\ 2pq \end{pmatrix} = q\begin{pmatrix} 1 \\ p \end{pmatrix} + p\begin{pmatrix} 0 \\ q \end{pmatrix} = qc_1 + pd_1.$$

Die Wirkung der Matrix A wird in der Basis aus den Vektoren c_1 und d_1 durch die Matrix R ausgedrückt.

Die Transformationsmatrix

$$T = \begin{pmatrix} 0 & 1 \\ q & p \end{pmatrix} \quad \Rightarrow \quad T^{-1} = \frac{1}{q} \begin{pmatrix} -p & 1 \\ q & 0 \end{pmatrix}$$

transformiert A auf die Matrix

$$
\begin{aligned}
T^{-1}AT &= T^{-1} \begin{pmatrix} 0 & 1 \\ -p^2 - q^2 & 2p \end{pmatrix} \begin{pmatrix} 0 & 1 \\ q & p \end{pmatrix} \\
&= \frac{1}{q} \begin{pmatrix} -p & 1 \\ q & 0 \end{pmatrix} \begin{pmatrix} q & p \\ 2pq & -p^2 - q^2 + 2p^2 \end{pmatrix} \\
&= \frac{1}{q} \begin{pmatrix} -pq + 2pq & -p^2 - p^2 - q^2 + 2p^2 \\ q^2 & pq \end{pmatrix} = \begin{pmatrix} p & -q \\ q & p \end{pmatrix} = R.
\end{aligned}
$$

Auch in diesem Fall kann die Exponentialreihe direkt berechnet werden, denn es ist $R = pI + qJ$ und

$$
\begin{aligned}
e^R = e^{pI} e^{qJ} &= e^p \sum_{k=0}^{\infty} \frac{q^k}{k!} J^k = e^p \left(\sum_{i=0}^{\infty} \frac{q^{2i}}{(2i)!} J^{2i} + \sum_{i=0}^{\infty} \frac{q^{2i+1}}{(2i+1)!} J^{2i+1} \right) \\
&= e^p \left(\sum_{i=0}^{\infty} \frac{q^{2i}}{(2i)!} (-1)^i I + \sum_{i=0}^{\infty} \frac{q^{2i+1}}{(2i+1)!} (-1)^i J \right) \\
&= e^p (I \cos q + J \sin q) = e^p \begin{pmatrix} \cos q & -\sin q \\ \sin q & \cos q \end{pmatrix}.
\end{aligned}
$$

In allen drei Fällen kann also die Lösung der Differentialgleichung angegeben werden.

Lösungen einer linearen Differentialgleichung zweiter Ordnung

Mit der Berechnung der Exponentialreihen in allen drei Fällen ist es jetzt möglich, die Lösung der Differentialgleichung anzugeben. Wegen $A = T^1 BT$ ist

$$e^{Ax} = e^{T^{-1}BTx} = T^{-1} e^{Bx} T.$$

Die Lösung einer Differentialgleichung mit Matrix A ist daher

$$Y(x) = T^{-1} e^{Bx} T Y(0).$$

Damit sind die Lösungen in allen drei Fällen möglich:

1. **Fall zweier verschiedener reeller Eigenwerte:**

$$
\begin{aligned}
Y(x) &= T \begin{pmatrix} e^{\lambda_+ x} & 0 \\ 0 & e^{\lambda_- x} \end{pmatrix} T^{-1} Y(0) \\
&= \frac{1}{\lambda_+ - \lambda_-} \begin{pmatrix} 1 & -1 \\ \lambda_+ & -\lambda_- \end{pmatrix} \begin{pmatrix} e^{\lambda_+ x} & 0 \\ 0 & e^{\lambda_- x} \end{pmatrix} \begin{pmatrix} -\lambda_- & 1 \\ -\lambda_+ & 1 \end{pmatrix} Y(0).
\end{aligned} \tag{13.15}
$$

2. **Fall eines doppelten Eigenwertes:**

$$Y(x) = T e^{J_2(\lambda)x} T^{-1} Y(0) = e^{\lambda x} T(I + xN)T^{-1} Y(0)$$

$$= e^{\lambda x} \begin{pmatrix} 1 & 0 \\ \lambda & 1 \end{pmatrix} \begin{pmatrix} 1 & x \\ 0 & 1 \end{pmatrix} \begin{pmatrix} 1 & 0 \\ -\lambda & 1 \end{pmatrix} Y(0). \tag{13.16}$$

3. **Keine reellen Eigenwerte:**

$$Y(x) = T e^{Rx} T^{-1} Y(0) = T e^p (I \cos q + J \sin q) T^{-1} T$$

$$= \begin{pmatrix} 0 & 1 \\ q & p \end{pmatrix} e^p (I \cos q + J \sin q) \frac{1}{q} \begin{pmatrix} -p & 1 \\ q & 0 \end{pmatrix} Y(0). \tag{13.17}$$

13.A.3 Reibung und kritische Dämpfung

Die im vorangegangenen Abschnitt erarbeitet allgemeine Lösung einer linearen Differentialgleichung zweiter Ordnung soll jetzt auf das Problem der Kraftmessung mit einer Federwaage angewendet werden.

Schwingung mit Dämpfung

Die Differentialgleichung (13.10) entsteht als Differentialgleichung einer schwingenden Punktemasse wie folgt. Sei $x(t)$ die Auslenkung der Punktmasse aus der Ruhelage. Eine Feder mit Federkonstante k treibt die Masse zurück in die Ruhelage mit einer Kraft $-kx(t)$. Von der Geschwindigkeit abhängige Reibung bremst die Bewegung der Masse mit der Kraft $-\alpha \dot{x}(t)$. Nach Newtons Gesetz ist

$$m\ddot{x}(t) = -kx(t) - \alpha \dot{x}(t) \qquad \Rightarrow \qquad \ddot{x} + \frac{\alpha}{m} \dot{x}(t) + \frac{k}{m} x(t) = 0. \tag{13.18}$$

Dies ist die Differentialgleichung (13.10) mit

$$a = \frac{\alpha}{m} \qquad \text{und} \qquad b = \frac{k}{m}.$$

Der Spezialfall eines doppelten Eigenwertes tritt genau dann auf, wenn $a^2 = 4b$. Ausgedrückt durch die physikalischen Konstanten bedeutet dies

$$\frac{\alpha^2}{m^2} = \frac{4k}{m} \qquad \Rightarrow \qquad \alpha = \sqrt{4km} = \alpha_{\text{krit}}.$$

Eine konstante Kraft messen

Die unbelastete Federwaage folgt der Differentialgleichung (13.18). Mit dem angehängten Gewicht wird auf die Federmasse eine konstante Kraft f angewendet, die bestimmt werden soll. Die neue Differentialgleichung

$$m\ddot{x} + \alpha \dot{x} + kx = f$$

hat als partikuläre Lösung die konstante Funktion $x_p(t) = f/k$, denn $\dot{x}_p = 0$ und $\ddot{x}_p$ in diesem Fall. Die Kraft f kann also dadurch bestimmt werden, dass man wartet, bis die Federwaage eine neue Ruhelage gefunden hat, die neue Auslenkung x abliest und die Kraft $f = kx$ berechnet.

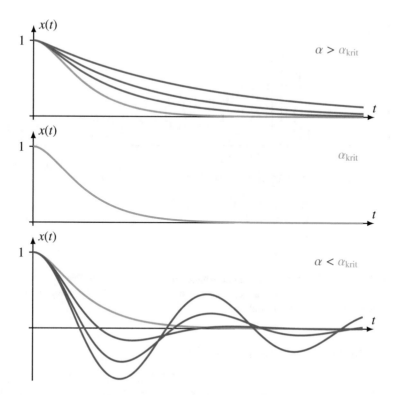

Abbildung 13.7: Vergleich der Lösung der Differentialgleichung (13.18) für verschiedene Werte von α.

Kritische Dämpfung

Die Geschwindigkeit des oben beschriebenen Messverfahrens hängt davon ab, wie schnell die neue Ruhelage gefunden wird. Fällt die Dämpfung weg, wird das System schwingen und keine Ruhelage finden. Ist die Dämpfung sehr groß, wird es zwar keine Schwingung geben, aber die Bewegung zur Ruhelage wird ebenfalls stark gebremst. Es gibt also einen Wert des Dämpfungskoeffizienten α, für den die neue Ruhelage besonders schnell erreicht wird und damit die Messung der Kraft am schnellsten möglich ist. In diesem Abschnitt soll α bestimmt werden.

Wir bestimmen die Lösung der Differentialgleichung mit den Anfangsbedingungen $x(0) = 1$ und $\dot{x}(0) = 0$ und untersuchen, wie schnell $x(t)$ sich der Ruhelage $x = 0$ annähert. Wir können dafür die Formeln (13.15), (13.16) und (13.17) verwenden. Wir können dabei die zweite Komponente ignorieren, da uns nur die Auslenkung interessiert

1. **Fall zweier reeller Eigenwerte:** Einsetzen ergibt:

$$x(t) = \frac{1}{\lambda_+ - \lambda_-} \begin{pmatrix} 1 & -1 \end{pmatrix} \begin{pmatrix} -e^{\lambda_+ t}\lambda_- \\ -e^{\lambda_- t}\lambda_+ \end{pmatrix} = \frac{e^{\lambda_+ t}\lambda_- - e^{\lambda_- t}\lambda_+}{\lambda_- - \lambda_+}.$$

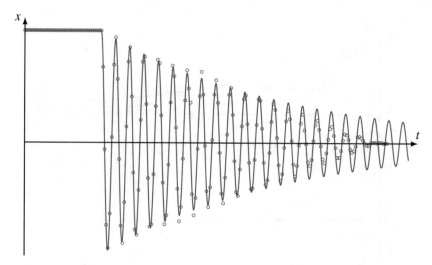

Abbildung 13.8: Schwingverhalten der Federwaage von Abbildung 13.6. Die roten Kreise sind gemessene Punkte, blau ist die daran angepasste Lösung der Differentialgleichung. Gegen Ende des Graphen nimmt die Reibung überhand.

Für die Differentialgleichung (13.18) ist

$$\lambda_\pm = -\frac{\alpha}{2m} \pm \sqrt{\frac{\alpha^2}{4m^2} - \frac{k}{m}} = r \pm s. \tag{13.19}$$

Die Lösung kann dann geschrieben werden als

$$x(t) = \frac{(r-s)e^{rt+st} - (r+s)e^{rt-st}}{-2s} = -\frac{r}{s}\frac{e^{st} - e^{-st}}{2}e^{rt} + \frac{e^{st} + e^{-st}}{2}e^{rt}$$

$$= e^{rt}\left(-\frac{r}{s}\sinh st + \cosh st\right).$$

Ersetzt man r und s wieder durch die Werte aus (13.19), erhält man

$$= e^{-\frac{\alpha t}{2m}}\left(\frac{\alpha}{\sqrt{\alpha^2 - 4km}}\sinh st + \cosh st\right).$$

Die Funktionen $\sinh st$ und $\cosh st$ wachsen exponentiell an, allerdings nur mit der Rate

$$s = \sqrt{\frac{\alpha^2}{4m^2} - k} < \sqrt{\frac{\alpha^2}{4m^2}} = \frac{\alpha}{2m}.$$

Der exponentielle Abfall des Vorfaktors $e^{-\frac{\alpha t}{2m}}$ wird also immer dominieren.

2. **Fall eines doppelten Eigenwertes:** Einsetzen ergibt

$$x(t) = e^{\lambda t}\begin{pmatrix} 1 & 0 \end{pmatrix}\begin{pmatrix} 1 & t \\ 0 & 1 \end{pmatrix}\begin{pmatrix} 1 \\ -\lambda \end{pmatrix} = e^{\lambda t}\begin{pmatrix} 1 & 0 \end{pmatrix}\begin{pmatrix} 1 - \lambda t \\ -\lambda \end{pmatrix} = e^{\lambda t}(1 - \lambda t)$$

Mit $\lambda = -\frac{\alpha}{2m}$ wird die Lösung

$$x(t) = e^{-\frac{\alpha t}{2m}}\left(1 + \frac{\alpha t}{2m}\right).$$

3. **Keine reellen Eigenwerte:** Einsetzen ergibt

$$x(t) = \frac{1}{q}e^{pt}\begin{pmatrix}0 & 1\end{pmatrix}\begin{pmatrix}\cos qt & -\sin qt \\ \sin qt & \cos qt\end{pmatrix}\begin{pmatrix}-p \\ q\end{pmatrix} = e^{pt}\left(-\frac{p}{q}\sin qt + \cos qt\right).$$

$$= e^{-\frac{\alpha t}{2m}}\left(\frac{\alpha}{\sqrt{4km - \alpha^2}}\sin \omega t + \cos \omega t\right), \qquad \text{mit} \quad \omega = q = \sqrt{k - \frac{\alpha^2}{4m^2}}. \quad (13.20)$$

Dies ist eine Schwingung mit der Kreisfrequenz ω, deren Amplitude exponentiell mit dem Faktor $e^{-\frac{\alpha t}{2m}}$ zerfällt.

Um den Einfluss von α besser zu verstehen, sind in Abbildung 13.7 die Lösungen $x(t)$ für verschiedene Werte von α dargestellt. Für $\alpha > \alpha_{\text{krit}}$ geht die Lösung $x(t)$ wesentlich langsamer gegen 0. Für das deklarierte Ziel, dem Gleichgewichtswert möglichst schnell nahe zu kommen, muss daher $\alpha \leq \alpha_{\text{krit}}$ gewählt werden. Falls aber $\alpha < \alpha_{\text{krit}}$, dann zeigt der Graph, dass die Schwingungen der blauen Kurven bewirken, dass es immer wieder Werte gibt, wo $x(t)$ weiter vom Gleichgewichtswert entfernt ist. Die beste Wahl der Dämpfung ist daher $\alpha = \alpha_{\text{krit}}$.

Abbildung 13.8 vergleicht die exakte Lösung mit Messungen aus einer Videoaufzeichnung des Schwingverhaltens einer Federwaage. Die Differentialgleichung modelliert eine Schwingung unter dem Einfluss von Dämpfung, die zur Geschwindigkeit proportional ist. Die Federwaage in Abbildung 13.6 wird aber auch durch Reibung gebremst, die konstant ist. Dies ist der Hauptgrund für die Abweichung gegen Ende des Graphen, wo die Reibung dominiert.

Übungsaufgaben

13.1. Finden Sie eine Basis von $\mathbb{Q}^4$ derart, dass die Matrix A

$$A = \begin{pmatrix} -13 & 5 & -29 & 29 \\ -27 & 11 & -51 & 51 \\ -3 & 1 & -2 & 5 \\ -6 & 2 & -10 & 13 \end{pmatrix}$$

Jordansche Normalform hat.

Lösungen: `https://linalg.ch/uebungen/LinAlg-113.pdf`

Kapitel 14

Positive Matrizen

In der Wahrscheinlichkeitsrechnung treten Matrizen mit sehr speziellen Eigenschaften auf natürliche Art und Weise auf. Zum Beispiel sind ihre Einträge nicht negativ und die Summe der Einträge einer Spalte ist 1. Solche Matrizen werden in Abschnitt 14.1 vorgestellt und auf sogenannte diskrete Markov-Ketten angewendet.

Die Untersuchungen früherer Kapitel sind nicht in der Lage, über solche Matrizen nützliche Aussagen zu machen. Der im Abschnitt 14.2 bewiesene Satz von Perron-Frobenius garantiert die Existenz eines statonären Zustandes einer Markov-Kette. Damit wird in Abschnitt 14.A der PageRank der Suchmaschine Google erklärt.

14.1 Wahrscheinlichkeitsmatrizen und Markov-Ketten

In diesem Abschnitt werden Matrizenbeschreibungen für Graphen und Markov-Ketten eingeführt, die gemeinsam haben, auf Matrizen mit positiven oder nichtnegativen Einträgen zu führen, über deren Eigenschaften die Perron-Frobenius-Theorie von Abschnitt 14.2 nützliche Aussagen machen wird.

14.1.1 Graphen

Graphen sind vielseitige Strukturen mit einem breiten Anwendungsfeld sowohl in der Mathematik wie auch in Anwendungsgebieten wie der Numerik oder Informatik. In diesem Abschnitt soll gezeigt werden, wie Graphen mit Hilfe von Matrizen beschrieben und untersucht werden können.

Graphen

Einen Graphen kann man sich als Punkte vorstellen, die durch Kanten verbunden sind, wie im Beispiel 14.3 weiter unten. Eine mathematisch präzise Definition eines Graphen ist die Folgende.

© Der/die Autor(en), exklusiv lizenziert an
Springer-Verlag GmbH, DE, ein Teil von Springer Nature 2023
A. Müller, *Lineare Algebra: Eine anwendungsorientierte Einführung*,
https://doi.org/10.1007/978-3-662-67866-4_14

Inzidenzmatrix, Adjazenzmatrix und Laplace-Operator

In Abschnitt 3.A wurde zur Beschreibung eines Netzwerks die Inzidenzmatrix ∂ eingeführt. In Abschnitt 3.A.3 wurde der Laplace-Operator $\partial\partial^t$ konstruiert, auch $\Delta(G)$ geschrieben, der die Matrixelemente

$$(\partial\partial^t)_{ik} = \begin{cases} d_i & i = k \\ -1 & \text{es gibt eine Kante zwischen } i \text{ und } k \\ 0 & \text{sonst} \end{cases}$$

hat. Die Zahl d_i ist der *Grad* des Knotens i, die Anzahl der Kanten, die im Knoten i enden. Die Diagonalmatrix $D(G) = \text{diag}(d_1, \dots, d_n)$ heißt die *Gradmatrix* des Graphen. Die Außerdiagonalelemente sind bis auf ein Vorzeichen die Einträge der Adjazenzmatrix $A(G)$. Es folgt, dass

$$\Delta(G) = \partial\partial^t = D(G) - A(G)$$

ist.

Definition 14.1 (Graph). *Ein Graph G ist ein Paar $G = (V, E)$ bestehend aus einer endlichen Menge V von Knoten (Vertices) und einer Menge E von Kanten (Edges). Eine* Kante *ist eine zweielementige Teilmengen $\{a, b\} \subset V$, die Knoten a und b heißen* Endpunkte *der Kante.*

Die Definition verbietet Kanten, die einen Knoten mit sich selbst verbinden. Eine solche Kante müsste als $\{a, a\}$ mit $a \in V$ codiert werden. $\{a, a\} = \{a\}$ ist aber nicht eine zweielementige Menge, wie die Definition verlangt.

Die Definition macht keine Angaben darüber, von welcher Art die Elemente von V sind. Es ist daher keine Einschränkung, wenn für die Knoten natürliche Zahlen

$$V = \{1, 2, \dots, |V|\} \subset \mathbb{N}$$

verwendet werden, was im folgenden immer angenommen sein soll. In Abschnitt 2.A wurde eine elektrisches Netzwerk auf diese Art mathematisiert.

Die Kanten eines Graphen können mit Hilfe einer Matrix codiert werden.

Definition 14.2 (Adjazenzmatrix). *Die* Adjazenzmatrix $A = A(G)$ *eines Graphen $G = (V, E)$ hat die Einträge*

$$a_{ij} = A(G)_{ij} = \begin{cases} 1 & \{i, j\} \in E \\ 0 & \text{sonst.} \end{cases}$$

Da die Kanten des Graphen zweielementige Mengen sind, ist mit $\{i, j\} \in E$ immer auch $\{j, i\} \in E$, die Adjazenzmatrix ist daher immer symmetrisch.

Beispiel 14.3. Der Graph $G(E, V)$ von Abbildung 14.1 mit der Knotenmenge V und der Kantenmenge E kann graphisch als fünf Punkte verbunden mit einer Linie für jede Kante dargestellt werden. Da die Kanten ungerichtet sind, ist die Adjazenzmatrix $A(G)$ symmetrisch.   ○

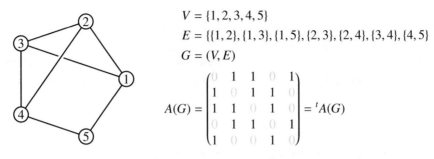

$$V = \{1, 2, 3, 4, 5\}$$
$$E = \{\{1, 2\}, \{1, 3\}, \{1, 5\}, \{2, 3\}, \{2, 4\}, \{3, 4\}, \{4, 5\}\}$$
$$G = (V, E)$$

$$A(G) = \begin{pmatrix} 0 & 1 & 1 & 0 & 1 \\ 1 & 0 & 1 & 1 & 0 \\ 1 & 1 & 0 & 1 & 0 \\ 0 & 1 & 1 & 0 & 1 \\ 1 & 0 & 0 & 1 & 0 \end{pmatrix} = {}^t A(G)$$

Abbildung 14.1: Ungerichteter Graph für das Beispiel 14.3, mit Adjazenzmatrix.

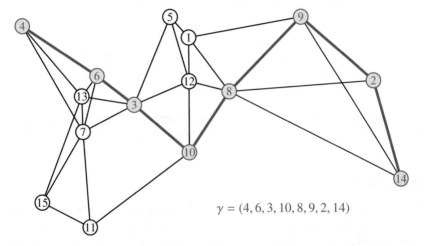

$$\gamma = (4, 6, 3, 10, 8, 9, 2, 14)$$

Abbildung 14.2: Ein Pfad in einem Graphen ist eine Folge von Knoten derart, dass aufeinanderfolgende Knoten eine Kante des Graphen sind. Die Beispielfolge γ ist sowohl als Folge von Knoten wie auch als Pfad im Graphen rot eingezeichnet.

Pfade in einem Graphen

Die Codierung eines Graphen als Matrix ermöglicht, die Anzahl der Wege einer bestimmten Länge zwischen zwei Knoten eines Graphen zu zählen.

Definition 14.4 (Pfad). *Ein* Pfad *γ in einem Graphen G ist eine Folge von Knoten*

$$\gamma = (v_0, v_1, v_2, \ldots, v_n)$$

mit der Eigenschaft, dass $\{v_i, v_{i+1}\} \in E$ für jedes $i = 0, \ldots, n-1$. n ist die Länge *des Pfades. Ein Pfad heißt* geschlossen, *wenn $v_0 = v_n$ ist.*

Satz 14.5 (Anzahl Pfade). *Ist A die Adjazenzmatrix eines Graphen G, dann zählt der Eintrag in Zeile k und Spalte i der Matrix A^n die Anzahl der Wege der Länge n zwischen den Knoten i und k.*

Beweis. Wir beweisen die Aussage mit Hilfe von vollständiger Induktion. Die Einheitsmatrix $I = A^0$ gibt wieder, dass es genau einen Pfad der Länge 0 von jedem Knoten zu sich selbst gibt. Im Sinne der Induktionsverankerung nehmen wir an, dass das Element in Zeile k und Spalte i von A^n die Anzahl der Pfade der Längen n von i nach k berechnet.

Wir müssen jetzt die Pfade der Länge $n + 1$ zählen. Ein Pfad der Länge $n + 1$ von i nach k setzt sich zusammen aus einem Pfad der Länge n von i nach j und einer Kante von j nach k. Es gibt $(A^n)_{ji}$ Pfade von i nach j und a_{kj} Kanten von j nach k. Insgesamt gibt es daher

$$\sum_{j=1}^{n} a_{kj}(A^n)_{ji} = (A^{n+1})_{ki}$$

Pfade der Länge $n + 1$, was den Induktionsschritt beweist. $\square$

Beispiel 14.6. Die Potenzen der Adjazenzmatrix des Graphen von Beispiel 14.3 sind

$$A^2 = \begin{pmatrix} 3 & 1 & 1 & 3 & 0 \\ 1 & 3 & 2 & 1 & 2 \\ 1 & 2 & 3 & 1 & 2 \\ 3 & 1 & 1 & 3 & 0 \\ 0 & 2 & 2 & 0 & 2 \end{pmatrix}, \quad A^3 = \begin{pmatrix} 2 & 7 & 7 & 2 & 6 \\ 7 & 4 & 5 & 7 & 2 \\ 7 & 5 & 4 & 7 & 2 \\ 2 & 7 & 7 & 2 & 6 \\ 6 & 2 & 2 & 6 & 0 \end{pmatrix}, \quad A^4 = \begin{pmatrix} 20 & 11 & 11 & 20 & 4 \\ 11 & 19 & 18 & 11 & 14 \\ 11 & 18 & 19 & 11 & 14 \\ 20 & 11 & 11 & 20 & 4 \\ 4 & 14 & 14 & 4 & 12 \end{pmatrix}.$$

Daraus kann man zum Beispiel ablesen, das es zwischen zwei beliebigen Knoten immer einen Pfad der Länge 4 gibt. Oder dass es keinen geschlossenen Pfad der Länge 3 durch den Punkt 5 gibt. $\bigcirc$

Zusammenhang

Ein Graph heißt *zusammenhängend*, wenn es zwischen je zwei Knoten des Graphen eine Verbindung gibt. Da die Einträge von A^n die Pfade der Länge n in einem Graphen zählen ist diesgleichbedeutend damit, dass es zu jedem Paar von (i, k) von Knoten eine Potenz n gibt, derart, dass der Eintrag in Zeile i und Spalte k der Matrix A^n positiv ist.

Sei G ein Graph und $v \in V$ in Knoten. Sei V' die Menge aller Knoten, die in G mit einem von v ausgehenden Pfad verbunden sind. Der Graph

$$G' = (V', E') = \{e \in E \mid e \subset V'\}$$

ist ein Teilgraph von G, er heißt die *Zusammenhangskomponente* des Knotens v in G. Der Teilgraph G' ist zusammenhängend.

Alternativ kann die Zusammenhangskomponente von v auch charakterisiert werden als der größte zusammenhängende Teilgraph, der den Knoten v enthält.

Ein Graph G ist somit die Vereinigung von zusammenhängenden Graphen

$$G = G_1 \cup G_2 \cup \ldots \cup G_s. \tag{14.1}$$

Die Teilgraphen G_i heißen die *Zusammenhangskomponenten* des Graphen. Sie können iterativ gefunden. Man beginnt mit irgendeinem Knoten und ermittelt die Zusammenhangskomponente G_1. Falls es einen Knoten in G gibt, der nicht in dieser Zusammenhangskomponente liegt, wählt man G_2 als die Zusammenhangskomponente dieses Knotens. Dies wiederholt man für jeden noch nicht erfassten Knoten und erhält so nacheinander alle Zusammenhangskomponenten.

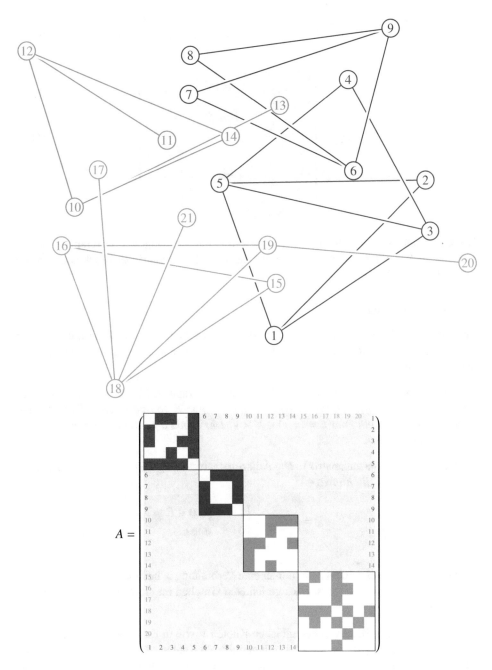

Abbildung 14.3: Zusammenhangskomponenten eines Graphen mit vier verschiedenen Komponenten in verschiedenen Farben. Darunter die zugehörige Adjazenzmatrix A, farbig eingefärbte Quadrate stehen für Einsen in der Adjazenzmatrix. Zu jeder Komponente gehört ein Block in gleicher Farbe. Der Block ist die Adjazenzmatrix der Komponente.

Jede der Zusammenhangskomponenten G_i des Graphen G in (14.1) hat ihre eigene Adjazenzmatrix $A_i = A(G_i)$. Die Adjazenzmatrix von G hat dann die Form einer Blockmatrix

$$A(G) = \begin{pmatrix} A(G_1) & & & \\ & A(G_2) & & \mathbf{0} \\ & & \ddots & \\ \mathbf{0} & & & A(G_s) \end{pmatrix}. \tag{14.2}$$

Die kombinatorische Zerlegung des Graphen in zusammenhängende Teilgraphen äussert sich also auch in einer algebraischen Zerlegung der Adjazenzmatrix als Blockmatrix (siehe auch Abbildung 14.3).

Gerichtete Graphen

Ein gerichteter Graph unterscheidet sich von einem Graphen dadurch, dass die Kanten eine vorgeschriebene Richtung haben, die wir als Pfeile wie im Beispiel 14.9 weiter unten darstellen können.

Definition 14.7 (gerichteter Graph). *Ein* gerichteter Graph *ist ein Paar* (V, E) *bestehend einer Menge* V *von Knoten (Vertices) und einer Menge* E *von gerichteten Kanten. Eine* gerichtete Kante *ist ein Paar* $k = (a, e) \in V \times V$. *Der Punkt* a *heißt Anfangspunkt,* e *heißt Endpunkt der Kante* k.

Definition 14.8 (Adjazenzmatrix). *Die* Adjazenzmatrix $A = A(G)$ *eines gerichteten Graphen* $G = (V, E)$ *hat die Einträge*

$$a_{ik} = A(G)_{ik} = \begin{cases} 1 & (k, i) \in E \\ 0 & sonst. \end{cases}$$

Da zwischen zwei Knoten nicht immer eine Verbindung in beiden Richtungen bestehen muss, wird die Adjazenzmatrix eines gerichteten Graphen im allgemeinen nicht symmetrisch sein.

Beispiel 14.9. Ausgehend von den gleichen Knoten V wie in Beispiel 14.3 kann ein neuer, gerichteter Graph (Abbildung 14.4) mit gerichteten Kanten gebildet werden. Die Kante von i nach k und die Kante von k nach i werden jetzt als verschieden betrachtet. Die Adjazenzmatrix ist nicht mehr symmetrisch. Zwischen den Knoten 4 und 5 gibt es Kanten in beiden Richtungen, so dass $A(G)_{45} = A(G)_{54} = 1$ ist (blau hervorgehoben). Außerdem sind jetzt auch Kanten möglich, die von einem Knoten zurück zum gleichen Knoten führen, wie die rote Kante vom Knoten 5 zurück zu 5.   ○

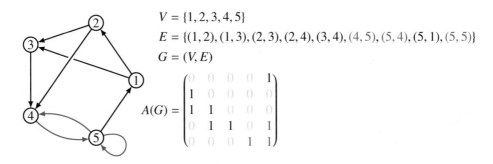

$$V = \{1, 2, 3, 4, 5\}$$
$$E = \{(1, 2), (1, 3), (2, 3), (2, 4), (3, 4), (4, 5), (5, 4), (5, 1), (5, 5)\}$$
$$G = (V, E)$$

$$A(G) = \begin{pmatrix} 0 & 0 & 0 & 0 & 1 \\ 1 & 0 & 0 & 0 & 0 \\ 1 & 1 & 0 & 0 & 0 \\ 0 & 1 & 1 & 0 & 1 \\ 0 & 0 & 0 & 1 & 1 \end{pmatrix}$$

Abbildung 14.4: Gerichteter Graph für das Beispiel 14.9, mit Adjazenzmatrix.

Auch die Möglichkeit, Pfade zu zählen, lässt sich direkt auf gerichtet Graphen übertragen.

Definition 14.10 (gerichteter Pfad). *Ein Pfad der Länge n in einem gerichteten Graphen G ist eine Folge $(v_0, v_1, \ldots, v_n)$ von Knoten $v_i \in V$ derart, dass (v_i, v_{i+1}) für alle $i = 0, \ldots, n-1$ eine Kante des Graphen ist, also*

$$(v_i, v_{i+1}) \in E \quad \forall i = 1, \ldots, n-1 \qquad \Leftrightarrow \qquad A(G)_{v_{i+1}, v_i} = 1 \quad \forall i = 1, \ldots, n-1$$

Der Pfad heißt geschlossen, wenn $v_0 = v_n$ ist.

Satz 14.11 (Anzahl gerichteter Pfade). *Sei $G = (V, E)$ ein gerichteter Graph und $i, k \in V$ zwei Knoten. Die Anzahl der Pfade der Länge n von i nach k ist der Eintrag in Zeile k und Spalte i der Matrix A^n.*

Beweis. Der Beweis ist der gleiche wie der für Satz 14.5 ☐

Beschriftete Graphen

Das Konzept eines Graphen kann auf vielfältige Weise erweitert werden. Eine besonders erfolgreiche Variante ist, die Kanten zusätzlich mit einem Etikett zu beschriften. Damit wird es möglich, dass zwischen zwei Knoten mehrere Kanten vorhanden sind, die sich nur durch die Beschriftung unterscheiden.

Beispiel 14.12. Wir erweitern das Beispiel 14.9, indem wir den Kanten eine Beschriftung mit Zahlen aus $L = \mathbb{R}$ hinzufügen (Abbildung 14.5). Die erweiterte Adjazenzmatrix $\overline{A}(G)$ enthält in Zeile i und Spalte k das Etikett der Kante, die von k nach i führt. ○

Definition 14.13 (beschrifteter Graph). *Ein beschrifteter Graph $G = (V, E)$ ist eine Menge V von Knoten und eine Menge von Kanten E. Eine Kante ist ein Tripel $(a, e, l) \in V^2 \times L$, wobei $a, e \in V$ die Anfangs- und Endpunkte der Kante sind. $l \in L$ ist die Beschriftung aus einer Menge L von "Labels".*

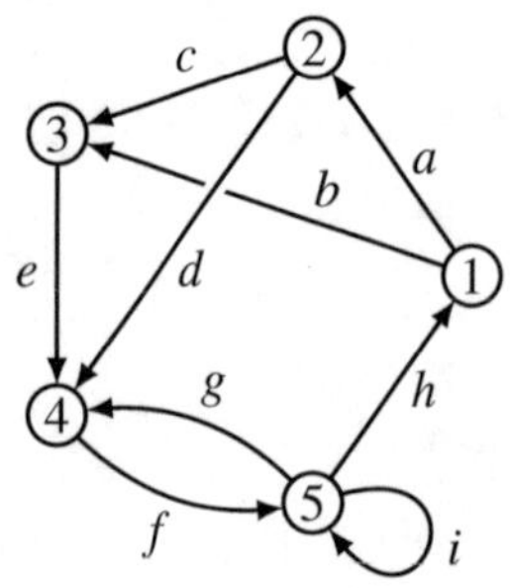

$L = \mathbb{R}$

$E = \{(1,2,a),(1,3,b),(2,3,c),(2,4,d),(3,4,e),(4,4,f),$
$\qquad (4,5,g),(5,1,h),(5,4,i)\}$

$G = (V, E)$

$$A(G) = \begin{pmatrix} 0 & 0 & 0 & 0 & 1 \\ 1 & 0 & 0 & 0 & 0 \\ 1 & 1 & 0 & 0 & 0 \\ 0 & 1 & 1 & 0 & 1 \\ 0 & 0 & 0 & 1 & 1 \end{pmatrix}, \qquad \overline{A}(G) = \begin{pmatrix} 0 & 0 & 0 & 0 & h \\ a & 0 & 0 & 0 & 0 \\ b & c & 0 & 0 & 0 \\ 0 & d & e & 0 & g \\ 0 & 0 & 0 & f & i \end{pmatrix}$$

Abbildung 14.5: Beschrifteter Graph mit Adjazenzmatrix für das Beispiel 14.12.

Definition 14.14 (erweiterte Adjazenzmatrix). *Die erweiterte Adjazenzmatrix $\overline{A}(G)$ des beschrifteten Graphen G ist die Matrix mit den Einträgen*

$$a_{ik} = \overline{A}(G)_{ik} = \begin{cases} l & l \text{ ist die Beschriftung der Kante von } k \text{ nach } i \\ 0 & \text{sonst} \end{cases}$$

In Abschnitt 14.1.2 werden Graphen betrachtet, deren Kanten mit Wahrscheinlichkeiten beschriftet sind.

Spektrale Graphentheorie

Die Beschreibung eines Graphen mit Hilfe von Matrizen ermöglicht, die Werkzeuge der Matrizenalgebra einzusetzen. Dies hat bereits auf eine Möglichkeit geführt, die Anzahl der Pfade zu zählen. Die *spektrale Graphentheorie* stellt Verbindungen zwischen kombinatorischen Eigenschaften und den Eigenwerten der Adjazenzmatrix her.

Definition 14.15 (Einfärbung eines Graphen). *Eine Einfärbung eines Graphen ist eine Zuordnung von Farben zu den Knoten des Graphen derart, dass keine zwei benachbarten Knoten die gleiche Farbe haben. Die chromatische Zahl chr G eines Graphen G ist die minimale Anzahl von Farben, die zur Einfärbung eines Graphen nötig ist.*

Satz 14.16 (Wilf). *Ist G ein zusammenhänger Graph und α_{max} der betragsgrößte Eigenwert der Adjazenzmatrix, dann gilt*

$$\text{chr } G \leq \alpha_{\max} + 1.$$

Der Satz ermöglicht also, kombinatorische Aussagen über einen Graphen mit Werkzeugen der linearen Algebra mindestens teilweise zu beantworten. Dies ist nur eines von vielen Beispielen, das Lehrbuch [18] gibt eine prägnante Einführung in die Ideen der spektralen Graphentheorie. Weitere der vielfältigen Anwendungen von Matrizen auf Graphen beschreibt das Buch [5].

Abbildung 14.6: Der Würfelsatz für das Spiel *Dungeons and Dragons* besteht aus sieben "Würfeln" mit 4, 6, 8, 2 × 10, 12 bzw. 20 Seitenflächen.

14.1.2 Wahrscheinlichkeitsmatrizen

Beschriftete Graphen können verwendet werden, um Wahrscheinlichkeitsprozesse zu beschreiben. In diesem Abschnitt entwickeln wir den Begriff einer Wahrscheinlichkeitsmatrix aus den Konstruktionen zu Graphen, im Speziellen der Adjazenzmatrix.

Die aus Abschnitt 14.1.1 abgeleitete Notation deckt sich leider nicht mit der in der Wahrscheinlichkeitstheorie üblichen Notation. Während wir Wahrscheinlichkeitsverteilungen als Spaltenvektoren ansehen, auf denen Wahrscheinlichkeitsmatrizen durch Multiplikation von links operieren, ist es in der Wahrscheinlichkeitstheorie eher üblich, Verteilungen als Zeilenvektoren zu betrachten, auf denen Wahrscheinlichkeitsmatrizen durch Multiplikation von rechts operieren. Die Wahrscheinlichkeitsmatrizen in diesem Buch sind daher transponierte der Wahrscheinlichkeitsmatrizen in der Wahrscheinlichkeitstheorie.

Beispiel 14.17. Eine zufällige Zahl zwischen 1 und 20 wird wie folgt mit Hilfe eines Satzes von "Würfeln" für das Spiel *Dungeons and Dragons* bestimmt. Die Würfel sind mit 4, 6, 8, 12 und 20 Seitenflächen sind reguläre Polyeder und zeigen Zahlen von 1 bis zur Flächenzahl des Körpers. Die Körper mit 10 Seitenflächen sind mit 0–9 bzw. 00–99 beschriftet und werden im Spiel dafür verwendet, Zahlen zwischen 0 und 99 zu erzeugen. Wir weisen den 10 Seiten wie bei den anderen Körpern die Zahlen 1–10 zu.

Im ersten Schritt wird einer von den sieben Würfeln aus dem Würfelsatz von Abbildung 14.6 ausgewählt. Jeder Würfel hat die gleiche Wahrscheinlichkeit $p = \frac{1}{7}$, gewählt zu werden. Der Würfel mit n Seitenflächen produziert Zahlen $1, \ldots, n$ mit Wahrscheinlichkeit $p = \frac{1}{n}$.

Der Graph in Abbildung 14.7 beschreibt den Ablauf. Der Prozess startet im Punkt S und folgt dann den Pfeilen bis in die unterste Zeile. Die Wahrscheinlichkeit dafür, dass ein

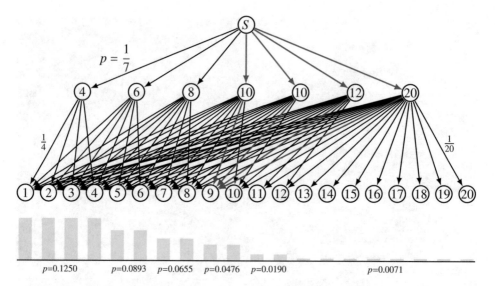

$p=0.1250$ $p=0.0893$ $p=0.0655$ $p=0.0476$ $p=0.0190$ $p=0.0071$

Abbildung 14.7: Graph, der den Prozess des Würfelns mit *Dungeons and Dragons*-Würfeln (siehe Abbildung 14.6) beschreibt.

Pfeil gewählt wird, ist die Beschriftung der Kanten.

Die Wahrscheinlichkeit für ein bestimmtes Würfelresultat x kann wie folgt berechnet werden. Zunächst werden alle Pfade bestimmt, die von S nach x führt. Die Wahrscheinlichkeit dafür, dass das Resultat x auf einem bestimmten Pfad entsteht, ist das Produkt der Wahrscheinlichkeit, den Würfel zu wählen, über den der Pfad führt, mit der Wahrscheinlichkeit, dass dieser Würfel das Resultat x produziert. Die Wahrscheinlichkeiten der einzelnen Pfade werden addiert und ergeben die Wahrscheinlichkeit für den Ausgang x. Die Pfade für das Resultat $x = 9$ sind im Graphen rot hervorgehen. Die Wahrscheinlichkeit für den Ausgang 9 ist

$$\frac{1}{7} \cdot \frac{1}{10} + \frac{1}{7} \cdot \frac{1}{10} + \frac{1}{7} \cdot \frac{1}{12} + \frac{1}{7} \cdot \frac{1}{20} = \frac{1}{7}\left(\frac{6}{60} + \frac{6}{60} + \frac{5}{60} + \frac{3}{60}\right) = \frac{1}{7} \cdot \frac{20}{60} = \frac{1}{21} = 0.04761.$$

Die erste Stufe des Prozesses kann durch einen Spaltenvektor

$$p = \left(\begin{matrix}\frac{1}{7} & \frac{1}{7} & \frac{1}{7} & \frac{1}{7} & \frac{1}{7} & \frac{1}{7} & \frac{1}{7}\end{matrix}\right)^t$$

beschrieben werden. Die Spalte steht für den Startpunkt S, die Zeilen für die 7 möglichen gewählten Würfel. Der Vektor ist ein Teil der ersten Spalte der erweiterten Adjazenzmatrix des beschrifteten Graphen. Außerdem ist er ein Wahrscheinlichkeitsvektor im Sinne der folgenden Definition.

Definition 14.18 (Wahrscheinlichkeitsvektor). *Ein Spaltenvektor mit nichtnegativen reellen Einträgen heißt* Wahrscheinlichkeitsvektor*, wenn die Summe der Einträge = 1 ist.*

Im zweiten Schritt wird der Würfel geworfen und die Augenzahl abgelesen. Auch dies kann mit einer 20×7-Matrix beschrieben werden, die eine Teilmatrix der erweiterten

Adjazenzmatrix des ganzen Graphen ist. Jede Spalte entspricht einem Würfel, die Zeilen den möglichen Würfelresultaten:

$$
B = \begin{pmatrix}
\frac{1}{4} & \frac{1}{6} & \frac{1}{8} & \frac{1}{10} & \frac{1}{10} & \frac{1}{12} & \frac{1}{20} \\
\vdots & \vdots & \vdots & \vdots & \vdots & \vdots & \vdots \\
\frac{1}{4} & \frac{1}{6} & \frac{1}{8} & \frac{1}{10} & \frac{1}{10} & \frac{1}{12} & \frac{1}{20} \\
0 & \frac{1}{6} & \frac{1}{8} & \frac{1}{10} & \frac{1}{10} & \frac{1}{12} & \frac{1}{20} \\
0 & \frac{1}{6} & \frac{1}{8} & \frac{1}{10} & \frac{1}{10} & \frac{1}{12} & \frac{1}{20} \\
0 & 0 & \frac{1}{8} & \frac{1}{10} & \frac{1}{10} & \frac{1}{12} & \frac{1}{20} \\
0 & 0 & \frac{1}{8} & \frac{1}{10} & \frac{1}{10} & \frac{1}{12} & \frac{1}{20} \\
0 & 0 & 0 & \frac{1}{10} & \frac{1}{10} & \frac{1}{12} & \frac{1}{20} \\
0 & 0 & 0 & \frac{1}{10} & \frac{1}{10} & \frac{1}{12} & \frac{1}{20} \\
0 & 0 & 0 & 0 & 0 & \frac{1}{12} & \frac{1}{20} \\
0 & 0 & 0 & 0 & 0 & \frac{1}{12} & \frac{1}{20} \\
0 & 0 & 0 & 0 & 0 & 0 & \frac{1}{20} \\
\vdots & \vdots & \vdots & \vdots & \vdots & \vdots & \vdots \\
0 & 0 & 0 & 0 & 0 & 0 & \frac{1}{20}
\end{pmatrix}. \tag{14.3}
$$

Die Wahrscheinlichkeit des Würfelresultates x kann berechnet werden, indem das Produkt Bp bestimmt wird. Die gesuchte Wahrscheinlichkeit steht auf Zeile x des Produktes. ○

Die Matrix (14.3) hat eine weitere wichtige Eigenschaft. Die Summe der Wahrscheinlichkeiten aller Kanten, die von einem Knoten ausgehen, muss 1 sein.

Definition 14.19 (Wahrscheinlichkeitsgraph). *Ein* Wahrscheinlichkeitsgraph *ist ein beschrifteter Graph, der mit reellen Zahlen in* [0, 1] *beschriftet ist mit der zusätzlichen Eigenschaft, dass die Summe der Wahrscheinlichkeiten aller Kanten, die von einem Knoten ausgehen, = 1 ist.*

Die Eigenschaft, eine Wahrscheinlichkeitsgraph zu sein, lässt sich auch an der erweiterten Adjazenzmatrix ablesen. Die Summe der Wahrscheinlichkeiten der Kanten, die von einem Knoten ausgehen, ist die Spaltensumme der erweiterten Adjazenzmatrix, die zu diesem Knoten gehört. Daraus ergibt sich die folgende Definition einer Wahrscheinlichkeitsmatrix.

Definition 14.20 (Wahrscheinlichkeitsmatrix). *Eine* Wahrscheinlichkeitsmatrix *ist eine Matrix mit nichtnegativen Einträgen, deren Spaltenvektoren Wahrscheinlichkeitsvektoren sind. Die Summe der Einträge jeder Spalte ist* = 1.

Die Spaltensummen einer Matrix W können ermittelt werden, indem sie von links mit einem Zeilenvektor aus lauter Einsen multipliziert wird. Die Matrix ist eine Wahrscheinlichkeitsmatrix, wenn alle Einträge $w_{ij} \geq 0$ sind und

$$
UW = \begin{pmatrix} 1 & 1 & \cdots & 1 \end{pmatrix} \begin{pmatrix}
w_{11} & \cdots & w_{1n} \\
w_{21} & \cdots & w_{2n} \\
\vdots & \ddots & \vdots \\
w_{m1} & \cdots & w_{mn}
\end{pmatrix} = \begin{pmatrix} 1 & \cdots & 1 \end{pmatrix} = U
$$

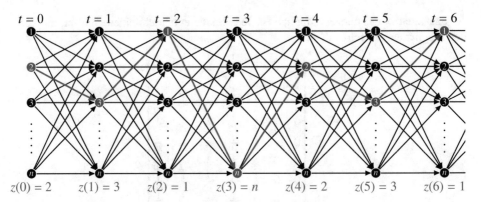

Abbildung 14.8: Zeitentwicklung eines stochastischen Prozesses mit endlich vielen Zuständen $\{1, \ldots, n\}$. Zur Zeit $t \in \mathbb{N}$ nimmt das System den Zustand $z(t)$ ein. Dadurch wird ein Pfad (rot) durch den Graphen definiert.

gilt, wobei U eine Einermatrix ist (Abschnitt 3.5).

14.1.3 Markov-Ketten

Abschnitt 14.1.2 hat gezeigt, wie zusammengesetzte Wahrscheinlichkeitsfragen auf systematische Art mit Matrizen und Matrizenprodukten beschrieben werden können. In diesem Abschnitt untersuchen wir einen besonders interessanten Spezialfall, nämlich sogenannte Markov-Ketten.

Diskrete zeitabhängige Prozesse

Wir betrachten ein System, das in jeweils einem von n möglichen Zuständen $\{1, \ldots, n\}$ sein kann. Dier Zustand bleibt nicht gleich, zu diskreten Zeitpunkten, die wir mit natürliche Zahlen $t \in \mathbb{N}$ modellieren, kann der Zustand ändern. Der Systemzustand ist also eine Funktion

$$z \colon \mathbb{N} \to \{1, \ldots, n\} : t \mapsto z(t).$$

Die zeitliche Entwicklung kann wieder mit einem Graphen visualisiert werden. Die Knoten des Graphen sind die Punkte (t, i). Kanten des Graphen führen von den Knoten (t, i) zu den Knoten $(t + 1, i)$.. Die Historie $z(t)$ des Systems erscheint als Pfad in diesem Graphen, der in Abbildung 14.8 rot hervorgehoben ist.

Wahrscheinlichkeitsverteilung

Im besten Fall ist genau bekannt, wie der neue Zustand gewählt wird. Im allgemeinen wird aber nur eine Wahrscheinlichkeitsaussage möglich sein. Man kann also nur eine Wahrscheinlichkeit dafür angeben, dass das System im Zustand i ist. Es gibt daher eine diskrete

Wahrscheinlichkeitsverteilung p_i, die als Vektor

$$p = \begin{pmatrix} p_1 \\ p_2 \\ \vdots \\ p_n \end{pmatrix}$$

geschrieben werden kann. Der Vektor p ist ein Wahrscheinlichkeitsvektor, die Summe der Einträge ist 1.

Zu jedem Zeitpunkt $t \in \mathbb{N}$ entsteht eine neue Wahrscheinlichkeitsverteilung. Der Vektor p hängt also von der Zeit ab, wir schreiben ihn daher $p(t)$ mit Einträgen $p_i(t)$.

Markov-Eigenschaft

Die Wahrscheinlichkeit, dass sich das System zur Zeit t in einem bestimmten Zustand befindet, ist eine Funktion der Vorgeschichte, also der Zustände $z(0), z(1), \ldots, z(t-1)$. Die Berechnung des Folgezustandes $z(t+1)$ ist einfacher, wenn die Wahrscheinlichkeit nur vom aktuellen Zustand abhängt.

Definition 14.21. *Ein System hat die* Markov-Eigenschaft, *wenn die Wahrscheinlichkeit dafür, dass das System zur Zeit t in den Zustand i übergeht, ausschließlich vom Zustand zur Zeit $t-1$ abhängt.*

In der Sprache der bedingten Wahrscheinlichkeiten lässt sich die Markov-Eigenschaft wie folgt ausdrücken. Es muss die Wahrscheinlichkeit berechnet werden, dass das System zur Zeit t den Zustand i einnimmt unter der Bedingung, dass es zu früheren Zeiten die Zustände

$$z(t-1) = i_1, z(t-2) = i_2, \ldots$$

angenommen hat. Dies ist die Wahrscheinlichkeit $P(z(t) = i \mid z(t-1) = i_1, z(t-2) = i_2, \ldots)$. Die Definition 14.21 besagt, dass diese Wahrscheinlichkeit nur von der Zeit $t-1$ abhängt, also

$$P(z(t) = i \mid z(t-1) = i_1, z(t-2) = i_2, \ldots) = P(z(t) = i \mid z(t-1) = i_1 \quad).$$

Übergangsmatrix

Die Markov-Eigenschaft besagt, dass die Zustandsgeschichte eines Systems nicht zur Berechnung der Wahrscheinlichkeit notwendig ist, nur der jeweils letzte Zustand ist nötig. Diese Information lässt sich in einer Wahrscheinlichkeitsmatrix W zusammenfassen, wie in Definition 14.20 definiert. Der Eintrag $w_{ik}(t)$ ist die Wahrscheinlichkeit, dass das System vom Zustand k zur Zeit t in den Zustand i zur Zeit $t+1$ übergeht. Die Matrix $W(t)$ heißt die *Übergangsmatrix* des Systems zur Zeit t.

Die Übergangsmatrix ermöglicht, die Wahrscheinlichkeitsverteilung zu verschiedenen Zeiten zu berechnen. Hat das System zur Zeit t die Wahrscheinlichkeitsverteilung $p_k(t)$, dann ist die Wahrscheinlichkeit, zur Zeit $t+1$ im Zustand i zu sein

$$p_i(t+1) = \sum_{k=1}^{n} W(t)_{ik} p_k(t) \qquad \Rightarrow \qquad p(t+1) = W(t)p(t).$$

Die Wahrscheinlichkeitsverteilungen $p(t)$ gehen durch Anwendung der Übergangsmatrizen $W(t)$ auseinander hervor.

Die Übergangsmatrix $W(t)$ beschreibt einen einzelnen Zeitschritt. Mit den Beobachtungen von Abschnitt 14.1.2 kann man jetzt auch die Wahrscheinlichkeiten für zusammengesetzte Übergänge über länger Zeitintervalle berechnen.

Definition 14.22. *Die Übergangsmatrix $W(t_2, t_1)$ hat als Eintrag in Zeile i und Spalte k die Wahrscheinlichkeit $w(t_2, t_1)_{ik}$ dafür, dass das System vom Zustand k zur Zeit t_1 in den Zustand i zur Zeit t_2 übergeht.*

Satz 14.23 (Chapman-Kolmogorov). *Es gilt*

$$W(t_2, t_1) = W(t_2 - 1)W(t_2 - 2) \cdots W(t_1 + 1)W(t_1). \tag{14.4}$$

Beweis. Wir beweisen die Formel mit vollständiger Induktion. Für $t_2 - t_1 = 1$ ist $W(t_2, t_1) = W(t_1 + 1, t_1) = W(t_1)$, dies ist gleichbedeutend mit (14.4).

Sei jetzt die Formel bereits bewiesen für t_2 und t_1, wir müssen daraus ableiten, dass sie auch für $t_2 + 1$ gilt. Der Zustand i kann zur Zeit $t_2 + 1$ über jeden beliebigen Zustand j zur Zeit t_2 erreicht werden. Die Wahrwscheinlichkeit, dass der Zustand i zur Zeit $t_2 + 1$ ausgehend vom Zustand k zur Zeit t_1 über den Zwischenzustand j zur Zeit t_2 erreicht wird, ist $W(t_2)_{ij}W(t_2, t_1)_{jk}$. Die Wahrscheinlichkeit $W(t_2 + 1, t_1)_{ik}$ ist die Summe über alle Zwischenzustände j

$$W(t_2 + 1, t_1)_{ik} = \sum_{j=1}^{n} W(t_2)_{ij}W(t_2, t_1)_{jk} \quad \Rightarrow \quad W(t_2 + 1, t_1) = W(t_2)W(t_2, t_1).$$

Damit ist der Induktionsschritt vollzogen und die Formel (14.4) bewiesen. $\square$

Stationäre Verteilungen

Eine besonders einfache Situation entsteht, wenn die Übergangsmatrix nicht von der Zeit abhängt, also $W(t) = W$. Dann wird

$$W(t_2, t_1) = W^{t_2 - t_1}.$$

Entsprechend kann die Wahrscheinlichkeitsverteilung $p(t_2)$ zur Zeit t_2 mittels

$$p(t_2) = W(t_2, t_1)p(t_1) = W^{t_2 - t_1}p(t_1)$$

aus der Wahrscheinlichkeitsverteilung $p(t_1)$ zur Zeit t_1 berechnet werden.

Man spricht von einer *stationären Verteilung*, wenn $p(t)$ nicht von der Zeit abhängt. Dies bedeutet, dass $p(t) = p(t + 1) = Wp(t)$ für alle t gilt. Der Vektor $p = p(t)$ hat die Eigenschaft $Wp = p$, somit ist eine stationäre Verteilung ein Eigenvektor der Matrix W zum Eigenwert 1.

Erwartungswerte

Die Matrixnotation, die in diesem Kapitel eingeführt wurde, kann auch helfen, Erwartungswerte zu berechnen. Dazu betrachten wir eine Zufallsvariable, also eine Funktion $X: \{1, \ldots, n\} \to \mathbb{R}$, die jedem möglichen Zustand $i \in \{1, \ldots n\}$ einen Wert $X(i)$. Zur Wahrscheinlichkeitsverteilung p_i der Zustände gehört dann der Erwartungswert

$$E(X) = \sum_{i=1}^{n} X(i)p_i. \qquad (14.5)$$

Schreibt man die Werte $X(i)$ als Zeilenvektor

$$X = \begin{pmatrix} X(1) & X(2) & \ldots & X(n) \end{pmatrix},$$

dann kann man den Erwartungswert (14.5) auch als Produkt

$$E(X) = Xp$$

schreiben.

Auszahlungen auf Übergängen

In einem Spiel wie den später in Abschnitt 14.B beschriebenen können Gewinne auch auf Übergängen ausgezahlt werden. Zusätzlich zur Beschriftung mit Wahrscheinlichkeiten kann der Graph auch mit Auszahlungen beschriftet sein. Neben der $n \times n$-Übergangsmatrix W, die die erweiterte Adjazenzmatrix des Graphen ist, gibt es also auch die $n \times n$-Matrix Q der Auszahlungen, die erweiterte Adjazenzmatrix des mit Auszahlungen beschrifteten Graphen.

Wenn sich das System im Zustand k befindet, sind die Wahrscheinlichkeiten der von k ausgehenden Zustände w_{ik} und die zugehörigen Auszahlungen q_{ik}. Der Erwartungswert der Auszahlungen ist die Summe, also

$$\sum_{i=1}^{n} q_{ik}w_{ik}.$$

Für ein System mit einer Wahrscheinlichkeitsverteilung p setzt sich die Auszahlung q_i für ein Spiel, das im Zustand i endet, aus den mit p_k gewichteten Auszahlungen für die Ausgangszustände k zusammen, also

$$\sum_{k=1}^{n} q_{ik}w_{ik}p_k = \sum_{k=1}^{n} (Q \odot W)_{ik}p_k = ((Q \odot W)p)_i.$$

Das Hadamard-Produkt $\odot$ kann also verwendet werden, um die Auszahlungen mit den Übergangswahrscheinlichkeiten zu verbinden.

14.2   Perron-Frobenius-Theorie

In Kapitel 11 wurden Fälle untersucht, in denen sich Matrizen diagonalisieren ließen. Dazu ist zunächst nötig, dass Eigenwerte gefunden werden können. Drehmatrizen in zwei Dimensionen zeigen, dass es nicht immer gelingt, reelle Eigenwerte zu finden. In ungeraden Dimensionen hat das charakteristische Polynom ungeraden Grad und hat damit immer eine reelle Nullstelle und einen reellen Eigenwert. Symmetrische Matrizen sind immer diagonalisierbar. Keines dieser Kriterien ist anwendbar auf die Matrizen, die in Abschnitt 14.1 vorgestellt wurden.

In diesem Abschnitt soll die Perron-Frobenius-Theorie entwickelt werden. Sie zeigt, dass der betragsgrößte Eigenwert sogenannter positiver Matrizen immer reell ist und zu einem positiven Eigenvektor gehört.

14.2.1   Nichtnegative und positive Matrizen und Vektoren

Definition 14.24 (nichtnegative und postive Matrix). *Eine $m \times n$-Matrix A heißt* nichtnegativ, *wenn alle Matrixeinträge nichtnegativ sind. Sie heißt* positiv, *wenn alle Matrixeinträge positiv sind.*

Der Begriff der positiven Matrix kann dazu verwendet werden, eine Ordnungsrelation zwischen Matrizen zu definieren.

Definition 14.25 (Matrixvergleich). *Seien $A, B \in M_{m \times n}(\mathbb{R})$ Matrizen. Man sagt, A sei* kleiner *als B, geschrieben $A < B$, wenn $B - A$ eine positive Matrix ist. A ist* nicht größer *als B, $A \leq B$, wenn $B - A$ nichtnegativ ist.*

Wir bezeichnen nichtnegative oder positive $1 \times n$- oder $m \times 1$-Matrizen als nichtnegative bzw. positive Zeilen- bzw. Spaltenvektoren.

Positive Matrizen und positive Vektoren verhalten sich in mancher Hinsicht wie nichtnegative und positive Zahlen. Seien a und b positive Zahlen mit $a \geq b$. Dann gibt es immer eine Zahl $\vartheta < 1$ derart, dass $a < \vartheta b$ ist. Jede Zahl zwischen a/b und 1, also $a/b < \vartheta < 1$, kann dazu verwendet werden. Ist außerdem c eine positive Zahl, dann ist auch $ca < cb$. Positivität ist also eine Eigenschaft, die bei Multiplikation mit positiven Elementen nicht verändert wird. Im Folgenden sollen dazu analoge Resultate für positive Matrizen und Vektoren nachgewiesen werden.

Satz 14.26 (Abschätzung durch einen positiven Vektor). *Sei $b > 0$ ein positiver Vektor und seien $a^{(1)}, \ldots, a^{(m)}$ nichtnegative Vektoren mit $a^{(k)} < b$. Dann gibt es eine Zahl $0 < \vartheta < 1$ derart, dass $a^{(k)} < \vartheta b$ für alle $k = 1, \ldots, m$.*

Beweis. Abbildung 14.9 zeigt, wie die Zahl ϑ gewählt werden kann. Solange alle roten Vektoren immer noch im Inneren des Rechtecks mit ϑb als rechter oberer Ecke liegen, ist die Bedingung des Satzes immer noch erfüllt.

Aus $a < b$ folgt, dass alle Koordinaten von a echt kleiner sind als die entsprechenden Koordinaten b. Falls $a_i = 0$ ist, ist $a_i < \vartheta b_i$ für jede positive Zahl ϑ, diese Koordinaten schränken die Wahl von ϑ nicht ein. Falls $a_i > 0$ ist folgt $a_i < \vartheta b_i$ falls $\vartheta > a_i/b_i$. Da alle

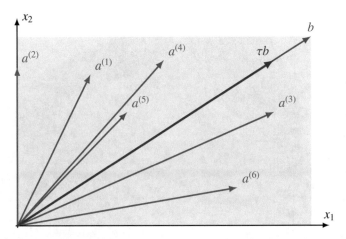

Abbildung 14.9: Abschätzung einer Menge von nichtnegativen Vektoren durch einen positiven Vektor (Satz 14.26).

Zahlen $a_i/b_i < 1$ sind ist auch das Maximum

$$\tau = \max\left\{\frac{a_i^{(k)}}{b_i} \ \middle| \ k = 1, \ldots, m \text{ und } i = 1, \ldots, n \text{ mit } b_i \neq 0\right\} < 1.$$

Jede Zahl ϑ mit $\tau < \vartheta < 1$ erfüllt die Bedingungen des Satzes. □

Der Satz 14.26 kann auch in der folgenden Form formuliert werden.

Satz 14.27 (Abschätzung durch einen positiven Vektor). *Sei $b > 0$ ein positiver Vektor und seien $a^{(1)}, \ldots, a^{(m)}$ nichtnegative Vektoren mit $a^{(k)} < b$ für alle k. Dann gibt es eine Zahl $\vartheta > 1$ derart, dass $\vartheta a^{(k)} < b$ für alle $k = 1, \ldots, m$.*

Beweis. Nach Satz 14.26 gibt es eine Zahl $0 < \vartheta_0 < 1$ derart, dass $a^{(k)} < \vartheta_0 b$ für alle k. Division durch ϑ_0 ergibt $(1/\vartheta_0)a^{(k)} < b$. Mit $\vartheta = 1/\vartheta_0$ ist dies die Aussage des Satzes 14.27. □

Satz 14.28 (Monotonie). *Sei $A > 0$ eine positive Matrix und $v \geq 0$ ein nichtnegativer Vektor mit $v \neq 0$, dann ist $Av > 0$ ein positiver Vektor. Für zwei Vektoren $u \geq v \geq 0$ mit $u \neq v$ gilt $Au > Av$.*

Beweis. $A > 0$ bedeutet, dass $a_{ik} > 0$ für alle i, k gilt. $v \geq 0$ bedeutet, dass mindestens eine der Komponenten v nicht negativ ist. Sei $v_k > 0$ diese Komponente. Für die i-Komponente des Produktes Av gilt dann

$$(Av)_i = \sum_{j=1}^n a_{ij}v_j \geq \underbrace{a_{ik}}_{>0} \underbrace{v_k}_{>0} > 0$$

für jedes i. Damit ist $Av > 0$ bewiesen.

Die zweite Aussage folgt, indem die erste Aussage auf den Vektor $u - v$ angewendet wird. □

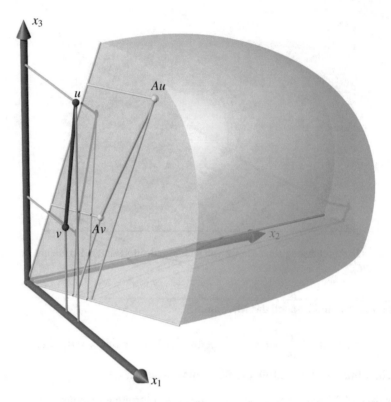

Abbildung 14.10: Illustration des Satzes 14.28. $Av > 0$ bedeutet, dass jeder Vektor des ersten Quadranten, auch Vektoren auf den Koordinatenebenen, ins Innere des ersten Quadranten abgebildet werden.

Die Abbildung 14.10 illustriert den Satz 14.28 in einem dreidimensionalen Raum. Vektoren des ersten Oktanten, auch solche auf den Koordinatenebenen, werden ins Innere des ersten Oktanten abgebildet. Vektoren $v \leq u$ haben eine Differenz $u - v \geq 0$. Es folgt, dass sowohl $Au > 0$ und $Av > 0$ als auch $Au - Av = A(u - v) > 0$, also $Au > Av$. Multiplikation mit A macht also aus $\geq$-Beziehungen $>$-Beziehungen.

Die beiden Sätze zusammen haben zur Folge, dass es zu $v < u$ immer eine Zahl $\vartheta < 1$ gibt derart, dass $Au < \vartheta Av < Av$ ist. Sie haben auch zur Folge, dass nichtnegative Eigenvektoren zu positiven Eigenwerten sogar positive Vektoren sind.

Satz 14.29 (positiver Eigenvektor). *Ist $u \geq 0$ ein Eigenvektor zu einem positiven Eigenwert $\lambda > 0$ der positiven Matrix $A > 0$, dann ist $u > 0$.*

Beweis. Nach Satz 14.28 ist $Au > 0$, also auch $\lambda u > 0$. Nach Division durch λ folgt $u > 0$.   □

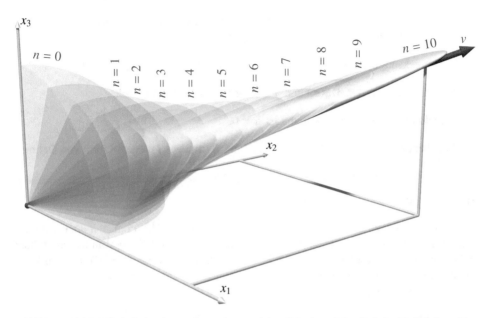

Abbildung 14.11: Wiederholte Anwendung einer positiven Matrix auf den Teil der Einheitskugel im ersten Oktanten. Es entsteht ein langezogenes Objekt, das sich immer mehr der roten Richtung v annähert.

14.2.2   Spektralradius

Abbildung 14.11 zeigt, wie sich wiederholte Anwendung einer positiven Matrix auf den Teil der Einheitskugel im ersten Oktanten auswirkt. Die Kugel wird immer mehr in die Länge gezogen und nähert sich immer mehr der roten Richtung an. Für jeden beliebigen Vektor u im ersten Oktanten konvergieren die Vektoren $A^n u$ nach Normierung gegen den roten Vektor v. Es folgt, dass Av proportional zu v sein muss, der rote Vektor ist also ein

linalg.ch/video/16

positiver Eigenvektor von A. Das Ziel dieses Kapitels ist, diese Idee mathematisch stringent zu machen und daraus den Satz 14.41 abzuleiten. Als ersten Schritt wird in diesem Abschnitt genauer untersucht, wie sich die Vektoren $A^n u$ verhalten.

Die Norm einer Matrix

Die Spitze der "Zunge" in Abbildung 14.11 kommt dem Eigenvektor v mit zunehmendem n näher. Um sie unter Kontrolle zu bringen, wird die Entfernung dieses Punktes vom Nullpunkt benötigt.

Definition 14.30 (Norm einer Matrix). *Die* Norm *einer $m \times m$-Matrix $A \in M_m(\mathbb{R})$ ist*

$$\|A\| = \max\{|Au| \mid u \in \mathbb{R}^m \text{ und } |u| = 1\}$$

Die Norm hat Eigenschaften, die der Intuition für die "Größe" der Matrix entsprechen. Insbesondere gelten die folgenden Rechenregeln:

1. Dreiecksungleichung: Sind $A, B \in M_m(\mathbb{R})$, dann gilt $\|A + B\| \le \|A\| + \|B\|$.

2. Skalierung: Ist $A \in M_m(\mathbb{R})$ und $\lambda \in \mathbb{R}$, dann gilt $\|\lambda A\| = |\lambda| \cdot \|A\|$.

3. Definit: Wenn $\|A\| = 0$ ist, dann ist $A = 0$.

Man beachte, dass diese Norm nichts zu tun hat mit der Frobenius-Norm von Definition 3.40.

Der Spektralradius einer Matrix

Die Norm wird dazu benötig, das Wachstum der Länge der Vektoren $A^n u$ abzuschätzen. Die Norm einer Matrix zeigt aber nicht immer das richtige Bild. Sie bestimmt den größten Faktor, um den Vektoren gestreckt werden. Wenn in A Streckungen mit Drehungen kombiniert sind, dann kann es sein, dass in den Potenzen A^n große und kleine Streckungen aufeinandertreffen und nur eine mittlere Streckung übrig bleibt.

Beispiel 14.31. Wir betrachten die Matrix

$$A = \begin{pmatrix} \frac{1}{2} & 0 \\ 0 & 2 \end{pmatrix} \begin{pmatrix} 0 & -1 \\ 1 & 0 \end{pmatrix}, \tag{14.6}$$

die Produkt von unterschiedlichen Skalierungen entlang der Koordinatenachsen und einer $90°$-Drehung ist. Wir berechnen die Potenzen:

$$
\begin{aligned}
A^2 &= \begin{pmatrix} \frac{1}{2} & 0 \\ 0 & 2 \end{pmatrix} \begin{pmatrix} 0 & -1 \\ 1 & 0 \end{pmatrix} \begin{pmatrix} \frac{1}{2} & 0 \\ 0 & 2 \end{pmatrix} \begin{pmatrix} 0 & -1 \\ 1 & 0 \end{pmatrix} \\
&= \begin{pmatrix} \frac{1}{2} & 0 \\ 0 & 2 \end{pmatrix} \begin{pmatrix} 0 & -1 \\ 1 & 0 \end{pmatrix} \begin{pmatrix} 0 & -\frac{1}{2} \\ 2 & 0 \end{pmatrix} \\
&= \begin{pmatrix} \frac{1}{2} & 0 \\ 0 & 2 \end{pmatrix} \begin{pmatrix} -2 & 0 \\ 0 & -\frac{1}{2} \end{pmatrix} = -I.
\end{aligned}
$$

Daraus folgt weiter, dass $A^4 = I$, die Potenzen von A sind also periodisch, also auch ihre Normen

$$\|A^k\| = \begin{cases} 1 & k \text{ gerade} \\ 2 & k \text{ ungerade} \end{cases} \quad \Rightarrow \quad 1 \le \|A^k\| \le 2$$

für $k \to \infty$.

Die Eigenwerte von A sind Nullstellen des charakteristischen Polynoms

$$\chi_A(\lambda) = \det(A - \lambda I) = \begin{vmatrix} -\lambda & -\frac{1}{2} \\ 2 & -\lambda \end{vmatrix} = \lambda^2 + 1.$$

A hat also keine reellen Eigenwerte, die komplexen Eigenwert $\pm i$ haben den Betrag 1. ○

Spektralradius und Gelfand-Radius

Der Name Spektralradius für $\varrho(A)$ rührt daher, dass es immer einen Eigenwert mit Betrag $\varrho(A)$ gibt. Aus der Definition 14.32 ist dies nicht ersichtlich. Die bessere Definition wäre daher eigentlich die folgende.

Definition 14.34 (Spektralradius, geometrische Definition). *Der Spektralradius $\varrho(A)$ einer Matrix $A \in M_m(\mathbb{R})$ ist der Betrag des größten Eigenwertes, also*

$$\varrho(A) = \max\{|\lambda| \mid \lambda \in \mathbb{C} \text{ ist Eigenwert von } A\}.$$

In Definition 14.32 haben wir den Spektralradius als Grenzwert definiert. Zur Unterscheidung geben wir ihm einen neuen Namen.

Definition 14.35 (Gelfand-Radius). *Der Gelfand-Radius $\pi(A)$ einer Matrix $A \in M_m(\mathbb{R})$ ist der Grenzwert*

$$\pi(A) = \lim_{n \to \infty} \|A^n\|^{\frac{1}{n}}.$$

Die Aussage, dass der Betrag des größen Eigenwertes mit dem Grenzwert berechnet werden kann, wird dann ein Satz über $\varrho(A)$ und $\pi(A)$, der auf I. Gelfand zurückgeht.

Satz 14.36 (Gelfand). $\varrho(A) = \pi(A)$

Definition 14.32 (Spektralradius). *Der Spektralradius einer Matrix $A \in M_m(\mathbb{R})$ ist*

$$\varrho(A) = \lim_{n \to \infty} \|A^n\|^{\frac{1}{n}}.$$

Hat die Matrix A einen Eigenvektor v zum Eigenwert λ, dann gilt $A^k v = \lambda^k v$. Da wir annehmen dürfen, dass $|v| = 1$ ist, folgt

$$\|A^k\| = \max_{|u|=1} |A^k u| \geq |A^k v| = |\lambda^k v| = |\lambda|^k,$$

und damit $\varrho(A) \geq |\lambda|$. Der Spektralradius ist als größer als der Betrag aller Eigenwerte der Matrix A.

Beispiel 14.33. Für die Matrix A in (14.6) von Beispiel 14.31 kann die Norm eingeschachtelt werden:

$$1 \leq \|A^k\|^{\frac{1}{k}} \leq 2^{\frac{1}{k}} \to 1 \quad \text{für } k \to \infty.$$

Somit ist der Spektralradius $\varrho(A) = \lim_{k \to \infty} \|A^k\|^{\frac{1}{k}} = 1.$ ◯

Der Spektralradius ist also ein gutes Maß dafür, wie schnell die Potenzen $A^k u$ anwachsen können.

Spektralradius als obere Schranke für den Betrag der Eigenwerte

Der Spektralradius codiert, wie schnell die Potenzen von A anwachsen können. Für die Definition wird das Maximum von $|A^n v|$ für alle Vektoren v mit Betrag 1 verwendet. Für einen Eigenvektor u von A mit Eigenwert λ mit Betrag 1 gilt natürlich

$$A^n u = A^{n-1} \lambda u = A^{n-2} \lambda^2 u = \cdots = \lambda^n u \quad \Rightarrow \quad |A^n u| = |\lambda^n u| = |\lambda|^n |u| = |\lambda|^n.$$

Daraus folgt, dass

$$\|A^n\| = \max_{|v|=1} |A^n v| \geq |A^n v| = |\lambda|^n$$

gilt oder

$$\|A^n\|^{\frac{1}{n}} \geq |\lambda| \quad \text{mit Grenzwert} \quad \varrho(A) = \lim_{n \to \infty} \|A^n\|^{\frac{1}{n}} \geq |\lambda|.$$

Für alle Eigenwerte von A gilt daher $|\lambda| \leq \varrho(A)$. Der Spektralradius ist also auch eine obere Schranke für den Betrag der Eigenwerte.

Eigenwerte mit Betrag $\varrho(A)$

Der vorangegangene Abschnitt zeigt, dass es einen Zusammenhang zwischen dem Betrag der Eigenwerte und dem Spektralradius gibt. Mit Hilfe der Jordan-Normalform (Satz 13.22) kann bewiesen werden, dass einer der Eigenwerte den Betrag $\varrho(A)$ hat. Dies ist der Inhalt des Satzes von Gelfand, siehe Kasten auf Seite 703. Das Problem dabei ist jedoch, dass solche Eigenwerte auch komplex sein können, und die Eigenvektoren können komplexe Komponenten haben. Dieses Buch versucht, komplexe Zahlen zu vermeiden und appelliert daher an dieser Stelle an den Leser, zu akzeptieren, dass es immer einen möglicherweise komplexen Eigenvektor vom Betrag $\varrho(A)$ gibt. Die nachfolgend durchgeführten Rechnungen funktionieren auch für reelle wie für komplexe Zahlen gleichermaßen.

$\varrho(A)$ ist ein Eigenwert

Satz 14.37 (Betrag eines Eigenvektors mit Eigenwert vom Betrag $\varrho(A)$). *Ist v ein Eigenvektor der positiven Matrix $A \in M_m(\mathbb{R})$ mit Eigenwert λ vom Betrag $|\lambda| = \varrho(A)$, dann ist auch der Vektor u mit Komponenten $u_i = |v_i|$ ein Eigenvektor mit Betrag $|\lambda|$.*

Beweis. Wir können die i-te Komponenten von Au wie folgt abschätzen:

$$(Au)_i = \sum_{j=1}^{m} a_{ij} u_j = \sum_{j=1}^{m} |a_{ij} v_j| \geq \left| \sum_{j=1}^{m} a_{ij} v_j \right| = |(Av)_i| = |\lambda v_i| = |\lambda||v_i| = \varrho(A)|v_i| = \varrho(A) u_i.$$

$$(14.7)$$

Es gilt also auch

$$Au \geq \varrho(A)u. \tag{14.8}$$

Um nachzuweisen, dass u ein Eigenvektor zum Eigenwert $\varrho(A)$ ist, müssen wir zusätzlich zu (14.8) zeigen, dass $Au = \varrho(A)u$ ist. Wir verwenden einen Widerspruchsbeweis, d. h. wir nehmen an, dass $Au \geq \varrho(A)u$ ab $Au \neq \varrho(A)u$ ist, und führen dies zu einem Widerspruch. Dabei können wir das Wissen über das Verhalten der Potenzen A^n verwenden, die im Spektralradius $\varrho(A)$ codiert ist.

Für die Berechnung von A^2u verwenden wir Satz 14.28, der erlaubt, aus der Ungleichung eine strikte Ungleichung zu bekommen. Aus (14.8) folgt nach Satz 14.28

$$A^2u > \varrho(A)Au. \tag{14.9}$$

Damit ist die Voraussetzung für die Anwendung von Satz 14.27 geschaffen.

Aus Satz 14.27 können wir eine Zahl $\vartheta > 1$ gewinnen derart, dass immer noch

$$A^2u > \vartheta\varrho(A)Au. \tag{14.10}$$

Wir wenden dies auf $A^{n+1}u$ an und erhalten

$$A^{n+1}u = A^{n-1}A^2u > A^{n-1}\vartheta\varrho(A)Au = A^n\vartheta\varrho(A)u = \vartheta\varrho(A)\,A^nu. \tag{14.11}$$

Durch wiederholte Anwendung auf die rechte Seite finden wir

$$A^{n+1}u > \vartheta\varrho(A)A^nu > (\vartheta\varrho(A))A^{n-1}u > \ldots (\vartheta\varrho(A))^nAu \tag{14.12}$$

Damit kann jetzt die Norm von A^n abgeschätzt werden:

$$\|A^n\| \geq \frac{|A^nAu|}{|Au|} \geq (\vartheta\varrho(A))^n.$$

Zieht man daraus die n-te Wurzel, wird

$$\|A^n\|^{\frac{1}{n}} \geq \vartheta\varrho(A) \quad \text{mit Grenzwert} \quad \varrho(A) = \lim_{n\to\infty}\|A^n\|^{\frac{1}{n}} \geq \vartheta\varrho(A) \quad \Rightarrow \quad \varrho(A) \geq \vartheta\varrho(A),$$

wegen $\vartheta > 1$ ist dies ein Widerspruch. Der Widerspruch zeigt, dass $Au = \varrho(A)u$ sein muss. $\qquad\qquad\square$

Da es nach dem Satz von Gelfand einen Eigenvektor mit Eigenwert vom Betrag $\varrho(A)$ gibt, folgt nun der folgende Satz.

Satz 14.38. *Ist $A \in M_m(\mathbb{R})$ eine positive Matrix, dann hat A einen positiven Eigenvektor u zum Eigenwert $\varrho(A)$: $Au = \varrho(A)u$.*

14.2.3 Invariante Unterräume und Eigenräume positiver Matrizen

Im Abschnitt 14.2.2 wurde gezeigt, dass positive Matrizen eine Eigenvektor mit dem Spektralradius als Eigenwert haben. In diesem Abschnitt wird geklärt, wieviele linear unabhängige solche Vektoren es geben kann.

Der Eigenraum von $\varrho(A)$

Sie wieder $A > 0$ eine positive Matrix. Es ist nach Satz 14.38 bekannt, dass es einen positiven Eigenvektor $u > 0$ von A zu Eigenwert $\varrho(A)$ gibt. Wir wollen zeigen, dass es keinen weiteren, linear unabhängigen Eigenvektor zu Eigenwert $\varrho(A)$ gibt. Wir tun dies, indem wir die Annahme, es gäbe einen weiteren solchen Eigenvektor v zu einem Widerspruch führen. Die nachfolgende Konstruktion ist in Abbildung 14.12 illustriert.

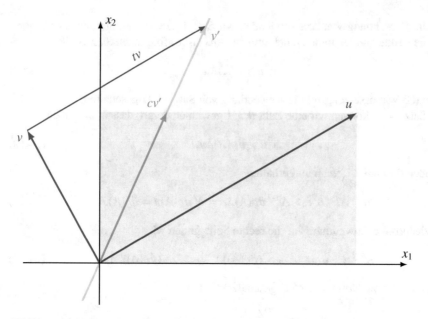

Abbildung 14.12: Aus einem linear von u unabhängigen Eigenvektor v' entsteht zunächst durch Hinzufügen eines Vielfachen tu von u ein positiver, linear unabhängiger Eigenvektor v. Durch Skalieren wird ein Eigenvektor cv gefunden, der $\geq u$ ist und mindestens eine gleiche Komponenten wie u hat.

Linearkombinationen der Vektoren u und v sind wieder Eigenvektoren zum Eigenwert $\varrho(A)$. Einzelne Komponenten von v könnten negativ oder 0 sein. Da $u > 0$ können wir ein geeignetes Vielfaches tu von u zu v hinzuaddieren und so erreichen, dass auch $v' = v + tu$ ein positiver Vektor ist.

Da beide Vektoren u und v' positiv sind, kann v' mit einem Faktor $c > 0$ so skaliert werden, dass $cv' \leq u$. Wählen wir für c den größtmöglichen Wert, für den $cv' \leq u$ ist, dann ist mindestens eine Komponente von cv' und u gleich. In Abbildung 14.12 ist dies die Koordinaten x_2, der Vektor cv' liegt auf dem Rand des blauen Rechtecks. Dann ist $u - cv' \geq 0$ ein Eigenvektor von A zum Eigenwert $\varrho(A)$, der *nicht* positiv ist, also mindestens eine Koordinate = 0 hat.

Nach Satz 14.29 muss ein Eigenvektor von A zu Eigenwert $\varrho(A)$ positiv sein, der Eigenvektor $u - cv'$ ist aber nicht positiv. Dieser Widerspruch zeigt, dass die Annahme, es gäben den linear unabhängigen Eigenvektor v, nicht haltbar ist. Damit ist der folgende Satz bewiesen, der besagt, dass der Eigenwert $\varrho(A)$ die geometrische Vielfachheit 1 hat.

Satz 14.39 (geometrische Vielfachheit). *Der Eigenraum einer positiven Matrix $A \in M_m(\mathbb{R})$ zum Eigenwert $\varrho(A)$ ist eindimensional.*

Die algebraische Vielfachheit von $\varrho(A)$

Nach dem bisher bewiesenen ist es immer noch möglich, dass $\varrho(A)$ eine mehrfache Nullstelle des charakteristischen Polynoms ist. In der Jordan-Normalform äussert sich dies in

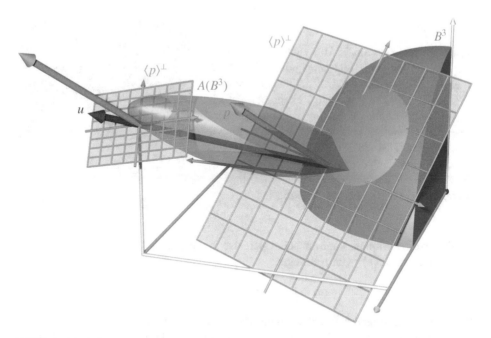

Abbildung 14.13: Invariante Unterräume für A. Die orange Ebene steht senkrecht auf dem grünen Vektor und ist invariant unter der Abbildung durch die Matrix A. Man kann dies zum Beispiel daran erkennen, dass die Schnittkurve mit der Kugel durch die gleichen Gitterpunkte geht wie die Schnitt-kurve des Bildes der Kugel.

einem größeren Jordan-Block zum Eigenwert $\varrho(A)$. Dies bedeutet, dass der verallgemei-nerte Eigenraum $\mathscr{E}_{\varrho(A)}(A)$ mehr als eindimensional ist.

Die Matrizen A und A^t haben das gleiche charakteristische Polynome und damit auch die gleichen Eigenwerte und den gleichen Spektralradius $\varrho(A) = \varrho(A^t)$. Auch die Matrix A^t ist positiv und hat daher einen positiven Eigenvektor p zum Eigenwert $\varrho(A)$. Es gilt also $A^t p = \varrho(A)p$.

In Abbildung 14.13 sind die Eigenvektoren u (rot) von A und p (grün) von A^t darge-stellt. Sie können nicht senkrecht aufeinander stehen, denn da sie beide positiv sind, ist $p \cdot u > 0$. Die Wirkung der Abbildung A auf die Einheitsvektoren ist ebenfalls darge-stellt: die Vektoren im Teil B^3 der blauen Kugel im ersten Oktanten werden in den blauen spindelförmigen Körper $A(B^3)$ deformiert.

Die Vektoren x senkrecht auf p bilden einen orangen, invarianten Unterraum, denn wenn $p \cdot x = 0$ ist, dann ist auch

$$p \cdot Ax = p^t Ax = (A^t p)^t x = \varrho(A)p^t x = \varrho(A)p \cdot x = 0 \quad \Rightarrow \quad Ax \perp p.$$

In Abbildung 14.13 ist die Ebene senkrecht auf p orange zweimal dargestellt. Die erste ist die Ebene mit Normale p im Punkt $u/|u|$, also einem Punkt auf der blauen Kugel B^3. Die zweite ist das Bild unter der Abbildung A, sie illustriert, dass die Vektoren $\perp p$ einen unter A invarianten Unterraum bilden.

Oskar Perron

Oskar Perron kam am 7. Mai 1880 in Frankenthal zur Welt. Er begann 1898 ein Studium der Mathematik und Physik an der Universität München und promovierte 1902. Besondere Bekanntheit hat sein zweibändiges Werk *Die Lehre von den Kettenbrüchen* [21] erlangt. Er befasste sich aber auch mit vielen weiteren Themen der klassischen Mathematik, unter anderem auch der Matrizentheorie. Hier ist der Satz 14.41 von Perron-Frobenius anzusiedeln. Perron starb am 22. Februar 1975 in München.

Autor: Karl-August Keil. Quelle: Bildarchiv des Mathematischen Forschungsinstituts Oberwolfach

Der m-dimensionale Raum $\mathbb{R}^m$ lässt sich also in die beiden Räume $\langle u \rangle$ und das Orthogonalkomplement $\langle p \rangle^\perp$ von p zerlegen:

$$\mathbb{R}^m = \langle u \rangle \oplus \langle p \rangle^\perp = \langle u \rangle \oplus \{x \in \mathbb{R}^m \mid p \cdot x = 0\}.$$

Die beiden Räume sind natürlich auch invariant unter $A - \varrho(A)I$.

Wäre dim $\mathscr{E}_{\varrho(A)}(A) > 1$, dann gäbe es einen Vektor v mit der Eigenschaft $(A - \varrho(A)I)v \neq 0$ aber $(A - \varrho(A)I)^2 v = 0$. Da die geometrische Vielfachheit des Eigenwerts $\varrho(A)$ nur 1 ist, muss $(A - \varrho(A)I)v \in \langle u \rangle$ sein, es gibt nur einen Jordan-Block zu diesem Eigenwert.

Der Vektor v lässt sich eindeutig zerlegen in eine Komponente $u' \in \langle u \rangle$ und eine Komponenten $v \in \langle p \rangle^\perp$. Die u'-Komponente wird von $A - \varrho(A)I$ auf 0 abgebildet, weil u ein Eigenvektor ist. Die Komponente v' muss einerseits wegen $(A - \varrho(I))^2 v = 0$ in $\langle u \rangle$ abgebildet werden, weil aber $\langle p \rangle^\perp$ ein invarianter Unterraum ist, muss sie auch in $\langle p \rangle^\perp$ abgebildet werden. Es muss also

$$(A - \varrho(A)I)v' \in \langle u \rangle \cap \langle p \rangle^\perp = \{0\}$$

sein. Der Vektor v' ist also ein von u linear unabhängiger Eigenvektor von A mit Eigenwert $\varrho(A)$, im Widerspruch dazu, dass der Eigenwert nur die geometrische Vielfachheit 1 hat. Damit ist der folgende Satz bewiesen.

Satz 14.40 (algebraische Vielfachheit). *Für eine positive Matrix A gelten die folgenden äquivalenten Aussagen*

1. Der verallgemeinerte Eigenraum $\mathscr{E}_{\varrho(A)}(A)$ ist eindimensional.

2. $\varrho(A)$ ist eine einfache Nullstelle des charakteristischen Polynoms von A.

3. Die algebraische Vielfachheit des Eigenwertes $\varrho(A)$ von A ist 1.

14.2.4 Satz von Perron-Frobenius

Der Satz von Perron-Frobenius fasst die in früheren Abschnitten erarbeiteten Aussagen über die Eigenvektoren einer positiven Matrix A zusammen.

Satz 14.41 (Perron-Frobenius). *Sei $A \in M_m(\mathbb{R})$ eine positive Matrix. Dann ist $\varrho(A)$ der betragsgrößte Eigenwert und der zugehörige Eigenvektor ist positiv mit geometrischer und algebraischer Vielfachheit 1.*

Andere Eigenwerte mit Betrag $\varrho(A)$

Kann $-\varrho(A)$ Eigenwert der positiven Matrix A sein?

Satz 14.42 (Eindeutigkeit für positive Matrix). *Ist $A \in M_m(\mathbb{R})$ eine positive Matrix, dann ist $\varrho(A)$ der einzige Eigenwert vom Betrag $\varrho(A)$, alle anderen Eigenwerte haben echt kleineren Betrag.*

Beweis. Nehmen wir an, v wäre ein Eigenvektor zum Eigenwert $-\varrho(A)$. Nach Satz 14.37 ist dann auch der Vektor u mit den Komponenten $u_i = |v_i|$ ein Eigenvektor zum Eigenwert $\varrho(A)$. Es gilt also wegen $Au = \varrho(A)u$ für die Komponente i

$$\sum_{j=1}^{m} a_{ij}|v_j| = \varrho(A)|v_i|. \tag{14.13}$$

Andererseits ist v ein Eigenvektor zu Eigenwert $\lambda = -\varrho(A)$, also

$$\sum_{j=1}^{m} a_{ij}v_j = \lambda v_i = -\varrho(A)v_i. \tag{14.14}$$

Nimmt man auf beiden Seiten von (14.14) den Betrag, dann folgt zusammen mit (14.13)

$$\left| \sum_{j=1}^{m} a_{ij}v_j \right| = |\lambda v_i| = \varrho(A)|v_i| = \sum_{j=1}^{m} a_{ij}|v_j|. \tag{14.15}$$

Dies ist zum Beispiel möglich, wenn alle $v_j > 0$ oder $v_j = -u_j$ sind. Im ersten Fall ist $u = v$, im letzten $u = -v$, in beiden Fällen wäre v ein Eigenvektor zum Eigenwert $\varrho(A)$, nicht $-\varrho(A)$.

Es stellt sich die Frage, welche weiteren Lösungen die Gleichung (14.15) hat. Ist I die Menge der Indizes j, für die $v_j > 0$ ist, dann sind die beiden Seiten

$$\text{linke Seite:} \quad \left| \sum_{j=1}^{m} a_{ij}v_j \right| = \left| \underbrace{\sum_{j\in I} a_{ij}u_j}_{=\,\alpha} - \underbrace{\sum_{j\in \bar{I}} a_{ij}u_j}_{=\,\beta} \right| = |\alpha - \beta|$$

$$\text{rechte Seite:} \quad \sum_{j=1}^{m} a_{ij}|v_j| = \sum_{j\in I} a_{ij}u_j + \sum_{j\in \bar{I}} a_{ij}u_j = \alpha + \beta.$$

Beide Zahlen α und β sind ≥ 0. Die rechten Seiten können nur übereinstimmen, wenn entweder $\alpha = 0$ oder $\beta = 0$. Im zweiten Fall ist $v = u$, im ersten $v = -u$, beide sind Eigenvektoren zum Eigenwert $\varrho(A)$, nicht $-\varrho(A)$. □

Georg Frobenius

Ferdinand Georg Frobenius kam am 26. Oktober 1849 in
Berlin zur Welt. Er studierte ab 1867 zunächst in Göttingen,
später in Berlin und promovierte 1870. 1874 wurde er au-
ßerordentlicher Professor an der Universität Berlin, bereits
ein Jahr später wurde er an die ETH berufen. 1892 kehrte
er nach Berlin zurück.

Frobenius befasste sich hauptsächlich mit Gruppentheorie
und der Darstellungstheorie der Gruppen. Er bewies auch
den Satz, dass es nur drei assoziative, endlich-dimensionale
Divisionsalgebren über den reellen Zahlen gibt, nämlich die
reellen Zahlen, die komplexen Zahlen und die Quaternionen (siehe Abschnitt 8.B). Auf ihn geht auch die Frobenius-
Norm und die Frobenius-Normalform einer Matrix zurück.
Der Satz 14.41 von Perron-Frobenius ist eine Zusammen-
fassung von Resultaten von Perron und Frobenius über positive Matrizen.

Frobenius starb am 3. August 1917 in Charlottenburg.

Copyright: Mathematische Gesellschaft Hamburg.
http://www.math.uni-hamburg.de/home/
grothkopf/fotos/math-ges/
Quelle: Bildarchiv des Mathematischen
Forschungsinstituts Oberwolfach

Die Dreiecksungleichung besagt, dass für beliebige Vektoren a und b gilt

$$|a + b| \leq |a| + |b|$$

mit Gleichheit genau dann, wenn a und b linear abhängig sind. Für reelle Zahlen kann man
noch etwas mehr sagen: Gleichheit gilt genau dann, wenn a und b das gleiche Vorzeichen
haben.

Der letzte Absatz des Beweises verallgemeinert diese Beobachtung noch etwas und
schließt aus der Gleichheit in Gleichung (14.15), dass es eine Zahl c vom Betrag 1 geben
muss derart, dass $v = cu$. Dies ist auch als die verallgemeinerte Dreiecksungleichung
bekannt.

Man kann auch zeigen, dass eine positve Matrix keinen anderen komplexen Eigenwert
vom Betrag $\varrho(A)$ hat. Der oben geführte Beweis ist auf den komplexen Fall übertragbar,
wenn die verallgemeinerte Dreiecksungleichung auch für komplexe Zahlen bewiesen werden kann (Siehe Satz 14.44). Die dazu notwendigen Betrachtung verwenden Eigenschaften, die in diesem Buch jedoch nicht diskutiert werden.

Nichtnegative Matrizen

Die Eigenschaften einer positiven Matrix sind nicht unbedingt auch für eine nichtnegative
Matrix gültig. Eine nichtnegative Matrix kann zum Beispiel als Blockmatrix aus einzelnen
positiven Blöcken zusammengesetzt werden.

Beispiel 14.45. Die positive Matrix

$$A_0 = \begin{pmatrix} 1 & 2 \\ 2 & 1 \end{pmatrix} \in M_{2\times2}(\mathbb{R})$$

Verallgemeinerte Dreiecksungleichung

Die Dreiecksungleichung (Satz 7.34) besagt, dass für zwei Vektoren u und v die Ungleichung

$$|u + v| \leq |u| + |v|$$

gilt mit Gleichheit genau dann, wenn u und v linear unabhängig sind. Die verallgemeinerte Dreiecksungleichung erweitert dies auf eine größere Zahl von Vektoren:

Satz 14.43 (Verallgemeinerte Dreiecksungleichung). *Für Vektoren $u_1, \ldots, u_n$ gilt*

$$|u_1 + \cdots + u_n| \leq |u_1| + \cdots + |u_n|$$

mit Gleichheit genau dann, wenn es einen Vektor c und Zahlen t_i gibt derart, dass $u_i = t_i c$ für alle i.

Die verallgemeinerte Dreiecksungleichung kann mit vollständiger Induktion bewiesen werden. Betrachtet man komplexe Zahlen als zweidimensionale Vektoren, dann ist der folgende Satz ein Spezialfall von Satz 14.43.

Satz 14.44. *Sind $a_i > 0$ und $u_i \in \mathbb{C}$ derart, dass*

$$\left| \sum_{i=1}^{n} a_i u_i \right| = \sum_{i=1}^{n} a_i |u_i|,$$

dann gibt es einen nichtnegativen Vektor t und eine Zahl $c \in \mathbb{C}$ derart, dass $u = cv$.

hat das charakteristische Polynom

$$\chi_{A_0}(\lambda) = (1 - \lambda)^2 - 4 = \lambda^2 - 2\lambda - 3 = (\lambda - 3)(\lambda + 1)$$

mit den Nullstellen -1 und 3. Die Eigenvektoren sind

$$u = \begin{pmatrix} 1 \\ 1 \end{pmatrix}: \quad Au = 3u \quad \text{und} \quad v = \begin{pmatrix} 1 \\ -1 \end{pmatrix}: \quad Av = -u.$$

Für A_0 gilt der Satz von Perron-Frobenius 14.41, der Spektralradius ist $\varrho(A_0) = 3$ und u ist ein positiver Eigenvektor.

Die Blockmatrix

$$A = \begin{pmatrix} A_0 & 0 \\ 0 & A_0 \end{pmatrix} \in M_{4 \times 4}(\mathbb{R})$$

ist eine nichtnegative Matrix mit den doppelten Eigenwerten -1 und 3. Aus den Eigenvektoren u und v von A_0 ergeben sich sofort die Eigenräume von A_0:

$$E_3(A) = \left\langle \begin{pmatrix} u \\ 0 \end{pmatrix}, \begin{pmatrix} 0 \\ u \end{pmatrix} \right\rangle, \quad \text{und} \quad E_{-1}(A) = \left\langle \begin{pmatrix} v \\ 0 \end{pmatrix}, \begin{pmatrix} 0 \\ v \end{pmatrix} \right\rangle.$$

Die nichtnegative Matrix A hat also zwei linear unabhängige Eigenvektoren zum Eigenwert $\varrho(A) = 3$. ○

Das Beispiel zeigt, dass für die Blöcke einer Zerlegung der Matrix der Satz von Perron-Frobenius auf jeden einzelnen Block angewendet werden kann. Die Spektralradius der Matrix ist der größte der Spektralradien der einzelnen Blöcke. Wenn mehrere Blöcke den gleichen, maximalen Spektralradius haben, ist der Eigenraum zum Spektralradius von A mehr als eindimensional.

Die Situation, dass eine Matrix in Blöcke zerfällt, trat auch in der Adjazenzmatrix eines nicht zusammenhängenden Graphen (14.2) auf. Bei zusammenhängenden Graphen ist die Adjazenzmatrix zwar nichtnegativ, aber genügend hohe Potenzen davon sind positiv. Diese Eigenschaft lässt sich auf beliebige nichtnegative Matrizen übertragen.

Definition 14.46 (primitive Matrix). *Eine nichtnegative Matrix $A \in M_m(\mathbb{R})$ heißt primitiv, wenn es eine Zahl $n > 0$ gibt so, dass $A^n > 0$.*

Satz 14.47 (Eindeutigkeit für primitive nichtnegative Matrix). *Ist A eine primitive nichtnegative Matrix, dann hat A einen Eigenvektor zum Eigenwert $\varrho(A)$ mit geometrischer und algebraischer Vielfachheit 1.*

Beweis. Die Matrix $B = A^n$ ist positiv und hat Spektralradius $\varrho(B) = \varrho(A)^n$. Sie hat daher nach Satz 14.41 einen positiven Eigenvektor mit algebraischer und geometrischer Vielfachheit 1. Sei u ein solcher positiver Eigenvektor von A^n.

Sei jetzt v ein Eigenvektor von A zu einem Eigewert λ mit $|\lambda| = \varrho(A)$, den es nach dem Satz von Gelfand 14.36 gibt. Wegen $Av = \lambda v$ ist $Bv = A^n v = \lambda^n v$ ein Eigenvektor von B mit Eigenwert λ^n vom Betrag $\varrho(B)$. Da B nur $\varrho(B)$ als Eigenwert von diesem Betrag hat, muss $\lambda^n = \varrho(A)^n$ sein.

Da A^n nur einen linear unabhängigen Eigenvektor zum Eigenwert $\varrho(A)^n$ haben kann, muss es eine Zahl $\mu \neq 0$ geben derart, dass $u = \mu v$. Dann folgt $Au = A\mu v = \mu \lambda v = \lambda u$ d. h. u ist ein positiver Eigenvektor von A mit Eigenwert λ. Aus $Au > 0$ folgt aber auch $\lambda > 0$ und damit $\lambda = \varrho(A)$.

Gäbe es mehrere linear unabhängige Eigenvektoren, dann hätte auch A^n mehrer linear unabhängig Eigenvektoren mit Eigenwert vom Betrag $\varrho(A)^n$, im Widerspruch zu Satz 14.41.

Wäre der verallgemeinerte Eigenraum von A zum Eigenwert $\varrho(A)$ mehr als eindimensional, dann wäre auch der verallgemeinerte Eigenraum von A^n zum Eigenwert $\varrho(A)^n$ mehr als eindimensional. $\square$

14.A   Google-Matrix

Wie findet man in einem Dokumentenbestand dasjenige Dokument, das am besten auf die Suchfrage des Benutzers passt? Der traditionelle Bibliothekskatalog versuchte das Problem durch eine sinnvolle thematische Ordnung zu lösen. In einer genügend detaillierten Themenstruktur bleiben für jedes Thema nur noch wenige Bücher übrig, die der Suchende gut überblicken kann. Elektronische Kataloge ermöglichen, nach zusätzlichen Schlüsselwörtern zu suchen, die der Autor spezifizieren kann. Interdisziplinäre Werke, die zu verschiedenen Themengebieten etwas betragen, können so sinnvoll gefunden werden. Mit zunehmendem Speicherplatz wurde es möglich, in Volltextdatenbanken nach beliebigen Wörtern und Wortkombinationen zu suchen.

Schlüsselwörter und Volltextsuche haben ermöglicht, Verbindungen zwischen verschiedenen Ästen eines Themenbaumes herzustellen, sofern diese in den Texten explizit erwähnt werden. Hypertext verbindet Dokumente auch dann miteinander, wenn es im Text selbst keine wörtlichen Übereinstimmungen gibt. Ein Aufsatz über Nullstellen von Polynomen kann mit einem Hyperlink auf einen Artikel über die numerische Lösung von Gleichungen verweisen, ohne die Wörter zu verwenden, mit denen der Artikel die Problemlösung beschreibt.

In großen Datenbeständen können zu einem Schlüsselwort immer noch viel zu viele passende Dokumente gefunden werden. Als Hilfe für den Suchenden wurden Kennzahlen entwickelt, mit denen sich abschätzen lässt, wie relevant ein Dokument für eine bestimmte Suchfrage sein könnte. Solche Kennzahlen stützen sich oft statistische Eigenschaften wie die Häufigkeit bestimmter Wörter und tun sich daher schwer damit abzuschätzen, wie bedeutungsvoll ein Dokument für ein fremdes Fachgebiet sein könnte. Ein Fachmann, der die Literatur in seinem Fachgebiet kennt, kennt die Zusammenhänge zwischen verschiedenen Teilgebieten und kann damit unmittelbar einordnen, welche Texte für welche Bereiche relevant sind. Tatsächlich hat man in der Anfangszeit des Internets versucht, Suchmaschinen zu bauen, in denen menschliche Leser Dokumente klassifiziert und bewertet haben. Solche Ansätze sind am exponentiellen Wachstum des Internets gescheitert. In neuerer Zeit könnten AI-Systeme diesem Ansatz ein zweites Leben einhauchen.

Der Begriff *Matrix* wird in Google über 1.5 Milliarden mal gefunden. Welche Webpage soll dem Benutzer als erste vorgeschlagen werden? Google listet als erstes die Wikipedia-Seite zum Film *Matrix* auf, als zweites die Wikipedia-Seite über den mathematischen Matrixbegriff. Erst viel weiter unten findet man Suchresultate zur Matrix eines Verbundwerkstoffes. Wie kommt die Suchmaschine auf diese Reihenfolge?

Da im Internet alle Dokumente durch Hyperlinks miteinander verbunden sind, kann eine Internet-Suchmaschine diese zur Beurteilung der Relevanz heranziehen. Wenn viele Dokumente, die das Wort *Matrix* erwähnen, auf die Wikipedia-Seite zum Film verweisen, dann deutet dies darauf hin, dass die Autoren dieser Dokumente die Wikipedia-Seite als relevant betrachten. Die Anzahl der Links allein kann jedoch auch nicht als Maß dienen, denn sonst könnte man riesige Netzwerke von virtuellen Websites bauen, die alle auf eine bestimme Seite verweisen, um diese in den Suchresultaten nach oben zu bringen. Diese Technik ist als Google-Bombing bekannt. Sie machte 2006 Schlagzeilen, als es gelang, Google dazu zu bringen, zur Suchfrage "miserable failure" die Biographie des damaligen US-Präsidenten George W. Bush als "relevantestes" Resultat zu liefern.

Im Folgenden soll gezeigt werden, wie aus der Verlinkung des Internets ein Wahrscheinlichkeitsmodell abgeleitet werden kann, in dem auf natürliche Art positive Matrizen auftauchen.

14.A.1   Ein Wahrscheinlichkeitsmodell für Internetbesucher

Ein Internet-Besucher hat eine große Zahl n von Websites zur Auswahl, die wir mit den Zahlen $i = 1, \ldots, n$ bezeichnen. Die Seiten sind untereinander mit Hyperlinks verbunden, sie bilden einen gerichteten Graphen. Abbildung 14.14 zeigt ein kleines Modell-Internet

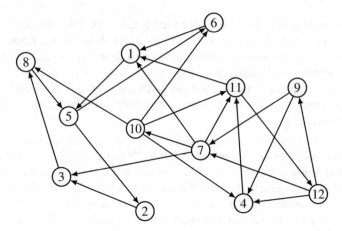

Abbildung 14.14: Modellinternet.

aus 12 Websites. Jede gerichtete Kante entspricht einem Link. Die Adjazenz-Matrix

$$A = \begin{pmatrix} 0 & 0 & 0 & 0 & 0 & 1 & 1 & 0 & 0 & 0 & 1 & 0 \\ 0 & 0 & 0 & 0 & 1 & 0 & 0 & 0 & 0 & 0 & 0 & 0 \\ 0 & 1 & 0 & 0 & 0 & 0 & 1 & 0 & 0 & 0 & 0 & 0 \\ 0 & 0 & 0 & 0 & 0 & 0 & 0 & 0 & 1 & 1 & 0 & 1 \\ 1 & 0 & 0 & 0 & 0 & 0 & 0 & 1 & 0 & 0 & 0 & 0 \\ 0 & 0 & 0 & 0 & 1 & 0 & 0 & 0 & 0 & 1 & 0 & 0 \\ 0 & 0 & 0 & 0 & 0 & 0 & 0 & 0 & 1 & 0 & 0 & 1 \\ 0 & 0 & 1 & 0 & 0 & 0 & 0 & 0 & 0 & 1 & 0 & 0 \\ 0 & 0 & 0 & 0 & 0 & 0 & 0 & 0 & 0 & 0 & 0 & 1 \\ 0 & 0 & 0 & 0 & 0 & 0 & 1 & 0 & 0 & 0 & 0 & 0 \\ 0 & 0 & 0 & 1 & 0 & 0 & 1 & 0 & 0 & 1 & 0 & 0 \\ 0 & 0 & 0 & 0 & 0 & 0 & 0 & 0 & 0 & 0 & 1 & 0 \end{pmatrix} \tag{14.16}$$

beschreibt das Modell-Internet.

Übergänge: einem Link folgen

Sobald der Benutzer die gesuchte Information konsumiert hat, wird er einem Link folgend die nächste Website anspringen. Ein Übergang von der Seite k zur Seite i ist nur möglich, wenn der Eintrag a_{ik} der Adjazenzmatrix $= 1$ ist. Er hat genau so viele Zielwebsites zur Auswahl, wie die aktuelle Seite Links enthält, oder gleichbedeutend, wieviele Einsen die zugehörige Spalte enthält.

Da wir über die Vorlieben des Benutzers nichts weiter wissen, müssen wir annehmen, dass jede Zielwebsite die gleiche Wahrscheinlichkeit hat, angesprungen zu werden. Befinden sich in Spalte k der Adjazenzmatrix (14.16) genau z Einsen, dann ist die Wahrscheinlichkeit eines Übergangs

$$h_{ik} = \begin{cases} \frac{1}{z} & \text{Link auf Seite } k \text{ verweist auf Seite } i \\ 0 & \text{sonst.} \end{cases} \tag{14.17}$$

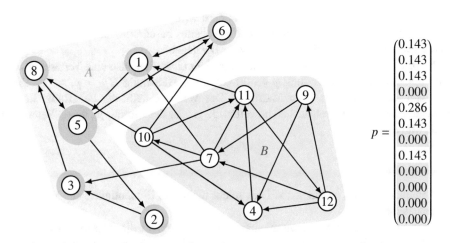

Abbildung 14.15: PageRank berechnet aus der Linkmatrix (14.18). Es gibt keine Kanten, die in den roten Teilgraphen hineinführen, so dass dort die Wahrscheinlichkeiten 0 werden. Die Besuchswahrscheinlichkeit eines Knotens wird durch den blauen Ring angedeutet.

Jede Spalte der Matrix H enthält genau z Einträge mit Wert $1/z$, alle anderen Einträge der Spalte sind 0. Da die Spaltensumme 1 ist, definiert (14.17) eine Wahrscheinlichkeitsmatrix, die *Linkmatrix H*. Im Falle des Modell-Internets ist die Linkmatrix

$$
H = \begin{pmatrix}
0 & 0 & 0 & 0 & 0 & 1 & \frac{1}{4} & 0 & 0 & 0 & \frac{1}{2} & 0 \\
0 & 0 & 0 & 0 & \frac{1}{2} & 0 & 0 & 0 & 0 & 0 & 0 & 0 \\
0 & 1 & 0 & 0 & 0 & 0 & \frac{1}{4} & 0 & 0 & 0 & 0 & 0 \\
0 & 0 & 0 & 0 & 0 & 0 & 0 & 0 & \frac{1}{2} & \frac{1}{4} & 0 & \frac{1}{3} \\
1 & 0 & 0 & 0 & 0 & 0 & 0 & 0 & 1 & 0 & 0 & 0 \\
0 & 0 & 0 & 0 & \frac{1}{2} & 0 & 0 & 0 & 0 & \frac{1}{4} & 0 & 0 \\
0 & 0 & 0 & 0 & 0 & 0 & 0 & 0 & \frac{1}{2} & 0 & 0 & \frac{1}{3} \\
0 & 0 & 1 & 0 & 0 & 0 & 0 & 0 & 0 & \frac{1}{4} & 0 & 0 \\
0 & 0 & 0 & 0 & 0 & 0 & 0 & 0 & 0 & 0 & 0 & \frac{1}{3} \\
0 & 0 & 0 & 0 & 0 & 0 & \frac{1}{4} & 0 & 0 & 0 & 0 & 0 \\
0 & 0 & 0 & 1 & 0 & 0 & \frac{1}{4} & 0 & 0 & \frac{1}{4} & 0 & 0 \\
0 & 0 & 0 & 0 & 0 & 0 & 0 & 0 & 0 & 0 & \frac{1}{2} & 0
\end{pmatrix} .
\tag{14.18}
$$

H ist die erweiterte Adjazenzmatrix des Graphen von Abbildung 14.14, beschriftet mit Übergangswahrscheinlichkeiten.

Stationäre Zustände

Die Linkmatrix H beschreibt, mit welcher Wahrscheinlichkeit Benutzer von einer Seite zur nächsten wechseln. Je mehr Benutzer sich auf einer Website tummeln, desto interessanter dürfte diese Seite sein. Auch eine gut besuchte Website wird immer wieder Besucher verlieren, die einem Link auf eine andere Website folgen, wodurch sich die Verteilung der

Benutzer auf die verschiedeneN Websites ändern wird. Ist p ein Wahrscheinlichkeitsvektor, der die Verteilung der Besucher auf alle Websites beschreibt, dann ist die Verteilung nach Traversierung des nächsten Links durch Hp gegeben.

Im besten Fall wird sich ein Fließgleichgewicht einstellen, also eine Verteilung p, die sich nicht ändert. Die Verteilung p erfüllt daher die Gleichung $Hp = p$, sie ist ein Eigenvektor zum Eigenwert 1 der Matrix H. Der Vektor p heißt der PageRank. Er kann verwendet werden, die Websites zu bewerten. Je größer der Eintrag p_i, desto "relevanter" ist die Site i.

Zusammenhang

Die Linkmatrix H ist nichtnegativ. Dies reicht nicht, die Eindeutigkeit der Verteilung p sicherzustellen.

Ist der Linkgraph nicht zusammenhängend, dann zerfällt die Adjazenzmatrix in eine Blockmatrix aus Blöcken A_i mit $i = 1, \ldots, s$, wobei jeder Block eine Zusammenhangskomponente beschreibt. Die Linkmatrix ist dann ebenfalls eine Blockmatrix mit Linkmatrizen H_i gebildet aus den A_i. Ist p_i ein stationärer Zustand für die Linkmatrix H_i, dann kann aus jedem s-Tupel von Zahlen $t_1, \ldots, t_s$ so, dass $t_1 + \cdots + t_s = 1$, ein stationärer Zustand für H konstruiert werden. Dazu bildet man

$$p = \begin{pmatrix} t_1 p_1 \\ t_2 p_2 \\ t_3 p_3 \\ \vdots \\ t_s p_s \end{pmatrix}, \quad Hp \begin{pmatrix} H_1 & & & & \\ & H_2 & & & \\ & & H_3 & & \\ & & & \ddots & \\ & & & & H_s \end{pmatrix} \begin{pmatrix} t_1 p_1 \\ t_2 p_2 \\ t_3 p_3 \\ \vdots \\ t_s p_s \end{pmatrix} = \begin{pmatrix} t_1 H_1 p_1 \\ t_2 H_2 p_2 \\ t_3 H_3 p_3 \\ \vdots \\ t_s H_s p_s \end{pmatrix} = \begin{pmatrix} t_1 p_1 \\ t_2 p_2 \\ t_3 p_3 \\ \vdots \\ t_s p_s \end{pmatrix} = p.$$

Es gibt also unendlich viele Eigenvektoren zum Eigenwert 1, der Eigenraum ist mindestens s-dimensional.

Transiente Zustände

Ein weiteres Problem wird durch das Beispiel in Abbildung 14.15 illustriert. Die Websiten der Menge $A = \{1, 2, 3, 5, 6, 8\}$ haben keine Links in die Menge $B = \{4, 7, 9, 10, 11, 12\}$, aber alle Links, die B verlassen, führen nach A. Jeder Internetbenutzer landet daher früher oder später in A. Im PageRank-Vektor verschwinden die Wahrscheinlichkeiten für die Websites in B.

14.A.2   Die Google-Matrix

Die Linkmatrix berücksichtigt nicht, dass Seiten nicht immer durch Anklicken eines Links gefunden werden. Benutzer erhalten URLs auch per Email zugesandt oder als Resultat einer Suche in einer Suchmaschine. Solche dynamisch erzeugten Links haben keinen Einfluss auf die Link-Matrix. Der Besuch einer neuen Website kann sich also auf zwei verschiedene Arten abspielen. Der Benutzer kann einem Link folgen oder einen URL aus einer anderen Quelle in den Browser eingeben.

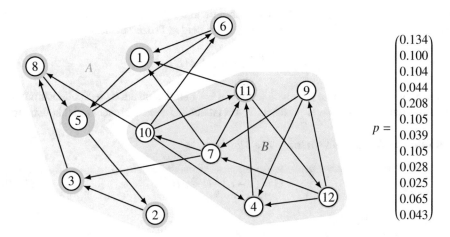

$$p = \begin{pmatrix} 0.134 \\ 0.100 \\ 0.104 \\ 0.044 \\ 0.208 \\ 0.105 \\ 0.039 \\ 0.105 \\ 0.028 \\ 0.025 \\ 0.065 \\ 0.043 \end{pmatrix}$$

Abbildung 14.16: PageRank berechnet aus der Google-Matrix (14.19). Gleiche Farbkonventionen wie in Abbildung 14.15. Die Möglichkeit der Google-Matrix, eine beliebige Seite auszuwählen, erhöht die Besuchswahrscheinlichkeit der Knoten im roten Teilgraphen.

Besuch einer beliebigen Seite

Ein einfaches Wahrscheinlichkeitsmodell für die Eingabe eines URL aus unbekannter Quelle ist wieder eine $n \times n$-Wahrscheinlichkeitsmatrix. Da die Ausgangswebsite keine Rolle spielt, müssen alle Einträge einer Zeile gleich sein. Wir wissen nichts über die Zielwebsite, wir können das dadurch modellieren, dass jede Zielwebsite die gleiche Wahrscheinlichkeit $\frac{1}{n}$ ist. Die Übergangsmatrix für diesen Fall ist die Matrix

$$A = \frac{1}{n} \begin{pmatrix} 1 & 1 & \dots & 1 \\ 1 & 1 & \dots & 1 \\ \vdots & \vdots & \ddots & \vdots \\ 1 & 1 & \dots & 1 \end{pmatrix} = \frac{1}{n} U.$$

Ist p ein beliebiger Wahrscheinlichkeitsvektor, dann kann der Eintrag auf Zeile i des Produktes $Ap = \frac{1}{n} U p$ unter Verwendung von $u_{ik} = 1$ gemäß

$$\frac{1}{n} \sum_{k=1}^{n} u_{ik} p_k = \frac{1}{n} \sum_{k=1}^{n} p_k = \frac{1}{n}$$

berechnet werden. Nach Anwendung der Matrix A ist der Besucher also mit gleicher Wahrscheinlichkeit $1/n$ auf allen möglichen Zielseiten.

Auswahl zwischen Linkmatrix und beliebiger Seite

Der Benutzer wählt also bei jedem Besuch einer Website, ob er einem Link folgen oder einen neuen URL eingeben wird. Wir bezeichnen die Wahrscheinlichkeit dafür, einen Link zu verwenden mit α. Dann ist die Wahrscheinlichkeit dafür, ausgehend von Seite k auf Seite i zu enden, setzt sich aus den Beiträgen der beiden Prozesse zusammen, sie ist

$$G = (1 - \alpha)(A)_{ik} + \alpha(H)_{ik}.$$

Da die Spaltensummen in A wie auch in H beide $= 1$ sind, sind auch die Spaltensummen in der konvexen Kombination G gleich 1. Somit ist auch G eine Wahrscheinlichkeitsmatrix.

Definition 14.48 (Google-Matrix). *Die Matrix*

$$G = (1 - \alpha)\frac{1}{n}U + \alpha H \tag{14.19}$$

heißt die Google-Matrix.

Im Unterschied zur Linkmatrix ist die Google-Matrix immer positiv, weil $A > 0$ ist.

PageRank der Google-Matrix

Nach dem Satz 14.41 von Perron-Frobenius hat auch die Google-Matrix einen eindeutigen Eigenvektor zum Eigenwert 1. Er beschreibt wieder den stationären Zustand. Dies ist der Google PageRank, den die Google-Gründer Sergey Brin und Larry Page in [4] beschrieben haben und der die Grundlage für den Erfolg der Suchmaschine war. Wegen $p = Gp$ und Satz 14.41 ist p ein positiver Vektor.

PageRank eines Teilgraphen

Der PageRank in einem Teilgraphen kann sehr wohl eine andere Rangfolge der Seiten liefern als der PageRank des ganzen Graphen. Im eingangs erwähnten Beispiel der Suche nach dem Wort *Matrix* darf angenommen werden, dass der PageRank der Wikipedia-Seite des mathematischen Matrixbegriffs viel höher ausfallen würde, wenn man nur wissenschaftliche Websites berücksichtigen würde. Im Modell-Internet bestätigt sich dies. Die Abbildung 14.17 zeigt an einem Beispiel, wie durch hinzufügen eines Knotens der PageRank des Knotens 1 reduziert wird und neu der Knoten 3 den höchsten PageRank hat.

Die Beobachtung bedeutet, dass der PageRank eigentlich für jedes Teilnetz wieder neu berechnet werden müsste. Die Suchmaschine müsste also zunächst die Seiten ermitteln, die den Begriff überhaupt enthalten, dann den zugehörigen Teilgraphen und seinen Page-Rank ermitteln. Die anzuzeigenden Suchresultate sind dann die Seiten mit dem höchsten PageRank. Für die Praxis ist diese Vorgehen viel zu aufwendig und man verwendet einen einzigen PageRank für alle Seiten. Dies ist ein Kompromiss zwischen Rechenaufwand und Qualität der Suchresultate.

Für wichtige Teile des Internets, zum Beispiel für die wissenschaftliche Literatur, kann es sinnvoll sein, eine eigene Suchmaschine einzurichten, wie Google Scholar dies anbietet. Damit wird die Qualität des PageRank innerhalb des Teilgebiets wiederhergestellt.

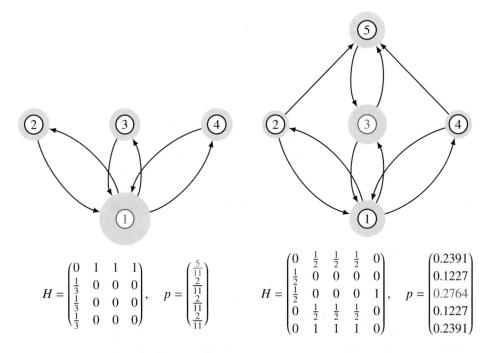

$$H = \begin{pmatrix} 0 & 1 & 1 & 1 \\ \frac{1}{3} & 0 & 0 & 0 \\ \frac{1}{3} & 0 & 0 & 0 \\ \frac{1}{3} & 0 & 0 & 0 \end{pmatrix}, \quad p = \begin{pmatrix} \frac{5}{11} \\ \frac{2}{11} \\ \frac{2}{11} \\ \frac{2}{11} \end{pmatrix} \qquad H = \begin{pmatrix} 0 & \frac{1}{2} & \frac{1}{2} & \frac{1}{2} & 0 \\ \frac{1}{2} & 0 & 0 & 0 & 0 \\ \frac{1}{2} & 0 & 0 & 0 & 1 \\ 0 & \frac{1}{2} & \frac{1}{2} & \frac{1}{2} & 0 \\ 0 & 1 & 1 & 1 & 0 \end{pmatrix}, \quad p = \begin{pmatrix} 0.2391 \\ 0.1227 \\ 0.2764 \\ 0.1227 \\ 0.2391 \end{pmatrix}$$

Abbildung 14.17: Die PageRank-Ordnung der Knoten kann sich beim Übergang zu einem Teilgraphen ändern. In beiden Beispielen ist die Linkmatrix H und der PageRank-Vektor p der zugehörigen Google-Matrix mit $\alpha = 0.9$ angegeben. Die Wahrscheinlichkeit ist wieder durch einen blauen Ring um den Knoten angedeutet. Der Graph rechts enthält nur einen einzigen Knoten mehr, aber in seinem PageRank-Vektor hat der Knoten 3 die größte Wahrscheinlichkeit, während im kleinen Graphen der Knoten 1 die größte Wahrscheinlichkeit hat.

14.B Das Parrondo-Paradoxon

Das Paradoxon von Juan Manuel Rodriguez Parrondo ist ein der Intuition widersprechendes Beispiel für eine Kombination von Spielen mit negativer Gewinnerwartung, deren Kombination zu einem Spiel mit positiver Gewinnerwartung führt. Die Theorie der Markov-Ketten und der zugehörigen Matrizen ermöglicht eine sehr einfache Analyse.

Dieser Abschnitt verwendet den Begriff und die Notation der bedingten Wahrscheinlichkeit und insbesondere den Satz von der totalen Wahrscheinlichkeit für Ereignisse A und B_i mit $B_1 \cup \cdots \cup B_n = \Omega$ besagt, dass

$$P(A) = \sum_{i=1}^{n} P(A \mid B_i) P(B_i).$$

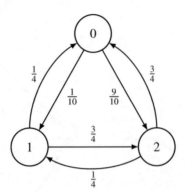

Abbildung 14.18: Zustandsdiagramm für das Spiel B, Zustände sind die Dreierreste des Kapitals.

14.B.1 Die beiden Teilspiele

Das Spiel A

Das Spiel A besteht darin, eine Münze zu werfen. Je nach Ausgang gewinnt oder verliert der Spieler eine Einheit. Sei X die Zufallsvariable, die den gewonnen Betrag beschreibt. Für eine faire Münze ist die Gewinnerwartung in diesem Spiel natürlich $E(X) = 0$. Wenn die Wahrscheinlichkeit für einen Gewinn $\frac{1}{2} + e$ ist, dann muss die Wahrscheinlichkeit für einen Verlust $\frac{1}{2} - e$ sein, und die Gewinnerwartung ist $E(X) = 1 \cdot P(X = 1) + (-1) \cdot P(X = -1) = \frac{1}{2} + e + (-1)(\frac{1}{2} - e) = 2e$. Die Gewinnerwartung ist also genau dann negativ, wenn $e < 0$ ist.

Das Spiel B

Das zweite Spiel B ist etwas komplizierter, da der Spielablauf vom aktuellen Kapital K des Spielers abhängt. Wieder gewinnt oder verliert der Spieler eine Einheit, die Gewinnwahrscheinlichkeit hängt aber vom Dreierrest des Kapitals ab. Sei Y die Zufallsvariable, die den Gewinn beschreibt. Ist K durch drei teilbar, ist die Gewinnwahrscheinlichkeit $\frac{1}{10}$, andernfalls ist sie $\frac{3}{4}$, in Formeln ist

$$P(Y = 1 \mid 3 \text{ teilt } K \quad) = \frac{1}{10},$$
$$P(Y = 1 \mid 3 \text{ teilt } K \text{ nicht}) = \frac{3}{4}. \tag{14.20}$$

Insbesondere ist die Wahrscheinlichkeit für einen Gewinn in zwei der Fälle recht groß, in einem Fall aber sehr klein.

Übergangsmatrix im Spiel B

Für den Verlauf des Spiels spielt nur der Dreierrest des Kapitals eine Rolle. Es gibt daher drei mögliche Zustände 0, 1 und 2 (Abbildung 14.18). In einem Spielzug findet ein

Übergang in einen anderen Zustand statt, der Eintrag b_{ij} ist die Wahrscheinlichkeit

$$b_{ij} = P(K \equiv i \mid K \equiv j),$$

dass ein Übergang vom Zustand j in den Zustand i stattfindet. Die Übergangsmatrix ist

$$B = \begin{pmatrix} 0 & \frac{1}{4} & \frac{3}{4} \\ \frac{1}{10} & 0 & \frac{1}{4} \\ \frac{9}{10} & \frac{3}{4} & 0 \end{pmatrix}.$$

Gewinnerwartung in einem Einzelspiel B

Die Gewinnerwartung einer einzelnen Runde des Spiels B hängt natürlich ebenfalls vom Ausgangskapital ab. Mit den Wahrscheinlichkeiten von (14.20) findet man die Gewinnerwartung

$$E(Y \mid 3 \mid K) = 1 \cdot P(Y = 1 \mid K \equiv 0 \mod 3) + (-1) \cdot P(Y = -1 \mid K \equiv 0 \mod 3)$$

$$= \frac{1}{10} - \frac{9}{10} = -\frac{8}{10}$$

$$E(Y \mid 3 \nmid K) = 1 \cdot P(Y = 1 \mid K \not\equiv 0 \mod 3) + (-1) \cdot P(Y = -1 \mid K \not\equiv 0 \mod 3)$$

$$= \frac{3}{4} - \frac{1}{4} = \frac{1}{2}.$$

$$(14.21)$$

Falls K durch drei teilbar ist, muss der Spieler also mit einem großen Verlust rechnen, andernfalls mit einem moderaten Gewinn.

Ohne weiteres Wissen über das Anfangskapital ist es zulässig anzunehmen, dass die drei möglichen Reste die gleiche Wahrscheinlichkeit haben. Die Gewinnerwartung ist in diesem Fall

$$E(Y) = E(Y \mid 3 \mid K) \cdot \frac{1}{3} + E(Y \mid 3 \nmid K) \cdot \frac{2}{3}$$

$$= -\frac{8}{10} \cdot \frac{1}{3} + \frac{1}{2} \cdot \frac{2}{3} = -\frac{8}{30} + \frac{10}{30} = \frac{2}{30} = \frac{1}{15}. \qquad (14.22)$$

Unter der Annahme, dass alle Reste die gleiche Wahrscheinlichkeit haben, ist das Spiel also ein Gewinnspiel.

Die Berechnung der Gewinnerwartung in einem Einzelspiel kann man wie folgt formalisieren. Die Matrix B gibt die Übergangswahrscheinlichkeiten zwischen verschiedenen Zuständen. Die Matrix

$$G = \begin{pmatrix} 0 & -1 & 1 \\ 1 & 0 & -1 \\ -1 & 1 & 0 \end{pmatrix}$$

gibt die Gewinne an, die bei einem Übergang anfallen. Die Matrix mit den Matrixelementen $g_{ij}b_{ij}$ ist das Hadamard-Produktes $G \odot B$ von G mit B. Sie enthält in den Spalten die Gewinnerwartungen für die einzelnen Übergänge aus einem Zustand. Die Summe der

Elemente der Spalte j enthält die Gewinnerwartung

$$E(Y \mid K \equiv j) = \sum_{i=0}^{2} g_{ij} b_{ij}$$

für einen Übergang aus dem Zustand j. Man kann dies auch als einen Zeilenvektor schreiben, der durch Multiplikation der Matrix $G \odot B$ mit dem dreidimensionalen Zeilenvektor $U^t = \begin{pmatrix} 1 & 1 & 1 \end{pmatrix}$ entsteht:

$$\begin{pmatrix} E(Y \mid K \equiv 0) & E(Y \mid K \equiv 1) & E(Y \mid K \equiv 2) \end{pmatrix} = U^t(G \odot B).$$

Die Gewinnerwartung ist dann das Produkt

$$E(Y) = \sum_{i=0}^{2} E(Y \mid K \equiv i) p_i = U^t (G \odot B) p.$$

Tatsächlich ist

$$U^t \, G \odot B = \begin{pmatrix} 0 & -\frac{1}{4} & \frac{3}{4} \\ \frac{1}{10} & 0 & -\frac{1}{4} \\ -\frac{9}{10} & \frac{3}{4} & 0 \end{pmatrix} \quad \text{und} \quad U^t G \odot B = \begin{pmatrix} -\frac{8}{10} & \frac{1}{2} & \frac{1}{2} \end{pmatrix}.$$

Dies stimmt mit den Erwartungswerten in (14.21) überein. Die gesamte Gewinnerwartung ist dann

$$(G \odot B) \begin{pmatrix} \frac{1}{3} \\ \frac{1}{3} \\ \frac{1}{3} \end{pmatrix} = \begin{pmatrix} -\frac{8}{10} & \frac{1}{2} & \frac{1}{2} \end{pmatrix} \frac{1}{3} U = \frac{1}{3} \left(-\frac{8}{10} + \frac{1}{2} + \frac{1}{2} \right) = \frac{1}{3} \cdot \frac{2}{10} = \frac{1}{15}, \qquad (14.23)$$

dies stimmt mit (14.22) überrein.

Das wiederholte Spiel B

Natürlich spielt man das Spiel nicht nur einmal, sondern man wiederholt es. Es ist verlockend anzunehmen, dass die Dreierreste 0, 1 und 2 des Kapitals immer noch gleich wahrscheinlich sind. Dies braucht jedoch nicht so zu sein. Wir prüfen die Hypothese daher, indem wir die Wahrscheinlichkeit für die verschiedenen Dreierreste des Kapitals in einem interierten Spiels ausrechnen.

Das Spiel kennt die Dreierreste als die drei für das Spiel ausschlaggebenden Zustände. Das Zustandsdiagramm 14.18 zeigt die möglichen Übergänge und ihre Wahrscheinlichkeiten, die zugehörige Übergangsmatrix ist

$$B = \begin{pmatrix} 0 & \frac{1}{4} & \frac{3}{4} \\ \frac{1}{10} & 0 & \frac{1}{4} \\ \frac{9}{10} & \frac{3}{4} & 0 \end{pmatrix}.$$

Die Matrix B ist nicht negativ, aber man kann nachrechnen, dass $B^2 > 0$ ist. Damit ist die Perron-Frobenius-Theorie von Abschnitt 14.2.1 anwendbar.

Ein Eigenvektor zum Eigenwert 1 kann mit Hilfe des Gauß-Algorithmus gefunden werden:

$$
\begin{pmatrix} -1 & \frac{1}{4} & \frac{3}{4} \\ \frac{1}{10} & -1 & \frac{1}{4} \\ \frac{9}{10} & \frac{3}{4} & -1 \end{pmatrix} \rightarrow \begin{pmatrix} 1 & -\frac{1}{4} & -\frac{3}{4} \\ 0 & -\frac{39}{40} & \frac{13}{40} \\ 0 & \frac{39}{40} & -\frac{13}{40} \end{pmatrix} \rightarrow \begin{pmatrix} 1 & -\frac{1}{4} & -\frac{3}{4} \\ 0 & 1 & -\frac{1}{3} \\ 0 & 0 & 0 \end{pmatrix} \rightarrow \begin{pmatrix} 1 & 0 & -\frac{5}{6} \\ 0 & 1 & -\frac{1}{3} \\ 0 & 0 & 0 \end{pmatrix}.
$$

Daraus liest man einen möglichen Lösungsvektor mit den Komponenten 5, 2 und 6 ab. Wir suchen aber einen Eigenvektor, der als Wahrscheinlichkeitsverteilung dienen kann. Dazu müssen sich die Komponenten zu 1 summieren, was man durch Teilen durch die Summe der Komponenten erreichen kann:

$$
p = \begin{pmatrix} P(K \equiv 0) \\ P(K \equiv 1) \\ P(K \equiv 2) \end{pmatrix} = \frac{1}{5 + 2 + 6} \begin{pmatrix} 5 \\ 2 \\ 6 \end{pmatrix} = \frac{1}{13} \begin{pmatrix} 5 \\ 2 \\ 6 \end{pmatrix} \approx \begin{pmatrix} 0.3846 \\ 0.1538 \\ 0.4615 \end{pmatrix}. \tag{14.24}
$$

Die Hypothese, dass die drei Reste gleich wahrscheinlich sind, ist also nicht zutreffend.

Die Perron-Frobenius-Theorie sagt, dass sich die Verteilung p von (14.24) nach einiger Zeit einstellt. Wir können jetzt auch die Gewinnerwartung in einer einzelnen Runde des Spiels ausgehend von dieser Verteilung der Reste des Kapitals berechnen. Dazu brauchen wir zunächst die Wahrscheinlichkeiten für Gewinn oder Verlust, die wir mit dem Satz über die totale Wahrscheinlichkeit gemäß

$$
\begin{aligned}
P(Y = +1) &= P(Y = +1 \mid K \equiv 0) \cdot P(K \equiv 0) + P(Y = +1 \mid K \equiv 1) \cdot P(K \equiv 1) \\
&\quad + P(Y = +1 \mid K \equiv 2) \cdot P(K \equiv 2) \\
&= \frac{1}{10} \cdot \frac{5}{13} + \frac{3}{4} \cdot \frac{2}{13} + \frac{3}{4} \cdot \frac{6}{13} \\
&= \frac{1}{13} \left(\frac{1}{2} + \frac{3}{2} + \frac{9}{2} \right) = \frac{13}{26} = \frac{1}{2} \quad \text{und}
\end{aligned}
$$

$$
\begin{aligned}
P(Y = -1) &= P(Y = -1 \mid K \equiv 0) \cdot P(K \equiv 0) + P(Y = -1 \mid K \equiv 1) \cdot P(K \equiv 1) \\
&\quad + P(Y = -1 \mid K \equiv 2) \cdot P(K \equiv 2) \\
&= \frac{9}{10} \cdot \frac{5}{13} + \frac{1}{4} \cdot \frac{2}{13} + \frac{1}{4} \cdot \frac{6}{13} \\
&= \frac{1}{13} \left(\frac{9}{2} + \frac{1}{2} + \frac{3}{2} \right) = \frac{1}{2}
\end{aligned}
$$

berechnen können. Gewinn und Verlust sind also gleich wahrscheinlich, das Spiel B ist also ebenfalls fair.

Auch diese Gewinnwahrscheinlichkeit kann etwas formaler mit dem Hadamard-Produkt berechnet werden:

$$
U^t (G \odot B) p = \begin{pmatrix} -\frac{8}{10} & \frac{1}{2} & \frac{1}{2} \end{pmatrix} \frac{1}{13} \begin{pmatrix} 5 \\ 2 \\ 6 \end{pmatrix} = -\frac{8}{10} \cdot \frac{5}{13} + \frac{1}{2} \cdot \frac{2}{13} + \frac{1}{2} \cdot \frac{6}{13} = \frac{1}{26}(-8 + 2 + 6) = 0,
$$

wie erwartet.

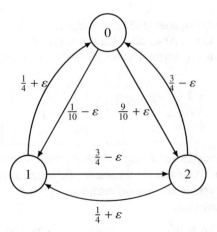

Abbildung 14.19: Zustandsdiagramm für das modifizierte Spiel $\tilde{B}$, Zustände sind die Dreierreste des Kapitals. Gegenüber dem Spiel B (Abbildung 14.18) sind die Wahrscheinlichkeiten für Verlust um ε vergrößert und die Wahrscheinlichkeiten für Gewinn um ε verkleinert worden.

Das modifizierte Spiel $\tilde{B}$

Wir modifizieren jetzt das Spiel B derart, dass die Wahrscheinlichkeiten für Gewinn um ε verringert werden und die Wahrscheinlichkeiten für Verlust um ε vergrößert werden. Die Übergangsmatrix des modifzierten Spiels $\tilde{B}$ ist

$$\tilde{B} = \begin{pmatrix} 0 & \frac{1}{4} + \varepsilon & \frac{3}{4} - \varepsilon \\ \frac{1}{10} - \varepsilon & 0 & \frac{1}{4} + \varepsilon \\ \frac{9}{10} + \varepsilon & \frac{3}{4} - \varepsilon & 0 \end{pmatrix} = B + \varepsilon \underbrace{\begin{pmatrix} 0 & 1 & -1 \\ -1 & 0 & 1 \\ 1 & -1 & 0 \end{pmatrix}}_{F}.$$

Wir wissen bereits, dass der Vektor p von (14.24) als stationäre Verteilung Eigenvektor zum Eigenwert B ist, wir versuchen jetzt in erster Näherung die modifizierte stationäre Verteilung $p_\varepsilon = p + \varepsilon p_1$ des modifizierten Spiels zu bestimmen.

Gewinnerwartung im modifizierten Einzelspiel

Die Gewinnerwartung aus den verschiedenen Ausgangszuständen kann mit Hilfe des Hadamard-Produktes berechnet werden. Wir berechnen dazu zunächst

$$G \odot \tilde{B} = G \odot (B + \varepsilon F) = G \odot B + \varepsilon G \odot F \quad \text{mit} \quad G \odot F = \begin{pmatrix} 0 & 1 & 1 \\ 1 & 0 & 1 \\ 1 & 1 & 0 \end{pmatrix}.$$

Nach der früher dafür gefundenen Formel ist

$$\Big(E(Y \mid K \equiv 0) \quad E(Y \mid K \equiv 1) \quad E(Y \mid K \equiv 2) \Big) = U^t (G \odot \tilde{B})$$

$$= U^t (G \odot B) + \varepsilon U^t (G \odot F)$$

$$= \left(-\tfrac{8}{10} \quad \tfrac{1}{2} \quad \tfrac{1}{2} \right) + 2\varepsilon U^t$$

$$= \left(-\tfrac{8}{10} + 2\varepsilon \quad \tfrac{1}{2} + 2\varepsilon \quad \tfrac{1}{2} + 2\varepsilon \right).$$

Unter der Annahme gleicher Wahrscheinlichkeiten für die Ausgangszustände, erhält man die Gewinnerwartung

$$E(Y) = U^t(G \odot \tilde{B}) \begin{pmatrix} \tfrac{1}{3} \\ \tfrac{1}{3} \\ \tfrac{1}{3} \end{pmatrix}$$

$$= U^t(G \odot B)\tfrac{1}{3}U + \varepsilon U^t(G \odot F)\tfrac{1}{3}U$$

$$= \frac{1}{15} + 2\varepsilon$$

unter Verwendung der in (14.23) berechneten Gewinnerwartung für das Spiel B.

Iteration des modifizierten Spiels

Der Gauß-Algorithmus liefert nach einiger Rechnung, die man am besten mit einem Computeralgebrasystem durchführt,

$$\begin{pmatrix} -1 & \tfrac{1}{4} + \varepsilon & \tfrac{3}{4} - \varepsilon \\ \tfrac{1}{10} - \varepsilon & -1 & \tfrac{1}{4} + \varepsilon \\ \tfrac{9}{10} + \varepsilon & \tfrac{3}{4} - \varepsilon & -1 \end{pmatrix} \rightarrow \begin{pmatrix} 1 & 0 & -\frac{65-40\varepsilon+80\varepsilon^2}{78+12\varepsilon+80\varepsilon^2} \\ 0 & 0 & -\frac{26+12\varepsilon+80\varepsilon^2}{78+12\varepsilon+80\varepsilon^2} \\ 0 & 0 & 0 \end{pmatrix}.$$

Daraus kann man die Lösung

$$p = \begin{pmatrix} 65 - 40\varepsilon + 80\varepsilon^2 \\ 26 + 12\varepsilon + 80\varepsilon^2 \\ 78 + 12\varepsilon + 80\varepsilon^2 \end{pmatrix}$$

ablesen. Allerdings ist dies keine Wahrscheinlichkeitsverteilung, wir müssen dazu wieder normieren. Die Summe der Komponenten ist

$$\|p\|_1 = 169 - 16\varepsilon + 240\varepsilon^2.$$

Damit bekommen wir für die Lösung bis zur ersten Ordnung

$$p_\varepsilon = \frac{1}{169 - 16\varepsilon + 240\varepsilon^2} \begin{pmatrix} 65 - 40\varepsilon + 80\varepsilon^2 \\ 26 + 12\varepsilon + 80\varepsilon^2 \\ 78 + 12\varepsilon + 80\varepsilon^2 \end{pmatrix} = \frac{1}{13}\begin{pmatrix} 5 \\ 2 \\ 6 \end{pmatrix} + \frac{\varepsilon}{2197}\begin{pmatrix} -440 \\ 188 \\ 252 \end{pmatrix} + O(\varepsilon^2).$$

Man beachte, dass der konstante Vektor der ursprüngliche Vektor p für das Spiel B ist. Der lineare Term ist ein Vektor, dessen Komponenten sich zu 1 summieren, in erster Ordnung ist also die l^1-Norm des Vektors wieder $\|p_\varepsilon\|_1 = 0 + O(\varepsilon^2)$.

Mit den bekannten Wahrscheinlichkeiten kann man jetzt die Gewinnerwartung in einem einzeln Spiel ausgehend von der Verteilung p_ε berechnen. Dazu braucht man das Hadamard-Produkt

$$G \odot \tilde{B} = G = \begin{pmatrix} 0 & -1 & 1 \\ 1 & 0 & -1 \\ -1 & 1 & 0 \end{pmatrix} \odot \begin{pmatrix} 0 & \frac{1}{4} + \varepsilon & \frac{3}{4} - \varepsilon \\ \frac{1}{10} - \varepsilon & 0 & \frac{1}{4} + \varepsilon \\ \frac{9}{10} + \varepsilon & \frac{3}{4} - \varepsilon & 0 \end{pmatrix} = \begin{pmatrix} 0 & -\frac{1}{4} - \varepsilon & \frac{3}{4} - \varepsilon \\ \frac{1}{10} - \varepsilon & 0 & -\frac{1}{4} - \varepsilon \\ -\frac{9}{10} - \varepsilon & \frac{3}{4} - \varepsilon & 0 \end{pmatrix}.$$

Wie früher kann der erwartete Gewinn

$$\begin{aligned} E(Y) &= U^t(G \odot \tilde{B})p_\varepsilon \\ &= \left(-\frac{3}{10} - 2\varepsilon \quad \frac{1}{2} - 2\varepsilon \quad \frac{1}{2} - 2\varepsilon\right) p_\varepsilon \\ &= -\varepsilon \cdot \frac{294 - 48\varepsilon + 480\varepsilon^2}{169 - 16\varepsilon + 240\varepsilon^2} = -\frac{294}{169}\varepsilon + O(\varepsilon^2). \end{aligned}$$

berechnet werden. Die Gewinnerwartung ist negativ für nicht zu große $\varepsilon > 0$. Die Modifikation macht das Spiel also zu einem Verlustspiel.

14.B.2 Kombination der Spiele

Jetzt werden die beiden Spiele A und B zu einem neuen Spiel kombiniert. Für das Spiel A haben wir bis jetzt keine Übergangsmatrix aufgestellt, da das Kapital darin keine Rolle spielt. Um die beiden Spiele kombinieren zu können brauchen wir aber die Übergangsmatrix für die drei Zustände $K \equiv 0, 1, 2$. Sie ist

$$A = \begin{pmatrix} 0 & \frac{1}{2} & \frac{1}{2} \\ \frac{1}{2} & 0 & \frac{1}{2} \\ \frac{1}{2} & \frac{1}{2} & 0 \end{pmatrix}.$$

Das Spiel C

In jeder Durchführung des Spiels wird mit einem Münzwurf entschieden, ob Spiel A oder Spiel B gespielt werden soll. Mit Wahrscheinlichkeit je $\frac{1}{2}$ werden also die Übergansmatrizen A oder B verwendet:

$$\begin{aligned} P(K \equiv i \mid K \equiv j) &= A \cdot P(\text{Münzwurf Kopf}) + B \cdot P(\text{Münzwurf Kopf}) \\ &= \frac{1}{2}(A + B) = \begin{pmatrix} 0 & \frac{3}{8} & \frac{5}{8} \\ \frac{3}{10} & 0 & \frac{3}{8} \\ \frac{7}{10} & \frac{5}{8} & 0 \end{pmatrix}. \end{aligned}$$

Die Gewinnerwartung in einem Einzelspiel ist

$$E(Y) = U^t(G \odot C)\frac{1}{3}U$$

$$= U^t \begin{pmatrix} 0 & -\frac{3}{8} & \frac{5}{8} \\ \frac{3}{10} & 0 & -\frac{3}{8} \\ -\frac{7}{10} & \frac{5}{8} & 0 \end{pmatrix} \frac{1}{3} U$$

$$= \begin{pmatrix} -\frac{2}{5} & \frac{1}{4} & \frac{1}{4} \end{pmatrix} \frac{1}{3} U = \frac{1}{3} \left(-\frac{2}{5} + \frac{1}{4} + \frac{1}{4} \right) = -\frac{1}{30}.$$

Das Einzelspiel ist also ein Verlustspiel.

Das iterierte Spiel C

Für das iterierte Spiel muss man wieder den Eigenvektor von C zum Eigenwert 1 finden, die Rechnung mit dem Gauß-Algorithmus liefert

$$p = \frac{1}{709} \begin{pmatrix} 245 \\ 180 \\ 284 \end{pmatrix}.$$

Damit kann man jetzt die Gewinnwahrscheinlichkeit im iterierten Spiel berechnen, es ist

$$E(Y) = U^t (G \odot C) p$$

$$= \begin{pmatrix} -\frac{2}{5} & \frac{1}{4} & \frac{1}{4} \end{pmatrix} \frac{1}{709} \begin{pmatrix} 245 \\ 180 \\ 84 \end{pmatrix}$$

$$= \frac{-2 \cdot 49 + 45 + 71}{709} = \frac{18}{709},$$

Das iteriert Spiel C ist also ein Gewinnspiel! Obwohl die Spiele A und B für sich alleine in der iterierten Form keine Gewinnspiele sind, ist das kombinierte Spiel, wo man zufällig die beiden Spiele verbindet, immer ein Gewinnspiel.

Man kann statt des Spiels B auch das modifizierte Spiel $\tilde{B}$ verwenden, das für kleine $\varepsilon > 0$ ein Verlustspiel ist. Die Analyse lässt sich in der gleichen Weise durchführen und liefert wieder, dass für nicht zu großes ε das kombinierte Spiel ein Gewinnspiel ist.

Übungsaufgaben

14.1. Gegeben ist das Modell-Internet mit folgender Link-Struktur

a) Berechnen Sie die Google-Matrix **ohne** freien Willen und bestimmen Sie die Besuchswahrscheinlichkeiten $P(S_i)$.

b) Berechnen Sie die Google-Matrix **mit** freiem Willen mit $\alpha = 0.9$ und bestimmen Sie die Besuchswahrscheinlichkeiten $P(S_i)$.

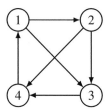

Lösungen: https://linalg.ch/uebungen/LinAlg-114.pdf

Kapitel 15

Tensoren

Wie soll man ausdrücken, dass eine Matrix A von einem Vektor x auf lineare Weise abhängt? Wenn der Vektor x die Koordinaten x_i hat, dann ist jedes Matrixelement a_{kl} eine Linearform in den Koordinaten x_i. Es muss also Koeffizienten a_{kli} geben derart, dass

$$a_{kl}(x) = a_{kl1}x_1 + a_{kl2}x_2 + \cdots + a_{kln}x_n$$

gilt. Die Matrizenschreibweise reicht nur schon wegen der Anzahl der Indizes nicht mehr aus, diese Abhängigkeit auszudrücken. Matrizenalgebrasoftware wie Octave oder Matlab erlaubt, solche komplizierteren Datenstrukturen darzustellen und damit zu rechnen. Doch wie soll die Algebra solcher Objekte definiert werden?

15.1 Vektoren und Linearformen

Bis jetzt wurde kein großer Unterschied zwischen Zeilen- und Spaltenvektoren gemacht. Erst beim Produkt zeigt sich, dass es sich dabei um verschiedene algebraische Objekte handeln muss, denn Zeilenvektoren können nicht untereinander multipliziert werden, ebenso wenig Spaltenvektoren. Nur gemischte Produkte wie Zeilenvektor mal Spaltenvektoren sind sinnvoll. Noch verwirrender wird es, wenn nur die Koordinaten betrachtet werden. Woran kann man erkennen, ob a_i oder b_i die Komponenten eines Zeilen- oder eines Spaltenvektors sind und ob a_i und b_i sinnvoll miteinander multipliziert werden können? In diesem Abschnitt soll der Unterschied genauer untersucht werden und eine Notation eingeführt werden, die ihn besser sichtbar macht.

15.1.1 Basen für Vektoren und Linearformen

Die Definitionen der Zeilen- und Spaltenvektoren suggerieren, dass es keinen wesentlichen Unterschied gibt. Es gibt sogar eine lineare Abbildung, die aus Zeilenvektoren Spaltenvektoren macht, die Transposition. Zeilen- und Spaltenvektoren sind aber nur das Resultat der

© Der/die Autor(en), exklusiv lizenziert an
Springer-Verlag GmbH, DE, ein Teil von Springer Nature 2023
A. Müller, *Lineare Algebra: Eine anwendungsorientierte Einführung*,
https://doi.org/10.1007/978-3-662-67866-4_15

Wahl einer Basis. Das Vorurteil der Standardbasis verwischt Unterschiede, die in diesem Abschnitt wieder herausgearbeitet werden sollen.

Spaltenvektoren

Die Standardbasis der n-dimensionalen Spaltenvektoren besteht aus den Vektoren

$$e_1 = \begin{pmatrix} 1 \\ 0 \\ \vdots \\ 0 \end{pmatrix}, \ e_2 = \begin{pmatrix} 0 \\ 1 \\ \vdots \\ 0 \end{pmatrix}, \ \dots, \ e_n = \begin{pmatrix} 0 \\ 0 \\ \vdots \\ 1 \end{pmatrix}.$$

Der Eintrag in Zeile j des Vektors e_i ist δ_{ij}. Ein beliebiger Spaltenvektor $x \in \mathbb{k}^n$ lässt sich daraus linear zusammensetzen. Wir schreiben die Koordinaten von x mit einem hochgestellten Index x^i. Aus dem Kontext ist jeweils klar, dass das i in x^i kein Exponent sein kann. Der Vektor x kann dann als

$$x = \begin{pmatrix} x^1 \\ x^2 \\ \vdots \\ x^n \end{pmatrix} = x^1 e_1 + x^2 e_2 + \cdots + x^n e_n = \sum_{i=1}^{n} x^i e_i$$

geschrieben werden.

Zeilenvektoren

Für die n-dimensionalen Zeilenvektoren besteht die Standardbasis aus den Vektoren

$$e^1 = \begin{pmatrix} 1 & 0 & \dots & 0 \end{pmatrix}$$
$$e^2 = \begin{pmatrix} 0 & 1 & \dots & 0 \end{pmatrix}$$
$$\vdots$$
$$e^n = \begin{pmatrix} 0 & 0 & \dots & 1 \end{pmatrix}.$$

Wir verwenden einen hochgestellten Index, um die Basisvektoren von den Basisvektoren für Spaltenvektoren zu unterscheiden. Der Eintrag in Spalte j des Zeilenvektors e^k ist δ_{jk}. Eine beliebiger Zeilenvektor $f \in \mathbb{k}^n$ lässt sich daraus linear zusammensetzen. Wir schreiben die Koordinaten von f mit einem tiefgestellten Index f_k. Der Vektor f_k kann dann als

$$f = \begin{pmatrix} f_1 & f_2 & \dots & f_n \end{pmatrix} = f_1 e^1 + f_2 e^2 + \cdots + f_n e^n = \sum_{k=1}^{n} f_k e^k$$

geschrieben werden.

Da die Einträge von e_i und e^k durch das Kronecker-δ gegeben sind, kann man das Produkt sofort ausrechnen, es ist

$$e^k e_i = \sum_{j=1}^{n} \delta_{jk} \delta_{ji} = \begin{cases} 1 & i = k \\ 0 & \text{sonst,} \end{cases} \tag{15.1}$$

da nur dann ein Wert $\neq 0$ entstehen kann, wenn es einen Wert k gibt, für den gleichzeitig δ_{jk} und δ_{ji} von Null verschieden sind.

Da das Matrizenprodukt linear ist, kann man damit auch das Produkt des Zeilenvektors f mit dem Spaltenvektor x finden:

$$fx = \sum_{k=1}^{n} f_k e^k \sum_{i=1}^{n} x^i e_i = \sum_{k=1}^{n} \sum_{i=1}^{n} f_k x^i \, e^k e_i = \sum_{k=1}^{n} \sum_{i=1}^{n} f_k x^i \delta_{ik} = \sum_{k=1}^{n} f_k x^k.$$

In dieser wie in allen früheren Summen in diesem Kapitel erstreckt sich die Summe über einen gemeinsamen oberen und unteren Index. Es lohnt sich daher, dies zu einer Konvention zu machen.

Definition 15.1 (Einstein-Summationskonvention). *Wenn in einem Term ein Index oben und unten vorkommt, wird über diesen Index summiert.*

Da jetzt Indizes oben und unten stehen können, erweitern wir die Definition des Kronecker-Symbols so, dass auch die Indizes von δ oben und unten stehen können:

$$\delta^i_j = \begin{cases} 1 & i = j \\ 0 & \text{sonst} \end{cases} \qquad \text{und} \qquad \delta^{ij} = \begin{cases} 1 & i = j \\ 0 & \text{sonst.} \end{cases}$$

Es folgt dann zum Beispiel

$$\delta^i_j x^j = x^i \qquad \text{oder} \qquad \delta^k_l f_k = f_l.$$

Die Koeffizienten δ^i_j reproduzieren die Koordinaten des Vektors x, so wie das Produkt die Einheitsmatrix einen Vektor reproduziert.

Linearformen

Ein Zeilenvektor beschreibt eine Linearform, eine lineare Abbildung $\Bbbk^n \to \Bbbk$. Die Vektoren e^i sind also Basisvektoren eines Vektorraums $V = \Bbbk^n$, die Vektoren e_k sind Basisvektoren des Vektorraums

$$V^* = \{f \colon V \to \Bbbk \mid f \text{ ist linear}\}.$$

Er heißt der zu V duale Vektorraum.

Die Vektorräume V und V^* sind verschieden, aber sie sind durch die Paarung

$$V^* \times V \to \Bbbk : (f, x) \mapsto f(x)$$

miteinander verbunden. Diese Paarung wird manchmal auch $\langle f, x \rangle = f(x)$ geschrieben.

Duale Basis

Die Beziehung der beiden Standardbasen e_k und e^i wurde in den Produktformeln (15.1) sichtbar. Zu einer Basis b_i eines endlichdimensionalen Vektorraumes V lässt sich immer eine Basis b^k des dualen Vektorraumes V^* finden, die eine zu (15.1) analoge Beziehung zueinander haben. Dazu definiert man die Linearform $b^k \in V^*$ auf den Basisvektoren b_i durch

$$b^k(b_i) = \delta_{ik} = \begin{cases} 1 & i = k \\ 0 & \text{sonst.} \end{cases} \tag{15.2}$$

Da b^k eine lineare Funktion ist, ist sie durch die Werte (15.2) auf den Basisvektoren vollständig bestimmt.

Definition 15.2. *Die duale Basis zu einer Basis $\mathcal{B} = \{b_i | i = 1, \ldots, n\}$ des Vektorraums besteht aus den Linearformen $b^k \in V^*$ mit der Eigenschaft $\langle b_k, b_i \rangle = \delta_{ik}$.*

15.1.2 Koordinatentransformation

Die Spalten- und Zeilenvektoren sind dadurch miteinander verbunden, dass sie Koordinaten für Vektoren und Linearformen in dualen Basen sind. Dies bedeutet aber auch, dass ein Basiswechsel für Vektoren zu einem damit gekoppelten Basiswechsel bei den Linearformen führt.

Seien also b_i und b'_i Basen eines Vektorraumes V und Vektoren in diesen Basen seien x^i bzw. x'^i. Zwischen x^i und x'^i gibt es eine lineare Beziehung, die wir früher als Matrix geschrieben haben. Da wir uns aber von der Matrix-Notation befreien wollen, schreiben wir den Zusammenhang aus. Die Koeffizienten müssen aus den Koordinaten x^i mit oberem Index i neue Koordinaten x'^j mit oberem Index j machen, indem eine Summe über i gebildet wird. Nach der Summationskonvention müssen die Koeffizienten daher einen unteren Index j enthalten. Wir schreiben sie daher als $t^j{}_i$ und bekommen für die Umrechnung der Koordinaten

$$x'^j = t^j{}_i x^i. \tag{15.3}$$

Nach der Summationskonvention wird über i summiert.

Die Transformation (15.3) kann natürlich auch umgekehrt werden, dazu wird die inverse Matrix benötigt, die wir hier als $\bar{t}^i{}_j$ schreiben, weil der Platz für den Exponenten -1 durch en oberen Index schon verbraucht ist. $\bar{t}^i{}_j$ müssen so gewählt sein, dass

$$\bar{t}^k{}_j x'^j = \bar{t}^k{}_j t^j{}_i x_i = \delta^k_i x_i = x^k.$$

Seien jetzt f_k die Koeffizienten einer Linearform f in der zu b_i dualen Basis. Dies bedeutet, dass $f(x) = f_k x^k$ ist für den Vektor x ausgedrückt in den Koordinaten x^k in der Basis b_k. Der Wechsel der Basis ändert den Wert $f(x)$ nicht, aus dieser Bedingung sollten sich die Koeffizienten der Linearform f in der zu b'_i dualen Basis bestimmen lassen. Die Transformation 15.3 liefert

$$f(x) = f_k x^k = f_k (\bar{t}^k{}_i x'^i) = (\bar{t}^k{}_i f_k) x'^i. \tag{15.4}$$

Dies bedeutet, dass die Koeffizienten $\bar{t}^k{}_i$ die Umrechung der Koeffizienten von f_k in der zu b_i dualen Basis in Koeffizienten f'_i in der zu b'_i dualen Basis ermöglichen. Aus (15.4) kann man

$$\bar{t}^k{}_i f_k = f'_i \quad \Rightarrow \quad f_k = t^i{}_k f'_i$$

ablesen.

Man beachte, dass die Matrix t^i_k Vektoren von der Basis b_k in die Basis b'_i transformiert, aber auch Linearformen von der zu b'_i dualen Basis zur zu b_k dualen Basis. Die Transformation der Vektoren erfolgt also in der zur Transformation der Linearformen entgegengesetzen Richtung.

15.2 Kovariante und kontravariante Tensoren

Die Unterscheidung zwischen Linearformen und Vektoren und die zugehörige Notation mit oberen und unteren Indizes ermöglich jetzt, kompliziertere Abhängigkeiten auszudrücken. In diesem Abschnitt zeigen wir ein paar typische Beispiele.

15.2.1 Lineare Abbildungen

Eine lineare Abbildung zwischen Vektorräumen lässt sich in einer geeigneten Basis als Matrix A schreiben. Um die Summationskonvention auszunutzen, lässt sich eine solche Abbildung jetzt als $a^j_i\, x^i$ schreiben. In Matrixschreibweise würden wir dies als

$$\begin{pmatrix} a^1_1 & a^1_2 & \ldots & a^1_n \\ a^2_1 & a^2_2 & \ldots & a^2_n \\ \vdots & \vdots & \ddots & \vdots \\ a^n_1 & a^n_2 & \ldots & a^n_n \end{pmatrix} \begin{pmatrix} x^1 \\ x^2 \\ \vdots \\ x^n \end{pmatrix}$$

schreiben. Die Koeffizienten a^j_i sind Matrixelemente der Abbildungsmatrix.

Der untere Index von a^j_i bedeutet, dass das durch a beschriebene Objekt eine lineare Funktion eines Vektors ist. Der obere Index bedeutet, dass die Koordinaten eines Vektors als Wert der Funktion zurückgegeben wird.

Unter Basistransformationen müssen für Linearformen die Koeffizienten $\bar{t}^i_j$ verwendet werden, für Vektoren die Koeffizienten t^k_l. Für die a^j_i bedeutet dies, dass sie in der Basis b'_i die Form

$$a'^l_k = t^l_j\, a^j_i\, \bar{t}^i_k$$

annehmen. Dies ist die Koordinatentransformationsformel $A' = TAT^{-1}$ von Satz 6.17 in neuer Notation.

15.2.2 Verallgemeinertes Skalarprodukt

Ein verallgemeinertes Skalarprodukt (siehe Abschnitt 7.6) auf einem Vektorraum V ist eine bilineare Abbildung $V \times V \to \Bbbk$. Wir verwenden hier wieder die Notation $\langle\ ,\ \rangle$ aus Definition 7.29. Das Skalarprodukt kann in einer Basis mit der Gram-Matrix (Definition 7.27) beschrieben werden, deren Einträge die Skalarprodukte der Basisvektoren sind. Wir schreiben

$$g_{ik} = \langle b_i, b_k \rangle$$

für die Einträge der Gram-Matrix. Das Skalarprodukt zweier Vektoren mit den Koordinaten x^i und y^k ist dann

$$\langle x, y \rangle = g_{ik}\, x^i\, y^k,$$

wobei gemäß der Summationskonvention über i und k summiert werden muss.

Die Vektoren x und y können aber auch in der Basis b_i' geschrieben werden. Dabei ändert sich der Wert des Skalarproduktes nicht:

$$\langle x, y \rangle = g_{ik}\, x^i\, y^k = g_{ik}\, (\bar{t}_l^i\, x'^l)\, (\bar{t}_r^k\, x'^r) = (g_{ik}\, \bar{t}_l^i\, \bar{t}_r^k)\, x'^l\, x'^r.$$

Die Koeffizienten

$$g_{lr}' = g_{ik}\, \bar{t}_l^i\, \bar{t}_r^k$$

sind also die Einträge der Gram-Matrix in der Basis b_i'. Die beiden Indizes von g_{ik} verhalten sich also bei Koordinatentransformation genau so, wie man dies von einem unteren Index erwartet. Dies ist nicht weiter überraschend, stehen doch beide Indizes dafür, dass g eine lineare Funktion beider Vektoren oder eine bilineare Funktion ist.

Die Koeffizienten g_{ik} haben weitere Eigenschaften, die sich nicht im Transformationsverhalten niederschlagen und separat gefordert werden müssen, wenn sie ein Skalarprodukt definieren sollen. Zum Beispiel muss ein Skalarprodukt symmetrisch sein, was zur Forderung $g_{ik} = g_{ki}$ $\forall i, k$ führt. Außerdem muss die aus den g_{ik} gebildete Matrix positiv definit sein, damit $\langle x, x \rangle > 0$ für $x \neq 0$ ist.

15.2.3 Tensoren beliebiger Stufe

Die Beispiele der Abschnitte 15.2.1 und 15.2.2 zeigen, dass sich Objekte, die früher durch Matrizen darstellen ließen, mit den Erkenntnissen dieses Kapitels sich neu durch eine Datenstruktur mit zwei Indizes wiedergeben lassen, die sich aber bei Koordinatentransformation verschieden verhalten.

Definition 15.3. *Ein* Tensor *n-ter Stufe ist eine Datenstruktur mit n Indizes. Ein Index heißt* kovariant *und wird als unterer Index geschrieben, wenn für die Koordinatentransformation $\bar{t}_i^k$ verwendet wird. Er heißt* kontravariant *und wird als oberer Index geschrieben, wenn für die Koordinatentransformation t_i^k verwendet wird.*

Beispiel 15.4. Eine lineare Abbildung wird beschrieben durch einen Tensor zweiter Stufe mit einem kovariantem und einem kontravarianten Index. Die Gram-Matrix ist ein kovarianter Tensor zweiter Stufe.   ○

Tensoren verallgemeinern also die Idee der Matrix-Datenstruktur auf Fälle, in denen zwei Indizes nicht ausreichen. Der Preis für diese Verallgemeinerung ist, dass man einen Tensor nicht mehr in der üblichen Struktur einer rechteckigen Anordnung von Zahlen darstellen kann.

Beispiel 15.5. Das Kapitel wurde vom Beispiel einer linearen Abbildung eingeführt, die linear von einem Vektor x abhängt. Es wurde dort gezeigt, dass dazu eine Datenstruktur mit 3 Indizes nötig ist. Da die lineare Abbildung von den Komponenten x^i von x linear abhängen soll, braucht sie einen kovarianten Index i. Das Resultat ist eine lineare Abbildung, als ein Tensor zweiter Stufe mit einem kovarianten und einem kovarianten Index. Wir können sie daher als a^k_{ji} schreiben. Die lineare Abbildung hat dann die Matrixelemente $a^k_{ji}\, x^i$, man beachte, dass über den Index i summiert wird, aber die beiden Indizes k und j frei sind. Will man die lineare Abbildung auf einen Vektor v mit den Koordinaten v^j

anwenden, ergibt sich ein Bildvektor mit den Koordinaten $a^k{}_{ji} x^i v^j$. Hier wird über i und j summiert, k ist frei. ○

Beispiel 15.6. Die Determinante einer $n \times n$-Matrix A mit den Spaltenvektoren $a_{:1}, a_{:2}, \ldots,$ $a_{:n}$ ist eine lineare Funktion der n Spaltenvektoren $a_{:k}$ mit den Koordinaten $a^i_{:k}$. Sie muss sich also durch Koeffizienten $\varepsilon_{i_1 \ldots i_n}$ beschreiben lassen, so dass

$$\det A = \varepsilon_{i_1 \ldots i_n} a^{i_1}_{:1} a^{i_2}_{:2} \ldots a^{i_n}_{:n}.$$

Für eine 3×3-Matrix mit den Spalten u, v und w bedeutet dies

$$\det(u, v, w) = \begin{vmatrix} u & v & w \end{vmatrix} = \begin{vmatrix} u^1 & v^1 & w^1 \\ u^2 & v^2 & w^2 \\ u^3 & v^3 & w^3 \end{vmatrix} = \varepsilon_{ijk} u^i v^j w^k.$$

Aus der Sarrus-Formel

$$\det(u, v, w) = u^1 v^2 w^3 + v^1 w^2 u^3 + w^1 u^2 v^3 - u^3 v^2 w^1 - v^3 w^2 u^1 - w^3 u^2 v^1$$

kann man jetzt ablesen, dass

$$\varepsilon_{123} = \varepsilon_{231} = \varepsilon_{312} = 1$$
$$\varepsilon_{321} = \varepsilon_{132} = \varepsilon_{213} = -1$$
$$\varepsilon_{ijk} = 0 \quad \text{in allen anderen Fällen.}$$

○

Beispiel 15.7. In der riemannschen Geometrie wird die Krümmung eines Raumes mit Hilfe der folgenden Idee definiert. Man geht davon aus, dass es ein Konzept des Paralleltransports eines Vektors entlang einer Kurve gibt. Zwei Richtungsvektoren x und y definieren dann ein kleines Parallelogramm, entlang dessen Rändern man einen dritten Vektor v transportieren kann. Zum Beispiel könnte man auf der Erdoberfläche einen Vektor entlang des Äquators oder entlang eines Längenkreises transportieren. In einer Ebene ist der Paralleltransport unabhängig vom Weg. Auf einer Kugeloberfläche bewirkt der Transport eines Vektors entlang von Großkreisen aber, dass sich der Vektor am Ende des Transports gegenüber dem Ausgangsvektor verändert hat.

Aus dieser Idee wird der riemannsche Krümmungstensor konstruiert. Zu zwei Richtungsvektoren muss er eine lineare Abbildung liefern, die den Ausgangsvektor in den transportierten Vektor abbildet. Je größer man die Richtungsvektoren macht, desto größer wird auch die Änderung der Richtung des transportierten Vektors sein. Der Krümmungstensor braucht also zwei kovariante Indizes für die beiden Richtungsvektoren. Der Krümmungstensor berechnet daraus eine lineare Abbildung, also einen Tensor mit einem kovarianten und einem kontravarianten Index. Er muss daher die Struktur $R^i{}_{jkl}$ haben.

Die Abbildungsmatrix, die den Vektor v auf den transportierten Vektor abbildet, ist $R^i{}_{jkl} x^k y^l$. Über die beiden Indizes k und l wird summiert, aber der kontravariante Index i und der kovariante Index j sind frei. Das Bild des Vektors v hat die Koordinaten $R^i{}_{jkl} x^k y^l v^k$. Nur der kontravariante Index i ist frei, über die anderen wird summiert. ○

15.3   Tensorprodukt und Kroneckerprodukt

Die Tensornotation ermöglicht, kompliziertere multilineare Abhängigkeiten auszudrücken. Die vielen Indizes der Tensornotation sind manchmal etwas verwirrend. Die Indizes sind zwar nützlich, um Rechnungen anzustellen, aber die Notation kann auch die Abhängigkeiten verschleiern. Daher haben wir in Kapitel 3 eine Notation für Vektoren und Matrizen verwendet, die unabhängig ist von der Basis und daher ohne Indizes auskommt. Wir suchen eine ähnliche, eher konzeptionelle Notation für Tensoren.

15.3.1   Indexfreie Notation

Um zu einer indexfreien Notation für Tensoren zu kommen, betrachten wir nochmals das verallgemeinerte Skalarprodukt mit den Koeffizienten g_{ik}. Das Skalarprodukt der Vektoren x mit Koeffizienten x^i und y mit Koeffizienten y^k hat den Wert

$$g_{ik}x^i y^k. \tag{15.5}$$

Offenbar braucht man dazu nur die $m \times l$-Produkte $x^i y^k$, die einzelnen Komponenten werden nicht genötigt. Man könnte sich diese Produkte zwar als Einträge in einer Matrix vorstellen, das bringt uns aber nicht weiter. Das Skalarprodukt (15.5) hängt linear von den Produkten ab, man sollte sich diese Produkte eher als eine neue Art von Vektor vorstellen. Wir schreiben $x \otimes y$ für den zweifach kontravarianten Tensor mit Koeffizienten $x^i y^k$.

Definition 15.8 (Tensorprodukt). *Das* Tensorprodukt $x \otimes y$ *von Vektoren* $x \in U$ *und* $y \in Y$ *mit Koeffizienten* x^i *bzw.* y^k *ist der zweifach kontravariante Tensor mit Koeffizienten* $x^i y^k$.

Seien U und V die Vektorräume, aus denen die Vektoren x und y stammen. Wir bezeichnen den Vektorraum

$$U \otimes V = \langle x \otimes y \mid x \in U \wedge y \in V \rangle,$$

der von allen Tensorprodukten $x \otimes y$ erzeugt wird, mit $U \otimes V$. Das Skalarprodukt ist dann eine Linearform

$$U \otimes V \to \mathbb{R} : x \otimes y \mapsto g_{ik}x^i y^k.$$

Das Tensorprodukt macht also aus dem bilinearen Skalarprodukt eine lineare Abbildung $U \otimes V \to \mathbb{R}$.

Haben wir in U die Basis e_i und in V die Basis f_k, dann können wir $x = x^i e_i$ und $y = y^k f_k$. Wegen

$$x \otimes y = x^i y^k (e_i \otimes f_k)$$

hat das Tensorprodukt $U \times V$ die Basis aus den Tensorprodukten $e_i \otimes f_k$ der Basisvektoren.

15.3.2   Tensorprodukt

Wir betrachten jetzt lineare Abbildungen $f \colon U \to M$ und $g \colon V \to N$. Die Bilder der linearen Abbildungen sind Vektoren in zwei Vektorräumen M und N. Für $x \in U$ und $y \in V$ können wir das Tensorprodukt

$$f(x) \otimes g(y) \in M \otimes N \tag{15.6}$$

bilden. Das Produkt (15.6) ist sowohl linear in x wie auch in y, es ist also bilinear. Wie beim Skalarprodukt im vorangegangenen Abschnitt muss es also wieder möglich sein, eine lineare Abbildung

$$f \otimes g : U \otimes V \to M \otimes N$$

zu konstruieren.

Für konkrete Berechnungen müssen wir wieder Basen verwenden. Sei also $e_i \in U$ eine Basis von U, $f_k \in V$ eine von V, daraus konstruieren wir die Basis $e_i \otimes f_k$ in $U \otimes V$. Wir brauchen aber auch Basen im Bildraum, seien also $m_j \in M$ bzw. $n_l \in N$ Basisvektoren für M bzw. N. Dann hat das Tensorprodukt $M \otimes N$ die Basis $m_j \otimes n_l$.

Seien jetzt a_i^j die Koeffizienten der Matrix, die zur linearen Abbildung f gehört, und b_k^l die Koeffizienten der Matrix, die zu g gehört. Dann ist

$$f(x) \otimes g(y) = (f \otimes g)(x \otimes y) = a_i^j x^i b_k^l y^k (m_j \otimes n_l)$$

die lineare Abbildung $f \times g$ hat also die Koffizienten $a_i^j b_k^l$, wenn in $U \otimes V$ die Basis $e_i \otimes f_k$ und in $M \otimes N$ die Basis $m_j \otimes n_l$ verwendet wird.

15.3.3 Kroneckerprodukt von Matrizen

Mit der Tensorproduktnotation lassen sich jetzt Tensoren übersichtlicher verstehen, aber für Berechnungen müssen wird trotzdem wieder Indizes verwenden. Die Vertrautheit mit Matrizen und dem Matrizenprodukt macht es auch einfacher, sich eine lineare Abbildung vorzustellen, wenn man sie als Matrix schreiben kann.

Wir wählen $U = \mathbb{R}^n$ und $M = \mathbb{R}^m$ und A die $m \times n$-Matrix, die die lineare Abbildung $U \to M$ beschreibt. Weiter sei $V = \mathbb{R}^p$ und $N = \mathbb{R}^r$ und B die $r \times p$-Matrix, die die lineare Abbildung $V \to N$ beschreibt. Wir suchen jetzt eine Basis für das Tensorprodukt der beiden linearen Abbildungen. Dazu muss man sich auf eine Basis in $U \otimes V$ und in $M \otimes N$ festlegen. Wir sortieren dazu die Basisvektoren von $U \otimes V$, die durch Tensorprodukte aus den Basen von U und V entstehen in lexikographischer Reihenfolge, also

$$e_1 \otimes f_1, e_1 \otimes f_2, \ldots, e_1 \otimes f_r, e_2 \otimes f_1, e_2 \otimes f_2, \ldots, e_2 \otimes f_r, \ldots, e_n \otimes f_1, e_n \otimes f_2, \ldots e_n \otimes f_r.$$

Dieselbe Reihenfolge verwenden wir auch für die Basisvektoren $m_j \otimes n_l$ in $M \otimes N$. Dann können wir $A \otimes B$ als Matrix schreiben:

$$
\begin{pmatrix}
a_{11}b_{11} & a_{11}b_{12} & \cdots & a_{11}b_{1p} & a_{12}b_{11} & a_{12}b_{12} & \cdots & a_{12}b_{1p} & \cdots & a_{1n}b_{11} & a_{1n}b_{12} & \cdots & a_{1n}b_{1p} \\
a_{11}b_{21} & a_{11}b_{22} & \cdots & a_{11}b_{2p} & a_{12}b_{21} & a_{12}b_{22} & \cdots & a_{12}b_{2p} & \cdots & a_{1n}b_{21} & a_{1n}b_{22} & \cdots & a_{1n}b_{2p} \\
 & & & & & & & & & & & & \\
a_{11}b_{r1} & a_{11}b_{r2} & \cdots & a_{11}b_{rp} & a_{12}b_{r1} & a_{12}b_{r2} & \cdots & a_{12}b_{rp} & \cdots & a_{1n}b_{r1} & a_{1n}b_{r2} & \cdots & a_{1n}b_{rp} \\
a_{21}b_{11} & a_{21}b_{12} & \cdots & a_{21}b_{1p} & a_{22}b_{11} & a_{22}b_{12} & \cdots & a_{22}b_{1p} & \cdots & a_{2n}b_{11} & a_{2n}b_{12} & \cdots & a_{2n}b_{1p} \\
a_{21}b_{21} & a_{21}b_{22} & \cdots & a_{21}b_{2p} & a_{22}b_{21} & a_{22}b_{22} & \cdots & a_{22}b_{2p} & \cdots & a_{2n}b_{21} & a_{2n}b_{22} & \cdots & a_{2n}b_{2p} \\
 & & & & & & & & & & & & \\
a_{21}b_{r1} & a_{21}b_{r2} & \cdots & a_{21}b_{rp} & a_{22}b_{r1} & a_{22}b_{r2} & \cdots & a_{22}b_{rp} & \cdots & a_{2n}b_{r1} & a_{2n}b_{r2} & \cdots & a_{2n}b_{rp} \\
 & & & & & & & & & & & & \\
a_{m1}b_{11} & a_{m1}b_{12} & \cdots & a_{m1}b_{1p} & a_{m2}b_{11} & a_{m2}b_{12} & \cdots & a_{m2}b_{1p} & \cdots & a_{mn}b_{11} & a_{mn}b_{12} & \cdots & a_{mn}b_{1p} \\
a_{m1}b_{21} & a_{m1}b_{22} & \cdots & a_{m1}b_{2p} & a_{m2}b_{21} & a_{m2}b_{22} & \cdots & a_{m2}b_{2p} & \cdots & a_{mn}b_{21} & a_{mn}b_{22} & \cdots & a_{mn}b_{2p} \\
 & & & & & & & & & & & & \\
a_{m1}b_{r1} & a_{m1}b_{r2} & \cdots & a_{m1}b_{rp} & a_{m2}b_{r1} & a_{m2}b_{r2} & \cdots & a_{m2}b_{rp} & \cdots & a_{mn}b_{r1} & a_{mn}b_{r2} & \cdots & a_{mn}b_{rp}
\end{pmatrix}.
$$

Man kann daraus auch ablesen, dass $A \otimes B$ eine Matrix aus $r \times p$-Blöcken ist, die jeweils mit einem Vielfachen der Matrix B gefüllt sind.

Definition 15.9 (Kronecker-Matrix). *Ist A eine $m \times n$-Matrix und B eine $r \times p$-Matrix, dann heißt die $mr \times np$-Matrix*

$$
A \otimes B =
\begin{pmatrix}
a_{11}B & a_{12}B & \cdots & a_{1n}B \\
a_{21}B & a_{22}B & \cdots & a_{2n}B \\
\vdots & & & \vdots \\
a_{m1}B & a_{m2}B & \cdots & a_{mn}B
\end{pmatrix},
$$

bestehend aus den Blöcken $a_{ik}B$, die Kronecker-Matrix.

Beispiel 15.10. Matlab und Octave realisieren das Kronecker-Produkt mit der Funktion kron. Gegeben seien die Matrizen

$$
A = \begin{pmatrix} 0.989346 & 0.148466 & 0.645287 \\ 0.318682 & 0.509373 & 0.040361 \end{pmatrix} \quad \text{und} \quad B = \begin{pmatrix} 1 & 0 \\ 0 & 1 \\ 0 & 0 \end{pmatrix}.
$$

Octave berechnet das Kronecker-Produkt $A \otimes B$ als

```
octave:7> kron(A,B)
ans =
```

0.9893	0	0.1485	0	0.6453	0
0	0.9893	0	0.1485	0	0.6453
0	0	0	0	0	0
0.3187	0	0.5094	0	0.0404	0
0	0.3187	0	0.5094	0	0.0404
0	0	0	0	0	0

In den grauen Blöcken kann man jeweils eine Kopie von *B* erkennen, die mit einem Koeffizienten aus *A* multipliziert worden ist. ○

Literatur

[1] André-Marie Ampére. *Théorie mathématique des phénomènes électro-dynamiques uniquement déduite de l'expérience*. A. Hermann, Librarie scientifique, 1826.

[2] *Anki*. Aug. 2022. URL: https://apps.ankiweb.net/.

[3] Christian Blatter. *Wavelets – Eine Einführung*. Advanced Lectures in Mathematics. Vieweg, 2003. ISBN: 978-3-528-16947-3. DOI: 10.1007/978-3-663-11817-6.

[4] Sergey Brin und Lawrence Page. "The anatomy of a large-scale hypertextual Web search engine". In: *Computer Networks and ISDN Systems* 30.1 (1998). Proceedings of the Seventh International World Wide Web Conference, S. 107–117. ISSN: 0169-7552. DOI: 10.1016/S0169-7552(98)00110-X. URL: http://www.sciencedirect.com/science/article/pii/S016975529800110X.

[5] Richard A. Brualdi. *The mutually beneficial relationships of graphs and matrices*. Englisch. CBMS Regionals conference series in mathematics 115. American Mathematical Society, 2011. ISBN: 978-0-8218-5315-3.

[6] Gabriel Cramer. *Introduction à l'analyse des lignes courbe algébriques*. 1750. URL: http://books.google.com/books?id=HzcVAAAAQAAJ.

[7] Leonhard Euler. "De motu corporum circa punctum fixum mobilium". In: (1862). URL: http://eulerarchive.maa.org//docs/originals/E825.pdf.

[8] *Flexible Image Transport System*. Juli 2023. URL: https://fits.gsfc.nasa.gov/.

[9] Peter Henrici. *Essentials of Numerical Analysis*. Englisch. John Wiley & und Sons, Inc., 1982. ISBN: 0-471-05904-8.

[10] Carl Gustav Jacob Jacobi. "Über ein leichtes Verfahren, die in der Theorie der Säkularstörungen vorkommenden Gleichungen numerisch aufzlösen". In: *Crelle's Journal* 30 (1846), S. 51–94.

[11] David Kincaid und Ward Cheney. *Numerical Analysis*. Englisch. Bd. 2. American Mathematical Society, 2002. ISBN: 978-8-8218-4788-6.

[12] Gustav Robert Kirchhoff. "Über den Durchgang eines elektrischen Stromes durch eine Ebene, insbesondere durch eine kreisförmige". In: *Annalen der Physik und Chemie* 64 (1845), S. 497–514.

© Der/die Herausgeber bzw. der/die Autor(en), exklusiv lizenziert an Springer-Verlag GmbH, DE, ein Teil von Springer Nature 2023
A. Müller, *Lineare Algebra: Eine anwendungsorientierte Einführung*,
https://doi.org/10.1007/978-3-662-67866-4

[13] Gustav Robert Kirchhoff. "Über die Auflösung der Gleichungen, auf welche man bei der Untersuchung der linearen Vertheilung Galvanischer Ströme geführt wird". In: *Annalen der Physik und Chemie* 72 (1847), S. 497–508.

[14] *LAPACK - Linear Algebra PACKage*. Juli 2022. URL: https://netlib.org/lapack/.

[15] Pierre-Simon Laplace. *Traité de mécanique céleste*. 1799 – 1823.

[16] Masaccio. *Geschichte vom Zinsgroschen, Brancacci-Kapelle*. 1425. URL: https://de.wikipedia.org/wiki/Masaccio#/media/Datei:Masaccio7.jpg.

[17] *Multi-Scale Robotics Lab - ETH Zurich*. Juli 2023. URL: https://youtu.be/UsyK2-vN104.

[18] Bogdan Nica. *A brief introduction to spectral graph theory*. Englisch. Textbooks in Mathematics. European Mathematical Society, 2018. ISBN: 978-3-03719-188-0. DOI: 10.4171/188.

[19] *OctoMag: An Electromagnetic System for 5-DOF Wireless Micromanipulation*. Juli 2023. URL: https://youtu.be/ocE3MjF77Wk.

[20] *OpenCV*. Aug. 2022. URL: https://opencv.org/.

[21] Oskar Perron. *Die Lehre von den Kettenbrüchen*. 3. Auflage. Teubner Verlag, 1954.

[22] *Persistence of Vision Raytracer*. Jan. 2023. URL: http://www.povray.org/.

[23] *Refractive index database*. Juli 2023. URL: https://refractiveindex.info.

[24] Warren Smith. *Modern optical engineering: The design of optical systems*. 4th edition. McGraw-Hill, 2008. ISBN: 978-0-07-147687-4.

[25] *TOP500*. Aug. 2022. URL: https://www.top500.org.

[26] Utagawa Toyoharu. *Die Theater von Sakai-Chō*. 1780. URL: https://www.metmuseum.org/art/collection/search/36669.

[27] David S. Watkins. *Fundamentals of Matrix computations*. John Wiley & Sons, Inc., 2010. ISBN: 978-0-470-52833-4.

[28] *Working with Quaternions*. Juli 2023. URL: https://developer.apple.com/documentation/accelerate/working_with_quaternions.

[29] *YULLBE*. Aug. 2022. URL: https://yullbe.com/.

Index

⇔, 14
∃, 14
∀, 14
¬, 14
⊕, 656
⊗, 736
∨, 14
∧, 14
16-QAM, 500

0, 17
1, 17

∀, 14
Abbildung, 15
    linear, 268
Abbildungsmatrix, 269
abelsch, 20
Abstand
    allgemein, 445
    Punkt–Ebene, 440
    Punkt–Gerade, 439
Abstandsformel, allgemeine, 445
Achromat, 7, 127
AD-Converter, 383
Addition, 17
    Polynome, 205
Adjazenzmatrix, 684
    gerichtet, 688
Adjunktion, 226, 246
ADSL, 501
affin, 3, 255
affine Abbildung, 268
afokal, 158
Airbag, 456
Algebra, 20
    geometrische, 460

Lie-, 477
    Matrizen-, 100
algebraisch, 220
algebraisch abgeschlossen, 223
algebraische Topologie, 112
algebraische Vielfachheit, 221
Algorithmus
    euklidisch, 7, 132, 211
    Gauß, 33
    Gram-Schmidt-, 329
    Jacobi-Transformations-, 574
    Potenzmethode, 571
    QR-, 612
    von Strassen, 551
Aliasing, 386
allgemeine lineare Gruppe, 105
Allquantor, 14
Alphabet
    griechisch, 12
alternierende Gruppe, 176
Amplitudenmodulation, 495
A_n, 176
Analog-Digital-Wandler, 383
Anki, 21
Antenne, 484
antihermitesch, 479
Apple, 456
Approximation, 7, 141, 150, 259, 402, 420, 648
äquatoriale Montierung, 369
äquivalent, 14
Arthur Cayley, 668
assoziativ, 17, 20, 174, 471
Assoziativgesetz, 78
Astrophotographie, 8, 376
asynchron, 507

© Der/die Herausgeber bzw. der/die Autor(en), exklusiv lizenziert an
Springer-Verlag GmbH, DE, ein Teil von Springer Nature 2023
A. Müller, *Lineare Algebra: Eine anwendungsorientierte Einführung*,
https://doi.org/10.1007/978-3-662-67866-4

Atomuhr, 512
aufgespannter Raum, 81
Aufrechtbildkamera, 8, 301
Ausgangsgröße, 644
Ausgangsvektor, 644
Ausklammern, 78
Auslöschung, 47, 240, 332, 614
Ausmultiplizieren, 78
Austrittspupille, 158

Bandpassfilter, 64
Basel-Problem, 341
Basis, 82, 263
    dual, 732
    orientiert, 413
    orthogonal, 326
    orthonormiert, 326
Basistransformationsmatrix, 272
Basiswechsel
    Abbildung, 272
Battisterio di San Giovanni, 525
Bayer-Matrix, 309
Belichtungszeit, 376
beobachtbar, 646, 648
Beobachtbarkeitsmatrix, 647
Bernoulli, Jakob, 341
Berührpunkt, 353
Beschleunigungsensor, 456
Beschleunigungssensor, 9, 10, 302, 456
Bestückung, 377
Betrag, 222
Betrag, einer komplexen Zahl, 106
Bewegung, 332
Bewegungszustand, 455
bijektiv, 15, 103, 189, 205, 264
Bild, 15, 465
    eines Homomorphismus, 473
Bildbereich, 15
Bilddrehung, 8
Bildpunkt, 526
Bildregistrierung, 8, 376
Binet-Formel, 10, 584
BLAS, 1, 41
Braunschweig, 34
Brechungsgesetz von Snellius, 119
Brechungszahl, 119

Breitenkreis, 370
Brennweite, 125, 370, 380, 532
Brunelleschi, Filippo, 525

$\mathbb{C}$, 18
C-QUAM, 496
Calzium-Fluorit, 126
Camille Marie Ennemond Jordan, 666
Carl Gustav Jacob Jacobi, 575
Cauchy-Schwarz-Ungleichung, 347
Cayley, Arthur, 668
Cayley-Hamilton, Satz von, 664, 669
CCITT-2, 505
CD, 504
Ceres, 34
Cholesky-Zerlegung, 349, 608
chromatische Zahl, 690
CMOS-Sensor, 129
Code, 505
    fehlerkorrigierend, 502
    Hamming-, 509
    linear, 510
Codewörter, 505
Conway, John, 156
CPU, 307
CR-Zerlegung, 628
Cramer, Gabriel, 194
cramersche Regel, 194
Cross-QAM, 500

∂, 111, 112
DAC, 383
Dämpfung, 11, 587, 672
    kritische, 11, 679
Datenübertragung, 502
Definition, 19
Definitionsbereich, 15
Deklination, 370
Demodulation, 490
$\det A$, 162
Detektorradio, 484
Determinante, 3, 162, 178
deutsche Montierung, 370
$\mathrm{diag}(a_{11}, \ldots, a_{nn})$, 99
Diagonalform, 665
Diagonalisierung, 5, 558, 582, 672

Diagonalmatrix, 99
Differentialgeometrie, 34
Differentialgleichung, 586, 672
Differenzengleichung, 10, 581
    homogen, 582
diffuse Reflexion, 366
Digital-Analog-Wandler, 383
Digitaltechnik, 504
Dimension, 84, 265
direkte Summe, 656
Diskriminante, 161
Dispersion, 126
Distributivgesetz, 17, 78, 100
Division von Quaternionen, 459
doppelbrechend, 419
Dot-Produkt, 320
Drehmatrix, 107, 232, 270, 305, 562, 577, 619
Drehmatrix einer Kamera, 539
Drehung, 8, 377
Dreieck
    Flächeninhalt, 417
Dreiecksmatrix, 99
Dreiecksungleichung, 348, 710
    verallgemeinert, 711
Drucksensor, 456
duale Basis, 732
Dungeons and Dragons, 691
DVB-T, 500
DVD, 504
dünne Linse, 125

$\exists$, 14
Ebene, 3, 255
    durch drei Punkte, 285
    Durchstoßpunkt, 288
    Matrixform, 285
    Parameterdarstellung, 284
    Schnittgerade, 290
Ebenengleichung, 284
eckige Klammern, 13
Edge, 684
Eigenraum, 553
    verallgemeinert, 663
Eigenvektor, 5, 553, 661, 696
Eigenwert, 5, 553, 661

Einermatrix, 110
Einfärbung, 690
Einheit, imaginär, 2
Einheitsmatrix, 98, 178
Einheitsquaternion, 458
Einheitsvektor, 318
Einheitswurzel, 233
    primitiv, 233
Eins, 17, 20
Einstein-Summationskonvention, 731
$\mathcal{E}_\lambda(A)$, 667
$E_\lambda(A)$, 553
elastisch, 349
Elastizitätstheorie, 1
Elektrodynamik, 1
elektromagnetisches Feld, 484
Element
    entgegengesetzt, 17
    inverses, 17, 174, 471
    neutrales, 17, 174, 471
endlichdimensional, 84
endlicher Körper, 132, 246
Endpunkt, 684
Energie
    kinetisch, 349
    potentiell, 349
Energiewende, 9, 445
entgegengesetztes Element, 17
Entwicklungssatz, 179, 182
Erdachse, 370
Erwartungswert, 697
Erweiterungskörper, 221
es existiert, 14
es gibt, 14
Ethernet, 502
euklidischer Algorithmus, 7, 132
    für Polynome, 211
euklidischer Ring, 215
Euler, Leonhard, 341
Euler-Winkel, 341
eulersche Formel, 552
Existenzquantor, 14
Experiment von Wu, 414
Exponentialfunktion, 481, 551

Faltung, 206

Farbfernsehen, 497
Farbraum
    RGB-, 308
    YUV-, 309, 497
Farbraumumrechnung, 309
Farbträger, 498
Fast Fourier Transform, 394
Feder, 587, 591, 672
Federgesetz, 587, 672
Federkette, 10, 590
Federkonstante, 587, 591
Federwaage, 11, 672
Fehlerkorrektur, 508
fehlerkorrigierender Code, 9, 502
Fehlerlokalisierung, 507
Feldspat, 420
Fernglas, 129
FFT, 394
Fibonacci-Zahlen, 10, 151, 549, 582
Filter, 376, 495
Fisch, 164
FITS, 535, 536
Flächeninhalt, 415
    Dreieck, 417
    orientiert, 417
Flexible Image Transport System, 536
Fließgleichgewicht, 716
Flintglas, 127
Florenz, 525
Flugzeug, 10, 520
Flächeninhalt, 5
Fourier-Theorie, 345
Fourier-Transformation, 7, 8, 382
$\mathbb{F}_p$, 7, 131
$\mathbb{F}_{p^l}$, 7, 246
Frequency-Shift-Keying, 498
Frequenzmodulation, 497
Frobenius, Georg, 710
Frobenius-Norm, 108
FSK, 498
Fundamentalsatz der Algebra, 34
Fundamentalssatz der Algebra, 18
Funktionenraum, 345
für alle, 14

$\mathscr{G}(f)$, 16

Galileo (GNSS), 511
ganze Zahl, 14
Gauß, Carl Friedrich, 34
Gauß-Algorithmus, 723
Gauß-Matrix, 599
Gegenuhrzeigersinn, 411, 415
Gelfand, Israel, 703
Gelfand-Radius, 703
geographische Breite, 446
geographische Länge, 446
Geologie, 420
Geometrie
    innere, 34
    riemannsch, 735
    riemannsche, 34
geometrische Algebra, 460
geometrische Vielfachheit, 553
Georg Frobenius, 710
Gerade, 3, 255
    Graph, 274
    parallel, 283
    Parameterdarstellung, 276
    Punkt-Richtungs-Form, 276
    Schnittpunkt, 278
gerade Permutation, 176
Geradengleichung, 276
Geschwindigkeitsvektor, 276
Gesetz
    newtonsch, 591
    ohmsch, 117
    von Biot-Savart, 427
    von Lambert, 366
Gewicht, 11, 672
$\mathrm{ggT}(a, b)$, 132
Givens-Rotation, 615
Glanzlicht, 367
Gleichung
    homogene, 29
    inhomogene, 29
    Laplace-, 118
    linear, 24
Gleichungssystem
    linear, 3
    überbestimmtes, 354
$\mathrm{GL}_n(\mathbb{k})$, 105

Global Positioning System, 511
Globales Satellitennavigationssystem, 511
GLONASS, 511
GNSS, 511
goldenere Schnitt, 550
Google, 5
Google-Bombing, 713
Google-Matrix, 574, 718
Google-PageRank, 574
GPS, 9, 511
GPU, 307
Grad, 202
    eines algebraischen Elements, 220
    Knoten, 684
    Knotens, 160
    Rechenregeln, 203
Gradmatrix, 684
Gram, Jørgen Pederson, 327
Gram-Determinante, 435, 443
Gram-Matrix, 344, 442
Gram-Schmidt-Algorithmus, 329, 331, 597, 611
Gram-Schmidt-Prozess, *siehe* Orthonormalisierung
Graph, 16, 684
    beschriftet, 689
    gerichtet, 688
    gerichtet und beschriftet, 63
Graphentheorie, 341
    spektral, 690
Graphikeinheit, 307
Graßmann, Hermann, 428
Graßmann-Identität, 428
Grenzwertbegriff, 84
griechisches Alphabet, 12
größter gemeinsamer Teiler, 132
Gruppe, 5, 19, 20, 174, 470
    allgemeine lineare, 105
    alternierende, 176
    orthogonale, 471
    spezielle lineare, 192, 474
    spezielle orthogonale, 474
    spezielle unitäre, 472
    symmetrische, 172
    unitär, 472

Gummihammer, 579
Göttingen, 34

Hadamard-Produkt, 697
Halbwinkelformel, 576
Hall, Chester Moor, 127
Hamard-Produkt, 109
Hamilton, William Rowan, 456, 457
Hamming-Code, 9, 509
Hamming-Distanz, 505
harmonische Schwingung, 592
Helligkeit, 373
hermitesch, 343
hermitesche Konjugation, 95
hermitesche Matrix, 95
Herstellungstoleranzen, 369
hessesche Normalform, 322
Hilbert, David, 331
Himmelskugel, 369
homogene Gleichung, 29
homogene Koordinaten, 13, 534
    eines Weltpunktes, 540
Homologie, 112
Homomorphismus, 176, 177, 193, 472
hooksches Gesetz, 1, 587, 672
hyperbolisches Skalarprodukt, 469, 511

I, 98
IC443, 376, 378
Identität
    eulersche, 341, 591
    Graßmann-, 428
    Jacobi-, 433, 434, 477
Identät
    Jacobi-, 476
I_m, 98
imaginäre Einheit, 2
Imaginärteil einer Quaternion, 457
In-phase-Komponente, 486
Induktion, vollständige, 15, 186, 243, 567, 685, 696, 711
inhomogene Gleichung, 29
injektiv, 15, 103, 654, 656
innere Geometrie, 34
Internet, 7, 713
Internet-Gauß-Calculator, 21

Interpolation, 236
Invariante, 5, 468
invariante Teilmenge, 172
invarianter Unterraum, 651, 655
invers, 471
Inverse, 103
inverse Matrix, 103, 104
inverses Element, 7, 17
Involution, 336
involutiv, 336
Inzidenz, 277, 285
Inzidenzmatrix, 112
irreduzibel, 225

$\mathcal{J}(A)$, 654
Jacobi, Carl Gustav Jacob, 575
Jacobi-Identität, 433, 434, 476, 477
Jacobi-Transformationsalgorithmus, 574
James Joseph Sylvester, 157
$\mathcal{J}^i(A)$, 651
Jordan, Camille Marie Ennemond, 666
Jordan-Block, 667
Jordan-Matrix, 668
Jordan-Normalform, 5, 666
Jørgen Pederson Gram, 327

$\Bbbk$, 18
k-fache Nullstelle, 221
$\mathcal{K}(A)$, 654
Kalibrationsmatrix, 371
Kalibrierung, 8, 369
Kalibrierungsaufgabe, 369
Kalkspat, 419, 420
Kalman-Filter, 108
Kalzit, 419
Kamera, 526
Kameramatrix, 538
Kameraprojektionsmatrix, 540
Kamerazentrum, 529
Kante, 63, 684
        gerichtet, 688
Kapital, 720
kartesisches Produkt, 14
Kepler-Teleskop, 158
Kern, 176, 463
        eines Homomorphismus, 473

Kettenbruch, 7
        regulär, 142
kgV, 173
$\mathcal{K}^i(A)$, 651
KiCAD, 64
kinetische Energie, 349
Kirchhoff, Gustav Robert, 6, 63
kirchhoffsches Gesetz
        1., 65
        2., 66
Kissenverzerrung, 526
kleinste Quadrate, 356
kleinsten Quadrate, Methode der, 8
kleinstes gemeinsames Vielfaches, 173
Knoten, 63, 684
Knotenregel, 65
Kobalt, 413
Koeffizient, 24
Kofaktoren, 196
kommutativ, 17
Kommutativgesetz, 78
Kommutator, 432, 475
komplex konjugiert, 106
komplex konjugierte Quaternion, 458
komplexe Konjugation, 222
komplexe Zahlen, 101
Konjugation
        komplexe, 222
        Quaternion, 458
konjugiert, 222
konjugiert, komplex, 106
Konstellation, 500, 511
Kontinuumsmechanik, 341
kontravariant, 734
Koordinaten, 83
Koordinaten in Orthonormalbasis, 327
Koordinaten, homogen, 534
Koordinatensystem
        körperfest, 349
Kopfhöhrer, 383
Körper, 17
        endlich, 132, 246
Körpererweiterung, 221
Korrektor, 372
kovariant, 734

Kraft
ampèresche, 427
Kreis, 350
Tangente, 352
Kreiselsensor, 9, 10, 456
Kreuzprodukt, 5
kritische Dämpfung, 679
Kronecker-δ, 98
Kronecker-Matrix, 738
Kronecker-Symbol, 98
Kronglas, 127
Krümmungstensor, 735
Kryptographie, 7
Krümmung, gaußsche, 34
Kugel, 350
Tangentialebene, 352
Kurve, 477
Körper, 20
körperfestes Koordinatensystem, 349

$l(x)$, 239
Lambertsches Gesetz, 366
Landesvermessung, 34
Länge, 318
Langzeitbelichtung, 370
LAPACK, 1, 41
Laplace, Pierre-Simon, 179
Laplace-Gleichung, 118
Laplace-Operator, 118, 684
Lautsprecher, 383, 456
Leibniz, Gottfried Wilhelm, 1
Leiterplatte, 377
Leitkoeffizient, 202
Leitstern, 370, 379
Leitteleskop, 370
$l_i(x)$, 239
Lie, Sophus, 476
Lie-Algebra, 434, 477
der Gruppe $SL_n(\mathbb{R})$, 480
Lie-Klammer, 434, 477
linear
Differenzengleichung, 582
linear abhängig, 3, 76, 79, 261
linear unabhängig, 58, 261
lineare Abbildung, 268
lineare Gleichung, 24

linearer Code, 510
lineares Gleichungssystem, 3
Linearfaktor, 221, 664
Linearform, 27
Linearkombination, 76
Linkmatrix, 715
LINPACK, 2
Linse, 7
dünn, 125
Linsengleichung, 7, 126
Lissajous-Figur, 486
Logik, 14
Lorentz-Kraft, 427
Lorentz-Transformation, 470
Lösungstrichotomie, 30
LU-Zerlegung, 601
Luminanz, 497
Länge, 685
Lösbarkeitsaxiom, 261
Lösungsmenge
eines linearen Gleichungssystems, 55

Machine Learning, 2
Malerei, 525
Markov-Eigenschaft, 695
Markov-Kette, 5, 694
Masaccio, 525
Masche, 66
Maschenregel, 66
Maske, 507
Massepunkt, 586
Mathematisches Forschungsinstitut Oberwolfach, 331, 708, 710
Mathologer, 156
Matrix, 3, 87
hermitesch, 95
inverse, 104
Kronecker, 738
nichtnegativ, 5, 698
orthogonale, 333
positiv, 5, 698
primitiv, 712
Sylvester-, 212
symmetrisch, 94
transponiert, 13, 94
unital, 601

unitär, 472
Matrixelemente in Orthonormalbasis, 327
Matrixexponentialfunktion, 481, 551, 592
Matrixform der Ebenegleichung, 285
Matrixmultiplikation, 177
Matrixpotenz, 550, 651
Matrixzerlegung, 5, 597
Matrizenmechanik, 2
Maulwurf, 579
MEMS, 456
Méndez, Tabea, 301
Meridian, 370
Methode der kleinsten Quadrate, 8, 34, 512
Mikrofon, 383, 456
Mineral, 420
Minimalpolynom
    algebraisches Element, 225
    Matrix, 233
Minimalpolynom einer Matrix, 669
Minor, 180
Minordeterminante, 180
Minormatrix, 180
Mittelwellenradio, 495
Mobiltelefon, 9
modulare Arithmetik, 7
Modulation, 9, 486
Montierung, deutsch, 370
Montierung, äquatorial, 369
Morley's Miracle, 156
motion tracking, 10
Multiplikation, 17
Multiresolutionsanalyse, 404
Mutterwavelet, 396

$\mathbb{N}$, 14
Nachführkamera, 8
Nachführkamera, 370, 372
Nachführschnittstelle, 370
Nachführung, 370
natürliche Zahl, 14
Negation, 14
Netzliste, 64
Netzwerk, 6, 63, 112
neutral, 471
neutrales Element, 17, 20, 172
Newton, Isaac, 1, 586

Newton-Algorithmus, 512
newtonsches Gesetz, 586, 591
nichtnegative Matrix, 5, 698
nilpotent, 231, 651
Nilpotenzgrad, 231
N_n, 657
Norm, 345, 701
    Frobenius-, 108
    komplexer Vektorraum, 343
    Matrix, 701
    Quaternion, 458
    Vektor, 345
Normale, 321, 322
Normalenform, 322
Normalform, 5, 651
Normalform, reelle, 671
normiertes Polynom, 202
Null, 17
Nullmeridian, 446
Nullpolynom, 201
Nullraum, 464
Nullstelle, 220
Nullteiler, 131
Nullvektor, 74
Näherung
    paraxial, 118

$O(n)$, 471
obere Dreiecksmatrix, 99
Objektiv, 526
ODER-Verknüpfung, 14, 504
ohmsches Gesetz, 117
Okumura Masanobu, 526
Operator, 16
    Laplace-, 118
    Nabla-, 634
Optimalität der Pseudoinverse, 625
optische Dichte, 119
optisches System, 7, 118
Ordnung
    Differenzengleichung, 582
orientierte Basis, 413
orientierter Flächeninhalt, 417
Orientierung, 5, 414
origin, 260
origo, 260

orthogonal, 333
orthogonale Basis, 326
orthogonale Gruppe, 471
orthogonale Projektion, 315
Orthogonalkomponente, 324
Orthonormalbasis, 326
  Koordinaten, 327
  Matrixelemente, 327
Orthonormalisierung, 331
orthonormierte Basis, 326
Ortsvektor, 260
Oskar Perron, 708
Oszillator, 456
Oszilloskop, 486

PageRank, 5, 574
PAL, 497
palindromische Primzahl, 160
parallel, 283
Parallelkomponente, 324
Parallelogrammgleichung, 346
Paralleltransport, 735
Parameterdarstellung, 284
  Matrixform, 285
Parametrisierung, 8
paraxial, 7, 118
Parität, 506
Parrondo, Juan Manuel Rodriguez, 719
partikuläre Lösung, 93
Permutation, 172
Permutationsmatrix, 171
Perron, Oskar, 708
Perron-Frobenius-Theorie, 5
Pfad, 685
  gerichtet, 689
  geschlossen, 685
Pfeil, 260
Phase-Shift-Keying, 498
Phasenmodulation, 496
Phong, Bui Tuong, 367
Phong-Beleuchtungsmodell, 367
photorealistisch, 8
Photovoltaik, 445
Photovoltaikanlage, 9
Pivotdivision, 36
Pivotelement, 36, 579

Pivotproduktformel, 168
Polachse, 370
Polarisationsformel, 347
Polynom, 3, 201
  Addition, 202, 205
  normiert, 202
  Skalarmultiplikation, 205
Polynomdivision, 207
Polynomring, 203
positiv definit, 344, 608
positive Matrix, 5, 698
Potential, 66
potentielle Energie, 349
Potenz
  einer Matrix, 230
Potenzmethode, 571
Potenzreihe, 84, 551
Povray, 8, 362
primitive Einheitswurzel, 233
primitive Matrix, 712
Produkt
  kartesisch, 14
Produktregel, 478
Projektion
  orthogonale, 315
projektiv, 5
Prüfmatrix, 508
Prädikat, 14
Pseudoinverse, 5, 624
PSK, 498
Punkt, 3, 255
Punkt-Richtungs-Form, 276, 284
Pythagoras, 346

$\mathbb{Q}$, 17
QAM, 9
QR-Code, 21
Quadrat eines Vektors, 350
Quadratur-Amplituden-Modulation, 488
Quadratur-Komponente, 486
Quadratwurzel, 2, 221, 236
Quallen-Nebel, 376
Quantenmechanik, 2
Quaternionen, 456
  Division, 459
  Imaginärteil, 457

komplexe Konjugation, 458
Multiplikation, 457
Norm, 458
Realteil, 457
Vektorteil, 457
Quaternionenprodukt, 457

$\mathbb{R}$, 18
Randoperator, 111, 112
Rang, 295, 355, 464, 619, 627
einer Matrix, 93
eines Gleichungssystems, 49
Inzidenzmatrix, 115
rank, 93
Rast, Felix, 301
rationale Zahl, 17
Raumschiff, 10
Rauschen, 373
ray tracing, 7
Raytracing, 8, 362
Realteil einer Quaternion, 457
rechte Hand, 411, 415
rechte Seite, 24
Rechte-Hand-Regel, 435
rechtshändig, 418
reduced row echelon form, 52
reelle Normalform, 671
reelle Zahl, 18
reflektiert, 8
Reflektor, 612
Reflexion
diffus, 366
Refraktion, 370
Regelkreis, 369
Regelungstechnik, 11, 642
Registrierungsproblem, 378
Regressionsgerade, 361
regulär
Gleichungssystem, 51
Matrix, 103
Rektaszension, 370
Rekursionsformel
Fibonacci-Zahlen, 550
rekursiv, 179, 332
Relativitätstheorie
allgemeine, 34

Renaissance, 525
Rest, 7, 207
Restklasse, 130
Resultante, 215
RGB, 307
RGB-Farbraum, 8, 308
Richtungsvektor, 274, 284
riemannsche Geometrie, 34, 735
Ring, 19, 20, 202
euklidisch, 215
Rodrigues, Benjamin Olinde, 437
Rodrigues, Olinde, 437
Rodrigues-Formel, 9, 437, 438, 456, 483
Exponentialform, 484
Matrixform, 438
Rodrigues-Formel, 438
Vektorform, 437
Rotationsenergie, 349
rref, 52
RS-232, 507
Rubidium-Frequenznormal, 495
Ruhelage, 591

Saite, 10
Sample, 383
Santa Maria del Fiore, 525
Sarrus-Formel, 185, 735
Satellitenkonstellation, 10
Satellitennavigation, 9, 511
Satz
von Cayley-Hamilton, 664, 669
von Chapman-Kolmogorov, 696
von Cramer, 194
von Gelfand, 703
von Perron-Frobenius, 709
von Rodrigues, 437
von Wilf, 690
Schallausbreitung, 341
Schmidt, Erhard, 331
schnelle Fourier-Transformation, 394
schnelle Wavelet-Transformation, 399
Schnitt, goldener, 550
Schnittgerade, 290
Schnittmenge, 3, 288
Schnittpunkt
zwei Geraden, 278

SCHOTT AG, 127
Schuhbändel-Formel, 422
senkrecht, 318
Sensor, 376, 526
Sensorrauschen, 377
seriell, 507
sesquilinear, 95, 343
Siebzehneck, 34
Signal, 383
Signal-Rausch-Abstand, 8, 377
Signum, 176
Simplex, 112
Singulärwertzerlegung, 5, 619
singulär
    Gleichungssystem, 51
    Matrix, 103
Singulärwert, 619
Singulärwertzerlegung, 619
Skalarmultiplikation, 20
Skalarprodukt, 315–317, 320, 342
    hyperbolisch, 469
    in $\mathbb{R}^n$, 320
    Minkowski-, 469
    Standard-, 320
    verallgemeinertes, 345
Skalarprodukt und Orthogonalität, 3
Skalierung, 306
Skalierungsfunktion, 396
$SL_n(\Bbbk)$, 192, 474
Smartphone, 455
S_n, 172
Snellius, Brechungsgesetz, 119
$SO(n)$, 474
Software Defined Radio, 9, 502
Solarpanel, 9, 445
Sophus Lie, 476
spaltbar, 420
Spaltenraum, 465
Spaltenvektor, 74
Spannung, 6, 66
Spat, 420
Spatvolumen, 420
spektrale Graphentheorie, 690
Spektrallinie, 376
Spektrum, 661

spezielle lineare Gruppe, 192, 474
spezielle orthogonale Gruppe, 474
sphärisch, 120
Spiegelung, 334, 561, 612
Spiegelungsmatrix, 270, 335
Spiel, 373, 719
Spur, 106
Stäbchen, 307
Standardbasis, 84, 319
Standardbasisvektor, 84, 177, 264
Standardkurve, 10, 520
Standardskalarprodukt, 320
Startbit, 507
Startvektor, 573, 574
Startwert, 582
stationäre Verteilung, 696
stationärer Zustand, 716
Stereo, 496
steuerbar, 645, 646
Steuerbarkeitsmatrix, 645
    Ordnung s, 645
Steuergröße, 643
Steuervektor, 643
Stopbit, 507
Strahl, 120
Strahlverfolgung, 362
Strang, Gilbert, 628
Strang-Zerlegung, 628
Strassen-Algorithmus, 551
Strom, 6, 63, 451
Stützvektor, 276
Stundenachse, 370
Stundenwinkel, 370
Stützvektor, 284
Stützstelle, 236
Stützwert, 236
$SU(n)$, 472
Suchmaschine, 713
Summationskonvention, Einstein-, 731
Summe
    direkte, 656
Supernova-Überrest, 376
surjektiv, 15, 103, 656
Sylvester-Gleichung, 157
Sylvester-Matrix, 212

symmetrische Gruppe, 172
symmetrische Matrix, 94
System, 642
Systemzustand, 642

Tablet Computer, 455
Tabletcomputer, 9
Tangente, 353
Tangente an Kreis, 352
Tangentialebene an Kugel, 352
Tangentialvektor, 477
Teiler, größter gemeinsamer, 132
Teleskop, 7, 8, 369, 380
Tensor n-ter Stufe, 734
Tensoren, 5
Tensorprodukt, 736
Tetraeder, 112
Thales-Kreis, 351, 354
Thermostat, 367, 642
Tiefpassfilter, 493
Tonnenverzerrung, 526
Topologie, algebraische, 112
tr, 106
Trägheitsmoment, 349
Transfermatrix, 121
Transformation, 5
Transformationsmatrix, 267
transienter Zustand, 716
Translation, 8
transponierte Matrix, 13, 94
Transposition, 13, 174
Triangulation, 10
Trichotomie, 30
Trägersignal, 484
Trägheitsplattform, 10
Tschebyscheff-Interpolation, 239

U(n), 472
Übergangsmatrix, 695
Überlagerung, 8
Übungsaufgaben, 22
Übertragungsleitung, 7
Uhrzeigersinn, 411
UKW-Radio, 497
Umkehrabbildung, 15
Unbekannte, 24

UND-Verknüpfung, 14, 504
ungerade Permutation, 176
unitale Matrix, 601
unitär, 472
unitäre Gruppe, 472
untere Dreiecksmatrix, 99
Untergruppe, 176, 471
Unterraum, 80
Unterraum, invarianter, 651, 655
Urbild, 15
Ursprung, 260
Utagawa Toyoharu, 527

$\vec{v}^2$, 350
Vandermonde-Determinante, 7, 240
Vandermonde-Matrix, 240
Vaterwavelet, 396
Vektor, 3
Vektorgeometrie, 3
Vektorprodukt, 5
Vektorraum, 19, 20, 77, 264
Vektorteil einer Quaternion, 457
verallgemeinerte Dreiecksungleichung, 711
verallgemeinerter Eigenraum, 663
verallgemeinertes Skalarprodukt, 345
verbunden, 114
Vergrößerung, 159
Verschiebung, 377
Verschluss, 526
Vertex, 684
Vielfachheit, 221
    algebraisch, 221
    geometrisch, 553
Vieta, 554
vollständige Induktion, 186, 243, 567, 685,
    696, 711
volständige Induktion, 15
Volumen, 5
    orientiert, 418
Vorwärtsreduktion, 37
Vorzeichen, 176

Wahrheitswert, 504
Wahrscheinlichkeitsgraph, 693
Wahrscheinlichkeitsmatrix, 693
Walker-Delta-Konstellation, 513

Wavelet-Transformation
    schnell, 399
Waveletfunktion, 396
Weierstraß, Karl, 236
Weltpunkt, 526
Wertebereich, 15
Whac-a-Mole, 579
Widerstand, 67
Widerstandsmatrix, 117
windschief, 279, 440
Winkelgeschwindigkeit, 349, 456
Winkelsumme, 157
Wort, 504
Wu, Chien-Shiung, 413, 414
Wurzelsatz von Vieta, 554
https://www.top500.org/, 2

XOR-Verknüpfung, 504

YUV, 309, 497
YUV-Farbraum, 8, 309, 497

$\mathbb{Z}$, 14
Zahl
    ganz, 14
    natürlich, 14
    rational, 17
    reell, 18
Zahlkörper, 17
Zapfen, 307
Zeilenreduktion, 36
Zeilenstufenform, reduziert, 52
Zeilenvektor, 73
Zentripetalbeschleunigung, 520
zusammenhängend, 686, 716
    Graph, 114
Zusammenhangskomponente, 114, 686, 716
Zusammensetzung, 15, 271
Zustandsvektor, 642
Zwischenwinkel, 318
Zyklenzerlegung, 172
Zyklus, 66, 112, 173

Printed in the United States
by Baker & Taylor Publisher Services